华罗庚-吴文俊数学出版基金资助项目

现代数学译丛 23

组合最优化：理论与算法

〔德〕 Bernhard Korte　　Jens Vygen　著

越民义　林诒勋　姚恩瑜　张国川　译

科学出版社

北　京

图字: 01-2006-7397 号

内 容 简 介

本书系统和全面地介绍了组合优化的基本理论和重要算法. 全书共分 22 章, 内容既包括图论、线性和整数规划以及计算复杂性等基础部分, 又涵盖了组合优化中若干重要问题的经典结果和最新进展. 除了对理论的深刻讨论外, 书中还提供了丰富的研究文献和具有挑战性的习题.

本书是组合优化领域的重要著作, 既可作为研究生教材, 也是一本从事组合优化研究的必备参考书.

Translation from the English Language edition:
Combinatorial Optimization by Bernhard Korte and Jens Vygen
Copyright Springer-Verlag Berlin Heidelberg 2005
Springer is a part of Springer Science+Business Media
All Rights Reserved

图书在版编目(CIP)数据

组合最优化: 理论与算法/(德)科泰(Korte, B.)等著; 越民义等译. —北京: 科学出版社, 2014.1
(现代数学译丛; 23)
ISBN 978-7-03-039342-5

I.①组… II.① 科… ② 越… III. ①组合-最佳化 IV. ①O122.4

中国版本图书馆 CIP 数据核字(2013)第 304918 号

责任编辑: 赵彦超 / 责任校对: 朱光兰
责任印制: 赵 博 / 封面设计: 王 浩

科 学 出 版 社 出版
北京东黄城根北街 16 号
邮政编码: 100717
http://www.sciencep.com

中煤 (北京) 印务有限公司印刷
科学出版社发行　　各地新华书店经销

*

2014 年 1 月第 一 版　开本: 720×1000 1/16
2024 年 1 月第十次印刷　印张: 35 1/2
字数: 682 000
定价: 148.00 元
(如有印装质量问题, 我社负责调换)

译 者 序

组合优化作为一门学科出现已近 50 年了. 由于这门学科的问题和模型多来源于实际, 并为信息社会和生产系统提供决策服务, 因而吸引了众多的数学工作者. 在我国使用较多的教材是 Papadimitriou 和 Steiglitz 于 20 世纪 80 年代所著的《组合优化：算法与复杂性》. 然而随着组合优化学科的快速发展, 涌现了大量的新模型和新方法. 广大青年学子亟需一本既可以用于教学, 又有助于研究, 基础深厚且涵盖面广的书. 德国波恩大学离散数学研究所的 Korte 和 Vygen 所著的《组合最优化：理论与算法》第一版于 2000 年问世. 此书在内容取材上几乎覆盖了组合优化的所有分支, 同时在理论上很有深度. 所有基本的定理均给出严格证明. 大量的习题既包含基础性的题目, 也包括研究性的题目. 前者可以帮助读者对基本概念和方法的理解, 后者则引导读者对某个问题作深入的思考和研究. 针对问题的难易, 习题中还给出了提示和需要查阅的研究文献. 总之, 这是一本难得的教材和参考书, 其第一版一经发行便在同行中引起很大的反响, 随后第二版、第三版和第四版相继问世, 同时日文、德文和法文的译本也在近两年相继发行. 本次中译本的翻译和出版得到了作者的大力支持和热情帮助.

中译本是在原著第四版以及原作者近期修改的基础上完成的. 译者及分工如下：姚恩瑜 (第 1~6 章)、林诒勋 (第 7~12 章)、越民义 (第 13~17 章)、张国川 (第 18~22 章), 全书由张国川负责协调. 在本书软件处理过程中曾得到部分学生的协助, 译者在此对刘龙城、王秀梅和余国松表示感谢. 为保证译文的准确和风格的统一, 四位译者曾集中商讨过两次, 但由于各自文字描述和风格上的差异, 或有前后不统一之处, 还请读者见谅. 限于译者自身的水平, 对原文的理解或有不当之处, 恳请指正为盼.

译 者

2011 年 3 月

第四版序言

随着四个英文版本的出版，四种其他语言的译本亦将面市，我们非常高兴看到本书的发展. 在第四版中，我们再一次作了修改、更新和实质上的扩充，增加了一些迄今或许被遗漏的经典材料，特别是关于线性规划、网络单纯形算法以及最大割问题，也增加了一些新的习题，并更新了文献. 我们希望，这些改变能为教学和研究人员学习本书提供更好的基础.

我们要对德国自然科学院和人文科学院联盟以及北莱茵－威斯特法尔科学院通过长期的研究项目 "离散数学及其应用" 给予的不断支持表示感谢. 许多同行对第三版给予积极的反馈，对他们富有价值的评论我们表示感谢，特别是 Takao Asano, Christoph Bartoschek, Bert Besser, Ulrich Brenner, Jean Fonlupt, Satoru Fujishige, Marek Karpinski, Jens Maßberg, Denis Naddef, Sven Peyer, Klaus Radke, Rabe von Randow, Dieter Rautenbach, Martin Skutella, Markus Struzyna, Jürgen Werber, Minyi Yue 以及 Guochuan Zhang.

在 http://www.or.uni-bonn.de/~vygen/co.html, 我们将继续保持有关本书更新的讯息.

Bernhard Korte, Jens Vygen
波恩, 2007 年 8 月

第三版序言

五年已经过去, 现在该是将原有版本加以彻底修改和进行实质扩充的时候了. 这其中最显著的特点就是全新的关于设备选址的一章. 对于这一类重要的 NP 困难问题, 直到八年前人们还不知道有常因子的近似算法. 今天, 已有了几个令人关注和很不相同的技巧导致良好的近似保证, 使得这一领域特别迷人, 在教学方面也是如此. 事实上, 本章来自一门讲授设备选址的专门课程.

其他各章中也有许多部分进行了实质的扩充. 新的材料包括 Fibonacci 堆、Fujishige 的新的最大流算法、时变流、关于次 (子) 模函数最小化的 Schrijver 算法, 以及 Robins-Zelikovsky 的 Steiner 树近似算法. 有几个证明已经现代化, 还增添了许多新的习题和文献.

我们要感谢那些对于第二版给我们反馈的同行, 特别是 Takao Asano, Yasuhito Asano, Ulrich Brenner, Stephan Held, Tomio Hirata, Dirk Müller, Kazuo Murota, Dieter Rautenbach, Martin Skutella, Markus Struzyna 以及 Jürgen Werber, 对于他们富有价值的评论, 我们谨致以衷心的谢意. 要特别提到的是 Takao Asano 的手稿和 Jürgen Werber 关于第 22 章的校对, 这使我们在本书许多地方的表达方式得到改善.

我们要再一次提到德国自然科学院和人文科学院联盟以及北莱茵 – 威斯特法尔科学院, 他们通过长期项目 "离散数学及其应用" 持续地给予支持, 这一项目是由德国教育与研究部和北莱茵 – 威斯特法尔州赞助的, 对此我们谨表谢意.

Bernhard Korte, Jens Vygen
波恩, 2005 年 5 月

第二版序言

令我们喜出望外的是：本书第一版在第一次发行后的约一年时间里便销售一空. 我们从来自同行和广泛的读者那里所发出的信件及许多积极的甚至是热情的评论中得到鼓舞. 我们得到几位同行的帮助, 他们发现了本书中打印和其他方面的一些错误. 特别地, 我们要感谢 Ulrich Brenner, András Frank, Bernd Gärtner 以及 Rolf Möhring. 当然, 所有迄今已发现的错误在第二版中皆已得到改正, 另外, 参考文献也得以进一步更新.

还有, 第一版的序言有一缺点. 虽然我们一一列举了所有帮助过我们准备此书的个人, 但却忘记提及相关单位的支持. 为此, 我们将在此处加以补救.

不言而喻, 一本历时七年的书的写作曾得益于来自许多不同单位的资助, 我们要明确提到由匈牙利科学院和德国科学研究协会赞助的匈 – 德双边研究计划、德国科学研究协会的两个特别研究单位 (Sonderforschungsbereiche)、法国研究与技术部、洪堡基金 (通过 Prix Alexandre de Humboldt 给予支持) 以及欧共体委员会 (因参与两个计划 DONET). 我们最要衷心感谢的是德国自然科学院和人文学院联盟以及北莱茵 – 威斯特法尔科学院, 由德国教育与研究部和北莱茵 – 威斯特法尔州长期支持的 "离散数学及其应用" 项目对本书来说是至关重要的.

Bernhard Korte, Jens Vygen
波恩, 2001 年 10 月

第一版序言

组合优化是离散数学中最年轻和最活跃的一个领域, 今天可能已成为离散数学的推动力. 五十年来, 它以其自身具有的价值成为一门学科.

本书讲述了组合优化中最重要的概念、理论结果和算法. 我们希望将其写成一本高年级研究生的课本, 同时也可用作当前研究工作的与时并进的一本参考书. 书中包含图论、线性与整数规划, 以及计算复杂性理论的必不可少的基础部分, 也包括组合优化中经典的以及非常近代的课题. 本书主要集中于理论结果和可以证明其具有良好性能的算法, 应用和启发式算法则会偶然提到.

组合优化的根源是组合学、运筹学以及理论计算机科学. 促使这门学科发展的原因是成千现实生活中的问题皆可表达成抽象的组合优化问题. 我们将集中对一些在许多不同背景中出现的经典问题以及与之相伴的基本理论进行详尽的研讨.

大多数组合优化问题皆可用图的语言和 (整) 线性规划来表达. 因此, 本书在作一引论之后即开始回顾图的基础理论和证明线性规划与整数规划中与组合优化最为相关的一些结果.

其次, 我们对组合优化中的一些经典课题进行研讨: 最小支撑树、最短路、网络流、匹配与拟阵. 第 6~14 章所讨论的大多数问题皆具有多项式时间 ("有效") 算法, 而第 15~21 章所研究的问题大多数皆是 NP 困难的, 即多项式时间算法是不太可能存在的. 在许多情况下, 人们至少可以找到近似算法, 它们具有一定的性能保证. 另外, 我们也提到一些别的策略以对付此种 "难" 题.

本书在不少方面超出了组合优化的正规教材的范围. 例如, 本书包括了最优性与 (关于满维数多面体的) 分离性的等价关系、基于可分解的匹配算法的 $O(n^3)$ 实现、图灵机、完全图定理、MAXSNP 困难度、Karmarkar-Karp 关于装箱问题的算法、最近关于多种物资流的近似算法、可靠网络设计以及欧氏旅行商问题. 上述所有问题的结论皆伴有详细的证明.

当然, 没有一本组合优化的书可以绝对包罗万象. 所有课题之中, 我们在本书中只是简单提到或者根本就没有包括进去的, 比如树分解、分离算子、次 (子) 模流、路匹配、δ 拟阵、拟阵均等 (parity) 问题、选址与排序问题、非线性问题、半正定规划问题、算法的平均情况分析、高等数据结构、并行计算与随机算法、概率上可核查的证明理论 (我们提到 PCP 定理但未给出证明).

各章末尾的习题包含了该章所述材料的附加结果和应用. 有些可能较为困难的习题皆加上了星号 ($*$). 各章结尾处的参考文献包含了供读者进一步阅读的相关文章.

本书起始于几个关于组合优化的课程和关于诸如多面体组合学或近似算法之类的专题讨论班. 因此, 关于基础性的或高深的课程可以从本书中选取教材.

从与许多同行和朋友的讨论中, 当然还有从关于这一学科的其他教材中, 我们受益匪浅, 特别地, 我们要真诚地感谢 András Frank, László Lovász, András Recski, Alexander Schrijver 和 Zoltán Szigeti. 我们在波恩的同行和学生 Christoph Albrecht, Ursula Bünnagel, Thomas Emden-Weinert, Mathias Hauptmann, Sven Peyer, Rabe von Randow, André Rohe, Martin Thimm 以及 Jürgen Werber, 他们曾仔细阅读了手稿的几种版本并帮助修改. 最后但仍然很重要的是, 我们要感谢 Springer 出版社最有效的合作.

Bernhard Korte, Jens Vygen

波恩, 2000 年 1 月

目　　录

符 号 表

$\mathbb{N}$	自然数集 $\{1,2,3,\cdots\}$
$\mathbb{Z}$ ($\mathbb{Z}_+$)	(非负) 整数集
$\mathbb{Q}$ ($\mathbb{Q}_+$)	(非负) 有理数集
$\mathbb{R}$ ($\mathbb{R}_+$)	(非负) 实数集
$\subset$	真子集
$\subseteq$	子集
$\dot{\cup}$	不交并
$X \triangle Y$	集合 X 与 Y 的对称差
$\|x\|_2$	向量 x 的欧氏范数
$\|x\|_\infty$	向量 x 的无穷范数
$x \bmod y$	唯一数 z 使得 $0 \leqslant z < y$ 并且 $\frac{x-z}{y} \in \mathbb{Z}$
$x^{\mathrm{T}}, A^{\mathrm{T}}$	向量 x 与矩阵 A 的转置
$\lceil x \rceil$	不严格小于 x 的最小整数
$\lfloor x \rfloor$	不严格大于 x 的最大整数
$f = O(g)$	O 表示法
$f = \Theta(g)$	Θ 表示法
$\mathrm{size}(x)$	x 的编码长度; x 的二进制字符串长度
$\log x$	x 以 2 为底的对数
$V(G)$	图 G 的顶点集
$E(G)$	图 G 的边集
$G[X]$	由 $X \subseteq V(G)$ 诱导的 G 的子图
$G - v$	图 G 中由 $V(G) \setminus \{v\}$ 诱导的子图
$G - e$	图 G 删去边 e 的子图
$G + e$	图 G 添加边 e 后的图
$G + H$	图 G 和 H 的并集
G/X	在图 G 中将顶点集 X 收缩成单点所得的生成图
$E(X,Y)$	两端点分别在顶点集 $X \setminus Y$ 和 $Y \setminus X$ 的边集
$E^+(X,Y)$	顶点集 $X \setminus Y$ 到 $Y \setminus X$ 的有向边集
$\delta(X), \delta(v)$	$E(X, V(G) \setminus X)$, $E(\{v\}, V(G) \setminus \{v\})$
$\Gamma(X), \Gamma(v)$	顶点集 X 的邻点集, 顶点 v 的邻点集
$\delta^+(X), \delta^+(v)$	顶点集 X 的出边集, 顶点 v 的出边集
$\delta^-(X), \delta^-(v)$	顶点集 X 的入边集, 顶点 v 的入边集
2^S	S 的幂集

K_n	n 个顶点的完全图
$P_{[x,y]}$	路径 P 的 x-y 子路径
$\mathrm{dist}(v,w)$	最短 v-w 路径的长度
$c(F)$	$\displaystyle\sum_{e\in F} c(e)$ (假设 $c:E\to\mathbb{R}$ 以及 $F\subseteq E$)
$K_{n,m}$	n 个和 m 个顶点构成的完全二分图
$cr(J,l)$	多胞形 J 与直线 l 的交点数
G^*	图 G 的平面对偶图
e^*	图 G^* 的一条边; 边 e 的对偶
$x^{\mathrm{T}}y,\ xy$	向量 x 与 y 的内积
$x\leqslant y$	给定向量 x 和 y, 不等号在 x 和 y 的每个分量上成立
$\mathrm{rank}(A)$	矩阵 A 的秩
$\dim X$	非空集 $X\subseteq\mathbb{R}^n$ 的维数
I	单位阵
e_j	j-单位向量 (第 j 个分量为 1, 其余为 0)
A_J	由矩阵 A 中 J 的对应行组成的子矩阵
b_J	由向量 b 中指标集 J 对应元素组成的子向量
$\mathbb{1}$	各分量均为 1 的向量
A^J	由矩阵 A 中指标集 J 所对应列组成的子矩阵
$\mathrm{conv}(X)$	集合 X 中所有向量的凸包
$\det A$	矩阵 A 的行列式
$\mathrm{sgn}(\pi)$	排列 π 的符号函数
$E(A,x)$	椭球
$B(x,r)$	欧氏空间中以 x 为圆心、r 为半径的球
$\mathrm{volume}(X)$	非空集 $X\subseteq\mathbb{R}^n$ 的容积
$\|A\|$	矩阵 A 的范数
X°	集合 X 的极点集
P_I	多胞形 P 的整数包
$\Xi(A)$	矩阵 A 子行列式的最大绝对值
$P',\ P^{(i)}$	P 的 1 阶, i 阶 Gomory-Chvátal 割体
$LR(\lambda)$	拉格朗日松弛
$\delta(X_1,\cdots,X_p)$	多割
$c_\pi((x,y))$	边 (x,y) 关于 π 所降低的费用
$(\bar{G},\bar{c})$	(G,c) 在度量空间中的闭包
$\mathrm{ex}_f(v)$	顶点 v 的入流与出流之差
$\mathrm{value}(f)$	s-t 流的值 f
$\overleftrightarrow{G}$	图 G 添加反向边所得的有向图
$\overleftarrow{e}$	有向边 e 的反向边

$u_f(e)$	边 e 关于流 f 的剩余容量
G_f	关于流 f 的剩余图
G_f^L	图 G_f 的分层图
λ_{st}	最小 s-t 截的容量
$\lambda(G)$	图 G 中最小截的容量 (边连通度)
$\nu(G)$	图 G 中匹配的最大基数
$\tau(G)$	图 G 顶点覆盖的最小基数
$T_G(x)$	图 G 关于向量 x 的 Tutte 矩阵
$q_G(X)$	图 G-X 中顶点个数为奇数的连通分支数目
$\alpha(G)$	图 G 中稳定集的最大基数
$\zeta(G)$	图 G 的边覆盖的最小基数
$r(X)$	集合 X 在独立系统中的秩
$\sigma(X)$	集合 X 在独立系统中的闭包
$\mathcal{M}(G)$	无向图 G 的圈拟阵
$\rho(X)$	集合 X 在独立系统中的低阶秩
$q(E, \mathcal{F})$	独立系统的秩商 $(E, \mathcal{F})$
$C(X, e)$	对于 $X \in \mathcal{F}: X \cup \{e\}$ 的唯一圈 (或 $\varnothing$, 若 $X \cup \{e\} \in \mathcal{F}$)
$(E, \mathcal{F}^*)$	独立系统 $(E, \mathcal{F})$ 的对偶
$P(f)$	次模函数 f 的多胞拟阵
$\sqcup$	空字符
$\{0, 1\}^*$	所有二进制字符串集合
P	多项式时间可解的判定问题类
NP	具有肯定验证的判定问题类
$\bar{x}$	字 x 取非
coNP	NP问题的补集
$\mathrm{OPT}(x)$	实例 x 的最优解值
$A(x)$	算法 A 对该优化问题实例 x 所得解的值
$\mathrm{largest}(x)$	实例 x 中的最大整数值
$H(n)$	$1 + \frac{1}{2} + \frac{1}{3} + \cdots + \frac{1}{n}$
$\chi(G)$	图 G 的着色数
$\omega(G)$	图 G 中最大团的顶点数
$\mathrm{Exp}(X)$	随机变量 X 的期望值
$\mathrm{Prob}(X)$	事件 X 的发生概率
$\mathrm{SUM}(I)$	I 中全部元素之和
$\mathrm{NF}(I)$	Next-Fit 算法对实例 I 的输出结果
$\mathrm{FF}(I)$	First-Fit 算法对实例 I 的输出结果

$\text{FFD}(I)$	FIRST-FIT-DECREASING 算法对实例 I 的输出结果
$G_i^{(a,b)}$	移动网格
$Q(n)$	K_n 中环游所对应的邻接向量的凸包
$\text{HK}(K_n, c)$	TSP问题实例 (K_n, c) 的 Held-Karp 界
$c_F(X),\, c_F(x)$	设施的费用
$c_S(X),\, c_S(x)$	服务费用

第 1 章 引   言

我们从两个例子开始讲起. 某公司有一台在印制线路板上钻孔的机床, 因为要钻的孔很多, 所以希望机床能工作得尽可能快. 我们不能优化钻孔的时间, 但可努力使机器从一个孔移到另一个孔所需的时间最小化. 通常, 机器可以有两个方向的移动: 工作台面是水平的移动, 而钻臂是垂直的移动, 又因这两个移动可同时进行, 故机器从一个位置调整到另一个位置所需的时间与这两个位置间的水平距离和垂直距离中的最大者成比例, 这通常被称作 L_∞ 距离 (较老的机器一次仅能是水平或是垂直的移动, 这样调整的时间是与两位置间的水平距离和垂直距离之和成比例, 即 L_1 距离). 一个最优钻孔路径是由使 $\sum_{i=1}^{n-1} d(p_i, p_{i+1})$ 最小化的孔的位置的序 $p_1, \cdots, p_n$ 给出, 这里 d 是 L_∞ 距离: 对平面上两个点 $p = (x, y)$ 和 $p' = (x', y')$, 记 $d(p, p') := \max\{|x - x'|, |y - y'|\}$. 这些孔的序可用一个置换来表示, 即双射 $\pi : \{1, \cdots, n\} \to \{1, \cdots, n\}$.

当然, 哪个置换是最好的依赖于孔的位置, 对于孔位置的每一个列表, 有对应的问题实例, 这里所谓问题的一个实例是平面上点的一个列表, 即对应着在这个位置的点要钻孔, 则问题能被描述如下:

钻孔问题

实例: 点集 $p_1, \cdots, p_n \in \mathbb{R}^2$.

任务: 寻找置换 $\pi : \{1, \cdots, n\} \to \{1, \cdots, n\}$, 使得 $\sum_{i=1}^{n-1} d(p_{\pi(i)}, p_{\pi(i+1)})$ 是最小的.

现在看第二个例子. 有一组工作要由一组工人去完成, 每项工作有特定的加工时间, 每项工作可分给若干个工人去做, 且假设能做同一项工作的工人有相同的效率. 又设若干个工人能在同一个时间里做同一项工作, 且每一个工人能做若干件工作 (但不能在同一个时间里). 我们的目标是使所有工作能被尽可能快地完成. 在这个模型里, 我们只要给出每个工人应在哪项工作上加工多长时间就够了, 至于工人所做工作的次序不是重要的, 因为所有工作被做好的时间显然仅依赖于总的时间的最大值, 因此求解问题是:

工作指派问题

实例: 数集 $t_1, \cdots, t_n \in \mathbb{R}_+$ (对应 n 项工作的加工时间), 工人数 $m \in \mathbb{N}$, 以及对工作 $i \in \{1, \cdots, n\}$ 进行加工的非空工人子集 $S_i \subseteq \{1, \cdots, m\}$.

任务: 对所有 $i = 1, \cdots, n$ 和 $j \in S_i$, 求出数 $x_{ij} \in \mathbb{R}_+$, 使得对 $i = 1, \cdots, n$ 满足 $\sum_{j \in S_i} x_{ij} = t_i$ 且使 $\max_{j \in \{1, \cdots, m\}} \sum_{i: j \in S_i} x_{ij}$ 是最小的.

上面两个例子代表了两类不同的组合优化问题. 如何将一个实际问题归纳为一个抽象的组合优化问题不是本书要叙述的, 事实上, 不存在为达到此目的通用的诀窍. 此外, 要给出一个输入和期望输出之间的精确公式, 通常重要的是撇开一些不相干的部分 (如上例中不能被优化的钻孔时间或工人所做工作的次序). 当然, 我们对某公司的一个特定钻孔问题或工作指派问题的解没有兴趣, 而是要寻找如何解决这类问题的途径. 首先考虑钻孔问题.

1.1　枚　举　法

如何能找到钻孔问题的一个解? 有无限多个实例 (平面上点的有限集), 我们不可能对每个实例列出一个最优置换, 我们需要的是寻找一个算法, 当给出一个实例时, 它能计算出一个最优解. 如此的算法是存在的: 给出 n 个点的集合, 测试所有可能的 $n!$ 个序, 对每一个序, 计算其对应路径的 L_∞ 长度. 有不同的方式来阐述一个算法, 大多的不同点只是在枝节的标准和所用语言的描述上. 但不能接受下面的叙述作为一种算法: "给出 n 个点的一个集合, 寻求一条最优途径并输出它". 这一叙述根本没有指出如何寻求最优解. 而上面建议的枚举所有 $n!$ 个可能的序是较为有用的, 但仍没有清楚地指出如何计算所有的序.

下面是一种可行的方式: 先计算数 $1, \cdots, n$ 的所有 n-数组, 即 n^n 个向量 $\{1, \cdots, n\}^n$. 这个计算能如下进行: 从 $(1, \cdots, 1, 1), (1, \cdots, 1, 2)$ 开始直到 $(1, \cdots, 1, n)$, 然后再做 $(1, \cdots, 1, 2, 1)$ 等. 在每一步将最后一位数增加除非它已是 n, 接着做小于 n 的最后一位, 即将它增加并将其后的每一位归为 1. 这个技巧有时被称作回溯法, 向量 $\{1, \cdots, n\}^n$ 被计算的次序称为字典序:

定义 1.1　令 $x, y \in \mathbb{R}^n$ 是两个向量, 称 x 是字典序小于 y, 如果存在一个下标 $j \in \{1, \cdots, n\}$, 使 $x_i = y_i$ 对 $i = 1, \cdots, j-1$ 成立且 $x_j < y_j$.

知道了如何列举所有的向量 $\{1, \cdots, n\}^n$, 就可很容易地检验每个进入的向量是否与已有的不同, 若是, 则检验它对应的路径是否比已有的最短路径还短. 因为这个算法列举了 n^n 个向量, 所以它将至少采用 n^n 步, 这不是一个好的结果, 存在仅需要 $\{1, \cdots, n\}$ 的 $n!$ 次置换的算法, 而 $n!$ 是远小于 n^n 的 (由 Stirling 公式, $n! \approx \sqrt{2\pi n} \frac{n^n}{e^n}$ (Stirling, 1730), 见习题 1.1). 下面将给出如何用相当于 $n^2 \cdot n!$ 的步数计算所有的路径, 考虑下面的算法, 它按字典序枚举了所有置换:

路径枚举法

输入: 自然数 $n \geqslant 3$. 平面上的点集 $\{p_1, \cdots, p_n\}$.

输出: 使得 $\cos t(\pi^*) := \sum_{i=1}^{n-1} d(p_{\pi^*(i)}, p_{\pi^*(i+1)})$ 为最小的置换 $\pi^* : \{1, \cdots, n\} \rightarrow \{1, \cdots, n\}$.

---

① 置 $\pi(i) := i$ 和 $\pi^*(i) := i$ $(i = 1, \cdots, n)$. 置 $i := n - 1$.

② 令 $k := \min(\{\pi(i) + 1, \cdots, n + 1\} \setminus \{\pi(1), \cdots, \pi(i-1)\})$.

③ 若 $k \leqslant n$ 则

    置 $\pi(i) := k$.

    若 $i = n$ 和 $\cos t(\pi) < \cos t(\pi^*)$ 则置 $\pi^* := \pi$.

    若 $i < n$, 则置 $\pi(i+1) := 0$ 和 $i := i + 1$.

  若 $k = n + 1$, 则置 $i := i - 1$.

  若 $i \geqslant 1$, 则返回 ②.

从 $(\pi(i))_{i=1,\cdots,n} = (1, 2, 3, \cdots, n-1, n)$ 和 $i = n - 1$ 开始, 算法的每一步都寻找 $\pi(i)$ 的下一个可能值 (不用涉及 $\pi(1), \cdots, \pi(i-1)$). 如果对于 $\pi(i)$ 没有更多的可能性 (即 $k = n + 1$), 则算法就减少 i (回溯), 否则给 $\pi(i)$ 一个新的值, 如果 $i = n$, 这新的置换被赋值, 否则, 算法将尝试所有可能值 $\pi(i+1), \cdots, \pi(n)$, 并且令 $\pi(i+1) := 0$ 和增加 i 后重新开始.

所有的置换向量 $(\pi(1), \cdots, \pi(n))$ 是由字典序生成的, 例如, 在 $n = 6$ 的情况下, 第一步迭代如下:

$$\pi := (1, 2, 3, 4, 5, 6), \quad i := 5$$
$$k := 6, \quad \pi := (1, 2, 3, 4, 6, 0), \quad i := 6$$
$$k := 5, \quad \pi := (1, 2, 3, 4, 6, 5), \quad \cos t(\pi) < \cos t(\pi^*)?$$
$$k := 7, \quad i := 5$$
$$k := 7, \quad i := 4$$
$$k := 5, \quad \pi := (1, 2, 3, 5, 0, 5), \quad i := 5$$
$$k := 4, \quad \pi := (1, 2, 3, 5, 4, 0), \quad i := 6$$
$$k := 6, \quad \pi := (1, 2, 3, 5, 4, 6), \quad \cos t(\pi) < \cos t(\pi^*)?$$

因为算法将每一条路径的权重与迄今为止的最好路径 π^* 相比较, 故输出的是最好路径. 但完成此算法总共要多少步呢? 这依赖于什么是我们称之为的简单步. 因为我们不期望依赖于实际的执行步数, 故忽略常数因子. 在正常的运算中, ① 将取至少 $2n + 1$ 步 (这么多不同的指派要做). 而对某个常数 c 至多需 cn 步, 通常用下面的记号表示忽略了常数因子:

定义 1.2 令 $f, g : D \to \mathbb{R}_+$ 是两个函数, 称 f 是 $O(g)$ (有时也记 $f = O(g)$) 意指存在常数 $\alpha, \beta > 0$ 使 $f(x) \leqslant \alpha g(x) + \beta$ 对所有 $x \in D$ 成立. 如果 $f = O(g)$ 且 $g = O(f)$, 就记 $f = \Theta(g)$ (当然也可记 $g = \Theta(f)$). 在这种情况下 f 和 g 有同样的增长率.

注意到在 O 这个符号中, 等式是不对称的. 为说明这个定义, 令 $D = \mathbb{N}$, 又记 $f(n)$ 是 ① 中的基本步数以及 $g(n) = n$ $(n \in \mathbb{N})$. 显然有 $f = O(g)$ (事实上 $f = \Theta(g)$). 称 ① 取 $O(n)$ 次 (或是线性次). ③ 的一次执行取常数步 (称 $O(1)$ 次或常数次) 除非 $k \leqslant n$ 且 $i = n$, 在这种情况下两条路径的权重应该被比较, 需时为

$O(n)$.

　　关于 ② 又如何? 对于每一个 $j \in \{\pi(i)+1,\cdots,n\}$ 和每一个 $h \in \{1,\cdots,i-1\}$, 检验是否 $j = \pi(h)$ 需 $O((n-\pi(i))i)$ 步, 这可以像 $\Theta(n^2)$ 这样大. ② 的一个较好的执行可用 $1,\cdots,n$ 的一个辅助排列来完成:

② 对 $j := 1$ 到 n 执行 aux$(j) := 0$.
　　对 $j := 1$ 到 $i-1$ 执行 aux$(\pi(j)) := 1$.
　　置 $k := \pi(i)+1$.
　　当 $k \leqslant n$ 和 aux$(k) = 1$ 执行 $k := k+1$.

　　显然, 借助这个程序, ② 的一个单一执行仅需 $O(n)$ 次. 类似这样的简单技巧在本书中一般不加以详述, 总假设读者能自己找到这样的程序.

　　对单一步骤有了运行次数后, 现在可以估计总的工作次数. 因为总的置换数是 $n!$, 只需估计在两个置换之间所做工作的总量, 数 i 可以反向从 n 到某个位置 i', 这样新的值 $\pi(i') \leqslant n$ 被找到, 然后它再朝前变化直到 $i = n$, 对取到的 i, ② 和 ③ 通常被执行一次, 除非 $k \leqslant n$ 和 $i = n$, 在这时 ② 和 ③ 要执行两次. 所以在两次置换之间的工作总量至多是 $4n$ 次 ② 和 ③, 即 $O(n^2)$ 次, 从而路径枚举法的总运行次数是 $O(n^2 n!)$.

　　它还可以被改进得更好, 通过更仔细的分析可知运行次数仅需 $O(n \cdot n!)$(习题 4).

　　当 n 相当大时, 这个算法仍消耗太长时间, 问题在于路的数目是关于点数呈指数增长, 即使对 20 个点, 就有 $20! = 2432902008176640000 \approx 2.4 \cdot 10^{18}$ 条不同的路, 甚至最快的计算机也要好几年才能算出它们所有的值. 所以即使对中等尺寸的实例要完成枚举也是不可能的.

　　组合优化的主要任务是对类似这样的问题寻找较好的算法, 通常是在可行解的某个有限集中寻求最好的解 (在例子中可行解集是钻孔路径或置换), 这个集合不是明显地而是隐含地依赖于问题的结构, 所以算法必须要利用这个结构.

　　在钻孔问题上, 具有 n 个点的所有信息被 $2n$ 个坐标给出, 当直观的算法枚举所有 $n!$ 条路时, 可能存在一种算法, 它寻找最优解要快得多, 比如只需 n^2 个计算步, 我们不知道这样的算法是否存在 (尽管第 15 章的结果指出这是未必可能的), 然而确实存在比枚举法好得多的算法.

1.2　算法的运行时间

　　我们可以给出一个算法形式上的定义, 而且在 15.1 节中也将给出一个, 但这样形式上的模型会导致很长且乏味的叙述, 同时会令算法变得复杂得多, 这与数学证明非常类似, 虽然一个论证的概念能被形式化, 但没人会用这样的形式写下证明, 因为它们将变得非常长且几乎是难以读懂的.

因此, 本书中所有的算法用一种非形式化的语言写出来, 但叙述的要求是使得稍有经验的读者能在任一种计算机上完成此算法而不需太多附加的努力.

因为当测定算法运行时间时不关心常数因子, 所以就不需要固定一个具体的计算模型, 我们统计基本步, 但并不真正关心如何才是一个基本步, 基本步的例子可以是变量的分配、随机存取一个变量而将它的下标储藏在另一个变量中、条件跳跃 (如果 $\cdots$ 则执行 $\cdots$) 以及简单的算术运算如加减乘除和数的比较等.

一种算法由一些有效输入的集合和一系列由基本步构成的指令所组成. 对每一个有效输入, 算法的计算是一个唯一定义的基本步有限序列, 且产生一个确定的输出, 通常并不满足于计算的有限性而是更期望得到基于输入尺寸而执行本算法所需基本步数的好的上界.

一种算法的输入通常由一系列数组成, 如果所有这些数都是整数, 那么可以用二元表示 对它们进行编码, 即用 $O(\log(|a|+2))$ 个单元来储存整数 a, 有理数则用分子和分母的编码来储存, 一个具有有理数实例 x 的输入尺寸 $\operatorname{size}(x)$ 是它们的二元表示所需单元数的总数.

定义 1.3 设 A 是一算法, 从集 X 接受一输入, 令 $f: \mathbb{N} \to \mathbb{R}_+$, 如果存在常数 $\alpha > 0$ 使得对任一输入 $x \in X$, 算法 A 在至多 $\alpha f(\operatorname{size}(x))$ 个基本步运算后 (含算术运算) 终止, 则称 A 运行了 $O(f)$ 时间, 或说 A 的 运行时间 (或 时间复杂性) 是 $O(f)$.

定义 1.4 一种具有有理输入的算法被称作是 多项式时间运行的, 如果存在整数 k 使得它的运行时间是 $O(n^k)$, 以及在计算过程中所有的数能被 $O(n^k)$ 个单元所储存, 这里 n 是输入尺寸. 一种具有任意输入的算法被称作是 强多项式时间运行的, 如果存在整数 k 使得对任意由 n 个数组成的输入, 它的运行时间是 $O(n^k)$ 且对有理输入的运行是多项式时间的. 当 $k = 1$ 时, 就称之为 线性时间算法.

对于具有相同尺寸的不同实例, 它们的运行时间可以是不同的 (这与路枚举法是不一样的). 故而我们考虑 最坏运行时间, 即函数 $f: \mathbb{N} \to \mathbb{N}$, 这里 $f(n)$ 是输入尺寸为 n 的实例的最大运行时间. 对某些算法我们不知道 f 的增长速率, 但知道它有一个上界. 如果这最坏情况很少发生, 则最坏运行时间可以看作一个悲观的测度. 在某些情况下一个带有某个概率模型的被称作 平均运行时间 的度量可能是适当的, 但我们在这里不讨论它.

如果算法 A 对每一个输入 $x \in X$ 得到了一个输出 $f(x) \in Y$, 则称 A 计算了函数 $f: X \to Y$. 如果一个函数被某个多项式时间算法所计算, 它就被称作是 多项式时间可计算的.

多项式时间算法 有时也称作 "好" 算法 或 "有效" 算法, 这个概念是由 Cobham (1964) 和 Edmonds (1965) 所引入. 表 1.1 中显示的各种算法的运行时间具有不同的时间复杂性, 对输入尺寸 n, 它们显示的运行时间分别取 $100n \log n$, $10n^2$, $n^{3.5}$, $n^{\log n}$, 2^n 和 $n!$ 个基本步且假设每一个基本步取 $1 \mu s$, 在本书中, $\log$ 取的底数是 2.

如表 1.1 所示, 多项式时间算法即使对充分大的实例也是较快的, 该表也显示, 中等尺寸的常数因子在考虑运行时间的渐近增长时不是十分重要的.

表 1.1

n	$100n\log n$	$10n^2$	$n^{3.5}$	$n^{\log n}$	2^n	$n!$
10	3 μs	1 μs	3 μs	2 μs	1 μs	4 ms
20	9 μs	4 μs	36 μs	420 μs	1 ms	76 years
30	15 μs	9μs	148 μs	20 ms	1 s	$8 \cdot 10^{15}$ years
40	21 μs	16 μs	404 μs	340 ms	1100 s	
50	28 μs	25 μs	884 μs	4 s	13 days	
60	35 μs	36 μs	2 ms	32 s	37 years	
80	50 μs	64 μs	5 ms	1075 s	$4 \cdot 10^7$ years	
100	66 μs	100 μs	10 ms	5 hours	$4 \cdot 10^{13}$ years	
200	153 μs	400 μs	113 ms	12 years		
500	448 μs	2.5 ms	3 s	$5 \cdot 10^5$ years		
1000	1 ms	10 ms	32 s	$3 \cdot 10^{13}$ years		
10^4	13 ms	1 s	28 hours			
10^5	166 ms	100 s	10 years			
10^6	2 s	3 hours	3169 years			
10^7	23 s	12 days	10^7 years			
10^8	266 s	3 years	$3 \cdot 10^{10}$ years			
10^{10}	9 hours	$3 \cdot 10^4$ years				
10^{12}	46 days	$3 \cdot 10^8$ years				

表 1.2 则显示了上面六种假设算法在 1 小时内可以求解的最大尺寸, 其中 (a) 假设了每一基本步取 1μs, (b) 则是在 10 倍快的机器上对应的数字, 从中看出, 多项式时间算法能在适当的时间内处理较大的实例. 此外, 对指数时间算法, 即使机器速度按 10 倍提升, 可解实例的尺寸也没有令人注目的增长, 而对多项式时间算法却很有效.

表 1.2

	$100n\log n$	$10n^2$	$n^{3.5}$	$n^{\log n}$	2^n	$n!$
(a)	$1.19 \cdot 10^9$	60000	3868	87	41	15
(b)	$10.8 \cdot 10^9$	189737	7468	104	45	16

(强) 多项式时间算法是否可能是线性时间算法, 是我们要寻找的. 有一些问题, 不能确定是否存在多项式时间算法; 也有一些问题是根本没有算法存在. (例如, 判定一个正则表示是否定义了空集是一个能在有限时间里解得但不能确定在多项式时间里解得的问题 (Aho, Hopcroft, Ullman, 1974). 对于一个不存在任何算法的问题, 称之为停机问题, 将在第 15 章的习题 1 中讨论.)

在本书中考虑的几乎所有问题是属于下面两类: 第一类中的问题是已有了多项式时间算法求解它; 而对于第二类中的问题是否存在多项式时间算法则是个公开问题, 而且我们知道, 如果这些问题中的某一个有了多项式时间算法, 则这一类中的所有问题也都有了多项式时间算法. 一个精确的表达和这个结论的证明将在第 15 章中给出.

前面所述的工作指派问题属第一类, 而钻孔问题则属于第二类.

这两类问题将本书很自然地分成两部分, 首先涉及的是容易处理的问题, 对它们多项式时间算法是已知的. 然后, 从第 15 章开始讨论难解的问题, 对它们虽然还没有已知的多项式时间算法, 但常会存在有较枚举法好得多的方法, 而且对很多问题 (包括钻孔问题), 能够在多项式时间里找到近似解, 且使它与最优解之比在一个确定的百分比之内.

1.3 线性优化问题

现在考虑在一开始介绍的第二个例子, 即工作指派问题, 并且简要地阐述某些将在稍后几章中讨论的主要议题.

工作指派问题和钻孔问题是非常不同的. 由于对每一个实例有无限多个可行解 (除非是平凡的情况), 引入变量 T 作为所有工作被完成的时间, 则此问题可表示如下:

$$
\begin{aligned}
\min \quad & T \\
\text{s.t.} \quad & \sum_{j \in S_i} x_{ij} = t_i && (i \in \{1, \cdots, n\}) \\
& x_{ij} \geqslant 0 && (i \in \{1, \cdots, n\}, j \in S_i) \\
& \sum_{i:j \in S_i} x_{ij} \leqslant T && (j \in \{1, \cdots, m\})
\end{aligned}
\tag{1.1}
$$

这里数 t_i 和集合 S_i $(i = 1, \cdots, n)$ 是给定的, 而变量 x_{ij} 和 T 是要求解的. 像这样具有线性目标函数和线性约束条件的优化问题被称作线性规划. (1.1) 中的可行解集被称作多胞形, 显见它是凸集, 且可证明在这个凸集的有限多个极点中总存在一个最优解, 因此从理论上来讲, 一个线性规划如果存在最优解, 则可以用枚举来求解, 但在后面会看到有更好的途径来求解.

虽然有各种算法来求解线性规划, 但通用技巧总比利用问题的结构而形成的特殊算法要逊色. 对我们的问题用图来模拟 S_i $(i = 1, \cdots, n)$ 是方便的, 将每项工作 i 和每个工人 j 用顶点来表示, 工人 j 和工作 i 之间有边连接意味着他或她能从事这项工作 (即 $j \in S_i$). 图是一个基本的组合结构, 很多组合优化问题可以很自然地用图论的术语来描述.

暂且假设每项工作的加工时间是 1 小时, 问能否将所有工作在 1 小时内完工? 也即要寻求 x_{ij} ($i \in \{1, \cdots, n\}$, $j \in S_i$) 使得 $0 \leqslant x_{ij} \leqslant 1$ (对所有 i 和 j), $\sum_{j \in S_i} x_{ij} = 1$ (对 $i = 1, \cdots, n$) 和 $\sum_{i:j \in S_i} x_{ij} \leqslant 1$ (对 $j = 1, \cdots, n$) 成立. 可以证明, 如果存在这样的解, 则也存在一个整解, 即所有 x_{ij} 是 0 或 1. 这就相当于将每项工作交由一个人去完成, 每个工人也不会做多于一项的工作, 用图论的语言就是寻求一个匹配覆盖所有的工作, 而寻求最优匹配是熟知的组合优化问题之一.

在第 2, 3 章会回顾图论和线性规划的基本理论, 在第 4 章将证明线性规划能在多项式时间内求解, 在第 5 章讨论整多胞形, 再后面几章将详细讨论某些经典的组合优化问题.

1.4 整　序

考虑一类特殊的钻孔问题, 即所有的孔要被钻在一条水平线上, 故给出的只是每个点的坐标 p_i, $i = 1, \cdots, n$. 这样的钻孔问题就很容易了, 我们要做的只是将这些点按它们的坐标整理, 钻具只要从左方移到右方, 虽然仍有 $n!$ 个置换, 但显然不用考虑所有的可能, 只需将此 n 个数按非降序排列就是最优解, 所需时间是 $O(n^2)$. 而将 n 个数在 $O(n \log n)$ 时间内整理好就需要稍多些技巧了, 有好几种算法可以实现它, 在此提供众所周知的合并整序算法, 它的过程如下: 首先将它们分成两个尺寸相近的子集, 然后在每个子集内进行整理 (这被同样的算法递归), 最后将两个整理好的子列合并. 这个被称作 "分和并" 的策略常被用到, 17.1 节中介绍了另一个例子.

我们不讨论递归算法, 事实上也没必要讨论它们, 因为任一递归算法能被转换成一个序贯的算法而不增加运算时间. 但某些算法用递归会较为容易表述及执行, 因此, 在需要时将用到递归.

合并整序算法

输入: 实数序列 $a_1, \cdots, a_n$.

输出: 置换 $\pi : \{1, \cdots, n\} \to \{1, \cdots, n\}$ 使得 $a_{\pi(i)} \leqslant a_{\pi(i+1)}$ 对所有 $i = 1, \cdots, n - 1$.

---

① 若 $n = 1$ 则 置 $\pi(1) := 1$. 停止 (输出 π).

② 置 $m := \lfloor \frac{n}{2} \rfloor$.

令 $\rho :=$ 合并整序 $(a_1, \cdots, a_m)$.

令 $\sigma :=$ 合并整序 $(a_{m+1}, \cdots, a_n)$.

③ 置 $k := 1, l := 1$.

当 $k \leqslant m$ 和 $l \leqslant n-m$ 时, 执行:

若 $a_{\rho(k)} \leqslant a_{m+\sigma(l)}$, 则 置 $\pi(k+l-1) := \rho(k)$ 和 $k := k+1$;

否则 置 $\pi(k+l-1) := m+\sigma(l)$ 和 $l := l+1$.

当 $k \leqslant m$ 时, 执行: 置 $\pi(k+l-1) := \rho(k)$ 和 $k := k+1$.

当 $l \leqslant n-m$ 时, 执行: 置 $\pi(k+l-1) := m+\sigma(l)$ 和 $l := l+1$.

作为例子, 考虑数列 "69,32,56,75,43,99,28". 首先将它们分成两部分: "69,32,56" 和 "75,43,99,28", 再对此两子列进行递归整理, 得到了对应于整理后的子列 "32,56, 69" 和 "28,43,75,99" 的置换 $\rho = (2,3,1)$ 和 $\sigma = (4,2,1,3)$. 再将这些子列合并如下:

$$
\begin{array}{lllllll}
 & & & & & k := 1, & l := 1 \\
\rho(1) = 2, & \sigma(1) = 4, & a_{\rho(1)} = 32, & a_{\sigma(1)} = 28, & \pi(1) := 7, & & l := 2 \\
\rho(1) = 2, & \sigma(2) = 2, & a_{\rho(1)} = 32, & a_{\sigma(2)} = 43, & \pi(2) := 2, & k := 2 \\
\rho(2) = 3, & \sigma(2) = 2, & a_{\rho(2)} = 56, & a_{\sigma(2)} = 43, & \pi(3) := 5, & & l := 3 \\
\rho(2) = 3, & \sigma(3) = 1, & a_{\rho(2)} = 56, & a_{\sigma(3)} = 75, & \pi(4) := 3, & k := 3 \\
\rho(3) = 1, & \sigma(3) = 1, & a_{\rho(3)} = 69, & a_{\sigma(3)} = 75, & \pi(5) := 1, & k := 4 \\
 & \sigma(3) = 1, & & a_{\sigma(3)} = 75, & \pi(6) := 4, & & l := 4 \\
 & \sigma(4) = 3, & & a_{\sigma(4)} = 99, & \pi(7) := 6, & & l := 5
\end{array}
$$

定理 1.5 合并整序算法是正确的并且运行时间是 $O(n \log n)$.

证明 正确性是显然的. 记 $T(n)$ 为由 n 个数组成的实例所需的运行时间 (步数), 显然 $T(1) = 1$, $T(n) = T(\lfloor \frac{n}{2} \rfloor) + T(\lceil \frac{n}{2} \rceil) + 3n + 6$(这里 $3n+6$ 中的常数依赖于如何确切地定义计算步, 不过它无关紧要).

欲证 $T(n) \leqslant 12n \log n + 1$. 因对 $n = 1$ 是显然成立的, 用归纳法进行证明. 对 $n \geqslant 2$, 假设不等式对 $1, \cdots, n-1$ 为真, 则有

$$
\begin{aligned}
T(n) &\leqslant 12 \left\lfloor \frac{n}{2} \right\rfloor \log \left(\frac{2}{3} n \right) + 1 + 12 \left\lceil \frac{n}{2} \right\rceil \log \left(\frac{2}{3} n \right) + 1 + 3n + 6 \\
&= 12n(\log n + 1 - \log 3) + 3n + 8 \\
&\leqslant 12n \log n - \frac{13}{2} n + 3n + 8 \leqslant 12n \log n + 1
\end{aligned}
$$

因 $\log 3 \geqslant \frac{37}{24}$. □

这个算法可以对任一全序集的元素进行 整理, 只要假定任意两个元素的比较是一常数时间. 是否存在更快的线性时间算法? 假设对未知序能得到信息的唯一方式是比较两个元素, 那么能证明在最坏情况时任一算法至少需要 $\Theta(n \log n)$ 次比较, 比较的直接结果能被看作 0 或者 1, 一种算法的所有比较结果是一个 0-1 串 (0 和 1 的序列). 提请注意的是在算法的输入中, 两个不同的序必然导出两个不同的 0-1 串 (否则算法将无法辨识在两个序之间的序), 对于 n 个元素的输入有 $n!$ 种可能的

序, 故必然有 $n!$ 个不同的 0-1 串对应计算结果. 因为具有长度小于 $\lfloor \frac{n}{2} \log \frac{n}{2} \rfloor$ 的 0-1 串的数目是 $2^{\lfloor \frac{n}{2} \log \frac{n}{2} \rfloor} - 1 < 2^{\frac{n}{2} \log \frac{n}{2}} = \left(\frac{n}{2}\right)^{\frac{n}{2}} \leqslant n!$, 我们断定 0-1 串的最大长度, 从而也就是计算时间至少要 $\frac{n}{2} \log \frac{n}{2} = \Theta(n \log n)$.

在上述意义下, 合并整序算法是运行时间最优的 (不计常数因子), 然而有一个整理整数 (或是整理串状字典序) 的算法, 它的运行时间关于输入尺寸是线性的, 见习题 7. 一个算法整理 n 个整数仅需 $O(n \log \log n)$ 是由 Han (2004) 给出的.

像上面这样的算法运行下界仅对很少一些问题能求得 (平凡的线性界除外), 通常为导出一个超线性下界在运算集上加以约束是必要的.

习　　题

1. 证明: 对所有 $n \in \mathbb{N}$, 成立

$$e \left(\frac{n}{e}\right)^n \leqslant n! \leqslant en \left(\frac{n}{e}\right)^n$$

提示: 用不等式 $1 + x \leqslant e^x$ (对所有 $x \in \mathbb{R}$).

2. 证明: $\log(n!) = \Theta(n \log n)$.

3. 证明: $n \log n = O(n^{1+\varepsilon})$, $\varepsilon > 0$.

4. 试证: 路径枚举法的运行时间是 $O(n \cdot n!)$.

5. 设有一算法, 它的运行时间是 $\Theta(n(t + n^{1/t}))$, 这里 n 是输入长度, t 是可任选的正参数. 问 t 应该怎么选 (依赖于 n) 使得运行时间 (作为 n 的函数) 有最小的增长率?

6. 令 s, t 是二元字符串, 长度都是 m, 称 s 是字典序小于 t, 如果存在下标 $j \in \{1, \cdots, m\}$ 使得对 $i = 1, \cdots, j-1$ 有 $s_i = t_i$ 而 $s_j < t_j$. 现在给出 n 个长度为 m 的字符串, 欲按字典序整理 它们, 试证对此问题存在线性时间算法 (即运行时间是 $O(nm)$).

提示: 按第一位将字符串分组并整序每一组.

7. 描述一个算法, 它能在线性时间整序自然数列 $a_1, \cdots, a_n$, 即寻找一置换 π 使得 $a_{\pi(i)} \leqslant a_{\pi(i+1)}$ $(i = 1, \cdots, n-1)$, 且运行时间是 $O(\log(a_1 + 1) + \cdots + \log(a_n + 1))$.

提示: 首先整序对应它们长度的编码串, 然后再用上一题里的算法.

注: 这里讨论的算法和先前习题里的算法通常被称作基数整序法.

参　考　文　献

一般著述

Knuth D E. 1968. The Art of Computer Programming. Vol. 1. Addison-Wesley, Reading, 1968 (3rd edition: 1997).

Knuth D E. 1968. The Art of Computer Programming. Vol. 1. Addison-Wesley, Reading, 1968 (3rd edition: 1997).

引用文献

Aho A V, Hopcroft J E and Ullman J D. 1974. The Design and Analysis of Computer Algorithms. Addison-Wesley, Reading, 1974.

Cobham A. 1964. The intrinsic computational difficulty of functions. Proceedings of the 1964 Congress for Logic Methodology and Philosophy of Science (Bar-Hillel Y., ed.), North-Holland, Amsterdam, 24–30.

Edmonds J. 1965. Paths, trees, and flowers. Canadian Journal of Mathematics, 17: 449–467.

Han Y. 2004. Deterministic sorting in $O(n \log \log n)$ time and linear space. Journal of Algorithms, 50: 96–105.

Stirling J. 1730. Methodus Differentialis. London.

第 2 章　图

　　图是贯穿于本书的一个基本组合结构, 本章不仅介绍基本定义和记号, 还要证明某些基本定理和算法.

　　2.1 节的基本定义介绍在本书中常常要碰到的概念: 树、圈和截, 并证明它们的一些重要性质和关系. 2.2 节中介绍树形集系统. 第一个图算法是判定连通分支和强连通分支的, 它出现在 2.3 节. 2.4 节证明在闭路径上通过每条边恰一次的欧拉定理. 最后, 在 2.5 节和 2.6 节考虑在平面上没有交叉的图.

2.1　基 本 定 义

　　无向图是一个三元结构 (V, E, Ψ), 其中 V 和 E 是有限集, $\Psi : E \to \{X \subseteq V : |X| = 2\}$. 有向图是一个三元组 (V, E, Ψ), 这里 V 和 E 是有限集, $\Psi : E \to \{(v, w) \in V \times V : v \neq w\}$. 单是一个图意指它可以是无向图或是有向图. V 的元素称作顶点, E 的元素称作边.

　　对于两条边 e, e', 若有 $\Psi(e) = \Psi(e')$, 则称它们是平行边. 不含有平行边的图称为简单图. 对于简单图, 可以将边 e 等价地记为 $\Psi(e)$, 并记 $G = (V(G), E(G))$, 这里 $E(G) \subseteq \{X \subseteq V(G) : |X| = 2\}$ 或 $E(G) \subseteq V(G) \times V(G)$. 即使在含有平行边时也常用这样的记号, 只是这时 "集" $E(G)$ 可能含有若干同样的元素. $|E(G)|$ 表示边的数目, 对两个边集 E 和 F 不论是否有平行边, 总是有 $|E \dot{\cup} F| = |E| + |F|$.

　　称边 $e = \{v, w\}$ 或 $e = (v, w)$ 连接 v 和 w. 此时 v 和 w 是邻接的. v 是 w 的邻点 (反之亦然). v 和 w 是 e 的端点. 如果 v 是边 e 的一个端点, 就称 v 和 e 是关联的. 在有向的情况下, 称 $e = (v, w)$ 离开 v (e 的尾) 和进入 w (e 的头). 两条边若共同具有至少一个端点, 就说它们是邻接的.

　　图的术语不是唯一的, 有时端点也称作节点或点. 边的其他称呼有弧 (特别是在有向情况时) 或线. 在有些文献里, 图即是我们所说的简单无向图, 当有平行边时称它们作多重图. 有时也会考虑边的两个端点重合的情况, 这样的边称作环边, 但除非特别说明, 否则我们是不考虑它们的.

　　对于有向图 G, 有时要考虑基础无向图, 即一个无向图 G', 它与原图有同样的顶点集, 并且对应于 G 的边 (v, w) 有边 $\{v, w\}$, 也称 G 是 G' 的定向图.

　　图 $G = (V(G), E(G))$ 的一个子图是图 $H = (V(H), E(H))$, 满足 $V(H) \subseteq V(G)$ 和 $E(H) \subseteq E(G)$, 这时也称 G 含有 H. H 是 G 的一个导出子图, 如果它是 G 的一个

子图且 $E(H) = \{\{x, y\}$ 或 $(x, y) \in E(G) : x, y \in V(H)\}$, 这里 H 是由 $V(H)$ 所导出的 G 的子图, 也记 $H = G[V(H)]$. G 的子图 H 称作**支撑子图**, 如果 $V(H) = V(G)$.

若 $v \in V(G)$, 记被 $V(G) \setminus \{v\}$ 导出的 G 的子图为 $G - v$. 如果 $e \in E(G)$, 定义 $G - e := (V(G), E(G) \setminus \{e\})$. 此外, 当一条新的边 e 被加入, 则简记成 $G + e := (V(G), E(G) \,\dot\cup\, \{e\})$. 如果有两个图 G 和 H, 则记 $G + H$ 是这样的图, 它的顶点集 $V(G + H) = V(G) \cup V(H)$, 而边集 $E(G + H)$ 是 $E(G)$ 和 $E(H)$ 的不交的并.

两个图 G 和 H 被称作是同构的, 如果存在双射 $\Phi_V : V(G) \to V(H)$ 和 $\Phi_E : E(G) \to E(H)$ 使得对所有 $(v, w) \in E(G)$ 成立 $\Phi_E((v, w)) = (\Phi_V(v), \Phi_V(w))$, 或是在无向情况时对所有 $\{v, w\} \in E(G)$ 成立 $\Phi_E(\{v, w\}) = \{\Phi_V(v), \Phi_V(w)\}$. 我们通常不去区分同构图, 比如称 G 包含 H 如果 G 有一个子图同构于 H.

设有一无向图 G, $X \subseteq V(G)$, 图被 X 收缩意指删去所有 X 中的顶点和 $G[X]$ 中的边, 然后添加一个新的顶点 x, 并将每一条边 $\{v, w\}$ 换成边 $\{x, w\}$ (平行边允许存在), 这里 $v \in X, w \notin X$. 对有向图也有类似的定义. 通常将得到的新的图记作 G/X.

对于图 G 和 $X, Y \subseteq V(G)$, 若 G 是无向图, 定义 $E(X, Y) := \{\{x, y\} \in E(G) : x \in X \setminus Y, y \in Y \setminus X\}$; 若 G 是有向图, 定义 $E^+(X, Y) := \{(x, y) \in E(G) : x \in X \setminus Y, y \in Y \setminus X\}$. 对于无向图 G 和 $X \subseteq V(G)$, 又定义 $\delta(X) := E(X, V(G) \setminus X)$, 且将 X 的**邻点集**定义为 $\Gamma(X) := \{v \in V(G) \setminus X : E(X, \{v\}) \neq \varnothing\}$. 而对有向图 G 和 $X \subseteq V(G)$, 定义 $\delta^+(X) := E^+(X, V(G) \setminus X)$, $\delta^-(X) := \delta^+(V(G) \setminus X)$ 和 $\delta(X) := \delta^+(X) \cup \delta^-(X)$, 有时也将图 G 写入下标 (即 $\delta_G(X)$) 来表示.

对于**单点集**, 即单个顶点的集合 $\{v\}$ ($v \in V(G)$), 记 $\delta(v) := \delta(\{v\})$, $\Gamma(v) := \Gamma(\{v\})$, $\delta^+(v) := \delta^+(\{v\})$ 和 $\delta^-(v) := \delta^-(\{v\})$. 顶点 v 的**度**是 $|\delta(v)|$, 即是与 v 关联的边的条数. 对于有向的情况, 则称 $|\delta^-(v)|$ 是**入度**, $|\delta^+(v)|$ 是**出度**, 度则是 $|\delta^+(v)| + |\delta^-(v)|$. 一个顶点 v 的度若是零, 则称之为**孤立点**, 一个图中所有顶点的度皆为 k 时, 就称为 **k-正则图**.

对任一图, 有 $\sum_{v \in V(G)} |\delta(v)| = 2|E(G)|$, 因此, 度为奇数的顶点必有偶数个, 在有向图中, 必有 $\sum_{v \in V(G)} |\delta^+(v)| = \sum_{v \in V(G)} |\delta^-(v)|$ 成立. 为证明这两个论断, 只需注意到在第一个方程里, 图的每一条边在方程两边都出现了两次, 而在第二个方程的两边均只出现了一次. 另外, 不难证明下面这个有用的结论:

引理 2.1 对于一有向图 G 和任两个顶点集 $X, Y \subseteq V(G)$, 有

(a) $|\delta^+(X)| + |\delta^+(Y)| = |\delta^+(X \cap Y)| + |\delta^+(X \cup Y)| + |E^+(X, Y)| + |E^+(Y, X)|$;

(b) $|\delta^-(X)| + |\delta^-(Y)| = |\delta^-(X \cap Y)| + |\delta^-(X \cup Y)| + |E^+(X, Y)| + |E^+(Y, X)|$.

对于一个无向图 G 和任两个顶点集 $X, Y \subseteq V(G)$, 有

(c) $|\delta(X)| + |\delta(Y)| = |\delta(X \cap Y)| + |\delta(X \cup Y)| + 2|E(X, Y)|$;

(d) $|\Gamma(X)| + |\Gamma(Y)| \geqslant |\Gamma(X \cap Y)| + |\Gamma(X \cup Y)|$.

证明　所有结论都可通过简单的运算来证明. 令 $Z := V(G) \setminus (X \cup Y)$, 对于 (a), 我们有 $|\delta^+(X)| + |\delta^+(Y)| = |E^+(X, Z)| + |E^+(X, Y \setminus X)| + |E^+(Y, Z)| + |E^+(Y, X \setminus Y)| = |E^+(X \cup Y, Z)| + |E^+(X \cap Y, Z)| + |E^+(X, Y \setminus X)| + |E^+(Y, X \setminus Y)| = |\delta^+(X \cup Y)| + |\delta^+(X \cap Y)| + |E^+(X, Y)| + |E^+(Y, X)|.$

对于 (b), 只需将 (a) 中的每条边用它的逆向替代 (即用 (w, v) 替代 (v, w)) 就可证得. 对于 (c) 只需将 (a) 中的每条边 $\{v, w\}$ 用两条有向边 (v, w) 和 (w, v) 替代即可.

对于 (d), 有 $|\Gamma(X)| + |\Gamma(Y)| = |\Gamma(X \cup Y)| + |\Gamma(X) \cap \Gamma(Y)| + |\Gamma(X) \cap Y| + |\Gamma(Y) \cap X| \geqslant |\Gamma(X \cup Y)| + |\Gamma(X \cap Y)|.$　　　　　□

一个函数 $f : 2^U \to \mathbb{R}$ (这里 U 是有限集而 2^U 表示它的幂集) 被称作

– 子模函数, 如果 $f(X \cap Y) + f(X \cup Y) \leqslant f(X) + f(Y)$ 对所有 $X, Y \subseteq U$ 成立;

– 超模函数, 如果 $f(X \cap Y) + f(X \cup Y) \geqslant f(X) + f(Y)$ 对所有 $X, Y \subseteq U$ 成立;

– 模函数, 如果 $f(X \cap Y) + f(X \cup Y) = f(X) + f(Y)$ 对所有 $X, Y \subseteq U$ 成立.

故由引理 2.1 可知 $|\delta^+|, |\delta^-|, |\delta|$ 和 $|\Gamma|$ 均是子模函数, 这在后面是非常有用的.

完全图是一个简单无向图, 其中每一对顶点都是邻接的. 将具有 n 个顶点的完全图记作 K_n. 一个简单无向图 G 的**补图** H 系指 $G + H$ 是一完全图.

简单无向图 G 中的一个 **匹配** 是两两不交的边集 (即它们的端点都是不同的). G 中的一个 **顶点覆盖** 是这样的顶点集 $S \subseteq V(G)$ 使得 G 中的每一条边都与 S 中至少一个顶点关联. G 中的一个 **边覆盖** 是边集 $F \subseteq E(G)$ 使得 G 中的每一个顶点都与 F 中至少一条边关联. G 中的一个 **稳定集** 是两两不邻接的顶点的集合, 一个图若不含任何边被称作**空图**. **团**是两两邻接的顶点的集合.

命题 2.2　令 G 是一图, $X \subseteq V(G)$, 则下面三个叙述是等价的:

(a) X 是 G 的一个顶点覆盖;

(b) $V(G) \setminus X$ 是 G 中的一个 稳定集;

(c) $V(G) \setminus X$ 是 G 的补图中的一个团.　　　　　□

设 $\mathcal{F}$ 是一个集族或图族, 称 F 是 $\mathcal{F}$ 的一个 **极小元**, 如果 $\mathcal{F}$ 包含 F 但不包含 F 的任一真子集/真子图. 同样, F 是 $\mathcal{F}$ 的一个 **极大元**, 如果 $F \in \mathcal{F}$ 但 F 不是 $\mathcal{F}$ 中任一元的真子集/真子图. 当我们说最小元或最大元, 则是指它的基数最小/最大.

例如, 一个极小顶点覆盖不必是最小顶点覆盖 (见图 13.1), 一个极大匹配通常也不是最大匹配. 寻找无向图中最大匹配、稳定集或团、最小顶点覆盖或最小边覆盖等问题将在后面几章中起到重要的作用.

一个无向图 G 的 **线图** 是这样的图 $(E(G), F)$, 这里 $F = \{\{e_1, e_2\} : e_1, e_2 \in E(G), |e_1 \cap e_2| = 1\}$, 显然, 图 G 中的匹配对应着 G 的线图中的稳定集.

设 G 是一有向或无向图, G 中的一个 **边链** W 是序列 $v_1, e_1, v_2, \cdots, v_k, e_k, v_{k+1}$, 满足 $k \geqslant 0$, $e_i = (v_i, v_{i+1}) \in E(G)$ 或 $e_i = \{v_i, v_{i+1}\} \in E(G)$ $(i = 1, \cdots, k)$. 若

再满足 $e_i \neq e_j$ 对所有 $1 \leqslant i < j \leqslant k$ 成立, 则 W 被称为是 G 中的一条途径, 若 $v_1 = v_{k+1}$ 则 W 是闭途径.

路是这样的图 $P = (\{v_1, \cdots, v_{k+1}\}, \{e_1, \cdots, e_k\})$, 其中 $v_i \neq v_j (1 \leqslant i < j \leqslant k+1)$, 且序列 $v_1, e_1, v_2, \cdots, v_k, e_k, v_{k+1}$ 是一条途径. P 也被称作是一条从 v_1 到 v_{k+1} 的路或记作 v_1-v_{k+1} 路. v_1 和 v_{k+1} 是 P 的端点. 我们用记号 $P_{[x,y]}$ $(x, y \in V(P))$ 表示 P 的 (唯一) 子图, 它是一条 x-y 路. 等价地, 存在一条从顶点 v 到顶点 w 的边链当且仅当存在 v-w 路.

回路或圈是这样的图 $(\{v_1, \cdots, v_k\}, \{e_1, \cdots, e_k\})$, 其中序列 $v_1, e_1, v_2, \cdots, v_k$, e_k, v_1 是一条 (闭) 途径且 $v_i \neq v_j$ $(1 \leqslant i < j \leqslant k)$. 显见一个闭途径的边可以被分拆成若干个回路 (圈) 的边集.

一条路或回路 (圈) 的长度是指它所含有的边数, 如果它是 G 的一个子图, 就称它是 G 中的一条路或回路 (圈). G 中的支撑路被称作哈密尔顿路, 同样, G 的支撑回路称作哈密尔顿圈或是环游, 含有哈密尔顿圈的图是哈密尔顿图.

对两个顶点 v 和 w, 用 $\mathrm{dist}(v, w)$ 或 $\mathrm{dist}_G(v, w)$ 来表示 G 中最短 v-w 路的长度 (即从 v 到 w 的距离). 若不存在 v-w 路, 此即从 v 不可能到达 w, 则令 $\mathrm{dist}(v, w) := \infty$, 在无向边的情况下 $\mathrm{dist}(v, w) = \mathrm{dist}(w, v)$ 对所有 $v, w \in V(G)$ 成立.

常会用到价值函数 $c : E(G) \to \mathbb{R}$, 对 $F \subseteq E(G)$, 记 $c(F) := \sum_{e \in F} c(e)$ (令 $c(\varnothing) = 0$), 这样就将 c 扩展成了模函数 $c : 2^{E(G)} \to \mathbb{R}$. 又记 $\mathrm{dist}_{(G,c)}(v, w)$ 为 G 中所有 v-w 路 P 上的最小 $c(E(P))$.

2.2 树, 圈和截

设 G 为一无向图, 若对任两顶点 $v, w \in V(G)$ 都存在一条 v-w 路, 则称 G 是连通的, 否则 G 就是不连通的, G 的极大连通子图称作它的连通分支. 有时将连通分支和导出它们的顶点集等同起来, 一个顶点集 X 被称作是连通的, 如果由 X 导出的子图是连通的. 对于顶点 v, 若 $G - v$ 较 G 有更多的连通分支, 则称是截点, 一条边 e 被称作是桥, 如果 $G - e$ 较 G 有更多的连通分支.

不含圈 (作为它的子图) 的无向图称作森林, 连通的森林称作树, 树中度为 1 的顶点称作叶子, 至多一个顶点不是叶子的树称作星.

下面将给出树和它的有向形式 (即树形图) 的某些等价特征, 为此需要下面的连通性准则:

命题 2.3 (a) 无向图 G 是连通的当且仅当 $\delta(X) \neq \varnothing$ 对所有 $\varnothing \neq X \subset V(G)$ 成立.

(b) 设 G 是一有向图, $r \in V(G)$, 则对每一 $v \in V(G)$ 存在 r-v 路当且仅当 $\delta^+(X) \neq \varnothing$ 对所有满足 $r \in X$ 的 $X \subset V(G)$ 成立.

证明   (a) 如果存在这样的 $X \subset V(G)$ 满足 $r \in X, v \in V(G) \setminus X$ 和 $\delta(X) = \varnothing$, 此即不存在 r-v 路, 故 G 是不连通的. 另一方面, 如果 G 是不连通的, 则对某两顶点 r 和 v 不存在 r-v 路, 记 R 是从 r 可以到达的顶点的集合, 就有 $r \in R, v \notin R$ 且 $\delta(R) = \varnothing$.

(b) 可以被类似地证明.   □

定理 2.4   设 G 是具有 n 个顶点的无向图, 则下列几个结论是等价的:

(a) G 是树 (即是连通且不含圈的).

(b) G 有 $n-1$ 条边且不含圈.

(c) G 有 $n-1$ 条边且是连通的.

(d) G 是极小连通图 (即每条边都是桥).

(e) G 是满足对所有 $\varnothing \neq X \subset V(G)$ 都有 $\delta(X) \neq \varnothing$ 成立的极小图.

(f) G 是一个极大无圈图 (即添加任一条边就会产生圈).

(g) 对任意一对顶点, G 中含有连接它们的唯一一条路.

证明   (a)$\Rightarrow$(g) 因任意两条具有相同端点的路的并中必含有圈, 故可推得. (g)$\Rightarrow$(e)$\Rightarrow$(d) 由命题 2.3(a) 即得. (d)$\Rightarrow$(f) 是显然的. (f)$\Rightarrow$(b)$\Rightarrow$(c) 因为对于含有 n 个顶点、m 条边以及 p 个连通分支的森林而言, 有 $n = m + p$(对 m 进行归纳法证明即可), 故可推得. (c)$\Rightarrow$(a) 设 G 是含有 $n-1$ 条边的连通图, 若在 G 中存在圈, 在每一圈中删去一条边来破坏此圈, 假设删去了 k 条边后得到的图 G' 仍是连通但不含圈, 则 G' 含有 $m = n-1-k$ 条边, 所以 $n = m + p = n-1-k+1$, 从而 $k = 0$.
                                                                                          □

特别地, (d)$\Rightarrow$(a) 表示一个图是连通的当且仅当它含有支撑树 (一个为树的支撑子图).

一个有向图是连通的, 如果它的基础无向图是连通的, 一个有向图是一个分枝如果它的基础无向图是森林且每个顶点 v 至多只有一条入边, 一个连通的分枝称为树形图. 由定理 2.4 知, 具有 n 个顶点的树形图有 $n-1$ 条边, 因此恰有一个顶点 r 对应的 $\delta^-(r) = \varnothing$, 这个顶点称作根, 也可说这个树形图根植于 r, 对应 $\delta^+(v) = \varnothing$ 的顶点 v 称作叶子.

定理 2.5   设 G 是有 n 个顶点的有向图, 则下面几个叙述是等价的:

(a) G 是根植于 r 的树形图 (即是一连通分枝且 $\delta^-(r) = \varnothing$).

(b) G 是有 $n-1$ 条边的分枝且 $\delta^-(r) = \varnothing$.

(c) G 有 $n-1$ 条边且每个顶点可从 r 到达.

(d) 每个顶点可从 r 到达, 但删去任一条边后就破坏了这一性质.

(e) G 是对所有满足 $r \in X$ 的 $X \subset V(G)$ 都有 $\delta^+(X) \neq \varnothing$ 的极小图.

(f) $\delta^-(r) = \varnothing$ 且对任一 $v \in V(G) \setminus \{r\}$, 存在唯一的 r-v 路.

(g) $\delta^-(r) = \varnothing$, 而对任一 $v \in V(G) \setminus \{r\}$, 成立 $|\delta^-(v)| = 1$, 且 G 不含圈.

证明 (a)⇒(b) 和 (c)⇒(d) 可从定理 2.4 得到.

(b)⇒(c) 因为 $|\delta^-(v)| = 1$ 对任一 $v \in V(G) \setminus \{r\}$ 成立, 所以对任一 v 我们有一条 r-v 路 (从 v 开始循着入边寻找上一个点直到到达 r 为止).

(d)⇒(e) 由命题 2.3(b) 可得.

(e)⇒(f) 由 (e) 中的极小性可知 $\delta^-(r) = \varnothing$, 同时, 由命题 2.3(b) 知, 对每一个顶点 v 都存在一条 r-v 路, 若对某个顶点 v, 有两条互异的 r-v 路 P 和 Q, 令 e 是 P 中最后一条不属于 Q 的边, 则删去 e 后每个顶点仍可由 r 达到, 由命题 2.3(b), 这与 (e) 中的极小性矛盾.

(f)⇒(g)⇒(a) 这是显然的. □

无向图 G 中的一个 **截** 是对应于某个 $\varnothing \neq X \subset V(G)$ 的边集 $\delta(X)$. 对于有向图 G, 如果 $\varnothing \neq X \subset V(G)$ 且 $\delta^-(X) = \varnothing$, 即没有边进入 X, 则称 $\delta^+(X)$ 是一个 **有向截**.

称一个边集 $F \subseteq E(G)$ **分离**了两个顶点 s 和 t, 如果在 G 中 t 是可以从 s 到达但在 $(V(G), E(G) \setminus F)$ 中却不可到达. 在有向图中, 边集 $\delta^+(X)$ (满足 $s \in X$ 和 $t \notin X$) 被称作一个 s-t **截**. 在无向图中的一个 s-t 截是对应某个 $X \subset V(G)$ 的截 $\delta(X)$, 它满足 $s \in X$ 和 $t \notin X$. 在有向图中 r-截是对应于满足 $r \in X$ 的某个 $X \subset V(G)$ 的边集 $\delta^+(X)$.

在有向图中, 我们用 **无向路、无向圈和无向截** 来表示在它的基础无向图中分别对应于路. 圈和截的子图.

引理 2.6 (Minty, 1960) 设 G 是一有向图, $e \in E(G)$, 若给 e 着黑色, 其他边着红色、黑色或绿色, 则下面两个结论有且仅有一个成立:

(a) 存在一个包含 e 的 无向圈, 此圈中的边仅着红色和黑色, 且所有着黑色的边有相同的方向.

(b) 存在一个包含 e 的 无向截, 此截中的边仅着绿色和黑色, 且所有着黑色的边有相同的方向.

证明 设 $e = (x, y)$, 给 G 的顶点按下面过程标号, 首先标 y, 当 v 已被标号而 w 尚未标时, 若出现的是黑色边 (v, w)、红色边 (v, w) 或是红色边 (w, v), 就给 w 标号, 且记 $\mathrm{pred}(w) := v$.

当标号过程停止时, 有下面两种可能性:

情形 1. x 被标号, 则 $x, \mathrm{pred}(x), \mathrm{pred}(\mathrm{pred}(x)), \cdots, y$ 形成一个无向圈且满足性质 (a).

情形 2. x 不被标号, 令 R 表示所有已被标号的顶点集, 显然, 无向截 $\delta^+(R) \cup \delta^-(R)$ 具有性质 (b).

假设 (a) 中的无向圈 C 和 (b) 中的无向截 $\delta^+(X) \cup \delta^-(X)$ 同时存在, 则此圈和截的 (非空) 交集里均是黑色边, 这些黑边在 C 中有同一方向, 而又都离开 X 或

都进入 X, 这是不可能的.   □

一个有向图被称作是强连通的, 如果对任意 $s, t \in V(G)$, 均同时存在从 s 到 t 的路和从 t 到 s 的路. 有向图的强连通分支是指极大强连通子图.

推论 2.7 在有向图 G 中, 每一条边或是属于一有向圈或是属于一有向截, 且下面三个叙述等价:

(a) G 是强连通的.

(b) G 不含有向截.

(c) G 是连通的且 G 的每一条边属于一个圈.

证明 第一个结论由引理 2.6 通过对所有边都着黑色即可证得, 同时也证明了 (b)⇒(c).

(a)⇒(b) 由命题 2.3(b) 即可证得.

(c)⇒(a) 令 $r \in V(G)$ 是任一顶点, 证明对每一个 $v \in V(G)$, 存在一条 r-v 路, 若否, 则由命题 2.3(b) 知, 存在 $X \subset V(G)$ 使得 $r \in X$ 且 $\delta^+(X) = \varnothing$, 因 G 是连通的, 有 $\delta^+(X) \cup \delta^-(X) \neq \varnothing$ (由命题 2.3(a)), 所以可取 $e \in \delta^-(X)$, 从而 e 不属于任一圈, 因为没有边离开 X.   □

推论 2.7 和定理 2.5 说明: 一个有向图是强连通的当且仅当对每个顶点 v, 此图含有一棵根植于 v 的支撑树形图.

一个有向图若不含有向圈则称为无圈图, 由推论 2.7 即得, 一个有向图是无圈的当且仅当它的每条边属于一有向截. 此外, 一个有向图是无圈的当且仅当它的强连通分支是单元集. 无圈有向图的顶点可以被如下排序:

定义 2.8 设 G 是一有向图, G 的拓扑序是这样的顶点序 $V(G) = \{v_1, \cdots, v_n\}$, 使得若边 $(v_i, v_j) \in E(G)$, 则必有 $i < j$.

命题 2.9 一个有向图有拓扑序当且仅当它是无圈的.

证明 如果一个有向图有圈, 显然它没有拓扑序, 相反的证明用对边数的归纳法证之. 若边集为空, 则每个序都是拓扑序. 否则, 令 $e \in E(G)$, 由推论 2.7, e 属于一有向截 $\delta^+(X)$, 然后将 $G - X$ 的拓扑序跟在 $G[X]$ 的拓扑序后面 (这两个拓扑序的存在是由归纳法假设) 就得到 G 的拓扑序.   □

圈和截在代数图论中也扮演着重要的角色, 对图 G, 对应着向量空间 $\mathbb{R}^{E(G)}$, 它的元素是维数为 $|E(G)|$ 的向量 $(x_e)_{e \in E(G)}$, 在下面将讨论两个特别重要的子空间 (Berge, 1985).

设 G 是一有向图, 令 G 中每一无向圈 C 对应一个向量 $\zeta(C) \in \{-1, 0, 1\}^{E(G)}$, 它的分量是: 若 $e \notin E(C)$, 则 $\zeta(C)_e = 0$, 若 $e \in E(C)$, 置 $\zeta(C)_e \in \{-1, 1\}$, 使得当重新改变取 $\zeta(C)_e = -1$ 的边 e 的方向时得到一个有向回路. 类似地, 将 G 中每一个无向截 $D = \delta(X)$ 对应一向量 $\zeta(D) \in \{-1, 0, 1\}^{E(G)}$, 它的分量是: 若 $e \notin D$, 置 $\zeta(D)_e = 0$; 若 $e \in \delta^-(X)$, 置 $\zeta(D)_e = -1$; 若 $e \in \delta^+(X)$, 置 $\zeta(D)_e = 1$. 提请注意的是这些向量在忽略一个乘子 -1 的前提下是严格定义的, 然而, 由 G 中伴随无向

圈的向量所形成的子空间 $\mathbb{R}^{E(G)}$ 和伴随无向截的向量所形成的子空间是严格定义的, 它们分别被称之为 G 中的 **圈空间** 和 **余圈空间**.

命题 2.10 圈空间和余圈空间是互相正交的.

证明 设 C 是任一无向圈, $D = \delta(X)$ 是任一无向截, 欲证 $\zeta(C)$ 和 $\zeta(D)$ 的数积为零. 因为每一边的方向改变不影响此数积, 故可以假设 C 是一有向圈, 但这样一来此圈中进入 X 的边数与离开 X 的边数一样多, 即可证得. $\qquad\square$

下面将证明圈空间和余圈空间的维数之和是 $|E(G)|$, 即图 G 的向量空间的维数. 一个无向圈集 (无向截集) 被称作一个 **圈基** (一个 **余圈基**), 如果由它们对应的向量组分别是圈空间 (余圈空间) 的基. 令 G 是一有向或无向图, T 是不含无向圈的极大子图, 对每一 $e \in E(G) \setminus E(T)$, 将 $T + e$ 中唯一的无向圈称作 e 关于 T 的 **基本圈**, 同样, 对每一 $e \in E(T)$, 存在集 $X \subseteq V(G)$ 使 $\delta_G(X) \cap E(T) = \{e\}$ (考虑 $T - e$ 的一个分支), 称 $\delta_G(X)$ 是 e 关于 T 的 **基本截**.

定理 2.11 设 G 是一有向图, T 是一个不含无向圈的极大子图, 则 $|E(G) \setminus E(T)|$ 个关于 T 的基本圈形成 G 的一个圈基, 同样, $|E(T)|$ 个关于 T 的基本截形成 G 的一个余圈基.

证明 因为每一个基本圈都包含一个不属于其他任一基本圈的元素, 所以对应于的基本圈集的向量组是线性无关的. 对于截也有同样的结论, 由命题 2.10, 这两个子空间是互相正交的, 故它们的维数之和不会超过 $|E(G)| = |E(G) \setminus E(T)| + |E(T)|$. $\qquad\square$

基本截有一个非常好的性质, 以后将会经常用到它, 现在就来讨论. 设 T 是一有向图, 它的基础无向图是一棵树, 考虑集族 $\mathcal{F} := \{C_e : e \in E(T)\}$, 这里对每一 $e = (x, y) \in E(T)$, 记 C_e 表示含有 y 的 $T - e$ 的连通分支 (故 $\delta(C_e)$ 是 e 关于 T 的基本截), 如果 T 是一个树形图, 则 $\mathcal{F}$ 的任意两元或者不交, 或者一个是另一个的子集, 通常 $\mathcal{F}$ 至少是下面所定义的不交族.

定义 2.12 一个 **集合系统** 是二元组 $(U, \mathcal{F})$, 这里 U 是一个非空有限集, $\mathcal{F}$ 是 U 的一个子集族, 若对任意两集 $X, Y \in \mathcal{F}$, 下面四个集合 $X \setminus Y$, $Y \setminus X$, $X \cap Y$, $U \setminus (X \cup Y)$ 中至少一个是空集, 则称 $(U, \mathcal{F})$ 是 **不交族**. 若对任意两集 $X, Y \in \mathcal{F}$, 三个集合 $X \setminus Y$, $Y \setminus X$, $X \cap Y$ 中至少一个是空的, 则称 $(U, \mathcal{F})$ 是 **嵌套族**.

在文献里集合系统也称作 **超图**, 图 2.1(a) 中, $\{\{a\}, \{b, c\}, \{a, b, c\}, \{a, b, c, d\}, \{f\}, \{f, g\}\}$ 表示嵌套族, 嵌套族有时也称作 **可套族**.

一个集合系统 $(U, \mathcal{F})$ 是否嵌套族是不依赖于 U 的, 所以通常简单地说 $\mathcal{F}$ 是嵌套族, 然而, 一个集合系统是否不交族可能依赖于基础集 U, 若 U 含有一个不属于 $\mathcal{F}$ 中任一子集的元素, 则 $\mathcal{F}$ 是不交族当且仅当它是嵌套族. 设 $r \in U$ 是任一元素, 则由定义可直接得到: 一个集合系统 $(U, \mathcal{F})$ 是不交族当且仅当

$$\mathcal{F}' := \{X \in \mathcal{F} : r \notin X\} \cup \{U \setminus X : X \in \mathcal{F}, r \in X\}$$

是嵌套族, 因此不交族有时被描绘为似嵌套族, 例如, 图 2.2(a) 显示一不交族 $\{\{b,c,d,e,f\},\{c\},\{a,b,c\},\{e\},\{a,b,c,d,f\},\{e,f\}\}$, 图中方框对应的是含有其外部所有点的子集.

有向树引出不交族, 其逆亦真, 每一个不交族可以被如下意义上的树所表示:

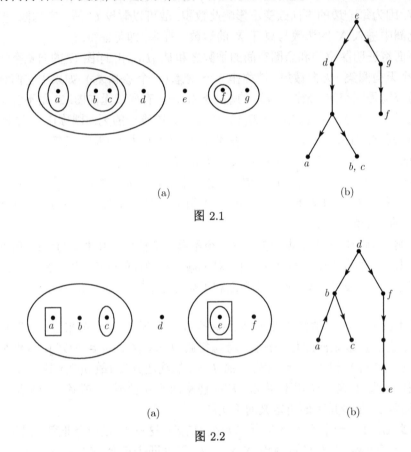

(a)   (b)

图 2.1

(a)   (b)

图 2.2

定义 2.13   令 T 是一有向图, 它的基础图是树, 又设 U 是一有限集且 $\varphi : U \to V(T)$, 令 $\mathcal{F} := \{S_e : e \in E(T)\}$, 这里对 $e = (x, y)$, 定义

$$S_e := \{s \in U : \varphi(s) 与 y 在 T\text{-}e 的同一连通分支中 \}$$

则 (T, φ) 被称作 $(U, \mathcal{F})$ 的一个 树表示.

图 2.1(b) 和图 2.2(b) 分别是此定义的例子.

命题 2.14   令 $(U, \mathcal{F})$ 是具有 树表示 (T, φ) 的一个集合系统, 则 $(U, \mathcal{F})$ 是 不交族; 如果 T 是一个树形图, 则 $(U, \mathcal{F})$ 是 嵌套族. 反之, 每个不交族都有一树表示, 且对每一嵌套族, 一个树形图 T 能被选到.

证明 如果 (T, φ) 是 $(U, \mathcal{F})$ 的一个树表示, $e = (v, w)$, $f = (x, y) \in E(T)$, 就有一条 T 中的无向 v-x 路 P(不计方向). 有下面四种情况: 若 $w, y \notin V(P)$, 则 $S_e \cap S_f = \varnothing$ (因 T 不含回路); 若 $w \notin V(P)$ 而 $y \in V(P)$, 则 $S_e \subseteq S_f$; 若 $y \notin V(P)$ 而 $w \in V(P)$, 则 $S_f \subseteq S_e$; 若 $w, y \in V(P)$, 则 $S_e \cup S_f = U$, 因此 $(U, \mathcal{F})$ 是不交族. 如果 T 是树形图, 那么最后一种情况就不可能发生 (否则, P 的至少一个顶点有两条入边), 故 $\mathcal{F}$ 是嵌套族.

为证明反向情况, 首先假定 $\mathcal{F}$ 是嵌套族, 定义 $V(T) := \mathcal{F} \,\dot\cup\, \{r\}$,

$$E(T) := \{(X, Y) \in \mathcal{F} \times \mathcal{F} : X \supset Y \neq \varnothing \text{ 且不存在} Z \in \mathcal{F} \text{ 使} X \supset Z \supset Y\}$$
$$\cup \{(r, Z) : Z = \varnothing \in \mathcal{F} \text{ 或 } Z \text{ 是 } \mathcal{F} \text{ 的一个极大元}\}.$$

记 $\varphi(x) := X$, 这里 X 是 $\mathcal{F}$ 中含有 x 的极小集; 和 $\varphi(x) := r$, 如果 x 不属于 $\mathcal{F}$ 中任一元, 显然, T 是一棵根植于 r 的树形图, 且 (T, φ) 是 $\mathcal{F}$ 的一个树表示.

现在令 $\mathcal{F}$ 是 U 的子集的一个不交族, $r \in U$, 由上面所述,

$$\mathcal{F}' := \{X \in \mathcal{F} : r \notin X\} \cup \{U \setminus X : X \in \mathcal{F}, r \in X\}$$

是嵌套族, 记 (T, φ) 是 $(U, \mathcal{F}')$ 的一个树表示, 则对于边 $e \in E(T)$, 有三种情况: 若 $S_e \in \mathcal{F}$ 且 $U \setminus S_e \in \mathcal{F}$, 用两条边 (x, z) 和 (y, z) 代替边 $e = (x, y)$, 这里 z 是一个新的顶点; 若 $S_e \notin \mathcal{F}$ 而 $U \setminus S_e \in \mathcal{F}$, 用 (y, x) 代替 $e = (x, y)$; 若 $S_e \in \mathcal{F}$ 而 $U \setminus S_e \notin \mathcal{F}$, 则不作任何变动, 记 T' 为最终得到的图, 则 (T', φ) 是 $(U, \mathcal{F})$ 的一个树表示. □

上述结果是由 Edmonds 和 Giles (1977) 提出的, 但可能他们还不是最早的.

推论 2.15 U 的嵌套族至多含有 $2|U|$ 个各异子集, U 的不交族至多含有 $4|U| - 2$ 个各异子集.

证明 首先考察 U 中各异非空真子集组成的一个嵌套族 $\mathcal{F}$, 欲证 $|\mathcal{F}| \leqslant 2|U| - 2$. 记 (T, φ) 为一个树表示, 这里 T 是一个树形图, 它的顶点数尽可能地少, 对每个顶点 $w \in V(T)$, 或有 $|\delta^+(w)| \geqslant 2$, 或存在 $x \in U$ 使 $\varphi(x) = w$, 或两者皆成立 (对于根, 由 $U \notin \mathcal{F}$ 推得; 对于叶子, 由 $\varnothing \notin \mathcal{F}$ 推得; 对其他顶点, 由 T 的极小性推得).

对某一 $x \in U$ 至多能有 $|U|$ 个顶点 w 满足 $\varphi(x) = w$ 和至多有 $\left\lfloor \frac{|E(T)|}{2} \right\rfloor$ 个顶点 w 满足 $|\delta^+(w)| \geqslant 2$, 故 $|E(T)| + 1 = |V(T)| \leqslant |U| + \frac{|E(T)|}{2}$, 从而有 $|\mathcal{F}| = |E(T)| \leqslant 2|U| - 2$.

现在设 $(U, \mathcal{F})$ 是一个不交族且 $\varnothing, U \notin \mathcal{F}$, 令 $r \in U$, 因为

$$\mathcal{F}' := \{X \in \mathcal{F} : r \notin X\} \cup \{U \setminus X : X \in \mathcal{F}, r \in X\}$$

是嵌套族, 有 $|\mathcal{F}'| \leqslant 2|U| - 2$, 从而 $|\mathcal{F}| \leqslant 2|\mathcal{F}'| \leqslant 4|U| - 4$, 再加上 $\varnothing$ 和 U 是 $\mathcal{F}$ 的可能元素, 就证得此推论成立. □

2.3 连 通 性

连通性是图论中一个非常重要的概念. 对于很多问题, 只需考虑连通图的情况就可以了, 因为总可以在从图中分离出来的连通分支上解此问题, 所以寻找图的连通分支是一项基本的工作. 下面的算法是寻找一条从一个特殊顶点 s 到所有其他可从 s 到达的顶点的路, 不论此路是有向的或无向的. 在无向情况下, 它构造了一棵含有 s 的极大树. 在有向时, 它构造了一棵根植于 s 的极大树形图.

图扫描算法

输入：图 G (有向或无向) 和某个顶点 s.

输出：从 s 可到达的顶点集 R, 以及集 $T \subseteq E(G)$ 使 (R,T) 是一棵根植于 s 的 树形图或树.

① 置 $R := \{s\}$, $Q := \{s\}$, $T := \varnothing$.

② 若 $Q = \varnothing$, 则停止,

　　　　　否则, 选择 $v \in Q$.

③ 选择 $w \in V(G) \setminus R$ 使 $e = (v,w) \in E(G)$ 或 $e = \{v,w\} \in E(G)$.

　若 不存在这样的 w 则 置 $Q := Q \setminus \{v\}$ 并 返回 ②.

④ 置 $R := R \cup \{w\}$, $Q := Q \cup \{w\}$, $T := T \cup \{e\}$. 返回 ②.

命题 2.16　图扫描算法是正确的.

证明　在任一时刻 (R,T) 是树或是根植于 s 的树形图. 假设在结束时有一顶点 $w \in V(G) \setminus R$ 且是从 s 可到达的, 令 P 是一条 s-w 路, 又设 $\{x,y\}$ 或 (x,y) 是 P 中一条边且 $x \in R$, $y \notin R$, 因为 x 已被加入 R 中, 在算法执行过程中它也已同时被加入 Q 中, 故当 x 没有从 Q 中被移出前算法是不可能停止的, 而在 ③ 中要被从中移出, 只有不存在这样的边 $\{x,y\}$ 或 (x,y), 这里 $y \notin R$. 　□

因为这是本书中第一个图算法, 所以我们要讨论某些执行方面的问题. 首先图是如何给出的. 有几种方式, 例如, 一种是将矩阵的行对应每个顶点, 列对应每条边. 无向图的关联矩阵是 $A = (a_{v,e})_{v \in V(G), e \in E(G)}$, 这里

$$a_{v,e} = \begin{cases} 1 & \text{若 } v \in e \\ 0 & \text{若 } v \notin e \end{cases}$$

有向图 G 的关联矩阵是 $A = (a_{v,e})_{v \in V(G), e \in E(G)}$, 其中

$$a_{v,(x,y)} = \begin{cases} -1 & \text{若 } v = x \\ 1 & \text{若 } v = y \\ 0 & \text{若 } v \notin \{x,y\} \end{cases}$$

因为每列仅含两个非零元素, 所以这样的方式不是很精炼的, 因储存一个矩阵的空间需 $O(nm)$, 这里 $n := |V(G)|$, $m := |E(G)|$.

一种较好的方式是矩阵的行和列都对应顶点集, 一个简单图 G 的邻接矩阵是 0-1 矩阵 $A = (a_{v,w})_{v,w \in V(G)}$, 其中 $a_{v,w} = 1$ 当且仅当 $\{v, w\} \in E(G)$ 或 $(v, w) \in E(G)$, 对于含有平行边的图, 定义 $a_{v,w}$ 是从 v 到 w 的边数, 一个简单图的邻接矩阵需要 $O(n^2)$ 个单元.

如果一个图是稠密图, 即具有 $\Theta(n^2)$ 条边 (或更多), 那么使用邻接矩阵是恰当的. 对于稀疏图, 即仅有 $O(n)$ 条边, 可做得更好. 除了存入顶点数外仅需储存边的列表, 对每一条边记录它的端点, 如果提及某个顶点是用 1 到 n 的数表示, 那么对每条边所需的储存单元是 $O(\log n)$, 因此总共需 $O(m \log n)$ 个储存单元.

按任意的序储存边是非常不合适的, 大部分的图算法要求寻找与某一给出边相关联的顶点, 因此可以给出对应于每个顶点的关联边的表, 在有向图情况下则有两个表, 分别对应进入的边和离开的边, 这样的数据结构被称之为 邻接表, 它是图中最常用的. 对于直接进入每个顶点表格的边, 用它们的顶点来指明, 所以要另加 $O(n \log m)$ 个储存单元, 故而对于一邻接表所需的储存单元总数是 $O(n \log m + m \log n)$. 在本书中, 一种算法在输入图时总是用邻接表给出.

至于基本运算时间 (见 1.2 节), 假设在顶点和边上的基本运算仅取常数时间, 这里包括扫描一条边, 确定它的端点和邻接表中进入的顶点. 运行时间用参数 n 和 m 来衡量, 若算法运行时间是 $O(m + n)$, 就被认为是 线性 时间算法.

我们总是用 n 和 m 表示图的顶点数和边数, 不失一般性, 对大部分图算法, 总假设图是简单的和连通的, 因此 $n - 1 \leqslant m < n^2$. 若有平行边, 通常将它们考虑作一条边, 对于不同的连通分支, 常常独立地分析它们, 这些预先进行的工作能在线性时间内完成, 见习题 2.13 和下面命题.

现在分析图扫描算法的运行时间:

命题 2.17 图扫描算法能在 $O(m + n)$ 时间内完成运行, 图的连通分支 能在线性时间内被确定.

证明 假定图 G 由邻接表给出, 对每一顶点 x, 引入一个指标 current(x), 表示在邻接表中属于 $\delta(x)$ 或 $\delta^+(x)$ 的所有边 (这个表是输入的一部分), 初始 current(x) 放置表中第一个元素, 在 ③ 中指向是朝前移动的, 当表中的末端被到达, x 就从 Q 中移出且不再重新进入, 所以总的运行时间是与顶点数与边数之和成比例的, 即 $O(n + m)$.

对于图中连通分支的识别, 同样用此算法并判断是否 $R = V(G)$. 若是, 则图是连通的; 否则 R 是一连通分支, 再将算法用到 (G, s') 上, 这里 $s' \in V(G) \setminus R$(这样的迭代直到所有顶点均被扫描过, 即都加到 R 中去为止), 因为没有一条边被扫描两次, 所以总的运行时间仍是线性的. $\square$

一个有趣的问题是, 在 ③ 中, 迭代的顺序是如何被选定的, 显然, 若不说明如何在 ② 中选 $v \in Q$, 就不能确定这个序. 有两个方法是常用的, 它们分别被称为深探法 (DFS) 和广探法 (BFS). 在 DFS 中取进入 Q 中的最后一元 $v \in Q$, 换言之, Q 可视作一个 LIFO 堆积 (后进先出), 而在 BFS 中则是选取最早进入 Q 中的元 $v \in Q$, 这时 Q 被视作 FIFO 排列 (先进先出).

一种类似于DFS的算法在 1900 年前已被 Trémaux 和 Tarry 所描述 (König, 1936), BFS 是被 Moore (1959) 首先提及. 被 DFS 和 BFS 计算出的树 (在有向时是树形图) (R, T) 分别称作 DFS 树 和 BFS 树, 对 BFS 树, 我们有下面重要的性质:

命题 2.18　一棵 BFS 树含有从 s 到每个可到达顶点的最短路, 对每一 $v \in V(G)$, 其最短路值 $\mathrm{dist}_G(s, v)$ 能在线性时间内被决定.

证明　应用 BFS 到 (G, s) 并加上两个标识: 初始时 (图扫描算法中的 ①) 置 $l(s) := 0$, 而在 ④ 中, 置 $l(w) := l(v) + 1$. 显然, 在算法的任一步都有: 对所有 $v \in R$ 成立 $l(v) = \mathrm{dist}_{(R,T)}(s, v)$, 并且, 若 v 是当前扫描的顶点 (即在 ② 中选到的点), 则在此时不存在 $w \in R$ 使满足 $l(w) > l(v) + 1$ (因为顶点是按 l 值的非降序被扫描的).

假如当算法终结时有一顶点 $w \in V(G)$ 使 $\mathrm{dist}_G(s, w) < \mathrm{dist}_{(R,T)}(s, w)$, 又令 w 是 G 中从 s 到达的满足此不等式的最小距离, 令 P 是 G 中最短 s-w 路, $e = (v, w)$ 或 $e = \{v, w\}$ 是 P 中最后一条边, 则有 $\mathrm{dist}_G(s, v) = \mathrm{dist}_{(R,T)}(s, v)$ 且 e 不属于 T, 同时有 $l(w) = \mathrm{dist}_{(R,T)}(s, w) > \mathrm{dist}_G(s, w) = \mathrm{dist}_G(s, v) + 1 = \mathrm{dist}_{(R,T)}(s, v) + 1 = l(v) + 1$, 这个不等式结合上面的叙述证明了当 v 从 Q 中移出时 w 不属于 R, 但由于边 e 的存在, 这与 ③ 是矛盾的.　　　　　　　　　　　　　　　　　　　　□

这个结论也可从求解最短路问题的 DIJKSTRA 算法中得到, 这个算法可看作 BFS 在边具有非负权重的情况下的推广 (见 7.1 节).

现在来看如何识别有向图的强连通分支, 当然, 这可以通过将 DFS (或 BFS) 方法使用 n 次而得到, 然而我们可以通过访问每条边仅两次就寻找到强连通分支:

强连通分支算法

输入: 有向图 G.

输出: 函数 $\mathrm{comp} : V(G) \to \mathbb{N}$ 表明 强连通分支 的组成.

---

① 置 $R := \varnothing$. $N := 0$.

② 对 所有 $v \in V(G)$ 执行: 若 $v \notin R$, 则执行 VISIT1(v).

③ 置 $R := \varnothing$. $K := 0$.

④ 对 $i := |V(G)|$ 递减到 1 执行:
　　若 $\psi^{-1}(i) \notin R$, 则置 $K := K + 1$ 并执行VISIT2$(\psi^{-1}(i))$.

VISIT1(v)

① 置 $R := R \cup \{v\}$.

② 对 所有满足 $(v,w) \in E(G)$ 的 $w \in V(G) \setminus R$, 执行 VISIT1 (w).

③ 置 $N := N + 1$, $\psi(v) := N$ 和 $\psi^{-1}(N) := v$.

VISIT2(v)

① 置 $R := R \cup \{v\}$.

② 对 所有满足 $(w,v) \in E(G)$ 的 $w \in V(G) \setminus R$, 执行 VISIT2(w).

③ 置 $\mathrm{comp}(v) := K$.

图 2.3 是一例: 在第一轮 DFS 扫描时按顶点序 a, g, b, d, e, f 产生了一树形图, 见中图, 顶点旁的数字是对应的 ψ 标号, 顶点 c 是唯一不能从 a 到达的, 它对应了最高标号 $\psi(c) = 7$. 在第二轮 DFS 时从 c 开始但不能通过逆向边到达任何别的顶点, 所以此过程从 a 开始继续下去, 因为 $\psi(a) = 6$. 现在 b, g 和 f 能被到达, 最后 e 可从 d 到达, 我们得到的强连通分支为 $\{c\}$, $\{a, b, f, g\}$ 和 $\{d, e\}$.

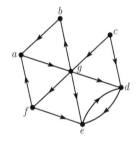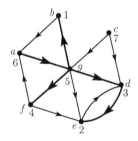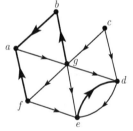

图 2.3

简言之, 第一次 DFS 被用来寻找合适的编号, 第二次 DFS 在逆图中进行, 此时顶点按所编号的降序来检查. 第二个 DFS 森林 的连通分支是一个 反树形图, 它是从一个树形图的每条边逆向而形成, 下面将证明这些反树形图等同于强连通分支.

定理 2.19 强连通分支算法在线性时间内识别出 强连通分支.

证明 算法的运行时间显然是 $O(n+m)$. 再者, 同一强连通分支上的顶点总是在两个 DFS 森林的同一分支上, 所以它们有相同的 comp 值. 只需证当两个顶点 u 和 v 满足 $\mathrm{comp}(u) = \mathrm{comp}(v)$ 时它们实际上位于同一强连通分支上. 令 $r(u)$ 和 $r(v)$ 是分别从 u 和 v 可达到的具有最高 ψ 标号的顶点, 因为 $\mathrm{comp}(u) = \mathrm{comp}(v)$, 即 u 和 v 位于第二次 DFS 森林的同一反树形图上, 记 $r := r(u) = r(v)$ 是这一反树形图的根, 故 r 是可同时从 u 和 v 到达的.

因 r 可从 u 到达, 故 $\psi(r) \geqslant \psi(u)$, 所以在第一次 DFS 时 r 不会在 u 以后加入 R, 且在第一个 DFS 森林中含有一条 r-u 路, 换言之, u 是可从 r 到达的. 类似, v 也是可从 r 到达的. 故 u 可从 v 到达, 反之亦然, 此即证明了 u 和 v 属同一个强连通分支. □

有意思的是, 这个算法还解决了另一个问题: 寻找一个无圈有向图的拓扑序. 显然, 将任一有向图的强连通分支收缩掉就形成一个无圈有向图, 由命题 2.9 知, 这个无圈有向图有一拓扑序, 事实上, 这个序已由强连通分支算法中的数 $\mathrm{comp}(v)$ 给出:

定理 2.20 强连通分支算法决定了一个由收缩掉 G 的每一个强连通分支后得到的有向图的 *拓扑序*, 尤其是我们能在线性时间内或找出一个有向图的拓扑序, 或确定不存在拓扑序.

证明 令 X 和 Y 是有向图 G 的两个强连通分支, 又设它们在强连通分支算法中有 $\mathrm{comp}(x) = k_1$ 对任一 $x \in X$ 和 $\mathrm{comp}(y) = k_2$ 对任一 $y \in Y$ 成立, 且 $k_1 < k_2$, 我们欲证 $E_G^+(Y, X) = \varnothing$.

若存在一条边 $(y, x) \in E(G)$, 这里 $y \in Y$, $x \in X$. 因在算法的第二次 DFS 时 X 中所有顶点加入到 R 中比 Y 里第一个加入的顶点还要早, 所以当边 (y, x) 在第二次 DFS 中被扫描时已有 $x \in R$ 但 $y \notin R$, 这意味着 y 在 K 增加前已加入到 R 中, 与 $\mathrm{comp}(y) > \mathrm{comp}(x)$ 矛盾.

因此, 由强连通分支算法计算得到的 comp 值决定了将强连通分支收缩掉后得到的有向图的拓扑序, 定理的第二个结论由命题 2.9 可引出, 我们还推得: 一个有向图是无圈的当且仅当所有强连通分支是单元集. □

第一个判别强连通分支的线性时间算法是由 Tarjan (1972) 给出的, 寻找拓扑序 (或确定其不存在) 的问题则较早被 Kahn(1962), Knuth (1968) 解决. 不论是 BFS 或是 DFS, 均在许多其他的组合算法中作为子程序被调用, 在后面几章中将会看到一些例子.

有时我们感兴趣于较高的连通性. 令 $k \geqslant 2$, 对于一个含有多于 k 个顶点的无向图, 如果删去任意 $k-1$ 个顶点后它仍是连通的, 则称此图是 k-连通的. 一个至少含有两个顶点的图是 k-边连通的, 如果在删去任意 $k-1$ 条边后它仍是连通的. 所以, 含有至少三个顶点的连通图是 2-连通 (2-边连通) 的当且仅当它没有截点 (没有桥).

设 k 和 l 分别是使 G 为 k-连通和 l-边连通的最大值, 则分别称之为 G 的*顶点连通度* 和*边连通度*. 如果是连通的, 则也称之为 1-连通度 (1-边连通度), 一个不连通的图对应的顶点连通度和边连通度均为零.

一个无向图的 *块* 是它的不含截点的极大连通子图, 所以每一个块或者是一个极大 2-连通子图, 或者由一个桥或一个孤立点组成. 两个块至多有一个公共顶点, 属于两个或更多块的顶点是一个截点. 一个无向图的 *块* 能用类似于强连通分支算法的方法在线性时间内被确定, 见习题 2.16, 这里给出一关于 2-连通图的漂亮的构造性定理, 我们先从一单个顶点开始逐次添加耳朵来构造一个图:

定义 2.21 设 G 是一图 (有向或无向), G 的一个 **耳分解** 是指序列 $r, P_1, \cdots, P_k$ 使得 $G = (\{r\}, \varnothing) + P_1 + \cdots + P_k$, 这里每一个 P_i 或是端点属于 $\{r\} \cup V(P_1) \cup \cdots \cup V(P_{i-1})$ 的路, 或是恰有一个顶点属于 $\{r\} \cup V(P_1) \cup \cdots \cup V(P_{i-1})$ $(i \in \{1, \ldots, k\})$ 的圈.

$P_1, \cdots, P_k$ 被称为 **耳朵**. 若 $k \geqslant 1$, P_1 是长度至少为 3 的圈, 且 $P_2, \cdots, P_k$ 是路, 则耳分解称为是 **完全的**.

定理 2.22 (Whitney, 1932) 一个无向图是 2-连通 的当且仅当它有一个 完全耳分解.

证明 显然, 长度至少为 3 的圈是 2-连通的, 而若 G 是 2-连通的, 则 $G + P$ 也是, 这里 P 是一条 x-y 路, $x, y \in V(G)$ 且 $x \neq y$, 因删去任一顶点不会破坏连通性, 从而一个含有完全耳分解的图是 2-连通的.

反之, 设 G 是一 2-连通图, G' 是 G 的一个极大简单子图, 显然 G' 也是 2-连通的, 因此 G' 不是树, 即它含有圈. 由于是简单图, 故 G' 和 G 含有一个长度至少为 3 的回路, 令 H 是 G 的含有一个完全耳分解的极大子图, 这里 H 的存在性基于上面的分析.

若 H 不是支撑的, 由 G 的连通性可知, 存在边 $e = \{x, y\} \in E(G)$, 这里 $x \in V(H)$ 而 $y \notin V(H)$, 令 z 是 $V(H) \setminus \{x\}$ 中一个顶点, 因 $G - x$ 是连通的, 故存在 $G - x$ 中从 y 到 z 的路 P, 又令 z' 是此路上离开 y 后属于 $V(H)$ 的第一个顶点, 故 $P_{[y, z']} + e$ 可加到耳朵上去, 与 H 的极大性矛盾.

从而 H 是支撑的, 因 $E(G) \setminus E(H)$ 中的每一条边都可作为耳朵加进去, 故有 $H = G$. □

对于 2-边连通图和强连通有向图的类似特征见习题 2.17.

2.4 欧拉图和二部图

欧拉 关于 Königsberg 七桥问题的工作是图论的起源, 他证明了当一个图有多于两个顶点是奇数度时, 寻求走遍所有边恰是一次的问题是无解的.

定义 2.23 图 G 的一个 **欧拉途径** 是包含每条边的闭途径. 一个无向图 G 被称作是 **欧拉图**, 如果它的每个顶点的度是偶数; 一个有向图 G 是欧拉图, 如果对每个顶点 $v \in V(G)$, 有 $|\delta^-(v)| = |\delta^+(v)|$.

虽然欧拉既没有证明它的充分性, 也没有直接考虑闭途径的情况, 但下面的著名结果通常仍归与他.

定理 2.24 (Euler, 1736; Hierholzer, 1873) 一个连通图含有欧拉途径当且仅当它是欧拉图.

证明 必要性是显然的. 充分性则由下面算法可证得 (定理 2.25). □

　　算法的输入仅限连通欧拉图. 注意到可在线性时间内检验图的连通性 (定理 2.17) 和是否欧拉图 (显然的), 算法首先选取一个起始顶点, 然后用递归过程. 先对无向图来描述此算法:

欧拉算法

输入: 无向连通 欧拉图 G.

输出: G 中一个欧拉途径 W.

---

① 任选 $v_1 \in V(G)$. 执行 $W := \text{EULER}(G, v_1)$.

$\text{EULER}(G, v_1)$

① 置 $W := v_1$ $x := v_1$.

② 若 $\delta(x) = \varnothing$, 则进入 ④.

　　　　　　否则, 令 $e \in \delta(x)$, 且记 $e = \{x, y\}$.

③ 置 $W := W, e, y$ 和 $x := y$. 置 $E(G) := E(G) \setminus \{e\}$ 返回 ②.

④ 令 $v_1, e_1, v_2, e_2, \cdots, v_k, e_k, v_{k+1}$ 是序列 W.

　　对 $i := 1$ 到 k 执行: 置 $W_i := \text{EULER}(G, v_i)$.

⑤ 置 $W := W_1, e_1, W_2, e_2, \cdots, W_k, e_k, v_{k+1}$. 输出 W.

　　对有向图, ② 应由下面代替:

② 若 $\delta^+(x) = \varnothing$, 则进入 ④.

　　　　　　否则, 令 $e \in \delta^+(x)$, 且记 $e = (x, y)$.

定理 2.25　　欧拉 算法是正确的. 它的运行时间是 $O(m+n)$, 这里 $n = |V(G)|$, $m = |E(G)|$.

证明　　对 $|E(G)|$ 用归纳法证之. 当 $E(G) = \varnothing$ 时是平凡的. 因为度的条件, 当 ④ 被执行时, 有 $v_{k+1} = x = v_1$, 所以 W 是个闭途径, 令此时的图 G 为 G', 则 G' 也满足度约束. 对每一条边 $e \in E(G')$, 存在一个最小的 $i \in \{1, \cdots, k\}$ 使得 e 与 v_i 在 G' 的同样的连通分支里, 则由归纳法假设, e 属于 W_i, 所以在 ⑤ 中形成的闭途径 W 实际上是一欧拉途径.

　　运行时间为线性的则是因为每条边在检查后被随即删去了. $\qquad\square$

　　欧拉 算法 将在以后章节中作为子程序而多次被调用. 有时我们有兴趣于用添加或收缩掉一些边来构造欧拉图. 设 G 是一无向图, F 是 $V(G)$ 的无序点对集 (可以是边, 也可以不是边), 若 $(V(G), E(G) \,\dot{\cup}\, F)$ 是欧拉图, 则称 F 是**奇连接**, 若从 G 中逐个收缩掉边 $e \in F$ 后得到的图是欧拉图, 则称 F 是**奇覆盖**, 这两个概念在下面意义上是等价的.

定理 2.26 (Aoshima, Iri, 1977) 设 G 是一无向图, 则

(a) 每个奇连接是奇覆盖.

(b) 每个极小奇覆盖是一个奇连接.

证明 证 (a). 设 F 是奇连接, 通过在 G 中收缩掉 $(V(G), F)$ 的连通分支来构造图 G', 每一个连通分支包含偶数个奇度顶点 (关于 F, 也关于 G, 因 F 是奇连接), 所以所得的图仅有偶度, 从而 F 是一奇覆盖.

证 (b). 令 F 是一极小奇覆盖, 由极小性, $(V(G), F)$ 是一森林, 欲证对每一 $v \in V(G)$ 有 $|\delta_F(v)| \equiv |\delta_G(v)| \pmod 2$. 设 $v \in V(G)$, 记 $C_1, \cdots, C_k$ 是 $(V(G), F) - v$ 中这样的连通分支, 它含有一顶点 w 使 $\{v, w\} \in F$, 因 F 是森林, 故 $k = |\delta_F(v)|$.

因 F 是奇覆盖, 在 G 中收缩掉 $X := V(C_1) \cup \cdots \cup V(C_k) \cup \{v\}$ 后生成一个偶度顶点, 即 $|\delta_G(X)|$ 是偶数. 另一方面, 因 F 的极小性, $F \setminus \{\{v, w\}\}$ 不是一个奇覆盖 (对任一满足 $\{v, w\} \in F$ 的 w), 故 $|\delta_G(V(C_i))|$ 是奇数 $(i = 1, \cdots, k)$, 因

$$\sum_{i=1}^{k} |\delta_G(V(C_i))| = |\delta_G(X)| + |\delta_G(v)| - 2|E_G(\{v\}, V(G) \setminus X)| + 2 \sum_{1 \leqslant i < j \leqslant k} |E_G(C_i, C_j)|$$

我们断定 k 有与 $|\delta_G(v)|$ 同样的奇偶性. □

在 12.2 节将重新回到构造欧拉图的问题.

一个无向图 G 的二划分是顶点集的一个划分 $V(G) = A \dot\cup B$, 使得由 A 和 B 导出的子图都是空的. 一个图若有二划分, 则称为二部图, 具有顶点集 $V(G) = A \dot\cup B$, $|A| = n$, $|B| = m$ 和边集 $E(G) = \{\{a, b\} : a \in A, b \in B\}$ 的简单二部图 G 被记为 $K_{n,m}$(完全二部图), 当写 $G = (A \dot\cup B, E(G))$ 时, 即意味着 $G[A]$ 和 $G[B]$ 均是空的.

命题 2.27 (König, 1916)   一个无向图是二部图当且仅当它不含奇圈. 存在一线性时间算法, 使得对于给出的无向图 G, 或寻找出它的一个二划分, 或找出一个奇圈.

证明 设 G 是二部图, $V(G) = A \dot\cup B$, 一个闭途径 $v_1, e_1, v_2, \cdots, v_k, e_k, v_{k+1}$ 给出了 G 中某个圈, 不失一般性, 令 $v_1 \in A$, 则 $v_2 \in B$, $v_3 \in A$, 以此类推, 即有 $v_i \in A$ 当且仅当 i 是奇但 $v_{k+1} = v_1 \in A$, 故 k 必是偶.

下证充分性. 设 G 是连通的, 因为一个图是二部图当且仅当每个连通分支也是二部图 (而连通分支能在线性时间内被确定, 见命题 2.17), 选取一个任意顶点 $s \in V(G)$, 应用 BFS 到 (G, s) 以使对每一个 $v \in V(G)$ 得到从 s 到 v 的距离 (见命题 2.18), 令 T 是得到的 BFS 树, 定义 $A := \{v \in V(G) : \mathrm{dist}_G(s, v)$ 为偶$\}$ 和 $B := V(G) \setminus A$.

若存在边 $e = \{x, y\}$ 在 $G[A]$ 或 $G[B]$ 中, 则在 T 中的 x-y 路与 e 一起就形成了 G 中的一个奇圈, 与已知矛盾, 故不存在这样的边, 我们得到的是一个二划分. □

2.5　可平面性

我们常在平面上画图, 一个图称为平面图, 如果它能被画成任意两条边不相交. 为说清这个概念, 需下面的拓扑术语:

定义 2.28　一条 *简单约当曲线* 是一连续单映射函数 $\varphi : [0,1] \to \mathbb{R}^2$ 的像, 曲线的端点是 $\varphi(0)$ 和 $\varphi(1)$. 一条 *闭约当曲线* 是连续函数 $\varphi : [0,1] \to \mathbb{R}^2$ 的像, 且 $\varphi(0) = \varphi(1)$, $\varphi(\tau) \neq \varphi(\tau')$ $(0 \leqslant \tau < \tau' < 1)$. 一条 *折线* 是简单的约当曲线, 它是有限个区间 (直线段) 的并, *多边形* 则是有限个区间的并的闭约当曲线.

令 $R = \mathbb{R}^2 \setminus J$, 这里 J 是有限多个区间的并, 定义 R 的 *连通域* 是这样的等价类, R 中两个点是等价的, 如果它们能被 R 中的一条折线所连接.

定义 2.29　一个图 G 的 *平面嵌入* 是由一个单射 $\psi : V(G) \to \mathbb{R}^2$ 和对应每一边 $e = \{x,y\} \in E(G)$ 的折线 J_e 连同端点 $\psi(x)$, $\psi(y)$ 所组成, 使得对每个 $e = \{x,y\} \in E(G)$ 都成立:

$$(J_e \setminus \{\psi(x),\psi(y)\}) \cap \left(\{\psi(v) : v \in V(G)\} \cup \bigcup_{e' \in E(G)\setminus\{e\}} J_{e'} \right) = \varnothing$$

一个图被称作平面图, 如果它有一平面嵌入.

设 G 是具有某个确定平面嵌入 $\Phi = (\psi, (J_e)_{e \in E(G)})$ 的平面图, 从平面上移去点和折线后余下的部分

$$R := \mathbb{R}^2 \setminus \left(\{\psi(v) : v \in V(G)\} \cup \bigcup_{e \in E(G)} J_e \right)$$

分割成几个开的连通域, 称作 Φ 的面.

例如, K_4 显然是平面图而 K_5 则不是平面图. 习题 23 表明了我们用折线代替任意约当曲线其实没有本质上的区别. 稍后将看到, 对于简单图仅考虑直线段就足够了.

我们的目的是刻画平面图的特征 (Thomassen, 1981), 首先证明下面的拓扑事实, 这是约当曲线定理的一个描述:

定理 2.30　若 J 是多边形, 则 $\mathbb{R}^2 \setminus J$ 分割成恰是两个连通域, 其中每一个以 J 为边界. 若 J 是折线, 则 $\mathbb{R}^2 \setminus J$ 仅有一个连通域.

证明　令 J 是一多边形, $p \in \mathbb{R}^2 \setminus J$, $q \in J$, 则存在 $(\mathbb{R}^2 \setminus J) \cup \{q\}$ 中的折线连接 p 和 q: 从 p 出发沿着指向 q 的直线前行直到靠近 J, 然后在 J 的附近继续前行 (用到基本拓扑事实, 即不交的紧集, 如这里 J 的不相邻区间, 彼此有正的距离), 从而断定 p 在 $\mathbb{R}^2 \setminus J$ 的同一连通域内可任意接近 q.

J 是有限多个区间的并, 这些区间中的一个或两个含有 q, 令 $\varepsilon > 0$ 使得以 q 为中心 ε 为半径的球不含其他区间的点, 则显然此球至多与两个连通域有交, 因 $p \in \mathbb{R}^2 \setminus J$ 和 $q \in J$ 是任取的, 故可断言最多有两个区域, 其中每一个区域含有 J 作为它的边界.

因为上面所述当 J 是折线和 q 是 J 的端点时也成立, 在这种情况下, $\mathbb{R}^2 \setminus J$ 仅有一个连通域.

回到 J 是多边形的情况, 剩下要证明的是 $\mathbb{R}^2 \setminus J$ 有多于一个的连通域, 对任一 $p \in \mathbb{R}^2 \setminus J$ 和任何角 α, 考虑从 p 出发夹角为 α 的射线 l_α, $J \cap l_\alpha$ 是一些点或闭区间的集合, 令 $cr(p, l_\alpha)$ 表示 J 从 l_α 的一侧进入而在另一侧离开的那些点或区间数 (J "穿过" l_α 的次数, 在图 2.4 中 $cr(p, l_\alpha) = 2$).

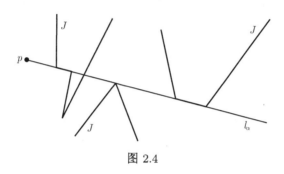

图 2.4

对任意 α,

$$\left| \lim_{\varepsilon \to 0, \, \varepsilon > 0} cr(p, l_{\alpha+\varepsilon}) - cr(p, l_\alpha) \right| + \left| \lim_{\varepsilon \to 0, \, \varepsilon < 0} cr(p, l_{\alpha+\varepsilon}) - cr(p, l_\alpha) \right|$$

是 $J \cap l_\alpha$ 中 J 在同一侧进入与离开的点或区间数的两倍. 因此 $g(p, \alpha) := (cr(p, l_\alpha) \bmod 2)$ 与 α 无关, 记之为 $g(p)$. 显然, 对那些位于不与 J 有交的直线段上的点 p, $g(p)$ 是常数, 所以它在每个域里面是常数. 然而, 对于点 p, q, 若连接 p 和 q 的直线段与 J 相交恰是一次, 则有 $g(p) \neq g(q)$, 因此, 实际上有两个域. □

这些面里恰有一个面, 即外部面, 是无界的.

命题 2.31 令 G 是具有一平面嵌入 Φ 的 2-连通图, 则每个面被一个圈所界, 且每条边恰在两个面的边界上, 再者, 面的总数是 $|E(G)| - |V(G)| + 2$.

证明 由定理 2.30, 若 G 是圈则显然为真. 对一般的 2-连通图, 用定理 2.22 对边数进行归纳法来证, 考虑 G 的一个真耳分解, 且令端点为 x 和 y 的路 P 是最后一个耳, 又令 G' 是最后一个耳加上去之前的图, 限制在 G' 上的 Φ 记为 Φ'.

令 $\Phi = (\psi, (J_e)_{e \in E(G)})$. F' 是 Φ' 的含有 $\bigcup_{e \in E(P)} J_e \setminus \{\psi(x), \psi(y)\}$ 的面, 由归纳法, F' 被圈 C 所界, 而 C 包含 x 和 y, 故 C 是 G' 中两条 x-y 路 Q_1, Q_2 的并. 现在对圈 $Q_1 + P$ 和 $Q_2 + P$ 用定理 2.30, 推出

$$F' \cup \{\psi(x), \psi(y)\} = F_1 \dot{\cup} F_2 \dot{\cup} \bigcup_{e \in E(P)} J_e$$

且 F_1 和 F_2 是分别被圈 $Q_1 + P$ 和 $Q_2 + P$ 所界的 G 的两个面. 因此 G 比 G' 多了一个面, 由 $|E(G) \setminus E(G')| = |V(G) \setminus V(G')| + 1$, 归纳法得证. □

这个证明是由 Tutte 给出的, 它也可容易地推出: 有限个面的圈边界组成了一个圈基 (习题 24). 命题 2.31 的最后一个结论称作欧拉公式, 它对一般连通图都成立:

定理 2.32 (Euler, 1758; Legendre, 1794)　对具有任意嵌入的任意平面连通图 G, 面的数目是 $|E(G)| - |V(G)| + 2$.

证明　我们已经对 2-连通图证明了这个结论 (命题 2.31). 此外, 如果 $|V(G)| = 1$ 则是平凡的, 又由定理 2.30, 当 $|E(G)| = 1$ 时结论是正确的. 若 $|V(G)| = 2$ 和 $|E(G)| \geqslant 2$, 则可以再分一条边 e, 从而将顶点数和边数都增加 1 而成为 2-连通图, 再用命题 2.31 可证得.

所以现在假设 G 有一截点 x, 并对顶点数用归纳法进行证明. 令 Φ 是 G 的一个嵌入, $C_1, \cdots, C_k$ 是 $G - x$ 的连通分支, 将限制在 $G_i := G[V(C_i) \cup \{x\}]$ 上的 Φ 记为 $\Phi_i, i = 1, \cdots, k$.

Φ 的内部 (有界) 面的集合是 Φ_i $(i = 1, \cdots, k)$ 内部面的集合的不交并, 将归纳法假设用到 (G_i, Φ_i) $i = 1, \cdots, k$, 就得到 (G, Φ) 的内部面的总数是

$$\sum_{i=1}^{k} (|E(G_i)| - |V(G_i)| + 1) = |E(G)| - \sum_{i=1}^{k} |V(G_i) \setminus \{x\}| = |E(G)| - |V(G)| + 1$$

加上外部面就完成了证明. □

特别指出, 面的数目与嵌入是无关的. 下面的结论可推得一个简单平面图的平均度小于 6.

推论 2.33　令 G 是 2-连通简单平面图, 它的最小圈的长度是 k (也称 G 有围长 k), 则 G 至多有 $(n-2)\frac{k}{k-2}$ 条边. 任何含有 $n \geqslant 3$ 个顶点的简单平面图至多有 $3n - 6$ 条边.

证明　首先假设 G 是 2-连通的, G 的某个嵌入 Φ 已给出, 令 r 是面的数目, 由欧拉公式 (定理 2.32), $r = |E(G)| - |V(G)| + 2$. 由命题 2.31, 每个面被一圈所界, 即被至少 k 条边所界, 而每条边是恰在两个面上, 因此 $kr \leqslant 2|E(G)|$. 结合这两个结果就得 $|E(G)| - |V(G)| + 2 \leqslant \frac{2}{k}|E(G)|$, 推出 $|E(G)| \leqslant (n-2)\frac{k}{k-2}$.

如果 G 不是 2-连通的, 在不邻接的顶点之间添上边, 使之成为 2-连通且保持平面性, 再由第一部分的结论, 可推得至多 $(n-2)\frac{3}{3-2}$ 条边 (包含新的边在内). □

现在来证实确有非平面图.

推论 2.34　K_5 和 $K_{3,3}$ 都是非平面图.

证明　直接由推论 2.33 可得: K_5 有五个顶点但有 $10 > 3 \cdot 5 - 6$ 条边; $K_{3,3}$ 是 2 连通的, 围长为 4 而边数是 $9 > (6-2)\frac{4}{4-2}$. □

图 2.5 显示了这两个图, 它们是最小的非平面图, 我们将证明每个非平面图必含有 K_5 或 $K_{3,3}$, 为此需下面的概念:

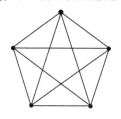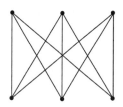

图 2.5

定义 2.35　令 G 和 H 是两个无向图, G 是 H 的 **子式** 是指, 若存在 H 的子图 H' 和将它分成连通子图的顶点集的划分 $V(H') = V_1 \,\dot{\cup}\, \cdots \,\dot{\cup}\, V_k$, 使得收缩掉 $V_1, \cdots, V_k$ 后生成一个与 G 同构的图.

换言之, G 是 H 的一个子式, 如果它能从 H 被一系列如下的运算所得到: 删去一个顶点, 删去一条边或是收缩掉一条边. 因为这些运算中没有一个会破坏平面性, 所以平面图的任何一个子式仍是平面图, 因此一个含有 K_5 或 $K_{3,3}$ 作为子式的图不会是平面图. Kuratowski 定理说明其逆也真. 首先考虑 3-连通图, 并且介绍下面引理 (这是Tutte 的被称之为车轮定理的核心).

引理 2.36 (Tutte, 1961; Thomassen, 1980)　令 G 是含有至少五个顶点的 3-连通图, 则存在边 e 使 G/e 仍是 3-连通的.

证明　假设不存在这样的边, 则对任一边 $e = \{v, w\}$, 存在顶点 x 使得 $G - \{v, w, x\}$ 是不连通的, 即有一个连通分支 C, 满足 $|V(C)| < |V(G)| - 3$, 选择 e, x 和 C 使 $|V(C)|$ 为最小.

x 在 C 中必有一邻点 y, 因若否, 则 C 是 $G - \{v, w\}$ 的一个连通分支 (与 G 是 3-连通矛盾), 由假设, $G/\{x, y\}$ 不是 3-连通的, 即存在顶点 z 使 $G - \{x, y, z\}$ 是不连通的, 因 $\{v, w\} \in E(G)$, 存在 $G - \{x, y, z\}$ 的一连通分支 D 不含有 v 和 w.

但 D 含有 y 的邻点 d, 因为若否则 D 是 $G - \{x, z\}$ 的一连通分支 (再次与 G 是 3-连通矛盾), 故 $d \in V(D) \cap V(C)$, 从而 D 是 C 的子图, 因 $y \in V(C) \setminus V(D)$, 与 $|V(C)|$ 是最小矛盾.　$\square$

定理 2.37 (Kuratowski, 1930; Wagner, 1937)　一个 3-连通图是平面图当且仅当它不含 K_5 和 $K_{3,3}$ 作为子式.

证明　必要性是显然的 (见上面所述), 下面证明充分性. 因为 K_4 显然是平面图, 对顶点数用归纳法来证: 设 G 是一顶点数多于四的 3-连通图, 但不含 K_5 和 $K_{3,3}$ 作为子图.

由引理 2.36, 存在边 $e = \{v, w\}$ 使 G/e 是 3-连通的, 令 $\Phi = \left(\psi, (J_e)_{e \in E(G)}\right)$ 是 G/e 的一个平面嵌入, 它的存在性由归纳法保证. 设 x 是 G/e 中被收缩掉 e 后得到的顶点, 考虑 Φ 作为 $(G/e) - x$ 的平面嵌入, 因 $(G/e) - x$ 是 2-连通的, 每个面被一圈所界 (命题 2.31), 记含有点 $\psi(x)$ 的面是被圈 C 所界.

令 $y_1, \cdots, y_k \in V(C)$ 是 v 的相异于 w 的邻点, 它们将 C 分成边不交的路 P_i, $i = 1, \cdots, k$, 使得 P_i 是一条 y_i-y_{i+1} 路 $(y_{k+1} := y_1)$.

若存在一下标 $i \in \{1, \cdots, k\}$ 使 $\Gamma(w) \subseteq \{v\} \cup V(P_i)$, 则 G 的一个平面嵌入能容易地被修正 Φ 构造出来.

下面将证明所有其他的情况是不可能出现的. 首先, 若 w 有三个邻点在 $y_1, \cdots, y_k$ 中, 我们就有一 K_5 子式 (图 2.6(a)).

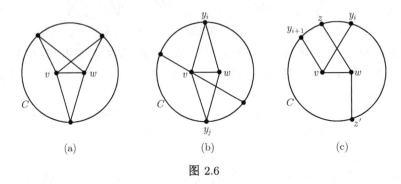

(a)   (b)   (c)

图 2.6

第二种情形, 若对 $i < j$ 有 $\Gamma(w) = \{v, y_i, y_j\}$, 则必然有 $i+1 < j$ 和 $(i, j) \neq (1, k)$(否则 y_i 和 y_j 将都在 P_i 或 P_j 上), 见图 2.6(b). 最后一个情形, 对某 i 有 w 的一个邻点 z 在 $V(P_i) \setminus \{y_i, y_{i+1}\}$ 中和另一邻点 $z' \notin V(P_i)$ (图 2.6(c)), 而对这两种情形都有 C 上四个点 y, z, y', z' 满足 $y, y' \in \Gamma(v)$ 和 $z, z' \in \Gamma(w)$, 即有一个 $K_{3,3}$ 子式.   □

这个证明直接推得每个 3-连通简单平面图有一平面嵌入, 它的每条边是被一直线所嵌入, 它的每个面 (外部面除外) 是凸的 (习题 27(a)). Kuratowski 定理的一般情况能被极大 3-连通子图的平面嵌入聚合起来而归约到 3-连通情形, 或借助下面的引理:

引理 2.38 (Thomassen, 1980)   设 G 是含有至少五个顶点的图, 它不是 3-连通的, 也不含有 K_5 和 $K_{3,3}$ 作为它的子式, 则存在两个不相邻的顶点 $v, w \in V(G)$ 使得 $G + e$ 不含 K_5 或 $K_{3,3}$ 作为子式, 这里 $e = \{v, w\}$ 是条新边.

证明   对 $|V(G)|$ 用归纳法. 设 G 如上述, 若 G 是不连通的, 可以添加一条边 e 连接两个不同的连通分支, 故总可假设 G 是连通的. 因 G 不是 3-连通的, 所以存在一个仅含两个顶点的集合 $X = \{x, y\}$ 使 $G - X$ 是不连通的 (若 G 还不是 2-连通的, 可以选择 x 为一截点而 y 是 x 的邻点). 令 C 是 $G - X$ 的一个连通分支, 记 $G_1 := G[V(C) \cup X]$ 和 $G_2 := G - V(C)$. 首先证明:

断言   令 $v, w \in V(G_1)$ 是这样两个顶点, 使得将边 $e = \{v, w\}$ 添加到 G 中后产生了一个 $K_{3,3}$ 或 K_5 子式, 则 $G_1 + e + f$ 和 $G_2 + f$ 中至少一个含有一个 K_5 或 $K_{3,3}$ 子式, 这里 f 是连接 x 和 y 的新边.

为证明这个论断, 令 $v, w \in V(G_1)$, $e = \{v, w\}$ 且假设存在 $G + e$ 的不交的连通顶点集 $Z_1, \cdots, Z_t$, 使将它们中的每一个收缩后得到一个 K_5 $(t = 5)$ 或 $K_{3,3}$ $(t = 6)$ 子图.

需提及的是, 对 $i, j \in \{1, \cdots, t\}$, $Z_i \subseteq V(G_1) \setminus X$ 和 $Z_j \subseteq V(G_2) \setminus X$ 是不可能的, 因在这个情况下, 满足 $Z_k \cap X \neq \emptyset$ 的那些 Z_k(至多两个) 分离了 Z_i 和 Z_j, 这与 K_5 和 $K_{3,3}$ 是 3-连通的事实矛盾.

因此只有两种情况: 若 $Z_1, \cdots, Z_t$ 中没有一个是 $V(G_2) \setminus X$ 的子集, 则 $G_1 + e + f$ 含有一个 K_5 或是 $K_{3,3}$ 作为子式 (考虑 $Z_i \cap V(G_1)$ $(i = 1, \cdots, t)$).

同样, 若 $Z_1, \cdots, Z_t$ 中没有一个是 $V(G_1) \setminus X$ 的子集, 则 $G_2 + f$ 含有一个 K_5 或是 $K_{3,3}$ 作为子式 (考虑 $Z_i \cap V(G_2)$ $(i = 1, \cdots, t)$).

断言已被证明, 现在先讨论 G 含有一个截点 x 且 y 是 x 的邻点的情况, 选择 x 的第二个邻点 z 使得 y 和 z 在 $G - x$ 的不同连通分支上, 不失一般性, 设 $z \in V(G_1)$, 若边 $e = \{y, z\}$ 的增加产生了 K_5 或 $K_{3,3}$ 子式, 由上面的断言, $G_1 + e$ 和 G_2 中至少一个含有 K_5 或 $K_{3,3}$ 子式 (边 $\{x, y\}$ 已经存在), 但另一方面, G_1 或 G_2, 从而 G 含有一个 K_5 或 $K_{3,3}$ 子式, 与假设矛盾.

因此, 假设 G 是 2-连通的, 取 $x, y \in V(G)$ 使 $G - \{x, y\}$ 是不连通的. 若 $\{x, y\} \notin E(G)$, 就简单地添加边 $f = \{x, y\}$, 如果产生了 K_5 或 $K_{3,3}$ 子式, 断言推出 $G_1 + f$ 或 $G_2 + f$ 含有这样的子式, 因在 G_1, G_2 中都存在 x-y 路 (否则将有一 G 的截点), 这就推得在 G 中存在 K_5 或 $K_{3,3}$ 子式, 矛盾.

故而可以假设 $f = \{x, y\} \in E(G)$. 又设 G_i $(i \in \{1, 2\})$ 中至少一个不是平面图. 则这个 G_i 有至少五个顶点, 因为它不含有 K_5 或 $K_{3,3}$ 子式 (否则也是 G 的子式), 由定理 2.37 可得 G_i 不是 3-连通的, 所以能将归纳法假设用到 G_i 上, 由断言, 若添加边到 G_i 中不导出 G_i 中的 K_5 或 $K_{3,3}$ 子式, 它也就不会导出 G 中这样的子式.

所以可以假设 G_1 和 G_2 都是平面图, 令 Φ_1 和 Φ_2 是平面嵌入, 又令 F_i 是 Φ_i 的一个面且 f 是它的边界, 令 z_i 是 F_i 的边界上的点, $z_i \notin \{x, y\}$ $(i = 1, 2)$. 我们可推断添加边 $\{z_1, z_2\}$ (见图 2.7) 不会导致产生 K_5 或 $K_{3,3}$ 子式.

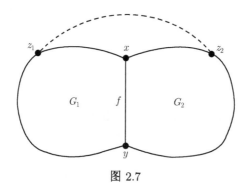

图 2.7

若不然, 添加 $\{z_1, z_2\}$ 并收缩掉某些不交的连通顶点集 $Z_1, \cdots, Z_t$ 将产生 K_5 ($t = 5$) 或 $K_{3,3}$ ($t = 6$) 子图.

首先假设至多一个集 Z_i 是 $V(G_1) \setminus \{x, y\}$ 的子集, 则在 G_2 中加入顶点 w 和添加从 w 到 x, y 及 z_2 的边后得到的图 G_2' 也含有 K_5 或 $K_{3,3}$ 子式 (因此 w 对应收缩集 $Z_i \subseteq V(G_1) \setminus \{x, y\}$). 这是不可能的, 因为有一个 G_2' 的平面嵌入, 恰是将 w 放置入 F_2 而增补 Φ_2.

所以假设 $Z_1, Z_2 \subseteq V(G_1) \setminus \{x, y\}$, 同样可以假设 $Z_3, Z_4 \subseteq V(G_2) \setminus \{x, y\}$, 不失一般性, 有 $z_1 \notin Z_1$ 和 $z_2 \notin Z_3$. 则没有 K_5, 因 Z_1 和 Z_3 是不邻接的. 同时, Z_1 和 Z_3 的公共邻点仅可能是 Z_5 和 Z_6, 因在 $K_{3,3}$ 中每一个稳定集有三个公共邻点, 故 $K_{3,3}$ 子式也不可能存在. □

定理 2.37 和引理 2.38 产生了 Kuratowski 定理:

定理 2.39 (Kuratowski, 1930; Wagner, 1937)　一个无向图是平面图 当且仅当它既不含有 K_5 也不含有 $K_{3,3}$ 作为子式. □

其实, Kuratowski 证明了一个较强的结论 (习题 28), 这个证明能很容易被推出一个多项式时间算法 (习题 27(b)), 事实上, 线性时间算法也是存在的:

定理 2.40 (Hopcroft and Tarjan, 1974)　对于一给出的图, 存在一线性时间算法来求出一个平面嵌入或判定它不是平面图.

2.6　平面对偶性

我们现在要引出一个重要的对偶概念. 在本书中也仅在这里需要环边 (它是两个端点相重合的边), 所以在这一节环边是允许的. 在一个平面嵌入中, 多边形将代替折线表示环边.

对带有环边的图欧拉公式也成立 (定理 2.32), 这是来自于这样的分析: 将环边 e 分拆 (即用两条平行边 $\{v, w\}, \{w, v\}$ 代替环边 $e = \{v, v\}$, 这里 w 是新的顶点) 和调整嵌入 (用两条折线代替多边形 J_e, 而这两条折线的并是 J_e), 这样边和顶点数都增加 1, 但面的数目没变.

定义 2.41　设 G 是一有向或无向图, 可能有环边, 令 $\Phi = (\psi, (J_e)_{e \in E(G)})$ 是 G 的平面嵌入, 定义平面对偶图 G^*: 它的顶点是 Φ 的面, 它的边是 $\{e^* : e \in E(G)\}$, 这里 e^* 连接与 J_e 关联的面 (若 J_e 仅关联一个面则 e^* 是环边), 在有向的情况, 对应于边 $e = (v, w)$, 规定 $e^* = (F_1, F_2)$ 如下: 当 J_e 从 $\psi(v)$ 到 $\psi(w)$ 时 F_1 是在右边的面.

G^* 也是平面图, 事实上, 存在 G^* 的明显的平面嵌入 $(\psi^*, (J_{e^*})_{e^* \in E(G^*)})$ 使得对所有 Φ 的面 F, 有 $\psi^*(F) \in F$, 且对每个 $e \in E(G)$, 有 $|J_{e^*} \cap J_e| = 1$ 和

$$J_{e^*} \cap \left(\{\psi(v) : v \in V(G)\} \cup \bigcup_{f \in E(G) \setminus \{e\}} J_f \right) = \varnothing$$

这样的嵌入被称作 G^* 的 **标准嵌入**.

一个图的平面对偶图依赖于嵌入: 图 2.8 显示同一个图的两个嵌入导出的平面对偶图是不同构的, 因为第二个嵌入导出的图有一顶点的度为 4(对应外部面) 而第一个嵌入导出的图的是 3 正则的.

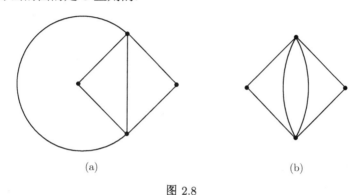

(a)   (b)

图 2.8

命题 2.42 设 G 是一带有给定嵌入的无向连通平面图, G^* 是对应它的标准嵌入的平面对偶图, 则 $(G^*)^* = G$.

证明 令 $(\psi, (J_e)_{e \in E(G)})$ 是 G 的一给定嵌入, $(\psi^*, (J_{e^*})_{e^* \in E(G^*)})$ 是 G^* 的一标准嵌入, 又令 F 是 G^* 的面, F 的边界至少含有一条对应于边 e^* 的 J_{e^*}, 所以 F 必含有 e 的一个端点 v 所对应的 $\psi(v)$, 故 G^* 的每个面含有 G 的至少一个顶点.

将欧拉公式 (定理 2.32) 用到 G^* 和 G, 可得 G^* 的面数是 $|E(G^*)| - |V(G^*)| + 2 = |E(G)| - (|E(G)| - |V(G)| + 2) + 2 = |V(G)|$, 因此 G^* 的每个面恰含 G 的一个顶点, 从而证得 G^* 的平面对偶图与 G 同构. □

这里 G 为连通是基本的要求, 而 G^* 总是连通的, 即使 G 不连通.

定理 2.43 设 G 是带有任意嵌入的无向连通平面图, G 中任一圈的边集对应 G^* 中的一个极小截, 同时 G 的任一极小截对应 G^* 中圈的边集.

证明 令 $\Phi = (\psi, (J_e)_{e \in E(G)})$ 是 G 的一个平面嵌入, 又令 C 是 G 中的圈, 由定理 2.30, $\mathbb{R}^2 \setminus \bigcup_{e \in E(C)} J_e$ 分拆成恰是两个连通域. 令 A 和 B 分别是内部和外部区域中 Φ 的面集, 有 $V(G^*) = A \dot\cup B$ 和 $E_{G^*}(A, B) = \{e^* : e \in E(C)\}$, 因 A 和 B 形成 G^* 中的连通集, 这其实是一极小截.

反之, 令 $\delta_G(A)$ 是 G 中的极小截, 令 $\Phi^* = (\psi^*, (J_e)_{e \in E(G^*)})$ 是 G^* 的标准嵌入, 又令 $a \in A$ 和 $b \in V(G) \setminus A$, 注意到在

$$R := \mathbb{R}^2 \setminus \left(\{\psi^*(v) : v \in V(G^*)\} \cup \bigcup_{e \in \delta_G(A)} J_{e^*} \right)$$

中不存在折线连接 $\psi(a)$ 和 $\psi(b)$: 因为被这样的折线穿过的 G^* 的面的序列定义了从 a 到 b 的 G 中的边列, 而没有用到 $\delta_G(A)$ 中的任何边.

所以 R 由至少两个连通域组成, 从而显然每个区域的边界必含有圈. 因此 $F :=$ $\{e^* : e \in \delta_G(A)\}$ 含有 G^* 中圈 C 的边集, 即有 $\{e^* : e \in E(C)\} \subseteq \{e^* : e \in F\} =$ $\delta_G(A)$, 并由第一部分 $\{e^* : e \in E(C)\}$ 是 $(G^*)^* = G$ 中的一极小截 (参见命题 2.42), 推出 $\{e^* : e \in E(C)\} = \delta_G(A)$. $\qquad\qquad\qquad\qquad\qquad\qquad\qquad\qquad\qquad\square$

特别地, e^* 是环边当且仅当 e 是桥, 反之亦然. 对于有向图, 从上面的证明可推出:

推论 2.44 令 G 是带有某给定平面嵌入的连通有向平面图, G 中任一圈的边集对应 G^* 中的一极小有向截, 反之亦真. $\qquad\qquad\qquad\qquad\qquad\qquad\square$

定理 2.43 的其他有趣推论是:

推论 2.45 设 G 是带有任意平面嵌入的无向连通图, 则 G 是二部图当且仅当 G^* 是欧拉图. 而 G 是欧拉图当且仅当 G^* 是二部图.

证明 注意到, 一连通图是欧拉图当且仅当每个极小截的基数为偶, 由定理 2.43, 若 G^* 是欧拉图, 则 G 是二部图, 若 G^* 是二部图, 则 G 是欧拉图. 由命题 2.42, 其逆亦真. $\qquad\qquad\qquad\qquad\qquad\qquad\qquad\qquad\qquad\qquad\qquad\square$

G 的一个抽象对偶图是这样的图 G', 存在双射 $\chi : E(G) \to E(G')$ 使 F 是一圈的边集当且仅当 $\chi(F)$ 是 G' 中一极小截, 反之亦然. 定理 2.43 表明任一 平面对偶图也是抽象对偶图, 反之却不真. 然而 Whitney (1933) 证明, 一图有抽象对偶图当且仅当它是平面图 (习题 2.34), 我们在 13.3 节中涉及拟阵时再重新讨论对偶关系.

习   题

1. 设 G 是具有 n 个顶点的简单无向图, 并与它的补图同构, 则有 $n \bmod 4 \in \{0, 1\}$.

2. 证明: 对一个简单无向图 G, 若对所有 $v \in V(G)$ 都有 $|\delta(v)| \geqslant \frac{1}{2}|V(G)|$ 成立, 则它是哈密尔顿图. 提示: 考虑 G 中一条最长路和它的端点的邻点 (Dirac, 1952).

3. 证明: 满足 $|E(G)| > \binom{|V(G)|-1}{2}$ 的任一无向图 G 是连通的.

4. 设 G 是简单无向图, 则 G 或它的补图是连通图.

5. 证明: 具有多于一个顶点的简单无向图必有两个顶点具有相同的度. 证明每棵树 (单个顶点除外) 含有至少两片叶子.

6. 设 G 是一无向连通图, 又 $(V(G), F)$ 是 G 中的森林, 证明存在一支撑树 $(V(G), T)$ 满足 $F \subseteq T \subseteq E(G)$.

7. 设 $(V, F_1)(V, F_2)$ 是两个森林且 $|F_1| < |F_2|$, 证明存在边 $e \in F_2 \setminus F_1$ 使 $(V, F_1 \cup \{e\})$ 是森林.

8. 证明: 无向图中的任一割是极小截的不交并.

9. 设 G 是一无向图, C 是一圈, D 是一割, 则必有 $|E(C) \cap D|$ 为偶数.

10. 证明: 在任一无向图中, 必存在一截含有至少一半的边.

11. 设 $(U, \mathcal{F})$ 是不交族且 $|U| \geqslant 2$, 证明 $\mathcal{F}$ 含有至多 $4|U| - 4$ 个不同的元素.

12. 设 G 是一连通无向图, 则必存在 G 的原图 G' 和 G' 的支撑树形图 T 使得关于 T 的

基本圈集恰是 G' 中的有向圈集. 提示: 考虑 DFS 树 (Camion, 1968; Crestin, 1969).

13. 请描述一个求解下面问题的线性时间算法: 给出图 G 的邻接表, 计算 G 的极大简单子图的邻接表, 在输入中不假设平行边相邻出现.

14. 给出一图 G (有向或无向), 证明: 存在一线性时间算法寻求一圈或判定不存在圈.

15. 设 G 是一连通无向图, $s \in V(G)$, T 是在 (G, s) 上运行 DFS 而得到的 DFS 树, s 称作是 T 的根. 如果 x 在 T 中 (唯一) 的 s-y 路上, 则称 x 是在 T 中 y 的先行, 如果边 $\{x, y\}$ 在 T 中的 s-y 路上, 则称 x 是 y 的 直接先行. y 是 x 的 (直接) 后继若 x 是 y 的直接先行. 按此定义, 每个点是它自己的后继 (和先行), 除去 s 外每个顶点恰有一个直接先行. 证明:

(a) 对任一边 $\{v, w\} \in E(G)$, v 是 w 在 T 中先行或后继.

(b) 顶点 v 是 G 的截点当且仅当

- $v = s$ 和 $|\delta_T(v)| > 1$;

- 或 $v \neq s$ 以及有一个 v 的直接后继 w 使得没有 G 中的边连接 w 的后继和 v 的先行 (即拒绝 v).

*16. 试用习题 15 设计一线性时间算法用以寻求无向图的块. 它在递归地执行 DFS 时, 对计算数

$$\alpha(x) := \min\{f(w) : w = x \text{ 或} \{w, y\} \in E(G) \setminus T \text{ 对 } x \text{ 的某个后继 } y\}$$

将是有用的. 这里 (R, T) 是 DFS 树 (根植于 s), f 值表示顶点加到 R 上去的序 (见图扫描算法). 如果对某个顶点 $x \in R \setminus \{s\}$, 有 $\alpha(x) \geqslant f(w)$, 这里 w 是 x 的直接先行, 则 w 必或是根, 或是截点.

17. 证明: (a) 一个无向连通图是2 边连通图当且仅当它有至少两个顶点和一个 耳分解.

(b) 一个有向图是强连通的当且仅当它有一个耳分解.

(c) 具有至少两个顶点的无向图 G 的边能被定向成一个 强连通 有向图的充要条件是 G 是 2- 边连通的 (Robbins, 1939).

18. 一个竞赛图是这样的有向图, 它的基础无向图是 (简单) 完全图, 试证每个竞赛图含有哈密尔顿路 (Rédei, 1934); 每个强连通竞赛图是哈密尔顿的 (Camion, 1959).

19. 证明: 如果一连通无向简单图是欧拉图, 则它的线图是哈密尔顿图. 其逆为真吗?

20. 证明: 任何一个连通二部图含有唯一的 二划分. 证明任何一个无向非二部图含有一个奇圈 作为导出子图.

21. 试证: 一个强连通有向图的基础无向图是含有 (有向) 奇圈的非二部图.

*22. 设 G 是一无向图, G 的一个树分解是这样的二元组 (T, φ), 其中 T 是树, $\varphi : V(T) \to 2^{V(G)}$ 满足下列条件:

- 对每一 $e \in E(G)$, 存在满足 $e \subseteq \varphi(t)$ 的 $t \in V(T)$;

- 对每一 $v \in V(G)$, $\{t \in V(T) : v \in \varphi(t)\}$ 是 T 中的连通集.

则我们就说二元组 (T, φ) 的宽度是 $\max_{t \in V(T)} |\varphi(t)| - 1$. 图 G 的树宽是 G 的树分解的最小宽度. 这个结论是由 Robertson 和 Seymour (1986) 给出的.

试证: 树宽最多是 1 的简单图是森林. 又证对于无向图 G 下面的结论是等价的:

(a) G 的树宽最多是 2;

(b) G 不含有 K_4 作为它的子式;

(c) G 能从空图出发被逐次添加桥边和重边以及剖分边来得到 (添加重边 $e = \{v, w\} \in E(G)$ 意指加上端点为 v 和 w 的另一条边; 剖分一条边 $e = \{v, w\} \in E(G)$ 意指添加一顶点 x 且用两条边 $\{v, x\}, \{x, w\}$ 代替边 e).

注: 由于 (c) 中的结构这样的图被称为序列平行图.

23. 试证: 如果图 G 有平面嵌入, 其中边被任意约当曲线所嵌入, 则它也有一个仅是折线的平面嵌入.

24. 设 G 是具有平面嵌入的 2- 连通图, 证明: 界定有限面的圈集组成 G 的圈基

25. 试问: 能否将欧拉公式 (定理 2.32) 推广到非连通图上去?

26. 试证: 存在恰是 5 个 Platonic 图 (对应 Platonic 立体, 参见习题 4.11), 即 3-连通平面正则图, 它的面是都被同样数目的边所界.

提示: 用欧拉公式 (定理 2.32).

27. 从 Kuratowski 定理 2.39 的证明推出:

(a) 每个 3-连通简单平面图有一平面嵌入, 其中每条边被一直线嵌入, 每个面 (除去外部面) 是凸的.

(b) 存在一多项式时间算法来检验一给出的图是否平面图.

*28. 给出图 G 和边 $e = \{v, w\} \in E(G)$, 称 H 是从 G 被剖分 e 而得到, 如果 $V(H) = V(G) \dot\cup \{x\}$ 和 $E(H) = (E(G) \setminus \{e\}) \cup \{\{v, x\}, \{x, w\}\}$. 一个图从 G 被逐次剖分边而得到就称作是 G 的剖分.

(a) 显然, 若 H 含有 G 的一个剖分, 则 G 是 H 的一个子式, 请说明其逆不真.

(b) 证明: 一个图若包含 $K_{3,3}$ 或 K_5 子式, 则也包含 $K_{3,3}$ 或 K_5 的一个剖分.

提示: 考虑当收缩一条边时会发生什么.

(c) 证明一个图是可平面的当且仅当没有子图是 $K_{3,3}$ 或 K_5 的一个剖分 (Kuratowski, 1930).

29. 证明下列结论的每一个都可推出另一个:

(a) 对于每个图的无穷序列 $G_1, G_2, \cdots$, 都存在两个下标 $i < j$ 使得 G_i 是 G_j 的子式.

(b) 令 $\mathcal{G}$ 是一图族, 满足对每一 $G \in \mathcal{G}$ 和 G 的任一子式 H 都有 $H \in \mathcal{G}$ (即 $\mathcal{G}$ 有图的继承性), 则存在图的有限集 $\mathcal{X}$ 使得 $\mathcal{G}$ 由所有不含有 $\mathcal{X}$ 中任一元素作为子式的图所组成.

注: 这些结论已被 Robertson 和 Seymour 所证明; 这是他们在图子式方面一系列论文的主要成果 (不完全是已经发表的). 定理 2.39 和习题 2.22 给出了如同 (b) 中所刻画的 禁用子式特性的例子.

30. 设 G 是具有嵌入 Φ 的平面图, C 是 G 中的圈并是 Φ 的某个面的边界, 证明: 存在 G 的另一嵌入 Φ' 使得 C 是外部面的边界.

31. (a) 设 G 是具有抽象平面嵌入的非连通图, G^* 是具有标准嵌入的平面对偶图, 证明: $(G^*)^*$ 可从 G 经逐次应用下面运算直到图成为连通的而得到: 选择两个属于不同连通分支但与相同的面邻接的顶点 x 和 y; 收缩掉 $\{x, y\}$.

(b) 将推论 2.45 推广到抽象平面图. 提示: 用 (a) 和定理 2.26 证之.

32. 设 G 是一具有给定平面嵌入的连通有向图, G^* 是具有标准嵌入的平面对偶图, 试问: G 和 $(G^*)^*$ 有怎样的关系?

33. 证明: 若一平面有向图是无圈(强连通图), 则它的平面对偶图也是强连通 (无圈) 的, 反之若何?

34. (a) 证明: 如果 G 有抽象对偶图且 H 是 G 的子式, 那么 H 也有抽象对偶图.

(b) 证明: K_5 和 $K_{3,3}$ 都没有抽象对偶图.

(c) 试证: 一个图是平面图当且仅当它有抽象对偶图 (Whitney, 1933).

参 考 文 献

一般著述

Berge C. 1985. Graphs. 2nd revised edition. Amsterdam: Elsevier.

Bollobás B. 1998. Modern Graph Theory. New York: Springer.

Bondy J A. 1995. Basic graph theory: paths and circuits // Handbook of Combinatorics. Vol. 1 (Graham R L, Grötschel M, Lovász L, eds.), Amsterdam: Elsevier.

Bondy J A and Murty U S R. 1976. Graph Theory with Applications. London: MacMillan.

Diestel R. 1997. Graph Theory. New York: Springer.

Wilson R J. 1972. Introduction to Graph Theory. Edinburgh: Oliver and Boyd, (3rd edition. Harlow: Longman).

引用文献

Aoshima K. and Iri M. 1977. Comments on F. Hadlock's paper: finding a maximum cut of a Planar graph in polynomial time. SIAM Journal on Computing, 6: 86–87.

Camion P. 1959. Chemins et circuits hamiltoniens des graphes complets. Comptes Rendus Hebdomadaires des Séances de l'Académie des Sciences (Paris), 249: 2151–2152.

Camion P. 1968. Modulaires unimodulaires. Journal of Combinatorial Theory, A 4: 301–362.

Dirac G A. 1952. Some theorems on abstract graphs. Proceedings of the London Mathematical Society, 2: 69–81.

Edmonds J and Giles R. 1977. A min-max relation for submodular functions on graphs // Studies in Integer Programming; Annals of Discrete Mathematics 1 (Hammer P L, Johnson E L, Korte B H, Nemhauser G L, eds.). Amsterdam: North-Holland: 185–204

Euler L. 1736. Solutio Problematis ad Geometriam Situs Pertinentis. Commentarii Academiae Petropolitanae, 8: 128–140.

Euler L. 1758. Demonstratio nonnullarum insignium proprietatum quibus solida hedris planis inclusa sunt praedita. Novi Commentarii Academiae Petropolitanae, 4: 140–160.

Hierholzer C. 1873. Über die Möglichkeit, einen Linienzug ohne Wiederholung und ohne Unterbrechung zu umfahren. Mathematische Annalen. 6: 30–32.

Hopcroft J E and Tarjan R E, 1974. Efficient planarity testing. Journal of the ACM, 21: 549–568.

Kahn A B. 1962. Topological sorting of large networks. Communications of the ACM, 5: 558–562.

Knuth D E. 1968. The Art of Computer Programming. Vol. 1. Fundamental Algorithms. Addison-Wesley, Reading (third edition, 1997).

König D. 1916. Über Graphen und Ihre Anwendung auf Determinantentheorie und Mengenlehre. Mathematische Annalen, 77: 453–465.

König D. 1936. Theorie der endlichen und unendlichen Graphen. Chelsea Publishing Co., Leipzig. reprint New York, 1950.

Kuratowski K. 1930. Sur le problème des courbes gauches en topologie. Fundamenta Mathematicaem, 15: 271–283.

Legendre A M. 1794. Éléments de Géométrie. Paris: Firmin Didot.

Minty G J. 1960. Monotone networks. Proceedings of the Royal Society of London, A 257: 194–212.

Moore E F. 1959. The shortest path through a maze. Proceedings of the International Symposium on the Theory of Switching; Part II. Harvard University Press, 285–292.

Rédei L. 1934. Ein kombinatorischer Satz. Acta Litt. Szeged, 7: 39–43.

Robbins H E. 1939. A theorem on graphs with an application to a problem of traffic control. American Mathematical Monthly, 46: 281–283.

Robertson N and Seymour P D. 1986. Graph minors II: algorithmic aspects of tree-width. Journal of Algorithms, 7: 309–322.

Tarjan R E. 1972. Depth first search and linear graph algorithms. SIAM Journal on Computing, 1: 146–160.

Thomassen C. 1980. Planarity and duality of finite and infinite graphs. Journal of Combinatorial Theory, B 29: 244–271.

Thomassen C. 1981. Kuratowski's theorem. Journal of Graph Theory, 5: 225–241.

Tutte W T. 1961. A theory of 3-connected graphs. Konink. Nederl. Akad. Wetensch. Proc., A 64: 441–455.

Wagner K. 1937. Über eine Eigenschaft der ebenen Komplexe. Mathematische Annalen, 114: 570–590.

Whitney H. 1932. Non-separable and planar graphs. Transactions of the American Mathematical Society, 34: 339–362.

Whitney H. 1933. Planar graphs. Fundamenta Mathematicae, 21: 73–84.

第 3 章　线 性 规 划

本章阐述与线性规划有关的最重要的理论, 虽然这一章内容充实, 它还是不能被认作是这一领域的综合性描述, 读者若不熟悉线性规划, 可参阅本章末提及的参考文献.

线性规划问题的一般提法是:

线性规划

实例: 给出矩阵 $A \in \mathbb{R}^{m \times n}$ 和列向量 $b \in \mathbb{R}^m, c \in \mathbb{R}^n$.

任务: 寻找一列向量 $x \in \mathbb{R}^n$ 使满足 $Ax \leqslant b$ 且 $c^{\mathrm{T}}x$ 是最大的, 或判定 $\{x \in \mathbb{R}^n : Ax \leqslant b\}$ 是空集, 或判定对任一 $\alpha \in \mathbb{R}$ 存在 $x \in \mathbb{R}^n$ 使 $Ax \leqslant b$ 且 $c^{\mathrm{T}}x > \alpha$.

这里 $c^{\mathrm{T}}x$ 表示向量的 数量积. 记号 $x \leqslant y$ 表示向量 x 和 y(相同尺寸) 的每个分量之间此不等式成立, 如果尺寸不明确, 那么这些矩阵和向量的尺寸总被假设为相同的. 还总是将列向量的转置符号略去, 即用 cx 表示它们的数量积.

一个线性规划(LP) 是上面问题的一个实例, 通常记一个线性规划为 $\max\{cx : Ax \leqslant b\}$, 满足条件 $Ax \leqslant b$ 的向量 x 是 LP 问题 $\max\{cx : Ax \leqslant b\}$ 的一个可行解, 达到最大的可行解被称作*最优解*.

正如问题阐述中所指出, LP 问题有两个无解的可能: 一个是问题本身不可行(即 $P := \{x \in \mathbb{R}^n : Ax \leqslant b\} = \varnothing$); 另一个是问题为无界 (即对任一 $\alpha \in \mathbb{R}$ 都存在一个 $x \in P$ 使得 $cx > \alpha$). 若一个 LP 问题既非不可行又非无界, 那它必有最优解.

命题 3.1　设 $P = \{x \in \mathbb{R}^n : Ax \leqslant b\} \neq \varnothing$, $c \in \mathbb{R}^n$, 且 $\delta := \sup\{cx : x \in P\} < \infty$, 则存在一向量 $z \in P$ 使得 $cz = \delta$.

证明　令 U 是这样的矩阵, 它的列是 A 的核的标准正交基, 即 $U^{\mathrm{T}}U = I$, $AU = 0$, 又设 $\mathrm{rank}(A') = n$, 这里 $A' := \begin{pmatrix} A \\ U^{\mathrm{T}} \end{pmatrix}$. 令 $b' := \begin{pmatrix} b \\ 0 \end{pmatrix}$, 我们证明对任一 $y \in P$ 存在 $A'x \leqslant b'$ 的一个子系统 $A''x \leqslant b''$ 使得 A'' 是非退化的, 且满足 $y' := (A'')^{-1}b'' \in P$, 并有 $cy' \geqslant cy$. 这样的子系统是有限多个, 这些 y' 中的一个有最大值 $(cy' = \delta)$.

令 $y \in P$, 记 $k(y)$ 为 $A'x \leqslant b'$ 中满足 $A''y = b''$ 的极大子系统 $A''x \leqslant b''$ 的 A'' 的秩, 假设 $k(y) < n$, 我们来看如何寻找 $y' \in P$ 使得 $cy' \geqslant cy$ 且 $k(y') > k(y)$. 在至多 n 步后得到向量 y' 具有我们所要求的 $k(y') = n$.

如果 $U^{\mathrm{T}}y \neq 0$, 置 $y' := y - UU^{\mathrm{T}}y$. 因 $y + \lambda UU^{\mathrm{T}}c \in P$ 对所有 $\lambda \in \mathbb{R}$ 成立, 故有 $\sup\{c(y + \lambda UU^{\mathrm{T}}c) : \lambda \in \mathbb{R}\} \leqslant \delta < \infty$, 因此 $c^{\mathrm{T}}U = 0$ 和 $cy' = cy$, 更有 $Ay' = Ay - AUU^{\mathrm{T}}y = Ay$, $U^{\mathrm{T}}y' = U^{\mathrm{T}}y - U^{\mathrm{T}}UU^{\mathrm{T}}y = 0$.

故可设 $U^{\mathrm{T}}y = 0$. 令 $v \neq 0$ 满足 $A''v = 0$, 记 $a_ix \leqslant \beta_i$ 是 $Ax \leqslant b$ 的第 i 行, 令 $\mu := \min\left\{\frac{\beta_i - a_iy}{a_iv} : a_iv > 0\right\}$ 和 $\kappa := \max\left\{\frac{\beta_i - a_iy}{a_iv} : a_iv < 0\right\}$, 这里 $\min \varnothing = \infty$, $\max \varnothing = -\infty$, 则有 $\kappa \leqslant 0 \leqslant \mu$ 且 κ 和 μ 中的至少一个是有限的.

对于满足 $\kappa \leqslant \lambda \leqslant \mu$ 的 $\lambda \in \mathbb{R}$, 有 $A''(y + \lambda v) = A''y + \lambda A''v = A''y = b''$ 和 $A(y + \lambda v) = Ay + \lambda Av \leqslant b$ 成立, 即 $y + \lambda v \in P$. 如是, 当 $\sup\{cx : x \in P\} < \infty$ 时, 如果 $cv > 0$ 则 $\mu < \infty$, 如果 $cv < 0$, 则 $\kappa > -\infty$.

此外, 如果 $cv \geqslant 0$ 且 $\mu < \infty$, 则必有 $a_i(y + \mu v) = \beta_i$ 对某个 i 成立. 类似地, 如果 $cv \leqslant 0$ 且 $\kappa > -\infty$, 有 $a_i(y + \kappa v) = \beta_i$ 对某个 i 成立.

因此, 对任一情况我们都能找到一个向量 $y' \in P$ 使得 $cy' \geqslant cy$ 和 $k(y') \geqslant k(y) + 1$ 成立. $\qquad\qquad\square$

这样就可以用记号 $\max\{cx : Ax \leqslant b\}$ 来代替 $\sup\{cx : Ax \leqslant b\}$.

很多组合优化问题可用 LP 问题来描述, 为此, 将可行解看作对应某个 n 的 $\mathbb{R}^n$ 中的向量. 在 3.5 节中将看到一个建立在有限向量集 S 上的线性目标函数的最优化能通过求解一线性规划来实现, 虽然这个 LP 问题的可行解集包含的不仅是 S 中的向量, 还有它们的所有凸组合, 下面将证实在那些最优解中总会有 S 中的元.

3.1 节中罗列了关于多面体、LP 问题可行解集 $P = \{x \in \mathbb{R}^n : Ax \leqslant b\}$ 的某些术语和理论, 3.2 节和 3.3 节描述了单纯性法, 我们还用此算法导出对偶理论和相关的结果 (3.4 节), LP 对偶是一个非常重要的概念, 它总是直接或蕴含地出现在几乎所有组合优化的领域中, 3.4 节和 3.5 节中将经常涉及它.

3.1 多 面 体

线性规划涉及的是有限多个变量的线性目标函数在有限多个线性不等式约束下的最大或最小. 因此, 可行解集是有限多个半空间的交, 这样的交集称为多胞形.

定义 3.2 $\mathbb{R}^n$ 中的一个多胞形是形如 $P = \{x \in \mathbb{R}^n : Ax \leqslant b\}$ 的集合, 这里矩阵 $A \in \mathbb{R}^{m \times n}$, 向量 $b \in \mathbb{R}^m$, 如果 A 和 b 是有理的, 则 P 是一有理多胞形, 有界多胞形称作**多面体**.

用 $\mathrm{rank}(A)$ 表示矩阵 A 的秩, 一个非空集 $X \subseteq \mathbb{R}^n$ 的维数 $\dim X$ 被定义为

$$n - \max\{\mathrm{rank}(A) : A \text{ 是一 } n \times n \text{ 矩阵且 } Ax = Ay, \text{ 对所有 } x, y \in X\}$$

一个多胞形 $P \subseteq \mathbb{R}^n$ 被称为是**满维**的, 若 $\dim P = n$.

等价地, 一个多胞形是满维的当且仅当它有一内点. 在这一章的大部分不区分有理空间或实空间, 我们需要的是下面标准的术语:

定义 3.3 设 $P := \{x : Ax \leqslant b\}$ 是一非空多胞形, 若 c 是一非零向量, 使 $\delta := \max\{cx : x \in P\}$ 是有限的, 则称 $\{x : cx = \delta\}$ 为 P 的一张**支撑超平面**, P 的一个面是 P 本身或是 P 和 P 的一个支撑超平面的交. 若点 x 使 $\{x\}$ 是一个面, 则称它是 P 的一个顶点, 也是系统 $Ax \leqslant b$ 的一个 **基解**.

命题 3.4 设 $P = \{x : Ax \leqslant b\}$, $F \subseteq P$ 是一多胞形, 则下面结论是等价的:

(a) F 是 P 的一个面.

(b) 存在向量 c, 使 $\delta := \max\{cx : x \in P\}$ 有限, 且 $F = \{x \in P : cx = \delta\}$.

(c) 对于 $Ax \leqslant b$ 的某个子系统 $A'x \leqslant b'$, 有 $F = \{x \in P : A'x = b'\} \neq \varnothing$.

证明 (a) 和 (b) 显然是等价的.

(c)⇒(b) 若 $F = \{x \in P : A'x = b'\}$ 非空, 令 c 是 A' 的行之和, δ 是 b' 的分量之和, 则显然有 $cx \leqslant \delta$ 对所有 $x \in P$ 成立, 且 $F = \{x \in P : cx = \delta\}$.

(b)⇒(c) 设 c 是一向量, 使 $\delta := \max\{cx : x \in P\}$ 为有限, 记 $F = \{x \in P : cx = \delta\}$, 令 $A'x \leqslant b'$ 是 $Ax \leqslant b$ 中满足 $A'x = b'$ 对所有 $x \in F$ 成立的极大子系统, $A''x \leqslant b''$ 是 $Ax \leqslant b$ 中余下的子系统.

首先注意到对 $A''x \leqslant b''$ 的每一个不等式 $a_i''x \leqslant \beta_i'' (i = 1, \cdots, k)$, 必存在点 $x_i \in F$ 使 $a_i''x_i < \beta_i''$ 成立, 令 $x^* := \frac{1}{k} \sum_{i=1}^{k} x_i$ 是这些点的中心 (若 $k = 0$, 可任取 $x^* \in F$), 则必有 $x^* \in F$ 且 $a_i''x^* < \beta_i''$ 对所有 i 成立.

欲证明对任一 $y \in P \setminus F$, 不可能有 $A'y = b'$ 成立, 因对任一 $y \in P \setminus F$ 有 $cy < \delta$, 取 $z := x^* + \varepsilon(x^* - y)$, 这里 $\varepsilon > 0$, 特别, 取 ε 小于 $\frac{\beta_i'' - a_i''x^*}{a_i''(x^* - y)} (i \in \{1, \cdots, k\}$ 且满足 $a_i''x^* > a_i''y)$.

因 $cz > \delta$, 故有 $z \notin P$, 所以存在 $Ax \leqslant b$ 中的一个不等式 $ax \leqslant \beta$, 使 $az > \beta$, 从而有 $ax^* > ay$, 故而不等式 $ax \leqslant \beta$ 不属于 $A''x \leqslant b''$ 中, 因若否, 将有 $az = ax^* + \varepsilon a(x^* - y) < ax^* + \frac{\beta - ax^*}{a(x^* - y)} a(x^* - y) = \beta$(由 ε 的选取可得), 所以不等式 $ax \leqslant \beta$ 必属于 $A'x \leqslant b'$, 又因 $ay = a(x^* + \frac{1}{\varepsilon}(x^* - z)) < \beta$, 故定理得证. □

下面的推论是显见且重要的:

推论 3.5 若 $\max\{cx : x \in P\}$ 对于非空多胞形 P 及向量 c 是有界的, 则取到最大值的点集是 P 的一个 面.

"面"的关系是可传递的:

推论 3.6 设 P 是一多胞形, F 是 P 的一个面, 则 F 也是多胞形, 且 $F' \subseteq F$ 是 P 的一个面当且仅当它是 F 的一个面.

相异于 P 的极大面是尤为重要的:

定义 3.7 设 P 是一多胞形, 相异于 P 的极大面称为 P 的一个 **侧面**. 不等式 $cx \leqslant \delta$ 称为关于 P 的侧面界定不等式, 如果对所有 $x \in P$ 成立 $cx \leqslant \delta$ 且 $\{x \in P : cx = \delta\}$ 是 P 的一个侧面.

命题 3.8 设 $P \subseteq \{x \in \mathbb{R}^n : Ax = b\}$ 是 $n - \text{rank}(A)$ 维非空多胞形, $A'x \leqslant b'$

是满足 $P = \{x : Ax = b, A'x \leqslant b'\}$ 的极小不等式组, 则 $A'x \leqslant b'$ 中的每一个不等式是关于 P 的侧面界定不等式, 且 P 的每个侧面是被 $A'x \leqslant b'$ 的一个不等式所定义的.

证明　若 $P = \{x \in \mathbb{R}^n : Ax = b\}$, 那么就不存在侧面, 从而结论是平凡的. 所以令 $A'x \leqslant b'$ 是满足 $P = \{x : Ax = b, A'x \leqslant b'\}$ 的极小不等式组, 又记 $a'x \leqslant \beta'$ 是其中的一个不等式, $A'x \leqslant b'$ 中余下的记作 $A''x \leqslant b''$, 令 y 是满足 $Ay = b$, $A''y \leqslant b''$ 和 $a'y > \beta'$ 的一个向量 (向量 y 的存在性是因为不等式 $a'x \leqslant \beta'$ 不是多余的), 令 $x \in P$ 满足 $a'x < \beta'$ (这个向量必存在, 因为 $\dim P = n - \operatorname{rank}(A)$).

取 $z := x + \frac{\beta' - a'x}{a'y - a'x}(y - x)$, 有 $a'z = \beta'$, 且因 $0 < \frac{\beta' - a'x}{a'y - a'x} < 1$, 故 $z \in P$, 所以 $F := \{x \in P : a'x = \beta'\} \neq 0$ 且 $F \neq P$ (比如 $x \in P \setminus F$), 故 F 是 P 的一个侧面.

由命题 3.4, 每个侧面由 $A'x \leqslant b'$ 中的一个不等式所定义.　　　　□

其他重要的面 (除去侧面外) 是极小面 (即不包括任何别的面的面), 有

命题 3.9 (Hoffman and Kruskal, 1956)　设 $P = \{x : Ax \leqslant b\}$ 是一多胞形, 一非空子集 $F \subseteq P$ 是 P 的一个极小面当且仅当 $F = \{x : A'x = b'\}$, 这里 $A'x \leqslant b'$ 是 $Ax \leqslant b$ 的某个子系统.

证明　若 F 是 P 的一个极小面, 由命题 3.4 知, 存在 $Ax \leqslant b$ 的一个子系统 $A'x \leqslant b'$ 使 $F = \{x \in P : A'x = b'\}$, 选择 $A'x \leqslant b'$ 为极大, 令 $A''x \leqslant b''$ 是 $Ax \leqslant b$ 的一个极小子系统, 使得 $F = \{x : A'x = b', A''x \leqslant b''\}$, 我们证明 $A''x \leqslant b''$ 不含任何不等式.

若否, 令 $a''x \leqslant \beta''$ 是 $A''x \leqslant b''$ 的一个不等式, 因为它在 F 的表达式中不是多余的, 由命题 3.8 可得 $F' := \{x : A'x = b', A''x \leqslant b'', a''x = \beta''\}$ 是 F 的一个侧面, 由推论 3.6, F' 也是 P 的一个面, 与 F 是 P 的极小面矛盾.

现令 $\varnothing \neq F = \{x : A'x = b'\} \subseteq P$ 对 $Ax \leqslant b$ 的某一子系统 $A'x \leqslant b'$ 成立, 显然, F 除了它本身外不含任何别的面, 由命题 3.4, F 是 P 的面, 又由推论 3.6, F 是 P 的一个极小面.　　　　□

推论 3.5 和命题 3.9 意味着线性规划能在线性时间内由求解对应于 $Ax \leqslant b$ 每一个子系统 $A'x \leqslant b'$ 的线性方程组 $A'x = b'$ 而解得, 一个较为清晰易懂的方法是下节中介绍的单纯性法.

命题 3.9 的其他推论是:

推论 3.10　令 $P = \{x \in \mathbb{R}^n : Ax \leqslant b\}$ 是一多胞形, 则 P 的所有极小面的维数是 $n - \operatorname{rank}(A)$, 多面体的极小面是顶点.　　　　□

这就是为什么多胞形 $\{x \in \mathbb{R}^n : Ax \leqslant b\}$ 当 $\operatorname{rank}(A) = n$ 时被称作尖多胞形: 它的极小面是点.

我们用关于多面锥的某些叙述作为本节的结束.

定义 3.11　(凸)锥是这样的集合 $C \subseteq \mathbb{R}^n$, 对任意 $x, y \in C$ 和 $\lambda, \mu \geqslant 0$ 都有 $\lambda x + \mu y \in C$ 成立. 锥 C 被称作是由 $x_1, \cdots, x_k$ 生成的, 如果 $x_1, \cdots, x_k \in C$ 且对

每一 $x \in C$, 存在 $\lambda_1, \cdots, \lambda_k \geqslant 0$ 使 $x = \sum_{i=1}^{k} \lambda_i x_i$. 一个锥被称为是有限生成, 若某一有限向量集生成了它, 一个多面锥是形如 $\{x : Ax \leqslant 0\}$ 的多胞形.

显然, 多面锥是锥, 我们要证明的是多面锥是有限生成锥, 下面总用 I 表示单位矩阵.

引理 3.12 (Minkowski, 1896) 设 $C = \{x \in \mathbb{R}^n : Ax \leqslant 0\}$ 是一多面锥, 则 C 是被方程组 $My = b'$ 的解集的一个子集所生成, 这里 M 由 $\binom{A}{I}$ 的 n 个线性无关行所组成, $b' = \pm e_j$, 其中 e_j 是某一单位向量.

证明 令 A 是 $m \times n$ 矩阵, 考虑方程组 $My = b'$, 这里 M 由 $\binom{A}{I}$ 的 n 个线性无关行所组成, $b' = \pm e_j$, e_j 是某一单位向量. 令 $y_1, \cdots, y_t$ 是这些方程组中属于 C 的解, 将证 C 是被 $y_1, \cdots, y_t$ 所生成.

首先设 $C = \{x : Ax = 0\}$, 即 C 是线性子空间, 记 $C = \{x : A'x = 0\}$, 这里 A' 是由 A 的极大线性无关行所组成, 令 I' 是 I 中的某些行, 满足 $\binom{A'}{I'}$ 是满秩方阵, 则 C 是被方程组

$$\binom{A'}{I'} x = \binom{0}{b}, \quad \text{对 } b = \pm e_j, j = 1, \cdots, \dim C$$

的解所生成.

对于一般情况, 对 C 的维数用归纳法来证明. 若 C 不是线性子空间, 选择 A 的一行 a 和 A 的子矩阵 A' 使得 $\binom{A'}{a}$ 的行是线性无关的且 $\{x : A'x = 0, ax \leqslant 0\} \subseteq C$, 由此可得, 存在下标 $s \in \{1, \cdots, t\}$ 使 $A'y_s = 0$ 且 $ay_s = -1$.

现任取 $z \in C$, 令 $a_1, \cdots, a_m$ 是 A 的行且 $\mu := \min\left\{\frac{a_i z}{a_i y_s} : i = 1, \cdots, m, a_i y_s < 0\right\}$, 则有 $\mu \geqslant 0$, 令 k 是取到最大值的一个下标, 考虑 $z' := z - \mu y_s$, 由 μ 的定义我们有 $a_j z' = a_j z - \frac{a_k z}{a_k y_s} a_j y_s (j = 1, \cdots, m)$, 因此 $z' \in C' := \{x \in C : a_k x = 0\}$. 因 C' 是锥, 它的维数比 C 少 1(由于 $a_k y_s < 0$ 和 $y_s \in C$), 由归纳法, C' 由 $y_1, \cdots, y_t$ 的子集所生成, 故存在 $\lambda_1, \cdots, \lambda_t \geqslant 0$ 使 $z' = \sum_{i=1}^{t} \lambda_i y_i$, 令 $\lambda_s' := \lambda_s + \mu$(注意到 $\mu \geqslant 0$) 和 $\lambda_i' := \lambda_i \ (i \neq s)$, 得到 $z = z' + \mu y_s = \sum_{i=1}^{t} \lambda_i' y_i$. $\square$

因此, 任何多面锥都是有限生成的, 在 3.4 节的末尾, 我们将给出这个结论的逆.

3.2 单纯形法

最经典最为熟知的求解线性规划的算法是 Dantzig (1951) 的单纯形法, 首先假

设多胞形有顶点, 且某个顶点是作为输入给出的, 稍后会将看到对于一般的 LP 问题如何用此法求解.

用 J 表示某些行的指标集, A_J 表示下标在 J 中的 A 的行组成的子矩阵, b_J 表示下标在 J 中的 b 的分量组成的子向量, 简记 $a_i := A_{\{i\}}$, $\beta_i := b_{\{i\}}$.

单纯形法

输入: 矩阵 $A \in \mathbb{R}^{m \times n}$, 列向量 $b \in \mathbb{R}^m, c \in \mathbb{R}^n$.
　　集合 $P := \{x \in \mathbb{R}^n : Ax \leqslant b\}$ 中的一向量 x.
输出: P 中达到 $\max\{cx : x \in P\}$ 的向量 x, 或是满足 $Aw \leqslant 0$ 和 $cw > 0$ 的向量 $w \in \mathbb{R}^n$ (即 LP 问题是无界的).

① 选择 n 个行指标的集 J 使得 A_J 非退化且 $A_J x = b_J$.

② 计算 $c(A_J)^{-1}$, 为得到满足 $c = yA$ 的向量 y, 添加零分量使得 J 以外的 y 的分量为零.
　　若 $y \geqslant 0$, 则停. 输出 x 和 y.

③ 选取满足 $y_i < 0$ 的最小指标 i.
　　令 w 是对应于指标 i 的 $-(A_J)^{-1}$ 的列, 故有 $A_{J \setminus \{i\}} w = 0$ 和 $a_i w = -1$.
　　若 $Aw \leqslant 0$, 则停.
　　输出 w.

④ 令 $\lambda := \min\left\{\dfrac{\beta_j - a_j x}{a_j w} : j \in \{1, \cdots, m\}, a_j w > 0\right\}$, 又设 j 是达到这个最小值的最小行指标.

⑤ 置 $J := (J \setminus \{i\}) \cup \{j\}$, $x := x + \lambda w$.
　　返回 ②.

步 ① 是依据命题 3.9 且能用高斯消去法完成 (见 4.3 节), 在 ③ 和 ④ 中, 对 i 和 j 的选取准则 (通常称作 转轴准则) 则是由 Bland (1977) 提出, 如果选取任一满足 $y_i < 0$ 的 i 和任一在 ④ 中达到最小的 j, 则算法运行可能对某些实例会产生循环, Bland 转轴准则不是唯一避免循环的准则, 另一个准则 (称之为字典序准则). 也被 Dantzig, Orden 和 Wolfe (1955) 证明是可避免循环的, 在证明单纯形法的正确性以前, 注意下面的命题 (有时称之为 "弱对偶"):

命题 3.13　设 x 和 y 分别是下面 LP 问题的可行解:

$$\max\{cx : Ax \leqslant b\} \tag{3.1}$$

$$\min\{yb : yA = c, y \geqslant 0\} \tag{3.2}$$

则 $cx \leqslant yb$.

证明 $cx = (yA)x = y(Ax) \leqslant yb.$ □

定理 3.14 (Dantzig, 1951; Dantzig, Orden and Wolfe, 1955; Bland, 1977) 单纯形法至多进行 $\binom{m}{n}$ 次迭代后终止, 若在 ② 中输出 x 和 y, 则这两个向量分别是 LP 问题 (3.1) 和 (3.2) 的最优解且 $cx = yb$, 若在 ③ 中输出 w 则 $cw > 0$ 且意味着 LP 问题 (3.1) 是无界的.

证明 首先证明算法的每一步都成立:

(a) $x \in P$;

(b) $A_J x = b_J$;

(c) A_J 是非退化的;

(d) $cw > 0$;

(e) $\lambda \geqslant 0$.

在初始时 (a) 和 (b) 是成立的. ② 和 ③ 保证了 $cw = yAw = -y_i > 0$, 由 ④ 及 $x \in P$ 推得 $\lambda \geqslant 0$, 又由 $A_{J \setminus \{i\}} w = 0$ 和 $a_j w > 0$ 可推得 (c), 因此只需证 ⑤ 维持了 (a) 和 (b) 成立.

不难证得, 若 $x \in P$ 则 $x + \lambda w \in P$, 因对任一行指标 k, 有两种可能: 若 $a_k w \leqslant 0$ 则 $a_k(x + \lambda w) \leqslant a_k x \leqslant \beta_k$ (因 $\lambda \geqslant 0$), 否则 $\lambda \leqslant \frac{\beta_k - a_k x}{a_k w}$, 从而 $a_k(x + \lambda w) \leqslant a_k x + a_k w \frac{\beta_k - a_k x}{a_k w} = \beta_k$ (事实上, 在 ④ 中 λ 是被选为满足 $x + \lambda w \in P$ 的最大数).

对于 (b), 注意到执行完 ④ 后, 有 $A_{J \setminus \{i\}} w = 0$ 和 $\lambda = \frac{\beta_j - a_j x}{a_j w}$, 所以 $A_{J \setminus \{i\}}(x + \lambda w) = A_{J \setminus \{i\}} x = b_{J \setminus \{i\}}$, $a_j(x + \lambda w) = a_j x + a_j w \frac{\beta_j - a_j x}{a_j w} = \beta_j$, 因而执行完 ⑤ 后, $A_J x = b_J$ 仍成立.

所以在任一步都有 (a)~(e) 成立, 如果算法在 ② 中送出的是 x 和 y, 则 x 和 y 分别是 (3.1) 和 (3.2) 的可行解, 由 (a)~(c), x 是 P 的顶点, 又因 y 在 J 外的分量为零, 故有 $cx = yAx = yb$. 由命题 3.13, 这就证明了 x 和 y 的最优性.

如果算法在步 ③ 停止, LP 问题 (3.1) 就是无界的, 因为此时 $x + \mu w \in P$ 对任一 $\mu \geqslant 0$ 成立, 且由 (d), $cw > 0$.

最后来看算法的终止, 令 $J^{(k)}$ 和 $x^{(k)}$ 分别是 J 和 x 在单纯形法第 k 次迭代时的集合, 若算法在 $\binom{m}{n}$ 后还不终止, 则存在 $k < l$ 使 $J^{(k)} = J^{(l)}$, 由 (b) 和 (c) 有 $x^{(k)} = x^{(l)}$, 由 (d) 和 (e), cx 永不减少, 且若 $\lambda > 0$ 则是严格上升的, 因此, 在 $k, k+1, \cdots, l-1$ 次迭代时都有 λ 为零且 $x^{(k)} = x^{(k+1)} = \cdots = x^{(l)}$.

令 h 是在第 $k, \cdots, l-1$ 次迭代中的某一次离开 J 的最大下标, 不妨设在第 p 次迭代中离开, 则 h 必在某一 $q \in \{k, \cdots, l-1\}$ 次迭代时加入 J. 现在记第 p 次迭代时的向量 y 为 y', 第 q 次迭代时的向量 w 为 w', 则有 $y'Aw' = cw' > 0$, 令 r 是满足 $y'_r a_r w' > 0$ 的一个下标, 因 $y'_r \neq 0$ 故 r 属于 $J^{(p)}$, 若 $r > h$, 则 r 也属于 $J^{(q)}$ 和 $J^{(q+1)}$, 从而有 $a_r w' = 0$. 故必有 $r \leqslant h$, 但由 i 在第 p 次迭代中的选择, 有 $y'_r < 0$ 当且仅当 $r = h$, 又由 j 在第 q 次迭代中的选择, 有 $a_r w' > 0$ 当且仅当 $r = h$ (注意到 $\lambda = 0$ 和 $a_r x^{(q)} = a_r x^{(p)} = \beta_r$ 当 $r \in J^{(p)}$), 这是矛盾的. □

Klee, Minty (1972) 和 Avis, Chvátal (1978) 寻找出那样的例子, 当单纯形法(采用 Bland 准则) 用到这个具有 n 个变量, $2n$ 个约束的 LP 例子上时, 需 2^n 次迭代, 从而证明了这不是多项式时间算法. 现在还不知是否存在一个选主元准则使其成为多项式时间算法. 然而, Borgwardt (1982) 证明了此法的平均运行时间是多项式有界的 (对于自然概率模型下的随机实例), Kelner 和 Spielman (2006) 提出了一个求解线性规划的类似单纯形法的随机多项式时间算法, 同时单纯形法在实际运算中如果熟练的话还是相当快捷的, 见 3.3 节.

现在叙述如何用单纯形法求解一般的线性规划, 确切地说, 是如何寻找一个初始顶点. 由于存在这样的多胞形, 它可以没有任何顶点, 故首先将给出 LP 问题的不同形式.

令 $\max\{cx : Ax \leqslant b\}$ 是一个 LP 问题, 将 x 代之以 $y - z$, 得到等价形式:

$$\max\left\{ \begin{pmatrix} c & -c \end{pmatrix} \begin{pmatrix} y \\ z \end{pmatrix} : \begin{pmatrix} A & -A \end{pmatrix} \begin{pmatrix} y \\ z \end{pmatrix} \leqslant b, \ y, z \geqslant 0 \right\}$$

故不失一般性, 假设 LP 问题是如下形式

$$\max\{cx : A'x \leqslant b', \ A''x \leqslant b'', \ x \geqslant 0\} \tag{3.3}$$

这里 $b' \geqslant 0$ 和 $b'' < 0$.

首先将单纯形法用于下面的问题

$$\min\{(\mathbb{1}A'')x + \mathbb{1}y : A'x \leqslant b', \ A''x + y \geqslant b'', \ x, y \geqslant 0\} \tag{3.4}$$

这里 $\mathbb{1}$ 表示所有分量均为 1 的向量, 因为 $\binom{x}{y} = 0$ 是上面问题的一个顶点, 所以算法可进行, 同时此问题必是有界的, 因为最小值至少是 $\mathbb{1}b''$, 对问题 (3.3) 的任一可行解 x, $\binom{x}{b''-A''x}$ 是 (3.4) 的一个值为 $\mathbb{1}b''$ 的最优解, 所以, 若 (3.4) 的最小值大于 $\mathbb{1}b''$ 则 (3.3) 是不可行的.

反之, 令 $\binom{x}{y}$ 是问题 (3.4) 的一个值为 $\mathbb{1}b''$ 的最优顶点, 下面证明 x 也是由 (3.3) 定义的多胞形的一个顶点, 为此, 首先注意到此时成立 $A''x + y = b''$, 令 n 和 m 分别是 x 和 y 的维数, 则由命题 3.9 知, 存在 (3.4) 中 $n + m$ 个不等式的集合 S 使等式成立, 且对应此 $n + m$ 个不等式的子矩阵是非退化的.

令 S' 是 $A'x \leqslant b'$ 和 $x \geqslant 0$ 中属于 S 的不等式, S'' 是由 $A''x \leqslant b''$ 中使 $A''x + y \geqslant b''$ 和 $y \geqslant 0$ 均属于 S 的不等式所组成, 显然有 $|S' \cup S''| \geqslant |S| - m = n$ 且 $S' \cup S''$ 中的不等式是线性无关的, 同时等式被 x 所满足, 因此 x 使 (3.3) 中 n 个线性无关不等式成等式, 故 x 是一顶点, 因而可以从 x 开始运用单纯形法求解 (3.3).

3.3　单纯形法的执行

前面叙述的单纯形法是简单的但却不是很有效, 正如我们将要看到的, 没有必要求解任一线性方程组. 为说清主要思想, 从下面的命题开始 (它在后面其实并不

需要的): 对于形如 $\max\{cx : Ax = b, x \geqslant 0\}$ 的 LP 问题, 它的顶点不仅能被表示成行的子集, 也能表示成列的子集.

对于一个矩阵 A 和列指标集 J, 记 A^J 表示 J 中指标对应的列所组成的子矩阵. 类似地, 记 A_I^J 表示行指标在 I 中、列指标在 J 中的 A 的子矩阵. 行和列的序是重要的, 如果 $J = (j_1, \cdots, j_k)$ 是某个行 (列) 指标向量. 我们记 $A_J(A^J)$ 表示它的第 i 行 (列) 是 A 的第 j_i 行 (列)$(i = 1, \cdots, k)$ 的矩阵.

命题 3.15 设 $P := \{x : Ax = b, x \geqslant 0\}$, 这里 A 是矩阵, b 是向量. 则 x 是 P 的顶点当且仅当 $x \in P$ 且对应 x 的正分量的 A 的列是线性无关的.

证明 设 A 是 $m \times n$ 矩阵, 令 $X := \begin{pmatrix} -I & 0 \\ A & I \end{pmatrix}$ 和 $b' := \begin{pmatrix} 0 \\ b \end{pmatrix}$. 记 $N := \{1, \cdots, n\}$ 和 $M := \{n+1, \cdots, n+m\}$. 对满足 $|J| = n$ 的指标集 $J \subseteq N \cup M$, 令 $\bar{J} := (N \cup M) \setminus J$. 则 X_J^N 非奇、$X_{M \cap \bar{J}}^{N \cap \bar{J}}$ 非奇和 $X_M^{\bar{J}}$ 非奇这三者是等价的.

若 x 是 P 顶点, 则由命题 3.9 存在集 $J \subseteq N \cup M$ 使满足 $|J| = n$, X_J^N 非奇和 $X_J^N x = b'_J$. 则对应 $N \cap J$ 的 x 的分量为零, 再者, $X_M^{\bar{J}}$ 是非奇的, 因此 $A^{N \cap \bar{J}}$ 的列是线性无关的.

反之, 令 $x \in P$, 且对应 x 的正分量的 A 的列是线性无关的, 增添适当的单位向量到这些向量上就得到满足 $x_i = 0 (i \in N \setminus B)$ 的非奇子矩阵 X_M^B, 则 $X_{\bar{B}}^N$ 是非奇的且 $X_{\bar{B}}^N x = b'_{\bar{B}}$. 因此由命题 3.9, x 是 P 的顶点. $\qquad\square$

推论 3.16 设 $\begin{pmatrix} x \\ y \end{pmatrix} \in P := \{\begin{pmatrix} x \\ y \end{pmatrix} : Ax + y = b, x \geqslant 0, y \geqslant 0\}$. 则 $\begin{pmatrix} x \\ y \end{pmatrix}$ 是 P 的顶点当且仅当对应于 $\begin{pmatrix} x \\ y \end{pmatrix}$ 的正分量的 $(A\,I)$ 的列是线性无关的. 再者, x 是 $\{x : Ax \leqslant b, x \geqslant 0\}$ 的顶点当且仅当 $\begin{pmatrix} x \\ b - Ax \end{pmatrix}$ 是 P 的顶点. $\qquad\square$

现在我们来分析将单纯形法运用到形如 $\max\{cx, Ax \leqslant b, x \geqslant 0\}$ 的 LP 问题时的情况.

对于矩阵 A 和行 (列) 下标向量 $J = (j_1, \cdots, j_k)$, 记 A_J 和 A^J 是这样的矩阵, 它的第 i 行 (列) 是 A 的第 j_i 行 (列) $(i = 1, \cdots, k)$.

定理 3.17 设 $A \in \mathbb{R}^{m \times n}$, $b \in \mathbb{R}^m$, 和 $c \in \mathbb{R}^n$. 令 $A' := \begin{pmatrix} -I \\ A \end{pmatrix}$, $b' := \begin{pmatrix} 0 \\ b \end{pmatrix}$ 和 $\bar{c} := (c^T, 0)$. 设 $B \in \{1, \cdots, n+m\}^m$ 使得 $(A\,I)^B$ 是非奇的. 令 $J \subseteq \{1, \cdots, n+m\}$ 是余下的 n 个指标. 记 $Q_B := ((A\,I)^B)^{-1}$. 则

(a) A'_J 是非奇的.

(b) $(b' - A'x)_J = 0, (b' - A'x)_B = Q_B b$ 和 $c^T x = \bar{c}^B Q_B b$, 这里 $x := (A'_J)^{-1} b'_J$.

(c) 设 y 是满足 $y_B = 0$ 和 $y^T A' = c^T$ 的向量, 则 $y^T = \bar{c}^B Q_B (A\,I) - \bar{c}$.

(d) 设 $i \in J, w$ 是满足 $A'_i w = -1$ 和 $A'_{J \setminus \{i\}} w = 0$ 的向量, 则 $A'_B w = Q_B (A\,I)^i$.

(e) 定义

$$T_B := \left(\begin{array}{c|c} Q_B(A\,I) & Q_B b \\ \hline \bar{c}^B Q_B(A\,I) - \bar{c} & c^T x \end{array} \right)$$

给出 B 和 T_B, 能在 $O(m(n+m))$ 时间里计算 B' 和 $T_{B'}$, 这里 B' 是在 B 中由 i 代替 j 得到, 而 i 和 j 是由单纯形法(应用到 A', b', c, 和指标集 J) 的 ②~④ 中给出.

T_B 被称为关于基 B 的单纯形表.

证明　(a) 记 $N := \{1, \cdots, n\}$. 因 $(AI)^B$ 是非奇的, 故 $(A')^{N \setminus J}_{J \setminus N}$ 也是非奇的, 从而 A'_J 是非奇的.

(b) 第一个结论直接由 $A'_J x = b'_J$ 可得, 继而有 $b = Ax + I(b - Ax) = (AI)(b' - A'x) = (AI)^B (b' - A'x)_B$ 和 $c^{\mathrm{T}} x = \bar{c}(b' - A'x) = \bar{c}^B (b' - A'x)_B = \bar{c}^B Q_B b$.

(c) 由 $(\bar{c}^B Q_B(AI) - \bar{c})^B = \bar{c}^B Q_B(AI)^B - \bar{c}^B = 0$ 和 $(\bar{c}^B Q_B(AI) - \bar{c})A' = \bar{c}^B Q_B(AI)A' - c^{\mathrm{T}}(-I) = c^{\mathrm{T}}$ 可得.

(d) 由 $0 = (AI)A'w = (AI)^B(A'_B w) + (AI)^{J \setminus \{i\}}(A'_{J \setminus \{i\}} w) + (AI)^i(A'_i w) = (AI)^B(A'_B w) - (AI)^i$ 即得.

(e) 由 (c),y 在单纯形法的 ② 中由 T_B 的最后一行给出, 若 $y \geqslant 0$, 停止 (x 和 y 为最优). 否则, 设 i 是使 $y_i < 0$ 成立的第一个指标, 这可在 $O(n + m)$ 时间求得, 如果 T_B 的第 i 列没有正分量, 停止 (LP 是无界的 w 由 (d) 给出), 否则, 由 (b) 和 (d), 单纯形法的 ④ 中的 λ 由下式给出

$$\lambda = \min \left\{ \frac{(Q_B b)_j}{(Q_B(AI)^i)_j} : j \in \{1, \cdots, m\}, (Q_B(AI)^i)_j > 0 \right\}$$

这里 j 是 B 的第 j 个分界, 且是达到这个最小值的最小下标, 所以我们能在 $O(m)$ 时间里由 T_B 的第 i 列和最后列计算 j, 这就生成了 B'.

可以如下计算修正表 $T_{B'}$: 将第 j 行除以第 j 行第 i 列上的元, 然后将这第 j 行乘上适当的乘子加到其余的行上, 使第 i 列上除第 j 行的元外其他的元均为零.

这些行运算并不会破坏表所具有的如下形式:

$$\left(\begin{array}{c|c} Q(AI) & Qb \\ \hline v(AI) - \bar{c} & vb \end{array} \right)$$

这里 Q 是非奇矩阵, v 是向量, 另外还满足 $Q(AI)^{B'} = I$ 和 $(v(AI) - \bar{c})^{B'} = 0$. 因为这样的选择是唯一的, 即 $Q = Q_{B'}$ 和 $v = \bar{c}^{B'} Q_{B'}$, 故修正表 $T_{B'}$ 可在 $O(m(n + m))$ 时间里被上面的运算正确计算.　□

为开始单纯形法, 考虑如下形式的 LP 问题

$$\max\{cx : A'x \leqslant b', A''x \leqslant b'', x \geqslant 0\}$$

这里 $A' \in \mathbb{R}^{m' \times n}$, $A'' \in \mathbb{R}^{m'' \times n}$, $b' \geqslant 0$ 和 $b'' < 0$. 先将单纯形法用到下面实例上

$$\min\{(\mathbb{1}A'')x + \mathbb{1}y : A'x \leqslant b', A''x + y \geqslant b'', x, y \geqslant 0\}$$

初始的单纯形表是

$$\left(\begin{array}{cccc|c} A' & 0 & I & 0 & b' \\ -A'' & -I & 0 & I & -b'' \\ \hline \mathbb{1}A'' & \mathbb{1} & 0 & 0 & 0 \end{array} \right) \tag{3.5}$$

它对应的基可行解是 $x = 0$, $y = 0$. 然后如定理 3.17(e) 中所述进行单纯形法的迭代.

如果算法终结时的最优值是 $\mathbb{1}b$, 如下修正最后的单纯性表: 将某些行乘以 -1 使得列 $n + m'' + m' + 1, \cdots, n + m'' + m' + m''$ ((3.5) 中的第四列段) 中没有一个是单位向量, 删去表中的这个列段 (即 $n + m'' + m' + 1, \cdots, n + m'' + m' + m''$ 列), 并将最后一行换成 $(-c, 0, 0)$. 然后再将其他行的适当倍数加到最后一行上以使在 $m' + m''$ 个位置上的元素是零, 且这些零元对应的列是各异的单位向量, 这些将是我们的基. 所得结果是原来 LP 问题关于此基的单纯形表, 因此可以继续进行定理 3.17(e) 中的单纯形法迭代.

其实还可以做得更有效, 假设要求解 LP 问题 $\min\{cx : Ax \geqslant b, x \geqslant 0\}$, 它具有很大的不等式组, 且是以含蓄的方式给出, 即要求解下面的问题: 给出向量 $x \geqslant 0$, 判定是否满足 $Ax \geqslant b$, 或寻找出一个违反的不等式. 将单纯形法用到对偶 LP 问题 $\max\{yb : yA \leqslant c, y \geqslant 0\} = \max\{by : A^{\mathrm{T}}y \leqslant c, y \geqslant 0\}$ 上, 令 $\bar{b} := (b^{\mathrm{T}}, 0)$. 对于基 B, 置 $Q_B := ((A^{\mathrm{T}}\ I)^B)^{-1}$ 并且仅储存单纯形表的右边部分

$$\left(\begin{array}{c|c} Q_B & Q_B c \\ \hline \bar{b}^B Q_B & b^{\mathrm{T}} x \end{array} \right)$$

完整单纯形表的最后一行是 $\bar{b}^B Q_B (A^{\mathrm{T}}\ I) - \bar{b}$. 为完成一次迭代, 必须检验是否 $\bar{b}^B Q_B \geqslant 0$ 和 $\bar{b}^B Q_B A^{\mathrm{T}} - b \geqslant 0$ 或是找出一个负的分量, 这就归结为求解 $x = \bar{b}^B Q_B$. 从而就生成了完整单纯形表的对应的列, 但仅是关于当前的迭代, 修正这简化的表我们能再次删除它. 这个技巧就是熟知的修正单纯形法和列生成法, 我们将在后面看到它的应用.

3.4 对 偶 性

定理 3.14 证明了 LP 问题 (3.1) 和 (3.2) 是密切相关的, 这就引出了下面的定义:

定义 3.18 给出一线性规划 $\max\{cx : Ax \leqslant b\}$, 定义它的 *对偶 LP问题* 是线性规划 $\min\{yb : yA = c, y \geqslant 0\}$, 此时原来的 LP 问题 $\max\{cx : Ax \leqslant b\}$ 通常称作 *原始 LP 问题*.

命题 3.19 一个 LP 问题的对偶的对偶就是 (等价于)原始 LP 问题.

证明 设原始 LP 问题 $\max\{cx : Ax \leqslant b\}$ 已给出, 它的对偶是 $\min\{yb : yA = c, y \geqslant 0\}$ 或等价于

$$-\max\left\{ -by : \begin{pmatrix} A^{\mathrm{T}} \\ -A^{\mathrm{T}} \\ -I \end{pmatrix} y \leqslant \begin{pmatrix} c \\ -c \\ 0 \end{pmatrix} \right\}$$

(每个等式约束可分解成两个不等式约束), 所以这个对偶问题的对偶是

$$- \min \left\{ zc - z'c : \left(\begin{array}{ccc} A & -A & -I \end{array} \right) \left(\begin{array}{c} z \\ z' \\ w \end{array} \right) = -b, z, z', w \geqslant 0 \right\}$$

此问题又等价于 $-\min\{-cx : -Ax - w = -b, w \geqslant 0\}$ (这里将 x 代替 $z' - z$), 消去松弛变量 w 后, 就看到此即等价于原始 LP 问题. □

现在引入 LP 理论中最重要的定理, 即对偶定理:

定理 3.20 (von Neumann, 1947; Gale, Kuhn and Tucker, 1951)　若多胞形 $P :=$ $\{x : Ax \leqslant b\}$ 和 $D := \{y : yA = c, y \geqslant 0\}$ 均非空, 则 $\max\{cx : x \in P\} = \min\{yb : y \in D\}$.

证明　若 D 非空, 它必有一顶点 y, 从 y 出发对 $\min\{yb : y \in D\}$ 执行单纯形法, 由命题 3.13, 某个 $x \in P$ 的存在保证了 $\min\{yb : y \in D\}$ 不是无界的, 再由定理 3.14, 单纯性法输出的分别是 LP 问题 $\min\{yb : y \in D\}$ 和它的对偶问题的最优解 y 和 z, 由命题 3.19, 对偶就是 $\max\{cx : x \in P\}$, 故有 $yb = cz$, 此即所欲证者. □

下面介绍更多有关原始问题和对偶问题的最优解之间的关系.

推论 3.21　设 $\max\{cx : Ax \leqslant b\}$ 和 $\min\{yb : yA = c, y \geqslant 0\}$ 是一对原始 – 对偶 LP 问题, 又设 x 和 y 是可行解, 即 $Ax \leqslant b, yA = c$ 和 $y \geqslant 0$, 则下面的结论是等价的:

(a) x 和 y 都是最优解.

(b) $cx = yb$.

(c) $y(b - Ax) = 0$.

证明　由对偶定理 3.20, 即可得到 (a) 与 (b) 的等价性. (b) 和 (c) 的等价则从 $y(b - Ax) = yb - yAx = yb - cx$ 得到. □

最优解的性质 (c) 常称之为互补松弛, 可用另一形式来叙述它: 点 $x^* \in P =$ $\{x : Ax \leqslant b\}$ 是 $\max\{cx : x \in P\}$ 的一个最优解当且仅当 c 是 A 的某些行的非负组合, 这些行对应的 $Ax \leqslant b$ 中的不等式在 x^* 处成为等式. 这也意味着

推论 3.22　设 $P = \{x : Ax \leqslant b\}$ 是一多胞形, $Z \subseteq P$, 设向量集 c 满足: 每一 $z \in Z$ 都是 $\max\{cx : x \in P\}$ 的最优解. 则这样的向量 c 组成的集是由 A' 的行所生成的锥, 这里 $A'x \leqslant b'$ 是 $Ax \leqslant b$ 中对所有 $z \in Z$ 都满足 $A'z = b'$ 的最大子集.

证明　令 $z \in Z$ 严格地满足 $Ax \leqslant b$ 的所有其他不等式, 又令 c 是一个向量, 使得 z 是 $\max\{cx : x \in P\}$ 的最优解, 则由推论 3.21, 存在满足 $c = yA'$ 的 $y \geqslant 0$, 即 c 是 A' 的行的非负线性组合.

反之, 对 $A'x \leqslant b'$ 的行 $a'x \leqslant \beta'$ 以及 $z \in Z$, 有 $a'z = \beta' = \max\{a'x : x \in P\}$. □

下面给出推论 3.21 的另一形式.

推论 3.23 设 $\min\{cx : Ax \geqslant b, x \geqslant 0\}$ 和 $\max\{yb : yA \leqslant c, y \geqslant 0\}$ 是一对原始–对偶 LP 问题, 又设 x 和 y 是可行解, 即 $Ax \geqslant b, yA \leqslant c, x, y \geqslant 0$, 则下面结论是等价的:

(a) x 和 y 都是最优解.

(b) $cx = yb$.

(c) $(c - yA)x = 0$ 和 $y(b - Ax) = 0$.

证明 (a) 和 (b) 的等价性可从将对偶定理 3.20 用到 $\max\{(-c)x : \binom{-A}{-I}x \leqslant \binom{-b}{0}\}$ 得到.

为证明 (b) 和 (c) 的等价性, 注意到 $y(b - Ax) \leqslant 0 \leqslant (c - yA)x$ 对任意可行的 x 和 y 成立, 故 $y(b - Ax) = (c - yA)x$ 成立当且仅当 $yb = cx$. □

在 (c) 中的两个条件有时也分别称之为原始互补松弛条件和对偶互补松弛条件.

对偶定理在组合优化中有很多应用, 它的重要性之一是一个解的最优性能被给出的对偶 LP 问题的一个可行解具有与它相同目标值所证得. 现在我们要看如何证明一个 LP 问题是无界的或是不可行的:

定理 3.24 存在向量 x 使 $Ax \leqslant b$ 成立的充要条件是对每个满足 $y \geqslant 0$ 和 $yA = 0$ 的向量都有 $yb \geqslant 0$.

证明 若有 x 使 $Ax \leqslant b$ 成立, 则当 $y \geqslant 0$ 和 $yA = 0$ 满足时有 $yb \geqslant yAx = 0$. 考虑 LP 问题

$$-\min\{\mathbb{1}w : Ax - w \leqslant b, w \geqslant 0\} \tag{3.6}$$

写成标准形式

$$\max\left\{ \begin{pmatrix} 0 & -\mathbb{1} \end{pmatrix} \begin{pmatrix} x \\ w \end{pmatrix} : \begin{pmatrix} A & -I \\ 0 & -I \end{pmatrix} \begin{pmatrix} x \\ w \end{pmatrix} \leqslant \begin{pmatrix} b \\ 0 \end{pmatrix} \right\}$$

这个 LP 问题的对偶是

$$\min\left\{ \begin{pmatrix} b & 0 \end{pmatrix} \begin{pmatrix} y \\ z \end{pmatrix} : \begin{pmatrix} A^{\mathrm{T}} & 0 \\ -I & -I \end{pmatrix} \begin{pmatrix} y \\ z \end{pmatrix} = \begin{pmatrix} 0 \\ -\mathbb{1} \end{pmatrix}, y, z \geqslant 0 \right\}$$

或等价于

$$\min\{yb : yA = 0, 0 \leqslant y \leqslant \mathbb{1}\} \tag{3.7}$$

因 (3.6) 和 (3.7) 都有一可行解 $(x = 0, w = |b|, y = 0)$, 所以应用定理 3.20, (3.6) 和 (3.7) 的最优目标值是相同的. 又因为 $Ax \leqslant b$ 有解当且仅当 (3.6) 的最优目标值是零. 故证得本定理. □

所以欲证一个线性不等式组 $Ax \leqslant b$ 无解, 等价于证明存在一满足 $yA = 0$ 的向量 $y \geqslant 0$ 使 $yb < 0$. 我们给出定理 3.24 的两个推论:

推论 3.25 存在向量 $x \geqslant 0$ 满足 $Ax \leqslant b$ 当且仅当对每个使 $y \geqslant 0$ 和 $yA \geqslant 0$ 成立的向量必有 $yb \geqslant 0$.

证明 将定理 3.24 用到不等式组 $\begin{pmatrix} A \\ -I \end{pmatrix} x \leqslant \begin{pmatrix} b \\ 0 \end{pmatrix}$ 上即得.   □

推论 3.26 (Farkas, 1894) 存在向量 $x \geqslant 0$ 满足 $Ax = b$ 当且仅当对每一满足 $yA \geqslant 0$ 的向量 y 都有 $yb \geqslant 0$.

证明 将推论 3.25 用到不等式组 $\begin{pmatrix} A \\ -A \end{pmatrix} x \leqslant \begin{pmatrix} b \\ -b \end{pmatrix}$, $x \geqslant 0$ 上即得.   □

推论 3.26 就是熟知的 Farkas 引理. 有趣的是上面的结果反过来也可以证明对偶定理3.20, 而且是十分简单直接的证明 (事实上, 它们在单纯性法之前已为人知), 见习题 3.10 和习题 3.11.

我们已经知道如何证明一个 LP 问题是不可行的, 那么如何证明一个 LP 问题是无界的呢? 下面的定理就回答这个问题.

定理 3.27 若一个 LP 问题是无界的, 则它的对偶 LP 问题是不可行的, 如果一个 LP 问题有最优解, 则它的对偶问题也有最优解.

证明 第一个结论由命题 3.13 可直接得到.

为证第二个结论, 假设 (原始) LP 问题 $\max\{cx : Ax \leqslant b\}$ 有一最优解 x^*, 但对偶问题 $\min\{yb : yA = c, y \geqslant 0\}$ 是不可行的 (由第一个结论它不能是无界的).

换言之, 不存在 $y \geqslant 0$ 使 $A^{\mathrm{T}} y = c$, 由 Farkas 引理 (推论 3.26) 得知, 存在向量 z 满足 $zA^{\mathrm{T}} \geqslant 0$ 和 $zc < 0$, 从而 $x^* - z$ 是原始问题可行的, 因 $A(x^* - z) = Ax^* - Az \leqslant b$, 而又有 $c(x^* - z) > cx^*$, 故与 x^* 是最优解矛盾.   □

因此, 一对原始–对偶 LP 问题有四种情况: 都有最优解 (且最优值必相等); 其中一个不可行另一个无界; 或两个都不可行.

下面的重要定理我们常会用到:

定理 3.28 设 $P = \{x \in \mathbb{R}^n : Ax \leqslant b\}$ 是一多胞形, $z \notin P$, 则存在一分离超平面, 即存在向量 $c \in \mathbb{R}^n$, 使 $cz > \max\{cx : Ax \leqslant b\}$.

证明 因为 $z \notin P$, 所以 $\{x : Ax \leqslant b, Ix \leqslant z, -Ix \leqslant -z\}$ 是空集, 由定理 3.24, 存在向量 $y, \lambda, \mu \geqslant 0$ 使 $yA + (\lambda - \mu)I = 0$ 且 $yb + (\lambda - \mu)z < 0$, 记 $c := \mu - \lambda$, 则有 $cz > yb \geqslant y(Ax) = (yA)x = cx$ 对所有 $x \in P$ 成立.   □

Farkas 引理也使我们能够证明每个有限生成锥是多面锥:

定理 3.29 (Minkowski, 1896; Weyl, 1935) 一个锥是多面锥当且仅当它是有限生成锥.

证明 必要性由引理 3.12 可直接得到, 所以考虑锥 C 被 $a_1, \cdots, a_t$ 所生成, 要证 C 是一多面锥. 令 A 是行向量为 $a_1, \cdots, a_t$ 的矩阵.

由引理 3.12, 锥 $D := \{x : Ax \leqslant 0\}$ 是被某些向量 $b_1, \cdots, b_s$ 所生成, 令 B 是行向量为 $b_1, \cdots, b_s$ 的矩阵, 要证明 $C = \{x : Bx \leqslant 0\}$.

由于 $b_j a_i = a_i b_j \leqslant 0$ 对所有 i 和 j 成立, 故有 $C \subseteq \{x : Bx \leqslant 0\}$. 现假设存在一向量 $w \notin C$ 使 $Bw \leqslant 0$. $w \notin C$ 意味着不存在 $v \geqslant 0$ 使得 $A^{\mathrm{T}} v = w$, 由 Farkas 引

理 (推论 3.26), 此即存在向量 y 满足 $yw < 0$ 和 $Ay \geqslant 0$, 故 $-y \in D$. 因为 D 是由 $b_1, \cdots, b_s$ 所生成, 就有 $-y = zB$ 对某个 $z \geqslant 0$ 成立, 但 $0 < -yw = zBw \leqslant 0$, 这是矛盾的. □

3.5 凸包和多面体

这一节介绍多面体的更多知识, 尤其要证明多面体是有限多个点的凸包. 先重温某些基本定义:

定义 3.30 设给出向量 $x_1, \cdots, x_k \in \mathbb{R}^n$ 以及 $\lambda_1, \cdots, \lambda_k \geqslant 0$ 满足 $\sum_{i=1}^k \lambda_i = 1$, 称 $x = \sum_{i=1}^k \lambda_i x_i$ 是 $x_1, \cdots, x_k$ 的一个 **凸组合**. 集 $X \subseteq \mathbb{R}^n$ 是凸的, 如果 $\lambda x + (1-\lambda)y \in X$ 对所有 $x, y \in X$ 和 $\lambda \in [0, 1]$ 成立. 集 X 的 **凸包** conv(X) 被定义为 X 中点的所有凸组合. 集 X 的 **极点** 是这样的点 $x \in X$, 使 $x \notin$ conv$(X \setminus \{x\})$.

所以集 X 为凸当且仅当 X 中点的所有凸组合仍在 X 中, 集 X 的凸包是包含 X 的最小凸集. 另外, 凸集的交是凸集, 因此多胞形是凸的. 现在证明 "关于多面体的有限基本定理", 它的基本结果看上去是显然的, 但要直接证明是不容易的.

定理 3.31 (Minkowski, 1896; Steinitz, 1916; Weyl, 1935) 集 P 是多面体当且仅当它是有限点集的凸包.

证明 (Schrijver, 1986) 设 $P = \{x \in \mathbb{R}^n : Ax \leqslant b\}$ 是一非空多面体, 显然

$$P = \left\{ x : \begin{pmatrix} x \\ 1 \end{pmatrix} \in C \right\}, \quad \text{这里} \quad C = \left\{ \begin{pmatrix} x \\ \lambda \end{pmatrix} \in \mathbb{R}^{n+1} : \lambda \geqslant 0, Ax - \lambda b \leqslant 0 \right\}$$

C 是一多面锥, 故由定理 3.29, 它被有限多个非零向量所生成, 记为 $\begin{pmatrix} x_1 \\ \lambda_1 \end{pmatrix}, \cdots,$ $\begin{pmatrix} x_k \\ \lambda_k \end{pmatrix}$, 因 P 是有界的, 所有 λ_i 非零, 不失一般性, 可令所有 λ_i 为 1, 故 $x \in P$ 当且仅当

$$\begin{pmatrix} x \\ 1 \end{pmatrix} = \mu_1 \begin{pmatrix} x_1 \\ 1 \end{pmatrix} + \cdots + \mu_k \begin{pmatrix} x_k \\ 1 \end{pmatrix}$$

对某些 $\mu_1, \cdots, \mu_k \geqslant 0$ 成立, 换言之, P 是 $x_1, \cdots, x_k$ 的凸包.

现设 P 是 $x_1, \cdots, x_k \in \mathbb{R}^n$ 的凸包, 则 $x \in P$ 当且仅当 $\begin{pmatrix} x \\ 1 \end{pmatrix} \in C$, 这里 C 是由 $\begin{pmatrix} x_1 \\ 1 \end{pmatrix}, \cdots, \begin{pmatrix} x_k \\ 1 \end{pmatrix}$ 所生成的锥, 由定理 3.29, C 是多面锥, 故

$$C = \left\{ \begin{pmatrix} x \\ \lambda \end{pmatrix} : Ax + b\lambda \leqslant 0 \right\}$$

从而推得 $P = \{x \in \mathbb{R}^n : Ax + b \leqslant 0\}$. □

推论 3.32　多面体是它的顶点的凸包.

证明　设 P 是多面体, 由定理 3.31, 它的顶点的凸包是一多面体 Q, 显然 $Q \subseteq P$, 如若存在点 $z \in P \setminus Q$, 则由定理 3.28, 存在向量 c 使 $cz > \max\{cx : x \in Q\}$, P 的支撑超平面 $\{x : cx = \max\{cy : y \in P\}\}$ 定义了 P 的一个面但不含顶点, 由推论 3.10, 这是不可能的. □

上面两个结果和下面的推论是多面体组合学的出发点, 它们将在本书中被经常用到. 对于一个给出的基础集 E 和子集 $X \subseteq E$, X 的关联向量(关于 E) 被定义为向量 $x \in \{0,1\}^E$, 满足: 当 $e \in X$ 时 $x_e = 1$ 当 $e \in E \setminus X$ 时 $x_e = 0$.

推论 3.33　设 $(E, \mathcal{F})$ 是一集合系统, P 是 $\mathcal{F}$ 中元素的关联向量的凸包, 又 $c : E \to \mathbb{R}$, 则 $\max\{cx : x \in P\} = \max\{c(X) : X \in \mathcal{F}\}$.

证明　$\max\{cx : x \in P\} \geqslant \max\{c(X) : X \in \mathcal{F}\}$ 是显然的. 现令 x 是 $\max\{cx : x \in P\}$ 的最优解 (注意到由定理 3.31, P 是多面体), 由 P 的定义, x 是 $\mathcal{F}$ 中元素的关联向量 $y_1, \cdots, y_k$ 的凸组合: $x = \sum_{i=1}^{k} \lambda_i y_i$, 这里 $\lambda_1, \cdots, \lambda_k \geqslant 0$, 且 $\sum_{i=1}^{k} \lambda_i = 1$, 因 $cx = \sum_{i=1}^{k} \lambda_i c y_i$, 则至少存在一个 $i \in \{1, \cdots, k\}$ 使 $cy_i \geqslant cx$, 这个 y_i 是集合 $Y \in \mathcal{F}$ 的关联向量且满足 $c(Y) = cy_i \geqslant cx$. □

习　　题

1. 令 H 是一超图, $F \subseteq V(H)$, 又设 $x, y : F \to \mathbb{R}$. 目的是寻找这样的 $x, y : V(H) \setminus F \to \mathbb{R}$, 使得 $\sum_{e \in E(H)} (\max_{v \in e} x(v) - \min_{v \in e} x(v) + \max_{v \in e} y(v) - \min_{v \in e} y(v))$ 为最小. 证明: 这个问题可表示成 LP.

注: 这是超大规模集成电路设计中松弛的布局问题的. 这里 H 被称作网表, 它的顶点对应需放置在集成电路芯片上的模块, 某些模块 (在 F 上的) 是预先放置的. 布局问题的主要难点是要求模块不能重叠 (在这个松弛问题中忽略这个要求).

2. 向量集 $x_1, \cdots, x_k$ 被称作仿射无关, 如果不存在 $\lambda \in \mathbb{R}^k \setminus \{0\}$ 使得 $\lambda^T \mathbb{1} = 0$ 和 $\sum_{i=1}^{k} \lambda_i x_i = 0$ 成立. 令 $\varnothing \neq X \subseteq \mathbb{R}^n$, 证明 X 中元素的仿射无关集的最大基数等于 $\dim X + 1$.

3. 设 $P, Q \in \mathbb{R}^n$ 是多胞形, 试证: $\text{conv}(P \cup Q)$ 的闭包也是多胞形. 但 P 和 Q 的 $\text{conv}(P \cup Q)$ 则不一定是多胞形.

4. 试证, 求包含于一给定多胞形的最大球问题可表示为一个线性规划问题.

5. 设 P 是一多胞形, 证明 P 的任一侧面的维数比 P 的维数少一.

6. 设 F 是多胞形 $\{x : Ax \leqslant b\}$ 的最小面, 试证: 对所有 $x, y \in F$ 成立 $Ax = Ay$.

7. 建立工作指派问题的 LP 描述的对偶问题, 试对仅有两件工作时的情况构造一简单的算法求解原问题和对偶问题.

8. 设 G 是一有向图, $c : E(G) \to \mathbb{R}_+$, $E_1, E_2 \subseteq E(G)$, $s, t \in V(G)$, 考虑下面的线性规划:

$$\min \quad \sum_{e\in E(G)} c(e)y_e$$

$$\text{s.t.} \quad y_e \;\geqslant\; z_w - z_v \qquad (e=(v,w)\in E(G))$$

$$z_t - z_s = 1$$

$$y_e \geqslant 0 \qquad (e\in E_1)$$

$$y_e \leqslant 0 \qquad (e\in E_2).$$

证明: 存在最优解 (y,z) 和 $s\in X\subseteq V(G)\setminus\{t\}$ 满足 $y_e=1(e\in\delta^+(X))$, $y_e=-1(e\in\delta^-(X)\setminus E_1)$, $y_e=0$ (其他的边 e). 提示: 对进入或离开 $\{v\in V(G): z_v\leqslant z_s\}$ 的边考虑互补松弛条件.

9. 设 $Ax\leqslant b$ 是 n 个变量的线性不等式组, 将每一行乘以一个适当的正数可得 A 的第一列均由 $0, -1$ 和 1 组成, 因此, 可将 $Ax\leqslant b$ 等价地写成

$$a_i'x' \leqslant b_i \qquad (i=1,\cdots,m_1)$$

$$-x_1 + a_j'x' \leqslant b_j \qquad (j=m_1+1,\cdots,m_2)$$

$$x_1 + a_k'x' \leqslant b_k \qquad (k=m_2+1,\cdots,m)$$

这里 $x'=(x_2,\cdots,x_n)$ 和 $a_1',\cdots,a_m'$ 是 A 的除去第一个元素后的行, 这样就可消去 x_1, 证明 $Ax\leqslant b$ 有解当且仅当不等式组

$$a_i'x' \leqslant b_i \qquad (i=1,\cdots,m_1)$$

$$a_j'x' - b_j \leqslant b_k - a_k'x' \qquad (j=m_1+1,\cdots,m_2, k=m_2+1,\cdots,m)$$

有解. 说明当重复用此技巧, 就导出求解线性不等式组 $Ax\leqslant b$ 的一个算法 (或证明了不可行).

注: 这个方法被称作 Fourier-Motzkin 消去法, 因为它是由 Fourier 提出并被 Motzkin (1936) 所研究. 请证明它不是多项式时间算法.

10. 用 Fourier-Motzkin 消去法 (习题 3.9) 证明定理 3.24 的正确性 (Kuhn, 1956).

11. 试用定理 3.24 推出对偶定理 3.20.

12. 证明多胞形分解定理: 任一多胞形 P 能被写成 $P=\{x+c: x\in X, c\in C\}$, 这里 X 是一多面体, C 是多面锥. (Motzkin, 1936)

*13. 设 P 是一有理多胞形, F 是 P 的一个面, 试证

$$\{c: cz=\max\{cx: x\in P\}, \ z\in F\}$$

是有理多面锥.

14. 证明 Carathéodory 定理: 若 $X\subseteq \mathbb{R}^n$, $y\in \mathrm{conv}(X)$, 则存在 $x_1,\cdots,x_{n+1}\in X$ 使 $y\in\mathrm{conv}(\{x_1,\cdots,x_{n+1}\})$ 成立 (Carathéodory, 1911).

15. 证明下面 Carathéodory 定理 (习题 3.14) 的推广: 若 $X\subseteq \mathbb{R}^n$, $y,z\in\mathrm{conv}(X)$, 则存在 $x_1,\cdots,x_n\in X$ 使 $y\in\mathrm{conv}(\{z,x_1,\cdots,x_n\})$ 成立.

16. 证明: 多胞形的极点就是它的顶点.

17. 设 P 是非空多面体, 考虑图 $G(P)$: 它的顶点是 P 的顶点, 它的边对应 P 的一维面, 令 x 是 P 的任一顶点, c 是满足 $c^{\mathrm{T}}x < \max\{c^{\mathrm{T}}z : z \in P\}$ 的向量, 证明: 存在 x 在 $G(P)$ 中的邻点 y 使 $c^{\mathrm{T}}x < c^{\mathrm{T}}y$ 成立.

*18. 用习题 3.17 证明: 对任一 n 维多面体 P $(n \geqslant 1)$, $G(P)$ 是 n 连通的.

19. 设 $P \subseteq \mathbb{R}^n$ 是一多面体 (不必是有理的), $y \notin P$, 试证: 存在一有理向量 c 满足 $\max\{cx : x \in P\} < cy$. 并说明对一般的多胞形这一结论可以不成立.

20. 设 $X \subset \mathbb{R}^n$ 是非空凸集, $\bar{X}$ 是 X 的闭包, 又设 $y \notin X$, 证明:

(a) 存在 $\bar{X}$ 上唯一一个点使得它到 y 的距离是最小的.

(b) 存在向量 $a \in \mathbb{R}^n \setminus \{0\}$ 使得 $a^{\mathrm{T}}x \leqslant a^{\mathrm{T}}y$ 对所有 $x \in X$ 成立.

(c) 若 X 有界且 $y \notin \bar{X}$, 则存在向量 $a \in \mathbb{Q}^n$ 使得 $a^{\mathrm{T}}x < a^{\mathrm{T}}y$ 对所有 $x \in X$ 成立.

(d) 闭凸集是所有包含它的闭半空间的交.

参 考 文 献

一般著述

Bertsimas D and Tsitsiklis J N. 1997. Introduction to Linear Optimization. Belmont: Athena Scientific.

Chvátal V. 1983. Linear Programming. New York: Freeman.

Matoušek J and Gärtner B. 2007. Understanding and Using Linear Programming. Berlin: Springer.

Padberg M. 1995. Linear Optimization and Extensions. Berlin: Springer.

Schrijver A. 1986. Theory of Linear and Integer Programming. Chichester: Wiley.

引用文献

Avis D and Chvátal V. 1978. Notes on Bland's pivoting rule. Mathematical Programming Study, 8: 24–34.

Bland R G. 1977. New finite pivoting rules for the simplex method. Mathematics of Operations Research, 2: 103–107.

Borgwardt K H. 1982. The average number of pivot steps required by the simplex method is polynomial. Zeitschrift für Operations Research, 26: 157–177.

Carathéodory C. 1911. Über den Variabilitätsbereich der Fourierschen Konstanten von positiven harmonischen Funktionen. Rendiconto del Circolo Matematico di Palermo, 32: 193–217.

Dantzig G B. 1951. Maximization of a linear function of variables subject to linear inequalities // Activity Analysis of Production and Allocation (Koopmans T C, ed.). New York: Wiley: 359–373.

Dantzig G B, Orden A and Wolfe P. 1955. The generalized simplex method for minimizing a linear form under linear inequality restraints. Pacific Journal of Mathematics, 5: 183–195.

Farkas G. 1894. A Fourier-féle mechanikai elv alkalmazásai. Mathematikai és Természettudományi Értesitö, 12: 457–472.

Gale D, Kuhn H W and Tucker A W. 1951. Linear programming and the theory of games // Activity Analysis of Production and Allocation (Koopmans T C, ed.). New York: Wiley: 317–329.

Hoffman A J and Kruskal J B. 1956. Integral boundary points of convex polyhedra // Linear Inequalities and Related Systems; Annals of Mathematical Study 38 (Kuhn H W, Tucker A W, eds.). Princeton: Princeton University Press: 223–246.

Kelner J A and Spielman D A. 2006. A randomized polynomial-time simplex algorithm for linear programming. Proceedings of the 38th Annual ACM Symposium on Theory of Computing, 51–60.

Klee V and Minty G J. 1972. How good is the simplex algorithm // Inequalities III (Shisha O, ed.). New York: Academic Press: 159–175.

Kuhn H W. 1956. Solvability and consistency for linear equations and inequalities. The American Mathematical Monthly, 63: 217–232.

Minkowski H. 1896. Geometrie der Zahlen. Leipzig: Teubner.

Motzkin T S. 1936. Beiträge zur Theorie der linearen Ungleichungen (Dissertation). Jerusalem: Azriel.

von Neumann J. 1947. Discussion of a maximum problem. Working paper. Published in: John von Neumann, Collected Works; Vol. VI (Taub A H, ed.). Oxford: Pergamon Press, 27–28.

Steinitz E. 1916. Bedingt konvergente Reihen und konvexe Systeme. Journal für die reine und angewandte Mathematik, 146: 1–52.

Weyl H. 1935. Elementare Theorie der konvexen Polyeder. Commentarii Mathematici Helvetici, 7: 290–306.

第 4 章　线性规划算法

求解线性规划有三类基本算法: 单纯形法 (见 3.2 节)、内点法 和椭球法.

三类基本算法中的每一个都有不足之处: 相对于另两个算法, 至今没有一种单纯形法的运算准则能被证明是多项式时间的. 在 4.4 节和 4.5 节将介绍椭球法并证明它导出了求解线性规划的一个多项式时间算法, 然而, 椭球法在实际运用中效率是非常低的, 内点法以及单纯形法(若忽略它的指数最坏情况运行时间) 就有效得多, 因此它们通常被应用到实际求解 LP 问题中. 椭球法和内点法还能用到更广泛的凸优化问题中, 即被称作半定规划的问题中.

单纯形法和椭球法的一个优点是不要求给出明显的问题, 只要求这样一个子程序就够了: 能判定给出的向量是否可行, 以及若不可行, 则指出一个违背的约束. 在4.6 节中将详细讨论椭球法, 因为它蕴涵着更多的组合优化问题能被多项式时间可解. 对某些问题, 这是证明它多项式时间可解的仅知途径, 这就是在本书中讨论椭球法而不是内点法的理由.

多项式时间算法的前提是存在一最优解, 它的二元表示长度被输入尺寸的多项式所界定, 在 4.1 节中将证明这一结论. 在 4.2 节和 4.3 节中回顾某些基本算法, 它们在稍后是需要的, 包括众所周知的求解方程组的高斯消去法.

4.1　顶点和面的尺寸

线性规划的一个实例是由向量和矩阵给出的, 因为对线性规划没有已知的强多项式时间算法, 在分析算法运行时间时应将注意力限制在有理数的实例, 假设所有的数都是二元表示的, 为估计尺寸 (储存单元数), 对于整数 $n \in \mathbb{Z}$, 定义 $\text{size}(n) := 1 + \lceil \log(|n| + 1) \rceil$, 对于有理数 $r = \frac{p}{q}$, 定义 $\text{size}(r) := \text{size}(p) + \text{size}(q)$, 这里 p, q 是互素的整数 (即它们的最大公因子是 1), 对向量 $x = (x_1, \cdots, x_n) \in \mathbb{Q}^n$, 我们储存分量, 且定义 $\text{size}(x) := n + \text{size}(x_1) + \cdots + \text{size}(x_n)$, 对于矩阵 $A \in \mathbb{Q}^{m \times n}$, 输入 a_{ij} 且有 $\text{size}(A) := mn + \sum_{i,j} \text{size}(a_{ij})$.

当然, 这些精确的值有点像是随机的选择, 但是记住, 我们并不在意常数因子. 对多项式时间算法, 数的尺寸不被基本算术运算增加得太多才是重要的.

命题 4.1　若 $r_1, \cdots, r_n$ 是有理数, 则

$$\text{size}(r_1 \cdots r_n) \leqslant \text{size}(r_1) + \cdots + \text{size}(r_n)$$

$$\text{size}(r_1 + \cdots + r_n) \leqslant 2(\text{size}(r_1) + \cdots + \text{size}(r_n))$$

证明 对整数 $s_1, \cdots, s_n$, 显然有 $\mathrm{size}(s_1 \cdots s_n) \leqslant \mathrm{size}(s_1) + \cdots + \mathrm{size}(s_n)$ 和 $\mathrm{size}(s_1 + \cdots + s_n) \leqslant \mathrm{size}(s_1) + \cdots + \mathrm{size}(s_n)$.

现令 $r_i = \frac{p_i}{q_i}$, 这里 p_i 和 q_i 是非零整数 $(i = 1, \cdots, n)$. 则 $\mathrm{size}(r_1 \cdots r_n) \leqslant \mathrm{size}(p_1 \cdots p_n) + \mathrm{size}(q_1 \cdots q_n) \leqslant \mathrm{size}(r_1) + \cdots + \mathrm{size}(r_n)$.

对此时的第二个结论, 显然分母 $q_1 \cdots q_n$ 的尺寸至多是 $\mathrm{size}(q_1) + \cdots + \mathrm{size}(q_n)$, 分子是形如 $q_1 \cdots q_{i-1} p_i q_{i+1} \cdots q_n$ $(i = 1, \cdots, n)$ 的和, 所以它的绝对值至多是 $(|p_1| + \cdots + |p_n|)|q_1 \cdots q_n|$, 因此分子的尺寸至多是 $\mathrm{size}(r_1) + \cdots + \mathrm{size}(r_n)$. □

这个命题还说明, 不失一般性, 通常可假设在一个问题的实例中所有数是整的, 因为若否, 可以将它们的每一个乘以所有分母的乘积. 对于向量的和及数量积, 有

命题 4.2 若 $x, y \in \mathbb{Q}^n$ 是有理向量, 则

$$\mathrm{size}(x + y) \leqslant 2(\mathrm{size}(x) + \mathrm{size}(y))$$

$$\mathrm{size}(x^{\mathrm{T}} y) \leqslant 2(\mathrm{size}(x) + \mathrm{size}(y))$$

证明 由命题 4.1 有 $\mathrm{size}(x+y) = n + \sum_{i=1}^{n} \mathrm{size}(x_i + y_i) \leqslant n + 2\sum_{i=1}^{n} \mathrm{size}(x_i) + 2\sum_{i=1}^{n} \mathrm{size}(y_i) = 2(\mathrm{size}(x) + \mathrm{size}(y)) - 3n$ 和 $\mathrm{size}(x^{\mathrm{T}} y) = \mathrm{size}\left(\sum_{i=1}^{n} x_i y_i\right) \leqslant 2\sum_{i=1}^{n} \mathrm{size}(x_i y_i) \leqslant 2\sum_{i=1}^{n} \mathrm{size}(x_i) + 2\sum_{i=1}^{n} \mathrm{size}(y_i) = 2(\mathrm{size}(x) + \mathrm{size}(y)) - 4n$. □

即使在较为复杂的运算下, 尺寸数也不会增加得很快. 矩阵 $A = (a_{ij})_{1 \leqslant i,j \leqslant n}$ 的行列式 是被定义为

$$\det A := \sum_{\pi \in S_n} \mathrm{sgn}(\pi) \prod_{i=1}^{n} a_{i,\pi(i)} \tag{4.1}$$

其中 S_n 是 $\{1, \cdots, n\}$ 的所有置换的集合, $\mathrm{sgn}(\pi)$ 是置换 π 的符号(如果 π 能被偶数次对换所得到就定义为 1, 否则为 -1).

命题 4.3 对任一矩阵 $A \in \mathbb{Q}^{m \times n}$, 有 $\mathrm{size}(\det A) \leqslant 2\,\mathrm{size}(A)$.

证明 记 $a_{ij} = \frac{p_{ij}}{q_{ij}}$, 这里 p_{ij}, q_{ij} 是互素整数. 现令 $\det A = \frac{p}{q}$, 这里 pq 是互素整数, 则 $|\det A| \leqslant \prod_{i,j}(|p_{ij}| + 1)$ 及 $|q| \leqslant \prod_{i,j}|q_{ij}|$ 成立, 得到 $\mathrm{size}(q) \leqslant \mathrm{size}(A)$, 且由 $|p| = |\det A||q| \leqslant \prod_{i,j}(|p_{ij}| + 1)|q_{ij}|$, 有

$$\mathrm{size}(p) \leqslant \sum_{i,j}(\mathrm{size}(p_{ij}) + 1 + \mathrm{size}(q_{ij})) = \mathrm{size}(A) \qquad \square$$

从而可证明

定理 4.4 假设一个有理 LP 问题 $\max\{cx : Ax \leqslant b\}$ 有最优解, 则它也有一最优解 x 具有尺寸 $\mathrm{size}(x) \leqslant 4n(\mathrm{size}(A) + \mathrm{size}(b))$, 此最优解分量的尺寸至多是 $4(\mathrm{size}(A) + \mathrm{size}(b))$, 如果 $b = e_i$ 或 $b = -e_i$(这里 e_i 是某一单位向量), 则有 A 的一非奇子矩阵 A' 和一个最优解 x, 使 $\mathrm{size}(x) \leqslant 4n\,\mathrm{size}(A')$.

证明　由推论 3.5, 最大值在 $\{x : Ax \leqslant b\}$ 的一个面 F 处达到. 令 $F' \subseteq F$ 是一最小面, 由命题 3.9, $F' = \{x : A'x = b'\}$, 这里 $A'x \leqslant b'$ 是 $Ax \leqslant b$ 的某子系统. 不失一般性, 可设 A' 的行是线性无关的, 故可以选取一个极大线性无关列向量组 (记为矩阵 A''), 则 $x = (A'')^{-1}b'$, 添上零分量就得到 LP 的一个最优解, 由 Gramer 法则, x 的分量由 $x_j = \frac{\det A'''}{\det A''}$ 给出, 这里 A''' 由 A'' 中的第 j 列被 b' 替代而得到. 由命题 4.3, 有 $\text{size}(x) \leqslant n + 2n(\text{size}(A''') + \text{size}(A'')) \leqslant 4n(\text{size}(A'') + \text{size}(b'))$, 若 $b = \pm e_i$, 则 $|\det(A''')|$ 是 A'' 的一个子行列式的绝对值. □

多面体的面的编码长度能径由它顶点的尺寸给出如下估计:

引理 4.5　令 $P \subseteq \mathbb{R}^n$ 是一有理多面体 $P = \{x : Ax \leqslant b\}$, 又令 $T \in \mathbb{N}$, 使得对此多面体的每一顶点 x, 有 $\text{size}(x) \leqslant T$, 则不等式组 $Ax \leqslant b$ 中的每个不等式 $ax \leqslant \beta$ 满足 $\text{size}(a) + \text{size}(\beta) \leqslant 75n^2T$.

证明　首先假设 P 是满维的, 令 $F = \{x \in P : ax = \beta\}$ 是 P 的一个侧面, 则 $P \subseteq \{x : ax \leqslant \beta\}$.

令 $y_1, \cdots, y_t$ 是 F 的顶点 (由命题 3.6, 它们也是 P 的顶点), 又令 c 是 $Mc = e_1$ 的解, 这里 M 是一 $t \times n$ 矩阵, 它的第 i 行是 $y_i - y_1$ $(i = 2, \cdots, t)$, 且第一行是与其他行线性无关的单位向量, 显然 $\text{rank}(M) = n$(因 $\dim F = n - 1$), 故有 $c^{\mathrm{T}} = \kappa a$ 对某一 $\kappa \in \mathbb{R} \setminus \{0\}$ 成立.

由定理 4.4, $\text{size}(c) \leqslant 4n\,\text{size}(M')$, 这里 M' 是 M 的一个 $n \times n$ 非奇子矩阵, 由命题 4.2, 有 $\text{size}(M') \leqslant 4nT$ 和 $\text{size}(c^{\mathrm{T}}y_1) \leqslant 2(\text{size}(c) + \text{size}(y_1))$, 故不等式 $c^{\mathrm{T}}x \leqslant \delta$(或 $c^{\mathrm{T}}x \geqslant \delta$, 若 $\kappa < 0$) 满足 $\text{size}(c) + \text{size}(\delta) \leqslant 3\,\text{size}(c) + 2T \leqslant 48n^2T + 2T \leqslant 50n^2T$, 这里 $\delta := c^{\mathrm{T}}y_1 = \kappa\beta$. 汇集所有的侧面 F, 这些不等式就证明了此引理对满维 P 成立.

如果 $P = \varnothing$, 结论是平凡的, 所以现在假定 P 既非满维又非空. 令 V 是 P 的顶点集, 对 $s = (s_1, \cdots, s_n) \in \{-1, 1\}^n$, 记 P_s 是 $V \cup \{x + s_ie_i : x \in V, i = 1, \cdots, n\}$ 的凸包, 每一 P_s 是一个满维多面体 (定理 3.31), 且它的任一顶点的尺寸至多是 $T + n$(见推论 3.32), 由上所述, P_s 满足尺寸至多是 $50n^2(T + n) \leqslant 75n^2T$ 的不等式组 (注意到 $T \geqslant 2n$), 又因 $P = \bigcap_{s \in \{-1,1\}^n} P_s$, 故得证. □

4.2　连　分　数

当我们希望在某一算法中出现的数不要太大时, 通常假设每个有理数 $\frac{p}{q}$ 的分子 p 和分母 q 是互素的. 若能容易地寻找出两个自然数的 最大公因子, 那么上面假设就是没问题的. 下面这个最古老的算法之一可完成这项工作:

欧几里得算法

输入: 两个自然数 p 和 q.

输出: p 和 q 的最大公因子 d, 即 $\frac{p}{d}$ 和 $\frac{q}{d}$ 是互素的.

---

① 当 $p > 0$ 和 $q > 0$ 执行:

　　若 $p < q$, 则置 $q := q - \lfloor \frac{q}{p} \rfloor p$; 否则, 置 $p := p - \lfloor \frac{p}{q} \rfloor q$.

② 输出 $d := \max\{p, q\}$.

定理 4.6　欧几里得算法是正确的, 迭代次数至多是 $\text{size}(p) + \text{size}(q)$.

证明　正确性源于下面事实: p 和 q 的公因子集合在算法运行过程中是没有变化的, 直到它们中的一个为零, 在每一次迭代中, p 或 q 中的一个被缩减, 因此最多有 $\log p + \log q + 1$ 次迭代. □

因为运行过程中没有数比 p 和 q 大, 就有了多项式时间算法.

一个类似的算法称作连分数展开, 它可用来使任一数被分母不太大的有理数所逼近, 对任一正实数 x, 定义 $x_0 := x$ 和 $x_{i+1} := \frac{1}{x_i - \lfloor x_i \rfloor}$, $i = 1, 2, \cdots$, 直到 $x_k \in \mathbb{N}$ 对某个 k 成立. 则有

$$x = x_0 = \lfloor x_0 \rfloor + \frac{1}{x_1} = \lfloor x_0 \rfloor + \frac{1}{\lfloor x_1 \rfloor + \frac{1}{x_2}} = \lfloor x_0 \rfloor + \frac{1}{\lfloor x_1 \rfloor + \frac{1}{\lfloor x_2 \rfloor + \frac{1}{x_3}}} = \cdots$$

欲证此序列有限当且仅当 x 是有理数, 这从 x_{i+1} 是有理的充要条件是 x_i 为有理可立即得到. 另一个也是很容易的方式是: 若 $x = \frac{p}{q}$ 则上述过程等价于将欧几里得算法应用到 p 和 q, 这也表明对于给出的一个有理数 $\frac{p}{q}$, 这里 $p, q > 0$, 上述 (有限) 序列 $x_1, x_2, \cdots, x_k$ 能被多项式时间求得. 下面的算法几乎等同于欧几里得算法(除了数 g_i 和 h_i 的计算), 我们将证明序列 $\left(\frac{g_i}{h_i} \right)_{i \in \mathbb{N}}$ 收敛于 x.

连分数展开

输入: 有理数 p 和 q (令 $x := \frac{p}{q}$).

输出: 序列 $\left(x_i = \frac{p_i}{q_i} \right)_{i = 0, 1, \cdots}$, 其中 $x_0 = \frac{p}{q}$, $x_{i+1} := \frac{1}{x_i - \lfloor x_i \rfloor}$.

---

① 置 $i := 0$, $p_0 := p$, $q_0 := q$.

　　置 $g_{-2} := 0$, $g_{-1} := 1$, $h_{-2} := 1$, $h_{-1} := 0$.

② 当 $q_i \neq 0$ 执行:

　　置 $a_i := \lfloor \frac{p_i}{q_i} \rfloor$.

　　置 $g_i := a_i g_{i-1} + g_{i-2}$.

　　置 $h_i := a_i h_{i-1} + h_{i-2}$.

　　置 $q_{i+1} := p_i - a_i q_i$.

　　置 $p_{i+1} := q_i$.

　　置 $i := i + 1$.

欲证序列 $\frac{g_i}{h_i}$ 生成了对 x 的很好的逼近. 在证明这一结论之前, 需要先证明下面的命题:

命题 4.7　下面的论断对上面算法的所有迭代步 i 都成立:

(a) $a_i \geqslant 1$ ($i = 0$ 可能除外) 和 $h_i \geqslant h_{i-1}$.

(b) $g_{i-1}h_i - g_ih_{i-1} = (-1)^i$.

(c) $\frac{p_ig_{i-1}+q_ig_{i-2}}{p_ih_{i-1}+q_ih_{i-2}} = x$.

(d) $\frac{g_i}{h_i} \leqslant x$, 当 i 为偶; $\frac{g_i}{h_i} \geqslant x$, 当 i 为奇.

证明　(a) 是显然的. (b) 易用归纳法证得: $i = 0$ 时, 有 $g_{i-1}h_i - g_ih_{i-1} = g_{-1}h_0 = 1$, 当 $i \geqslant 1$, 有

$$g_{i-1}h_i - g_ih_{i-1} = g_{i-1}(a_ih_{i-1} + h_{i-2}) - h_{i-1}(a_ig_{i-1} + g_{i-2}) = g_{i-1}h_{i-2} - h_{i-1}g_{i-2}$$

(c) 用归纳法证: $i = 0$ 时, 有

$$\frac{p_ig_{i-1}+q_ig_{i-2}}{p_ih_{i-1}+q_ih_{i-2}} = \frac{p \cdot 1 + 0}{0 + q \cdot 1} = x$$

对 $i \geqslant 1$ 有

$$\frac{p_ig_{i-1}+q_ig_{i-2}}{p_ih_{i-1}+q_ih_{i-2}} = \frac{q_{i-1}(a_{i-1}g_{i-2}+g_{i-3}) + (p_{i-1} - a_{i-1}q_{i-1})g_{i-2}}{q_{i-1}(a_{i-1}h_{i-2}+h_{i-3}) + (p_{i-1} - a_{i-1}q_{i-1})h_{i-2}}$$
$$= \frac{q_{i-1}g_{i-3} + p_{i-1}g_{i-2}}{q_{i-1}h_{i-3} + p_{i-1}h_{i-2}}$$

最后证明 (d). 注意到 $\frac{g-2}{h-2} = 0 < x < \infty = \frac{g-1}{h-1}$, $f(\alpha) := \frac{\alpha g_{i-1}+g_{i-2}}{\alpha h_{i-1}+h_{i-2}}$ 关于 $\alpha > 0$ 单调和由 (c) 得 $f(\frac{p_i}{q_i}) = x$, 则用归纳法可容易证得.　□

定理 4.8 (Khintchine, 1956)　给出一有理数 α 和一自然数 n, 则一个分母至多为 n 且使 $|\alpha - \beta|$ 是最小的有理数 β 能在多项式时间 ($\text{size}(n) + \text{size}(\alpha)$ 的多项式) 内找到.

证明　对 $x := \alpha$ 进行连分数展开, 若算法停止时有 $q_i = 0$ 和 $h_{i-1} \leqslant n$, 由命题 4.7(c), 我们能置 $\beta = \frac{g_{i-1}}{h_{i-1}} = \alpha$, 否则, 令 i 是满足 $h_i \leqslant n$ 的最后一指标, t 是使 $th_i + h_{i-1} \leqslant n$ 的最大整数 (参见命题 4.7(a)), 因为 $a_{i+1}h_i + h_{i-1} = h_{i+1} > n$, 故有 $t < a_{i+1}$. 我们可证

$$y := \frac{g_i}{h_i} \quad \text{或} \quad z := \frac{tg_i + g_{i-1}}{th_i + h_{i-1}}$$

是所求的解, 它们的分母都至多是 n.

如果 i 是偶, 则由命题 4.7(d), $y \leqslant x < z$. 同样, 如果 i 是奇, 有 $y \geqslant x > z$. 下证对任一介于 y 和 z 之间的有理数 $\frac{p}{q}$, 它的分母大于 n.

显然

$$|z - y| = \frac{|h_ig_{i-1} - h_{i-1}g_i|}{h_i(th_i + h_{i-1})} = \frac{1}{h_i(th_i + h_{i-1})}$$

(由命题 4.7(b)), 另一方面

$$|z - y| = \left| z - \frac{p}{q} \right| + \left| \frac{p}{q} - y \right| \geqslant \frac{1}{(th_i + h_{i-1})q} + \frac{1}{h_i q} = \frac{h_{i-1} + (t+1)h_i}{qh_i(th_i + h_{i-1})}$$

故 $q \geqslant h_{i-1} + (t+1)h_i > n$. □

上面的证明来自 Grötschel, Lovász 和 Schrijver (1988), 此书还包括一些重要的推广.

4.3   高斯消去法

线性代数里最重要的算法是高斯消去法, 但远在高斯之前就已被熟知了 (参见 Schrijver (1986) 关于历史注记). 高斯消去法被用来确定一个矩阵的秩、计算行列式和求解线性方程组. 它常作为线性规划算法的一个子程序出现, 即是单纯形法中的 ①.

给出一矩阵 $A \in \mathbb{Q}^{m \times n}$, 高斯消去法在一个扩展的矩阵 $Z = (\ B\quad C\ ) \in \mathbb{Q}^{m \times (n+m)}$ 上进行, 初始时 $B = A, C = I$, 算法按下面的运算将 B 变成 $\begin{pmatrix} I & R \\ 0 & 0 \end{pmatrix}$: 行和列的置换; 将某一行的倍数加到另一行去; 以及 (在最后一步中) 将行乘以非零常数. 在每一步 C 都被相应的修正, 使 $C\tilde{A} = B$ 始终保持成立, 这里 $\tilde{A}$ 是由 A 的行和列置换得到.

算法的第一部分由 ② 和 ③ 组成, 将 B 变成上三角矩阵, 看下面的例子, 矩阵 Z 在二次迭代后, 变成如下:

$$\begin{pmatrix} z_{11} \neq 0 & z_{12} & z_{13} & \cdots & z_{1n} & 1 & 0 & 0 & \cdots & 0 \\ 0 & z_{22} \neq 0 & z_{23} & \cdots & z_{2n} & z_{2,n+1} & 1 & 0 & \cdots & 0 \\ 0 & 0 & z_{33} & \cdots & z_{3n} & z_{3,n+1} & z_{3,n+2} & 1 & 0 \cdots & 0 \\ \vdots & \vdots & \vdots & & \vdots & \vdots & \vdots & 0 & I & \vdots \\ & & & & & & & & & 0 \\ 0 & 0 & z_{m3} & \cdots & z_{mn} & z_{m,n+1} & z_{m,n+2} & 0 & \cdots 0 & 1 \end{pmatrix}$$

若 $z_{33} \neq 0$, 则下一步从第 i 行中减去第三行的 $\frac{z_{i3}}{z_{33}}$ 倍 $(i = 4, \cdots, m)$, 若 $z_{33} = 0$, 将第三行或第三列和另一行或列交换, 注意到, 如果交换了两行, 为了保持 $C\tilde{A} = B$, 也要交换 C 中对应的两列. 为方便找到 $\tilde{A}$, 将每一次的置换用记号 row(i), $i = 1, \cdots, m$ 和 col(j), $j = 1, \cdots, n$ 存下. 则 $\tilde{A} = (A_{\text{row}(i),\text{col}(j)})_{i \in \{1, \cdots, m\}, j \in \{1, \cdots, n\}}$.

由 ④ 和 ⑤ 组成的算法的第二部分是简单的, 因为没有行或列被交换.

高斯消去法

输入: 矩阵 $A = (a_{ij}) \in \mathbb{Q}^{m \times n}$.

输出: 它的 秩 r,

　　　　A 的一个极大非奇子矩阵 $A' = (a_{\text{row}(i),\text{col}(j)})_{i,j \in \{1, \cdots, r\}}$,

　　　　它的 行列式 $d = \det A'$ 和它的逆 $(A')^{-1} = (z_{i,n+j})_{i,j \in \{1, \cdots, r\}}$.

---

① 置 $r := 0$ 和 $d := 1$.

置 $z_{ij} := a_{ij}$, $\mathrm{row}(i) := i$ 和 $\mathrm{col}(j) := j$ ($i = 1, \cdots, m$, $j = 1, \cdots, n$).

置 $z_{i,n+j} := 0$ 和 $z_{i,n+i} := 1$ ($1 \leqslant i, j \leqslant m$, $i \neq j$).

② 令 $p \in \{r+1, \cdots, m\}$ 和 $q \in \{r+1, \cdots, n\}$ 使 $z_{pq} \neq 0$. 若不存在这样的 p 和 q, 则进入 ④.

置 $r := r+1$.

若 $p \neq r$ 则 交换 z_{pj} 和 z_{rj} ($j = 1, \cdots, n+m$), 交换 $z_{i,n+p}$ 和 $z_{i,n+r}$ ($i = 1, \cdots, m$), 以及交换 $\mathrm{row}(p)$ 和 $\mathrm{row}(r)$.

若 $q \neq r$ 则 交换 z_{iq} 和 z_{ir} ($i = 1, \cdots, m$), 交换 $\mathrm{col}(q)$ 和 $\mathrm{col}(r)$.

③ 置 $d := d \cdot z_{rr}$.

对 $i := r+1$ 到 m 执行:

    置 $\alpha := \frac{z_{ir}}{z_{rr}}$. 对 $j := r$ 到 $n+r$ 执行: $z_{ij} := z_{ij} - \alpha z_{rj}$.

返回 ②.

④ 对 $k := r$ 递减到 1 执行:

    对 $i := 1$ 到 $k-1$ 执行:

        置 $\alpha := \frac{z_{ik}}{z_{kk}}$. 对 $j := k$ 到 $n+r$ 执行 $z_{ij} := z_{ij} - \alpha z_{kj}$.

⑤ 对 $k := 1$ 到 r 执行:

    对 $j := 1$ 到 $n+r$ 执行 $z_{kj} := \frac{z_{kj}}{z_{kk}}$.

定理 4.9 高斯消去法是正确的且在 $O(mnr)$ 步后终止.

证明 首先, 在每次做 ② 之前都有 $z_{ii} \neq 0$ ($i \in \{1, \cdots, r\}$) 和 $z_{ij} = 0$ ($j \in \{1, \cdots, r\}$, $i \in \{j+1, \cdots, m\}$) 成立, 因此

$$\det \big((z_{ij})_{i,j \in \{1,2,\cdots,r\}} \big) = z_{11} z_{22} \cdots z_{rr} = d \neq 0$$

因为对于一个方阵, 将一行的倍数加到另一行上去不改变它的行列式的值 (这是由定义 (4.1) 可直接得到的熟知的结果), 所以在每一次执行 ⑤ 之前有

$$\det \big((z_{ij})_{i,j \in \{1,2,\cdots,r\}} \big) = \det \big((a_{\mathrm{row}(i),\mathrm{col}(j)})_{i,j \in \{1,2,\cdots,r\}} \big).$$

因此, 行列式 d 被正确计算. A' 是 A 的非奇 $r \times r$ 子阵, 因为在终了时, $(z_{ij})_{i \in \{1,\cdots,m\}, j \in \{1,\cdots,n\}}$ 有秩 r, 且运算过程中不改变秩, 故 A 也有秩 r.

此外, 对所有 $i \in \{1, \cdots, m\}$ 和 $k \in \{1, \cdots, n\}$ 始终成立 $\sum_{j=1}^{m} z_{i,n+j} a_{\mathrm{row}(j),\mathrm{col}(k)} = z_{ik}$ (此即上面所提及的 $C\tilde{A} = B$, 并注意到对 $j = r+1, \cdots, m$, 在每一步都有 $z_{j,n+j} = 1$ 和 $z_{i,n+j} = 0$ 对 $i \neq j$ 成立). 因为在终结时 $(z_{ij})_{i,j \in \{1,2,\cdots,r\}}$ 是单位矩阵, 这就意味着 $(A')^{-1}$ 也可直接得到, 显然, 运行步数是 $O(rmn + r^2(n+r)) = O(mnr)$. $\qquad\square$

为了证明高斯消去法是多项式时间算法, 应保证所有出现的数是被输入尺寸的多项式所界定, 这不是显然的, 但能被如下证明:

定理 4.10 (Edmonds, 1967) 高斯消去法是一个多项式时间算法, 每个在算法过程中出现的数能被 $O(m(m+n)\operatorname{size}(A))$ 个单元所储存.

证明 首先证明在 ② 和 ③ 中的所有数是 0, 1 或 A 的子行列式的商, 对于 $i \leqslant r$ 或 $j \leqslant r$ 的 z_{ij} 是不作任何修改的, 对 $j > n+r$ 的 z_{ij} 或是 0(若 $j \neq n+i$), 或是 1(若 $j = n+i$), 又对所有 $s \in \{r+1, \cdots, m\}$ 和 $t \in \{r+1, \cdots, n+m\}$, 有

$$z_{st} = \frac{\det\left((z_{ij})_{i \in \{1,2,\cdots,r,s\}, j \in \{1,2,\cdots,r,t\}}\right)}{\det\left((z_{ij})_{i,j \in \{1,2,\cdots,r\}}\right)}$$

(将行列式 $\det\left((z_{ij})_{i \in \{1,2,\cdots,r,s\}, j \in \{1,2,\cdots,r,t\}}\right)$ 沿着最后一行展开来计算, 注意到 $z_{sj} = 0$ 对所有 $s \in \{r+1, \cdots, m\}$ 和 $j \in \{1, \cdots, r\}$ 成立).

在定理 4.9 中已经证得

$$\det\left((z_{ij})_{i,j \in \{1,2,\cdots,r\}}\right) = \det\left((a_{\operatorname{row}(i),\operatorname{col}(j)})_{i,j \in \{1,2,\cdots,r\}}\right)$$

因为将一个方阵中某一行的倍数加到另一行上去不改变行列式的值. 基于同样的理由有

$$\det\left((z_{ij})_{i \in \{1,2,\cdots,r,s\}, j \in \{1,2,\cdots,r,t\}}\right) = \det\left((a_{\operatorname{row}(i),\operatorname{col}(j)})_{i \in \{1,2,\cdots,r,s\}, j \in \{1,2,\cdots,r,t\}}\right)$$

对 $s \in \{r+1, \cdots, m\}$ 和 $t \in \{r+1, \cdots, n\}$ 成立. 此外又有

$$\det\left((z_{ij})_{i \in \{1,2,\cdots,r,s\}, j \in \{1,2,\cdots,r,n+t\}}\right)$$
$$= \det\left((a_{\operatorname{row}(i),\operatorname{col}(j)})_{i \in \{1,2,\cdots,r,s\} \setminus \{t\}, j \in \{1,2,\cdots,r\}}\right)$$

对所有 $s \in \{r+1, \cdots, m\}$ 和 $t \in \{1, \cdots, r\}$ 成立, 因可从左边的行列式 (步骤 ① 后) 沿着 $n+t$ 列展开所验证.

因为在 ② 和 ③ 的任一步所有 z_{ij} 是 0, 1 或 A 的子行列式的商, 因此, 由命题 4.3, 在 ② 和 ③ 中的每一个数能被 $O(\operatorname{size}(A))$ 个单元所储存.

最后, 注意到 ④ 相当于适当地选择 p 和 q 后 (前 r 行和列的倒序) 再次使用 ② 和 ③, 因此 ④ 中的每一个数能被 $O\left(\operatorname{size}\left((z_{ij})_{i \in \{1,\cdots,m\}, j \in \{1,\cdots,m+n\}}\right)\right)$ 个单元所储存, 即 $O(m(m+n)\operatorname{size}(A))$.

使数 z_{ij} 的表示保持足够小的最简单的方法是这些数的分子和分母在每一步都是互素的, 这能被每次应用欧几里得算法计算后实现, 这就给出了全部的多项式运行时间. □

事实上, 可容易地证明高斯消去法是一个强多项式时间算法 (习题 4.4), 所以能在多项式时间内判定一个向量组是否线性无关以及在多项式时间内计算行列式和非奇矩阵的逆 (交换两行或列改变的只是行列式符号), 还可得到

推论 4.11 给出一矩阵 $A \in \mathbb{Q}^{m \times n}$ 和向量 $b \in \mathbb{Q}^m$, 能在多项式时间内寻找出一个向量 $x \in \mathbb{Q}^n$, 使满足 $Ax = b$ 或判断这样的向量不存在.

证明　用高斯消去法计算 A 的极大非奇子矩阵 $A' = (a_{\text{row}(i),\text{col}(j)})_{i,j\in\{1,\cdots,r\}}$ 和它的逆 $(A')^{-1} = (z_{i,n+j})_{i,j\in\{1,\cdots,r\}}$, 记 $x_{\text{col}(j)} := \sum_{k=1}^{r} z_{j,n+k}b_{\text{row}(k)}(j=1,\cdots,r)$ 和 $x_k := 0(k \notin \{\text{col}(1),\cdots,\text{col}(r)\})$, 则得到: 对 $i = 1,\cdots r$,

$$
\begin{aligned}
\sum_{j=1}^{n} a_{\text{row}(i),j}x_j &= \sum_{j=1}^{r} a_{\text{row}(i),\text{col}(j)}x_{\text{col}(j)} \\
&= \sum_{j=1}^{r} a_{\text{row}(i),\text{col}(j)} \sum_{k=1}^{r} z_{j,n+k}b_{\text{row}(k)} \\
&= \sum_{k=1}^{r} b_{\text{row}(k)} \sum_{j=1}^{r} a_{\text{row}(i),\text{col}(j)} z_{j,n+k} \\
&= b_{\text{row}(i)}
\end{aligned}
$$

因为 A 的其他下标不在 $\{\text{row}(1),\cdots,\text{row}(r)\}$ 中的行是这些行的线性组合, 故或 x 满足 $Ax = b$, 或没有向量满足这个方程组.　　　　　　　　　　　□

4.4　椭　球　法

本节叙述的椭球法是由 Iudin 和 Nemirovskii (1976) 以及 Shor (1977) 关于非线性优化发展起来的. Khachiyan (1979) 声称此法能被改进以在多项式时间内求解 LP 问题. 我们叙述的大部分内容是以 Grötschel, Lovász 和 Schrijver (1981); Bland, Goldfarb 和 Todd (1981) 的书为基础, 同时为了更深入的学习, 我们还推荐 Grötschel, Lovász 和 Schrijver (1988) 的著作.

下面叙述的椭球法的思想是非常粗略的. 为寻找 LP 问题的一个可行解或最优解, 从一个含有所有解的椭球开始 (即一个大的椭球), 在每一次迭代 k, 要确认当前椭球的中心 x_k 是否是一可行解. 若否, 则取一含有 x_k 的超平面并使所有问题的解位于此超平面的一侧, 于是就有了包含所有解的半个椭球, 再选择一个包含此半个椭球的最小椭球, 并继续上面的过程.

定义 4.12　椭球是形如 $E(A,x) = \{z \in \mathbb{R}^n : (z-x)^{\mathrm{T}} A^{-1}(z-x) \leqslant 1\}$ 的集合, 这里 A 是某一对称正定 $n \times n$ 矩阵.

记 $B(x,r) := E(r^2 I, x)$(这里 I 是 $n \times n$ 单位矩阵), 它是 n 维欧几里得球, 中心是 x, 半径是 r.

椭球 $E(A,x)$ 的体积是

$$
\text{volume}\,(E(A,x)) = \sqrt{\det A}\,\text{volume}\,(B(0,1))
$$

(见习题 4.7). 给出椭球 $E(A,x)$ 和超平面 $\{z : az = ax\}$, 包含半椭球 $E' = \{z \in E(A,x) : az \geqslant ax\}$ 的最小椭球 $E(A',x')$ 被称为 E' 的 Löwner-John 椭球 (图 4.1), 它能用下式计算:

$$A' = \frac{n^2}{n^2 - 1}\left(A - \frac{2}{n+1}bb^{\mathrm{T}}\right)$$

$$x' = x + \frac{1}{n+1}b$$

$$b = \frac{1}{\sqrt{a^{\mathrm{T}}Aa}}Aa$$

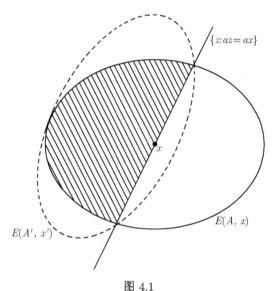

图 4.1

椭球法的一个难点是由于计算 b 的平方根引起的, 因为不得不容忍舍入误差, 它就必然稍为增大下一个椭球的半径, 这里有一个小心对付此问题的算法框架:

椭球法

输入: 数 $n \in \mathbb{N}$, $n \geqslant 2$. 数 $N \in \mathbb{N}$. $x_0 \in \mathbb{Q}^n$ 和 $R \in \mathbb{Q}_+$, $R \geqslant 2$.

输出: 椭球 $E(A_N, x_N)$.

① 置 $p := \lceil 6N + \log(9n^3) \rceil$.

置 $A_0 := R^2 I$, 这里 I 是 $n \times n$ 单位矩阵.

置 $k := 0$.

② 任选 $a_k \in \mathbb{Q}^n \setminus \{0\}$.

③ 置 $b_k := \dfrac{1}{\sqrt{a_k^{\mathrm{T}} A_k a_k}} A_k a_k$.

置 $x_{k+1} :\approx x_{k+1}^* := x_k + \dfrac{1}{n+1} b_k$.

置 $A_{k+1} :\approx A_{k+1}^* := \dfrac{2n^2 + 3}{2n^2}\left(A_k - \dfrac{2}{n+1} b_k b_k^{\mathrm{T}}\right)$.

(此处 :≈ 表示计算到小数点 p 位, 并注意到 A_{k+1} 是对称的).

④ 置 $k := k + 1$.

若 $k < N$ 则返回 ②, 否则停止.

所以在 N 次迭代的每一步, 含有 $E(A_k, x_k) \cap \{z : a_k z \geqslant a_k x_k\}$ 的最小椭球的一个近似 $E(A_{k+1}, x_{k+1})$ 被计算出来. 两个主要的问题: 如何得到 a_k 和如何选取 N 将在下一节中论述, 这里先证明几个引理.

令 $\|x\|$ 表示向量 x 的欧氏模, $\|A\| := \max\{\|Ax\| : \|x\| = 1\}$ 表示矩阵 A 的模. 对于对称阵, $\|A\|$ 是具有最大绝对值的特征值且 $\|A\| = \max\{x^{\mathrm{T}} A x : \|x\| = 1\}$.

第一个引理证明每一个 $E_k := E(A_k, x_k)$ 确是一椭球, 而且涉及的数的绝对值小于 $R^2 2^N + 2^{\mathrm{size}(x_0)}$, 因此椭球法的每一次迭代都由 $O(n^2)$ 个计算步骤组成, 而每个计算步骤涉及的数据占了 $O(p + \mathrm{size}(a_k) + \mathrm{size}(R) + \mathrm{size}(x_0))$ 位.

引理 4.13 (Grötschel, Lovász and Schrijver, 1981)   令 $k = 0, \cdots, N$, 则矩阵 $A_0, A_1, \cdots, A_N$ 是正定的, 且有

$$\|x_k\| \leqslant \|x_0\| + R 2^k, \quad \|A_k\| \leqslant R^2 2^k, \quad \|A_k^{-1}\| \leqslant R^{-2} 4^k.$$

证明   对 k 用归纳法. $k = 0$ 时显然成立. 假定对某一 $k \geqslant 0$ 时结论正确, 则通过直接计算, 有

$$(A_{k+1}^*)^{-1} = \frac{2n^2}{2n^2 + 3} \left(A_k^{-1} + \frac{2}{n-1} \frac{a_k a_k^{\mathrm{T}}}{a_k^{\mathrm{T}} A_k a_k} \right) \tag{4.2}$$

即 $(A_{k+1}^*)^{-1}$ 是一个正定矩阵和一个半正定矩阵的和, 故它是正定的, 从而 A_{k+1}^* 也是正定的.

注意到, 对于半正定矩阵 A 和 B, 有 $\|A\| \leqslant \|A + B\|$, 因此

$$\|A_{k+1}^*\| = \frac{2n^2 + 3}{2n^2} \left\| A_k - \frac{2}{n+1} b_k b_k^{\mathrm{T}} \right\| \leqslant \frac{2n^2 + 3}{2n^2} \|A_k\| \leqslant \frac{11}{8} R^2 2^k$$

因为所有元素均为 1 的 $n \times n$ 阶方阵的模是 n, 矩阵 $A_{k+1} - A_{k+1}^*$ 的每个元的绝对值至多是 2^{-p}, 故它的模至多是 $n 2^{-p}$, 就有

$$\|A_{k+1}\| \leqslant \|A_{k+1}^*\| + \|A_{k+1} - A_{k+1}^*\| \leqslant \frac{11}{8} R^2 2^k + n 2^{-p} \leqslant R^2 2^{k+1}$$

(这里用了很粗糙的估计 $2^{-p} \leqslant \frac{1}{n}$).

从线性代数知道, 对任一对称正定 $n \times n$ 矩阵 A, 有一对称正定矩阵 B, 使 $A = BB$. 记 $A_k = BB$, 这里 $B = B^{\mathrm{T}}$, 就得到

$$\|b_k\| = \frac{\|A_k a_k\|}{\sqrt{a_k^{\mathrm{T}} A_k a_k}} = \sqrt{\frac{a_k^{\mathrm{T}} A_k^2 a_k}{a_k^{\mathrm{T}} A_k a_k}} = \sqrt{\frac{(Ba_k)^{\mathrm{T}} A_k (Ba_k)}{(Ba_k)^{\mathrm{T}} (Ba_k)}} \leqslant \sqrt{\|A_k\|} \leqslant R 2^{k-1}$$

用此式 (还有归纳法假设) 得到

$$||x_{k+1}|| \leqslant ||x_k|| + \frac{1}{n+1}||b_k|| + ||x_{k+1} - x_{k+1}^*||$$

$$\leqslant ||x_0|| + R2^k + \frac{1}{n+1}R2^{k-1} + \sqrt{n}2^{-p} \leqslant ||x_0|| + R2^{k+1}$$

由 (4.2) 和 $||a_k a_k^{\mathrm{T}}|| = a_k^{\mathrm{T}} a_k$ 可计算

$$||(A_{k+1}^*)^{-1}|| \leqslant \frac{2n^2}{2n^2+3}\left(||A_k^{-1}|| + \frac{2}{n-1}\frac{a_k^{\mathrm{T}} a_k}{a_k^{\mathrm{T}} A_k a_k}\right)$$

$$= \frac{2n^2}{2n^2+3}\left(||A_k^{-1}|| + \frac{2}{n-1}\frac{a_k^{\mathrm{T}} B A_k^{-1} B a_k}{a_k^{\mathrm{T}} B B a_k}\right)$$

$$\leqslant \frac{2n^2}{2n^2+3}\left(||A_k^{-1}|| + \frac{2}{n-1}||A_k^{-1}||\right) < \frac{n+1}{n-1}||A_k^{-1}||$$

$$\leqslant 3R^{-2}4^k. \tag{4.3}$$

令 λ 是 A_{k+1} 的最小特征值, v 是对应的特征向量, 且 $||v|| = 1$, 记 $A_{k+1}^* = CC$, 这里 C 是对称矩阵, 则有

$$\lambda = v^{\mathrm{T}} A_{k+1} v = v^{\mathrm{T}} A_{k+1}^* v + v^{\mathrm{T}}(A_{k+1} - A_{k+1}^*)v$$

$$= \frac{v^{\mathrm{T}} CC v}{v^{\mathrm{T}} C\left(A_{k+1}^*\right)^{-1} Cv} + v^{\mathrm{T}}(A_{k+1} - A_{k+1}^*)v$$

$$\geqslant ||(A_{k+1}^*)^{-1}||^{-1} - ||A_{k+1} - A_{k+1}^*|| > \frac{1}{3}R^2 4^{-k} - n2^{-p} \geqslant R^2 4^{-(k+1)}$$

这里用到 $2^{-p} \leqslant \frac{1}{3n}4^{-k}$, 因为 $\lambda > 0$, A_{k+1} 是正定的, 从而有

$$||(A_{k+1})^{-1}|| = \frac{1}{\lambda} \leqslant R^{-2}4^{k+1} \qquad \square$$

下面证明每一次迭代得到的椭球都包含了 E_0 和上一个半椭球的交.

引理 4.14 对 $k = 0, \cdots, N-1$, 有 $E_{k+1} \supseteq \{x \in E_k \cap E_0 : a_k x \geqslant a_k x_k\}$.

证明 令 $x \in E_k \cap E_0$ 且 $a_k x \geqslant a_k x_k$. 先计算 (用到 (4.2))

$$(x - x_{k+1}^*)^{\mathrm{T}}(A_{k+1}^*)^{-1}(x - x_{k+1}^*)$$

$$= \frac{2n^2}{2n^2+3}\left(x - x_k - \frac{1}{n+1}b_k\right)^{\mathrm{T}}\left(A_k^{-1} + \frac{2}{n-1}\frac{a_k a_k^{\mathrm{T}}}{a_k^{\mathrm{T}} A_k a_k}\right)\left(x - x_k - \frac{1}{n+1}b_k\right)$$

$$= \frac{2n^2}{2n^2+3}\left((x - x_k)^{\mathrm{T}} A_k^{-1}(x - x_k) + \frac{2}{n-1}(x - x_k)^{\mathrm{T}}\frac{a_k a_k^{\mathrm{T}}}{a_k^{\mathrm{T}} A_k a_k}(x - x_k)\right.$$

$$+ \frac{1}{(n+1)^2}\left(b_k^{\mathrm{T}} A_k^{-1} b_k + \frac{2}{n-1}\frac{b_k^{\mathrm{T}} a_k a_k^{\mathrm{T}} b_k}{a_k^{\mathrm{T}} A_k a_k}\right)$$

$$\left. - \frac{2(x - x_k)^{\mathrm{T}}}{n+1}\left(A_k^{-1} b_k + \frac{2}{n-1}\frac{a_k a_k^{\mathrm{T}} b_k}{a_k^{\mathrm{T}} A_k a_k}\right)\right)$$

$$= \frac{2n^2}{2n^2+3}\left((x-x_k)^{\mathrm{T}}A_k^{-1}(x-x_k) + \frac{2}{n-1}(x-x_k)^{\mathrm{T}}\frac{a_k a_k^{\mathrm{T}}}{a_k^{\mathrm{T}}A_k a_k}(x-x_k)\right.$$

$$\left. + \frac{1}{(n+1)^2}\left(1+\frac{2}{n-1}\right) - \frac{2}{n+1}\frac{(x-x_k)^{\mathrm{T}}a_k}{\sqrt{a_k^{\mathrm{T}}A_k a_k}}\left(1+\frac{2}{n-1}\right)\right).$$

因 $x \in E_k$, 故有 $(x-x_k)^{\mathrm{T}}A_k^{-1}(x-x_k) \leqslant 1$. 简记 $t := \frac{a_k^{\mathrm{T}}(x-x_k)}{\sqrt{a_k^{\mathrm{T}}A_k a_k}}$, 得到

$$(x-x_{k+1}^*)^{\mathrm{T}}(A_{k+1}^*)^{-1}(x-x_{k+1}^*) \leqslant \frac{2n^2}{2n^2+3}\left(1+\frac{2}{n-1}t^2+\frac{1}{n^2-1}-\frac{2}{n-1}t\right)$$

因为 $b_k^{\mathrm{T}}A_k^{-1}b_k = 1$ 且 $b_k^{\mathrm{T}}A_k^{-1}(x-x_k) = t$, 有

$$1 \geqslant (x-x_k)^{\mathrm{T}}A_k^{-1}(x-x_k)$$
$$= (x-x_k-tb_k)^{\mathrm{T}}A_k^{-1}(x-x_k-tb_k)+t^2$$
$$\geqslant t^2$$

又因 A_k^{-1} 正定, 故而 (由 $a_k x \geqslant a_k x_k$) 有 $0 \leqslant t \leqslant 1$, 并得到

$$(x-x_{k+1}^*)^{\mathrm{T}}(A_{k+1}^*)^{-1}(x-x_{k+1}^*) \leqslant \frac{2n^4}{2n^4+n^2-3}$$

剩下的是估计舍入误差:

$$Z := \left|(x-x_{k+1})^{\mathrm{T}}(A_{k+1})^{-1}(x-x_{k+1}) - (x-x_{k+1}^*)^{\mathrm{T}}(A_{k+1}^*)^{-1}(x-x_{k+1}^*)\right|$$
$$\leqslant \left|(x-x_{k+1})^{\mathrm{T}}(A_{k+1})^{-1}(x_{k+1}^*-x_{k+1})\right|$$
$$\quad + \left|(x_{k+1}^*-x_{k+1})^{\mathrm{T}}(A_{k+1})^{-1}(x-x_{k+1}^*)\right|$$
$$\quad + \left|(x-x_{k+1}^*)^{\mathrm{T}}\left((A_{k+1})^{-1}-(A_{k+1}^*)^{-1}\right)(x-x_{k+1}^*)\right|$$
$$\leqslant \|x-x_{k+1}\|\,\|(A_{k+1})^{-1}\|\,\|x_{k+1}^*-x_{k+1}\|$$
$$\quad + \|x_{k+1}^*-x_{k+1}\|\,\|(A_{k+1})^{-1}\|\,\|x-x_{k+1}^*\|$$
$$\quad + \|x-x_{k+1}^*\|^2\,\|(A_{k+1})^{-1}\|\,\|(A_{k+1}^*)^{-1}\|\,\|A_{k+1}^*-A_{k+1}\|$$

由引理 4.13 和 $x \in E_0$, 有 $\|x-x_{k+1}\| \leqslant \|x-x_0\|+\|x_{k+1}-x_0\| \leqslant R+R2^N$ 和 $\|x-x_{k+1}^*\| \leqslant \|x-x_{k+1}\|+\sqrt{n}2^{-p} \leqslant R2^{N+1}$, 又利用 (4.3) 和 p 的定义就得到

$$Z \leqslant 2\left(R2^{N+1}\right)\left(R^{-2}4^N\right)\left(\sqrt{n}2^{-p}\right)$$
$$\quad + \left(R^2 4^{N+1}\right)\left(R^{-2}4^N\right)\left(3R^{-2}4^{N-1}\right)\left(n2^{-p}\right)$$
$$= 4R^{-1}2^{3N}\sqrt{n}2^{-p}+3R^{-2}2^{6N}n2^{-p}$$
$$\leqslant 2^{6N}n2^{-p}$$
$$\leqslant \frac{1}{9n^2}$$

合在一起就有

$$(x - x_{k+1})^{\mathrm{T}}(A_{k+1})^{-1}(x - x_{k+1}) \leqslant \frac{2n^4}{2n^4 + n^2 - 3} + \frac{1}{9n^2} \leqslant 1 \qquad \square$$

在每一次迭代中椭球减少的体积被一常因子所界定.

引理 4.15 对 $k = 0, \cdots, N - 1$, 有 $\frac{\mathrm{volume}\,(E_{k+1})}{\mathrm{volume}\,(E_k)} < e^{-\frac{1}{5n}}$.

证明 (Grötschel,Lovász and Schrijver, 1988) 记

$$\frac{\mathrm{volume}\,(E_{k+1})}{\mathrm{volume}\,(E_k)} = \sqrt{\frac{\det A_{k+1}}{\det A_k}} = \sqrt{\frac{\det A_{k+1}^*}{\det A_k}} \sqrt{\frac{\det A_{k+1}}{\det A_{k+1}^*}}$$

分别估计两个因子, 首先考察

$$\frac{\det A_{k+1}^*}{\det A_k} = \left(\frac{2n^2 + 3}{2n^2}\right)^n \det\left(I - \frac{2}{n+1}\,\frac{a_k a_k^{\mathrm{T}} A_k}{a_k^{\mathrm{T}} A_k a_k}\right)$$

矩阵 $\frac{a_k a_k^{\mathrm{T}} A_k}{a_k^{\mathrm{T}} A_k a_k}$ 的秩为 1, 且 1 是它的唯一非零特征值 (对应特征向量为 a_k), 因行列式是特征值的乘积, 有

$$\frac{\det A_{k+1}^*}{\det A_k} = \left(\frac{2n^2 + 3}{2n^2}\right)^n \left(1 - \frac{2}{n+1}\right) < e^{\frac{3}{2n}}\,e^{-\frac{2}{n}} = e^{-\frac{1}{2n}}$$

这里用到了 $1 + x \leqslant e^x$(对所有 x) 和 $\left(\frac{n-1}{n+1}\right)^n < e^{-2}$(对 $n \geqslant 2$).

为估计第二个因子, 由 (4.3) 和熟知的 $\det B \leqslant \|B\|^n$ (对任一矩阵 B), 有

$$\begin{aligned}
\frac{\det A_{k+1}}{\det A_{k+1}^*} &= \det\left(I + (A_{k+1}^*)^{-1}(A_{k+1} - A_{k+1}^*)\right) \\
&\leqslant \left\|I + (A_{k+1}^*)^{-1}(A_{k+1} - A_{k+1}^*)\right\|^n \\
&\leqslant \left(\|I\| + \|(A_{k+1}^*)^{-1}\|\,\|A_{k+1} - A_{k+1}^*\|\right)^n \\
&\leqslant \left(1 + (R^{-2}4^{k+1})(n2^{-p})\right)^n \\
&\leqslant \left(1 + \frac{1}{10n^2}\right)^n \\
&\leqslant e^{\frac{1}{10n}}
\end{aligned}$$

(用到 $2^{-p} \leqslant \frac{4}{10n^3 4^N} \leqslant \frac{R^2}{10n^3 4^{k+1}}$).

最后得

$$\frac{\mathrm{volume}\,(E_{k+1})}{\mathrm{volume}\,(E_k)} = \sqrt{\frac{\det A_{k+1}^*}{\det A_k}} \sqrt{\frac{\det A_{k+1}}{\det A_{k+1}^*}} \leqslant e^{-\frac{1}{4n}} e^{\frac{1}{20n}} = e^{-\frac{1}{5n}} \qquad \square$$

4.5　Khachiyan 定理

这一节证明 Khachiyan 定理: 椭球法能用来求解线性规划且是一个多项式时间算法. 首先证明它在验证线性不等式组的可行性方面是有效的.

命题 4.16　假定存在一个多项式时间算法求解问题: "给出矩阵 $A \in \mathbb{Q}^{m \times n}$, 向量 $b \in \mathbb{Q}^m$, 判定 $\{x : Ax \leqslant b\}$ 是否为空?", 则必存在一多项式时间算法来寻求线性规划的最优基解, 如果最优解存在的话.

证明　设给出了 LP 问题 $\max\{cx : Ax \leqslant b\}$, 首先检验此问题与它的对偶 LP 问题是否都可行, 若至少有一个不可行, 则由定理 3.27, 已证得此命题; 否则, 由推论 3.21, 只要求出集合 $\{(x, y) : Ax \leqslant b, yA = c, y \geqslant 0, cx = yb\}$ 中一个元素即证得.

下面证明 (通过对 k 的归纳法) 对于具有 k 个不等式和 l 个等式系统的可行解能被 k 次调用检验多面体是否为空的子程序再加上另外的多项式时间的工作所求得, 易见, 当 $k = 0$ 时, 高斯消去法就能求解 (推论 4.11).

当 $k > 0$, 令 $ax \leqslant \beta$ 是其中一个不等式, 先将 $ax = \beta$ 代替 $ax \leqslant \beta$, 调用子程序检验此系统是否变成不可行, 若是, 则此不等式是多余的, 可将其移出 (参见命题 3.8); 若否, 就将此等式放入系统, 不论怎样, 都减少了一个不等式, 故可用归纳法做下去.

如果存在最优基解, 那么上面的过程必产生一个这样的解, 因为最终方程组包含了 $Ax = b$ 的最大可行子系统.　　　　　　　　　　　　　　　　　　　　□

在应用椭球法之前, 要求多胞形是有界的 (即是多面体) 和满维的:

命题 4.17 (Khachiyan, 1979; Gács and Lovász, 1981)　令 $A \in \mathbb{Q}^{m \times n}$, $b \in \mathbb{Q}^m$, 不等式组 $Ax \leqslant b$ 有解当且仅当不等式组

$$Ax \leqslant b + \varepsilon \mathbb{1}, \quad -R\mathbb{1} \leqslant x \leqslant R\mathbb{1}$$

有解, 这里 $\mathbb{1}$ 是元素均为 1 的向量, $\frac{1}{\varepsilon} = 2n2^{4(\text{size}(A) + \text{size}(b))}$ 和 $R = 1 + 2^{4(\text{size}(A) + \text{size}(b))}$.

如果 $Ax \leqslant b$ 有解, 则体积 $\text{volume}(\{x \in \mathbb{R}^n : Ax \leqslant b + \varepsilon \mathbb{1}, -R\mathbb{1} \leqslant x \leqslant R\mathbb{1}\}) \geqslant \left(\frac{2\varepsilon}{n2^{\text{size}(A)}}\right)^n$.

证明　由定理 4.4, 有界约束 $-R\mathbb{1} \leqslant x \leqslant R\mathbb{1}$ 不会改变可解性. 现在假定 $Ax \leqslant b$ 无解, 由定理 3.24(Farkas 引理的变形), 存在向量 $y \geqslant 0$, 满足 $yA = 0$, $yb = -1$. 应用定理 4.4 到问题 $\min\{\mathbb{1}y : y \geqslant 0, A^{\mathrm{T}}y = 0, b^{\mathrm{T}}y = -1\}$, 可知 y 能被选择得使它的分量绝对值至多为 $2^{4(\text{size}(A) + \text{size}(b))}$, 因此 $y(b + \varepsilon \mathbb{1}) \leqslant -1 + n2^{4(\text{size}(A) + \text{size}(b))}\varepsilon \leqslant -\frac{1}{2}$, 再由定理 3.24, 就证明了 $Ax \leqslant b + \varepsilon \mathbb{1}$ 无解.

对第二个结论, 若满足 $Ax \leqslant b$ 的 $x \in \mathbb{R}^n$ 有绝对值至多为 $R-1$ 的分量 (见定理 4.4), 则 $\{x \in \mathbb{R}^n : Ax \leqslant b + \varepsilon \mathbb{1}, -R\mathbb{1} \leqslant x \leqslant R\mathbb{1}\}$ 包含所有满足 $||z - x||_\infty \leqslant \frac{\varepsilon}{n2^{\text{size}(A)}}$ 的点 z.　　　　　　　　　　　　　　　　　　□

此命题的结构使不等式组的尺寸增加至多是个 $O(m+n)$ 因子.

定理 4.18 (Khachiyan, 1979) 存在求解线形规划(有理数输入)的多项式时间算法, 若问题存在最优解, 则此算法求得一最优基解.

证明 由命题 4.16, 只需证明不等式组 $Ax \leqslant b$ 的可行性就行了, 将不等式组变换成命题 4.17 中的形式以使得到多面体 P, 它或是空的, 或是有至少 $\left(\frac{2\varepsilon}{n2^{\text{size}(A)}}\right)^n$ 的体积.

从 $x_0 = 0$, $R = n\left(1 + 2^{4(\text{size}(A)+\text{size}(b))}\right)$, $N = \lceil 10n^2(2\log n + 5(\text{size}(A) + \text{size}(b)))\rceil$ 开始执行椭球法, 每次在 ② 中检查是否 $x_k \in P$, 若是, 则做下去; 否则, 取约束 $Ax \leqslant b$ 中不成立的一个不等式 $ax \leqslant \beta$, 并令 $a_k := -a$.

我们断言: 算法如果在 N 次迭代前找不到 $x_k \in P$, 则 P 必是空集. 为证明此点, 首先指出对所有 k, 必有 $P \subseteq E_k$. 由 P 和 R 的构造, 当 $k = 0$ 时这是显然的. 又由引理 4.14 的递归步, 推得有 $P \subseteq E_N$.

由引理 4.15, 且简记 $s := \text{size}(A) + \text{size}(b)$, 有

$$\text{volume}(E_N) \leqslant \text{volume}(E_0)e^{-\frac{N}{5n}} \leqslant (2R)^n e^{-\frac{N}{5n}}$$
$$< \left(2n\left(1 + 2^{4s}\right)\right)^n n^{-4n}e^{-10ns} < n^{-2n}2^{-5ns}$$

另一方面, 由 $P \neq \varnothing$ 推得

$$\text{volume}(P) \geqslant \left(\frac{2\varepsilon}{n2^s}\right)^n = \left(\frac{1}{n^2 2^{5s}}\right)^n = n^{-2n}2^{-5ns}$$

矛盾. $\qquad\square$

如果用上面方法来估计求解 LP 问题 $\max\{cx : Ax \leqslant b\}$ 的运行时间, 得到的界是 $O((n+m)^9(\text{size}(A) + \text{size}(b) + \text{size}(c))^2)$ (习题 4.9), 它是多项式的但在实际中很少运用. 在实际中, 常用的是单纯形法和内点法, Karmarkar (1984) 最先提出了一个求解线性规划的多项式时间的内点算法, 但在这里不作详细的介绍.

求解线性规划的强多项式时间算法是未知的, 但 Tardos (1986) 证明了对求解 $\max\{cx : Ax \leqslant b\}$, 存在一个算法, 它的运行时间仅是依赖于 $\text{size}(A)$ 的多项式, 对很多组合优化问题, A 是 0-1 矩阵, 这就给出了一个强多项式时间算法, Tardos 的结果已被 Frank 和 Tardos (1987) 推广了.

4.6 分离和优化

上面的方法 (尤其是命题 4.16) 要求多胞形被一组不等式精确地给出, 然而仔细观察可发现这是不必要的, 只要有这样一个子程序就可以了, 它对给出的向量 x 能判定是否 $x \in P$, 若不是, 则转向一个分离超平面, 即找一向量 a 使 $ax > \max\{ay : y \in P\}$ (见定理 3.28). 下面只对满维多面体加以证明, 至于一般 (较为复杂) 的情

形, 可参见 Grötschel, Lovász 和 Schrijver (1988) (或 Padberg (1995)). 这一节的结果分别归功于 Grötschel, Lovász, Schrijver (1981) 和 Karp, Papadimitriou (1982) 以及 Padberg, Rao (1981).

用本节的结果可以在多项式时间里求解线性规划, 即使多面体有指数个数多的侧面. 在本书的后面将讨论实例, 见推论 12.19 或定理 20.34. 通过考虑对偶 LP 问题, 还可以处理有超大数目变量的线性规划.

设 $P \subseteq \mathbb{R}^n$ 是一满维多面体, 或更一般地, 是满维有界凸集. 假设已知维数 n, 两个球 $B(x_0, r)$ 和 $B(x_0, R)$ 使得 $B(x_0, r) \subseteq P \subseteq B(x_0, R)$, 但我们并不知道构成 P 的线性不等式组. 事实上, 如果要在多项式时间内求解带有指数多个约束的线性规划是没有意义的, 在带有非线性约束的凸集上最优化线性目标函数也是如此.

下面将证明在某些合理的假设下, 借助于一个被称为 **分离神算包** 的子程序, 我们能在多项式时间内在多胞形 P 上最优化一个线性函数 (不依赖于约束个数):

分离问题

实例: 凸集 $P \subseteq \mathbb{R}^n$. 向量 $y \in \mathbb{Q}^n$.

任务: 或是判定 $y \in P$

或是找到向量 $d \in \mathbb{Q}^n$ 使 $dx < dy$ 对所有 $x \in P$ 成立.

如果 P 是一个有理多胞形或是一个紧凸集, 则 d 是存在的 (见习题 3.20). 设凸集 P 是为执行分离算子给出, 寻找一个如同黑箱的 **神算包算法**, 在这个算法中可以在任何时刻询问神算包并只需一步就得到正确的回答, 可以将它看作一子程序, 而它的运行时间不计入内 (在 15 章将给出一个标准定义).

事实上, 只要有一个算子来近似求解分离问题就足够了, 更确切地说, 假定有一个神算包求解下面问题:

弱分离问题

实例: 凸集 $P \subseteq \mathbb{R}^n$, 向量 $c \in \mathbb{Q}^n$ 和数 $\varepsilon > 0$. 另一向量 $y \in \mathbb{Q}^n$.

任务: 或是找出向量 $y' \in P$ 满足 $cy \leqslant cy' + \varepsilon$;

或是找到向量 $d \in \mathbb{Q}^n$ 使 $dx < dy$ 对所有 $x \in P$ 成立.

首先用弱分离神算包来近似求解线性规划:

弱优化问题

实例: 数 $n \in \mathbb{N}$. 向量 $c \in \mathbb{Q}^n$. 数 $\varepsilon > 0$.

凸集 $P \subseteq \mathbb{R}^n$, 此凸集被执行关于弱分离问题(对于 P, c 和 $\frac{\varepsilon}{2}$) 的神算包给出.

任务: 寻求一向量 $y \in P$ 满足 $cy \geqslant \sup\{cx : x \in P\} - \varepsilon$.

上面的两个定义不同于其他的定义, 比如由 Grötschel, Lovász 和 Schrijver (1981) 给出的. 然而它们基本上是等价的, 在 18.3 节中将再次需要上面的形式.

椭球法的下面形式能求解有界满维凸集上的弱优化问题:

Grötschel-Lovász-Schrijver 算法

输入: 数 $n \in \mathbb{N}$, $n \geqslant 2$. 向量 $c \in \mathbb{Q}^n$. 数 $0 < \varepsilon \leqslant 1$.

凸集 $P \subseteq R^n$, 此凸集被执行关于弱分离问题 (对于 P, c 和 $\frac{\varepsilon}{2}$) 的神算包给出.

$x_0 \in Q^n$ 和 $r, R \in \mathbb{Q}_+$ 满足 $B(x_0, r) \subseteq P \subseteq B(x_0, R)$.

输出: 向量 $y^* \in P$ 使 $cy^* \geqslant \sup\{cx : x \in P\} - \varepsilon$ 成立.

---

① 置 $R := \max\{R, 2\}$, $r := \min\{r, 1\}$ 和 $\gamma := \max\{\|c\|, 1\}$.

置 $N := 5n^2 \left\lceil \ln \frac{6R^2\gamma}{r\varepsilon} \right\rceil$. 置 $y^* := x_0$.

② 执行椭球法, 其中 ② 中的 a_k 如下计算: 对于具有 $y = x_k$ 的弱分离问题执行神算包.

若输出的 $y' \in P$ 满足 $cy \leqslant cy' + \frac{\varepsilon}{2}$, 则

若 $cy' > cy^*$, 则置 $y^* := y'$.

置 $a_k := c$.

若输出 $d \in \mathbb{Q}^n$ 且 $dx < dy$ 对所有 $x \in P$ 成立, 则

置 $a_k := -d$.

定理 4.19 Grötschel-Lovász-Schrijver 算法能正确地求解弱优化问题. 它的运行时间被

$$O\left(n^6\alpha^2 + n^4\alpha f(\text{size}(c), \text{size}(\varepsilon), n\,\text{size}(x_0) + n^3\alpha)\right)$$

所界, 这里 $\alpha = \log \frac{R^2\gamma}{r\varepsilon}$, $f(\text{size}(c), \text{size}(\varepsilon), \text{size}(y))$ 是用神算包求解关于带有输入 c, ε, y 和 P 的弱分离问题的运行时间的一个上界.

证明 (Grötschel, Lovász and Schrijver, 1981) 椭球法的 $N = O(n^2\alpha)$ 次迭代的每一次运行时间是 $O(n^2(n^2\alpha + \text{size}(R) + \text{size}(x_0) + q))$ 加上一次算包的执行, 这里 q 是算包输出的尺寸, 由引理 4.13, $\text{size}(y) \leqslant n(\text{size}(x_0) + \text{size}(R) + N)$, 总的运行时间就是 $O(n^4\alpha(n^2\alpha + \text{size}(x_0) + f(\text{size}(c), \text{size}(\varepsilon), n\,\text{size}(x_0) + n^3\alpha)))$, 此正是所需证的.

由引理 4.14 有

$$\left\{x \in P : cx \geqslant cy^* + \frac{\varepsilon}{2}\right\} \subseteq E_N$$

令 $z \in P$ 满足 $cz \geqslant \sup\{cx : x \in P\} - \frac{\varepsilon}{6}$, 可假设 $cz > cy^* + \frac{\varepsilon}{2}$, 否则已证得结论.

考虑 z 和 $(n-1)$ 维球 $B(x_0, r) \cap \{x : cx = cx_0\}$ 的凸包 U (见图 4.2). 我们有 $U \subseteq P$, 因此 $U' := \{x \in U : cx \geqslant cy^* + \frac{\varepsilon}{2}\}$ 包含在 E_N 中. U' 的体积是

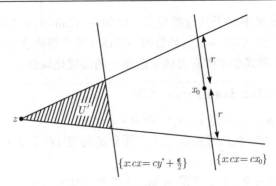

$$\text{图 4.2}$$

$$\text{volume}\,(U') = \text{volume}\,(U) \left(\frac{cz - cy^* - \frac{\varepsilon}{2}}{cz - cx_0} \right)^n$$

$$= V_{n-1} r^{n-1} \frac{cz - cx_0}{n\|c\|} \left(\frac{cz - cy^* - \frac{\varepsilon}{2}}{cz - cx_0} \right)^n$$

这里 V_n 表示 n 维单位球的体积, 因 $\text{volume}\,(U') \leqslant \text{volume}\,(E_N)$, 又由引理 4.15 得

$$\text{volume}\,(E_N) \leqslant e^{-\frac{N}{5n}} \text{volume}\,(E_0) = e^{-\frac{N}{5n}} V_n R^n$$

故有

$$cz - cy^* - \frac{\varepsilon}{2} \leqslant e^{-\frac{N}{5n^2}} R \left(\frac{V_n (cz - cx_0)^{n-1} n\|c\|}{V_{n-1} r^{n-1}} \right)^{\frac{1}{n}}$$

又因 $cz - cx_0 \leqslant \|c\| \cdot \|z - x_0\| \leqslant \|c\| R$, 可得

$$cz - cy^* - \frac{\varepsilon}{2} \leqslant \|c\| e^{-\frac{N}{5n^2}} R \left(\frac{n V_n R^{n-1}}{V_{n-1} r^{n-1}} \right)^{\frac{1}{n}} < 2\|c\| e^{-\frac{N}{5n^2}} \frac{R^2}{r} \leqslant \frac{\varepsilon}{3}$$

从而有 $cy^* \geqslant cz - \frac{5}{6}\varepsilon \geqslant \sup\{cx : x \in P\} - \varepsilon$. □

通常我们感兴趣的是真正的最优, 这就需要对多面体顶点的尺寸作某些假设.

引理 4.20　令 $n \in \mathbb{N}$, $P \subseteq \mathbb{R}^n$ 是一有理多面体, 又令 $x_0 \in \mathbb{Q}^n$ 是 P 的内点. 设 $T \in \mathbb{N}$ 满足 $\text{size}(x_0) \leqslant \log T$ 和 $\text{size}(x) \leqslant \log T$ 对所有 P 的顶点 x 成立. 则 $B(x_0, r) \subseteq P \subseteq B(x_0, R)$, 这里 $r := \frac{1}{n} T^{-379n^2}$ 和 $R := 2nT$.

此外, 令 $K := 4T^{2n+1}$, $c \in \mathbb{Z}^n$, 并定义 $c' := K^n c + (1, K, \cdots, K^{n-1})$. 则 $\max\{c'x : x \in P\}$ 在唯一的向量 x^* 处达到, 对其余 P 的顶点 y, 有 $c'(x^* - y) > T^{-2n}$, 且 x^* 也是 $\max\{cx : x \in P\}$ 的最优解.

证明　对 P 的任一顶点 x, 有 $\|x\| \leqslant nT$ 和 $\|x_0\| \leqslant nT$, 所以 $\|x - x_0\| \leqslant 2nT$, 故 $x \in B(x_0, R)$.

为证 $B(x_0, r) \subseteq P$, 令 $F = \{x \in P : ax = \beta\}$ 是 P 的一个侧面, 由引理 4.5, 可假设 $\text{size}(\alpha) + \text{size}(\beta) < 75n^2 \log T$. 又设 $y \in F$ 满足 $\|y - x_0\| < r$, 则

$$|ax_0 - \beta| = |ax_0 - ay| \leqslant ||a|| \cdot ||y - x_0|| < n2^{\text{size}(a)}r \leqslant T^{-304n^2}$$

而另一方面, $ax_0 - \beta$ 的尺寸能被如下估计

$$\text{size}(ax_0 - \beta) \leqslant 4(\text{size}(a) + \text{size}(x_0) + \text{size}(\beta))$$
$$\leqslant 300n^2 \log T + 4 \log T \leqslant 304n^2 \log T$$

因 $ax_0 \neq \beta (x_0$ 在 P 的内部$)$, 这就推得 $|ax_0 - \beta| \geqslant T^{-304n^2}$, 矛盾.

为证明最后一个结论, 令 x^* 是 P 中达到 $c'x$ 最大化的顶点, y 是 P 的另一个顶点. 由 P 的顶点尺寸的假设, 可以得到 $x^* - y = \frac{1}{\alpha}z$, 这里 $\alpha \in \{1, 2, \cdots, T^{2n} - 1\}$ 且 z 是分量的绝对值至多为 $\frac{K}{2}$ 的整向量, 则有

$$0 \leqslant c'(x^* - y) = \frac{1}{\alpha}\left(K^n cz + \sum_{i=1}^{n} K^{i-1}z_i\right)$$

因 $K^n > \sum_{i=1}^{n} K^{i-1}|z_i|$, 必有 $cz \geqslant 0$, 因此 $cx^* \geqslant cy$, 所以 x^* 确实在 P 上达到了 cx 最大化, 又因 $z \neq 0$, 得

$$c'(x^* - y) \geqslant \frac{1}{\alpha} > T^{-2n}$$

此即所欲证者.   □

定理 4.21 令 $n \in \mathbb{N}$ 和 $c \in \mathbb{Q}^n$. 设 $P \subseteq \mathbb{R}^n$ 是一有理多面体, 又设 $x_0 \in \mathbb{Q}^n$ 是 P 的内部的点. 令 $T \in \mathbb{N}$ 满足 $\text{size}(x_0) \leqslant \log T$ 以及对 P 的所有顶点 x 成立 $\text{size}(x) \leqslant \log T$.

给出 n, c, x_0, T 和一个求解关于 P 的分离问题的多项式时间算包, 则 P 中达到 $\max\{c^{\mathrm{T}}x : x \in P\}$ 的顶点 x^* 能在关于 n, $\log T$ 和 $\text{size}(c)$ 的多项式时间里求得.

证明 (Grötschel, Lovász and Schrijver, 1981)   首先用 GRÖTSCHEL-LOVÁSZ-SCHRIJVER 算法 求解弱优化问题. 依据引理 4.20 取 c', r 和 R 并置 $\varepsilon := \frac{1}{8nT^{2n+3}}$ (我们先要将 c 乘以它的各分量分母的乘积使它变为整, 这样它的尺寸增加至多是 $2n$ 因子).

GRÖTSCHEL-LOVÁSZ-SCHRIJVER 算法 产生一个向量 $y \in P$ 使 $c'y \geqslant c'x^* - \varepsilon$, 这里 x^* 是 $\max\{c'x : x \in P\}$ 的一个最优解, 由定理 4.19, 它的运行时间是 $O(n^6\alpha^2 + n^4\alpha f(\text{size}(c'), \text{size}(\varepsilon), n\,\text{size}(x_0) + n^3\alpha)) = O(n^6\alpha^2 + n^4\alpha f(\text{size}(c'), 6n\log T, n\log T + n^3\alpha))$, 其中 $\alpha = \log \frac{R^2 \max\{||c'||, 1\}}{r\varepsilon} \leqslant \log(16n^5T^{400n^2}2^{\text{size}(c')}) = O(n^2\log T + \text{size}(c'))$ 且 f 是关于 P 的分离问题算包运行时间的上界, 因 $\text{size}(c') \leqslant 6n^2\log T + 2\,\text{size}(c)$, 就有了一个是 n, $\log T$ 和 $\text{size}(c)$ 的多项式的总体运行时间.

需证 $||x^* - y|| \leqslant \frac{1}{2T^2}$. 为此, 记 y 是 P 的顶点 $x^*, x_1, \cdots, x_k$ 的凸组合:

$$y = \lambda_0 x^* + \sum_{i=1}^{k} \lambda_i x_i, \quad \lambda_i \geqslant 0, \quad \sum_{i=0}^{k} \lambda_i = 1$$

由引理 4.20,

$$\varepsilon \geqslant c'(x^* - y) = \sum_{i=1}^{k} \lambda_i c'(x^* - x_i) > \sum_{i=1}^{k} \lambda_i T^{-2n} = (1 - \lambda_0)T^{-2n}$$

故有 $1 - \lambda_0 < \varepsilon T^{2n}$. 推得

$$\|y - x^*\| \leqslant \sum_{i=1}^{k} \lambda_i \|x_i - x^*\| \leqslant (1 - \lambda_0)2R < 4nT^{2n+1}\varepsilon \leqslant \frac{1}{2T^2}$$

所以当 y 的每一个值运行到分母最多是 T 的下一个有理数时, 得到 x^*. 由定理 4.8, 这个运行能在多项式时间里完成.   □

我们已经证明了在一定的假设之下, 当有了分离算包, 多面体上的优化问题能被求解. 作为本章的结束, 证明其逆亦真. 这需要配极变换的概念: 若 $X \subseteq \mathbb{R}^n$, 定义 X 的极是集合

$$X^{\circ} := \{y \in \mathbb{R}^n : y^{\mathrm{T}}x \leqslant 1, x \in X\}$$

当应用到满维多面体时, 这个运算有很好的性质.

定理 4.22　设 P 是 $\mathbb{R}^n$ 中将 0 包含在内部的多面体. 则

(a) P° 是含有内点 0 的多面体.

(b) $(P^{\circ})^{\circ} = P$.

(c) x 是 P 的顶点当且仅当 $x^{\mathrm{T}}y \leqslant 1$ 是 P° 的一个侧面界定不等式.

证明　(a) 设 P 是 $x_1, \cdots, x_k$ 的凸包 (参见定理 3.31). 由定义, $P^{\circ} = \{y \in \mathbb{R}^n : y^{\mathrm{T}}x_i \leqslant 1, i \in \{1, \cdots, k\}\}$, 即 P° 是一多胞形且 P° 的侧面界定不等式由 P 的顶点给出. 再者, 因 0 满足所有有限多个严格不等式约束, 故 0 是 P° 的内点. 如果 P° 是无界的, 即存在 $w \in \mathbb{R}^n \setminus \{0\}$ 使对所有 $\alpha > 0$ 都有 $\alpha w \in P^{\circ}$ 成立, 即对所有 $\alpha > 0$ 和 $x \in P$ 有 $\alpha wx \leqslant 1$, 故对所有 $x \in P$ 有 $wx \leqslant 0$, 从而 0 不是 P 的内点, 与已知矛盾.

(b) $P \subseteq (P^{\circ})^{\circ}$ 是显然的. 为证反过来的情况, 设 $z \in (P^{\circ})^{\circ} \setminus P$, 则存在一不等式 $c^{\mathrm{T}}x \leqslant \delta$ 被所有 $x \in P$ 满足但 z 不满足. 因 0 是 P 的内点, 就有 $\delta > 0$, 则 $\frac{1}{\delta}c \in P^{\circ}$ 但 $\frac{1}{\delta}c^{\mathrm{T}}z > 1$, 与 $z \in (P^{\circ})^{\circ}$ 的假设矛盾.

(c) 从 (a) 已看到, P° 的侧面界定不等式是由 P 的顶点给出的, 反之, 若 $x_1, \cdots, x_k$ 是 P 的顶点, 则 $\bar{P} := \mathrm{conv}(\{\frac{1}{2}x_1, x_2, \cdots, x_k\}) \neq P$ 且 0 是在 $\bar{P}$ 的内部, 由 (b) 推得 $\bar{P}^{\circ} \neq P^{\circ}$, 因此 $\{y \in \mathbb{R}^n : y^{\mathrm{T}}x_1 \leqslant 2, y^{\mathrm{T}}x_i \leqslant 1(i = 2, \cdots, k)\} = \bar{P}^{\circ} \neq P^{\circ} = \{y \in \mathbb{R}^n : y^{\mathrm{T}}x_i \leqslant 1(i = 1, \cdots, k)\}$. 推得 $x_1^{\mathrm{T}}y \leqslant 1$ 是 P° 的一个侧面界定不等式.   □

现在可以证明

定理 4.23　令 $n \in \mathbb{N}$, $y \in \mathbb{Q}^n$. 设 $P \subseteq \mathbb{R}^n$ 是一有理多面体, 令 $x_0 \in \mathbb{Q}^n$ 是 P 的一个内点, 又设 $T \in \mathbb{N}$ 使得 $\mathrm{size}(x_0) \leqslant \log T$ 和 $\mathrm{size}(x) \leqslant \log T$ 对所有 P 的顶点 x 成立.

给出 n, y, x_0, T 和一个算包算子, 使对任一给出的 $c \in \mathbb{Q}^n$, 产生 P 的一个顶点 x^* 使达到 $\max\{c^\mathrm{T} x : x \in P\}$, 我们能在关于 n, $\log T$ 和 $\mathrm{size}(y)$ 的多项式时间内求解关于 P 和 y 的分离问题, 事实上, 在 $y \notin P$ 的情况下能找出一个被 y 所违背的 P 的侧面界定不等式.

证明　考察 $Q := \{x - x_0 : x \in P\}$ 和它的极 Q°, 若 $x_1, \cdots, x_k$ 是 P 的顶点, 有

$$Q^\circ = \{z \in \mathbb{R}^n : z^\mathrm{T}(x_i - x_0) \leqslant 1, \ i \in \{1, \cdots, k\}\}$$

由定理 4.4 得 $\mathrm{size}(z) \leqslant 4n(2n \log T + 3n) \leqslant 20n^2 \log T$ 对所有 Q° 的顶点 z 成立.

显然, 关于 P 和 y 的分离问题是等价于关于 Q 和 $y - x_0$ 的分离问题, 因为由定理 4.22,

$$Q = (Q^\circ)^\circ = \{x : zx \leqslant 1, \ z \in Q^\circ\}$$

关于 Q 和 $y - x_0$ 的分离问题是等价于求解 $\max\{(y - x_0)^\mathrm{T} x : x \in Q^\circ\}$, 因为 Q° 的每个顶点对应 Q 的 (从而也是 P 的) 一个侧面界定不等式, 余下的问题是如何寻找一个顶点使达到 $\max\{(y - x_0)^\mathrm{T} x : x \in Q^\circ\}$.

为此, 将定理 4.21 用到 Q° 上, 由定理 4.22, Q° 是满维的且 0 是内点, 上面已证 Q° 的顶点的尺寸至多是 $20n^2 \log T$, 所以余下的只需证明能在多项式时间里求解关于 Q° 的分离问题. 然而, 这又归结为关于 Q 的优化问题, 这个问题能用算包求解 P 上的优化问题所求解. □

最后要提及 Vaidya (1996) 提出了一个新的算法, 它较椭球法快并且也能推出优化和分离的等价性, 但这个算法似乎也不实用.

习　　题

1. 设 A 是非奇 $n \times n$ 矩阵, 证明 $\mathrm{size}(A^{-1}) \leqslant 4n^2 \, \mathrm{size}(A)$.

*2. 设 $n \geqslant 2$, $c \in \mathbb{R}^n$ 和 $y_1, \cdots, y_k \in \{-1, 0, 1\}^n$ 满足 $0 < c^\mathrm{T} y_{i+1} \leqslant \frac{1}{2} c^\mathrm{T} y_i (i = 1, \cdots, k-1)$, 试证 $k \leqslant 3n \log n$. 提示: 考虑线性规划 $\max\{y_k^\mathrm{T} x : (y_i - 2y_{i+1})^\mathrm{T} x \geqslant 0, y_k^\mathrm{T} x = 1, x \geqslant 0\}$.

3. 考虑连分数展开中的数 h_i, 证明: 对所有的 i, 有 $h_i \geqslant F_{i+1}$, 这里 F_i 是第 i 个 Fibonacci 数 $(F_1 = F_2 = 1$ 和 $F_n = F_{n-1} + F_{n-2}$, $n \geqslant 3)$. 又从

$$F_n = \frac{1}{\sqrt{5}} \left(\left(\frac{1 + \sqrt{5}}{2} \right)^n - \left(\frac{1 - \sqrt{5}}{2} \right)^n \right)$$

推出连分数展开的迭代次数是 $O(\log q)$. (Grötschel, Lovász and Schrijver, 1988).

4. 试证: 高斯消去法能被执行成强多项式时间算法. 提示: 首先假设 A 是整的. 重复定理 4.10 的证明, 并注意到可以选择 d 作为输入值的公分母. (Edmonds, 1967).

5. 设 $x_1, \cdots, x_k \in \mathbb{R}^l$, $d := 1 + \dim\{x_1, \cdots, x_k\}$, $\lambda_1, \cdots, \lambda_k \in \mathbb{R}_+$ 且有 $\sum_{i=1}^{k} \lambda_i = 1$, 和 $x := \sum_{i=1}^{k} \lambda_i x_i$. 问: 如何计算 $\mu_1, \cdots, \mu_k \in \mathbb{R}_+$, 使得它们中至多 d 个是非零, 且使 $x = \sum_{i=1}^{k} \mu_i x_i$ (参见习题 3.14). 并证所有的计算能在 $O((k + l)^3)$ 时间内被执行. 提示: 对矩阵 $A \in \mathbb{R}^{(l+1) \times k}$ 执行高斯消去法, 它的第 i 列是 $\begin{pmatrix} 1 \\ x_i \end{pmatrix}$. 若 $d < k$, 令 $w \in \mathbb{R}^k$ 是满足 $w_{\mathrm{col}(i)} := z_{i,d+1}$ $(i = 1, \cdots, d)$, $w_{\mathrm{col}(d+1)} := -1$ 和 $w_{\mathrm{col}(i)} := 0$ $(i = d + 2, \cdots, k)$ 的向量; 显然有 $Aw = 0$. 添加 w 的倍数到 λ, 消去至少一个向量并重复.

6. 令 $\max\{cx : Ax \leqslant b\}$ 是这样的线性规划, 它的所有不等式都是侧面界定的, 设已知一基解 x^*, 试问如何用高斯消去法寻找对偶 LP 问题 $\min\{yb : yA = c, y \geqslant 0\}$ 的最优解, 能估计它的运行时间吗?

*7. 设 A 是对称正定 $n \times n$ 矩阵, $v_1, \cdots, v_n$ 是 A 的对应于特征值 $\lambda_1, \cdots, \lambda_n$ 的 n 个正交特征向量, 不失一般性, 可设 $\|v_i\| = 1 (i = 1, \cdots, n)$, 试证

$$E(A, 0) = \left\{ \mu_1 \sqrt{\lambda_1} v_1 + \cdots + \mu_n \sqrt{\lambda_n} v_n : \mu \in \mathbb{R}^n, \|\mu\| \leqslant 1 \right\}$$

(特征向量对应 椭球 的对称轴) 并推得体积 $\mathrm{volume}\,(E(A, 0)) = \sqrt{\det A}\,\mathrm{volume}\,(B(0, 1))$.

8. 设 $E(A, x) \subseteq \mathbb{R}^n$ 是一椭球, $a \in \mathbb{R}^n$, 又设 $E(A', x')$ 是如 4.4 节中所定义. 证明 $\{z \in E(A, x) : az \geqslant ax\} \subseteq E(A', x')$.

9. 证明: 定理 4.18 中的算法求解线性规划的时间是 $O((n + m)^9(\mathrm{size}(A) + \mathrm{size}(b) + \mathrm{size}(c))^2)$.

10. 证明: 在定理 4.21 中 P 是有界的假设能被略去, 我们仍可以判定 LP 问题是否无界或求出它的最优解.

*11. 令 $P \subseteq \mathbb{R}^3$ 是一 3 维多面体且 0 是它的内点. 又设 $G(P)$ 是这样的图, 它的顶点是 P 的顶点, 它的边是 P 的 1 维侧面 (参见习题 3.17 和 3.18). 试证: $G(P^\circ)$ 是 $G(P)$ 的平面对偶.

注: Steinitz (1922) 证明了对每一简单 3 连通平面图 G, 存在一 3 维多面体 P, 使满足 $G = G(P)$.

12. 证明: 多胞形的极还是一个多胞形. 又: 对于怎样的多胞形 P, 有 $(P^\circ)^\circ = P$ 成立?

参 考 文 献

一般著述

Grötschel M, Lovász L and Schrijver A. 1988. Geometric Algorithms and Combinatorial Optimization. Berlin: Springer.

Padberg M. 1995. Linear Optimization and Extensions. Berlin: Springer.

Schrijver A. 1986. Theory of Linear and Integer Programming. Chichester: Wiley.

引用文献

Bland R G, Goldfarb D and Todd M J. 1981. The ellipsoid method: a survey. Operations Research, 29: 1039–1091.

Edmonds J. 1967. Systems of distinct representatives and linear algebra. Journal of Research of the National Bureau of Standards, B 71: 241–245.

Frank A and Tardos É. 1987. An application of simultaneous Diophantine approximation in combinatorial optimization. Combinatorica, 7: 49–65.

Gács P and Lovász L. 1981. Khachiyan's algorithm for linear programming. Mathematical Programming Study, 14: 61–68.

Grötschel M, Lovász L and Schrijver A. 1981. The ellipsoid method and its consequences in combinatorial optimization. Combinatorica, 1: 169–197.

Iudin D B and Nemirovskii A S. 1976. Informational complexity and effective methods of solution for convex extremal problems. Ekonomikai Matematicheskie Metody, 12: 357–369 [in Russian].

Karmarkar N. 1984. A new polynomial-time algorithm for linear programming. Combinatorica, 4: 373–395.

Karp R M and Papadimitriou C H. 1982. On linear characterizations of combinatorial optimization problems. SIAM Journal on Computing, 11: 620–632.

Khachiyan L G. 1979. A polynomial algorithm in linear programming [in Russian]. Doklady Akademii Nauk SSSR, 244: 1093–1096. English translation: Soviet Mathematics Doklady, 20: 191–194.

Khintchine A. 1956. Kettenbrüche. Leipzig: Teubner.

Padberg M W and Rao M R. 1981. The Russian method for linear programming III: Bounded integer programming. Research Report, 81–39, New York University.

Shor N Z. 1977. Cut-off method with space extension in convex programming problems. Cybernetics, 13: 94–96.

Steinitz E. 1922. Polyeder und Raumeinteilungen. Enzyklopädie der Mathematischen Wissenschaften. Band, 3: 1–139.

Tardos É. 1986. A strongly polynomial algorithm to solve combinatorial linear programs. Operations Research, 34: 250–256.

Vaidya P M. 1996. A new algorithm for minimizing convex functions over convex sets. Mathematical Programming, 73: 291–341.

第 5 章　整数规划

本章考虑带有整性约束的线性规划：

整数规划

实例：矩阵 $A \in \mathbb{Z}^{m \times n}$，向量 $b \in \mathbb{Z}^m, c \in \mathbb{Z}^n$.

任务：寻找一向量 $x \in \mathbb{Z}^n$ 使满足 $Ax \leqslant b$ 且 cx 最大.

这里不考虑混合整数规划，即线性规划带有的整性约束仅是对部分变量而言，因为线性规划和整数规划的大部分理论可以很自然地推广到混合整数规划上去.

实际上，所有组合优化问题都能用整数规划来描述. 整数规划的可行解集是 $\{x : Ax \leqslant b, x \in \mathbb{Z}^n\}$，这里 A 是矩阵，b 是向量，集 $\{x : Ax \leqslant b\}$ 是多胞形 P，用 $P_I = \{x : Ax \leqslant b\}_I$ 表示 P 中整向量的凸包，称 P_I 是 P 的 **整数闭包**，显然 $P_I \subseteq P$.

如果 P 是有界的，则由定理 3.31，P_I 是一多面体 (见图 5.1). Meyer (1974) 证明了：

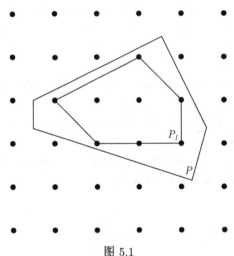

图 5.1

定理 5.1　对任意有理多胞形 P，它的整数闭包 P_I 也是一有理多胞形.

证明　令 $P = \{x : Ax \leqslant b\}$. 由定理 3.29，有理多面锥 $C := \{(x, \xi) : x \in \mathbb{R}^n, \xi \geqslant 0, Ax - \xi b \leqslant 0\}$ 是有限生成的，可以假设 $(x_1, 1), \cdots, (x_k, 1), (y_1, 0), \cdots, (y_l, 0)$ 生成了 C，这里 $x_1, \cdots, x_k$ 是有理的，$y_1, \cdots, y_l$ 是整的.

考虑多面体

$$Q := \left\{ \sum_{i=1}^{k} \kappa_i x_i + \sum_{i=1}^{l} \lambda_i y_i : \kappa_i \geqslant 0 \, (i = 1, \cdots, k), \sum_{i=1}^{k} \kappa_i = 1, \right.$$
$$\left. 0 \leqslant \lambda_i \leqslant 1 \, (i = 1, \cdots, l) \right\}$$

则有 $Q \subseteq P$. 令 $z_1, \cdots, z_m$ 是 Q 中的整点. 由定理 3.29, 被 $(y_1, 0), \cdots, (y_l, 0)$, $(z_1, 1), \cdots, (z_m, 1)$ 生成的锥 C' 是多面锥, 即可以记为 $\{(x, \xi) : Mx + \xi b \leqslant 0\}$, 这里 M 是有理矩阵, b 是有理向量.

欲证 $P_I = \{x : Mx \leqslant -b\}$.

为证 "$\subseteq$", 令 $x \in P \cap \mathbb{Z}^n$. 有 $(x, 1) \in C$, 即 $x = \sum_{i=1}^{k} \kappa_i x_i + \sum_{i=1}^{l} \lambda_i y_i$, 这里 $\kappa_1, \cdots, \kappa_k \geqslant 0, \sum_{i=1}^{k} \kappa_i = 1$ 且 $\lambda_1, \cdots, \lambda_l \geqslant 0$. 则 $c := \sum_{i=1}^{l} \lfloor \lambda_i \rfloor y_i$ 是整, 因此 $x - c$ 是整. 又因 $x - c = \sum_{i=1}^{k} \kappa_i x_i + \sum_{i=1}^{l} (\lambda_i - \lfloor \lambda_i \rfloor) y_i \in Q$, 所以 $x - c = z_i$ 对某个 i 成立. 从而 $(x, 1) = (c, 0) + (x - c, 1) \in C'$, 故有 $Mx + b \leqslant 0$.

现证 "$\supseteq$". 令 x 是满足 $Mx \leqslant -b$ 的有理向量, 即 $(x, 1) \in C'$. 则 $x = \sum_{i=1}^{l} \lambda_i y_i + \sum_{i=1}^{m} \mu_i z_j$, 这里有理数 $\lambda_1, \cdots, \lambda_l, \mu_1, \cdots, \mu_m \geqslant 0$ 并满足 $\sum_{i=1}^{m} \mu_i = 1$. 不失一般性, 设 $\mu_1 > 0$. 又设 $\delta \in \mathbb{N}$ 使得对 $i = 1, \cdots, l$ 有 $\delta \lambda_i \in \mathbb{N}$ 和 $\delta \geqslant \frac{1}{\mu_1}$ 成立. 则 $(z_1 + \sum_{i=1}^{l} \delta \lambda_i y_i, 1) \in C$, 因此

$$x = \frac{1}{\delta} \left(z_1 + \sum_{i=1}^{l} \delta \lambda_i y_i \right) + \left(\mu_1 - \frac{1}{\delta} \right) z_1 + \sum_{i=2}^{m} \mu_i z_i$$

是 P 中整点的凸组合. $\qquad\qquad\square$

而对非有理的多胞形, 这结论一般是不成立的, 见习题 1. 由定理 5.1, 可以将整数规划的实例写成 $\max\{c^{\mathrm{T}} x : x \in P_I\}$, 这里 $P = \{x : Ax \leqslant b\}$.

在 5.1 节中将证明 Meyer 结果的一个推广 (定理 5.8). 在 5.2 节的预备知识后, 在 5.3 节和 5.4 节中研究在什么条件下多胞形是整的 (即 $P = P_I$), 在这种情况下, 整数线性规划等同于它的 LP 松弛 (即忽略掉整性约束), 从而能够在多项式时间内求解. 在后面几章会发现某些组合优化问题是这样的情况.

然而一般来讲整数规划较线性规划要难得多, 也还未知有多项式时间算法, 这是不奇怪的, 因为能将很多困难问题表示成整数规划. 不过在 5.5 节中仍然讨论一个通用的方法, 用逐步割去 $P \setminus P_I$ 的部分来寻找整数闭包. 虽然它不是一个多项式时间算法, 但在某些情况下仍是一个常用的技巧. 最后, 在 5.6 节介绍一个逼近整数规划最优解的有效途径.

5.1 多胞形的整数闭包

如同线性规划, 整数规划可能是不可行或是无界的. 对于多胞形, 要判定是否

$P_I = \varnothing$ 是不容易的. 但如果整数规划是可行的, 我们能通过简单的 LP 松弛来判定它是否有界.

命题 5.2 令 $P = \{x : Ax \leqslant b\}$ 是一有理多胞形, 它的整数闭包非空, 又设 c 是一向量 (不必要是有理的), 则 $\max\{cx : x \in P\}$有界 当且仅当 $\max\{cx : x \in P_I\}$ 有界.

证明 假设 $\max\{cx : x \in P\}$ 无界, 则由定理 3.27, 它的对偶 LP 问题 $\min\{yb : yA = c, y \geqslant 0\}$ 是不可行的, 故由推论 3.26, 存在一有理向量 z(从而也有一整向量), 使 $cz < 0$ 且 $Az \geqslant 0$. 设 $y \in P_I$ 是一整向量, 则 $y - kz \in P_I$ 对所有 $k \in \mathbb{N}$ 成立, 故 $\max\{cx : x \in P_I\}$ 是无界的. 其余的结论是显然的. $\square$

定义 5.3 令 A 是一整矩阵, B 是 A 的某一方形子矩阵 (由任意行和列的下标所定义), $\det B$ 称为 A 的 **子行列式**, 记 $\Xi(A)$表示绝对值最大的 A 的子行列式.

引理 5.4 令 $C = \{x : Ax \geqslant 0\}$ 是一 多面锥, A 是一整矩阵, 则 C 由有限多个整向量所生成, 且每个向量分量的绝对值至多是 $\Xi(A)$.

证明 由引理 3.12, C 被向量 $y_1, \cdots, y_t$ 所生成, 这里对每一个 i, y_i 是 $My = b'$ 的解, 而 M 是由 $\begin{pmatrix} A \\ I \end{pmatrix}$ 中 n 个线性无关的行所组成, 又 $b' = \pm e_j$, 这里 e_j 是单位向量, 置 $z_i := |\det M|y_i$, 由 Gramer 法则, z_i 是整数且 $\|z_i\|_\infty \leqslant \Xi(A)$, 因对任意 i 都成立, 故集 $\{z_1, \cdots, z_t\}$ 有所要求的性质. $\square$

一个类似的引理将在下一节中被用到.

引理 5.5 每个有理多面锥 C 被这样的有限个整向量 $\{a_1, \cdots, a_t\}$ 所生成, 使得 C 中每一个整向量是 $a_1, \cdots, a_t$ 的非负整组合 (这样的集合称作 C 的 Hilbert 基).

证明 设 C 被整向量 $b_1, \cdots, b_k$ 所生成, 令 $a_1, \cdots, a_t$ 是多面锥中所有形如

$$\{\lambda_1 b_1 + \cdots + \lambda_k b_k : 0 \leqslant \lambda_i \leqslant 1 \ (i = 1, \cdots, k)\}$$

的整向量, 下面证明 $\{a_1, \cdots, a_t\}$ 是 C 的 Hilbert 基, 它们实际上生成了 C, 因为 $b_1, \cdots, b_k$ 也包含在 $a_1, \cdots, a_t$ 中.

对任一整向量 $x \in C$, 存在 $\mu_1, \cdots, \mu_k \geqslant 0$ 使

$$x = \mu_1 b_1 + \cdots + \mu_k b_k = \lfloor \mu_1 \rfloor b_1 + \cdots + \lfloor \mu_k \rfloor b_k$$
$$+ (\mu_1 - \lfloor \mu_1 \rfloor)b_1 + \cdots + (\mu_k - \lfloor \mu_k \rfloor)b_k$$

故 x 是 $a_1, \cdots, a_t$ 的非负整组合. $\square$

整数规划中的一个重要且基本事实是最优整解和最优分数解互相间不是很远.

定理 5.6 (Cook et al., 1986) 设 A 是整 $m \times n$ 矩阵, $b \in \mathbb{R}^m$ 和 $c \in \mathbb{R}^n$ 是任意向量, 令 $P := \{x : Ax \leqslant b\}$ 且假设 $P_I \neq \varnothing$.

(a) 设 y 是 $\max\{cx : x \in P\}$ 的最优解, 则存在 $\max\{cx : x \in P_I\}$ 的一个最优整解 z 使 $\|z - y\|_\infty \leqslant n\Xi(A)$ 成立.

(b) 设 y 是 $\max\{cx : x \in P_I\}$ 的一个可行整解, 但不是最优解, 则存在一个可行整解 $z \in P_I$ 使得 $cz > cy$ 且 $||z - y||_\infty \leqslant n \, \Xi(A)$.

证明 两部分的证明是类似的. 首先设 $y \in P$, 令 $z^* \in P \cap \mathbb{Z}^n$ 满足 (a) 是 $\max\{cx : x \in P_I\}$ 的一个最优整解 (由定理 5.1 和 5.2, $P_I = \{x : Ax \leqslant \lfloor b \rfloor\}_I$ 是多胞形, 且最大值能达到), 或 (b)$cz^* > cy$.

将 $Ax \leqslant b$ 分成两个子系统: $A_1x \leqslant b_1$ 和 $A_2x \leqslant b_2$, 使得 $A_1z^* \geqslant A_1y$ 和 $A_2z^* < A_2y$, 则 $z^* - y$ 在多面锥 $C := \{x : A_1x \geqslant 0, A_2x \leqslant 0\}$ 中.

C 是由某些向量 x_i $(i = 1, \cdots, s)$ 所生成, 由引理 5.4, 可设 x_i 是整且 $||x_i||_\infty \leqslant \Xi(A)$ 对所有 i 成立.

因为 $z^* - y \in C$, 所以存在非负 $\lambda_1, \cdots, \lambda_s$ 使 $z^* - y = \sum_{i=1}^s \lambda_i x_i$, 不妨设至多 n 个 λ_i 非零.

对满足 $0 \leqslant \mu_i \leqslant \lambda_i$ $(i = 1, \cdots, s)$ 的 $\mu = (\mu_1, \cdots, \mu_s)$, 定义

$$z_\mu := z^* - \sum_{i=1}^s \mu_i x_i = y + \sum_{i=1}^s (\lambda_i - \mu_i) x_i$$

显然 $z_\mu \in P$, 因由 z_μ 的第一个表达式推得 $A_1z_\mu \leqslant A_1z^* \leqslant b_1$, 第二个则推得 $A_2z_\mu \leqslant A_2y \leqslant b_2$.

情况 1. 存在某个 $i \in \{1, \cdots, s\}$ 满足 $\lambda_i \geqslant 1$ 和 $cx_i > 0$. 令 $z := y + x_i$, 则有 $cz > cy$, 而在 (a) 中此情形不会发生, 在 (b) 中, y 为整, z 是 $Ax \leqslant b$ 的整解使 $cz > cy$ 和 $||z - y||_\infty = ||x_i||_\infty \leqslant \Xi(A)$ 成立.

情况 2. 对所有满足 $\lambda_i \geqslant 1$ 的 $i \in \{1, \cdots, s\}$ 都有 $cx_i \leqslant 0$. 令

$$z := z_{\lfloor \lambda \rfloor} = z^* - \sum_{i=1}^s \lfloor \lambda_i \rfloor x_i$$

则 z 是 P 的一个整解, 满足 $cz \geqslant cz^*$ 且

$$||z - y||_\infty \leqslant \sum_{i=1}^s (\lambda_i - \lfloor \lambda_i \rfloor) \, ||x_i||_\infty \leqslant n\Xi(A)$$

因此不论在 (a) 或 (b), 这样的 z 都存在. $\qquad\square$

作为推论, 可以界定整数规划问题最优解的尺寸.

推论 5.7 若 $P = \{x \in \mathbb{Q}^n : Ax \leqslant b\}$ 是一有理多胞形, 问题 $\max\{cx : x \in P_I\}$ 有最优解, 则它必有另一最优整解 x, 使 $\mathrm{size}(x) \leqslant 12n(\mathrm{size}(A) + \mathrm{size}(b))$.

证明 由命题 5.2 和定理 4.4, $\max\{cx : x \in P\}$ 有最优解 y 满足 $\mathrm{size}(y) \leqslant 4n(\mathrm{size}(A) + \mathrm{size}(b))$, 由定理 5.6(a), 存在问题 $\max\{cx : x \in P_I\}$ 的最优解 x 满足 $||x - y||_\infty \leqslant n \, \Xi(A)$, 由命题 4.1 和命题 4.3, 有

$$\mathrm{size}(x) \leqslant 2\,\mathrm{size}(y) + 2n\,\mathrm{size}(n\,\Xi(A))$$

$$\leqslant 8n(\mathrm{size}(A) + \mathrm{size}(b)) + 2n\log n + 4n\,\mathrm{size}(A)$$

$$\leqslant 12n(\mathrm{size}(A) + \mathrm{size}(b)) \qquad\qquad\square$$

定理 5.6(b) 蕴含下面结论: 给出了一个整数规划的任一可行解 x, 它的最优性可以通过测试 $x + y$ 而简单地验证, 这里 y 是仅依赖于矩阵 A 的有限向量集. 这样的有限测试集 (它的存在性首先是被 Graver (1975) 所证明的) 使我们可以证明整数规划中的一个基本定理:

定理 5.8 (Wolsey, 1981; Cook et al., 1986)   对每个整 $m \times n$ 矩阵 A, 存在另一个整矩阵 M, 它的元素的绝对值至多是 $n^{2n} \Xi(A)^n$, 使得对每一向量 $b \in \mathbb{Q}^m$, 都有一有理向量 d 满足

$$\{x : Ax \leqslant b\}_I = \{x : Mx \leqslant d\}$$

证明   可以假定 $A \neq 0$, 令 C 是由 A 的行生成的锥, 又令

$$L := \{z \in \mathbb{Z}^n : ||z||_\infty \leqslant n\Xi(A)\}$$

对每一 $K \subseteq L$, 考虑锥

$$C_K := C \cap \{y : zy \leqslant 0 \text{ 对所有 } z \in K\}$$

由定理 3.29 和引理 5.4 的证明可知, $C_K = \{y : Uy \leqslant 0\}$, 这里, 矩阵 U 的行由 $\{x : Ax \leqslant 0\}$ 和 K 的元素所生成, 且它的元素的绝对值至多是 $n\Xi(A)$. 再由引理 5.4, 存在生成 C_K 的有限整向量集 $G(K)$, 每一个向量的分量的绝对值至多是 $\Xi(U) \leqslant n!(n\Xi(A))^n \leqslant n^{2n}\Xi(A)^n$.

设 M 是行为 $\bigcup_{K \subseteq L} G(K)$ 的矩阵, 因 $C_\varnothing = C$, 可以假设 A 的行也是 M 的行.

现令 b 是某一给定的向量, 如果 $Ax \leqslant b$ 无解, 可以将 b 任意转为向量 d 使得 $\{x : Mx \leqslant d\} \subseteq \{x : Ax \leqslant b\} = \varnothing$.

如果 $Ax \leqslant b$ 有解但没有整解, 置 $b' := b - A'\mathbb{1}$, 这里 A' 由 A 中元素取绝对值而成, 则 $Ax \leqslant b'$ 无解, 因为任何一个解取下整后生成 $Ax \leqslant b$ 的一个整解, 再次扩充 b' 到 d.

现在可以假设 $Ax \leqslant b$ 有一整解, 对 $y \in C$, 定义

$$\delta_y := \max\{yx : Ax \leqslant b, x \text{ 是整的}\}$$

(由推论 3.28, 对 $y \in C$, 这个最大值是有界的). 可以证明

$$\{x : Ax \leqslant b\}_I = \left\{x : yx \leqslant \delta_y, y \in \bigcup_{K \subseteq L} G(K)\right\} \tag{5.1}$$

这里 "$\subseteq$" 是平凡的. 为证其逆, 令 c 是任一向量且使

$$\max\{cx : Ax \leqslant b, x \text{ 是整的}\}$$

为有界, 令 x^* 是达到最大的向量, 下面证明对所有满足 (5.1) 右边不等式的 x, 成立 $cx \leqslant cx^*$.

由命题 5.2, LP 问题 $\max\{cx : Ax \leqslant b\}$ 是有界的, 故由推论 3.28 有 $c \in C$.

令 $\bar{K} := \{z \in L : A(x^* + z) \leqslant b\}$, 由定义, $cz \leqslant 0$ 对所有 $z \in \bar{K}$ 成立, 故 $c \in C_{\bar{K}}$, 因此存在非负数 λ_y $(y \in G(\bar{K}))$ 使得

$$c = \sum_{y \in G(\bar{K})} \lambda_y y$$

下面证明对每一 $y \in G(\bar{K})$, x^* 是问题

$$\max\{yx : Ax \leqslant b, \ x \text{ 是整的}\}$$

的一个最优解. 若否, 由定理 5.6(b), 生成一向量 $z \in \bar{K}$ 满足 $yz > 0$, 而这是不可能的, 因为 $y \in C_{\bar{K}}$. 可得

$$\sum_{y \in G(\bar{K})} \lambda_y \delta_y = \sum_{y \in G(\bar{K})} \lambda_y y x^* = \left(\sum_{y \in G(\bar{K})} \lambda_y y\right) x^* = cx^*$$

从而不等式 $cx \leqslant cx^*$ 是不等式组 $yx \leqslant \delta_y$ 的非负线性组合, 这里 $y \in G(\bar{K})$, 因此 (5.1) 得证. □

类似的结果可见 Lasserre (2004).

5.2 单 模 变 换

这一节证明两个在后面要用到的引理. 一个方阵被称为是单模的, 如果它是整的且行列式为 1 或 -1. 三种类型的单模矩阵尤其使我们感兴趣: 对 $n \in \mathbb{N}$, $p \in \{1, \cdots, n\}$, $q \in \{1, \cdots, n\} \setminus \{p\}$, 考虑按下面方式之一所定义的矩阵 $(a_{ij})_{i,j \in \{1, \cdots, n\}}$:

$$a_{ij} = \begin{cases} 1 & \text{若 } i = j \neq p \\ -1 & \text{若 } i = j = p \\ 0 & \text{其他} \end{cases} \qquad a_{ij} = \begin{cases} 1 & \text{若 } i = j \notin \{p, q\} \\ 1 & \text{若 } \{i, j\} = \{p, q\} \\ 0 & \text{其他} \end{cases}$$

$$a_{ij} = \begin{cases} 1 & \text{若 } i = j \\ -1 & \text{若 } (i, j) = (p, q) \\ 0 & \text{其他} \end{cases}$$

这三类矩阵都是单模的, 如果 U 是上面的一种矩阵, 则对任一具有 n 列的矩阵 A, AU 等价于对 A 施行下面的一种列运算:

- 用 -1 乘它的一列;
- 交换它的两列;

● 将一列从另外一列中减去.

上面的运算都称之为 单模变换. 显然, 单模矩阵的积仍是单模的, 可以证明: 一个矩阵是单模的当且仅当它是从一个单位矩阵被单模变换后得到 (等价地, 它是上面三类矩阵的乘积), 见习题 5.6, 这里不再赘述.

命题 5.9 单模矩阵 的逆仍是单模的, 对每一单模矩阵 U, 映射 $x \mapsto Ux$ 和 $x \mapsto xU$ 都是 $\mathbb{Z}^n$ 上的双射.

证明 设 U 是一单模矩阵, 由 Cramer 准则, 单模矩阵的逆是整的, 又由 $(\det U)(\det U^{-1}) = \det(UU^{-1}) = \det I = 1$, 故 U^{-1} 也是单模的. 第二个结论可由此直接推得. □

引理 5.10 对每一个有理矩阵 A, 若它的行是线性无关的, 则存在一 单模矩阵 U, 使 AU 具有形如 $(B \; 0)$, 这里 B 是一非奇异方阵.

证明 假设已找到一个单模矩阵 U, 使

$$AU = \begin{pmatrix} B & 0 \\ C & D \end{pmatrix}$$

这里 B 是非奇方阵 (初始时可取 $U = I$, $D = A$, 而 B, C 和 0 处均无元素).

令 $(\delta_1, \cdots, \delta_k)$ 是 D 的第一行, 应用一系列单模变换使得所有 δ_i 非负且 $\sum_{i=1}^{k} \delta_i$ 最小, 不失一般性, 设 $\delta_1 \geqslant \delta_2 \geqslant \cdots \geqslant \delta_k$, 则因为 A 的行是线性无关的 (从而 AU 的行也是), 所以 $\delta_1 > 0$, 如果 $\delta_2 > 0$ 则从 D 的第一列减去第二列来降低 $\sum_{i=1}^{k} \delta_i$, 故有 $\delta_2 = \delta_3 = \cdots = \delta_k = 0$, 对 B 逐行逐列继续上述做法即可证得. □

在上面的证明过程中用到欧几里得算法, 得到的矩阵 B 其实是一个下三角阵, 再稍作一些努力, 就可得到 A 的被称之为 Hermite 标准型的形式. 下面的引理给出了方程组具有整解的一个准则, 它类似于 Farkas 引理.

引理 5.11 设 A 是一有理矩阵, b 是一有理向量, 则 $Ax = b$ 有一整解的充分必要条件是对每一个有理向量 y, 如果 yA 为整, 则 yb 也是整的.

证明 必要性是显然的: 若 x 和 yA 是整向量且 $Ax = b$, 则 $yb = yAx$ 亦然.

为证充分性, 设当 yA 是整时 yb 也为整, 可假设 $Ax = b$ 不含有多余的方程, 即由 $yA = 0$ 推得对所有 $y \neq 0$ 都有 $yb \neq 0$. 设 A 的行数为 m, 如果 $\mathrm{rank}(A) < m$, 即 $\{y : yA = 0\}$ 包含一非零向量 y', 令 $y'' := \frac{1}{2y'b} y'$, 则满足 $y''A = 0$ 且 $y''b = \frac{1}{2} \notin \mathbb{Z}$, 与充分性假设不符, 故 A 的行是线性无关的.

由引理 5.10, 存在一个单模矩阵 U, 使 $AU = (B \; 0)$, 这里 B 是一个非奇异 $m \times m$ 矩阵, 因为 $B^{-1}AU = (I \; 0)$ 是一整矩阵, 故对 B^{-1} 的每一行 y, yAU 是整的, 从而由命题 5.9, yA 也是整的, 所以对 B^{-1} 的每一行 y, yb 是整的, 即 $B^{-1}b$ 也是整的, 故 $U \begin{pmatrix} B^{-1}b \\ 0 \end{pmatrix}$ 是 $Ax = b$ 的一个整解. □

5.3 全对偶整性

这一节和下一节关注于整多胞形.

定义 5.12 一个多胞形 P 是整的, 如果 $P = P_I$.

定理 5.13 (Hoffman, 1974; Edmonds and Giles, 1977) 设 P 是一有理多胞形, 则下面的结论是等价的:

(a) P 是整的;

(b) P 的每个面含有整向量;

(c) P 的每个最小面含有整向量;

(d) 每个支撑超平面含有整向量;

(e) 每个有理支撑超平面含有整向量;

(f) 对于每个使问题 $\max\{cx : x \in P\}$ 的最优值为有限的向量 c, 该问题必有一最优整解;

(g) 对于每个使问题 $\max\{cx : x \in P\}$ 的最优值为有限的整向量 c, 该问题的最优值是整的.

证明 首先证明 (a)⇒(b)⇒(f)⇒(a), 再证明 (b)⇒(d)⇒(e)⇒(c)⇒(b), 最后证明 (f)⇒(g)⇒(e).

(a)⇒(b) 设 F 是一个面, 即 $F = P \cap H$, 这里 H 是一超平面, 令 $x \in F$, 若 $P = P_I$, 则 x 是 P 中整点的凸组合且这些整点必属于 H, 从而属于 F.

(b)⇒(f) 可直接由命题 3.4 得到, 因为对每个使最大值为有限的 c, $\{y \in P : cy = \max\{cx : x \in P\}\}$ 是 P 的一个面.

(f)⇒(a) 若有一向量 $y \in P \backslash P_I$, 则 (由定理 5.1, P_I 是一多胞形) 存在 P_I 中一个不等式 $ax \leqslant \beta$ 使 $ay > \beta$, 这显然与 (f) 矛盾, 因为 $\max\{ax : x \in P\}$ (由命题 5.2 它是有限的) 不被任一整向量达到.

(b)⇒(d) 是平凡的, 因为支撑超平面和 P 的交是 P 的一个面, (d)⇒(e) 和 (c)⇒(b) 同样是平凡的.

(e)⇒(c) 令 $P = \{x : Ax \leqslant b\}$, 可以假设 A 和 b 是整的. 令 $F = \{x : A'x = b'\}$ 是 P 的一个最小面, 这里 $A'x \leqslant b'$ 是 $Ax \leqslant b$ 的子系统 (用到命题 3.9). 如果 $A'x = b'$ 没有整解, 则由引理 5.11, 存在一有理向量 y 使 $c := yA'$ 是整的但 $\delta := yb'$ 非整, 将整数加到 y 的分量上去不会破坏这个性质 (A' 和 b' 是整的), 故可以假设 y 的所有分量均是正的, 所以 $H := \{x : cx = \delta\}$ 不含整向量, 显然 H 是一有理超平面且不含整向量.

最后通过证明 $H \cap P = F$ 来证明 H 是一个支撑超平面. $F \subseteq H$ 是显然的, 仅需证 $H \cap P \subseteq F$, 对于 $x \in H \cap P$, 有 $yA'x = cx = \delta = yb'$, 故 $y(A'x - b') = 0$, 因 $y > 0$, $A'x \leqslant b'$, 所以推得 $A'x = b'$, 即 $x \in F$.

(f)⇒(g) 是平凡的, 所以最后证 (g)⇒(e), 令 $H = \{x : cx = \delta\}$ 是 P 的一个有理支撑超平面, 即有 $\max\{cx : x \in P\} = \delta$, 若 H 不含整向量, 则由引理 5.11, 存在数 γ 使 γc 为整但 $\gamma\delta \notin \mathbb{Z}$, 从而

$$\max\{(|\gamma|c)x : x \in P\} = |\gamma|\max\{cx : x \in P\} = |\gamma|\delta \notin \mathbb{Z}$$

与假设矛盾.   □

较早的部分结果可见 Gomory (1963), Fulkerson (1971) 和 Chvátal (1973), 由 (a)⇔(b) 及推论 3.6 知, 一个整多面体的每个面是整的. 定理 5.13 中 (f) 和 (g) 的等价性促使 Edmonds 和 Giles 定义了**TDI**系统.

定义 5.14 (Edmonds and Giles, 1977)   一个线性不等式组 $Ax \leqslant b$ 被称之为全对偶整系统 **(TDI)**, 如果对每个使最小值为有限的整向量 c, LP 对偶方程

$$\max\{cx : Ax \leqslant b\} = \min\{yb : yA = c, \ y \geqslant 0\}$$

都有一个整最优解 y.

基于这个定义, 很容易得到定理 5.13 中 (g)⇒(a) 的推论.

推论 5.15   设 $Ax \leqslant b$ 是一 TDI 系统, 这里 A 是有理的, 而 b 是整的, 则多胞形 $\{x : Ax \leqslant b\}$ 是整的.   □

但全对偶整性不是多胞形的性质 (见习题 8), 通常一个 TDI 系统含有的不等式较描述多胞形所必需的不等式为多. 并且添加有效不等式不会破坏全对偶整性.

命题 5.16   如果 $Ax \leqslant b$ 是 TDI 系统, $ax \leqslant \beta$ 是对于 $\{x : Ax \leqslant b\}$ 的有效不等式, 则 $Ax \leqslant b, \ ax \leqslant \beta$ 仍是 TDI 系统.

证明   设 c 是整向量且 $\min\{yb + \gamma\beta : yA + \gamma a = c, \ y \geqslant 0, \ \gamma \geqslant 0\}$ 是有限的, 因 $ax \leqslant \beta$ 对 $\{x : Ax \leqslant b\}$ 是有效的, 所以

$$\min\{yb : yA = c, \ y \geqslant 0\} = \max\{cx : Ax \leqslant b\}$$
$$= \max\{cx : Ax \leqslant b, \ ax \leqslant \beta\}$$
$$= \min\{yb + \gamma\beta : yA + \gamma a = c, \ y \geqslant 0, \ \gamma \geqslant 0\}$$

第一个最小值在某个整向量 y^* 处达到, 故 $y = y^*$, $\gamma = 0$ 是第二个最小值的整最优解.   □

定理 5.17 (Giles and Pulleyblank, 1979)   对每一个有理多胞形 P, 存在一个有理TDI 系统 $Ax \leqslant b$, 这里 A 是整矩阵, 使 $P = \{x : Ax \leqslant b\}$, 这里 b 能被选到是整当且仅当 P 是整的.

证明   令 $P = \{x : Cx \leqslant d\}$, 这里 C, d 是有理的, 不失一般性, 设 $P \neq \varnothing$, 对 P 的每个极小面 F, 令

$$K_F := \{c : cz = \max\{cx : x \in P\}, \ z \in F\}$$

由推论 3.22 和定理 3.29, K_F 是一有理多面锥, 由引理 5.5, 存在一组整 Hilbert 基 $a_1, \cdots, a_t$ 生成了 K_F, 记 $\mathcal{S}_F$ 是不等式系统

$$a_1 x \leqslant \max\{a_1 x : x \in P\}, \ \cdots, \ a_t x \leqslant \max\{a_t x : x \in P\}$$

令 $Ax \leqslant b$ 是所有这些系统 $\mathcal{S}_F$ 的集合 (对所有极小面 F 而言), 注意到, 若 P 是整的则 b 也是整的, 且有 $P \subseteq \{x : Ax \leqslant b\}$.

令 c 是使 $\max\{cx : x \in P\}$ 为有限的一整向量, 则达到这个最大值的向量是 P 的一个面, 记 F 是一极小面满足对所有 $z \in F$ 成立 $cz = \max\{cx : x \in P\}$, 令 $\mathcal{S}_F$ 是不等式系统 $a_1 x \leqslant \beta_1, \cdots, a_t x \leqslant \beta_t$, 则 $c = \lambda_1 a_1 + \cdots + \lambda_t a_t$, 这里 $\lambda_1, \cdots, \lambda_t$ 是非负整数. 添加零分量到 $\lambda_1, \cdots, \lambda_t$, 使得到一个整向量 $\bar{\lambda} \geqslant 0$ 满足 $\bar{\lambda} A = c$, 从而 $cx = (\bar{\lambda} A)x = \bar{\lambda}(Ax) \leqslant \bar{\lambda} b = \bar{\lambda}(Az) = (\bar{\lambda} A)z = cz$ 对所有 $x \in P$ 和 $z \in F$ 成立.

将此应用到 C 的每个行向量 c, 使对每个满足 $Ax \leqslant b$ 的 x 都有 $Cx \leqslant d$, 从而 $P = \{x : Ax \leqslant b\}$, 此外, 对一般的 c, 我们注意到 $\bar{\lambda}$ 是对偶 LP 问题 $\min\{yb : y \geqslant 0, \ yA = c\}$ 的最优解, 因此 $Ax \leqslant b$ 是 TDI 系统.

如果 P 是整的, 选择 b 是整的, 反之, 若 b 被选成整的, 由推论 5.15, P 必然是整的. $\qquad\qquad \square$

事实上, 对满维的有理多胞形, 有唯一的极小 TDI 系统来描述它 (Schrijver, 1981), 为后面有用, 我们证明 TDI 系统的每个 "面" 仍是 TDI.

定理 5.18 (Cook, 1983) 设 $Ax \leqslant b$, $ax \leqslant \beta$ 是 TDI 系统, 这里 a 为整, 则 $Ax \leqslant b$, $ax = \beta$ 也是 TDI.

证明 (Schrijver, 1986) 设 c 是一整向量且

$$\max\{cx : Ax \leqslant b, \ ax = \beta\}$$
$$= \min\{yb + (\lambda - \mu)\beta : y, \lambda, \mu \geqslant 0, \ yA + (\lambda - \mu)a = c\} \tag{5.2}$$

是有限的, 令 $x^*, y^*, \lambda^*, \mu^*$ 达到此最优值, 记 $c' := c + \lceil \mu^* \rceil a$, 显然

$$\max\{c'x : Ax \leqslant b, \ ax \leqslant \beta\} = \min\{yb + \lambda\beta : y, \lambda \geqslant 0, \ yA + \lambda a = c'\} \tag{5.3}$$

是有限的, 因 $x := x^*$ 对左面是可行的, 而 $y := y^*$, $\lambda := \lambda^* + \lceil \mu^* \rceil - \mu^*$ 对右面是可行的.

因为 $Ax \leqslant b$, $ax \leqslant \beta$ 是 TDI, (5.3) 中的最小值有一整最优解 $\tilde{y}, \tilde{\lambda}$, 置 $y := \tilde{y}$, $\lambda := \tilde{\lambda}$ 和 $\mu := \lceil \mu^* \rceil$ 且欲证 (y, λ, μ) 是 (5.2) 中最小化问题的整最优解.

显然 (y, λ, μ) 是 (5.2) 中最小化问题的可行解, 并有

$$yb + (\lambda - \mu)\beta = \tilde{y}b + \tilde{\lambda}\beta - \lceil \mu^* \rceil \beta$$
$$\leqslant y^*b + (\lambda^* + \lceil \mu^* \rceil - \mu^*)\beta - \lceil \mu^* \rceil \beta$$

因 $(y^*, \lambda^* + \lceil \mu^* \rceil - \mu^*)$ 是 (5.3) 中极小化问题的可行解, 而 $(\tilde{y}, \tilde{\lambda})$ 是最优解. 因此我们证得

$$yb + (\lambda - \mu)\beta \leqslant y^*b + (\lambda^* - \mu^*)\beta$$

故 (y, λ, μ) 是 (5.2) 中最小化问题的一个整最优解.   □

下面的叙述是 TDI 系统定义的直接推论: 一个系统 $Ax = b, x \geqslant 0$ 是 TDI 如果对每个使最小值 $\min\{yb : yA \geqslant c\}$ 为有限的整向量 c, 此问题有整最优解 y. 一个系统 $Ax \leqslant b, x \geqslant 0$ 是 TDI, 如果对每个使最小值 $\min\{yb : yA \geqslant c, y \geqslant 0\}$ 为有限的整向量 c, 问题有整最优解 y. 我们要问是否存在矩阵 A 使对每个整向量 b, $Ax \leqslant b, x \geqslant 0$ 是 TDI, 当这些矩阵是全单模时, 回答是肯定的.

5.4   全单模矩阵

定义 5.19   矩阵 A 是全单模的, 如果 A 的每一个子行列式都是 $0, 1$ 或 -1.

由此, 全单模矩阵的元素必然是 $0, 1$ 或 -1. 这一节的主要结果是:

定理 5.20 (Hoffman and Kruskal, 1956)   一个整矩阵 A 是全单模矩阵当且仅当对每个整向量 b, 多胞形 $\{x : Ax \leqslant b, x \geqslant 0\}$ 都是整的.

证明   设 A 是 $m \times n$ 矩阵, $P := \{x : Ax \leqslant b, x \geqslant 0\}$, 显然, P 的极小面是顶点.

先证必要性. 设 A 是全单模的, b 是一整向量, x 是 P 的顶点, 不妨设 x 是可行域 $\binom{A}{-I}x \leqslant \binom{b}{0}$ 的子系统 $A'x \leqslant b'$ 对应的方程组 $A'x = b'$ 的解, 对应的 A' 是非奇异 $n \times n$ 矩阵, 因 A 是全单模的, 故有 $|\det A'| = 1$, 由 Cramer 法则, $x = (A')^{-1}b'$ 是整的.

下证充分性. 假定对每一整向量 b, P 的顶点是整的, 令 A' 是 A 的非奇异 $k \times k$ 子矩阵, 欲证 $|\det A'| = 1$, 不失一般性, 设 A' 是由 A 的前 k 行和列所构成.

考虑整 $m \times m$ 矩阵 B, 它由 $(\ A\ \ I\ )$ 的前 k 列和后 $m - k$ 列组成 (见图 5.2), 显然 $|\det B| = |\det A'|$.

为证明 $|\det B| = 1$, 只需证明 B^{-1} 是整的, 因为 $\det B \det B^{-1} = 1$, 从而可推得 $|\det B| = 1$.

为此, 令 $i \in \{1, \cdots, m\}$, 下面证明 $B^{-1}e_i$ 是整的. 选择一整向量 y, 使 $z := y + B^{-1}e_i \geqslant 0$, 则 $b := Bz = By + e_i$ 是整的, 添加零分量到 z 中, 使得到的 z' 满足

$$(\ A\ \ I\ )z' = Bz = b$$

z' 的前 n 个分量组成的 z'' 属于 P, 另外, 由

$$\begin{pmatrix} A \\ -I \end{pmatrix} z'' \leqslant \begin{pmatrix} b \\ 0 \end{pmatrix}$$

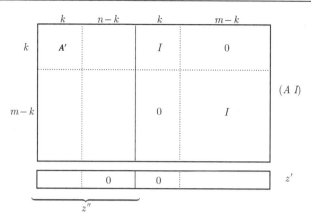

图 5.2

的前 k 个和后 $n-k$ 个不等式组成的 n 个线性不等式约束成为等式, 因此 z'' 是 P 的顶点, 由假设, z'' 是整的, 从而 z' 也必然是整的, 因它的前 n 个分量是 z'' 的分量, 后 m 个分量是松弛变量 $b - Az''$(A 和 b 均是整). 故 z 为整, 即 $B^{-1}e_i = z - y$ 是整的. □

上面的证明源自 Veinott 和 Dantzig (1968).

推论 5.21 一个整矩阵 A 是全单模的当且仅当对任意整向量 b 和 c, 在 LP 对偶方程

$$\max\{cx : Ax \leqslant b, x \geqslant 0\} = \min\{yb : y \geqslant 0, yA \geqslant c\}$$

中的两个最优值均在整向量处达到 (如果最优值是有限的).

证明 因全单模矩阵的转置也是全单模的, 再由 Hoffman-Kruskal 定理 5.20 即证得本定理. □

用全对偶整的术语将这些结论再重述如下:

推论 5.22 一个整矩阵 A 是全单模的当且仅当对每个向量 b, 不等式组 $Ax \leqslant b, x \geqslant 0$ 是 TDI 系统.

证明 如果 A(因而 A^{T}) 是全单模的, 则由 Hoffman-Kruskal 定理, 对每个向量 b 和每个整向量 c, 只要 $\min\{yb : yA \geqslant c, y \geqslant 0\}$ 是有限值, 则必在一整向量处取到, 换言之, 对每个向量 b, 系统 $Ax \leqslant b, x \geqslant 0$ 是 TDI.

反之, 设对每个整向量 b, $Ax \leqslant b, x \geqslant 0$ 是 TDI, 则由推论 5.15, 多胞形 $\{x : Ax \leqslant b, x \geqslant 0\}$ 对每个整向量 b 都是整的, 由定理 5.20, 此即意味着 A 是全单模的. □

这并不是将全单模矩阵用来证明一个系统是 TDI 的唯一方法, 下面的引理展现了另一个证明技巧, 这将在稍后多次用到 (定理 6.13, 19.10 和 14.12).

引理 5.23 令 $Ax \leqslant b, x \geqslant 0$ 是一个不等式系统, 这里 $A \in \mathbb{R}^{m \times n}, b \in \mathbb{R}^m$. 假设对每一个使得 $\min\{yb : yA \geqslant c, y \geqslant 0\}$ 有最优解的 $c \in \mathbb{Z}^n$, 都有一个 y^*, 使对应 y^* 的非零分量的 A 的行形成一全单模矩阵, 则 $Ax \leqslant b, x \geqslant 0$ 是 TDI 系统.

证明　设 $c \in \mathbb{Z}^n$, y^* 是 $\min\{yb : yA \geqslant c, y \geqslant 0\}$ 的最优解, 且使得对应于 y^* 的非零分量的 A 的行形成一全单模矩阵 A', 欲证

$$\min\{yb : yA \geqslant c, y \geqslant 0\} = \min\{yb' : yA' \geqslant c, y \geqslant 0\} \tag{5.4}$$

这里 b' 是由 b 中对应 A' 的行的分量所组成. (5.4) 中 "$\leqslant$" 成立是因右边 LP 问题是左边 LP 问题置某些变量为零而得到, 不等号 "$\geqslant$" 来自于 y^* 去除零分量后是右边 LP 的可行解.

因 A' 是全单模的, (5.4) 中第二个最小问题有一整最优解 (Hoffman-Kruskal 定理 5.20), 将此解补充入一些零分量, 就得到 (5.4) 中第一个最小问题的整最优解, 证毕.　　　　　　　　　　　　　　　　　　　　　　　　　　　　　□

对于全单模性一个非常有用的准则是

定理 5.24 (Ghouila-Houri, 1962)　矩阵 $A = (a_{ij}) \in \mathbb{Z}^{m \times n}$ 是全单模的充要条件是对每一 $R \subseteq \{1, \cdots, m\}$, 有一划分 $R = R_1 \dot\cup R_2$ 使得对所有 $j = 1, \cdots, n$, 成立

$$\sum_{i \in R_1} a_{ij} - \sum_{i \in R_2} a_{ij} \in \{-1, 0, 1\}$$

证明　令 A 是全单模的, $R \subseteq \{1, \cdots, m\}$, 又令 $d_r := 1$ 对 $r \in R$ 和 $d_r := 0$ 对 $r \in \{1, \cdots, m\} \setminus R$, 因矩阵 $\begin{pmatrix} A^{\mathrm{T}} \\ -A^{\mathrm{T}} \\ I \end{pmatrix}$ 也是全单模的, 由定理 5.20, 多面体

$$\left\{ x : xA \leqslant \left\lceil \frac{1}{2} dA \right\rceil, \; xA \geqslant \left\lfloor \frac{1}{2} dA \right\rfloor, \; x \leqslant d, \; x \geqslant 0 \right\}$$

是整的, 且它是非空的因为它含有 $\frac{1}{2} d$, 故有一整顶点, 记之为 z, 令 $R_1 := \{r \in R : z_r = 0\}$ 和 $R_2 := \{r \in R : z_r = 1\}$, 得到所要求的

$$\left(\sum_{i \in R_1} a_{ij} - \sum_{i \in R_2} a_{ij} \right)_{1 \leqslant j \leqslant n} = (d - 2z)A \in \{-1, 0, 1\}^n$$

现证充分性, 对 k 用归纳法, 即证明每个 $k \times k$ 子矩阵的行列式值是 $0, 1$ 或 -1. $k = 1$ 时由 $|R| = 1$ 可直接得到.

现令 $k > 1$, 记 $B = (b_{ij})_{i,j \in \{1, \cdots, k\}}$ 是 A 的一个非奇 $k \times k$ 子矩阵, 由 Gramer 法则, B^{-1} 的每个元是 $\frac{\det B'}{\det B}$, 这里 B' 是由 B 中某一列被一单位向量置换而得, 由归纳法假设 $\det B' \in \{-1, 0, 1\}$, 所以 $B^* := (\det B) B^{-1}$ 是每个元为 $-1, 0, 1$ 的矩阵.

设 b_1^* 是 B^* 的第一行, 有 $b_1^* B = (\det B) e_1$, 这里 e_1 是第一个单位向量, 记 $R := \{i : b_{1i}^* \neq 0\}$, 则对 $j = 2, \cdots, k$ 有 $0 = (b_1^* B)_j = \sum_{i \in R} b_{1i}^* b_{ij}$, 故 $|\{i \in R : b_{ij} \neq 0\}|$ 是偶数.

由假设知, 存在一划分 $R = R_1 \dot\cup R_2$, 使对所有 j 成立 $\sum_{i \in R_1} b_{ij} - \sum_{i \in R_2} b_{ij} \in \{-1, 0, 1\}$, 故对 $j = 2, \cdots, k$ 有 $\sum_{i \in R_1} b_{ij} - \sum_{i \in R_2} b_{ij} = 0$, 如果又有 $\sum_{i \in R_1} b_{i1} - \sum_{i \in R_2} b_{i1} = 0$, 则在 R_1 中行的和就等于在 R_2 中行的和, 与 B 是非奇的假设矛盾 (因 $R \neq \varnothing$).

因此 $\sum_{i \in R_1} b_{i1} - \sum_{i \in R_2} b_{i1} \in \{-1, 1\}$, 且有 $yB \in \{e_1, -e_1\}$, 这里

$$y_i := \begin{cases} 1 & \text{若 } i \in R_1 \\ -1 & \text{若 } i \in R_2 \\ 0 & \text{若 } i \notin R \end{cases}$$

因 $b_1^* B = (\det B) e_1$ 且 B 非奇, 故有 $b_1^* \in \{(\det B)y, -(\det B)y\}$, 因为 y 和 b_1^* 都是分量仅为 $-1, 0, 1$ 的向量, 这就推出 $|\det B| = 1$. □

将这个准则用到图的关联矩阵上去:

定理 5.25 一个无向图 G 的关联矩阵是全单模的当且仅当 G 是二部图.

证明 由定理 5.24, G 的关联矩阵 M 是全单模的充要条件为: 对任一 $X \subseteq V(G)$, 有划分 $X = A \dot\cup B$ 使 $E(G[A]) = E(G[B]) = \varnothing$. 由定义可知, 这样的划分存在当且仅当 $G[X]$ 是二部图. □

定理 5.26 任一有向图的关联矩阵是全单模的.

证明 由定理 5.24, 对任一 $R \subseteq V(G)$, 令 $R_1 := R$ 和 $R_2 := \varnothing$ 即得证. □

定理 5.25 和定理 5.26 的应用将在后面几章中讨论, 定理 5.26 还有一个到不交族的有趣推广.

定义 5.27 设 G 是一有向图, $\mathcal{F}$ 是 $V(G)$ 的一个子集族, $\mathcal{F}$ 的**单向截关联矩阵**是 $M = (m_{X,e})_{X \in \mathcal{F}, e \in E(G)}$, 这里

$$m_{X,e} = \begin{cases} 1 & \text{若 } e \in \delta^+(X) \\ 0 & \text{若 } e \notin \delta^+(X) \end{cases}$$

$\mathcal{F}$ 的**双向截关联矩阵**是 $M = (m_{X,e})_{X \in \mathcal{F}, e \in E(G)}$, 这里

$$m_{X,e} = \begin{cases} -1 & \text{if } e \in \delta^-(X) \\ 1 & \text{若 } e \in \delta^+(X) \\ 0 & \text{其他} \end{cases}$$

定理 5.28 设 G 是一有向图, $(V(G), \mathcal{F})$ 是一不交族集合系统, 则 $\mathcal{F}$ 的双向截关联矩阵 是全单模的, 若 $\mathcal{F}$ 是嵌套族, 则 $\mathcal{F}$ 的单向截关联矩阵也是全单模的.

证明 令 $\mathcal{F}$ 是 $V(G)$ 的子集的某个不交族, 首先考虑 $\mathcal{F}$ 是嵌套族的情况. 利用定理 5.24. 为证定理中的条件是满足的, 令 $\mathcal{R} \subseteq \mathcal{F}$, 考虑 $\mathcal{R}$ 的树表示 (T, φ),

这里 T 是根植于 r 的树形图 (命题 2.14), 用定义 2.13 的记号, $\mathcal{R} = \{S_e : e \in E(T)\}$, 置 $\mathcal{R}_1 := \{S_{(v,w)} \in \mathcal{R} : \text{dist}_T(r, w)$ 为偶$\}$ 和 $\mathcal{R}_2 := \mathcal{R} \backslash \mathcal{R}_1$, 现对任意一条边 $f \in E(G)$, 满足 $f \in \delta^+(S_e)$ 的边 $e \in E(T)$ 形成 T 中的一条路 P_f(可能长度为零), 故

$$|\{X \in \mathcal{R}_1 : f \in \delta^+(X)\}| - |\{X \in \mathcal{R}_2 : f \in \delta^+(X)\}| \in \{-1, 0, 1\}$$

此即满足单向截关联矩阵的要求.

同时, 对任一边 f, 满足 $f \in \delta^-(S_e)$ 的边 $e \in E(T)$ 形成 T 中的一条路 Q_f, 因为 P_f 和 Q_f 有一公共端点, 就有

$$|\{X \in \mathcal{R}_1 : f \in \delta^+(X)\}| - |\{X \in \mathcal{R}_2 : f \in \delta^+(X)\}|$$
$$-|\{X \in \mathcal{R}_1 : f \in \delta^-(X)\}| + |\{X \in \mathcal{R}_2 : f \in \delta^-(X)\}| \in \{-1, 0, 1\}$$

从而满足双向截关联矩阵的要求.

若 $(V(G), \mathcal{F})$ 是一般的不交族系统, 对某个固定的 $r \in V(G)$, 考虑

$$\mathcal{F}' := \{X \in \mathcal{F} : r \notin X\} \cup \{V(G) \backslash X : X \in \mathcal{F}, r \in X\}$$

则 $\mathcal{F}'$ 是嵌套族. 因为 $\mathcal{F}$ 的双向截关联矩阵是 $\binom{M}{-M}$ 的一个子矩阵, 这里 M 是 $\mathcal{F}'$ 的双向截关联矩阵, 故它也是全单模的. $\qquad\square$

对于一般的不交族, 单向截关联矩阵 并不能保证是全单模的, 见习题 5.13. 关于不交族是全单模的充分必要条件可参见 Schrijver (1983). 不交族的 双向截关联矩阵 也被称作是 网络矩阵(习题 5.14).

Seymour (1980) 指出所有的全单模矩阵能被网络矩阵和另外两个全单模矩阵以确定的方式所构造. 进一步的结果导出一个多项式时间算法来确定一个给出的矩阵是否是全单模的 (Schrijver, 1986).

5.5 割 平 面

在前面几节讨论了整多胞形, 对一般的多胞形 P, 有 $P \supset P_I$, 如果要求解一个整数线性规划 $\max\{cx : x \in P_I\}$, 一个很自然的想法是割去 P 的一部分使剩下的集合仍是一多胞形 P', 且有 $P \supset P' \supset P_I$, 我们期望 $\max\{cx : x \in P'\}$ 能被一整向量达到, 否则将对 P' 重复此割舍的过程得到 P'', 再继续做下去. 割平面法就是基于这一基本思想, 最早是由 Dantzig, Fulkerson 和 Johnson (1954) 在求解特殊问题 (TSP) 时提出的.

Gomory (1958, 1963) 则寻得了一个用割平面法求解一般整数规划的算法, Gomory 算法的最初形成有些实际的背景, 在此仅限制于理论上的叙述. 割平面思想通常是非常有用的, 虽然一般而言它不是多项式时间算法. 割平面法的重要性在于

它们在实际中的成功, 我们将在 21.6 节中讨论, 下面的叙述主要是来自于 Schrijver (1986).

定义 5.29 令 $P = \{x : Ax \leqslant b\}$ 是一多胞形, 定义

$$P' := \bigcap_{P \subseteq H} H_I$$

这里的交集是建立在所有包含 P 的有理仿射半空间 $H = \{x : cx \leqslant \delta\}$ 上, 置 $P^{(0)} := P$, $P^{(i+1)} := \left(P^{(i)}\right)'$. $P^{(i)}$ 被称作 P 的第 i 个 Gomory-Chvátal 割体.

对一个有理多胞形 P, 显然有 $P \supseteq P' \supseteq P^{(2)} \supseteq \cdots \supseteq P_I$ 且 $P_I = (P')_I$.

命题 5.30 对任一有理多胞形 $P = \{x : Ax \leqslant b\}$, 成立

$$P' = \{x : uAx \leqslant \lfloor ub \rfloor \text{ 对所有} u \geqslant 0 \text{ 且使} uA \text{ 为整}\}$$

证明 首先, 对任一有理仿射半空间 $H = \{x : cx \leqslant \delta\}$, 这里 c 是整的, 显然有

$$H' = H_I \subseteq \{x : cx \leqslant \lfloor \delta \rfloor\} \tag{5.5}$$

如果加上 c 的分量是互素的, 可证

$$H' = H_I = \{x : cx \leqslant \lfloor \delta \rfloor\} \tag{5.6}$$

为证明 (5.6), 令 c 是整向量且分量互素, 由引理 5.11, 超平面 $\{x : cx = \lfloor \delta \rfloor\}$ 含有一整向量 y. 对任一有理向量 $x \in \{x : cx \leqslant \lfloor \delta \rfloor\}$, 令 $\alpha \in \mathbb{N}$ 使 αx 是整的, 则有

$$x = \frac{1}{\alpha}(\alpha x - (\alpha - 1)y) + \frac{\alpha - 1}{\alpha}y$$

即 x 是 H 中整点的凸组合, 故 $x \in H_I$, 可推得 (5.6).

现证定理. 对于 "$\subseteq$", 注意到, 对任意 $u \geqslant 0$, $\{x : uAx \leqslant ub\}$ 是包含 P 的一个半空间, 故由 (5.5), 如果 uA 是整, 则 $P' \subseteq \{x : uAx \leqslant \lfloor ub \rfloor\}$.

下证 "$\supseteq$". $P = \varnothing$ 时是显然的. 设 $P \neq \varnothing$, 令 $H = \{x : cx \leqslant \delta\}$ 是某个包含 P 的有理仿射半空间, 不失一般性, 可视 c 为整且 c 的分量互素, 注意到

$$\delta \geqslant \max\{cx : Ax \leqslant b\} = \min\{ub : uA = c, u \geqslant 0\}$$

现在记 u^* 是取到最小值的任一最优解, 则对任一

$$z \in \{x : uAx \leqslant \lfloor ub \rfloor, u \geqslant 0, uA \text{ 是整的}\} \subseteq \{x : u^*Ax \leqslant \lfloor u^*b \rfloor\}$$

有

$$cz = u^*Az \leqslant \lfloor u^*b \rfloor \leqslant \lfloor \delta \rfloor$$

由 (5.6) 推得 $z \in H_I$. □

下面将证明对任一有理多面体 P, 存在数 t 使 $P_I = P^{(t)}$, 从而 Gomory 割平面方法在 P, P', P'' 等上面逐次求解线性规划, 必能在某一步得到最优解是整数. 同时在每一步仅需添加上有限个新的不等式, 即那些对应于定义在当前多胞形上的 TDI 系统 (联系定理 5.17).

定理 5.31 (Schrijver, 1980)　设 $P = \{x : Ax \leqslant b\}$ 是一多胞形, $Ax \leqslant b$ 是 TDI 系统, 且 A 是整的, b 是有理的, 则 $P' = \{x : Ax \leqslant \lfloor b \rfloor\}$, 尤其是, 对任一有理多胞形 P, P' 也是多胞形.

证明　如果 P 是空集, 则显然成立. 所以设 $P \neq \varnothing$, 显然 $P' \subseteq \{x : Ax \leqslant \lfloor b \rfloor\}$, 为证反过来的包含, 令 $u \geqslant 0$ 是使 uA 为整的一个向量, 由命题 5.30, 只需证明对任一满足 $Ax \leqslant \lfloor b \rfloor$ 的 x 有 $uAx \leqslant \lfloor ub \rfloor$ 就可.

因为
$$ub \geqslant \max\{uAx : Ax \leqslant b\} = \min\{yb : y \geqslant 0, \ yA = uA\}$$
又因 $Ax \leqslant b$ 是 TDI, 故上面的最小值在某一整向量 y^* 处达到, 所以 $Ax \leqslant \lfloor b \rfloor$, 可推得
$$uAx = y^*Ax \leqslant y^*\lfloor b \rfloor \leqslant \lfloor y^*b \rfloor \leqslant \lfloor ub \rfloor$$
定理的第二个结论来自于定理 5.17. □

为证明本节的主要定理, 需先证明两个引理.

引理 5.32　若 F 是有理多胞形 P 的一个面, 则 $F' = P' \cap F$, 一般地, $F^{(i)} = P^{(i)} \cap F$ 对所有 $i \in \mathbb{N}$ 成立.

证明　令 $P = \{x : Ax \leqslant b\}$, 这里 A 是整, b 为有理, 且 $Ax \leqslant b$ 是 TDI 系统 (见定理 5.17).

现设 $F = \{x : Ax \leqslant b, \ ax = \beta\}$ 是 P 的一个面, 这里 $ax \leqslant \beta$ 是 P 的一个有效不等式, a, β 为整.

由命题 5.16, $Ax \leqslant b, ax \leqslant \beta$ 是 TDI, 故由定理 5.18, $Ax = b, ax = \beta$ 也是 TDI, 因 β 为整, 故
$$\begin{aligned} P' \cap F &= \{x : Ax \leqslant \lfloor b \rfloor, \ ax = \beta\} \\ &= \{x : Ax \leqslant \lfloor b \rfloor, \ ax \leqslant \lfloor \beta \rfloor, \ ax \geqslant \lceil \beta \rceil\} \\ &= F' \end{aligned}$$
这里两次用到定理 5.31.

注意到 F' 或是空的, 或是 P' 的一个面. 余下的结论只需对 i 用归纳法就可得: 对每个 i, $F^{(i)}$ 或是空的, 或是 $P^{(i)}$ 的一个面, 且 $F^{(i)} = P^{(i)} \cap F^{(i-1)} = P^{(i)} \cap (P^{(i-1)} \cap F) = P^{(i)} \cap F$. □

引理 5.33　设 P 是 $\mathbb{R}^n$ 中的多胞形, U 是一个单模 $n \times n$ 矩阵, 记 $f(P) := \{Ux : x \in P\}$, 则 $f(P)$ 也是多胞形, 又若 P 是一有理多胞形, 则 $(f(P))' = f(P')$ 和

$(f(P))_I = f(P_I)$ 成立.

证明　因 $f : \mathbb{R}^n \to \mathbb{R}^n$, $x \mapsto Ux$ 是一双射线性函数, 故第一个结论显然为真. 又因 f 和 f^{-1} 都是限制在 $\mathbb{Z}^n$ 上的双射 (见命题 5.9), 有

$$(f(P))_I = \text{conv}(\{y \in \mathbb{Z}^n : y = Ux, \, x \in P\})$$
$$= \text{conv}(\{y \in \mathbb{R}^n : y = Ux, \, x \in P, \, x \in \mathbb{Z}^n\})$$
$$= \text{conv}(\{y \in \mathbb{R}^n : y = Ux, \, x \in P_I\})$$
$$= f(P_I)$$

令 $P = \{x : Ax \leqslant b\}$, 这里 $Ax \leqslant b$ 是 TDI, A 为整, b 是有理 (参见定理 5.17), 则由定义, $AU^{-1}x \leqslant b$ 也是 TDI, 两次用定理 5.31 就得到

$$(f(P))' = \{x : AU^{-1}x \leqslant b\}' = \{x : AU^{-1}x \leqslant \lfloor b \rfloor\} = f(P') \qquad \square$$

定理 5.34 (Schrijver, 1980)　对每一有理多胞形 P, 都存在数 t, 使 $P^{(t)} = P_I$.

证明　令 P 是 $\mathbb{R}^n$ 中有理多胞形, 对 $n + \dim P$ 用归纳法证明. $P = \varnothing$ 时是显然的, $\dim P = 0$ 时是易证的. 现假定 P 非满维, 则存在一有理超平面 K, 使 $P \subseteq K$.

若 K 不包含整向量, 则由引理 5.11, $K = \{x : ax = \beta\}$, 其中 a 是整, β 是非整, 从而 $P' \subseteq \{x : ax \leqslant \lfloor \beta \rfloor, \, ax \geqslant \lceil \beta \rceil\} = \varnothing = P_I$.

若 K 含有整向量, 记 $K = \{x : ax = \beta\}$, 其中 a 为整, β 为整, 且可设 $\beta = 0$, 因为平移一个整向量后定理是不变的. 由引理 5.10, 存在一单模矩阵 U 使 $aU = \alpha e_1$. 因为在变换 $x \mapsto U^{-1}x$ 后定理也是不变的 (由引理 5.33), 我们可以设 $a = \alpha e_1$, 即 P 中每个向量的第一个分量是零, 从而可将空间维数降低一维, 再用归纳法假设可证得 (注意到对 $\mathbb{R}^{n-1}$ 中任一多胞形 Q 和任一 $t \in \mathbb{N}$, 都有 $(\{0\} \times Q)_I = \{0\} \times Q_I$ 和 $(\{0\} \times Q)^{(t)} = \{0\} \times Q^{(t)}$ 成立).

现令 $P = \{x : Ax \leqslant b\}$ 是满维的, 不失一般性, 设 A 是整的, 由定理 5.8, 存在某整矩阵 C 和整向量 d 使 $P_I = \{x : Cx \leqslant d\}$.

在 $P_I = \varnothing$ 情况下, 置 $C := A$, $d := b - A'\mathbb{1}$, 这里 A' 是 A 中每元取绝对值而得到 (注意到 $\{x : Ax \leqslant b - A'\mathbb{1}\} = \varnothing$).

令 $cx \leqslant \delta$ 是 $Cx \leqslant d$ 中一个不等式, 欲证断言 $P^{(s)} \subseteq H := \{x : cx \leqslant \delta\}$ 对某个 $s \in \mathbb{N}$ 成立, 从而可推得本定理成立.

首先可证, 存在 $\beta \geqslant \delta$ 使 $P \subseteq \{x : cx \leqslant \beta\}$: 在 $P_I = \varnothing$ 时, 由 C 和 d 的选择即得, 在 $P_I \neq \varnothing$ 时, 由命题 5.2 可得.

若此断言不成立, 即存在一个整数 γ 使 $\delta < \gamma \leqslant \beta$ 且存在 $s_0 \in \mathbb{N}$ 使 $P^{(s_0)} \subseteq \{x : cx \leqslant \gamma\}$, 但不存在这样的 $s \in \mathbb{N}$ 使成立 $P^{(s)} \subseteq \{x : cx \leqslant \gamma - 1\}$.

注意到 $\max\{cx : x \in P^{(s)}\} = \gamma$ 对所有 $s \geqslant s_0$ 成立, 因为若对某个 s 有 $\max\{cx : x \in P^{(s)}\} < \gamma$, 则 $P^{(s+1)} \subseteq \{x : cx \leqslant \gamma - 1\}$.

令 $F := P^{(s_0)} \cap \{x : cx = \gamma\}$, F 是 $P^{(s_0)}$ 的一个面且 $\dim F < n = \dim P$, 由归纳法假设, 存在 s_1 使

$$F^{(s_1)} = F_I \subseteq P_I \cap \{x : cx = \gamma\} = \varnothing$$

将引理 5.32 用到 F 和 $P^{(s_0)}$ 上, 有

$$\varnothing = F^{(s_1)} = P^{(s_0+s_1)} \cap F = P^{(s_0+s_1)} \cap \{x : cx = \gamma\}$$

因此 $\max\{cx : x \in P^{(s_0+s_1)}\} < \gamma$, 矛盾. $\qquad\square$

由这个定理又可推得

定理 5.35 (Chvátal, 1973)   对每一多面体 P, 存在数 t 使 $P^{(t)} = P_I$.

证明   因 P 是有界的, 故存在某有理多面体 $Q \supseteq P$ 使 $Q_I = P_I$ (取包含 P 的超立方体并将它与含有 P 但不含有 z 的一个有理半空间作交, 这里的整点 z 是属于超立方体但不属于 P, 参见习题 3.19), 由定理 5.34, 对某一 t 成立 $Q^{(t)} = Q_I$, 从而 $P_I \subseteq P^{(t)} \subseteq Q^{(t)} = Q_I = P_I$, 因此推得 $P^{(t)} = P_I$. $\qquad\square$

这个数 t 被称作 P 的 Chvátal 秩. 如果 P 既非有界, 又不是有理, 则不能有类似的定理, 见习题 5.1 和 5.17.

一个用以计算二维多胞形的整数闭包的更有效算法被 Harvey (1999) 求得. 一个割平面法的变形是被 Boyd (1997) 所描述的能在多项式时间里逼近整多面体上的线性目标函数的分离神算包所给出. Cook, Kannan 和 Schrijver(1990) 将 Gornry-Chvátal 过程推广到混合整数规则. Eisenbrand(1999) 证明了: 对于给出的有理多胞形 P, 判定一给出的有理向量是否在 P' 中是 co NP 完全问题.

5.6   拉格朗日松弛

设有一整数线性规划 $\max\{cx : Ax \leqslant b, A'x \leqslant b', x \text{ 是整的}\}$, 当约束 $A'x \leqslant b'$ 消失后求解就要容易得多. 记 $Q := \{x \in \mathbb{R}^n : Ax \leqslant b, x \text{ 是整的}\}$, 并设能在 Q 上求线性目标的最优解 (例如, $\mathrm{conv}(Q) = \{x : Ax \leqslant b\}$). 拉格朗日松弛就是这样一种技巧, 它去除某些难的约束 (比如这里的 $A'x \leqslant b'$), 为代替这些约束, 需要修正目标函数以便惩罚不可行的解. 更确切地讲, 为代替优化问题

$$\max\{cx : A'x \leqslant b', x \in Q\} \tag{5.7}$$

对任一向量 $\lambda \geqslant 0$, 考虑下面优化问题

$$\mathrm{LR}(\lambda) := \max\{cx + \lambda^{\mathrm{T}}(b' - A'x) : x \in Q\} \tag{5.8}$$

对每一向量 $\lambda \geqslant 0$, $\mathrm{LR}(\lambda)$ 是 (5.7) 的一个上界, 且相对容易求解, 称 (5.8) 为 (5.7) 的 *拉格朗日松弛*, λ 的分量称为 *拉格朗日乘子*.

拉格朗日松弛是非线性规划中常用的技巧, 但这里只限在 (整数) 线性规划中讨论.

当然, 我们的兴趣在于有尽可能好的上界. 注意到 LR(λ) 是一个凸函数, 下面的过程 (称之为次梯度优化) 能被用来极小化 LR(λ):

从任一向量 $\lambda^{(0)} \geqslant 0$ 开始, 在第 i 次迭代中, 给出 $\lambda^{(i)}$, 求向量 $x^{(i)}$ 使在 Q 上极大化了 $cx + (\lambda^{(i)})^{\mathrm{T}}(b' - A'x)$ (即计算 LR($\lambda^{(i)}$)). 注意到 LR(λ)-LR$\lambda^{(i)} \geqslant (\lambda - \lambda^{(i)})^7(b' - A'x^{(i)})$ 对所有 λ 成立, 此即 $b' - A'x^{(i)}$ 是 LR 在 $\lambda^{(i)}$ 处的次梯度. 置 $\lambda^{(i+1)} := \max\{0, \lambda^{(i)} - t_i(b' - A'x^{(i)})\}$, 这里 $t_i > 0$. Polyak (1967) 证明了若 $\lim_{i \to \infty} t_i = 0$ 且 $\sum_{i=0}^{\infty} t_i = \infty$, 则 $\lim_{i \to \infty}$ LR($\lambda^{(i)}$) $= \min\{$LR(λ) : $\lambda \geqslant 0\}$. 关于次梯度优化的更多结果见 Goffin (1977).

问题

$$\min\{\mathrm{LR}(\lambda) : \lambda \geqslant 0\}$$

有时也被称作是 (5.7) 的 拉格朗日对偶. 关键仍然是这个上界有多好, 当然这依赖于原问题的结构, 在 21.5 节中将要应用到TSP上, 那时的拉格朗日松弛是非常有效的. 下面的定理帮助我们估计这个上界:

定理 5.36 (Geoffrion, 1974)   设 $c \in \mathbb{R}^n, A' \in \mathbb{R}^{m \times n}$ 和 $b' \in \mathbb{R}^m$, 又设 $Q \subseteq \mathbb{R}^n$ 且 conv(Q) 是多胞形. 假定 $\max\{cx : A'x \leqslant b', x \in \text{conv}(Q)\}$ 有最优介. 令 LR(λ) := $\max\{cx + \lambda^{\mathrm{T}}(b' - A'x) : x \in Q\}$, 则 $\inf\{$LR(λ) : $\lambda \geqslant 0\}$($\max\{cx : A'x \leqslant b', x \in Q\}$ 的拉格朗日对偶的最优值) 在某个 λ 处达到, 且最小值等于 $\max\{cx : A'x \leqslant b', x \in \text{conv}(Q)\}$.

证明   令 conv(Q) $= \{x : Ax \leqslant b\}$ 并两次用到 LP 对偶定理 3.20, 我们得到

$$\max\{cx : x \in \text{conv}(Q), A'x \leqslant b'\}$$
$$= \max\{cx : Ax \leqslant b, A'x \leqslant b'\}$$
$$= \min\{\lambda^{\mathrm{T}}b' + y^{\mathrm{T}}b : y^{\mathrm{T}}A + \lambda^{\mathrm{T}}A' = c, y \geqslant 0, \lambda \geqslant 0\}$$
$$= \min\{\lambda^{\mathrm{T}}b' + \min\{y^{\mathrm{T}}b : y^{\mathrm{T}}A = c - \lambda^{\mathrm{T}}A', y \geqslant 0\} : \lambda \geqslant 0\}$$
$$= \min\{\lambda^{\mathrm{T}}b' + \max\{(c - \lambda^{\mathrm{T}}A')x : Ax \leqslant b\} : \lambda \geqslant 0\}$$
$$= \min\{\max\{cx + \lambda^{\mathrm{T}}(b' - A'x) : x \in \text{conv}(Q)\} : \lambda \geqslant 0\}$$
$$= \min\{\max\{cx + \lambda^{\mathrm{T}}(b' - A'x) : x \in Q\} : \lambda \geqslant 0\}$$
$$= \min\{\mathrm{LR}(\lambda) : \lambda \geqslant 0\}. \qquad \square$$

尤其, 若有一整数线性规划 $\max\{cx : A'x \leqslant b', Ax \leqslant b, x \text{ 为整}\}$, 其中 $\{x : Ax \leqslant b\}$ 是整的, 则拉格朗日对偶 (当 $A'x \leqslant b'$ 如上松弛时) 生成与标准 LP 松弛问题 $\max\{cx : A'x \leqslant b', Ax \leqslant b\}$ 同样的上界. 如果 $\{x : Ax \leqslant b\}$ 不为整数, 那么这个上界一般较强 (但难于计算), 作为例子参见习题 5.21.

拉格朗日松弛也能用到线性规划的近似计算上, 例如, 考虑工作指派问题(见 (1.3 节中)(1.1)), 它能重写成如下等价问题:

$$\min\left\{T : \sum_{j \in S_i} x_{ij} \geqslant t_i \ (i = 1, \cdots, n), \ (x, T) \in P\right\} \tag{5.9}$$

这里 P 是多面体

$$\left\{(x, T) \ : \ 0 \leqslant x_{ij} \leqslant t_i \ (i = 1, \cdots, n, \ j \in S_i), \ \sum_{i:j \in S_i} x_{ij} \leqslant T \ (j = 1, \cdots, m),\right.$$

$$\left. T \leqslant \sum_{i=1}^{n} t_i\right\}$$

现在利用拉格朗日松弛, 考虑

$$\mathrm{LR}(\lambda) := \min\left\{T + \sum_{i=1}^{n} \lambda_i \left(t_i - \sum_{j \in S_i} x_{ij}\right) : (x, T) \in P\right\} \tag{5.10}$$

由于它的特殊构造, 对任意 λ, 这个 LP 问题能被一个简单的组合算法所求解 (习题 5.23), 如果令 Q 是 P 的顶点集 (见推论 3.32), 则可应用定理 5.36 证得拉格朗日对偶 $\max\{\mathrm{LR}(\lambda) : \lambda \geqslant 0\}$ 的最优值就等于 (5.9) 的最优值.

习　　题

1. 令 $P := \{(x, y) \in \mathbb{R}^2 : y \leqslant \sqrt{2}x\}$. 证明: P_I 不是多胞形.

2. 设 $P = \{x \in \mathbb{R}^{k+l} : Ax \leqslant b\}$ 是有理多胞形, 证明 $\mathrm{conv}(P \cap (\mathbb{Z}^k \times \mathbb{R}^l))$ 也是多胞形. 提示: 推广定理 5.1 的证明.

注: 这是混合整规划的基础. 见 Schrijver (1986).

*3. 证明下面 Carathéodory 定理 (习题 3.14) 的整模拟: 对每个尖多面锥 $C = \{x \in \mathbb{Q}^n : Ax \leqslant 0\}$, 每个 c 的 Hilbert 基 $\{a_1, \cdots, a_t\}$ 和每个整点 $x \in C$ 存在 $a_1, \cdots, a_t$ 中的 $2n - 1$ 个向量, 使 x 是它们的非负整组合. 提示: 考虑 LP 问题 $\max\{y\mathbb{1} : yA = x, \ y \geqslant 0\}$ 的最优基解并对每个分量取下整.

注: Sebō (1990) 将 $2n - 1$ 改进到 $2n - 2$. 它不能被改进到小于 $\lfloor \frac{7}{6}n \rfloor$ (Bruns et al., 1999) (Cook, Fonlupt and Schrijver, 1986).

4. 设 $C = \{x : Ax \geqslant 0\}$ 是一整 多面锥, b 是一向量, 满足 $bx > 0$ 对所有 $x \in C \setminus \{0\}$ 成立. 试证: 存在生成 C 的唯一极小整 Hilbert 基 (Schrijver, 1981).

5. 令 A 是整 $m \times n$ 矩阵, b 和 c 是向量, y 是问题 $\max\{cx : Ax \leqslant b, \ x \ \text{是整的}\}$ 的最优解, 证明: 存在问题 $\max\{cx : Ax \leqslant b\}$ 的最优解 z 满足 $\|y - z\|_\infty \leqslant n\Xi(A)$ (Cook et al., 1986).

6. 试证: 每个单模矩阵可从单位矩阵经一系列单模变换而得到. 提示: 参照 Recall 引理 5.10 的证明.

*7. 证明: 对给出的整矩阵 A 和整向量 b, 存在一个多项式时间算法以求得满足 $Ax = b$ 的整向量 x 或判定它不存在. 提示: 见引理 5.10 和引理 5.11 的证明.

8. 考虑两个系统

$$\begin{pmatrix} 1 & 1 \\ 1 & 0 \\ 1 & -1 \end{pmatrix} \begin{pmatrix} x_1 \\ x_2 \end{pmatrix} \leqslant \begin{pmatrix} 0 \\ 0 \\ 0 \end{pmatrix} \quad \text{和} \quad \begin{pmatrix} 1 & 1 \\ 1 & -1 \end{pmatrix} \begin{pmatrix} x_1 \\ x_2 \end{pmatrix} \leqslant \begin{pmatrix} 0 \\ 0 \end{pmatrix}$$

显然它们定义了同样的多胞形. 证明: 第一个是 TDI 系统, 而第二个却不是.

9. 设 $a \neq 0$ 是整向量, β 是有理数, 不等式 $ax \leqslant \beta$ 是 TDI 当且仅当 a 的分量是互素的.

10. 设 $Ax \leqslant b$ 是 TDI, $k \in \mathbb{N}$, $\alpha > 0$ 是有理数, 证明 $\frac{1}{k} Ax \leqslant \alpha b$ 也是 TDI, 而 $\alpha Ax \leqslant \alpha b$ 不是 TDI.

11. 用定理 5.25 证明 König 定理 10.2(见习题 11.2): 二部图中匹配的最大基数等于顶点覆盖的最小基数.

12. 证明: $A = \begin{pmatrix} 1 & 1 & 1 \\ -1 & 1 & 0 \\ 1 & 0 & 0 \end{pmatrix}$ 不是全单模的, 但对所有整向量 b, $\{x : Ax = b\}$ 是整的 (Nemhauser, Wolsey, 1988).

13. 设 G 是有向图 $(\{1,2,3,4\}, \{(1,3),(2,4),(2,1),(4,1),(4,3)\})$, 又 $\mathcal{F} := \{\{1,2,4\}, \{1,2\}, \{2\}, \{2,3,4\}, \{4\}\}$, 证明 $(V(G), \mathcal{F})$ 是不交族, 但 $\mathcal{F}$ 的单向截关联矩阵不是全单模的.

*14. 设 G 和 T 是有向图且有 $V(G) = V(T)$, 又 T 的基础无向图是树, 对 $v, w \in V(G)$ 令 $P(v,w)$ 是 T 中从 v 到 w 的唯一无向路, 设 $M = (m_{f,e})_{f \in E(T), e \in E(G)}$ 是被如下定义的矩阵:

$$m_{(x,y),(v,w)} := \begin{cases} 1 & \text{若 } (x,y) \in E(P(v,w)) \text{ 和 } (x,y) \in E(P(v,y)) \\ -1 & \text{若 } (x,y) \in E(P(v,w)) \text{ 和 } (x,y) \in E(P(v,x)) \\ 0 & \text{若 } (x,y) \notin E(P(v,w)) \end{cases}$$

由这样方式所生成的矩阵称为网络矩阵. 试证: 网络矩阵恰是不交集系统的双向截关联矩阵.

15. 区间矩阵是这样的 0-1 矩阵: 在每一行表值为 1 的元素是相邻的. 证明: 区间矩阵是全单模的.

注: Hochbaum 和 Levin (2006) 给出了如何非常有效地求解带有这样矩阵的优化问题.

16. 考虑下面的区间储存问题: 给出一列区间 $[a_i, b_i]$, $i = 1, \cdots, n$, 对应的权重是 $c_1, \cdots, c_n$, 又给出数 $k \in \mathbb{N}$, 要求出最重区间子集使得没有点被包含在此子集的多于 k 个的区间中

(a) 寻找它的 LP 问题表述 (不带有整性约束).

(b) 考虑 $k = 1$ 的情况. 它的对偶 LP 问题有怎样的组合意义? 说明如何用简单的组合算法求解此对偶 LP 问题.

(c) 由 (b) 得到求解区间储存问题在 $k = 1$ 时的算法, 它的运行时间是 $O(n \log n)$.

(d) 对一般的 k 和单位权的情况构造一简单的 $O(n \log n)$ 算法.

注: 参见习题 9.11.

17. 设 $P := \{(x,y) \in \mathbb{R}^2 : y = \sqrt{2}x, \ x \geqslant 0\}$, $Q := \{(x,y) \in \mathbb{R}^2 : y = \sqrt{2}x\}$. 证明: $P^{(t)} = P \neq P_I$ 对所有 $t \in \mathbb{N}$ 成立, 以及 $Q' = \mathbb{R}^2$.

18. 设 P 是 $\mathbb{R}^2$ 中三点 $(0,0)$, $(0,1)$ 和 $(k, \frac{1}{2})$ 的凸包, 这里 $k \in \mathbb{N}$. 试证: $P^{(2k-1)} \neq P_I$ 但 $P^{(2k)} = P_I$.

*19. 设 $P \subseteq [0,1]^n$ 是单位超立方体中的多面体, $P_I = \varnothing$. 证明: $P^{(n)} = \varnothing$.

注: Eisenbrand 和 Schulz (2003) 证明了 $P^{(n^2(1+\log n))} = P_I$ 对任一多面体 $P \subseteq [0,1]^n$ 成立.

20. 我们将拉格朗日松弛用到线性方程组. 令 Q 是 $\mathbb{R}^n$ 中向量的有限集, $c \in \mathbb{R}^n$, $A' \in \mathbb{R}^{m \times n}$ 和 $b' \in \mathbb{R}^m$. 证明:

$$\min \Big\{ \max\{cx + \lambda^{\mathrm{T}}(b' - A'x) : x \in Q\} : \lambda \in \mathbb{R}^m \Big\}$$
$$= \max\{cy : y \in \mathrm{conv}(Q), \ A'y = b'\}$$

21. 考虑下面的设备选址问题: 给出 n 个客户的集合, 他们的需求是 $d_1, \cdots, d_n$, 又有 m 个供选择的设备, 它们的每一个能被打开或否, 每个设备 $i = 1, \cdots, m$ 对应有一个打开费用 f_i、容量 u_i 和到每个客户 $j = 1, \cdots, n$ 的距离 c_{ij}. 问题是决定哪些设备被打开以及分配每个客户到打开的设备. 使分配到同一个设备的客户的需求总量不超过此设备的容量. 目标是最小化设备打开费用加上每个客户到对应的设备的距离之和. 用整数规划可描述此问题为

$$\min \Big\{ \sum_{i,j} c_{ij} x_{ij} + \sum_i f_i y_i : \sum_j d_j x_{ij} \leqslant u_i y_i, \ \sum_i x_{ij} = 1, \ x_{ij}, y_i \in \{0,1\} \Big\}$$

有两种方式进行拉格朗日松弛: 一是对所有 i 松弛 $\sum_j d_j x_{ij} \leqslant u_i y_i$, 另一是对所有 j 松弛 $\sum_i x_{ij} = 1$, 什么样的拉格朗日对偶生成紧界?

注: 两个拉格朗日松弛都有被研究, 见习题 17.7.

*22. 考虑无容量限制设备选址问题: 给出数 n, m, f_i 和 c_{ij} ($i = 1, \cdots, m$, $j = 1, \cdots, n$), 问题被表示成

$$\min \Big\{ \sum_{i,j} c_{ij} x_{ij} + \sum_i f_i y_i : \sum_i x_{ij} = 1, \ x_{ij} \leqslant y_i, \ x_{ij}, y_i \in \{0,1\} \Big\}$$

对 $S \subseteq \{1, \cdots, n\}$, 用 $c(S)$ 记对 S 中客户供应设备的费用, 即

$$\min \Big\{ \sum_{i,j} c_{ij} x_{ij} + \sum_i f_i y_i : \sum_i x_{ij} = 1, \ j \in S, \ x_{ij} \leqslant y_i, \ x_{ij}, y_i \in \{0,1\} \Big\}$$

费用配置问题询问是否总费用 $c(\{1, \cdots, n\})$ 能被描述成客户中没有子集 S 支付较 $c(S)$ 为多, 换言之, 是否存在数 $p_1, \cdots, p_n$ 使 $\sum_{j=1}^n p_j = c(\{1, \cdots, n\})$ 且对所有 $S \subseteq \{1, \cdots, n\}$ 成立 $\sum_{j \in S} p_j \leqslant c(S)$? 证明: 这种情况发生当且仅当 $c(\{1, \cdots, n\})$ 等于

$$\min \Big\{ \sum_{i,j} c_{ij} x_{ij} + \sum_i f_i y_i : \sum_i x_{ij} = 1, \ x_{ij} \leqslant y_i, \ x_{ij}, y_i \geqslant 0 \Big\}$$

即整性条件能被省去.

提示：应用拉格朗日松弛求解上面的 LP 问题. 对每一组拉格朗日乘子, 最小化问题总是导出多面锥上的最小化问题, 生成这些锥的向量是什么 (Goemans and Skutella, 2004)?

23. 请描述一个组合算法 (不用线性规划) 来求解带有任意 (固定的) 拉格朗日乘子 λ 的 (5.10) 式中问题. 能达到什么样的运行时间?

参 考 文 献

一般著述

Bertsimas D and Weismantel R. 2005. Optimization Over Integers. Dynamic Ideas. Belmont.

Cook W J, Cunningham W H, Pulleyblank W R and Schrijver A. 1998. Combinatorial Optimization. New York: Wiley. Chapter 6.

Nemhauser G L and Wolsey L A. 1988. Integer and Combinatorial Optimization. New York: Wiley.

Schrijver A. 1986. Theory of Linear and Integer Programming. Chichester: Wiley.

Wolsey L A. 1998. Integer Programming. New York: Wiley.

引用文献

Boyd E A. 1997. A fully polynomial epsilon approximation cutting plane algorithm for solving combinatorial linear programs containing a sufficiently large ball. Operations Research Letters, 20: 59–63.

Chvátal V. 1973. Edmonds' polytopes and a hierarchy of combinatorial problems. Discrete Mathematics, 4: 305–337.

Cook W. 1983. Operations that preserve total dual integrality. Operations Research Letters, 2: 31–35

Cook W, Fonlupt J and Schrijver A. 1986. An integer analogue of Carathéodory's theorem. Journal of Combinatorial Theory, B 40: 63–70.

Cook W, Gerards A, Schrijver A and Tardos É. 1986. Sensitivity theorems in integer linear programming. Mathematical Programming, 34: 251–264.

Dantzig G, Fulkerson R and Johnson S. 1954. Solution of a large-scale traveling-salesman problem. Operations Research, 2: 393–410.

Edmonds J and Giles R. 1977. A min-max relation for submodular functions on graphs // Studies in Integer Programming; Annals of Discrete Mathematics 1 (Hammer P L, Johnson E L, Korte B H, Nemhauser G L, eds.). Amsterdam: North-Holland, 1977: 185–204.

Eisenbrand F and Schulz A S. 2003. Bounds on the Chvátal rank of polytopes in the 0/1-cube. Combinatorica, 23: 245–261.

Fulkerson D R. 1971. Blocking and anti-blocking pairs of polyhedra. Mathematical Programming, 1: 168–194.

Geoffrion A M. 1974. Lagrangean relaxation for integer programming. Mathematical Programming Study, 2: 82–114.

Giles F R and Pulleyblank W R. 1979. Total dual integrality and integer polyhedra. Linear Algebra and Its Applications, 25: 191–196.

Ghouila-Houri A. 1962. Caractérisation des matrices totalement unimodulaires. Comptes Rendus Hebdomadaires des Séances de l'Académie des Sciences (Paris), 254: 1192–1194.

Goemans M X and Skutella M. 2004. Cooperative facility location games. Journal of Algorithms, 50: 194–214.

Goffin J L 1977. On convergence rates of subgradient optimization methods. Mathematical Programming, 13: 329–347.

Gomory R E. 1958. Outline of an algorithm for integer solutions to linear programs. Bulletin of the American Mathematical Society, 64: 275–278.

Gomory R E. 1963. An algorithm for integer solutions of linear programs//Recent Advances in Mathematical Programming (Graves R L, Wolfe P eds.). New York: McGraw-Hill, 269–302.

Graver J E. 1975. On the foundations of linear and integer programming I. Mathematical Programming, 9: 207–226.

Harvey W. 1999. Computing two-dimensional integer hulls. SIAM Journal on Computing, 28: 2285–2299.

Hochbaum D S and Levin A. 2006. Optimizing over consecutive 1's and circular 1's constraints. SIAM Journal on Optimization, 17: 311–330.

Hoffman A J. 1974. A generalization of max flow-min cut. Mathematical Programming, 6: 352–359.

Hoffman A J and Kruskal J B. 1956. Integral boundary points of convex polyhedra // Linear Inequalities and Related Systems; Annals of Mathematical Study 38 (Kuhn H W, Tucker A W, eds.) Princeton: Princeton University Press, 223–246.

Lasserre J B. 2004. The integer hull of a convex rational polytope. Discrete & Computational Geometry, 32: 129–139.

Meyer R R. 1974. On the existence of optimal solutions to integer and mixed-integer programming problems. Mathematical Programming, 7: 223–235.

Polyak B T. 1967. A general method for solving extremal problems. Doklady Akademii Nauk SSSR, 174: 33–36 (in Russian). English translation: Soviet Mathematics Doklady, 8: 593–597.

Schrijver A. 1980. On cutting planes//Combinatorics 79; Part II; Annals of Discrete Mathematics 9 (Deza M, Rosenberg I G. eds.). Amsterdam: North-Holland, 291–296.

Schrijver A. 1981. On total dual integrality. Linear Algebra and its Applications, 38: 27–32.

Schrijver A. 1983. Packing and covering of crossing families of cuts. Journal of Combinatorial Theory, B 35: 104–128.

Seymour P D. 1980. Decomposition of regular matroids. Journal of Combinatorial Theory, B 28: 305–359.

Veinott A F Jr and Dantzig G B. 1968. Integral extreme points. SIAM Review, 10: 371–372.

Wolsey L A. 1981. The b-hull of an integer program. Discrete Applied Mathematics, 3: 193–201.

第 6 章　支撑树和树形图

电话公司欲从已有的电缆系统中租用一部分, 每根电缆连接两个城市, 租用的电缆应能将所有的城市连通且费用尽可能的低. 很自然地会想到用图来描述: 顶点表示城市而边对应电缆线, 由定理 2.4, 一个给定图的极小连通支撑子图是它的支撑树, 所以我们就要寻求一个最小 (权) 支撑树, 这里一个带有权 $c : E(G) \to \mathbb{R}$ 的图 G 的子图 T 对应的权是 $c(E(T)) = \sum_{e \in E(T)} c(e)$.

这是一个简单但非常重要的组合优化问题, 也是组合优化中具有最长历史的一个问题, 第一个算法是由 Borůvka (1926a, 1926b) 给出的, 见 Nešetřil, Milková 和 Nešetřilová (2001).

钻孔问题是要在完全图中寻求一条含有所有顶点的最短路, 而现在则是寻求一棵最短支撑树, 虽然支撑树的数目比路的数目多 (K_n 中包含 $\frac{n!}{2}$ 条哈密尔顿路, 而由 Cayley (1889) 定理, 却有约 n^{n-2} 棵不同的支撑树, 见习题 1), 但这个问题的解决却要容易得多, 事实上, 6.1 节中将介绍的简单的贪婪算法就可求得此问题.

树形图可理解为带有方向的树, 由定理 2.5, 它们是有向图中的极小支撑子图, 在这个子图中所有顶点都可从一个根点处到达, 带有方向的最小支撑树问题称之为最小树形图问题, 它的求解较为困难, 因为贪婪策略无效, 在 6.2 节将看到如何求解这个问题.

虽然有一些非常有效的组合算法没有被引入来求解这些与线性规划有关的问题, 我们仍感兴趣并将在 6.3 节中阐述: 相应的多面体 (支撑树或支撑树形图的关联顶点的凸包, 见推论 3.33) 能以很好的方式描述它们.

在 6.4 节证明关于储存支撑树和树形图的某些经典的结果.

6.1　最小支撑树

这一节考虑下面两个问题:

最大权森林问题

实例: 无向图 G, 权 $c : E(G) \to \mathbb{R}$.

任务: 寻求 G 中一个最大权森林.

> **最小支撑树问题**
>
> 实例：无向图 G，权 $c: E(G) \to \mathbb{R}$.
>
> 任务：寻求 G 中一个最小支撑树或判定 G 是不连通的.

欲证这两个问题是等价的. 确切地讲, 称一个问题 $\mathcal{P}$ 可线性归约为另一个问题 $\mathcal{Q}$, 如果存在函数 f, g, 它们都是线性时间可计算的, 使得 f 将 $\mathcal{P}$ 的一个实例 x 转换成 $\mathcal{Q}$ 的实例 $f(x)$, 而 g 将 $f(x)$ 的解转换成 x 的一个解. 如果 $\mathcal{P}$ 可线性归约成 $\mathcal{Q}$ 而 $\mathcal{Q}$ 可线性归约成 $\mathcal{P}$, 则称此两个问题是等价的.

命题 6.1 最大权森林问题和最小支撑树问题是等价的.

证明 给出一个最大权森林问题的实例 (G, c), 删去所有负权的边, 再添加上使图变成连通的最小边集 F(权可任给), 将得到的图记为 G', 对所有 $e \in E(G') \setminus F$ 置 $c'(e) := -c(e)$, 则最小支撑树的实例 (G', c') 在下面意义上是等价的: 从 (G', c') 的一个最小支撑树中删去 F 的边生成 (G, c) 中的最大权森林.

反之, 给出一个最小支撑树问题的实例 (G, c), 对所有边 $e \in E(G)$, 令 $c'(e) := K - c(e)$, 这里 $K = 1 + \max_{e \in E(G)} c(e)$, 则最大权森林问题的实例 (G, c') 等价于 (G, c) 的最小支撑树, 因为所有的支撑树有相同数目的边数 (定理 2.4). □

在第 15 章中将重新讨论从一个问题到另一个问题的不同的归约, 在本节的余下部分仅考虑最小支撑树问题, 我们从证明两个最优性条件开始.

定理 6.2 令 (G, c) 是最小支撑树问题的一个实例, T 是 G 中一个支撑树, 则下面结论等价:

(a) T 是最优解.

(b) 对每一 $e = \{x, y\} \in E(G) \setminus E(T)$, T 中没有一条在 x-y 路上的边会比 e 的权重.

(c) 对任一 $e \in E(T)$ 和 $T - e$ 中的任一连通分支 C, e 是 $\delta(V(C))$ 中权最小的边.

证明 (a)⇒(b) 假设 (b) 不成立, 令 $e = \{x, y\} \in E(G) \setminus E(T)$, 又令 f 是 T 中在 x-y 路上的一条边, 满足 $c(f) > c(e)$, 则 $(T - f) + e$ 是具有更小值的支撑树.

(b)⇒(c) 设 (c) 不成立, 令 $e \in E(T)$, C 是 $T - e$ 中的一连通分支, $f = \{x, y\} \in \delta(V(C))$ 且 $c(f) < c(e)$, 显然 T 中的 x-y 路必然包含 $\delta(V(C))$ 中的边, 但只有 e 是这样的边, 故 (b) 不真.

(c)⇒(a) 设 T 满足 (c), 令 T^* 是最优支撑树, 并使 $E(T^*) \cap E(T)$ 尽可能的大, 要证 $T = T^*$, 即若有边 $e = \{x, y\} \in E(T) \setminus E(T^*)$, 令 C 是 $T - e$ 的一连通分支, $T^* + e$ 含有圈 D, 因 $e \in E(D) \cap \delta(V(C))$, 必有 D 中至少一条边 f $(f \neq e)$, 属于 $\delta(V(C))$(见第 2 章习题 9), 注意到 $(T^* + e) - f$ 是一支撑树, 因 T^* 最优, 所以 $c(e) \geqslant c(f)$ 但因对于 T 有 (c) 成立, 所以又有 $c(f) \geqslant c(e)$, 故 $c(f) = c(e)$ 且 $(T^* + e) - f$ 是另一最优解, 这与假设矛盾, 因它与 T 的公共边又多了一条. □

下面求解最小支撑树问题的 "贪婪" 算法是由 Kruskal (1956) 提出的, 它可以被看作是在 13.4 节中讨论的一般贪婪算法的特殊情况. 置 $n := |V(G)|$, $m := |E(G)|$.

KRUSKAL 算法

输入: 无向连通图 G, 权 $c : E(G) \to \mathbb{R}$.

输出: 最小支撑树 T.

---

① 重新排列边使得 $c(e_1) \leqslant c(e_2) \leqslant \cdots \leqslant c(e_m)$.

② 置 $T := (V(G), \varnothing)$.

③ 对 $i := 1$ 到 m 执行:

若 $T + e_i$ 不含圈, 则置 $T := T + e_i$.

定理 6.3 KRUSKAL 算法是正确的.

证明 显然, 算法给出了一个支撑树 T, 它又保证了定理 6.2 中条件 (b) 成立, 故 T 是最优解. □

KRUSKAL 算法的运行时间是 $O(mn)$: 边重排需时 $O(m \log m)$ (定理 1.5), 判定一个具有至多 n 条边的图中的回路能在 $O(n)$ 时间内完成 (用 DFS (或BFS) 以及判定任一边是否不属于 DFS 树), 因要重复 m 次, 总共时间是 $O(m \log m + mn) = O(mn)$. 然而还有更有效的方法可判断得更精确.

定理 6.4 KRUSKAL 算法 能在 $O(m \log n)$ 运行时间内完成.

证明 首先将平行边清除: 仅保留平行边里权最小的边, 其余都删去, 所以可以假设 $m = O(n^2)$. 因为 ① 的运行时间显然是 $O(m \log m) = O(m \log n)$, 所以集中于探究 ③. 下面研究保持 T 的连通分支的数据结构, 在 ③ 中检验边 $e_i = \{v, w\}$ 添加到 T 后是否会导致圈的产生, 这等价于检验 v 和 w 是否在同一个连通分支里.

我们的工具是保持分枝 B 满足 $V(B) = V(G)$. 在任何时刻 B 的连通分枝被 T 的连通分支的相同顶点集所导出 (然而, 注意到 B 一般不是 T 的定向图).

当在 ③ 中检查一条边 $e_i = \{v, w\}$ 时, 寻找 B 中含有 v 的树形图的根 r_v 和 B 中含有 w 的树形图的根 r_w. 这些工作所需时间和 B 中 r_v-v 路的长度加上 r_w-w 路的长度成比例, 稍后将会看到这个长度总是至多为 $\log n$.

下面检查是否有 $r_v = r_w$. 若 $r_v \neq r_w$, 将 e_i 插入 T 以及加入一条边到 B. 令 $h(r)$ 是 B 中从 r 出发的最长路, 若 $h(r_v) \geqslant h(r_w)$, 则加条边 (r_v, r_w) 到 B, 否则将 (r_w, r_v) 加到 B. 如果 $h(r_v) = h(r_w)$, 这个运算将 $h(r_v)$ 增加一, 否则新的根有与 h 相同的值. 故根的 h 值能被容易地保留下来, 当然对所有 $v \in V(G)$ 都有初始 $B := (V(G), \varnothing)$ 和 $h(v) := 0$.

欲证根植于 r 的 B 的树形图含有至少 $2^{h(r)}$ 个顶点. 这就能推得 $h(r) \leqslant \log n$, 从而证毕. 在初始时, 显然为真, 只需证当添加一条边 (x, y) 到 B 中时这个性质保留下来. 若 $h(x)$ 不变, 则是平凡的, 否则, 在运算前有 $h(x) = h(y)$, 此即蕴含两个树形图的每一个都含有至少 $2^{h(x)}$ 个顶点. 所以新的根植于 x 的树形图含有至少 $2 \cdot 2^{h(x)} = 2^{h(x)+1}$ 个顶点, 证毕.　　□

上面的论证能被另一个技巧所改进: 每当 B 中含有 v 的树形图的根 r_v 被确定, 所有在 r_v-v 路 P 上的边被删去, 而对每个 $x \in V(P) \setminus \{r_v\}$ 边 (r_x, x) 被插入, 通过复杂的分析表明这个被称作路压缩枚举所需 ③ 的运行时间几乎是线性的: 它是 $O(m\alpha(m, n))$, 这里 $\alpha(m, n)$ 是 Ackermann 函数的函数逆 (Tarjan, 1975, 1983).

现在介绍关于最小支撑树问题的另一著名算法, 它归功于 Jarník (1930) (Korte, Nešetřil 2001; Dijkstra, 1959; Prim, 1957).

PRIM 算法

输入: 无向连通图 G, 权 $c : E(G) \to \mathbb{R}$.

输出: 最小支撑树 T.

---

① 选取 $v \in V(G)$. 置 $T := (\{v\}, \varnothing)$.

② 当 $V(T) \neq V(G)$, 做

　　选取权最小的边 $e \in \delta_G(V(T))$. 置 $T := T + e$.

定理 6.5　PRIM 算法是正确的, 它的运行时间是 $O(n^2)$.

证明　正确性由定理 6.2 的条件 (c) 成立而可以证得.

为得到 $O(n^2)$ 的运行时间, 对每个顶点 $v \in V(G) \setminus V(T)$, 选取权最小的边 $e \in E(V(T), \{v\})$, 称这些边为候选边, 选取这些初始的候选边需时 $O(m)$, 在候选边中选择最小的需时 $O(n)$, 候选边的更新是通过对那些与添加到 $V(T)$ 的顶点相关联的边进行扫描所完成, 需时 $O(n)$, 因在 ② 中有 $n - 1$ 次迭代, 故证得界是 $O(n^2)$.

　　□

运行时间能被有效的数据结构改进, 记 $l_{T,v} := \min\{c(e) : e \in E(V(T), \{v\})\}$. 在数据结构中保持称之为具有优先权队列或堆的集 $\{(v, l_{T,v}) : v \in V(G) \setminus V(T), l_{T,v} < \infty\}$, 使之允许插入一个元素, 寻找和删去一个具有最小值 l 的元素 (v, l), 以及减少称之为元素 (v, l) 的键值的 l. 则PRIM 算法能被如下描述:

① 选取 $v \in V(G)$. 置 $T := (\{v\}, \varnothing)$.

　　令 $l_w := \infty$ 对于 $w \in V(G) \setminus \{v\}$.

② 当 $V(T) \neq V(G)$, 执行

　　　对 $e = \{v, w\} \in E(\{v\}, V(G) \setminus V(T))$ 执行

　　　　　若 $c(e) < l_w < \infty$, 则置 $l_w := c(e)$ 和减少(w, l_w).

　　　　　若 $l_w = \infty$, 则置 $l_w := c(e)$ 和插入(w, l_w).

　　　$(v, l_v) :=$ 删去.

　　　令 $e \in E(V(T), \{v\})$ 具有满足 $c(e) = l_v$. 置 $T := T + e$.

存在若干个方式完成一个堆, 一个非常有效的方式是由 Fredman 和 Tarjan (1987) 提出的, 并被称作 Fibonacci 堆, 我们的叙述是依据 Schrijver (2003):

定理 6.6 对于一个有限集 (初始时为空), 保持数据结构是可能的, 这里每个元素 u 伴随一个称之为键值的实数 $d(u)$, 并且在 $O(m + p + n \log p)$ 时间内完成下面的一系列运算:

- p插入–运算 (添加元素 u, 具有键值为 $d(u)$).
- n删除–运算 (寻找 $d(u)$ 最小的元素 u 并删去它).
- m递减–运算 (对元素 u 减少 $d(u)$ 到一个特殊的值).

证明 记 U 为储存在 Fibonacci 堆中的集合, 函数 $\varphi : U \to \{0, 1\}$, 则分枝 (U, E) 满足下列性质:

(i) 若 $(u, v) \in E$, 则 $d(u) \leqslant d(v)$ (这被称作堆序).

(ii) 对每个 $u \in U$, u 的子辈能被编号如 $1, \cdots, |\delta^+(u)|$ 使得第 i 个孩子 v 满足 $|\delta^+(v)| + \varphi(v) \geqslant i - 1$.

(iii) 若 u 和 v 是相异的根 $(\delta^-(u) = \delta^-(v) = \varnothing)$, 则 $|\delta^+(u)| \neq |\delta^+(v)|$.

由条件 (ii) 推出

(iv) 若顶点 u 的出度至少是 k, 则至少 $\sqrt{2}^k$ 个顶点是可从 u 到达的.

为证明 (iv), 对 k 用归纳法. $k = 0$ 时是平凡的, 故令 u 是满足 $|\delta^+(u)| \geqslant k \geqslant 1$ 的顶点且令 v 是满足 $|\delta^+(v)| \geqslant k - 2$ 的 u 的孩子 (v 的存在是由于 (ii)), 应用归纳法的假设到 (U, E) 中的 v 和 $(U, E \setminus \{(u, v)\})$ 中的 u, 并断定至少 $\sqrt{2}^{k-2}$ 和 $\sqrt{2}^{k-1}$ 个顶点是可到达的, 由 $\sqrt{2}^k \leqslant \sqrt{2}^{k-2} + \sqrt{2}^{k-1}$ 可得 (iv).

尤其是, (iv) 可推得对所有 $u \in U$ 成立 $|\delta^+(u)| \leqslant 2 \log |U|$, 因此, 对每一个根 u, 由 (iii), 我们能用满足 $b(|\delta^+(u)|) = u$ 的函数 $b : \{0, 1, \cdots, \lfloor 2 \log |U| \rfloor\} \to U$ 来储存 (U, E) 的根.

另外, 我们保持子辈的双联表的踪迹 (以任意序), 以指出他们的双亲 (如果存在) 和每个顶点的出度. 现在展示插入–运算, 删除–运算和递减–运算是如何执行的.

插入$(v, d(v))$ 是被置 $\varphi(v) := 0$ 和应用如下算法来执行的.

PLANT(v):

① 置 $r := b(|\delta^+(v)|)$.

若 r 是根满足 $r \neq v$ 和 $|\delta^+(r)| = |\delta^+(v)|$, 则

若 $d(r) \leqslant d(v)$, 则添加 (r, v) 到 E 并PLANT(r).

若 $d(v) < d(r)$, 则添加 (v, r) 到 E 并PLANT(v).

否则, 置 $b(|\delta^+(v)|) := v$.

当 (U, E) 总是一个分枝, 递归终止. 注意到 (i), (ii) 和 (iii) 总是保持的.

删除是被如下执行: 对 $i = 0, \cdots, \lfloor 2 \log |U| \rfloor$ 扫描 $b(i)$ 以寻找使 $d(u)$ 最小的元素 u, 删去 u 和它的关联边, 对 u 的每个 (先前的) 孩子 v 继续应用PLANT(v).

递减$(v, (d(v))$ 是一个较为复杂的单元, 令 P 是 (U, E) 中端点在 v 最长的路, 使得每一个中间的点 u 满足 $\varphi(u) = 1$. 对每一 $u \in V(P) \setminus \{v\}$ 置 $\varphi(u) := 1 - \varphi(u)$, 从 E 中删除 P 的所有边并对每一删除的边 (y, z) 应用PLANT(z).

可以看出, 维持 (ii) 仅需考虑 P 的星点 x 的双亲就可以了, 如果存在的话. 否则 x 不是根, 从而 $\varphi(x)$ 从 0 变为 1, 以示对失落的孩子的补偿.

最后来估计运行时间, φ 增加至多 m 次 (在每个递减运算中至多一次), φ 减少至多 m 次, 从而在所有递减- 运算中路 P 的长度之和至多是 $m + m$, 所以至多 $2m + 2n \log p$ 条边被删去 (每次删除- 运算可能删去 $2 \log p$ 条边), 因此至多 $2m + 2n \log p + p - 1$ 条边被插入, 这就证明了运行时间是 $O(m + p + n \log p)$. $\quad\square$

推论 6.7 PRIM 算法结合Fibonacci 堆求解最小支撑树问题可在 $O(m + n \log n)$ 时间里完成.

证明　我们用了至多 $n - 1$ 次插入-运算、$n - 1$ 次删除-运算和 m 次减少-运算. $\quad\square$

作了较多的改进后算法的运行时间能改进到 $O(m \log \beta(n, m))$, 这里 $\beta(n, m) = \min\left\{i : \log^{(i)} n \leqslant \frac{m}{n}\right\}$, 参见文献 Fredman 和 Tarjan (1987); Gabow, Galil, Spencer (1989); Gabow 等. (1986). 已知最快的确定性算法是由 Chazelle (2000) 给出的, 它的运行时间是 $O(m\alpha(m, n))$, 这里 α 是 Ackermann 函数 的逆.

基于不同的计算模型, Fredman 和 Willard (1994) 达到了线性运行时间. 此外, 寻找最小支撑树的一个随机算法有线性期望运行时间 (Karger, Klein, Tarjan, 1995) (这样的算法总是找出最优解, 被称为拉斯维加斯算法), 这个算法用的是对一给出的支撑树测试是否最优的判定过程, 对这个问题的一个线性时间算法已被 Dixon, Rauch 和 Tarjan (1992) 所发现 (King, 1995).

对于平面图的最小支撑树问题能在线性时间被求解 (Cheriton, Tarjan, 1976), 对于平面上 n 个点的最小支撑树问题能在 $O(n \log n)$ 时间里被求解 (习题 9). 因为能用适当的数据结构, 故对寻找平面上相近的邻点, PRIM 算法可能是非常有效的.

6.2　最小树形图

最大权森林问题和最小支撑树问题的自然直接推广如下:

最大权分枝问题

实例: 有向图 G, 权 $c : E(G) \to \mathbb{R}$.

任务: 寻求 G 中一最大权分枝.

最小树形图问题

实例：有向图 G, 权 $c: E(G) \to \mathbb{R}$.

任务：寻求 G 中一最小支撑树形图或判定它不存在.

有时需要预先指定根点:

最小带根树形图问题

实例：有向图 G, 顶点 $r \in V(G)$, 权 $c: E(G) \to \mathbb{R}$.

任务：寻求 G 中一根植于 r 的最小支撑树形图或断定它不存在.

如同无向时的情况, 这三个问题是等价的:

命题 6.8 最大权分枝问题、最小树形图问题和最小带根树形图问题是等价的.

证明 给出最小树形图问题的一个实例 (G, c), 对所有 $e \in E(G)$ 令 $c'(e) := K - c(e)$, 这里 $K = 1 + \sum_{e \in E(G)} |c(e)|$, 则与最大权分枝问题的实例 (G, c') 是等价的, 因为对任意两个满足 $|E(B)| > |E(B')|$ 的树形图 B, B', 有 $c'(B) > c'(B')$(具有 $n-1$ 条边的分枝恰是支撑树形图).

给出最大权分枝问题的一个实例 (G, c), 令 $G' := (V(G) \cup \{r\}, E(G) \cup \{(r, v) : v \in V(G)\})$, 对 $e \in E(G)$, 令 $c'(e) := -c(e)$, 对 $e \in E(G') \setminus E(G)$, 令 $c(e) := 0$, 则与最小带根树形图问题的实例 (G', r, c') 是等价的.

最后, 给出最小带根树形图问题的一个实例 (G, r, c), 令 $G' := (V(G) \cup \{s\}, E(G) \cup \{(s, r)\})$ 和 $c((s, r)) := 0$, 则与最小树形图问题的实例 (G', c) 是等价的. □

这一节余下的部分仅涉及最大权分枝问题, 这个问题不像无向图的最大权森林问题那么容易, 比如, 任何一个极大森林是最大的, 但在图 6.1 中粗边形成一个极大分枝却不是最大的.

让我们重温: 一个分枝是这样的图 B, 它满足 $|\delta_B^-(x)| \leqslant 1$ 对所有 $x \in V(B)$ 成立, 且它的基础无向图是一个森林. 等价地, 一个分枝是一有向无圈图 B, 满足 $|\delta_B^-(x)| \leqslant 1$ 对所有 $x \in V(B)$ 成立, 见定理 2.5(g).

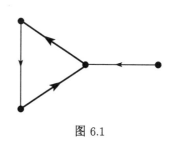

图 6.1

命题 6.9 设 B 是一有向图, 满足 $|\delta_B^-(x)| \leqslant 1$ 对所有 $x \in V(B)$ 成立, 则 B 含有圈当且仅当它的基础无向图含有圈. □

现设 G 是一有向图, $c: E(G) \to \mathbb{R}_+$. 之所以忽略负权, 是因为这样的边永远不会出现在最优分枝里. 首先的想法是对每个顶点选取最好的入边, 当然所得的结果可能是含有圈, 而分枝是不能含有圈的, 要在每个圈中删去至少一条边, 下面的引理表明只要删去一条边就足够.

引理 6.10 (Karp, 1972) 令 B_0 是 G 的一个最大权子图, 满足 $|\delta^-_{B_0}(v)| \leqslant 1$ 对所有 $v \in V(B_0)$ 成立, 则存在 G 的一个最优分枝 B 使得 B_0 中每个圈 C 都有 $|E(C) \setminus E(B)| = 1$ 成立.

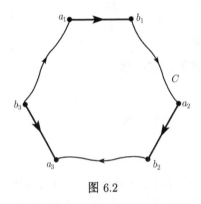

图 6.2

证明 设 B 是 G 的一个含有 B_0 中尽可能多的边的最优分枝, C 是 B_0 中的一个圈, 令 $E(C) \setminus E(B) = \{(a_1, b_1), \cdots, (a_k, b_k)\}$, 设 $k \geqslant 2$ 且 $a_1, b_1, a_2, b_2, a_3, \cdots, b_k$ 依序排在 C 上 (图 6.2).

我们断言对每个 $i = 1, \cdots, k$, B 含有 b_i-b_{i-1} 路 ($b_0 := b_k$), 从而可得出矛盾, 因为这些路的并集是 B 中一条闭的边列, 而一个分枝是不能含有闭的边列的.

令 $i \in \{1, \cdots, k\}$. 将证 B 含有 b_i-b_{i-1} 路. 考虑这样的 B' 满足 $V(B') = V(G)$ 且 $E(B') := \{(x, y) \in E(B) : y \neq b_i\} \cup \{(a_i, b_i)\}$.

B' 不可能是一个分枝, 因为它是最优的且它比 B 含有更多的 B_0 中的边, 故 (由命题 6.9)B' 含有圈, 即 B 含有 b_i-a_i 路 P, 因为 $k \geqslant 2$, P 不可能全是 C 上的边, 记 e 是 P 上不属于 C 的最后一条边, 显然, 对某个 x 有 $e = (x, b_{i-1})$, 故 P(从而 B) 含有一条 b_i-b_{i-1} 路. □

Edmonds (1967) 算法的主要思想是寻求上述的第一个 B_0, 然后在 G 中收缩 B_0 的每一个圈. 如果正确地选择所得图 G_1 的权重, 则 G_1 中任一最优分枝将对应 G 中一个最优分枝.

EDMONDS 分枝算法

输入: 有向图 G, 权 $c : E(G) \to \mathbb{R}_+$.

输出: G 的一个最大权分枝 B.

---

① 置 $i := 0$, $G_0 := G$, 和 $c_0 := c$.

② 令 B_i 是 G_i 的一个最重子图, 满足 $|\delta^-_{B_i}(v)| \leqslant 1$ 对所有 $v \in V(B_i)$ 成立.

③ 若 B_i 不含圈, 则置 $B := B_i$ 并进入 ⑤.

④ 对 B_i 中每个圈 C, 按下面方式操作以使从 (G_i, c_i) 构造 (G_{i+1}, c_{i+1})
  将 C 收缩成 G_{i+1} 中单个顶点 v_C.
  对 满足 $z \notin V(C)$, $y \in V(C)$ 的每条边 $e = (z, y) \in E(G_i)$, 执行:
    如果 z 属于 B_i 的一个圈 C', 则令 $z' = v_{C'}$, 否则, 令 $z' = z$.

令 $e' := (z', v_C)$, $\Phi(e') := e$.
置 $c_{i+1}(e') := c_i(e) - c_i(\alpha(e, C)) + c_i(e_C)$, 这里 $\alpha(e, C) = (x, y) \in E(C)$
且 e_C 是 C 的最小边.
置 $i := i + 1$, 并转 ②.

⑤ 若 $i = 0$ 停止.

⑥ 对 B_{i-1} 的每个圈 C, 执行:
若存在一条边 $e' = (z, v_C) \in E(B)$
则置 $E(B) := (E(B) \setminus \{e'\}) \cup \Phi(e') \cup (E(C) \setminus \{\alpha(\Phi(e'), C)\})$
否则, 置 $E(B) := E(B) \cup (E(C) \setminus \{e_C\})$.
置 $V(B) := V(G_{i-1})$, $i := i - 1$ 并转 ⑤.

这个算法也被 Chu 和 Liu (1965) 及 Bock (1971) 所独立得到.

定理 6.11 (Edmonds, 1967) Edmonds 分枝算法能被正确执行.

证明 下面证明每一次进入 ⑤ 之前 B 都是 G_i 的一个最优分枝. 第一次到达 ⑤ 时显然是成立的, 只需证明 ⑥ 将 G_i 的一个最优分枝 B 转换成 G_{i-1} 的一个最优分支 B'.

令 B_{i-1}^* 是 G_{i-1} 的任一分枝, 且对 B_{i-1} 的每一圈 C 满足: $|E(C) \setminus E(B_{i-1}^*)| = 1$, B_i^* 是从 B_{i-1}^* 中收缩掉 B_{i-1} 的圈后得到, B_i^* 是 G_i 的一个分枝, 我们又有

$$c_{i-1}(B_{i-1}^*) = c_i(B_i^*) + \sum_{C : B_{i-1} \text{ 的圈}} (c_{i-1}(C) - c_{i-1}(e_C))$$

由归纳法假设, B 是 G_i 的最优分枝, 故有 $c_i(B) \geqslant c_i(B_i^*)$, 推得

$$c_{i-1}(B_{i-1}^*) \leqslant c_i(B) + \sum_{C : B_{i-1} \text{ 的圈}} (c_{i-1}(C) - c_{i-1}(e_C))$$

$$= c_{i-1}(B')$$

结合引理 6.10 可得 B' 是 G_{i-1} 的一个最优分枝.   □

这个证明是 Karp (1972) 给出的, Edmonds 最原先的证明是建立在线性规划基础上的 (见推论 6.14). 显见, Edmonds 分枝算法的运行时间是 $O(mn)$, 这里 $m = |E(G)|$, $n = |V(G)|$, 因至多需 n 次迭代 (即在算法 $i \leqslant n$ 的每一段) 而每一次迭代能在 $O(m)$ 时间里完成.

已知最好的界是 Gabow 等 (1986) 用 Fibonacci 堆得到的, 它们的分枝算法运行时间是 $O(m + n \log n)$.

6.3 多面体描述

最小支撑树问题的多面体描述如下:

定理 6.12 (Edmonds, 1970)   给出一无向连通图 G, $n := |V(G)|$, 多面体 $P :=$

$$\left\{ x \in [0,1]^{E(G)} : \sum_{e \in E(G)} x_e = n - 1, \sum_{e \in E(G[X])} x_e \leqslant |X| - 1, \varnothing \neq X \subset V(G) \right\}$$

是整的, 它的顶点恰是 G 的支撑树的关联向量 (P 称作 G 的支撑树多面体).

证明   设 T 是 G 的一支撑树, x 是 $E(T)$ 的关联向量, 显然 $x \in P$(由定理 2.4). 且因 $x \in \{0,1\}^{E(G)}$, 它必是 P 的一个顶点.

反之, 令 x 是 P 的整向量, 则 x 是某一具有 $n-1$ 条边且不含圈的子图 H 的边集的关联向量, 由定理 2.4 即推得 H 是支撑树.

接下来只需证明 P 是整的 (运用定理 5.13). 令 $c : E(G) \to \mathbb{R}$, T 是由 KRUSKAL 算法应用到 (G, c) 上所生成的树, 注意到 $E(T) = \{f_1, \cdots, f_{n-1}\}$, 这里 f_i 在算法中的次序满足 $c(f_1) \leqslant \cdots \leqslant c(f_{n-1})$. 令 $X_k \subseteq V(G)$ 是 $(V(G), \{f_1, \cdots, f_k\})$ 中含有 $f_k (k = 1, \cdots, n-1)$ 的连通分支, 令 x^* 是 $E(T)$ 的关联向量, 我们证明 x^* 是下面 LP 问题的一个最优解.

$$\min \quad \sum_{e \in E(G)} c(e) x_e$$

$$\text{s.t.} \quad \sum_{e \in E(G)} x_e = n - 1$$

$$\sum_{e \in E(G[X])} x_e \leqslant |X| - 1 \qquad (\varnothing \neq X \subset V(G))$$

$$x_e \geqslant 0 \qquad (e \in E(G))$$

对每一个 $\varnothing \neq X \subset V(G)$, 引入对偶变量 z_X, 对等式约束引入另外对偶变量 $z_{V(G)}$, 则对偶 LP 问题是

$$\max \quad - \sum_{\varnothing \neq X \subseteq V(G)} (|X| - 1) z_X$$

$$\text{s.t.} \quad - \sum_{e \subseteq X \subseteq V(G)} z_X \leqslant c(e), \qquad e \in E(G)$$

$$z_X \geqslant 0, \qquad \varnothing \neq X \subset V(G)$$

对偶变量 $z_{V(G)}$ 不要求是非负. 对 $k = 1, \cdots, n-2$, 令 $z^*_{X_k} := c(f_l) - c(f_k)$, 这里 l 是比 k 大且 $f_l \cap X_k \neq \varnothing$ 的第一个下标, 令 $z^*_{V(G)} := -c(f_{n-1})$, 又对所有 $X \notin \{X_1, \cdots, X_{n-1}\}$, 令 $z^*_X := 0$.

对任一 $e = \{v, w\}$ 有

$$- \sum_{e \subseteq X \subseteq V(G)} z^*_X = c(f_i)$$

这里 i 是满足 $v, w \in X_i$ 的最小下标. 因 v 和 w 是在 $(V(G), \{f_1, \cdots, f_{i-1}\})$ 的不同连通分支里, 所以 $c(f_i) \leqslant c(e)$, 因此 z^* 是对偶可行解. 由 $x^*_e > 0$, 即 $e \in E(T)$ 推得

$$- \sum_{e \subseteq X \subseteq V(G)} z_X^* = c(e)$$

即对应的对偶约束满足等式要求, 最后 $z_X^* > 0$ 推出 $T[X]$ 是连通的, 所以对应的原问题中的约束被等式满足, 换言之, 原始和对偶的互补松弛条件被满足, 故 (由推论 3.23)x^* 与 z^* 分别是原 LP 问题和对偶 LP 问题的最优解. □

事实上, 我们已证明了定理 6.12 中不等式组是 TDI, 注意到上面也是 KRUSKAL 算法正确性的一个证明 (定理 6.3). 支撑树多面体的另一个描述见习题 6.14.

如果用 $\sum_{e \in E(G)} x_e \leqslant n-1$ 来代替约束 $\sum_{e \in E(G)} x_e = n-1$, 就得到了 G 中所有森林的关联向量的凸包 (见习题 6.15), 这些结果的推广是拟阵多面体的 Edmonds 描述 (定理 13.21).

现在回到最小带根树形图问题的多面体描述, 首先证明 Fulkerson 的一组结果, 重温 r-截是某个满足 $r \in S$ 的集合 $S \subset V(G)$ 的边集 $\delta^+(S)$.

定理 6.13 (Fulkerson, 1974) 设 G 是一有向图, 权 $c : E(G) \to \mathbb{Z}_+$, 又 $r \in V(G)$ 使得 G 含有根植于 r 的支撑树形图. 则根植于 r 的支撑树形图的最小权等于这样的 r-截 $C_1, \cdots, C_t$ 的最大数 t(允许重复), 使得包含每条边 e 的截的个数不多于 $c(e)$.

证明 设 A 是这样的矩阵, 它的列对应着边的标号, 它的行是 r-截的所有关联向量, 考虑 LP 问题

$$\min\{cx : Ax \geqslant \mathbb{1}, x \geqslant 0\}$$

和它的对偶问题

$$\max\{\mathbb{1}y : yA \leqslant c, y \geqslant 0\}$$

则由定理 2.5 (e) 我们需证明对任一非负整向量 c, 原问题和对偶问题都有整最优解, 而由推论 5.15, 只要证得 $Ax \geqslant \mathbb{1}, x \geqslant 0$ 是 TDI 系统就行了. 我们用引理 5.23 来证.

因为对偶 LP 是可行的当且仅当 c 是非负的, 令 $c : E(G) \to \mathbb{Z}_+, y$ 是问题 $\max\{\mathbb{1}y : yA \leqslant c, y \geqslant 0\}$ 的一个最优解, 且

$$\sum_{\varnothing \neq X \subseteq V(G) \setminus \{r\}} y_{\delta^-(X)} |X|^2 \qquad (6.1)$$

尽可能的大, 欲证 $\mathcal{F} := \{X : y_{\delta^-(X)} > 0\}$ 是嵌套族. 设 $X, Y \in \mathcal{F}$ 且 $X \cap Y \neq \varnothing$, $X \setminus Y \neq \varnothing$ 和 $Y \setminus X \neq \varnothing$ (图 6.3). 令 $\varepsilon := \min\{y_{\delta^-(X)}, y_{\delta^-(Y)}\}$, 置 $y'_{\delta^-(X)} := y_{\delta^-(X)} - \varepsilon$, $y'_{\delta^-(Y)} := y_{\delta^-(Y)} - \varepsilon$, $y'_{\delta^-(X \cap Y)} := y_{\delta^-(X \cap Y)} + \varepsilon$, $y'_{\delta^-(X \cup Y)} := y_{\delta^-(X \cup Y)} + \varepsilon$ 及 $y'(S) := y(S)$ 对所有其他 r-截 S. 显然 $y'A \leqslant yA$, 故 y' 是一对偶可行解. 因为 $\mathbb{1}y = \mathbb{1}y'$, 它也是最

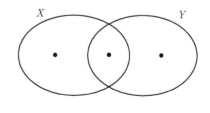

图 6.3

优解, 这就与 y 的选取矛盾, 因 y' 代入 (6.1) 得到的值较大 (对任意数 $a > b \geqslant c > d > 0$, 若有 $a + d = b + c$, 则有 $a^2 + d^2 > b^2 + c^2$).

现令 A' 是 A 的子矩阵, 它由对应 $\mathcal{F}$ 中的元的行所组成, A' 是一个嵌套族的单向截关联矩阵 (确切地讲, 我们须考虑 G 中每条边被反向后形成的图), 故由定理 5.28, A' 是全单模的, 证毕. □

上面的证明也引出了多面体描述的可能:

推论 6.14 (Edmonds, 1967)　设 G 是一有向图, 权 $c : E(G) \to \mathbb{R}_+$, $r \in V(G)$ 是这样的顶点; G 含有一棵根植于 r 的支撑树形图. 则 LP 问题

$$\min\left\{ cx : x \geqslant 0, \ \sum_{e \in \delta^+(X)} x_e \geqslant 1, \ X \subset V(G) \text{ 且 } r \in X \right\}$$

有一个整最优解 (它是一个根植于 r 的最小支撑树形图的关联向量, 可能再加上某些权重为零的边). □

对于根植于 r 的所有支撑树形图或分枝的关联向量的凸包的描述, 参见习题 6.16 和 6.17.

6.4　储存支撑树和树形图

如果要寻求多于一个的支撑树或树形图, Tutte, Nash-Williams 和 Edmonds 的经典定理是有帮助的. 首先给出关于储存支撑树的 Tutte 定理, 它基本上应归功于 Mader (Diestel, 1997) 且用到下面引理:

引理 6.15　设 G 是一无向图, $F = (F_1, \cdots, F_k)$ 是 G 中边不交森林的一个 k 元组, 且使得 $|E(F)|$ 是最大的, 这里 $E(F) := \bigcup_{i=1}^{k} E(F_i)$. 设 $e \in E(G) \setminus E(F)$, 则存在 $X \subseteq V(G)$, 使得 $e \subseteq X$ 且对每个 $i \in \{1, \cdots, k\}$, $F_i[X]$ 是连通的.

证明　对于两个 k 数组, $F' = (F'_1, \cdots, F'_k)$ 和 $F'' = (F''_1, \cdots, F''_k)$, 称 F'' 是从 F' 中用 e'' 交换 e' 而得到, 如果存在 j, 使 $F''_j = (F'_j \setminus e') \dot{\cup} e''$ 且 $F''_i = F'_i$, $i \neq j$. 令 $\mathcal{F}$ 是由 F 中用一系列交换而得到的边不交森林的所有 k 元组集合, 又令 $\overline{E} := E(G) \setminus (\bigcap_{F' \in \mathcal{F}} E(F'))$ 和 $\overline{G} := (V(G), \overline{E})$, 有 $F \in \mathcal{F}$, 从而 $e \in \overline{E}$. 令 X 是 $\overline{G}$ 中含有 e 的连通分支的顶点集, 我们将证明对每个 i, $F_i[X]$ 是连通的.

我们断言: 对任意 $F' = (F'_1, \cdots, F'_k) \in \mathcal{F}$ 和任一 $\bar{e} = \{v, w\} \in E(\overline{G}[X]) \setminus E(F')$, 存在 $F'_i[X]$ 中的一条 v-w 路 $(i \in \{1, \cdots, k\})$.

为此, 对每一固定的 $i \in \{1, \cdots, k\}$, 因 $F' \in \mathcal{F}$, $|E(F')| = |E(F)|$ 是最大的, $F'_i + \bar{e}$ 含有圈 C, 对所有 $e' \in E(C) \setminus \{\bar{e}\}$ 有 $F'_{e'} \in \mathcal{F}$, 这里 $F'_{e'}$ 是从 F' 中用 $\bar{e}$ 交换 e' 而得到, 这就表明 $E(C) \subseteq \overline{E}$, 故 $C - \bar{e}$ 是 $F'_i[X]$ 中一条 v-w 路, 这就证明了此断言.

因 $\overline{G}[X]$ 是连通的, 只要证明对每个 $\bar{e} = \{v, w\} \in E(\overline{G}[X])$ 和每个 i, 都存在 $F_i[X]$ 中的一条 v-w 路就行了.

所以令 $\bar{e} = \{v, w\} \in E(\overline{G}[X])$. 因 $\bar{e} \in \overline{E}$, 存在满足 $\bar{e} \notin E(F')$ 的 $F' = (F_1', \cdots, F_k') \in \mathcal{F}$, 由上述断言, 对每个 i 存在 $F_i'[X]$ 中的一条 v-w 路.

现在存在 $\mathcal{F}$ 中元素的序列 $F = F^{(0)}, F^{(1)}, \cdots, F^{(s)} = F'$, 其中 $F^{(r+1)}$ 是从 $F^{(r)}$ 中交换一条边而得到 ($r = 0, \cdots, s-1$), 下面只需证由 $F_i^{(r+1)}[X]$ 中 v-w 路的存在性可推得 $F_i^{(r)}[X]$ 中 v-w 路的存在性 ($r = 0, \cdots, s-1$).

为此, 假设 $F_i^{(r+1)}[X]$ 是从 $F_i^{(r)}[X]$ 中用 e_{r+1} 交换 e_r 而得到, 令 P 是 $F_i^{(r+1)}[X]$ 中的 v-w 路, 若 P 不含有 $e_{r+1} = \{x, y\}$, 则它也是 $F_i^{(r)}[X]$ 中的一条路, 否则 $e_{r+1} \in E(\overline{G}[X])$, 考察 $F_i^{(r)}[X]$ 中的 x-y 路 Q, 由上面所证断言它是存在的, 因而 $(E(P) \setminus \{e_{r+1}\}) \cup Q$ 中含有一条 $F_i^{(r)}[X]$ 中的 v-w 路, 证明完成. □

现在可以证明关于边不交支撑树的 Tutte 定理了. 无向图 G 的一个多重截是边集 $\delta(X_1, \cdots, X_p) := \delta(X_1) \cup \cdots \cup \delta(X_p)$, 它对应顶点集的非空划分 $V(G) = X_1 \dot{\cup} X_2 \dot{\cup} \cdots \dot{\cup} X_p$, 对 $p = 3$ 称之为3-截, 显然 $p = 2$ 是多重截.

定理 6.16 (Tutte, 1961; Nash-Williams, 1961) 一个无向图 G 含有 k 个边不交支撑树 的充分必要条件是对每个多重截 $\delta(X_1, \cdots, X_p)$,

$$|\delta(X_1, \cdots, X_p)| \geqslant k(p-1)$$

成立.

证明 先证必要性. 令 $T_1, \cdots, T_k$ 是 G 的边不交支撑树, $\delta(X_1, \cdots, X_p)$ 是一个多重截, 将每个顶点集 $X_1, \cdots, X_p$ 收缩而生成图 G', 它的顶点是 $X_1, \cdots, X_p$, 边则对应着多重截的边, $T_1, \cdots, T_k$ 对应着 G' 中边不交的连通子图 $T_1', \cdots, T_k'$, 每个 $T_1', \cdots, T_k'$ 至少有 $p-1$ 条边, 故 G'(从而多重截) 有至少 $k(p-1)$ 条边.

为证明充分性, 对 $|V(G)|$ 用归纳法. 当 $n := |V(G)| \leqslant 2$ 时, 结论显然为真, 故设 $n > 2$, 且假设 $|\delta(X_1, \cdots, X_p)| \geqslant k(p-1)$ 对每一多重截 $\delta(X_1, \cdots, X_p)$ 成立, 尤其 (考虑划分成单元素集)G 有至少 $k(n-1)$ 条边. 当收缩顶点集时条件仍被维持, 故由归纳法假设, 对每个 $X \subset V(G)$, $|X| \geqslant 2$, G/X 含有 k 个边不交支撑树.

令 $F = (F_1, \cdots, F_k)$ 是 G 中边不交森林的一个 k 元组, 满足 $|E(F)|$ 最大的, 这里 $E(F) := \bigcup_{i=1}^{k} E(F_i)$. 我们断定每个 F_i 是一支撑树, 因若否, 则 $|E(F)| < k(n-1)$, 故存在边 $e \in E(G) \setminus E(F)$. 由引理 6.15, 存在 $X \subseteq V(G)$ 使 $e \subseteq X$ 且对每个 i, $F_i[X]$ 是连通的. 因 $|X| \geqslant 2$, G/X 含有 k 个边不交支撑树 $F_1', \cdots, F_k'$, 现对每个 i, F_i' 与 $F_i[X]$ 一起形成 G 中一支撑树, 且所有这些 k 个支撑树是边不交的. □

现在转向讨论有向图中对应的问题 —— 储存支撑树形图问题.

定理 6.17 (Edmonds, 1973) 设 G 是有向图, $r \in V(G)$, 则根植于 r 的边不交支撑树形图的最大个数等于 r-截的最小基数.

证明　设 k 是 r-截的最小基数, 显然, 至多有 k 个边不交支撑树形图, 对 k 用归纳法, 证明恰存在 k 个边不交的支撑树形图, $k = 0$ 时是平凡的.

如果能寻找出一个根植于 r 的支撑树形图 A 满足

$$\min_{r \in S \subset V(G)} |\delta_G^+(S) \setminus E(A)| \geqslant k - 1 \tag{6.2}$$

则由归纳法就可完成了, 假设已找到了某个根植于 r 的树形图 A (不一定是支撑的) 且使得 (6.2) 成立, 令 $R \subseteq V(G)$ 是被 A 覆盖的顶点集, 起始时 $R = \{r\}$, 若 $R = V(G)$, 即已证得.

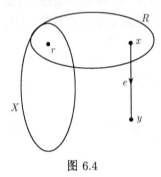

图 6.4

若 $R \neq V(G)$, 称 $X \subseteq V(G)$ 是关键的, 如果

(a) $r \in X$.

(b) $X \cup R \neq V(G)$.

(c) $|\delta_G^+(X) \setminus E(A)| = k - 1$.

如果不存在这样的关键顶点集, 可用任一离开 R 的边增广 A. 否则, 令 X 是一极大关键集, 又令 $e = (x, y)$ 是这样的边, 使 $x \in R \setminus X$, $y \in V(G) \setminus (R \cup X)$ (见图 6.4), 这样的边之所以存在是因为

$$|\delta_{G-E(A)}^+(R \cup X)| = |\delta_G^+(R \cup X)| \geqslant k \ > \ k - 1 = |\delta_{G-E(A)}^+(X)|$$

现在将边 e 加到 A 上去, 显然 $A + e$ 是根植于 r 的一棵树形图, 可证 (6.2) 仍成立.

设有某个 Y 满足 $r \in Y \subset V(G)$, $|\delta_G^+(Y) \setminus E(A + e)| < k - 1$. 则 $x \in Y$, $y \notin Y$, 且 $|\delta_G^+(Y) \setminus E(A)| = k - 1$, 由引理 2.1(a) 推得

$$k - 1 + k - 1 = |\delta_{G-E(A)}^+(X)| + |\delta_{G-E(A)}^+(Y)|$$
$$\geqslant |\delta_{G-E(A)}^+(X \cup Y)| + |\delta_{G-E(A)}^+(X \cap Y)|$$
$$\geqslant k - 1 + k - 1$$

因 $r \in X \cap Y$ 和 $y \in V(G) \setminus (X \cup Y)$, 故等号始终成立, 尤其是 $|\delta_{G-E(A)}^+(X \cup Y)| = k - 1$, 因 $y \in V(G) \setminus (X \cup Y \cup R)$, 推得 $X \cup Y$ 是关键的, 但因 $x \in Y \setminus X$, 这与 X 的极大性矛盾. □

这个证明是 Lovász (1976) 给出的. 定理 6.16 和定理 6.17 的推广是 Frank (1978) 得到的, 带有任意根的支撑树形图问题的特征被下面的定理给出, 在这里只引入而不证明了.

定理 6.18 (Frank, 1979)　一个有向图 G 含有 k 个边不交支撑树形图的充要条件是对任意两两不交非空子集 $X_1, \cdots, X_p \subseteq V(G)$ 的堆积, 成立

$$\sum_{i=1}^{p} |\delta^-(X_i)| \geqslant k(p-1)$$

另一个问题是欲覆盖一个图, 多少个森林是需要的, 下面定理回答了这个问题.

定理 6.19 (Nash-Williams, 1964)　一个无向图 G 的边集是 k 个森林的并当且仅当 $|E(G[X])| \leqslant k(|X|-1)$ 对所有 $\varnothing \neq X \subseteq V(G)$ 成立.

证明　必要性是显见的, 因为在顶点集 X 中没有一个森林能含有多于 $|X|-1$ 条边. 为证明充分性, 设 $|E(G[X])| \leqslant k(|X|-1)$ 对所有 $\varnothing \neq X \subseteq V(G)$ 成立. 令 $F = (F_1, \cdots, F_k)$ 是 G 中不交森林的一个 k 元组, 且使 $|E(F)| = \left| \bigcup_{i=1}^{k} E(F_i) \right|$ 是最大的, 我们断定 $E(F) = E(G)$. 为证之, 假设存在有边 $e \in E(G) \setminus E(F)$, 由引理 6.15, 存在 $X \subseteq V(G)$ 使 $e \subseteq X$ 且对每个 i, $F_i[X]$ 是连通的, 尤其是

$$|E(G[X])| \geqslant \left| \{e\} \cup \bigcup_{i=1}^{k} E(F_i[X]) \right| \geqslant 1 + k(|X|-1)$$

这与假设是矛盾的.　　　　　　　　　　　　　　　　　　　　　　　□

习题 6.22 给出一个有向图的类似结果. 将定理 6.16 和定理 6.19 推广到拟阵, 可在第 13 章的习题 13.18 找到.

习　题

1. 证明 Cayley 定理: K_n 含有 n^{n-2} 个支撑树. 可由下面的定义在 K_n 中的支撑树和 $\{1, \cdots, n\}^{n-2}$ 中的向量间建立一一对应: 对于树 T, 对应顶点集 $V(T) = \{1, \cdots, n\}$, $n \geqslant 3$, 设 v 是伴有最小下标的叶子, a_1 是 v 的邻点, 递归定义 $a(T) := (a_1, \cdots, a_{n-2})$, 这里 $(a_2, \cdots, a_{n-2}) = a(T - v)$. (Cayley, 1889; Prüfer, 1918).

2. 令 (V, T_1) 和 (V, T_2) 是两个具有同样顶点集 V 的树, 试证: 对任一边 $e \in T_1$, 存在边 $f \in T_2$ 使 $(V, (T_1 \setminus \{e\}) \cup \{f\})$ 和 $(V, (T_2 \setminus \{f\}) \cup \{e\})$ 都是树.

3. 给出无向图 G, 权 $c: E(G) \to \mathbb{R}$ 和一顶点 $v \in V(G)$, 欲求 G 中的最小支撑树使得 v 不是叶子, 在多项式时间里能解此问题吗?

4. 试在带有权 $c: E(G) \to \mathbb{R}$ 的无向图 G 中确定边 e 的集, 使在 G 中存在含有 e 的最小支撑树 (换言之, 寻求 G 中所有最小支撑树的并), 证明: 此问题能在 $O(mn)$ 时间里求解.

5. 给出带有任意权 $c: E(G) \to \mathbb{R}$ 的无向图 G, 寻求最小权连通支撑子图, 能有效地求解此问题吗?

6. 请看下面算法 (有时称作劣汰贪婪算法, 见 13.4 节): 按权的非增序排列边, 删去一条边除非它是桥. 能用此算法求解最小支撑树问题吗?

7. 考虑下面的着色算法: 初始时所有边都是无色的, 然后对任意序的边按如下规则着色直到所有边均已被着色:

蓝规则: 选择不含蓝色边的割, 在此割中没有着色的边中选出权最小的边并着上蓝色.

红规则: 选择不含红色边的圈, 在此圈没有着色的边中选出权最大的边并着上红色.

证明: 只要存在没被着色的边, 这两个准则总有一个是可进行的. 此外, 请说明算法保持

"颜色不变性": 总是存在最优支撑树包含所有的蓝色边但不含有红色边 (故算法解决了最小支撑树问题的最优性).

注: KRUSKAL 算法和 PRIM 算法是特殊情况 (Tarjan, 1983).

8. 假如要寻找无向图中的支撑树 T 使得 T 中的最大边尽可能的小, 如何能实现这个目标?

9. 设有有限集 $V \subset \mathbb{R}^2$, Voronoï 图是由这样的域所组成:

$$P_v := \left\{ x \in \mathbb{R}^2 : ||x - v||_2 = \min_{w \in V} ||x - w||_2 \right\} \quad (v \in V)$$

V 的 Delaunay 三角剖分是图

$$(V, \{\{v, w\} \subseteq V, \ v \neq w, \ |P_v \cap P_w| > 1\})$$

V 的最小生成树是这样的树 T, 满足 $V(T) = V$ 且长度 $\sum_{\{v,w\} \in E(T)} ||v - w||_2$ 是最小的. 试证: 每个最小支撑树是 Delaunay 三角剖分的子图.

注: 事实上, Delaunay 三角剖分 能在 $O(n \log n)$ 时间内被计算 (这里 $n = |V|$, 见 Fortune (1987), Knuth (1992)), 这就推得求解平面上点集的最小支撑树问题的 $O(n \log n)$ 算法 (Shamos, Hoey, 1975; Zhou, Shenoy, Nicholls, 2002).

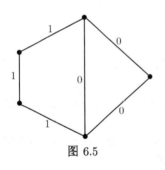

图 6.5

10. 能在线性时间里判定一图中是否含有支撑树形图吗? 提示: 为找一个可能的根, 从任一个顶点开始并逆向追溯到尽可能的长, 当遇到圈时则收缩它.

11. 能在线性时间里找出给定有向图中的最大基数分枝吗? 提示: 首先找出强连通分枝.

12. 最小带根树形图问题能被命题 6.8 归约为最大分枝问题. 然而, 它也能被 EDMONDS 分枝算法的修正形式直接求解. 说明为何.

13. 证明: 无向图 G 的支撑树多面体(见定理 6.12) 通常是多面体

$$\left\{ x \in [0,1]^{E(G)} : \sum_{e \in E(G)} x_e = n - 1, \ \sum_{e \in \delta(X)} x_e \geqslant 1, \ \varnothing \subset X \subset V(G) \right\}$$

的真子集, 这里 $n := |V(G)|$.

提示: 证明这个多面体不是整的, 考虑 6.5 中的图 (数字是边的权) (Magnanti, Wolsey, 1995).

*14. 在习题 6.13 中已看到截约束对描述支撑树多面体不是充分的, 然而, 如果代之以考虑多重截, 就得到了完全的描述. 证明: 无向图 $G(n := |V(G)|)$ 的支撑树多面体由对所有的多重截 $C = \delta(X_1, \cdots, X_k)$ 都满足

$$\sum_{e \in E(G)} x_e = n - 1 \ \text{和} \sum_{e \in C} x_e \geqslant k - 1$$

的所有向量 $x \in [0,1]^{E(G)}$ 所组成 (Magnanti, Wolsey, 1995)

15. 证明: 无向图 G 中所有森林多面体关联顶点的凸包是多面体

$$P := \left\{ x \in [0,1]^{E(G)} : \sum_{e \in E(G[X])} x_e \leqslant |X| - 1, \quad \varnothing \neq X \subseteq V(G) \right\}$$

注：这个结论可推出定理 6.12, 因 $\sum_{e \in E(G[X])} x_e = |V(G)| - 1$ 是支撑超平面, 同时它又是定理 13.21 的特殊情况.

*16. 证明：有向图 G 中所有分枝多面体关联向量的凸包是满足

$$\sum_{e \in E(G[X])} x_e \leqslant |X| - 1, \quad \varnothing \neq X \subseteq V(G) \ 和 \ \sum_{e \in \delta^-(v)} x_e \leqslant 1, \quad v \in V(G)$$

的所有向量 $x \in [0,1]^{E(G)}$ 的集合.

注：这是定理 14.13 的特殊情况.

*17. 设 G 是有向图, $r \in V(G)$. 证明：多面体

$$\left\{ x \in [0,1]^{E(G)} \ : \ x_e = 0 \ (e \in \delta^-(r)), \ \sum_{e \in \delta^-(v)} x_e = 1 \ (v \in V(G) \setminus \{r\}), \right.$$

$$\left. \sum_{e \in E(G[X])} x_e \leqslant |X| - 1, \ \varnothing \neq X \subseteq V(G) \right\}$$

和

$$\left\{ x \in [0,1]^{E(G)} \ : \ x_e = 0 \ (e \in \delta^-(r)), \ \sum_{e \in \delta^-(v)} x_e = 1 \ (v \in V(G) \setminus \{r\}), \right.$$

$$\left. \sum_{e \in \delta^+(X)} x_e \geqslant 1, \ r \in X \subset V(G) \right\}$$

都是根植于 r 的所有支撑树形图多面体的关联顶点的凸包.

18. 设 G 是有向图, $r \in V(G)$, 试证：G 是 k 个根植于 r 的支撑树形图的不交并的充要条件是它的基础无向图是 k 个支撑树的不交并, 且对所有 $x \in V(G) \setminus \{r\}$ 成立 $|\delta^-(x)| = k$ (Edmonds).

19. 设 G 是有向图, $r \in V(G)$, 又设 G 含有 k 条从 r 到每个顶点的边不交路, 但若移动任一条边则破坏了这一性质. 试证：G 的每个顶点 (r 除外) 恰有 k 条入边.

提示：用到定理 6.17.

*20. 不用定理 6.17 证明习题 6.19 中的结论. 提出并证明一个顶点不交的论述. 提示：如果顶点 v 有多于 k 条入边, 取 k 条边不交 r-v 路, 证明：若 v 的一条边不被这些路用到, 它就可被删去.

21. 试给出一个寻求有向图 G 中边不交支撑树形图 (根植于 r) 的最大集的多项式时间算法.

注：最有效算法是由 Gabow (1995) 给出的, 也见 Gabow 和 Manu, 1998).

22. 证明：有向图 G 的边能被 k 个分枝所覆盖的充要条件是下面两个条件成立：

(a) $|\delta^-(v)| \leqslant k$, 对所有 $v \in V(G)$.

(b) $|E(G[X])| \leqslant k(|X| - 1)$, 对所有 $X \subseteq V(G)$.

提示：用到定理 6.17 (Frank, 1979).

参 考 文 献

一般著述

Ahuja R K, Magnanti T L and Orlin J B. 1993. Network Flows. Englewood Cliffs: Prentice-Hall. Chapter 13.

Balakrishnan V K. 1995. Network Optimization. London: Chapman and Hall. Chapter 1.

Cormen T H, Leiserson C E and Rivest R L. 1990. Introduction to Algorithms. Cambridge: MIT Press. Chapter 24.

Gondran M and Minoux M. 1984. Graphs and Algorithms. Chichester: Wiley. Chapter 4.

Magnanti T L and Wolsey L A. 1995. Optimal trees // Handbooks in Operations Research and Management Science; Volume 7: Network Models (Ball M O, Magnanti T L, Monma C L, Nemhauser G L, eds.), Amsterdam: Elsevier, 503–616.

Schrijver A. 2003. Combinatorial Optimization: Polyhedra and Efficiency. Berlin: Springer. Chapters 50–53.

Tarjan R E. 1983. Data Structures and Network Algorithms. Philadelphia: SIAM. Chapter 6

Wu B Y and Chao K M. 2004. Spanning Trees and Optimization Problems. Boca Raton: Chapman & Hall/CRC.

引用文献

Bock F C. 1971. An algorithm to construct a minimum directed spanning tree in a directed network // Avi-Itzak, B. (Ed.): Developments in Operations Research. New York: Gordon and Breach, 29–44.

Borůvka O. 1926a. O jistém problému minimálním. Práca Moravské Přírodovědecké Spolnečnosti, 3: 37–58.

Borůvka O. 1926b. Příspevěk k řešení otázky ekonomické stavby. Elektrovodních sítí. Elektrotechnicky Obzor, 15: 153–154.

Cayley A. 1889. A theorem on trees. Quarterly Journal on Mathematics, 23: 376–378.

Chazelle B. 2000. A minimum spanning tree algorithm with inverse-Ackermann type complexity. Journal of the ACM, 47: 1028–1047.

Cheriton D and Tarjan R E. 1976. Finding minimum spanning trees. SIAM Journal on Computing, 5: 724–742.

Chu Y and Liu T. 1965. On the shortest arborescence of a directed graph. Scientia Sinica, 4: 1396–1400; Mathematical Review 33, # 1245.

Diestel R. 1997. Graph Theory. New York: Springer.

Dijkstra E W. 1959. A note on two problems in connexion with graphs. Numerische Mathematik, 1: 269–271.

Dixon B, Rauch M and Tarjan R E. 1992. Verification and sensitivity analysis of minimum spanning trees in linear time. SIAM Journal on Computing. 21: 1184–1192.

Edmonds J. 1967. Optimum branchings. Journal of Research of the National Bureau of Standards, B 71: 233–240.

Edmonds J. 1970. Submodular functions, matroids and certain polyhedra // Combinatorial Structures and Their Applications; Proceedings of the Calgary International Conference on Combinatorial Structures and Their Applications 1969 (Guy R, Hanani H, Sauer N, Schonheim J, eds.). New York: Gordon and Breach, 69–87.

Edmonds J. 1973. Edge-disjoint branchings // Combinatorial Algorithms (Rustin R, ed.), New York: Algorithmic Press, 91–96.

Fortune S. 1987. A sweepline algorithm for Voronoi diagrams. Algorithmica, 2: 153–174.

Frank A. 1978. On disjoint trees and arborescences // Algebraic Methods in Graph Theory; Colloquia Mathematica; Soc. J. Bolyai 25 (Lovász L, Sós V T, eds.). Amsterdam: North-Holland, 159–169.

Frank A. 1979. Covering branchings. Acta Scientiarum Mathematicarum (Szeged), 41: 77–82.

Fredman M L and Tarjan R E. 1987. Fibonacci heaps and their uses in improved network optimization problems. Journal of the ACM, 34: 596–615.

Fredman M L and Willard D E. 1994. Trans-dichotomous algorithms for minimum spanning trees and shortest paths. Journal of Computer and System Sciences, 48: 533–551.

Fulkerson D R. 1974. Packing rooted directed cuts in a weighted directed graph. Mathematical Programming 6: 1–13.

Gabow H N. 1995. A matroid approach to finding edge connectivity and packing arborescences. Journal of Computer and System Sciences, 50: 259–273.

Gabow H N, Galil Z and Spencer T. 1989. Efficient implementation of graph algorithms using contraction. Journal of the ACM, 36: 540–572.

Gabow H N, Galil Z, Spencer T, and Tarjan R E. 1986. Efficient algorithms for finding minimum spanning trees in undirected and directed graphs. Combinatorica, 6: 109–122.

Gabow H N and Manu K S. 1998. Packing algorithms for arborescences (and spanning trees) in capacitated graphs. Mathematical Programming, B 82: 83–109.

Jarník V. 1930. O jistém problému minimálním. Práca Moravské Přírodovědecké Společnosti, 6: 57–63.

Karger D, Klein P N and Tarjan R E. 1995. A randomized linear-time algorithm to find minimum spanning trees. Journal of the ACM, 42: 321–328.

Karp R M. 1972. A simple derivation of Edmonds' algorithm for optimum branchings. Networks, 1: 265–272.

King V. 1995. A simpler minimum spanning tree verification algorithm. Algorithmica, 18: 263–270.

Knuth D E. 1992. Axioms and hulls; LNCS 606. Berlin: Springer.

Korte B and Nešetřil J. 2001. Vojtěch Jarník's work in combinatorial optimization. Discrete Mathematics, 235: 1–17.

Kruskal J B. 1956. On the shortest spanning subtree of a graph and the travelling salesman problem. Proceedings of the AMS, 7: 48–50.

Lovász L. 1976. On two minimax theorems in graph. Journal of Combinatorial Theory, B 21: 96–103.

Nash-Williams C S J A. 1961. Edge-disjoint spanning trees of finite graphs. Journal of the London Mathematical Society, 36: 445–450.

Nash-Williams C S J A. 1964. Decompositions of finite graphs into forests. Journal of the London Mathematical Society, 39: 12.

Nešetřil J, Milková E and Nešetřilová H. 2001. Otakar Borůvka on minimum spanning tree problem. Translation of both the 1926 papers, comments, history. Discrete Mathematics, 233: 3–36.

Prim R C. 1957. Shortest connection networks and some generalizations. Bell System Technical Journal, 36: 1389–1401.

Prüfer H. 1918. Neuer Beweis eines Satzes über Permutationen. Arch. Math. Phys., 27: 742–744.

Shamos M I and Hoey D. 1975. Closest-point problems. Proceedings of the 16th Annual IEEE Symposium on Foundations of Computer Science, 151–162.

Tarjan R E. 1975. Efficiency of a good but not linear set union algorithm. Journal of the ACM, 22: 215–225.

Tutte W T. 1961. On the problem of decomposing a graph into n connected factor. Journal of the London Mathematical Society, 36: 221–230.

Zhou H, Shenoy N and Nicholls W. 2002. Efficient minimum spanning tree construction without Delaunay triangulation. Information Processing Letters, 81: 271–276.

第 7 章　最　短　路

最著名的组合最优化问题之一是在一个有向图中寻找两个指定顶点之间的最短路:

最短路问题

实例: 有向图 G, 权 $c : E(G) \to \mathbb{R}$ 及两个顶点 $s, t \in V(G)$.

任务: 寻找一条最短的 s-t 路 P, 即一条最小权 $c(E(P))$ 的路, 或判定 t 不能从 s 到达.

此问题显然有许多实际应用. 如同最小支撑树问题一样, 在处理更困难的组合最优化问题时, 它常常作为子问题出现.

事实上, 如果允许任意权, 问题是不容易解决的. 例如, 若所有权为 -1, 则权为 $1 - |V(G)|$ 的 s-t 路正是哈密尔顿 s-t 路. 判定是否存在这样的路是一个困难问题 (见习题 15.14(b)).

如果限定非负的权, 或至少排除负权的圈, 则问题变得容易得多.

定义 7.1　设 G 是一个有向 (或无向) 图且具有权 $c : E(G) \to \mathbb{R}$. 权 c 称为守恒的, 是指不存在总权为负数的圈 (简称负圈).

在 7.1 节将给出最短路问题的两个算法. 第一个算法只允许有非负权, 第二个算法可以处理任意守恒权.

7.1 节的算法实际上对所有 $v \in V(G)$ 计算出最短的 s-v 路, 而无需显著地花费更多的运行时间. 有时人们会对任意两顶点间的距离感兴趣, 7.2 节将说明如何处理此问题.

由于负圈带来麻烦, 也应该说明如何发现它们. 若其不存在, 最小总权的圈很容易求出. 另一个有趣的问题是求平均权为最小的圈. 我们将在 7.3 节看到, 类似的方法可以有效地解决它.

在无向图中寻找最短路较为困难, 除非边权是非负的. 非负权的边可以等价地换成一对反向的有向边, 且具有相同的权. 这样就把无向问题归约为有向问题了. 然而, 这种构造法对负权的边无效, 因为这可能引起负圈的出现. 在 12.2 节将回到守恒权无向图的最短路问题 (见推论 12.12).

目前讨论一个有向图 G. 不失一般性, 假定 G 是连通的简单图. 若有平行边, 可只取其中最小权者.

7.1   一个起点的最短路

我们所建立的所有最短路算法都是基于如下的直观性质, 有时称之为Bellman 最优化原理, 实际上是*动态规划*的核心思想.

命题 7.2   设 G 是一个有向图且具有守恒权 $c: E(G) \to \mathbb{R}, k \in \mathbb{N}$, 且 s 及 w 是两个顶点. 并设 P 是所有至多 k 条边的 s-w 路中的最短者, 而 $e = (v, w)$ 是它的最后一条边. 则 $P_{[s,v]}$ (即 P 除去边 e) 是所有至多 $k-1$ 条边的 s-v 路中的最短者.

证明   假设 Q 是比 $P_{[s,v]}$ 更短的 s-v 路, 且 $|E(Q)| \leqslant k-1$. 则 $c(E(Q)) + c(e) < c(E(P))$. 若 Q 不含 w, 则 $Q + e$ 是一条比 P 更短的 s-w 路; 否则 $Q_{[s,w]}$ 具有长度 $c(E(Q_{[s,w]})) = c(E(Q)) + c(e) - c(E(Q_{[w,v]} + e)) < c(E(P)) - c(E(Q_{[w,v]} + e)) \leqslant c(E(P))$, 其中最后一个不等式是因为 $Q_{[w,v]} + e$ 是一个圈且 c 是守恒的. 上述两种情形都与 P 是至多 k 条边的最短 s-w 路的假设矛盾. $\qquad\square$

同样的结果对非负权的无向图及任意权的无圈有向图成立. 对无圈有向图的最短路问题, 如下的递推公式可立即得到解答: $\mathrm{dist}(s, s) = 0$, 对 $w \in V(G) \setminus \{s\}$, 有 $\mathrm{dist}(s, w) = \min\{\mathrm{dist}(s, v) + c((v, w)) : (v, w) \in E(G)\}$ (习题 7.6).

命题 7.2 也说明了为什么多数算法都计算出从 s 到所有其他顶点的最短路. 若要计算最短的 s-t 路 P, 必定已经对 P 中的每个顶点 v 算出了最短的 s-v 路. 由于事先不知道哪些顶点属于 P, 自然就要对所有 v 计算最短的 s-v 路. 可以通过存储每一条路的最终边的方式, 十分有效地记录所有这些 s-v 路.

首先考虑非负权的情形, 即 $c: E(G) \to \mathbb{R}_+$. 如果所有权为 1, 最短路问题可直接由广探法BFS求解 (命题 2.18). 对权 $c: E(G) \to \mathbb{N}$ 亦可将边 e 替换成长度为 $c(e)$ 的路, 然后再运用广探法 BFS. 然而这样做可能增加指数多条边, 因为实例的输入规模为 $\Theta\left(n\log m + m\log n + \sum_{e\in E(G)} \log c(e)\right)$, 其中 $n = |V(G)|$ 及 $m = |E(G)|$.

一个更为高明的构思是运用如下Dijkstra (1959) 给出的算法. 它与最小支撑树问题 (6.1 节) 的 Prim 算法十分相似.

DIJKSTRA 算法

输入: 有向图 G, 权 $c: E(G) \to \mathbb{R}_+$ 及一个顶点 $s \in V(G)$.

输出: 从 s 到所有 $v \in V(G)$ 的最短路及其长度. 更确切地说, 对所有 $v \in V(G)$ 得到输出结果 $l(v)$ 及 $p(v)$. 其中 $l(v)$ 是最短 s-v 路的长度, 此路由一条最短的 s-$p(v)$ 路以及边 $(p(v), v)$ 组成. 如果 v 不能从 s 到达, 则 $l(v) = \infty$ 且 $p(v)$ 无定义.

---

① 令 $l(s) := 0$. 对所有 $v \in V(G) \setminus \{s\}$, 令 $l(v) := \infty$.
   令 $R := \varnothing$.

② 找出一个顶点 $v \in V(G) \setminus R$ 使得 $l(v) = \min\limits_{w \in V(G) \setminus R} l(w)$.

③ 令 $R := R \cup \{v\}$.

④ 对 所有使得 $(v, w) \in E(G)$ 的 $w \in V(G) \setminus R$, 执行

若 $l(w) > l(v) + c((v, w))$, 则

令 $l(w) := l(v) + c((v, w))$ 且 $p(w) := v$.

⑤ 若 $R \neq V(G)$, 则转向 ②.

定理 7.3 (Dijkstra, 1959) DIJKSTRA 算法可正确地求解.

证明 欲证如下论断在算法的任意阶段成立:

(a) 对 $l(v) < \infty$ 的每一个 $v \in V(G) \setminus \{s\}$, 有 $p(v) \in R$, $l(p(v)) + c((p(v), v)) = l(v)$, 且序列 $v, p(v), p(p(v)), \cdots$ 包含 s.

(b) 对所有 $v \in R$, 有 $l(v) = \mathrm{dist}_{(G,c)}(s, v)$.

在 ① 之后, 这两个论断显然成立. 在执行 ④ 之时, 只对 $v \in R$ 而 $w \notin R$, 令 $l(w)$ 下降为 $l(v) + c((v, w))$ 且令 $p(w)$ 为 v. 本来在此之前, 序列 $v, p(v), p(p(v)), \cdots$ 包含 s 但不含 R 之外的顶点, 特别不含 w, 那么在执行 ④ 之后, 论断 (a) 对任意 w 依然成立.

论断 (b) 对 $v = s$ 是平凡的. 假设在 ③ 中, $v \in V(G) \setminus \{s\}$ 被加入 R, 但在 G 中存在一条 s-v 路 P, 其长度小于 $l(v)$. 设 y 是 P 中第一个属于 $(V(G) \setminus R) \cup \{v\}$ 的顶点, 而 x 是 P 中 y 的先行顶点. 由于 $x \in R$, 由 ④ 及归纳假设, 有

$$l(y) \leqslant l(x) + c((x, y)) = \mathrm{dist}_{(G,c)}(s, x) + c((x, y))$$

$$\leqslant c(E(P_{[s,y]})) \leqslant c(E(P)) < l(v)$$

与 ② 中 v 的选择矛盾. □

算法的运行时间显然是 $O(n^2)$. 如运用Fibonacci 堆, 可得更好的结果:

定理 7.4 (Fredman, Tarjan, 1987) 用 Fibonacci 堆实施的 Dijkstra 算法的运行时间是 $O(m + n \log n)$, 其中 $n = |V(G)|$ 及 $m = |E(G)|$.

证明 运用定理 6.6 的方法去保存集合 $\{(v, l(v)) : v \in V(G) \setminus R, l(v) < \infty\}$, 则 ② 和 ③ 是一个DELETEMIN运算, 而在 ④ 中, 若 $l(w)$ 是无限的, 则 $l(w)$ 的更新是一个INSERT运算, 否则是一个 DECREASEKEY 运算. □

对于非负权的**最短路问题**, 这是已知最好的强多项式时间算法. 在不同的计算模式下, Fredman 与 Willard(1994), Thorup(2000) 及 Raman(1997) 得到略好的运行时间.

若权为固定范围内的整数, 则有简单的线性时间算法 (习题 7.2). 一般地, 对于权 $c : E(G) \to \{0, \cdots, c_{\max}\}$ 而言, 运行时间可以是 $O(m \log \log c_{\max})$ (Johnson,

1982) 或 $O\left(m + n\sqrt{\log c_{\max}}\right)$ (Ahuja et al., 1990). 这已被 Thorup (2004) 改进为 $O(m + n \log \log c_{\max})$ 及 $O(m + n \log \log n)$, 但即使对后一个界来说, 也只适用于整数边权 (不是有理输入), 其算法仍不算是强多项式的.

对平面有向图, 有Henzinger 等 (1997) 给出的线性时间算法. 最后要提到在有非负整数权的无向图中求最短路, Thorup (1999) 找到了线性时间算法. 亦参见 Pettie , Ramachandran (2005), 其中有更多的参考文献.

现在转向一般守恒权的算法:

MOORE-BELLMAN-FORD 算法

输入: 有向图 G, 守恒权 $c : E(G) \to \mathbb{R}$, 及一个顶点 $s \in V(G)$.

输出: 从 s 到所有 $v \in V(G)$ 的最短路及其长度. 更确切地说, 要得到对所有 $v \in V(G)$ 的输出结果 $l(v)$ 和 $p(v)$. 其中 $l(v)$ 是一条最短 s-v 路的长度, 它由一条最短 s-$p(v)$ 路及边 $(p(v), v)$ 组成. 如果 v 不能从 s 到达, 则 $l(v) = \infty$ 且 $p(v)$ 无定义.

① 令 $l(s) := 0$ 且对所有 $v \in V(G) \setminus \{s\}$ 令 $l(v) := \infty$.

② 对 $i := 1$ 至 $n - 1$, 执行
    对 每条边 $(v, w) \in E(G)$, 执行
      若 $l(w) > l(v) + c((v, w))$, 则
        令 $l(w) := l(v) + c((v, w))$ 且 $p(w) := v$.

定理 7.5 (Moore, 1959; Bellman, 1958; Ford, 1956) MOORE-BELLMAN-FORD 算法可正确地求解. 其运行时间是 $O(nm)$.

证明 运行时间 $O(nm)$ 是显然的. 在算法的每一阶段, 设 $R := \{v \in V(G) : l(v) < \infty\}$ 及 $F := \{(x, y) \in E(G) : x = p(y)\}$. 我们断言:

(a) 对所有 $(x, y) \in F$ 有 $l(y) \geqslant l(x) + c((x, y))$.

(b) 若 F 含一个圈 C, 则 C 具有负的总权.

(c) 若 c 是守恒的, 则 (R, F) 是一个以 s 为根的树形图.

为证 (a), 只要注意到当令 $p(y)$ 为 x 时, 有 $l(y) = l(x) + c((x, y))$, 而且 $l(x)$ 此后不会再增加.

为证 (b), 假设在某一阶段当令 $p(y) := x$ 时, 在 F 中产生一个圈 C. 则在此之前有 $l(y) > l(x) + c((x, y))$ 且对所有 $(v, w) \in E(C) \setminus \{(x, y)\}$, 有 $l(w) \geqslant l(v) + c((v, w))$ (由 (a)). 将这些不等式相加 (其中的 l 值依次抵消), 可知 C 的总权为负.

至于 (c) 的证明, 由于 c 是守恒的, (b) 意味着 F 无圈. 进而, $x \in R \setminus \{s\}$ 导出 $p(x) \in R$, 故 (R, F) 是以 s 为根的树形图.

因此, 在算法的任意阶段, 对任意 $x \in R$, $l(x)$ 至少是 (R, F) 中的 s-x 路的长度.

我们断言: 在算法的 k 次迭代之后, $l(x)$ 不超过至多有 k 条边的最短 s-x 路的长度. 此断言容易由归纳法证明: 设 P 是一条至多有 k 条边的最短 s-x 路, 并设 (w, x) 是 P 的最后一条边. 那么, 由命题 7.2, $P_{[s,w]}$ 必定是至多 $k - 1$ 条边的最短 s-w 路, 从而由归纳假设知, 经过 $k - 1$ 次迭代之后, 有 $l(w) \leqslant c(E(P_{[s,w]}))$. 但在第 k 次迭代中, 边 (w, x) 是经过检查的, 此后便有 $l(x) \leqslant l(w) + c((w, x)) \leqslant c(E(P))$.

由于没有多于 $n - 1$ 条边的路, 由上述断言得知算法的正确性. □

对于守恒权的最短路问题, 此算法仍为迄今最快捷的强多项式时间算法. 当边权为整数且有下界 $c_{\min}$ 时, Goldberg (1995) 的缩放尺度法具有运行时间 $O(\sqrt{n}m \log (|c_{\min}| + 2))$. 对平面图, Fakcharoenphol 与 Rao (2006) 阐述了一个 $O(n \log^3 n)$ 算法.

若 G 含负圈, 则至今未有多项式时间算法 (问题变为 NP 困难的, 见习题 15.14(b)). 主要困难是对一般权而言, 命题 7.2 不成立. 而且不太清楚如何构造一条顶点不重复的路, 而不仅仅是一个任意的边序列. 若没有负圈, 则任意最短的边序列都是一条路, 至多加上一些可以删除的零权圈. 从这一点来看, 如何发现负圈也是一个重要问题. 下面由 Edmonds 与 Karp (1972) 提出的概念是很有用的.

定义 7.6　设 G 是一个有向图且赋予权 $c : E(G) \to \mathbb{R}$, 并设 $\pi : V(G) \to \mathbb{R}$. 对任意 $(x, y) \in E(G)$, 定义关于 π 的既约费用为 $c_\pi((x, y)) := c((x, y)) + \pi(x) - \pi(y)$. 若对所有 $e \in E(G)$, 均有 $c_\pi(e) \geqslant 0$, 则 π 称为一个 可行位势.

定理 7.7　设 G 是一个有向图且赋予权 $c : E(G) \to \mathbb{R}$. 则当且仅当 c 是 守恒权 时, (G, c) 存在可行位势.

证明　若 π 是一可行位势, 则对每一个圈 C, 有

$$0 \leqslant \sum_{e \in E(C)} c_\pi(e) = \sum_{e = (x,y) \in E(C)} (c(e) + \pi(x) - \pi(y)) = \sum_{e \in E(C)} c(e)$$

(位势相互抵消). 所以 c 是守恒的.

另一方面, 若 c 是守恒的, 增加一个顶点 s 并对每一个 $v \in V(G)$ 加连一条零费用的边 (s, v). 对此实例运行 Moore-Bellman-Ford 算法, 得到所有 $v \in V(G)$ 的标号 $l(v)$. 由于 $l(v)$ 是最短 s-v 路的长度, 对所有 $(v, w) \in E(G)$, 有 $l(w) \leqslant l(v) + c((v, w))$. 因此 l 是一个可行位势. □

这可视为线性规划对偶的特殊形式, 见习题 7.8.

推论 7.8　给定一个有向图 G 及其权 $c : E(G) \to \mathbb{R}$, 可在 $O(nm)$ 时间找到一个 可行位势, 或找到负圈.

证明　如前, 增加新顶点 s 并对所有 $v \in V(G)$ 增加零费用的边 (s, v). 对此实例运行 Moore-Bellman-Ford 算法的修订形式, 不管 c 是守恒与否, 照样执行 ① 和 ②. 对所有 $v \in V(G)$ 得到标号 $l(v)$. 若 l 是可行位势, 即为所求.

　　否则, 设 (v, w) 是有 $l(w) > l(v) + c((v, w))$ 的任一边. 我们断言: 序列 $w, v,$ $p(v), p(p(v)), \cdots$ 包含一个圈. 为知其然, 注意 $l(v)$ 必在 ② 的最后一次迭代时发生变化. 因而 $l(p(v))$ 在最后两次迭代内发生变化, $l(p(p(v)))$ 在最后三次迭代内发生变化, 如此类推. 由于 $l(s)$ 永远不变, 所以序列 $w, v, p(v), p(p(v)), \cdots$ 的前 $|V(G)|$ 项不含 s, 从而此序列中必有顶点出现两次.

　　于是, 在 $F := \{(x, y) \in E(G) : x = p(y)\} \cup \{(v, w)\}$ 中找到一个圈 C. 由定理 7.5 证明的 (a) 和 (b), C 具有负的总权. 　　　　　　　　　　　　　　　　□

　　在实用上还有更多有效方法去搜寻负圈, 参见 Cherkassky , Goldberg (1999).

7.2　全部点对间的最短路

　　现在我们要对一个有向图的所有顶点有序对 (s, t) 求出最短的 $s\text{-}t$ 路.

全点对最短路问题

实例: 有向图 G 及其守恒权 $c : E(G) \to \mathbb{R}$.

任务: 对所有 $s, t \in V(G)$ 且 $s \neq t$, 求出标号 l_{st} 及顶点 p_{st}, 使得 l_{st} 是最短 $s\text{-}t$ 路的长度, 而 (p_{st}, t) 是此路 (如存在) 的最终边.

　　当然, 可以调用 n 次 MOORE-BELLMAN-FORD 算法, 每次选定一个 s. 这立即得到一个 $O(n^2 m)$ 算法. 然而可以做得更好些.

　　定理 7.9　　全点对最短路问题 可在 $O(mn + n^2 \log n)$ 时间求解, 其中 $n = |V(G)|$ 及 $m = |E(G)|$.

　　证明　设 (G, c) 是一个实例. 首先计算一个可行位势 π, 由推论 7.8, 这可在 $O(nm)$ 时间完成. 然后用既约费用 c_π 代替 c, 对每一个 $s \in V(G)$, 执行从 s 出发的单源最短路算法. 对任意顶点 t, 所得的 $s\text{-}t$ 路也是关于 c 的最短路, 因为任意 $s\text{-}t$ 路的长度只改变了一个常数 $\pi(s) - \pi(t)$. 由于既约费用是非负的, 每次都可以运用 DIJKSTRA 算法. 所以, 由定理 7.4, 总的运行时间是 $O(mn + n(m + n \log n))$. 　□

　　同样的思想将在第 9 章再次用到 (在定理 9.12 的证明中).

　　Pettie (2004) 论述了如何将运行时间改进为 $O(mn + n^2 \log \log n)$, 这是迄今最好的时间界. 对非负权的稠密图, Chan (2007) 的界 $O(n^3 \log^3 \log n / \log^2 n)$ 略好一些. 如果所有边权是较小的正整数, 运用 快速矩阵乘积 还可以改进 (Zwick , 2002).

　　全点对最短路问题的解法还可以用来计算度量闭包:

　　定义 7.10　　给定一个图 G (有向或无向) 及其守恒权 $c : E(G) \to \mathbb{R}$. (G, c) 的 **度量闭包** 是二元组 $(\bar{G}, \bar{c})$, 其中 $\bar{G}$ 是 $V(G)$ 上这样的简单图: 对任意 $x, y \in V(G)$ 且 $x \neq y$, 当且仅当在 G 中从 x 可到达 y 时, 它包含一条边 $e = \{x, y\}$ (当 G 是有向图时 $e = (x, y)$) 且其权为 $\bar{c}(e) = \mathrm{dist}_{(G, c)}(x, y)$.

推论 7.11 设 G 是一个有向图且赋予守恒权 $c : E(G) \to \mathbb{R}$ 或无向图且赋予非负权 $c : E(G) \to \mathbb{R}_+$. 则 (G, c) 的 度量闭包 可在 $O(mn + n^2 \log n)$ 时间计算出来.

证明 若 G 是无向的, 则每条边替换成一对反向的有向边. 然后对所得的实例求解全点对最短路问题. □

本节的剩余部分将着重介绍 Floyd-Warshall 算法, 全点对最短路问题的另一个 $O(n^3)$ 算法. 此算法的主要优点是简单. 不失一般性, 假设全部顶点标为 $1, \cdots, n$.

Floyd-Warshall 算法

输入: 有向图 G, 其中 $V(G) = \{1, \cdots, n\}$, 及其守恒权 $c : E(G) \to \mathbb{R}$.

输出: 矩阵 $(l_{ij})_{1 \leqslant i, j \leqslant n}$ 及 $(p_{ij})_{1 \leqslant i, j \leqslant n}$, 其中 l_{ij} 是从 i 到 j 的最短路长度, 而 (p_{ij}, j) 是这样的路 (如存在) 的最终边.

① 对所有 $(i, j) \in E(G)$, 令 $l_{ij} := c((i, j))$.

对所有 $(i, j) \in (V(G) \times V(G)) \setminus E(G)$ 且 $i \neq j$, 令 $l_{ij} := \infty$.

对所有 i, 令 $l_{ii} := 0$.

对所有 $i, j \in V(G)$, 令 $p_{ij} := i$.

② 对 $j := 1$ 至 n, 执行

  对 $i := 1$ 至 n, 执行: 若 $i \neq j$, 则

    对 $k := 1$ 至 n, 执行: 若 $k \neq j$, 则

      若 $l_{ik} > l_{ij} + l_{jk}$, 则 令 $l_{ik} := l_{ij} + l_{jk}$ 且 $p_{ik} := p_{jk}$.

定理 7.12 (Floyd, 1962; Warshall, 1962) Floyd-Warshall 算法可正确地求解, 其运行时间是 $O(n^3)$.

证明 运行时间是显然的. 欲证如下的论断:

论断 在算法进行了 $j = 1, 2, \cdots, j_0$ 的外循环之后, 对任意 i 和 k, 变量 l_{ik} 等于全部中间顶点 $v \in \{1, \cdots, j_0\}$ 的最短 i-k 路的长度, 且 (p_{ik}, k) 是这样一条路的最终边.

此论断将对 $j_0 = 0, \cdots, n$ 用归纳法来证明. 对 $j_0 = 0$, 由 ① 知其真; 而对 $j_0 = n$, 它将蕴涵算法的正确性. 现设论断对某个 $j_0 \in \{0, \cdots, n-1\}$ 成立. 欲证其对 $j_0 + 1$ 亦成立. 对任意 i 及 k, 由归纳假设, l_{ik} 作为全部中间顶点 $v \in \{1, \cdots, j_0\}$ 的最短 i-k 路的长度. 在执行 $j = j_0 + 1$ 的外循环中, l_{ik} 可被替换为 $l_{i, j_0+1} + l_{j_0+1, k}$ (如果后者更小的话). 剩下只需证明对应的 i-$(j_0 + 1)$ 路 P 及 $(j_0 + 1)$-k 路 Q 没有公共内点.

假设有一个同时属于 P 和 Q 的内部顶点. 找出 $P+Q$ 中的极大闭途径, 它是若干个圈的并. 由守恒性假设可知, 它具有非负的权. 删去这个闭途径后可得一条 i-k 路 R, 其全部中间顶点 $v \in \{1, \cdots, j_0\}$. R 的长度不大于 $l_{i,j_0+1} + l_{j_0+1,k}$, 因而在执行 $j = j_0 + 1$ 的外循环之前比 l_{ik} 更小.

既然 R 的全部中间顶点 $v \in \{1, \cdots, j_0\}$, 且长度小于 l_{ik}, 这就与归纳假设矛盾. □

如同 Moore-Bellman-Ford 算法一样, Floyd-Warshall 算法也可以用于发现 负圈 的存在 (习题 7.11).

具有任意守恒权的无向图的全点对最短路问题较为困难, 见定理 12.14.

7.3　最小平均圈

在一个具有守恒权的有向图中, 用上述最短路算法容易求出最小总权的圈 (见习题 7.12). 另一个问题是如何求平均权为最小的圈.

最小平均圈问题

实例: 有向图 G, 权 $c : E(G) \to \mathbb{R}$.

任务: 找一个圈 C, 其平均权 $\frac{c(E(C))}{|E(C)|}$ 为最小, 或判定 G 是无圈的.

这一节将说明如何运用动态规划解此问题, 这与最短路算法十分相似. 不妨假设 G 是强连通的, 因为若不然, 可在线性时间识别出所有强连通分支 (定理 2.19), 进而分别在每一个强连通分支内解决问题. 但根据如下的最大 – 最小定理, 只需假定存在一个顶点 s, 从它可到达其他所有顶点. 在此定理中, 我们考虑的不仅是有向路, 而且是任意边序列 (其中顶点和边均可重复).

定理 7.13 (Karp, 1978) 设 G 是一个有向图且赋权 $c : E(G) \to \mathbb{R}$. 设 $s \in V(G)$ 使得任一个顶点均可由它到达. 对 $x \in V(G)$ 及 $k \in \mathbb{Z}_+$, 设

$$F_k(x) := \min\left\{ \sum_{i=1}^{k} c((v_{i-1}, v_i)) : v_0 = s, v_k = x, \text{对所有} i, (v_{i-1}, v_i) \in E(G) \right\}$$

是从 s 到 x 且长度为 k 的边序列的最小权 (若不存在则为 ∞). 设 $\mu(G, c)$ 是在 G 中圈的最小平均权 (若 G 是无圈的, 则 $\mu(G, c) = \infty$). 则

$$\mu(G, c) = \min_{x \in V(G)} \max_{\substack{0 \leqslant k \leqslant n-1 \\ F_k(x) < \infty}} \frac{F_n(x) - F_k(x)}{n - k}$$

证明 若 G 是无圈的, 则对所有 $x \in V(G)$ 有 $F_n(x) = \infty$, 故定理成立. 现设 $\mu(G, c) < \infty$.

首先证明: 若 $\mu(G,c) = 0$, 则有

$$\min_{x \in V(G)} \max_{\substack{0 \leqslant k \leqslant n-1 \\ F_k(x) < \infty}} \frac{F_n(x) - F_k(x)}{n - k} = 0$$

设 G 是一个有 $\mu(G,c) = 0$ 的有向图, 则 G 不含负圈, 从而 c 是守恒的. 由此得到 $F_n(x) \geqslant \text{dist}_{(G,c)}(s,x) = \min_{0 \leqslant k \leqslant n-1} F_k(x)$, 所以

$$\max_{\substack{0 \leqslant k \leqslant n-1 \\ F_k(x) < \infty}} \frac{F_n(x) - F_k(x)}{n - k} \geqslant 0$$

往证存在顶点 x 使等式成立, 即 $F_n(x) = \text{dist}_{(G,c)}(s,x)$. 设 C 是 G 中任意零权的圈, 并设 $w \in V(C)$. 再设 P 是一条最短 s-w 路, 接着重复 C n 次. 设 P' 由 P 的前 n 条边组成, 并记 P' 的终点为 x. 由于 P 是从 s 到 w 的最小权边序列, 所以它的任意初始节段, 比如 P', 必定也是最小权的边序列. 故 $F_n(x) = c(E(P')) = \text{dist}_{(G,c)}(s,x)$.

在证明了 $\mu(G,c) = 0$ 的情形之后, 现转到一般情形. 当所有的权增加一个常数时, 可使 $\mu(G,c)$ 及

$$\min_{x \in V(G)} \max_{\substack{0 \leqslant k \leqslant n-1 \\ F_k(x) < \infty}} \frac{F_n(x) - F_k(x)}{n - k}$$

同时改变同一个常数. 选择这个常数为 $-\mu(G,c)$, 则归结到 $\mu(G,c) = 0$ 的情形. □

此定理引导出如下算法:

最小平均圈算法

输入: 有向图 G, 权 $c : E(G) \to \mathbb{R}$.

输出: 具有最小平均权的圈 C 或 G 是无圈图的判断.

---

① 在图 G 中增加一个顶点 s, 对所有 $x \in V(G)$ 增加边 (s,x), 且令 $c((s,x)) := 0$.

② 令 $n := |V(G)|$, $F_0(s) := 0$, 并对所有 $x \in V(G) \setminus \{s\}$, 令 $F_0(x) := \infty$.

③ 对 $k := 1$ 至 n, 执行
　　对 所有 $x \in V(G)$, 执行
　　　　令 $F_k(x) := \infty$.
　　　　对 所有 $(w,x) \in \delta^-(x)$, 执行
　　　　　　若 $F_{k-1}(w) + c((w,x)) < F_k(x)$, 则
　　　　　　　　令 $F_k(x) := F_{k-1}(w) + c((w,x))$ 且 $p_k(x) := w$.

④ 若 对所有 $x \in V(G)$, 有 $F_n(x) = \infty$, 则终止 (G 是无圈的).

⑤ 设 x 是这样的顶点, 它使 $\displaystyle \max_{\substack{0 \leqslant k \leqslant n-1 \\ F_k(x) < \infty}} \frac{F_n(x) - F_k(x)}{n - k}$ 为最小.

⑥ 设 C 是边序列 $p_n(x), p_{n-1}(p_n(x)), p_{n-2}(p_{n-1}(p_n(x))), \cdots$ 中的任一个圈.

推论 7.14 (Karp, 1978) 最小平均圈算法可正确地求解, 其运行时间是 $O(nm)$.

证明 步骤 ① 在 G 中不会增加新的圈, 但使得定理 7.13 可以适用. 显然 ② 和 ③ 正确地计算了函数 $F_k(x)$. 那么, 如果算法终止于 ④, 则 G 的确是无圈的.

考虑实例 (G, c'), 其中对任意 $e \in E(G)$ 有 $c'(e) := c(e) - \mu(G, c)$. 对此实例, 其算法的运行与对实例 (G, c) 的状况完全一样, 所不同的只是 F 的值变为 $F_k'(x) = F_k(x) - k\mu(G, c)$. 由 ⑤ 中 x 的选取, 并由定理 7.13 及 $\mu(G, c') = 0$, 得到 $F_n'(x) = \min_{0 \leqslant k \leqslant n-1} F_k'(x)$. 因而从 s 到 x, 并有 n 条边, 且在 (G, c') 中具有长度 $F_n'(x)$ 的任意边序列, 一定是一条最短 s-x 路, 加上一个或多个零权的圈. 这样的圈在 (G, c) 中具有最小平均权 $\mu(G, c)$.

因此, 对 ⑤ 中选择的 x, 在从 s 到 x 且长度为 n 的最小权边序列中的每一个圈, 都是具有最小平均权的圈. 在 ⑥ 中选取的正是这样的圈.

算法的运行时间是由 ③ 决定的, 它显然使用了 $O(nm)$ 时间. 而 ⑤ 只用 $O(n^2)$ 时间.   □

对任意边权的无向图, 此算法不能用来求最小平均权的圈. 见习题 12.10.

对更一般的双重赋权图最小比值问题, Megiddo (1979,1983) 及 Radzik (1993) 提供了一些算法.

习 题

1. 设 G 是一个图 (有向或无向) 且赋权 $c: E(G) \to \mathbb{Z}_+$, 并设 $s, t \in V(G)$ 使得 t 可从 s 到达. 试证: 一条 s-t 路的最小长度等于分隔 s 和 t 的这种截的最大数目, 使得每一条边 e 至多含于它们中的 $c(e)$ 个截.

2. 假设权是从 0 到某个常数 C 之间的整数. 能否在这种特殊情形下, 使 DIJKSTRA 算法在线性时间运行? 提示: 用一个编号为 $0, \cdots, |V(G)| \cdot C$ 的数组, 按照当前的 l 值去存储顶点 (Dial, 1969).

3. 给定有向图 G, 权 $c: E(G) \to \mathbb{R}_+$, 及两个顶点 $s, t \in V(G)$. 假定只有唯一的最短 s-t 路 P. 能否在多项式时间找到不等于 P 前提下的最短 s-t 路?

4. 修订 DIJKSTRA 算法以便求解瓶颈最短路问题: 给定有向图 G、权 $c: E(G) \to \mathbb{R}$ 及 $s, t \in V(G)$, 寻求一条 s-t 路, 使其最长边尽可能短.

5. 设 G 是一个有向图且 $s, t \in V(G)$. 对每一条边 $e \in E(G)$ 赋予一个数 $r(e)$ (称为可靠度), 其中 $0 \leqslant r(e) \leqslant 1$. 一条路 P 的可靠性定义为它的边的可靠度的乘积. 问题是求具有最大可靠性的 s-t 路.

(a) 试证: 通过取对数, 此问题可归结为最短路问题.

(b) 说明如何不通过取对数, 在多项式时间求解此问题.

6. 给定无圈有向图 G、权 $c: E(G) \to \mathbb{R}$ 及 $s, t \in V(G)$. 试述如何在线性时间找出 G 的最短 s-t 路.

7. 给定无圈有向图 G、权 $c : E(G) \to \mathbb{R}$ 及 $s, t \in V(G)$. 试述如何在线性时间找出 G 的所有最长 s-t 路的并.

8. 运用线性规划对偶性, 特别是定理 3.24, 证明定理 7.7.

9. 设 G 是一个有向图且有守恒权 $c : E(G) \to \mathbb{R}$. 设 $s, t \in V(G)$ 使得 t 可以从 s 到达. 试证: G 中 s-t 路的长度最小值等于 $\pi(t) - \pi(s)$ 的最大值, 其中 π 是 (G, c) 的一个可行位势.

10. 设 G 是一个有向图, $V(G) = A \,\dot\cup\, B$ 且 $E(G[B]) = \varnothing$. 其次, 假设对所有 $v \in B$ 有 $|\delta(v)| \leqslant k$. 又设 $s, t \in V(G)$ 且 $c : E(G) \to \mathbb{R}$ 是守恒的. 试证: 可在 $O(|A|k|E(G)|)$ 时间找到最短 s-t 路, 且若 c 是非负的, 则运行时间是 $O(|A|^2)$ (Orlin, 1993).

11. 假定对任意权 $c : E(G) \to \mathbb{R}$ 的实例 (G, c) 运行 Floyd-Warshall 算法. 试证: 当且仅当 c 是守恒权时, 所有 l_{ii} $(i = 1, \cdots, n)$ 保持非负.

12. 给定一个赋守恒权的有向图, 试述如何在多项式时间求出一个最小总权的圈. 能否达到 $O(n^3)$ 的运行时间? 提示: 略为修改 Floyd-Warshall 算法.

注: 对一般权而言, 问题包括判定一个有向图是哈密尔顿图与否 (这是 NP 困难的, 见第 15 章). 至于如何在赋守恒权的无向图中求最小权圈, 将在 12.2 节中叙述.

13. 设 G 是一个无向完全图且 $c : E(G) \to \mathbb{R}_+$. 试证: (G, c) 是其自身的度量闭包当且仅当三角不等式成立: 对任意三个不同顶点 $x, y, z \in V(G)$, 有 $c(\{x, y\}) + c(\{y, z\}) \geqslant c(\{x, z\})$.

14. 逻辑集成块的计时限制问题可以用一个具有边权 $c : E(G) \to \mathbb{R}_+$ 的有向图 G 作为模型. 其中顶点表示存储单元, 边表示通过组合逻辑的路径, 而边权为信号传播时间的最劣情形估计. 设计超大型集成电路(VLSI) 的一个重要任务是求出最优的时钟安排, 即一个数 T 及一个映射 $a : V(G) \to \mathbb{R}$, 使得对所有 $(v, w) \in E(G)$, 有 $a(v) + c((v, w)) \leqslant a(w) + T$ 且 T 尽可能小 (这里 T 是集成块的循环时间, 而 $a(v)$ 及 $a(w) + T$ 分别是信号在 v 的 "出发时刻" 及在 w 的最迟允许 "到达时刻").

(a) 试将寻求最优的 T 归结为最小平均圈问题.

(b) 说明最优解中的时刻 $a(v)$ 如何有效地确定.

(c) 通常有些数 $a(v)$ 是事先固定的. 试述这种情形如何求解 (Albrecht et al., 2002).

参 考 文 献

一般著述

Ahuja R K, Magnanti T L and Orlin J B. 1993. Network Flows. Englewood Cliffs Prentice-Hall. Chapters 4 and 5.

Cormen T H, Leiserson C E, Rivest R L and Stein C. 2001. Introduction to Algorithms. Second Edition. Cambridge MIT Press. Chapters 24 and 25.

Dreyfus S E. 1969. An appraisal of some shortest path algorithms. Operations Research, 17: 395–412.

Gallo G and Pallottino S. 1988. Shortest paths algorithms. Annals of Operations Research, 13: 3–79.

Gondran M, and Minoux M. 1984. Graphs and Algorithms. Chichester: Wiley. Chapter 2.

Lawler E L. 1976. Combinatorial Optimization: Networks and Matroids. New York: Holt, Rinehart and Winston. Chapter 3.

Schrijver A. 2003. Combinatorial Optimization: Polyhedra and Efficiency. Berlin: Springer. Chapters 6–8.

Tarjan R E. 1983. Data Structures and Network Algorithms. Philadelphia: SIAM. Chapter 7.

引用文献

Ahuja R K, Mehlhorn K, Orlin J B and Tarjan R E. 1990. Faster algorithms for the shortest path problem. Journal of the ACM, 37: 213–223.

Albrecht C, Korte B, Schietke J and Vygen J. 2002. Maximum mean weight cycle in a digraph and minimizing cycle time of a logic chip. Discrete Applied Mathematics, 123: 103–127.

Bellman R E. 1958. On a routing problem. Quarterly of Applied Mathematics, 16: 87–90.

Chan T M. 2007. More algorithms for all-pairs shortest paths in weighted graphs. Proceedings of the 39th Annual ACM Symposium on Theory of Computing, 590–598

Cherkassky B V and Goldberg A V. 1999. Negative-cycle detection algorithms. Mathematical Programming, A 85: 277–311.

Dial R B. 1969. Algorithm 360: shortest path forest with topological order. Communications of the ACM, 12: 632–633.

Dijkstra E W. 1959. A note on two problems in connexion with graphs. Numerische Mathematik, 1: 269–271.

Edmonds J and Karp R M. 1972. Theoretical improvements in algorithmic efficiency for network flow problems. Journal of the ACM, 19: 248–264.

Fakcharoenphol J and Rao S. 2006. Planar graphs, negative weight edges, shortest paths, and near linear time. Journal of Computer and System Sciences, 72: 868–889.

Floyd R W. 1962. Algorithm 97 – shortest path. Communications of the ACM, 5: 345

Ford L R. 1956. Network flow theory. Paper P-923. The Rand Corporation. Santa Monica.

Fredman M L and Tarjan R E. 1987. Fibonacci heaps and their uses in improved network optimization problems. Journal of the ACM, 34: 596–615.

Fredman M L and Willard D E. 1994. Trans-dichotomous algorithms for minimum spanning trees and shortest paths. Journal of Computer and System Sciences, 48: 533–551.

Goldberg A V. 1995. Scaling algorithms for the shortest paths problem. SIAM Journal on Computing, 24: 494–504.

Henzinger M R, Klein P, Rao S and Subramanian S. 1997. Faster shortest-path algorithms for planar graphs. Journal of Computer and System Sciences, 55: 3–23.

Johnson D B. 1982. A priority queue in which initialization and queue operations take $O(\log \log D)$ time. Mathematical Systems Theory, 15: 295–309.

Karp R M. 1978. A characterization of the minimum cycle mean in a digraph. Discrete Mathematics, 23: 309–311.

Megiddo N. 1979. Combinatorial optimization with rational objective functions. Mathematics of Operations Research, 4: 414–424.

Megiddo N. 1983. Applying parallel computation algorithms in the design of serial algorithms. Journal of the ACM, 30: 852–865.

Moore E F. 1959. The shortest path through a maze. Proceedings of the International Symposium on the Theory of Switching. Part II. Harvard University Press, 285–292.

Orlin J B. 1993. A faster strongly polynomial minimum cost flow algorithm. Operations Research, 41: 338–350.

Pettie S. 2004. A new approach to all-pairs shortest paths on real-weighted graphs. Theoretical Computer Science, 312: 47–74.

Pettie S and Ramachandran V. 2005. Computing shortest paths with comparisons and additions. SIAM Journal on Computing, 34: 1398–1431.

Radzik T. 1993. Parametric flows, weighted means of cuts, and fractional combinatorial optimization//Complexity in Numerical Optimization (Pardalos P M, ed.). Singapore: World Scientific.

Raman R. 1997. Recent results on the single-source shortest paths problem. ACM SIGACT News, 28: 81–87.

Thorup M. 1999. Undirected single-source shortest paths with positive integer weights in linear time. Journal of the ACM, 46: 362–394.

Thorup M. 2000. On RAM priority queues. SIAM Journal on Computing, 30: 86–109.

Thorup M. 2004. Integer priority queues with decrease key in constant time and the single source shortest paths problem. Journal of Computer and System Sciences, 69: 330–353.

Warshall S. 1962. A theorem on boolean matrices. Journal of the ACM, 9: 11–12.

Zwick U. 2002. All pairs shortest paths using bridging sets and rectangular matrix multiplication. Journal of the ACM, 49: 289–317.

第 8 章 网 络 流

这一章和下一章考虑网络中的流. 给定一个有向图 G 及其边容量 $u : E(G) \to \mathbb{R}_+$, 并有两个指定顶点 s (源) 及 t (汇). 四元组 (G, u, s, t) 通常称为一个网络.

我们的主要意图是从 s 到 t 同时输送尽可能多的流量. 此问题的解答将称为最大流. 正式的定义如下:

定义 8.1 给定有向图 G 及其容量 $u : E(G) \to \mathbb{R}_+$, 一个 流 是这样的函数 $f : E(G) \to \mathbb{R}_+$, 使得对所有 $e \in E(G)$, 有 $f(e) \leqslant u(e)$ 成立. 一个流 f 在顶点 $v \in V(G)$ 处的超出量是

$$\mathrm{ex}_f(v) := \sum_{e \in \delta^-(v)} f(e) - \sum_{e \in \delta^+(v)} f(e)$$

称 f 在顶点 v 满足流守恒律, 是指 $\mathrm{ex}_f(v) = 0$. 在每一个顶点满足守恒律的流称为环流.

对给定的网络 (G, u, s, t), 一个 s-t 流是指满足如下条件的流 f: $\mathrm{ex}_f(s) \leqslant 0$ 且对所有 $v \in V(G) \backslash \{s, t\}$, 有 $\mathrm{ex}_f(v) = 0$. 定义 一个 s-t 流 f 的值为 $\mathrm{value}(f) := -\mathrm{ex}_f(s)$.

现在提出本章的基本问题:

最大流问题

实例: 网络 (G, u, s, t).

任务: 求一个最大值的 s-t 流.

不失一般性, 假设 G 是简单图, 因为平行边可以事先合并.

此问题有许多应用. 例如, 考虑如下的任务分配问题: 给定 n 项任务, 其作业时间分别为 $t_1, \cdots, t_n \in \mathbb{R}_+$, 并对每一个任务 $i \in \{1, \cdots, n\}$ 都有一个能够胜任此任务的人员的非空子集 $S_i \subseteq \{1, \cdots, m\}$. 欲求数值 $x_{ij} \in \mathbb{R}_+$, 其中 $i = 1, \cdots, n$ 且 $j \in S_i$ (表示人员 j 分配在任务 i 上的工作时间), 使得所有任务得以完成, 即 $\sum_{j \in S_i} x_{ij} = t_i$, $i = 1, \cdots, n$. 目标是使完成所有任务的时限 $T(x) := \max_{j=1}^m \sum_{i : j \in S_i} x_{ij}$ 为最小. 为解此问题, 我们将不用线性规划, 而设法寻求一个组合算法.

可以运用对分搜索法来找最优的 $T(x)$. 对一个指定的值 T, 寻找数值 $x_{ij} \in \mathbb{R}_+$ 使得对所有 i, 有 $\sum_{j \in S_i} x_{ij} = t_i$, 且对所有 j, 有 $\sum_{i : j \in S_i} x_{ij} \leqslant T$. 这里的集合 S_i 可以用一个二部图来表示: 其中每一个顶点 v_i 对应于一个任务 i, 一个顶点 w_j 对应

于一个人员 j, 且当 $j \in S_i$ 时连一边 (v_i, w_j). 引进两个附加的顶点 s 和 t, 且对所有 i 连边 (s, v_i) 而对所有 j 连边 (w_j, t). 设这样的图为 G. 定义容量 $u : E(G) \to \mathbb{R}_+$ 如下: 令 $u((s, v_i)) := t_i$, 且对所有其他边, 令 $u(e) := T$. 那么满足 $T(x) \leqslant T$ 的可行解 x 显然对应于 (G, u) 中值为 $\sum_{i=1}^n t_i$ 的 s-t 流. 其实, 这就是最大流.

8.1 节叙述最大流问题的基本算法, 并用它证明最大流–最小截定理. 这是组合最优化中最著名的结果之一, 它揭示出最大流与寻求最小容量 s-t 截的关系. 进而证明在整数容量情形下, 一定存在整值的最优流. 这两个结果结合起来可推出关于不相交路的 Menger 定理, 正如在 8.2 节所讨论的.

8.3∼8.5 节是关于最大流问题的有效算法. 然后注意力转移到求最小截. 8.6 节论述一个巧妙的办法去存储所有点对 s 与 t 之间的最小容量 s-t 截 (或最大值 s-t 流). 8.7 节说明如何更有效地确定无向图的边连通度 (或最小容量截), 而不必进行多次网络流计算.

8.1 最大流–最小截定理

最大流问题的定义引导出如下的线性规划形式:

$$
\max \quad \sum_{e \in \delta^+(s)} x_e - \sum_{e \in \delta^-(s)} x_e
$$

$$
\text{s.t.} \quad \sum_{e \in \delta^-(v)} x_e = \sum_{e \in \delta^+(v)} x_e \quad (v \in V(G) \setminus \{s, t\})
$$

$$
x_e \leqslant u(e) \quad (e \in E(G))
$$

$$
x_e \geqslant 0 \quad (e \in E(G))
$$

由于此线性规划显然是有界的, 且零流 $f \equiv 0$ 总是可行的, 所以有如下结果:

命题 8.2 最大流问题 总存在最优解.

进而由定理 4.18 知其存在多项式时间算法. 然而我们并不满足于此, 但愿找到不用线性规划的组合算法.

因 G 的一个 s-t 截就是边集 $\delta^+(X)$, 其中 $s \in X$ 且 $t \in V(G) \setminus X$, 故一个 s-t 截的容量就是其各边容量之和. 所谓 (G, u) 中的最小 s-t 截, 意指在 G 中关于 u 具有最小容量的 s-t 截.

引理 8.3 对任意 $A \subseteq V(G)$, 其中 $s \in A, t \notin A$, 以及任意 s-t 流 f, 有

(a) $\text{value}(f) = \sum_{e \in \delta^+(A)} f(e) - \sum_{e \in \delta^-(A)} f(e)$.

(b) $\text{value}(f) \leqslant \sum_{e \in \delta^+(A)} u(e)$.

证明 (a) 由于对 $v \in A \setminus \{s\}$ 的流守恒律成立

$$\text{value}(f) = \sum_{e \in \delta^+(s)} f(e) - \sum_{e \in \delta^-(s)} f(e)$$

$$= \sum_{v \in A} \left(\sum_{e \in \delta^+(v)} f(e) - \sum_{e \in \delta^-(v)} f(e) \right)$$

$$= \sum_{e \in \delta^+(A)} f(e) - \sum_{e \in \delta^-(A)} f(e)$$

(b) 由 $0 \leqslant f(e) \leqslant u(e)$, $e \in E(G)$ 及 (a) 得到.   □

换言之, 最大流的值不超过最小 s-t 截的容量. 其实, 这里有等式成立. 为知其然, 需要引进可扩路的概念, 这个概念在以后章节多次出现.

定义 8.4 对有向图 G, 定义 $\overleftrightarrow{G} := (V(G), E(G) \,\dot\cup\, \{\overleftarrow{e} : e \in E(G)\})$, 其中对 $e = (v, w) \in E(G)$, 定义 $\overleftarrow{e}$ 为一条从 w 到 v 的新边. 这里 $\overleftarrow{e}$ 称为 e 的反向边, e 亦称为 $\overleftarrow{e}$ 的反向边. 注意, 如果 $e = (v, w), e' = (w, v) \in E(G)$, 则 $\overleftarrow{e}$ 与 e' 是 $\overleftrightarrow{G}$ 中的两条平行边.

给定有向图 G, 其容量 $u : E(G) \to \mathbb{R}_+$ 及一个流 f, 定义剩余容量 $u_f : E(\overleftrightarrow{G}) \to \mathbb{R}_+$ 如下: 对所有 $e \in E(G)$, 令 $u_f(e) := u(e) - f(e)$ 且 $u_f(\overleftarrow{e}) := f(e)$. 其次, 剩余图 G_f 就是图 $(V(G), \{e \in E(\overleftrightarrow{G}) : u_f(e) > 0\})$.

给定一个流 f 及 G_f 中的一条路 (或圈) P, "沿 P 使 f 扩充 γ" 是指执行如下运算: 对每一个 $e \in E(P)$, 若 $e \in E(G)$, 则令 $f(e)$ 增加 γ; 否则, 即若 $e = \overleftarrow{e_0}$ 而 $e_0 \in E(G)$, 令 $f(e_0)$ 减小 γ.

给定一个网络 (G, u, s, t) 及一个 s-t 流 f, 一条 f-可扩路就是剩余图 G_f 中的一条 s-t 路.

运用这些概念, 如下由 Ford 与 Fulkerson (1957) 创立的最大流算法是十分自然的. 先讨论整值容量情形.

FORD-FULKERSON 算法

输入: 网络 (G, u, s, t) 及其容量 $u : E(G) \to \mathbb{Z}_+$.

输出: 一个最大值的 s-t 流 f.

① 对所有 $e \in E(G)$ 令 $f(e) = 0$.

② 寻找一条 f-可扩路 P. 若不存在, 则终止.

③ 计算 $\gamma := \min\limits_{e \in E(P)} u_f(e)$. 沿 P 使 f 扩充 γ, 再转 ②.

在 ③ 中达到最小的边通常称为瓶颈边. γ 的选择保证 f 继续成为一个流. 由于 P 是一条 s-t 路, 在除 s 与 t 之外的所有顶点, 流守恒律得以保持.

找可扩路是容易的, 只要在 G_f 中找 s-t 路. 但如何做要小心. 因为如果允许容量取无理数, 而在选择可扩路时运气不好, 算法可能根本不终止 (习题 8.2).

即使在整值容量情形, 也可以有指数多次增流. 这可由图 8.1 所示的简单网络来说明, 其中的数字为边容量 ($N \in \mathbb{N}$). 若每次迭代都选择长度为 3 的可扩路, 则每次只增流一个单位, 所以需要 $2N$ 次迭代. 注意到输入长度为 $O(\log N)$, 因为容量都按二进制编码. 所以迭代次数是指数的. 我们将在 8.3 节克服这些困难.

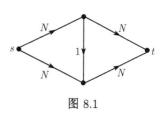

图 8.1

现在我们断言, 只要算法终止, f 就是最大流.

定理 8.5　一个 s-t 流 f 是最大的当且仅当不存在 f- 可扩路.

证明　如果存在一条可扩路 P, 则 Ford-Fulkerson 算法 的 ③ 得到值更大的流, 所以 f 不是最大的. 如果不存在可扩路, 这意味着在 G_f 中 t 不能从 s 到达. 设 R 是 G_f 中从 s 可到达的顶点集. 由 G_f 的定义, 对所有 $e \in \delta_G^+(R)$ 有 $f(e) = u(e)$, 而对所有 $e \in \delta_G^-(R)$ 有 $f(e) = 0$.

而引理 8.3 (a) 断言

$$\text{value}(f) = \sum_{e \in \delta_G^+(R)} u(e)$$

再由引理 8.3 (b) 推出 f 是最大流. 　　□

此定理特别地表明: 对任意的最大 s-t 流, 都有一个 s-t 截, 其容量等于流的值. 结合引理 8.3 (b), 这便导出网络流理论的中心结果 —— 最大流–最小截定理:

定理 8.6 (Ford, Fulkerson, 1956; Dantzig, Fulkerson, 1956)　在任意网络中, s-t 流的最大值等于 s-t 截的最小容量.

另一个证明曾由 Elias, Feinstein 与 Shannon(1956) 给出. 这个 最大流–最小截定理也很容易由线性规划对偶性得到, 见习题 3.8.

如果所有容量均为整数, Ford-Fulkerson 算法步骤 ③ 中的 γ 也一直是整数. 又因存在有限值的最大流(命题 8.2), 算法一定在有限步结束. 因此有如下重要推论:

推论 8.7 (Dantzig, Fulkerson, 1956)　若网络的容量均为整数, 则存在整值的最大流.

这一推论有时叫做整流定理, 也容易用有向图关联阵的全单模性来证明 (习题 8.3).

以另一个简单而有用的性质, 就是流分解定理, 来结束这一节:

定理 8.8 (Gallai, 1958; Ford, Fulkerson, 1962)　设 (G, u, s, t) 是一个网络, 并设 f 是 G 中的 s-t 流. 则 G 中一定存在一组 s-t 路 $\mathcal{P}$ 及一组圈 $\mathcal{C}$, 连同权 $w : \mathcal{P} \cup \mathcal{C} \to$

$\mathbb{R}_+$, 使得对任意 $e \in E(G)$ 有 $f(e) = \sum_{P \in \mathcal{P} \cup \mathcal{C}: e \in E(P)} w(P)$, $\sum_{P \in \mathcal{P}} w(P) = \text{value}(f)$, 且 $|\mathcal{P}| + |\mathcal{C}| \leqslant |E(G)|$.

进而, 如果 f 是整值的, 则 w 也可选择为整值的.

证明 对具有非零流的边数用归纳法构造 $\mathcal{P}, \mathcal{C}$ 及 w. 设 $e = (v_0, w_0)$ 是一条使 $f(e) > 0$ 的边. 除非 $w_0 = t$, 必定还有一边 (w_0, w_1) 具有非零流. 令 $i := 1$. 如果 $w_i \in \{t, v_0, w_0, \cdots, w_{i-1}\}$, 则终止. 否则, 必有一边 (w_i, w_{i+1}) 具有非零流. 于是, 令 $i := i + 1$ 并继续. 此过程在至多 n 步之内结束.

沿另一个方向同样进行: 若 $v_0 \neq s$, 则必有一边 (v_1, v_0) 具有非零流, 如此类推. 终于在 G 中找到一个圈或一条 s-t 路, 其中只用到有正流的边. 设 P 是这个圈或路. 令 $w(P) := \min_{e \in E(P)} f(e)$. 对 $e \in E(P)$, 令 $f'(e) := f(e) - w(P)$, 且对 $e \notin E(P)$, 令 $f'(e) := f(e)$. 对 f' 运用归纳假设即得欲证. $\qquad\square$

8.2 Menger 定理

在推论 8.7 及定理 8.8 中考虑所有容量为 1 的特殊情形. 这样, 整值的 s-t 流便可看作一组边不交的 s-t 路及圈. 于是得到如下的重要定理:

定理 8.9 (Menger, 1927) 设 G 是一个有向或无向图, s 及 t 是两个顶点, 且 $k \in \mathbb{N}$. 则存在 k 条边不交的 s-t 路当且仅当删去任意 $k - 1$ 条边之后, t 仍可从 s 到达.

证明 必要性是显然的. 为证有向情形的充分性, 设 (G, u, s, t) 是一个具有单位容量 $u \equiv 1$ 的网络, 且即使删去任意 $k - 1$ 条边后, t 仍可从 s 到达. 这意味着 s-t 截的最小容量至少为 k. 由最大流–最小截定理 8.6 及推论 8.7, 存在其值至少为 k 的整值 s-t 流. 再由定理 8.8, 此流可分解为一些 s-t 路 (或许还有某些圈) 上的整流. 由于所有容量为 1, 必定至少有 k 条边不交的 s-t 路.

为证无向情形的充分性, 设 G 是一个无向图, 且有两个顶点 s 及 t, 使得即使删去任意 $k - 1$ 条边后 t 仍可从 s 到达. 此性质经如下变换后依然为真: 将每一条边 $e = \{v, w\}$ 替换为五条有向边 $(v, x_e), (w, x_e), (x_e, y_e), (y_e, v), (y_e, w)$, 其中 x_e 及 y_e 是两个新顶点 (见图 8.2). 于是得到一个有向图 G', 并由第一部分证明得知, G' 中有 k 条边不交的 s-t 路. 它们容易转化为 G 中的 k 条边不交的 s-t 路. $\qquad\square$

反过来从 Menger 定理容易推导出最大流–最小截定理 (至少对有理容量是如此). 现在考虑顶点不交形式的 Menger 定理. 两条路称为内点不交的, 是指它们没有公共的边或公共的内部顶点 (可能有一个或两个公共端点).

定理 8.10 (Menger, 1927) 设 G 是一个有向或无向图, s 与 t 是两个不相邻顶点, 且 $k \in \mathbb{N}$. 则存在 k 条内点不交的 s-t 路当且仅当删去任意 $k - 1$ 个不同于 s 及 t 的顶点后, t 仍可从 s 到达.

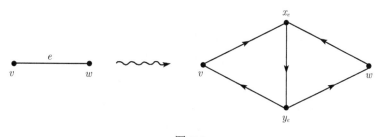

图 8.2

证明   必要性依然是平凡的. 有向情形的充分性可通过如下的基本构造, 从定理 8.9 的相应部分得到: 将 G 的每一个顶点 v 替换为两个顶点 v', v'' 及一条边 (v', v''); G 的每一条边 (v, w) 替换为 (v'', w'). 如果在新图 G' 中有 $k-1$ 条边删去后使得t' 不能从 s'' 到达, 则在图 G 中一定有至多$k-1$ 个顶点之集, 将其删去后 t 不能从 s 到达. 再者, 新图中的边不交 s''-t' 路对应于原图中的内点不交 s-t 路.

至于无向图形式, 正如定理 8.9 的证明一样, 可运用同样的构造方法变为有向情形 (见图 8.2).   □

如下是 Menger 定理的重要推论:

推论 8.11 (Whitney, 1932)   一个至少有两个顶点的无向图 G 是 k-边连通的当且仅当对每一对顶点 $s, t \in V(G)$, $s \neq t$, 存在 k 条边不交的 s-t 路.

一个多于 k 个顶点的无向图 G 是k- 连通的当且仅当对每一对顶点 $s, t \in V(G)$, $s \neq t$, 存在 k 条内点不交的 s-t 路.

证明   前一论断直接由定理 8.9 得到.

为证后一论断, 设 G 是一个多于 k 个顶点的无向图. 若 G 有 $k-1$ 顶点被删去后使其变为不连通图, 则它不可能对任一对顶点 $s, t \in V(G)$ 都有 k 条内点不交的 s-t 路.

反之, 若 G 对某一对 $s, t \in V(G)$ 不存在 k 条内点不交的 s-t 路, 则考虑如下两种情形. 若 s 与 t 是不相邻的, 则由定理 8.10 知, G 有 $k-1$ 个顶点, 将其删去后使 s 与 t 分离.

若 s 与 t 之间连接的平行边之集为 F, $|F| \geqslant 1$, 则 $G-F$ 不存在 $k-|F|$ 条内点不交的 s-t 路. 因而由定理 8.10 知, 它有 $k-|F|-1$ 个顶点的集 X, 将其删去后使 s 与 t 分离. 设 $v \in V(G) \setminus (X \cup \{s, t\})$. 则在 $(G-F)-X$ 中, v 不能从 s 到达或不能从 t 到达, 比如不能从 s 到达. 那么 v 与 s 分别处于 $G-(X \cup \{t\})$ 的不同连通分支之中, 从而 G 不是 k 连通的.   □

在许多应用问题中, 要寻找若干对顶点之间边不相交或点不相交的路. Menger 定理的四种形式 (有向与无向、点不交与边不交) 对应于不相交路问题的四种说法:

> **有向 (无向) 的边 (点) 不交路问题**
>
> 实例：两个顶点集相同的有向 (无向) 图 (G, H).
>
> 任务：在 G 中寻找一个边不交 (内点不交) 的路族 $(P_f)_{f \in E(H)}$, 使得对 H 中
> 的每一条边 $f = (t, s)$ (或 $f = \{t, s\}$), P_f 都是一条 $s\text{-}t$ 路.

这样的一个路族称为 (G, H) 的解. 称 P_f 为 f 的实现. G 的边称为供应边, H 的边称为需求边. 关联于需求边的顶点称为终端.

前面只考察了 H 是 k 条平行边的特殊情形. 一般的不交路问题 将在第 19 章讨论. 这里只提及 Menger 定理的如下有用特例：

命题 8.12 设 (G, H) 是有向的边不交路问题的实例, 其中 H 是一组平行边之集且 $G + H$ 是欧拉图. 则 (G, H) 有解.

证明 因 $G + H$ 是欧拉图, 每一条边, 特别是每一条边 $f \in E(H)$ 都属于某个圈 C. 取 $C - f$ 为所求解的第一条路, 删去 C 后用归纳法. □

8.3 Edmonds-Karp 算法

习题 8.2 指出, Ford-Fulkerson 算法 的步骤 ② 必须变得更确切才是. 其实, 与其任选一条可扩路, 不如找一条最短的, 即边数最少的可扩路. 正是基于这一简单思想, Edmonds 与 Karp (1972) 得到了最大流问题的第一个多项式时间算法.

EDMONDS-KARP 算法

输入：网络 (G, u, s, t).

输出：一个最大值的 $s\text{-}t$ 流 f.

① 对所有 $e \in E(G)$ 令 $f(e) = 0$.

② 找一条最短的 $f\text{-}$ 可扩路 P. 若无, 则终止.

③ 计算 $\gamma := \min\limits_{e \in E(P)} u_f(e)$. 沿 P 使 f 扩充 γ, 再转 ②.

这意味着Ford-Fulkerson 算法的②应该按广探法 (BFS) 的方式执行 (见 2.3 节).

引理 8.13 设 $f_1, f_2, \cdots$ 是流的序列, 其中 f_{i+1} 是由 f_i 经过沿 P_i 增流得到, 且 P_i 是一条最短的 f_i-可扩路. 则

(a) 对任意 k, $|E(P_k)| \leqslant |E(P_{k+1})|$.

(b) 对任意 $k < l$, 若 $P_k \cup P_l$ 包含一对反向边, 则有 $|E(P_k)| + 2 \leqslant |E(P_l)|$.

证明 (a) 设图 G_1 是从 $P_k \cup P_{k+1}$ 中删去成对出现的反向边之后所得到的图 (同时出现于 P_k 和 P_{k+1} 的边在 G_1 中作二重边看待). 可以看出 $E(G_1) \subseteq E(G_{f_k})$, 因为 $E(G_{f_{k+1}}) \setminus E(G_{f_k})$ 中的任意边一定是 P_k 中某条边的反向.

设 H_1 恰由 (t, s) 的二重边组成. 显然 $G_1 + H_1$ 是欧拉图. 因而由命题 8.12 知, 存在两条边不交的 s-t 路 Q_1 及 Q_2. 由于 $E(G_1) \subseteq E(G_{f_k})$, 所以 Q_1 与 Q_2 都是 f_k-可扩路. 又因 P_k 是最短的 f_k-可扩路, 故 $|E(P_k)| \leqslant |E(Q_1)|$ 且 $|E(P_k)| \leqslant |E(Q_2)|$. 从而,

$$2|E(P_k)| \leqslant |E(Q_1)| + |E(Q_2)| \leqslant |E(G_1)| \leqslant |E(P_k)| + |E(P_{k+1})|$$

于是 $|E(P_k)| \leqslant |E(P_{k+1})|$.

(b) 根据 (a), 只需证明论断 (b) 对这样的 k, l 成立: 对 $k < i < l$, $P_i \cup P_l$ 不含任何一对反向的边.

如前, 考察 G_1 是从 $P_k \mathbin{\dot{\cup}} P_l$ 中删去成对出现的反向边之后所得到的图. 同样有 $E(G_1) \subseteq E(G_{f_k})$. 为得到这一点, 注意 $E(P_k) \subseteq E(G_{f_k})$, $E(P_l) \subseteq E(G_{f_l})$, 而且 $E(G_{f_l}) \setminus E(G_{f_k})$ 的任意边一定是 $P_k, P_{k+1}, \cdots, P_{l-1}$ 之一的某条边的反向. 但是, 由 k 和 l 的选择, 在这些路中间只有 P_k 才包含 P_l 的边的反向.

再设 H_1 仅由 (t, s) 的二重边组成. 由于 $G_1 + H_1$ 是欧拉图, 命题 8.12 保证存在两条边不交的 s-t 路 Q_1 及 Q_2. 同样, Q_1 和 Q_2 都是 f_k-可扩路. 又因 P_k 是最短的 f_k-可扩路, 故有 $|E(P_k)| \leqslant |E(Q_1)|$ 且 $|E(P_k)| \leqslant |E(Q_2)|$. 于是得到结论

$$2|E(P_k)| \leqslant |E(Q_1)| + |E(Q_2)| \leqslant |E(P_k)| + |E(P_l)| - 2$$

(因为至少删去两条边). 证毕. $\qquad\square$

定理 8.14 (Edmonds, Karp, 1972) 无论边容量如何, Edmonds-Karp 算法至多在 $\frac{mn}{2}$ 次增流之后结束, 其中 m 和 n 分别表示边数和顶点数.

证明 设 $P_1, P_2, \cdots$ 是在 Edmonds-Karp 算法中选择的可扩路. 由算法步骤 ③ 中 γ 的选择, 每条可扩路都至少包含一条瓶颈边.

对任意一边 e, 设 $P_{i_1}, P_{i_2}, \cdots$ 是包含 e 作为瓶颈边的可扩路子序列. 显然, 在 P_{i_j} 与 $P_{i_{j+1}}$ 之间必存在一条可扩路 P_k $(i_j < k < i_{j+1})$ 包含 $\overleftarrow{e}$. 根据引理 8.13 (b), 对所有 j, 有 $|E(P_{i_j})| + 4 \leqslant |E(P_k)| + 2 \leqslant |E(P_{i_{j+1}})|$. 若 e 不以 s 或 t 为端点, 则对所有 j, 有 $3 \leqslant |E(P_{i_j})| \leqslant n-1$, 因而至多有 $\frac{n}{4}$ 条可扩路包含 e 作为瓶颈. 否则, 至多一条可扩路包含 e 或 $\overleftarrow{e}$ 作为瓶颈.

由于任意一条可扩路必须包含 $\overrightarrow{G}$ 一条边作为瓶颈, 所以至多有 $|E(\overrightarrow{G})| \frac{n}{4} = \frac{mn}{2}$ 条可扩路, 如所欲证. $\qquad\square$

推论 8.15 Edmonds-Karp 算法 在 $O(m^2 n)$ 时间求出最大流问题的解.

证明 由定理 8.14 知, 至多有 $\frac{mn}{2}$ 次增流. 而每一次增流运用广探法 (BFS) 的时间界为 $O(m)$. $\qquad\square$

8.4 阻塞流与 Fujishige 算法

大约在 Edmonds 与 Karp 考虑如何建立最大流问题多项式时间算法的时候, Dinic (1970) 也独立地发现了甚至更好的算法. 这是基于如下的定义:

定义 8.16   给定网络 (G, u, s, t) 及 s-t 流 f. 剩余图 G_f 的 **分层图**G_f^L 是指这样的图:

$$(V(G), \{(e = (x, y) \in E(G_f) : \text{dist}_{G_f}(s, x) + 1 = \text{dist}_{G_f}(s, y)\})$$

注意, 分层图是无圈的. 而它容易由广探法 (BFS) 在 $O(m)$ 时间构造出来.

引理 8.13(a) 断言, 在 EDMONDS-KARP 算法中的最短可扩路的长度是非减的. 称具有相同长度可扩路的序列为算法的一个阶段. 设 f 是一个阶段开始时的流. 从引理 8.13 (b) 的证明得知, 所有在这一阶段里扩流的路, 在 G_f 中已经是可扩路了. 因此所有这些路一定是 G_f 的分层图的 s-t 路.

定义 8.17   给定网络 (G, u, s, t), 一个 s-t 流 f 称为 **阻塞的**, 是指 $(V(G), \{e \in E(G) : f(e) < u(e)\})$ 不含 s-t 路.

一个阶段中所有可扩路的并, 可以对应于 G_f^L 中的一个阻塞流. 值得注意的是, 阻塞流不一定是最大的. 以上考虑引导出如下求解方案:

DINIC 算法

输入: 网络 (G, u, s, t).

输出: 一个最大值的 s-t 流 f.

---

① 对所有 $e \in E(G)$ 令 $f(e) = 0$.

② 构造 G_f 的分层图 G_f^L.

③ 在 G_f^L 中求一个 阻塞的 s-t 流 f'. 若 $f' = 0$, 则终止.

④ 用 f' 对 f 进行扩充, 并转 ②.

由于最短可扩路的长度随阶段而增加, 故 DINIC 算法至多进行 $n - 1$ 个阶段后结束. 这样, 剩下只需阐明在无圈图中如何有效地求出阻塞流. Dinic 对每一个阶段得到 $O(nm)$ 的时间界, 这不太难证明 (见习题 8.14).

这个界已被 Karzanov (1974) 改进为 $O(n^2)$, 亦可参见 Malhotra, Kumar, Maheshwari (1978). 随后的改进还有 Cherkassky (1977), Galil (1980), Galil, Namaad (1980), Shiloach (1978), Sleator (1980), 以及 Sleator, Tarjan (1983). 最后两个文献叙述了在无圈网络中求阻塞流的 $O(m \log n)$ 算法, 其中用到一种称为动态树的数据

结构. 以此为子程序, DINIC 算法可成为最大流问题的 $O(mn \log n)$ 算法. 可是, 在此不拟详述这些算法 (见 Tarjan, 1983), 因为下一节的主题将是一个更快捷的网络流算法.

这一节最后介绍 Fujishige(2003) 的一个弱多项式算法, 主要因为它简单.

FUJISHIGE 算法

输入: 网络 (G, u, s, t) 及其容量 $u : E(G) \to \mathbb{Z}_+$.
输出: 一个最大值的 $s\text{-}t$ 流 f.

---

① 对所有 $e \in E(G)$, 令 $f(e) = 0$. 令 $\alpha := \max\{u(e) : e \in E(G)\}$.

② 令 $i := 1$, $v_1 := s$, $X := \varnothing$, 且对所有 $v \in V(G)$, 令 $b(v) := 0$.

③ 对 $e = (v_i, w) \in \delta_{G_f}^+(v_i)$ 且 $w \notin \{v_1, \cdots, v_i\}$, 执行
  令 $b(w) := b(w) + u_f(e)$. 若 $b(w) \geqslant \alpha$, 则 令 $X := X \cup \{w\}$.

④ 若 $X = \varnothing$, 则
  令 $\alpha := \lfloor \frac{\alpha}{2} \rfloor$. 若 $\alpha = 0$, 则终止, 否则转 ②.

⑤ 令 $i := i + 1$. 选取 $v_i \in X$, 并令 $X := X \setminus \{v_i\}$.
  若 $v_i \neq t$, 则转 ③.

⑥ 令 $\beta(t) := \alpha$, 并对所有 $v \in V(G) \setminus \{t\}$, 令 $\beta(v) := 0$.
  当 $i > 1$ 时, 执行
    对 $e = (p, v_i) \in \delta_{G_f}^-(v_i)$ 且 $p \in \{v_1, \cdots, v_{i-1}\}$, 执行
      令 $\beta' := \min\{\beta(v_i), u_f(e)\}$.
      对 f 沿 e 扩充 β'.
      令 $\beta(v_i) := \beta(v_i) - \beta'$ 且 $\beta(p) := \beta(p) + \beta'$.
    令 $i := i - 1$.

⑦ 转 ②.

定理 8.18   FUJISHIGE 算法对简单有向图 G 及整容量 $u : E(G) \to \mathbb{Z}_+$, 可在 $O(mn \log u_{\max})$ 时间内正确地求解最大流问题, 其中 $n := |V(G)|$, $m := |E(G)|$ 且 $u_{\max} := \max\{u(e) : e \in E(G)\}$.

证明   把结束于 ④ 或 ⑦(然后返回 ②) 的步骤序列称为一次迭代. 在 ②～⑤ 中, $v_1, \cdots, v_i$ 是一个顶点子集中的顺序, 使得对 $j = 2, \cdots, i$, 有 $b(v_j) = u_f(E^+(\{v_1, \cdots, v_{j-1}\}, \{v_j\})) \geqslant \alpha$. 在 ⑥ 中, 流 f 被扩充一个不变量 $\sum_{v \in V(G)} \beta(v) = \alpha$, 因而结果是得到一个总值增大 α 个单位的 $s\text{-}t$ 流.

这样, 至多经过 $n - 1$ 次迭代, α 将会发生首次下降. 当在步骤 ④ 中, α 下降为 $\alpha' = \lfloor \frac{\alpha}{2} \rfloor \geqslant \frac{\alpha}{3}$ 时, 得到 G_f 中的一个 $s\text{-}t$ 截 $\delta_{G_f}^+(\{v_1, \cdots, v_i\})$, 其容量小于 $\alpha(|V(G)| -$

i), 因为对所有 $v \in V(G) \setminus \{v_1, \cdots, v_i\}$, 有 $b(v) = u_f(E^+(\{v_1, \cdots, v_i\}, \{v\})) < \alpha$. 由引理 8.3(b), G_f 中最大 s-t 流的值小于 $\alpha(n-i) < 3\alpha'n$. 因此, 在少于 $3n$ 次迭代之后, α 将再度下降. 若 α 从 1 下降为 0, 则在 G_f 中得到容量为 0 的 s-t 截, 故 f 是最大的.

因 α 在到达 0 之前至多下降 $1 + \log u_{\max}$ 次, 而 α 两次改变之间的每一次迭代需 $O(m)$ 时间 (这样的迭代有 $O(n)$ 个), 故算法的总运行时间为 $O(mn \log u_{\max})$. □

这种缩放尺度技术在许多场合是很有用的, 在第 9 章还会见到. Fujishige (2003) 还描述了其不用缩放的算法变形, 其中步骤 ⑤ 是选择达到 $\max\{b(v) : v \in V(G) \setminus \{v_1, \cdots, v_{i-1}\}\}$ 的顶点 v_i. 这样得到的顺序称为 MA 序, 将在 8.7 节讲到. 这种变形的运行时间略高于前者, 也不是强多项式的 (Shioura, 2004). 见习题 8.17.

8.5 Goldberg-Tarjan 算法

这一节将论述 Goldberg 与 Tarjan(1988) 给出的推流－重标算法, 并推导运行时间的界 $O(n^2\sqrt{m})$.

运用动态树的精巧设计 (Sleator, Tarjan, 1983), 还可以得到运行时间为 $O\left(nm \log \frac{n^2}{m}\right)$ 及 $O\left(nm \log\left(\frac{n}{m}\sqrt{\log u_{\max}} + 2\right)\right)$ 的网络流算法, 其中 $u_{\max}$ 是最大的整值边容量 (前者见 (Goldberg, Tarjan,1988), 后者见 (Ahuja, Orlin, Tarjan,1989)). 已知当今最好的界是 $O\left(nm \log_{2+m/(n \log n)} n\right)$ (King, Rao, Tarjan, 1994) 及

$$O\left(\min\{m^{1/2}, n^{2/3}\} m \log\left(\frac{n^2}{m}\right) \log u_{\max}\right)$$

(Goldberg, Rao, 1998).

由定义及定理 8.5, 当且仅当如下条件成立时, 流 f 是最大 s-t 流:

- 对所有 $v \in V(G) \setminus \{s, t\}$, 有 $\text{ex}_f(v) = 0$;
- 不存在 f-可扩路.

迄今讨论的算法都始终保持第一个条件, 而终止于第二个条件. 推流－重标算法则从满足第二个条件的流 f 开始, 并一直保持之. 自然当第一个条件也满足时结束. 由于在算法过程中 (除非终止) f 不是 s-t 流, 我们引进一个更弱的术语: s-t 预流.

定义 8.19 对给定的网络 (G, u, s, t), 一个 s-t 预流是满足如下条件的函数 f: $E(G) \to \mathbb{R}_+$: 对所有 $e \in E(G)$, 有 $f(e) \leqslant u(e)$, 且对所有 $v \in V(G) \setminus \{s\}$, 有 $\text{ex}_f(v) \geqslant 0$. 若对 $v \in V(G) \setminus \{s, t\}$, 有 $\text{ex}_f(v) > 0$, 则称顶点 v 为活动的.

显然, 当且仅当不存在活动顶点时, 一个 s-t 预流也是 s-t 流.

定义 8.20 设 (G, u, s, t) 是一个网络且 f 是一个 s-t 预流. 一个 **距离标号**是指这样函数 $\psi : V(G) \to \mathbb{Z}_+$, 使得 $\psi(t) = 0$, $\psi(s) = n$ 且对所有 $(v, w) \in E(G_f)$, 有 $\psi(v) \leqslant \psi(w) + 1$. 若一条边 $e = (v, w) \in E(\overleftrightarrow{G})$ 使得 $e \in E(G_f)$ 且 $\psi(v) = \psi(w) + 1$, 则称它是容许的.

若 ψ 是一个距离标号, 则对 $v \neq s$, $\psi(v)$ 是在 G_f 中从 v 到 t 的距离 (最短 v-t 路的边数) 的下界.

下述的推流 – 重标算法将始终运作一个 s-t 预流 f 及一个距离标号 ψ. 开始的预流是这样: 对 s 的引出边, 流等于其容量; 对其他边, 流等于零. 初始的距离标号是: $\psi(s) = n$ 且对所有 $v \in V(G) \setminus \{s\}$ 有 $\psi(v) = 0$.

然后算法按任意顺序执行两个更新过程: 推流 PUSH (更新 f) 及重标 RELABEL (更新 ψ).

推流 – 重标算法

输入: 网络 (G, u, s, t).

输出: 最大 s-t 流 f.

---

① 对每一个 $e \in \delta^+(s)$, 令 $f(e) := u(e)$.

对每一个 $e \in E(G) \setminus \delta^+(s)$, 令 $f(e) := 0$.

② 令 $\psi(s) := n$, 且对所有 $v \in V(G) \setminus \{s\}$, 令 $\psi(v) := 0$.

③ 当存在活动顶点时, 执行

设 v 是一个活动顶点.

若没有 $e \in \delta^+_{G_f}(v)$ 是容许的,

则执行 RELABEL(v),

否则, 设 $e \in \delta^+_{G_f}(v)$ 是一条容许边, 执行 PUSH(e).

过程 PUSH(e)

① 令 $\gamma := \min\{\mathrm{ex}_f(v), u_f(e)\}$, 其中 v 是使 $e \in \delta^+_{G_f}(v)$ 的顶点.

② 沿 e 使 f 扩充 γ.

过程 RELABEL(v)

① 令 $\psi(v) := \min\{\psi(w) + 1 : e = (v, w) \in E(G_f)\}$.

命题 8.21   在推流–重标算法的执行过程中, f 始终是 s-t 预流, ψ 也总是关于 f 的距离标号.

证明   欲证推流及重标过程都保持这些性质. 显然, 在一次推流运算之后, f 仍然是一个 s-t 预流. 而重标运算也不改变 f. 再者, 在重标运算之后, ψ 依然是距离标号.

剩下要证明: 在一次推流运算之后, ψ 是关于新的预流的距离标号. 为此, 必须验证对 G_f 的每一条新边 (a,b) 有 $\psi(a) \leqslant \psi(b) + 1$. 但如果对某个 $e = (v,w)$ 执行 PUSH(e), 则 G_f 中唯一可能的新边就是 e 的反向边, 此时由于 e 是容许的, 有 $\psi(w) = \psi(v) - 1$. $\qquad\square$

引理 8.22   若 f 是一个 s-t 预流且 ψ 是关于 f 的距离标号, 则

(a) 在 G_f 中 s 是可从任一活动顶点 v 到达的.

(b) 对 $v, w \in V(G)$, 若在 G_f 中 w 是可从 v 到达的, 则 $\psi(v) \leqslant \psi(w) + n - 1$.

(c) 在 G_f 中 t 是不能从 s 到达的.

证明   (a) 设 v 是一个活动顶点, 并设 R 是在 G_f 中从 v 可到达的顶点之集. 则对所有 $e \in \delta_G^-(R)$, $f(e) = 0$. 那么

$$\sum_{w \in R} \mathrm{ex}_f(w) = \sum_{e \in \delta_G^-(R)} f(e) - \sum_{e \in \delta_G^+(R)} f(e) \leqslant 0$$

但 v 是活动的, 即 $\mathrm{ex}_f(v) > 0$, 因而必存在顶点 $w \in R$ 使得 $\mathrm{ex}_f(w) < 0$. 又因 f 是一个 s-t 预流, 此顶点只能是 s.

(b) 假设 G_f 中有一条 v-w 路, 比如其顶点为 $v = v_0, v_1, \cdots, v_k = w$. 由于存在关于 f 的距离标号 ψ, 所以对 $i = 0, \cdots, k-1$, 有 $\psi(v_i) \leqslant \psi(v_{i+1}) + 1$. 因而 $\psi(v) \leqslant \psi(w) + k$, 这里 $k \leqslant n - 1$.

(c) 因为 $\psi(s) = n$ 且 $\psi(t) = 0$, 这直接由 (b) 得到. $\qquad\square$

上述 (c) 有助于证明如下结论:

定理 8.23   当算法结束时, f 是最大 s-t 流.

证明   因为没有活动顶点, 所以 f 是一个 s-t 流. 引理 8.22(c) 蕴涵着不存在可扩路. 再由定理 8.5 可知 f 是最大的. $\qquad\square$

现在问题是推流及重标运算执行多少次.

引理 8.24   (a) 对每一个 $v \in V(G)$, 每当执行 RELABEL(v) 时, $\psi(v)$ 是严格递增的, 且永远不会减小.

(b) 在算法的任何阶段, 对所有 $v \in V(G)$ 均有 $\psi(v) \leqslant 2n - 1$.

(c) 没有顶点被重标多于 $2n - 1$ 次. 重标运算的总次数不超过 $2n^2 - n$.

证明   (a) ψ 只在重标过程中发生变化. 若没有 $e \in \delta_{G_f}^+(v)$ 是容许的, 则执行运算 RELABEL(v) 使 $\psi(v)$ 严格增大 (注意在任何时候 ψ 都是距离标号).

(b) 仅当 v 是活动顶点时 $\psi(v)$ 才会改变. 再根据引理 8.22(a) 及 (b), $\psi(v) \leqslant \psi(s) + n - 1 = 2n - 1$.

(c) 直接由 (a) 及 (b) 得到. □

现在来分析推流运算的次数. 我们将区分出饱和推流 (即推流后有 $u_f(e) = 0$) 以及非饱和推流.

引理 8.25 饱和推流的次数至多是 $2mn$.

证明 在从 v 到 w 的一次饱和推流之后, 下一次此处的推流至少等到这样的时候才能发生: $\psi(w)$ 至少增加 2, 从 w 到 v 出现一次反向推流, 并且 $\psi(v)$ 至少增加 2. 结合引理 8.24(a) 及 (b), 由此证得: 在每条边 $(v, w) \in E(\overset{\leftrightarrow}{G})$ 上至多有 n 次饱和推流. □

非饱和推流的次数一般在 $n^2 m$ 的阶次之内 (习题 8.19). 但如在步骤 ③ 中选择使 $\psi(v)$ 取最大值的活动顶点, 可以得到更好的界. 照常记 $n := |V(G)|$, $m := |E(G)|$ 且假定 $n \leqslant m \leqslant n^2$.

引理 8.26 若在推流–重标算法的 ③ 中, 总是选择 v 为使 $\psi(v)$ 最大的活动顶点, 则非饱和推流的次数至多是 $8n^2 \sqrt{m}$.

证明 称 $\psi^* := \max\{\psi(v) : v$ 是活动的$\}$ 的两次相继改变之间的时间为一个阶段. 因为 ψ^* 只在重标时才会增加, 所以它的总增加量不超过 $2n^2$. 又因开始时 $\psi^* = 0$, 所以它发生减小的次数不超过增加的总量 $2n^2$, 从而阶段数至多是 $4n^2$.

如果一个阶段至多包含 $\sqrt{m}$ 次非饱和推流, 则称此阶段是低廉的, 否则称为耗费的. 显然, 在所有低廉阶段中至多有 $4n^2 \sqrt{m}$ 次非饱和推流.

设
$$\Phi := \sum_{v \in V(G): v \text{是活动的}} |\{w \in V(G) : \psi(w) \leqslant \psi(v)\}|$$

开始时 $\Phi \leqslant n^2$. 一次重标步骤至多可使 Φ 增加 n. 一次饱和推流也至多使 Φ 增加 n. 但非饱和推流不能使 Φ 增加. 由于结束时 $\Phi = 0$, 所以 Φ 的总减小量不超过 $n^2 + n(2n^2 - n) + n(2mn) \leqslant 4mn^2$.

现在来考虑在一个耗费阶段中的非饱和推流. 每一次这样的推流都是沿着 $\psi(v) = \psi^* = \psi(w) + 1$ 的边 (v, w) 进行的, 使得 v 不再活动, 且可能激活 w.

因为阶段结束于重标或使 $\psi(v) = \psi^*$ 的最后一个活动顶点 v 成为不活动的, 所以具有 $\psi(w) = \psi^*$ 的顶点 w 之集在此阶段中保持不变; 又因这个阶段是耗费的, 故它包含多于 $\sqrt{m}$ 个顶点. 因此在一个耗费阶段中的每一次非饱和推流至少使 Φ 减少 $\sqrt{m}$. 这样一来, 在所有耗费阶段中非饱和推流的总次数不超过 $\frac{4mn^2}{\sqrt{m}} = 4n^2 \sqrt{m}$. □

此证明是由 Cheriyan 与 Mehlhorn (1999) 给出的. 我们最后得到:

定理 8.27 (Goldberg, Tarjan, 1988; Cheriyan, Maheshwari, 1989; Tunçel, 1994) 推流–重标算法正确地求解最大流问题且可在 $O(n^2 \sqrt{m})$ 时间完成.

证明　其正确性由命题 8.21 及定理 8.23 得到.

如引理 8.26 所述, 在 ③ 中总是选择 v 为使 $\psi(v)$ 最大的活动顶点. 为便于实行, 记录一些双关联的数据表 $L_0, \cdots, L_{2n-1}$, 其中 L_i 包含着全部具有 $\psi(v) = i$ 的活动顶点 v. 这些表在每一次推流或重标运算中以常数时间更新.

开始时对 $i = 0$ 扫描 L_i. 当一个顶点被重标时, 相应地增加 i. 当发现当前的 i 对应的表 L_i 为空时 (在此层最后一个活动顶点被消除活动性之后), 便减小 i 直至 L_i 不空. 根据引理 8.24(c), i 至多增加 $2n^2$ 次, 故这里 i 也至多减小 $2n^2$ 次.

作为第二个数据结构, 还存储一个双关联的表 A_v, 对每一个顶点 v, 它包含从 v 引出的所有容许边. 它们在每一次推流运算时也以常数时间进行更新, 而在每一次重标运算时, 更新时间与关联于此重标顶点的边数成比例 (常数倍).

所以运算 RELABEL(v) 共使用 $O(|\delta_G(v)|)$ 时间. 再由引理 8.24(c) 得知, 重标过程的总时间为 $O(mn)$. 另一方面, 每一次推流使用常数时间, 并由引理 8.25 及引理 8.26 得知, 推流的总次数为 $O(n^2\sqrt{m})$.　　　　　　　　　　　　　　□

8.6　Gomory-Hu 树

最大流问题的任意算法都蕴含着如下问题的解答:

最小容量截问题

实例: 网络 (G, u, s, t).

任务: 求 G 中最小容量的 s-t 截.

命题 8.28　最小容量截问题可以在与最大流问题同样的运行时间内求解, 特别可用 $O(n^2\sqrt{m})$ 时间算法求解.

证明　对网络 (G, u, s, t) 计算最大 s-t 流 f 并定义 X 为 G_f 中所有可从 s 到达的顶点之集. X 可用图搜索算法在线性时间计算出来 (命题 2.17). 由引理 8.3 及定理 8.5 知, $\delta_G^+(X)$ 构成一个最小容量 s-t 截. 由定理 8.27 得到 $O(n^2\sqrt{m})$ 的运行时间 (但不是最好可能的).　　　　　　　　　　　　□

这一节考虑: 对具有容量 $u : E(G) \to \mathbb{R}_+$ 的无向图 G, 求出所有点对 s, t 之间的最小容量 s-t 截.

此问题自然也可以归结为前者: 对所有点对 $s, t \in V(G)$ 求解 (G', u', s, t) 的最小容量截问题, 其中 (G', u') 是在 (G, u) 中将无向边 $\{v, w\}$ 替换为两条反向的有向边 (v, w) 及 (w, v) 且令 $u'((v, w)) = u'((w, v)) = u(\{v, w\})$. 这样一来, 即可对所有 s, t, 经过 $\binom{n}{2}$ 次最大流计算, 得到所有最小 s-t 截.

这一节将致力于论述 Gomory 与 Hu (1961) 的精美方法, 它只需 $n - 1$ 次最大流计算. 在 12.3 节及 20.3 节将看到它的一些应用.

定义 8.29   设 G 是一个无向图且 $u : E(G) \to \mathbb{R}_+$ 是其容量函数. 对两个顶点 $s, t \in V(G)$, 用 λ_{st} 表示它们的局部边连通度, 即分隔 s 和 t 的截的最小容量.

一个图的边连通度显然是在单位容量情形下的最小局部边连通度.

引理 8.30   对任意顶点 $i, j, k \in V(G)$, 有 $\lambda_{ik} \geqslant \min(\lambda_{ij}, \lambda_{jk})$.

证明   设 $\delta(A)$ 是这样一个截, 其中 $i \in A$, $k \in V(G) \setminus A$ 且 $u(\delta(A)) = \lambda_{ik}$. 若 $j \in A$, 则 $\delta(A)$ 分隔 j 和 k, 因而 $u(\delta(A)) \geqslant \lambda_{jk}$. 若 $j \in V(G) \setminus A$, 则 $\delta(A)$ 分隔 i 和 j, 因而 $u(\delta(A)) \geqslant \lambda_{ij}$. 于是得出结论 $\lambda_{ik} = u(\delta(A)) \geqslant \min(\lambda_{ij}, \lambda_{jk})$. $\square$

实际上, 对于一组数 $(\lambda_{ij})_{1 \leqslant i, j \leqslant n}$, 其中 $\lambda_{ij} = \lambda_{ji}$, 它们能够成为某个图的所有局部边连通度, 上述条件不仅是必要的, 而且是充分的 (习题 8.23).

定义 8.31   设 G 是一个无向图且 $u : E(G) \to \mathbb{R}_+$ 是其容量函数. 一个满足如下条件的树 T 称为关于 (G, u) 的 Gomory-Hu 树: $V(T) = V(G)$ 且对所有 $s, t \in V(G)$,

$$\lambda_{st} = \min_{e \in E(P_{st})} u(\delta_G(C_e))$$

其中 P_{st} 是 T 中的唯一 s-t 路, 且对 $e \in E(T)$, C_e 及 $V(G) \setminus C_e$ 是 $T - e$ 的两个连通分支, 即 $\delta_G(C_e)$ 是 e 关于 T 的基本截.

我们将会看到, 每一个图都具有 Gomory-Hu 树. 这意味着, 任意无向图 G 都有一张由 $n - 1$ 个截组成的清单, 使得对任一对顶点 $s, t \in V(G)$, 都存在一个最小的 s-t 截属于此清单.

一般来说, Gomory-Hu 树不能取作 G 的子图. 例如, 考虑 $G = K_{3,3}$ 且 $u \equiv 1$. 对所有 $s, t \in V(G)$, 有 $\lambda_{st} = 3$. 容易看出, 对 (G, u) 的 Gomory-Hu 树就是五条边的星.

构造 Gomory-Hu 树的算法的主要思想如下: 首先任取 $s, t \in V(G)$ 并求出某个最小 s-t 截, 比如 $\delta(A)$. 设 $B := V(G) \setminus A$. 然后将 A (或 B) 收缩为一个顶点. 任选 $s', t' \in B$ (或相应地取 $s', t' \in A$), 并在收缩图 G' 中寻找一个最小 s'-t' 截. 继续此过程, 每次总是选择这样的一对顶点 s', t', 它们不被迄今得到的任一个截所分隔. 在每一步, 对当前已得到的每一个截 $E(A', B')$ 而言, 收缩 A' 或 B', 视哪一部份不含 s' 及 t' 而定.

终于做到每一对顶点都被分隔开. 总共得到 $n - 1$ 个截. 关键之处在于: 在收缩图 G' 中的最小 s'-t' 截也是 G 中的最小 s'-t' 截. 这正是下一个引理所要阐述的. 必须注意的是, 在 (G, u) 中收缩一个顶点集 A 时, G' 中的每一条边的容量仍然是 G 中对应边的容量.

引理 8.32   设 G 是一个无向图且 $u : E(G) \to \mathbb{R}_+$ 是其容量函数. 设 $s, t \in V(G)$, 并设 $\delta(A)$ 是 (G, u) 中的一个最小 s-t 截. 现在再设 $s', t' \in V(G) \setminus A$, 且 (G', u') 是由 (G, u) 将 A 收缩为一个顶点所得到的. 则对 (G', u') 中的任意最小 s'-t' 截 $\delta(K \cup \{A\})$ 而言, $\delta(K \cup A)$ 也是 (G, u) 中的最小 s'-t' 截.

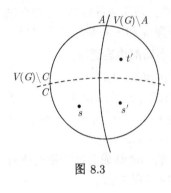

图 8.3

证明 设 s, t, A, s', t', G', u' 如上所述. 不妨设 $s \in A$. 只需证明在 (G, u) 中存在一个最小 s'-t' 截 $\delta(A')$ 使得 $A \subset A'$. 为此, 设 $\delta(C)$ 是 (G, u) 中的任意最小 s'-t' 截. 不失一般性, 设 $s \in C$.

由于 $u(\delta(\cdot))$ 是一个子模集函数 (参见引理 2.1(c)), 故有 $u(\delta(A)) + u(\delta(C)) \geqslant u(\delta(A \cap C)) + u(\delta(A \cup C))$. 但 $\delta(A \cap C)$ 是一个 s-t 截, 因而 $u(\delta(A \cap C)) \geqslant \lambda_{st} = u(\delta(A))$. 所以 $u(\delta(A \cup C)) \leqslant u(\delta(C)) = \lambda_{s't'}$, 于是证得 $\delta(A \cup C)$ 是一个最小 s'-t' 截 (见图 8.3).   □

现在叙述构造 Gomory-Hu 树的算法. 值得注意的是, 构造过程中的树 T 是以原图的顶点子集作为顶点的. 实际上, 这些子集构成 $V(G)$ 的一个划分. 开始时, T 的唯一顶点就是 $V(G)$. 在每一次迭代, 选择 T 的一个顶点, 它至少包含 G 的两个顶点, 并将其一分为二.

GOMORY-HU 算法

输入: 无向图 G 及其容量函数 $u : E(G) \to \mathbb{R}_+$.

输出: (G, u) 的一个 Gomory-Hu 树 T.

---

① 令 $V(T) := \{V(G)\}$ 且 $E(T) := \varnothing$.

② 选择某个 $X \in V(T)$ 使 $|X| \geqslant 2$. 若不存在这样的 X, 则转向 ⑥.

③ 选择 $s, t \in X$ 且 $s \neq t$.
   对 $T - X$ 的每一个连通分支 C 执行: 令 $S_C := \bigcup_{Y \in V(C)} Y$.
   设 (G', u') 是在 (G, u) 中将 $T - X$ 的每一个连通分支 C 对应的 S_C 收缩为一个顶点 v_C 所得到的图 (所以 $V(G') = X \cup \{v_C : C$ 是 $T - X$ 的连通分支$\}$).

④ 在 (G', u') 中寻求一个最小 s-t 截 $\delta(A')$. 设 $B' := V(G') \setminus A'$.
$$
令 A := \left(\bigcup_{v_C \in A' \setminus X} S_C \right) \cup (A' \cap X) \text{ 且 } B := \left(\bigcup_{v_C \in B' \setminus X} S_C \right) \cup (B' \cap X).
$$

⑤ 令 $V(T) := (V(T) \setminus \{X\}) \cup \{A \cap X, B \cap X\}$.
   对关联于顶点 X 的每一条边 $e = \{X, Y\} \in E(T)$, 执行
       若 $Y \subseteq A$, 则令 $e' := \{A \cap X, Y\}$; 否则, 令 $e' := \{B \cap X, Y\}$.
       令 $E(T) := (E(T) \setminus \{e\}) \cup \{e'\}$ 且 $w(e') := w(e)$.
   令 $E(T) := E(T) \cup \{\{A \cap X, B \cap X\}\}$.
   令 $w(\{A \cap X, B \cap X\}) := u'(\delta_{G'}(A'))$.
   转向 ②.

⑥ 将所有 $\{x\} \in V(T)$ 替换成 x 且所有 $\{\{x\}, \{y\}\} \in E(T)$ 替换成 $\{x, y\}$. 终止.

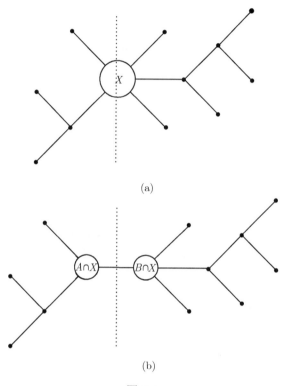

(a)

(b)

图 8.4

图 8.4 说明在 ⑤ 中 T 的修改. 为证明算法的正确性, 先证如下引理:

引理 8.33 在每一次步骤 ④ 结束时, 有

(a) $A \,\dot\cup\, B = V(G)$.

(b) $E(A, B)$ 是 (G, u) 中的最小 s-t 截.

证明 $V(T)$ 的元素始终是 $V(G)$ 的非空子集, 它们确实构成 $V(G)$ 的一个划分. 由此即得 (a).

往证 (b). 对第一次迭代 (此时 $G' = G$), 结论是平凡的. 以下证明此性质在每次迭代中得以保持.

设 $C_1, \cdots, C_k$ 是 $T - X$ 的连通分支. 逐一收缩它们. 对 $i = 0, \cdots, k$, 设 (G_i, u_i) 是从 (G, u) 把各个 $S_{C_1}, \cdots, S_{C_i}$ 依次收缩为一个顶点所得到的图. 所以 (G_k, u_k) 就是算法的 ③ 中用 (G', u') 表示的图.

论断 对 (G_i, u_i) 中的任意最小 s-t 截 $\delta(A_i)$, 若

$$A_{i-1} := \begin{cases} (A_i \setminus \{v_{C_i}\}) \cup S_{C_i} & \text{若 } v_{C_i} \in A_i \\ A_i & \text{若 } v_{C_i} \notin A_i \end{cases}$$

则 $\delta(A_{i-1})$ 是 (G_{i-1}, u_{i-1}) 中的一个最小 s-t 截.

对 $k, k-1, \cdots, 1$ 逐次运用此论断即可推出 (b).

为证此论断, 设 $\delta(A_i)$ 是 (G_i, u_i) 的最小 s-t 截. 由假设 (b) 对前面的迭代都成立可知, $\delta(S_{C_i})$ 是在 (G, u) 中对适当的 $s_i, t_i \in V(G)$ 而言的最小 s_i-t_i 截. 进而, $s, t \in V(G) \setminus S_{C_i}$. 于是应用引理 8.32 可得欲证. $\qquad\square$

引理 8.34 在算法的任意阶段 (直至到达 ⑥), 所有 $e \in E(T)$ 均有

$$w(e) = u\left(\delta_G\left(\bigcup_{Z \in C_e} Z\right)\right)$$

其中 C_e 及 $V(T) \setminus C_e$ 是 $T - e$ 的两个连通分支. 其次, 对任意 $e = \{P, Q\} \in E(T)$ 均存在 $p \in P$ 及 $q \in Q$ 使得 $\lambda_{pq} = w(e)$.

证明 算法开始时 T 没有边, 两个结论都是平凡的. 下证其始终成立. 在算法的某次迭代, 设 X 是在 ② 中选择的 T 的顶点. 然后设 s, t, A', B', A, B 是在 ③ 及 ④ 中所确定的. 不妨假定 $s \in A'$.

T 中不关联于 X 的边不受 ⑤ 的影响. 对新边 $\{A \cap X, B \cap X\}$, ⑤ 中设定的 $w(e)$ 是正确的, 并有 $\lambda_{st} = w(e)$, $s \in A \cap X$, $t \in B \cap X$.

考虑在 ⑤ 中替换为 e' 的边 $e = \{X, Y\}$. 不失一般性, 假定 $Y \subseteq A$, 因而 $e' = \{A \cap X, Y\}$. 假定引理的两个结论对 e 为真, 我们将断言它们对 e' 亦真. 前一结论是平凡的, 因为 $w(e) = w(e')$ 而 $u\left(\delta_G\left(\bigcup_{Z \in C_e} Z\right)\right)$ 没有改变.

为证明第二个结论, 假定存在 $p \in X, q \in Y$ 使 $\lambda_{pq} = w(e)$. 若 $p \in A \cap X$, 即为所求. 故下设 $p \in B \cap X$ (见图 8.5).

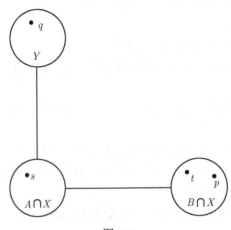

图 8.5

最后断言 $\lambda_{sq} = \lambda_{pq}$. 由于 $\lambda_{pq} = w(e) = w(e')$ 而 $s \in A \cap X$, 由此断言即可完成引理证明.

事实上, 根据引理 8.30, 有

$$\lambda_{sq} \geqslant \min\{\lambda_{st}, \lambda_{tp}, \lambda_{pq}\}$$

因为由引理 8.33(b) 知, $E(A, B)$ 是一最小 s-t 截, 又因 $s, q \in A$, 故由引理 8.32 得出结论: 当收缩 B 时 λ_{sq} 不变. 而 $t, p \in B$, 这意味着即使增加一条容量任意大的边 $\{t, p\}$ 也不会改变 λ_{sq}. 因此

$$\lambda_{sq} \geqslant \min\{\lambda_{st}, \lambda_{pq}\}$$

注意到 $\lambda_{st} \geqslant \lambda_{pq}$, 这是因为最小 s-t 截 $E(A, B)$ 也把 p 与 q 分隔开. 所以得到

$$\lambda_{sq} \geqslant \lambda_{pq}$$

为证其相等, 只要看到 $w(e)$ 是一个分隔 X 与 Y 的截的容量, 从而是分隔 s 与 q 的截的容量. 因此

$$\lambda_{sq} \leqslant w(e) = \lambda_{pq}$$

如所欲证. □

定理 8.35 (Gomory, Hu, 1961) GOMORY-HU 算法能正确运行. 每一个无向图都具有 Gomory-Hu 树, 并且这样的树可在 $O(n^3\sqrt{m})$ 时间求出.

证明 此算法的复杂性显然是由求最小 s-t 截的复杂性的 $n-1$ 倍所决定, 因为其他事情都可在 $O(n^3)$ 时间完成. 根据命题 8.28 可得到 $O(n^3\sqrt{m})$ 的时间界.

往证算法的输出 T 的确是 (G, u) 的一个 Gomory-Hu 树. 很明显, T 是一个 $V(T) = V(G)$ 的树. 现取 $s, t \in V(G)$. 设 P_{st} 是 T 中的唯一 s-t 路, 并对 $e \in E(T)$, 设 C_e 和 $V(G) \setminus C_e$ 是 $T - e$ 的两个连通分支.

由于对每个 $e \in E(P_{st})$, $\delta(C_e)$ 都是 s-t 截, 所以

$$\lambda_{st} \leqslant \min_{e \in E(P_{st})} u(\delta(C_e))$$

另一方面, 重复地运用引理 8.30 得出

$$\lambda_{st} \geqslant \min_{\{v, w\} \in E(P_{st})} \lambda_{vw}$$

因此, 对执行 ⑥ 之前的状态 (直至 T 的每一个顶点 X 都是单点集) 运用引理 8.34, 可得

$$\lambda_{st} \geqslant \min_{e \in E(P_{st})} u(\delta(C_e))$$

故欲证的等式成立. □

对同样的问题, Gusfield (1990) 曾提出一个类似的算法 (可能更易于实施).

8.7 无向图的最小容量截

如果只对带有容量 $u : E(G) \to \mathbb{R}_+$ 的无向图 G 的最小容量截感兴趣的话, 其实有更简单的方法, 只要运用 $n-1$ 次最大流计算: 对某个固定的顶点 s 与每一个 $t \in V(G) \setminus \{s\}$ 计算最小 s-t 截. 然而, 还有更有效的算法.

Hao 与 Orlin (1994) 找到了确定最小容量截的 $O(nm \log \frac{n^2}{m})$ 算法. 他们采用推流–重标算法的改进形式.

如果只想计算图的 边连通度(即单位容量情形), 目前最快捷的算法归属于 Gabow (1995), 其运行时间为 $O(m + \lambda^2 n \log \frac{n}{\lambda(G)})$, 这里 $\lambda(G)$ 是边连通度 (注意 $2m \geqslant \lambda n$). Gabow 的算法采用了拟阵交方法. 值得提到的是, 对单位容量无向图的最大流问题, 可以比一般情形算得更快 (Karger, Levine 1998).

在无向图中求最小容量截, Nagamochi 与 Ibaraki (1992) 发现了完全不同的算法. 他们的算法根本不用最大流计算. 这一节将以一种简化形式介绍此算法, 这种形式是由 Stoer, Wagner (1997) 和 Frank (1994) 独立地给出的. 现从一个简单定义开始.

定义 8.36   给定图 G 及其容量 $u : E(G) \to \mathbb{R}_+$, 所有顶点的顺序 $v_1, \cdots, v_n$ 如满足如下条件, 则称为MA 序 (最大邻接序): 对所有 $i \in \{2, \cdots, n\}$, 有

$$\sum_{e \in E(\{v_1, \cdots, v_{i-1}\}, \{v_i\})} u(e) = \max_{j \in \{i, \cdots, n\}} \sum_{e \in E(\{v_1, \cdots, v_{i-1}\}, \{v_j\})} u(e)$$

命题 8.37   给定图 G 及其容量 $u : E(G) \to \mathbb{R}_+$, 一个 MA 序可在 $O(m + n \log n)$ 时间找到.

证明   考虑如下算法. 首先对所有 $v \in V(G)$, 令 $\alpha(v) := 0$. 然后对 $i := 1$ 直至 n 执行如下运算: 从 $V(G) \setminus \{v_1, \cdots, v_{i-1}\}$ 中选择 v_i 使得它具有最大的 α 值 (如不唯一, 任择其一), 并对所有 $v \in V(G) \setminus \{v_1, \cdots, v_i\}$, 令 $\alpha(v) := \alpha(v) + \sum_{e \in E(\{v_i\}, \{v\})} u(e)$.

这个算法的正确性是显然的. 用 Fibonacci 堆来实施它, 对每一个顶点 v 用它的键值 $\alpha(v)$ 来存储, 直至它被选出. 由定理 6.6, 其运行时间为 $O(m + n \log n)$, 因为其中有 n 次 INSERT 运算, n 次 DELETEMIN 运算及至多 m 次 DECREASEKEY 运算. $\square$

引理 8.38 (Stoer, Wagner, 1997; Frank, 1994)   设 G 是一个图, 其中 $n := |V(G)| \geqslant 2$, 容量为 $u : E(G) \to \mathbb{R}_+$ 且有 MA 序 $v_1, \cdots, v_n$. 则

$$\lambda_{v_{n-1} v_n} = \sum_{e \in E(\{v_n\}, \{v_1, \cdots, v_{n-1}\})} u(e)$$

证明 当然, 只需证明上式的等号为 "$\geqslant$". 以下将对 $|V(G)| + |E(G)|$ 进行归纳法. 对 $|V(G)| < 3$, 结论是平凡的. 可以假定没有这样的边 $e = \{v_{n-1}, v_n\} \in E(G)$, 因为否则可将其删去 (上式两端同时减去 $u(e)$) 并运用归纳假设.

记上式右端为 R. 自然 $v_1, \cdots, v_{n-1}$ 是 $G - v_n$ 的 MA 序. 由归纳假设得到

$$\lambda_{v_{n-2}v_{n-1}}^{G-v_n} = \sum_{e \in E(\{v_{n-1}\}, \{v_1, \cdots, v_{n-2}\})} u(e) \geqslant \sum_{e \in E(\{v_n\}, \{v_1, \cdots, v_{n-2}\})} u(e) = R$$

这里的不等式是由于 $v_1, \cdots, v_n$ 是 G 的 MA 序, 而最后的等式是因为 $\{v_{n-1}, v_n\} \notin E(G)$. 所以 $\lambda_{v_{n-2}v_{n-1}}^{G} \geqslant \lambda_{v_{n-2}v_{n-1}}^{G-v_n} \geqslant R$.

另一方面, $v_1, \cdots, v_{n-2}, v_n$ 是 $G - v_{n-1}$ 的一个 MA 序. 故由归纳假设得

$$\lambda_{v_{n-2}v_n}^{G-v_{n-1}} = \sum_{e \in E(\{v_n\}, \{v_1, \cdots, v_{n-2}\})} u(e) = R$$

这里再次因为 $\{v_{n-1}, v_n\} \notin E(G)$. 所以 $\lambda_{v_{n-2}v_n}^{G} \geqslant \lambda_{v_{n-2}v_n}^{G-v_{n-1}} = R$.

最后由引理 8.30 得到 $\lambda_{v_{n-1}v_n} \geqslant \min\{\lambda_{v_{n-1}v_{n-2}}, \lambda_{v_{n-2}v_n}\} \geqslant R$. $\square$

值得注意的是, 存在两个顶点 x, y 使得 $\lambda_{xy} = \sum_{e \in \delta(x)} u(e)$ 已被 Mader (1972) 所证, 并容易由 Gomory-Hu 树的存在性推出 (习题 8.25).

定理 8.39 (Nagamochi, Ibaraki, 1992; Stoer, Wagner, 1997) 在具有非负容量的无向图中求最小容量截可在 $O(mn + n^2 \log n)$ 时间完成.

证明 不妨假定所给的图 G 是简单图, 因为平行边可以合并. 记 $\lambda(G)$ 为 G 的截的最小容量. 执行如下算法:

设 $G_0 := G$. 在第 i 步 ($i = 1, \cdots, n-1$) 选择顶点 $x, y \in V(G_{i-1})$ 使得

$$\lambda_{xy}^{G_{i-1}} = \sum_{e \in \delta_{G_{i-1}}(x)} u(e)$$

根据命题 8.37 及引理 8.38, 这可在 $O(m + n \log n)$ 时间完成. 令 $\gamma_i := \lambda_{xy}^{G_{i-1}}$, $z_i := x$, 并设 G_i 是由 G_{i-1} 收缩 $\{x, y\}$ 所得. 可以看出

$$\lambda(G_{i-1}) = \min\{\lambda(G_i), \gamma_i\} \tag{8.1}$$

这是因为 G_{i-1} 的最小截或者分隔 x 和 y (此时其容量为 γ_i), 或者不分隔 x 和 y (此时收缩 $\{x, y\}$ 没有任何改变).

在到达只有一个顶点的 G_{n-1} 之后, 选择一个 $k \in \{1, \cdots, n-1\}$ 使得 γ_k 为最小. 设 X 是 G 中这样的顶点集, 它收缩成为 G_{k-1} 中的顶点 z_k. 则我们断言 $\delta(X)$ 是 G 中的最小容量截. 这是容易看出的, 因为由 (8.1) 得 $\lambda(G) = \min\{\gamma_1, \cdots, \gamma_{n-1}\} = \gamma_k$ 且 γ_k 是截 $\delta(X)$ 的容量. $\square$

以高概率寻求最小截的一个随机收缩算法将在习题 8.29 中讨论. 其次需要提及的是, 一个图的点连通度可通过 $O(n^2)$ 次最大流计算得到 (习题 8.30).

这一节已阐明如何求 $f(X) := u(\delta(X))$ 在 $\varnothing \neq X \subset V(G)$ 上的最小值. 注意, 这里的 $f : 2^{V(G)} \to \mathbb{R}_+$ 是子模的和对称的 (即对所有 A, $f(A) = f(V(G) \setminus A)$). 此处建立的算法已被 Queyranne(1998) 推广到求一般对称子模函数的最小值, 见 14.5 节.

求最大截的问题要困难得多, 我们将在 16.2 节讨论.

习　　题

1. 设 (G, u, s, t) 是一个网络, 并设 $\delta^+(X)$ 和 $\delta^+(Y)$ 都是 (G, u) 的最小 s-t 截. 试证: $\delta^+(X \cap Y)$ 及 $\delta^+(X \cup Y)$ 也是 (G, u) 的最小 s-t 截.

2. 试说明: 假如容量为无理数, FORD-FULKERSON 算法有可能不会终止. 提示: 考虑如下网络 (图 8.6):

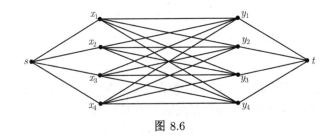

图 8.6

图中所有线都表示双向的边. 除以下几条边之外, 所有边的容量均为 $S = \frac{1}{1-\sigma}$:

$$u((x_1, y_1)) = 1, \quad u((x_2, y_2)) = \sigma, \quad u((x_3, y_3)) = u((x_4, y_4)) = \sigma^2$$

其中 $\sigma = \frac{\sqrt{5}-1}{2}$. 注意 $\sigma^n = \sigma^{n+1} + \sigma^{n+2}$ (Ford, Fulkerson, 1962).

*3. 设 G 是一个有向图且 M 是 G 的关联矩阵. 试证: 对所有 $c, l, u \in \mathbb{Z}^{E(G)}$ 且 $l \leqslant u$, 有如下等式成立:

$$\max \left\{ cx : x \in \mathbb{Z}^{E(G)}, l \leqslant x \leqslant u, Mx = 0 \right\}$$
$$= \min \left\{ y'u - y''l : y', y'' \in \mathbb{Z}_+^{E(G)}, z \in \mathbb{Z}^{V(G)}, zM + y' - y'' = c \right\}$$

并说明如何从它推出定理 8.6 及推论 8.7.

4. 证明 Hoffman 环流定理: 给定一个有向图 G 以及容量的下界和上界 $l, u : E(G) \to \mathbb{R}_+$, 其中对所有 $e \in E(G)$ 有 $l(e) \leqslant u(e)$, 存在环流 f 满足 $l(e) \leqslant f(e) \leqslant u(e), \forall e \in E(G)$, 当且仅当

$$\sum_{e \in \delta^-(X)} l(e) \leqslant \sum_{e \in \delta^+(X)} u(e), \quad \forall X \subseteq V(G)$$

注: Hoffman 环流定理反过来十分容易导出最大流 – 最小截定理 (Hoffman, 1960).

5. 考虑网络 (G, u, s, t), 最大 s-t 流 f 及剩余图 G_f. 从 G_f 构造有向图 H 如下: 将从 s 可到达的顶点集 S 收缩为一个顶点 v_S, 将可以到达 t 的顶点集 T 收缩为一个顶点 v_T, 并将 $G_f - (S \cup T)$ 的每一个强连通分支 X 收缩为一个顶点 v_X. 可以看出 H 是无圈的. 试证:

在 (G, u) 中 $\delta_G^+(X)$ 是最小 s-t 截的集合 $X \subseteq V(G)$ 与 H 中 $\delta_H^+(Y)$ 是有向 v_T-v_S 截的集合 $Y \subseteq V(H)$ 之间存在一一对应.

注: 这一论断对于 G_f 即使不像 H 那样进行收缩也可以成立. 但是, 我们将在 20.4 节运用上述形式的论断 (Picard, Queyranne, 1980).

6. 设 G 是一个有向图且 $c : E(G) \to \mathbb{R}$. 欲求一个集 $X \subset V(G)$, 其中 $s \in X$ 且 $t \notin X$, 使得 $\sum_{e \in \delta^+(X)} c(e) - \sum_{e \in \delta^-(X)} c(e)$ 为最小. 试说明如何将此问题归结为最小容量截问题. 提示: 构造一个等价网络, 其中所有的边关联于 s 或 t.

*7. 设 G 是一个无圈有向图, 并有映射 $\sigma, \tau, c : E(G) \to \mathbb{R}_+$ 及一个数 $C \in \mathbb{R}_+$. 欲求一个映射 $x : E(G) \to \mathbb{R}_+$ 使得对所有 $e \in E(G)$ 有 $\sigma(e) \leqslant x(e) \leqslant \tau(e)$ 且 $\sum_{e \in E(G)} (\tau(e) - x(e)) c(e) \leqslant C$. 在所有可行解中, 使在 G 中关于权 x 的最长路长度达到最小.

上述问题的实际意义如下: 诸边对应于任务, $\sigma(e)$ 和 $\tau(e)$ 分别代表任务 e 的最早和最迟完工时间, 而 $c(e)$ 是任务 e 每减少一单位作业时间的费用. 如有两个任务 $e = (i, j)$ 及 $e' = (j, k)$, 则任务 e' 必须在任务 e 完成之后才能开始. 我们有一个固定的费用预算 C 并希望总的完成时间为最小. 试阐述如何运用网络流技术求解此问题 (此应用领域已知为 PERT, 计划评估技术或 CPM, 关键路法). 提示: 引进一个源 s 和一个汇 t. 从 $x = \tau$ 开始并逐步以最小可能的费用去降低最长 s-t 路的长度 (相对于 x). 运用习题 7.7, 习题 3.8, 以及习题 8.6(Phillips, Dessouky, 1977).

*8. 设 (G, c, s, t) 是这样的网络, 其中 G 即使增加一条边 $e = (s, t)$ 仍为平面图. 考虑如下算法: 从流 $f \equiv 0$ 开始并令 $G' := G_f$. 在每一步, 相对于某个固定的平面嵌入, 在 $G' + e$ 中取出包含 e 的面的边界 B. 沿路 $B - e$ 对 f 增流. 设 G' 只由 G_f 的前向边组成, 只要在 G' 中从 s 可到达 t 便进行迭代. 试证: 此算法可计算出最大 s-t 流. 运用定理 2.40 证明其可在 $O(n^2)$ 时间完成 (Ford, Fulkerson, 1956; Hu, 1969).

注: 此问题可在 $O(n)$ 时间求解. 对一般平面网络已有 $O(n \log n)$ 算法, 参见 Weihe (1997) 及 Borradaile, Klein (2006).

9. 试证: Menger 定理 8.9 的有向边不交形式亦可从定理 6.17 直接得到.

10. 设 G 是一个图 (有向或无向), x, y, z 是三个顶点, 且 $\alpha, \beta \in \mathbb{N}$ 满足 $\alpha \leqslant \lambda_{xy}$, $\beta \leqslant \lambda_{xz}$ 及 $\alpha + \beta \leqslant \max\{\lambda_{xy}, \lambda_{xz}\}$. 试证: 存在 α 条 x-y 路及 β 条 x-z 路, 使得这 $\alpha + \beta$ 条路是两两边不交的.

11. 设 G 是这样的有向图: 对任意两个顶点 s 及 t 均存在 k 条边不交的 s-t 路 (这样的图称为强 k 边连通的). 设 H 是任意 $V(H) = V(G)$ 及 $|E(H)| = k$ 的有向图. 试证: 有向边不交路问题的实例 (G, H) 有解 (Mader, 1981; Shiloach, 1979).

12. 设 G 是至少有 k 条边的有向图. 试证: 对任意两个顶点 s 及 t, G 均包含 k 条边不交的 s-t 路, 当且仅当对任意 k 条不同的边 $e_1 = (x_1, y_1), \cdots, e_k = (x_k, y_k)$, $G - \{e_1, \cdots, e_k\}$ 均包含 k 条边不交的支撑树形图 $T_1, \cdots, T_k$ 使得 T_i 以 y_i 为根 $(i = 1, \cdots, k)$.

注: 这是习题 8.11 的推广. 提示: 运用定理 6.17 (Su, 1997).

13. 设 G 是一个有向图且其容量为 $c : E(G) \to \mathbb{R}_+$, 并有 $r \in V(G)$. 能否在多项式时间确定最小容量的 r-截? 能否在多项式时间确定最小容量的有向截 (或判定 G 是强连通的)?

注: 第一问的解答可解决最小权有根树形图问题的分离问题, 参见推论 6.14.

14. 试述如何在 $O(nm)$ 时间求出一个无圈网络的阻塞流(Dinic, 1970).

15. 设 (G, u, s, t) 是一个网络使得 $G - t$ 是一个树形图. 试说明如何在线性时间求出最大 s-t 流. 提示：运用深探法 DFS.

*16. 设 (G, u, s, t) 是一个网络使得 $G - \{s, t\}$ 的基础无向图是一个森林. 说明如何在线性时间求出最大 s-t 流 (Vygen, 2002).

17. 考虑 FUJISHIGE 算法的修订形式：在 ⑤ 中选择 $v_i \in V(G) \setminus \{v_1, \cdots, v_{i-1}\}$ 使得 $b(v_i)$ 为最大；步骤 ④ 替换为当所有 $v \in V(G) \setminus \{v_1, \cdots, v_i\}$ 的 $b(v) = 0$ 时终止；而在 ⑥ 开始时令 $\beta(t) := \min_{j=2}^{i} b(j)$. 那么 X 和 α 将不再需要.

(a) 试证：这一算法变形可正确求解.

(b) 设 α_k 为迭代 k 中的数 $\min_{j=2}^{i} b(j)$ (如果算法在迭代 k 之前结束, 则为零). 试证：对所有的 k, $\min_{l=k+1}^{k+2n} \alpha_l \leqslant \frac{1}{2} \alpha_k$. 由此得出结论：迭代的次数为 $O(n \log u_{\max})$.

(c) 试述如何在 $O(m + n \log n)$ 时间执行一次迭代.

18. 我们称一个预流是最大的, 是指其 $\mathrm{ex}_f(t)$ 为最大.

(a) 试证：对任何最大预流 f 都存在最大流 f', 使对所有 $e \in E(G)$ 都有 $f'(e) \leqslant f(e)$.

(b) 试述如何在 $O(nm)$ 时间将一个最大预流转换为最大流. 提示：运用 EDMONDS-KARP 算法的变形.

19. 试证：推流－重标号算法执行 $O(n^2 m)$ 次非饱和推流, 与 ③ 中 v 的选择无关.

20. 给定无圈有向图 G 及其权 $c : E(G) \to \mathbb{R}_+$, 寻求 G 中的最大权有向截. 试述此问题如何归结为最小 s-t 截问题, 并在 $O(n^3)$ 时间解决. 提示：运用习题 8.6.

21. 设 G 是一个无圈有向图且赋权 $c : E(G) \to \mathbb{R}_+$. 欲求最大权边集 $F \subseteq E(G)$ 使得 G 中没有路包含多于一条 F 的边. 试证：此问题等价于寻求 G 中的最大权有向截 (于是, 由习题 8.20, 可在 $O(n^3)$ 时间解决).

22. 给定无向图 G 及其权 $u : E(G) \to \mathbb{R}_+$, 并有集 $T \subseteq V(G)$ 使 $|T| \geqslant 2$. 欲求一集 $X \subset V(G)$ 使得 $T \cap X \neq \varnothing$, $T \setminus X \neq \varnothing$ 且 $\sum_{e \in \delta(X)} u(e)$ 为最小. 试述如何在 $O(n^4)$ 时间求解此问题, 其中 $n = |V(G)|$.

23. 设 λ_{ij}, $1 \leqslant i, j \leqslant n$, 为非负的数, 其中 $\lambda_{ij} = \lambda_{ji}$ 且对任意三个不同的下标 $i, j, k \in \{1, \cdots, n\}$ 有 $\lambda_{ik} \geqslant \min(\lambda_{ij}, \lambda_{jk})$. 试证：存在一个图 G, 具有 $V(G) = \{1, \cdots, n\}$ 及容量 $u : E(G) \to \mathbb{R}_+$, 使得它的所有局部边连通度恰好是这些 λ_{ij}. 提示：考虑 (K_n, c) 中的最大权支撑树, 其中 $c(\{i, j\}) := \lambda_{ij}$ (Gomory, Hu, 1961).

24. 设 G 是一个无向图且有容量 $u : E(G) \to \mathbb{R}_+$, 并设 $T \subseteq V(G)$ 使 $|T|$ 为偶数. G 中的 T- 截就是使 $|X \cap T|$ 为奇数的截 $\delta(X)$. 试构建一个多项式时间算法, 寻找 (G, u) 中的最小容量 T- 截. 提示：运用 Gomory-Hu 树 (此题的解答可在 12.3 节找到).

25. 设 G 是至少有两个顶点的简单无向图. 假定每个顶点度至少为 k. 试证：存在两个顶点 s 及 t 使得至少存在 k 条边不交的 s-t 路. 如果恰有一个顶点的度小于 k 又如何？提示：考虑 G 中一个 Gomory-Hu 树.

26. 考虑在具有单位容量的无向图中确定边连通度 $\lambda(G)$ 的问题. 8.7 节指出, 只要对此图在 $O(m + n)$ 时间找到 MA 序, 则可在 $O(mn)$ 时间解决此问题. 如何具体去做？

*27. 设 G 是一个无向图且有 MA 序 $v_1, \cdots, v_n$. 设 κ_{uv}^G 表示点不交的 u-v 路的最大数目. 试证：$\kappa_{v_{n-1}v_n}^G = |E(\{v_n\}, \{v_1, \cdots, v_{n-1}\})|$ (即与引理 8.38 相对应的点不交情形). 提示：用归纳法证明 $\kappa_{v_j v_i}^{G_{ij}} = |E(\{v_j\}, \{v_1, \cdots, v_i\})|$, 其中 $G_{ij} = G[\{v_1, \cdots, v_i\} \cup \{v_j\}]$. 为此, 不

妨假设 $\{v_j, v_i\} \notin E(G)$, 选择一个分隔 v_j 及 v_i 的极小集 $Z \subseteq \{v_1, \cdots, v_{i-1}\}$ (Menger 定理 8.10), 并设 $h \leqslant i$ 是使得 $v_h \notin Z$ 且 v_h 相邻于 v_i 或 v_j 的最大下标 (Frank (未发表)).

*28. 一个无向图称为弦图, 是指它不含长度至少为 4 的圈作为导出子图. 无向图 G 的一个顺序 $v_1, \cdots, v_n$ 称为单纯序, 是指对 $i < j < k$, 若有 $\{v_i, v_j\}$, $\{v_i, v_k\} \in E(G)$, 则 $\{v_j, v_k\} \in E(G)$.

(a) 试证: 具有单纯序的图一定是弦图.

(b) 设 G 是一个弦图, 且 $v_1, \cdots, v_n$ 是一个 MA 序. 试证: $v_n, v_{n-1}, \cdots, v_1$ 是一个单纯序. 提示: 运用习题 8.27 及 Menger 定理 8.10.

注: 弦图具有单纯序的特征首先由 Rose (1970) 给出.

29. 设 G 是一个无向图且有容量 $u : E(G) \to \mathbb{R}_+$. 设 $\varnothing \neq A \subset V(G)$ 使得 $\delta(A)$ 是 G 的最小容量截.

(a) 试证: $u(\delta(A)) \leqslant \frac{2}{n} u(E(G))$. 提示: 考虑平凡的截 $\delta(x)$, $x \in V(G)$.

(b) 考虑如下过程: 随机地选择一条进行收缩的边, 选择边 e 的概率是 $\frac{u(e)}{u(E(G))}$. 重复这一运算直至只有两个顶点. 试证: $\delta(A)$ 中的边永远不被收缩的概率至少为 $\frac{2}{(n-1)n}$.

(c) 结论是: 运行 (b) 中的 随机算法 kn^2 次, 以至少为 $1 - e^{-2k}$ 的概率得到 $\delta(A)$. 这种以正概率得到正确解答的随机算法称为 Monte Carlo 算法。(Karger, Stein, 1996; Karger, 2000).

30. 试述如何在 $O(n^5)$ 时间确定一个无向图的点连通度. 提示: 回顾 Menger 定理的证明.

注: 已有 $O(n^4)$ 算法, 参见 (Henzinger, Rao, Gabow, 2000).

31. 设 G 是一个连通无向图且有容量 $u : E(G) \to \mathbb{R}_+$. 欲求最小容量的 3- 截, 即这样的边集, 将其删去后至少使 G 分裂成三个连通分支. 设 $n := |V(G)| \geqslant 4$. 设 $\delta(X_1), \delta(X_2), \cdots$ 是一个按照容量的非降顺序排列的截的序列, 即 $u(\delta(X_1)) \leqslant u(\delta(X_2)) \leqslant \cdots$. 假设已知此序列的前 $2n - 2$ 个元素 (它们可在多项式时间用 Vazirani 与 Yannakakis (1992) 的方法计算出来).

(a) 试证: 存在指标 $i, j \in \{1, \cdots, 2n - 2\}$ 使得集合 $X_i \setminus X_j$, $X_j \setminus X_i$, $X_i \cap X_j$ 及 $V(G) \setminus (X_i \cup X_j)$ 都是非空的.

(b) 试证: 存在容量至多为 $\frac{3}{2} u(\delta(X_{2n-2}))$ 的 3- 截.

(c) 对每一个 $i = 1, \cdots, 2n - 2$, 考虑 $\delta(X_i)$ 加上 $G - X_i$ 的一个最小容量截, 以及 $\delta(X_i)$ 加上 $G[X_i]$ 的一个最小容量截. 这样可以产生出至多 $4n - 4$ 个 3- 截的序列. 试证其中之一是最优的 (Nagamochi, Ibaraki, 2000).

注: 求分隔三个给定顶点的最优 3- 截要困难得多, 参见 Dahlhaus 等 (1994) 及 Cheung, Cunningham, Tang (2006).

参 考 文 献

一般著述

Ahuja R K, Magnanti T L and Orlin J B. 1993. Network Flows. Englewood Cliffs: Prentice-Hall.

Cook W J, Cunningham W H, Pulleyblank W R and Schrijver A. 1998. Combinatorial Optimization. New York: Wiley. Chapter 3.

Cormen T H, Leiserson C E, Rivest R L and Stein, C. 2001. Introduction to Algorithms. Second Edition. Cambridge:MIT Press. Chapter 26.

Ford L R and Fulkerson D R. 1962. Flows in Networks. Princeton: Princeton University Press.

Frank A. 1995. Connectivity and network flows//Handbook of Combinatorics. Vol. 1 (Graham R L, Grötschel M, Lovász L, eds.). Amsterdam: Elsevier.

Goldberg A V, Tardos É and Tarjan R E. 1990. Network flow algorithms //Paths, Flows and VLSI-Layout (Korte B, Lovász L, Prömel H J, Schrijver A, eds.). Berlin: Springer, 101–164.

Gondran M and Minoux M. 1984. Graphs and Algorithms. Chichester: Wiley. Chapter 5.

Jungnickel D. 2007. Graphs, Networks and Algorithms. Third Edition. Berlin: Springer.

Phillips D T and Garcia-Diaz A. 1981. Fundamentals of Network Analysis. Englewood Cliffs: Prentice-Hall.

Ruhe G. 1991. Algorithmic Aspects of Flows in Networks. Dordrecht: Kluwer Academic Publishers.

Schrijver A. 2003. Combinatorial Optimization: Polyhedra and Efficiency. Berlin: Springer. Chapters 9,10,13–15.

Tarjan R E. 1983. Data Structures and Network Algorithms. Philadelphia: SIAM. Chapter 8.

Thulasiraman K and Swamy M N S. 1992. Graphs: Theory and Algorithms. New York: Wiley. Chapter 12.

引用文献

Ahuja R K, Orlin J B and Tarjan R E. 1989. Improved time bounds for the maximum flow problem. SIAM Journal on Computing, 18: 939–954.

Borradaile G and Klein P. 2006. An $O(n \log n)$ algorithm for maximum st-flow in a directed planar graph. Proceedings of the 17th Annual ACM-SIAM Symposium on Discrete Algorithms, 524–533.

Cheriyan J and Maheshwari S N. 1989. Analysis of preflow push algorithms for maximum network flow. SIAM Journal on Computing, 18: 1057–1086.

Cheriyan J and Mehlhorn K. 1999. An analysis of the highest-level selection rule in the preflow-push max-flow algorithm. Information Processing Letters, 69: 239–242.

Cherkassky B V. 1977. Algorithm of construction of maximal flow in networks with complexity of $O(V^2\sqrt{E})$ operations. Mathematical Methods of Solution of Economical Problems, 7: 112–125 (in Russian).

Cheung K K H, Cunningham W H and Tang L. 2006. Optimal 3-terminal cuts and linear programming. Mathematical Programming, 106: 1–23.

Dahlhaus E, Johnson D S, Papadimitriou C H, Seymour P D, and Yannakakis M. 1994. The complexity of multiterminal cuts. SIAM Journal on Computing, 23: 864–894.

Dantzig G B and Fulkerson D R. 1956. On the max-flow min-cut theorem of networks//Linear Inequalities and Related Systems (Kuhn H W, Tucker A W, eds.). Princeton: Princeton University Press, 215–221.

Dinic E A. 1970. Algorithm for solution of a problem of maximum flow in a network with power estimation. Soviet Mathematics Doklady, 11: 1277–1280.

Edmonds J and Karp R M. 1972. Theoretical improvements in algorithmic efficiency for network flow problems. Journal of the ACM, 19: 248–264.

Elias P, Feinstein A and Shannon C E. 1956. Note on maximum flow through a network. IRE Transactions on Information Theory, IT-2: 117–119.

Ford L R and Fulkerson D R. 1956. Maximal Flow Through a Network. Canadian Journal of Mathematics, 8: 399–404.

Ford L R, and Fulkerson D R. 1957. A simple algorithm for finding maximal network flows and an application to the Hitchcock problem. Canadian Journal of Mathematics, 9: 210–218.

Frank A. 1994. On the edge-connectivity algorithm of Nagamochi and Ibaraki. Laboratoire Artemis, IMAG, Université J. Fourier, Grenoble.

Fujishige S. 2003. A maximum flow algorithm using MA ordering. Operations Research Letters, 31: 176–178.

Gabow H N. 1995. A matroid approach to finding edge connectivity and packing arborescences. Journal of Computer and System Sciences, 50: 259–273.

Galil Z. 1980. An $O(V^{\frac{5}{3}} E^{\frac{2}{3}})$ algorithm for the maximal flow problem. Acta Informatica, 14: 221–242.

Galil Z and Namaad A. 1980. An $O(EV \log^2 V)$ algorithm for the maximal flow problem. Journal of Computer and System Sciences, 21: 203–217.

Gallai T. 1958. Maximum-minimum Sätze über Graphen. Acta Mathematica Academiae Scientiarum Hungaricae, 9: 395–434.

Goldberg A V and Rao S. 1998. Beyond the flow decomposition barrier. Journal of the ACM, 45: 783–797.

Goldberg A V and Tarjan R E. 1988. A new approach to the maximum flow problem. Journal of the ACM, 35: 921–940.

Gomory R E and Hu T C. 1961. Multi-terminal network flows. Journal of SIAM, 9: 551–570.

Gusfield D. 1990. Very simple methods for all pairs network flow analysis. SIAM Journal on Computing, 19: 143–155.

Hao J and Orlin J B. 1994. A faster algorithm for finding the minimum cut in a directed graph. Journal of Algorithms, 17: 409–423.

Henzinger M R, Rao S and Gabow H N. 2000. Computing vertex connectivity: new bounds from old techniques. Journal of Algorithms, 34: 222–250.

Hoffman A J. 1960. Some recent applications of the theory of linear inequalities to extremal combinatorial analysis//Combinatorial Analysis (Bellman R E, Hall M, eds.). AMS, Providence, 113–128.

Hu T C. 1969. Integer Programming and Network Flows. Addison-Wesley, Reading.

Karger D R. 2000. Minimum cuts in near-linear time. Journal of the ACM, 47: 46–76.

Karger D R and Levine M S. 1998. Finding maximum flows in undirected graphs seems easier than bipartite matching. Proceedings of the 30th Annual ACM Symposium on Theory of Computing, 69–78.

Karger D R, and Stein, C. 1996. A new approach to the minimum cut problem. Journal of the ACM, 43: 601–640.

Karzanov A V. 1974. Determining the maximal flow in a network by the method of preflows. Soviet Mathematics Doklady, 15: 434–437.

King V, Rao S and Tarjan R E. 1994. A faster deterministic maximum flow algorithm. Journal of Algorithms, 17: 447–474.

Mader W. 1972. Über minimal n-fach zusammenhängende, unendliche Graphen und ein Extremalproblem. Arch. Math., 23: 553–560.

Mader W. 1981. On a property of n edge-connected digraphs. Combinatorica, 1: 385–386.

Malhotra V M, Kumar M P and Maheshwari S N. 1978, An $O(|V|^3)$ algorithm for finding maximum flows in networks. Information Processing Letters, 7: 277–278.

Menger K. 1927. Zur allgemeinen Kurventheorie. Fundamenta Mathematicae, 10: 96–115.

Nagamochi H and Ibaraki T. 1992. Computing edge-connectivity in multigraphs and capacitated graphs. SIAM Journal on Discrete Mathematics, 5: 54–66.

Nagamochi H and Ibaraki T. 2000. A fast algorithm for computing minimum 3-way and 4-way cuts. Mathematical Programming, 88: 507–520.

Phillips S and Dessouky M I. 1977. Solving the project time/cost tradeoff problem using the minimal cut concept. Management Science, 24: 393–400.

Picard J and Queyranne M. 1980. On the structure of all minimum cuts in a network and applications. Mathematical Programming Study, 13: 8–16.

Queyranne M. 1998. Minimizing symmetric submodular functions. Mathematical Programming, B 82: 3–12.

Rose D J. 1970. Triangulated graphs and the elimination process. Journal of Mathematical Analysis and Applications, 32: 597–609.

Shiloach Y. 1978. An $O(nI \log^2 I)$ maximum-flow algorithm. Technical Report STAN-CS-78-802. Computer Science Department, Stanford University.

Shiloach Y. 1979. Edge-disjoint branching in directed multigraphs. Information Processing Letters, 8: 24–27.

Shioura A. 2004. The MA ordering max-flow algorithm is not strongly polynomial for directed networks. Operations Research Letters, 32: 31–35.

Sleator D D. 1980. An $O(nm \log n)$ algorithm for maximum network flow. Technical Report STAN-CS-80-831, Computer Science Department. Stanford University.

Sleator D D and Tarjan R E. 1983. A data structure for dynamic trees. Journal of Computer and System Sciences, 26: 362–391.

Su X Y. 1997. Some generalizations of Menger's theorem concerning arc-connected digraphs. Discrete Mathematics, 175: 293–296.

Stoer M and Wagner F. 1997, A simple min cut algorithm. Journal of the ACM, 44: 585–591.

Tunçel L. 1994. On the complexity preflow-push algorithms for maximum flow problems. Algorithmica, 11: 353–359.

Vazirani V V and Yannakakis M. 1992. Suboptimal cuts: their enumeration, weight, and number// Automata, Languages and Programming; Proceedings; LNCS 623 (Kuich W, ed.). Berlin: Springer, 366–377.

Vygen J. 2002. On dual minimum cost flow algorithms. Mathematical Methods of Operations Research, 56: 101–126.

Weihe K. 1997. Maximum (s, t)-flows in planar networks in $O(|V| \log |V|)$ time. Journal of Computer and System Sciences, 55: 454–475.

Whitney H. 1932. Congruent graphs and the connectivity of graphs. American Journal of Mathematics, 54: 150–168.

第 9 章　最小费用流

这一章将说明如何进一步考虑边的费用. 如在第 8 章引言中谈到的, 将最大流问题应用于任务安排问题时, 边的费用可以表示人员的不同薪金, 目标是以最小的报酬成本去达到预定的任务完成期限. 当然, 还有许多其他应用.

第二方面的推广, 即允许多个源和多个汇, 是更多地出于方法的考虑. 9.1 节介绍一般问题和一个重要特例. 9.2 节证明最优性准则, 它是以下 9.3~ 9.6 各节建立的最小费用流算法的基础. 其中多数算法是以第 7 章的最短路或最小平均圈算法作为子程序的. 9.7 节以动态流的应用来结束这一章.

9.1　问 题 表 述

再次给定一个有向图 G 及其容量 $u : E(G) \to \mathbb{R}_+$, 另外还有数值 $c : E(G) \to \mathbb{R}$ 表示各边的费用. 再者, 允许多个源和多个汇.

定义 9.1　给定有向图 G, 容量 $u : E(G) \to \mathbb{R}_+$, 以及数组 $b : V(G) \to \mathbb{R}$ 使得 $\sum_{v \in V(G)} b(v) = 0$, (G, u) 中的一个 *b*-*流* 是指这样的函数 $f : E(G) \to \mathbb{R}_+$, 使得对每一个 $e \in E(G)$ 均有 $f(e) \leqslant u(e)$, 且对每一个 $v \in V(G)$ 均有 $\sum_{e \in \delta^+(v)} f(e) - \sum_{e \in \delta^-(v)} f(e) = b(v)$.

这样, 具有 $b \equiv 0$ 的 b 流就是一个环流. $b(v)$ 称为顶点 v 的*平衡量*. $|b(v)|$ 也称为*供应量* (如果 $b(v) > 0$) 或*需求量*(如果 $b(v) < 0$). 具有 $b(v) > 0$ 的顶点 v 称为*源*, 那些 $b(v) < 0$ 的顶点 v 称为*汇*.

值得注意的是, 最大流问题的任意算法都可用来求 *b*- 流: 只要对 G 增加两个顶点 s 及 t, 并对所有 $v \in V(G)$ 增加边 (s, v) 及 (v, t), 分别赋予容量 $u((s, v)) := \max\{0, b(v)\}$ 以及 $u((v, t)) := \max\{0, -b(v)\}$. 那么, 在这样得到的网络中, 值为 $\sum_{v \in V(G)} u((s, v))$ 的任意 s-t 流都对应于 G 中的一个 *b*- 流. 于是 *b*- 流的存在性判定准则可从最大流 – 最小截定理 8.6 导出 (见习题 9.2). 现在问题是寻求最小费用的 *b*- 流.

最小费用流问题

实例: 有向图 G, 容量 $u : E(G) \to \mathbb{R}_+$, 数组 $b : V(G) \to \mathbb{R}$ 使得 $\sum_{v \in V(G)} b(v) = 0$, 以及权重 $c : E(G) \to \mathbb{R}$.

任务: 求一个 *b*- 流 f 使其费用 $c(f) := \sum_{e \in E(G)} f(e)c(e)$ 为最小 (或判定 *b*-流不存在).

有时候也允许有无限的容量. 此时目标函数可能无下界, 但这容易事先检查出来, 见习题 9.5.

这里的最小费用流问题是很广泛的, 它有一些有趣的特例. 无容量限制情形 $(u \equiv \infty)$ 通常称为 转运问题. 更特殊的情形, 熟知的运输问题很早就被 Hitchcock (1941) 等人提出来.

Hitchcock 运输问题

实例: 有向图 G, 其中 $V(G) = A \dot{\cup} B$ 且 $E(G) \subseteq A \times B$. 对 $v \in A$ 供应量 $b(v) \geqslant 0$, 对 $v \in B$ 需求量 $-b(v) \geqslant 0$, 且 $\sum_{v \in V(G)} b(v) = 0$. 权 $c : E(G) \to \mathbb{R}$.

任务: 在 (G, ∞) 中寻求最小费用的 b- 流 f (或判定其不存在).

在运输问题中, 假定 c 为非负是不失一般性的, 因为对每条边的权增加常数 α 使得任一个 b- 流的费用都增加同样的数量 $\alpha \sum_{v \in A} b(v)$. 通常只考虑 c 为非负且 $E(G) = A \times B$ 的特殊情形.

显然, 运输问题的任意实例都可以写成二部图上的最小费用流问题的实例, 且具有无限容量. 反过来倒是不太显然, 任意最小费用流问题的实例可以变换为等价的 (但更大的) 运输问题的实例.

引理 9.2 (Orden, 1956; Wagner, 1959)   一个具有 n 个顶点及 m 条边的最小费用流问题的实例可以变换为等价的Hitchcock 运输问题的实例, 其中有 $n + m$ 个顶点及 $2m$ 条边.

证明   设 (G, u, b, c) 是最小费用流问题的一个实例. 定义等价的运输问题的实例 (G', A', B', b', c') 如下: 设 $A' := E(G)$, $B' := V(G)$ 且 $G' := (A' \cup B', E_1 \cup E_2)$, 其中 $E_1 := \{((x,y), x) : (x,y) \in E(G)\}$ 及 $E_2 := \{((x,y), y) : (x,y) \in E(G)\}$. 对 $(e, x) \in E_1$, 令 $c'((e, x)) := 0$; 而对 $(e, y) \in E_2$, 令 $c'((e, y)) := c(e)$. 最后, 对 $e \in E(G)$, 令 $b'(e) := u(e)$; 而对 $x \in V(G)$, 令

$$b'(x) := b(x) - \sum_{e \in \delta_G^+(x)} u(e)$$

作为一个例子, 见图 9.1.

往证两个实例是等价的. 设 f 是 (G, u) 中的一个 b- 流. 对 $e = (x, y) \in E(G)$ 定义 $f'((e, y)) := f(e)$ 及 $f'((e, x)) := u(e) - f(e)$. 显然, f' 是 G' 中的 b'- 流且 $c'(f') = c(f)$.

反之, 若 f' 是 G' 中的 b'- 流, 则 $f((x, y)) := f'(((x,y), y))$ 确定出 G 中的 b- 流且 $c(f) = c'(f')$. $\qquad \square$

上述证明出自 Ford 与 Fulkerson (1962).

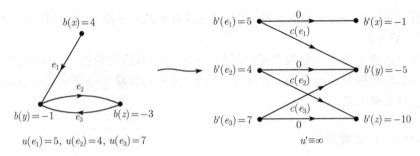

图 9.1

9.2 最优性准则

这一节证明的一些简单结果, 尤其是一个最优性准则, 将成为随后几节建立算法的基础. 这里再次运用剩余图及可扩路的概念. 还把权 c 扩展到 $\overleftrightarrow{G}$ 中: 对每条边 $e \in E(G)$ 定义 $c(\overleftarrow{e}) := -c(e)$. 关于剩余图的定义有这样的好处, 在剩余图 G_f 中每条边的权与流 f 无关.

定义 9.3 给定带容量的有向图 G 及其中的 b- 流 f, 一个 f- 可扩圈就是 G_f 中的圈.

如下的简单性质将被证实为有用的:

命题 9.4 设 G 是一个有向图且有容量 $u : E(G) \to \mathbb{R}_+$. 设 f 及 f' 是 (G, u) 中的 b- 流. 定义 $g : E(\overleftrightarrow{G}) \to \mathbb{R}_+$ 如下: 对 $e \in E(G)$, 令 $g(e) := \max\{0, f'(e) - f(e)\}$ 而 $g(\overleftarrow{e}) := \max\{0, f(e) - f'(e)\}$. 则 g 是 $\overleftrightarrow{G}$ 中的一个 环流 . 其次, 对所有 $e \notin E(G_f)$, 有 $g(e) = 0$ 且 $c(g) = c(f') - c(f)$.

证明 对每一个顶点 $v \in V(\overleftrightarrow{G})$, 有

$$\sum_{e \in \delta^+_{\overleftrightarrow{G}}(v)} g(e) - \sum_{e \in \delta^-_{\overleftrightarrow{G}}(v)} g(e) = \sum_{e \in \delta^+_G(v)} (f'(e) - f(e)) - \sum_{e \in \delta^-_G(v)} (f'(e) - f(e))$$

$$= b(v) - b(v) = 0$$

所以 g 是 $\overleftrightarrow{G}$ 中的环流.

对 $e \in E(\overleftrightarrow{G}) \setminus E(G_f)$, 考虑两种情形: 若 $e \in E(G)$, 则 $f(e) = u(e)$, 从而 $f'(e) \leqslant f(e)$, 故 $g(e) = 0$. 若对某个 $e_0 \in E(G)$, 有 $e = \overleftarrow{e_0}$, 则 $f(e_0) = 0$, 从而 $g(\overleftarrow{e_0}) = 0$.

最后的论断容易验证:

$$c(g) = \sum_{e \in E(\overrightarrow{G})} c(e)g(e) = \sum_{e \in E(G)} c(e)f'(e) - \sum_{e \in E(G)} c(e)f(e) = c(f') - c(f)$$

$\square$

正如欧拉图可划分为若干个圈一样, 环流也可以分解为一些圈上的流.

命题 9.5 (Ford, Fulkerson, 1962)   对有向图 G 的任意 环流 f, 在 G 中存在至多 $|E(G)|$ 个圈组成的族 $\mathcal{C}$ 以及正数 $h(C)$ $(C \in \mathcal{C})$, 使得对所有 $e \in E(G)$, 有 $f(e) = \sum\{h(C) : C \in \mathcal{C}, e \in E(C)\}$.

证明   这是定理 8.8 的特殊情形.   □

现在可以证明如下最优性准则:

定理 9.6 (Klein, 1967)   设 (G, u, b, c) 是 最小费用流问题的实例. 一个 b- 流 f 是最小费用流当且仅当不存在总权为负的 f- 可扩圈.

证明   若存在 f- 可扩圈 C 具有权 $\gamma < 0$, 则可沿 C 使 f 扩充某个量 $\varepsilon > 0$, 得到一个 b- 流 f' 使其费用下降 $-\gamma\varepsilon$. 所以 f 不是最小费用流.

若 f 不是最小费用 b- 流, 则存在另一个 b- 流 f' 具有更小费用. 考虑如命题 9.4 所定义的 g. 则 g 是一个环流且 $c(g) < 0$. 由命题 9.5, g 可分解为一些圈上的流. 由于对所有 $e \notin E(G_f)$ 有 $g(e) = 0$, 所有这些圈都是 f- 可扩圈. 而它们之中至少有一个具有负权, 于是定理得证.   □

此结果实际上可追溯到 Tolstoǐ (1930), 并且多次以不同方式被重新发现. 如下是一个等价的表述:

推论 9.7 (Ford, Fulkerson, 1962)   设 (G, u, b, c) 是最小费用流问题的实例. 一个 b- 流 f 是最小费用流当且仅当对 (G_f, c) 存在可行位势.

证明   由定理 9.6, f 是最小费用 b- 流当且仅当 G_f 不含负圈. 由定理 7.7, (G_f, c) 中没有负圈当且仅当存在可行位势.   □

可行位势也可以视为最小费用流问题的线性规划对偶的解. 这体现在最优性准则的如下证明:

推论 9.7 的第二个证明   将最小费用流问题写成一个最大化的线性规划:

$$
\begin{aligned}
\max \quad & \sum_{e \in E(G)} -c(e)x_e \\
\text{s.t.} \quad & \sum_{e \in \delta^+(v)} x_e - \sum_{e \in \delta^-(v)} x_e = b(v) \quad (v \in V(G)) \\
& x_e \leqslant u(e) \quad (e \in E(G)) \\
& x_e \geqslant 0 \quad (e \in E(G)) \tag{9.1}
\end{aligned}
$$

它的对偶问题是

$$
\begin{aligned}
\min \quad & \sum_{v \in V(G)} b(v)y_v + \sum_{e \in E(G)} u(e)z_e \\
\text{s.t.} \quad & y_v - y_w + z_e \geqslant -c(e) \quad (e = (v, w) \in E(G)) \\
& z_e \geqslant 0 \quad (e \in E(G)) \tag{9.2}
\end{aligned}
$$

设 x 是任一 b- 流, 即 (9.1) 的任意可行解. 由推论 3.23, x 是最优解当且仅当存在 (9.2) 的对偶可行解 (y, z) 使得 x 及 (y, z) 满足互补松弛性条件

$$z_e(u(e) - x_e) = 0 \text{ 且 } x_e(c(e) + z_e + y_v - y_w) = 0, \ \forall e = (v, w) \in E(G)$$

所以 x 是最优解当且仅当存在一对向量 (y, z) 使得

$$\text{对 } e = (v, w) \in E(G) \text{且} x_e < u(e), \quad \text{有 } 0 = -z_e \leqslant c(e) + y_v - y_w$$
$$\text{对 } e = (v, w) \in E(G) \text{且} x_e > 0, \qquad \text{有 } c(e) + y_v - y_w = -z_e \leqslant 0$$

这等价于存在向量 y 使得对所有剩余图中的边 $e = (v, w) \in E(G_x)$ 有 $c(e) + y_v - y_w \geqslant 0$, 即对 (G_x, c) 存在可行位势 y. $\square$

9.3 最小平均圈消去算法

前述 Klein 定理 9.6 已经启示出这样一个算法: 首先用最大流算法求出一个 b- 流, 然后逐次沿负权的可扩圈增流, 直至没有这样的圈为止. 但如果想得到多项式的运行时间, 选择圈时必须小心 (见习题 9.7). 一个好策略是每次选择具有最小平均权的可扩圈:

最小平均圈消去算法

输入: 有向图 G, 容量 $u : E(G) \rightarrow \mathbb{R}_+$, 数组 $b : V(G) \rightarrow \mathbb{R}$ 使得
　　　$\sum_{v \in V(G)} b(v) = 0$, 以及权重 $c : E(G) \rightarrow \mathbb{R}$.
输出: 最小费用 b- 流 f.

① 找出一个 b- 流 f.

② 在 G_f 中找出一个平均权为最小的圈 C.
　　若 C 有非负的总权 (或 G_f 是无圈的), 则终止.

③ 计算 $\gamma := \min_{e \in E(C)} u_f(e)$. 沿 C 使 f 扩充 γ.
　　转向 ②.

如 9.1 节所述, ① 可用最大流问题的任意算法来实现. ② 可按照 7.3 节提出的算法执行. 现证明此算法在多项式次迭代之后终结. 此证明类似于 8.3 节所述. 设 $\mu(f)$ 表示 G_f 中一个圈的最小平均权. 则定理 9.6 断言, 一个 b- 流 f 是最优的当且仅当 $\mu(f) \geqslant 0$.

先证明在整个算法过程中 $\mu(f)$ 是非减的. 进而可以证明, 在每隔 $|E(G)|$ 次迭代中它是严格递增的. 按习惯, n 及 m 分别表示 G 的顶点数及边数.

引理 9.8 设 $f_1, f_2, \cdots, f_t$ 是一个 b- 流序列, 使得对 $i = 1, \cdots, t-1$ 有 $\mu(f_i) < 0$ 且 f_{i+1} 是从 f_i 经过沿 C_i 的增流得到, 其中 C_i 是在 G_{f_i} 中一个最小平均权的圈. 那么

(a) 对任意 k 有 $\mu(f_k) \leqslant \mu(f_{k+1})$.

(b) 对任意 $k < l$ 使得 $C_k \cup C_l$ 包含一对反向边, 有 $\mu(f_k) \leqslant \frac{n}{n-2}\mu(f_l)$.

证明 (a) 设 f_k, f_{k+1} 是此序列中两个相继的流. 考虑从 $(V(G), E(C_k) \overset{\cdot}{\cup} E(C_{k+1}))$ 中删去成对出现的反向边后得到的欧拉图 H (同时出现于 C_k 及 C_{k+1} 边看作二重边). 易知 H 是 G_{f_k} 的子图, 因为 $E(G_{f_{k+1}}) \setminus E(G_{f_k})$ 的每一条边必定是 $E(C_k)$ 的某条边的反向. 由于 H 是欧拉图, 它可分解为若干个圈, 而其中每一个圈的平均权都至少为 $\mu(f_k)$. 所以 $c(E(H)) \geqslant \mu(f_k)|E(H)|$.

由于每一对反向边的权和是零, 所以

$$c(E(H)) = c(E(C_k)) + c(E(C_{k+1})) = \mu(f_k)|E(C_k)| + \mu(f_{k+1})|E(C_{k+1})|$$

又因 $|E(H)| \leqslant |E(C_k)| + |E(C_{k+1})|$, 故有结论

$$\begin{aligned} \mu(f_k)(|E(C_k)| + |E(C_{k+1})|) &\leqslant \mu(f_k)|E(H)| \\ &\leqslant c(E(H)) \\ &= \mu(f_k)|E(C_k)| + \mu(f_{k+1})|E(C_{k+1})| \end{aligned}$$

由此推出 $\mu(f_{k+1}) \geqslant \mu(f_k)$.

(b) 根据 (a), 只需证明此论断对这样的 k, l 成立即可: 对 $k < i < l$, $C_i \cup C_l$ 不含任何一对反向的边.

如 (a) 的证明一样, 考虑从 $(V(G), E(C_k) \overset{\cdot}{\cup} E(C_l))$ 消去成对的反向边后得到的欧拉图 H. 这个 H 是 G_{f_k} 的子图, 因为 $E(C_l) \setminus E(G_{f_k})$ 中的任意一条边必定是 $C_k, C_{k+1}, \cdots, C_{l-1}$ 之一的某条边的反向. 但由 k 及 l 的选择可知, 在这些圈当中只有 C_k 才含有 C_l 的边的反向.

所以同 (a) 一样得到 $c(E(H)) \geqslant \mu(f_k)|E(H)|$ 及

$$c(E(H)) = \mu(f_k)|E(C_k)| + \mu(f_l)|E(C_l)|$$

又由于 $|E(H)| \leqslant |E(C_k)| + \frac{n-2}{n}|E(C_l)|$ (至少删去两条边), 所以得到

$$\begin{aligned} \mu(f_k)\left(|E(C_k)| + \frac{n-2}{n}|E(C_l)|\right) &\leqslant \mu(f_k)|E(H)| \\ &\leqslant c(E(H)) \\ &= \mu(f_k)|E(C_k)| + \mu(f_l)|E(C_l)| \end{aligned}$$

由此推出 $\mu(f_k) \leqslant \frac{n}{n-2}\mu(f_l)$. $\qquad\qquad\square$

推论 9.9　在最小平均圈消去算法的执行过程中, 每经过 mn 次迭代都至少使 $|\mu(f)|$ 减小一半.

证明　设 $C_k, C_{k+1}, \cdots, C_{k+m}$ 是算法中相继 $m+1$ 次迭代的可扩圈. 由于每一个这样的圈都包含一条瓶颈边 (随即从剩余图中删去的边), 所以必存在两个这样的圈, 比如 C_i 和 C_j $(k \leqslant i < j \leqslant k+m)$, 它们的并包含一对反向边. 于是, 由引理 9.8 得到

$$\mu(f_k) \leqslant \mu(f_i) \leqslant \frac{n}{n-2}\,\mu(f_j) \leqslant \frac{n}{n-2}\,\mu(f_{k+m})$$

因而每经过 m 次迭代, 都至少使 $|\mu(f)|$ 减小到它的 $\frac{n-2}{n}$ 倍. 又因 $\left(\frac{n-2}{n}\right)^n < e^{-2} < \frac{1}{2}$, 可知推论成立. 　　　　　　　　　　　　　　　　　　　　　　　　　□

这已证明了只要所有边的费用为整数, 算法的运行时间就是多项式的. 事实上, 开始时 $|\mu(f)|$ 不超过 $|c_{\min}|$, 其中 $c_{\min}$ 是边的最小费用. 而每经过 mn 次迭代, 它至少下降为它的 $\frac{1}{2}$. 所以在 $O(mn \log(n|c_{\min}|))$ 次迭代之后, $\mu(f)$ 大于 $-\frac{1}{n}$. 既然边的费用均为整数, 这意味着 $\mu(f) \geqslant 0$, 从而算法终止. 故由推论 7.14 知, 运行时间是 $O\left(m^2 n^2 \log(n|c_{\min}|)\right)$.

情况甚至会更好, 对最小费用流问题, 我们可以推导出强多项式的运行时间 (首先由 Tardos (1985) 得到):

定理 9.10 (Goldberg, Tarjan, 1989)　　最小平均圈消去算法 的运行时间是 $O(m^3 n^2 \log n)$.

证明　欲证: 每经 $mn(\lceil \log n \rceil + 1)$ 次迭代, 至少一条边变成固定的, 即此边上的流不再改变. 因此至多有 $O\left(m^2 n \log n\right)$ 次迭代. 再对 ① 运用推论 8.15 并对 ② 运用推论 7.14, 则定理得证.

设 f 是某次迭代的流, 并设 f' 是经过 $mn(\lceil \log n \rceil + 1)$ 次迭代之后的流. 定义权 c' 为 $c'(e) := c(e) - \mu(f')$ $(e \in E(G_{f'}))$. 设 π 是 $(G_{f'}, c')$ 的可行位势 (由定理 7.7 知其存在). 则有 $0 \leqslant c'_\pi(e) = c_\pi(e) - \mu(f')$, 因而

$$c_\pi(e) \geqslant \mu(f'), \quad \forall\, e \in E(G_{f'}) \tag{9.3}$$

现设 C 是算法中选择来扩充 f 的圈, 它是 G_f 中最小平均权的圈. 因为由推论 9.9 得到

$$\mu(f) \leqslant 2^{\lceil \log n \rceil + 1} \mu(f') \leqslant 2n\mu(f')$$

(见图 9.2), 故有

$$\sum_{e \in E(C)} c_\pi(e) = \sum_{e \in E(C)} c(e) = \mu(f)|E(C)| \leqslant 2n\mu(f')|E(C)|$$

那么可取 $e_0 = (x, y) \in E(C)$ 使得 $c_\pi(e_0) \leqslant 2n\mu(f')$. 由 (9.3) 得知 $e_0 \notin E(G_{f'})$.

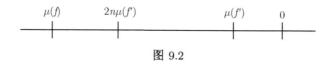

图 9.2

论断 对使 $e_0 \in E(G_{f''})$ 的任意 b- 流 f'', 有 $\mu(f'') < \mu(f')$.

根据引理 9.8(a), 此论断蕴涵 e_0 将永远不再出现于剩余图中, 即自从 e_0 在 C 中被使用, 经过 $mn(\lceil \log n \rceil + 1)$ 次迭代之后, e_0 及 $\overleftarrow{e_0}$ 将成为固定的. 这就可以完成定理证明.

为证此论断, 设 f'' 是使 $e_0 \in E(G_{f''})$ 的一个 b- 流. 对 f' 及 f'' 运用命题 9.4 得到环流 g, 使得对所有 $e \notin E(G_{f'})$ 有 $g(e) = 0$ 且 $g(\overleftarrow{e_0}) > 0$ (因为 $e_0 \in E(G_{f''}) \setminus E(G_{f'})$).

由命题 9.5, g 可以写成一些 f'- 可扩圈上的流之和. 在这些圈中必定有一个, 比如 W, 包含 $\overleftarrow{e_0}$. 运用 $c_\pi(\overleftarrow{e_0}) = -c_\pi(e_0) \geqslant -2n\mu(f')$ 并对所有 $e \in E(W) \setminus \{\overleftarrow{e_0}\}$ 应用 (9.3), 得到 W 的权的下界:

$$c(E(W)) = \sum_{e \in E(W)} c_\pi(e) \geqslant -2n\mu(f') + (n-1)\mu(f') > -n\mu(f')$$

但 W 的逆行是一个 f''- 可扩圈 (这可由交换 f' 与 f'' 的地位看出), 而它的权小于 $n\mu(f')$. 这说明 $G_{f''}$ 包含一个平均权小于 $\mu(f')$ 的圈, 从而论断得证. □

9.4 逐次最短路算法

如下定理引导出另一个算法:

定理 9.11 (Jewell, 1958; Iri, 1960; Busacker, Gowen, 1961) 设 (G, u, b, c) 是最小费用流问题的一个实例, 并设 f 是一个最小费用 b- 流. 设 P 是 G_f 中相对于权 c 及一对顶点 s, t 的最短 s-t 路. 设 f' 是沿着 P 使 f 扩充不超过 P 上的最小剩余容量所得到的流. 则 f' 是对于某个 b' 的最小费用 b'- 流.

证明 这个 f' 是对某个 b' 的 b'- 流. 假定 f' 不是最小费用的 b'- 流. 则由定理 9.6 知, 在 $G_{f'}$ 中存在一个负权的圈 C. 考虑 H 是由 $(V(G), E(C) \dot\cup E(P))$ 删去各对反向边所得到的图 (如前, 同时出现于 C 及 P 的边看作二重边). 对任意的边 $e \in E(G_{f'}) \setminus E(G_f)$, e 的反向必在 $E(P)$ 之中. 因此 $E(H) \subseteq E(G_f)$.

易知 $c(E(H)) = c(E(C)) + c(E(P)) < c(E(P))$, 而且, H 是一条 s-t 路及若干个圈的并. 但由于 $E(H) \subseteq E(G_f)$, 在这些圈中没有一个具有负权 (否则 f 就不是最小费用的 b- 流). 因此在 H 中, 从而在 G_f 中, 存在一条 s-t 路具有比 P 更小的权, 与 P 的选择矛盾. □

如果权是守恒的, 则可从作为最优环流的 $f \equiv 0$ (即对 $b \equiv 0$ 的 b- 流) 开始进行计算. 否则可以首先饱和所有负费用且有界容量的边. 这样做可能改变了 b 值, 但保证不存在负的可扩圈 (即对 G_f 而言 c 是守恒的), 只要这个实例不是无界的.

逐次最短路算法

输入: 有向图 G, 容量 $u : E(G) \to \mathbb{R}_+$, 数组 $b : V(G) \to \mathbb{R}$ 使得 $\sum_{v \in V(G)} b(v) = 0$, 以及守恒权 $c : E(G) \to \mathbb{R}$.

输出: 最小费用 b- 流 f.

① 令 $b' := b$, 并对所有 $e \in E(G)$, 令 $f(e) := 0$.

② 若 $b' = 0$, 则终止, 否则

选一顶点 s 使 $b'(s) > 0$.

选一顶点 t 使 $b'(t) < 0$ 且在 G_f 中 t 可从 s 到达.

若不存在这样的 t, 则终止 (不存在 b- 流).

③ 在 G_f 中找一条最小权的 s-t 路 P.

④ 计算 $\gamma := \min \left\{ \min_{e \in E(P)} u_f(e), b'(s), -b'(t) \right\}$.

令 $b'(s) := b'(s) - \gamma$ 且 $b'(t) := b'(t) + \gamma$. 沿 P 使 f 扩充 γ.

转向 ②.

如果允许任意容量, 会遇到与 FORD-FULKERSON 算法同样的收敛问题 (见习题 8.2, 令其中的费用为零). 所以今后假定 u 及 b 均为整值的. 那么算法显然至多在 $B := \frac{1}{2} \sum_{v \in V(G)} |b(v)|$ 次增流后结束. 由定理 9.11, 若初始的零流是最优的, 则最终得到的流也是最优的. 当且仅当 c 是守恒的, 此结论为真.

要说明的是, 当算法指出不存在 b- 流时, 此判断的确是正确的. 这比较简单, 留作习题 9.13.

每一次增流迭代都需要一次最短路计算. 由于负权的出现, 应该运用 MOORE-BELLMAN-FORD 算法, 其运行时间是 $O(nm)$ (定理 7.5), 所以总的运行时间将是 $O(Bnm)$. 然而, 正如在定理 7.9 的证明中那样, 可以这样安排, 使得除第一次之外, 每一次最短路计算都在具有非负权的图中进行:

定理 9.12 (Tomizawa, 1971; Edmonds, Karp, 1972)　对整值的容量及供应量, 逐次最短路算法可在运行时间 $O(nm + B(m + n \log n))$ 内实施, 其中 $B = \frac{1}{2} \sum_{v \in V(G)} |b(v)|$.

证明　为方便计, 假设只有一个源 s. 若不然, 可引进一个新顶点 s, 并对所有顶点 $v \in V(G)$ 添加新边 (s, v), 带有容量 $\max\{0, b(v)\}$ 及零费用. 然后可令 $b(s) := B$,

而对原有的源 v, 令 $b(v) := 0$. 这样便得到只有一个源的等价问题. 其次, 可假定每一个顶点都可从 s 到达 (其余顶点可删去).

对逐次最短路算法的每一次迭代 i, 引进一个位势 $\pi_i : V(G) \to \mathbb{R}$. 从 (G, c) 的任一个可行位势 π_0 开始. 根据推论 7.8, 这是存在的且可在 $O(mn)$ 时间计算出来.

现设 f_{i-1} 是迭代 i 之前的流. 那么迭代 i 的最短路计算可对既约费用 $c_{\pi_{i-1}}$ 进行, 而不是对 c 进行. 设 $l_i(v)$ 表示在 $G_{f_{i-1}}$ 中关于权 $c_{\pi_{i-1}}$ 的最短 s-v 路的长度. 那么令 $\pi_i(v) := \pi_{i-1}(v) + l_i(v)$.

对 i 用归纳法证明 π_i 是对 (G_{f_i}, c) 的可行位势. 这对 $i = 0$ 是明显的. 对 $i > 0$ 及任一边 $e = (x, y) \in E(G_{f_{i-1}})$, 由 l_i 的定义及归纳假设可得

$$l_i(y) \leqslant l_i(x) + c_{\pi_{i-1}}(e) = l_i(x) + c(e) + \pi_{i-1}(x) - \pi_{i-1}(y)$$

因而

$$c_{\pi_i}(e) = c(e) + \pi_i(x) - \pi_i(y) = c(e) + \pi_{i-1}(x) + l_i(x) - \pi_{i-1}(y) - l_i(y) \geqslant 0$$

对迭代 i 的可扩路 P_i 及任一边 $e = (x, y) \in P_i$, 有

$$l_i(y) = l_i(x) + c_{\pi_{i-1}}(e) = l_i(x) + c(e) + \pi_{i-1}(x) - \pi_{i-1}(y)$$

所以 $c_{\pi_i}(e) = 0$, 并且 e 的反向边也具有零权. 由于 $E(G_{f_i}) \setminus E(G_{f_{i-1}})$ 中的每一条边都是 P_i 的某条边的反向, 所以 c_{π_i} 确实是 $E(G_{f_i})$ 上的一个非负权函数.

我们看到, 对任意 i 及任意 t, 关于 c 的最短 s-t 路恰好也是关于 c_{π_i} 的最短 s-t 路, 因为对任意 s-t 路 P 均有 $c_{\pi_i}(P) - c(P) = \pi_i(s) - \pi_i(t)$.

因此, 除起始一次之外, 所有最短路计算都可以运用 DIJKSTRA 算法. 由定理 7.4 知, 当采用 Fibonacci 堆实施时, 它的运行时间是 $O(m + n \log n)$. 又因至多有 B 次迭代, 得到总的运行时间 $O(nm + B(m + n \log n))$. □

值得注意的是, 与许多其他问题 (如最大流问题) 不同, 当考虑最小费用流问题时, 并不能假定输入图是简单图. 此外, 定理 9.12 的运行时间仍然是指数的, 除非 B 已知为较小的数. 当 $B = O(n)$ 时, 这是已知最为快捷的算法了. 其应用可见于 11.1 节.

这一节的剩余部分将说明如何改进算法, 以便减少最短路计算的次数. 我们只考虑所有容量为无限的情形. 由引理 9.2, 最小费用流问题的每一个实例都可以转化为具有无限容量的等价实例.

由 Edmonds 与 Karp (1972) 提供的基本思想如下: 在起始的迭代中, 只考虑增流量 γ 大的可扩路. 从 $\gamma = 2^{\lfloor \log b_{\max} \rfloor}$ 开始, 如果再没有可扩充 γ 的增流可以执行, 便将 γ 减小一半. 在 $\lfloor \log b_{\max} \rfloor + 1$ 次迭代之后得到 $\gamma = 1$ 而告结束 (仍假定 b 是整值的). 在许多算法中, 这种 缩放尺度方法 被证明为十分有效的 (亦见于习题 9.14). 第一个变尺度算法详述如下:

容量缩放算法

输入: 有向图 G 赋予无限容量 $u(e) = \infty$ $(e \in E(G))$, 数组 $b : V(G) \to \mathbb{Z}$ 使得 $\sum_{v \in V(G)} b(v) = 0$, 以及守恒权 $c : E(G) \to \mathbb{R}$.

输出: 最小费用 b-流 f.

---

① 令 $b' := b$, 并对所有 $e \in E(G)$, 令 $f(e) := 0$.

令 $\gamma = 2^{\lfloor \log b_{\max} \rfloor}$, 其中 $b_{\max} = \max\{b(v) : v \in V(G)\}$.

② 若 $b' = 0$, 则终止, 否则

选择一个顶点 s 使 $b'(s) \geqslant \gamma$.

选择一个顶点 t 使 $b'(t) \leqslant -\gamma$ 且在 G_f 中 t 可从 s 到达.

若不存在这样的 s 或 t, 则转向 ⑤.

③ 在 G_f 中寻求一条最小权的 s-t 路 P.

④ 令 $b'(s) := b'(s) - \gamma$ 及 $b'(t) := b'(t) + \gamma$. 沿着 P 使 f 扩充 γ.

转向 ②.

⑤ 若 $\gamma = 1$, 则终止(不存在 b- 流).

否则, 令 $\gamma := \frac{\gamma}{2}$ 并转向 ②.

定理 9.13 (Edmonds, Karp, 1972) 容量缩放算法正确地求解具有整值 b、无限容量及守恒权的最小费用流问题. 其运行时间是 $O(n(m + n \log n) \log b_{\max})$, 其中 $b_{\max} = \max\{b(v) : v \in V(G)\}$.

证明 如上, 其正确性直接由定理 9.11 得到. 注意, 在任意时刻, 每一条边的剩余容量或者是无限, 或者是 γ 的整数倍.

为确定运行时间, 把 γ 保持不变的时期称为一个阶段. 下面将证明: 在一个阶段中有少于 $4n$ 次增流运算. 假设其不真. 对某个 γ 值, 设 f 及 g 分别是在 γ 阶段开始及结束时的流. 那么 $g - f$ 可看作 G_f 中的 b''- 流, 其中 $\sum_{x \in V(G)} |b''(x)| \geqslant 8n\gamma$. 设 $S := \{x \in V(G) : b''(x) > 0\}$, $S^+ := \{x \in V(G) : b''(x) \geqslant 2\gamma\}$, $T := \{x \in V(G) : b''(x) < 0\}$, $T^+ := \{x \in V(G) : b''(x) \leqslant -2\gamma\}$. 假如在 G_f 中还存在一条从 S^+ 到 T^+ 的路, 那么先前的 2γ-阶段还在继续进行, 尚未结束. 因此在 G_f 中从 S^+ 可到达的汇点的总 b'' 值一定大于 $n(-2\gamma)$. 从而 (注意在 G_f 中存在 b''- 流) $\sum_{x \in S^+} b''(x) < 2n\gamma$. 于是有

$$\sum_{x \in V(G)} |b''(x)| = 2 \sum_{x \in S} b''(x) = 2 \left(\sum_{x \in S^+} b''(x) + \sum_{x \in S \setminus S^+} b''(x) \right)$$
$$< 2(2n\gamma + 2n\gamma) = 8n\gamma$$

导致矛盾.

这就证明了最短路计算的总次数为 $O(n \log b_{\max})$. 与定理 9.12 的方法结合起来, 得到 $O(mn + n \log b_{\max}(m + n \log n))$ 的时间界. $\qquad\square$

这是最小费用流问题的第一个多项式时间算法. 经过进一步的改进, 甚至可以得到强多项式的运行时间. 这是下一节的议题.

9.5 Orlin 算法

前一节的容量缩放算法可进一步改进. 其基本思想是: 在上述算法的任何阶段, 如果一条边携带多于 $8n\gamma$ 单位的流, 则可把它收缩掉. 事实上, 这样的边将永远保持正流量, 因而在剩余图中关于任何可行位势的既约费用为零. 这是因为从此之后至多还有 $4n$ 次扩充 γ 的增流, 再有 $4n$ 次扩充 $\frac{\gamma}{2}$ 的增流, 如此类推. 所以在算法的余下部分, 这条边上的流的升降总量小于 $8n\gamma$.

我们将介绍 ORLIN 算法, 而不显示收缩运算. 这可简化叙述, 特别从算法实施观点来看是如此. 用一个集 F 记录要收缩的边 (及其反向边). 从 $(V(G), F)$ 的每一个连通分支选出一个代表元. 算法将保持这样的性质: 每一个连通分支的代表元是其唯一的非平衡顶点. 对任意顶点 $x, r(x)$ 表示 $(V(G), F)$ 中包含 x 的连通分支的代表元.

Orlin 算法不要求 b 是整值的. 但它只能处理无容量限制问题 (回顾引理 9.2).

ORLIN 算法

输入: 有向图 G 赋予无限容量 $u(e) = \infty$ $(e \in E(G))$, 数组 $b : V(G) \to \mathbb{R}$ 使得 $\sum_{v \in V(G)} b(v) = 0$, 以及守恒权 $c : E(G) \to \mathbb{R}$.

输出: 最小费用 b- 流 f.

---

① 令 $b' := b$, 并对所有 $e \in E(G)$, 令 $f(e) := 0$.

对所有 $v \in V(G)$, 令 $r(v) := v$. 令 $F := \varnothing$.

令 $\gamma = \max_{v \in V(G)} |b'(v)|$.

② 若 $b' = 0$, 则终止.

③ 选择一个顶点 s 使 $b'(s) > \frac{n-1}{n}\gamma$.

若不存在这样的 s, 则转向 ④.

选择一个顶点 t 使 $b'(t) < -\frac{1}{n}\gamma$ 且在 G_f 中 t 是可从 s 到达的.

若不存在这样的 t, 则终止 (不存在 b- 流).

转向 ⑤.

④ 选择一个顶点 t 使 $b'(t) < -\frac{n-1}{n}\gamma$.

若不存在这样的 t, 则转向 ⑥.

选择一个顶点 s 使 $b'(s) > \frac{1}{n}\gamma$ 且在 G_f 中 t 是可从 s 到达的.

若不存在这样的 s, 则终止 (不存在 b- 流).

⑤ 在 G_f 中寻求一条最小权 s-t 路 P.

　　令 $b'(s) := b'(s) - \gamma$ 及 $b'(t) := b'(t) + \gamma$. 沿着 P 使 f 扩充 γ.

　　转向 ②.

⑥ 若对所有 $e \in E(G) \setminus F$ 均有 $f(e) = 0$, 则令 $\gamma := \min\left\{\frac{\gamma}{2}, \max_{v \in V(G)} |b'(v)|\right\}$, 否

　　则 令 $\gamma := \frac{\gamma}{2}$.

⑦ 对所有 $e = (x, y) \in E(G) \setminus F$ 且 $r(x) \neq r(y)$ 及 $f(e) > 8n\gamma$, 执行

　　　　令 $F := F \cup \{e, \overleftarrow{e}\}$.

　　　　令 $x' := r(x)$ 及 $y' := r(y)$. 设 Q 是 F 中的 x'-y' 路.

　　　　若 $b'(x') > 0$, 则沿着 Q 使 f 扩充 $b'(x')$,

　　　　　　　　否则沿 Q 的反向使 f 扩充 $-b'(x')$.

　　　　令 $b'(y') := b'(y') + b'(x')$ 及 $b'(x') := 0$.

　　　　对在 F 中所有从 y' 可到达的顶点 z, 令 $r(z) := y'$.

⑧ 转向 ②.

此算法出自 Orlin (1993), 亦见于 Plotkin, Tardos (1990). 首先来证明其正确性. γ 的两次变化之间的时间仍称为一个阶段.

引理 9.14　　ORLIN 算法可正确地求解无容量限制且具守恒权的最小费用流问题. 在任意阶段, f 都是最小费用的 $(b - b')$- 流.

证明　　首先证明 f 总是一个 $(b - b')$- 流. 特别必须证明 f 始终是非负的. 为此, 首先注意到在任意时刻, 不在 F 中的每一条边的剩余容量或者是无限的, 或者是 γ 的整数倍. 其次断言: 每一条边 $e \in F$ 始终具有正的剩余容量. 事实上, 任一阶段包括 ⑦ 中至多 $n - 1$ 次扩充量小于 $2\frac{n-1}{n}\gamma$ 的增流运算以及 ⑤ 中至多 $2n$ 次扩充 γ 的增流运算. 因而在这个 γ 阶段中, 在 e 变为 F 的成员之后, 流的升降总量小于 $8n\gamma$.

因此 f 恒为非负的, 从而总是一个 $(b - b')$- 流. 进而断言: f 总是最小费用的 $(b - b')$- 流, 并且 F 中的每一条 v-w 路都是 G_f 中的最短 v-w 路. 事实上, 前一结论蕴涵后一结论, 因为由定理 9.6, 对一个最小费用流 f, G_f 中不存在负圈. 现在, 此论断直接由定理 9.11 推出, 因为 ⑤ 中的 P 及 ⑦ 中的 Q 都是最短路.

最后证明: 如果算法在 ③ 或 ④ 以 $b' \neq 0$ 结束, 则的确不存在 b- 流. 设算法在 ③ 终止, 这意味着存在一个顶点 s 使得 $b'(s) > \frac{n-1}{n}\gamma$, 但不存在顶点 t 使得 $b'(t) < -\frac{1}{n}\gamma$ 且在 G_f 中可从 s 到达. 那么设 R 是在 G_f 中从 s 可到达的顶点之集. 由于 f 是一个 $(b - b')$- 流, 所以 $\sum_{x \in R}(b(x) - b'(x)) = 0$. 于是有

$$\sum_{x \in R} b(x) = \sum_{x \in R}(b(x) - b'(x)) + \sum_{x \in R} b'(x) = \sum_{x \in R} b'(x) = b'(s) + \sum_{x \in R \setminus \{s\}} b'(x) > 0$$

这就证明了不存在 b- 流. 算法终止于 ④ 的情形类似可证. □

现在来分析运行时间.

引理 9.15 (Plotkin, Tardos, 1990) 若在算法的某一步骤有一顶点 s 使 $|b'(s)| > \frac{n-1}{n}\gamma$, 则 $(V(G), F)$ 中包含 s 的连通分支在随后的 $\lceil 2\log n + \log m \rceil + 4$ 个阶段中一定扩大.

证明 设在算法的某个具有 $\gamma = \gamma_1$ 的阶段开始时, 有顶点 s 使得 $|b'(s)| > \frac{n-1}{n}\gamma_1$. 设 γ_0 是前一阶段的 γ 值, 而 γ_2 是在 $\lceil 2\log n + \log m \rceil + 4$ 个阶段以后的 γ 值. 则有 $\frac{1}{2}\gamma_0 \geq \gamma_1 \geq 16n^2 m\gamma_2$. 设 b'_1 及 f_1 分别是 γ_1 阶段开始时的 b' 及 f, 而 b'_2 及 f_2 分别是 γ_2 阶段结束时的 b' 及 f.

设 S 是在 γ_1 阶段的 $(V(G), F)$ 中包含 s 的连通分支, 并假定它在考虑的 $\lceil 2\log n + \log m \rceil + 4$ 个阶段中一直不变. 注意到 ⑦ 保证对所有 $r(v) \neq v$ 的顶点 v 有 $b'(v) = 0$. 所以对所有 $v \in S \setminus \{s\}$ 有 $b'(v) = 0$ 且

$$\sum_{x \in S} b(x) - b'_1(s) = \sum_{x \in S}(b(x) - b'_1(x)) = \sum_{e \in \delta^+(S)} f_1(e) - \sum_{e \in \delta^-(S)} f_1(e) \quad (9.4)$$

我们断言:

$$\left| \sum_{x \in S} b(x) \right| \geq \frac{1}{n}\gamma_1 \quad (9.5)$$

事实上, 若 $\gamma_1 < \frac{\gamma_0}{2}$, 则不在 F 中的每一条边均有零流, 故 (9.4) 的右端为零, 从而导致 $\left|\sum_{x \in S} b(x)\right| = |b'_1(s)| > \frac{n-1}{n}\gamma_1 \geq \frac{1}{n}\gamma_1$. 对另一情形 ($\gamma_1 = \frac{\gamma_0}{2}$), 有

$$\frac{1}{n}\gamma_1 \leq \frac{n-1}{n}\gamma_1 < |b'_1(s)| \leq \frac{n-1}{n}\gamma_0 = \gamma_0 - \frac{2}{n}\gamma_1 \quad (9.6)$$

由于不在 F 中的任一条边的流都是 γ_0 整数倍, 所以 (9.4) 的右端也是 γ_0 的整数倍. 这与 (9.6) 结合起来即推出 (9.5).

现在考虑离开 S 的边上的总 f_2 流减去进入 S 的边上的总流. 由于 f_2 是一个 $(b - b'_2)$- 流, 所以这就是 $\sum_{x \in S} b(x) - b'_2(s)$. 运用 (9.5) 及 $|b'_2(s)| \leq \frac{n-1}{n}\gamma_2$, 得到

$$\sum_{e \in \delta^+(S) \cup \delta^-(S)} |f_2(e)| \geq \left| \sum_{x \in S} b(x) \right| - |b'_2(s)| \geq \frac{1}{n}\gamma_1 - \frac{n-1}{n}\gamma_2$$
$$\geq (16nm - 1)\gamma_2 > m(8n\gamma_2)$$

于是至少存在一边 e, 恰有一端处于 S 且 $f_2(e) > 8n\gamma_2$. 由算法的 ⑦, 这意味着 S 是增大的. □

定理 9.16 (Orlin, 1993) ORLIN 算法在 $O(n \log m \ (m + n \log n))$ 时间正确地求解无容量限制且具守恒权的最小费用流问题.

证明 前面引理 9.14 已证明算法的正确性. 步骤 ⑦ 总共使用 $O(mn)$ 时间. 引理 9.15 意味着阶段的总数为 $O(n \log m)$. 其次, 它还说明: 对一个顶点 s 及一

个集 $S \subseteq V(G)$, 在 ⑤ 中至多有 $\lceil 2\log n + \log m \rceil + 4$ 次增流运算从 s 出发而 S 是 $(V(G), F)$ 中包含 s 的连通分支. 由于在任意时刻, 所有 $r(v) \neq v$ 的顶点 v 都有 $b'(v) = 0$, 所以对算法某阶段一度作为 F 的连通分支的每一个集 S, 至多存在 $\lceil 2\log n + \log m \rceil + 4$ 次这样的增流运算. 又因为这些集构成的集族是嵌套的 (laminar), 所以至多有 $2n-1$ 个这样的集 (推论 2.15), 从而在 ⑤ 中总共有 $O(n\log m)$ 次增流.

运用定理 9.12 的方法, 得到总运行时间 $O(mn + (n\log m)(m + n\log n))$. □

对无容量限制的最小费用流问题, 这是已知最好的运行时间.

定理 9.17 (Orlin, 1993)   一般最小费用流问题可在 $O(m\log m(m + n\log n))$ 时间求解, 其中 $n = |V(G)|$ 及 $m = |E(G)|$.

证明   运用引理 9.2 的构造方法, 要在一个二部图 H 上求解无容量的最小费用流问题, 其中 $V(H) = A' \mathbin{\dot\cup} B'$, $A' = E(G)$ 及 $B' = V(G)$. 由于 H 是无圈的, 初始的可行位势可在 $O(|E(H)|) = O(m)$ 时间计算出来. 如前面定理 9.16 所述, 总的运行时间被 $\overleftrightarrow{H}$ 中一个非负权子图的 $O(m\log m)$ 次最短路计算所界定.

在调用 DIJKSTRA 算法之前, 对那些不是欲求路端点的每个顶点 $a \in A'$ 施行如下运算: 对每一对边 $(b, a), (a, b')$ 增加一条边 (b, b') 并令它的权为 (b, a) 与 (a, b') 的权之和, 最后删去 a. 显然这样得到的最短路问题实例是等价的. 由于 A' 中每一个顶点关联于 $\overleftrightarrow{H}$ 的四条边, 所以上述得到的图有 $O(m)$ 条边及至多 $n + 2$ 个顶点. 这样的预处理对每个顶点使用常数时间, 即共用 $O(m)$ 时间. 在 $\overleftrightarrow{H}$ 中的最后一轮找路计算以及消去顶点的距离标号计算也都用 $O(m)$ 时间. 因此得到总运行时间 $O((m\log m)(m + n\log n))$. □

对一般的最小费用流问题, 这是已知最快捷的强多项式时间算法. Vygen (2002) 阐述了可达到同样运行时间, 但直接对有容量的实例进行计算的另一个算法.

9.6   网络单形算法

最小费用流问题是线性规划的特殊情形. 运用单形法并利用特殊结构, 可以得到所谓网络单形算法. 为使这种联系更清楚起见, 首先刻画基解的集合 (虽然并不用它来证明算法的正确性).

定义 9.18   设 (G, u, b, c) 是最小费用流问题的实例. (G, u) 中的一个 b- 流 f 是**支撑树解**, 是指 $(V(G), \{e \in E(G) : 0 < f(e) < u(e)\})$ 不含无向圈.

命题 9.19   最小费用流问题的任一个实例, 或者存在作为支撑树解的最优解, 或者根本不存在最优解.

证明   给定一个最优解 f 以及 $(V(G), \{e \in E(G) : 0 < f(e) < u(e)\})$ 中的无向圈 C, 存在 G_f 中的两个有向圈 C' 及 C'', 它们是无向圈 C 的两个不同定向. 设 ε 是 $E(C') \cup E(C'')$ 中的最小剩余容量. 分别沿 C' 及 C'' 使 f 扩充 ε, 可得两个不

同的可行解 f' 及 f''. 由于 $2c(f) = c(f') + c(f'')$, 所以 f' 与 f'' 都是最优解. 而它们之中必有其一比 f 有更少的边 e 使 $0 < f(e) < u(e)$, 所以经过不到 $|E(G)|$ 次这样的变换, 可到达一个最优的支撑树解. □

推论 9.20 设 (G, u, b, c) 是最小费用流问题的实例. 那么

$$\left\{ x \in \mathbb{R}^{E(G)} : 0 \leqslant x_e \leqslant u(e) \ (e \in E(G)), \right.$$

$$\left. \sum_{e \in \delta^+(v)} x_e - \sum_{e \in \delta^-(v)} x_e = b(v) \ (v \in V(G)) \right\}$$

的所有基解恰为 (G, u, b, c) 的全部支撑树解.

证明 命题 9.19 证明了每一个基解是一个支撑树解.

对一个支撑树解 f, 考虑这样的不等式组: 对 $e \in E(G)$ 且 $f(e) = 0$ 的不等式 $x_e \geqslant 0$, 对 $e \in E(G)$ 且 $f(e) = u(e)$ 的不等式 $x_e \leqslant u(e)$, 以及对 $(V(G), \{e \in E(G) : 0 < f(e) < u(e)\})$ 每一个连通分支除一个顶点以外的所有 v 的 $\sum_{e \in \delta^+(v)} x_e - \sum_{e \in \delta^-(v)} x_e = b(v)$. f 满足所有这 $|E(G)|$ 个不等式, 且使之成为等式, 而且这些不等式对应的子矩阵是非奇异的. 因此 f 是一个基解. □

在一个支撑树解中有三类边: 具有零流的边、饱和其容量的边以及具有正流但不饱和的边. 假设 G 是连通的, 则可将第三类边的集合扩展为不含无向圈的连通支撑子图 (即有向支撑树, 由此得名 "支撑树解").

定义 9.21 设 (G, u, b, c) 是最小费用流问题的实例, 其中 G 是连通的. 一个支撑树结构是四元组 (r, T, L, U), 其中 $r \in V(G)$, $E(G) = T \dot\cup L \dot\cup U$, $|T| = |V(G)| - 1$, 且 $(V(G), T)$ 不含无向圈.

关联于支撑树结构 (r, T, L, U) 的 b- 流定义如下:

- 对 $e \in L$ 有 $f(e) := 0$.
- 对 $e \in U$ 有 $f(e) := u(e)$.
- 对 $e \in T$ 有 $f(e) := \sum_{v \in C_e} b(v) + \sum_{e' \in U \cap \delta^-(C_e)} u(e') - \sum_{e' \in U \cap \delta^+(C_e)} u(e')$,

其中对 $e = (v, w)$, 令 C_e 表示 $(V(G), T \setminus \{e\})$ 中包含 v 的连通分支.

若对所有 $e \in T$ 有 $0 \leqslant f(e) \leqslant u(e)$, 则 (r, T, L, U) 称为可行的.

T 中的边 (v, w) 称为下行的, 是指 v 属于 T 中的无向 r-w 路, 否则称为上行的. (r, T, L, U) 称为强可行的, 是指对每条下行边 $e \in T$ 有 $0 < f(e) \leqslant u(e)$, 而对每条上行边 $e \in T$ 有 $0 \leqslant f(e) < u(e)$.

由条件 $\pi(r) = 0$ 及 $c_\pi(e) = 0$, $\forall e \in T$, 唯一确定的函数 $\pi : V(G) \to \mathbb{R}$ 称为关联于支撑树结构 (r, T, L, U) 的位势.

关联于一个支撑树结构的 b- 流 f 必然满足: 对所有 $v \in V(G)$, $\sum_{e \in \delta^+(v)} f(e) - \sum_{e \in \delta^-(v)} f(e) = b(v)$ (尽管它不一定是可行的 b- 流). 其次, 必须注意如下特点:

命题 9.22　给定最小费用流问题的实例 (G, u, b, c) 及支撑树结构 (r, T, L, U), 关联于它的 b- 流 f 及位势 π 可分别在 $O(m)$ 及 $O(n)$ 时间计算出来. 其次, 当 b 和 u 均取整值时, f 也是整值的, 而当 c 取整值时, π 也是整值的.

证明　关联于 (r, T, L, U) 的位势的计算可直接把图搜索算法应用于 T 的边及其反向边. 关联于 (r, T, L, U) 的 b- 流, 可按照与 r 的距离的非增顺序扫描所有顶点, 在线性时间计算出来. 关于整性, 可直接由定义得到.　　　　　　　　　　□

网络单形法将始终保持一个强可行的支撑树结构, 并逐步走向最优. 由推论 9.7 的最优性准则可直接推出

命题 9.23　设 (r, T, L, U) 是可行的支撑树结构且 π 是其关联的位势. 假设

- 对所有 $e \in L$, $c_\pi(e) \geqslant 0$.
- 对所有 $e \in U$, $c_\pi(e) \leqslant 0$.

那么 (r, T, L, U) 必关联于一个最优的 b- 流.

注意到, $\pi(v)$ 是 $\overleftrightarrow{G}$ 中仅包含 T 的边或其反向边的 r-v 路的长度. 对任一边 $e = (v, w) \in E(\overleftrightarrow{G})$, 定义 e 的基本圈为由 e 以及只含 T 的边及其反向边的 w-v 路组成的圈. 在基本圈 C 中, 在 T 内距离 r 最近的顶点称为它的峰点.

因此, 对 $e = (v, w) \notin T$, $c_\pi(e) = c(e) + \pi(v) - \pi(w)$ 是沿着 e 的基本圈传输一单位流的费用.

有多种方法得到初始的强可行支撑树结构. 例如, 通过解最大流问题先求出一个 b- 流, 然后运用命题 9.19 证明中的处理方法, 任意选择 r, 并按照流来定义 T, L, U (必要时对 T 增加适当的边). 另一种办法是运用单形法的第一阶段.

然而, 最简单的办法是在 r 与其他每个顶点之间引进费用很大且有足够容量的辅助边. 具体地说, 对每一个汇点 $v \in V(G) \setminus \{r\}$ 引进容量为 $-b(v)$ 的边 (r, v), 而对其他顶点 $v \in V(G) \setminus \{r\}$ 引进容量为 $b(v) + 1$ 的边 (v, r). 每一条辅助边的费用都取得足够大, 以致它们永远不会出现在最优解中, 比如取 $1 + (|V(G)| - 1) \max_{e \in E(G)} |c(e)|$ (习题 9.19). 于是可取 T 为所有辅助边之集, L 为所有原设边之集, 且 $U := \varnothing$, 便得到初始的强可行支撑树结构.

网络单形法

输入: 最小费用流问题的实例 (G, u, b, c) 及一个强可行支撑树结构 (r, T, L, U).

输出: 最优解 f.

---

① 计算关联于 (r, T, L, U) 的 b 流 f 及位势 π.

② 取 $e \in L$ 有 $c_\pi(e) < 0$ 或 $e \in U$ 有 $c_\pi(e) > 0$.
　若这样的边 e 不存在, 则终止.

③ 设 C 是 e 的基本圈 (如果 $e \in L$) 或是 $\overleftarrow{e}$ 的基本圈 (如果 $e \in U$).
　设 $\gamma := c_\pi(e)$.

④ 设 $\delta := \min_{e' \in E(C)} u_f(e')$, 并设 e' 是从 C 的峰点出发, 沿着 C 行进, 达到上述最小值的最后一条边.

设 $e_0 \in E(G)$ 使得 e' 是 e_0 或 $\overleftarrow{e_0}$.

⑤ 将 e 从 L 或 U 中删去.

令 $T := (T \cup \{e\}) \setminus \{e_0\}$.

若 $e' = e_0$, 则将 e_0 加入到 U, 否则, 将 e_0 加入到 L.

⑥ 沿 C 使 f 扩充 δ.

设 X 是 $(V(G), T \setminus \{e\})$ 中包含 r 的连通分支.

若 $e \in \delta^+(X)$, 则对 $v \in V(G) \setminus X$, 令 $\pi(v) := \pi(v) + \gamma$.

若 $e \in \delta^-(X)$, 则对 $v \in V(G) \setminus X$, 令 $\pi(v) := \pi(v) - \gamma$.

转向 ②.

可以看出, ⑥ 也可以转回到 ①, 因为在 ⑥ 中计算的 f 及 π 实际上是关联于新的支撑树结构. 还应注意到 $e = e_0$ 是可能的, 此时 $X = V(G)$, 而 T, f 及 π 都不变, 只是 e 从 L 转到 U 或反之.

定理 9.24 (Dantzig, 1951; Cunningham, 1976)　网络单形法在有限步迭代后终止并得出一个最优解.

证明　首先看到 ⑥ 保持这样的性质: f 及 π 分别是关联于 (r, T, L, U) 的 b-流及位势.

其次证明支撑树结构始终是强可行的. 由 δ 的选择可知, 对所有 e 的条件 $0 \leqslant f(e) \leqslant u(e)$ 得以保持, 因而支撑树结构仍然是可行的.

由于在 C 中从 e' 的终点绕回到峰点的子路上的边, 都不达到 ④ 中的最小值, 所以在增流运算后它们继续具有正的剩余容量.

对于在 C 中从峰点到 e' 的起点的子路的边, 必须肯定它们的反向边在增流运算后具有正的剩余容量. 如果 $\delta > 0$, 这是明显的. 否则 (如果 $\delta = 0$) 有 $e \neq e_0$. 而根据此前的支撑树结构是强可行的事实得知, e 及 $\overleftarrow{e}$ 都不可能属于这条子路 (也就是不可能 $e = e_0$ 或 $\delta^-(X) \cap E(C) \cap \{e, \overleftarrow{e}\} \neq \varnothing$), 并且在 C 中从峰点到 e 或 $\overleftarrow{e}$ 的起点的子路的反向边原先都具有正的剩余容量.

由命题 9.23, 当算法终止时得到的流是最优的. 下面证明: 没有两次迭代具有相同的函数对 (f, π), 因而每个支撑树结构至多出现一次.

在每一次迭代中, 流的费用减少 $|\gamma|\delta$. 由于 $\gamma \neq 0$, 只需考虑 $\delta = 0$ 的迭代. 此时流的费用保持不变. 如果 $e \neq e_0$, 则 $e \in L \cap \delta^-(X)$ 或 $e \in U \cap \delta^+(X)$, 从而 $\sum_{v \in V(G)} \pi(v)$ 严格增加 (至少增加 $|\gamma|$). 最后, 如果 $\delta = 0$ 且 $e = e_0$, 则 $u(e) = 0$, $X = V(G)$, π 保持不变, 而 $|\{e \in L : c_\pi(e) < 0\}| + |\{e \in U : c_\pi(e) > 0\}|$ 严格减小. 这就说明没有两次迭代出自同一个支撑树结构. □

虽然网络单形法不是多项式时间算法, 它在实用上是十分有效的. Orlin (1997) 提出一种变形, 可在多项式时间运行. 多项式时间的对偶网络单形法由 Orlin, Plotkin 与 Tardos (1993), 以及 Armstrong 与 Jin (1997) 得到.

9.7　时　变　流

现在讨论时变流 (亦称动态流), 即每条边上的流量可以随时间变化, 而进入一条边的流要在规定的延迟时间之后才能到达另一端.

定义 9.25　设 (G, u, s, t) 是一个网络且具有传输时间 $l : E(G) \rightarrow \mathbb{R}_+$ 以及时限 $T \in \mathbb{R}_+$. 那么一个时变 s-t 流 f 由每条边 $e \in E(G)$ 上的 Lebesgue 可测函数 $f_e : [0, T] \rightarrow \mathbb{R}_+$ 组成, 其中对所有 $\tau \in [0, T]$ 及 $e \in E(G)$ 有 $f_e(\tau) \leqslant u(e)$, 且对所有 $v \in V(G) \setminus \{s\}$ 及 $a \in [0, T]$ 有

$$\mathrm{ex}_f(v, a) := \sum_{e \in \delta^-(v)} \int_0^{\max\{0, a - l(e)\}} f_e(\tau) \mathrm{d}\tau - \sum_{e \in \delta^+(v)} \int_0^a f_e(\tau) \mathrm{d}\tau \geqslant 0 \qquad (9.7)$$

这里, $f_e(\tau)$ 称为在时刻 τ 进入 e (并在 $l(e)$ 个时间单位后离开这条边) 的流率. 如同 s-t 预流一样, (9.7) 允许流在顶点处中途存储. 一个自然的目标是使到达汇 t 的流为最大:

动态最大流问题

实例: 网络 (G, u, s, t), 传输时间 $l : E(G) \rightarrow \mathbb{R}_+$ 及时限 $T \in \mathbb{R}_+$.

任务: 寻求一个时变 s-t 流 f 使得 $\mathrm{value}(f) := \mathrm{ex}_f(t, T)$ 为最大.

根据 Ford 与 Fulkerson (1958), 我们将证明此问题可归结为最小费用流问题.

定理 9.26　动态最大流问题可以用同最小费用流问题一样的运行时间求解.

证明　给定实例 (G, u, s, t, l, T) 如上, 定义一条新边 $e' = (t, s)$ 并设 $G' := G + e'$. 令 $u(e') := u(E(G))$, $c(e') := -T$ 并对 $e \in E(G)$ 令 $c(e) := l(e)$. 考虑最小费用流问题的实例 $(G', u, 0, c)$. 设 f' 是一最优解, 即在 (G', u) 中关于 c 的最小费用环流. 根据命题 9.5, f' 可分解为若干圈上的流, 即在 G' 中若干个圈的集 $\mathcal{C}$ 及正数 $h : \mathcal{C} \rightarrow \mathbb{R}_+$ 使得 $f'(e) = \sum \{h(C) : C \in \mathcal{C}, e \in E(C)\}$. 由于 f' 是最小费用的环流, 对所有 $C \in \mathcal{C}$ 有 $c(C) \leqslant 0$.

设有 $C \in \mathcal{C}$ 使 $c(C) < 0$. 则 C 必含 e'. 对 $e = (v, w) \in E(C) \setminus \{e'\}$, 设 d_e^C 表示在 (C, c) 中从 s 到 v 的距离. 对 $e \in E(G)$ 及 $\tau \in [0, T]$ 令

$$f_e^*(\tau) := \sum \{h(C) : C \in \mathcal{C}, c(C) < 0, e \in E(C), d_e^C \leqslant \tau \leqslant d_e^C - c(C)\}$$

这就定义了一个时变 s-t 流, 且没有中途存储 (即对所有 $v \in V(G) \setminus \{s, t\}$ 及所有 $a \in [0, T]$ 有 $\mathrm{ex}_f(v, a) = 0$). 其次,

$$\text{value}\,(f^*) \;=\; \sum_{e \in \delta^-(t)} \int_0^{T-l(e)} f_e^*(\tau)\mathrm{d}\tau \;=\; -\sum_{e \in E(G')} c(e)f'(e)$$

我们断言 f^* 是最优的. 为知其然, 设 f 是任意时变 s-t 流, 并对 $e \in E(G)$ 及 $\tau \notin [0,T]$, 令 $f_e(\tau) := 0$. 对 $v \in V(G)$, 记 $\pi(v) := \text{dist}_{(G'_{f'},c)}(s,v)$. 因为 $G'_{f'}$ 不含负圈 (参见定理 9.6), 所以 π 是 $(G'_{f'}, c)$ 中的可行位势. 于是有

$$\text{value}\,(f) = \text{ex}_f(t,T) \leqslant \sum_{v \in V(G)} \text{ex}_f(v, \pi(v))$$

这是因为由 (9.7), $\pi(t) = T$, $\pi(s) = 0$ 且对所有 $v \in V(G)$, 有 $0 \leqslant \pi(v) \leqslant T$. 因此

$$
\begin{aligned}
\text{value}\,(f) &\leqslant \sum_{e=(v,w)\in E(G)} \left(\int_0^{\pi(w)-l(e)} f_e(\tau)\mathrm{d}\tau - \int_0^{\pi(v)} f_e(\tau)\mathrm{d}\tau \right) \\
&\leqslant \sum_{e=(v,w)\in E(G):\pi(w)-l(e)>\pi(v)} (\pi(w)-l(e)-\pi(v))u(e) \\
&= \sum_{e=(v,w)\in E(G)} (\pi(w)-l(e)-\pi(v))f'(e) \\
&= \sum_{e=(v,w)\in E(G')} (\pi(w)-c(e)-\pi(v))f'(e) \\
&= -\sum_{e=(v,w)\in E(G')} c(e)f'(e) \\
&= \text{value}\,(f^*) \qquad\qquad\qquad\qquad \Box
\end{aligned}
$$

其他动态流问题显著地更为困难. Hoppe 与 Tardos (2000) 运用子模函数最小化 (见第 14 章) 解决了所谓最速转运问题, 其中有多源多汇且有整数传输时间. 求最小费用动态流是 NP 困难的 (Klinz, Woeginger, 2004). 近似算法及更多的信息参见文献 (Fleischer, Skutella, 2007).

习 题

1. 试证明: 最大流问题可看作最小费用流问题的特例.

2. 设 G 是一个有向图且赋予容量 $u : E(G) \to \mathbb{R}_+$, 并设 $b : V(G) \to \mathbb{R}$ 使 $\sum_{v \in V(G)} b(v) = 0$. 试证: 存在一个 b-流当且仅当 对所有 $X \subseteq V(G)$,

$$\sum_{e \in \delta^+(X)} u(e) \;\geqslant\; \sum_{v \in X} b(v)$$

(Gale, 1957)

3. 设 G 是一个有向图且有下容量与上容量 $l, u : E(G) \to \mathbb{R}_+$, 其中对所有 $e \in E(G)$, 有 $l(e) \leqslant u(e)$, 并设 $b_1, b_2 : V(G) \to \mathbb{R}$ 使得对所有 $v \in V(G)$, 有 $b_1(v) \leqslant b_2(v)$. 试证: 存在一个流 f 使得 $l(e) \leqslant f(e) \leqslant u(e)$, $\forall e \in E(G)$, 且

$$b_1(v) \leqslant \sum_{e \in \delta^+(v)} f(e) - \sum_{e \in \delta^-(v)} f(e) \leqslant b_2(v), \quad \forall v \in V(G)$$

当且仅当对所有 $X \subseteq V(G)$,

$$\sum_{e \in \delta^+(X)} u(e) \geqslant \max \left\{ \sum_{v \in X} b_1(v), - \sum_{v \in V(G) \setminus X} b_2(v) \right\} + \sum_{e \in \delta^-(X)} l(e)$$

这是习题 8.4 及习题 9.2 的推广 (Hoffman, 1960).

4. 证明如下 Ore (1956) 的定理: 给定有向图 G 以及对每个 $x \in V(G)$ 的非负整数 $a(x), b(x)$, 那么 G 具有一个支撑子图 H 使得对所有 $x \in V(G)$, 有 $|\delta_H^+(x)| = a(x)$ 且 $|\delta_H^-(x)| = b(x)$ 当且仅当

$$\sum_{x \in V(G)} a(x) = \sum_{x \in V(G)} b(x)$$

且

$$\sum_{x \in X} a(x) \leqslant \sum_{y \in V(G)} \min\{b(y), |E_G^+(X, \{y\})|\}, \quad \forall X \subseteq V(G)$$

(Ford, Fulkerson, 1962)

5. 考虑允许无限容量的最小费用流问题 (对某些边 e 有 $u(e) = \infty$).

(a) 试证: 一个实例是无界的, 当且仅当它是可行的且存在一个负圈, 其中所有边都具有无限容量.

(b) 试述如何在 $O(n^3 + m)$ 时间判定一个实例是否无界.

(c) 试证: 对一个不是无界的实例, 每一个无限容量可等价地替换为有限容量.

*6. 设 (G, u, c, b) 是最小费用流问题的实例. 称一个函数 $\pi : V(G) \to \mathbb{R}$ 是最优位势, 是指存在一个最小费用的 b- 流 f 使得 π 是关于 (G_f, c) 的可行位势.

(a) 试证: 一个函数 $\pi : V(G) \to \mathbb{R}$ 是最优位势, 当且仅当对所有 $X \subseteq V(G)$, 有

$$b(X) + \sum_{e \in \delta^-(X): c_\pi(e) < 0} u(e) \leqslant \sum_{e \in \delta^+(X): c_\pi(e) \leqslant 0} u(e)$$

(b) 给定 $\pi : V(G) \to \mathbb{R}$, 说明如何找出破坏 (a) 中条件的集 X, 或确定其不存在.

(c) 假如给定一个最优位势, 试述如何在 $O(n^3)$ 时间找到最小费用 b- 流.

注: 由此引出最小费用流问题的所谓截集消去算法 (Hassin, 1983).

7. 考虑最小费用流问题的如下求解方案: 首先任取一个 b- 流, 然后只要存在负的可扩圈, 则在其上增加尽可能大的流量. 在 9.3 节已经看到, 如果每次选择最小平均权的圈, 可得强多项式的运行时间. 试说明如果没有这一规定, 无法保证算法可以终止 (运用习题 8.2 的构造).

8. 考虑习题 9.3 所述的问题, 其中有一权函数 $c : E(G) \to \mathbb{R}$. 能否找到满足习题 3 的约束条件的最小费用流 (将此问题归结为标准的最小费用流问题).

9. 有向中国邮递员问题可表述如下: 给定一个强连通的简单有向图 G 及其权 $c : E(G) \to \mathbb{R}_+$, 求 $f : E(G) \to \mathbb{N}$ 使得每条边 $e \in E(G)$ 变为 $f(e)$ 重边后的图是欧拉图, 且 $\sum_{e \in E(G)} c(e) f(e)$ 为最小. 如何用多项式时间算法求解此问题? (对无向中国邮递员问题, 见 12.2 节).

*10. 分数 b- 匹配问题定义如下: 给定无向图 G, 容量 $u : E(G) \to \mathbb{R}_+$, 数量 $b : V(G) \to \mathbb{R}_+$ 及权重 $c : E(G) \to \mathbb{R}$, 寻求一个 $f : E(G) \to \mathbb{R}_+$, 使得对所有 $e \in E(G)$ 有 $f(e) \leqslant u(e)$, 对所有 $v \in V(G)$ 有 $\sum_{e \in \delta(v)} f(e) \leqslant b(v)$, 且 $\sum_{e \in E(G)} c(e) f(e)$ 为最大.

(a) 试述如何将此问题归结为最小费用流问题后求解.

(b) 现设 b 及 u 是整值的. 试证: 此时的分数 b- 匹配问题一定存在半整数解 f (即对所有 $e \in E(G)$ 有 $2f(e) \in \mathbb{Z}$).

注: (整数)最大权 b- 匹配问题将在 12.1 节讨论.

*11. 对习题 5.16 定义的区间装填问题寻求组合的多项式时间算法 (Arkin, Silverberg, 1987).

12. 考虑线性规划 $\max\{cx : Ax \leqslant b\}$, 其中 A 的元素为 $-1, 0,$ 或 1, 且 A 的每一列至多有一个 1, 至多有一个 -1. 试证: 这样的线性规划等价于一个最小费用流问题的实例.

13. 试证: 逐次最短路算法可正确地判定 b- 流的存在与否.

14. 在 8.4 节及 9.4 节介绍的 缩放尺度方法 可在十分普遍的场合考虑: 设 Ψ 是一族集合系统, 其中每一个系统都包含空集. 假设有一个算法可以解如下问题: 给定一个系统 $(E, \mathcal{F}) \in \Psi$, 权 $c : E \to \mathbb{Z}_+$ 及一个集 $X \in \mathcal{F}$; 求一个 $Y \in \mathcal{F}$ 使 $c(Y) > c(X)$, 或断定不存在这样的 Y. 假设此算法的运行时间是 $\mathrm{size}(c)$ 的多项式. 试证: 对给定的 $(E, \mathcal{F}) \in \Psi$ 及 $c : E \to \mathbb{Z}_+$, 存在求最大权集 $X \in \mathcal{F}$ 的算法, 其运行时间是 $\mathrm{size}(c)$ 的多项式 (Grötschel, Lovász, 1995; Schulz, Weismantel, Ziegler, 1995; Schulz, Weismantel, 2002).

15. 试证: ORLIN 算法总是计算出支撑树解.

16. 试证: 在 ORLIN 算法的 ⑦ 中, $8n\gamma$ 界可替换为 $5n\gamma$.

17. 考虑在 9.4 及 9.5 节的算法中对非负权的最短路计算 (运用 DIJKSTRA 算法). 试证: 即使对有平行边的图 G, 只要有这个图按照边的费用大小排序的关联表, 每一次这样的最短路计算可在 $O(n^2)$ 时间完成. 由此得出结论: ORLIN 算法可在 $O(mn^2 \log m)$ 时间运行.

*18. 8.5 节的推流 – 重标算法可推广到 最小费用流问题. 对具有整费用 c 的实例 (G, u, b, c), 寻求一个 b- 流 f 及 (G_f, c) 中的可行位势 π. 从令 $\pi := 0$ 并饱和所有负费用的边 e 开始. 然后运用推流 – 重标算法的 ③, 并作如下修改: 如果一条边 e 使 $e \in E(G_f)$ 且 $c_\pi(e) < 0$, 则称为容许的; 如果一个顶点 v 有 $b(v) + \mathrm{ex}_f(v) > 0$, 则称为活动的. 重标运算 RELABEL$(v)$ 由设置 $\pi(v) := \max\{\pi(w) - c(e) - 1 : e = (v, w) \in E(G_f)\}$ 构成. 对 $e \in \delta^+(v)$ 的推流运算 PUSH(e), 取 $\gamma := \min\{b(v) + \mathrm{ex}_f(v), u_f(e)\}$.

(a) 试证: 重标运算的次数是 $O(n^2 |c_{\max}|)$, 其中 $c_{\max} = \max_{e \in E(G)} c(e)$. 提示: 在 G_f 中, 从任一活动顶点 v 出发必可到达某个 $b(w) + \mathrm{ex}_f(w) < 0$ 的顶点 w. 注意 $b(w)$ 未曾改变过, 并参考引理 8.22 及引理 8.24 的证明.

(b) 试证: 总的运行时间是 $O(n^2 m c_{\max})$.

(c) 试证: 算法可得出一个最优解.

(d) 对具有整费用的最小费用流问题, 运用缩放尺度方法得到一个 $O(n^2 m \log c_{\max})$ 算法 (Goldberg, Tarjan, 1990).

19. 设 (G, u, c, b) 是最小费用流问题的实例. 并设 $\bar{e} \in E(G)$ 使得 $c(\bar{e}) > (|V(G)| - 1) \max_{e \in E(G) \backslash \{\bar{e}\}} |c(e)|$. 试证: 若在 (G, u) 中存在一个 b- 流 f 使得 $f(\bar{e}) = 0$, 则 $f(\bar{e}) = 0$ 对每一个最优解 f 都成立.

20. 给定一个网络 (G, u, s, t), 其中有整值传输时间 $l : E(G) \to \mathbb{Z}_+$, 并给定时限 $T \in \mathbb{N}$, 一个值 $V \in \mathbb{R}_+$, 以及费用 $c : E(G) \to \mathbb{R}_+$. 欲求一个时变 $s\text{-}t$ 流 f, 具有值 $\text{value}(f) = V$ 及最小费用 $\sum_{e \in E(G)} c(e) \int_0^T f_e(\tau) \mathrm{d}\tau$. 试说明当 T 为常数时, 如何在多项式时间求解此问题. 提示: 考虑一个 时间扩张网络, 对每一个离散时段设置一个 G 的拷贝.

参 考 文 献

一般著述

Ahuja R K, Magnanti T L and Orlin J B. 1993. Network Flows. Englewood Cliffs Prentice-Hall.

Cook W J, Cunningham W H, Pulleyblank W R and Schrijver A. 1998. Combinatorial Optimization. New York: Wiley. Chapter 4.

Goldberg A V, Tardos É and Tarjan R E. 1990. Network flow algorithms//Paths, Flows, and VLSI-Layout (Korte B, Lovász L, Prömel H J, Schrijver A, eds.). Berlin: Springer, 101–164.

Gondran M and Minoux M. 1984. Graphs and Algorithms. Chichester: Wiley. Chapter 5.

Jungnickel D. 2007. Graphs, Networks and Algorithms. Third Edition. Berlin: Springer. Chapters 10 and 11.

Lawler E L. 1976. Combinatorial Optimization: Networks and Matroids. New York: Holt, Rinehart and Winston. Chapter 4.

Ruhe G. 1991. Algorithmic Aspects of Flows in Networks. Dordrecht: Kluwer Academic Publishers.

引用文献

Arkin E M and Silverberg E B. 1987. Scheduling jobs with fixed start and end times. Discrete Applied Mathematics, 18: 1–8.

Armstrong R D and Jin Z. 1997. A new strongly polynomial dual network simplex algorithm. Mathematical Programming, 78: 131–148.

Busacker R G and Gowen P J. 1961. A procedure for determining a family of minimum-cost network flow patterns. ORO Technical Paper 15, Operational Research Office, Johns Hopkins University, Baltimore.

Cunningham W H. 1976. A network simplex method. Mathematical Programming, 11: 105–116.

Dantzig G B. 1951. Application of the simplex method to a transportation problem// Activity Analysis and Production and Allocation (Koopmans T C, Ed.). New York: Wiley, 359–373.

Edmonds J and Karp R M. 1972. Theoretical improvements in algorithmic efficiency for network flow problems. Journal of the ACM, 19: 248–264.

Fleischer L and Skutella M. 2007. Quickest flows over time. SIAM Journal on Computing, 36: 1600–1630.

Ford L R and Fulkerson D R. 1958. Constructing maximal dynamic flows from static flows. Operations Research, 6: 419–433.

Ford L R and Fulkerson D R. 1962. Flows in Networks. Princeton: Princeton University Press.

Gale D. 1957. A theorem on flows in networks. Pacific Journal of Mathematics, 7: 1073–1082.

Goldberg A V and Tarjan R E. 1989. Finding minimum-cost circulations by cancelling negative cycles. Journal of the ACM, 36: 873–886.

Goldberg A V and Tarjan R E. 1990. Finding minimum-cost circulations by successive approximation. Mathematics of Operations Research, 15: 430–466.

Grötschel M and Lovász L. 1995. Combinatorial optimization//Handbook of Combinatorics; Vol. 2 (Graham R L, Grötschel M, Lovász L, eds.). Amsterdam: Elsevier.

Hassin R. 1983. The minimum cost flow problem: a unifying approach to dual algorithms and a new tree-search algorithm. Mathematical Programming, 25: 228–239.

Hitchcock F L. 1941. The distribution of a product from several sources to numerous localities. Journal of Mathematical Physics, 20: 224–230.

Hoffman A J. 1960. Some recent applications of the theory of linear inequalities to extremal combinatorial analysis//Combinatorial Analysis (Bellman R E, Hall M, eds.). Providence: AMS, 113–128.

Hoppe B and Tardos É. 2000. The quickest transshipment problem. Mathematics of Operations Research, 25: 36–62.

Iri M. 1960. A new method for solving transportation-network problems. Journal of the Operations Research Society of Japan, 3: 27–87.

Jewell W S. 1958. Optimal flow through networks. Interim Technical Report 8. MIT.

Klein M. 1967. A primal method for minimum cost flows, with applications to the assignment and transportation problems. Management Science, 14: 205–220.

Klinz B and Woeginger G J. 2004. Minimum cost dynamic flows: the series-parallel case. Networks, 43: 153–162.

Orden A. 1956. The transshipment problem. Management Science, 2: 276–285.

Ore O. 1956. Studies on directed graphs I. Annals of Mathematics, 63: 383–406.

Orlin J B. 1993. A faster strongly polynomial minimum cost flow algorithm. Operations Research, 41: 338–350.

Orlin J B. 1997. A polynomial time primal network simplex algorithm for minimum cost flows. Mathematical Programming, 78: 109–129.

Orlin J B, Plotkin S A and Tardos É. 1993. Polynomial dual network simplex algorithms. Mathematical Programming, 60: 255–276.

Plotkin S A and Tardos É. 1990. Improved dual network simplex. Proceedings of the 1st Annual ACM-SIAM Symposium on Discrete Algorithms, 367–376.

Schulz A S, Weismantel R and Ziegler G M. 1995. 0/1-Integer Programming: optimization and augmentation are equivalent//Algorithms – ESA '95; LNCS 979 (Spirakis P, ed.), Berlin: Springer, 473–483.

Schulz A S and Weismantel R. 2002. The complexity of generic primal algorithms for solving general integer problems. Mathematics of Operations Research, 27: 681–192.

Tardos É. 1985. A strongly polynomial minimum cost circulation algorithm. Combinatorica, 5: 247–255.

Tolstoĭ A N. 1930. Metody nakhozhdeniya naimen'shego summovogo kilometrazha pri planirovanii perevozok v prostanstve//Planirovanie Perevozok, Sbornik pervyĭ. Moskow Transpechat' NKPS, 23–55 (see A Schrijver, On the history of the transportation and maximum flow problems. Mathematical Programming, 91: 437–445).

Tomizawa N. 1971. On some techniques useful for solution of transportation network problems. Networks, 1: 173–194.

Vygen J. 2002. On dual minimum cost flow algorithms. Mathematical Methods of Operations Research, 56: 101–126.

Wagner H M. 1959. On a class of capacitated transportation problems. Management Science, 5: 304–318.

第 10 章　最 大 匹 配

匹配理论是组合论与最优化学科中经典的且最为重要的课题之一. 这一章中的图都是无向的. 如前所述, 匹配是图中两两不相交的边之集. 我们的主要问题是:

基数匹配问题

实例: 无向图 G.

任务: 求 G 中最大基数的匹配.

由于此问题的加权形式显著地更为困难, 将其推后到第 11 章. 但上述基数形式已有典型的应用: 假设在任务安排问题中, 每一个任务都有相同的作业时间, 比如一小时, 问是否可在一小时内完成所有任务. 换言之, 给定具有二部划分 $V(G) = A \,\dot\cup\, B$ 的二部图 G, 欲求向量 $x : E(G) \to \mathbb{R}_+$ 使得对每一个任务 $a \in A$ 有 $\sum_{e \in \delta(a)} x(e) = 1$, 而对每一个人员 $b \in B$ 有 $\sum_{e \in \delta(b)} x(e) \leqslant 1$. 这可写成一个线性不等式组 $x \geqslant 0$, $Mx \leqslant \mathbb{1}$, $M'x \geqslant \mathbb{1}$, 其中 M 及 M' 的行是 G 的点–边关联矩阵的行. 根据定理 5.25, 这两个矩阵都是全单模的. 由定理 5.20 得出结论: 只要有解 x, 则必存在整数解. 现在我们看到, 上述线性不等式组的整数解就是 G 中覆盖 A 的匹配的关联向量.

定义 10.1　设 G 是一个图且 M 是 G 中的一个匹配. 若有某个 $e \in M$, 使 $v \in e$, 则说顶点 v 被 M **覆盖**. 若 G 的所有顶点均被 M 所覆盖, 则称 M 为**完美匹配**.

10.1 节考虑二部图的匹配. 从算法上说, 此问题可归结为最大流问题. 最大流–最小截定理以及可扩路概念在这里得到很好的解释.

一般非二部图中的匹配不能直接转化为网络流. 10.2 及 10.3 节介绍一般图具有完美匹配的两个充分必要条件. 10.4 节考虑因子临界图, 它对每一个 $v \in V(G)$ 都存在一个匹配, 它覆盖除 v 之外的所有顶点. 这些结果在随后论述的基数匹配问题Edmonds 算法及其加权形式起到重要作用, 其中基数情形将在 10.5 节叙述, 加权情形推迟到 11.2, 11.3 节再讲.

10.1　二部图匹配

由于 G 是二部图时的基数匹配问题比较容易, 将首先论述这种情形. 在这一节, 假设二部图 G 总有二部划分 $V(G) = A \,\dot\cup\, B$. 由于可假设 G 是连通图, 所以这一划分可视为唯一确定的 (习题 2.20).

对一个图 G, 以 $\nu(G)$ 表示 G 中匹配的最大基数, 而以 $\tau(G)$ 表示 G 中顶点覆盖的最小基数.

定理 10.2 (König, 1931)　若 G 是二部图, 则 $\nu(G) = \tau(G)$.

证明　考虑图 $G' = (V(G) \,\dot\cup\, \{s, t\}, E(G) \cup \{\{s, a\} : a \in A\} \cup \{\{b, t\} : b \in B\})$. 则 $\nu(G)$ 就是内点不交的 s-t 路的最大数目, 而 $\tau(G)$ 就是删去之使得从 s 到 t 不再可达的顶点的最小数目. 于是, 目前的定理直接由 Menger 定理 8.10 得到.　□

显然, $\nu(G) \leqslant \tau(G)$ 对任意图 (无论二部与否) 成立, 但不一定有等式 (三角形 K_3 可以说明).

有若干论断等价于 König 定理, 其中 Hall 定理 可能是最著名的形式.

定理 10.3 (Hall, 1935)　设 G 是一个二部图且有二部划分 $V(G) = A \,\dot\cup\, B$. 则 G 具有覆盖 A 的匹配当且仅当对所有 $X \subseteq A$, 有

$$|\Gamma(X)| \geqslant |X| \tag{10.1}$$

证明　必要性显然. 为证充分性, 假设 G 没有覆盖 A 的匹配, 即 $\nu(G) < |A|$. 由定理 10.2 可知 $\tau(G) < |A|$.

设 $A' \subseteq A$, $B' \subseteq B$ 使得 $A' \cup B'$ 覆盖所有边且 $|A' \cup B'| < |A|$. 显然 $\Gamma(A \setminus A') \subseteq B'$. 因此 $|\Gamma(A \setminus A')| \leqslant |B'| < |A| - |A'| = |A \setminus A'|$, 与 Hall 条件 (10.1) 矛盾.　□

值得指出, 直接证明 Hall 定理也不困难. 如下证明是由 Halmos 与 Vaughan (1950) 给出的:

定理 10.3 的第二个证明　欲证任意满足 Hall 条件 (10.1) 的图 G 都具有覆盖 A 的匹配. 对 $|A|$ 运用归纳法. $|A| = 0$ 及 $|A| = 1$ 的情形是平凡的.

如果 $|A| \geqslant 2$, 考虑两种情形: 若对 A 的每一个非空真子集 X, 均有 $|\Gamma(X)| > |X|$, 则可任取一边 $\{a, b\}$ ($a \in A$, $b \in B$), 删去其两个端点, 然后运用归纳假设, 因为对任意 $X \subseteq A \setminus \{a\}$, $|\Gamma(X)| - |X|$ 至多减少 1, 所以删去两点后的图仍满足 Hall 条件.

现设存在 A 的非空真子集 X 使得 $|\Gamma(X)| = |X|$. 由归纳假设, 在 $G[X \cup \Gamma(X)]$ 中存在覆盖 X 的匹配. 可以断言: 此匹配可扩充为 G 中覆盖 A 的匹配. 事实上, 只要验证 $G[(A \setminus X) \cup (B \setminus \Gamma(X))]$ 满足 Hall 条件, 则可再次运用归纳假设. 为此, 对任意 $Y \subseteq A \setminus X$, 在原图 G 中有

$$|\Gamma(Y) \setminus \Gamma(X)| = |\Gamma(X \cup Y)| - |\Gamma(X)| \geqslant |X \cup Y| - |X| = |Y| \qquad\qquad □$$

Hall 定理 的一个特殊情形是所谓 "婚配定理":

定理 10.4 (Frobenius, 1917)　设 G 是一个二部图且具有二部划分 $V(G) = A \,\dot\cup\, B$. 则 G 具有 完美匹配当且仅当 $|A| = |B|$ 且对所有 $X \subseteq A$ 有 $|\Gamma(X)| \geqslant |X|$.

Hall 定理的种种应用列举于习题 10.4~10.7.

König 定理 10.2 的证明揭示出如何在算法上解决二部匹配问题:

定理 10.5　对二部图 G 的基数匹配问题可在 $O(nm)$ 时间求解, 其中 $n = |V(G)|$ 及 $m = |E(G)|$.

证明　设 G 是具有二部划分 $V(G) = A \, \dot\cup \, B$ 的二部图. 增加一个顶点 s 并将它与所有 A 的顶点相连, 增加另一个顶点 t 并将所有 B 的顶点与它相连. 对所有的边从 s 到 A, 从 A 到 B, 和从 B 到 t 进行定向. 令所有边的容量为 1. 那么一个整值的最大 s-t 流便对应于一个最大基数匹配, 反之亦然.

于是运用 FORD-FULKERSON 算法, 至多经过 n 次增流后找到最大 s-t 流 (因而找到最大匹配). 由于每次增流需用 $O(m)$ 时间, 故得欲证.　　　□

此结果实质上归功于 Kuhn (1955). 事实上, 还可以运用最短可扩路的概念 (参见 EDMONDS-KARP 算法). 这样可得到 Hopcroft 与 Karp (1973) 的 $O\left(\sqrt{n}(m+n)\right)$ 算法. 此算法将在习题 10.9 及 10.10 中讨论. 对 HOPCROFT-KARP 算法稍作改进, 可产生出 $O\left(n\sqrt{\frac{mn}{\log n}}\right)$ 的运行时间 (Alt et al., 1991) 及 $O\left(m\sqrt{n}\frac{\log(n^2/m)}{\log n}\right)$ 的运行时间 (Feder, Motwani, 1995), 其中后一个时间界对稠密图而言是已知最好的.

在匹配的意义下, 下面重述可扩路的概念:

定义 10.6　设 G 是一个图 (二部与否), 并设 M 是 G 中某个匹配. 一条路 P, 如果 $E(P) \setminus M$ 是一个匹配, 则称为 M-交错路. 一条 M- 交错路, 如果其两个端点均不被 M 覆盖, 则称为 M-可扩路.

即可验证, M-可扩路必有奇数长度.

定理 10.7 (Berge, 1957)　设 G 是一个图 (二部与否) 且有某个匹配 M. 则 M 是最大匹配当且仅当不存在 M-可扩路.

证明　若存在一条 M- 可扩路 P, 则对称差 $M \triangle E(P)$ 是一个匹配, 且比 M 有更大的基数, 所以 M 不是最大的. 另一方面, 若有匹配 M' 使 $|M'| > |M|$, 则对称差 $M \triangle M'$ 是顶点不相交的交错圈及交错路的并, 其中必有一条路是 M- 可扩的.　　　□

在二部图情形, Berge 定理自然亦可从定理 8.5 得到.

10.2　Tutte 矩阵

现在从代数的观点来考察最大匹配. 设 G 是一个简单无向图, 并设 G' 是从 G 经过各边任意定向所得的有向图. 对各边上的变量 x_e 构成的向量 $x = (x_e)_{e \in E(G)}$, 定义Tutte 矩阵

$$T_G(x) = (t^x_{vw})_{v,w \in V(G)}$$

其中

$$t^x_{vw} := \begin{cases} x_{\{v,w\}} & \text{若 } (v,w) \in E(G') \\ -x_{\{v,w\}} & \text{若 } (w,v) \in E(G') \\ 0 & \text{其他} \end{cases}$$

(这样的矩阵 M, 满足 $M = -M^{\mathrm{T}}$, 称为斜对称的). 其行列式 $\det T_G(x)$ 是关于变量 x_e ($e \in E(G)$) 的多项式.

定理 10.8 (Tutte, 1947)　G 具有完美匹配当且仅当 $\det T_G(x)$ 不恒为零.

证明　设 $V(G) = \{v_1, \cdots, v_n\}$, 并设 S_n 是 $\{1, \cdots, n\}$ 上所有置换之集. 由行列式的定义,

$$\det T_G(x) = \sum_{\pi \in S_n} \mathrm{sgn}(\pi) \prod_{i=1}^{n} t^x_{v_i, v_{\pi(i)}}$$

设 $S'_n := \left\{ \pi \in S_n : \prod_{i=1}^{n} t^x_{v_i, v_{\pi(i)}} \neq 0 \right\}$. 每一个置换 $\pi \in S_n$ 对应于一个有向图 $H_\pi := (V(G), \{(v_i, v_{\pi(i)}) : i = 1, \cdots, n\})$, 其中每一个顶点 x 有 $|\delta^-_{H_\pi}(x)| = |\delta^+_{H_\pi}(x)| = 1$. 对置换 $\pi \in S'_n$, H_π 是 $\overleftrightarrow{G'}$ 的一个子图.

如果存在一个置换 $\pi \in S'_n$ 使得 H_π 只由偶圈组成, 那么在每个圈中相间地取边 (并忽略其方向), 便得到 G 的一个完美匹配. 否则, 对每一个 $\pi \in S'_n$, 都存在另一个置换 $r(\pi) \in S'_n$, 使得 $H_{r(\pi)}$ 是在 H_π 中把它的第一个奇圈 (即包含最小下标顶点的奇圈) 反向所得的图. 显然 $r(r(\pi)) = \pi$.

可以看出 $\mathrm{sgn}(\pi) = \mathrm{sgn}(r(\pi))$, 即两个置换具有相同的奇偶性. 事实上, 设第一个奇圈由顶点 $w_1, \cdots, w_{2k+1}$ 组成, 其中 $\pi(w_i) = w_{i+1}$ ($i = 1, \cdots, 2k$) 且 $\pi(w_{2k+1}) = w_1$, 则可经过 $2k$ 次对换得到 $r(\pi)$, 即对 $j = 1, \cdots, k$ 交换 $\pi(w_{2j-1})$ 与 $\pi(w_{2k})$, 然后交换 $\pi(w_{2j})$ 与 $\pi(w_{2k+1})$.

其次, $\prod_{i=1}^{n} t^x_{v_i, v_{\pi(i)}} = -\prod_{i=1}^{n} t^x_{v_i, v_{r(\pi)(i)}}$. 所以在和式

$$\det T_G(x) = \sum_{\pi \in S'_n} \mathrm{sgn}(\pi) \prod_{i=1}^{n} t^x_{v_i, v_{\pi(i)}}$$

中, 这样两个对应项相互抵消. 由于所有对应元素 $\pi, r(\pi) \in S'_n$ 均有此性质, 故得知 $\det T_G(x)$ 恒为零.

这就是说, 若 G 没有完美匹配, 则 $\det T_G(x)$ 恒为零. 反之, 若 G 有完美匹配 M, 则可这样定义置换 π: 对所有 $\{v_i, v_j\} \in M$ 令 $\pi(i) := j$ 及 $\pi(j) := i$. 那么 π 对应的项 $\prod_{i=1}^{n} t^x_{v_i, v_{\pi(i)}} = \prod_{e \in M} (-x_e^2)$ 不能与其他任何项相消, 从而 $\det T_G(x)$ 不恒为零. $\qquad\square$

本来 Tutte 曾运用定理 10.8 去证明其关于匹配的基本定理, 即下面的定理 10.13. 然而, 定理 10.8 并不能为一个图具有完美匹配的性质提供好的特征刻画. 问题在于: 如果行列式的元素是数, 则易于计算 (定理 4.10); 但如果元素是变量, 就难以计算了. 此定理却为基数匹配问题启示出一个 随机算法:

推论 10.9 (Lovász, 1979)　设 $x = (x_e)_{e \in E(G)}$ 是各分量都均匀分布于 $[0,1]$ 的随机向量. 则以概率 1 保证 $T_G(x)$ 的秩恰为最大匹配边数的二倍.

证明 设 $T_G(x)$ 的秩为 k, 比如其前 k 行线性无关. 由于 $T_G(x)$ 是斜对称的, 它的前 k 列也线性无关. 所以其主子矩阵 $(t_{v_i,v_j}^x)_{1\leqslant i,j\leqslant k}$ 是非奇异的, 并由定理 10.8 知, 子图 $G[\{v_1,\cdots,v_k\}]$ 具有完美匹配. 因而 k 为偶数且 G 具有基数 $\frac{k}{2}$ 的匹配.

反之, 设 G 具有基数 k 的匹配 M. 由定理 10.8 知, M 覆盖的 $2k$ 个顶点所对应的主子矩阵 T' 的行列式不恒为零. 那么, 使 $\det T'(x)=0$ 的向量 x 之集必有测度零. 于是以概率 1 断言, $T_G(x)$ 的秩至少为 $2k$. □

当然, 用数字计算机不可能从 $[0,1]$ 中选择随机数. 但可以证明, 只要在有限集 $\{1,2,\cdots,N\}$ 中选择随机整数即可. 对充分大的 N, 误差的概率将变得任意小 (Lovász, 1979). Lovász 算法不仅确定最大匹配的基数, 而且求出匹配本身. 关于最大匹配的随机算法可进一步参看文献 (Rabin, Vazirani, 1989; Mulmuley, Vazirani, Vazirani, 1987; Mucha, Sankowski, 2004). 再者, 值得注意 Geelen (2000) 已指出如何把 Lovász 算法确定化. 虽然其运行时间不及 Edmonds 的匹配算法 (见 10.5 节), 但对于基数匹配问题的一些推广而言不失其重要作用 (例如, 参见文献 (Geelen, Iwata, 2005)).

10.3　Tutte 定理

现在考察一般图的基数匹配问题. 一个图具有完美匹配的必要条件是每一连通分支都是偶分支 (即有偶数个顶点). 但这不是充分条件, 如图 $K_{1,3}$ 所示 (见图 10.1(a)).

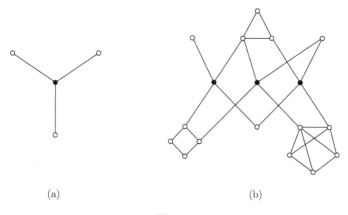

(a)　　　　　　　(b)

图 10.1

$K_{1,3}$ 没有完美匹配的原因是其中有一个顶点 (图中黑点) 删去后剩下三个奇分支 (有奇数个顶点的连通分支). 图 10.1(b) 所示的例子更复杂些. 它有完美匹配吗? 如果删去其中三个黑点, 便得到五个奇分支 (和一个偶分支). 倘若有一完美匹配, 每一奇分支都必须至少有一个顶点与黑点配对. 这是不可能的, 因为奇分支数多于黑点数.

更一般地说, 对 $X \subseteq V(G)$ 设 $q_G(X)$ 表示 $G - X$ 中的奇分支数. 那么, 对某个 $X \subseteq V(G)$ 有 $q_G(X) > |X|$ 成立的图不可能有完美匹配, 否则对 $G - X$ 的每一个奇分支, 从它到 X 都至少有一条匹配边相连, 这是不可能的, 因为奇分支数多于 X 的点数. Tutte 定理断言上述必要条件也是充分的.

定义 10.10　一个图 G 满足Tutte 条件是指对所有 $X \subseteq V(G)$ 有 $q_G(X) \leqslant |X|$. 若一个非空集 $X \subseteq V(G)$ 满足 $q_G(X) = |X|$, 则称之为一个屏障.

为证明 Tutte 条件的充分性, 需要一个简易性质和一个重要定义:

命题 10.11　对任意图 G 及任意集 $X \subseteq V(G)$, 有

$$q_G(X) - |X| \equiv |V(G)| \pmod 2$$

定义 10.12　一个图 G 称为因子临界的, 是指对每一个 $v \in V(G)$, $G - v$ 都具有完美匹配. 一个匹配称为几乎完美的, 是指它覆盖除一个以外的所有顶点.

现在可以证明 Tutte 定理.

定理 10.13 (Tutte, 1947)　一个图 G 具有 完美匹配当且仅当它满足 Tutte 条件:

$$q_G(X) \leqslant |X|, \qquad \forall X \subseteq V(G)$$

证明　我们已经看出 Tutte 条件的必要性. 现在对 $|V(G)|$ 用归纳法证明其充分性. $|V(G)| \leqslant 2$ 的情形是平凡的.

设 G 是满足 Tutte 条件的图. $|V(G)|$ 不可能是奇数, 否则 $q_G(\varnothing) \geqslant 1$ 违背 Tutte 条件. 所以由命题 10.11, 对每一个 $X \subseteq V(G)$, $|X| - q_G(X)$ 必定是偶数. 又由 $|V(G)|$ 为偶数及 Tutte 条件成立, 可知每一个单点集都是屏障.

取一个极大的屏障 X. 则 $G - X$ 有 $|X|$ 个奇分支. 并且 $G - X$ 不可能有偶分支, 因为否则可从某个偶分支中取一顶点 v, 使 $X \cup \{v\}$ 成为一个屏障 (此时 $G - (X \cup \{v\})$ 有 $|X| + 1$ 个奇分支), 与 X 的极大性矛盾.

现在断言 $G - X$ 的每一个奇分支是因子临界的. 为证之, 设 C 是 $G - X$ 的某个奇分支且 $v \in V(C)$. 倘若 $C - v$ 没有完美匹配, 则由归纳假设知, 存在某个 $Y \subseteq V(C) \setminus \{v\}$ 使得 $q_{C-v}(Y) > |Y|$. 由命题 10.11, $q_{C-v}(Y) - |Y|$ 必为偶数, 从而

$$q_{C-v}(Y) \geqslant |Y| + 2$$

由于 X, Y 及 $\{v\}$ 是两两不交的, 故有

$$q_G(X \cup Y \cup \{v\}) = q_G(X) - 1 + q_C(Y \cup \{v\})$$
$$= |X| - 1 + q_{C-v}(Y)$$

$$\geqslant |X| - 1 + |Y| + 2$$

$$= |X \cup Y \cup \{v\}|$$

因而 $X \cup Y \cup \{v\}$ 是一个屏障, 与 X 的极大性矛盾.

从图 G 构造这样的二部图 G': 它具有二部划分 $V(G') = X \dot\cup Z$, 一方面删去两端都在 X 中的边, 另一方面把 $G - X$ 的每个奇分支都收缩为一个顶点, 形成集 Z. 剩下来只需证明 G' 有完美匹配. 若不然, 则由 Frobenius 定理 10.4 知, 存在某个 $A \subseteq Z$ 使得 $|\Gamma_{G'}(A)| < |A|$. 这意味着 $q_G(\Gamma_{G'}(A)) \geqslant |A| > |\Gamma_{G'}(A)|$, 与 Tutte 条件矛盾. $\qquad\square$

此证明出自 Anderson (1971). Tutte 条件为完美匹配问题提供了好的特征刻画: 一个图或者具有完美匹配, 或者具有表明不存在完美匹配 (Tutte 条件不成立) 的所谓 Tutte 集 X. Tutte 定理 的一个重要推论是所谓 Berge-Tutte 公式:

定理 10.14 (Berge, 1958) $2\nu(G) + \max_{X \subseteq V(G)}(q_G(X) - |X|) = |V(G)|$.

证明   对任意 $X \subseteq V(G)$, 任一匹配必定至少留下 $q_G(X) - |X|$ 个顶点不被覆盖. 所以 $2\nu(G) + q_G(X) - |X| \leqslant |V(G)|$.

为证相反的不等式, 设

$$k := \max_{X \subseteq V(G)}(q_G(X) - |X|)$$

构造一个新图 H 如下: 对 G 增加 k 个新顶点, 每一个都与所有旧顶点相连. 如果能够证明 H 具有完美匹配, 则有

$$2\nu(G) + k \geqslant 2\nu(H) - k = |V(H)| - k = |V(G)|$$

因而定理得证.

假设 H 没有完美匹配, 则由 Tutte 定理, 存在一个集 $Y \subseteq V(H)$ 使得 $q_H(Y) > |Y|$. 由命题 10.11, k 与 $|V(G)|$ 具有相同的奇偶性, 因而 $|V(H)|$ 是偶数. 所以 $Y \neq \varnothing$ 且 $q_H(Y) > 1$. 由此可知 Y 包含了所有新顶点, 于是

$$q_G(Y \cap V(G)) = q_H(Y) > |Y| = |Y \cap V(G)| + k$$

与 k 的定义矛盾. $\qquad\square$

在此以一个今后有用的命题来结束这一节.

命题 10.15   设 G 是一个图且 $X \subseteq V(G)$ 满足 $|V(G)| - 2\nu(G) = q_G(X) - |X|$. 则 G 的任意最大匹配具有如下结构: 在 $G - X$ 的每一个偶分支中包含一个完美匹配, 在 $G - X$ 的每一个奇分支中包含一个几乎完美匹配, 并且 X 的所有顶点与 $G - X$ 的不同奇分支的顶点配对.

以后将看到 (定理 10.32), X 可以这样选择, 使得 $G - X$ 的每一个奇分支都是因子临界的.

10.4 因子临界图的耳分解

这一节涉及的因子临界图的一些结果将为以后所需要. 在习题 2.17 曾经看到, 具有耳分解的图就是 2- 边连通图. 眼下我们只对所谓奇的耳分解感兴趣.

定义 10.16 一个耳分解称为奇的, 是指其每一个耳朵都具有奇数长度.

定理 10.17 (Lovász, 1972) 一个图是因子临界的当且仅当它具有奇的耳分解. 并且耳分解的初始顶点可以任意选择.

证明 设 G 是具有给定奇耳分解的图. 对耳朵的数目运用归纳法, 往证 G 是因子临界的. 设 P 是耳分解中的最后一个耳朵, 比如 P 从 x 走到 y, 并设 G' 是在增加 P 之前的图. 欲证对任意顶点 $v \in V(G)$, $G - v$ 包含完美匹配. 若 v 不是 P 的内点, 则由归纳假设, 在 $G' - v$ 中有完美匹配; 再在 P 上相隔地取边, 即得 $G - v$ 的完美匹配. 若 v 是 P 的一个内点, 则在 $P_{[v,x]}$ 与 $P_{[v,y]}$ 之中恰有其一, 比如 $P_{[v,x]}$, 是偶数长度的. 由归纳假设, $G' - x$ 中存在完美匹配. 再加上分别在 $P_{[y,v]}$ 及 $P_{[v,x]}$ 相隔地取的边, 便得到 $G - v$ 的完美匹配.

现证逆向的结论. 任取耳分解的初始顶点 z, 并设 M 是 G 中覆盖 $V(G) \setminus \{z\}$ 的几乎完美匹配. 假设对 G 的子图 G' 已经得到了一个奇的耳分解, 使得 $z \in V(G')$ 且 $M \cap E(G')$ 是 G' 的几乎完美匹配. 若 $G = G'$, 即告完成.

若不然, 由于 G 是连通的, 则必有一边 $e = \{x, y\} \in E(G) \setminus E(G')$ 使得 $x \in V(G')$. 若 $y \in V(G')$, 则 e 就是下一个耳朵. 否则, 设 N 是 G 中覆盖 $V(G) \setminus \{y\}$ 的几乎完美匹配. 显然 $M \triangle N$ 包含一条 y-z 路 P 的所有边. 设 w 是从 y 出发沿着 P 行进, 遇到的第一个属于 $V(G')$ 的顶点. 那么 $P' := P_{[y,w]}$ 的最后一条边不能属于 M (因为没有 M 的边从 $V(G')$ 引出), 而它的第一条边不能属于 N. 又因 P' 是一条 M-N 交错路, 所以 $|E(P')|$ 必为偶数, 从而与 e 一起构成下一个耳朵.   □

其实, 我们已经构造了一类特殊的奇耳分解.

定义 10.18 给定因子临界图 G 及一个几乎完美匹配 M, G 的 M-交错耳分解就是这样的奇耳分解, 使得每一个耳朵都是一条 M- 交错路或一个满足 $|E(C) \cap M| + 1 = |E(C) \setminus M|$ 的圈 C.

显然, M- 交错耳分解的初始顶点一定是不被 M 覆盖的顶点. 定理 10.17 的证明立即推出:

推论 10.19 对任意因子临界图 G 及 G 中的任意几乎完美匹配 M, 都存在 M- 交错耳分解.

从现在起, 我们只关注 M- 交错耳分解. 一个有效地存储 M- 交错耳分解的有趣办法来自 Lovász, Plummer (1986).

定义 10.20 设 G 是因子临界图且 M 是 G 中一个几乎完美匹配. 设 $r, P_1, \cdots, P_k$ 是 G 的一个 M- 交错耳分解, 而 $\mu, \varphi : V(G) \to V(G)$ 是两个函数. 称 μ 及 φ 是关联于耳分解 $r, P_1, \cdots, P_k$ 的函数, 是指

- 若 $\{x, y\} \in M$, 则 $\mu(x) = y$.
- 若 $\{x, y\} \in E(P_i) \setminus M$ 且 $x \notin \{r\} \cup V(P_1) \cup \cdots \cup V(P_{i-1})$, 则 $\varphi(x) = y$.
- $\mu(r) = \varphi(r) = r$.

如果 M 是固定的, 也称 φ 是关联于 $r, P_1, \cdots, P_k$ 的.

若 M 是某个固定的几乎完美匹配, 而函数 μ, φ 关联于两个 M- 交错耳分解, 则这两个耳分解除耳朵的顺序不同之外是完全一样的. 其次, 所有耳朵的清单可在线性时间得到.

耳分解算法

输入: 因子临界图 G, 关联于某个 M- 交错耳分解的函数 μ, φ.

输出: 一个 M- 交错耳分解 $r, P_1, \cdots, P_k$.

---

① 开始时设 $X := \{r\}$, 其中 r 是使 $\mu(r) = r$ 的顶点.

令 $k := 0$, 并令堆栈是空的.

② 若 $X = V(G)$ 则转向 ⑤.

若堆栈是非空的, 则取 $v \in V(G) \setminus X$ 为堆栈顶部元素 (最后存入的路) 的一个端点, 否则, 任取 $v \in V(G) \setminus X$.

③ 令 $x := v, y := \mu(v)$ 且 $P := (\{x, y\}, \{\{x, y\}\})$.

当 $\varphi(\varphi(x)) = x$ 时执行

令 $P := P + \{x, \varphi(x)\} + \{\varphi(x), \mu(\varphi(x))\}$ 且 $x := \mu(\varphi(x))$.

当 $\varphi(\varphi(y)) = y$ 时执行

令 $P := P + \{y, \varphi(y)\} + \{\varphi(y), \mu(\varphi(y))\}$ 且 $y := \mu(\varphi(y))$.

令 $P := P + \{x, \varphi(x)\} + \{y, \varphi(y)\}$. P 是包含 y 作为内点的耳朵. 将 P 存入堆栈的顶部.

④ 当堆栈顶部元素 P 的两端都在 X 中时执行

将 P 从堆栈中删去, 令 $k := k + 1$, $P_k := P$ 且 $X := X \cup V(P)$.

转向 ②.

⑤ 对所有 $\{y, z\} \in E(G) \setminus (E(P_1) \cup \cdots \cup E(P_k))$ 执行

令 $k := k + 1$ 且 $P_k := (\{y, z\}, \{\{y, z\}\})$.

命题 10.21 设 G 是一个因子临界图且 μ, φ 是关联于一个 M- 交错耳分解的函数. 则除耳朵的顺序不同之外, 这个耳分解是唯一的. 耳分解算法可正确地确定出所有这些耳朵的清单, 且它在线性时间内运行.

证明 设 $\mathcal{D}$ 是关联于 μ 与 φ 的一个 M- 交错耳分解. $\mathcal{D}$ 的唯一性及算法的正确性是基于如下明显事实: 在 ③ 中计算的 P 的确是 $\mathcal{D}$ 的一个耳朵. ① ~ ④ 的运行时间显然是 $O(|V(G)|)$, 而 ⑤ 使用 $O(|E(G)|)$ 时间. □

下面是关联于交错耳分解的函数最为重要的性质:

引理 10.22   设 G 是一个因子临界图 且 μ, φ 是关联于一个$M\text{-}$ 交错耳分解的两个函数. 设 r 是不被 M 覆盖的顶点. 则对任意 $x \in V(G)$, 由

$$x, \mu(x), \varphi(\mu(x)), \mu(\varphi(\mu(x))), \varphi(\mu(\varphi(\mu(x)))), \cdots$$

的初始子序列给定的极大路, 确定出一条偶长度的 $M\text{-}$ 交错 $x\text{-}r$ 路.

证明   设 $x \in V(G) \setminus \{r\}$, 并设 P_i 是包含 x 的第一个耳朵. 显然

$$x, \mu(x), \varphi(\mu(x)), \mu(\varphi(\mu(x))), \varphi(\mu(\varphi(\mu(x)))), \cdots$$

的某个初始子序列必定是 P_i 中从 x 到 y 的子路 Q, 其中 $y \in \{r\} \cup V(P_1) \cup \cdots \cup V(P_{i-1})$. 因为我们已有一个 $M\text{-}$ 交错耳分解, Q 的最后一条边不属于 M, 所以 Q 具有偶长度. 如果 $y = r$, 则已得证, 否则对 i 运用归纳法.   □

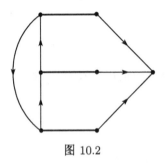

图 10.2

引理 10.22 的逆命题不真. 在图 10.2 的反例中 (粗线为匹配边, 从 u 指向 v 的边表示 $\varphi(u) = v$), μ 与 φ 虽然也规定了交错路, 通向不被匹配覆盖的顶点, 但 μ 与 φ 并不关联于任何交错耳分解.

对加权匹配算法 (11.3 节), 当匹配改变时, 将需要一个更新交错耳分解的快速程序. 虽然定理 10.17 的证明是算法性的 (只要能先在图中找到最大匹配), 但它远不是有效的. 下面将利用旧的耳分解来做更新.

引理 10.23   给定因子临界图 G, 两个几乎完美匹配 M 及 M', 以及关联于 $M\text{-}$ 交错耳分解的函数 μ, φ. 则关联于 $M'\text{-}$ 交错耳分解的函数 μ', φ' 可在 $O(|V(G)|)$ 时间找到.

证明   设 v 是不被 M 覆盖的顶点, 并设 v' 是不被 M' 覆盖的顶点. 设 P 是在 $M \triangle M'$ 中的 $v'\text{-}v$ 路, 比如 $P = x_0, x_1, \cdots, x_k$, 其中 $x_0 = v'$ 且 $x_k = v$.

旧的耳分解的耳朵清单可以从 μ 及 φ 通过耳分解算法在线性时间得到 (命题 10.21). 实际上, 由于不必考虑长度为一的耳朵, 可以省略 ⑤. 那么考虑的总边数不超过 $\frac{3}{2}(|V(G)| - 1)$ (参见习题 10.19).

假设对某个使 $v' \in X$ 的 $X \subseteq V(G)$, 已经构造了 $G[X]$ 的一个支撑子图的 $M'\text{-}$ 交错耳分解 (开始时 $X := \{v'\}$). 当然没有从 X 引出的 M' 边. 设 $p := \max\{i \in \{0, \cdots, k\} : x_i \in X\}$ (说明见图 10.3). 在每一步, 我们要记录 p 以及边集 $\delta(X) \cap M$ 的变化. 当 X 扩张时, 它们的更新显然可在线性时间完成.

现在说明如何扩充耳分解. 每一步将增加一个或多个耳朵. 每一步需要的时间将与新耳朵的总边数成比例 (只相差一个常数因子).

情形 1. $|\delta(X) \cap M| \geqslant 2$. 设 $f \in \delta(X) \cap M$ 使得 $x_p \notin f$. 显然, f 属于这样一条 $M\text{-}M'$ 交错路, 它可作为增加的新耳朵. 找出此耳朵所需的时间与其长度成比例.

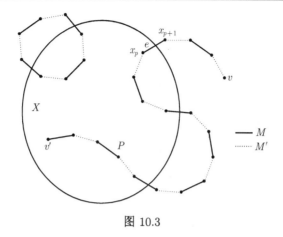

图 10.3

情形 2. $|\delta(X) \cap M| = 1$. 则 $v \notin X$, 且 $e = \{x_p, x_{p+1}\}$ 是 $\delta(X) \cap M$ 的唯一边. 设 R' 是由 μ 及 φ 确定的 x_{p+1}-v 路 (参见引理 10.22). R' 的第一条边是 e. 设 q 是最小的下标 $i \in \{p+2, p+4, \cdots, k\}$ 使得 $x_i \in V(R')$ 且 $V(R'_{[x_{p+1}, x_i]}) \cap \{x_{i+1}, \cdots, x_k\} = \varnothing$ (参见图 10.4). 令 $R := R'_{[x_p, x_q]}$. 那么 R 具有顶点 $x_p, \varphi(x_p), \mu(\varphi(x_p)), \varphi(\mu(\varphi(x_p)))$, $\cdots, x_q$, 并且遍历它的时间与其长度成比例.

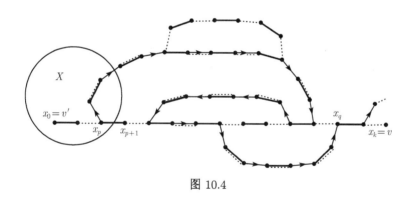

图 10.4

设 $S := E(R) \setminus E(G[X])$, $D := (M \triangle M') \setminus (E(G[X]) \cup E(P_{[x_q, v]}))$, 且 $Z := S \triangle D$. 则 S 及 D 均由 M- 交错路及交错圈组成. 可以看出, 每一个 X 之外的顶点, 相对于 Z 而言, 都具有度 0 或 2. 其次, 对每一个 X 之外的顶点, 如果它关联于 Z 的两条边, 则其中之一属于 M' (这里 q 的选择是至关重要的).

因此, $(V(G), Z)$ 的所有连通分支 C, 其中 $E(C) \cap \delta(X) \neq \varnothing$, 都可作为下次增加的耳朵. 而在这些耳朵增加之后, $S \setminus Z = S \cap (M \triangle M')$ 是若干条内点不交的路的并, 每一条又可作为增加的耳朵. 由于 $e \in D \setminus S \subseteq Z$, 必有 $Z \cap \delta(X) \neq \varnothing$, 故至少增加一个耳朵.

剩下要证明的是: 上述构造所需的时间与新耳朵的总边数成比例. 显然, 只需断定在 $O(|E(S)|)$ 时间找到 S.

这是比较困难的, 因为 R 的一些子路含于 X 中. 然而, 不必真正关注它们的结构, 而应该设法对这些路尽可能抄近路走. 为此, 要修改 φ 变量.

这就是在每次考虑情形 2 时, 设 $R_{[a,b]}$ 是 R 在 X 内的极大子路, 其中 $a \neq b$. 设 $y := \mu(b)$, y 是 b 在 R 上的先行顶点. 对 $R_{[a,y]}$ 上所有使 $R_{[x,y]}$ 具有奇长度的顶点 x 令 $\varphi(x) := y$. 原先 x 与 y 之间是否连边都不要紧. 说明可参见图 10.5.

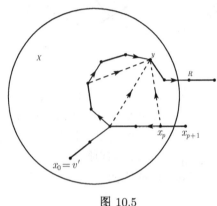

图 10.5

更新 φ 变量所要求的时间与被检查的边数成比例. 注意 φ 的变化并不会破坏引理 10.22 的性质, 而这些 φ 变量除了在情形 2 中寻找到达 v 的 M- 交错路之外, 不再使用.

于是如下结论得到保证: 寻找 R 在 X 内的各条子路所要求的时间, 与子路的数目加上在 X 内第一次被检查的边数成比例. 由于在 X 内的子路数目小于或等于这一步的新耳朵数目, 我们得到总的线性运行时间.

情形 3. $\delta(X) \cap M = \varnothing$. 那么 $v \in X$. 考察 (旧的) M- 交错耳分解的耳朵, 按原先的顺序排列. 设 R 是第一个使 $V(R) \setminus X \neq \varnothing$ 的耳朵.

类似于情形 2, 设 $S := E(R) \setminus E(G[X])$, $D := (M \triangle M') \setminus E(G[X])$, 且 $Z := S \triangle D$. 同样地, 所有在 $(V(G), Z)$ 中使 $E(C) \cap \delta(X) \neq \varnothing$ 的连通分支 C 都可以作为下一次增加的耳朵, 而当这些耳朵增加之后, $S \setminus Z$ 是若干条点不交的路的并, 每一条都可作为耳朵增加进去. 情形 3 需要的总时间明显是线性的. □

10.5　Edmonds 匹配算法

回顾 Berge 定理 10.7, 图中一个匹配是最大的当且仅当不存在可扩路. 由于这对非二部图亦成立, 下面的匹配算法依然建立在可扩路的基础之上.

然而, 毕竟还不甚清楚如何去找可扩路或判定其不存在. 在二部图情形 (定理 10.5) 只需要这样做: 从一个未覆盖顶点出发, 标记出所有经过交错边序列可到达的顶点. 由于没有奇圈, 经由交错边序列可到达的顶点也是经由交错路可达的. 当涉及一般图时, 这就不再对了.

考察图 10.6 的例子 (粗线的边构成匹配 M). 从 v_1 出发, 可得一个交错边序列 $v_1, v_2, v_3, v_4, v_5, v_6, v_7, v_5, v_4, v_8$, 但这不是一条路. 其中曾经走过一个奇圈, 就是 v_5, v_6, v_7. 注意在这个例子中, 确实存在一条可扩路 $(v_1, v_2, v_3, v_7, v_6, v_5, v_4, v_8)$, 但不清楚如何找到它.

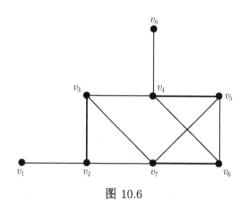

图 10.6

问题是遇到奇圈怎么办. 令人惊奇的是, 只要把它收缩成一个点便可摆脱其影响. 将可证明, 收缩后的图具有完美匹配当且仅当原图也有完美匹配. 这就是 Edmonds 基数匹配算法的基本思想. 这一思想将叙述于引理 10.25. 在此之前, 先给出如下定义:

定义 10.24 设 G 是一个图且 M 是 G 的一个匹配. G 中关于 M 的花, 就是 G 的因子临界子图 C 使 $|M \cap E(C)| = \frac{|V(C)|-1}{2}$. C 中不被 $M \cap E(C)$ 覆盖的顶点称为 C 的花蒂.

在上述例子 (图 10.6) 中遇到的花是由 $\{v_5, v_6, v_7\}$ 导出的. 注意, 此例子还有其他的花. 按照定义, 单独一个顶点也是花. 现在可以叙述 "花收缩引理" 了.

引理 10.25 设 G 是一个图, M 是 G 中的匹配, 且 C 是 G 中关于 M 的一个花. 假设从一个不被 M 覆盖的顶点 v 到 C 的花蒂 r 存在一条偶长度的 M-交错 v-r 路 Q, 其中 $E(Q) \cap E(C) = \varnothing$. 设 G' 及 M' 是由 G 及 M 经过把 $V(C)$ 收缩为一个顶点所得到的图及匹配. 则 M 是 G 的最大匹配当且仅当 M' 是 G' 的最大匹配.

证明 假设 M 不是 G 的最大匹配. 则 $N := M \triangle E(Q)$ 是具有相同基数的匹配, 因而也不是最大的. 由 Berge 定理 10.7, 在 G 中存在一条 N-可扩路 P. 注意 N 并不覆盖 r.

P 至少有一个端点, 比如 x, 不属于 C. 若 P 与 C 是不相交的, 设 y 是 P 的另一个端点. 否则, 设 y 是从 x 出发沿着 P 行进, 第一个属于 C 的顶点. 设 P' 是由 $P_{[x,y]}$ 经过在 G 中收缩 $V(C)$ 所得到的路. 设 N' 是在 G' 中对应于 N 的匹配. 则 P' 的端点均不被 N' 覆盖. 因此 P' 是 G' 中的 N'- 可扩路. 于是 N' 不是 G' 中的最大匹配, 从而具有相同基数的 M' 也不是.

为证其逆, 假设 M' 不是 G' 的最大匹配. 设 N' 是 G' 中一个更大的匹配. N' 对应于 G 中的匹配 N_0, 它在 G 中至多覆盖 C 的一个顶点. 由于 C 是因子临界的, N_0 可以增加 $k := \frac{|V(C)|-1}{2}$ 条边而成为 G 中的匹配 N, 其中

$$|N| \;=\; |N_0| + k \;=\; |N'| + k \;>\; |M'| + k \;=\; |M|$$

得知 M 不是 G 中的最大匹配. □

在上述收缩花运算中, 必须要求此花的花蒂可以从一个未被 M 覆盖的顶点出发, 经过与花不交的偶长 M- 交错路到达. 例如, 在图 10.6 中由 $\{v_4, v_6, v_7, v_2, v_3\}$ 导出的花收缩后就破坏了仅有的可扩路.

当寻找可扩路时, 将设法建造一个交错森林如下.

定义 10.26   给定图 G 及 G 中的匹配 M. G 中关于 M 的一个交错森林就是 G 中具有如下性质的森林 F:

(a) $V(F)$ 包含所有不被 M 覆盖的顶点. F 的每一个连通分支恰含一个不被 M 覆盖的顶点, 即它的根.

(b) 称顶点 $v \in V(F)$ 为一个 外 (内) 点, 是指它到其所在连通分支的根的距离为偶 (奇) 数. 特别地, 根都是外点. 所有内点在 F 中的度为 2.

(c) 对任一 $v \in V(F)$, 从 v 到其连通分支的根的唯一路是 M- 交错的.

图 10.7 显示一个交错森林, 其中粗边属于匹配, 黑点为内点, 白点为外点.

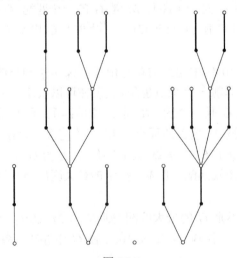

图 10.7

命题 10.27　在任一交错森林中, 除根以外的外点数等于内点数.

证明　每一个不是根的外点恰有一个邻点, 它是离根更近的内点. 这显然构成除根以外的外点与内点之间的一个双射. □

粗略地说, Edmonds 基数匹配算法按如下方式进行. 给定某个匹配 M, 构造一个 M-交错森林 F. 开始时, 只有不被 M 覆盖的顶点之集 S, 没有边.

在算法的每一阶段, 考虑一个外点 x 的邻点 y. 设 $P(x)$ 表示在 F 中从 x 到根的唯一路. 存在三种有趣的情形, 对应着三种运算 ("生长" "扩充" 与 "收缩"):

情形 1. $y \notin V(F)$. 则将 $\{x, y\}$ 及覆盖 y 的匹配边增加到森林中去, 使之生长增大.

情形 2. y 是 F 的另一个连通分支的外点. 则沿着可扩路 $P(x) \cup \{x, y\} \cup P(y)$ 来扩充 M.

情形 3. y 是 F 的同一个连通分支 (根为 q) 的外点. 设 r 是在 $P(x)$ 中从 x 出发走到也属于 $P(y)$ 的第一个顶点. 这个 r 可能是 x, y 之一. 如果 r 不是根, 则它的度至少为 3. 那么 r 是一个外点. 因此 $C := P(x)_{[x,r]} \cup \{x, y\} \cup P(y)_{[y,r]}$ 是一个至少三个顶点的花. 于是收缩这个花 C.

如果上述情形均不出现, 则外点的所有邻点都是内点. 我们断言 M 是最大的. 事实上, 设 X 是内点之集, $s := |X|$, 并设 t 是外点的数目. 则 $G - X$ 有 t 个奇分支 (在 $G - X$ 中每个外点都是孤立点), 所以 $q_G(X) - |X| = t - s$. 故由 Berge-Tutte 公式可知, 任意匹配至少有 $t - s$ 个顶点不被覆盖. 但另一方面, 根据命题 10.27, 不被 M 覆盖的顶点数, 即 F 的根的数目, 恰为 $t - s$. 因此 M 确实是最大的.

毕竟这样做不是一件容易的事情, 还必须花时间去研究实施的细节. 难点在于如何有效地执行收缩运算, 以便后来能够把原图恢复出来. 很可能, 一个顶点会遇到好几次收缩运算. 应该指出, 这里的表述是基于 Lovász 与 Plummer (1986) 提供的方式.

我们可以允许森林里包含花, 而不必真正执行收缩运算.

定义 10.28　给定图 G 及 G 中的匹配 M. G 的一个子图 F 称为关于 M 的一般带花森林, 是指存在其顶点集的一个划分 $V(F) = V_1 \dot{\cup} V_2 \dot{\cup} \cdots \dot{\cup} V_k$ 使得 $F_i := F[V_i]$ 是 F 的一个极大因子临界子图且 $|M \cap E(F_i)| = \frac{|V_i| - 1}{2}$ $(i = 1, \cdots, k)$, 并且当收缩每一个 $V_1, \cdots, V_k$ 之后得到一个交错森林 F'.

如果 V_i 是 F' 的一个外 (内) 点, 则称 F_i 为外花 (内花). 一个外花 (内花) 中的所有顶点都称为外点 (内点). 在一个一般带花森林中, 如果每个内花都是单独一个顶点, 则称之为特殊带花森林.

图 10.8 画出一个特殊带花森林的一个连通分支, 其中有五个非平凡的外花. 这对应于图 10.7 的交错森林的一个连通分支. 其中边的定向以后再作解释. G 中所有不属于特殊带花森林的顶点称为森林外的.

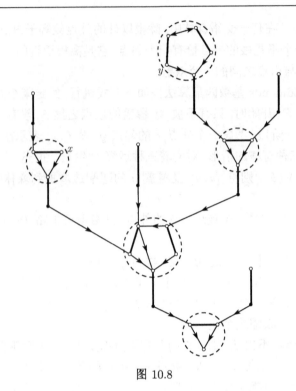

图 10.8

值得注意的是, 花收缩引理 10.25 只适用于外花. 但在这一节中只涉及特殊带花森林, 不必收缩内花. 一般带花森林将在第 11 章的加权匹配算法中出现.

为存储一个特殊带花森林 F, 引进如下数据结构. 对每一个顶点 $x \in V(G)$, 有三个变量 $\mu(x)$, $\varphi(x)$, 及 $\rho(x)$, 具备如下性质:

$$\mu(x) = \begin{cases} x & \text{若 } x \text{ 不被 } M \text{ 覆盖} \\ y & \text{若 } \{x, y\} \in M \end{cases} \tag{10.2}$$

$$\varphi(x) = \begin{cases} x & \text{若 } x \notin V(F) \text{ 或 } x \text{ 是一个外花的花蒂} \\ y & \text{若 } x \text{ 是一个内点且 } \{x, y\} \in E(F) \setminus M \\ y & \text{若 } x \text{ 是一个外点, } \{x, y\} \in E(F) \setminus M \text{ 且这样的} \\ & \mu \text{ 与 } \varphi \text{ 是关联于包含 } x \text{ 的外花中的 } M\text{-交错耳分解} \end{cases} \tag{10.3}$$

$$\rho(x) = \begin{cases} x & \text{若 } x \text{ 不是外点} \\ y & \text{若 } x \text{ 是一个外点且 } y \text{ 是 } F \text{ 中包含 } x \text{ 的外花} \\ & \text{的花蒂} \end{cases} \tag{10.4}$$

对每一个外点 v, 定义 $P(v)$ 为由

$$v, \mu(v), \varphi(\mu(v)), \mu(\varphi(\mu(v))), \varphi(\mu(\varphi(\mu(v)))), \cdots$$

的初始子序列给定的极大路. 我们有如下性质:

命题 10.29 设 F 是关于匹配 M 的一个 特殊带花森林, 并设 $\mu, \varphi: V(G) \to V(G)$ 是满足 (10.2) 及 (10.3) 的函数. 那么

(a) 对每一个外点 v, $P(v)$ 是一条交错 v-q 路, 其中 q 是 F 中包含 v 的树的根.

(b) 一个顶点 x 是

● 外点当且仅当 $\mu(x) = x$ 或 $\varphi(\mu(x)) \neq \mu(x)$.

● 内点当且仅当 $\varphi(\mu(x)) = \mu(x)$ 且 $\varphi(x) \neq x$.

● 森林外顶点当且仅当 $\mu(x) \neq x$, $\varphi(x) = x$ 且 $\varphi(\mu(x)) = \mu(x)$.

证明 (a) 由 (10.3) 及引理 10.22,

$$v, \mu(v), \varphi(\mu(v)), \mu(\varphi(\mu(v))), \varphi(\mu(\varphi(\mu(v)))), \cdots$$

的某个初始子序列必定是到达包含 v 的花的花蒂 r, 且有偶长度的 M- 交错路. 若 r 不是包含 v 的树的根, 则 r 被 M 所覆盖. 因此上述序列继续从匹配边 $\{r, \mu(r)\}$ 进行下去, 再到 $\{\mu(r), \varphi(\mu(r))\}$, 这是因为 $\mu(r)$ 是一内点. 但 $\varphi(\mu(r))$ 又是一个外点, 于是由递归可得欲证.

(b) 若一顶点 x 是外点, 则它或者是一个根 (即 $\mu(x) = x$), 或者 $P(x)$ 是长度至少为 2 的路, 即 $\varphi(\mu(x)) \neq \mu(x)$.

若 x 是内点, 则 $\mu(x)$ 是一个外花的花蒂, 因而由 (10.3) 知 $\varphi(\mu(x)) = \mu(x)$. 此外, $P(\mu(x))$ 是一条长度至少为 2 的路, 故 $\varphi(x) \neq x$.

若 x 是森林外的, 则由定义知 x 被 M 覆盖, 因而由 (10.2) 知 $\mu(x) \neq x$. 当然 $\mu(x)$ 也是森林外的, 因而由 (10.3) 得到 $\varphi(x) = x$ 及 $\varphi(\mu(x)) = \mu(x)$.

因为一个顶点或为外点, 或为内点, 或为森林外的, 而每一个顶点恰满足上述三个判定条件之一, 故结论得证. $\square$

在图 10.8 中, 如果 $\varphi(u) = v$, 则相应边的方向是从 u 到 v. 现在我们已经可以详细叙述算法了.

EDMONDS 基数匹配算法

输入: 图 G.

输出: G 中由边 $\{x, \mu(x)\}$ 给出的最大匹配.

① 对所有 $v \in V(G)$, 令 $\mu(v) := v$, $\varphi(v) := v$, $\rho(v) := v$, 并令扫描指示 scanned$(v) :=$ false (假).

② 若所有外点均已扫描, 则终止. 否则, 设 x 是一个 scanned$(x) =$ false 的外点.

③ 设 y 是 x 的这样一个邻点: 或者 y 是森林外的, 或者 y 是外点但 $\rho(y) \neq \rho(x)$. 若不存在这样的 y, 则令 scanned$(x) :=$ true(真) 并转向 ②.

④ ("生长")

若 y 是森林外的, 则令 $\varphi(y) := x$ 并转向 ③.

⑤ ("扩充")

若 $P(x)$ 与 $P(y)$ 是点不交的, 则

对所有 $v \in V(P(x)) \cup V(P(y))$ 且在 $P(x)$ 上从 x 到它, 或在 $P(y)$ 上从 y
到它的距离为奇数, 令 $\mu(\varphi(v)) := v$, $\mu(v) := \varphi(v)$.

令 $\mu(x) := y$.

令 $\mu(y) := x$.

对所有 $v \in V(G)$, 令 $\varphi(v) := v$, $\rho(v) := v$, scanned$(v) :=$ false.

转向 ②.

⑥ ("收缩")

设 r 是在 $V(P(x)) \cap V(P(y))$ 上第一个使 $\rho(r) = r$ 的顶点.

对这样的 $v \in V(P(x)_{[x,r]}) \cup V(P(y)_{[y,r]})$, 在 $P(x)_{[x,r]}$ 上从 x 到它, 或在
$P(y)_{[y,r]}$ 上从 y 到它具有奇数距离, 且 $\rho(\varphi(v)) \neq r$ 执行

令 $\varphi(\varphi(v)) := v$.

若 $\rho(x) \neq r$, 则令 $\varphi(x) := y$.

若 $\rho(y) \neq r$, 则令 $\varphi(y) := x$.

对所有 $v \in V(G)$ 且 $\rho(v) \in V(P(x)_{[x,r]}) \cup V(P(y)_{[y,r]})$ 执行

令 $\rho(v) := r$.

转向 ③.

关于收缩对 φ 值的影响, 可从图 10.9 中见到说明, 其中算法的 ⑥ 已施行于图 10.8 中的 x 和 y.

引理 10.30 在 Edmonds 基数匹配算法的任一阶段, 如下各论断成立:

(a) 所有边 $\{x, \mu(x)\}$ 构成一个匹配 M.

(b) 所有边 $\{x, \mu(x)\}$ 及 $\{x, \varphi(x)\}$ 构成一个关于 M 的特殊带花森林 F (加上一些孤立的匹配边).

(c) 这个 F 满足性质 (10.2), (10.3) 及 (10.4).

证明 (a) μ 发生变化的唯一地方是 ⑤, 而其中的扩充显然是正确的.

(b) 由于在 ① 及 ⑤ 之后, 得到一个没有边的平凡带花森林, 而 ④ 使带花森林增加两条边 ($\{x,y\}$ 及 $\{y, \mu(y)\}$) 也是正确的, 所以只需验证 ⑥. 其中的 r 或者是根, 或者它的度至少为 3, 因而必定是外点. 设 $B := V(P(x)_{[x,r]}) \cup V(P(y)_{[y,r]})$. 考察带花森林中这样的边 $\{u,v\}$, 其中 $u \in B$ 而 $v \notin B$. 因为 $F[B]$ 包含一个几乎完美匹配, 所以

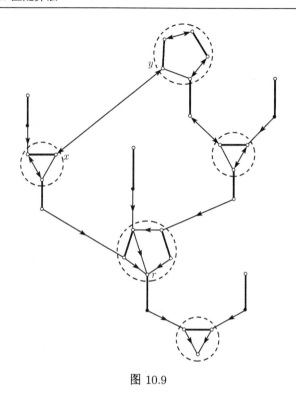

图 10.9

仅当 $\{u, v\}$ 就是 $\{r, \mu(r)\}$ 时它才可能是匹配边. 再者, 在实施 ⑥ 之前 u 已经是外点了. 这意味着 F 继续成为特殊带花森林.

(c) 这里唯一值得关注的事实是: 在收缩之后, μ 和 φ 关联于新花的一个交错耳分解. 设 x 及 y 是在特殊带花森林同一个连通分支的两个外点, 并设 r 是在 $V(P(x)) \cap V(P(y))$ 中第一个使 $\rho(r) = r$ 的顶点. 那么这个新花由 $B := \{v \in V(G) : \rho(v) \in V(P(x)_{[x, r]}) \cup V(P(y)_{[y, r]})\}$ 的顶点组成.

注意到, 对任意有 $\rho(v) = r$ 的 $v \in B$, $\varphi(v)$ 不发生变化. 所以旧花 $B' := \{v \in V(G) : \rho(v) = r\}$ 的耳分解可作为新花 B 的耳分解的起点. 下一个耳朵由 $P(x)_{[x, x']}$, $P(y)_{[y, y']}$ 及边 $\{x, y\}$ 组成, 其中 x' 及 y' 分别是 $P(x)$ 及 $P(y)$ 上第一个属于 B' 的顶点. 最后, 对旧的外花 $B'' \subseteq B$ 的每一个耳朵 Q, $Q \setminus (E(P(x)) \cup E(P(y)))$ 是 B 的新耳分解的一个耳朵. □

定理 10.31 (Edmonds, 1965)　Edmonds 基数匹配算法在 $O(n^3)$ 时间正确地确定出一个最大匹配, 其中 $n = |V(G)|$.

证明　引理 10.30 及命题 10.29 证明了算法可正确运行. 考察算法终止时的状况. 设 M 及 F 是按照引理 10.30(a) 及 (b) 所述的匹配及特殊带花森林. 显然, 一个外点 x 的任意邻点或者是一个内点, 或者是属于同一个花的顶点 y (即 $\rho(y) = \rho(x)$).

为证明 M 是一个最大匹配, 设 X 表示内点的集合, 而 B 是 F 中所有外花的花蒂之集. 那么每一个未匹配顶点都属于 B, 而 B 中的已匹配顶点均与 X 的元素配对:

$$|B| = |X| + |V(G)| - 2|M| \tag{10.5}$$

另一方面, F 中的外花都是 $G - X$ 的奇分支. 因此任意匹配必定至少剩下 $|B| - |X|$ 个顶点不被覆盖. 根据 (10.5), M 恰好剩下 $|B| - |X|$ 个未覆盖顶点, 因而是最大的.

现考虑运行时间. 根据命题 10.29(b), 每个顶点的状态 (内点、外点, 或森林外) 可在常数时间内检验. 而 ④~⑥ 中的每一步均可在 $O(n)$ 时间完成. 在两次扩充运算之间, ④ 或 ⑥ 至多执行 $O(n)$ 次, 这是因为 φ 的不动点数目逐次下降. 再者, 在两次扩充之间没有顶点被扫描两次. 于是两次扩充之间花费的时间是 $O(n^2)$, 最后得到 $O(n^3)$ 的总运行时间.   □

Micali 与 Vazirani (1980) 将运行时间改进为 $O(\sqrt{n}\,m)$. 他们运用习题 10.9 的结果, 但由于花的存在, 使得搜索不相交的最短可扩路的极大集比二部图情形更加困难 (二部图情形早被 Hopcroft 与 Karp (1973) 解决, 见习题 10.10, 亦参见 Vazirani (1994)). 当前已知基数匹配问题最好的时间复杂性是 $O\left(m\sqrt{n}\frac{\log(n^2/m)}{\log n}\right)$, 恰与二部图情形一样. 这是由 Goldberg 与 Karzanov (2004) 及 Fremuth-Paeger 与 Jungnickel (2003) 得到.

借助于匹配算法容易证明 Gallai-Edmonds 结构定理. 这是首先由 Gallai 给出证明, 但Edmonds 基数匹配算法使之成为一个构造证明.

定理 10.32 (Gallai, 1964)　设 G 为任意一个图. 以 Y 表示至少不被一个最大匹配覆盖的顶点所成之集, 以 X 表示 Y 在 $V(G) \setminus Y$ 中的邻集, 并设 W 包含所有其余顶点. 那么

(a) G 中任意一个最大匹配必包含 $G[W]$ 的一个完美匹配, 以及 $G[Y]$ 的每一连通分支的几乎完美匹配, 并将 X 的所有顶点匹配到 $G[Y]$ 的不同连通分支.

(b) $G[Y]$ 的连通分支都是因子临界的.

(c) $2\nu(G) = |V(G)| - q_G(X) + |X|$.

称 W, X, Y 为 G 的 Gallai-Edmonds 分解 (见图 10.10).

证明　运用 Edmonds 基数匹配算法 并考虑终止时的匹配 M 及特殊带花森林 F. 设 X' 为内点之集, Y' 为外点之集, 而 W' 为森林外顶点之集. 先证 X', Y', W' 满足 (a)~(c), 然后来看 $X = X'$, $Y = Y'$, 及 $W = W'$.

定理 10.31 的证明已断定 $2\nu(G) = |V(G)| - q_G(X') + |X'|$. 对 X' 运用命题 10.15. 由于 $G - X'$ 的奇分支恰好就是 F 中的外花, 所以 (a) 对 X', Y', W' 成立. 又因外花是因子临界的, 故 (b) 亦成立.

既然 (a) 对 X', Y', 及 W' 成立, 我们知道任意一个最大匹配都覆盖所有 $V(G) \setminus Y'$ 的顶点. 换言之, $Y \subseteq Y'$. 进而可断言 $Y' \subseteq Y$ 亦成立. 设 v 是 F 中的一个外点. 则 $M \triangle E(P(v))$ 是一个最大匹配 M', 而 M' 不覆盖 v. 所以 $v \in Y$.

因此 $Y = Y'$. 由此推出 $X = X'$ 及 $W = W'$, 从而定理得证.　　　　　　　□

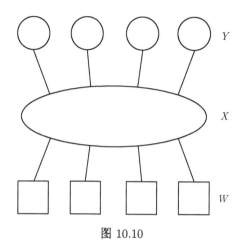

图 10.10

习　　题

1. 设 G 是一个图且 M_1, M_2 是 G 中两个极大匹配. 试证: $|M_1| \leqslant 2|M_2|$.

2. 设 $\alpha(G)$ 表示 G 中最大独立集的基数, 而 $\zeta(G)$ 表示最小边覆盖的基数. 试证:

(a) 对任意图 G, $\alpha(G) + \tau(G) = |V(G)|$.

(b) 对任意没有孤立点的图 G, $\nu(G) + \zeta(G) = |V(G)|$.

(c) 对任意没有孤立点的二部图 G, $\zeta(G) = \alpha(G)$(König, 1933; Gallai, 1959).

3. 试证: 任一 k 正则二部图具有 k 个不相交的完美匹配. 由此导出: 最大度为 k 的二部图的边集可以划分为 k 个匹配 (König, 1916; Rizzi, 1998, 或定理 16.16).

*4. 一个 偏序集 定义为一个集合 S 连同其上的一个偏序, 即一个关系 $R \subseteq S \times S$ 满足自反性 $((x,x) \in R, \forall x \in S)$、反对称性 (若 $(x,y) \in R$ 且 $(y,x) \in R$, 则 $x = y$), 及传递性 (若 $(x,y) \in R$ 且 $(y,z) \in R$, 则 $(x,z) \in R$). 两个元素 $x, y \in S$ 称为可比较的, 是指 $(x,y) \in R$ 或 $(y,x) \in R$, 否则称为不可比较的. 一个 链 (反链) 是 S 中两两可比较 (不可比较) 的元素构成的子集. 试运用 König 定理 10.2 证明如下 Dilworth (1950) 的定理: 在一个有限偏序集中, 反链的最大基数等于此偏序集可分解成的链的最小数目. 提示: 对每一个 $v \in S$, 取它的两个拷贝 v' 及 v'', 并考虑这样的二部图: 对每一 $(v,w) \in R$ 连一边 $\{v', w''\}$ (Fulkerson, 1956).

5. (a) 设 $S = \{1, 2, \cdots, n\}$ 且 $0 \leqslant k < \frac{n}{2}$. 设 A 及 B 分别是 S 中所有 k 元子集及所有 $(k+1)$ 元子集的汇集. 构造一个二部图

$$G = (A \,\dot\cup\, B, \{\{a, b\} : a \in A, \ b \in B, a \subseteq b\})$$

试证: G 具有覆盖 A 的匹配.

*(b) 证明 Sperner 引理: 在一个 n 元集中, 互相不包含的子集的最大数目是 $\binom{n}{\lfloor \frac{n}{2} \rfloor}$ (Sperner, 1928).

6. 设 $(U, \mathcal{S})$ 是一个集合系. 若一个单射 $\Phi : \mathcal{S} \to U$ 使得对所有 $S \in \mathcal{S}$ 均有 $\Phi(S) \in S$, 则称为 $\mathcal{S}$ 的一个 相异代表系. 试证:

(a) $\mathcal{S}$ 具有相异代表系当且仅当 $\mathcal{S}$ 中任意 k 个集的并至少有 k 个元素 (Hall, 1935).

(b) 对 $u \in U$ 设 $r(u) := |\{S \in \mathcal{S} : u \in S\}|$. 记 $n := |\mathcal{S}|$ 及 $N := \sum_{S \in \mathcal{S}} |S| = \sum_{u \in U} r(u)$. 假设对 $S \in \mathcal{S}$ 有 $|S| < \frac{N}{n-1}$ 且对 $u \in U$ 有 $r(u) < \frac{N}{n-1}$. 则 $\mathcal{S}$ 具有相异代表系 (Mendelsohn, Dulmage, 1958).

7. 设 G 是具有二部划分 $V(G) = A \,\dot\cup\, B$ 的二部图. 假设 $S \subseteq A, T \subseteq B$, 且存在覆盖 S 的匹配及覆盖 T 的匹配. 证明: 存在覆盖 $S \cup T$ 的匹配 (Mendelsohn, Dulmage, 1958).

8. 试证: 任意 n 个顶点且最小度为 k 的简单图都具有基数 $\min\{k, \lfloor \frac{n}{2} \rfloor\}$ 的匹配. 提示: 运用 Berge 定理 10.7.

9. 设 G 是一个图且 M 是 G 的一个匹配, 但不是最大的.

(a) 试证: 在 G 中存在 $\nu(G) - |M|$ 条点不交的 M-可扩路. 提示: 回顾 Berge 定理 10.7 的证明.

(b) 试证: 在 G 中存在长度不超过 $\frac{\nu(G) + |M|}{\nu(G) - |M|}$ 的 M-可扩路.

(c) 设 P 是 G 中一条最短的 M-可扩路, 而 P' 是一条 $(M \triangle E(P))$-可扩路. 则 $|E(P')| \geqslant |E(P)| + |E(P \cap P')|$.

考虑如下的一般算法类型. 从空匹配开始, 每一次迭代都沿最短可扩路去扩充匹配. 设 $P_1, P_2, \cdots$ 是选择的可扩路序列. 由 (c), 对任意 k 有 $|E(P_k)| \leqslant |E(P_{k+1})|$.

(d) 试证: 若对 $i \neq j$ 有 $|E(P_i)| = |E(P_j)|$, 则 P_i 与 P_j 点不交的.

(e) 运用 (b) 证明序列 $|E(P_1)|, |E(P_2)|, \cdots$ 至多包含 $2\sqrt{\nu(G)} + 2$ 个不同的数 (Hopcroft, Karp, 1973).

*10. 设 G 是一个二部图并考虑习题 10.9 的算法类型.

(a) 试证: 给定匹配 M, G 中所有最短 M-可扩路的并可在 $O(n + m)$ 时间找到. 提示: 运用一类广探法, 其中匹配边与非匹配边交错出现.

(b) 考虑算法的一个迭代序列, 其中可扩路的长度保持常数. 试证: 整个序列所需的时间不超过 $O(n + m)$. 提示: 首先运用 (a), 然后按照深探法DFS逐次找路. 标记出已访问的顶点.

(c) 将 (b) 与习题 10.9(e) 相结合, 得到关于二部图基数匹配问题的 $O(\sqrt{n}(m + n))$ 算法 (Hopcroft, Karp, 1973).

11. 设 G 是具有二部划分 $V(G) = A \,\dot\cup\, B$ 的二部图, $A = \{a_1, \cdots, a_k\}$, $B = \{b_1, \cdots, b_k\}$. 对任意向量 $x = (x_e)_{e \in E(G)}$, 定义矩阵 $M_G(x) = (m_{ij}^x)_{1 \leqslant i, j \leqslant k}$ 如下:

$$m_{ij}^x := \begin{cases} x_e & \text{若 } e = \{a_i, b_j\} \in E(G) \\ 0 & \text{否则} \end{cases}$$

它的行列式 $\det M_G(x)$ 是 $x = (x_e)_{e \in E(G)}$ 的多项式. 试证: G 具有完美匹配当且仅当 $\det M_G(x)$ 不恒为零.

12. 方阵 $M = (m_{ij})_{1 \leqslant i, j \leqslant n}$ 的积和式定义为

$$\mathrm{per}(M) := \sum_{\pi \in S_n} \prod_{i=1}^{k} m_{i, \pi(i)}$$

其中 S_n 是 $\{1, \cdots, n\}$ 的所有置换之集. 试证: 一个简单二部图 G 恰有 $\mathrm{per}(M_G(\mathbb{1}))$ 个完美匹配, 其中 $M_G(x)$ 如前一题所定义.

13. 双随机阵是一个非负方阵, 其行和与列和均为 1. 整数的双随机阵称为置换阵. Falikman (1981) 与 Egoryčev (1980) 证明了: 对 $n \times n$ 的双随机阵 M, 有

$$\mathrm{per}(M) \geqslant \frac{n!}{n^n}$$

且等式成立当且仅当 M 的每一个元素均为 $\frac{1}{n}$ (这曾是著名的 van der Waerden 猜想 (见 Schrijver, 1998)). Brègman (1973) 证明了: 对具有行和 $r_1, \cdots, r_n$ 的 0-1 矩阵 M, 有

$$\mathrm{per}(M) \leqslant (r_1!)^{\frac{1}{r_1}} \cdots (r_n!)^{\frac{1}{r_n}}$$

运用这些结果及习题 10.12 证明如下结论: 设 G 是 $2n$ 个顶点的简单 k- 正则二部图, 并设 $\Phi(G)$ 是 G 中完美匹配的数目, 则

$$n! \left(\frac{k}{n}\right)^n \leqslant \Phi(G) \leqslant (k!)^{\frac{n}{k}}$$

14. 试证: 至多有两条截边的任意 3- 正则图必有完美匹配. 是否存在没有完美匹配的 3 正则图? 提示: 运用 Tutte 定理 10.13(Petersen, 1891).

*15. 设 G 是一个图, $n := |V(G)|$ 为偶数, 且对任意 $|X| \leqslant \frac{3}{4}n$ 的集 $X \subseteq V(G)$, 均有

$$\left| \bigcup_{x \in X} \Gamma(x) \right| \geqslant \frac{4}{3}|X|$$

证明: G 有完美匹配. 提示: 设 S 是一个违背 Tutte 条件的集. 证明: 在 $G-S$ 中恰含单个元素的连通分支的数目至多是 $\max\left\{0, \frac{4}{3}|S| - \frac{1}{3}n\right\}$. 分别考察情形 $|S| \geqslant \frac{n}{4}$ 及 $|S| < \frac{n}{4}$ (Anderson, 1971).

16. 试证: 一个无向图 G 是因子临界的当且仅当 G 是连通的且对任意 $v \in V(G)$ 有 $\nu(G) = \nu(G-v)$.

17. 试证: 一个因子临界图 G 的任意两个奇耳分解的耳朵数相同.

*18. 对一个 2- 边连通图 G, 设 $\varphi(G)$ 为在 G 的耳分解中偶耳朵的最小数目 (参见习题 2.17(a)). 试证: 对任意边 $e \in E(G)$, 或者 $\varphi(G/e) = \varphi(G) + 1$, 或者 $\varphi(G/e) = \varphi(G) - 1$.

注: 函数 $\varphi(G)$ 曾被 Szigeti (1996) 及 Szegedy 与 Szegedy (2006) 所研究.

19. 试证: 一个极小因子临界图 G(即任意删去一边后不再是因子临界的) 至多有 $\frac{3}{2}(|V(G)| - 1)$ 条边. 并说明此界是紧的.

20. 说明如何用 Edmonds 基数匹配算法 找出图 10.1(b) 所示的图的最大匹配.

21. 给定一个无向图, 能否在多项式时间找到最小基数的边覆盖?

*22. 给定一个无向图 G, 一条边称为不可匹配的是指它不含于任何完美匹配中. 如何在 $O(n^3)$ 时间确定出不可匹配边之集? 提示: 先求出 G 的一个完美匹配. 然后对每一个顶点 v 确定出关联于 v 的不可匹配边之集.

23. 设 G 是一个图, M 是 G 的一个最大匹配, 而 F_1 及 F_2 是关于 M 的两个特殊带花森林, 且都具有最大可能的边数. 试证: F_1 及 F_2 的内点集是相同的.

24. 设 G 是一个 k- 连通图且 $2\nu(G) < |V(G)| - 1$. 试证:

(a) $\nu(G) \geqslant k$;

(b) $\tau(G) \leqslant 2\nu(G) - k$.

提示: 运用 Gallai-Edmonds 定理 10.32 (Erdős, Gallai, 1961).

参 考 文 献

一般著述

Gerards A M H. 1995. Matching//Handbooks in Operations Research and Management Science. Volume 7: Network Models (Ball M O, Magnanti T L, Monma C L, Nemhauser G L, eds.). Amsterdam: Elsevier, 135–224.

Lawler E L. 1976. Combinatorial Optimization; Networks and Matroids. New York: Holt, Rinehart and Winston. Chapters 5 and 6

Lovász L and Plummer M D. 1986. Matching Theory. Budapest: Akadémiai Kiadó and Amsterdam: North-Holland.

Papadimitriou C H and Steiglitz K. 1982. Combinatorial Optimization; Algorithms and Complexity. Englewood Cliffs: Prentice-Hall. Chapter 10

Pulleyblank W R. 1995. Matchings and extensions//Handbook of Combinatorics; Vol. 1 (Graham R L, Grötschel M, Lovász L, eds.). Amsterdam: Elsevier.

Schrijver A. 2003. Combinatorial Optimization: Polyhedra and Efficiency. Berlin: Springer, Chapters 16 and 24

Tarjan R E. 1983. Data Structures and Network Algorithms. Philadelphia SIAM. Chapter 9

引用文献

Alt H, Blum N, Mehlhorn K and Paul M. 1991. Computing a maximum cardinality matching in a bipartite graph in time $O\left(n^{1.5}\sqrt{m/\log n}\right)$. Information Processing Letters, 37: 237–240.

Anderson I. 1971. Perfect matchings of a graph. Journal of Combinatorial Theory, B 10: 183–186.

Berge C. 1957. Two theorems in graph theory. Proceedings of the National Academy of Science of the U.S., 43: 842–844.

Berge C. 1958. Sur le couplage maximum d'un graphe. Comptes Rendus Hebdomadaires des Séances de l'Académie des Sciences (Paris) Sér. I Math., 247: 258–259.

Brègman L M. 1973. Certain properties of nonnegative matrices and their permanents. Doklady Akademii Nauk SSSR, 211: 27–30 (in Russian). English translation: Soviet Mathematics Doklady, 14: 945–949.

Dilworth R P. 1950. A decomposition theorem for partially ordered sets. Annals of Mathematics, 51: 161–166.

Edmonds J. 1965. Paths, trees, and flowers. Canadian Journal of Mathematics, 17 : 449–467.

Egoryčev G P. 1980. Solution of the van der Waerden problem for permanents. Soviet Mathematics Doklady, 23: 619–622.

Erdős P and Gallai, T. 1961. On the minimal number of vertices representing the edges of a graph. Magyar Tudományos Akadémia; Matematikai Kutató Intézetének Közleményei, 6: 181–203.

Falikman D I. 1981. A proof of the van der Waerden conjecture on the permanent of a doubly stochastic matrix. Matematicheskie Zametki, 29: 931–938 (in Russian). English translation: Math. Notes of the Acad. Sci. USSR, 29: 475–479.

Feder T and Motwani R. 1995. Clique partitions, graph compression and speeding-up algorithms. Journal of Computer and System Sciences, 51: 261–272.

Fremuth-Paeger C and Jungnickel D. 2003. Balanced network flows VIII: a revised theory of phase-ordered algorithms and the $O(\sqrt{n}m \log(n^2/m)/\log n)$ bound for the nonbipartite cardinality matching problem. Networks, 41: 137–142.

Frobenius G. 1917. Über zerlegbare Determinanten. Sitzungsbericht der Königlich Preussischen Akademie der Wissenschaften XVIII, 274–277.

Fulkerson D R. 1956. Note on Dilworth's decomposition theorem for partially ordered sets. Proceedings of the AMS, 7: 701–702.

Gallai T. 1959. Über extreme Punkt- und Kantenmengen. Annales Universitatis Scientiarum Budapestinensis de Rolando Eötvös Nominatae; Sectio Mathematica, 2: 133–138.

Gallai T. 1964. Maximale Systeme unabhängiger Kanten. Magyar Tudományos Akadémia; Matematikai Kutató Intézetének Közleményei, 9: 401–413.

Geelen J F. 2000. An algebraic matching algorithm. Combinatorica, 20: 61–70.

Geelen J and Iwata S. 2005. Matroid matching via mixed skew-symmetric matrices. Combinatorica, 25: 187–215.

Goldberg A V and Karzanov A V. 2004. Maximum skew-symmetric flows and matchings. Mathematical Programming, A 100: 537–568.

Hall P. 1935. On representatives of subsets. Journal of the London Mathematical Society, 10: 26–30.

Halmos P R and Vaughan H E. 1950. The marriage problem. American Journal of Mathematics, 72: 214–215.

Hopcroft J E and Karp R M. 1973. An $n^{5/2}$ algorithm for maximum matchings in bipartite graphs. SIAM Journal on Computing, 2: 225–231.

König D. 1916. Über Graphen und ihre Anwendung auf Determinantentheorie und Mengenlehre. Mathematische Annalen, 77: 453–465.

König D. 1931. Graphs and matrices. Matematikaiés Fizikai Lapok, 38: 116–119 (in Hungarian).

König D. 1933. Über trennende Knotenpunkte in Graphen (nebst Anwendungen auf Determinanten und Matrizen). Acta Litteratum ac Scientiarum Regiae Universitatis Hungaricae Francisco-Josephinae (Szeged). Sectio Scientiarum Mathematicarum, 6: 155–179.

Kuhn H W. 1955. The Hungarian method for the assignment problem. Naval Research Logistics Quarterly, 2: 83–97.

Lovász L. 1972. A note on factor-critical graphs. Studia Scientiarum Mathematicarum Hungarica, 7: 279–280.

Lovász L. 1979. On determinants, matchings and random algorithms//Fundamentals of Computation Theory (Budach L, ed.). Berlin: Akademie-Verlag, 565–574.

Mendelsohn N S and Dulmage A L. 1958. Some generalizations of the problem of distinct representatives. Canadian Journal of Mathematics, 10: 230–241.

Micali S and Vazirani V V. 1980. An $O(V^{1/2}E)$ algorithm for finding maximum matching in general graphs. Proceedings of the 21st Annual IEEE Symposium on Foundations of Computer Science, 17–27.

Mucha M and Sankowski P. 2004. Maximum matchings via Gaussian elimination. Proceedings of the 45th Annual IEEE Symposium on Foundations of Computer Science, 248–255

Mulmuley K, Vazirani U V and Vazirani V V. 1987. Matching is as easy as matrix inversion. Combinatorica, 7: 105–113.

Petersen J. 1891. Die Theorie der regulären Graphen. Acta Mathematica, 15: 193–220

Rabin M O and Vazirani V V. 1989. Maximum matchings in general graphs through randomization. Journal of Algorithms, 10: 557–567.

Rizzi R. 1998. König's edge coloring theorem without augmenting paths. Journal of Graph Theory, 29: 87.

Schrijver A. 1998. Counting 1-factors in regular bipartite graphs. Journal of Combinatorial Theory, B 72: 122–135.

Sperner E. 1928. Ein Satz über Untermengen einer endlichen Menge. Mathematische Zeitschrift, 27: 544–548.

Szegedy B and Szegedy C. 2006. Symplectic spaces and ear-decomposition of matroids. Combinatorica, 26: 353–377.

Szigeti Z. 1996. On a matroid defined by ear-decompositions. Combinatorica, 16: 233–241.

Tutte W T. 1947. The factorization of linear graphs. Journal of the London Mathematical Society, 22: 107–111.

Vazirani V V. 1994. A theory of alternating paths and blossoms for proving correctness of the $O(\sqrt{V}E)$ general graph maximum matching algorithm. Combinatorica, 14: 71–109.

第 11 章　加权匹配

非二部图的加权匹配问题, 看来是多项式时间可解的组合最优化问题中 "最困难" 者之一. 把 Edmonds 基数匹配算法推广到加权情形, 仍能得到一个 $O(n^3)$ 时间的实施方案. 此算法有许多应用, 其中有的在习题及 12.2 节中讲述. 加权匹配问题有如下两种基本形式:

最大权匹配问题

实例: 无向图 G 及其权 $c : E(G) \to \mathbb{R}$.

任务: 寻求 G 中一个最大权匹配.

最小权完美匹配问题

实例: 无向图 G 及其权 $c : E(G) \to \mathbb{R}$.

任务: 寻求 G 中一个最小权完美匹配, 或判定 G 没有完美匹配.

容易看出这两个问题是等价的: 给定最小权完美匹配问题的实例 (G, c), 可对所有 $e \in E(G)$, 令 $c'(e) := K - c(e)$, 其中 $K := 1 + \sum_{e \in E(G)} |c(e)|$. 则 (G, c') 中任意最大权匹配一定是最大基数匹配, 因而给出最小权完美匹配问题 (G, c) 的解. 反之, 设 (G, c) 是最大权匹配问题的实例. 那么增加 $|V(G)|$ 个新顶点以及所有可能的连边, 以便得到一个 $2|V(G)|$ 个顶点的完全图 G'. 并对所有 $e \in E(G)$, 令 $c'(e) := -c(e)$, 对所有新边 e, 令 $c'(e) := 0$. 则 (G', c') 的一个最小权完美匹配便产生出 (G, c) 的最大权匹配, 只要去掉不属于 G 的边即可.

于是, 下面只考虑最小权完美匹配问题. 如同前一章, 将在 11.1 节从讨论二部图开始. 在 11.2 节概述加权匹配算法的思路之后, 11.3 节将致力于实施细节, 以便得到 $O(n^3)$ 运行时间. 有时人们会关注于求解多个这样的匹配问题, 其中只有少数的边权不同, 此时不必每次都从头开始求解, 可采用 11.4 节所述的做法. 最后, 11.5 节讨论匹配多面体, 即所有匹配的关联向量的凸包. 关于完美匹配多面体, 这里将采用曾经藉以设计加权匹配算法的一种描述, 此算法反过来又说明这种描述是完备的.

11.1　分 配 问 题

分配问题只是二部图最小权完美匹配问题的别名. 它是一个经典的组合最优

化问题, 其历史可追溯到 Monge (1784) 的工作.

如同在定理 10.5 的证明中那样, 可把分配问题约化为网络流问题:

定理 11.1　分配问题可在 $O(nm + n^2 \log n)$ 时间求解.

证明　设 G 是具有二部划分 $V(G) = A \mathbin{\dot\cup} B$ 的二部图. 假设 $|A| = |B| = n$. 增加一个顶点 s 并将它连接到 A 的每一个顶点, 增加另一个顶点 t 并将 B 的每一个顶点连接到它. 所有边的方向是从 s 到 A, 从 A 到 B, 从 B 到 t. 设各边容量均为 1, 且新边的费用为零.

那么其值为 n 的任意整数 s-t 流对应于一个具有相同费用的完美匹配, 且反之亦然. 所以需要解一个最小费用流问题. 为此, 可运用逐次最短路算法 (见 9.4 节), 其总需求流量为 n. 故由定理 9.12, 运行时间为 $O(nm + n^2 \log n)$.　□

这是已知最快捷的算法. 它实质上等价于 Kuhn (1955) 与 Munkres (1957) 的 "匈牙利方法", 解分配问题最早的多项式时间算法 (参见习题 11.9).

值得注视分配问题的线性规划形式. 在其整数规划形式

$$\min\left\{\sum_{e \in E(G)} c(e)x_e : x_e \in \{0,1\}\ (e \in E(G)),\ \sum_{e \in \delta(v)} x_e = 1\ (v \in V(G))\right\}$$

中, 整性约束被证明为可消除的, 即 $x_e \in \{0,1\}$ 替换为 $x_e \geqslant 0$.

定理 11.2　设 G 是一个图, 并设

$$P := \left\{x \in \mathbb{R}_+^{E(G)} : \sum_{e \in \delta(v)} x_e \leqslant 1, \forall v \in V(G)\right\}$$

$$Q := \left\{x \in \mathbb{R}_+^{E(G)} : \sum_{e \in \delta(v)} x_e = 1, \forall v \in V(G)\right\}$$

分别是图 G 的**分数匹配多面体**及**分数完美匹配多面体**. 若 G 是二部图, 则 P 与 Q 都是整多面体.

证明　若 G 是二部图, 则根据定理 5.25, G 的关联矩阵 M 是全单模的. 因此由 Hoffman-Kruskal 定理 5.20 知, P 是整多面体. 而 Q 是 P 的一个面, 所以也是整多面体.　□

关于双随机矩阵有一个很好的推论. 所谓**双随机阵**就是一个非负方阵, 其每一行及每一列的元素之和均为 1. 整值的双随机阵称为**置换矩阵**.

推论 11.3 (Birkhoff, 1946; von Neumann, 1953)　任意双随机阵 M 可表为置换矩阵 $P_1, \cdots, P_k$ 的凸组合 (即 $M = c_1 P_1 + \cdots + c_k P_k$, 其中 $c_1, \cdots, c_k$ 为非负数且 $c_1 + \cdots + c_k = 1$).

证明 设 $M = (m_{ij})_{i,j \in \{1, \cdots, n\}}$ 是一个 $n \times n$ 的双随机阵, 并设 $K_{n,n}$ 是具有二部划分 $\{a_1, \cdots, a_n\} \cup \{b_1, \cdots, b_n\}$ 的完全二部图. 对 $e = \{a_i, b_j\} \in E(K_{n,n})$ 令 $x_e = m_{ij}$. 由于 M 是双随机的, 所以 x 处于 $K_{n,n}$ 的分数完美匹配多面体 Q 之中. 根据定理 11.2 及推论 3.32, x 可表为 Q 的整数顶点的凸组合. 这些整数顶点显然对应于置换矩阵. □

此推论亦可直接证明 (习题 11.3).

11.2 加权匹配算法概述

这一节和下一节的目的是论述一般最小权完美匹配问题的一个多项式时间算法. 此算法是由 Edmonds (1965) 所创立, 并运用了他对基数匹配问题的算法中的基本概念 (见 10.5 节).

首先简要地叙述其主要思想, 暂且不考虑实施细节. 给定一个图 G 并赋权 $c: E(G) \to \mathbb{R}$, 最小权完美匹配问题可表示为整数线性规划

$$\min \left\{ \sum_{e \in E(G)} c(e) x_e : x_e \in \{0, 1\} \ (e \in E(G)), \ \sum_{e \in \delta(v)} x_e = 1 \ (v \in V(G)) \right\}$$

若 A 是 $V(G)$ 中具有奇数个元素的子集, 则任意完美匹配必定包含 $\delta(A)$ 的奇数条边, 因而至少有一条. 所以增加约束

$$\sum_{e \in \delta(A)} x_e \geqslant 1$$

不会有任何影响. 在这一章里始终运用记号 $\mathcal{A} := \{A \subseteq V(G) : |A| \text{ 为奇数}\}$. 现在考虑其线性规划松弛:

$$\begin{aligned}
\min \quad & \sum_{e \in E(G)} c(e) x_e \\
\text{s.t.} \quad & x_e \geqslant 0 && (e \in E(G)) \\
& \sum_{e \in \delta(v)} x_e = 1 && (v \in V(G)) \\
& \sum_{e \in \delta(A)} x_e \geqslant 1 && (A \in \mathcal{A}, |A| > 1)
\end{aligned} \tag{11.1}$$

以后将证明 (11.1) 描述的多面体是整多面体, 因而这个线性规划的确刻画了最小权完美匹配问题 (这将是定理 11.13, 本章的主要结论之一). 然而下面并不直接用到这一事实, 只是以此线性规划形式作为原始构思.

为表示 (11.1) 的对偶问题, 对每一个原设约束, 即对每一个子集 $A \in \mathcal{A}$, 引进一个变量 z_A. 于是对偶线性规划为

$$\max \sum_{A \in \mathcal{A}} z_A$$

$$\text{s.t.} \qquad\qquad\qquad z_A \geqslant 0 \qquad\quad (A \in \mathcal{A}, |A| > 1)$$

$$\sum_{A \in \mathcal{A}: e \in \delta(A)} z_A \leqslant c(e) \qquad (e \in E(G)) \tag{11.2}$$

注意, 对 $v \in V(G)$ 的对偶变量 $z_{\{v\}}$ 并无非负限制. Edmonds 算法实质上是一个原设–对偶算法. 它开始于空匹配 (对所有 $e \in E(G)$ 有 $x_e = 0$) 以及对偶可行解

$$z_A := \begin{cases} \dfrac{1}{2} \min\{c(e) : e \in \delta(A)\} & \text{若 } |A| = 1 \\ 0 & \text{否则} \end{cases}$$

在算法的任一步, z 都是对偶可行解, 并且满足

$$x_e > 0 \Rightarrow \sum_{A \in \mathcal{A}: e \in \delta(A)} z_A = c(e)$$
$$z_A > 0 \Rightarrow \sum_{e \in \delta(A)} x_e \leqslant 1. \tag{11.3}$$

一旦 x 成为完美匹配的关联向量 (即已得到原设问题可行性) 时, 算法结束. 根据互补松弛条件 (11.3) (及推论 3.23), 于是同时得到原设与对偶的最优解. 又因 x 对 (11.1) 是最优的且取整值, 故它就是最小权完美匹配的关联向量.

给定对偶可行解 z, 称一条边 e 是紧的, 是指其对应的对偶约束成为等式, 即

$$\sum_{A \in \mathcal{A}: e \in \delta(A)} z_A = c(e)$$

在每一步, 当前匹配只由紧边组成.

在图 G 中删除所有非紧边, 并将每一个 $z_B > 0$ 的集 B 收缩为一个顶点, 这样得到的图记为 G_z, 它就是我们用来运作的图. 在每一步, 集族 $\mathcal{B} := \{B \in \mathcal{A} : z_B > 0\}$ 将是嵌套的 (laminar), 而 $\mathcal{B}$ 中的每一个子集将导出一个仅由紧边组成的因子临界子图. 开始时 $\mathcal{B}$ 只由单元素集组成.

粗略地说, 算法的一次迭代是这样进行的: 首先运用 Edmonds 基数匹配算法, 在 G_z 中求出一个最大基数匹配 M. 若 M 是一完美匹配, 任务即告完成: 可将 M 扩充为 G 中仅用紧边的完美匹配. 由于满足条件 (11.3), 这匹配是最优的.

否则, 考虑 G_z 的 Gallai-Edmonds 分解 W, X, Y (参见定理 10.32). 对 G_z 中的每一个顶点 v, 令 $B(v) \in \mathcal{B}$ 表示收缩为 v 的子集. 按如下方法修改对偶解 (以图 11.1 为说明): 对每一个 $v \in X$, 令 $z_{B(v)}$ 减小某个正常数 ε; 对 $G_z[Y]$ 的每一个连通分支 C, 令 z_A 增加 ε, 其中 $A = \bigcup_{v \in C} B(v)$.

注意, 紧的匹配边仍然是紧的, 这是因为根据定理 10.32, 一端在 X 的任意匹配边必有另一端在 Y (实际上, 我们所处理的交错森林的边均保持为紧边).

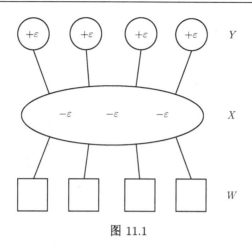

图 11.1

在保持对偶可行性的前提下, 取 ε 尽可能大. 由于当前的图不含完美匹配, 所以 $G_z[Y]$ 的连通分支数大于 $|X|$. 因此上述对偶调整至少使对偶目标函数值 $\sum_{A \in \mathcal{A}} z_A$ 增加 ε. 如果 ε 可以取得任意大, 则对偶规划 (11.2) 是无界的, 因而原设规划 (11.1) 不可行 (定理 3.27), 即 G 没有完美匹配.

对偶解的变化必然引起图 G_z 的改变: 有新的边会变成紧的, 新的顶点集 (对应于 Y 中不是单点集的分支) 可被收缩, 而某些收缩子集会被 "解开" (即那些对偶变量变为零的非单点集, 由对应于 X 中的顶点组成).

上述迭代进行至找到完美匹配. 以后将证明此过程是有限的. 这是因为在两次扩充之间, 每一步 (生长, 收缩, 解开) 都使外点数增加.

11.3 加权匹配算法的实现

在概略叙述之后, 现在转向实施的细节. 正如 Edmonds 基数匹配算法 一样, 我们并不明显地收缩花, 只是将其耳分解存储起来. 然而, 这里有一些困难.

Edmonds 基数匹配算法的 "收缩" 步骤产生出一个外花. 由 "扩充" 步骤, 带花森林的两个连通分支变成森林外的. 由于对偶解保持不变, 必须记住这些花, 这样就得到所谓森林外的花. "生长" 步骤可能涉及森林外的花, 它们将变为内花或外花. 因此, 我们不能不考虑一般带花森林.

另一个问题是必须能够逐个发现叠置的花. 换言之, 如果对某个内花 A 的 z_A 变为零, 可能有子集 $A' \subseteq A$ 使得 $|A'| > 1$ 且 $z_{A'} > 0$. 那么必须解开这个花 A, 但不解开 A 里面更小的花 (除非它们仍然是内花且其对偶变量亦为零).

在整个算法中, 有一个嵌套的集族 $\mathcal{B} \subseteq \mathcal{A}$, 至少包含所有单点集. $\mathcal{B}$ 的所有元素都是花. 对所有 $A \notin \mathcal{B}$ 都有 $z_A = 0$. 集族 $\mathcal{B}$ 是嵌套的, 并用一个树表示来存储 (参见命题 2.14). 为便于查找, $\mathcal{B}$ 中不是单点的花赋予一个数作为编号.

在算法的每一步, 都存储着 $\mathcal{B}$ 中所有花的耳分解. 对 $x \in V(G)$ 的变量 $\mu(x)$ 仍用以标识当前的匹配 M. 用 $b^1(x), \cdots, b^{k_x}(x)$ 表示在 $\mathcal{B}$ 中所有包含 x 的花, 不包括单点集, 其中 $b^{k_x}(x)$ 是最外层的花. 对每一个 $x \in V(G)$ 及 $i = 1, \cdots, k_x$, 有变量 $\rho^i(x)$ 及 $\varphi^i(x)$, 其中 $\rho^i(x)$ 是花 $b^i(x)$ 的花蒂; 对所有 x 及使 $b^j(x) = i$ 的 j, $\mu(x)$ 及 $\varphi^j(x)$ 关联于花 i 的一个 M- 交错耳分解.

当然, 在每次扩充运算之后, 必须更新花的结构 (φ 及 ρ). 更新 ρ 是容易的, 由引理 10.23, 更新 φ 亦可在线性时间完成.

对内花而言, 除它的花蒂之外, 还需记录其中离一般带花森林的树根最近的顶点, 以及它在下一个外花中的邻点. 对一个花蒂为 x 的内花, 这两个顶点分别记为 $\sigma(x)$ 及 $\chi(\sigma(x))$. 说明见图 11.2.

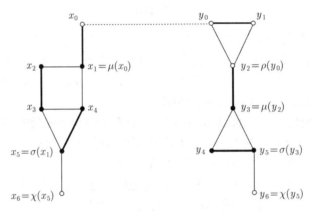

图 11.2

利用这些变量, 通往树根的交错路可以确定出来. 由于在扩充运算之后所有花要保存下来, 我们必须选择这样的可扩路, 使得此后每一个花仍然包含一个几乎完美匹配.

图 11.2 提醒我们必须小心谨慎: 这里有两个叠置的内花, 分别由 $\{x_3, x_4, x_5\}$ 及 $\{x_1, x_2, x_3, x_4, x_5\}$ 所导出. 如果仅仅考虑从最外层的花的耳分解去找从 x_0 到根 x_6 的交错路, 结果将会得到 $(x_0, x_1, x_4, x_5 = \sigma(x_1), x_6 = \chi(x_5))$. 沿着可扩路 $(y_6, y_5, y_4, y_3, y_2, y_1, y_0, x_0, x_1, x_4, x_5, x_6)$ 扩充之后, 由 $\{x_3, x_4, x_5\}$ 导出的因子临界子图就不再包含几乎完美匹配了.

于是, 必须在每一个花中找出这样的一条交错路, 它包含每一个子花中的偶数条边. 这将由如下的过程 BLOSSOMPATH 来完成:

过程 BLOSSOMPATH

输入: 顶点 x_0.

输出: 从 x_0 到 $\rho^{k_{x_0}}(x_0)$ 的 M- 交错路 $Q(x_0)$.

① 令 $h := 0$ 及 $B := \{b^j(x_0) : j = 1, \cdots, k_{x_0}\}$.

② 当 $x_{2h} \neq \rho^{k_{x_0}}(x_0)$ 时执行

令 $x_{2h+1} := \mu(x_{2h})$ 及 $x_{2h+2} := \varphi^i(x_{2h+1})$, 其中

$i = \min \{j \in \{1, \cdots, k_{x_{2h+1}}\} : b^j(x_{2h+1}) \in B\}$.

将 $\mathcal{B}$ 中所有包含 x_{2h+2} 但不含 x_{2h+1} 的花加入 B 中.

从 B 中删去花蒂是 x_{2h+2} 的花.

令 $h := h + 1$.

③ 设 $Q(x_0)$ 为具有顶点 $x_0, x_1, \cdots, x_{2h}$ 的路.

命题 11.4 过程BLOSSOMPATH 可在 $O(n)$ 时间完成. 并且 $M \triangle E(Q(x_0))$ 在每一个花中包含一个几乎完美匹配.

证明 首先验证此过程确实构造出一条路. 事实上, 在这个过程中一旦离开 $\mathcal{B}$ 的某个花, 则将永远不会再进入. 这是从如下事实得知: 在 $\mathcal{B}$ 的任一个花中收缩其所有极大的子花将会变成一个圈 (这个性质会一直保持下去).

在每次迭代开始时, B 列出所有这样的花: 它或者包含 x_0, 或者已经通过一条非匹配边进入到它而尚未离去. 而所构造的路离开 B 的每一个花时都是经由一条匹配边. 所以它在每一个花中的边数都是偶数, 从而命题的第二个论断得证.

过程至多执行 $O(n)$ 步, 其中非平凡的运算只有 B 的更新. 用一个有顺序的表来存储 B. 运用集族 $\mathcal{B}$ 的树表示, 并根据每一个花被进入和退出至多一次的事实, 得到运行时间 $O(n + |\mathcal{B}|)$. 又因 $\mathcal{B}$ 是嵌套的, 故有 $|\mathcal{B}| = O(n)$. $\square$

现在这样来构造一条可扩路: 在花里面运用过程 BLOSSOMPATH, 在花与花之间用 μ 和 χ. 当在一般带花森林的不同树分支中找到相邻的外点 x, y 时, 便将如下过程 TREEPATH 分别应用于 x 和 y. 把所得的两条路并起来, 连同边 $\{x, y\}$, 将是欲求的可扩路.

过程 TREEPATH

输入: 外点 v.

输出: 从 v 到带花森林的树根的交错路 $P(v)$.

---

① 开始时 $P(v)$ 只由 v 组成. 设 $x := v$.

② 设 $y := \rho^{k_x}(x)$. 设 $Q(x) := $ BLOSSOMPATH(x). 将 $Q(x)$ 连接到 $P(v)$.

若 $\mu(y) = y$, 则终止.

③ 令 $P(v) := P(v) + \{y, \mu(y)\}$.

设 $Q(\sigma(\mu(y))) := $ BLOSSOMPATH $(\sigma(\mu(y)))$.

将 $Q(\sigma(\mu(y)))$ 的反向连接到 $P(v)$.

令 $P(v) := P(v) + \{\sigma(\mu(y)), \chi(\sigma(\mu(y)))\}$.

令 $x := \chi(\sigma(\mu(y)))$ 并转向 ②.

其次的主要问题是如何有效地确定 ε. 在所有可能的生长、收缩、扩充步骤进行之后, 一般带花森林产生出 G_z 的 Gallai-Edmonds 分解 W, X, Y. 其中 W 包含所有森林外的花, X 包含所有内花, 而 Y 由外花组成.

为简单起见, 对 $\{v, w\} \notin E(G)$ 定义 $c(\{v, w\}) := \infty$. 其次, 用缩写记号

$$\mathrm{slack}(v, w) := c(\{v, w\}) - \sum_{A \in \mathcal{A},\, \{v, w\} \in \delta(A)} z_A$$

所以当且仅当 slack $(v, w) = 0$ 时 $\{v, w\}$ 是一条紧边. 然后令

$$\varepsilon_1 := \min\{z_A : A \text{ 是一极大的内花, } |A| > 1\}$$

$$\varepsilon_2 := \min\left\{\mathrm{slack}(x, y) : x \text{ 是外点, } y \text{ 是森林外顶点}\right\}$$

$$\varepsilon_3 := \frac{1}{2} \min\left\{\mathrm{slack}(x, y) : x, y \text{ 均为外点且属于不同的花}\right\}$$

$$\varepsilon := \min\{\varepsilon_1, \varepsilon_2, \varepsilon_3\}$$

这个 ε 是保持对偶可行性的对偶解的最大改变量. 如果 $\varepsilon = \infty$, 则 (11.2) 是无界的, 因而 (11.1) 不可行. 此时 G 没有完美匹配.

显然, ε 可在有限时间计算出来. 然而, 为得到 $O(n^3)$ 的总体运行时间, 必须能够在 $O(n)$ 时间计算出 ε. 只考虑 ε_1 时, 这是容易办到的, 但对 ε_2 及 ε_3 需要进一步的数据结构.

对 $A \in \mathcal{B}$, 设

$$\zeta_A := \sum_{B \in \mathcal{B} : A \subseteq B} z_B$$

只要修改对偶解, 便更新这些值; 这容易在线性时间完成 (运用 $\mathcal{B}$ 的树表示). 于是

$$\varepsilon_2 = \min\left\{c(\{x, y\}) - \zeta_{\{x\}} - \zeta_{\{y\}} : x \text{ 是外点, } y \text{ 是森林外顶点}\right\}$$

$$\varepsilon_3 = \frac{1}{2} \min\left\{c(\{x, y\}) - \zeta_{\{x\}} - \zeta_{\{y\}} : x, y \text{ 均为外点, } \{x, y\} \not\subseteq B,\right.$$
$$\left. \text{其中} B \in \mathcal{B}\right\}$$

对每一个外点 v 及每一个 $A \in \mathcal{B}$, 除非存在一个 $B \in \mathcal{B}$ 使得 $A \cup \{v\} \subseteq B$, 引进两个变量 t_v^A 及 τ_v^A. 其中 τ_v^A 是 A 中使 slack (v, τ_v^A) 为最小的顶点, 而 $t_v^A := \mathrm{slack}\,(v, \tau_v^A) + \Delta + \zeta_A$, 这里 Δ 表示所有修改对偶解的 ε 值之和. 可以看出, 只要 v 仍旧是外点且 $A \in \mathcal{B}$, t_v^A 不会改变. 最后, 记 $t^A := \min\{t_v^A : v \notin A, v \text{ 是外点}\}$. 由此得到

$$\varepsilon_2 = \min\left\{\mathrm{slack}\,(v, \tau_v^A) : v \text{ 是外点, } A \in \mathcal{B} \text{ 是极大的森林外花}\right\}$$
$$= \min\left\{t^A - \Delta - \zeta_A : A \in \mathcal{B} \text{是极大的森林外花}\right\}$$

同时, 类似地有

$$\varepsilon_3 = \frac{1}{2} \min \left\{ t^A - \Delta - \zeta_A : A \in \mathcal{B} \text{ 是极大的外花} \right\}$$

虽然在计算 ε_2 及 ε_3 时, 我们只关注 $\mathcal{B}$ 的极大外花及极大森林外花的 t_v^A 值, 但是对内花和不是极大的外花及森林外花, 仍然应该更新这些变量, 因为它们以后会变成有关系的. 不是极大的外花, 在发生扩充运算之前, 是不会变成极大外花的. 然而, 在每次扩充之后, 所有这些变量都要重新计算.

在刚经过一次扩充之后, 当一个先前不是外点的顶点 v 变成了外点时, 我们必须对所有 $A \in \mathcal{B}$ (除了那些不是极大的外花) 计算 τ_v^A 及 t_v^A, 并可能修改 t^A. 这可以由如下更新过程来完成:

过程 UPDATE

输入: 外点 v.

输出: 对所有 $A \in \mathcal{B}$ 的更新值 τ_v^A, t_v^A 及 t^A, 对所有森林外顶点 w 的更新值 τ_w.

---

① 对每一个 $x \in V(G)$ 执行: 令 $\tau_v^{\{x\}} := x$ 且 $t_v^{\{x\}} := c(\{v, x\}) - \zeta_{\{v\}} + \Delta$.

② 对 $A \in \mathcal{B}$ 且 $|A| > 1$ (按基数的非减顺序) 执行

令 $\tau_v^A := \tau_v^{A'}$ 且 $t_v^A := t_v^{A'} - \zeta_{A'} + \zeta_A$, 其中 A' 是 A 中这样的极大真子集: 它在 $\mathcal{B}$ 中使得 $t_v^{A'} - \zeta_{A'}$ 为最小.

③ 对 $A \in \mathcal{B}$ 且 $v \notin A$, 除了那些外花但不是极大的, 执行

令 $t^A := \min \{t^A, t_v^A\}$.

显然, 此计算符合上述 τ_v^A 及 t_v^A 的定义. 重要的是, 这个过程在线性时间内完成.

引理 11.5 若 $\mathcal{B}$ 是一嵌套集族, 则更新过程 UPDATE 可在 $O(n)$ 时间完成.

证明 由命题 2.15, $V(G)$ 的子集构成的嵌套族至多具有基数 $2|V(G)| = O(n)$. 若 $\mathcal{B}$ 用其树表示来存储, 则容易得到线性时间的实施方案. □

现在可以进行算法的正式叙述. 我们不用 μ, ϕ 及 ρ 的值来指示内点和外点, 而直接标记出每一个顶点的状态 (内点、外点或森林外的).

加权匹配算法

输入: 图 G, 权 $c: E(G) \to \mathbb{R}$.

输出: G 的最小权完美匹配, 由边 $\{x, \mu(x)\}$ 给出, 或回答 G 没有完美匹配.

---

① 令 $\mathcal{B} := \{\{v\} : v \in V(G)\}$ 及 $K := 0$. 令 $\Delta := 0$.

对所有 $v \in V(G)$, 令 $z_{\{v\}} := \frac{1}{2} \min \{c(e) : e \in \delta(v)\}$ 及 $\zeta_{\{v\}} := z_{\{v\}}$.

对所有 $v \in V(G)$, 令 $k_v := 0$, $\mu(v) := v$, $\rho^0(v) := v$, 及 $\varphi^0(v) := v$.

将所有顶点标记为外点.

② 对所有 $A \in \mathcal{B}$, 令 $t^A := \infty$.

对所有外点 v, 执行过程UPDATE(v).

③ ("对偶修改")

令 $\varepsilon_1 := \min\{z_A : A$ 是 $\mathcal{B}$ 的极大内元素, $|A| > 1\}$.

令 $\varepsilon_2 := \min\{t^A - \Delta - \zeta_A : A$ 是 $\mathcal{B}$ 的极大森林外元素$\}$.

令 $\varepsilon_3 := \min\{\frac{1}{2}(t^A - \Delta - \zeta_A) : A$ 是 $\mathcal{B}$ 的极大外元素$\}$.

令 $\varepsilon := \min\{\varepsilon_1, \varepsilon_2, \varepsilon_3\}$. 若 $\varepsilon = \infty$, 则终止 $(G$ 没有完美匹配$)$.

对 $\mathcal{B}$ 的每一个极大外元素 A 执行

令 $z_A := z_A + \varepsilon$, 并对所有 $A' \in \mathcal{B}$ 且 $A' \subseteq A$, 令 $\zeta_{A'} := \zeta_{A'} + \varepsilon$.

对 $\mathcal{B}$ 的每一个极大内元素 A 执行

令 $z_A := z_A - \varepsilon$ 并对所有 $A' \in \mathcal{B}$ 且 $A' \subseteq A$, 令 $\zeta_{A'} := \zeta_{A'} - \varepsilon$.

令 $\Delta := \Delta + \varepsilon$.

④ 若 $\varepsilon = \varepsilon_1$ 则转向 ⑧.

若 $\varepsilon = \varepsilon_2$ 且 $t_x^A - \Delta - \zeta_A = \text{slack}(x, y) = 0$, 其中 x 是外点, $y \in A$ 是森林外的, 则转向 ⑤.

若 $\varepsilon = \varepsilon_3$ 且 $t_x^A - \Delta - \zeta_A = \text{slack}(x, y) = 0$, 其中 x, y 均为外点, A 为 $\mathcal{B}$ 的极大外元素, $x \notin A$, $y \in A$, 则

设 $P(x) := \text{TREEPATH}(x)$ 为 $(x = x_0, x_1, x_2, \cdots, x_{2h})$.

设 $P(y) := \text{TREEPATH}(y)$ 为 $(y = y_0, y_1, y_2, \cdots, y_{2j})$.

若 $P(x)$ 与 $P(y)$ 是点不交的, 则转向 ⑥, 否则转 ⑦.

⑤ ("生长")

令 $\sigma(\rho^{k_y}(y)) := y$ 及 $\chi(y) := x$.

将所有使 $\rho^{k_v}(v) = \rho^{k_y}(y)$ 的顶点 v 标记为内点.

将所有使 $\mu(\rho^{k_v}(v)) = \rho^{k_y}(y)$ 的顶点 v 标记为外点.

对每一个新的外点 v 执行过程 UPDATE (v).

转向 ③.

⑥ ("扩充")

对 $i := 0$ 至 $h - 1$ 执行: 令 $\mu(x_{2i+1}) := x_{2i+2}$ 且 $\mu(x_{2i+2}) := x_{2i+1}$.

对 $i := 0$ 至 $j - 1$ 执行: 令 $\mu(y_{2i+1}) := y_{2i+2}$ 且 $\mu(y_{2i+2}) := y_{2i+1}$.

令 $\mu(x) := y$ 且 $\mu(y) := x$.

将所有使得 TREEPATH (v) 的端点是 x_{2h} 或 y_{2j} 的顶点 v 标记为森林外的.

更新所有相应的值 $\varphi^i(v)$ 及 $\rho^i(v)$ (运用引理 10.23).

若对所有 v 均有 $\mu(v) \neq v$, 则终止, 否则转向 ②.

⑦ ("收缩")

设 $r = x_{2h'} = y_{2j'}$ 是 $V(P(x)) \cap V(P(y))$ 中第一个使得 $\rho^{k_r}(r) = r$ 的外点.

设 $A := \{v \in V(G) : \rho^{k_v}(v) \in V(P(x)_{[x,r]}) \cup V(P(y)_{[y,r]})\}$.

令 $K := K + 1$, $\mathcal{B} := \mathcal{B} \cup \{A\}$, $z_A := 0$ 且 $\zeta_A := 0$.

对所有 $v \in A$ 执行

令 $k_v := k_v + 1$, $b^{k_v}(v) := K$, $\rho^{k_v}(v) := r$, $\varphi^{k_v}(v) := \varphi^{k_v-1}(v)$.

对 $i := 1$ 至 h' 执行

若 $\rho^{k_{x_{2i}}-1}(x_{2i}) \neq r$, 则令 $\varphi^{k_{x_{2i}}}(x_{2i}) := x_{2i-1}$.

若 $\rho^{k_{x_{2i-1}}-1}(x_{2i-1}) \neq r$, 则令 $\varphi^{k_{x_{2i-1}}}(x_{2i-1}) := x_{2i}$.

对 $i := 1$ 至 j' 执行

若 $\rho^{k_{y_{2i}}-1}(y_{2i}) \neq r$, 则令 $\varphi^{k_{y_{2i}}}(y_{2i}) := y_{2i-1}$.

若 $\rho^{k_{y_{2i-1}}-1}(y_{2i-1}) \neq r$, 则令 $\varphi^{k_{y_{2i-1}}}(y_{2i-1}) := y_{2i}$.

若 $\rho^{k_x-1}(x) \neq r$, 则令 $\varphi^{k_x}(x) := y$.

若 $\rho^{k_y-1}(y) \neq r$, 则令 $\varphi^{k_y}(y) := x$.

对每一个外点 $v \notin A$ 执行

令 $t_v^A := t_v^{A'} - \zeta_{A'}$ 及 $\tau_v^A := \tau_v^{A'}$, 其中 A' 是 A 中这样的极大真子集:
它在 $\mathcal{B}$ 中使 $t_v^{A'} - \zeta_{A'}$ 为最小.

令 $t^A := \min\{t_v^A : v$ 是外点且不存在 $\bar{A} \in \mathcal{B}$ 使得 $A \cup \{v\} \subseteq \bar{A}\}$.

将所有 $v \in A$ 标记为外点. 对每个新外点 v 执行过程 UPDATE(v).

转向 ③.

⑧ ("解开")

设 $A \in \mathcal{B}$ 是一个有 $z_A = 0$ 且 $|A| > 1$ 的极大内花.

令 $\mathcal{B} := \mathcal{B} \setminus \{A\}$.

对某个 $v \in A$ 设 $y := \sigma(\rho^{k_v}(v))$.

设 $Q(y) := $ BLOSSOMPATH(y) 为 $(y = r_0, r_1, r_2, \cdots, r_{2l-1}, r_{2l} = \rho^{k_v}(y))$.

将所有使得 $\rho^{k_v-1}(v) \notin V(Q(y))$ 的顶点 $v \in A$ 标记为森林外的.

将所有使得某个 i 有 $\rho^{k_v-1}(v) = r_{2i-1}$ 的顶点 $v \in A$ 标记为外点.

对所有使得某个 i 有 $\rho^{k_v-1}(v) = r_{2i}$ 的顶点 $v \in A$ (v 仍然为内点) 执行

令 $\sigma(\rho^{k_v}(v)) := r_j$ 且 $\chi(r_j) := r_{j-1}$, 其中
$j := \min\{j' \in \{0, \cdots, 2l\} : \rho^{k_{r_{j'}}-1}(r_{j'}) = \rho^{k_v-1}(v)\}$.

对所有 $v \in A$ 执行: 令 $k_v := k_v - 1$.

对每一个新的外点 v 执行过程 UPDATE(v).

转向 ③.

注意, 与先前的讨论不同, 这里 $\varepsilon = 0$ 是可能的. 变量 τ_v^A 并不直接需要. "解开" 步骤 ⑧ 在图 11.3 中说明, 其中具有 19 个顶点的花被解开. 五个子花中的两个

变成森林外的, 两个变成内花和一个变成外花.

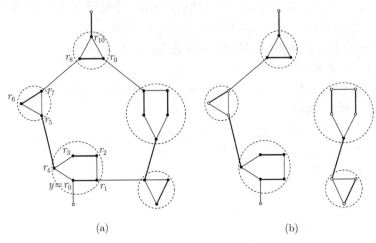

图 11.3

在分析算法之前, 用一个例子说明主要的步骤. 考察如图 11.4(a) 所示的图. 算法开始时令 $z_{\{a\}} = z_{\{d\}} = z_{\{h\}} = 2$, $z_{\{b\}} = z_{\{c\}} = z_{\{f\}} = 4$ 且 $z_{\{e\}} = z_{\{g\}} = 6$. 相应的 slack 值可在图11.4(b)中看出. 所以开始时这些边 $\{a, d\}, \{a, h\}, \{b, c\}, \{b, f\}, \{c, f\}$ 是紧的. 因此, 在前面的几次迭代有 $\varepsilon = 0$.

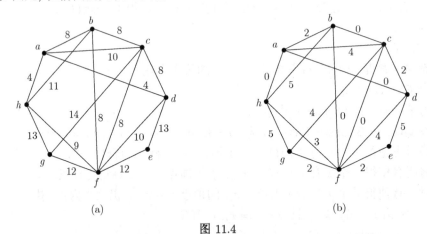

图 11.4

假定算法按字母顺序扫描各顶点. 所以开始的几步是

$$扩充(a, d), \qquad 扩充(b, c), \qquad 生长(f, b)$$

在图 11.5(a) 中画出当前的一般带花森林. 其次的步骤是

$$收缩(f, c), \qquad 生长(h, a)$$

得到图 11.5(b) 所示的一般带花森林. 现在所有紧边都用过了, 所以对偶变量必须修改. 在 ③ 中得到 $\varepsilon = \varepsilon_3 = 1$, 比如 $A = \{b, c, f\}$ 且 $\tau_v^A = d$. 新的对偶变量为

$z_{\{b,c,f\}} = 1$, $z_{\{a\}} = 1$, $z_{\{d\}} = z_{\{h\}} = 3$, $z_{\{b\}} = z_{\{c\}} = z_{\{f\}} = 4$, $z_{\{e\}} = z_{\{g\}} = 7$. 当前的 slack 值如图 11.6(a) 所示. 下一步就是

$$扩充(d, c)$$

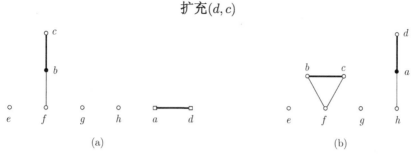

图 11.5

花 $\{b, c, f\}$ 变成森林外的 (如图 11.6(b)). 现在, 在 ③ 中再有 $\varepsilon = \varepsilon_3 = 0$, 因为 $\{e, f\}$ 是紧的. 随后的两步是

$$生长(e, f), \qquad 生长(d, a)$$

于是到达图 11.7(a).

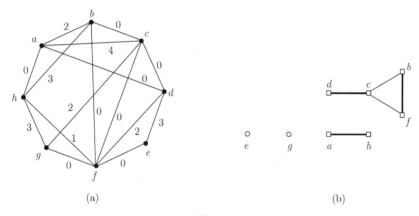

图 11.6

再没有关联于外点的边是紧的, 所以在 ③ 中得到 $\varepsilon = \varepsilon_1 = 1$ 并得到新的对偶解 $z_{\{b,c,f\}} = 0$, $z_{\{a\}} = 0$, $z_{\{d\}} = z_{\{h\}} = z_{\{b\}} = z_{\{c\}} = z_{\{f\}} = 4$, $z_{\{e\}} = z_{\{g\}} = 8$. 新的 slack 值如图 11.7(b) 所示. 由于内花 $\{b, c, f\}$ 的对偶变量变为零, 必须进行

$$解开(\{b, c, f\})$$

所得的一般带花森林如图 11.8(a) 所示. 经过另一次对偶变量以 $\varepsilon = \varepsilon_3 = \frac{1}{2}$ 的变换, 得到 $z_{\{a\}} = -0.5$, $z_{\{c\}} = z_{\{f\}} = 3.5$, $z_{\{b\}} = z_{\{d\}} = z_{\{h\}} = 4.5$, $z_{\{e\}} = z_{\{g\}} = 8.5$ (其 slack 值见于图 11.8(b)). 最后的两个步骤是

$$收缩(d,e), \qquad 扩充(g,h)$$

然后算法结束. 最终的匹配是 $M = \{\{e,f\}, \{b,c\}, \{a,d\}, \{g,h\}\}$. 可以验证 M 具有总权 37, 等于所有对偶变量之和.

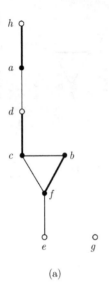
(a)

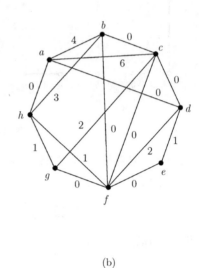
(b)

图 11.7

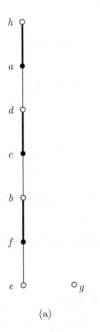
(a)

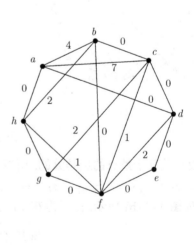
(b)

图 11.8

现在来验证算法可以正确运行.

命题 11.6 在加权匹配算法的任意阶段, 如下论断成立:

(a) 对每一个 $j \in \{1, \cdots, K\}$, 设 $X(j) := \{v \in V(G) : j \in \{b^1(v), \cdots, b^{k_v}(v)\}\}$. 则 $\mathcal{B} = \{X(j) : j = 1, \cdots, K\} \cup \{\{v\} : v \in V(G)\}$ 是一个嵌套集族. 对 $r \in V(G)$ 且 $\rho^{k_r}(r) = r$ 的所有集合 $V_r := \{v : \rho^{k_v}(v) = r\}$ 恰为 $\mathcal{B}$ 的所有极大元素. 在每一个 V_r 中的所有顶点, 或者都标记为外点, 或者都标记为内点, 或者都标记为森林外的. 每一个子图 $(V_r, \{\{v, \varphi^{k_v}(v)\} : v \in V_r \setminus \{r\}\} \cup \{\{v, \mu(v)\} : v \in V_r \setminus \{r\}\})$ 都是一个以 r 为花蒂的花.

(b) 诸边 $\{x, \mu(x)\}$ 构成一个匹配 M. M 在 $\mathcal{B}$ 的每一个元素中均包含一个几乎完美匹配.

(c) 给定每一个 $b = 1, \cdots, K$, 对那些具有 $b^i(v) = b$ 的 v 和 i, 变量 $\mu(v)$ 及 $\varphi^i(v)$ 关联着 $G[X(b)]$ 中的一个 M-交错耳分解.

(d) 对所有 x 及 i 的边 $\{x, \mu(x)\}$ 和 $\{x, \varphi^i(x)\}$, 以及对所有极大内花的花蒂 x 的边 $\{\sigma(x), \chi(\sigma(x))\}$, 都是紧的.

(e) 对所有内点或外点 x 的边 $\{x, \mu(x)\}$, $\{x, \varphi^{k_x}(x)\}$, 连同对所有极大内花的花蒂 x 的边 $\{\sigma(x), \chi(\sigma(x))\}$, 构成的一个关于 M 的 一般带花森林 F. 所有顶点的标记 (内点、外点、森林外的) 与其在 F 中的位置是一致的.

(f) 对任意的花 $B \in \mathcal{B}$ 且 $|B| > 1$, 收缩其所有极大的子花必使之变为一个圈.

(g) 对每一个外点 v, 过程 TREEPATH 给出一条 M- 交错 v-r 路, 其中 r 是 F 中包含 v 的树的根.

证明 开始时 (在 ② 被首次执行之后) 这些论断显然都成立. 往证它们在整个算法过程中得以保持. 对 (a) 而言, 这容易由步骤 ⑦ 和 ⑧ 看出. 至于 (b), 这由命题 11.4 以及在扩充之前 (f) 及 (g) 成立的假设得到.

(c) 在收缩之后继续成立的证明, 与不加权情形一样 (见引理 10.30(c)). φ 值在扩充之后被重新计算, 其他地方没有变化. (d) 是由步骤 ③ 所保证.

容易看出 (e) 是由 ⑤ 得以保持: 包含 y 的花原先是森林外的, 而对花蒂 v 令 $\chi(y) := x$ 及 $\sigma(v) := y$, 使它变成内花. 包含 $\mu(\rho^{k_v}(y))$ 的花原先也是森林外的, 却变成了外花.

在 ⑥ 中, 一般带花森林的两个连通分支变成森林外的, 所以 (e) 仍然保持. 在 ⑦ 中, 新花的所有顶点变成外点, 因为 r 原先是外点. 在 ⑧ 中, 对 $\rho^{k_v-1}(v) \notin V(Q(y))$ 的所有顶点 $v \in A$, 亦有 $\mu(\rho^{k_v}(v)) \notin V(Q(y))$, 因而它们变成森林外的. 对其他的 $v \in A$, 存在某个 k 使得 $\rho^{k_v-1}(v) = r_k$. 由于当且仅当 i 为偶数时 $\{r_i, r_{i+1}\} \in M$, 所以当且仅当 k 为奇数时 v 变成外点.

(f) 成立是因为任意新花都是在⑦ 中由一个奇圈产生的. 为看出 (g) 得到保持, 只要注意到对所有极大内花的花蒂 x, $\sigma(x)$ 和 $\chi(\sigma(x))$ 被正确地设置. 这容易对 ⑤ 和 ⑧ 加以验证. □

命题 11.6(a) 验证了在算法的 ③ 及 ⑧ 中把 $\mathcal{B}$ 的极大元素称为内花、外花及森林外花的正确性.

其次来验证算法保持对偶解的可行性.

引理 11.7　在算法的任意阶段, z 均为可行的对偶解. 若 $\varepsilon = \infty$, 则 G 没有完美匹配.

证明　对所有 $A \in \mathcal{A} \setminus \mathcal{B}$ 恒有 $z_A = 0$. 只对那些在 $\mathcal{B}$ 中是极大的且为内花的 $A \in \mathcal{B}$, z_A 才是被减小的. 所以 ε_1 的选择保证了对所有 $|A| > 1$ 的 A, z_A 继续成为非负的.

试问如何才使约束 $\sum_{A \in \mathcal{A}: e \in \delta(A)} z_A \leqslant c(e)$ 不成立呢? 如果 $\sum_{A \in \mathcal{A}: e \in \delta(A)} z_A$ 在步骤 ③ 中增大, 则 e 必定或者连接一个外点和一个森林外顶点, 或者连接两个不同外花. 在前一情形, 使得新的 z 仍然满足 $\sum_{A \in \mathcal{A}: e \in \delta(A)} z_A \leqslant c(e)$ 的最大的 ε 就是 slack (e); 在后一情形, 这最大的 ε 就是 $\frac{1}{2}$ slack(e).

于是必须验证 ε_2 及 ε_3 的计算是正确的:

$$\varepsilon_2 \;=\; \min\{\text{slack}\,(v, w) : v \text{ 是外点}, w \text{ 是森林外顶点}\}$$

且

$$\varepsilon_3 \;=\; \frac{1}{2} \min\left\{\text{slack}\,(v, w) : v, w \text{ 都是外点}, \rho^{k_v}(v) \neq \rho^{k_w}(w)\right\}$$

我们断言: 在算法的任意阶段, 对任意外点 v 以及任意这样的 $A \in \mathcal{B}$, 使得不存在 $\bar{A} \in \mathcal{B}$ 有 $A \cup \{v\} \subseteq \bar{A}$, 有如下结论成立:

(a) $\tau_v^A \in A$.

(b) slack $(v, \tau_v^A) = \min\{\text{slack}\,(v, u) : u \in A\}$.

(c) $\zeta_A = \sum_{B \in \mathcal{B}: A \subseteq B} z_B$. Δ 是迄今所有对偶解修改中 ε 值的总和.

(d) slack$(v, \tau_v^A) = t_v^A - \Delta - \zeta_A$.

(e) $t^A = \min\{t_v^A : v$ 是外点且不存在 $\bar{A} \in \mathcal{B}$ 使得 $A \cup \{v\} \subseteq \bar{A}\}$.

对 (a), (c) 及 (e) 易知其真. (b) 及 (d) 当定义 τ_v^A 时 (在 ⑦ 或在过程 UPDATE (v) 中) 成立, 而随后 slack (v, u) 的减少量恰好是 $\Delta + \zeta_A$ 的增加量 (由于 (c)). 这样一来, (a), (b), (d) 及 (e) 意味着 ε_3 的计算是正确的.

现设 $\varepsilon = \infty$, 即 ε 可以选得任意大而不破坏对偶可行性. 由于对偶目标函数 $\mathbb{1}z$ 在 ③ 中至少增加 ε, 由此得出对偶线性规划 (11.2) 无界的结论. 因而由定理 3.27 可知原设线性规划 (11.1) 不可行. $\hfill\square$

至此得到算法的正确性:

定理 11.8　若算法在 ⑥ 中结束, 则诸边 $\{x, \mu(x)\}$ 构成 G 的最小权完美匹配.

证明　设 x 是由 $\{x, \mu(x)\}$ 组成的匹配 M 的关联向量. 则满足互补松弛条件

$$x_e > 0 \;\Rightarrow\; \sum_{A \in \mathcal{A}: e \in \delta(A)} z_A = c(e)$$

$$z_A > 0 \Rightarrow \sum_{e \in \delta(A)} x_e = 1$$

第一个条件成立是因为所有匹配边都是紧的 (命题 11.6(d)), 而第二个条件由命题 11.6(b) 得到.

由于原设和对偶解都是可行的 (引理 11.7), 所以二者必定同时为最优 (推论 3.23). 于是 x 对线性规划 (11.1) 是最优的且为整向量, 从而证明了 M 是最小权完美匹配. $\square$

直至目前还没有证明算法可以终止.

定理 11.9 加权匹配算法在两次扩充之间的运行时间是 $O(n^2)$. 故总的运行时间是 $O(n^3)$.

证明 由引理 11.5 及命题 11.6(a), 更新过程 UPDATE 是线性时间的. 步骤 ② 及 ⑥ 各使用 $O(n^2)$ 时间, 每次扩充时执行一次. 步骤 ③ 及 ④ 都使用 $O(n)$ 时间. 再者, ⑤、⑦ 及 ⑧ 各自在 $O(nk)$ 时间内完成, 其中 k 是新外点的数目 (在 ⑦ 中, A 中被考虑的极大真子集 A' 的数目至多为 $2k + 1$, 因为在一个新花的子花中每隔一个必定曾经是内花).

由于一个外点在下次扩充之前继续成为外点, 所以在两次扩充之间 ⑤、⑦ 及 ⑧ 花费的总时间是 $O(n^2)$. 其次, 每一次运行 ⑤、⑦ 或 ⑧ 至少产生一个新外点. 由于在每次迭代至少运行 ⑤、⑥、⑦ 及 ⑧ 中之一, 所以两次扩充之间的迭代数目是 $O(n)$. 这就证明了两次扩充之间的运行时间 $O(n^2)$. 由于只有 $\frac{n}{2}$ 次扩充, 故总的运行时间是 $O(n^3)$. $\square$

推论 11.10 最小权完美匹配问题可在 $O(n^3)$ 时间求解.

证明 这由定理 11.8 及定理 11.9 得出. $\square$

对最小权完美匹配问题 Edmonds 算法的第一个 $O(n^3)$ 时间实施方案出自 Gabow (1973) (亦见于 Gabow (1976) 及 Lawler (1976)). 理论上最好的运行时间, 即 $O(mn + n^2 \log n)$, 也已由 Gabow (1990) 得到. 对平面图, 最小权完美匹配可在 $O(n^{\frac{3}{2}} \log n)$ 时间求出, 正如 Lipton 与 Tarjan (1979, 1980) 所述, 可利用平面图具有较小 "分离集" 的性质, 提供一种分治方法. 对欧几里得实例 (一个平面点集定义的完全图, 其边权由欧氏距离给出), Varadarajan (1998) 得到一个 $O(n^{\frac{3}{2}} \log^5 n)$ 算法.

或许当前最有效的实施方案是由 Mehlhorn 与 Schäfer (2000) 及 Cook 与 Rohe (1999) 论述的. 他们可对上百万个顶点的匹配问题求出最优解. 一种 "原设型" 加权匹配算法, 即始终保持一个完美匹配, 结束时才得到对偶可行解, 曾由 Cunningham 与 Marsh (1978) 所阐述.

11.4 后续优化

这一节证明一个后续优化的结果, 它将在 12.2 节有用. 在一个已求出最优解

的实例中可以增加两个顶点, 接着进行优化:

引理 11.11　设 (G, c) 是最小权完美匹配问题的实例, 并设 $s, t \in V(G)$ 是两个顶点. 假定已对实例 $(G - \{s, t\}, c)$ 运行了加权匹配算法. 那么关于 (G, c) 的最小权完美匹配可在 $O(n^2)$ 时间确定.

证明　两个顶点的加入需要数据结构的初始化. 尤其是对每个 $v \in \{s, t\}$, 将 v 标记为外点, 令 $\mu(v) := v$, 将 $\{v\}$ 加入 $\mathcal{B}$, 令 $k_v := 0$, $\rho^0(v) := v$, $\varphi^0(v) := v$, 且 $\zeta_{\{v\}} := z_v := \min\{\frac{1}{2}c(\{s, t\}), \min\{\{c(\{v, w\}) - \zeta_{\{w\}} : w \in V(G) \setminus \{s, t\}\}\}$, 此处用记号 $c(e) := \infty$ 代表 $e \notin E(G)$. 然后从 ② 开始运行加权匹配算法. 由定理 11.9, 算法在 $O(n^2)$ 步之后经一次扩充结束, 得出 (G, c) 中的最小权完美匹配.　□

我们还可得到另一个后续优化结果:

引理 11.12 (Weber, 1981; Ball, Derigs, 1983)　假定已对实例 (G, c) 运行了加权匹配算法. 设 $s \in V(G)$, 并设 $c' : E(G) \to \mathbb{R}$ 对任意 $e \notin \delta(s)$ 均有 $c'(e) = c(e)$. 那么关于 (G, c') 的最小权完美匹配可在 $O(n^2)$ 时间确定.

证明　设 G' 是这样从 G 得到: 增加两个顶点 x, y 及一条边 $\{s, x\}$, 并对每条边 $\{v, s\} \in E(G)$ 增加一条边 $\{v, y\}$. 对这些新边令 $c(\{v, y\}) := c'(\{v, s\})$. 而 $\{s, x\}$ 的权可任意选定. 然后运用引理 11.11, 找到 (G', c) 中的最小权完美匹配. 删去边 $\{s, x\}$, 并将匹配边 $\{v, y\}$ 替换为 $\{v, s\}$, 便得出关于 (G, c') 的最小权完美匹配.　□

对于 "原设型" 加权匹配算法, 同样的结果可见于 Cunningham, Marsh (1978).

11.5　匹配多面体

加权匹配算法的正确性, 作为一个副产品, 亦可导出 Edmonds 关于完美匹配多面体的刻画. 沿用记号 $\mathcal{A} := \{A \subseteq V(G) : |A|$ 为奇数$\}$.

定理 11.13 (Edmonds, 1965)　设 G 是一个无向图. G 的 **完美匹配多面体**, 即 G 中所有完美匹配的关联向量的凸包, 就是满足如下条件的向量 x 之集:

$$x_e \geqslant 0 \qquad (e \in E(G))$$

$$\sum_{e \in \delta(v)} x_e = 1 \qquad (v \in V(G))$$

$$\sum_{e \in \delta(A)} x_e \geqslant 1 \qquad (A \in \mathcal{A})$$

证明　由推论 3.32, 只要证明上述多面体的所有顶点都是整向量. 根据定理 5.13, 如果相应的最小化问题对任意权函数都有整值最优解, 则此结论成立. 而加权匹配算法的确对任意权函数找到这样的解 (参见定理 11.8 的证明), 故得证.　□

另一个证明将在 12.3 节给出 (见定理 12.18 后的说明).

在此还可以描述 **匹配多面体**, 即一个无向图 G 的所有匹配的关联向量的凸包:

定理 11.14 (Edmonds, 1965) 设 G 是一个图. G 的匹配多面体就是满足如下条件的向量 $x \in \mathbb{R}_+^{E(G)}$ 之集:

$$\sum_{e \in \delta(v)} x_e \leqslant 1, \ \forall v \in V(G) \quad \text{且} \quad \sum_{e \in E(G[A])} x_e \leqslant \frac{|A| - 1}{2}, \ \forall A \in \mathcal{A}$$

证明 由于任意匹配的关联向量显然满足这些不等式, 现在只需给出另一方向的证明. 设向量 $x \in \mathbb{R}_+^{E(G)}$ 满足上述不等式组. 往证 x 是匹配的关联向量的凸组合.

设 H 是这样的图, 其中 $V(H) := \{(v, i) : v \in V(G), i \in \{1, 2\}\}$ 且 $E(H) := \{\{(v, i), (w, i)\} : \{v, w\} \in E(G), i \in \{1, 2\}\} \cup \{\{(v, 1), (v, 2)\} : v \in V(G)\}$. 所以 H 是由 G 的两个拷贝组成, 且二者对应点之间连一边. 对每一个 $e = \{v, w\} \in E(G)$ 及 $i \in \{1, 2\}$ 设 $y_{\{(v, i), (w, i)\}} := x_e$, 并对每一个 $v \in V(G)$ 设 $y_{\{(v, 1), (v, 2)\}} := 1 - \sum_{e \in \delta_G(v)} x_e$. 我们将断言: y 属于 H 的完美匹配多面体. 将此结论限制到 $\{(v, 1) : v \in V(G)\}$ 导出的子图, 即同构于 G 的子图, 便得知 x 是 G 的匹配的关联向量的凸组合.

显然, $y \in \mathbb{R}_+^{E(H)}$ 且对任意 $v \in V(H)$ 有 $\sum_{e \in \delta_H(v)} y_e = 1$. 为证 y 属于 H 的完美匹配多面体, 运用定理 11.13. 设 $X \subseteq V(H)$ 且 $|X|$ 为奇数. 只要证明 $\sum_{e \in \delta_H(X)} y_e \geqslant 1$. 设 $A := \{v \in V(G) : (v, 1) \in X, (v, 2) \notin X\}$, $B := \{v \in V(G) : (v, 1) \in X, (v, 2) \in X\}$ 且 $C := \{v \in V(G) : (v, 1) \notin X, (v, 2) \in X\}$. 由于 $|X|$ 是奇数, 所以 A 或 C 必含奇数个元素, 不妨设 $|A|$ 为奇数. 记 $A_i := \{(a, i) : a \in A\}$ 及 $B_i := \{(b, i) : b \in B\}$, $i = 1, 2$ (见图 11.9). 则

$$\sum_{e \in \delta_H(X)} y_e \geqslant \sum_{v \in A_1} \sum_{e \in \delta_H(v)} y_e - 2 \sum_{e \in E(H[A_1])} y_e - \sum_{e \in E_H(A_1, B_1)} y_e + \sum_{e \in E_H(B_2, A_2)} y_e$$

$$= \sum_{v \in A_1} \sum_{e \in \delta_H(v)} y_e - 2 \sum_{e \in E(G[A])} x_e$$

$$\geqslant |A_1| - (|A| - 1) \ = \ 1. \qquad \square$$

其实, 可以证明如下更强的结果:

定理 11.15 (Cunningham, Marsh, 1978) 对任意无向图 G, 如下线性不等式组是全对偶整的 (TDI):

$$x_e \geqslant 0 \qquad\qquad (e \in E(G))$$

$$\sum_{e \in \delta(v)} x_e \leqslant 1 \qquad\qquad (v \in V(G))$$

$$\sum_{e \subseteq A} x_e \leqslant \frac{|A| - 1}{2} \qquad (A \in \mathcal{A}, |A| > 1)$$

证明 对 $c : E(G) \to \mathbb{Z}$, 考虑在上述约束之下 $\max \sum_{e \in E(G)} c(e) x_e$ 的线性规划. 其对偶问题为

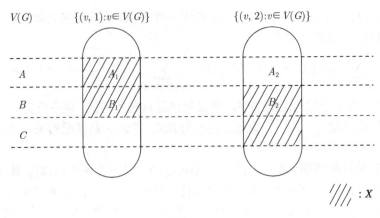

图 11.9

$$\min \quad \sum_{v \in V(G)} y_v + \sum_{A \in \mathcal{A},\, |A| > 1} \frac{|A| - 1}{2} z_A$$

$$\text{s.t.} \quad \sum_{v \in e} y_v + \sum_{A \in \mathcal{A},\, e \subseteq A} z_A \geqslant c(e) \qquad (e \in E(G))$$

$$y_v \geqslant 0 \qquad (v \in V(G))$$

$$z_A \geqslant 0 \qquad (A \in \mathcal{A},\, |A| > 1)$$

设 (G, c) 是最小的反例, 即不存在整值的对偶最优解, 且 $|V(G)| + |E(G)| + \sum_{e \in E(G)} |c(e)|$ 为最小. 那么对所有 e, 有 $c(e) \geqslant 1$ (否则可删去任意具有非正权的边), 并且 G 没有孤立顶点 (否则也可删除).

其次, 对任意最优解 y, z 我们断言 $y = 0$. 为证之, 假设对某个 $v \in V(G)$ 有 $y_v > 0$. 由互补松弛性 (推论 3.23), 对任意原设最优解 x 均有 $\sum_{e \in \delta(v)} x_e = 1$. 那么对每一个 $e \in \delta(v)$ 令 $c(e)$ 减少 1, 可得更小的实例 (G, c'), 其线性规划的最优值也减小 1 (这里用到原设问题的整值性, 即定理 11.14). 由于 (G, c) 是最小反例, 故对 (G, c') 存在整值的对偶最优解 y', z'. 令 y'_v 增加 1, 便产生出关于 (G, c) 的整值对偶最优解, 矛盾.

现设 $y = 0$ 及 z 是这样的对偶最优解, 它使得

$$\sum_{A \in \mathcal{A},\, |A| > 1} |A|^2 z_A \tag{11.4}$$

尽可能大. 我们断言 $\mathcal{F} := \{A : z_A > 0\}$ 是嵌套的集族. 为知其然, 假设存在集合 $X, Y \in \mathcal{F}$ 使得 $X \setminus Y \neq \varnothing$, $Y \setminus X \neq \varnothing$ 且 $X \cap Y \neq \varnothing$. 设 $\epsilon := \min\{z_X, z_Y\} > 0$.

若 $|X \cap Y|$ 是奇数, 则 $|X \cup Y|$ 也是奇数. 令 $z'_X := z_X - \epsilon$, $z'_Y := z_Y - \epsilon$, $z'_{X \cap Y} := z_{X \cap Y} + \epsilon$ (除非 $|X \cap Y| = 1$), $z'_{X \cup Y} := z_{X \cup Y} + \epsilon$, 并对所有其余的集 A 令 $z'_A := z_A$. 可知 y, z' 仍为对偶可行解, 从而也是最优的. 这便导致矛盾, 因为它使 (11.4) 变得更大.

若 $|X \cap Y|$ 是偶数, 则 $|X \setminus Y|$ 及 $|Y \setminus X|$ 均为奇数. 令 $z'_X := z_X - \epsilon$, $z'_Y := z_Y - \epsilon$, $z'_{X \setminus Y} := z_{X \setminus Y} + \epsilon$ (除非 $|X \setminus Y| = 1$), $z'_{Y \setminus X} := z_{Y \setminus X} + \epsilon$ (除非 $|Y \setminus X| = 1$), 并对所有其余的集 A 令 $z'_A := z_A$. 再对 $v \in X \cap Y$ 令 $y'_v := y_v + \epsilon$, 对 $v \notin X \cap Y$ 令 $y'_v := y_v$. 那么 y', z' 是一个对偶可行解, 也是最优的. 这便与任意对偶最优解必有 $y = 0$ 的事实矛盾.

现设 $A \in \mathcal{F}$ 使 $z_A \notin \mathbb{Z}$ 且 A 为极大. 令 $\epsilon := z_A - \lfloor z_A \rfloor > 0$. 设 $A_1, \cdots, A_k$ 是在 $\mathcal{F}$ 中 A 的极大真子集; 因为 $\mathcal{F}$ 是嵌套的, 它们必定两两不相交. 令 $z'_A := z_A - \epsilon$, 对 $i = 1, \cdots, k$ 令 $z'_{A_i} := z_{A_i} + \epsilon$, 并对所有其余 $D \in \mathcal{A}$ 令 $z'_D := z_D$, 这样便得到另一个对偶可行解 $y = 0, z'$ (由于 c 是整值的). 故有

$$\sum_{B \in \mathcal{A}, |B| > 1} \frac{|B| - 1}{2} z'_B < \sum_{B \in \mathcal{A}, |B| > 1} \frac{|B| - 1}{2} z_B$$

与原有对偶解 $y = 0, z$ 的最优性矛盾. □

此证明出自 Schrijver (1983a). 另外的证明参见 Lovász (1979) 及 Schrijver (1983b). 后者没有用定理 11.14. 其次, 在定理 11.15 中将 $\sum_{e \in \delta(v)} x_e \leqslant 1$ 替换为 $\sum_{e \in \delta(v)} x_e = 1$ ($v \in V(G)$), 可得完美匹配多面体的另一种描述, 它也是全对偶整的 (由定理 5.18). 定理 11.13 容易由此导出. 但定理 11.13 的线性不等式组一般不是全对偶整的 (K_4 是一个反例). 定理 11.15 亦蕴涵 Berge-Tutte 公式 (定理 10.14, 参见习题 11.14). 一些推广将在 12.1 节讨论.

习　题

1. 运用定理 11.2 证明 König 定理10.2 一种加权形式 (Egerváry, 1931).

2. 在一个二部图 G 中, 描述如下对象的关联向量的凸包:

(a) 所有顶点覆盖.

(b) 所有独立集.

(c) 所有边覆盖.

说明如何得到定理 10.2 及习题 10.2(c) 的论断. 提示: 运用定理 5.25 及推论 5.21.

3. 直接证明 Birkhoff-von-Neumann 定理 11.3.

4. 设 G 是一个图且 P 是 G 的分数完美匹配多面体. 试证: P 的顶点恰是这样的向量 x:

$$x_e = \begin{cases} \dfrac{1}{2} & \text{若 } e \in E(C_1) \cup \cdots \cup E(C_k) \\ 1 & \text{若 } e \in M \\ 0 & \text{其他} \end{cases}$$

其中 $C_1, \cdots, C_k$ 是点不交的奇圈, 而 M 是 $G - (V(C_1) \cup \cdots \cup V(C_k))$ 中的完美匹配 (Balinski, 1972; Lovász, 1979).

5. 设 G 是具有二部划分 $V = A \dot\cup B$ 的二部图, 且 $A = \{a_1, \cdots, a_p\}$, $B = \{b_1, \cdots, b_q\}$. 设 $c : E(G) \to \mathbb{R}$ 是边上的权. 欲求最大权保序匹配 M, 即对任意两边 $\{a_i, b_j\}, \{a_{i'}, b_{j'}\} \in M$, 若 $i < i'$ 则 $j < j'$. 试以一个 $O(n^3)$ 算法解此问题. 提示: 运用动态规划.

6. 试证: 在加权匹配算法的任意阶段均有 $|\mathcal{B}| \leqslant \frac{3}{2}n$.

7. 设 G 是一个图且有非负权 $c : E(G) \to \mathbb{R}_+$. 设 M 是加权匹配算法执行过程中的一个匹配. 并设 X 是被 M 覆盖的顶点集. 试证: 任意覆盖 X 的匹配的费用不小于 M 的费用 (Ball and Derigs, 1983).

8. 一个具有整值边权的图被称为有偶圈性质, 是指其每个圈的总权均为偶数. 试证: 加权匹配算法 施行于一个具有偶圈性质的图依然保持此性质 (相对于 slack 值而言), 并保持一个整值的对偶解. 由此得出结论: 对任意的图, 存在半整的对偶最优解 z (即 $2z$ 是整值的).

9. 当加权匹配算法 限制于二部图时, 它变得简单得多. 试说明算法的哪些部分即使对二部图情形仍然是必需的, 哪些部分不必要.

注: 这变到所谓分配问题 的 匈牙利方法 (Kuhn, 1955). 此算法亦可视为定理 11.1 证明中提供的方法的等价叙述.

10. 如何使 瓶颈匹配问题 (求一完美匹配 M 使得 $\max\{c(e) : e \in M\}$ 为最小) 在 $O(n^3)$ 时间求解?

11. 试阐明如何在多项式时间求解最小权边覆盖问题: 给定无向图 G 及其权 $c : E(G) \to \mathbb{R}$, 求最小权边覆盖.

12. 给定无向图 G 并赋权 $c : E(G) \to \mathbb{R}_+$ 以及两个顶点 s 与 t, 寻求具有偶 (或奇) 数条边的最短 s-t 路. 试将其归约为最小权完美匹配问题. 提示: 取 G 的两个拷贝, 将二者对应顶点用零权的边相连, 并在一个拷贝中删去 s 和 t (或在一个拷贝中删去 s 而在另一中删去 t) (Grötschel, Pulleyblank, 1981).

13. 设 G 是一个 $k-$ 正则且 $(k-1)$- 边连通的图, 具有偶数个顶点, 并设 $c : E(G) \to \mathbb{R}_+$. 试证: G 中存在完美匹配 M 使得 $c(M) \geqslant \frac{1}{k}c(E(G))$. 提示: 证明 $\frac{1}{k}\mathbb{1}$ 处于完美匹配多面体中.

*14. 试证: 定理 11.15 蕴涵如下结果:

(a) Berge-Tutte 公式 (定理 10.14).

(b) 定理 11.13.

(c) 对偶线性规划 (11.2) 存在半整的最优解 (参见习题 11.8).

提示: 运用定理 5.18.

15. 若 G 是二部图, 则其分数完美匹配多面体 Q 与其完美匹配多面体是一致的 (定理 11.2). 考虑 Q 的第一个 Gomory-Chvátal- 截体 Q' (定义 5.29). 试证: Q' 总是与完美匹配多面体一致.

参 考 文 献

一般著述

Gerards A M H. 1995. Matching//Handbooks in Operations Research and Management Science. Volume 7: Network Models (Ball M O, Magnanti T L, Monma C L, Nemhauser G L, eds.). Amsterdam: Elsevier, 135–224.

Lawler E L. 1976. Combinatorial Optimization; Networks and Matroids. New York: Holt, Rinehart and Winston. Chapters 5 and 6.

Papadimitriou C H and Steiglitz K. 1982. Combinatorial Optimization; Algorithms and Complexity. Englewood Cliffs: Prentice-Hall. Chapter 11.

Pulleyblank W R. 1995. Matchings and extensions//Handbook of Combinatorics; Vol. 1 (Graham R L, Grötschel M, Lovász L, eds.), Amsterdam: Elsevier,

引用文献

Balinski M L. 1972. Establishing the matching polytope. Journal of Combinatorial Theory, 13: 1–13.

Ball M O and Derigs U. 1983. An analysis of alternative strategies for implementing matching algorithms. Networks, 13: 517–549.

Birkhoff G. 1946. Tres observaciones sobre el algebra lineal. Revista Universidad Nacional de Tucumán, Series, A 5: 147–151.

Cook W and Rohe A. 1999. Computing minimum-weight perfect matchings. INFORMS Journal of Computing, 11: 138–148.

Cunningham W H and Marsh A B. 1978. A primal algorithm for optimum matching. Mathematical Programming Study, 8: 50–72.

Edmonds J. 1965. Maximum matching and a polyhedron with (0,1) vertices. Journal of Research of the National Bureau of Standards, B 69: 125–130.

Egerváry E. 1931. Matrixok kombinatorikus tulajdonságairol. Matematikai és Fizikai Lapok, 38: 16–28 (in Hungarian).

Gabow H N. 1973. Implementation of algorithms for maximum matching on non-bipartite graphs. Ph.D. Thesis, Stanford University. Dept. of Computer Science.

Gabow H N. 1976. An efficient implementation of Edmonds' algorithm for maximum matching on graphs. Journal of the ACM, 23: 221–234.

Gabow H N. 1990. Data structures for weighted matching and nearest common ancestors with linking. Proceedings of the 1st Annual ACM-SIAM Symposium on Discrete Algorithms, 434–443.

Grötschel M and Pulleyblank W R. 1981. Weakly bipartite graphs and the max-cut problem. Operations Research Letters, 1: 23–27.

Kuhn H W. 1955. The Hungarian method for the assignment problem. Naval Research Logistics Quarterly, 2: 83–97.

Lipton R J and Tarjan R E. 1979. A separator theorem for planar graphs. SIAM Journal on Applied Mathematics, 36: 177–189.

Lipton R J and Tarjan R E. 1980. Applications of a planar separator theorem. SIAM Journal on Computing, 9: 615–627.

Lovász L. 1979. Graph theory and integer programming//Discrete Optimization I; Annals of Discrete Mathematics 4 (Hammer P L, Johnson E L, Korte B H, eds.), Amsterdam: North-Holland: 141–158.

Mehlhorn K and Schäfer G. 2000. Implementation of $O(nm \log n)$ weighted matchings in general graphs: the power of data structures//Algorithm Engineering; WAE-2000; LNCS 1982 (Näher S, Wagner D, eds.), 23–38; also electronically in The ACM Journal of Experimental Algorithmics 7.

Monge G. 1784. Mémoire sur la théorie des déblais et des remblais. Histoire de l'Académie Royale des Sciences, 2: 666–704.

Munkres J. 1957. Algorithms for the assignment and transportation problems. Journal of the Society for Industrial and Applied Mathematics, 5: 32–38.

von Neumann J. 1953. A certain zero-sum two-person game equivalent to the optimal assignment problem//Contributions to the Theory of Games II; Ann. of Math. Stud. 28 (Kuhn H W, ed.). Princeton: Princeton University Press: 5–12.

Schrijver A. 1983a. Short proofs on the matching polyhedron. Journal of Combinatorial Theory, B 34: 104–108.

Schrijver A. 1983b. Min-max results in combinatorial optimization//Mathematical Programming; The State of the Art – Bonn 1982 (Bachem A, Grötschel M, Korte B, eds.), Berlin: Springer: 439–500.

Varadarajan K R. 1998: A divide-and-conquer algorithm for min-cost perfect matching in the plane. Proceedings of the 39th Annual IEEE Symposium on Foundations of Computer Scienc, 320–329.

Weber G M. 1981. Sensitivity analysis of optimal matchings. Networks, 11: 41–56.

第 12 章 b-匹配与 T-连接

这一章再介绍两个组合最优化问题: 12.1 节的最小权 b-匹配问题及 12.2 节的最小权 T-连接问题, 二者均可视为最小权完美匹配问题的推广, 并包含其他重要问题. 另一方面, 二者又都可归结为最小权完美匹配问题. 它们都有组合的多项式时间算法以及多面体描述. 由于这两种情形下的分离问题都已被证明为多项式时间可解的, 对这些广义匹配问题亦可得到另外的多项式时间算法 (运用椭球法, 见 4.6 节). 事实上, 两种情形的分离问题都可归结为寻求最小容量 T- 截, 见 12.3 节及 12.4 节. 此问题是: 对给定的顶点集 T, 求最小容量的截 $\delta(X)$, 使得 $|X \cap T|$ 为奇数. 它可用网络流方法解决.

12.1 b- 匹配

定义 12.1 设 G 是一个无向图, 且具有整值的边容量 $u : E(G) \to \mathbb{N} \cup \{\infty\}$ 及数组 $b : V(G) \to \mathbb{N}$. 那么 (G, u) 中的一个b-匹配是这样的函数 $f : E(G) \to \mathbb{Z}_+$, 对所有 $e \in E(G)$ 有 $f(e) \leqslant u(e)$, 且对所有 $v \in V(G)$ 有 $\sum_{e \in \delta(v)} f(e) \leqslant b(v)$. 在 $u \equiv 1$ 的情形, 称之为 G 中的简单 b-匹配. 一个 b- 匹配 f 称为完美的, 是指对所有 $v \in V(G)$ 有 $\sum_{e \in \delta(v)} f(e) = b(v)$ 成立.

在 $b \equiv 1$ 的情形, 容量是无关紧要的, 并且回复到通常的匹配概念. 一个简单的 b- 匹配有时也称为 b- 因子, 它可看作一个边子集. 在第 21 章, 我们将关注完美简单 2- 匹配, 即这样的边子集, 每一个顶点都恰好关联于其中两条边.

最大权 b-匹配问题

实例: 图 G, 容量 $u : E(G) \to \mathbb{N} \cup \{\infty\}$, 权 $c : E(G) \to \mathbb{R}$, 及数组 $b : V(G) \to \mathbb{N}$.

任务: 在 (G, u) 中寻求 b- 匹配 f, 使其权 $\sum_{e \in E(G)} c(e) f(e)$ 为最大.

Edmonds 的加权匹配算法可推广到解决此问题 (Marsh, 1979). 这里不拟叙述此算法, 宁可只给出多面体描述, 并证明其分离问题可在多项式时间求解. 于是可通过椭球法得到多项式时间算法 (参见推论 3.33).

(G, u) 的 b- 匹配多面体定义为 (G, u) 中所有 b- 匹配的关联向量的凸包. 首先考虑无容量限制的情形 $(u \equiv \infty)$.

定理 12.2 (Edmonds, 1965) 设 G 是一个无向图且有 $b : V(G) \to \mathbb{N}$. 则 (G, ∞) 的 b- 匹配多面体就是满足如下条件的向量 $x \in \mathbb{R}_+^{E(G)}$ 之集:

$$\sum_{e \in \delta(v)} x_e \leqslant b(v) \qquad\qquad (v \in V(G))$$

$$\sum_{e \in E(G[X])} x_e \leqslant \left\lfloor \frac{1}{2} \sum_{v \in X} b(v) \right\rfloor \qquad (X \subseteq V(G))$$

证明　由于任意 b- 匹配显然满足这些约束条件, 只需给出另一方向的证明. 设 $x \in \mathbb{R}_+^{E(G)}$ 满足上述不等式, 往证 x 是 b- 匹配的关联向量的凸组合.

定义一个新图 H, 其中每一个顶点 v 分裂为 $b(v)$ 个拷贝, 即对 $v \in V(G)$ 定义 $X_v := \{(v, i) : i \in \{1, \cdots, b(v)\}\}$, $V(H) := \bigcup_{v \in V(G)} X_v$ 且 $E(H) := \{\{v', w'\} : \{v, w\} \in E(G), v' \in X_v, w' \in X_w\}$. 对每条边 $e = \{v', w'\} \in E(H)$, $v' \in X_v$, $w' \in X_w$, 设 $y_e := \frac{1}{b(v)b(w)} x_{\{v, w\}}$. 我们将断言: y 是 H 中的匹配的关联向量的凸组合. 进而在 H 中收缩集合 X_v $(v \in V(G))$, 便回到图 G 及向量 x, 从而得出 x 是 G 中 b- 匹配的凸组合的结论.

为证明 y 处于 H 的匹配多面体之中, 我们运用定理 11.14. 对每一个 $v \in V(H)$, $\sum_{e \in \delta(v)} y_e \leqslant 1$ 显然成立. 设 $C \subseteq V(H)$ 且 $|C|$ 为奇数. 往证 $\sum_{e \in E(H[C])} y_e \leqslant \frac{1}{2}(|C| - 1)$.

若对每一个 $v \in V(G)$ 有 $X_v \subseteq C$ 或 $X_v \cap C = \varnothing$, 则由假设 x 所满足的不等式可直接得到此结论. 否则设 $a, b \in X_v$, 而 $a \in C$, $b \notin C$. 则

$$\begin{aligned}
2 \sum_{e \in E(H[C])} y_e &= \sum_{c \in C \setminus \{a\}} \sum_{e \in E(\{c\}, C \setminus \{c\})} y_e + \sum_{e \in E(\{a\}, C \setminus \{a\})} y_e \\
&\leqslant \sum_{c \in C \setminus \{a\}} \sum_{e \in \delta(c) \setminus \{\{c, b\}\}} y_e + \sum_{e \in E(\{a\}, C \setminus \{a\})} y_e \\
&= \sum_{c \in C \setminus \{a\}} \sum_{e \in \delta(c)} y_e - \sum_{e \in E(\{b\}, C \setminus \{a\})} y_e + \sum_{e \in E(\{a\}, C \setminus \{a\})} y_e \\
&= \sum_{c \in C \setminus \{a\}} \sum_{e \in \delta(c)} y_e \\
&\leqslant |C| - 1 \qquad\qquad\qquad\qquad\qquad\qquad\qquad\qquad\quad \square
\end{aligned}$$

需知此构造可导出一个算法, 不过一般具有指数运行时间. 只是在 $\sum_{v \in V(G)} b(v) = O(n)$ 的特殊情形, 可在 $O(n^3)$ 时间求解无容量限制的最大权 b- 匹配问题 (运用加权匹配算法, 参见推论 11.10). Pulleyblank (1973, 1980) 刻画了这一多面体的侧面并证明定理 12.2 中的线性不等式组是全对偶整的 (TDI). 如下推广允许有容量限制:

定理 12.3 (Edmonds, Johnson, 1970)　设 G 是一个无向图, $u : E(G) \to \mathbb{N} \cup \{\infty\}$ 且 $b : V(G) \to \mathbb{N}$. 则 (G, u) 中的 b- 匹配多面体就是满足如下条件的向量 $x \in \mathbb{R}_+^{E(G)}$ 之集:

$$x_e \leqslant u(e) \qquad\qquad (e \in E(G))$$
$$\sum_{e \in \delta(v)} x_e \leqslant b(v) \qquad\qquad (v \in V(G))$$
$$\sum_{e \in E(G[X])} x_e + \sum_{e \in F} x_e \leqslant \left\lfloor \frac{1}{2}\left(\sum_{v \in X} b(v) + \sum_{e \in F} u(e) \right) \right\rfloor \qquad \begin{array}{l} (X \subseteq V(G), \\ F \subseteq \delta(X)) \end{array}$$

证明 首先看到, 每一个 *b*- 匹配 x 都满足这些约束. 这是明显的, 只有最后一式需要说明: 任意向量 $x \in \mathbb{R}_+^{E(G)}$, 如有 $x_e \leqslant u(e)$ $(e \in E(G))$ 及 $\sum_{e \in \delta(v)} x_e \leqslant b(v)$ $(v \in V(G))$, 则一定满足

$$\sum_{e \in E(G[X])} x_e + \sum_{e \in F} x_e = \frac{1}{2}\left(\sum_{v \in X}\sum_{e \in \delta(v)} x_e + \sum_{e \in F} x_e - \sum_{e \in \delta(X)\setminus F} x_e \right)$$
$$\leqslant \frac{1}{2}\left(\sum_{v \in X} b(v) + \sum_{e \in F} u(e) \right)$$

如果 x 是整值的, 则左端是一个整数, 故右端可以进行下取整.

现设 $x \in \mathbb{R}_+^{E(G)}$ 满足定理中的不等式, 往证 x 是 (G, u) 中 *b*- 匹配的关联向量的凸组合.

设 H 是这样从 G 得到的图: 对每条 $u(e) \neq \infty$ 的边 $e = \{v, w\}$ 作剖分, 插入两个新顶点 $(e, v), (e, w)$. 现在 H 把原来的边 e 替换为三条边 $\{v, (e, v)\}, \{(e, v), (e, w)\}$ 及 $\{(e, w), w\}$. 对新顶点, 令 $b((e, v)) := b((e, w)) := u(e)$.

对每一条剖分边 $e = \{v, w\}$, 令 $y_{\{v, (e,v)\}} := y_{\{(e,w), w\}} := x_e$ 而 $y_{\{(e,v),(e,w)\}} := u(e) - x_e$. 对每一条原来有 $u(e) = \infty$ 的边 e 令 $y_e := x_e$. 我们断言: y 处于 (H, ∞) 的 *b*- 匹配多面体 P 之中.

事实上, 可以运用定理 12.2. 显然 $y \in \mathbb{R}_+^{E(H)}$, 并对所有 $v \in V(H)$ 有 $\sum_{e \in \delta(v)} y_e \leqslant b(v)$. 假设存在一个子集 $A \subseteq V(H)$ 使得

$$\sum_{e \in E(H[A])} y_e > \left\lfloor \frac{1}{2}\sum_{a \in A} b(a) \right\rfloor \tag{12.1}$$

设 $B := A \cap V(G)$. 对每一个 $e = \{v, w\} \in E(G[B])$, 可以假定 $(e, v), (e, w) \in A$, 因为若不然增加 (e, v) 及 (e, w) 并不会破坏 (12.1). 另一方面, 还可以假定 $(e, v) \in A$ 可推出 $v \in A$. 这是因为倘若 $(e, v), (e, w) \in A$ 但 $v \notin A$, 则可从 A 中删去 (e, v) 及 (e, w) 也不致于破坏 (12.1). 若 $(e, v) \in A$ 但 $v, (e, w) \notin A$, 则我们只要从 A 中删去 (e, v). 图 12.1 说明其余可能的边类型.

设 $F := \{e = \{v, w\} \in E(G) : |A \cap \{(e, v), (e, w)\}| = 1\}$. 则有

$$\sum_{e \in E(G[B])} x_e + \sum_{e \in F} x_e = \sum_{e \in E(H[A])} y_e - \sum_{\substack{e \in E(G[B]), \\ u(e) < \infty}} u(e)$$

$$> \left\lfloor \frac{1}{2} \sum_{a \in A} b(a) \right\rfloor - \sum_{\substack{e \in E(G[B]), \\ u(e) < \infty}} u(e)$$

$$= \left\lfloor \frac{1}{2} \left(\sum_{v \in B} b(v) + \sum_{e \in F} u(e) \right) \right\rfloor$$

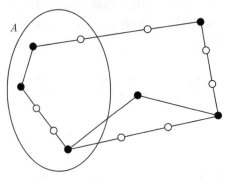

图 12.1

与关于 x 的假设条件矛盾. 所以 $y \in P$, 即断言得证. 其实可进一步得知, y 属于多面体 P 的面

$$\left\{ z \in P : \sum_{e \in \delta(v)} z_e = b(v), \forall v \in V(H) \setminus V(G) \right\}$$

由于这个面的顶点也是 P 的顶点, 故 y 是 (H, ∞) 中一些 b- 匹配 $f_1, \cdots, f_m$ 的凸组合, 它们中的每一个都满足 $\sum_{e \in \delta(v)} f_i(e) = b(v)$, $\forall v \in V(H) \setminus V(G)$. 这意味着对每条已剖分边 $e = \{v, w\} \in E(G)$ 有 $f_i(\{v, (e, v)\}) = f_i(\{(e, w), w\}) \leqslant u(e)$. 从 H 回到 G 中去, 便得知 x 是 (G, u) 中 b- 匹配的凸组合. □

定理 12.2 及定理 12.3 证明中的构造方法均出自 Tutte (1954). 它们还可以用来证明 Tutte 定理 10.13 的一个推广 (习题 12.4):

定理 12.4 (Tutte, 1952) 设 G 是一个图, $u : E(G) \to \mathbb{N} \cup \{\infty\}$ 且 $b : V(G) \to \mathbb{N}$. 则 (G, u) 具有完美 b- 匹配当且仅当对任意两个不交的子集 $X, Y \subseteq V(G)$, 在 $G - X - Y$ 中使 $\sum_{c \in V(C)} b(c) + \sum_{e \in E_G(V(C), Y)} u(e)$ 为奇数的连通分支 C 的数目不超过

$$\sum_{v \in X} b(v) + \sum_{y \in Y} \left(\sum_{e \in \delta(y)} u(e) - b(y) \right) - \sum_{e \in E_G(X, Y)} u(e)$$

12.2 最小权 T- 连接

考虑如下问题: 一个邮递员在他负责的街区内送信, 必须从邮局出发, 沿每条

街至少走一遍, 最后回到邮局. 问题是找出最短的巡回路线. 这是熟知的中国邮递员问题 (管梅谷, 1962).

这里的街道地图自然以一个连通图为模型. 如果邮递员负责的街区不连通, 他必须选用其街区以外的道路, 这样问题就变为 NP 困难的 (见习题 15.14(d)). 由欧拉定理 2.24 可知, 存在每条边恰好使用一次的邮递路线 (即欧拉环游) 当且仅当各顶点的度均为偶数.

如果考虑的图不是欧拉图, 某些边必须使用多次. 根据欧拉定理, 中国邮递员问题可表述如下: 给定图 G 及其权 $c : E(G) \to \mathbb{R}_+$, 求一个函数 $n : E(G) \to \mathbb{N}$, 使得当图 G 的每一条边 $e \in E(G)$ 变为 $n(e)$ 条平行边时, 所得的图 G' 是欧拉图, 且 $\sum_{e \in E(G)} n(e) c(e)$ 为最小.

无论对有向图或无向图, 表达形式都是这样. 在有向图情形, 问题可用网络流方法求解 (习题 9.9). 因而从现在开始只讨论无向图. 这里需要运用加权匹配算法.

当然, 走过一条边 e 多于两次是没有意义的, 因为如果这样的话, 从 $n(e)$ 中减去 2 可得到一个不会更差的解. 所以问题是求最小权的 $J \subseteq E(G)$ 使得 $(V(G), E(G) \dot{\cup} J)$ (使 J 的边变为双重边) 成为欧拉图. 这一节将解决此问题的一个推广.

定义 12.5 给定一个无向图 G 以及偶基数集 $T \subseteq V(G)$. 集 $J \subseteq E(G)$ 称为一个 *T-连接*, 是指当且仅当 $x \in T$ 时 $|J \cap \delta(x)|$ 为奇数.

最小权 *T*- 连接问题

实例: 无向图 G, 权 $c : E(G) \to \mathbb{R}$, 及偶基数集 $T \subseteq V(G)$.

任务: 求 G 中的最小权 T- 连接或断定其不存在.

最小权 T- 连接问题推广了若干组合最优化问题:

• 若 c 是非负的且 T 为 G 中具有奇度的顶点之集, 则得到无向的中国邮递员问题.

• 若 $T = \varnothing$, 则 T- 连接就是欧拉子图. 所以空集是最小权的 $\varnothing$- 连接当且仅当 c 是守恒的.

• 若 $|T| = 2$, 比如 $T = \{s, t\}$, 则每一个 T- 连接都是一条 s-t 路以及可能某些圈的并. 所以如果 c 是守恒的, 则最小权 T- 连接问题等价于最短路问题. (需知我们在第 7 章中只会解非负权的无向图最短路问题).

• 若 $T = V(G)$, 则基数为 $\frac{|V(G)|}{2}$ 的 T- 连接恰是完美匹配. 所以最小权完美匹配问题, 只要每条边的权加上一个大的常数, 即可归结为最小权 T- 连接问题.

从一个简单命题开始:

命题 12.6 设 G 是一个图, $T, T' \subseteq V(G)$ 且 $|T|$ 及 $|T'|$ 为偶数. 设 J 是一个 T- 连接而 J' 是一个 T'- 连接. 则 $J \triangle J'$ 是一个 $(T \triangle T')$- 连接.

证明 对每一个 $v \in V(G)$, 有

$$|\delta_{J\triangle J'}(v)| \equiv |\delta_J(v)| + |\delta_{J'}(v)|$$
$$\equiv |\{v\} \cap T| + |\{v\} \cap T'|$$
$$\equiv |\{v\} \cap (T\triangle T')| \qquad (\mathrm{mod}\ 2) \qquad \square$$

这一节的主要目的是对最小权 *T*- 连接问题提供多项式时间算法. 至于 *T*- 连接是否存在, 问题容易回答.

命题 12.7　设 G 为一个图且 $T \subseteq V(G)$ 具有偶数的 $|T|$. 则 G 中存在一个 *T*-连接当且仅当对 G 的每一个连通分支 C 均有 $|V(C) \cap T|$ 为偶数.

证明　若 J 是一个 *T*- 连接, 则对 G 的每一个连通分支 C, 有 $\sum_{v \in V(C)} |J \cap \delta(v)| = 2|J \cap E(C)|$, 所以有偶数个顶点 $v \in V(C)$ 使 $|J \cap \delta(v)|$ 为奇数. 又因 J 是 *T*- 连接, 这意味着 $|V(C) \cap T|$ 为偶数.

反之, 设对 G 的每一个连通分支 C 都有 $|V(C) \cap T|$ 为偶数. 那么 T 可划分为 $k = \frac{|T|}{2}$ 个点对 $\{v_1, w_1\}, \cdots, \{v_k, w_k\}$, 使得 v_i 与 w_i 处于同一个连通分支, 其中 $i = 1, \cdots, k$. 设 P_i 是某条 v_i-w_i 路 $(i = 1, \cdots, k)$, 并设 $J := E(P_1) \triangle E(P_2) \triangle \cdots \triangle E(P_k)$. 由命题 12.6 得知 J 是一个 *T*- 连接. $\qquad \square$

一个简单的最优性准则是:

命题 12.8　在赋权 $c : E(G) \to \mathbb{R}$ 的图 G 中, 一个 *T*- 连接 J 具有最小权当且仅当对 G 中每一个圈 C 有 $c(J \cap E(C)) \leqslant c(E(C) \setminus J)$.

证明　若 $c(J \cap E(C)) > c(E(C) \setminus J)$, 则 $J \triangle E(C)$ 也是一个 *T*- 连接, 且它的权小于 J 的权. 反之, 若 J' 是一个 *T*- 连接且 $c(J') < c(J)$, 则 $J' \triangle J$ 构成一个欧拉图, 即若干圈的并, 其中至少有一个圈 C 使得 $c(J \cap E(C)) > c(J' \cap E(C)) = c(E(C) \setminus J)$. $\qquad \square$

此命题可视为定理 9.6 的特殊情形. 现在来求解具有非负权的最小权 *T*- 连接问题, 主要是将其归结为最小权完美匹配问题. 其主导思想包含于如下引理:

引理 12.9　设 G 为一个图, $c : E(G) \to \mathbb{R}_+$, 且 $T \subseteq V(G)$ 有偶数的 $|T|$. 则 G 中每一个最优的 *T*- 连接是这样一些路及圈的不相交边集的并: $\frac{|T|}{2}$ 条端点不相同且这些端点均含于 T 中的路, 连同可能某些零权的圈.

证明　对 $|T|$ 运用归纳法. $T = \varnothing$ 的情形是平凡的, 因为 $\varnothing$-连接的最小权就是零. 设 J 是 G 中任意的最优 *T*- 连接, 不妨设 J 不含零权的圈. 由命题 12.8 得知 J 不含正权的圈. 因为 c 是非负的, 所以 J 形成一个森林. 设 x, y 是同一个连通分支中的两个树叶, 即 $|J \cap \delta(x)| = |J \cap \delta(y)| = 1$, 并设 P 是 J 中的 x-y 路. 则有 $x, y \in T$, 并且 $J \setminus E(P)$ 是一个最小权的 $(T \setminus \{x, y\})$- 连接. 这是因为若有更小权的 $(T \setminus \{x, y\})$- 连接 J', 则 *T*- 连接 $J' \triangle E(P)$ 的权小于 J 的权. 于是由归纳假设可得欲证. $\qquad \square$

定理 12.10 (Edmonds, Johnson, 1973)　在非负权的情形, 最小权 *T*- 连接问题可在 $O(n^3)$ 时间求解.

证明 设 (G, c, T) 是一个实例. 首先在 (G, c) 中求解全点对最短路问题. 更清楚地说, 将每条边换成一对方向相反而权重相同的有向边, 然后在这样得到的图中解上述问题. 由定理 7.9, 这使用 $O(mn + n^2 \log n)$ 时间. 由此得到 (G, c) 的度量闭包 $(\bar{G}, \bar{c})$ (参见推论 7.11).

其次, 在 $(\bar{G}[T], \bar{c})$ 中求最小权完美匹配 M. 由推论 11.10, 这使用 $O(n^3)$ 时间. 由引理 12.9, $\bar{c}(M)$ 不超过 T- 连接的最小权. 根据已算出的 M, 对每一个 $\{x, y\} \in M$, 在 G 中考虑最短的 x-y 路. 设 J 是所有这些路的边集的对称差. 显然, J 是 G 中的一个 T- 连接. 再者, $c(J) \leqslant \bar{c}(M)$, 故 J 是最优的. □

如果允许负权, 此方法不再有效, 因为可能遇到负圈. 然而, 可以将任意权的最小权 T- 连接问题约化为非负权的情形.

定理 12.11 设 G 是一个图且赋权 $c : E(G) \to \mathbb{R}$, $T \subseteq V(G)$ 是一个偶基数的顶点集. 设 E^- 为具有负权的边集, V^- 是关联于奇数条负边的顶点之集, 而 $d : E(G) \to \mathbb{R}_+$ 有 $d(e) := |c(e)|$. 则 $J \triangle E^-$ 是一个关于 c 权的最小 T- 连接当且仅当 J 是一个关于 d 权的最小 $(T \triangle V^-)$- 连接.

证明 因为 E^- 是一个 V^-- 连接, 由命题 12.6 推出, $J \triangle E^-$ 是 T- 连接当且仅当 J 是 $(T \triangle V^-)$- 连接. 其次, 对 $E(G)$ 的任意子集 J, 有

$$
\begin{aligned}
c(J \triangle E^-) &= c(J \setminus E^-) + c(E^- \setminus J) \\
&= d(J \setminus E^-) + c(E^- \setminus J) + c(J \cap E^-) + d(J \cap E^-) \\
&= d(J) + c(E^-)
\end{aligned}
$$

由于 $c(E^-)$ 是常数, 故定理得证. □

推论 12.12 最小权 T- 连接问题可在 $O(n^3)$ 时间求解.

证明 直接由定理 12.10 及定理 12.11 得到. □

实际上, 运用目前加权匹配算法最快捷的实施方案, 最小权 T- 连接可在 $O(nm + n^2 \log n)$ 时间内算出.

我们终于能够求解一般无向图的最短路问题了.

推论 12.13 在具有守恒权的无向图中, 求两指定顶点之间的最短路问题可在 $O(n^3)$ 时间内解决.

证明 设 s 及 t 是两个指定顶点. 令 $T := \{s, t\}$ 并运用推论 12.12. 在删去零权的圈之后, 所得的 T- 连接就是一条最短的 s-t 路. □

自然, 这也意味着对具有守恒权的无向图求最小总权的圈有 $O(mn^3)$ 时间算法 (包括计算围长). 如果考虑无向图的全点对最短路问题, 不必分别进行 $\binom{n}{2}$ 次加权匹配计算 (这会导致 $O(n^5)$ 的运算时间). 运用 11.4 节的后续优化结果可以证明如下结论.

定理 12.14 在具有守恒权 $c : E(G) \to \mathbb{R}$ 的无向图 G 中, 求全部顶点对之间的最短路问题可在 $O(n^4)$ 时间内解决.

证明　根据定理 12.11 及推论 12.13 的证明, 必须对所有 $s, t \in V(G)$ 计算出关于权 $d(e) := |c(e)|$ 的最优 $(\{s,t\} \triangle V^-)$- 连接, 其中 V^- 是关联于奇数条负边的顶点之集. 对 $x, y \in V(G)$ 设 $\bar{d}(\{x,y\}) := \mathrm{dist}_{(G,d)}(x, y)$, 并设 H_X 是 $X \triangle V^-$ 上的完全图 $(X \subseteq V(G))$. 根据定理 12.10 的证明, 只要对所有 s 及 t 在 $(H_{\{s,t\}}, \bar{d})$ 中求出最小权完美匹配.

$O(n^4)$ 算法进行如下: 首先计算 $\bar{d}$ (参见推论 7.11) 并对实例 $(H_\varnothing, d)$ 运行加权匹配算法. 至此已经用了 $O(n^3)$ 时间.

现在来证明: 对任意 s 及 t, 可在 $O(n^2)$ 时间内计算出 $(H_{\{s,t\}}, \bar{d})$ 的最小权完美匹配. 有四种情形如下.

情形 1. $s, t \notin V^-$. 那么增加这两个顶点并根据引理 11.11 的方法进行再优化. 在 $O(n^2)$ 时间内可得到 $(H_{\{s,t\}}, \bar{d})$ 的最小权完美匹配.

情形 2. $s, t \in V^-$. 那么这样构造 H': 增加两个辅助顶点 s', t' 及任意权的两条边 $\{s, s'\}, \{t, t'\}$. 运用引理 11.11 的方法进行再优化, 然后在所得到的 H' 的最小权完美匹配中, 删去那两条新边即可.

情形 3. $s \in V^-$ 而 $t \notin V^-$. 那么这样构造 H': 增加 t 以及一个辅助顶点 s', 除了关联于 t 的边之外增加一条任意权的边 $\{s, s'\}$. 运用引理 11.11 的方法进行再优化, 然后在 H' 的最小权完美匹配中删去边 $\{s, s'\}$.

情形 4. $s \notin V^-$ 而 $t \in V^-$. 对称于情形 3. □

Gabow (1983) 将运行时间改进为 $O(\min\{n^3, nm \log n\})$.

12.3　T- 连接与 T- 截

这一节将推导出最小权 T- 连接问题的多面体描述. 与完美匹配多面体的描述 (定理 11.13) 不同的是, 在那里对每一个 $|X|$ 为奇数的截 $\delta(X)$ 都有一个约束, 而现在对每一个 T- 截需要一个约束. 所谓 T- 截 就是一个使 $|X \cap T|$ 为奇数的截 $\delta(X)$. 下面的简单性质是很有用的:

命题 12.15　设 G 是一个无向图且 $T \subseteq V(G)$ 有偶数的 $|T|$. 则对任意 T- 连接 J 及任意 T- 截 C, 有 $J \cap C \neq \varnothing$.

证明　设 $C = \delta(X)$, 则 $|X \cap T|$ 是奇数. 所以 $J \cap C$ 中的边数必为奇数, 从而不为零. □

更强的论断见于习题 12.12.

命题 12.15 可推出: T- 连接的最小基数不小于两两边不交的 T- 截的最大数目. 一般地说, 我们不能得到等式, 比如考虑 $G = K_4$ 及 $T = V(G)$. 但对二部图而言等式成立.

定理 12.16 (Seymour, 1981)　设 G 是一个二部图且 $T \subseteq V(G)$ 使得 G 中存在 T- 连接. 则 T- 连接的最小基数等于两两边不交的 T- 截的最大数目.

证明 (Sebő, 1987)   只需证明 "≤". 对 $|V(G)|$ 运用归纳法. 若 $T = \varnothing$ (特别当 $|V(G)| = 1$ 时), 结论是平凡的. 所以假设 $|V(G)| \geqslant |T| \geqslant 2$. 用 $\tau(G, T)$ 表示 G 中 T- 连接的最小基数. 选择 $a, b \in V(G)$, $a \neq b$, 使得 $\tau(G, T \triangle \{a, b\})$ 为最小. 设 $T' := T \triangle \{a, b\}$.

论断   对 G 中任意最小的 T- 连接 J, 有 $|J \cap \delta(a)| = |J \cap \delta(b)| = 1$.

为证此论断, 设 J' 是一个最小 T'- 连接. 则 $J \triangle J'$ 是一条 a-b 路 P 及若干个圈 $C_1, \cdots, C_k$ 的边不交的并. 由于 J 与 J' 都是最小的, 对每一个 i, 有 $|C_i \cap J| = |C_i \cap J'|$. 所以 $|J \triangle P| = |J'|$, 并且 $J'' := J \triangle P$ 也是一个最小的 T'- 连接. 于是 $J'' \cap \delta(a) = J'' \cap \delta(b) = \varnothing$. 这是因为, 比如 $\{b, b'\} \in J''$, 则 $J'' \setminus \{\{b, b'\}\}$ 是一个 $(T \triangle \{a\} \triangle \{b'\})$- 连接, 而且有 $\tau(G, T \triangle \{a\} \triangle \{b'\}) < |J''| = |J'| = \tau(G, T')$, 与 a 及 b 的选择矛盾. 由此得出结论 $|J \cap \delta(a)| = |J \cap \delta(b)| = 1$, 因而论断得证.

由论断得知 $a, b \in T$. 现设 J 是 G 的一个最小 T- 连接. 将 $B := \{b\} \cup \Gamma(b)$ 收缩为一个顶点 v_B, 并设这样得到的图为 G^*. 这个 G^* 仍为二部图. 若 $|T \cap B|$ 为偶数, 则令 $T^* := T \setminus B$, 否则, 令 $T^* := (T \setminus B) \cup \{v_B\}$. 在 J 中收缩 B 所得的集 J^*, 显然是 G^* 中的 T^*- 连接. 由于 $\Gamma(b)$ 是 G 中的独立集 (因为 G 是二部图), 由上述论断得知 $|J| = |J^*| + 1$.

至此只需证明 J^* 是 G^* 中的最小 T^*- 连接, 因为这样便得到 $\tau(G, T) = |J| = |J^*| + 1 = \tau(G^*, T^*) + 1$, 从而定理由归纳假设得到 (注意 $\delta(b)$ 是 G 中一个与 $E(G^*)$ 不相交的 T- 截).

假设 J^* 不是 G^* 中的最小 T^*- 连接. 那么由命题 12.8, 存在 G^* 的圈 C^* 使得 $|J^* \cap E(C^*)| > |E(C^*) \setminus J^*|$. 又因 G^* 是二部图, 故 $|J^* \cap E(C^*)| \geqslant |E(C^*) \setminus J^*| + 2$. 设 $E(C^*)$ 对应于 G 中的一个边集 Q. 因为 $|J \cap Q| > |Q \setminus J|$, 而 J 是一个最小的 T- 连接, 所以 Q 不可能是一个圈. 因此 Q 是 G 中某条 x-y 路, 其中 $x, y \in \Gamma(b)$ 且 $x \neq y$. 设 C 是 G 中由 Q 连同 $\{x, b\}$ 及 $\{b, y\}$ 构成的圈. 由于 J 是 G 的最小 T- 连接, 故有

$$|J \cap E(C)| \leqslant |E(C) \setminus J| \leqslant |E(C^*) \setminus J^*| + 2 \leqslant |J^* \cap E(C^*)| \leqslant |J \cap E(C)|$$

于是上述所有等式成立, 特别是 $\{x, b\}, \{b, y\} \notin J$ 且 $|J \cap E(C)| = |E(C) \setminus J|$. 所以 $\bar{J} := J \triangle E(C)$ 也是一个最小 T- 连接而且 $|\bar{J} \cap \delta(b)| = 3$, 与上述论断矛盾.   □

推论 12.17   设 G 是一个图, $c : E(G) \to \mathbb{Z}_+$ 且 $T \subseteq V(G)$ 有偶数的 $|T|$. 设 k 是 G 中 T- 连接的最小费用. 则存在 $2k$ 个 T- 截 $C_1, \cdots, C_{2k}$, 使得每一条边 e 至多包含于它们中的 $2c(e)$ 个.

证明   设 E_0 是具有零权的边之集. 构造二部图 G' 如下: 收缩 $(V(G), E_0)$ 的每一个连通分支, 并将每一条边 e 换成长度为 $2c(e)$ 的路. 设 T' 是 G' 中这样的顶点集, 其中每一个顶点对应于 $(V(G), E_0)$ 的连通分支 X 使得 $|X \cap T|$ 为奇数.

论断 G' 中 T'- 连接的最小基数是 $2k$.

为证之, 首先注意到它不会多于 $2k$, 因为 G 中每一个 T- 连接 J 都对应于 G' 中基数至多为 $2c(J)$ 的一个 T'- 连接. 反之, 设 J' 是 G' 中的一个 T'- 连接. 它对应于 G 中的一个边集 J. 设 $\bar{T} := T \triangle \{v \in X : |\delta(v) \cap J|$ 为奇数$\}$. 那么 $(V(G), E_0)$ 的每一个连通分支 X 包含 $\bar{T}$ 的偶数个顶点 (因为 $|\delta(X) \cap J| \equiv |X \cap T| \pmod{2}$). 由命题 12.7, $(V(G), E_0)$ 具有 $\bar{T}$- 连接 $\bar{J}$, 并且 $J \cup \bar{J}$ 是 G 的一个 T- 连接, 它的权为 $c(J) = \frac{|J'|}{2}$. 于是论断得证.

由定理 12.16, G' 中存在 $2k$ 个两两边不交的 T- 截. 回到 G 中, 这便产生出 G 中 $2k$ 个 T- 截, 使得每一条边 e 至多含于其中的 $2c(e)$ 个.   □

在下面 T- 连接多面体的描述中, T- 截的概念起着本质作用:

定理 12.18 (Edmonds, Johnson, 1973)   设 G 是一个无向图, $c : E(G) \to \mathbb{R}_+$, 且 $T \subseteq V(G)$ 有偶数的 $|T|$. 则最小权 T- 连接的关联向量是如下线性规划的最优解:

$$\min \left\{ cx : x \geqslant 0, \sum_{e \in C} x_e \geqslant 1, \forall\, T\text{- 截 } C \right\}$$

这里的多面体称为 G 的 T-连接多面体.

证明   由命题 12.15, T- 连接的关联向量满足约束条件. 设 $c : E(G) \to \mathbb{R}_+$ 是给定的, 且不妨设对任意 $e \in E(G)$, $c(e)$ 是整数. 设 k 是 G 中 T- 连接的最小权 (关于 c). 由推论 12.17, G 中存在 $2k$ 个 T- 截 $C_1, \cdots, C_{2k}$ 使得每一条边 e 至多包含于其中 $2c(e)$ 个. 所以对上述线性规划的任意可行解 x, 有

$$2cx \geqslant \sum_{i=1}^{2k} \sum_{e \in C_i} x_e \geqslant 2k$$

故其最优值为 k.   □

这蕴涵着定理 11.13. 事实上, 设 G 是一个具有完美匹配的图且 $T := V(G)$. 则由定理 12.18 得知, 对每一个使得如下线性规划存在有限最小值的 $c \in \mathbb{Z}^{E(G)}$,

$$\min \left\{ cx : x \geqslant 0, \sum_{e \in C} x_e \geqslant 1, \forall\, T\text{- 截 } C \right\}$$

是一个整数. 根据定理 5.13, 此多面体是整多面体, 从而对其如下的面亦然:

$$\left\{ x \in \mathbb{R}_+^{E(G)} : \sum_{e \in C} x_e \geqslant 1, \forall T \text{ 截 } C, \sum_{e \in \delta(v)} x_e = 1, \forall\, v \in V(G) \right\}$$

由此也可以推导出所有 T- 连接关联向量的凸包的描述 (习题 12.15). 如果能够解决这一描述的分离问题, 定理 12.18 及定理 4.21(连同推论 3.33) 还可以导出最小权 T- 连接问题另一个多项式时间算法. 这个分离问题显然等价于验证是否存在一个 T- 截, 其容量小于 1 (这里的 x 作为容量向量). 那么只需解决如下问题:

最小容量 T- 截问题

实例: 图 G, 容量 $u : E(G) \to \mathbb{R}_+$, 以及偶基数集 $T \subseteq V(G)$.

任务: 在 G 中求一个最小容量的 T- 截.

值得注意的是, 这个最小容量 T- 截问题也解决了完美匹配多面体的分离问题 (定理 11.13; $T := V(G)$). 下面的定理可以解决最小容量 T- 截问题, 它只需考虑 Gomory-Hu 树的基本截. 对有容量的无向图, 可在 $O(n^4)$ 时间求出一个 Gomory-Hu 树 (定理 8.35).

定理 12.19 (Padberg, Rao, 1982)   设 G 是一个无向图且有容量 $u : E(G) \to \mathbb{R}_+$. 设 H 是 (G, u) 的一个 Gomory-Hu 树. 设 $T \subseteq V(G)$ 具有偶数的 $|T|$. 则在 H 的所有基本截中存在最小容量的 T- 截. 因此最小容量 T- 截可在 $O(n^4)$ 时间找到.

证明   设 $\delta_G(X)$ 是 (G, u) 的一个最小 T- 截. 设 J 是 H 中这样的边 e 之集: 对 $H - e$ 的一个连通分支 C_e, $|C_e \cap T|$ 为奇数. 因为对所有 $x \in V(G)$, $|\delta_J(x)| \equiv \sum_{e \in \delta(x)} |C_e \cap T| \equiv |\{x\} \cap T|$ (mod 2), 所以 J 是 H 中的 T- 连接. 由命题 12.15, 必存在一边 $f \in \delta_H(X) \cap J$. 于是有

$$u(\delta_G(X)) \geqslant \min\{u(\delta_G(Y)) : |Y \cap f| = 1\} = u(\delta_G(C_f))$$

说明 $\delta_G(C_f)$ 是一个最小的 T- 截. $\square$

12.4   Padberg-Rao 定理

定理 12.19 已被 Letchford, Reinelt 与 Theis (2008) 所推广.

引理 12.20   设 G 是一个无向图, $T \subseteq V(G)$ 有偶数的 $|T|$, 且 $c, c' : E(G) \to \mathbb{R}$. 则存在一个 $O(n^4)$ 算法可以找出集合 $X \subseteq V(G)$ 及 $F \subseteq \delta(X)$, 使得 $|X \cap T| + |F|$ 为奇数且 $\sum_{e \in \delta(X) \backslash F} c(e) + \sum_{e \in F} c'(e)$ 为最小.

证明   设 $d(e) := \min\{c(e), c'(e)\}$ $(e \in E(G))$. 设 $E' := \{e \in E(G) : c'(e) < c(e)\}$ 且 $V' := \{v \in V(G) : |\delta_{E'}(v)|$ 是奇数$\}$. 设 $T' := T \triangle V'$. 注意, 对 $X \subseteq V(G)$, 有 $|X \cap T| + |\delta(X) \cap E'| \equiv |X \cap T| + |X \cap V'| \equiv |X \cap T'|$ (mod 2).

算法首先计算 (G, d) 的一个 Gomory-Hu 树 H. 对每一条边 $f \in E(H)$, 设 X_f 为 $H - f$ 的一个连通分支的顶点集. 设 $g_f \in \delta_G(X_f)$ 使得 $|c'(g_f) - c(g_f)|$ 为最小. 然后, 若 $|X_f \cap T'|$ 是奇数, 则令 $F_f := \delta_G(X_f) \cap E'$; 否则, 令 $F_f := (\delta_G(X_f) \cap E') \triangle \{g_f\}$. 最后, 选择一个 $f \in E(H)$ 使得 $\sum_{e \in \delta_G(X_f) \backslash F_f} c(e) + \sum_{e \in F_f} c'(e)$ 为最小, 并输出 $X := X_f$ 及 $F := F_f$.

总的运行时间显然取决于计算 Gomory-Hu 树.

设 $X^* \subseteq V(G)$ 及 $F^* \subseteq \delta(X^*)$ 为最优的集合, 即 $|X^* \cap T| + |F^*|$ 为奇数且 $\sum_{e \in \delta_G(X^*) \backslash F^*} c(e) + \sum_{e \in F^*} c'(e)$ 为最小.

情形 1. $|X^* \cap T'|$ 是奇数. 则使得 $|X_f \cap T'|$ 为奇的 $f \in E(H)$ 的边集是 H 的一个 T'- 连接, 因而与 T'- 截 $\delta_H(X^*)$ 有非空的交. 设 $f \in \delta_H(X^*)$ 使得 $|X_f \cap T'|$ 为奇数. 由 Gomory-Hu 树的定义, $d(\delta_G(X_f)) \leqslant d(\delta_G(X^*))$ 且 $\sum_{e \in \delta_G(X_f) \backslash F_f} c(e) + \sum_{e \in F_f} c'(e) = d(\delta_G(X_f))$.

情形 2. $|X^* \cap T'|$ 是偶数. 设 $g^* \in \delta_G(X^*)$ 使得 $|c'(g^*) - c(g^*)|$ 为最小. 在 $H + g^*$ 中的唯一圈必包含一条边 $f \in \delta_H(X^*)$. 那么 $\sum_{e \in \delta_G(X^*) \setminus F^*} c(e) + \sum_{e \in F^*} c'(e) = d(\delta_G(X^*)) + |c'(g^*) - c(g^*)| \geqslant d(\delta_G(X_f)) + |c'(g^*) - c(g^*)| \geqslant \sum_{e \in \delta_G(X_f) \setminus F_f} c(e) + \sum_{e \in F_f} c'(e)$. 这里第一个不等式是由 Gomory-Hu 树的定义得到 (注意 $f \in \delta_H(X^*)$), 第二个不等式由 $g^* \in \delta_G(X_f)$ 得到. $\qquad\square$

由此可在多项式时间解决 b- 匹配多面体 (定理 12.3) 的分离问题. 此结果已知为 Padberg-Rao 定理. Letchford, Reinelt 与 Theis (2008) 简化了证明并改进了运行时间:

定理 12.21 (Padberg, Rao, 1982; Letchford, Reinelt, Theis, 2008) 　对无向图 G, $u : E(G) \to \mathbb{N} \cup \{\infty\}$ 及 $b : V(G) \to \mathbb{N}$, (G, u) 的 b- 匹配多面体的分离问题可在 $O(n^4)$ 时间求解.

证明　对所有的边 e, 不妨假设 $u(e) < \infty$ (可将无限的容量替换成充分大的数, 例如 $\max\{b(v) : v \in V(G)\}$).

给定一个向量 $x \in \mathbb{R}_+^{E(G)}$, 使得对所有 $e \in E(G)$ 满足 $x_e \leqslant u(e)$, 并且对所有 $v \in V(G)$ 满足 $\sum_{e \in \delta_G(v)} x_e \leqslant b(v)$ (这些简单的不等式可在线性时间验证), 必须检验的是定理 12.3 中的最后一组不等式. 在定理 12.3 的证明中我们已见到, 如果 $b(X) + u(F)$ 为偶数, 则这些不等式自动满足. 另一方面, 当且仅当有某个 $X \subseteq V(G)$ 及 $F \subseteq \delta(X)$ 使得 $b(X) + u(F)$ 为奇数且

$$b(X) - 2 \sum_{e \in E(G[X])} x_e + \sum_{e \in F} (u(e) - 2x_e) < 1$$

时, 这些不等式不成立.

把 G 这样扩充为图 $\bar{G}$: 增加一个新顶点 z 并对所有 $v \in V(G)$ 增加边 $\{z, v\}$. 设 $E' := \{e \in E(G) : u(e) \text{ 为奇数}\}$ 且 $E'' := \{e \in E(G) : u(e) < 2x_e\}$.

对 $e \in E'$ 定义 $c(e) := x_e$ 及 $c'(e) := u(e) - x_e$, 对 $e \in E(G) \setminus E'$ 定义 $c(e) := \min\{x_e, u(e) - x_e\}$ 及 $c'(e) := \infty$, 并对 $v \in V(G)$ 定义 $c(\{z, v\}) := b(v) - \sum_{e \in \delta_G(v)} x_e$ 及 $c'(\{z, v\}) := \infty$.

最后, 设 $T := \{v \in V(\bar{G}) : b(v) \text{ 为奇数}\}$, 其中 $b(z) := \sum_{v \in V(G)} b(v)$.

对每一个 $X \subseteq V(G)$ 及 $F \subseteq \delta_G(X) \cap E'$, 有

$$c(\delta_{\bar{G}}(X) \setminus F) + c'(F) = \sum_{v \in X} \left(b(v) - \sum_{e \in \delta_G(v)} x_e \right) + \sum_{e \in (\delta_G(X) \cap E') \setminus F} x_e$$
$$+ \sum_{e \in \delta_G(X) \setminus E'} \min\{x_e, u(e) - x_e\} + \sum_{e \in F} (u(e) - x_e)$$
$$= b(X) - 2 \sum_{e \in E(G[X])} x_e + \sum_{e \in F \cup (E'' \setminus E')} (u(e) - 2x_e)$$

由此得出结论: 若存在集合 $X \subseteq V(\bar{G})$ 及 $F \subseteq \delta_{\bar{G}}(X)$ 使得 $c(\delta_{\bar{G}}(X) \setminus F) + c'(F) < 1$, 则有 $F \subseteq E'$, 并且不失一般性, 设 $z \notin X$ (否则取其补集), 因而 $b(X) - 2\sum_{e \in E(G[X])} x_e + \sum_{e \in F}(u(e) - 2x_e) < 1$.

反之, 若对某个 $X \subseteq V(G)$ 及 $F \subseteq \delta_G(X)$, 有 $b(X) - 2\sum_{e \in E(G[X])} x_e + \sum_{e \in F}(u(e) - 2x_e) < 1$, 则不失一般性, 有 $E'' \setminus E' \subseteq F$, 因而 $c(\delta_{\bar{G}}(X) \setminus (F \cap E')) + c'(F \cap E') < 1$.

因此分离问题归结为寻求集合 $X \subseteq V(\bar{G})$ 及 $F \subseteq \delta_{\bar{G}}(X)$ 使得 $|X \cap T| + |F|$ 为奇数且 $c(\delta_{\bar{G}}(X) \setminus F) + c'(F)$ 为最小. 这可由引理 12.20 做到. □

此结果的一个推广已由 Caprara 与 Fischetti (1996) 得到. 另外, Padberg-Rao 定理可推出

推论 12.22　最大权 b- 匹配问题可在多项式时间求解.

证明　根据推论 3.33, 我们必须求解定理 12.3 给出的线性规划. 又由定理 4.21, 只要能够得到其分离问题的多项式时间算法. 定理 12.21 已提供了这样的算法. □

Marsh (1979) 已将 Edmonds 的加权匹配算法推广到 最大权 b- 匹配问题. 这一组合算法自然比运用椭球法更加实用. 但定理 12.21 对其他目的而言还是有趣的 (如见 21.4 节). 至于强多项式时间的组合算法, 可见 Anstee (1987) 或 Gerards (1995).

习　题

1. 试证: 在一个无向图 G 中可在 $O(n^6)$ 时间求出最小权完美简单 2- 匹配.

*2. 设 G 是一个无向图且 $b_1, b_2 : V(G) \to \mathbb{N}$. 试描述满足 $b_1(v) \leqslant \sum_{e \in \delta(v)} f(e) \leqslant b_2(v)$ 的所有函数 $f : E(G) \to \mathbb{Z}_+$ 的凸包. 提示: 对 $X, Y \subseteq V(G)$ 且 $X \cap Y = \varnothing$ 考虑约束

$$\sum_{e \in E(G[X])} f(e) - \sum_{e \in E(G[Y]) \cup E(Y,Z)} f(e) \leqslant \left\lfloor \frac{1}{2}\left(\sum_{x \in X} b_2(x) - \sum_{y \in Y} b_1(y) \right) \right\rfloor$$

其中 $Z := V(G) \setminus (X \cup Y)$. 运用定理 12.3 (Schrijver, 1983).

*3. 能否将习题 12.2 的结果进一步推广到各边有上下容量的情形?

注: 这可看作习题 9.3 的问题的无向图形式. 对于上述两个问题以及最小权 T- 连接问题的共同推广, 可参阅 Edmonds 与 Johnson (1973) 及 Schrijver (1983) 的论文. 在那里已经知道了全对偶整多面体的描述.

*4. 证明定理 12.4. 提示: 对充分性, 运用 Tutte 定理 10.13 以及定理 12.2 与定理 12.3 证明中的构造.

5. 一个图 G 的子图度多胞形定义为: 使得 G 具有完美简单 b- 匹配的所有向量 $b \in \mathbb{Z}_+^{V(G)}$ 的凸包. 试证: 其维数为 $|V(G)| - k$, 其中 k 是 G 中作为二部图的连通分支的数目.

*6. 给定一个无向图, 一个奇圈覆盖定义为包含每一个奇圈至少一条边的边子集. 试论述如何对一个具有非负边权的平面图, 在多项式时间求出最小权奇圈覆盖. 是否能够解决一般权的问题? 提示: 在平面对偶图中考虑无向中国邮递员问题并运用定理 2.26 及推论 2.45.

7. 在平面图中考虑最大权截问题: 给定无向平面图 G 及其权 $c : E(G) \to \mathbb{R}_+$, 寻求最大权的截. 能否在多项式时间求解此问题? 提示: 运用习题 12.6.

注: 对一般图而言此问题是 NP- 困难的, 见定理 16.6 (Hadlock, 1975).

8. 给定一个图 G 及其权 $c : E(G) \to \mathbb{R}_+$, 以及一个子集 $T \subseteq V(G)$ 具有偶数的 $|T|$. 构造一个新图 G' 如下: 令

$$V(G') := \{(v, e) : v \in e \in E(G)\}$$
$$\cup \{\bar{v} : v \in V(G), |\delta_G(v)| + |\{v\} \cap T| \text{ 为奇数}\}$$
$$E(G') := \{\{(v, e), (w, e)\} : e = \{v, w\} \in E(G)\}$$
$$\cup \{\{(v, e), (v, f)\} : v \in V(G), e, f \in \delta_G(v), e \neq f\}$$
$$\cup \{\{\bar{v}, (v, e)\} : v \in e \in E(G), \bar{v} \in V(G')\}$$

并对 $e = \{v, w\} \in E(G)$ 定义 $c'(\{(v, e), (w, e)\}) := c(e)$ 而对 G' 的所有其他边定义 $c'(e') = 0$. 试证: G' 的最小权完美匹配对应于 G 的最小权 T- 连接. 这种归约是否比定理 12.10 证明中的归约更可取?

*9. 如下问题把简单完美 b- 匹配与 T- 连接结合起来. 给定无向图 G 及其权 $c : E(G) \to \mathbb{R}$, 顶点集的一个划分 $V(G) = R \,\dot{\cup}\, S \,\dot{\cup}\, T$, 及一个函数 $b : R \to \mathbb{Z}_+$. 欲求一个边子集 $J \subseteq E(G)$, 使得对 $v \in R$ 有 $|J \cap \delta(v)| = b(v)$, 对 $v \in S$ 有 $|J \cap \delta(v)|$ 为偶数, 而对 $v \in T$ 有 $|J \cap \delta(v)|$ 为奇数. 试述如何将此问题归约为最小权完美匹配问题. 提示: 考虑 12.1 节及习题 12.8 的构造.

10. 考虑无向的最小平均圈问题: 给定无向图 G 及其权 $c : E(G) \to \mathbb{R}$, 在 G 中求一圈 C 使其平均权 $\frac{c(E(C))}{|E(C)|}$ 为最小.

(a) 说明 7.3 节的最小平均圈算法不能应用于无向情形.

*(b) 对无向最小平均圈问题找出强多项式算法. 提示: 运用习题 12.9.

11. 给定图 G 及子集 $T \subseteq V(G)$, 叙述一个线性时间算法在 G 中求一 T- 连接或判定其不存在. 提示: 考虑 G 中的极大森林.

12. 设 G 是一无向图, $T \subseteq V(G)$ 有偶数的 $|T|$, 且 $F \subseteq E(G)$. 试证: F 与每一个 T- 连接有非空的交当且仅当 F 包含一个 T- 截. F 与每一个 T- 截有非空的交当且仅当 F 包含一个 T- 连接.

*13. 设 G 是一个 2- 连通平面图, 且有固定的平面嵌入, 设 C 是其界定外部面的圈, 并设 T 是 $V(C)$ 的偶基数子集. 试证: T- 连接的最小基数等于两两边不交的 T- 截的最大数目. 提示: 将 C 的边染红蓝两色, 使得沿 C 行进时恰在 T 的顶点处改变颜色. 考虑其平面对偶图, 将表示外部面的顶点分裂成一个红点和一个蓝点, 然后运用 Menger 定理 8.9.

14. 运用定理 11.13 及习题 12.8 的构造, 证明定理 12.18 (Edmonds, Johnson, 1973).

15. 设 G 是一个无向图且 $T \subseteq V(G)$ 具有偶数的 $|T|$. 试证: G 中所有 T- 连接的关联向量的凸包是满足如下条件的所有向量 $x \in [0, 1]^{E(G)}$ 之集: 对所有 $X \subseteq V(G)$ 及 $F \subseteq \delta_G(X)$ 使得 $|X \cap T| + |F|$ 为奇数, 有

$$\sum_{e \in \delta_G(X) \setminus F} x_e + \sum_{e \in F} (1 - x_e) \geqslant 1$$

提示：运用定理 12.18 及定理 12.11.

16. 设 G 是一个无向图且 $T \subseteq V(G)$ 使 $|T| = 2k$ 为偶数. 试证：G 中 T- 截的最小基数等于 $\min_{i=1}^{k} \lambda_{s_i, t_i}$ 取遍所有配对 $T = \{s_1, t_1, s_2, t_2, \cdots, s_k, t_k\}$ 的最大值 (其中 $\lambda_{s,t}$ 表示两两边不交的 s-t 路的最大数目). 你能否想出这一最大最小公式的加权形式? 提示：运用定理 12.19 (Rizzi, 2002).

17. 此习题给出最小容量 T- 截问题的一个算法, 其中不用 Gomory-Hu 树. 对给定的 G, u 及 T, 算法递归地进行如下：

(1) 首先找一个集 $X \subseteq V(G)$ 使得 $T \cap X \neq \varnothing$, $T \setminus X \neq \varnothing$, 且 $u(X) := \sum_{e \in \delta_G(X)} u(e)$ 为最小 (参见习题 8.22). 若 $|T \cap X|$ 恰巧为奇数, 任务即告完成 (得出 X).

(2) 否则, 首先对 G, u 及 $T \cap X$, 然后对 G, u 及 $T \setminus X$, 递归地调用此算法. 得到一个集 $Y \subseteq V(G)$ 使 $|(T \cap X) \cap Y|$ 为奇数且 $u(Y)$ 为最小, 得到一个集 $Z \subseteq V(G)$ 使 $|(T \setminus X) \cap Z|$ 为奇数且 $u(Z)$ 为最小. 不失一般性, 设 $T \setminus X \not\subseteq Y$ 且 $X \cap T \not\subseteq Z$ (否则, 以 $V(G) \setminus Y$ 替换 Y, 或以 $V(G) \setminus Z$ 替换 Z).

(3) 若 $u(X \cap Y) < u(Z \setminus X)$, 则输出 $X \cap Y$, 否则输出 $Z \setminus X$.

试证此算法正确地运行且运行时间为 $O(n^5)$, 其中 $n = |V(G)|$.

18. 在所有 $v \in V(G)$ 的 $b(v)$ 均为偶数的特殊情形, 试论述如何在强多项式时间求解最大权 b- 匹配问题. 提示：如同习题 9.10 那样, 归约为最小费用流问题.

参 考 文 献

一般著述

Cook W J, Cunningham W H, Pulleyblank W R, and Schrijver A. 1998. Combinatorial Optimization. New York: Wiley. Sections 5.4 and 5.5.

Frank A. 1996. A survey on T-joins, T-cuts, and conservative weightings//Combinatorics, Paul Erdős is Eighty. Volume 2 (Miklós D, Sós V T, Szőnyi T, eds.). Budapest: Bolyai Society, 213–252.

Gerards A M H. 1995. Matching//Handbooks in Operations Research and Management Science. Volume 7: Network Models (Ball M O, Magnanti T L, Monma C L, Nemhauser G L, eds.). Amsterdam: Elsevier, 135–224.

Lovász L and Plummer M D. 1986. Matching Theory. Budapest: Akadémiai Kiadó, and Amsterdam: North-Holland.

Schrijver A. 1983. Min-max results in combinatorial optimization; Section 6. In: Mathematical Programming; The State of the Art – Bonn 1982 (Bachem A, Grötschel M, Korte B, eds.). Berlin: Springer, 439–500.

Schrijver A. 2003. Combinatorial Optimization: Polyhedra and Efficiency. Berlin: Springer, Chapters 29–33.

引用文献

Anstee R P. 1987. A polynomial algorithm for b-matchings: an alternative approach. Information Processing Letters, 24: 153–157.

Caprara A and Fischetti M. 1996. $\{0, \frac{1}{2}\}$-Chvátal-Gomory cuts. Mathematical Programming, 74: 221–235.

Edmonds J. 1965. Maximum matching and a polyhedron with (0,1) vertices. Journal of Research of the National Bureau of Standards, B 69: 125–130.

Edmonds J and Johnson E L. 1970. Matching: A well-solved class of integer linear programs//Combinatorial Structures and Their Applications; Proceedings of the Calgary International Conference on Combinatorial Structures and Their Applications 1969 (Guy R, Hanani H, Sauer N, Schonheim J, eds.). New York: Gordon and Breach: 69–87.

Edmonds J and Johnson E L. 1973. Matching, Euler tours and the Chinese postman problem. Mathematical Programming, 5: 88–124.

Gabow H N. 1983. An efficient reduction technique for degree-constrained subgraph and bidirected network flow problems. Proceedings of the 15th Annual ACM Symposium on Theory of Computing, 448–456.

管梅谷. 1962. Graphic programming using odd and even points. Chinese Mathematics, 1: 273–277.

Hadlock F. 1975. Finding a maximum cut of a planar graph in polynomial time. SIAM Journal on Computing, 4: 221–225.

Letchford A N, Reinelt G and Theis D O. 2008. Odd minimum cut sets and b-matchings revisited. SIAM Journal on Discrete Mathematics. to appear.

Marsh A B. 1979. Matching algorithms. Ph. D. thesis. Johns Hopkins University. Baltimore, 1979.

Padberg M W and Rao M R. 1982. Odd minimum cut-sets and b-matchings. Mathematics of Operations Research, 7: 67–80.

Pulleyblank W R. 1973. Faces of matching polyhedra. Ph.D. thesis. University of Waterloo.

Pulleyblank W R. 1980. Dual integrality in b-matching problems. Mathematical Programming Study, 12: 176–196.

Rizzi R. 2002. Minimum T-cuts and optimal T-pairings. Discrete Mathematics, 257: 177–181.

Sebő A. 1987. A quick proof of Seymour's theorem on T-joins. Discrete Mathematics, 64: 101–103.

Seymour P D. 1981. On odd cuts and multicommodity flows. Proceedings of the London Mathematical Society, 42(3): 178–192.

Tutte W T. 1952. The factors of graphs. Canadian Journal of Mathematics, 4: 314–328.

Tutte W T. 1954. A short proof of the factor theorem for finite graphs. Canadian Journal of Mathematics, 6: 347–352.

第 13 章 拟 阵

许多组合优化问题皆可表达成: 给定一个集的系统 $(E, \mathcal{F})$, 即一有限集 E 和某一 $\mathcal{F} \subseteq 2^E$, 及一价值函数 $c : \mathcal{F} \to \mathbb{R}$, 要寻求 $\mathcal{F}$ 中的一个元素, 使其价值为最大或最小. 下面将考虑模函数 c, 即假定 $c(X) = c(\varnothing) + \sum_{x \in X}(c(\{x\}) - c(\varnothing))$, 对于所有 $X \subseteq E$ 成立. 等价地说, 所给的是一个函数 $c : E \to \mathbb{R}$, 并写 $c(X) = \sum_{e \in X} c(e)$.

本章中所讨论的组合优化问题只限于其中的 $\mathcal{F}$ 所指的是一独立系统 (即在子集意义之下是闭的) 或者是一拟阵. 本章的结果推广了前几章中的几个结果.

13.1 节将介绍独立系统和拟阵, 并指出许多组合优化问题皆可以此为背景来描述. 对拟阵来说, 它有几种相互等价的公理系统 (13.2 节) 和一个有趣的对偶关系, 这将在 13.3 节中讨论. 拟阵之所以重要, 其主要原因是: 有一个简单的贪婪算法可以用来在拟阵上求优. 在 13.4 节中, 在转入两个拟阵之交上求优问题之前, 将对贪婪算法进行分析. 正如将在 13.5 节和 13.7 节中所指出的, 这一问题可在多项式时间内求解. 这也就解决了用独立集去覆盖拟阵的问题, 这将在 13.6 节中加以讨论.

13.1 独立系统与拟阵

定义 13.1 一个集的系统 $(E, \mathcal{F})$ 称为一独立系统, 是指

(M1) $\varnothing \in \mathcal{F}$;

(M2) 若 $X \subseteq Y \in \mathcal{F}$, $X \in \mathcal{F}$.

$\mathcal{F}$ 中的元素称为独立的, $2^E \setminus \mathcal{F}$ 中的元素则称为相关的. 最小的相关集称为圈, 最大的独立集称为基. 若 $X \subseteq E$, 则 X 的最大独立子集称为 X 的基.

定义 13.2 设 $(E, \mathcal{F})$ 为一独立系统. 对于 $X \subseteq E$, 定义 X 的秩为 $r(X) := \max\{|Y| : Y \subseteq X, Y \in \mathcal{F}\}$. 此外, 定义 X 的闭包为 $\sigma(X) := \{y \in E : r(X \cup \{y\}) = r(X)\}$.

在整章中, $(E, \mathcal{F})$ 皆是独立系统, $c : E \to \mathbb{R}$ 为一价值函数. 我们将集中于下面两个问题:

独立系统的最大化问题

实例: 一个独立系统 $(E, \mathcal{F})$ 和 $c : E \to \mathbb{R}$.

任务: 求一 $X \in \mathcal{F}$, 使得 $c(X) := \sum_{e \in X} c(e)$ 为最大.

> **独立系统的最小化问题**
>
> 实例：一个独立系统 $(E, \mathcal{F})$ 和 $c : E \to \mathbb{R}$.
>
> 任务：求一基 B 使得 $c(B)$ 为最小.

关于实例的具体说明多少是有些含糊的. 集 E 和价值函数 c 的给出通常是明确的. 但集合 $\mathcal{F}$ 通常并不是以一个明确的元素表来给出. 而是假定有一个神算包: 对于一个给定的子集 $F \subseteq E$, 它可判定是否有 $F \in \mathcal{F}$. 在 13.4 节中将回到这一问题.

从下面所列出的可以看出, 许多的组合优化问题实际上皆可用上述两问题之一来表达:

(1) 最大权稳定集问题. 给定一个图 G 和权 $c : V(G) \to \mathbb{R}$, 求出 G 中一个具有最大权的稳定集 X. 于此, $E = V(G)$, $\mathcal{F} = \{F \subseteq E : F$ 是 G 的一稳定集$\}$.

(2) TSP. 给定一完全无向图 G 和权 $c : E(G) \to \mathbb{R}_+$, 求出 G 中的一个具有最小权 Hamilton 圈. 于此, $E = E(G)$, $\mathcal{F} = \{F \subseteq E : F$ 是 G 中哈密尔顿圈的一子集$\}$.

(3) 最短路问题. 给定一个有向图 G, $c : E(G) \to \mathbb{R}$, $s, t \in V(G)$ 使得 t 从 s 可达, 求出 G 中一条关于 c 为最短的 s-t 路. 于此, $E = E(G)$, $\mathcal{F} = \{F \subseteq E : F$ 是一条 s-t 路$\}$.

(4) 背包问题. 给定非负的数 n, c_i, w_i $(1 \leqslant i \leqslant n)$, 和 W, 求出 $S \subseteq \{1, \cdots, n\}$ 的子集 S, 使得 $\sum_{j \in S} w_j \leqslant W$, 并使 $\sum_{j \in S} c_j$ 为最大. 于此, $E = \{1, \cdots, n\}$, $\mathcal{F} = \{F \subseteq E : \sum_{j \in F} w_j \leqslant W\}$.

(5) 最小支撑树问题. 给定一个连通无向图 G, 一个权 $c : E(G) \to \mathbb{R}$, 求出 G 中一最小权支撑树. 于此, $E = E(G)$, $\mathcal{F}$ 是 G 中的森林所成之集.

(6) 最大权森林问题. 给定一无向图 G 和权 $c : E(G) \to \mathbb{R}$, 求 G 中一最大权森林. 于此, $E = E(G)$, $\mathcal{F}$ 是 G 中的森林所成之集.

(7) STEINER 树问题. 给定一连通无向图 G, 权 $c : E(G) \to \mathbb{R}_+$ 和一由终端所成之集 $T \subseteq V(G)$, 求 T 的一 Steiner 树, 即一株树 S, 使 $T \subseteq V(S)$ 和 $E(S) \subseteq E(G)$, 使 $c(E(S))$ 为最小. 于此, $E = E(G)$, $\mathcal{F} = \{F \subseteq E : F$ 是 T 的一 Steiner 树的一个子集$\}$.

(8) 最大权分支问题. 给定一有向图 G 和权 $c : E(G) \to \mathbb{R}$, 求 G 中一最大权分支. 于此, $E = E(G)$, $\mathcal{F}$ 是 G 中的分支所成之集.

(9) 最大权匹配问题. 给定一无向图 G 和权 $c : E(G) \to \mathbb{R}$, 求 G 中一最大权匹配. 于此, $E = E(G)$, $\mathcal{F}$ 为 G 中的匹配所成之集.

这一张表包含了 NP 困难问题 $((1), (2), (4), (7))$ 以及多项式可解问题 $((5), (6), (8), (9))$. 问题 (3) 若以上述形式表达, 是一 NP 困难问题, 而对于非负权来说, 则是一多项式可解问题 (NP 困难将在第 15 章介绍).

定义 13.3 一个独立系统称为拟阵是指

(M3) 若 $X, Y \in \mathcal{F}$ 且 $|X| > |Y|$, 则存在一 $x \in X \setminus Y$ 使得 $Y \cup \{x\} \in \mathcal{F}$.

拟阵之名说明此项结构是矩阵的一个扩充. 这一点可从下之第一个例子看得更清楚.

命题 13.4 下面诸独立系统 $(E, \mathcal{F})$ 皆是拟阵:

(a) A 是在某一域上之矩阵, E 是 A 之列所成之集, $\mathcal{F} := \{F \subseteq E : F$ 中之列在该域上是线性独立的$\}$.

(b) E 是某一无向图 G 的边所成之集, $\mathcal{F} := \{F \subseteq E : (V(G), F)$ 是一森林$\}$.

(c) E 是一有限集, k 为一整数, $\mathcal{F} := \{F \subseteq E : |F| \leqslant k\}$.

(d) E 是某一无向图 G 的边所成之集, S 为 G 中一稳定集, k_s 是整数 $(s \in S)$, $\mathcal{F} := \{F \subseteq E : |\delta_F(s)| \leqslant k_s$ 对所有 $s \in S$ 成立$\}$.

(e) E 是某一有向图 G 的边所成之集, $S \subseteq V(G)$, k_s 为整数 $(s \in S)$, $\mathcal{F} := \{F \subseteq E : |\delta_F^-(s)| \leqslant k_s$ 对所有 $s \in S$ 成立$\}$.

证明 显而易见, 在所有情况之中, $(E, \mathcal{F})$ 皆是独立系统. 留待证明的是 (M3) 成立. 对于 (a), 由线性代数, 这是众所周知的, 对于 (c), 这是显然的.

要对 (b) 证明 (M3), 令 $X, Y \in \mathcal{F}$, 并假定对所有 $x \in X \setminus Y$, $Y \cup \{x\} \notin \mathcal{F}$. 我们要指出 $|X| \leqslant |Y|$. 对于每一条边 $x = \{v, w\} \in X$, v 与 w 皆属于 $(V(G), Y)$ 中同一连通分支. 因此, $(V(G), X)$ 的每一连通分支 $Z \subseteq V(G)$ 是 $(V(G), Y)$ 的一连通分支的一子集. 于是, 森林 $(V(G), X)$ 的连通分支的个数 p 必大于或等于 $(V(G), Y)$ 的连通分支的个数 q. 于是 $|V(G)| - |X| = p \geqslant q = |V(G)| - |Y|$, 这蕴含 $|X| \leqslant |Y|$.

要对 (d) 验证 (M3), 令 $X, Y \in \mathcal{F}$, 其中 $|X| > |Y|$. 设 $S' := \{s \in S : |\delta_Y(s)| = k_s\}$. 因为 $|X| > |Y|$ 且对所有的 $s \in S'$, 有 $|\delta_X(s)| \leqslant k_s$, 存在一 $e \in X \setminus Y$ 使得对所有的 $s \in S'$ 有 $e \notin \delta(s)$. 于是有 $Y \cup \{e\} \in \mathcal{F}$.

对于 (e), 除了以 δ^- 代替 δ 之外, 证明完全相同. □

这些拟阵中, 有些具有专用的名称. (a) 中的拟阵称为 A 的 *向量拟阵*. 设 M 为一拟阵. 若存在一在域 F 上的矩阵 A, 使得 M 是 A 的一向量拟阵, 则称 M 是可在 F 上 *表现的*. 存在着一些不能在任何域上表现的拟阵.

(b) 中的拟阵称为 G 的 *圈拟阵*, 有时以 $M(G)$ 记之. 一个拟阵, 若它是某个图的圈拟阵, 则称为 *图拟阵*.

(c) 中的拟阵称为 *一致拟阵*.

在本章开头所列的独立系统中, 仅有的拟阵就是 (5) 和 (6) 中的图拟阵. 要验证表中所列的其他独立系统一般皆不是拟阵, 这可借助于下之定理 (习题 1) 容易作出.

定理 13.5 设 $(E, \mathcal{F})$ 为一独立系统. 下述说法是相互等价的:

(M3) 若 $X, Y \in \mathcal{F}$ 且 $|X| > |Y|$, 则存在一 $x \in X \setminus Y$ 使得 $Y \cup \{x\} \in \mathcal{F}$.

(M3') 若 $X, Y \in \mathcal{F}$ 且 $|X| = |Y| + 1$, 则存在一 $x \in X \setminus Y$ 使得 $Y \cup \{x\} \in \mathcal{F}$.

(M3'') 对每一 $X \subseteq E$, X 的所有的基皆具有同样的基数.

证明 显而易见, (M3)⇔(M3′) 和 (M3)⇒(M3″). 要证明 (M3″)⇒(M3), 可令 $X, Y \in \mathcal{F}$ 且 $|X| > |Y|$. 由 (M3″), Y 不可能是 $X \cup Y$ 的基. 因而必有一 $x \in (X \cup Y) \setminus Y = X \setminus Y$ 使得 $Y \cup \{x\} \in \mathcal{F}$. □

有时还用到第二个秩函数.

定义 13.6 设 $(E, \mathcal{F})$ 为一独立系统. 对于 $X \subseteq E$, 定义下秩(函数)为

$$\rho(X) := \min\{|Y| : Y \subseteq X, Y \in \mathcal{F} \text{ 且 对所有的} x \in X \setminus Y, Y \cup \{x\} \notin \mathcal{F}\}.$$

$(E, \mathcal{F})$ 的秩商定义为

$$q(E, \mathcal{F}) := \min_{F \subseteq E} \frac{\rho(F)}{r(F)}$$

命题 13.7 设 $(E, \mathcal{F})$ 为一独立系统. 则 $q(E, \mathcal{F}) \leqslant 1$. 此外, $(E, \mathcal{F})$ 为一拟阵之充要条件是 $q(E, \mathcal{F}) = 1$.

证明 $q(E, \mathcal{F}) \leqslant 1$ 可由定义得出. $q(E, \mathcal{F}) = 1$ 显然等价于 (M3″). □

要估计秩商, 可以利用下面的说法:

定理 13.8 (Hausmann, Jenkyns and Korte, 1980) 令 $(E, \mathcal{F})$ 为一独立系统. 若对任何 $A \in \mathcal{F}$ 和 $e \in E$, $A \cup \{e\}$ 至多包含 p 条回路, 则 $q(E, \mathcal{F}) \geqslant \frac{1}{p}$.

证明 设 $F \subseteq E$, J, K 为 F 的两个基. 要证明 $\frac{|J|}{|K|} \geqslant \frac{1}{p}$.

令 $J \setminus K = \{e_1, \cdots, e_t\}$. 构造一列由 $J \cup K$ 的独立子集所成的系列 $K = K_0, K_1, \cdots, K_t$, 使得 $J \cap K \subseteq K_i$, $K_i \cap \{e_1, \cdots, e_t\} = \{e_1, \cdots, e_i\}$ 和 $|K_{i-1} \setminus K_i| \leqslant p$ 对 $i = 1, \cdots, t$.

因 $K_i \cup \{e_{i+1}\}$ 至多包含 p 条回路, 且每条如此的回路必与 $K_i \setminus J$ 相交 (因 J 是独立的), 故存在一 $X \subseteq K_i \setminus J$ 使得 $|X| \leqslant p$ 且 $(K_i \setminus X) \cup \{e_{i+1}\} \in \mathcal{F}$. 令 $K_{i+1} := (K_i \setminus X) \cup \{e_{i+1}\}$.

现在 $J \subseteq K_t \in \mathcal{F}$. 因 J 是 F 的一个基, $J = K_t$. 就有

$$|K \setminus J| = \sum_{i=1}^{t} |K_{i-1} \setminus K_i| \leqslant pt = p|J \setminus K|$$

这证明了 $|K| \leqslant p\, |J|$. □

这结论指出: 在例子 (9) 中, 有 $q(E, \mathcal{F}) \geqslant \frac{1}{2}$ (参看第 10 章的习题 1). 事实上, $q(E, \mathcal{F}) = \frac{1}{2}$ 当且仅当 G 包含有一条长为 3 的路为一子图 (否则 $q(E, \mathcal{F}) = 1$). 对于表中例 (1) 的独立系统, 秩商可变得任意小 (可将 G 选成一星形图). 在习题 5 中, 将会讨论到其他独立系统的秩商.

13.2 另外的拟阵公理

本节将考虑另外几个定义拟阵的公理系统. 它们刻画出一个拟阵的基族、秩函数、闭包算子以及回路族等的基本性质.

定理 13.9 设 E 为一有限集,$\mathcal{B} \subseteq 2^E$. $\mathcal{B}$ 是某一拟阵 $(E, \mathcal{F})$ 的 基 所成之集 的充要条件是:

(B1) $\mathcal{B} \neq \varnothing$.

(B2) 对于任何 $B_1, B_2 \in \mathcal{B}$ 和 $x \in B_1 \setminus B_2$, 存在一 $y \in B_2 \setminus B_1$ 使得 $(B_1 \setminus \{x\}) \cup \{y\} \in \mathcal{B}$.

证明 一个拟阵的基所成之集满足 (B1) (由 (M1)) 和 (B2): 对于基 B_1, B_2 和 $x \in B_1 \setminus B_2$, 有 $B_1 \setminus \{x\}$ 是独立的. 由 (M3), 存在某一 $y \in B_2 \setminus B_1$, 使得 $(B_1 \setminus \{x\}) \cup \{y\}$ 是独立的. 实际上, 它必然是一个基, 因为一个拟阵的所有的基皆具有同一基数.

另一方面, 设 $\mathcal{B}$ 满足 (B1) 和 (B2). 先来证明 $\mathcal{B}$ 中所有的元素皆具有同一基数. 否则, 令 $B_1, B_2 \in \mathcal{B}$ 且满足 $|B_1| > |B_2|$, 使得 $|B_1 \cap B_2|$ 为最大. 令 $x \in B_1 \setminus B_2$. 由 (B2), 存在一 $y \in B_2 \setminus B_1$, 使得 $(B_1 \setminus \{x\}) \cup \{y\} \in \mathcal{B}$, 与 $|B_1 \cap B_2|$ 为最大的假设相违.

现设

$$\mathcal{F} := \{F \subseteq E : \text{存在一} B \in \mathcal{B} \text{ 使得} F \subseteq B\}$$

$(E, \mathcal{F})$ 是一独立系统, $\mathcal{B}$ 是它的基所成的族. 要证 $(E, \mathcal{F})$ 满足 (M3), 令 $X, Y \in \mathcal{F}$, 满足 $|X| > |Y|$. 设 $X \subseteq B_1 \in \mathcal{B}, Y \subseteq B_2 \in \mathcal{B}$, 于此, 选取 B_1 和 B_2 使得 $|B_1 \cap B_2|$ 为最大. 若 $B_2 \cap (X \setminus Y) \neq \varnothing$, 工作已经完成, 因为我们可以扩大 Y.

现在证明另外一种情况, 即 $B_2 \cap (X \setminus Y) = \varnothing$ 不可能出现. 若不然, 设有 $B_2 \cap (X \setminus Y) = \varnothing$. 即得

$$|B_1 \cap B_2| + |Y \setminus B_1| + |(B_2 \setminus B_1) \setminus Y| = |B_2| = |B_1| \geqslant |B_1 \cap B_2| + |X \setminus Y|.$$

因 $|X \setminus Y| > |Y \setminus X| \geqslant |Y \setminus B_1|$, 这就蕴含 $(B_2 \setminus B_1) \setminus Y \neq \varnothing$. 于是, 设 $y \in (B_2 \setminus B_1) \setminus Y$. 由 (B2), 存在一 $x \in B_1 \setminus B_2$ 使得 $(B_2 \setminus \{y\}) \cup \{x\} \in \mathcal{B}$, 这与 $|B_1 \cap B_2|$ 为最大相矛盾. $\square$

对于一个相类似的说法, 可参看习题 7. 拟阵的一个非常重要的性质是它的秩函数是子模的.

定理 13.10 设 E 为一有限集, $r : 2^E \to \mathbb{Z}_+$. 则下述几种说法是等价的:

(a) r 是一拟阵 $(E, \mathcal{F})$ 的一秩函数 (而且 $\mathcal{F} = \{F \subseteq E : r(F) = |F|\}$).

(b) 对所有的 $X, Y \subseteq E$:

    (R1) $r(X) \leqslant |X|$;

    (R2) 若 $X \subseteq Y$, 则 $r(X) \leqslant r(Y)$;

    (R3) $r(X \cup Y) + r(X \cap Y) \leqslant r(X) + r(Y)$.

(c) 对所有的 $X \subseteq E$ 且 $x, y \in E$:

    (R1') $r(\varnothing) = 0$;

    (R2') $r(X) \leqslant r(X \cup \{y\}) \leqslant r(X) + 1$;

    (R3') 若 $r(X \cup \{x\}) = r(X \cup \{y\}) = r(X)$, 则 $r(X \cup \{x, y\}) = r(X)$.

证明　(a)⇒(b) 若 r 是一独立系统 $(E, \mathcal{F})$ 的一秩函数, 则 (R1) 和 (R2) 显然成立. 若 $(E, \mathcal{F})$ 为一拟阵, 也可证明 (R3) 成立.

设 $X, Y \subseteq E$, 又设 A 为 $X \cap Y$ 的一个基. 由 (M3), A 可扩张成 X 的一个基 $A \dot\cup B$, 并扩张成 $X \cup Y$ 的一个基 $(A \cup B) \dot\cup C$. 于是, $A \cup C$ 就是 Y 的一独立子集, 因而

$$
\begin{aligned}
r(X) + r(Y) &\geqslant |A \cup B| + |A \cup C| \\
&= 2|A| + |B| + |C| \\
&= |A \cup B \cup C| + |A| \\
&= r(X \cup Y) + r(X \cap Y).
\end{aligned}
$$

(b)⇒(c) (R1′) 可由 (R1) 得出. $r(X) \leqslant r(X \cup \{y\})$ 由 (R2) 得出. 由 (R3) 和 (R1),

$$
r(X \cup \{y\}) \leqslant r(X) + r(\{y\}) - r(X \cap \{y\}) \leqslant r(X) + r(\{y\}) \leqslant r(X) + 1
$$

这就证明了 (R2′).

(R3′) 当 $x = y$ 时是显然的. 对 $x \neq y$, 由 (R2) 和 (R3), 有

$$
2r(X) \leqslant r(X) + r(X \cup \{x, y\}) \leqslant r(X \cup \{x\}) + r(X \cup \{y\})
$$

由此即得 (R3′).

(c)⇒(a) 设 $r : 2^E \to \mathbb{Z}_+$ 为一满足 (R1′)–(R3′) 之函数. 令

$$
\mathcal{F} := \{F \subseteq E : r(F) = |F|\}.
$$

要证 $(E, \mathcal{F})$ 是一拟阵. (M1) 可由 (R1′) 得出. (R2′) 蕴含 $r(X) \leqslant |X|$ 对所有 $X \subseteq E$ 成立. 若 $Y \in \mathcal{F}, y \in Y$ 和 $X := Y \setminus \{y\}$, 有

$$
|X| + 1 = |Y| = r(Y) = r(X \cup \{y\}) \leqslant r(X) + 1 \leqslant |X| + 1
$$

因而 $X \in \mathcal{F}$. 此即蕴含 (M2).

现设 $X, Y \in \mathcal{F}$ 和 $|X| = |Y| + 1$. 令 $X \setminus Y = \{x_1, \cdots, x_k\}$. 假定 (M3′) 不成立, 即假定 $r(Y \cup \{x_i\}) = |Y|$ 对 $i = 1, \cdots, k$ 成立. 则由 (R3′), $r(Y \cup \{x_1, x_i\}) = r(Y)$ 对 $i = 2, \cdots, k$ 成立. 反复使用这一论证, 即得 $r(Y) = r(Y \cup \{x_1, \cdots, x_k\}) = r(X \cup Y) \geqslant r(X)$, 得一矛盾.

于是, $(E, \mathcal{F})$ 确是一拟阵. 要证明此 r 是该拟阵的秩函数, 还得证明 $r(X) = \max\{|Y| : Y \subseteq X, r(Y) = |Y|\}$ 对所有 $X \subseteq E$ 成立. 于是, 令 $X \subseteq E$, 并令 Y 为 X 中使得 $r(Y) = |Y|$ 的最大的子集. 对于所有 $x \in X \setminus Y$, 有 $r(Y \cup \{x\}) < |Y| + 1$, 因而由 (R2′), $r(Y \cup \{x\}) = |Y|$. 反复应用 (R3′) 即得 $r(X) = |Y|$.　　□

定理 13.11　设 E 为一有限集, $\sigma : 2^E \to 2^E$ 为一函数. σ 为拟阵 $(E, \mathcal{F})$ 的闭包算子的充要条件是下列条件对所有 $X, Y \subseteq E$ 和 $x, y \in E$ 成立:

(S1) $X \subseteq \sigma(X)$.

(S2) $X \subseteq Y \subseteq E$ 蕴含 $\sigma(X) \subseteq \sigma(Y)$.

(S3) $\sigma(X) = \sigma(\sigma(X))$.

(S4) 若 $y \notin \sigma(X)$ 和 $y \in \sigma(X \cup \{x\})$, 则 $x \in \sigma(X \cup \{y\})$.

证明 若 σ 为一拟阵的闭包算子, 则 (S1) 显然成立.

对于 $X \subseteq Y$ 和 $z \in \sigma(X)$, 由 (R3) 和 (R2), 有

$$r(X) + r(Y) = r(X \cup \{z\}) + r(Y)$$
$$\geqslant r((X \cup \{z\}) \cap Y) + r(X \cup \{z\} \cup Y)$$
$$\geqslant r(X) + r(Y \cup \{z\})$$

此即蕴含 $z \in \sigma(Y)$, 由此即证明了 (S2).

重复应用 (R3'), 有 $r(\sigma(X)) = r(X)$ 对所有 X 成立, 由此即得 (S3).

要证明 (S4), 假定存在 X, x, y 使得 $y \notin \sigma(X), y \in \sigma(X \cup \{x\})$ 和 $x \notin \sigma(X \cup \{y\})$. 于是 $r(X \cup \{y\}) = r(X) + 1, r(X \cup \{x, y\}) = r(X \cup \{x\}), r(X \cup \{x, y\}) = r(X \cup \{y\}) + 1$. 由此即得 $r(X \cup \{x\}) = r(X) + 2$, 与 (R2') 相矛盾.

要证其逆, 令 $\sigma : 2^E \to 2^E$ 为一满足 (S1)~(S4) 的函数. 令

$$\mathcal{F} := \{X \subseteq E : x \notin \sigma(X \setminus \{x\}) \text{ 对所有} x \in X\}$$

要证 $(E, \mathcal{F})$ 为一拟阵.

(M1) 是显然的. 对于 $X \subseteq Y \in \mathcal{F}$ 和 $x \in X$, 有 $x \notin \sigma(Y \setminus \{x\}) \supseteq \sigma(X \setminus \{x\})$, 因而 $X \in \mathcal{F}$, (M2) 成立. 要证明 (M3), 需要下面的论断:

论断: 对于 $X \in \mathcal{F}$ 和 $Y \subseteq E$, $|X| > |Y|$, 有 $X \not\subseteq \sigma(Y)$.

在 $|Y \setminus X|$ 上施行归纳法来证明此论断. 若 $Y \subset X$, 则令 $x \in X \setminus Y$. 因 $X \in \mathcal{F}$, 由 (S2) 有 $x \notin \sigma(X \setminus \{x\}) \supseteq \sigma(Y)$. 因而 $x \in X \setminus \sigma(Y)$, 此即为所求.

若 $|Y \setminus X| > 0$, 则令 $y \in Y \setminus X$. 由归纳法假设, 存在一 $x \in X \setminus \sigma(Y \setminus \{y\})$. 若 $x \notin \sigma(Y)$, 证明已告结束. 否则 $x \notin \sigma(Y \setminus \{y\})$ 但 $x \in \sigma(Y) = \sigma((Y \setminus \{y\}) \cup \{y\})$, 因而由 (S4), $y \in \sigma((Y \setminus \{y\}) \cup \{x\})$. 由 (S1) 有 $Y \subseteq \sigma((Y \setminus \{y\}) \cup \{x\})$, 因而由 (S2) 和 (S3) 有 $\sigma(Y) \subseteq \sigma((Y \setminus \{y\}) \cup \{x\})$. 应用归纳法假设于 X 和 $(Y \setminus \{y\}) \cup \{x\}$ (注意 $x \neq y$), 即得 $X \not\subseteq \sigma((Y \setminus \{y\}) \cup \{x\})$, 因而 $X \not\subseteq \sigma(Y)$, 即所欲证.

在证明了这一论断之后, 可以容易地验证 (M3). 设 $X, Y \in \mathcal{F}, |X| > |Y|$. 由上面的推断, 存在一 $x \in X \setminus \sigma(Y)$. 但对每一 $z \in Y \cup \{x\}$, 有 $z \notin \sigma(Y \setminus \{z\})$, 因为 $Y \in \mathcal{F}$ 和 $x \notin \sigma(Y) = \sigma(Y \setminus \{x\})$. 由 (S4), $z \notin \sigma(Y \setminus \{z\})$ 和 $x \notin \sigma(Y)$ 蕴含 $z \notin \sigma((Y \setminus \{z\}) \cup \{x\}) \supseteq \sigma((Y \cup \{x\}) \setminus \{z\})$. 因而 $Y \cup \{x\} \in \mathcal{F}$.

于是 (M3) 确实成立, $(E, \mathcal{F})$ 是一拟阵, 设其秩函数为 r 和闭包算子为 σ'. 留待证明的是 $\sigma = \sigma'$.

由定义, 对所有的 $X \subseteq E, \sigma'(X) = \{y \in E : r(X \cup \{y\}) = r(X)\}$ 且

$$r(X) = \max\{|Y| : Y \subseteq X, y \notin \sigma(Y \setminus \{y\}) \text{ 对所有} y \in Y\}$$

令 $X \subseteq E$. 要证 $\sigma'(X) \subseteq \sigma(X)$, 可设 $z \in \sigma'(X) \setminus X$. 令 Y 为 X 的一个基. 因 $r(Y \cup \{z\}) \leqslant r(X \cup \{z\}) = r(X) = |Y| < |Y \cup \{z\}|$, 有 $y \in \sigma((Y \cup \{z\}) \setminus \{y\})$ 对某一 $y \in Y \cup \{z\}$ 成立. 若 $y = z$, 则有 $z \in \sigma(Y)$. 否则由 (S4) 和 $y \notin \sigma(Y \setminus \{y\})$ 同样推出 $z \in \sigma(Y)$. 因而由 (S2), $z \in \sigma(X)$. 由此及 (S1), 即得 $\sigma'(X) \subseteq \sigma(X)$.

现令 $z \notin \sigma'(X)$, 也就是 $r(X \cup \{z\}) > r(X)$. 现设 Y 为 $X \cup \{z\}$ 的一个基. 则有 $z \in Y$ 和 $|Y \setminus \{z\}| = |Y| - 1 = r(X \cup \{z\}) - 1 = r(X)$. 因而 $Y \setminus \{z\}$ 为 X 的一个基, 此即表示 $X \subseteq \sigma'(Y \setminus \{z\}) \subseteq \sigma(Y \setminus \{z\})$, 因而 $\sigma(X) \subseteq \sigma(Y \setminus \{z\})$. 由于 $z \notin \sigma(Y \setminus \{z\})$, 即得 $z \notin \sigma(X)$. □

定理 13.12 设 E 为一有限集, $\mathcal{C} \subseteq 2^E$. $\mathcal{C}$ 为一独立系统 $(E, \mathcal{F})$ 的回路 所成之集, 于此 $\mathcal{F} = \{F \subset E : \text{不存在} C \in \mathcal{C} \text{ 使得} C \subseteq F\}$, 其充要条件为下之条件成立:

(C1) $\varnothing \notin \mathcal{C}$.

(C2) 对任何 $C_1, C_2 \in \mathcal{C}$, $C_1 \subseteq C_2$ 蕴含 $C_1 = C_2$.

此外, 若 $\mathcal{C}$ 是一独立系统 $(E, \mathcal{F})$ 的回路所成之集, 则下之说法是等价的:

(a) $(E, \mathcal{F})$ 是一拟阵.

(b) 对任何 $X \in \mathcal{F}$ 和 $e \in E$, $X \cup \{e\}$ 至多包含一个回路.

(C3) 对任何满足 $C_1 \neq C_2$ 和 $e \in C_1 \cap C_2$ 之 $C_1, C_2 \in \mathcal{C}$, 存在一 $C_3 \in \mathcal{C}$ 使得 $C_3 \subseteq (C_1 \cup C_2) \setminus \{e\}$.

(C3′) 对任何 $C_1, C_2 \in \mathcal{C}$, $e \in C_1 \cap C_2$ 和 $f \in C_1 \setminus C_2$ 存在一 $C_3 \in \mathcal{C}$ 使得 $f \in C_3 \subseteq (C_1 \cup C_2) \setminus \{e\}$.

证明 由定义, 任何独立系统的回路所成之族皆满足 (C1) 和 (C2). 若 $\mathcal{C}$ 满足 (C1), 则 $(E, \mathcal{F})$ 为一独立系统. 若 $\mathcal{C}$ 也满足 (C2), 则它就是这一独立系统的回路所成之集.

(a)⇒(C3′) 令 $\mathcal{C}$ 为一拟阵的回路族, 又设 $C_1, C_2 \in \mathcal{C}$, $e \in C_1 \cap C_2$, $f \in C_1 \setminus C_2$. 应用 (R3) 两次, 即得

$$|C_1| - 1 + r((C_1 \cup C_2) \setminus \{e, f\}) + |C_2| - 1$$
$$= r(C_1) + r((C_1 \cup C_2) \setminus \{e, f\}) + r(C_2)$$
$$\geqslant r(C_1) + r((C_1 \cup C_2) \setminus \{f\}) + r(C_2 \setminus \{e\})$$
$$\geqslant r(C_1 \setminus \{f\}) + r(C_1 \cup C_2) + r(C_2 \setminus \{e\})$$
$$= |C_1| - 1 + r(C_1 \cup C_2) + |C_2| - 1.$$

于是有 $r((C_1 \cup C_2) \setminus \{e, f\}) = r(C_1 \cup C_2)$. 设 B 为 $(C_1 \cup C_2) \setminus \{e, f\}$ 的一个基. 则 $B \cup \{f\}$ 包含一回路 C_3, 满足 $f \in C_3 \subseteq (C_1 \cup C_2) \setminus \{e\}$, 此即所欲证.

(C3′)⇒(C3) 显然.

(C3)⇒(b) 若 $X \in \mathcal{F}$ 且 $X \cup \{e\}$ 包含两条回路 C_1, C_2, (C3) 蕴含 $(C_1 \cup C_2) \setminus \{e\} \notin \mathcal{F}$. 但 $(C_1 \cup C_2) \setminus \{e\}$ 却是 X 的一个子集.

(b)⇒(a) 可由定理 13.8 和命题 13.7 得出. □

特别要提到的是, 性质 (b) 将会常被用到. 对于 $X \in \mathcal{F}$ 和 $e \in E$ 使得 $X \cup \{e\} \notin \mathcal{F}$, 将 $X \cup \{e\}$ 的唯一回路写作 $C(X, e)$. 若 $X \cup \{e\} \in \mathcal{F}$, 写 $C(X, e) := \varnothing$.

13.3 对　　偶

在拟阵论中另外一个基本概念是对偶.

定义 13.13 设 $(E, \mathcal{F})$ 为一独立系统. 定义 $(E, \mathcal{F})$ 的对偶为 $(E, \mathcal{F}^*)$, 于此,

$$\mathcal{F}^* = \{F \subseteq E : \text{存在 } (E, \mathcal{F}) \text{的一基 } B \text{ 使得 } F \cap B = \varnothing\}$$

显而易见, 一独立系统的对偶仍是一独立系统.

命题 13.14 $(E, \mathcal{F}^{**}) = (E, \mathcal{F})$.

证明 $F \in \mathcal{F}^{**} \Leftrightarrow$ 存在 $(E, \mathcal{F}^*)$ 的一基 B^* 使得 $F \cap B^* = \varnothing \Leftrightarrow$ 存在 $(E, \mathcal{F})$ 的一基 B 使得 $F \cap (E \setminus B) = \varnothing \Leftrightarrow F \in \mathcal{F}$. □

定理 13.15 设 $(E, \mathcal{F})$ 为一独立系统, $(E, \mathcal{F}^*)$ 为其对偶, 并令 r 和 r^* 表示相应的秩函数.

(a) $(E, \mathcal{F})$ 为一拟阵之充要条件为 $(E, \mathcal{F}^*)$ 为一拟阵 (Whitney, 1935).

(b) 若 $(E, \mathcal{F})$ 为一拟阵, 则 $r^*(F) = |F| + r(E \setminus F) - r(E)$, 对 $F \subseteq E$ 成立.

证明 由命题 13.14, 只需证明 (a) 中有一方向成立即可. 于是, 令 $(E, \mathcal{F})$ 为一拟阵. 定义 $q : 2^E \to \mathbb{Z}_+$ 满足 $q(F) := |F| + r(E \setminus F) - r(E)$. 要证 q 满足 (R1)~(R3). 若此论断成立, 再加上定理 13.10, 即可推知 q 是一拟阵的秩函数. 因显然有 $q(F) = |F|$ 当且仅当 $F \in \mathcal{F}^*$, 可知 $q = r^*$, (a) 和 (b) 也由此得证.

现证上面的论断: q 满足 (R1), 因为 r 满足 (R2). 要验证 q 满足 (R2), 可令 $X \subseteq Y \subseteq E$. 因 $(E, \mathcal{F})$ 为一拟阵, (R3) 对 r 成立, 于是

$$r(E \setminus X) + 0 = r((E \setminus Y) \cup (Y \setminus X)) + r(\varnothing) \leqslant r(E \setminus Y) + r(Y \setminus X)$$

即得

$$r(E \setminus X) - r(E \setminus Y) \leqslant r(Y \setminus X) \leqslant |Y \setminus X| = |Y| - |X|$$

(注意 r 满足 (R1)), 因而有 $q(X) \leqslant q(Y)$.

留待要证的是 q 满足 (R3). 设 $X, Y \subseteq E$. 利用 r 满足 (R3) 这一事实, 有

$$q(X \cup Y) + q(X \cap Y)$$
$$= |X \cup Y| + |X \cap Y| + r(E \setminus (X \cup Y)) + r(E \setminus (X \cap Y)) - 2r(E)$$
$$= |X| + |Y| + r((E \setminus X) \cap (E \setminus Y)) + r((E \setminus X) \cup (E \setminus Y)) - 2r(E)$$
$$\leqslant |X| + |Y| + r(E \setminus X) + r(E \setminus Y) - 2r(E)$$
$$= q(X) + q(Y)$$

□

对任一图 G, 我们曾介绍过圈拟阵 $\mathcal{M}(G)$, 它当然有一对偶. 对于一个平面嵌入图 G, 也存在一平面对偶 G^* (它一般是由 G 的嵌入决定). 有趣的是, 对偶的这两个概念是一致的.

定理 13.16　设 G 为一连通平面图, 并设它有一个随意的平面嵌入, G^* 是其平面对偶. 则

$$\mathcal{M}(G^*) = (\mathcal{M}(G))^*$$

证明　对 $T \subseteq E(G)$, 记 $\overline{T}^* := \{e^* : e \in E(G) \setminus T\}$, 于此 e^* 是边 e 的对偶.

论断　T 是 G 中的一个支撑树的边集的充要条件是 $\overline{T}^*$ 是 G^* 中一支撑树的边集.

因 $(G^*)^* = G$ (由命题 2.42) 和 $\overline{(\overline{T}^*)}^* = T$, 只需证明此论断的一边即可.

于是, 令 $T \subseteq E(G)$, 于此 $\overline{T}^*$ 是 G^* 中一支撑树之边集. $(V(G), T)$ 必然是连通的, 否则, 它的一个连通分支就会定义一个割, 它的对偶就包含 $\overline{T}^*$ 中的一回路 (定理 2.43). 另一方面, 若 $(V(G), T)$ 包含有一回路, 则对偶边集为一割, $(V(G^*), \overline{T}^*)$ 是非连通的. 因而 $(V(G), T)$ 必是 G 中的一个支撑树.　　　　　　　　　　　　□

这就蕴含着, 若 G 是一 平面, 则 $(\mathcal{M}(G))^*$ 是一 图拟阵. 若对于任一图 G, $(\mathcal{M}(G))^*$ 是一图拟阵, 比如说 $(\mathcal{M}(G))^* = \mathcal{M}(G')$, 则 G' 显然是 G 的一抽象对偶. 由第 2 章习题 34, 其逆为真: G 是平面图的充要条件是 G 有一 抽象对偶 (Whitney, 1933). 这意味着: G 为平面图的充要条件是 $(\mathcal{M}(G))^*$ 是图拟阵.

注意, 定理 13.16 完全直接地蕴含 欧拉公式 (定理 2.32): 设 G 是一具有平面嵌入的连通平面图, 又设 $\mathcal{M}(G)$ 是 G 的圈拟阵. 由定理 13.15 (b), $r(E(G)) + r^*(E(G)) = |E(G)|$. 因 $r(E(G)) = |V(G)| - 1$ (在一支撑树中的边数) 和 $r^*(E(G)) = |V(G^*)| - 1$ (由定理 13.16), 可得 G 的面数为 $|V(G^*)| = |E(G)| - |V(G)| + 2$, 欧拉公式.

独立系统的对偶在多面体组合学中也有一些出色的应用. 一个由集组成的系统 $(E, \mathcal{F})$, 若对所有的 $X, Y \in \mathcal{F}$, 皆有 $X \not\subseteq Y$, 则称为一个 **无序组**. 若 $(E, \mathcal{F})$ 为一无序组, 定义它的阻塞无序组为

$$BL(E, \mathcal{F}) := (E, \{X \subseteq E : X \cap Y \neq \varnothing \text{ 对所有的} Y \in \mathcal{F},$$
$$X \text{ 为具有此性质的最小者}\}).$$

对于一个独立系统 $(E, \mathcal{F})$ 和它的对偶 $(E, \mathcal{F}^*)$, 令 $\mathcal{B}$ 和 $\mathcal{B}^*$ 分别为其基所成的族, $\mathcal{C}$ 和 $\mathcal{C}^*$ 为其回路所成的族. (每一无序组, 除非 $\mathcal{F} = \varnothing$ 或 $\mathcal{F} = \{\varnothing\}$, 皆以这两种方式出现.) 由定义立可看出: $(E, \mathcal{B}^*) = BL(E, \mathcal{C})$ 和 $(E, \mathcal{C}^*) = BL(E, \mathcal{B})$. 由此及命题 13.14, 即得 $BL(BL(E, \mathcal{F})) = (E, \mathcal{F})$ 对每一无序组 $(E, \mathcal{F})$ 成立. 下面将给出一些关于 无序组 $(E, \mathcal{F})$ 及其阻塞无序组 $(E, \mathcal{F}')$ 的例子. 其中 $E = E(G)$ 是就某一图 G 而言:

(1) $\mathcal{F}$ 是由支撑树所成之集, $\mathcal{F}'$ 是最小割所成之集.

(2) $\mathcal{F}$ 是根在 r 的树形图所成之集, $\mathcal{F}'$ 是最小 r 割所成之集.

(3) $\mathcal{F}$ 是 s-t 路所成之集, $\mathcal{F}'$ 是将 s 与 t 分开的最小割所成之集 (此例在无向图和有向图中皆有效).

(4) $\mathcal{F}$ 是一无向图的回路所成之集, $\mathcal{F}'$ 是最大森林之补集所成之集.

(5) $\mathcal{F}$ 是一有向图的回路所成之集, $\mathcal{F}'$ 是最小反馈边集所成之集 (一个反馈边集乃是由那种边构成的集: 在将这些边拿掉以后, 该有向图即成为一无圈图).

(6) $\mathcal{F}$ 是由那种最小边集所成之集: 在将其压缩之后, 即得一强连通的有向图, $\mathcal{F}'$ 是最小有向割所成之集.

(7) $\mathcal{F}$ 是由最小 T-连接所成之集, $\mathcal{F}'$ 是由最小 T-割所成之集.

所有这些阻塞关系皆容易验证. (1) 和 (2) 可直接从定理 2.4 和 2.5 得出, (3), (4) 和 (5) 皆显然成立, (6) 可由推论 2.7, (7) 可由命题 12.6 得出.

在某些情况, 对非负价值函数的独立系统的极小化问题, 阻塞无序组可给出其一多面体特征.

定义 13.17 设 $(E, \mathcal{F})$ 为一无序组, $(E, \mathcal{F}')$ 是其阻塞无序组, P 是 $\mathcal{F}$ 中元素的关联向量的凸包. 我们说 $(E, \mathcal{F})$ 具有最大流 – 最小割性质是指下面的关系成立:

$$\left\{ x + y : x \in P, y \in \mathbb{R}_+^E \right\} = \left\{ x \in \mathbb{R}_+^E : \sum_{e \in B} x_e \geqslant 1 \text{ 对所有} B \in \mathcal{F}' \right\}$$

上述表中的 (2) 和 (7) 就是例子 (由定理 6.14 和 12.16), (3) 和 (6) 也是 (参看习题 10). 下述的定理将对偶问题的上面的掩蔽型表述 (covering-type formulation) 与包装型表述 (packing-type formulation) 关联起来, 从而可以从别的方面导出某些 Min-Max 定理.

定理 13.18 (Fulkerson, 1971; Lehman, 1979) 设 $(E, \mathcal{F})$ 为一无序组, $(E, \mathcal{F}')$ 为其阻塞无序组. 下面的说法是等价的:

(a) $(E, \mathcal{F})$ 具有最大流 – 最小割性质.

(b) $(E, \mathcal{F}')$ 具有最大流 – 最小割性质.

(c) 对每一 $c : E \to \mathbb{R}_+$, $\min\{c(A) : A \in \mathcal{F}\} = \max\{\mathbb{1}y : y \in \mathbb{R}_+^{\mathcal{F}'}, \sum_{B \in \mathcal{F}': e \in B} y_B \leqslant c(e)$, 对所有 $e \in E$ 成立$\}$.

证明 因 $BL(E, \mathcal{F}') = \mathrm{BL}(\mathrm{BL}(E, \mathcal{F})) = (E, \mathcal{F})$, 只需证明 (a)$\Rightarrow$(c)$\Rightarrow$(b) 即可. 另一个蕴含 (b)$\Rightarrow$(a) 则通过将 $\mathcal{F}$ 与 $\mathcal{F}'$ 的地位交换即可得出.

(a)$\Rightarrow$(c) 由推论 3.33, 对于每一 $c : E \to \mathbb{R}_+$, 有

$$\min\{c(A) : A \in \mathcal{F}\} = \min\{cx : x \in P\} = \min\left\{ c(x + y) : x \in P, y \in \mathbb{R}_+^E \right\}$$

于此, P 为 $\mathcal{F}$ 中元素的关联向量的凸包. 由此及最大流–最小割性质和线性规划的对偶定理 3.20, 即得 (c).

(c)$\Rightarrow$(b) 令 P' 为 $\mathcal{F}'$ 中元素的关联向量的凸包. 需要证明的是

$$\{x + y : x \in P', y \in \mathbb{R}_+^E\} = \left\{x \in \mathbb{R}_+^E : \sum_{e \in A} x_e \geqslant 1 \text{对所有} A \in \mathcal{F} \text{成立}\right\}$$

因为从阻塞无序组的定义, 有关 "⊆" 方面的事是容易处理的, 只需考虑其他的包容关系即可. 于是, 令 $c \in \mathbb{R}_+^E$ 为一满足 $\sum_{e \in A} c_e \geqslant 1$ 对所有 $A \in \mathcal{F}$ 成立的向量. 由 (c), 有

$$1 \leqslant \min\{c(A) : A \in \mathcal{F}\}$$
$$= \max\left\{1\!\!1 y : y \in \mathbb{R}_+^{\mathcal{F}'}, \sum_{B \in \mathcal{F}' : e \in B} y_B \leqslant c(e) \text{对所有} e \in E \text{成立}\right\},$$

于是, 令 $y \in \mathbb{R}_+^{\mathcal{F}'}$ 为一使得 $1\!\!1 y = 1$ 和 $\sum_{B \in \mathcal{F}' : e \in B} y_B \leqslant c(e)$ 对所有 $e \in E$ 成立的向量. 则有 $x_e := \sum_{B \in \mathcal{F}' : e \in B} y_B$ $(e \in E)$ 即定义一向量 $x \in P'$, 它满足 $x \leqslant c$, 此即证明 $c \in \{x + y : x \in P', y \in \mathbb{R}_+^E\}$. □

作为例子, 此定理直接蕴含最大流–最小割定理 8.6. 令 (G, u, s, t) 为一网络. 由第 7 章习题 1, (G, u) 中的一 s-t 路的最小长度等于 s-t 割中使得每条边 e 包含在其中至多 $u(e)$ 个中的最大数目. 因此, s-t 路的无序组 (上表中的例 (3)) 具有最大流–最小割性质, 因而它的阻塞无序组也具有. 现将 (c) 应用于最小 s-t 割的无序组, 即得 (c) 蕴含最大流–最小割定理.

要注意的是即使 c 为整值, 定理 13.18 也不能保证一个整向量达到 (c) 中的极大. 对 $G = K_4$ 和 $T = V(G)$ 的 T-连接的无序组说明, 这在一般情况不存在.

13.4　贪婪算法

仍旧设 $(E, \mathcal{F})$ 为一独立系统, $c : E \to \mathbb{R}_+$. 现考虑关于 $(E, \mathcal{F}, c)$ 的极大化问题, 并正式地表达出两个 "贪婪算法". 不需要考虑负权的情况, 因为在最优解中负权不会出现.

假定 $(E, \mathcal{F})$ 由一神算包给出. 对于第一个算法, 只假定有一独立神算包, 即在给定一个集 $F \subseteq E$ 之后, 该神算包可以判定是否 $F \in \mathcal{F}$.

优胜贪婪算法 (BEST-IN-GREEDY ALGORITHM)

输入: 一个独立系统 $(E, \mathcal{F})$, 由一独立神算包给出. 权 $c : E \to \mathbb{R}_+$.

输出: 一个集合 $F \in \mathcal{F}$.

① 将 $E = \{e_1, e_2, \cdots, e_n\}$ 加以整理, 使得 $c(e_1) \geqslant c(e_2) \geqslant \cdots \geqslant c(e_n)$.

② 令 $F := \varnothing$.

③ 对 $i := 1$ 到 n 进行: 若 $F \cup \{e_i\} \in \mathcal{F}$ 则令 $F := F \cup \{e_i\}$.

第二个算法要求一个较为复杂的神算包. 给定一个集 $F \subseteq E$, 该神算包能判决 F 是否包含有一个基. 称此神算包为基–超集神算包 (basis-superset oracle).

劣汰贪婪算法 (WORST-OUT-GREEDY ALGORITHM)

输入: 一独立系统 $(E, \mathcal{F})$, 由一基–超集神算包给出. 权 $c : E \to \mathbb{R}_+$.

输出: $(E, \mathcal{F})$ 的一基 F.

① 将 $E = \{e_1, e_2, \cdots, e_n\}$ 加以整理, 使得 $c(e_1) \leqslant c(e_2) \leqslant \cdots \leqslant c(e_n)$.

② 令 $F := E$.

③ 对 $i := 1$ 到 n 进行: 若 $F \setminus \{e_i\}$ 包含一个基, 则令 $F := F \setminus \{e_i\}$.

在对这些算法进行分析之前, 我们稍微仔细地看一下所要求的神算包. 一个令人感兴趣的问题是: 如此的神算包是否为 多项式等价, 即是说, 其中一个是否可以通过一个多项式时间的神算包算法, 利用其他一个来模拟. 独立神算包和基–超集神算包看来不是多项式等价的:

若考虑关于TSP (13.1 节的表中例 (2)) 的独立系统, 则容易 (以及习题 13 中的问题) 判定一个边集是否为独立的, 即是否为一哈密尔顿回路的子集 (我们所处理的是一完全图). 另一方面, 要去判定一个边集是否包含一个哈密尔顿回路, 则是一个难题 (这是 NP 完备的, 参看定理 15.25).

反之, 在关于最短路问题 (例 (3)) 的独立系统中, 要判定一个边集是否包含一条 s-t 路 则是容易的. 在这里, 还不知道如何在多项式时间内去判定一个给定的集是否为独立集 (即 一条 s-t 路的子集)(Korte and Monma (1979) 证明了 NP 完备性).

对于拟阵来说, 两个神算包皆是多项式时间等价的. 其他等价的神算包有秩神算包和闭神算包, 它们回报 E 的一给定子集的秩和闭包 (习题 16).

但即使对于拟阵来说, 也存在别的自然的神算包, 它们不是多项式等价的. 例如, 判定一个给定的集是否为一基的神算包就比独立神算包要弱. 又如对于一个给定的 $F \subseteq E$, 回报 F 的一从属子集的最小基数的神算包则强于独立神算包 (Hausmann and Korte, 1981).

类似地, 可以对极小化问题正式表达出两个贪婪算法. 容易看出, 关于 $(E, \mathcal{F}, c)$ 的极大化问题的优胜贪婪对应于关于 $(E, \mathcal{F}^*, c)$ 的极小化问题的劣汰贪婪: 在优胜贪婪中在 F 上加入一个元素就对应于在劣汰贪婪中从 F 除去一个元素. 注意: 在圈拟阵 中KRUSKAL 算法 (参看第 6.1 节) 就是在圈拟阵中关于极小化问题的一优胜算法.

本节的下余部分包含一些有关通过贪婪算法得到的解的质量方面的结果.

定理 13.19 (Jenkyns, 1976; Korte and Hausmann, 1978)   设 $(E, \mathcal{F})$ 为一独立系统. 对于 $c: E \to \mathbb{R}_+$, 用 $G(E, \mathcal{F}, c)$ 表示极大化问题通过优胜贪婪所求得的某一解答的价格, 用 $\mathrm{OPT}(E, \mathcal{F}, c)$ 表示它的一个最优解的价格. 则有

$$q(E, \mathcal{F}) \leqslant \frac{G(E, \mathcal{F}, c)}{\mathrm{OPT}(E, \mathcal{F}, c)} \leqslant 1$$

对所有 $c: E \to \mathbb{R}_+$ 成立. 且存在一价格函数使得下界可以达到.

证明   设 $E = \{e_1, e_2, \cdots, e_n\}$, $c: E \to \mathbb{R}_+$, 并设 $c(e_1) \geqslant c(e_2) \geqslant \cdots \geqslant c(e_n)$. 令 G_n 为通过优胜贪婪 所得之解 (当 E 已如此整理时), O_n 为一最优解. 定义 $E_j := \{e_1, \cdots, e_j\}$, $G_j := G_n \cap E_j$, $O_j := O_n \cap E_j$ $(j = 0, \cdots, n)$. 令 $d_n := c(e_n)$, $d_j := c(e_j) - c(e_{j+1})$, $j = 1, \cdots, n-1$.

因 $O_j \in \mathcal{F}$, 有 $|O_j| \leqslant r(E_j)$. 因 G_j 为 E_j 的一个基, 有 $|G_j| \geqslant \rho(E_j)$. 由此两不等式, 有

$$\begin{aligned}
c(G_n) &= \sum_{j=1}^{n} (|G_j| - |G_{j-1}|)\, c(e_j) \\
&= \sum_{j=1}^{n} |G_j|\, d_j \\
&\geqslant \sum_{j=1}^{n} \rho(E_j)\, d_j \\
&\geqslant q(E, \mathcal{F}) \sum_{j=1}^{n} r(E_j)\, d_j \\
&\geqslant q(E, \mathcal{F}) \sum_{j=1}^{n} |O_j|\, d_j \\
&= q(E, \mathcal{F}) \sum_{j=1}^{n} (|O_j| - |O_{j-1}|)\, c(e_j) \\
&= q(E, \mathcal{F})\, c(O_n)
\end{aligned} \tag{13.1}$$

最后, 证明此下界是紧的. 选取 $F \subseteq E$ 和 F 的基 B_1, B_2, 使得

$$\frac{|B_1|}{|B_2|} = q(E, \mathcal{F})$$

定义

$$c(e) := \begin{cases} 1 & \text{对 } e \in F \\ 0 & \text{对 } e \in E \setminus F \end{cases}$$

并整理 $e_1, \cdots, e_n$ 使得 $c(e_1) \geqslant c(e_2) \geqslant \cdots \geqslant c(e_n)$. 令 $B_1 = \{e_1, \cdots, e_{|B_1|}\}$. 于是 $G(E, \mathcal{F}, c) = |B_1|$, 而 $\mathrm{OPT}(E, \mathcal{F}, c) = |B_2|$, 因而下界可以到达. $\square$

特别, 有所谓的 Edmonds-Rado 定理.

定理 13.20 (Rado, 1957; Edmonds, 1971)　一个独立系统 $(E, \mathcal{F})$ 为一拟阵之充要条件是对所有的价格函数 $c : E \to \mathbb{R}_+$, 优胜贪婪可以对 $(E, \mathcal{F}, c)$ 的极大化问题求出一个最优解.

证明　由定理 13.19, 有 $q(E, \mathcal{F}) < 1$ 当且仅当存在一价格函数 $c : E \to \mathbb{R}_+$, 使得优胜贪婪对之不能求出一最优解. 由命题 13.7, 有 $q(E, \mathcal{F}) < 1$ 当且仅当 $(E, \mathcal{F})$ 不是一个拟阵. □

这是一个稀有的例子, 在这里可以通过它的算法机能来定义一个结构. 也可以得出一多面体的表达:

定理 13.21 (Edmonds, 1970)　令 $(E, \mathcal{F})$ 为一拟阵, $r : E \to \mathbb{Z}_+$ 为其秩函数. 则 $(E, \mathcal{F})$ 的 拟阵多面体(即 $\mathcal{F}$ 中所有元素的关联向量的凸包) 等于

$$\left\{ x \in \mathbb{R}^E : x \geqslant 0, \sum_{e \in A} x_e \leqslant r(A) \text{ 对所有 } A \subseteq E \text{ 成立} \right\}$$

证明　显而易见, 这一多面体包含独立集的所有关联向量. 由推论 3.32, 尚待证的是这一多面体的所有顶点皆是整点. 由定理 5.13, 这等价于证

$$\max \left\{ cx : x \geqslant 0, \sum_{e \in A} x_e \leqslant r(A) \text{ 对所有 } A \subseteq E \text{ 成立} \right\} \tag{13.2}$$

对任何 $c : E \to \mathbb{R}$ 具有整的最优解. 不失一般性, 可设对所有的 e, $c(e) \geqslant 0$, 因为对于使得 $c(e) < 0$ 的 $e \in E$, (13.2) 的任何最优解 x 皆有 $x_e = 0$.

令 x 为 (13.2) 的一最优解. 在 (13.1) 中以 $\sum_{e \in E_j} x_e$ 替代 $|O_j| (j = 0, \cdots, n)$ 即得 $c(G_n) \geqslant \sum_{e \in E} c(e) x_e$. 于是优胜贪婪产生了一个解, 它的关联向量是 (13.2) 的另一最优解. □

当应用到图拟阵时, 这也产生了定理 6.12. 正如在此特殊情况, 一般也得到全对偶整性. 此结果的一个推广将在 14.2 节中给出证明.

上面的说法即优胜贪婪之于有关 $(E, \mathcal{F}, c)$ 的极大化问题相当于劣汰贪婪之于有关 $(E, \mathcal{F}^*, c)$ 的极小化问题, 提示出与定理 13.19 相对应的对偶定理.

定理 13.22 (Korte and Monma, 1979)　设 $(E, \mathcal{F})$ 为一独立系统. 对于 $c : E \to \mathbb{R}_+$, 令 $G(E, \mathcal{F}, c)$ 表示极小化问题通过劣汰贪婪所得到的解. 则对所有 $c : E \to \mathbb{R}_+$, 有

$$1 \leqslant \frac{G(E, \mathcal{F}, c)}{\mathrm{OPT}(E, \mathcal{F}, c)} \leqslant \max_{F \subseteq E} \frac{|F| - \rho^*(F)}{|F| - r^*(F)} \tag{13.3}$$

于此 ρ^* 和 r^* 分别为对偶独立系统 $(E, \mathcal{F}^*)$ 的两个秩函数. 存在一个价格函数, 对此, 上界可以达到.

证明　使用定理 13.19 的证明中同样的记号. 由构造, $G_j \cup (E \setminus E_j)$ 包含 E 的一基, 但 $(G_j \cup (E \setminus E_j)) \setminus \{e\}$, 则对任何 $e \in G_j$ $(j = 1, \cdots, n)$ 皆不包含 E 的一基. 换言之, $E_j \setminus G_j$ 是 E_j 关于 $(E, \mathcal{F}^*)$ 的一个基, 故 $|E_j| - |G_j| \geqslant \rho^*(E_j)$.

因为 $O_n \subseteq E \setminus (E_j \setminus O_j)$, 且 O_n 是一个基, $E_j \setminus O_j$ 在 $(E, \mathcal{F}^*)$ 中为独立, 故 $|E_j| - |O_j| \leqslant r^*(E_j)$.

于是有

$$|G_j| \leqslant |E_j| - \rho^*(E_j)$$

与

$$|O_j| \geqslant |E_j| - r^*(E_j).$$

现在通过与 (13.1) 同样的计算, 即可得到上界. 要看出这个界是紧的, 考虑

$$c(e) := \begin{cases} 1, & \text{对 } e \in F \\ 0, & \text{对 } e \in E \setminus F \end{cases}$$

于此, $F \subseteq E$ 是一个集, 对此, (13.3) 中的最大值可以达到. 设 B_1 为 F 关于 $(E, \mathcal{F}^*)$ 的一个基, 使得 $|B_1| = \rho^*(F)$. 若将 $e_1, \cdots, e_n$ 整理, 使得 $c(e_1) \geqslant c(e_2) \geqslant \cdots \geqslant c(e_n)$, 且 $B_1 = \{e_1, \cdots, e_{|B_1|}\}$, 就得 $G(E, \mathcal{F}, c) = |F| - |B_1|$ 和 $\mathrm{OPT}(E, \mathcal{F}, c) = |F| - r^*(F)$. □

若将劣汰贪婪应用于最大化问题, 或将优胜贪婪应用于最小化问题, 则 $\frac{G(E, \mathcal{F}, c)}{\mathrm{OPT}(E, \mathcal{F}, c)}$ 就没有正的下界/有限的上界. 要明白这一点, 只需考虑在图 13.1 所示的简单图中求最大权的最小顶点覆盖问题或最小权的最大稳定集问题即可看出.

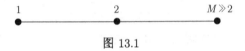

图 13.1

但在拟阵的情形, 是使用优胜贪婪还是使用劣汰贪婪, 这不关主要. 因为所有的基皆具有同一基数, 关于 $(E, \mathcal{F}, c)$ 的最小化问题是等价于关于 $(E, \mathcal{F}, c')$ 的最大化问题, 于此 $c'(e) := M - c(e)$ 对所有 $e \in E$ 和 $M := 1 + \max\{c(e) : e \in E\}$. 因此KRUSKAL 算法 (6.1 节) 最优地解决了最小支撑树问题.

Edmonds-Rado 定理 13.20 还揭示了下述最大化问题的最优 k-元素解的特征.

定理 13.23 设 $(E, \mathcal{F})$ 为一拟阵, $c : E \to \mathbb{R}$, $k \in \mathbb{N}$, $X \in \mathcal{F}$ 使得 $|X| = k$. 则 $c(X) = \max\{c(Y) : Y \in \mathcal{F}, |Y| = k\}$ 当且仅当下之两条件成立:

(a) 对所有使得 $X \cup \{y\} \notin \mathcal{F}$ 的 $y \in E \setminus X$ 和所有 $x \in C(X, y)$ 有 $c(x) \geqslant c(y)$;

(b) 对所有使得 $X \cup \{y\} \in \mathcal{F}$ 的 $y \in E \setminus X$ 和所有 $x \in X$ 有 $c(x) \geqslant c(y)$.

证明 必要性 (仅当) 是显然的. 若这两条件中有一对某一 y 和某一 x 不成立, 则 k-元集 $X' := (X \cup \{y\}) \setminus \{x\} \in \mathcal{F}$ 比之 X 有更大的价格.

要证明充分性, 可设 $\mathcal{F}' := \{F \in \mathcal{F} : |F| \leqslant k\}$, $c'(e) := c(e) + M$ 对所有 $e \in E$, 于此 $M = \max\{|c(e)| : e \in E\}$. 将 $E = \{e_1, \cdots, e_n\}$ 整理使得 $c'(e_1) \geqslant \cdots \geqslant c'(e_n)$, 又对任何 i, $c'(e_i) = c'(e_{i+1})$ 和 $e_{i+1} \in X$ 蕴涵 $e_i \in X$ (即 X 中的元素是在具有同样权的元素中先出现).

设 X' 是实例 $(E, \mathcal{F}', c')$ 通过优胜贪婪所得的解 (E 经过同样整理). 因 $(E, \mathcal{F})$ 为一拟阵, 由 Edmonds-Rado 定理 13.20 即得

$$c(X') + kM = c'(X') = \max\{c'(Y) : Y \in \mathcal{F}'\}$$
$$= \max\{c(Y) : Y \in \mathcal{F}, |Y| = k\} + kM$$

现只需证明 $X = X'$ 即可. 已知 $|X| = k = |X'|$. 现设 $X \neq X'$, 并设 $e_i \in X' \setminus X$, 此 i 为最小者. 于是 $X \cap \{e_1, \cdots, e_{i-1}\} = X' \cap \{e_1, \cdots, e_{i-1}\}$. 若 $X \cup \{e_i\} \notin \mathcal{F}$, 则由 (a) 即得 $C(X, e_i) \subseteq X'$, 得一矛盾. 若 $X \cup \{e_i\} \in \mathcal{F}$, 则由 (b), 即得 $X \subseteq X'$, 这也是不可能的. □

在 13.7 节中将要用到这一定理. $(E, \mathcal{F})$ 为一图拟阵和 $k = r(E)$ 这一特殊情况是定理 6.2 的一部分.

13.5 拟 阵 交

定义 13.24 给定两个独立系统 $(E, \mathcal{F}_1)$ 和 $(E, \mathcal{F}_2)$, 定义它们的交为 $(E, \mathcal{F}_1 \cap \mathcal{F}_2)$.

有限个独立系统的交可以类似定义. 显而易见, 其结果仍是一独立系统.

命题 13.25 任何独立系统 $(E, \mathcal{F})$ 皆是有限多个 拟阵的交.

证明 由定理 13.12, $(E, \mathcal{F})$ 的每条回路 C 定义了一个拟阵 $(E, \{F \subseteq E : C \setminus F \neq \varnothing\})$. 所有这些拟阵之交当然就是 $(E, \mathcal{F})$. □

一般说来, 拟阵之交并不是拟阵, 我们不能指望通过一个贪婪算法得到一个最优的公共独立集. 但下面的结果结合定理 13.19, 就可通过优胜贪婪得到这一解答的一个界.

命题 13.26 若 $(E, \mathcal{F})$ 是 p 个拟阵的 交, 则 $q(E, \mathcal{F}) \geqslant \frac{1}{p}$.

证明 由定理 13.12(b), 对任何 $X \in \mathcal{F}$ 和 $e \in E$, $X \cup \{e\}$ 至多包含 p 条回路. 由定理 13.8 即得所要得结果. □

特别令人感兴趣的是由两个拟阵之交作成得独立系统. 在这里, 最重要的例子就是二部图 $G = (A \dot\cup B, E)$ 中的匹配问题. 若 $\mathcal{F} := \{F \subseteq E : F \text{ 是 } G \text{ 中的一匹配}\}$, 则 $(E, \mathcal{F})$ 是两个拟阵之交. 换言之, 令

$$\mathcal{F}_1 := \{F \subseteq E : |\delta_F(x)| \leqslant 1 \text{ 对所有} x \in A\}$$
$$\mathcal{F}_2 := \{F \subseteq E : |\delta_F(x)| \leqslant 1 \text{ 对所有} x \in B\}$$

由命题 13.4(d), $(E, \mathcal{F}_1)$, $(E, \mathcal{F}_2)$ 皆是拟阵. 显然有 $\mathcal{F} = \mathcal{F}_1 \cap \mathcal{F}_2$.

第二个例子是在有向图 G 中, 由所有分枝构成的独立系统 (13.1 节开始处的表中的例 8). 在这里, 一个拟阵包含了那种每一顶点至多只有一条入边的边所成之集 (参看命题 13.4(e)), 第二个拟阵则是该基础无向图的圈拟阵 $\mathcal{M}(G)$.

现在来描述 Edmonds 对下述问题的算法:

拟阵交问题

实例: 由独立神算包给出的两个拟阵 $(E, \mathcal{F}_1)$ 和 $(E, \mathcal{F}_2)$.

任务: 求一集 $F \in \mathcal{F}_1 \cap \mathcal{F}_2$ 使 $|F|$ 为最大.

从下面的引理开始. 回忆一下: 对 $X \in \mathcal{F}$ 和 $e \in E$, $C(X, e)$ 在 $X \cup \{e\} \notin \mathcal{F}$ 时表示 $X \cup \{e\}$ 中唯一的一回路, 否则 $C(X, e) = \varnothing$.

引理 13.27 (Frank, 1981)　设 $(E, \mathcal{F})$ 为一拟阵, $X \in \mathcal{F}$. 设 $x_1, \cdots, x_s \in X$ 和 $y_1, \cdots, y_s \notin X$ 满足

(a) $x_k \in C(X, y_k)$ 对 $k = 1, \cdots, s$ 及

(b) $x_j \notin C(X, y_k)$ 对 $1 \leqslant j < k \leqslant s$.

则 $(X \setminus \{x_1, \cdots, x_s\}) \cup \{y_1, \cdots, y_s\} \in \mathcal{F}$.

证明　设 $X_r := (X \setminus \{x_1, \cdots, x_r\}) \cup \{y_1, \cdots, y_r\}$. 通过归纳法来证明 $X_r \in \mathcal{F}$ 对所有 r 成立. 对 $r = 0$, 此为显然. 现设对某一 $r \in \{1, \cdots, s\}$, $X_{r-1} \in \mathcal{F}$. 若 $X_{r-1} \cup \{y_r\} \in \mathcal{F}$, 立刻有 $X_r \in \mathcal{F}$. 若不然, $X_{r-1} \cup \{y_r\}$ 包含有一唯一的回路 C (由定理 13.12(b)). 因 $C(X, y_r) \subseteq X_{r-1} \cup \{y_r\}$ (由 (b)), 必然有 $C = C(X, y_r)$. 但这样一来, 由 (a), $x_r \in C(X, y_r) = C$, 因而 $X_r = (X_{r-1} \cup \{y_r\}) \setminus \{x_r\} \in \mathcal{F}$.　□

Edmonds 的拟阵交算法 所依据的想法如下: 从 $X = \varnothing$ 出发, 在每一次迭代, 就对 X 增加一个元素. 因为在一般情况, 我们不能指望有一元素 e 使得 $X \cup \{e\} \in \mathcal{F}_1 \cap \mathcal{F}_2$, 我们将要去物色 "交替的路". 为了使得这样做方便, 来定义一个辅助图. 将 $C(X, e)$ 这一概念应用到 $(E, \mathcal{F}_i)$ 并写下 $C_i(X, e)$ $(i = 1, 2)$.

给定一个集 $X \in \mathcal{F}_1 \cap \mathcal{F}_2$, 定义一个有向辅助图 G_X 为

$$A_X^{(1)} := \{ (x, y) : y \in E \setminus X, x \in C_1(X, y) \setminus \{y\} \}$$
$$A_X^{(2)} := \{ (y, x) : y \in E \setminus X, x \in C_2(X, y) \setminus \{y\} \}$$
$$G_X := (E, A_X^{(1)} \cup A_X^{(2)})$$

令

$$S_X := \{y \in E \setminus X : X \cup \{y\} \in \mathcal{F}_1\}$$
$$T_X := \{y \in E \setminus X : X \cup \{y\} \in \mathcal{F}_2\}$$

(参看图 13.2), 并寻找一条从 S_X 到 T_X 的最短路. 如此的一条路将使得可以扩大集 X. (若 $S_X \cap T_X \neq \varnothing$, 就有了一条长为 0 的路, 就可通过 $S_X \cap T_X$ 中的任一元素扩大 X.)

引理 13.28　设 $X \in \mathcal{F}_1 \cap \mathcal{F}_2$. 令 $y_0, x_1, y_1, \cdots, x_s, y_s$ 为 G_X 中的一最短 y_0-y_s 路的顶点 (依此顺序), 并设 $y_0 \in S_X, y_s \in T_X$. 则

$$X' := (X \cup \{y_0, \cdots, y_s\}) \setminus \{x_1, \cdots, x_s\} \in \mathcal{F}_1 \cap \mathcal{F}_2$$

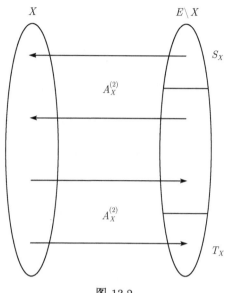

图 13.2

证明 先指出 $X \cup \{y_0\}$, $x_1, \cdots, x_s$ 和 $y_1, \cdots, y_s$ 满足关于 $\mathcal{F}_1$ 的引理 13.27 的要求. 注意 $X \cup \{y_0\} \in \mathcal{F}_1$, 因为 $y_0 \in S_X$. (a) 得到满足, 因为 $(x_j, y_j) \in A_X^{(1)}$ 对所有 j 成立, (b) 得到满足, 否则这条路可能是一条近路. 于是得到 $X' \in \mathcal{F}_1$.

下面指出 $X \cup \{y_s\}$, $x_s, x_{s-1}, \cdots, x_1$ 和 $y_{s-1}, \cdots, y_1, y_0$ 满足关于 $\mathcal{F}_2$ 的引理 13.27 的要求. 注意 $X \cup \{y_s\} \in \mathcal{F}_2$, 因为 $y_s \in T_X$. (a) 得到满足, 因为 $(y_{j-1}, x_j) \in A_X^{(2)}$ 对所有 j 成立, (b) 得到满足, 否则这条路可能是一条近路. 于是得到 $X' \in \mathcal{F}_2$. □

现在指出, 若 G_X 中不存在 S_X-T_X-路, 则 X 已经是最大. 需要如下简单事实:

命题 13.29 设 $(E, \mathcal{F}_1)$ 和 $(E, \mathcal{F}_2)$ 为两个分别以 r_1 和 r_2 为秩函数的拟阵. 则对任一 $F \in \mathcal{F}_1 \cap \mathcal{F}_2$ 和任一 $Q \subseteq E$, 有

$$|F| \leqslant r_1(Q) + r_2(E \setminus Q)$$

证明 由 $F \cap Q \in \mathcal{F}_1$ 有 $|F \cap Q| \leqslant r_1(Q)$. 类似地, 由 $F \setminus Q \in \mathcal{F}_2$ 有 $|F \setminus Q| \leqslant r_2(E \setminus Q)$. 两者相加, 即得所证. □

引理 13.30 $X \in \mathcal{F}_1 \cap \mathcal{F}_2$ 为最大的充要条件是 G_X 中不存在 S_X-T_X-路.

证明 若存在一条 S_X-T_X-路, 也就存在一条最短路. 应用引理 13.28, 即得一个基数更大的集 $X' \in \mathcal{F}_1 \cap \mathcal{F}_2$.

若不然, 则令 R 为 G_X 中从 S_X 可达的顶点所成的集 (参看图 13.3). 有 $R \cap T_X = \varnothing$. 令 r_1 和 r_2 分别为 $\mathcal{F}_1$ 和 $\mathcal{F}_2$ 的秩函数.

现在证明 $r_2(R) = |X \cap R|$. 若不然, 则存在一 $y \in R \setminus X$ 使得 $(X \cap R) \cup \{y\} \in \mathcal{F}_2$. 因 $X \cup \{y\} \notin \mathcal{F}_2$ (因为 $y \notin T_X$), 回路 $C_2(X, y)$ 必包含一元素 $x \in X \setminus R$. 但这样一来, $(y, x) \in A_X^{(2)}$ 意味着存在一条离开 R 的边. 与 R 的定义相矛盾.

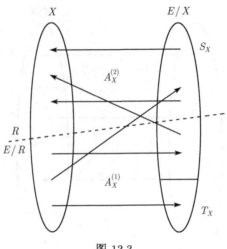

图 13.3

下面证明 $r_1(E \setminus R) = |X \setminus R|$. 若不然, 则存在一 $y \in (E \setminus R) \setminus X$ 使得 $(X \setminus R) \cup \{y\} \in \mathcal{F}_1$. 因 $X \cup \{y\} \notin \mathcal{F}_1$ (因为 $y \notin S_X$), 回路 $C_1(X, y)$ 必包含一元素 $x \in X \cap R$. 但这样一来, $(x, y) \in A_X^{(1)}$ 意味着存在一条离开 R 的边. 与 R 的定义相矛盾.

综上所述, 有 $|X| = r_2(R) + r_1(E \setminus R)$. 由命题 13.29, 最优性即可得出.　　□

从本证明的最后一段可得下面的极小 – 极大等式.

定理 13.31 (Edmonds, 1970)　设 $(E, \mathcal{F}_1)$ 和 $(E, \mathcal{F}_2)$ 分别是以 r_1 和 r_2 为秩函数的两个拟阵. 则

$$\max \{|X| : X \in \mathcal{F}_1 \cap \mathcal{F}_2\} = \min \{r_1(Q) + r_2(E \setminus Q) : Q \subseteq E\} .$$　　□

现在可以来详细说明算法.

Edmonds 拟阵交算法

输入: 由独立神算包给出的两个拟阵 $(E, \mathcal{F}_1)$ 和 $(E, \mathcal{F}_2)$.

输出: 一个具有最大基数的集 $X \in \mathcal{F}_1 \cap \mathcal{F}_2$.

---

① 令 $X := \varnothing$.

② 对每一 $y \in E \setminus X$ 和 $i \in \{1, 2\}$ 进行: 计算

　　$C_i(X, y) := \{x \in X \cup \{y\} : X \cup \{y\} \notin \mathcal{F}_i, (X \cup \{y\}) \setminus \{x\} \in \mathcal{F}_i\}$.

③ 计算如上定义的 S_X, T_X 和 G_X.

④ 应用 BFS 去求 G_X 中的一条最短路 S_X-T_X- 路 P.
　　若无此种路存在, 则停止.

⑤ 令 $X := X \triangle V(P)$, 转入 ②.

定理 13.32 Edmonds 拟阵交算法 正确地以 $O(|E|^3\theta)$ 时间解决了拟阵交问题, 于此 θ 是这两个独立神算包的最大复杂度.

证明 正确性由引理 13.28 和引理 13.30 得出. ② 和 ③ 可在 $O(|E|^2\theta)$, ④ 可在 $O(|E|)$ 时间内完成. 因至多有 $|E|$ 个扩张, 总的复杂度为 $O(|E|^3\theta)$.   □

Cunningham (1986) 和 Gabow 与 Xu (1996) 皆讨论过更快的拟阵交算法. 我们要指出: 寻求三个拟阵交的最大基数集是一个 NP 难题, 参看第 15 章习题 14(c).

13.6 拟 阵 划 分

放下拟阵的交, 现在来考虑它们的并. 其定义如下:

定义 13.33 设 $(E,\mathcal{F}_1),\cdots,(E,\mathcal{F}_k)$ 为 k 个拟阵. 称一个集合 $X \subseteq E$ 是可划分的, 是指存在一个划分 $X = X_1 \dot\cup \cdots \dot\cup X_k$, 使得 $X_i \in \mathcal{F}_i$ 对所有 $i = 1,\cdots,k$ 成立. 令 $\mathcal{F}$ 为 E 的可划分子集所成的族. 则 $(E,\mathcal{F})$ 称为 $(E,\mathcal{F}_1),\cdots,(E,\mathcal{F}_k)$ 之并或和.

我们将证明几个拟阵的并仍是一个拟阵. 另外, 还要通过拟阵交来解决下面的问题

拟阵划分问题

实例: 一数目 $k \in \mathbb{N}$, 由独立神算包给出的 k 个拟阵 $(E,\mathcal{F}_1),\cdots,(E,\mathcal{F}_k)$.

任务: 找到一具有最大基数的可划分集 $X \subseteq E$.

有关拟阵划分的主要定理是:

定理 13.34 (Nash-Williams, 1967) 设 $(E,\mathcal{F}_1),\cdots,(E,\mathcal{F}_k)$ 为拟阵, 其秩函数分别为 $r_1,\cdots,r_k$, 又令 $(E,\mathcal{F})$ 为它们的 并. 则 $(E,\mathcal{F})$ 为一拟阵, 其秩函数为 $r(X) = \min_{A \subseteq X} \left(|X \setminus A| + \sum_{i=1}^{k} r_i(A) \right)$.

证明 $(E,\mathcal{F})$ 显然是一独立系统. 设 $X \subseteq E$. 先证

$$r(X) = \min_{A \subseteq X} \left(|X \setminus A| + \sum_{i=1}^{k} r_i(A) \right)$$

对于任一可划分的 $Y \subseteq X$, 即 $Y = Y_1 \dot\cup \cdots \dot\cup Y_k$, 使得 $Y_i \in \mathcal{F}_i$ $(i = 1,\cdots,k)$, 和任一 $A \subseteq X$, 有

$$|Y| = |Y \setminus A| + |Y \cap A| \leqslant |X \setminus A| + \sum_{i=1}^{k} |Y_i \cap A| \leqslant |X \setminus A| + \sum_{i=1}^{k} r_i(A)$$

因而有 $r(X) \leqslant \min_{A \subseteq X} \left(|X \setminus A| + \sum_{i=1}^{k} r_i(A) \right)$.

另一方面, 令 $X' := X \times \{1,\cdots,k\}$. 在 X' 上定义两个拟阵. 对于 $Q \subseteq X'$ 和 $i \in \{1,\cdots,k\}$, 写 $Q_i := \{e \in X : (e,i) \in Q\}$. 令

$$\mathcal{I}_1 := \{Q \subseteq X' : Q_i \in \mathcal{F}_i \ \text{对所有} \ i = 1, \cdots, k\}$$

和

$$\mathcal{I}_2 := \{Q \subseteq X' : Q_i \cap Q_j = \varnothing \ \text{对所有} \ i \neq j\}$$

显而易见, $(X', \mathcal{I}_1)$ 和 $(X', \mathcal{I}_2)$ 皆为拟阵, 而且秩函数分别为 $s_1(Q) := \sum_{i=1}^{k} r_i(Q_i)$ 和 $s_2(Q) := |\bigcup_{i=1}^{k} Q_i|$ 对 $Q \subseteq X'$.

现在, X 的可划分子集所成之族可以写成

$$\{A \subseteq X : \text{存在函数} f : A \to \{1, \cdots, k\}, \ \text{满足} \{(e, f(e)) : e \in A\} \in \mathcal{I}_1 \cap \mathcal{I}_2\}$$

于是, 一个可划分集的最大基数就是 $\mathcal{I}_1$ 和 $\mathcal{I}_2$ 中的一个公共独立集的最大基数. 由定理 13.31 这一最大基数等于 $\min\{s_1(Q) + s_2(X' \setminus Q) : Q \subseteq X'\}$. 若 $Q \subseteq X'$ 达到这一极小, 则对于 $A := Q_1 \cap \cdots \cap Q_k$, 有

$$r(X) = s_1(Q) + s_2(X' \setminus Q) = \sum_{i=1}^{k} r_i(Q_i) + \left| X \setminus \bigcap_{i=1}^{k} Q_i \right|$$

$$\geqslant \sum_{i=1}^{k} r_i(A) + |X \setminus A|$$

于是, 找到了一个集 $A \subseteq X$, 满足 $\sum_{i=1}^{k} r_i(A) + |X \setminus A| \leqslant r(X)$.

在已经证明了这一关于秩函数 r 的公式之后, 最后指出 r 是一次模函数. 由定理 13.10, 这蕴涵 $(E, \mathcal{F})$ 是一拟阵. 要指出次模性, 令 $X, Y \subseteq E$, $A \subseteq X, B \subseteq Y$ 满足 $r(X) = |X \setminus A| + \sum_{i=1}^{k} r_i(A)$, $r(Y) = |Y \setminus B| + \sum_{i=1}^{k} r_i(B)$. 由此即得

$$r(X) + r(Y)$$

$$= |X \setminus A| + |Y \setminus B| + \sum_{i=1}^{k} (r_i(A) + r_i(B))$$

$$\geqslant |(X \cup Y) \setminus (A \cup B)| + |(X \cap Y) \setminus (A \cap B)| + \sum_{i=1}^{k} (r_i(A \cup B) + r_i(A \cap B))$$

$$\geqslant r(X \cup Y) + r(X \cap Y). \qquad \Box$$

上述证明中的结构 (Edmonds, 1970) 将拟阵划分问题转化成拟阵交问题. 另一方向的转化也是可能的 (习题 20), 这两个问题可以看成是等价的.

注意, 可在任意多个拟阵的并中有效地求出一个最大独立集, 但多于两个的拟阵的交的问题则是难于处理的.

13.7 加权拟阵交

现在考虑将上述算法推广到加权的情况:

加权拟阵交问题

实例：由独立神算包给出的两个拟阵 $(E, \mathcal{F}_1)$ 和 $(E, \mathcal{F}_2)$, 权 $c: E \to \mathbb{R}$.

任务：求一集 $X \in \mathcal{F}_1 \cap \mathcal{F}_2$, 它的权 $c(X)$ 为最大.

下面描述关于这一问题由 Frank (1981) 所得到的一个原始对偶算法. 它推广了 EDMONDS 的拟阵交算法. 仍从 $X := X_0 = \varnothing$ 和在每次迭代中将基数增加一开始. 得到集 $X_0, \cdots, X_m \in \mathcal{F}_1 \cap \mathcal{F}_2$ 满足 $|X_k| = k$ $(k = 0, \cdots, m)$ 和 $m = \max\{|X| : X \in \mathcal{F}_1 \cap \mathcal{F}_2\}$. 每一 X_k 将是最优的, 即

$$c(X_k) = \max\{c(X) : X \in \mathcal{F}_1 \cap \mathcal{F}_2, |X| = k\} \tag{13.4}$$

因而到了最终, 正好在 $X_0, \cdots, X_m$ 中选出了最优集.

主要的想法就是要将权函数拆开. 在任一阶段, 都有两个函数 $c_1, c_2 : E \to \mathbb{R}$ 使得对所有的 $e \in E, c_1(e) + c_2(e) = c(e)$. 对每一 k, 将保证

$$c_i(X_k) = \max\{c_i(X) : X \in \mathcal{F}_i, |X| = k\} \qquad (i = 1, 2) \tag{13.5}$$

这一条件显然意味着 (13.4) 成立. 要得到 (13.5), 应用定理 13.23 的最优性准则. 替代 G_X, S_X 和 T_X, 现在只考虑子集 $\bar{G}$ 和子集 $\bar{S}$ 和 $\bar{T}$.

加权拟阵交算法

输入：由独立神算包给定的两个拟阵 $(E, \mathcal{F}_1)$ 和 $(E, \mathcal{F}_2)$. 权 $c: E \to \mathbb{R}$.

输出：一个具有最大权的集 $X \in \mathcal{F}_1 \cap \mathcal{F}_2$.

---

① 令 $k := 0$ 和 $X_0 := \varnothing$. 令 $c_1(e) := c(e)$ 和 $c_2(e) := 0$ 对所有 $e \in E$.

② 对每一 $y \in E \setminus X_k$ 和 $i \in \{1, 2\}$ 进行: 计算

$\quad C_i(X_k, y) := \{x \in X_k \cup \{y\} : X_k \cup \{y\} \notin \mathcal{F}_i, (X_k \cup \{y\}) \setminus \{x\} \in \mathcal{F}_i\}$

③ 计算

$$A^{(1)} := \{(x, y) : y \in E \setminus X_k, x \in C_1(X_k, y) \setminus \{y\}\}$$

$$A^{(2)} := \{(y, x) : y \in E \setminus X_k, x \in C_2(X_k, y) \setminus \{y\}\}$$

$$S := \{y \in E \setminus X_k : X_k \cup \{y\} \in \mathcal{F}_1\}$$

$$T := \{y \in E \setminus X_k : X_k \cup \{y\} \in \mathcal{F}_2\}$$

④ 计算

$$m_1 := \max\{c_1(y) : y \in S\}$$

$$m_2 := \max\{c_2(y) : y \in T\}$$

$$\bar{S} := \{y \in S : c_1(y) = m_1\}$$

$$\bar{T}:=\{\, y \in T : c_2(y) = m_2 \,\}$$

$$\bar{A}^{(1)}:=\{\, (x,y) \in A^{(1)} : c_1(x) = c_1(y) \,\}$$

$$\bar{A}^{(2)}:=\{\, (y,x) \in A^{(2)} : c_2(x) = c_2(y) \,\}$$

$$\bar{G}:=(E, \bar{A}^{(1)} \cup \bar{A}^{(2)}).$$

⑤ 应用BFS去计算 $\bar{G}$ 中从 $\bar{S}$ 可达的顶点所成之集 R.

⑥ 若 $R \cap \bar{T} \neq \varnothing$, 则 在 $\bar{G}$ 中求一 $\bar{S}$-$\bar{T}$-路 P 使其边数为最小, 令 $X_{k+1} := X_k \triangle V(P)$, $k := k+1$, 转入 ②.

⑦ 计算

$$\varepsilon_1:=\min\{c_1(x) - c_1(y) : (x,y) \in A^{(1)} \cap \delta^+(R)\}$$

$$\varepsilon_2:=\min\{c_2(x) - c_2(y) : (y,x) \in A^{(2)} \cap \delta^+(R)\}$$

$$\varepsilon_3:=\min\{m_1 - c_1(y) : y \in S \setminus R\}$$

$$\varepsilon_4:=\min\{m_2 - c_2(y) : y \in T \cap R\}$$

$$\varepsilon:=\min\{\varepsilon_1, \varepsilon_2, \varepsilon_3, \varepsilon_4\}$$

(于此, $\min \varnothing := \infty$).

⑧ 若 $\varepsilon < \infty$, 则

令 $c_1(x) := c_1(x) - \varepsilon$, $c_2(x) := c_2(x) + \varepsilon$ 对所有之 $x \in R$. 转入 ④.

若 $\varepsilon = \infty$, 则

在 $X_0, X_1, \cdots, X_k$ 中, 令 X 为其中具有最大权者之一. 停.

关于这一算法的较早一些版本, 可参考 Edmonds (1979), Lawler (1976).

定理 13.35 (Frank, 1981)　加权拟阵交算法正确地以 $O(|E|^4 + |E|^3\theta)$ 时间解决了加权拟阵交问题, 于此 θ 为两个独立神算包的最大复杂度.

证明　设 m 为 k 的最终值. 此算法算出了集 $X_0, X_1, \cdots, X_m$. 现在在 k 上施行归纳法, 先来证明 $X_k \in \mathcal{F}_1 \cap \mathcal{F}_2$ 对 $k = 0, \cdots, m$. 对 $k = 0$, 这是很显而易见的. 现在要处理的是若 $X_k \in \mathcal{F}_1 \cap \mathcal{F}_2$, 对某一 k 成立, $\bar{G}$ 是 $(E, A^{(1)} \cup A^{(2)}) = G_{X_k}$ 的一子图. 因此, 若在 ⑤ 中找到了一条路 P, 引理 13.28 即保证 $X_{k+1} \in \mathcal{F}_1 \cap \mathcal{F}_2$.

当算法停止时, 有 $\varepsilon_1 = \varepsilon_2 = \varepsilon_3 = \varepsilon_4 = \infty$, 因而 T 在 G_{X_m} 中是不能从 S 到达的. 于是由引理 13.30, $m = |X_m| = \max\{|X| : X \in \mathcal{F}_1 \cap \mathcal{F}_2\}$.

要证明正确性, 需证明对 $k = 0, \cdots, m$, $c(X_k) = \max\{c(X) : X \in \mathcal{F}_1 \cap \mathcal{F}_2, |X| = k\}$. 因为总有 $c = c_1 + c_2$, 只需证明在算法的任何阶段, (13.5) 成立即可. 这在算法开始时 (即 $k = 0$) 显然成立. 我们要证 (13.5) 不受破坏. 利用定理 13.23.

当在 ⑥ 中令 $X_{k+1} := X_k \triangle V(P)$ 时, 必须验证 (13.5) 成立. 设 P 为一 s-t-路, $s \in \bar{S}$, $t \in \bar{T}$. 由 $\bar{G}$ 的定义, 有 $c_1(X_{k+1}) = c_1(X_k) + c_1(s)$, $c_2(X_{k+1}) = c_2(X_k) + c_2(t)$. 因 X_k 满足 (13.5), 定理 13.23 中的条件 (a) 和 (b) 关于 X_k 和每一 $\mathcal{F}_1$ 和 $\mathcal{F}_2$ 必然成立.

由 $\bar{S}$ 的定义, 这两个条件对 $X_k \cup \{s\}$ 和 $\mathcal{F}_1$ 继续成立. 因而 $c_1(X_{k+1}) = c_1(X_k \cup \{s\}) = \max\{c_1(Y) : Y \in \mathcal{F}_1, |Y| = k+1\}$. 此外, 由 $\bar{T}$ 的定义, 定理 13.23 中的 (a) 和 (b) 继续对 $X_k \cup \{t\}$ 和 $\mathcal{F}_2$ 成立, 这表明 $c_2(X_{k+1}) = c_2(X_k \cup \{t\}) = \max\{c_2(Y) : Y \in \mathcal{F}_2, |Y| = k+1\}$. 换言之, (13.5) 对 X_{k+1} 确实成立.

现设将 ⑧ 中的 c_1 与 c_2 交换. 先指出 $\varepsilon > 0$. 由 (13.5) 和定理 13.23, 对所有 $y \in E \setminus X_k$ 和 $x \in C_1(X_k, y) \setminus \{y\}$, 有 $c_1(x) \geqslant c_1(y)$. 所以对任意 $(x, y) \in A^{(1)}$, 有 $c_1(x) \geqslant c_1(y)$. 此外, 由 R 的定义, 没有一条边 $(x, y) \in \delta^+(R)$ 属于 $\bar{A}^{(1)}$. 这意味着 $\varepsilon_1 > 0$.

$\varepsilon_2 > 0$ 可同样证明. $m_1 \geqslant c_1(y)$ 对所有的 $y \in S$ 成立. 若加上 $y \notin R$, 则 $y \notin \bar{S}$, 因而 $m_1 > c_1(y)$. 因而 $\varepsilon_3 > 0$. 类似地, $\varepsilon_4 > 0$(利用 $\bar{T} \cap R = \varnothing$). 由此即得 $\varepsilon > 0$.

现在可以证明 ⑧ 可以保持 (13.5) 成立. 令 c_1' 为经修改后的 c_1, 即

$$c_1'(x) := \begin{cases} c_1(x) - \varepsilon & \text{若 } x \in R \\ c_1(x) & \text{若 } x \notin R \end{cases}$$

下证 X_k 和 c_1' 关于 $\mathcal{F}_1$ 满足定理 13.23 的条件.

要证明 (a), 令 $y \in E \setminus X_k$, $x \in C_1(X_k, y) \setminus \{y\}$. 设 $c_1'(x) < c_1'(y)$. 因 $c_1(x) \geqslant c_1(y)$ 和 $\varepsilon > 0$, 必有 $x \in R$ 和 $y \notin R$. 因为还有 $(x, y) \in A^{(1)}$, 有 $\varepsilon \leqslant \varepsilon_1 \leqslant c_1(x) - c_1(y) = (c_1'(x) + \varepsilon) - c_1'(y)$, 得一矛盾.

要证明 (b), 令 $x \in X_k$ 和 $y \in E \setminus X_k$ 使得 $X_k \cup \{y\} \in \mathcal{F}_1$. 现设 $c_1'(y) > c_1'(x)$. 因 $c_1(y) \leqslant m_1 \leqslant c_1(x)$, 必有 $x \in R$ 和 $y \notin R$. 因 $y \in S$, 有 $\varepsilon \leqslant \varepsilon_3 \leqslant m_1 - c_1(y) \leqslant c_1(x) - c_1(y) = (c_1'(x) + \varepsilon) - c_1'(y)$, 得一矛盾.

设 c_2' 为修改 c_2 所得, 即

$$c_2'(x) := \begin{cases} c_2(x) + \varepsilon & \text{若 } x \in R \\ c_2(x) & \text{若 } x \notin R \end{cases}$$

下证 X_k 和 c_2' 关于 $\mathcal{F}_2$ 满足定理 13.23 的条件.

要证明 (a), 令 $y \in E \setminus X_k$ 和 $x \in C_2(X_k, y) \setminus \{y\}$. 设 $c_2'(x) < c_2'(y)$. 因 $c_2(x) \geqslant c_2(y)$, 必有 $y \in R$ 和 $x \notin R$. 又因 $(y, x) \in A^{(2)}$, 有 $\varepsilon \leqslant \varepsilon_2 \leqslant c_2(x) - c_2(y) = c_2'(x) - (c_2'(y) - \varepsilon)$, 得一矛盾.

要证明 (b), 令 $x \in X_k, y \in E \setminus X_k$ 使得 $X_k \cup \{y\} \in \mathcal{F}_2$. 现设 $c_2'(y) > c_2'(x)$. 因 $c_2(y) \leqslant m_2 \leqslant c_2(x)$, 必有 $y \in R$ 和 $x \notin R$. 因 $y \in T$, 有 $\varepsilon \leqslant \varepsilon_4 \leqslant m_2 - c_2(y) \leqslant c_2(x) - c_2(y) = c_2'(x) - (c_2'(y) - \varepsilon)$, 得一矛盾.

于是, 我们已经证明了 (13.5) 在计算 ⑧ 时并未受到破坏. 于是算法正确地运行.

现在来考虑运算时间. 注意, 在 ⑧ 中, 当对权进行更新, 随即在 ④ 和 ⑤ 中进行计算之后, 新的集 $\bar{S}, \bar{T}$ 和 R 分别是旧的集 $\bar{S}, \bar{T}$ 和 R 的超集 (supperset). 若

$\varepsilon = \varepsilon_4 < \infty$, 则接下来得一次扩大 ($k$ 增大). 否则 R 的基数将立即 (在 ⑤ 中) 至少增加一. 因而 ④~⑧ 在两次扩大之间重复的次数不到 $|E|$.

因为 ④~⑧ 的运算时间为 $O(|E|^2)$, 在两次扩大之间总的运算时间为 $O(|E|^3)$ 加上 (② 中的)$O(|E|^2)$ 次对神算包的呼叫. 因为共有 $m \leqslant |E|$ 次扩大, 即得到上述总的运算时间. □

运算时间可以容易地改进到 $O(|E|^3\theta)$(习题 22).

习　　题

1. 试证明：在 13.1 节开头的表中, 除 (5) 与 (6) 之外, 所有的独立系统一般说来皆不是拟阵.

2. 试证明：具有 4 个元素, 秩为 2 的一致拟阵不是图拟阵.

3. 试证明：每一图拟阵在任何域上皆是可表示的.

4. 设 G 为一无向图, $K \in \mathbb{N}$. 又设 $\mathcal{F}$ 包含 $E(G)$ 中由 K 个森林之并所成之子集. 试证明：$(E(G), \mathcal{F})$ 为一拟阵.

5. 试对 13.1 节开头的表中所列的诸独立系统, 算出它们的秩商的紧的下界.

6. 设 $\mathcal{S}$ 为一集族. 一个集 T 称为 $\mathcal{S}$ 的一横贯, 是指存在一双射 $\Phi : T \to \mathcal{S}$ 使得对于所有之 $t \in T$, $t \in \Phi(t)$ (对于横贯存在的充要条件, 可参看第 10 章习题 6). 假定 $\mathcal{S}$ 有一横贯, 试证明：由 $\mathcal{S}$ 的横贯所成之族是一个拟阵的基所成的族.

7. 设 E 为一有限集, $\mathcal{B} \subseteq 2^E$. 试证明：$\mathcal{B}$ 是某一拟阵 $(E, \mathcal{F})$ 的基所成的集当且仅当下之关系成立：

(B1) $\mathcal{B} \neq \varnothing$;

(B2) 对任何 $B_1, B_2 \in \mathcal{B}$ 和 $y \in B_2 \setminus B_1$, 存在一 $x \in B_1 \setminus B_2$ 使得 $(B_1 \setminus \{x\}) \cup \{y\} \in \mathcal{B}$.

8. 设 G 为一图. 设 $\mathcal{F}$ 为由集 $X \subseteq V(G)$ 所成的族, 对此种 X 存在一最大匹配, 它不覆盖 X 中的任何顶点. 试证明：$(V(G), \mathcal{F})$ 为一拟阵. 其对偶拟阵为何?

9. 试证明：$\mathcal{M}(G^*) = (\mathcal{M}(G))^*$ 对非连通图 G 也成立, 将定理 13.16 推广.

提示：利用第 2 章习题 31(a).

10. 试证明：13.3 节的表中, (3) 和 (6) 中之无序组具有最大流 – 最小割性质 (利用定理 19.10). 试指出 (1), (4) 和 (5) 中的无序组一般没有最大流 – 最小割性质.

*11. 一个无序组$(E, \mathcal{F})$ 称为 二元 的是指对于所有的 $X_1, \cdots, X_k \in \mathcal{F}(k$ 为奇数), 存在一 $Y \in \mathcal{F}$, 使得 $Y \subseteq X_1 \triangle \cdots \triangle X_k$. 试证明：最小 T 连接无序组和最小 T 割无序组 (13.3 节表上之例 (7)) 皆是二元的. 试证明一个无序组为二元的当且仅当 $|A \cap B|$ 对所有的 $A \in \mathcal{F}$ 和所有的 $B \in \mathcal{F}'$ 皆为奇数, 于此 $(E, \mathcal{F}')$ 为阻塞无序组. 由此得出结论：一无序组为二元的之充要条件是它的阻塞无序组为二元的.

注：Seymour (1977) 用最大流 – 最小割性质对二元无序集进行分类.

*12. 设 P 为一堵塞型的多面体(即对所有 $x \in P$ 和 $y \geqslant 0$ 有 $x + y \in P$). P 的堵塞多面体是定义为 $B(P) := \{z : z^\top x \geqslant 1$ 对所有 $x \in P\}$. 试证明：$B(P)$ 仍是一堵塞多面体, 而且 $B(B(P)) = P$.

注：将此定理与定理 4.22 比较.

13. 设 G 为一完全图, 如何能在 (多项式时间内) 核对 G 的一个给定的边集是 G 中某一 Hamiltonian 回路的子集?

14. 试证明: 若 $(E, \mathcal{F})$ 为一拟阵, 则优胜贪婪使 瓶颈函数 $c(F) = \min\{c_e : e \in F\}$ 在基上达到极大.

15. 设 $(E, \mathcal{F})$ 为一拟阵, $c : E \to \mathbb{R}$ 使得对于所有 $e \neq e'$, 有 $c(e) \neq c(e')$, 和对于所有 e, $c(e) \neq 0$. 试证明: 对于 $(E, \mathcal{F}, c)$ 的极大化和极小化问题皆有唯一的最优解.

*16. 试证明: 对于拟阵来说, 独立性、基–超集、闭包和秩神算包, 这四种神算包是多项式等价的. 提示: 要指出秩神算包可化归独立神算包, 用优胜贪婪; 要指出独立神算包可化归基–超集神算包, 可用劣汰贪婪. (Hausmann and Korte, 1981)

17. 设 G 为一无向图, 我们想要用最少数颜色对之进行边着色, 使得对于 G 的任何回路 C, C 上的边不都是同一种颜色. 试指出, 对于该问题存在一多项式算法.

18. 设 $(E, \mathcal{F}_1), \cdots, (E, \mathcal{F}_k)$ 为拟阵, 其秩函数分别为 $r_1, \cdots, r_k$. 试证明: 一个集 $X \subseteq E$ 是可划分的当且仅当 $|A| \leqslant \sum_{i=1}^{k} r_i(A)$ 对于所有 $A \subseteq X$ 成立. 试指出定理 6.19 是一种特殊情况. (Edmonds and Fulkerson, 1965)

19. 设 $(E, \mathcal{F})$ 为一以 r 为秩函数的拟阵. 试证明 (利用定理 13.34):

(a) $(E, \mathcal{F})$ 具有 k 个两两不相交的基的充要条件是: 对于所有 $A \subseteq E$, $kr(A) + |E \setminus A| \geqslant kr(E)$.

(b) $(E, \mathcal{F})$ 具有以 E 为并的 k 个独立集的充要条件为: 对于所有的 $A \subseteq E$, $kr(A) \geqslant |A|$. 试指出定理 6.19 和定理 6.16 皆为其特例.

20. 设 $(E, \mathcal{F}_1)$ 和 $(E, \mathcal{F}_2)$ 为两个独立集. 设 X 为关于 $(E, \mathcal{F}_1)$ 和 $(E, \mathcal{F}_2^*)$ 的最大可划分子集: $X = X_1 \dot{\cup} X_2$ 使得 $X_1 \in \mathcal{F}_1$ 和 $X_2 \in \mathcal{F}_2^*$. 设 $B_2 \supseteq X_2$ 为 $\mathcal{F}_2^*$ 的一基. 试证明: $X \setminus B_2$ 为 $\mathcal{F}_1 \cap \mathcal{F}_2$ 中的一最大基数集. (Edmonds, 1970)

21. 设 $(E, \mathcal{S})$ 为一集系, 又令 $(E, \mathcal{F})$ 为一以 r 为秩函数的一拟阵. 试证明: $\mathcal{S}$ 具有一个在 $(E, \mathcal{F})$ 中独立的横贯的充要条件是 $r\left(\bigcup_{B \in \mathcal{B}} B\right) \geqslant |\mathcal{B}|$ 对所有的 $\mathcal{B} \subseteq \mathcal{S}$ 成立. 提示: 首先利用定理 13.34 描绘出一个其独立集全是横贯的拟阵的秩函数 (习题 13.7), 然后应用定理 13.31. (Rado, 1942)

22. 试指出加权拟阵交算法的运算时间 (参看定理 13.35) 可以改进到 $O(|E|^3 \theta)$.

23. 设 $(E, \mathcal{F}_1)$ 和 $(E, \mathcal{F}_2)$ 为两个拟阵, $c : E \to \mathbb{R}$. 令 $X_0, \cdots, X_m \in \mathcal{F}_1 \cap \mathcal{F}_2$, 使得对所有 k, $|X_k| = k$, $c(X_k) = \max\{c(X) : X \in \mathcal{F}_1 \cap \mathcal{F}_2, |X| = k\}$. 试证明: 对于 $k = 1, \cdots, m-2$,

$$c(X_{k+1}) - c(X_k) \leqslant c(X_k) - c(X_{k-1})$$

(Krogdahl, 未发表)

24. 考虑下之问题: G 为一个带边权的有向图, $s \in V(G)$, K 为一数, 试求 G 的一具有最小权的字图 H, 它包含 K 条从 s 到其它各顶点的边不相交路. 试指出: 这化归加权拟阵交问题. 提示: 参阅第 6 章习题 19 和本章习题 4. (Edmonds, 1970; Frank and Tardos, 1989; Gabow, 1995)

25. 设 A 和 B 为两个基数为 $n \in \mathbb{N}$ 的有限集, $G = (A \dot{\cup} B, \{\{a, b\} : a \in A, b \in B\})$ 为完全二分图, $\bar{a} \in A$, $c : E(G) \to \mathbb{R}$ 为一价值函数. 令 T 为 G 的支撑树中使得对于所有 $a \in A \setminus \{\bar{a}\}$, $|\delta_T(a)| = 2$. 又令 $\mathcal{T}$ 为所有此种 T 的边集族. 试指出 $\mathcal{T}$ 的一个最小价值元素可在 $O(n^7)$ 时间内算出. 有多少边与 $\bar{a}$ 相关联?

参 考 文 献

一般著述

Bixby, R E, and Cunningham, W H. 1995. Matroid optimization and algorithms//Handbook of Combinatorics; Vol. 1 (Graham R L, Grötschel M, Lovász L, eds.), Amsterdam: Elsevier.

Cook, W J, Cunningham, W H, Pulleyblank, W R, and Schrijver, A. 1998. Combinatorial Optimization. New York: Wiley, Chapter 8.

Faigle, U. 1987. Matroids in combinatorial optimization//Combinatorial Geometries (White N, ed.), Cambridge University Press.

Gondran, M, and Minoux, M. 1984. Graphs and Algorithms. Chichester: Wiley, Chapter 9.

Lawler, E L. 1976. Combinatorial Optimization; Networks and Matroids. New York: Holt, Rinehart and Winston, Chapters 7 and 8.

Oxley, J G. 1992. Matroid Theory. Oxford: Oxford University Press.

von Randow, R. 1975. Introduction to the Theory of Matroids. Berlin: Springer.

Recski, A. 1989. Matroid Theory and its Applications. Berlin: Springer.

Schrijver, A. 2003. Combinatorial Optimization: Polyhedra and Efficiency. Berlin: Springer, Chapters 39–42.

Welsh, D J A. 1976. Matroid Theory. London: Academic Press.

引用文献

Cunningham, W H. 1986. Improved bounds for matroid partition and intersection algorithms. SIAM Journal on Computing, 15: 948–957.

Edmonds, J. 1970. Submodular functions, matroids and certain polyhedra//Combinatorial Structures and Their Applications; Proceedings of the Calgary International Conference on Combinatorial Structures and Their Applications 1969 (Guy R, Hanani H, Sauer N, Schonheim J, eds.). New York: Gordon and Breach, 69–87.

Edmonds, J. 1971. Matroids and the greedy algorithm. Mathematical Programming, 1: 127–136.

Edmonds, J. 1979. Matroid intersection//Discrete Optimization I; Annals of Discrete Mathematics 4 (Hammer P L, Johnson E L, Korte B H, eds.). Amsterdam: North-Holland, 39–49.

Edmonds, J, and Fulkerson, D R. 1965. Transversals and matroid partition. Journal of Research of the National Bureau of Standards, B 69: 67–72.

Frank, A. 1981. A weighted matroid intersection algorithm. Journal of Algorithms, 2: 328–336.

Frank, A, and Tardos, É. 1989. An application of submodular flows. Linear Algebra and Its Applications, 114/115: 329–348.

Fulkerson, D R. 1971. Blocking and anti-blocking pairs of polyhedra. Mathematical Programming, 1: 168–194.

Gabow, H N. 1995. A matroid approach to finding edge connectivity and packing arborescences. Journal of Computer and System Sciences, 50: 259–273.

Gabow, H N, and Xu, Y. 1996. Efficient theoretic and practical algorithms for linear matroid intersection problems. Journal of Computer and System Sciences, 53: 129–147.

Hausmann, D, Jenkyns, T A, and Korte, B. 1980. Worst case analysis of greedy type algorithms for independence systems. Mathematical Programming Study, 12: 120–131.

Hausmann, D, and Korte, B. 1981. Algorithmic versus axiomatic definitions of matroids. Mathematical Programming Study, 14: 98–111.

Jenkyns, T A. 1976. The efficiency of the greedy algorithm. Proceedings of the 7th S-E Conference on Combinatorics, Graph Theory, and Computing, Utilitas Mathematica, Winnipeg, 341–350.

Korte, B, and Hausmann, D. 1978. An analysis of the greedy algorithm for independence systems//Algorithmic Aspects of Combinatorics; Annals of Discrete Mathematics 2 (Alspach B, Hell P, Miller D J, eds.). Amsterdam: North-Holland, 65–74.

Korte, B, and Monma, C L. 1979. Some remarks on a classification of oracle-type algorithms//Numerische Methoden bei graphentheoretischen und kombinatorischen Problemen; Band 2 (Collatz L, Meinardus G, Wetterling W, eds.). Basel: Birkhäuser, 195–215

Lehman, A. 1979. On the width-length inequality. Mathematical Programming, 17: 403–417.

Nash-Williams, C S J A. 1967. An application of matroids to graph theory//Theory of Graphs; Proceedings of an International Symposium in Rome 1966 (Rosenstiehl P, ed.). New York: Gordon and Breach, 263–265.

Rado, R. 1942. A theorem on independence relations. Quarterly Journal of Math. Oxford, 1: 83–89.

Rado, R. 1957. Note on independence functions. Proceedings of the London Mathematical Society, 7: 300–320.

Seymour, P D. 1977. The matroids with the Max-Flow Min-Cut property. Journal of Combinatorial Theory, B 23: 189–222.

Whitney, H. 1933. Planar graphs. Fundamenta Mathematicae, 21: 73–84.

Whitney, H. 1935. On the abstract properties of linear dependence. American Journal of Mathematics, 57: 509–533.

第 14 章 拟阵的推广

拟阵有几种值得关注的推广. 在 13.1 节中已看到独立系统, 它是将公理 (M3) 省去而来的. 在 14.1 节中将讨论广拟阵, 它所省去的则是 (M2). 此外, 某些与拟阵和次模函数有关的有界多面体, 称之为多面体拟阵, 可导致一些重要定理的有力推广, 在 14.2 节中将加以讨论. 在 14.3 节和 14.4 节将考虑如何求一任意的次模函数的极小值问题的两条途径: 其一为利用椭球法, 另一为组合算法. 对于对称次模函数的一种重要的特殊情况, 在 14.5 节中将提到一个更简单的算法.

14.1 广 义 拟 阵

由定义, 集合系统 $(E, \mathcal{F})$ 为一拟阵, 当且仅当它满足

(M1) $\varnothing \in \mathcal{F}$.

(M2) 若 $X \subseteq Y \in \mathcal{F}$, 则 $X \in \mathcal{F}$.

(M3) 若 $X, Y \in \mathcal{F}$, 则 $|X| > |Y|$, 存在一 $x \in X \setminus Y$ 使得 $Y \cup \{x\} \in \mathcal{F}$.

如果忽略 (M3), 就得到 13.1 和 13.4 节中讨论的独立系统. 现在忽略 (M2).

定义 14.1　一个广义拟阵乃是一个集合系统 $(E, \mathcal{F})$, 它满足(M1)和(M3).

替代子包容性 (M2), 有可达性 (accessibility): 称一个集合系统 $(E, \mathcal{F})$ 是可达的, 是指它满足: $\varnothing \in \mathcal{F}$, 而且对于任何 $X \in \mathcal{F} \setminus \{\varnothing\}$, 存在一 $x \in X$, 使得 $X \setminus \{x\} \in \mathcal{F}$. 广义拟阵是可达的 (可达性直接从 (M1) 和 (M3) 得出). 虽然比拟阵较为广泛, 它们却包含着丰富的结构, 而且还将许多不同的, 看起来似乎不相干的概念加以推广. 我们从下面的结果开始.

定理 14.2　设 $(E, \mathcal{F})$ 为一可达的集合系统. 下述的说法是等价的:

(a) 对任何 $X \subseteq Y \subset E$ 和 $z \in E \setminus Y$, 其中 $X \cup \{z\} \in \mathcal{F}, Y \in \mathcal{F}$, 有 $Y \cup \{z\} \in \mathcal{F}$.

(b) $\mathcal{F}$ 在运算并之下是闭的.

证明　(a) $\Rightarrow$(b) 设 $X, Y \in \mathcal{F}$, 要证 $X \cup Y \in \mathcal{F}$. 设 Z 为一使得 $Z \in \mathcal{F}$ 和 $X \subseteq Z \subseteq X \cup Y$ 的最大集. 设 $Y \setminus Z \neq \varnothing$. 通过对 Y 反复应用可达性, 可得一集 $Y' \in \mathcal{F}$ 使得 $Y' \subseteq Z$, 和一元素 $y \in Y \setminus Z$ 使得 $Y' \cup \{y\} \in \mathcal{F}$. 应用 (a) 于 Z, Y' 和 y, 即得 $Z \cup \{y\} \in \mathcal{F}$, 与 Z 的选取相矛盾.

(b) $\Rightarrow$(a) 显然.　　　　　　　　　　　　　　　　　　　　□

若定理 14.2 中的条件成立, 则 $(E, \mathcal{F})$ 称为一反拟阵.

命题 14.3　每一反拟阵 为一广义拟阵.

证明　设 $(E, \mathcal{F})$ 为一反拟阵, 即为可达的而且在并之下为闭的. 要证明 (M3), 可令 $X, Y \in \mathcal{F}$, 且 $|X| > |Y|$. 因 $(E, \mathcal{F})$ 为可达, 存在一个序 $X = \{x_1, \cdots, x_n\}$ 使得 $\{x_1, \cdots, x_i\} \in \mathcal{F}$, 对 $i = 0, \cdots, n$ 成立. 设 $i \in \{1, \cdots, n\}$ 为一使得 $x_i \notin Y$ 的最小的下标, 则 $Y \cup \{x_i\} = Y \cup \{x_1, \cdots, x_i\} \in \mathcal{F}$ (因 $\mathcal{F}$ 在并之下为闭的).　□

反拟阵的另一个等价的定义是通过闭包算子来给出的.

命题 14.4　设 $(E, \mathcal{F})$ 为一集合系统, 使得 $\mathcal{F}$ 在并之下为闭的而且 $\varnothing \in \mathcal{F}$. 定义

$$\tau(A) := \bigcap\{X \subseteq E : A \subseteq X, E \setminus X \in \mathcal{F}\}$$

则 τ 为一闭包算子, 即满足定理 13.11 中的 (S1)~(S3).

证明　设 $X \subseteq Y \subseteq E$. $X \subseteq \tau(X) \subseteq \tau(Y)$ 是显然的. 要证明 (S3), 可以假定存在一 $y \in \tau(\tau(X)) \setminus \tau(X)$. 于是, 对于所有使得 $\tau(X) \subseteq Y$ 和 $E \setminus Y \in \mathcal{F}$ 的 $Y \subseteq E$, 皆有 $y \in Y$, 但存在一 $Z \subseteq E \setminus \{y\}$ 使得 $X \subseteq Z$ 和 $E \setminus Z \in \mathcal{F}$. 这表示 $\tau(X) \nsubseteq Z$, 矛盾.　□

定理 14.5　设 $(E, \mathcal{F})$ 为一集合系统使 $\mathcal{F}$ 在并之下为闭的, 且 $\varnothing \in \mathcal{F}$. 则 $(E, \mathcal{F})$ 为可达的充要条件是命题 14.4 中的闭包算子 τ 满足下面的反交换性质: 若 $X \subseteq E, y, z \in E \setminus \tau(X), y \neq z$, 而且 $z \in \tau(X \cup \{y\})$, 则 $y \notin \tau(X \cup \{z\})$.

证明　若 $(E, \mathcal{F})$ 为可达, 则由命题 14.3, (M3) 成立. 要证明反交换性质, 可设 $X \subseteq E, B := E \setminus \tau(X), y, z \in B$ 使得 $z \notin A := E \setminus \tau(X \cup \{y\})$. 注意 $A \in \mathcal{F}, B \in \mathcal{F}$ 和 $A \subseteq B \setminus \{y, z\}$.

应用 (M3) 于 A 和 B, 得到一个元素 $b \in B \setminus A \subseteq E \setminus (X \cup A)$, 使得 $A \cup \{b\} \in \mathcal{F}$. $A \cup \{b\}$ 不可能是 $E \setminus (X \cup \{y\})$ 的一子集 (否则, $\tau(X \cup \{y\}) \subseteq E \setminus (A \cup \{b\})$), 与 $\tau(X \cup \{y\}) = E \setminus A$ 相矛盾). 因而 $b = y$. 于是有 $A \cup \{y\} \in \mathcal{F}$, 因而有 $\tau(X \cup \{z\}) \subseteq E \setminus (A \cup \{y\})$. 已经证明了 $y \notin \tau(X \cup \{z\})$.

欲证其逆, 设 $A \in \mathcal{F} \setminus \{\varnothing\}$, 并设 $X := E \setminus A$. 有 $\tau(X) = X$. 令 $a \in A$ 使得 $|\tau(X \cup \{a\})|$ 为极小. 要证 $\tau(X \cup \{a\}) = X \cup \{a\}$, 即 $A \setminus \{a\} \in \mathcal{F}$.

设此不成立, 令 $b \in \tau(X \cup \{a\}) \setminus (X \cup \{a\})$. 由 (c), 有 $a \notin \tau(X \cup \{b\})$. 而且

$$\tau(X \cup \{b\}) \subseteq \tau(\tau(X \cup \{a\}) \cup \{b\}) = \tau(\tau(X \cup \{a\})) = \tau(X \cup \{a\})$$

因而 $\tau(X \cup \{b\})$ 是 $\tau(X \cup \{a\})$ 的一真子集, 与 a 的选取相矛盾.　□

定理 14.5 的反交换性质不同于 (S4). 虽然定理 13.11 的 (S4) 是 $\mathbb{R}^n$ 中的线性包 (linear hull) 的一种性质, 这是 $\mathbb{R}^n$ 中凸包的一种性质: 若 $y \neq z, z \notin \mathrm{conv}(X)$ 而 $z \in \mathrm{conv}(X \cup \{y\})$, 则显然有 $y \notin \mathrm{conv}(X \cup \{z\})$. 因而对于任何有限集 $E \subset \mathbb{R}^n$, $(E, \{X \subseteq E : X \cap \mathrm{conv}(E \setminus X) = \varnothing\})$ 为一反拟阵.

广义拟阵推广了拟阵和反拟阵, 但它也包含别的令人关注的结构. 一个例子就是在 EDMONDS 的基数匹配算法中所用的花结构 (习题 1). 另一基础性的例子是

命题 14.6　设 G 为一图 (有向或无向), $r \in V(G)$. 令 $\mathcal{F}$ 为 G 中以 r 为根的所有树形的边集, 或 G 中包含 r 的树 (不一定是支撑的) 所成之族. 则 $(E(G), \mathcal{F})$ 为一广义拟阵.

证明 (M1) 显然成立. 现在对有向的情况证明 (M3). 同样的论证适用于无向的情形. 设 (X_1, F_1) 和 (X_2, F_2) 为 G 中以 r 为根的两株树, $|F_1| > |F_2|$. 则 $|X_1| = |F_1| + 1 > |F_2| + 1 = |X_2|$, 于是, 可令 $x \in X_1 \setminus X_2$. (X_1, F_1) 中的 r-x-路包含一条边 (v, w) 其中 $v \in X_2$, $w \notin X_2$. 这条边可加之于 (X_2, F_2), 这就证明了 $F_2 \cup \{(v, w)\} \in \mathcal{F}$. □

这一拟阵称为 G 的有向 (无向)分枝拟阵.

在一具有非负权的连通图 G 中求一具有最大权的支撑树问题是圈拟阵 $\mathcal{M}(G)$ 中之一极大化问题. 在这种情况优胜贪婪算法只不过是 KRUSKAL 算法. 现在对同样的问题有第二种表达方法: 我们要求的是一具有最大权的集 F 使得 $F \in \mathcal{F}$, 于此 $(E(G), \mathcal{F})$ 是 G 的无向分枝广义拟阵.

现在对广义拟阵提出一个通用的贪婪算法. 在拟阵这一特殊情况, 它就是 13.4 节中所讨论的优胜贪婪算法. 而对于具有模价格函数 c 的无向分枝广义拟阵, 则是PRIM 算法:

广义拟阵的贪婪算法

输入: 广义拟阵 $(E, \mathcal{F})$ 和一函数 $c: 2^E \to \mathbb{R}$, 还有一神算包, 它对于一给定的 $X \subseteq E$, 能告知是否 $X \in \mathcal{F}$ 并说出 $c(X)$.

输出: 一个集 $F \in \mathcal{F}$.(使 $c(F)$ 为最大)

① 令 $F := \varnothing$.

② 令 $e \in E \setminus F$ 使得 $F \cup \{e\} \in \mathcal{F}$ 而且 $c(F \cup \{e\})$ 为极大.
   若无此种 e, 则停止.

③ 令 $F := F \cup \{e\}$, 转入 ②.

即使对于一个模价值函数 c, 这一算法并不总是提供一个最优解. 至少可以刻画出使得此算法有效的广义拟阵:

定理 14.7 设 $(E, \mathcal{F})$ 为一广义拟阵. 一个广义拟阵的贪婪算法能对每一模权函数 $c: 2^E \to \mathbb{R}_+$ 求出一具有最大权的集 $F \in \mathcal{F}$ 的充要条件是: $(E, \mathcal{F})$ 具有一种所谓的强交换性质: 对于所有的 $A \in \mathcal{F}$, B 在 $\mathcal{F}$ 中为最大, $A \subseteq B$ 和 $x \in E \setminus B$ 使得 $A \cup \{x\} \in \mathcal{F}$, 存在一 $y \in B \setminus A$ 使得 $A \cup \{y\} \in \mathcal{F}$, 而且 $(B \setminus y) \cup \{x\} \in \mathcal{F}$.

证明 设 $(E, \mathcal{F})$ 为一具有强交换性的广义拟阵. 令 $c: E \to \mathbb{R}_+$, 又令 $A = \{a_1, \cdots, a_l\}$ 为通过广义拟阵的贪婪算法求出的解, 于此, 诸元素是依 $a_1, \cdots, a_l$ 的顺序选取得的.

令 $B = \{a_1, \cdots, a_k\} \dot\cup B'$ 为一最优解使得 k 为最大, 又假定 $k < l$. 于是, 应用强交换性于 $\{a_1, \cdots, a_k\}$, B 和 a_{k+1}. 我们断言: 存在一 $y \in B'$ 使得 $\{a_1, \cdots, a_k, y\} \in \mathcal{F}$ 和 $(B \setminus y) \cup \{a_{k+1}\} \in \mathcal{F}$. 由广义拟阵的贪婪算法中之 ② 关于 a_{k+1} 之选取, 有 $c(a_{k+1}) \geqslant c(y)$, 因而 $c((B \setminus y) \cup \{a_{k+1}\}) \geqslant c(B)$, 此与 B 的选法相矛盾.

反之, 设 $(E, \mathcal{F})$ 为一不具备强交换性的广义拟阵. 令 $A \in \mathcal{F}, B$ 在 $\mathcal{F}$ 中为最大, $A \subseteq B, x \in E \setminus B$ 满足关系 $A \cup \{x\} \in \mathcal{F}$, 使得对于所有 $y \in B \setminus A$ 满足 $A \cup \{y\} \in \mathcal{F}$, 有 $(B \setminus y) \cup \{x\} \notin \mathcal{F}$.

设 $Y := \{y \in B \setminus A : A \cup \{y\} \in \mathcal{F}\}$. 对 $e \in B \setminus Y$, 令 $c(e) := 2$, 对 $e \in Y \cup \{x\}$, 令 $c(e) := 1$, 对 $e \in E \setminus (B \cup \{x\})$, 令 $c(e) := 0$. 于是, 广义拟阵的贪婪算法可能先选取 A 中的元素 (它的权是 2), 之后可能选取 x. 最后将得到一个集 $F \in \mathcal{F}$, 它不可能是最优的, 因为 $c(F) \leqslant c(B \cup \{x\}) - 2 < c(B \cup \{x\}) - 1 = c(B)$ 和 $B \in \mathcal{F}$. □

实际上, 在一广泛的广义拟阵上将一模函数最优化, 这是一个 NP 困难问题. 这从下面的说法 (加上推论 15.24) 可以看出:

命题 14.8 对于一个给定的无向图 G 和 $k \in \mathbb{N}$, 要判定 G 是否有一基数为 k 的顶点覆盖的问题, 可线性地化归成下之问题: 给定一个广义拟阵 $(E, \mathcal{F})$(通过一成员神算包) 和一函数 $c : E \to \mathbb{R}_+$, 求一 $F \in \mathcal{F}$ 使 $c(F)$ 为最大.

证明 设 G 为任一无向图, $k \in \mathbb{N}$. 令 $D := V(G) \,\dot\cup\, E(G)$ 和

$$\mathcal{F} := \{X \subseteq D : \text{对所有 } e = \{v, w\} \in E(G) \cap X \text{ 有 } v \in X \text{ 或 } w \in X\}$$

$(D, \mathcal{F})$ 是一反拟阵, 它是可达的, 在并之下为闭的. 特别, 由命题 14.3, 它是一广义拟阵.

现在来考虑 $\mathcal{F}' := \{X \in \mathcal{F} : |X| \leqslant |E(G)| + k\}$. 因 (M1) 和 (M3) 仍然保留,$(D, \mathcal{F}')$ 是广义拟阵. 当 $e \in E(G)$ 时, 令 $c(e) := 1$; 当 $v \in V(G)$ 时, 令 $c(v) := 0$. 则存在一集 $F \in \mathcal{F}'$ 使得 $c(F) = |E(G)|$ 当且仅当 G 包含有一大小为 k 的顶点覆盖. □

另一方面, 存在一些令人注意的函数, 它们在任何广义拟阵上都可极大化, 例如瓶颈函数 $c(F) := \min\{c'(e) : e \in F\}$, 这里的 $c' : E \to \mathbb{R}_+$ 为某种函数 (习题 2). 对此领域中的更多结果, 可参考 Korte, Lovász 和 Schrader (1991).

14.2 拟阵多面体

由定理 13.10 知拟阵与次模函数之间的紧密联系. 次模函数 定义出下面令人关注的一类多面体.

定义 14.9 一拟阵多面体乃是下述类型

$$P(f) := \left\{x \in \mathbb{R}^E : x \geqslant 0, \sum_{e \in A} x_e \leqslant f(A) \text{ 对所有 } A \subseteq E\right\}$$

的一多面体, 于此 E 为一有限集, $f : 2^E \to \mathbb{R}_+$ 是一次模函数.

不难看出, 对于任一拟阵多面体, 可选取 f 使得 $f(\varnothing) = 0$, 而且 f 为单调 (习题 5, 一函数 $f : 2^E \to \mathbb{R}$ 称为单调的是指当 $X \subseteq Y \subseteq E$ 时, $f(X) \leqslant f(Y)$). Edmonds

的原来定义与此有别, 见习题 6. 但我们要说, 拟阵多面体 一词有时不是用于多面体, 而是用于对集 (E, f).

若 f 是一拟阵的秩函数, $P(f)$ 则是该拟阵的独立集的关联向量的凸包 (定理 13.21). 我们知道, 优胜贪婪算法可对任何在拟阵多面体上的线性函数求优. 对于一般的拟阵多面体, 也有一个类似的贪婪算法起到同样作用. 假定 f 是单调的:

拟阵多面体贪婪算法

输入: 一有限集 E, 一个次模的, 单调的函数 $f : 2^E \to \mathbb{R}_+$ (由一神算包给出).
　　　一个向量 $c \in \mathbb{R}^E$.
输出: 一个使 cx 为极大的向量 $x \in P(f)$.

① 将 $E = \{e_1, \cdots, e_n\}$ 整序, 使 $c(e_1) \geqslant \cdots \geqslant c(e_k) > 0 \geqslant c(e_{k+1}) \geqslant \cdots \geqslant c(e_n)$.
② 若 $k \geqslant 1$, 则 令 $x(e_1) := f(\{e_1\})$.
　 令 $x(e_i) := f(\{e_1, \cdots, e_i\}) - f(\{e_1, \cdots, e_{i-1}\})$ 对 $i = 2, \cdots, k$.
　 令 $x(e_i) := 0$, 对 $i = k+1, \cdots, n$.

命题 14.10 设 $E = \{e_1, \cdots, e_n\}$, $f : 2^E \to \mathbb{R}$ 为一次模函数满足 $f(\varnothing) \geqslant 0$. 设 $b : E \to \mathbb{R}$ 满足 $b(e_1) \leqslant f(\{e_1\})$ 和 $b(e_i) \leqslant f(\{e_1, \cdots, e_i\}) - f(\{e_1, \cdots, e_{i-1}\})$, 对 $i = 2, \cdots, n$. 则 $\sum_{a \in A} b(a) \leqslant f(A)$ 对所有 $A \subseteq E$.

证明 在 $i = \max\{j : e_j \in A\}$ 上施行归纳法. 命题对 $A = \varnothing$ 和 $A = \{e_1\}$ 是显然的. 若 $i \geqslant 2$, 则 $\sum_{a \in A} b(a) = \sum_{a \in A \setminus \{e_i\}} b(a) + b(e_i) \leqslant f(A \setminus \{e_i\}) + b(e_i) \leqslant f(A \setminus \{e_i\}) + f(\{e_1, \cdots, e_i\}) - f(\{e_1, \cdots, e_{i-1}\}) \leqslant f(A)$, 于此第一个不等式根据归纳法假设, 第三个则根据次模性. □

定理 14.11 拟阵多面体贪婪算法正确地求出一个 $x \in P(f)$ 使 cx 为极大. 若 f 是整的, 则 x 也是整的.

证明 设 $x \in \mathbb{R}^E$ 为将拟阵多面体贪婪算法施用于 E, f 和 c 所得到的结果. 由定义, 若 f 整的, 则 x 也是整的. 由于 f 为单调, 有 $x \geqslant 0$, 由命题 14.10, 即得 $x \in P(f)$.

现设 $y \in \mathbb{R}_+^E$ 使得 $cy > cx$. 与定理 13.19 的证明相似, 令 $d_j := c(e_j) - c(e_{j+1})$ $(j = 1, \cdots, k-1)$ 和 $d_k := c(e_k)$, 于是有

$$\sum_{j=1}^{k} d_j \sum_{i=1}^{j} x(e_i) = cx < cy \leqslant \sum_{j=1}^{k} c(e_j) y(e_j) = \sum_{j=1}^{k} d_j \sum_{i=1}^{j} y(e_i)$$

因对所有 $j, d_j \geqslant 0$, 存在一指数 $j \in \{1, \cdots, k\}$ 使得 $\sum_{i=1}^{j} y(e_i) > \sum_{i=1}^{j} x(e_i)$; 但因 $\sum_{i=1}^{j} x(e_i) = f(\{e_1, \cdots, e_j\})$, 此即表示 $y \notin P(f)$. □

正如处理拟阵一样, 也可以对付两个拟阵多面体之交. 下面的拟阵多面体交的定理具有许多含义.

定理 14.12 (Edmonds, 1970, 1979)　　设 E 为一有限集, 设 $f, g : 2^E \to \mathbb{R}_+$ 为两个次模函数. 则系统

$$x \geqslant 0$$
$$\sum_{e \in A} x_e \leqslant f(A) \qquad (A \subseteq E)$$
$$\sum_{e \in A} x_e \leqslant g(A) \qquad (A \subseteq E)$$

为 TDI.

证明　考虑 LP 的原始对偶对:

$$\max \left\{ cx : x \geqslant 0, \sum_{e \in A} x_e \leqslant f(A) \text{ 和 } \sum_{e \in A} x_e \leqslant g(A) \text{ 对所有 } A \subseteq E \right\}$$

和

$$\min \left\{ \sum_{A \subseteq E} (f(A) y_A + g(A) z_A) : y, z \geqslant 0, \sum_{A \subseteq E, e \in A} (y_A + z_A) \geqslant c_e, \text{ 对所有 } e \in E \right\}$$

要指出其全对偶整性, 可应用引理 5.23.

令 $c : E(G) \to \mathbb{Z}$, 并令 y, z 为一最优对偶解, 使得

$$\sum_{A \subseteq E} (y_A + z_A)|A||E \setminus A| \tag{14.1}$$

为尽量小. 要证明 $\mathcal{F} := \{A \subseteq E : y_A > 0\}$ 为一条链, 即对于任意 $A, B \in \mathcal{F}$, 必有 $A \subseteq B$ 或 $B \subseteq A$.

要说明这点, 假定 $A, B \in \mathcal{F}$ 使得 $A \cap B \neq A$ 和 $A \cap B \neq B$. 令 $\varepsilon := \min\{y_A, y_B\}$. 令 $y'_A := y_A - \varepsilon$, $y'_B := y_B - \varepsilon$, $y'_{A \cap B} := y_{A \cap B} + \varepsilon$, $y'_{A \cup B} := y_{A \cup B} + \varepsilon$, 对所有别的 $S \subseteq E$, 令 $y'(S) := y(S)$. 因 y', z 为一可行对偶解, 它也是最优的 (f 为次模函数), 且与 y 的选取相矛盾, 因为 (14.1) 对于 y', z 要更小.

通过同样的论证, $\mathcal{F}' := \{A \subseteq E : z_A > 0\}$ 是一条链. 现设 M 和 M' 为两个矩阵, 它们的列的标号同于 E 的元素, 它们的行则分别是 $\mathcal{F}$ 和 $\mathcal{F}'$ 的元素的关联向量. 由引理 5.23, 只需证明 $\binom{M}{M'}$ 是全单模的即可.

这里使用 Ghouila-Houri 定理 5.24. 设 $\mathcal{R}$ 为一组列 (向量), 即设 $\mathcal{R} = \{A_1, \cdots, A_p, B_1, \cdots, B_q\}$, 其中 $A_1 \supseteq \cdots \supseteq A_p$ 和 $B_1 \supseteq \cdots \supseteq B_q$. 令 $\mathcal{R}_1 := \{A_i : i \text{ 为奇}\} \cup \{B_i : i \text{ 为偶}\}$ 和 $\mathcal{R}_2 := \mathcal{R} \setminus \mathcal{R}_1$. 因对于任一 $e \in E$, 有 $\{R \in \mathcal{R} : e \in R\} = \{A_1, \cdots, A_{p_e}\} \cup \{B_1, \cdots, B_{q_e}\}$ 对某一 $p_e \in \{0, \cdots, p\}$ 和 $q_e \in \{0, \cdots, q\}$, $\mathcal{R}_1$ 中的行之和减去 $\mathcal{R}_2$ 中的行之和是一只以 $-1, 0, 1$ 为元素 (entries) 的向量. 因而定理 5.24 的判断标准可以得到满足. □

可以优化在两个拟阵多面体的交上的线性函数. 但这不是像处理单个拟阵多面体那么容易. 不过假若能够对各个拟阵多项式解决分离问题. 就可使用椭球算法. 在 14.3 节中将回到这一问题.

推论 14.13 (Edmonds, 1970)　设 $(E, \mathcal{M}_1)$ 和 $(E, \mathcal{M}_2)$ 为两个拟阵, 其秩函数分别为 r_1 和 r_2. 则 $\mathcal{M}_1 \cap \mathcal{M}_2$ 的元素的关联向量的凸包为多面体

$$\left\{ x \in \mathbb{R}_+^E : \sum_{e \in A} x_e \leqslant \min\{r_1(A), r_2(A)\} \text{对所有之} A \subseteq E \right\}$$

证明　因 r_1 和 r_2 皆为非负和次模 (由定理 13.10), 上面不等式组为 TDI(由定理 14.12). 因 r_1 和 r_2 为整的, 此多面体也是整的 (由推论 5.15). 因对所有之 $A \subseteq E$ 有 $r_1(A) \leqslant |A|$, 其顶点 (由推论 3.32, 该多面体即为它们的凸包) 皆为 0-1 向量, 因而为公共独立集 ($\mathcal{M}_1 \cap \mathcal{M}_2$ 的元素) 的关联向量. 另一方面, 每一此种关联向量满足诸不等式 (由秩函数的定义).　　　　　　　　　　　　　　　　　　□

当然, 拟阵多面体的描述 (定理 13.21) 从这一点通过令 $\mathcal{M}_1 = \mathcal{M}_2$ 即可得出. 定理 14.12 还有一些别的结果:

推论 14.14 (Edmonds, 1970)　设 E 为一有限集, $f, g : 2^E \to \mathbb{R}_+$ 为次模且单调函数. 则

$$\max\{\mathbb{1}x : x \in P(f) \cap P(g)\} = \min_{A \subseteq E}(f(A) + g(E \setminus A))$$

此外, 若 f 和 g 为整的, 则存在一整的 x 达到极大.

证明　由定理 14.12,

$$\max\{\mathbb{1}x : x \in P(f) \cap P(g)\}$$

的对偶

$$\min\left\{ \sum_{A \subseteq E}(f(A)y_A + g(A)z_A) : y, z \geqslant 0, \sum_{A \subseteq E, e \in A}(y_A + z_A) \geqslant 1 \text{对所有之} e \in E \right\}$$

有一整的最优解 y, z. 令 $B := \bigcup_{A : y_A \geqslant 1} A$, $C := \bigcup_{A : z_A \geqslant 1} A$. 令 $y'_B := 1$, $z'_C := 1$, 又令 y' 和 z' 的所有别的分量皆为 0. 就有 $B \cup C = E$ 和 y', z' 为一可行对偶解. 因 f 与 g 皆为次模和非负,

$$\sum_{A \subseteq E}(f(A)y_A + g(A)z_A) \geqslant f(B) + g(C)$$

因 $E \setminus B \subseteq C$, g 为单调, 这至少为 $f(B) + g(E \setminus B)$, 此即证明了 "$\geqslant$".

另一不等式 "$\leqslant$" 则属显然, 因为对于任一 $A \subseteq E$, 通过令 $y_A := 1$, $z_{E \setminus A} := 1$, 所有其他分量为 0, 即得一可行对偶解 y, z.

整 (数) 性可直接由定理 14.12 和推论 5.15 得出.　　　　　　　　　　　　□

定理 13.31 是一种特殊情况. 此外, 有

推论 14.15 (Frank, 1982)　设 E 为一有限集, $f, g : 2^E \to \mathbb{R}$ 是: f 为 超模, g 为 次模 且 $f \leqslant g$. 则存在一模函数 $h : 2^E \to \mathbb{R}$ 使得 $f \leqslant h \leqslant g$. 若 f 与 g 为整的, h 可以被选取为整的.

证明 令 $M := 2\max\{|f(A)| + |g(A)| : A \subseteq E\}$. 令 $f'(A) := g(E) - f(E \setminus A) + M|A|$ 和 $g'(A) := g(A) - f(\varnothing) + M|A|$ 对所有 $A \subseteq E$. f' 和 g' 皆为非负, 次模和单调. 由推论 14.14 即得

$$\max\{\mathbb{1}x : x \in P(f') \cap P(g')\}$$
$$= \min_{A \subseteq E}(f'(A) + g'(E \setminus A))$$
$$= \min_{A \subseteq E}(g(E) - f(E \setminus A) + M|A| + g(E \setminus A) - f(\varnothing) + M|E \setminus A|)$$
$$\geqslant g(E) - f(\varnothing) + M|E|$$

于是, 令 $x \in P(f') \cap P(g')$ 使得 $\mathbb{1}x = g(E) - f(\varnothing) + M|E|$. 若 f 与 g 皆为整的, 则 x 可以选取为整的. 令 $h'(A) := \sum_{e \in A} x_e$ 和 $h(A) := h'(A) + f(\varnothing) - M|A|$ 对所有 $A \subseteq E$. 函数 h 是模函数. 此外, 对所有 $A \subseteq E$, 有 $h(A) \leqslant g'(A) + f(\varnothing) - M|A| = g(A)$, $h(A) = \mathbb{1}x - h'(E \setminus A) + f(\varnothing) - M|A| \geqslant g(E) + M|E| - M|A| - f'(E \setminus A) = f(A)$. $\square$

与凸函数和凹函数类似之处是显然的, 参看习题 9.

14.3 求次模函数的最小值

关于一次模函数 $P(f)$ 与一向量 x 的分离问题要求一个集 A, 使得 $f(A) < \sum_{e \in A} x(e)$. 因而这一问题化归成: 求一集 A 使得 $g(A)$ 为最小, 于此, $g(A) := f(A) - \sum_{e \in A} x(e)$. 注意, 若 f 为次模, 则 g 也是次模. 因此求次模函数的最小值是一个令人感兴趣的问题.

另一动机也许是来自次模函数可能被认为是凸函数在离散数学方面的一个类似物 (推论 14.15 和习题 9). 在 8.7 节中已经解决了一种特殊情况: 在一无向图上求最小割可认为是在 $2^U \setminus \{\varnothing, U\}$ 上求某一对称次模函数 $f : 2^U \to \mathbb{R}_+$ 的极小值. 在回到这一特殊情况之前, 首先指出如何求一般的次模函数的极小. 为简单起见, 我们只限于整数值次模函数:

次模函数极小化问题

实例: 一有限集 U. 一次模函数 $f : 2^U \to \mathbb{Z}$ (由一神算包给出).

任务: 求一子集 $X \subseteq U$ 使 $f(X)$ 为极小.

Grötschel, Lovász 和 Schrijver (1981) 指出: 这一问题如何通过椭球法来解决. 其想法是: 要通过二分搜索来确定最小值, 这就将问题化成关于一个拟阵多角形分离问题. 利用分离与优化的等价性 (4.6 节), 就只需在一拟阵多面体优化一线性函数. 而通过拟阵贪婪算法, 这是容易做到的. 首先需要 $|f(S)|$ 对于 $S \subseteq U$ 的一个上界:

命题 14.16 对任一次模函数 $f : 2^U \to \mathbb{Z}$ 和任一 $S \subseteq U$, 有

$$f(U) - \sum_{u \in U} \max\{0, f(\{u\}) - f(\varnothing)\} \leqslant f(S) \leqslant f(\varnothing) + \sum_{u \in U} \max\{0, f(\{u\}) - f(\varnothing)\}$$

特别, 一个使得对于任何 $S \subseteq U$ 有 $|f(S)| \leqslant B$ 的数 B, 可以在线性时间之内求得, 其中需要 $|U| + 2$ 次对 f 的神算包的呼叫.

证明　通过反复使用次模性, 对于 $\varnothing \neq S \subseteq U$ 得到 (令 $x \in S$)

$$f(S) \leqslant -f(\varnothing) + f(S \setminus \{x\}) + f(\{x\}) \leqslant \cdots \leqslant -|S|f(\varnothing) + f(\varnothing) + \sum_{x \in S} f(\{x\})$$

以及对于 $S \subset U$ (令 $y \in U \setminus S$),

$$f(S) \geqslant -f(\{y\}) + f(S \cup \{y\}) + f(\varnothing) \geqslant \cdots$$
$$\geqslant - \sum_{y \in U \setminus S} f(\{y\}) + f(U) + |U \setminus S|f(\varnothing) \qquad \square$$

命题 14.17　下面的问题可在多项式时间内解决: 给定一有限集 U, 一次模且单调的函数 $f : 2^U \to \mathbb{Z}_+$(通过一神算包) 满足 $f(S) > 0$ 对 $S \neq \varnothing$, 一个数 $B \in \mathbb{N}$ 使得 $f(S) \leqslant B$ 对所有 $S \subseteq U$, 和一个向量 $x \in \mathbb{Z}_+^U$, 要确定有否 $x \in P(f)$, 若不然, 则得到一个集 $S \subseteq U$ 使得 $\sum_{v \in S} x(v) > f(S)$.

证明　这是关于拟阵多面体 $P(f)$ 的分离定理. 我们将使用定理 4.23, 因为我们已经对 $P(f)$ 解决了优化问题: 拟阵多面体的贪婪算法 对于在 $P(f)$ 上的任何线性函数给出了极大值 (定理 14.11).

现在核对定理 4.23 中的必要条件. 因为零向量和单位向量皆在 $P(f)$ 之中, 可取 $x_0 := \varepsilon \mathbb{1}$ 作为内部的一个点, 于此 $\varepsilon = \frac{1}{|U|+1}$. 有 $\mathrm{size}(x_0) = O(|U| \log |U|)$. 此外, $P(f)$ 的各个顶点可以通过拟阵多面体的贪婪算法产生 (对某目标函数; 参看定理 14.11), 因而具有尺度 $O(|U|(2 + \log B))$. 于是断言分离问题可以在多项式时间内解决. 由定理 4.23, 得到 $P(f)$ 的一个侧面界定不等式. 当 $x \notin P(f)$ 时, 为 x 所破坏. 这对应于一个使得 $\sum_{v \in S} x(v) > f(S)$ 的集 $S \subseteq U$. $\qquad \square$

若 f 不是单调的, 就不能直接应用这一结果. 我们要考虑的则是另一不同的函数:

命题 14.18　设 $f : 2^U \to \mathbb{R}$ 为一次模函数, $\beta \in \mathbb{R}$., 则由

$$g(X) := f(X) - \beta + \sum_{e \in X} (f(U \setminus \{e\}) - f(U))$$

所定义的 $g : 2^U \to \mathbb{R}$ 是一次模函数并且单调.

证明　g 的次模性可直接从 f 的次模性得出. 要证明 g 是单调, 可令 $X \subset U$ 和 $e \in U \setminus X$. 有 $g(X \cup \{e\}) - g(X) = f(X \cup \{e\}) - f(X) + f(U \setminus \{e\}) - f(U) \geqslant 0$, 因 f 为次模的. $\qquad \square$

定理 14.19　次模函数最小化问题可以在 $|U| + \log \max\{|f(S)| : S \subseteq U\}$ 的多项式时间内求解.

证明 设 U 为一有限集, 假定 f 是由一神算包来给定. 首先求出一个数 $B \in \mathbb{N}$ 使得 $|f(S)| \leqslant B$ 对所有 $S \subseteq U$ 成立 (比较命题 14.16). 因 f 为次模, 对于每一 $e \in U$ 和每一 $X \subseteq U \setminus \{e\}$, 有

$$f(\{e\}) - f(\varnothing) \geqslant f(X \cup \{e\}) - f(X) \geqslant f(U) - f(U \setminus \{e\}) \tag{14.2}$$

若对某一 $e \in U$, $f(\{e\}) - f(\varnothing) \leqslant 0$, 则由 (14.2), 存在一最优集 S 包含 e. 在这一情况, 考虑实例 (U', B, f'), 它是由 $U' := U \setminus \{e\}$ 和 $f'(X) := f(X \cup \{e\})$ 对 $X \subseteq U \setminus \{e\}$ 来定义的, 求出一个集 $S' \subseteq U'$ 使得 $f'(S')$ 为最小, 输出 $S := S' \cup \{e\}$.

类似地, 若 $f(U) - f(U \setminus \{e\}) \geqslant 0$, 则由 (14.2), 存在一最优集 S, 它不包含 e. 在此种情况只需将 f 限制在 $U \setminus \{e\}$ 上求其极小值. 在这两种情况, 已经将基本集的尺度 (size) 缩小了.

因此, 可假定 $f(\{e\}) - f(\varnothing) > 0$, $f(U \setminus \{e\}) - f(U) > 0$ 对所有之 $e \in U$ 成立. 令 $x(e) := f(U \setminus \{e\}) - f(U)$. 对每一满足 $-B \leqslant \beta \leqslant f(\varnothing)$ 的整数 β, 定义 $g(X) := f(X) - \beta + \sum_{e \in X} x(e)$. 由命题 14.18, g 为次模且单调. 此外, 对所有 $e \in U$, 有 $g(\varnothing) = f(\varnothing) - \beta \geqslant 0$ 和 $g(\{e\}) = f(\{e\}) - \beta + x(e) > 0$, 因而对所有 $\varnothing \neq X \subseteq U$, 有 $g(X) > 0$. 现在应用命题 14.17, 并核查是否有 $x \in P(g)$. 若有, 就有 $f(X) \geqslant \beta$ 对所有 $X \subseteq U$ 成立, 即告完成. 否则, 就得到一集 S 使得 $f(S) < \beta$.

现在, 通过每次适当选取 β, 应用二分搜索: 需要 $O(\log(2B))$ 次迭代去求出一数 $\beta^* \in \{-B, -B+1, \cdots, f(\varnothing)\}$ 使得对所有的 $X \subseteq U$, $f(X) \geqslant \beta^*$, 但对某些 $S \subseteq U$, $f(S) < \beta^* + 1$. 这一集 S 使 f 达到极小. □

第一个强多项式时间算法是由 Grötschel, Lovász 和 Schrijver (1988) 设计的, 也是基于椭球算法. 在强多项式时间内解决次模函数的极小化问题的组合算法是由 Schrijver (2000) 和 Iwata, Fleischer, Fujishige (2001) 独立发现的. 下一节中将描述 Schrijver 的算法.

14.4 Schrijver 算法

对于一有限集 U 和一次模函数 $f : 2^U \to \mathbb{Z}$, 不失其普遍性, 可以假定 $U = \{1, \cdots, n\}$ 和 $f(\varnothing) = 0$. 在每一步, Schrijver (2000) 的算法保持住一个点 x 属于一个所谓的 f 的基多面体之中, 此多面体之定义为

$$\left\{ x \in \mathbb{R}^U : \sum_{u \in A} x(u) \leqslant f(A) \text{对所有} A \subseteq U, \sum_{u \in U} x(u) = f(U) \right\}$$

我们要提到: 这一基多面体的顶点所成之集正好是 U 的对于所有全序 $\prec$, 向量 $b^{\prec}$ 所成之集, 于此, 定义

$$b^{\prec}(u) := f(\{v \in U : v \preceq u\}) - f(\{v \in U : v \prec u\})$$

$(u \in U)$. 这一事实, 这在此地将不需要, 可用与定理 14.11 相似的方法去证明 (习题 13).

点 x 总是写成这些向量的一个明确的凸组合 $x = \lambda_1 b^{\prec_1} + \cdots + \lambda_k b^{\prec_k}$. 一开始, 可以选取 $k = 1$ 和任一全序. 对于一个全序 $\prec$ 和 $s, u \in U$, 用 $\prec^{s,u}$ 表示从 $\prec$ 通过移动 u 恰好到 s 之前所得到的全序. 此外, 用 χ^u 表示 $u(u \in U)$ 的关联向量.

SCHRIJVER 算法

输入: 一有限集 $U = \{1, \cdots, n\}$, 一次模函数 $f : 2^U \to \mathbb{Z}$ 满足 $f(\varnothing) = 0$ (由一
      神算包给出)

输出: 一子集 $X \subseteq U$ 使得 $f(X)$ 为极小.

---

① 令 $k := 1$, 令 $\prec_1$ 为 U 上的任一全序, 令 $x := b^{\prec_1}$.

② 令 $D := (U, A)$, 于此 $A = \{(u, v) : u \prec_i v$ 对某一 $i \in \{1, \cdots, k\}\}$.

③ 令 $P := \{v \in U : x(v) > 0\}$, $N := \{v \in U : x(v) < 0\}$, 并令 X 为在有向图 D 上从 P 不能到达的顶点所成之集.

   若 $N \subseteq X$, 则停止, 不然, 令 $d(v)$ 表示在 D 中从 P 到 v 的距离.

④ 选取顶点 $t \in N$, 它是从 P 可到达的, 且使得 $(d(t), t)$ 关于字典序是最大的. 选取最大的顶点 s 使得 $(s, t) \in A$ 和 $d(s) = d(t) - 1$.

   令 $i \in \{1, \cdots, k\}$ 使得 $\alpha := |\{v : s \prec_i v \preceq_i t\}|$ 为最大 (达到这一最大值的指标的个数以 β 记之).

⑤ 算出一数 ε 使 $0 \leqslant \varepsilon \leqslant -x(t)$, 将 $x' := x + \varepsilon(\chi^t - \chi^s)$ 写成一个明确的至多有 n 个向量的凸组合, 这些向量取自 $b^{\prec_1}, \cdots, b^{\prec_k}$ 和 $b_i^{\prec_i^{s,u}}$, 其中 $u \in U$ 满足 $s \prec_i u \preceq_i t$, 它们还带有一附加性质, 即当 $x'(t) < 0$ 时, $b^{\prec_i}$ 不出现.

⑥ 令 $x := x'$, 并将 x 的凸组合中的向量重新命名为
   $b^{\prec_1}, \cdots, b^{\prec_{k'}}$, 令 $k := k'$, 转入 ②.

定理 14.20 (Schrijver, 2000) SCHRIJVER 算法给出正确的解答.

证明 若 D 不包含从 P 到 N 的路, 计算停止, 给出了从 P 出发不可能到达的顶点所成的集 X. 显而易见, $N \subseteq X \subseteq U \setminus P$, 因而 $\sum_{u \in X} x(u) \leqslant \sum_{u \in W} x(u)$ 对所有 $W \subseteq U$. 此外, 没有边进入 X, 因此, 或 $X = \varnothing$, 或对于每一 $j \in \{1, \cdots, k\}$, 存在一 $v \in X$ 使得 $X = \{u \in U : u \preceq_j v\}$. 于是, 由定义, $\sum_{u \in X} b^{\prec_j}(u) = f(X)$, 对所有 $j \in \{1, \cdots, k\}$. 此外, 由命题 14.10, $\sum_{u \in W} b^{\prec_j}(u) \leqslant f(W)$, 对所有 $W \subseteq U$ 和 $j \in \{1, \cdots, k\}$. 于是, 对每一 $W \subseteq U$,

$$f(W) \geqslant \sum_{j=1}^{k} \lambda_j \sum_{u \in W} b^{\prec_j}(u) = \sum_{u \in W} \sum_{j=1}^{k} \lambda_j b^{\prec_j}(u) = \sum_{u \in W} x(u)$$

$$\geqslant \sum_{u \in X} x(u) = \sum_{u \in X} \sum_{j=1}^{k} \lambda_j b^{\prec_j}(u) = \sum_{j=1}^{k} \lambda_j \sum_{u \in X} b^{\prec_j}(u) = f(X)$$

这就证明了 X 是一最优解. □

引理 14.21 (Schrijver, 2000)　每次迭代可在 $O(n^3 + \gamma n^2)$ 时间完成, 于此, γ 是对神算包一次呼叫的时间.

证明　只需指出 ⑤ 可在 $O(n^3 + \gamma n^2)$ 时间完成即可. 令 $x = \lambda_1 b^{\prec_1} + \cdots + \lambda_k b^{\prec_k}$ 和 $s \prec_i t$. 我们先证明

断言　$\delta(\chi^t - \chi^s)$, 对某些 $\delta \geqslant 0$, 对于 $s \prec_i v \preceq_i t$ 在 $O(\gamma n^2)$ 时间内可写成向量 $b^{\prec_i^{s,v}} - b^{\prec_i}$ 的凸组合.

要证明这一点, 需要一些准备. 设 $s \prec_i v \preceq_i t$. 由定义, $b^{\prec_i^{s,v}}(u) = b^{\prec_i}(u)$ 对 $u \prec_i s$ 或 $u \succ_i v$ 成立. 因 f 为次模, 对 $s \preceq_i u \prec_i v$, 有:

$$b^{\prec_i^{s,v}}(u) = f(\{w \in U : w \preceq_i^{s,v} u\}) - f(\{w \in U : w \prec_i^{s,v} u\})$$
$$\leqslant f(\{w \in U : w \preceq_i u\}) - f(\{w \in U : w \prec_i u\}) = b^{\prec_i}(u)$$

此外, 对 $u = v$, 有

$$b^{\prec_i^{s,v}}(v) = f(\{w \in U : w \preceq_i^{s,v} v\}) - f(\{w \in U : w \prec_i^{s,v} v\})$$
$$= f(\{w \in U : w \prec_i s\} \cup \{v\}) - f(\{w \in U : w \prec_i s\})$$
$$\geqslant f(\{w \in U : w \preceq_i v\}) - f(\{w \in U : w \prec_i v\})$$
$$= b^{\prec_i}(v)$$

最后, 注意 $\sum_{u \in U} b^{\prec_i^{s,v}}(u) = f(U) = \sum_{u \in U} b^{\prec_i}(u)$.

由于上面的断言, 当对某些 $s \prec_i v \preceq_i t$ 有 $b^{\prec_i^{s,v}} = b^{\prec_i}$ 时是明显的. 可假定对所有的 $s \prec_i v \preceq_i t$, 有 $b^{\prec_i^{s,v}}(v) > b^{\prec_i}(v)$. 对 $s \prec_i v \preceq_i t$ 时, 递推地令

$$\kappa_v := \frac{\chi_v^t - \sum_{v \prec_i w \preceq_i t} \kappa_w (b^{\prec_i^{s,w}}(v) - b^{\prec_i}(v))}{b^{\prec_i^{s,v}}(v) - b^{\prec_i}(v)} \geqslant 0$$

即得 $\sum_{s \prec_i v \preceq_i t} \kappa_v (b^{\prec_i^{s,v}} - b^{\prec_i}) = \chi^t - \chi^s$, 这是因为对所有 $s \prec_i u \preceq_i t$, $\sum_{s \prec_i v \preceq_i t} \kappa_v (b^{\prec_i^{s,v}}(u) - b^{\prec_i}(u)) = \sum_{u \preceq_i v \preceq_i t} \kappa_v (b^{\prec_i^{s,v}}(u) - b^{\prec_i}(u)) = \chi_u^t$, 而且就所有分量来取的和数为 0.

通过令 $\delta := \frac{1}{\sum_{s \prec_i v \preceq_i t} \kappa_v}$, 并将每一 κ_u 乘以 δ, 即可看出断言成立.

现在考虑 $\varepsilon := \min\{\lambda_i \delta, -x(t)\}$ 和 $x' := x + \varepsilon(\chi^t - \chi^s)$. 若 $\varepsilon = \lambda_i \delta \leqslant -x(t)$, 则有 $x' = \sum_{j=1}^{k} \lambda_j b^{\prec_j} + \lambda_i \sum_{s \prec_i v \preceq_i t} \kappa_v (b^{\prec_i^{s,v}} - b^{\prec_i})$, 此即表示已将 x' 写成 $b^{\prec_j}$ ($j \in \{1, \cdots, k\} \setminus \{i\}$) 和 $b^{\prec_i^{s,v}}$ ($s \prec_i v \preceq_i t$) 的一凸组合. 如果 $\varepsilon = -x(t)$, 在该凸组合中也可以附带地使用 $b^{\prec_i}$.

最后可在 $O(n^3)$ 内将这一凸组合化归成至多 n 个向量, 有如第 4 章习题 5 所示. □

引理 14.22 (Vygen, 2003)　Schrijver 算法至多经 $O(n^5)$ 次迭代终止.

证明 若一条边 (v, w) 是在一次迭代的 ⑤ 中加上一个新的向量 $b_i^{\prec_i^{s,v}}$ 之后引入的, 则在此迭代中 $s \preceq_i w \prec_i v \preceq_i t$. 于是, 在此迭代中 $d(w) \leqslant d(s) + 1 = d(t) \leqslant d(v) + 1$, 因而此条新边的引入不可能使得从 P 到任何 $v \in U$ 的距离变得更小. 因为 ⑤ 保证了始终没有一个元素加到 P 中, 对任一 $v \in U$ 距离 $d(v)$ 绝不可能减小.

将使数对 (t, s) 保持不变的一连串迭代称为一个板块. 注意每一板块中至多有 $O(n^2)$ 个迭代, 这是因为在各板块内的每一迭代中 (α, β) 依字典序下降. 留待证明的是存在 $O(n^3)$ 个板块.

一个半块只能由于下述原因中之一而终止 (根据 t 和 s 的选取, 由于使得 $t = t^*$ 的迭代并不增加任何其头为 t^* 的边, 又由于一个顶点 v 只当 $v = s$, 并由此有 $d(v) < d(t)$ 时才能进入 N:

(a) 对某一 $v \in U$, 距离 $d(v)$ 增大.

(b) t 从 N 中移出.

(c) (s, t) 从 A 中移出.

现在计算这三种类型板块的数目. 显而易见, 存在 $O(n^2)$ 个 (a) 型的板块.

现来考虑 (b) 型. 我们断言: 对每一 $t^* \in U$, 存在 $O(n^2)$ 个迭代使得 $t = t^*$ 和 $x'(t) = 0$. 这是容易看出的, 在两个如此的迭代之间, $d(v)$ 必对某一 $v \in U$ 发生改变, 而且, 由于 d 一值只能增加, 这只能出现 $O(n^2)$ 次. 因此, (b) 型中的板块其数为 $O(n^3)$.

最后指出: (c) 型中的板块, 其数为 $O(n^3)$. 这只需指出: 在下一个如此的板块之前, $d(t)$ 随着数对 (s, t) 而变即可.

对于 $s, t \in U$, 若 $(s, t) \notin A$ 或 $d(t) \leqslant d(s)$, 我们就说 s 是 t 烦人的(t-boring). 若 $s^*, t^* \in U$, 考虑一个其 $s = s^*$ 和 $t = t^*$ 的板块, 从它由于 (s^*, t^*) 从 A 中被移出而结束开始直到随之而来 $d(t^*)$ 出现改变的这一时期. 我们要证: 在整个这一时期中, 每个 $v \in \{s^*, \cdots, n\}$ 都是 t^* 烦人的. 对 $v = s^*$ 应用此点, 即完成证明.

在这一时期的开始, 由于紧接在这一时期之前的迭代中对于 $s = s^*$ 的选取, 每一 $v \in \{s^* + 1, \cdots, n\}$ 皆是 t^* 烦人的. 因 (s^*, t^*) 从 A 移出, s^* 也是 t^* 烦人的. 因 $d(t^*)$ 在所考虑的时期中保持不变, $d(v)$ 对任何 v 也不下降, 只需去核查引入的新的边.

现设对某一 $v \in \{s^*, \cdots, n\}$, 边 (v, t^*) 是在选取数对 (s, t) 的迭代之后加入到 A 的. 于是, 根据本证明中开始的说法, 在此次迭代中 $s \preceq_i t^* \prec_i v \preceq_i t$, 因而有 $d(t^*) \leqslant d(s) + 1 = d(t) \leqslant d(v) + 1$. 现区分两种情况: 若 $s > v$, 则或因 $t^* = s$, 或由于 s 为 t^* 烦人的以及 $(s, t^*) \in A$, 有 $d(t^*) \leqslant d(s)$. 若 $s < v$, 则或因 $t = v$, 或由于 s 的选取以及因 $(v, t) \in A$, 有 $d(t) \leqslant d(v)$. 在此两种情况, 皆可得出 $d(t^*) \leqslant d(v)$ 和 v 仍是 t^* 烦人的.   □

由定理 14.20, 引理 14.21 和引理 14.22, 即得

定理 14.23 次模函数极小化问题 可在 $O(n^8 + \gamma n^7)$ 时间内解决, 于此, γ 是对一神算包的呼叫所用的时间. □

Iwata (2002) 描述了一个全组合优化算法 (只用加, 减, 比较和神算包呼叫, 而不用到乘和除). 他也改进了运算时间 (Iwata, 2003). 现行的最快的强多项式时间算法是由 Orlin (2007) 发现的, 其运行时间为 $O(n^6 + \gamma n^5)$.

14.5 对称次模函数

次模函数 $f : 2^U \to \mathbb{R}$ 称为对称的, 是指对于所有的 $A \subseteq U$, $f(A) = f(U \setminus A)$. 对此种特殊情形, 次模函数的极小化问题是很容易解决的, 这是因为对于所有 $A \subseteq U$, $2f(\varnothing) = f(\varnothing) + f(U) \leqslant f(A) + f(U \setminus A) = 2f(A)$. 由此即得空集是最优的. 因此这一问题只是当这一显而易见的情况被排除之后才有意义: 要去找出 U 的一个非空的真子集 A 使 $f(A)$ 为极小.

对这个问题 Queyranne (1998) 推广了 8.7 节的算法, 发现一个只利用 $O(n^3)$ 次神算包呼叫的相对简单的组合算法. 下面的引理乃是引理 8.38 的推广 (习题 14).

引理 14.24 给定一个对称次模函数 $f : 2^U \to \mathbb{R}, n := |U| \geqslant 2$, 可以在 $O(n^2\theta)$ 的时间内找到两个元素 $x, y \in U$, $x \neq y$ 和 $f(\{x\}) = \min\{f(X) : x \in X \subseteq U \setminus \{y\}\}$, 于此 θ 是关于 f 的一神算包的时间界限.

证明 通过下述方法对 $k = 1, \cdots, n - 1$, 构造一个序 $U = \{u_1, \cdots, u_n\}$: 假设 $u_1, \cdots, u_{k-1}$ 已经构造好. 令 $U_{k-1} := \{u_1, \cdots, u_{k-1}\}$. 对 $C \subseteq U$, 定义

$$w_k(C) := f(C) - \frac{1}{2}(f(C \setminus U_{k-1}) + f(C \cup U_{k-1}) - f(U_{k-1}))$$

注意, w_k 也是对称的. 令 u_k 为 $U \setminus U_{k-1}$ 中使 $w_k(\{u_k\})$ 达到极大的一元素.

最后, 令 u_n 为 $U \setminus \{u_1, \cdots, u_{n-1}\}$ 的唯一的元素. 显而易见, 序 $u_1, \cdots, u_n$ 的构造可在 $O(n^2\theta)$ 内完成.

断言 对于所有的 $k = 1, \cdots, n - 1$ 和所有的 $x, y \in U \setminus U_{k-1}$, 满足 $x \neq y$ 和 $w_k(\{x\}) \leqslant w_k(\{y\})$, 有

$$w_k(\{x\}) = \min\{w_k(C) : x \in C \subseteq U \setminus \{y\}\}$$

通过在 k 上施行归纳法来证明这一断言. 对 $k = 1$, 这一断言是显然的, 因为 $w_1(C) = \frac{1}{2}f(\varnothing)$ 对所有 $C \subseteq U$ 成立.

现设 $k > 1$ 和 $x, y \in U \setminus U_{k-1}$ 满足 $x \neq y$ 和 $w_k(\{x\}) \leqslant w_k(\{y\})$. 此外, 设 $Z \subseteq U$ 使得 $u_{k-1} \notin Z$, 并设 $z \in Z \setminus U_{k-1}$. 根据 u_{k-1} 的选取, 有 $w_{k-1}(\{z\}) \leqslant w_{k-1}(\{u_{k-1}\})$. 于是由归纳法假设, 得到 $w_{k-1}(\{z\}) \leqslant w_{k-1}(Z)$. 此外, 由 f 的次模性, 有

$$(w_k(Z) - w_{k-1}(Z)) - (w_k(\{z\}) - w_{k-1}(\{z\}))$$

$$= \frac{1}{2}\left(f(Z \cup U_{k-2}) - f(Z \cup U_{k-1}) - f(U_{k-2}) + f(U_{k-1})\right)$$

$$\quad - \frac{1}{2}\left(f(\{z\} \cup U_{k-2}) - f(\{z\} \cup U_{k-1}) - f(U_{k-2}) + f(U_{k-1})\right)$$

$$= \frac{1}{2}(f(Z \cup U_{k-2}) + f(\{z\} \cup U_{k-1}) - f(Z \cup U_{k-1}) - f(\{z\} \cup U_{k-2}))$$

$$\geqslant 0$$

因而 $w_k(Z) - w_k(\{z\}) \geqslant w_{k-1}(Z) - w_{k-1}(\{z\}) \geqslant 0$.

　　要结束这一断言的证明, 可设 $C \subseteq U$ 使得 $x \in C$ 和 $y \notin C$. 此时出现两种情况:

　　情况 1. $u_{k-1} \notin C$. 此时由上述的结果对 $Z = C$ 和 $z = x$ 即得 $w_k(C) \geqslant w_k(\{x\})$, 此即所要求者.

　　情况 2. $u_{k-1} \in C$. 此时将上述结果应用于 $Z = U \setminus C$ 和 $z = y$, 即得 $w_k(C) = w_k(U \setminus C) \geqslant w_k(\{y\}) \geqslant w_k(\{x\})$.

　　这就完成了断言的证明. 将此证明应用于 $k = n - 1$, $x = u_n$ 和 $y = u_{n-1}$, 即得

$$w_{n-1}(\{u_n\}) = \min\{w_{n-1}(C) : u_n \in C \subseteq U \setminus \{u_{n-1}\}\}$$

因 $w_{n-1}(C) = f(C) - \frac{1}{2}(f(\{u_n\}) + f(U \setminus \{u_{n-1}\}) - f(U_{n-2}))$ 对所有使得 $u_n \in C$ 和 $u_{n-1} \notin C$ 之 $C \subseteq U$ 成立. 引理也就得到证明 (令 $x := u_n$ 和 $y := u_{n-1}$).　　　□

　　上面的证明出自 Fujishige (1998). 现在可以与定理 8.39 的证明相类似地继续进行.

　　定理 14.25 (Queyranne, 1998)　给定一对称次模函数 $f : 2^U \to \mathbb{R}$, 使得 $f(A)$ 为极小的 U 的一非空真子集 A 可在 $O(n^3\theta)$ 时间内求出, 于此 θ 为关于 f 的神算包的时间上限.

　　证明　若 $|U| = 1$, 定理显然成立. 否则可应用引理 14.24, 在 $O(n^2\theta)$ 时间内求出两个元素 $x, y \in U$, 使得 $f(\{x\}) = \min\{f(X) : x \in X \subseteq U \setminus \{y\}\}$. 其次, 可以递归地求出 $U \setminus \{x\}$ 的一非空真子集, 它使函数 $f' : 2^{U \setminus \{x\}} \to \mathbb{R}$ 达到极小, 此 f' 的定义是 $f'(X) := f(X)$, 若 $y \notin X$; $f'(X) := f(X \cup \{x\})$, 若 $y \in X$. 容易看出 f' 是对称的和次模的.

　　设 $\varnothing \neq Y \subset U \setminus \{x\}$ 为一使 f' 达到极小的集. 不失其普遍性, 可设 $y \in Y$ (因 f' 为对称的). 要证明: $\{x\}$ 与 $Y \cup \{x\}$ 中必有一使 f 达到极小 (在 U 的所有非空真子集上). 要看出这点, 考虑任一使得 $x \in C$ 的 $C \subset U$. 若 $y \notin C$, 由 x 和 y 的选取, 就有 $f(\{x\}) \leqslant f(C)$. 若 $y \in C$, 则 $f(C) = f'(C \setminus \{x\}) \geqslant f'(Y) = f(Y \cup \{x\})$. 因而 $f(C) \geqslant \min\{f(\{x\}), f(Y \cup \{x\})\}$ 对 U 的所有非空真子集 C 成立.

　　要得出所说的运行时间, 当然不可能明确地算出 f'. 我们要做的是储存 U 的一个划分, 开始时全是由单个点集组成. 在每次递归, 对该划分中包含有 x 和 y

的两个集作它们的并. 依此方式, f' 就可以有效地被计算出来 (利用关于 f 的神算包).　　　　　　　　　　　　　　　　　　　　　　　　　　　　　　　□

此结果曾由 Nagamochi and Ibaraki (1998) 和 Rizzi (2000) 进一步加以推广.

习　题

1. 设 G 为一无向图, M 为 G 中一最大匹配. 设 $X \subseteq E(G)$, 对此, 存在一关于 M 的一特殊的带花森林 F, 使得 $E(F) \setminus M = X$, $\mathcal{F}$ 为此种 X 所成之族. 证明 $(E(G) \setminus M, \mathcal{F})$ 为一广义拟阵. 提示: 利用第 10 章习题 23.

2. 设 $(E, \mathcal{F})$ 为一广义拟阵, $c' : E \to \mathbb{R}_+$. 现考虑瓶颈函数 $c(F) := \min\{c'(e) : e \in F\}$, $F \subseteq E$. 试证明: 关于广义拟阵的贪婪算法, 当应用于 $(E, \mathcal{F})$ 和 c 时, 可求出一 $F \in \mathcal{F}$ 使得 $c(F)$ 为极大.

3. 这一习题指出: 广义拟阵也可定义成语言 (参看定义 15.1). 设 E 为一有限集. 在字母表 E 上的一语言 L 被称为一广义拟阵语言是指它满足:

(a) L 包含空字符串.

(b) 对所有的 $(x_1, \cdots, x_n) \in L$ 和 $1 \leqslant i < j \leqslant n$, $x_i \neq x_j$.

(c) 对所有的 $(x_1, \cdots, x_n) \in L$, $(x_1, \cdots, x_{n-1}) \in L$,

(d) 若 $(x_1, \cdots, x_n), (y_1, \cdots, y_m) \in L$, 其中 $m < n$, 则存在一 $i \in \{1, \cdots, n\}$ 使得 $(y_1, \cdots, y_m, x_i) \in L$.

L 称为反拟阵语言, 是指它满足 (a), (b), (c) 和

(d$'$) 若 $(x_1, \cdots, x_n), (y_1, \cdots, y_m) \in L$ 使得 $\{x_1, \cdots, x_n\} \not\subseteq \{y_1, \cdots, y_m\}$, 则存在一 $i \in \{1, \cdots, n\}$ 使得 $(y_1, \cdots, y_m, x_i) \in L$.

试证明: 在字母表 E 上的一语言 L 为广义拟阵语言 (一反拟阵语言) 的充要条件是: 系统 $(E, \mathcal{F})$ 是一广义拟阵 (反拟阵), 于此 $\mathcal{F} := \{\{x_1, \cdots, x_n\} : (x_1, \cdots, x_n) \in L\}$.

4. 设 U 为一有限集, $f : 2^U \to \mathbb{R}$. 试证明: f 为次模的充要条件为 $f(X \cup \{y, z\}) - f(X \cup \{y\}) \leqslant f(X \cup \{z\}) - f(X)$ 对所有 $X \subseteq U$ 和 $y, z \in U$ 成立.

5. 设 P 为一非空拟阵多面体. 试证明: 存在一次模的和单调函数 f 使得 $f(\varnothing) = 0$ 和 $P = P(f)$.

*6. 试证明一非空紧集 $P \subseteq \mathbb{R}_+^n$ 为一拟阵多面体的充要条件是

(a) 对所有 $0 \leqslant x \leqslant y \in P$, 有 $x \in P$.

(b) 对所有 $x \in \mathbb{R}_+^n$ 和 $y, z \leqslant x$ 其中 $y, z \in P$ 是具有此种性质的最大者 (即若 $y \leqslant w \leqslant x$ 和 $w \in P$ 则有 $w = y$, 若 $z \leqslant w \leqslant x$ 和 $w \in P$ 则有 $w = z$), 有 $\mathbb{1}y = \mathbb{1}z$.

注: 这是 Edmonds (1970) 原来的定义.

7. 试证明: 当应用到一个向量 $c \in \mathbb{R}_+^E$ 和一个次模的但不一定是单调的函数 $f : 2^E \to \mathbb{R}$(它的 $f(\varnothing) \geqslant 0$) 时, 拟阵多面体贪婪算法可以解决,

$$\max\left\{cx : \sum_{e \in A} x_e \leqslant f(A) \text{对所有} A \subseteq E\right\}$$

8. 设 f 和 g 皆为拟阵的秩函数, 试通过由加权拟阵交算法所产生的 c_1 和 c_2 构造一个整的最优对偶解, 对此特殊的 f 和 g 证明定理 14.12. (Frank, 1981)

*9. 设 S 为一有限集, $f : 2^S \to \mathbb{R}$. 定义 $f' : \mathbb{R}_+^S \to \mathbb{R}$ 如下: 对任一 $x \in \mathbb{R}_+^S$, 存在唯一的 $k \in \mathbb{Z}_+$, $\lambda_1, \cdots, \lambda_k > 0$ 和 $\varnothing \subset T_1 \subset T_2 \subset \cdots \subset T_k \subseteq S$ 使得 $x = \sum_{i=1}^k \lambda_i \chi^{T_i}$, 于此 χ^{T_i} 为 T_i 的一关联向量. 则 $f'(x) := \sum_{i=1}^k \lambda_i f(T_i)$. 试证明: f 为 次模函数 的充要条件是 f' 为 凸的. (Lovász, 1983)

10. 设 E 为一有限集, $f : 2^E \to \mathbb{R}_+$ 是一次模函数, 使得对于所有之 $e \in E$, $f(\{e\}) \leqslant 2$ (数对 (E, f) 有时称为 2- 拟阵多面体). 拟阵多面体匹配问题要求的是一个使得 $f(X) = 2|X|$ 的具有最大基数的 $X \subseteq E$ (当然, f 是由一神算包来给出).

设 $E_1, \cdots, E_k$ 为两两不相交的无序对, 又令 $(E, \mathcal{F})$ 为一拟阵 (由一独立神算包给出), 于此 $E = E_1 \cup \cdots \cup E_k$. 拟阵奇偶问题要求的是一最大基数集 $I \subseteq \{1, \cdots, k\}$ 使得 $\bigcup_{i \in I} E_i \in \mathcal{F}$.

(a) 试证明: 拟阵奇偶问题可以多项式地化为拟阵多面体匹配问题.

*(b) 试证明: 拟阵多面体匹配问题可以多项式地化为拟阵奇偶问题. 提示: 利用关于次模函数极小化问题的算法.

*(c) 试证明: 不存在运算时间为 $|E|$ 的多项式的关于拟阵多面体匹配问题 的算法. (Jensen and Korte, 1982; Lovász, 1981) (一个问题可以多项式地化成另一问题是指前者可以通过关于后者的一神算包利用一多项式时间的神算包算法求解, 参看第 5 章).

注: 关于一重要的特殊情况的一多项式时间算法是由 Lovász (1980, 1981) 给出的.

11. 一函数 $f : 2^S \to \mathbb{R} \cup \{\infty\}$ 称为交叉子模函数是指 $f(X) + f(Y) \geqslant f(X \cup Y) + f(X \cap Y)$ 对于任何两个集 $X, Y \subseteq S$ 使得 $X \cap Y \neq \varnothing$ 和 $X \cup Y \neq S$ 成立. 子模流问题定义如下: 给定一有向图 G, 函数 $l : E(G) \to \mathbb{R} \cup \{-\infty\}$, $u : E(G) \to \mathbb{R} \cup \{\infty\}$, $c : E(G) \to \mathbb{R}$, 和一交叉子模函数 $b : 2^{V(G)} \to \mathbb{R} \cup \{\infty\}$. 一可行子模流就是一函数 $f : E(G) \to \mathbb{R}$: 它对于所有之 $e \in E(G)$, 有 $l(e) \leqslant f(e) \leqslant u(e)$, 而且对于所有 $X \subseteq V(G)$, 有

$$\sum_{e \in \delta^-(X)} f(e) - \sum_{e \in \delta^+(X)} f(e) \leqslant b(X)$$

其任务是要判定是否存在一可行流, 若存在, 则去求出一个使其费用 $\sum_{e \in E(G)} c(e)f(e)$ 尽可能最小的流. 试指出: 此问题推广了最小费用流问题和在两个拟阵多面体之交上的一个线性函数的优化问题.

注: 子模流问题是由 Edmonds 和 Giles (1977) 引入的, 可以在强多项式时间内解决; 参看 Fujishige, Röck and Zimmermann (1989), 也可参考 Fleischer and Iwata (2000).

*12. 试证明: 描绘一可行子模流的不等式组 (习题 11 是TDI. 试指出由此即可得出定理 14.12 和 19.10. (Edmonds and Giles, 1977)

13. 试证明: 基多面体就是对于 U 得所有全序 $\prec$ 的向量 $b^\prec$ 所成之集, 于此

$$b^\prec(u) := f(\{v \in U : v \preceq u\}) - f(\{v \in U : v \prec u\}) \quad u \in U$$

提示: 参看定理 14.11 得证明.

14. 试证明引理 8.38 是引理 14.24 的一特殊情况.

<h2 style="text-align:center">参 考 文 献</h2>

一般著述

Bixby, R E, and Cunningham, W H. 1995. Matroid optimization and algorithms//Handbook of Combinatorics. Vol. 1 (Graham R L, Grötschel M, Lovász L, eds.). Amsterdam: Elsevier.

Björner, A, and Ziegler, G M. 1992. Introduction to greedoids//Matroid Applications (White N, ed.). Cambridge: Cambridge University Press.

Fujishige, S. 2005. Submodular Functions and Optimization. Second Edition. Amsterdam: Elsevier.

Korte, B, Lovász, L, and Schrader, R. 1991. Greedoids. Berlin: Springer.

McCormick, S T. 2004. Submodular function minimization//Discrete Optimization (Aardal K, Nemhauser G L, Weismantel R, eds.). Amsterdam: Elsevier.

Schrijver, A. 2003. Combinatorial Optimization: Polyhedra and Efficiency. Berlin: Springer, Chapters 44–49.

引用文献

Edmonds, J. 1970. Submodular functions, matroids and certain polyhedra//Combinatorial Structures and Their Applications; Proceedings of the Calgary International Conference on Combinatorial Structures and Their Applications 1969 (Guy R, Hanani H, Sauer N, Schonheim J, eds.). New York: Gordon and Breach, 69–87.

Edmonds, J. 1979. Matroid intersection//Discrete Optimization I; Annals of Discrete Mathematics 4 (Hammer P L, Johnson E L, Korte B H, eds.). Amsterdam: North-Holland, 39–49.

Edmonds, J, and Giles, R. 1977. A min-max relation for submodular functions on graphs//Studies in Integer Programming; Annals of Discrete Mathematics 1 (Hammer P L, Johnson E L, Korte B H, Nemhauser G L, eds.). Amsterdam: North-Holland, 185–204.

Fleischer, L, and Iwata, S. 2000. Improved algorithms for submodular function minimization and submodular flow. Proceedings of the 32nd Annual ACM Symposium on Theory of Computing, 107–116.

Frank, A. 1981. A weighted matroid intersection algorithm. Journal of Algorithms, 2: 328–336.

Frank, A. 1982. An algorithm for submodular functions on graphs//Bonn Workshop on Combinatorial Optimization; Annals of Discrete Mathematics 16 (Bachem A, Grötschel M, Korte B, eds.). Amsterdam: North-Holland, 97–120.

Fujishige, S. 1998. Another simple proof of the validity of Nagamochi and Ibaraki's min-cut algorithm and Queyranne's extension to symmetric submodular function minimization. Journal of the Operations Research Society of Japan, 41: 626–628.

Fujishige, S, Röck, H., and Zimmermann, U. 1989. A strongly polynomial algorithm for minimum cost submodular flow problems. Mathematics of Operations Research, 14: 60–69.

Grötschel, M., Lovász, L., and Schrijver, A. 1981. The ellipsoid method and its consequences in combinatorial optimization. Combinatorica, 1: 169–197

Grötschel, M, Lovász, L, and Schrijver, A. 1988. Geometric Algorithms and Combinatorial Optimization. Berlin: Springer.

Iwata, S. 2002. A fully combinatorial algorithm for submodular function minimization. Journal of Combinatorial Theory, B 84: 203–212.

Iwata, S. 2003. A faster scaling algorithm for minimizing submodular functions. SIAM Journal on Computing, 32: 833–840.

Iwata, S, Fleischer, L, and Fujishige, S. 2001. A combinatorial, strongly polynomial-time algorithm for minimizing submodular functions. Journal of the ACM, 48: 761–777.

Jensen, P M, and Korte, B. 1982. Complexity of matroid property algorithms. SIAM Journal on Computing, 11: 184–190.

Lovász, L. 1980. Matroid matching and some applications. Journal of Combinatorial Theory, B 28: 208–236.

Lovász, L. 1981. The matroid matching problem//Algebraic Methods in Graph Theory; Vol. II (Lovász L, Sós V T, eds.). Amsterdam: North-Holland, 495–517.

Lovász, L. 1983. Submodular functions and convexity//Mathematical Programming: The State of the Art–Bonn 1982 (Bachem A, Grötschel M, Korte B, eds.). Berlin: Springer.

Nagamochi, H, and Ibaraki, T. 1998. A note on minimizing submodular functions. Information Processing Letters, 67: 239–244.

Orlin, J B. 2007. A faster strongly polynomial time algorithm for submodular function minimization//Integer Programming and Combinatorial Optimization; Proceedings of the 12th International IPCO Conference; LNCS 4513 (Fischetti M, Williamson D P, eds.). Berlin: Springer, 240–251.

Queyranne, M. 1998. Minimizing symmetric submodular functions. Mathematical Programming, B 8: 3–12.

Rizzi, R. 2000. On minimizing symmetric set functions. Combinatorica, 20: 445–450.

Schrijver, A. 2000. A combinatorial algorithm minimizing submodular functions in strongly polynomial time. Journal of Combinatorial Theory, B 80: 346–355.

Vygen, J. 2003. A note on Schrijver's submodular function minimization algorithm. Journal of Combinatorial Theory, B 88: 399–402.

第 15 章　NP 完备性

对于许多组合优化问题来说, 已知其各有一多项式时间算法. 本书将罗列其中最主要的问题. 但也存在着许多主要的组合优化问题, 对于它们还不知道有任何多项式时间算法. 虽然不能证明存在一个问题不可能有多项式算法, 但可以指出: 对于一个 "难"(hard) 问题 (更确切些: NP 困难问题) 若存在一个多项式时间算法, 则意味着对于本书中考虑的几乎所有问题 (更确切些: 则所有 NP 容易问题) 皆有多项式算法.

要将这一概念正规化并证明刚才所得的论断, 需要一个机器模型, 即关于多项式时间算法的确切定义. 因此之故, 在第 15.1 节中对 Turing 机 进行讨论. 这一理论上的模型不适宜于用来描述更为复杂的问题. 但将说明它是等价于我们所说的非正式的算法概念: 从理论上说, 本书中的每一算法可以写成一个 Turing 机, 但这时我们丢失了多项式界定这一效果. 在 15.2 节中将对此加以说明.

在 15.3 节中将介绍判定问题 (decision problems), 特别是介绍 P 与 NP 类. 虽然 NP 包含着本书中出现的大多数判定问题. 但 P 只包含那些已有多项式时间算法的问题. 是否 $P = \mathrm{NP}$, 这是一个未解决的问题. 虽然我们将讨论 NP 中的许多问题. 对于它们来说还不知道有任何多项式算法存在. 但 (直到现在) 还没有能够证明出这样的算法就是不存在. 我们将详细说明, 一个问题化为另一问题, 或者说一个问题至少与另一问题同样难度的含义. 在这种观念之下, NP 中最难的问题就是 NP 完备问题, 它们可以在多项式时间之内求解的充要条件条件是 $P = \mathrm{NP}$.

在 15.4 节将展示第一个 NP 完备问题: 可满足性问题SATISFIABILITY. 在 15.5 节, 更多的与组合优化更密切相关的判定问题, 将被证明是 NP 完备的. 在 15.6 节和 15.7 节将讨论有关概念, 且将它们扩充到优化问题.

15.1　Turing 机

在本节中要来介绍一种非常简单的计算模型 Turing 机. 它可以看作是施用于字符串上的一序列的简单指令. 输入和输出将是一个二进制字符串.

定义 15.1　一个 **字母表** 乃是包含至少两个元素的一有限集, 它不包含特殊记号 ⊔(这将用来代表空格). 对于一个字母表 A, A 上的一 **字符串**乃是 A 中元素的一有限序列, A^n 乃是由长度为 n 的字符串构成之集, $A^* := \bigcup_{n \in \mathbb{Z}_+} A^n$ 乃是 A 上的所有字符串构成之集. 使用下面的约定: A^0 包含恰有一个元素: 空串. A 上的一种 **语**

言乃是 A^* 的一子集. 语言的元素通常称为字. 若 $x \in A^n$, 写 $\mathrm{size}(x) := n$ 表示该字符串的长为 n.

下面将常常与字母表 $A = \{0, 1\}$ 和所有 0-1 字符串(或 二进制字符串) 的集合 $\{0, 1\}^*$ 打交道. 一个 0-1 字符串的分量有时称作它的比特(或位). 因此正好有一个 0 长度的 0-1 字符串, 即空字符串, 或空串.

对于一个固定字母表 A, 一个 Turing 机 以一个字符串 $x \in A^*$ 为其输入. 此输入通过空格符 (blank symbols)(记作 ⊔) 完成一个向两端无限延伸的字符串 $s \in (A \cup \{⊔\})^{\mathbb{Z}}$. 这字符串 s 可认为是一具有读 – 写头 (read-write head) 的磁带. 在每一步只有一个单一的位置可以读和修改, 在每一步读 – 写头能移动一个位置.

一个 Turing 机是由编号为 $0, \cdots, N$ 的 $N+1$ 个指令组成的集. 在开始时, 执行的是指令 0, 字符串当前的位置是位置 1. 当前各个指令是如下形式. 在当前的位置读出比特, 根据它的值采取如下行动. 在当前的比特上面书写 $A \cup \{⊔\}$ 中的某一元素盖上, 可能将当前位置向左或向右移动一个位置, 然后进入下一步将要执行的指令.

有一个记作 -1 的特殊指令. 它表示这一计算的终结. 将无限字符串 s 的分量 (component) 加上编码 $1, 2, 3, \cdots$ 直到遇上第一个 ⊔, 此时就产生了输出字符串. Turing 机的正式定义如下.

定义 15.2 (Turing, 1936)   设 A 是一字母表, $\bar{A} := A \cup \{⊔\}$. Turing 机(其字母表为 A) 是由下面函数所定义

$$\Phi : \{0, \cdots, N\} \times \bar{A} \to \{-1, \cdots, N\} \times \bar{A} \times \{-1, 0, 1\}$$

于此 $N \in \mathbb{Z}_+$. 设 $x \in A^*$, Φ 在输入 x 上的 计算结果是一有限的或无限的序列三元组, $(n^{(i)}, s^{(i)}, \pi^{(i)})$ 序列, 其中 $n^{(i)} \in \{-1, \cdots, N\}$, $s^{(i)} \in \bar{A}^{\mathbb{Z}}$, $\pi^{(i)} \in \mathbb{Z}$ $(i = 0, 1, 2, \cdots)$, 它们是通过如下方式递归定义的 $(n^{(i)}$ 表示当前的指令, $s^{(i)}$ 代表字符串, 而 $\pi^{(i)}$ 则是当前的位置):

$n^{(0)} := 0$. $s_j^{(0)} := x_j$ 对所有的 $1 \leqslant j \leqslant \mathrm{size}(x)$, $s_j^{(0)} := ⊔$ 对所有 $j \leqslant 0$ 和 $j > \mathrm{size}(x)$, $\pi^{(0)} := 1$.

设 $(n^{(i)}, s^{(i)}, \pi^{(i)})$ 已经定义, 现在区分两种情况. 若 $n^{(i)} \neq -1$, 则令 $(m, \sigma, \delta) := \Phi\big(n^{(i)}, s_{\pi^{(i)}}^{(i)}\big)$ 并令 $n^{(i+1)} := m$, $s_{\pi^{(i)}}^{(i+1)} := \sigma$, $s_j^{(i+1)} := s_j^{(i)}$ 对 $j \in \mathbb{Z} \setminus \{\pi^{(i)}\}$, $\pi^{(i+1)} := \pi^{(i)} + \delta$.

若 $n^{(i)} = -1$, 这表示这一序列的终结. 此时定义时间 $(\Phi, x) := i$ 和输出 $(\Phi, x) \in A^k$, 于此 $k := \min\{j \in \mathbb{N} : s_j^{(i)} = ⊔\} - 1$, 输出 $(\Phi, x)_j := s_j^{(i)}$ 对于所有 $j = 1, \cdots, k$.

若此序列为无限(即对于所有之 i, $n^{(i)} \neq -1$), 则令时间 $(\Phi, x) := \infty$. 在此种情况, 输出 (Φ, x) 未定义.

当然, Turing 机中, 我们最感兴趣的是其计算量 (次数) 是有限的, 甚至是多项式次界定的:

定义 15.3 设 A 为一字母表, $S, T \subseteq A^*$ 为两种语言, $f : S \to T$ 为一函数. 设 Φ 为一关于字母表 A 的 Turing 机, 使得时间 $(\Phi, s) < \infty$, 输出 $(\Phi, s) = f(s)$ 对每一 $s \in S$. 此时说 Φ 算出 f. 若存在一多项式 p 使得对所有 $s \in S$, 有时间 $\mathrm{time}(\Phi, s) \leqslant p(\mathrm{size}(s))$, 则 Φ 为一多项式时间 Turing 机.

在 $S = A^*$ 和 $T = \{0, 1\}$ 的情形, 我们说 Φ 决定了语言 $L := \{s \in S : f(s) = 1\}$. 若存在某一多项式时间 Turing 机算出一个函数 f (或决定一种语言 L), 我们就说 f 是可在多项式时间内算出的 (或 L 是在多项式时间内可决定的).

为了使这些定义变得清楚, 用一个例子来说明. 下面的 Turing 机 $\Phi : \{0, \cdots, 4\} \times \{0, 1, \sqcup\} \to \{-1, \cdots, 4\} \times \{0, 1, \sqcup\} \times \{-1, 0, 1\}$ 可算出后继函数 (successor function) $n \mapsto n + 1 (n \in \mathbb{N})$, 在这里各数目皆以通常的二进制来编码.

$\Phi(0, 0) = (0, 0, 1)$ ⓪   While $s_\pi \neq \sqcup$ do $\pi := \pi + 1$.

$\Phi(0, 1) = (0, 1, 1)$

$\Phi(0, \sqcup) = (1, \sqcup, -1)$ Set $\pi := \pi - 1$.

$\Phi(1, 1) = (1, 0, -1)$ ①   While $s_\pi = 1$ do $s_\pi := 0$ and $\pi := \pi - 1$.

$\Phi(1, 0) = (-1, 1, 0)$ If $s_\pi = 0$ then $s_\pi := 1$, stop.

$\Phi(1, \sqcup) = (2, \sqcup, 1)$ Set $\pi := \pi + 1$.

$\Phi(2, 0) = (2, 0, 1)$ ②   While $s_\pi = 0$ do $\pi := \pi + 1$.

$\Phi(2, \sqcup) = (3, 0, -1)$ Set $s_\pi := 0, \pi := \pi - 1$.

$\Phi(3, 0) = (3, 0, -1)$ ③   While $s_\pi = 0$ do $\pi := \pi - 1$.

$\Phi(3, \sqcup) = (4, \sqcup, 1)$ Set $\pi := \pi + 1$.

$\Phi(4, 0) = (-1, 1, 0)$ ④   Set $s_\pi := 1$ and stop.

注意 Φ 的几个值皆未一一写出, 因为它们在任何计算中皆未用到. 右边的注释用来说明计算方法. 指令 ②, ③ 和 ④ 只当输入全由 1 构成时, 即对某一 $k \in \mathbb{Z}_+$, $n = 2^k - 1$ 时才使用. 即对所有的输入 s, 皆有时间 $\mathrm{time}(\Phi, s) \leqslant 4\,\mathrm{size}(s) + 5$, 因而 Φ 是一多项式时间 Turing 机.

在下一节中将指出上述的定义与 1.2 节中所说的多项式时间算法的非正式定义是一致的. 本书中各个多项式时间算法皆可用一个多项式时间 Turing 机来模拟.

15.2   Church 的论题

对于算法来说 Turing 机是最惯用的理论模型. 它虽然看起来非常有局限性, 但却与别的合理模型具有同样强度, 可以计算的函数类 (有时也称为递归函数类) 总是同样的. 这一论断以 Church 的论题著称, 由于过于含糊, 不能给出证明. 但存在一些强有力的结果支持这一论断. 例如, 像 C 这样的通用程序语言中, 各个程序皆可通过 Turing 机来编制. 特别本书中所有的算法皆可改写成 Turing 机. 一般说来,

这是很不方便的 (因此我们决不去做), 但理论上这是可能的. 更进一步, 任何可通过 C 程序在多项式时间内可计算的函数, 也可通过 Turing 机 以多项式时间算出 (其逆亦真).

要在 Turing 机上实现一个较为复杂的程序, 这并不是一件容易的工作, 因此作为中间步骤, 考虑一个具有两种字符串 (磁带) 和两个独立的读写头 (每一磁带各有一个) 的 Turing 机.

定义 15.4　设 A 为一字母表, $\bar{A} := A \cup \{\sqcup\}$. 二磁带 Turing 机 是由下面的函数定义的:

$$\Phi : \{0, \cdots, N\} \times \bar{A}^2 \to \{-1, \cdots, N\} \times \bar{A}^2 \times \{-1, 0, 1\}^2$$

式中 $N \in \mathbb{Z}_+$. 设 $x \in A^*$, Φ 在输入 x 的 计算结果 是一有限的或无限的 5 元组 $(n^{(i)}, s^{(i)}, t^{(i)}, \pi^{(i)}, \rho^{(i)})$ 构成的序列, 其中 $n^{(i)} \in \{-1, \cdots, N\}$, $s^{(i)}, t^{(i)} \in \bar{A}^{\mathbb{Z}}$, $\pi^{(i)}, \rho^{(i)} \in \mathbb{Z}$ ($i = 0, 1, 2, \cdots$) 由递归方式定义如下: $n^{(0)} := 0$. $s_j^{(0)} := x_j$ 对 $1 \leqslant j \leqslant \text{size}(x)$, $s_j^{(0)} := \sqcup$ 对所有的 $j \leqslant 0$ 和 $j > \text{size}(x)$. $t_j^{(0)} := \sqcup$ 对所有的 $j \in \mathbb{Z}$, $\pi^{(0)} := 1$, $\rho^{(0)} := 1$.

若 $(n^{(i)}, s^{(i)}, t^{(i)}, \pi^{(i)}, \rho^{(i)})$ 已经定义, 现区分两种情况: 若 $n^{(i)} \neq -1$, 则令 $(m, \sigma, \tau, \delta, \varepsilon) := \Phi\left(n^{(i)}, s_{\pi^{(i)}}^{(i)}, t_{\rho^{(i)}}^{(i)}\right)$, 并令 $n^{(i+1)} := m$, $s_{\pi^{(i)}}^{(i+1)} := \sigma$, $s_j^{(i+1)} := s_j^{(i)}$ 对所有 $j \in \mathbb{Z} \setminus \{\pi^{(i)}\}$, $t_{\rho^{(i)}}^{(i+1)} := \tau$, $t_j^{(i+1)} := t_j^{(i)}$, 对所有 $j \in \mathbb{Z} \setminus \{\rho^{(i)}\}$, $\pi^{(i+1)} := \pi^{(i)} + \delta$, $\rho^{(i+1)} := \rho^{(i)} + \varepsilon$.

若 $n^{(i)} = -1$, 则此即为这一序列的终结. 时间 $\text{time}(\Phi, x)$ 和输出 $\text{output}(\Phi, x)$ 皆与单磁带 Turing 机的情形同样定义.

超过两条磁带的 Turing 机也可类似定义, 但将不需要它们. 在说明如何完成关于一台具备两条磁带的 Turing 机的标准运算之前, 现在指出, 一台二磁带的 Turing 机可以通过一台普通的 (单磁带的) Turing 机来模拟.

定理 15.5　设 A 为一字母表, 又设

$$\Phi : \{0, \cdots, N\} \times (A \cup \{\sqcup\})^2 \to \{-1, \cdots, N\} \times (A \cup \{\sqcup\})^2 \times \{-1, 0, 1\}^2$$

为一 二磁带 Turing 机. 此时存在一字母表 $B \supseteq A$ 和一台 (单磁带) Turing 机

$$\Phi' : \{0, \cdots, N'\} \times (B \cup \{\sqcup\}) \to \{-1, \cdots, N'\} \times (B \cup \{\sqcup\}) \times \{-1, 0, 1\}$$

使得输出 $\text{output}(\Phi', x) = \text{output}(\Phi, x)$ 和时间 $\text{time}(\Phi', x) = O(\text{time}(\Phi, x))^2$ 对所有 $x \in A^*$ 成立.

证明　用 s 和 t 表示 Φ 的两个字符串, 以 π 和 ρ 表示定义 15.4 中类似的的两个读 – 写头的位置. Φ' 的字符串则记作 u, 其读 – 写头位置则记作 ψ.

现在要将字符串 s, t 两者和读写头位置 π, ρ 两者编码成一个字符串 u. 要使这事成为可能, u 的每一记号 u_j 成为一个 4 元组 (s_j, p_j, t_j, r_j), 于此 s_j 和 t_j 是 s 和

t 的相应的记号, 而 $p_j, r_j \in \{0,1\}$ 则表示第一个和第二个字符串的读写头当前是否在扫描位置 j, 也就是说, $p_j = 1$ 的充要条件是 $\pi = j$, $r_j = 1$ 的充要条件是 $\rho = j$.

于是定义 $\bar{B} := (\bar{A} \times \{0,1\} \times \bar{A} \times \{0,1\})$, 然后将 $a \in \bar{A}$ 等同于 $(a, 0, \sqcup, 0)$ 以容许来自 A^* 的输入. Φ' 的第一步则由令 p_1 和 r_1 等于 1 开始:

$$\Phi'(0, (\cdot, 0, \cdot, 0)) = (1, (\cdot, 1, \cdot, 1), 0) \qquad \textcircled{0} \quad \text{令 } \pi := \psi, \ \rho := \psi$$

于此, 点表示任意一个值 (尚未限定).

现在说明如何去执行一个一般性的指令 $\Phi(m, \sigma, \tau) = (m', \sigma', \tau', \delta, \varepsilon)$. 首先我们要去寻找位置 π 和 ρ. 方便的做法是假设单读写头 ψ 已经位于两个位置 π 和 ρ 的最左边, 即 $\psi = \min\{\pi, \rho\}$. 要通过扫描字符串 u 直达右端以找到另一位置, 核对 $s_\pi = \sigma$ 和 $t_\rho = \tau$ 是否成立. 如果成立, 则需要的运算完成 (对 s 与 t 写上新的记号, 移动 π 和 ρ, 跳到下一指令).

下一算块 (block) 是对 $m = 0$ 执行指令 $\Phi(m, \sigma, \tau) = (m', \sigma', \tau', \delta, \varepsilon)$. 对每一 m, 有 $|\bar{A}|^2$ 个这样的算块, 每一算块是为了 σ 和 τ 的每一选取. 对 $m = 0$ 的第二算块始于 $\textcircled{13}$, 对 m' 的第一算块则始于 $\textcircled{M}$, 于此 $M := 12|\bar{A}|^2 m' + 1$. 全部合计, 得到 $N' = 12(N+1)|\bar{A}|^2$.

同上, 点表示一个尚未限定的任意数值. 类似地, ζ 和 ξ 分别代表 $\bar{A} \setminus \{\sigma\}$ 和 $\bar{A} \setminus \{\tau\}$ 的任一元素. 开始时, 假定 $\psi = \min\{\pi, \rho\}$; 注意 $\textcircled{10}$, $\textcircled{11}$ 和 $\textcircled{12}$ 保证了这一性质直到最后也成立.

$$\Phi'(1, (\zeta, 1, \cdot, \cdot)) = (13, (\zeta, 1, \cdot, \cdot), 0) \qquad \textcircled{1} \text{ If } \psi = \pi \text{ and } s_\psi \neq \sigma \text{ then go to}\textcircled{13}\cdot$$

$$\Phi'(1, (\cdot, \cdot, \xi, 1)) = (13, (\cdot, \cdot, \xi, 1), 0) \qquad \text{If } \psi = \rho \text{ and } t_\psi \neq \tau \text{ then go to}\textcircled{13}\cdot$$

$$\Phi'(1, (\sigma, 1, \tau, 1)) = (2, (\sigma, 1, \tau, 1), 0) \qquad \text{If } \psi = \pi \text{ then go to}\textcircled{2}\cdot$$

$$\Phi'(1, (\sigma, 1, \cdot, 0)) = (2, (\sigma, 1, \cdot, 0), 0)$$

$$\Phi'(1, (\cdot, 0, \tau, 1)) = (6, (\cdot, 0, \tau, 1), 0) \qquad \text{If } \psi = \rho \text{ then go to}\textcircled{6}\cdot$$

$$\Phi'(2, (\cdot, \cdot, \cdot, 0)) = (2, (\cdot, \cdot, \cdot, 0), 1) \qquad \textcircled{2} \text{ While } \psi \neq \rho \text{ do } \psi := \psi + 1\cdot$$

$$\Phi'(2, (\cdot, \cdot, \xi, 1)) = (12, (\cdot, \cdot, \xi, 1), -1) \qquad \text{If } t_\psi \neq \tau \text{ then set } \psi := \psi - 1$$

$$\text{and go to } \textcircled{12}\cdot$$

$$\Phi'(2, (\cdot, \cdot, \tau, 1)) = (3, (\cdot, \cdot, \tau', 0), \varepsilon) \qquad \text{Set } t_\psi := \tau' \text{ and } \psi := \psi + \varepsilon\cdot$$

$$\Phi'(3, (\cdot, \cdot, \cdot, 0)) = (4, (\cdot, \cdot, \cdot, 1), 1) \qquad \textcircled{3} \text{ Set } \rho := \psi \text{ and } \psi := \psi + 1\cdot$$

$$\Phi'(4, (\cdot, 0, \cdot, \cdot)) = (4, (\cdot, 0, \cdot, \cdot), -1) \qquad \textcircled{4} \text{ While } \psi \neq \pi \text{ do } \psi := \psi - 1\cdot$$

$$\Phi'(4, (\sigma, 1, \cdot, \cdot)) = (5, (\sigma', 0, \cdot, \cdot), \delta) \qquad \text{Set } s_\psi := \sigma' \text{ and } \psi := \psi + \delta\cdot$$

$$\Phi'(5, (\cdot, 0, \cdot, \cdot)) = (10, (\cdot, 1, \cdot, \cdot), -1) \qquad \textcircled{5} \text{ Set } \pi := \psi \text{ and } \psi := \psi - 1\cdot$$

$$\text{Go to } \textcircled{10}\cdot$$

$$\Phi'(6, (\cdot, 0, \cdot, \cdot)) = (6, (\cdot, 0, \cdot, \cdot), 1) \qquad \textcircled{6} \text{ While } \psi \neq \pi \text{ do } \psi := \psi + 1\cdot$$

$$\Phi'(6, (\zeta, 1, \cdot, \cdot)) = (12, (\zeta, 1, \cdot, \cdot), -1) \qquad \text{If } s_\psi \neq \sigma \text{ then set } \psi := \psi - 1$$

$$\text{and go to } \textcircled{12}\cdot$$

$$\Phi'(6,(\sigma,1,\cdot,\cdot,)) = (7,(\sigma',0,\cdot,\cdot),\delta) \qquad \text{Set } s_\psi := \sigma' \text{ and } \psi := \psi + \delta\cdot$$

$$\Phi'(7,(\cdot,0,\cdot,\cdot)) \;\;= (8,(\cdot,1,\cdot,\cdot),1) \qquad \;\;\text{⑦ Set } \pi := \psi \text{ and } \psi := \psi + 1\cdot$$

$$\Phi'(8,(\cdot,\cdot,\cdot,0)) \;\;= (8,(\cdot,\cdot,\cdot,0),-1) \qquad \text{⑧ While } \psi \neq \rho \text{ do } \psi := \psi - 1\cdot$$

$$\Phi'(8,(\cdot,\cdot,\tau,1)) \;\;= (9,(\cdot,\cdot,\tau',0),\varepsilon) \qquad \;\;\text{Set } t_\psi := \tau' \text{ and } \psi := \psi + \varepsilon\cdot$$

$$\Phi'(9,(\cdot,\cdot,\cdot,0)) \;\;= (10,(\cdot,\cdot,\cdot,1),-1) \qquad \text{⑨ Set } \rho := \psi \text{ and } \psi := \psi - 1\cdot$$

$$\Phi'(10,(\cdot,\cdot,\cdot,\cdot)) \;\;= (11,(\cdot,\cdot,\cdot,\cdot),-1) \qquad \text{⑩ Set } \psi := \psi - 1\cdot$$

$$\Phi'(11,(\cdot,0,\cdot,0)) \;\;= (11,(\cdot,0,\cdot,0),1) \qquad \text{⑪ While } \psi \notin \{\pi,\rho\} \text{ do } \psi := \psi + 1\cdot$$

$$\Phi'(11,(\cdot,1,\cdot,\cdot)) \;\;= (M,(\cdot,1,\cdot,\cdot),0) \qquad \;\;\text{Go to ⓜ}\cdot$$

$$\Phi'(11,(\cdot,0,\cdot,1)) \;\;= (M,(\cdot,0,\cdot,1),0)$$

$$\Phi'(12,(\cdot,0,\cdot,0)) \;\;= (12,(\cdot,0,\cdot,0),-1) \qquad \text{⑫ While } \psi \notin \{\pi,\rho\} \text{ do } \psi := \psi - 1\cdot$$

$$\Phi'(12,(\cdot,1,\cdot,\cdot)) \;\;= (13,(\cdot,1,\cdot,\cdot),0)$$

$$\Phi'(12,(\cdot,\cdot,\cdot,1)) \;\;= (13,(\cdot,\cdot,\cdot,1),0)$$

对 Φ 的每一计算步骤, Φ' 的任一计算至多经过如上所示的 $|\bar{A}|^2$ 个算块. 而每一算块中的计算步数至多为 $2|\pi - \rho| + 10$. 因 $|\bar{A}|$ 为一常数, $|\pi - \rho|$ 不超过时间 $\text{time}(\Phi, x)$. 得出 Φ 的总计算结果可通过 Φ' 的 $O\left((\text{time}(\Phi, x))^2\right)$ 步来模拟.

最后, 要清理一下输出: 将每一记号 $(\sigma, \cdot, \cdot, \cdot)$ 代之以 $(\sigma, 0, \sqcup, 0)$. 显然这至多将总的步数加大一倍.　　　　　　　　　　　　　　　　　　　　　　　　□

利用一个 二磁带的 Turing 机 去执行更为复杂的指令, 因而任何的算法, 就不会太困难.

设字母表 $A = \{0, 1, \#\}$, 利用 A, 现在通过字符串

$$x_0\#\#1\#x_1\#\#10\#x_2\#\#11\#x_3\#\#100\#x_4\#\#101\#x_5\#\# \cdots \tag{15.1}$$

来塑造一个包含任意多个变量的模型, 并将此字符串存储于第一磁带之中. 每一组 (除第一个之外) 包含有指标 i 的一二进制表示, 其后则跟随着 x_i 的值, 这个值假定它是一二进制字符串. 第一个变量 x_0 和第二条磁带只用于记录计算各步的中间结果.

对于 Turing 机来说, 要随机存取变量是不可能以定长的时间来做到的, 不管有多少条磁带. 若用一个二磁带 Turing 机去模拟一个随意的算法, 将不得不十分频繁地扫描第一条磁带. 更有甚者, 若字符串的长度作为一个变量改变, 位于右边的子字符串也得移位. 尽管如此, 每一标准运算 (也就是 一个算法中的每一基本步骤) 总可用一个二磁带 Turing 机的 $O(l^2)$ 个计算步骤去模拟, 于此 l 表示字符串 (15.1) 当前的长度.

现试用一具体例子将上述意思说得更清楚一些. 现在考虑下面的指令: 在 x_5 上加上指标由 x_2 给出的变量的值.

要得到 x_5 的值, 为字符串 $\#\#101\#$ 扫描第一磁带. 将紧跟此串之后直到 $\#$ 的子字符串完完全全地抄写到第二磁带. 这一点很容易做到, 因为有两个分开的读写

头. 然后, 从第二磁带抄写该字符串到 x_0. 若 x_0 的新值短于或长于旧的值, 就得将字符串 (15.1) 的剩余部分适当地往左移或往右移.

下一步就得去寻找由 x_2 所给出的可变指标. 为此, 首先将 x_2 抄写到第二磁带. 之后, 就扫描第一磁带: 检查每一可变指标 (将它与第二磁带上的字符串就比特逐一比较). 当正确的可变指标已经找到时, 就将此变量的值抄写到第二磁带.

现在将存储在 x_0 中的数加到第二磁带上的那个数. 利用标准方法, 要设计一个完成这一任务的 Turing 机是不难的. 将第二条磁带上的这一数字改写成在计算时所得的结果即可. 最后得到了第二条磁带上的结果, 并将它写回到 x_5. 若有必要, 可将子字符串适当地移到 x_5 的右边.

所有上述一切可以通过一个二磁带 Turing 机在 $O(l^2)$ 个计算步骤之内完成 (实际上, 除了关于字符串 (15.1) 的移位以外, 其余的皆可在 $O(l)$ 步之内完成). 容易看出, 对于别的标准运算, 包括乘和除, 同样的结论也成立.

由定义 1.4, 我们说一个算法可以在多项式时间内执行程序, 是指存在一 $k \in \mathbb{N}$, 使得基本运算的步数不超过 $O(n^k)$, 而且中间计算的任何数目皆可以 $O(n^k)$ 个比特来存储. 于此, n 为输入的大小. 此外, 在任何时候至多存储 $O(n^k)$ 个数. 因此, 可以假定在一个模拟如此一个算法的二磁带 Turing 机的两个字符串中, 每一个之长不超过 $l = O(n^k \cdot n^k) = O(n^{2k})$, 因而它的执行程序的时间不超过 $O(n^k(n^{2k})^2) = O(n^{5k})$. 这仍然是输入大小的一多项式.

回忆一下定理 15.5 就可断言: 对于任何函数 f, 存在一个 多项式时间算法 来计算 f 的充要条件是: 存在一个 多项式时间 Turing 机 来计算 f.

关于不同机器模型的等价关系, Hopcroft and Ullman (1979), Lewis and Papadimitriou (1981), 以及 van Emde Boas (1990) 提供了更多的细节. 另外一个常见的模型 (接近于 1.2 节中的非正式的模型) 则是 RAM 机 (参看 习题 15.7), 它容许在定长的时间之内进行关于整数的算术运算. 别的模型则只容许在比特上 (或定长的整数上) 进行运算. 当处理大数时, 这更为现实一些. 显而易见, 具有 n 个比特的自然数的相加和比较可以通过 $O(n)$ 个比特运算来完成. 对于 相乘 (和相除), 明显地, 算法需要 $O(n^2)$ 个比特运算. 但 Schönhage and Strassen (1971) 的算法对于两个 n 比特整数的相乘则只需要 $O(n \log n \log \log n)$ 个. 而这一算法又由 Fürer (2007) 作进一步的改进. 这当然包含有对有理数的相加和比较具有同样时间复杂性的算法. 就涉及多项式时间可计算性这一方面来说, 所有的模型都是等价的, 但在执行程序的时间度量方面则大不相同.

通过 0-1 字符串 (或基于任何固定的字母表的字符串) 进行的全部输入的编码的模型, 原则上并不排除某些类型的实数, 例如 代数数 (若 $x \in \mathbb{R}$ 是一多项式 p 的第 k 个最小根, 则 x 可以通过列出 k 和 p 的次数和系数来编码). 但是, 却没有办法将一个任意的实数在数字计算机上表示出来. 因为存在着不可数多个实数, 而只有可数多个 0-1 字符串. 在本章中采取经典的做法, 只限于处理有理数输入.

在结束本节时, 要给出神算包 (oracle algorithms) 一个基于二磁带 Turing 机的正式定义. 在计算的任何阶段, 皆可呼叫一个神算包. 用第二磁带来书写神算包的输入和读出它的输出. 对于神算包的呼叫, 引入一个特别的指令 -2:

定义 15.6　设 A 为一字母表, $\bar{A} := A \cup \{\sqcup\}$. 设 $X \subseteq A^*$, $f(x) \subseteq A^*$ 为一非空语言, 对每一 $x \in X$. 一个 神算包 Turing 机 f 乃是一个函数

$$\Phi : \{0, \cdots, N\} \times \bar{A}^2 \to \{-2, \cdots, N\} \times \bar{A}^2 \times \{-1, 0, 1\}^2$$

其中 $N \in \mathbb{Z}_+$ 是某给定的数. 其计算方式定义有如一台二磁带 Turing 机, 但有一点不同, 对于某一计算步骤 i, 存在 $\sigma, \tau, \delta, \varepsilon$ 使 $\Phi\left(n^{(i)}, s_{\pi^{(i)}}^{(i)}, t_{\rho^{(i)}}^{(i)}\right) = (-2, \sigma, \tau, \delta, \varepsilon)$, 则考虑第二条磁带上的字符串 $x \in A^k$, 于此, $k := \min\left\{j \in \mathbb{N} : t_j^{(i)} = \sqcup\right\} - 1$, $x_j := t_j^{(i)}$, $j = 1, \cdots, k$. 若 $x \in X$, 则在第二条磁带上, 对某一 $y \in f(x)$ 写上 $t_j^{(i+1)} = y_j$, $j = 1, \cdots, \mathrm{size}(y)$, $t_{\mathrm{size}(y)+1}^{(i+1)} = \sqcup$. 其余部分则保留未变, 计算以 $n^{(i+1)} := n^{(i)} + 1$ 继续下去(当 $n^{(i)} = -1$ 时停止).

有关 Turing 机的所有定义皆可推广到神算包 Turing 机. 神算包 Turing 机的输出不一定是唯一的. 因此对于同样的输入可以有几个可能的计算结果. 当要证明一个神算包算法的正确性和估计它的执行程序的时间时, 不得不考虑所有可能的计算结果, 也就是神算包的所有选择.

通过本节的结果可知, 一个多项式时间的 (神算包) 算法的存在性等价于一个多项式时间的 (神算包)Turing 机的存在.

15.3 P 与 NP

大多数的复杂性理论皆基于判定问题. 任何一种 语言 $L \subseteq \{0, 1\}^*$ 皆可解释成如下的 判定问题: 给定一个 0-1 字符串, 要决定它是否属于 L. 但我们更感兴趣的是如下的一些问题:

HAMILTONIAN 回路

实例: 一个无向图 G.

任务: G 有无一个哈密尔顿回路?

下面总假定有一固定有效的编码将输入编成一二进制字符串, 有时要将字母表通过别的符号加以扩充. 例如, 假设一个图是由一 邻接矩阵 来表示的, 而这一表示又可编码成一个长度为 $O(n \log m + m \log n)$ 的二进制字符串, 于此 n 和 m 分别表示顶点和边的数目. 总假定有一有效的编码, 即它的长度是由尽可能最小的编码长度的多项式界定的.

并不是所有的二进制字符串皆是HAMILTONIAN 回路的实例, 只有那些可表示

成无向圈的才行. 对于大多数我们感兴趣的判定问题来说, 实例皆是 0-1 字符串的一真子集. 要求能在多项式时间内判定一个任意的字符串是否一个实例.

定义 15.7 一个判定问题乃是一个数对 $\mathcal{P} = (X, Y)$, 于此 X 是一个可在多项式时间内决定的语言, $Y \subseteq X$. X 中的元素称为 $\mathcal{P}$ 的实例, Y 中的元素称为 **肯定实例**, $X \setminus Y$ 中的元素则称为 **否定实例**.

对于一个判定问题 (X, Y) 的 **算法** 乃是一个计算函数 $f : X \to \{0, 1\}$ 的算法, $f(x)$ 的定义是对 $x \in Y, f(x) = 1$, 对 $x \in X \setminus Y$, $f(x) = 0$.

现在给出两个别的例子 —— 对应于线性规划和整数规划的判定问题:

线性不等式

实例: 一个矩阵 $A \in \mathbb{Z}^{m \times n}$ 和一个向量 $b \in \mathbb{Z}^m$.

任务: 是否存在一个向量 $x \in \mathbb{Q}^n$ 使得 $Ax \leqslant b$?

整数线性不等式

实例: 一个矩阵 $A \in \mathbb{Z}^{m \times n}$ 和一个向量 $b \in \mathbb{Z}^m$.

任务: 是否存在一个向量 $x \in \mathbb{Z}^n$ 使得 $Ax \leqslant b$?

定义 15.8 所有存在一个多项式时间算法的那种判定问题组成之类记作 P.

换言之, P 中的成员乃是一个数对 (X, Y) 其中 $Y \subseteq X \subseteq \{0, 1\}^*$, 而且 X 和 Y 皆是可在多项式时间内判定的语言. 要证明一个问题属于 P, 通常是写出一多项式时间算法. 由 15.2 节, 对 P 中的每一问题, 存在一多项式时间的 Turing 机. 由 Khachiyan 定理 4.18, 线性不等式属于 P. 人们还不知道整数线性不等式和 HAMILTONIAN 回路是否属于 P. 现在将要引入另外一个称作 NP 的类, 它包含这些问题, 事实上, 包含本书中讨论的大多数判定问题.

我们并不坚持一个多项式时间算法, 但要求对每一个肯定实例, 必存在一证书, 它是可以在多项式时间内核对的. 例如, 对于哈密尔顿回路问题来说一个可能的证书就是一个哈密尔顿回路, 要核对一个给定的字符串是不是一个哈密尔顿回路的二进制编码, 这是容易做到的. 注意, 我们并没有要求一个否定实例要有一个证书. 正式地定义如下:

定义 15.9 对于一个判定问题 $\mathcal{P} = (X, Y)$ 属于 **NP**, 若存在一个多项式 p 和 P 中之一个判定问题 $\mathcal{P}' = (X', Y')$ 属于 P, 于此

$$X' := \left\{ x \# c : x \in X, c \in \{0, 1\}^{\lfloor p(\operatorname{size}(x)) \rfloor} \right\}$$

使得

$$Y = \left\{ y \in X : \text{存在一字符串} c \in \{0, 1\}^{\lfloor p(\operatorname{size}(y)) \rfloor} \text{使得} y \# c \in Y' \right\}$$

这里 $x\#c$ 表示字符串 x, 符号 $\#$ 和字符串 c 的连锁 (concatenation). 一个使得 $y\#c \in Y'$ 的字符串 c 称为 y 的 证书 (因为 c 证明了 $y \in Y$). 关于 $\mathcal{P}'$ 的算法称为一个证书核对算法.

命题 15.10 $P \subseteq \mathrm{NP}$.

证明   可选取 p 恒等于 0. 关于 $\mathcal{P}'$ 的一个算法就是将输入 "$x\#$" 的最后一个符号划掉, 然后采用一个关于 $\mathcal{P}$ 的算法.   □

人们还不知道是否有 $P = \mathrm{NP}$. 事实上, 这是计算复杂性理论中的一个最重要的未解决问题. 作为一个还不知道是否属于 P 的一个 NP 问题如下:

命题 15.11   HAMILTONIAN 回路 属于 NP.

证明   对于每一个肯定实例 G, 将 G 的任何一个哈密尔顿回路拿出来作为一证书: 要核对一个给定的边集真正是所给图的一个哈密尔顿回路, 这显然是多项式可能的.   □

命题 15.12   整数线性不等式 属于 NP.

证明   只需取一个解向量来作为证书即可. 若存在一解, 则由 5.7, 存在一个多项式大小的解.   □

NP 这一名字代表 "nondeterministic polynomial"(非确定性多项式) 一词. 要说明这一点, 需要定义什么是一个非决定算法. 一般来说, 这是一个去定义随机化算法的好机会, 这一概念已在前面提到过. 随机化算法的共同特征是: 它们的计算结果不仅决定于输入, 而且也决定某些随机比特.

定义 15.13   对于计算一个函数 $f : S \to T$ 的 随机化算法乃是一个计算一个函数 $g : \{s\#r : s \in S, r \in \{0,1\}^{k(s)}\} \to T$ 的算法, 于此 $k : S \to \mathbb{Z}_+$. 因此, 对于每一实例 $s \in S$, 该算法可以使用 $k(s) \in \mathbb{Z}_+$ 个随机比特. 仅测量这个算法时间对 $\mathrm{size}(s)$ 的依赖状态. 因此, 以多项式时间运算的随机化算法只能读多项式数目的随机比特.

当然, 在这种随机算法当中, 我们只关注 f 和 g 有关系的情况. 在一种理想的情况, 若 $g(s\#r) = f(s)$ 对所有 $s \in S$ 和所有的 $r \in \{0,1\}^{k(s)}$ 成立, 我们说它是一个 Las Vegas 算法. Las Vegas 算法总是算出正确的结果, 但对于同一输入 s, 执行程序的时间却可能随不同的执行 (方式) 而变. 有时即使不那么可靠的算法也是令人感兴趣的: 若存在一个至少是正概率 p 的正确答案 (p 与实例无关), 即

$$p := \inf_{s \in S} \frac{|\{r \in \{0,1\}^{k(s)} : g(s\#r) = f(s)\}|}{2^{k(s)}} > 0$$

就得到一个 Monte Carlo 算法.

若 $T = \{0,1\}$, 又若对每一使得 $f(s) = 0$ 的 $s \in S$, 有 $g(s\#r) = 0$ 对所有 $r \in \{0,1\}^{k(s)}$ 成立, 则有一个具有单边误差的随机化算法. 假如除此以外, 对每一使得 $f(s) = 1$ 的 $s \in S$, 至少有一 $r \in \{0,1\}^{k(s)}$ 使得 $g(s\#r) = 1$, 则此算法称为一个非确定性算法.

另外一种做法是可以将随机化算法看作是一个神算包算法, 在这里, 来了一个呼叫, 神算包算法便产生了一个随机的比特 (0 或 1). 对于一个判定问题, 非不确定性算法对于一个否定实例总是回答 "非", 而对于一个肯定实例, 即存在一个机会使它回答 "是". 下面看法是容易的:

命题 15.14 一判定问题属于 NP 的充要条件是它有一个多项式时间的非确定性算法.

证明 设 $\mathcal{P} = (X, Y)$ 为 NP 中的一判定问题, 又设 $\mathcal{P}' = (X', Y')$ 为定义 15.9 中所定义的问题. 于是关于 $\mathcal{P}'$ 的多项式时间算法, 事实上也是关于 $\mathcal{P}$ 的一个非确定性算法: 尚未知道的证书只不过是由一些随机比特来代替. 因为随机比特的个数是由 $\text{size}(x), x \in X$ 的多项式界定, 因而该算法的执行时间也是如此.

反之, 若 $\mathcal{P} = (X, Y)$ 具有一个多项式时间非确定性算法, 它对实例 x 使用了 $k(x)$ 个随机比特, 于是就存在一多项式 p 使得对每一实例 x, 有 $k(x) \leqslant p(\text{size}(x))$. 定义 $X' := \{x\#c : x \in X, c \in \{0,1\}^{\lfloor p(\text{size}(x)) \rfloor}\}$, $Y' := \{x\#c \in X' : g(x\#r) = 1, r$ 由 c 最前面的 $k(x)$ 个比特构成$\}$.

于是, 由非确定性算法的定义, 有 $(X', Y') \in P$ 和

$$Y = \left\{ y \in X : 存在一字符串 c \in \{0,1\}^{\lfloor p(\text{size}(x)) \rfloor}, y\#c \in Y' \right\} \qquad \square$$

在组合优化中所遇到的大多数判定问题皆属于 NP. 对于其中的许多问题, 我们还不知道它们是否有一多项式时间算法. 但我们可以说: 某些问题不比其他的容易. 为了使此说法变得确切, 先介绍多项式归约这一重要概念.

定义 15.15 设 $\mathcal{P}_1$ 和 $\mathcal{P}_2 = (X, Y)$ 皆为判定问题. 令 $f : X \to \{0, 1\}$ 使得对于 $x \in Y, f(x) = 1$, 对于 $x \in X \setminus Y, f(x) = 0$. 我们说 $\mathcal{P}_1$ 多项式地归约到 $\mathcal{P}_2$, 是指对于 $\mathcal{P}_1$ 使用 f 存在一多项式时间的神算包算法

下面的说法是引入这一概念的重要原因:

命题 15.16 若 $\mathcal{P}_1$ 多项式地归约到 $\mathcal{P}_2$, 而且对 $\mathcal{P}_2$ 存在一多项式时间算法, 则对 $\mathcal{P}_1$ 也存在一多项式时间算法.

证明 设 A_2 为一关于 $\mathcal{P}_2$ 的算法, 对于 $\mathcal{P}_2$ 的任何实例 y, 它的 $\text{time}(A_2, y) \leqslant p_2(\text{size}(y))$, 又设 $f(y) := \text{output}(A_2, y)$. 令 A_1 为对于 $\mathcal{P}_1$ 使用 f 的一神算包, 对于 $\mathcal{P}_1$ 的所有实例 x, 它的 $\text{time}(A_1, x) \leqslant p_1(\text{size}(x))$. 则用与 A_2 等价的子程序代替 A_1 中的神算包呼叫产生了关于 $\mathcal{P}_1$ 的一个算法 A_3. 对于 $\mathcal{P}_1$ 的具有 $\text{size}(x) = n$ 的任何实例 x, 有 $\text{time}(A_3, x) \leqslant p_1(n) \cdot p_2(p_1(n))$: 在 A_1 中至多可能有 $p_1(n)$ 个神算包呼叫, 而由 A_1 所产生的 $\mathcal{P}_2$ 的实例中, 没有一个能长于 $p_1(n)$. 因为可以选取的 p_1 和 p_2 为多项式, 可以断言 A_3 是一多项式算法. $\qquad \square$

NP 完备的理论是基于一种特殊类型的多项式时间归约:

定义 15.17 设 $\mathcal{P}_1 = (X_1, Y_1), \mathcal{P}_2 = (X_2, Y_2)$ 为两个判定问题. 我们说 $\mathcal{P}_1$ 可以多项式地变换成 $\mathcal{P}_2$ 是指: 存在一可以在多项式时间算出的函数 $f : X_1 \to X_2$ 使得对于所有之 $x_1 \in Y_1$ 有 $f(x_1) \in Y_2$, 和对于所有之 $x_1 \in X_1 \setminus Y_1$ 有 $f(x_1) \in X_2 \setminus Y_2$.

换言之, 肯定 – 实例被变换成肯定 – 实例, 否定 – 实例被变换成否定 – 实例.
显而易见, 若问题 $\mathcal{P}_1$ 可以多项式地变换成 $\mathcal{P}_2$, 则 $\mathcal{P}_1$ 也可多项式地归约成 $\mathcal{P}_2$. 多项式的变换 有时也称为 Karp 归约, 而一般的 多项式归约 则以 Turing 归约 著称.
容易看出两者是可传递的.

定义 15.18   判定问题 $\mathcal{P} \in$ NP 称为 NP完备 是指 NP 中所有别的问题皆可多项式地变换到 $\mathcal{P}$.

由命题 15.16 知道, 若对任一 NP 完备问题存在一多项式时间算法, 则 $P = $ NP.

当然若无 NP 完备问题存在, 上面的定义将会是毫无意义的. 下一节要证明存在一个 NP 完备问题.

15.4   Cook 定理

在其开创性的工作中, Cook (1971) 证明了有判定问题, 被称之为可满足性问题, 事实上是一 NP 完备问题. 我们需要一些定义.

定义 15.19   设 X 为一由有限多个 布尔变量组成之集. 关于 X 的一真值指派 (Truth assignment) 乃是一个函数 $T : X \to$ (真, 假). 将 T 扩展成集合 $L := X \mathbin{\dot\cup} \{\overline{x} : x \in X\}$ 如下: 若 $T(x) :=$ 假, 则 $T(\overline{x}) :=$ 真, 其逆亦真 ($\overline{x}$可看成 x 的否定). L 中的元素称为在 X 上的文字(Literal).

在 X 上的一子句乃是在 X 上某些文字组成之集. 一个子句表示那些文字的析取词(disjunction), 而它由一个真值指派所满足的充要条件是它的元素中至少有一个是真. 在 X 上的一族子句是可满足 的, 其充要条件是存在某一真值指派同时满足它的所有子句.

因为我们在考虑文字的析取词的连结问题, 也要谈到合取范式中的 布尔公式. 例如语族 $\{\{x_1, \overline{x_2}\}, \{\overline{x_2}, \overline{x_3}\}, \{x_1, x_2, \overline{x_3}\}, \{\overline{x_1}, x_3\}\}$ 对应于布尔公式 $(x_1 \vee \overline{x_2}) \wedge (\overline{x_2} \vee \overline{x_3}) \wedge (x_1 \vee x_2 \vee \overline{x_3}) \wedge (\overline{x_1} \vee x_3)$. 正如真值指派 $T(x_1) :=$ 真,$T(x_2) :=$ 假,$T(x_3) :=$ 真所示, 它是可满足的. 现在已经可以来说明可满足性问题:

可满足性

实例: 一个由变量组成之集 X 和在 X 上的一族字句 $\mathcal{Z}$.

任务: $\mathcal{Z}$ 是否可满足?

定理 15.20 (Cook, 1971)   可满足性是 NP 完备的.

证明   可满足性 是属于 NP 的, 因为一个令人满意的真值指派对任何一个肯定实例来说就可成为一个证书, 它当然可以在多项式时间之内验证.

现设 $\mathcal{P} = (X, Y)$ 是 NP 中的任何别的问题. 我们要指出 $\mathcal{P}$ 可以多项式地变换成可满足性.

根据定义 15.9, 存在一多项式 p 和 P 中的判定问题 $\mathcal{P}' = (X', Y')$, 于此 $X' := \{x\#c : x \in X, c \in \{0,1\}^{\lfloor p(\mathrm{size}(x))\rfloor}\}$ 和

$$Y = \left\{ y \in X : 存在一字符串 c \in \{0,1\}^{\lfloor p(\mathrm{size}(x))\rfloor} 使得 y\#c \in Y' \right\}$$

令

$$\Phi : \{0, \cdots, N\} \times \bar{A} \ \to \ \{-1, \cdots, N\} \times \bar{A} \times \{-1, 0, 1\}$$

为关于 $\mathcal{P}'$ 之一多项式 Turing 机, 其字母表为 A. 令 $\bar{A} := A \cup \{\sqcup\}$. 设 q 为一多项式, 使得 $\mathrm{time}(\Phi, x\#c) \leqslant q(\mathrm{size}(x\#c))$ 对所有实例 $x\#c \in X'$ 成立. 注意 $\mathrm{size}(x\#c) = \mathrm{size}(x) + 1 + \lfloor p(\mathrm{size}(x))\rfloor$.

现在要对每一 $x \in \mathcal{Z}$ 构造在布尔变量的某一集合 $V(x)$ 上的一组子句 $\mathcal{Z}(x)$, 使得 $\mathcal{Z}(x)$ 当且仅当 $x \in Y$ 时为可满足的.

将 $Q := q(\mathrm{size}(x)+1+\lfloor p(\mathrm{size}(x))\rfloor)$ 缩写为 Q. Q 是对于任一 $c \in \{0,1\}^{\lfloor p(\mathrm{size}(x))\rfloor}$, Φ 在输入 $x\#c$ 上的任一计算长度的上界. $V(x)$ 包含下述的布尔变量:

- 一个变量 $v_{ij\sigma}$ 对所有的 $0 \leqslant i \leqslant Q$, $-Q \leqslant j \leqslant Q$, $\sigma \in \bar{A}$;
- 一个变量 w_{ijn} 对所有的 $0 \leqslant i \leqslant Q$, $-Q \leqslant j \leqslant Q$, $-1 \leqslant n \leqslant N$.

它们想表达的是 $v_{ij\sigma}$ 是指在时刻 i(即 在计算中的第 i 步之后), 字符串的第 j 个位置是否包含符号 σ, w_{ijn} 则是指在时刻 i 字符串的第 j 个位置是否已经扫描和第 n 条指令是否已经执行.

于是, 若 $(n^{(i)}, s^{(i)}, \pi^{(i)})_{i=0,1,\cdots}$ 是 Φ 的一计算结果, 则我们就打算在而且仅在 $s_j^{(i)} = \sigma$ 时, 置 $v_{ij\sigma}$ 为真, 在而且仅在 $\pi^{(i)} = j$ 和 $n^{(i)} = n$ 时置 w_{ijn} 为真.

我们所构造的子句组 $\mathcal{Z}(x)$ 当且仅当存在一字符串 c 使得 $\mathrm{output}(\Phi, x\#c) = 1$ 时是可满足的.

$\mathcal{Z}(x)$ 包含下面的一些子句, 用以塑造下面的条件:

在任何时刻, 字符串的每一位置包含有一唯一的符号:

- $\{v_{ij\sigma} : \sigma \in \bar{A}\}$ 对所有的 $0 \leqslant i \leqslant Q$, $-Q \leqslant j \leqslant Q$;
- $\{\overline{v_{ij\sigma}}, \overline{v_{ij\tau}}\}$ 对所有的 $0 \leqslant i \leqslant Q$, $-Q \leqslant j \leqslant Q$, $\sigma, \tau \in \bar{A}$ 和 $\sigma \neq \tau$.

在任何时刻, 字符串中有一唯一的位置受到扫描, 有一单一的指令在执行:

- $\{w_{ijn} : -Q \leqslant j \leqslant Q, -1 \leqslant n \leqslant N\}$ 对 $0 \leqslant i \leqslant Q$;
- $\{\overline{w_{ijn}}, \overline{w_{ij'n'}}\}$ 对 $0 \leqslant i \leqslant Q$, $-Q \leqslant j, j' \leqslant Q$, $-1 \leqslant n, n' \leqslant N$, $(j, n) \neq (j', n')$.

算法正确地以输入 $x\#c$ 开始, $c \in \{0,1\}^{\lfloor p(\mathrm{size}(x))\rfloor}$:

- $\{v_{0,j,x_j}\}$ 对 $1 \leqslant j \leqslant \mathrm{size}(x)$;

- $\{v_{0,\mathrm{size}(x)+1,\#}\}$;
- $\{v_{0,\mathrm{size}(x)+1+j,0}, v_{0,\mathrm{size}(x)+1+j,1}\}$ 对 $1 \leqslant j \leqslant \lfloor p(\mathrm{size}(x)) \rfloor$;
- $\{v_{0,j,\sqcup}\}$ 对 $-Q \leqslant j \leqslant 0$, $\mathrm{size}(x) + 2 + \lfloor p(\mathrm{size}(x)) \rfloor \leqslant j \leqslant Q$;
- $\{w_{010}\}$.

算法正确地运行:

- $\{\overline{v_{ij\sigma}}, \overline{w_{ijn}}, v_{i+1,j,\tau}\}$, $\{\overline{v_{ij\sigma}}, \overline{w_{ijn}}, w_{i+1,j+\delta,m}\}$ 对 $0 \leqslant i < Q$, $\quad -Q \leqslant j \leqslant Q$, $\sigma \in \bar{A}$, $0 \leqslant n \leqslant N$, 于此 $\Phi(n,\sigma) = (m,\tau,\delta)$.

当算法到达指令 -1, 即停止:

- $\{\overline{w_{i,j,-1}}, w_{i+1,j,-1}\}$, $\{\overline{w_{i,j,-1}}, \overline{v_{i,j,\sigma}}, v_{i+1,j,\sigma}\}$　对 $0 \leqslant i < Q$, $-Q \leqslant j \leqslant Q$, $\sigma \in \bar{A}$.

未经扫描的位置仍保持不变:

- $\{\overline{v_{ij\sigma}}, \overline{w_{ij'n}}, v_{i+1,j,\sigma}\}$　对 $0 \leqslant i \leqslant Q, \sigma \in \bar{A}, -1 \leqslant n \leqslant N$, $\quad -Q \leqslant j, j' \leqslant Q$, $j \neq j'$.

算法的输出为 1:

- $\{v_{Q,1,1}\}$, $\{v_{Q,2,\sqcup}\}$.

$\mathcal{Z}(x)$ 的编码长度为 $O(Q^3 \log Q)$: 文字的出现次数为 $O(Q^3)$, 其指数要求 $O(\log Q)$ 个空栏. 因 Q 以多项式方式依赖于 $\mathrm{size}(x)$, 我们可以断言: 存在一多项式时间算法. 它在给定的 x 之下, 构造出 $\mathcal{Z}(x)$. 注意 p, Φ 和 q 皆是固定的, 不属于这一算法的输入部分.

尚待要证的是 $\mathcal{Z}(x)$ 为可满足的之充要条件为 $x \in Y$.

若 $\mathcal{Z}(x)$ 是可满足的, 考虑一个满足所有子句的真值指派 T. 令 $c \in \{0, 1\}^{\lfloor p(\mathrm{size}(x)) \rfloor}$, 它的 c_j 中对于所有使得 $T(v_{0,\mathrm{size}(x)+1+j,1}) =$ 真的 j, $c_j = 1$. 否则, $c_j = 0$. 根据上述的构造, 诸变量反映出 Φ 在输入 $x\#c$ 时的计算结果. 因此我们可以断言 $\mathrm{output}(\Phi, x\#c) = 1$. 因 Φ 是一证书核对的算法, 这就说明 x 是一肯定实例.

反之, 若 $x \in Y$, 令 c 为 x 的任一证书. 令 $(n^{(i)}, s^{(i)}, \pi^{(i)})_{i=0,1,\cdots,m}$ 为 Φ 在输入 $x\#c$ 上的计算结果. 于是定义 $T(v_{i,j,\sigma})$ 当且仅当 $s_j^{(i)} = \sigma$ 时为真, $T(w_{i,j,n})$ 当且仅当 $\pi^{(i)} = j$ 和 $n^{(i)} = n$ 时为真. 对于 $i := m+1, \cdots, Q$, 令 $T(v_{i,j,\sigma}) := T(v_{i-1,j,\sigma})$ 和 $T(w_{i,j,n}) := T(w_{i-1,j,n})$ 对所有 j, n, σ 成立. 此时 T 是一满足 $\mathcal{Z}(x)$ 的真值指派, 证明完毕. □

可满足性 并不是仅有的 NP 完备问题, 在本书中将要遇到许多别的类似问题. 现在我们手中已经有了一个 NP 完备问题, 这就使得要去证明其他问题的 NP 完备性要容易得多. 要指出某一判定问题 $\mathcal{P}$ 是 NP 完备的, 只需证明 $\mathcal{P} \in \mathrm{NP}$, 而且可满足性(或别的已知是 NP 完备的问题) 可以多项式地变换成 $\mathcal{P}$. 因为多项式意义上的可变换性是具有传递性的, 这样做就已够了.

下述对可满足性所加的限制对于有关几个 NP 完备性的证明将是非常有用的:

3SAT

实例：一个由变量构成的集合 X 和一个在 X 上的子句组 $\mathcal{Z}$, 其中每一子句恰好包含三个文字.

任务：$\mathcal{Z}$ 是可满足的吗?

要指出3SAT的 NP 完备性, 我们先注意: 任何一个子句皆可等价地以一些3SAT子句来替代:

命题 15.21　设 X 为一变量集, Z 是在 X 上具有 k 个文字的子句. 则存在一个由至多 $\max\{k-3,2\}$ 个新变量所成之集 Y 和一个由至多 $\max\{k-2,4\}$ 个在 $X \,\dot\cup\, Y$ 上的子句所成之族 $\mathcal{Z}'$, 使得 $\mathcal{Z}'$ 的每一元素洽好有三个文字, 而且对于 X 上的每一子句族 $\mathcal{W}$, 有 $\mathcal{W} \cup \{Z\}$ 为可满足的之充要条件是 $\mathcal{W} \cup \mathcal{Z}'$ 为可满足的. 而且如此的一个族 $\mathcal{Z}'$ 可以在 $O(k)$ 时间算出.

证明　若 Z 有三个文字, 令 $\mathcal{Z}' := \{Z\}$. 若 Z 有多于三个文字, 比如 $Z = \{\lambda_1, \cdots, \lambda_k\}$, 选取一个由 $k-3$ 个新变量所成之集 $Y = \{y_1, \cdots, y_{k-3}\}$, 且令

$$\mathcal{Z}' := \{\{\lambda_1, \lambda_2, y_1\}\{\overline{y_1}, \lambda_3, y_2\}, \{\overline{y_2}, \lambda_4, y_3\}, \cdots,$$
$$\{\overline{y_{k-4}}, \lambda_{k-2}, y_{k-3}\}, \{\overline{y_{k-3}}, \lambda_{k-1}, \lambda_k\}\}$$

若 $Z = \{\lambda_1, \lambda_2\}$, 选取一个新的变量 y_1 ($Y := \{y_1\}$), 并令

$$\mathcal{Z}' := \{\{\lambda_1, \lambda_2, y_1\}, \{\lambda_1, \lambda_2, \overline{y_1}\}\}.$$

若 $Z = \{\lambda_1\}$, 选取一个由两个新变量构成之集 $Y = \{y_1, y_2\}$, 并令

$$\mathcal{Z}' := \{\{\lambda_1, y_1, y_2\}, \{\lambda_1, y_1, \overline{y_2}\}, \{\lambda_1, \overline{y_1}, y_2\}, \{\lambda_1, \overline{y_1}, \overline{y_2}\}\}$$

注意, 在可满足性的任何实例中, 在每一种情况,Z 皆可等价地以 $\mathcal{Z}'$ 中的子句来代替. $\qquad\Box$

定理 15.22 (Cook, 1971)　3SAT 是 NP 完备的.

证明　作为可满足性的一个限定情况. 3SAT必然属于 NP. 现在要指出, 可满足性可多项式地变换成3SAT. 考虑由子句 $Z_1, \cdots, Z_m$ 所成的组 $\mathcal{Z}$. 构造一个新的子句组 $\mathcal{Z}'$ (其中每个子句有三个文字), 使得 $\mathcal{Z}$ 为可满足的当且仅当 $\mathcal{Z}'$ 是可满足的.

要做到这一点, 将每一子句 Z_i 代之以一个与之等价的子句集, 其中每一子句具有三个文字. 由命题 15.21, 这在线性时间内为可解的. $\qquad\Box$

若将每个子句限制到由恰为两个文字来构成, 则问题 (称之为2SAT) 可以在线性时间内解决 (练习 15.7).

15.5　某些基本的 NP 完备问题

Karp (1972) 发现了 Cook 的工作对于组合优化问题许多重要的影响. 作为开始, 考虑下面的问题:

稳定集

实例: 一个图 G 和一个整数 k.

任务: 是否存在一个具有 k 个顶点的稳定集?

定理 15.23 (Karp, 1972)　　稳定集是 NP 完备的.

证明　　显而易见. 稳定集 属于 NP. 现来证明 可满足性 可以多项式时间地变换成稳定集.

令 $\mathcal{Z}$ 为一组子集 $Z_1, \cdots, Z_m$, $Z_i = \{\lambda_{i1}, \cdots, \lambda_{ik_i}\}$ $(i = 1, \cdots, m)$. 于此 λ_{ij} 是在某一变量集 X 上的文字.

我们将构造一个图 G, 使得 G 具有一个大小为 m 的稳定集当且仅当存在一个真值指派满足所有 m 个子句.

对于每一个子句 Z_i, 按照该子句中的文字引入一个具有 k_i 个顶点的团. 对应于不同子句的那些顶点可以用一条边连接起来的充要条件是这些文字相互排斥. 正式地说, 可令 $V(G) := \{v_{ij} : 1 \leqslant i \leqslant m, 1 \leqslant j \leqslant k_i\}$ 而

$$E(G) := \{\{v_{ij}, v_{kl}\} : (i = k \text{ 且 } j \neq l)$$
$$\text{或} (\lambda_{ij} = x \text{ 且 } \lambda_{kl} = \overline{x} \text{ 对某一 } x \in X)\}$$

参看图 15.1 所示之例 $(m = 4, Z_1 = \{\overline{x_1}, x_2, x_3\}, Z_2 = \{x_1, \overline{x_3}\}, Z_3 = \{x_2, \overline{x_3}\}$ 和 $Z_4 = \{\overline{x_1}, \overline{x_2}, \overline{x_3}\})$.

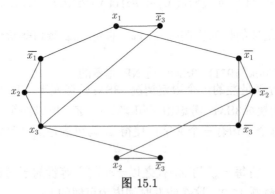

图 15.1

假定 G 有一个大小为 m 的稳定集. 此时它的顶点就一一表示属于不同子句的成对相容的文字. 将这些文字之中的每一个命之为真 (同时将不在其中出现的变量

任意命值), 就得到了一个真值指派, 满足所有的 m 个子句.

反之, 若某一真值指派满足所有 m 个子句, 就可以从各子句中选取一个文字为真. 于是, 相应的顶点所成之集就在 G 中定义了一个大小为 m 的稳定集.   □

k 是输入的一部分是很重要的, 因为对于每一固定的 k, 可以通过 $O(n^k)$ 次计算决定: 一个给定的具有 n 个顶点的图是否有一个大小为 k 的稳定集 (只需检验所有具有 k 个元素的顶点集即可). 下面举两个有趣的相关的问题:

点覆盖

实例: 一个图 G 和一个整数 k.

任务: 是否存在一基数为 k 的点覆盖?

团

实例: 一个图 G 和一个整数 k.

任务: G 中有没有一个基数为 k 的团?

推论 15.24 (Karp, 1972)   点覆盖和团是 NP 完备的.

证明 由命题 2.2, 稳定集可以多项式地转变成点覆盖和团.   □

现在转到哈密尔顿回路问题 (已在 15.3 节中定义).

定理 15.25 (Karp, 1972)   HAMILTONIAN 回路问题是 NP 完备的.

证明 属于 NP 乃是显然. 下证3SAT可以多项式地转变成HAMILTONIAN 回路. 设 $\mathcal{Z}$ 是 $X = \{x_1, \cdots, x_n\}$ 上的一组子句 $Z_1, \cdots, Z_m$, 每个子句含有 3 个文字, 我们要来构造一个图 G 使得 G 是哈密尔顿的充要条件是 $\mathcal{Z}$ 是可满足的.

先定义两个小装置, 它们在 G 中将数次出现. 看图 15.2(a) 中的图. 称之为 A. 假定它是 G 的一子图, A 的顶点中除了 u, u', v, v' 之外, 没有别的点能与 G 中别的边相连, G 的任何哈密尔顿回路只能以图 15.3(a) 或 (b) 的方式穿过 A. 因此可将 A 代之以两条边, 但加上一条限制, 即 G 之任一哈密尔顿回路必须包含其中一条 (图 15.2(b)).

现在考虑图 15.4(a) 中所示之图 B. 假定它是 G 之一子图, 且设 B 之顶点中除 u 和 u', 没有别的顶点与 G 的别的边相连. 此时, G 的哈密尔顿回路中没有一条能穿过所有 e_1, e_2, e_3. 此外, 容易验证, 对于任一 $S \subset \{e_1, e_2, e_3\}$, 在 B 中, 存在一条从 u 到 u' 的哈密尔顿路, 它包含 S, 但不包含 $\{e_1, e_2, e_3\} \setminus S$ 中的边. 用图 15.4(b) 中的符号来表示 B.

现在可以来构造 G 了. 对于每一子句, 引入 B 的一个副本, 并将它们全部依次连在一起, 在 B 的第一个与最后一个副本之间对每一变量插入两个顶点, 依次将它们连起来. 然后, 将每一变量的两个顶点之间的边 (连线) 重复一次. 这两条边则分别对应于 x 和 $\bar{x}$.

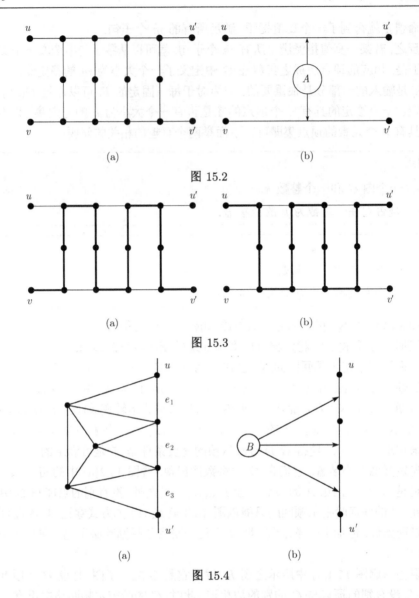

图 15.2

图 15.3

图 15.4

　　在 B 的每一副本中之边 e_1, e_2 和 e_3 则分别通过 A 的一副本连接到相应子句中对应于第一、第二和第三个文字的边. 这些构造是序贯地完成的. 在与一个文字相对应的一条边 $e = \{u, v\}$ 上引入子图 A 的一个副本, 这条边就是在图 15.2(a) 中与 u 相连的那一条, 它扮演了 e 的角色: 它现在是与该文字相对应的边. 整个构造现在用例子 $\{\{x_1, \overline{x_2}, \overline{x_3}\}, \{\overline{x_1}, x_2, \overline{x_3}\}, \{\overline{x_1}, \overline{x_2}, x_3\}\}$ 在图 15.5 中题示出来. 现在我们断言, G 是哈密尔顿图的充要条件是 $\mathcal{Z}$ 是可满足的. 设 C 为一哈密尔顿回路. 现在通过下之方法定义一真值指派: 一个指派当且仅当 C 包含与之相应的边时放上一个文字真. 根据小装置 A 和 B 的性质, 每一子句包含有一个为真的文字.

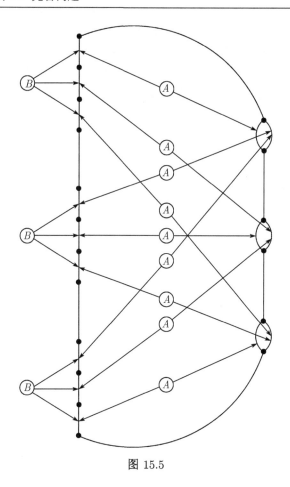

图 15.5

　　反之, 任何一个令人满意的真值指派定义一组和那些与真文字相对应的边作成的集合. 因每一子句包含一个是真的文字, 这一边集在 G 中就可完成一条回路. □

　　这一证明主要来自 Papadimitriou 与 Steiglitz (1982). 要判定一个给定的图是否包含哈密尔顿回路的问题也是 NP 完备问题 (习题 15.7(a)). 此外, 也可轻易地将每条无向边代之以两条方向正好相反的有向边而将无向边的提法转变成有向的哈密尔顿回路或哈密尔顿路问题, 于是有向边的提法也是 NP 完备的.

　　还有另外一个基本的 NP 完备问题:

---

3 维匹配问题(3DM)

实例: 具有同样基数的不相交的集 U, V, W 和 $T \subseteq U \times V \times W$.

任务: 是否存在 T 的一个子集 M 使得 $|M| = |U|$ 而且对于不同的 $(u, v, w), (u', v', w') \in M$ 有 $u \neq u'$, $v \neq v'$ 和 $w \neq w'$?

定理 15.26 (Karp, 1972)　　3DM 是 NP 完备问题.

证明　问题之为 NP 是显然的. 将多项式地把可满足性转变成3DM. 设有一组由在 $X = \{x_1, \cdots, x_n\}$ 上的子句 $Z_1, \cdots, Z_m$ 作成的集合 $\mathcal{Z}$, 我们来构造3DM的一个实例 (U, V, W, T), 它是肯定实例的充要条件是 $\mathcal{Z}$ 是可满足的.

定义:

$$U := \{x_i^j, \overline{x_i}^j : i = 1, \cdots, n;\ j = 1, \cdots, m\}$$

$$V := \{a_i^j : i = 1, \cdots, n;\ j = 1, \cdots, m\} \cup \{v^j : j = 1, \cdots, m\}$$
$$\cup\, \{c_k^j : k = 1, \cdots, n-1;\ j = 1, \cdots, m\}$$

$$W := \{b_i^j : i = 1, \cdots, n;\ j = 1, \cdots, m\} \cup \{w^j : j = 1, \cdots, m\}$$
$$\cup\, \{d_k^j : k = 1, \cdots, n-1;\ j = 1, \cdots, m\}$$

$$T_1 := \{(x_i^j, a_i^j, b_i^j), (\overline{x_i}^j, a_i^{j+1}, b_i^j) : i = 1, \ldots, n;\ j = 1, \cdots, m\},$$
$$\text{于此 } a_i^{m+1} := a_i^1$$

$$T_2 := \{(x_i^j, v^j, w^j) : i = 1, \cdots, n;\ j = 1, \cdots, m;\ x_i \in Z_j\}$$
$$\cup\, \{(\overline{x_i}^j, v^j, w^j) : i = 1, \cdots, n;\ j = 1, \cdots, m;\ \overline{x_i} \in Z_j\}$$

$$T_3 := \{(x_i^j, c_k^j, d_k^j), (\overline{x_i}^j, c_k^j, d_k^j) : i=1, \cdots, n;\ j=1, \cdots, m;\ k=1, \cdots, n-1\}$$

$$T := T_1 \cup T_2 \cup T_3.$$

关于这一构造的说明, 如图 15.6. 这里 $m = 2$, $Z_1 = \{x_1, \overline{x_2}\}$, $Z_2 = \{\overline{x_1}, \overline{x_2}\}$. 每一三角形与组 $T_1 \cup T_2$ 中一元素相对应. 元素 c_k^j, d_k^j 以及 T_3 中的三元素组没有显示.

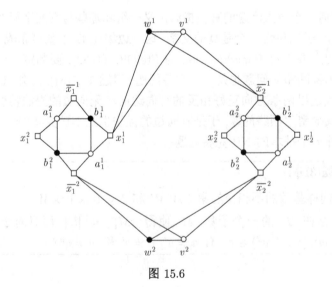

图 15.6

假设 (U, V, W, T) 是一个肯定实例. 并设 $M \subseteq T$ 是一个解. 因为诸 a_i^j 和诸 b_i^j 只在 T_1 的元素中出现, 对于每一 i, 或有 $M \cap T_1 \supseteq \{(x_i^j, a_i^j, b_i^j) : j = 1, \cdots, m\}$ 或 $M \cap T_1 \supseteq \{(\overline{x_i^j}, a_i^{j+1}, b_i^j) : j = 1, \cdots, m\}$. 在前一种情形, 令 x_i 为假, 在第二种情况中则令之为真.

此外, 对每一子句 Z_j, 对某一文字 $\lambda \in Z_j$, 有 $(\lambda^j, v^j, w^j) \in M$. 因 λ^j 在 $M \cap T_1$ 的任何元素中都不出现, 这一文字是真, 因此有令人满意的真值指派.

反之, 一个令人满意的真值指派, 提示我们一个基数为 nm 之集 $M_1 \subseteq T_1$ 和一个基数为 m 之集 $M_2 \subseteq T_2$, 使得对于不同的 $(u, v, w), (u', v', w') \in M_1 \cup M_2$, 有 $u \neq u'$, $v \neq v'$ 和 $w \neq w'$. 不难通过 T_3 中的 $(n-1)m$ 个元素将 $M_1 \cup M_2$ 变成此3DM实例的一个完整的解. □

下面是一个看起来简单, 但却不知道在多项式时间内是否可解的问题:

子集–和

实例: 自然数 $c_1, \cdots, c_n, K$.

任务: 是否存在一子集 $S \subseteq \{1, \cdots, n\}$ 使得 $\sum_{j \in S} c_j = K$?

推论 15.27 (Karp, 1972)   子集 – 和 是 NP 完备的.

证明   子集 – 和 显然属于 NP. 我们要证: 3DM 可多项式地转变成子集 – 和. 于是令 (U, V, W, T) 为3DM之一实例. 不失其普遍性, 设 $U \cup V \cup W = \{u_1, \cdots, u_{3m}\}$. 写 $S := \{\{a, b, c\} : (a, b, c) \in T\}$ 和 $S = \{s_1, \cdots, s_n\}$.

定义

$$c_j := \sum_{u_i \in s_j} (n+1)^{i-1} \qquad (j = 1, \cdots, n)$$

和

$$K := \sum_{i=1}^{3m} (n+1)^{i-1}$$

写成 $(n+1)$ 元形式, 数字 c_j 可看成 s_j $(j = 1, \cdots, n)$ 的关联向量, 而 K 则全由 1 组成. 因此, 3DM 实例的每一解对应于 S 中使得 $\sum_{s_j \in R} c_j = K$ 的一子集 R, 其逆亦真. 而且 $\text{size}(c_j) \leqslant \text{size}(K) = O(m \log n)$, 因此, 上面所证确实是一多项式转变. □

下述问题乃是它的一个重要特例:

分拆

实例: 自然数 $c_1, \cdots, c_n$.

任务: 是否存在一个子集 $S \subseteq \{1, \cdots, n\}$ 使得 $\sum_{j \in S} c_j = \sum_{j \notin S} c_j$?

推论 15.28 (Karp, 1972)   分拆 是 NP 完备的.

证明　下证明子集 – 和可多项式时间地转变成分拆. 于是令 $c_1, \cdots, c_n, K$ 为子集 – 和的一实例. 我们加上一个元素 $c_{n+1} := |\sum_{i=1}^n c_i - 2K|$ (除非此数为零), 于是有一个分拆的实例 $c_1, \cdots, c_{n+1}$.

情况 1. $2K \leqslant \sum_{i=1}^n c_i$. 此时对任何 $I \subseteq \{1, \cdots, n\}$ 有

$$\sum_{i \in I} c_i = K \quad \text{当且仅当} \quad \sum_{i \in I \cup \{n+1\}} c_i = \sum_{i \in \{1, \cdots, n\} \setminus I} c_i.$$

情况 2. $2K > \sum_{i=1}^n c_i$. 此时对任何 $I \subseteq \{1, \cdots, n\}$, 有

$$\sum_{i \in I} c_i = K \quad \text{当且仅当} \quad \sum_{i \in I} c_i = \sum_{i \in \{1, \cdots, n+1\} \setminus I} c_i.$$

在次两种情况, 我们已经构造出分析的一个肯定实例当且仅当子集 – 和的原来的实例是一个肯定的实例. □

最后我们要提到

定理 15.29　整数线性不等式 是 NP 完备的.

证明　在命题 15.12 中已经提到此问题是 NP 中的一员. 上述问题中的任何一个皆可容易地表达成整数线性不等式的一实例. 例如, 一个分拆实例 $c_1, \cdots, c_n$ 是一个肯定实例当且仅当 $\{x \in \mathbb{Z}^n : 0 \leqslant x \leqslant \mathbb{1}, 2c^\top x = c^\top \mathbb{1}\}$ 是非空. □

15.6　coNP 类

NP 的定义, 关于肯定实例和否定实例并非是对称的. 例如一个尚未解决的问题是: 下述的问题是否属于 NP: 给定一个图 G, G 不是一个哈密尔顿图是否成立? 现引入下面的定义:

定义 15.30　对于一个判定问题 $\mathcal{P} = (X, Y)$, 定义它的补为判定问题 $(X, X \setminus Y)$. coNP 类是由所有问题中其补属于 NP 的问题. 一个判定问题 $\mathcal{P} \in$ coNP 被称为 coNP 完备 问题是指所有属于 coNP 的问题皆可多项式地转变成 $\mathcal{P}$.

一个浅显的事实是 P 中任一问题的补也属于 P. 另一方面, NP $\neq$ coNP 则是一个普通的 (虽未曾证明的) 猜想. 对于这一猜想, NP 完备问题起了很大的作用.

定理 15.31　一判定问题是一 coNP完备 问题的充要条件是它的补问题是 NP 完备的. 除非 NP = coNP, 否则没有一个 coNP 完备问题属于 NP.

证明　第一个论断可直接从定义得出.

设 $\mathcal{P} = (X, Y) \in$ NP 是 coNP 完备问题. 又设 $\mathcal{Q} = (V, W)$ 是 coNP 中的任一问题. 下证 $\mathcal{Q} \in$ NP.

因 $\mathcal{P}$ 是 coNP 完备的. $\mathcal{Q}$ 可多项式地转变成 $\mathcal{P}$. 因而存在一多项式时间算法, 它可将 $\mathcal{Q}$ 的任一实例 v 转变成 $\mathcal{P}$ 的一个实例 $x = f(v)$, 使得 $x \in Y$ 当且仅当 $v \in W$. 注意 $\text{size}(x) \leqslant p(\text{size}(v))$ 对某一固定的多项式 p 成立.

因 $\mathcal{P} \in \mathrm{NP}$, 存在一多项式 q 和 P 中一判定问题 $\mathcal{P}' = (X', Y')$, 在此 $X' := \{x\#c : x \in X, c \in \{0,1\}^{\lfloor q(\mathrm{size}(x)) \rfloor}\}$, 使得

$$Y = \left\{ y \in X : 存在一字符串 c \in \{0,1\}^{\lfloor q(\mathrm{size}(y)) \rfloor} 使得 y\#c \in Y' \right\}$$

(参看 定义 15.9). 通过 $V' := \{v\#c : v \in V, c \in \{0,1\}^{\lfloor q(p(\mathrm{size}(v))) \rfloor}\}$ 和 $v\#c \in W'$ 当且仅当 $f(v)\#c' \in Y'$ 来定义判定问题 (V', W'), 在此 c' 由 c 的前面 $\lfloor q(\mathrm{size}(f(v))) \rfloor$ 个分量组成.

注意 $(V', W') \in P$. 因此, 由定义 $\mathcal{Q} \in \mathrm{NP}$. 于是有 $\mathrm{coNP} \subseteq \mathrm{NP}$, 由对称性, $\mathrm{NP} = \mathrm{coNP}$. □

如果可以指出某一问题属于 $\mathrm{NP} \cap \mathrm{coNP}$, 我们就说这一问题具有一个好的特性 (Edmonds (1965)). 就是说对于肯定实例和否定实例都存在 证书, 它们却可在多项式时间内核对. 定理 15.31 指出, 一个具有好特性的问题可能不是 NP 完备的.

举例来说, 命题 2.9、定理 2.24 和命题 2.27 对于要判定一个给予的图是否为非循环的, 它是否具有一条欧拉路, 它是否是一二分图的问题, 分别提供了好的特性, 当然, 这不是很令人感兴趣的, 因为这些问题却可以容易地在多项式时间内解决, 但是要考虑线性规划的判定提法:

定理 15.32 线性不等式 属于 $\mathrm{NP} \cap \mathrm{coNP}$.

证明 这可由定理 4.4 和推论 3.24 立刻得出. □

当然, 这一定理也可从线性规划的任一多项式算法, 例如定理 4.18 得出. 但是在椭球法被发现之前, 定理 15.32 则是唯一的理论根据: 线性不等式可能不是 NP 完备的. 这就给予我们一种希望, 为线性规划找一个多项式时间算法 (由命题 4.16, 它可化成线性不等式). 正如我们现今所知, 这是一个有理由的希望.

下面的著名问题有着类似的历史.

素数

实例: 数 $n \in \mathbb{N}$ (以二进制表示).

任务: n 是否一素数?

显而易见, 素数属于 coNP. Pratt (1975) 证明素数也属于 NP. 最后, Agrawal, Kayal and Saxena (2004) 证明素数 $\in P$(通过一个令人惊异的简单 $O(\log^{7.5+\varepsilon} n)$ 算法, 对任意 $\varepsilon > 0$). 在此之前, 最著名的对于素数的决定性算法是由 Adleman, Pomerance and Rumely (1983) 得出的, 其运行时间为 $O\left((\log n)^{c \log\log\log n}\right)$, c 为某一常数. 因为输入的大小为 $O(\log n)$, 这不是多项式的.

现在通过一个图形描绘 NP 和 coNP 之间的包纳关系以结束本章 (图 15.7). Ladner (1975) 指出除非 $P = \mathrm{NP}$, 否则在 $\mathrm{NP} \setminus P$ 中存在不是 NP 完备的问题. 但是, 除非 $P \neq \mathrm{NP}$ 这一猜想得到证明, 在图 15.7 中所绘的所有区域仍有可能化成一个.

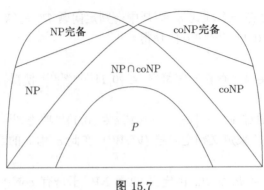

图 15.7

15.7 NP 难问题

现在, 我们要将上述结果延伸到优化问题. 首先来正式地定义我们所感兴趣的优化问题的类型.

定义 15.33 一个(离散) 优化问题 是一四元组 $\mathcal{P} = (X, (S_x)_{x \in X}, c, \text{goal})$, 在此

- X 是在 $\{0,1\}$ 上可在多项式时间判定的语言: 对于每一 $x \in X$,
- S_x 是 $\{0,1\}^*$ 的一子集: 存在一多项式 p 使得 $\text{size}(y) \leqslant p(\text{size}(x))$ 对所有 $y \in S_x$ 和所有的 $x \in X$, 而且语言 $\{(x,y) : x \in X, y \in S_x\}$ 和 $\{x \in X : S_x = \varnothing\}$ 皆是在多项式时间内可判定的:
- $c : \{(x,y) : x \in X, y \in S_x\} \to \mathbb{Q}$ 是在多项式时间内可计算的函数.
- $\text{goal} \in \{\max, \min\}$.

X 中的元素称为 $\mathcal{P}$ 的实例. 对每一实例 x, S_x 中的元素称为 x 的可行解. 写 $\text{OPT}(x) := \text{goal}\{c(x,y) : y \in S_x\}$. x 的一最优解是 x 中使得 $c(x,y) = \text{OPT}(x)$ 可行的解 y.

对一优化问题 $(X, (S_x)_{x \in X}, c, \text{goal})$ 的算法 乃是一个算法 A , 它对每一使得 $S_x \neq \varnothing$ 之一输入 $x \in X$, 计算出一个可行解 $y \in S_x$, 有时写成 $A(x) := c(x,y)$. 若 $A(x) = \text{OPT}(x)$ 对所有使得 $S_x \neq \varnothing$ 之 $x \in X$ 成立, 则 A 为一精确算法.

根据上下文, $c(x,y)$ 常被称为 y 的价格、重量、利润或长度等. 若 c 的值非负, 则称此优化问题具有 非负权. c 的值为有理数, 如同寻常一样, 假定它们是以二进制编码的字符串.

多项式归纳 这一概念容易伸展到优化问题, 一个 (判定或优化) 问题可以多项式地归纳成一个优化问题 $\mathcal{P} = (X, (S_x)_{x \in X}, c, \text{goal})$ 是指它具有一个精确多项式时间的使用函数 f 的神算包算法. 其中之 f 对于所有使得 $S_x \neq \varnothing$ 的 $x \in X$ 有 $f(x) = \{y \in S_x : c(x,y) = \text{OPT}(x)\}$. 现在可以来定义

定义 15.34 一个优化问题或判定问题 $\mathcal{P}$ 称为 NP难题 是指 NP 中所有的问题皆可多项式地归约成 $\mathcal{P}$.

注意这个定义是对称的. 一个判定问题是 NP 难题的充要条件为它的补问题也是 NP 难题. NP 难题至少与 NP 中最难的问题一样难. 但是其中有些也许比 NP 中任何问题更难. 一个问题, 假定它可以多项式地归约成 NP 中的某一问题, 则称之为 NP 容易的. 一个既是 NP 难题又是 NP 容易的问题则是 NP等价的. 换言之, 一个问题是 NP 等价的充要条件是它可以多项式地等价于可满足性, 在此, 两个问题 $\mathcal{P}$ 和 $\mathcal{Q}$ 称为多项式等价 是指 $\mathcal{P}$ 可以多项式时间地归约为 $\mathcal{Q}$, 而 $\mathcal{Q}$ 又可以多项式时间地归约为 $\mathcal{P}$. 我们要注意:

命题 15.35 设 $\mathcal{P}$ 为一 NP 等价 问题. 则 $\mathcal{P}$ 具有一精确多项式时间算法的充要条件是 $P = NP$. □

当然, 所有的 NP 完备问题和所有的 coNP 完备问题皆是 NP 等价的. 本书中所讨论过的几乎所有的问题皆是 NP 容易 问题, 因为它们即可多项式地归约成整数规划问题, 这通常是一肤浅的看法, 甚至不值一提. 另一方面, 今后所讨论的问题大多数是 NP 难问题, 要证明这一点, 通常是从一个 NP 完备问题出发, 描绘一个多项式归约. 作为第一个例子, 我们现来考虑MAX-2SAT: 给了一个可满足性的实例, 它的每一子句正好由两个文字组成, 要找一个真实指派, 使得被满足的子句的数目为最大.

定理 15.36 (Garey, Johnson and Stockmeyer, 1976) MAX-2SAT 是 NP 难题.

证明 从3SAT来归约. 给了3SAT 的一个实例 I, 它的子句为 $C_1, \cdots, C_m$, 通过增加新的变量 $y_1, z_1, \cdots, y_m, z_m$ 来构造MAX-2SAT的一实例 I', 即将每一子句 $C_i = \{\lambda_1, \lambda_2, \lambda_3\}$ 代之以 14 个子句

$$\{\lambda_1, z_i\}, \{\lambda_1, \bar{z}_i\}, \{\lambda_2, z_i\}, \{\lambda_2, \bar{z}_i\}, \{\lambda_3, z_i\}, \{\lambda_3, \bar{z}_i\}, \{y_i, z_i\}, \{y_i, \bar{z}_i\},$$

$$\{\lambda_1, \bar{y}_i\}, \{\lambda_2, \bar{y}_i\}, \{\lambda_3, \bar{y}_i\}, \{\bar{\lambda}_1, \bar{\lambda}_2\}, \{\bar{\lambda}_1, \bar{\lambda}_3\}, \{\bar{\lambda}_2, \bar{\lambda}_3\}.$$

注意, 没有一个真值指派能满足这 14 个子句中 11 个以上的子句. 而且, 若其中有 11 个子句被满足, 则 $\lambda_1, \lambda_2, \lambda_3$ 中至少有一为真 . 另一方面, 若 $\lambda_1, \lambda_2, \lambda_3$ 中有一为真, 为了满足其中 11 个子句, 可令 $y_i := \lambda_1 \wedge \lambda_2 \wedge \lambda_3$ 和 $z_i :=$真.

于是就得到 I 有一满足所有 m 个子句的真值指派的充要条件是 I' 具有满足 $11m$ 个子句的真值指派. □

每一 NP 困难判定问题 $\mathcal{P} \in NP$ 是否都为 NP 完备问题, 这是一个尚未解决的问题 (记住多项式归约和多项式转变之间的区别: 定义 15.15 和 15.17). 习题 17 和 18 讨论了两个 NP 困难判定问题, 它们看来不属于 NP. 除非 $P = NP$, 否则对于任何 NP 困难问题不存在精确的多项式时间算法, 但却可能有伪多项式时间算法:

定义 15.37 设 $\mathcal{P}$ 为一判定问题或一优化问题使得每一实例 x 是由一列的非负整数所构成. 用 largest(x) 表示这些整数中的最大者. 对于 $\mathcal{P}$ 的一个算法称为伪多项式的 是指它的运算时间为 size(x) 和 largest(x) 的一多项式所界定.

比如说, 对于素数问题, 要检验一自然数 n 是否素数就有一个显而易见的伪多项式算法, 即将从 2 到 $\lfloor\sqrt{n}\rfloor$ 的每一个整数去除它. 另一个例子是:

定理 15.38 对于子集 – 和问题存在一伪多项式算法

证明 给定子集 – 和的一实例 $c_1,\cdots,c_n,K$. 现构造一个顶点集为 $\{0,\cdots,n\}\times\{0,1,2,\cdots,K\}$ 的有向图 G. 对于每一 $j\in\{1,\cdots,n\}$, 将边 $((j-1,i),(j,i))$ $(i=0,1,\cdots,K)$ 和 $((j-1,i),(j,i+c_j))$ $(i=0,1,\cdots,K-c_j)$ 加进去.

注意任何从 $(0,0)$ 到 (j,i) 的路对应于一个子集 $S\subseteq\{1,\cdots,j\}$, 它的 $\sum_{k\in S}c_k=i$, 其逆亦真. 因此, 可以通过检查 G 是否包含一条从 $(0,0)$ 到 (n,K) 的路来解决我们的子集和实例. 依靠图的扫描算法 , 这可在 $O(nK)$ 时间内完成, 因而有一个伪多项式算法. □

上述方法对于分拆(问题) 也是一个伪多项式算法, 因为 $\frac{1}{2}\sum_{i=1}^{n}c_i\leqslant\frac{n}{2}\text{largest}(c_1,\cdots,c_n)$. 在 17.2 节中将讨论这一算法的推广. 若此数不是太大, 一个伪多项式算法可以十分有效. 因而下面的定义是很有用的:

定义 15.39 对于一个判定问题 $\mathcal{P}=(X,Y)$ 或一个优化问题 $\mathcal{P}=(X,(S_x)_{x\in X},c,\text{goal})$, 以及一子集 $X'\subseteq X$, 分别定义 $\mathcal{P}'=(X',X'\cap Y)$ 或 $\mathcal{P}'=(X',(S_x)_{x\in X'},c,\text{goal})$ 为 $\mathcal{P}$ 在 X' 上的限制.

设 $\mathcal{P}$ 为一判定或优化问题, 使得每一实例由一列的数字组成. 对于一多项式 p, 设 $\mathcal{P}_p$ 为 $\mathcal{P}$ 在实例 x 上的限制, x 是由使得 largest$(x)\leqslant p(\text{size}(x))$ 的非负整数组成. 若存在一多项式 p 使得 $\mathcal{P}_p$ 为 NP 难题, 则称 $\mathcal{P}$ 为 **强NP难**. 若 $\mathcal{P}\in$ NP, 且存在一多项式 p 使得 $\mathcal{P}_p$ 为 NP 完备, 则称 $\mathcal{P}$ 为 **强NP完备**.

命题 15.40 除非 $P=$ NP, 否则对于任何 **强 NP 难** 问题, 不存在精确伪多项式时间算法. □

现在给出一些著名的例子:

定理 15.41 整数规划 是强 NP 难题.

证明 对于无向图 G, 整数规划 $\max\{\mathbb{1}x:x\in\mathbb{Z}^{V(G)},0\leqslant x\leqslant\mathbb{1},x_v+x_w\leqslant 1\text{ 对}\{v,w\}\in E(G)\}$ 具有一至少为 k 的最优值的充要条件是: G 包含一个基数为 k 的稳定集. 因对于稳定集(问题) 的所有非平凡实例 (G,k) 有 $k\leqslant|V(G)|$. 由定理 15.23 即得所要之结果. □

旅行商问题 (TSP)

实例: 一个完全图 K_n $(n\geqslant 3)$ 和权 $c:E(K_n)\to\mathbb{R}_+$.

任务: 求一哈密尔顿回路 T, 使其权 $\sum_{e\in E(T)}c(e)$ 为最小.

一个 TSP 实例的顶点通常称之为 城市, 权则指两顶点之间的距离.

定理 15.42　TSP 为强 NP 困难.

证明　现来证明即使将所有的距离限制为 1 或 2, TSP 仍是 NP 困难的. 现在描述一个从哈密尔顿回路问题出发的多项式变换. 给定一个具有 $n \geqslant 3$ 个顶点的图 G, 构造下面的TSP的一个实例: 将 G 的每一个顶点视为一个城市, 当一条边属于 $E(G)$, 则令 (这两点之间的) 距离为 1, 否则令它为 2. 显而易见, G 是一哈密尔顿图的充要条件是最优的TSP旅行线的长为 n.　□

此证明也显示下面的判定问题不比TSP本身容易: 给定TSP之一实例和一整数 k, 是否存在一条长度不大于 k 的旅行线? 类似的说法对于一大类离散优化问题也成立.

命题 15.43　设 $\mathcal{F}$ 和 $\mathcal{F}'$ 为两个由有限集组成的 (无限) 族, 设 $\mathcal{P}$ 为如下的优化问题: 给定一个集 $E \in \mathcal{F}$ 和函数 $c: E \to \mathbb{Z}$, 求一个集 $F \subseteq E$, $F \in \mathcal{F}'$ 使得 $c(F)$ 为极小 (或判定没有此种 F 存在).

于是 $\mathcal{P}$ 可以在多项式时间求解的充要条件是如下的判定问题可以在多项式时间内求解: 给定 $\mathcal{P}$ 的一个实例 (E, c) 和一个整数 k, 是否有 $\mathrm{OPT}((E, c)) \leqslant k$? 若此优化问题是 NP 困难的, 则此判定问题也是如此.

证明　只需证明对于优化问题使用判定问题存在一神算包算法 (它的逆问题是明显的). 设 (E, c) 为 $\mathcal{P}$ 的一实例. 先用二元搜索 (binary search) 决定 $\mathrm{OPT}((E, c))$. 因至多有 $1 + \sum_{e \in E} |c(e)| \leqslant 2^{\mathrm{size}(c)}$ 个可能值, 可以通过 $O(\mathrm{size}(c))$ 次迭代做到这一点, 每个迭代包含一个神算包判定.

于是, 可以逐个检查 E 中的元素, 看是否存在一个不包含这一元素的最优解. 这可以通过增加它的权 (比如加个 1), 并核查这是否也增加一个最优解的值来达成. 若是, 就保持老的权不动, 否则就增加权. 在核查 E 的所有元素之后, 所有那些没有改变它们权的元素构成一个最优解.　□

上述结果可以适用的例子有: TSP、最大权的团问题、最短路问题、背包问题, 以及许多别的问题.

习　　题

1. 注意, 除了 Turing 机之外, 还存在更多的语言. 由此推断: 存在不可能由 Turing 机来判定的语言.

Turing 机也可用二进制字符串来编码. 考虑著名的停机问题: 给定两个二进制字符串 x 和 y, 在此 x 将一个 Turing 机 Φ 译成密码, 问 $\mathrm{time}(\Phi, y) < \infty$ 是否成立?

证明Halting Problem问题是 不可判定的 (即对之不存在任何算法).

提示: 假定存在为此的一算法 A, 构造一个 Turing 机, 它在输入 x 之下, 先将算法 A 在输入 (x, x) 下运转, 然后当且仅当输出 $\mathrm{output}(A, (x, x)) = 0$ 时才终止.

2. 写出一个可以比较两个字符串的 Turing 机: 它要一个具有 $a, b \in \{0, 1\}^*$ 的字符串 $a\#b$ 作为输入, 而输出的是当 $a = b$ 时为 1, 当 $a \neq b$ 时为 0.

3. RAM 机 是一个著名的机器模型. 它是以一无穷序列的暂存器 $x_1, x_2, \cdots$ 和一特殊的暂存器, 称作累加器 Acc, 进行工作. 每一暂存器可以储存一个任意大的整数, 可能是负的. 一个 RAM 的程序乃是一序列的指令. 共有十种类型的指令 (其意义在右边说明):

WRITE	k	$\mathrm{Acc} := k$.
LOAD	k	$\mathrm{Acc} := x_k$.
LOADI	k	$\mathrm{Acc} := x_{x_k}$.
STORE	k	$x_k := \mathrm{Acc}$.
STOREI	k	$x_{x_k} := \mathrm{Acc}$.
ADD	k	$\mathrm{Acc} := \mathrm{Acc} + x_k$.
SUBTR	k	$\mathrm{Acc} := \mathrm{Acc} - x_k$.
HALF		$\mathrm{Acc} := \lfloor \mathrm{Acc}/2 \rfloor$.
IFPOS	i	If $\mathrm{Acc} > 0$ then go to ⓘ.
HALT		Stop.

一个 RAM 程序是由 m 个指令构成的序列. 每一指令有如上述, 其中 $k \in \mathbb{Z}$, $i \in \{1, \cdots, m\}$. 计算从指令 1 开始, 之后即随个人所欲进行, 我们不给出正式的定义.

上述指令表可加以扩充. 我们说一个指令可以用一个 RAM 程序在时间 n 之内模拟, 是指它可以用一些 RAM 指令来代替, 使得在任何计算中的总的步数至多以一个因子 n 增加.

(a) 试指出下面的指令可以通过小的 RAM 程序在常数时间之内来模拟:

IFNEG	i	If $\mathrm{Acc} < 0$ then go to ⓘ.
IFZERO	i	If $\mathrm{Acc} = 0$ then go to ⓘ.

*(b) 试指出指令 SUBTR 和 HALF 可以通过 RAM 程序只用其他 8 个指令分别在 $O(\mathrm{size}(x_k))$ 和 $O(\mathrm{size}(\mathrm{Acc}))$ 时间内模拟.

*(c) 试指出下面的指令可以通过 RAM 程序在 $O(n)$ 时间内模拟, 在此 $n = \max\{\mathrm{size}(x_k), \mathrm{size}(\mathrm{Acc})\}$:

MULT	k	$\mathrm{Acc} := \mathrm{Acc} \cdot x_k$.
DIV	k	$\mathrm{Acc} := \lfloor \mathrm{Acc}/x_k \rfloor$.
MOD	k	$\mathrm{Acc} := \mathrm{Acc} \bmod x_k$.

*4. 设 $f : \{0,1\}^* \to \{0,1\}^*$ 为一映射. 试指出: 若存在一 Turing 机 $\varPhi$ 能计算 f, 则存在 RAM 程序 (参见习题 3) 使得在输入 x (在Acc中) 的计算在 $O(\mathrm{size}(x) + \mathrm{time}(\varPhi, x))$ 步以 $\mathrm{Acc} = f(x)$ 终止.

试指出: 若存在一 RAM 机, 当 x 在以 Acc 计之下, 最多以 $g(\mathrm{size}(x))$ 步计算出 $f(x)$, 则存在一 Turing 机, 它以 $\mathrm{time}(\varPhi, x) = O(g(\mathrm{size}(x))^3)$ 算出 f.

5. 证明下之两个判定问题属于 NP:

(a) 给定两个图 G 和 H, 问 G 是否同构于 H 的一个子图?

(b) 给定一个自然数 n (以二进制编码), 问是否存在一个素数 p 使得 $n = p^p$?

6. 试证明: 若 $\mathcal{P} \in \mathrm{NP}$, 则存在一多项式 p 使得 $\mathcal{P}$ 可以以具有时间复杂度 $O\left(2^{p(n)}\right)$ 的算法 (决定性的) 求解.

7. 设 $\mathcal{Z}$ 为一2Sat 实例, 即一组在 X 上的子句, 其中每一子句具有两个文字. 考虑一个有向图 $G(\mathcal{Z})$ 如下: $V(G)$ 是 X 上的一文字集合. 存在一条边 $(\lambda_1, \lambda_2) \in E(G)$ 的充要条件是子句 $\{\overline{\lambda}_1, \lambda_2\}$ 是 $\mathcal{Z}$ 中一数.

(a) 试指出: 若对于某一变量 x, x 和 $\overline{x}$ 皆属于 $G(\mathcal{Z})$ 的同一个强连通分支之中, 则 $\mathcal{Z}$ 不是可满足的.

(b) 指出 (a) 的逆问题.

(c) 对2Sat给出一个线性时间算法.

8. 描绘出一个线性时间算法: 它对于可满足性问题任一实例, 皆可找到一个真假指派可满足至少一半的子句.

9. 考虑3-Occurrence Sat问题 (三事件可满足性问题), 它是可满足性问题被限制在如下的实例, 即每一子句至多包含三个文字, 而且每一变量至多在三个子句中出现. 试证明: 即使这样受限制的提法 (版本) 也是 NP 完备的.

10. 设 $\kappa: \{0,1\}^m \to \{0,1\}^m$ 为一个 (不必要是双射的) 映射, $m \geqslant 2$. 对于 $x = x_1 \times \cdots \times x_n \in \{0,1\}^m \times \cdots \times \{0,1\}^m = \{0,1\}^{nm}$ 令 $\kappa(x) := \kappa(x_1) \times \cdots \times \kappa(x_n)$, 和对于一判定问题 $\mathcal{P} = (X, Y)$ 其中 $X \subseteq \bigcup_{n \in \mathbb{Z}_+} \{0,1\}^{nm}$, 令 $\kappa(\mathcal{P}) := (\{\kappa(x) : x \in X\}, \{\kappa(x) : x \in Y\})$. 求证:

(a) 对于所有的编码 κ 和 $\mathcal{P} \in NP$, 也有 $\kappa(\mathcal{P}) \in NP$.

(b) 若对于所有编码 κ 和所有 $\mathcal{P} \in P$, 有 $\kappa(\mathcal{P}) \in P$, 则 $P = NP$. (Papadimitriou, 1994)

11. 试证: 稳定集问题, 即使是限制在那种其最大的次数为 4 的图, 也是 NP 完备的. 提示: 利用练习 15.7.

12. 试指出下述称为控制集问题是 NP 完备的. 给定一无向图 G 和一数 $k \in \mathbb{N}$, 是否存在一个集合 $X \subseteq V(G)$, $|X| \leqslant k$ 使得 $X \cup \Gamma(X) = V(G)$? 提示: 从点覆盖问题进行转换.

13. 判定问题团是 NP 完备的. 试问: 若将它限制在下述各种情况时结论是否仍然成立 (假定 $P \neq NP$)?

(a) 二分图,

(b) 平面图,

(c) 2 连通图.

14. 试证明下面的问题是 NP 完备的:

(a) Hamiltonian 路 和有向 Hamiltonian 路. 给定一个图 G (有向或无向), G 是否包含一 Hamiltonian 路?

(b) 最短路. 给定一个图 G 和权 $c: E(G) \to \mathbb{Z}$, 两个顶点 $s, t \in V(G)$ 和整数 k. 问: 是否存在一条其权至多为 k 的 s-t 路?

(c) 3 拟阵交问题. 给定三个拟阵 $(E, \mathcal{F}_1), (E, \mathcal{F}_2), (E, \mathcal{F}_3)$ (通过独立 s-t 路神算包) 和一数 $k \in \mathbb{N}$, 要判定是否存在一个集 $F \in \mathcal{F}_1 \cap \mathcal{F}_2 \cap \mathcal{F}_3$ 使得 $|F| \geqslant k$.

(d) 中国邮路问题. 给定图 G 和 H, $V(G) = V(H)$, 权 $c: E(H) \to \mathbb{Z}_+$ 和一整数 k. 问是否存在一个子集 $F \subseteq E(H)$, $c(F) \leqslant k$ 使得 $(V(G), E(G) \dot\cup F)$ 是连通的而且是 Eulerian 的?

15. 对下列判定问题或找出一多项式时间算法或证明其为 NP 完备:

(a) 给定一个无向图 G 和某一 $T \subseteq V(G)$, 问是否存在一株 G 的支撑树 使得 T 的所有顶点皆为叶子?

(b) 给定一个无向图 G 和某一 $T \subseteq V(G)$, 问是否存在一株 G 的支撑树 使得它的所有叶子皆是 T 的元素?

(c) 给定一个有向 G, 权 $c : E(G) \to \mathbb{R}$, 一集合 $T \subseteq V(G)$ 和一数 k, 问: 是否存在一分支 B 使得对于所有 $x \in T$, 有 $|\delta_B^+(x)| \leqslant 1$, $c(B) \geqslant k$?

16. 试证明下之判定问题属于 coNP: 给定一矩阵 $A \in \mathbb{Q}^{m \times n}$ 和一向量 $b \in \mathbb{Q}^n$, 问多面体 $\{x : Ax \leqslant b\}$ 是否为整的? 提示: 利用命题 3.9、引理 5.11 和定理 5.13.

注: 当不知道此问题是否属于 NP.

17. 指出下面的问题为 NP 困难的 (当不知道它是否属于 NP): 给定可满足性问题的一实例, 问在所有的真假指派中是否大多数皆满足所有的子句?

18. 试证明: 分拆问题可以多项式地转变成下之问题 (如此一来它是 NP 困难的, 但当不知道它是否属于 NP):

第 k 个最重要的子集

实例:　整数 $c_1, \cdots, c_n, K, L$.

任务:　是否存在 K 个不同的子集 $S_1, \cdots, S_K \subseteq \{1, \cdots, n\}$ 使得 $\sum_{j \in S_i} c_j \geqslant L$ 对 $i = 1, \cdots, K$?

---

19. 证明下面的问题属于 coNP: 给定一矩阵 $A \in \mathbb{Z}^{m \times n}$ 和一向量 $b \in \mathbb{Z}^m$, 要判定多面体是否 $P = \{x \in \mathbb{R}^n : Ax \leqslant b\}$ 是整的.

注: 事实上, 这个问题是 coNP 完备的, 正如 Papadimitriou and Yannakakis (1990) 所指出.

参 考 文 献

一般著述

Aho, A.V., Hopcroft, J.E., and Ullman, J.D. (1974). The Design and Analysis of Computer Algorithms. Addison-Wesley, Reading.

Ausiello, G., Crescenzi, P., Gambosi, G., Kann, V., Marchetti-Spaccamela, A., and Protasi, M. 1999. Complexity and Approximation: Combinatorial Optimization Problems and Their Approximability Properties. Berlin: Springer.

Bovet, D.B., and Crescenzi, P. 1994. Introduction to the Theory of Complexity. New York: Prentice-Hall.

Garey, M.R., and Johnson, D.S. 1979. Computers and Intractability: A Guide to the Theory of NP-Completeness. Freeman, San Francisco, Chapters 1–3, 5, and 7

Horowitz, E., and Sahni, S. 1978. Fundamentals of Computer Algorithms. Potomac: Computer Science Press, Chapter 11.

Johnson, D.S. 1981. The NP-completeness column: an ongoing guide. Journal of Algorithms starting with Vol. 4.

Karp, R.M. 1975. On the complexity of combinatorial problems. Networks, 5: 45–68.

Papadimitriou, C.H. 1994. Computational Complexity. Addison-Wesley, Reading.

Papadimitriou, C.H., and Steiglitz, K. 1982. Combinatorial Optimization: Algorithms and Complexity. Englewood Cliffs: Prentice-Hall, Chapters 15 and 16.

Wegener, I. 2005. Complexity Theory: Exploring the Limits of Efficient Algorithms. Berlin: Springer,.

引用文献

Adleman, L.M., Pomerance, C., and Rumely, R.S. 1983. On distinguishing prime numbers from composite numbers. Annals of Mathematics, 117: 173–206.

Agrawal, M., Kayal, N., and Saxena, N. 2004. PRIMES is in P. Annals of Mathematics, 160: 781–793.

Cook, S.A. 1971. The complexity of theorem proving procedures. Proceedings of the 3rd Annual ACM Symposium on the Theory of Computing, 151–158.

Edmonds, J. 1965. Minimum partition of a matroid into independent subsets. Journal of Research of the National Bureau of Standards, B 69: 67–72.

Fürer, M. 2007. Faster integer mulitplication. Proceedings of the 39th ACM Symposium on Theory of Computing, 57–66.

Garey, M.R., Johnson, D.S., and Stockmeyer, L. 1976. Some simplified NP-complete graph problems. Theoretical Computer Science, 1: 237–267.

Hopcroft, J.E., and Ullman, J.D. 1979. Introduction to Automata Theory, Languages, and Computation. Addison-Wesley, Reading.

Karp, R.M. 1972. Reducibility among combinatorial problems//Complexity of Computer Computations (Miller, R.E. Thatcher, J.W. eds.). New York: Plenum Press, 85–103.

Ladner, R.E. 1975. On the structure of polynomial time reducibility. Journal of the ACM, 22: 155–171.

Lewis, H.R., and Papadimitriou, C.H. 1981. Elements of the Theory of Computation. Englewood Cliffs: Prentice-Hall,

Papadimitriou, C.H., and Yannakakis, M. 1990. On recognizing integer polyhedra. Combinatorica, 10: 107–109.

Pratt, V. 1975. Every prime has a succinct certificate. SIAM Journal on Computing, 4: 214–220.

Schönhage, A., and Strassen, V. 1971. Schnelle Multiplikation großer Zahlen. Computing, 7: 281–292.

Turing, A.M. 1936. On computable numbers, with an application to the Entscheidungsproblem. Proceedings of the London Mathematical Society, 42(2): 230–265 and 43: 544–546.

van Emde Boas, P. 1990. Machine models and simulations// Handbook of Theoretical Computer Science; Volume A; Algorithms and Complexity (van Leeuwen, J. ed.), Amsterdam: Elsevier, 1–66.

第 16 章 近 似 算 法

在本章中将引入近似算法这一重要概念. 直到现在, 大部分是处理多项式可解问题. 以下各章将简要叙述一些用来处理 NP 困难的组合优化问题的一些策略. 在这里首先必须要提到近似算法. 理想的情况是可以保证所得之解与最优解只有一个常数之差.

定义 16.1 对于一个最优化问题 $\mathcal{P}$ 的一绝对近似算法乃是关于 $\mathcal{P}$ 的一个多项式时间算法 A, 对此 A, 存在一个常数 k, 使得

$$|A(I) - \mathrm{OPT}(I)| \leqslant k$$

对 $\mathcal{P}$ 的所有实例 I 成立.

不幸的是, 只是对极少的经典的 NP 困难优化问题, 我们知道存在绝对近似算法. 在 16.3 节中将讨论两个重要的例子: 即边着色问题和顶点着色问题.

多数情况下, 我们满足于相对性能保证. 在这里限于考虑那些带非负权的问题.

定义 16.2 设 $k \geqslant 1$, $\mathcal{P}$ 为一带非负权的优化问题. 关于 $\mathcal{P}$ 的 k-因子近似算法乃是关于 $\mathcal{P}$ 的一个多项式时间算法 A, 使得

$$\frac{1}{k}\mathrm{OPT}(I) \leqslant A(I) \leqslant k\,\mathrm{OPT}(I)$$

对 $\mathcal{P}$ 的所有实例 I 成立. 我们也说 A 具有一性能比(或性能保证) k.

前一个不等式适用于极大化问题, 第二个则适用于极小化问题. 注意, 对于 $\mathrm{OPT}(I) = 0$ 的实例 I, 要求有一精确解. 1-因子近似算法就是一个精确多项式算法. 有时, 上之定义可扩展到 k 是实例 I 的一个函数的情况, 而非仅是一个常数. 在下一节中将看到这样的例子.

在 13.4 节中曾看到, 对于一个独立系统 $(E, \mathcal{F})$ 的关于极大化问题的优胜贪婪算法具有性能比 $\frac{1}{q(E,\mathcal{F})}$ (定理 13.19). 在下节以及以下各章中, 我们将以例子来阐述上面的定义和分析各种各样的 NP 困难问题的可近似性. 先以覆盖问题开始.

16.1 集 覆 盖

在本节中将集中于下述一个十分广泛的问题:

最小权集覆盖问题

实例: 一个集合系统 $(U, \mathcal{S})$, 其中 $\bigcup_{S \in \mathcal{S}} S = U$, 权 $c : \mathcal{S} \to \mathbb{R}_+$.

任务: 求 $(U, \mathcal{S})$ 的一最小权集覆盖, 即一子族 $\mathcal{R} \subseteq \mathcal{S}$ 使得 $\bigcup_{R \in \mathcal{R}} R = U$.

当 $c \equiv 1$ 时, 此问题称为最小集覆盖问题. 若对所有的 $x \in U, |\{S \in \mathcal{S} : x \in S\}| = 2$; 此时出现了另一个使人感兴趣的特殊情况, 这就是最小权顶点覆盖问题: 给了一个图 G 和 $c : V(G) \to \mathbb{R}_+$, 相应的集覆盖实例是由 $U := E(G), \mathcal{S} := \{\delta(v) : v \in V(G)\}$ 和对于所有的 $v \in V(G), c(\delta(v)) := c(v)$ 来定义. 由于最小权顶点集覆盖问题即使对单位权也是 NP 困难的 (定理 15.24), 最小集覆盖问题自然也是如此.

Johnson (1974) 和 Lovász (1975) 就最小集覆盖问题提出了一个简单的贪婪算法: 在每次迭代中, 选出一个能覆盖住最大多数的未曾覆盖过的集. Chvátal (1979) 将这一算法推广到带权的情况:

关于集覆盖的贪婪算法

输入: 一个集合系统 $(U, \mathcal{S})$, 其中 $\bigcup_{S \in \mathcal{S}} S = U$, 权 $c : \mathcal{S} \to \mathbb{R}_+$.

输出: $(U, \mathcal{S})$ 的一个集覆盖 $\mathcal{R}$.

① 令 $\mathcal{R} := \varnothing$ 和 $W := \varnothing$.

② 当 $W \neq U$ 进行:

    选取一个集 $R \in \mathcal{S} \setminus \mathcal{R}$ 使得 $R \setminus W \neq \varnothing$, 而且 $\frac{c(R)}{|R \setminus W|}$ 为最小.

    令 $\mathcal{R} := \mathcal{R} \cup \{R\}$ 和 $W := W \cup R$.

显而易见, 运行时间为 $O(|U||\mathcal{S}|)$. 下述的性能保证是可以证明的:

定理 16.3 (Chvátal, 1979)　对于最小权集覆盖问题的任何实例 $(U, \mathcal{S}, c)$, 关于集覆盖的贪婪算法可以求出一个集覆盖, 其权至多为 $H(r) \mathrm{OPT}(U, \mathcal{S}, c)$, 于此 $r := \max_{S \in \mathcal{S}} |S|$, $H(r) = 1 + \frac{1}{2} + \cdots + \frac{1}{r}$.

证明　设 $(U, \mathcal{S}, c)$ 为最小权集覆盖问题的一实例, 又令 $\mathcal{R} = \{R_1, \cdots, R_k\}$ 为通过上述算法求得的解, 于此, R_i 为在第 i- 次迭代时所选取的集. 对于 $j = 0, \cdots, k$, 令 $W_j := \bigcup_{i=1}^{j} R_i$.

对每一 $e \in U$, 令 $j(e) := \min\{j \in \{1, \cdots, k\} : e \in R_j\}$ 为 e 被覆盖的那一迭代. 令

$$y(e) := \frac{c(R_{j(e)})}{|R_{j(e)} \setminus W_{j(e)-1}|}$$

令 $S \in \mathcal{S}$ 固定, 又令 $k' := \max\{j(e) : e \in S\}$. 通过 ② 中对 R_i 的选取 (注意 $S \setminus W_{i-1} \neq \varnothing$ 对 $i = 1, \cdots, k'$), 有

$$\sum_{e \in S} y(e) = \sum_{i=1}^{k'} \sum_{e \in S : j(e) = i} y(e)$$

$$= \sum_{i=1}^{k'} \frac{c(R_i)}{|R_i \setminus W_{i-1}|} |S \cap (W_i \setminus W_{i-1})|$$

$$= \sum_{i=1}^{k'} \frac{c(R_i)}{|R_i \setminus W_{i-1}|}(|S \setminus W_{i-1}| - |S \setminus W_i|)$$

$$\leqslant \sum_{i=1}^{k'} \frac{c(S)}{|S \setminus W_{i-1}|}(|S \setminus W_{i-1}| - |S \setminus W_i|)$$

令 $s_i := |S \setminus W_{i-1}|$, 有

$$\sum_{e \in S} y(e) \leqslant c(S) \sum_{i=1}^{k'} \frac{s_i - s_{i+1}}{s_i}$$

$$\leqslant c(S) \sum_{i=1}^{k'} \left(\frac{1}{s_i} + \frac{1}{s_i - 1} + \cdots + \frac{1}{s_{i+1} + 1} \right)$$

$$= c(S) \sum_{i=1}^{k'} (H(s_i) - H(s_{i+1}))$$

$$= c(S)(H(s_1) - H(s_{k'+1}))$$

$$\leqslant c(S)H(s_1)$$

因 $s_1 = |S| \leqslant r$, 最终得到

$$\sum_{e \in S} y(e) \leqslant c(S)H(r)$$

对于一个最优集覆盖 $\mathcal{O}$, 就所有 $S \in \mathcal{O}$ 相加, 即得

$$c(\mathcal{O})H(r) \geqslant \sum_{S \in \mathcal{O}} \sum_{e \in S} y(e)$$

$$\geqslant \sum_{e \in U} y(e)$$

$$= \sum_{i=1}^{k} \sum_{e \in U : j(e) = i} y(e)$$

$$= \sum_{i=1}^{k} c(R_i) = c(\mathcal{R}) \qquad \square$$

对于不带权情况的一种多少更为紧密的分析, 可参考 Slavík (1997). Raz and Safra (1997) 发现: 存在一个常数 $c > 0$, 使得不可能有 $c \ln |U|$ 的性能比, 除非 $P = \mathrm{NP}$. 实际上, 对于任何 $c < 1$, 除非 NP 中的每一问题皆可在 $O\left(n^{O(\log \log n)}\right)$ 时间之内得到解决, 否则不可能得出一个 $c \ln |U|$ 的性能比 (Feige (1998)).

最小权边覆盖问题显然是最小权集覆盖问题的一特殊情况. 在这里, 在定理 16.3 中有 $r = 2$, 因而上面的算法在此特殊情况为一 $\frac{3}{2}$ 因子近似算法. 然而此问题也可在多项式时间内求出最优解, 可参考第 11 章习题 11.

对于最小顶点覆盖问题, 上面的算法可解读如下:

对于顶点覆盖之贪婪算法

输入: 一个图 G.

输出: G 的一个顶点覆盖 R.

① 令 $R := \varnothing$.

② 当 $E(G) \neq \varnothing$ 时, 进行

　　选取一个顶点 $v \in V(G) \setminus R$, 使其次数为最大.

　　令 $R := R \cup \{v\}$ 并划去所有与 v 相邻的边.

这一算法看起来是合理的, 因此, 人们也许会问, 对于什么样的 k, 它是一个 k 因子近似算法. 可能令人惊异的是这样的 k 是不存在的. 实际上, 定理 16.3 所给出的界几乎就是可能最好的.

定理 16.4 (Johnson, 1974; Papadimitriou and Steiglitz, 1982)　对于所有的 $n \geqslant 3$, 存在最小顶点覆盖问题 的一个实例 G, 使得 $nH(n-1) + 2 \leqslant |V(G)| \leqslant nH(n-1) + n$, G 的最大次为 $n-1$, $\mathrm{OPT}(G) = n$, 而且上之算法可以找到一个顶点覆盖, 它包含除了 n 个之外的所有顶点.

证明　对每一 $n \geqslant 3$ 和 $i \leqslant n$, 定义

$$A_n^i := \sum_{j=2}^{i} \left\lfloor \frac{n}{j} \right\rfloor$$

$$V(G_n) := \left\{ a_1, \cdots, a_{A_n^{n-1}}, b_1, \cdots, b_n, c_1, \cdots, c_n \right\}$$

$$E(G_n) := \{\{b_i, c_i\} : i = 1, \cdots, n\} \cup$$

$$\bigcup_{i=2}^{n-1} \bigcup_{j=A_n^{i-1}+1}^{A_n^i} \left\{ \{a_j, b_k\} : (j - A_n^{i-1} - 1)i + 1 \leqslant k \leqslant (j - A_n^{i-1})i \right\}$$

注意 $|V(G_n)| = 2n + A_n^{n-1}$, $A_n^{n-1} \leqslant nH(n-1) - n$ 和 $A_n^{n-1} \geqslant nH(n-1) - n - (n-2)$. 图 16.1 显示 G_6.

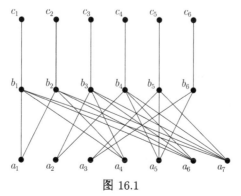

图 16.1

若将我们的算法用于 G_n, 可以先选取 $a_{A_n^{n-1}}$ (因为它的次最大), 之后选取顶点 $a_{A_n^{n-1}-1}, a_{A_n^{n-1}-2}, \cdots, a_1$. 在这之后, 就留下 n 条不相连的边. 于是还需要多于 n 个的顶点. 因而所构造的顶点覆盖由 $A_n^{n-1} + n$ 个顶点构成. 而最优的点集覆盖 $\{b_1, \cdots, b_n\}$ 之大小为 n. □

但对于最小顶点覆盖问题, 却存在 2 因子近似算法. 最简单的一个来自 Gavril (Garey and Johnson, 1979), 即求一最大匹配 M 并取出 M 中所有的边的终点. 这显然是一点覆盖, 它包含 $2|M|$ 个顶点. 因任何点覆盖必包含 $|M|$ 个顶点 (没有一个顶点覆盖 M 的两条边), 这是一个 2 因子近似算法.

这一性能保证是紧的, 只需考虑由许多互不相连的边作成的图即可看出. 令人感到惊奇的是上述方法乃是关于最小顶点覆盖问题的最著名的算法. 后面将指出 (除非 $P = \mathrm{NP}$) 存在一数 $k > 1$ 使得没有 k 因子近似算法存在 (定理 16.46). 事实上, 不存在 1.36 因子近似算法, 除非 $P = \mathrm{NP}$ (Dinur and Safra, 2002).

Gavril 的算法至少可以扩充到加权的情况. 现给出 Bar-Yehuda and Even (1981) 的算法, 它可用于一般的最小权集覆盖问题:

BAR-YEHUDA-EVEN 算法

输入: 一个集的系统 $(U, \mathcal{S})$, 其中 $\bigcup_{S \in \mathcal{S}} S = U$, 权 $c : \mathcal{S} \to \mathbb{R}_+$.

输出: $(U, \mathcal{S})$ 的一个集覆盖 $\mathcal{R}$.

① 令 $\mathcal{R} := \varnothing, W := \varnothing$. 令 $y(e) := 0$, 对所有 $e \in U$.

    令 $c'(S) := c(S)$, 对所有 $S \in \mathcal{S}$.

② 当 $W \neq U$ 进行:

        选取一个元素 $e \in U \setminus W$.

        令 $R \in \mathcal{S}$ 使得 $e \in R$, 且 $c'(R)$ 为最小. 令 $y(e) := c'(R)$.

        令 $c'(S) := c'(S) - y(e)$, 对所有使得 $e \in S$ 的 $S \in \mathcal{S}$.

        令 $\mathcal{R} := \mathcal{R} \cup \{R\}$ 和 $W := W \cup R$.

定理 16.5 (Bar-Yehuda and Even, 1981)   对最小权集覆盖问题的任一实例 $(U, \mathcal{S}, c)$, BAR-YEHUDA-EVEN 算法可以给出一个集覆盖, 它的权至多为 $p \, \mathrm{OPT}(U, \mathcal{S}, c)$, 于此, $p := \max_{e \in U} |\{S \in \mathcal{S} : e \in S\}|$.

证明   最小权集覆盖问题 可以写成一整数线性规划

$$\min \{cx : Ax \geqslant \mathbb{1}, x \in \{0, 1\}^{\mathcal{S}}\}$$

于此, A 为一矩阵, 它的行对应于 U 中的元素, 它的列则对应于 $\mathcal{S}$ 中的集的关联向量. LP 松弛

$$\min \{cx : Ax \geqslant \mathbb{1}, x \geqslant 0\}$$

的最优解乃是 $\mathrm{OPT}(U, \mathcal{S}, c)$ 的一下界 (约束条件 $x \leqslant \mathbb{1}$ 的省略并不改变此 LP 的最优值). 因此, 由命题 3.13, 对偶 LP

$$\max\{y\mathbb{1} : yA \leqslant c, y \geqslant 0\}$$

的最优值也是 $\mathrm{OPT}(U, \mathcal{S}, c)$ 的一下界.

现在注意, 在算法的任一阶段, 对于所有的 $S \in \mathcal{S}$, $c'(S) \geqslant 0$. 令 $\bar{y}$ 为最终所得的向量 y. 有 $\bar{y} \geqslant 0$ 和对于所有 $S \in \mathcal{S}$, $\sum_{e \in S} \bar{y}(e) \leqslant c(S)$, 即 $\bar{y}$ 是对偶 LP 的一可行解. 而且

$$\bar{y}\mathbb{1} \;\leqslant\; \max\{y\mathbb{1} : yA \leqslant c, y \geqslant 0\} \;\leqslant\; \mathrm{OPT}(U, \mathcal{S}, c)$$

最后可以看出

$$
\begin{aligned}
c(\mathcal{R}) &= \sum_{R \in \mathcal{R}} c(R) \\
&= \sum_{R \in \mathcal{R}} \sum_{e \in R} \bar{y}(e) \\
&\leqslant \sum_{e \in U} p\bar{y}(e) \\
&= p\bar{y}\mathbb{1} \\
&\leqslant p\,\mathrm{OPT}(U, \mathcal{S}, c) \qquad\qquad \square
\end{aligned}
$$

因为在顶点覆盖的情形, 有 $p = 2$, 对最小权顶点覆盖问题, 这是一个 2 因子近似算法. 第一个 2 因子近似算法出自 Hochbaum (1982). 她提议在上之证明中求出对偶线性规划的一个最优解 y, 并取所有使得 $\sum_{e \in S} y(e) = c(S)$ 成立的集 S. 或者也可求出原 LP 的一最优解, 并取所有使得 $x_S \geqslant \frac{1}{p}$ 的集合 S .

Bar-Yehuda-Even 算法 的好处是它不明显地使用线性规划. 事实上, 它可在 $O\left(\sum_{S \in \mathcal{S}} |S|\right)$ 时间内轻易地完成. 这是第一个原始对偶近似算法的例子, 更为复杂的例子将出现在 20.4 和 22.3 节中.

16.2 Max-Cut (最大割) 问题

在本节中将考虑另一个基本问题:

> **最大权割问题**
>
> 实例: 一个无向图 G 和权 $c : E(G) \to \mathbb{R}_+$.
> 任务: 求 G 中的一个割使其总的权最大.

为简单起见, 此问题通常称之为最大割 (Max-Cut). 与 8.7 节中所讨论的最小权割相比, 这是一道难题. 它是强 NP 困难的, 即使是 $c \equiv 1$ 这一特殊情况 (最大割问题) 也是困难的:

定理 16.6 (Garey, Johnson and Stockmeyer, 1976) 最大割问题 是 NP 困难的.

证明　通过从 MAX-2SAT 进行归纳 (参看定理 15.36). 给定一具有 n 个变量和 m 个子句的 MAX-2SAT 的实例, 现来构造一个图 G, 它的顶点皆是文字, 此外再加上一个额外的顶点 z. 对每一变量 x, 在 x 和 $\bar{x}$ 之间加上 $3m$ 条平行边. 对每一子句 $\{\lambda, \lambda'\}$, 加上三条边 $\{\lambda, \lambda'\}$, $\{\lambda, z\}$ 和 $\{\lambda', z\}$. 于是, G 有 $2n+1$ 个顶点和 $3m(n+1)$ 条边.

现断言 G 中的一条割的最大基数是 $3mn + 2t$, 于此, t 是被任一真值指派所满足的子句的最大数. 实际上, 在给定一使 t 个子句满足的真值指派, 令 X 为真 (肯定) 文字所成之集. 则有 $|\delta_G(X)| = 3mn + 2t$. 反之, 若存在一集 $X \subseteq V(G)$ 使 $|\delta_G(X)| \geqslant 3mn + a$, 不失其普遍性, 此时 $z \notin X$ (否则将 X 代之以 $V(G) \setminus X$), 且对每一变量 x 有 $|X \cap \{x, \bar{x}\}| = 1$ (否则以 $X \Delta \{x\}$ 代 X, 并增加割). 于是可令 X 中所有的文字为真, 得到了一个使得至少有 $\frac{a}{2}$ 个子句得到满足的真值指派. □

对于最大权割问题来说, 很容易就找到一个 2 因子近似算法: 若 $V(G) = \{v_1, \cdots, v_n\}$, 从 $X := \{v_1\}$ 出发, 对 $i = 3, \cdots, n$, 若 $\sum_{e \in E(v_i, \{v_1, \cdots, v_{i-1}\} \cap X)} c(e) < \sum_{e \in E(v_i, \{v_1, \cdots, v_{i-1}\} \setminus X)} c(e)$, 则将 v_i 加到 X (关于此算法的一简单分析, 留作习题 9.)

在一个相当长的时间内, 未曾有一个较好的近似算法出现. 之后, Goemans and Williamson (1995) 利用半定规划发现了一个好得多的算法, 本节的余下部分则是基于他们的文章.

设 G 为一无向图, $c : E(G) \to \mathbb{R}_+$. 不失其普遍性, 令 $V(G) = \{1, \cdots, n\}$. 对于 $1 \leqslant i, j \leqslant n$, 令 $c_{ij} := c(\{i, j\})$, 若 $\{i, j\} \in E(G)$, 否则令 $c_{ij} := 0$. 于是最大权割问题 则变成寻找一个子集 $S \subseteq \{1, \cdots, n\}$, 使 $\sum_{i \in S, j \in \{1, \cdots, n\} \setminus S} c_{ij}$ 最大. 将 S 用 $y \in \{-1, 1\}^n$ 来表示, 其中 $y_i = 1$ 当且仅当 $i \in S$, 就可将问题表达成

$$\max \quad \frac{1}{2} \sum_{1 \leqslant i < j \leqslant n} c_{ij}(1 - y_i y_j)$$
$$\text{s.t.} \quad y_i \in \{-1, 1\} \qquad (i = 1, \cdots, n)$$

变量 y_i 可认为是一个单位欧氏范数的一维向量. 将它们松弛成单位欧氏范数的多维向量, 就得到一个有趣的松弛:

$$\max \quad \frac{1}{2} \sum_{1 \leqslant i < j \leqslant n} c_{ij}(1 - y_i^\mathrm{T} y_j)$$
$$\text{s.t.} \quad y_i \in \mathcal{S}_m \qquad (i = 1, \cdots, n) \tag{16.1}$$

于此, $m \in \mathbb{N}$, $\mathcal{S}_m = \{x \in \mathbb{R}^m : \|x\|_2 = 1\}$ 表示 $\mathbb{R}^m$ 中的单位球. 例如, 对于三角形 ($n = 3$, $c_{12} = c_{13} = c_{23} = 1$), 最优值是由 $\mathbb{R}^2$ 中的单位球上的某些点而得到, 它们是一等边三角形的顶点, 例如 $y_1 = (0, -1)$, $y_2 = (-\frac{\sqrt{3}}{2}, \frac{1}{2})$, $y_3 = (\frac{\sqrt{3}}{2}, \frac{1}{2})$, 它们给出

了最优值 $\frac{9}{4}$, 与一个割的最大权成对照, 它是 2. 但令人感兴趣的事情是可以在多项式时间内几乎最优地解出 (16.1).

这一技巧是不直接去考虑变量 y_i, 甚至不去考虑它们的维数, 而是考虑 $n \times n$ 矩阵 $(y_i^\top y_j)_{i,j=1,\cdots,n}$. 作为一个矩阵 X 是对称而且是半正定的其充要条件是它可写成 $B^\top B$ 的形式, 其中 B 为某一矩阵, 可以等价地写成

$$\max \quad \frac{1}{2} \sum_{1 \leqslant i < j \leqslant n} c_{ij}(1 - x_{ij})$$

$$\text{s.t.} \quad x_{ii} = 1 \qquad (i = 1, \cdots, n)$$

$$X = (x_{ij})_{1 \leqslant i,j \leqslant n} \quad X \text{ 对称且半正定} \qquad (16.2)$$

由 (16.2) 的一个解可以通过 Cholesky 因子分解方法在 $O(n^3)$ 的时间内得到 (16.1) 的一个解, 其中 $m \leqslant n$, 而且几乎是同样的目标函数的值 (我们不得不接受一个任意小的舍入误差, 参看第 4 章习题 **??**)

问题 (16.2) 称为一半定规划. 它可利用椭球法, 应用定理 4.19, 在多项式时间内近似地求解, 这就是我们将要指出的. 首先来看, 要将一个线性目标函数在下面的一个凸集上求优:

$$P := \big\{ X = (x_{ij})_{1 \leqslant i,j \leqslant n} \in \mathbb{R}^{n \times n} : X \text{对称且半正定}, \quad x_{ii} = 1 \, (i = 1, \cdots, n) \big\}$$

将 P 投影到 $\frac{n^2 - n}{2}$ 个自由变量, 得到

$$P' := \big\{ (x_{ij})_{1 \leqslant i < j \leqslant n} : (x_{ij})_{1 \leqslant i,j \leqslant n} \in P \text{ 其中} x_{ii} := 1, \, x_{ji} := x_{ij}, \text{ 对} i < j \big\}$$

注意, P 和 P' 都不是多面体. 但 P' 是凸的、有界, 且全维数.

命题 16.7 P' 是凸的. 且 $B(0, \frac{1}{n}) \subseteq P' \subseteq B(0, n)$.

证明 凸性可通过一简单事实得出, 即几个半正定的凸组合也是半正定的.

对于第一个 "包含" (即 $\subseteq$), 可注意, 对于一个 $n \times n$ 的对称矩阵 X, 若其对角线上的元素皆为 1, 对角线以外的元素其绝对值至多为 $\frac{1}{n}$, 则对于任意的 $d \in \mathbb{R}^n$, 有

$$d^\mathrm{T} X d = \sum_{i,j=1}^n x_{ij} d_i d_j$$

$$\geqslant \frac{1}{2n-2} \sum_{i \neq j} (x_{ii} d_i^2 + x_{jj} d_j^2 - (2n-2)|x_{ij}||d_i d_j|)$$

$$\geqslant \frac{1}{2n-2} \sum_{i \neq j}^n (d_i^2 + d_j^2 - 2|d_i d_j|)$$

$$= \frac{1}{2n-2} \sum_{i \neq j}^n (|d_i| - |d_j|)^2$$

$$\geqslant 0$$

即 X 为半正定.

对于第二个 "包含", 只需注意 P 中一个矩阵非对角线上所有的元素, 其绝对值至多为 1, 因而在对角线元素上方的向量的欧氏范数至多为 n. □

留待要证明的是关于 P' 的分离问题可在多项式时间内求解. 这可以用高斯消去法做到.

定理 16.8 给定一个对称矩阵 $X \in \mathbb{Q}^{n \times n}$, 可在多项式时间内判定是否为半正定, 并求出一个向量 $d \in \mathbb{Q}^n$, 使得 $d^{\mathrm{T}} X d < 0$, 若有此种 d 存在时.

证明 若 $x_{nn} < 0$, 则令 $d = (0, \dots, 0, 1)$, 因而有 $d^{\mathrm{T}} X d < 0$. 若 $x_{nn} = 0$, 并对某一 $j < n$, $x_{nj} \neq 0$, 此时可定义 d 为 $d_j := -1$, $d_n := \frac{x_{jj}}{2x_{nj}} + x_{nj}$, $d_i := 0$ 对 $i \in \{1, \cdots, n-1\} \setminus \{j\}$, 从而有 $d^{\mathrm{T}} X d = x_{jj} - 2x_{nj}(\frac{x_{jj}}{2x_{nj}} + x_{nj}) = -2(x_{nj})^2 < 0$, 再次证明了 X 不是半正定的.

在其他情况, 降低维数. 若对所有的 $j, x_{nj} = 0$, 则可将最后的行和列抹去: X 为半正定的充要条件是 $X' := (x_{ij})_{i,j=1,\cdots,n-1}$ 为半正定. 此外, 若 $c \in \mathbb{Q}^{n-1}$ 满足 $c^{\mathrm{T}} X' c < 0$, 则令 $d := \binom{c}{0}$, 即得 $d^{\mathrm{T}} X d < 0$.

下面便假定 $x_{nn} > 0$. 此时考虑 $X' := (x_{ij} - \frac{x_{ni} x_{nj}}{x_{nn}})_{i,j=1,\dots,n-1}$; 这相当于高斯消去法中的一次迭代. 注意 X' 为半正定的充要条件是 X 为半正定.

对于使得 $c^{\mathrm{T}} X' c < 0$ 的一向量 $c \in \mathbb{Q}^{n-1}$, 令 $d := \left(-\frac{1}{x_{nn}} \sum_{i=1}^{c} c_i x_{ni}\right)$. 于是有

$$
\begin{aligned}
d^{\mathrm{T}} X d &= \sum_{i,j=1}^{n-1} d_i \left(x'_{ij} + \frac{x_{ni}}{x_{nn}} x_{nj}\right) d_j + 2 \sum_{j=1}^{n-1} d_n x_{nj} d_j + d_n^2 x_{nn} \\
&= c^{\mathrm{T}} X' c + \sum_{i,j=1}^{n-1} c_i \frac{x_{ni} x_{nj}}{x_{nn}} c_j (1 - 2 + 1) \\
&= c^{\mathrm{T}} X' c \\
&< 0
\end{aligned}
$$

这定义了一个多项式时间算法. 要明白在计算 d 时所涉及的次数不是太大, 可令 $X^{(n)}, X^{(n-1)}, \dots, X^{(k)}$ 为所考虑的矩阵 ($X^{(i)} \in \mathbb{Q}^{i \times i}$), 并假定在迭代 $n+1-k$ 中看到了矩阵 $X^{(k)} = (y_{ij})_{i,j=1,\cdots,k}$ 不是半正定 (即 $y_{kk} < 0$ 或 $y_{kk} = 0$ 且对某一 $j < k$, $y_{kj} \neq 0$). 就得到一个向量 $c \in \mathbb{Q}^k$ 使得 $c^{\mathrm{T}} X^{(k)} c < 0$, 并有 $\mathrm{size}(c) \leqslant 2\,\mathrm{size}(X^{(k)})$. 现在可以像上面那样构造出一个向量 $d \in \mathbb{Q}^n$ 使得 $d^{\mathrm{T}} X d < 0$. 注意, d 是线性方程组 $Md = \binom{c}{0}$ 的一个解, 于此, M 的第 j 行为

- 第 j 个单位向量, 若 $j \leqslant k$.
- 第 j 个单位向量, 若 $j > k$, 且 $X^{(j)}$ 的第 j 行为 0.
- $X^{(j)}$ 的第 j 行随后是 0, 否则.

于是, 加上定理 4.4, 有 $\mathrm{size}(d) \leqslant 4n(\mathrm{size}(M) + \mathrm{size}(c))$, 由定理 4.10, 这是多项式的.

□

推论 16.9 关于 P' 的分离问题可以在多项式时间解出.

证明 设 $(y_{ij})_{1 \leqslant i < j \leqslant n}$ 给定, 并设 $Y = (y_{ij})_{1 \leqslant i, j \leqslant n}$ 为由 $y_{ii} = 1$, 对所有的 i, 和 $y_{ji} := y_{ij}$ 对 $i < j$ 所定义的对称矩阵. 应用定理 16.8. 若 Y 为半正定, 工作结束.

否则, 求一向量 $d \in \mathbb{Q}^n$, 使得 $d^{\mathrm{T}} Y d < 0$. 于是, $-\sum_{i=1}^n d_i^2 > d^{\mathrm{T}} Y d - \sum_{i=1}^n d_i^2 = \sum_{1 \leqslant i < j \leqslant n} 2 d_i d_j y_{ij}$, 但 $\sum_{1 \leqslant i < j \leqslant n} 2 d_i d_j z_{ij} \geqslant -\sum_{i=1}^n d_i^2$ 对所有 $z \in P'$ 成立. 于是 $(d_i d_j)_{1 \leqslant i < j \leqslant n}$ 构成一分离超平面. □

定理 16.10 对于最大权割问题的任一实例, 可以在 n, $\text{size}((c_{ij})_{1 \leqslant i < j \leqslant n})$ 和 $\text{size}(\varepsilon)$ 的多项式时间内找到一个矩阵 $Y = (y_{ij})_{1 \leqslant i, j \leqslant n} \in P$, 使得

$$\sum_{1 \leqslant i < j \leqslant n} c_{ij}(1 - y_{ij}) \geqslant \max \left\{ \sum_{1 \leqslant i < j \leqslant n} c_{ij}(1 - x_{ij}) : (x_{ij})_{1 \leqslant i, j \leqslant n} \in P \right\} - \varepsilon$$

证明 利用命题 16.7 和推论 16.9, 应用定理 4.19. □

对于诸如 (16.2) 这样的 半定规划, 也可通过 内点法 近似地求解, 这比椭球法 更为有效. 有关细节可参看 Alizadeh (1995).

如上所述, 从 (16.2) 的一个几乎最优解, 可以通过 Cholesky 因子分解, 导出几乎具有同样目标函数值的 (16.1) 的一个解. 这个解是由关于某一 $m \leqslant n$ 的一组向量 $y_i \in \mathbb{R}^m$ $(i = 1, \cdots, n)$ 所组成. 由于 (16.1) 是原问题的松弛, 得出最优值至多为 $\frac{1}{2} \sum_{1 \leqslant i < j \leqslant n} c_{ij}(1 - y_i^{\mathrm{T}} y_j) + \varepsilon$.

向量 y_i 是在一单位球上. 现在的想法是要取一张通过原点的随机的超平面, 并定义 S 为那种指标 i 的集, 对此种 i, y_i 是在该超平面的一侧.

通过原点的随机平面是由 $(m-1)$ 维球上的一个随机点来给出的. 这可通过从标准的正态分布独立地抽取 m 个实数, 而这又可利用在 $[0,1]$ 中一致分布的独立随机数来做到. 欲知详情, 可参考 Knuth (1969) (第 3.4.1 节).

Goemans 和 Williamson 的算法现在叙述如下:

GOEMANS-WILLIAMSON MAX-CUT算法

输入: 一数 $n \in \mathbb{N}$, 数 $c_{ij} \geqslant 0$, 对 $1 \leqslant i < j \leqslant n$.

输出: 一个集合 $S \subseteq \{1, \cdots, n\}$.

---

① 对 (16.2) 求近似解, 即求一对称半正定

矩阵 $X = (x_{ij})_{1 \leqslant i, j \leqslant n}$, 其中 $x_{ii} = 1$ 对 $i = 1, \cdots, n$, 使得

$\sum_{1 \leqslant i < j \leqslant n} c_{ij}(1 - x_{ij}) \geqslant 0.9995 \cdot \text{OPT}(16.2)$.

② 应用 Cholesky 因子分解于 X 以求得向量

$y_1, \cdots, y_n \in \mathbb{R}^m$, $m \leqslant n$ 和 $y_i^{\mathrm{T}} y_j \approx x_{ij}$, 对所有 $i, j \in \{1, \cdots, n\}$.

③ 在单位球 $\{x \in \mathbb{R}^m : \|x\|_2 = 1\}$ 上取一随机点 a

④ 令 $S := \{i \in \{1, \cdots, n\} : a^{\mathrm{T}} y_i \geqslant 0\}$.

定理 16.11 GOEMANS-WILLIAMSON MAX-CUT 算法 以多项式时间运行.

证明 见上述讨论. 最难的一步, ① 由定理 16.10 可在多项式时间内解决. 在这里, 可选取 $\varepsilon = 0.00025 \sum_{1 \leqslant i < j \leqslant n} c_{ij}$, 因为 $\frac{1}{2} \sum_{1 \leqslant i < j \leqslant n} c_{ij}$ 是最优目标值的一个下界 (此可由随机地选取 $S \subseteq \{1, \cdots, n\}$ 而得到) 因而也是 (16.2) 的最优值的一下界. □

现在证明性能保证.

定理 16.12 (Goemans and Williamson, 1995) GOEMANS-WILLIAMSON MAX-CUT 算法 给出一个集合 S, 对此 S, $\sum_{i \in S, j \notin S} c_{ij}$ 的期望值至少是最大可能值的 0.878 倍.

证明 令 $\mathcal{S}_m$ 仍表示 $\mathbb{R}^m$ 中的单位球, 又令 $H(y) := \{x \in \mathcal{S}_m : x^{\mathrm{T}} y \geqslant 0\}$ 为极 y 所在的那半球, $y \in \mathcal{S}_m$. 对于一个子集 $A \subseteq \mathcal{S}_m$, 令 $\mu(A) := \dfrac{\text{容积 }(A)}{\text{容积 }(\mathcal{S}_m)}$, 这定义了在 $\mathcal{S}_m$ 上的一概率测度. 有 $|S \cap \{i, j\}| = 1$ 以概率 $\mu(H(y_i) \triangle H(y_j))$ 成立, 于此 $\triangle$ 表示对称差. 注意到 $H(y_i) \triangle H(y_j)$ 是两个球的 digons 的并集, 其各所对的角为 $\arccos(y_i^{\mathrm{T}} y_j)$. 由于容积比例于其所张的角, 有 $\mu(H(y_i) \triangle H(y_j)) = \frac{1}{\pi} \arccos(y_i^{\mathrm{T}} y_j)$.

断言 $\frac{1}{\pi} \arccos \beta \geqslant 0.8785 \frac{1-\beta}{2}$ 对所有 $\beta \in [-1, 1]$ 成立.

对于 $\beta = 1$, 等号成立. 此外, 由初等微积分, 有

$$\min_{-1 \leqslant \beta < 1} \frac{\arccos \beta}{1 - \beta} = \min_{0 < \gamma \leqslant \pi} \frac{\gamma}{1 - \cos \gamma} = \frac{1}{\sin \gamma'}$$

于此, γ' 是由 $\cos \gamma' + \gamma' \sin \gamma' = 1$ 来确定的. 得到 $2.3311 < \gamma' < 2.3312$, 和 $\frac{1}{\sin \gamma'} > \frac{1}{\sin 2.3311} > 1.38$. 因为 $\frac{1.38}{\pi} > \frac{0.8785}{2}$, 这就证明了这一断言.

于是 $\sum_{i \in S, j \notin S} c_{ij}$ 的期望值为

$$\sum_{1 \leqslant i < j \leqslant n} c_{ij} \mu(H(y_i) \triangle H(y_j)) = \sum_{1 \leqslant i < j \leqslant n} c_{ij} \frac{1}{\pi} \arccos(y_i^{\mathrm{T}} y_j)$$

$$\geqslant 0.8785 \cdot \frac{1}{2} \sum_{1 \leqslant i < j \leqslant n} c_{ij} (1 - y_i^{\mathrm{T}} y_j)$$

$$\approx 0.8785 \cdot \frac{1}{2} \sum_{1 \leqslant i < j \leqslant n} c_{ij} (1 - x_{ij})$$

$$\geqslant 0.8785 \cdot 0.9995 \cdot \mathrm{OPT}(16.2)$$

$$> 0.878 \cdot \mathrm{OPT}(16.2)$$

$$\geqslant 0.878 \cdot \max \left\{ \sum_{i \in S, j \notin S} c_{ij} : S \subseteq \{1, \cdots, n\} \right\}$$

□

于是有了一个具有性能比 $\frac{1}{0.878} < 1.139$ 的随机化近似算法. Mahajan and Ramesh (1999) 指出如何将这一算法去随机化, 由此得到一个决定性的 1.139 因

子的近似算法. 但不存在 1.062 因子的近似算法, 除非 $P =$ NP (Håstad,2001; Papadimitriou and Yannakakis, 1991).

对于半定规化与组合优化之间其他令人感兴趣的关系, 可参考 Lovász (2003).

16.3 着　　色

在本节中将简略地讨论 最小集覆盖问题的两个更为著名的特殊情况, 即要将图的顶点集拆成一些稳定集, 或将图的边集分拆成匹配.

定义 16.13　设 G 为一无向图. G 的一个 **顶点着色** 乃是一个映射 $f : V(G) \rightarrow$ N, 满足 $f(v) \neq f(w)$, 对所有 $\{v, w\} \in E(G)$ 成立. G 的一个 **边着色** 乃是一个映射 $f : E(G) \rightarrow$ N, 满足 $f(e) \neq f(e')$ 对所有的 $e, e' \in E(G)$, 其中 $e \neq e'$ 和 $e \cap e' \neq \varnothing$.

数字 $f(v)$ 或 $f(e)$ 称作 v 或 e 的 **颜色**. 换言之, 具有同一颜色 (f 值) 的顶点或边的集分别是一个稳定集或一匹配. 当然, 我们关心的是使用尽可能少的颜色.

顶点着色问题

实例: 一个无向图 G.

任务: 求 G 的一顶点着色 $f : V(G) \rightarrow \{1, \cdots, k\}$ 使 k 为最小.

边着色问题

实例: 一无向图 G.

任务: 求 G 的一边着色 $f : E(G) \rightarrow \{1, \cdots, k\}$ 使 k 为最小.

将这些问题转化成最小集覆盖问题用处不大. 对于顶点着色问题来说, 我们得将最大稳定集列出 (一个 NP 困难问题), 而对于边着色问题来说, 我们要去对付指数多个最大匹配.

顶点着色问题的最优值 (即 最小数目的颜色) 被称为图的色数 (chromatic number). 边着色问题的最优值被称为边色数, 有时也称为 色彩指数 (chromatic index). 两个着色问题皆为 NP 困难问题:

定理 16.14　下面的两个判定问题皆是 NP 完备的.

(a) (Holyer, 1981)　判定一个给定的简单图是否具有 边色数3.

(b) (Stockmeyer, 1973)　判定一个给定的平面图是否具有色数 3.

即使在 (a) 中图的最大次为 3, 在 (b) 中图的最大次为 4 时, 这两个问题仍是 NP 困难的.

命题 16.15　对于任一给定的图, 可以在线性时间之内判定它的 色数 是否小于 3, 如果成立, 求出一个最优着色. 同样的论题对 边色数 也成立.

证明　一个图具有色数 1 的充要条件是它没有边. 由定义, 具有色数至多为 2 的图正好就是二部图. 由命题 2.27, 可在线性时间内检查一个图是否为二部图. 若是, 求出一个分划 (bipartition), 也就是用两种颜色作出的一个顶点着色.

要检查一个图 G 的边色数是否小于 3(如果成立, 求出一个最优的边着色), 只需考虑 G 的线图的顶点着色问题. 这显然是等价的.　　　　　　　　　□

对二部图来说, 边着色问题也可解决.

定理 16.16 (König, 1916)　　二部图 G 的 边色数 等于 G 中顶点的最大次.

证明　在 $|E(G)|$ 上施行归纳法. 设 G 为一具有最大次 k 的图, 令 $e = \{v, w\}$ 为一条边. 由归纳法假设, $G - e$ 有一具有 k 种颜色的边着色 f. 存在颜色 $i, j \in \{1, \cdots, k\}$ 使得 $f(e') \neq i$ 对所有的 $e' \in \delta(v)$, 及 $f(e') \neq j$ 对所有的 $e' \in \delta(w)$. 若 $i = j$, 证明已经完成, 因为可将 e 着上颜色 i, 而将 f 扩充到 G.

图 $H = (V(G), \{e' \in E(G) \setminus \{e\} : f(e') \in \{i, j\}\})$ 具有最大次 2, v 在 H 中的次至多为 1. 考虑 H 中端点为 v 的最大路 P. 在 P 上, 颜色是交错的. 因此 P 的另一端点不能是 w. 在 P 上将颜色 i 和 j 互换, 然后通过将 e 着色 j 而将边着色扩充到 G.　　　　　　　　　　　　　　　　　　　　　　　　□

对于任何图来说, 顶点的最大次显然就是它的边 – 色数的下界. 正如上三角形 K_3 所示, 它并不总是能够达到. 下面的定理指出对于一个给定的简单图, 如何去寻找一种边着色, 它比必需的至多多一种颜色:

定理 16.17 (Vizing, 1964)　　设 G 为一无向简单图, 其最大次为 k. 则 G 具有一种至多 $k + 1$ 种颜色的 边着色, 而且这样的一种着色可以在多项式时间内找到.

证明　在 $|E(G)|$ 上施行归纳法. 若 G 没有边, 结论显然成立. 否则令 $e = \{x, y_0\}$ 为一条边. 由归纳法假设, 存在 $G - e$ 的一种具有 $k + 1$ 种颜色的边着色 f. 对每一个顶点 v, 选取一种不在 v 出现的颜色 $n(v) \in \{1, \cdots, k + 1\} \setminus \{f(w) : w \in \delta_{G-e}(v)\}$.

从 y_0 开始构造一个最大的与 x 相邻的顶点序列 $y_0, y_1, \cdots, y_t$ 使得 $n(y_{i-1}) = f(\{x, y_i\})$ 对所有的 $i = 1, \cdots, t$ 成立.

若与 x 关联 (即 x 为其一顶点) 的边无一条以 $n(y_t)$ 着色, 就可通过令 $f'(\{x, y_{i-1}\}) := f(\{x, y_i\})$ $(i = 1, \cdots, t)$ 和 $f'(\{x, y_t\}) := n(y_t)$, 从 f 构造 G 的一个边着色 f'. 于是, 就可假定存在一条与 x 关联具有颜色 $n(y_t)$ 的边. 由于 t 是最大的, 就有 $f(\{x, y_s\}) = n(y_t)$, 对某一 $s \in \{1, \cdots, t - 1\}$ 成立.

现来考虑图 $(V(G), \{e' \in E(G - e) : f(e') \in \{n(x), n(y_t)\}\})$(此图之最大次为 2, 参看图 16.2) 中, 从 y_t 出发的最大路 P. 现分三种情况讨论. 在每种情况皆构造 G 的一个边着色 f'.

若 P 在 x 结束, 则 $\{y_s, x\}$ 是 P 的最后一条边. 从 f 出发, 通过在 P 上将颜色 $n(x)$ 与 $n(y_t)$ 交换, 构造 f', 并令 $f'(\{x, y_{i-1}\}) := f(\{x, y_i\})$ $(i = 1, \cdots, s)$.

若 P 在 y_{s-1} 结束, 此时 P 的最后一条边之颜色为 $n(x)$, 因为颜色 $n(y_t) = f(\{x, y_s\}) = n(y_{s-1})$ 不在 y_{s-1} 出现. 从 f 构造 G 的一边着色 f' 如下: 在 P 上将颜色 $n(x)$ 与 $n(y_t)$ 交换, 令 $f'(\{x, y_{i-1}\}) := f(\{x, y_i\})$ $(i = 1, \cdots, s - 1)$ 和

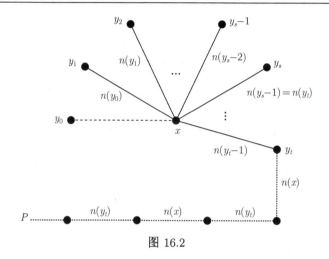

图 16.2

$f'(\{x, y_{s-1}\}) := n(x)$.

若 P 既不在 x 也不在 y_{s-1} 结束, 此时从 f 构造 G 的一边着色 f' 如下: 在 P 上将颜色 $n(x)$ 与 $n(y_t)$ 交换, 令 $f'(\{x, y_{i-1}\}) := f(\{x, y_i\})$ $(i = 1, \cdots, t)$ 和 $f'(\{x, y_t\}) := n(x)$. □

对于简单图中的边着色问题来说, Vizing 定理 必然包含有一个 绝对的 近似算法. 若容许有平行边, 此种说法不再成立: 若将三角形 K_3 的各条边代之以 r 平行边, 就得到了一个 $2r$ 正则图, 它具有边色数 $3r$.

现转到顶点着色问题. 最大次也给出色数的一上界.

定理 16.18 设 G 为一个具有最大次 k 的无向图. 则 G 具有一个至多有 $k+1$ 种颜色的顶点着色, 而且如此的一个着色可以在线性时间内求出.

证明 下面的贪婪着色算法显然可以求出如此的一个着色. □

贪婪着色算法

输入: 一无向图 G.

输出: G 的一顶点着色.

---

① 令 $V(G) = \{v_1, \cdots, v_n\}$.

② 对 $i := 1$ 到 n 进行

 令 $f(v_i) := \min\{k \in \mathbb{N} : k \neq f(v_j)$ 对所有 $j < i$ 使得 $v_j \in \Gamma(v_i)$ 者$\}$.

对于完全图和对于奇回路, 显然需要 $k+1$ 种颜色, 于此 k 为最大的次. 对于所有别的连通图, k 种颜色即已足够, 正如 Brooks (1941) 所指出的. 但最大次并不是色数的一下界: 任何星形图 $K_{1,n}$ $(n \in \mathbb{N})$ 具有色数 2. 因此, 这些结果并不导致一个近似算法. 事实上, 就一般的图来说, 对于顶点着色问题, 我们还不知道任何具有合理的性能保证的算法, 参看 Khanna, Linial and Safra (2000). Zuckerman (2006)

指出, 除非 $P = \mathrm{NP}$, 否则不存在一个多项式时间算法可以对具有 n 个顶点的图算出它的色数到 $n^{1-\varepsilon}$ 的因子 (于此 ε 是任一给定的正数).

因为最大次并不是色数的一个下界, 可考虑一个团的最大型号 (size). 显而易见, 若图 G 包含一个型号 k 的团, 则 G 的色数至少是 k. 正如五边形 (长度为 5 的回路) 所示, 色数可以超过最大团的型号. 实际上, 存在具有任意大的色数的图而不包含 K_3. 这引发下之定义, 它出自 Berge (1961,1962).

定义 16.19　设 H 是图 G 的诱导子图 (induced graph). $\chi(H)$ 和 $\omega(H)$ 分别是 H 中一个团的色数和最大基数 (cardinality). 若 $\chi(H) = \omega(H)$ 对 G 的任一 H 成立, 则称 G 为 **完美的** (perfect).

由上面的定义立刻得出: 一个给定的完美图是否具有一个色数 k 这一判定问题具有一个良好的特征描绘 (属于 $\mathrm{NP} \cap \mathrm{coNP}$). 在习题 15 中可以找到一些完美图的例子. Chudnovsky 等 (2005) 曾找到一个辨认完全图的多项式时间算法.

Berge (1961) 曾猜测: 一个图是完美图的充要条件是它既不包含一个长度至少为 5 的奇回路, 也不包含此种回路的补集作为一个诱导子图. 这一所谓的强完美图定理 已由 Chudnovsky 等证明 (2006). 多年以前, Lovász [1972] 证明了一个较弱的断言: 一个图为完美图的充要条件是它的补集是完美的. 这是以 弱完美图定理 著称. 要证明这点, 需要下面的引理.

引理 16.20　设 G 为一完美图, $x \in V(G)$. 则图 $G' := (V(G) \,\dot\cup\, \{y\}, E(G) \,\dot\cup\, \{\{y, v\} : v \in \{x\} \cup \Gamma(x)\})$(通过在 G 上加上一个新的顶点 y, 它与 x 以及与 x 的所有邻点都相连而得) 是完美的.

证明　在 $|V(G)|$ 上施行归纳法. $|V(G)| = 1$ 的情况是显然的, 因为 K_2 是一完美图. 现设 G 为一至少包含两个顶点的完美图. 设 $x \in V(G)$, 又设 G' 为增加一个新的顶点 y, 它与 x 以及 x 的所有邻点相连接而产生的图. 只需证明 $\omega(G') = \chi(G')$ 即可, 因为对于 G' 的真子图 H, 从归纳法假设可得: 或 H 为 G 的一子图, 因而是完美的, 或它是从 G 的一个真子图通过如上的增加一个顶点 y 而产生的.

因为可以用 $\chi(G) + 1$ 种颜色容易地对 G' 着色, 可以假定 $\omega(G') = \omega(G)$. 于是 x 不包含在 G 的任何最大团之中. 设 f 为以 $\chi(G)$ 种颜色对 G 的一顶点着色, 又令 $X := \{v \in V(G) : f(v) = f(x)\}$. 有 $\omega(G - X) = \chi(G - X) = \chi(G) - 1 = \omega(G) - 1$ 和 $\omega(G - (X \setminus \{x\})) = \omega(G) - 1$ (因为 x 不属于 G 的任何最大团). 因为 $(X \setminus \{x\}) \cup \{y\} = V(G') \setminus V(G - (X \setminus \{x\}))$ 为一稳定集, 有

$$\chi(G') = \chi(G - (X \setminus \{x\})) + 1 = \omega(G - (X \setminus \{x\})) + 1 = \omega(G) = \omega(G') \qquad \square$$

定理 16.21 (Lovász, 1972; Fulkerson, 1972; Chvátal, 1975)　对一个简单图 G 来说, 下面的三种说法是等价的:

(a)　G 是 完美的.

(b)　G 的补集是完美的.

(c)　G 的稳定集有界多面体 (即 G 的稳定集的关联向量的凸包) 是由下式给出的:

$$\left\{ x \in \mathbb{R}_+^{V(G)} : \sum_{v \in S} x_v \leqslant 1 \text{ 对 } G \text{ 中所有之团} S \right\} \tag{16.3}$$

证明　下证 (a)⇒(c)⇒(b). 这已足够, 因为将 (a)⇒(b) 应用于 G 的补集, 即有 (b)⇒(a).

(a)⇒(c)　稳定集有界多面体已包含在 (16.3) 之中. 要证其他结论, 可设 x 为有界多面体 (16.3) 中之一有理向量, 可写 $x_v = \frac{p_v}{q}$, 于此 $q \in \mathbb{N}$, $p_v \in \mathbb{Z}_+$ 对 $v \in V(G)$. 将每一顶点 v 代之以一型号为 p_v 的团, 即 考虑如下定义的 G':

$$V(G') := \{(v, i) : v \in V(G), 1 \leqslant i \leqslant p_v\},$$

$$E(G') := \{\{(v, i), (v, j)\} : v \in V(G), 1 \leqslant i < j \leqslant p_v\}$$

$$\cup \{\{(v, i), (w, j)\} : \{v, w\} \in E(G), 1 \leqslant i \leqslant p_v, 1 \leqslant j \leqslant p_w\}$$

引理 16.20 蕴含 G' 是完美的. 对于 G' 中的任一个团 X', 令 $X := \{v \in V(G) : (v, i) \in X'$ 对某一 $i\}$ 为其到 G 上的射影 (也是一个团), 有

$$|X'| \leqslant \sum_{v \in X} p_v = q \sum_{v \in X} x_v \leqslant q$$

因而 $\omega(G') \leqslant q$. 因 G' 为完美的, 它就有一个顶点着色 f, 具有至多 q 种颜色. 对于 $v \in V(G)$ 和 $i = 1, \cdots, q$, 令 $a_{i,v} := 1$, 若 $f((v, j)) = i$ 对某一 j 成立, 否则令 $a_{i,v} := 0$. 于是, 对所有的 $v \in V(G)$ 有 $\sum_{i=1}^q a_{i,v} = p_v$, 因而

$$x = \left(\frac{p_v}{q} \right)_{v \in V(G)} = \frac{1}{q} \sum_{i=1}^q a_i$$

是一些稳定集的关联向量的一凸组合, 于此 $a_i = (a_{i,v})_{v \in V(G)}$.

(c)⇒(b)　现在 $|V(G)|$ 上施行归纳法指出, 若 (16.3) 为整数, 则 G 的补集是完美的. 因为具有不到三个顶点的集都是完美的, 现设 G 为一使得 $|V(G)| \geqslant 3$ 的图, 在这里 (16.3) 为整数.

还需指出 G 的任何诱导子图 H 的顶点集皆可分拆成 $\alpha(H)$ 个团, 于此 $\alpha(H)$ 是 H 中最大稳定集的大小 (型号). 对于真子图 H 来说, 这可从归纳法假设推出, 因为 (由定理 5.13) 整数有界多面体 (16.3) 的每一面皆是整的, 特别是由支撑超平面 $x_v = 0$ ($v \in V(G) \setminus V(H)$) 所定义的面.

于是, 留待证明的是 $V(G)$ 可以分拆成 $\alpha(G)$ 个团. 方程 $\mathbb{1}x = \alpha(G)$ 定义 (16.3) 的一支撑超平面, 因而

$$\left\{ x \in \mathbb{R}_+^{V(G)} : \sum_{v \in S} x_v \leqslant 1 \text{ 对于 G 中所有的团} S, \sum_{v \in V(G)} x_v = \alpha(G) \right\} \tag{16.4}$$

是 (16.3) 的一张面. 这张面包含在某些 (多面体) 侧面之中, 它们不可能全是 $\{x \in$
$(16.3): x_v = 0\}$ 对某一 v 的形式 (否则原点会属于其交集). 因而存在 G 的某一团
S 使得 $\sum_{v \in S} x_v = 1$ 对 (16.4) 中的所有 x 成立. 因此这一个团 S 与 G 的各最大稳
定集相交. 现在, 由归纳法假设, $G - S$ 的顶点集可分拆成 $\alpha(G - S) = \alpha(G) - 1$ 个
团. 加上 S 即得所要的证明.   □

上面的证明源于 Lovász (1979b). 实际上, 对完美图来说, (16.3) 的不等式系统
是 TDI(习题 16.7). 若再加些工夫, 可证, 对于完美图来说, 顶点着色问题、最大权
稳定集问题, 以及最大权团问题皆可在强多项式时间内得到解决. 虽然这些问题对
于一般的图来说皆是 NP 困难的 (定理 15.23、推论 15.24、定理 16.14(b)), 但却存
在一个数 (由 Lovász (1979a) 引入的所谓的补图的 θ 函数), 它总是介于最大团的型
号和色数之间, 对于一般的图来说, 它可以利用椭球法在多项式时间内算出. 其细
节多少有些麻烦, 可参考 Grötschel, Lovász and Schrijver (1988).

图论中最著名的问题之一是四色问题: 任何平面地图可以用四种颜色去着色
使得没有两个具有共同边界的国家具有同一颜色, 这一结论是否成立? 若将国家看
成区域, 并将话题转换到平面对偶图, 这就等于问: 是否每一平面图皆有一个用四
种颜色的顶点着色? Appel and Haken (1977) 和 Appel, Haken and Koch (1977) 证
明了: 这确实是对的, 每一平面图的色数至多为 4. 对于四色定理的一个较为简单
的证明 (但它仍是基于通过计算机进行情况核查) 可参考 Robertson 等 (1997). 现
来证明下述一个较弱的被称为五色定理的结果.

定理 16.22 (Heawood, 1890)　　任何一个平面图皆具有一个至多五种颜色的
顶点着色, 而且如此的一个着色可以在多项式时间内求出.

证明　在 $|V(G)|$ 上施行归纳法. 可假定 G 是一简单图, 并固定 G 的一任意的
平面嵌入 $\Phi = (\psi, (J_e)_{e \in E(G)})$. 由推论 2.33, G 有一个次数不大于 5 的顶点 v. 由
归纳法假设, $G - v$ 具有一个至多用到 5 种颜色的顶点着色 f. 可以假定 v 的次数
为 5, 并假定它所有的 5 个邻点皆有不同的颜色, 否则就可容易地将着色扩展到 G.

令 w_1, w_2, w_3, w_4, w_5 为 v 的依旋转顺序排列的邻点, 并设 $J_{\{v, w_i\}}$ 为从 v 出发
的多角形弧.

先来证明: 在 $G - v$ 中, 不存在顶点不相交的从 w_1 到 w_3 的路 P 和从 w_2
到 w_4 的路 Q. 要证明这点, 设 P 为一条 w_1-w_3 路, 又设 C 为 G 中由 P 和边
$\{v, w_1\}, \{v, w_3\}$ 所构成的回路. 由定理 2.30, $\mathbb{R}^2 \setminus \bigcup_{e \in E(C)} J_e$ 分开成两个连通的区
域, 而 v 则是在这两个区域的边界上, 因而 w_2 和 w_4 属于该集合的不同的区域, 这
意味着在 $G - v$ 中的任一条 w_2-w_4 路必包含 C 的一个顶点.

令 X 为图 $G[\{x \in V(G) \setminus \{v\} : f(x) \in \{f(w_1), f(w_3)\}\}]$ 的一包含有 w_1 的连通
子域. 若 X 不包含 w_3, 可将 X 中的颜色交换, 然后将 v 赋与 w_1 的原有颜色. 将着
色扩展到 G. 因此可假定存在一条 w_1-w_3 路 P, 它的顶点着色尽是 $f(w_1)$ 或 $f(w_3)$.

类似地, 若不存在一条 w_2-w_4 路 Q, 它上面的顶点着色只是 $f(w_2)$ 或 $f(w_4)$, 证

明即已完成. 但若非如此, 则意味着在 $G - v$ 中存在两条顶点不相交的从 w_1 到 w_3 的路 P 和从 w_2 到 w_4 的路 Q, 即得矛盾. □

因此, 这是第二个具有一个 绝对近似算法 的 NP 困难问题. 当然, 四色定理 蕴含着一非偶平面图的色数只能是 3 或 4. 利用 Robertson 等 (1996) 的多项式时间算法 (它给任何所与的平面图以四种颜色着色), 可以得到一个 绝对近似算法, 它所用的颜色的数目至多比必需的多一种.

Fürer and Raghavachari (1994) 发现了第三个自然的问题, 它可以近似到 (差距为)1 的绝对常数. 给定一个无向图, 他们要求一个在所有的支撑树中, 其最大次为最小的支撑树 (这问题是哈密尔顿路问题 的一推广, 因而是 NP 困难的). 他们的算法也可扩展到与 STEINER 树问题相应的一般情况: 给定一个集合 $T \subseteq V(G)$, 要求 G 中的一棵树 S 满足 $V(T) \subseteq V(S)$ 且使得 S 的最大次最小. Singh and Lau (2007) 发现了具有有界度数的最小权支撑树问题的一个扩展.

另一方面, 下面的定理说明许多问题都没有绝对近似算法, 除非 $P = \mathrm{NP}$.

命题 16.23 设 $\mathcal{F}$ 和 $\mathcal{F}'$ 为由有限集所成的 (无限) 族, 并设 $\mathcal{P}$ 为下述的优化问题: 给定一个集 $E \in \mathcal{F}$ 和一个函数 $c : E \to \mathbb{Z}$, 要求一个集 $F \subseteq E$, 使得 $F \in \mathcal{F}'$ 和 $c(F)$ 为最小 (或决定此种 F 不存在). 则 $\mathcal{P}$ 具有绝对近似算法的充要条件为 $\mathcal{P}$ 可在多项式时间内求解.

证明 假设有一多项式时间算法 A 和一整数 k, 使得

$$|A((E, c)) - \mathrm{OPT}((E, c))| \leqslant k$$

对 $\mathcal{P}$ 的所有实例 (E, c) 成立. 我们要来指出如何在多项式时间内精确地对 $\mathcal{P}$ 求解.

给定 $\mathcal{P}$ 的一实例 (E, c), 要构造一个新的实例 (E, c'), 于此 $c'(e) := (k+1)c(e)$ 对所有的 $e \in E$. 显而易见, 最优解保持不变. 但若将 A 用于新的实例

$$|A((E, c')) - \mathrm{OPT}((E, c'))| \leqslant k$$

则有 $A((E, c')) = \mathrm{OPT}((E, c'))$. □

例子有关于独立系统的最小化问题和关于独立系统的最大化问题 (以 -1 乘 c), 因而包括 13.1 节中的所有问题.

16.4 近似方案

回忆上节中所讨论的边着色问题的绝对近似算法. 这也蕴含着一相对成效保证, 因为可以容易地判定边 – 色数是 1 还是 2 (命题 16.15). Vizing 定理 产生出一个 $\frac{4}{3}$ 因子的近似算法. 另一方面, 定理 16.14(a) 蕴含着对于任何 $k < \frac{4}{3}$(除非 $P = \mathrm{NP}$), 不存在 k 因子近似算法.

因此, 一个 绝对近似算法 的存在并不包含对于所有 $k > 1$ 一个 k 因子近似算法的存在. 在第 18 章中, 对装箱问题将遇到类似的情况. 这种考虑提示我们给出下之定义.

定义 16.24   设 $\mathcal{P}$ 为一具有非负权的优化问题. 关于 $\mathcal{P}$ 的一个 渐近 k 因子近似算法 乃是关于 $\mathcal{P}$ 的一个多项式时间近似算法 A, 对此 A, 存在一常数 c 使得

$$\frac{1}{k} \operatorname{OPT}(I) - c \ \leqslant \ A(I) \ \leqslant \ k \operatorname{OPT}(I) + c$$

对 $\mathcal{P}$ 的所有实例 I 成立. 也称 A 有一 渐近性能比 k.

一个具有非负权的优化问题 $\mathcal{P}$ 的(渐近) 近似比 是定义成所有此种数目 k 的下界, 对此种 k, 存在 $\mathcal{P}$ 的一个 (渐近) k 因子近似算法, 或者定义成 ∞, 假若根本不存在 (渐近) 近似算法.

例如上述的边着色问题具有近似比 $\frac{4}{3}$ (除非 $P = \mathrm{NP}$), 但其渐近近似比为 1 (不仅是在简单图中, 参看 Sanders and Steurer (2005)). 具有 (渐近) 近似比 1 的优化问题特别令人感兴趣. 对于这些问题, 引入下面的概念.

定义 16.25   设 $\mathcal{P}$ 为一具有非负权的优化问题. 关于 $\mathcal{P}$ 的一个近似方案乃是一个算法 A, 作为输入而接受的是 $\mathcal{P}$ 的一个实例 I 和一 $\varepsilon > 0$, 使得对于每一固定的 ε, A 是关于 $\mathcal{P}$ 的一个 $(1 + \varepsilon)$ 因子的近似算法.

关于 $\mathcal{P}$ 的一个渐近近似方案乃是具有下述性质的一对算法 (A, A'): A' 是一多项式时间算法, 它接受一个数 $\varepsilon > 0$ 作为输入并计算出一数 c_{ε}. A 接受 $\mathcal{P}$ 的一个实例 I, 和一个 $\varepsilon > 0$ 作为输入, 其输出则由满足下列不等式的关于 I 的一可行解所组成:

$$\frac{1}{1 + \varepsilon} \operatorname{OPT}(I) - c_{\varepsilon} \ \leqslant \ A(I, \varepsilon) \ \leqslant \ (1 + \varepsilon) \operatorname{OPT}(I) + c_{\varepsilon}.$$

对于每一固定的 ε, A 的运行时间是由 $\operatorname{size}(I)$ 的多项式界定的.

一个 (渐近) 近似方案被称作一个全多项式 (渐近) 近似方案, 乃是指其运行时间以及在计算中所出现的任何数的最大尺寸 (maximum size) 是由 $\operatorname{size}(I) + \operatorname{size}(\varepsilon) + \frac{1}{\varepsilon}$ 的一多项式所界定.

在某些别的教本中, 我们可以看到以缩写文字 PTAS 来代替 (多项式时间) 近似方案和以 FPAS 或 FPTAS 来代替全多项式近似方案.

除了绝对近似算法之外, 对一个 NP 困难优化问题来说, 全多项式近似方案可认为是我们盼望中的最佳者, 至少当任一可行解的值是一非负整数时是如此 (不失其普遍性, 在许多情况下可将此作为假设).

命题 16.26   设 $\mathcal{P} = (X, (S_x)_{x \in X}, c,$ 目标函数$)$ 为一优化问题, 于此, c 的值为非负整数. 设 A 为一算法, 当给定 $\mathcal{P}$ 的实例 I 和一数 $\varepsilon > 0$ 时, 它可算出 I 的一可行解满足下面的关系:

$$\frac{1}{1+\varepsilon}\operatorname{OPT}(I) \leqslant A(I,\varepsilon) \leqslant (1+\varepsilon)\operatorname{OPT}(I)$$

而且它的运行时间为 $\operatorname{size}(I)+\operatorname{size}(\varepsilon)$ 的一多项式所界定. 于是 $\mathcal{P}$ 可在多项式时间内确切解出.

证明 给定实例 I, 先将 A 在 $(I,1)$ 进行计算. 令 $\varepsilon := \frac{1}{1+2A(I,1)}$, 并注意 $\varepsilon\operatorname{OPT}(I) < 1$. 现在将 A 在 (I,ε) 上进行计算. 因 $\operatorname{size}(\varepsilon)$ 由 $\operatorname{size}(I)$ 多项式界定, 这一子程序构成一多项式时间算法. 若 $\mathcal{P}$ 为极小化问题, 有

$$A(I,\varepsilon) \leqslant (1+\varepsilon)\operatorname{OPT}(I) < \operatorname{OPT}(I)+1$$

由于 c 为整数, 这就蕴含着最优性. 类似地, 若 $\mathcal{P}$ 为一极大化问题, 则有

$$A(I,\varepsilon) \geqslant \frac{1}{1+\varepsilon}\operatorname{OPT}(I) > (1-\varepsilon)\operatorname{OPT}(I) > \operatorname{OPT}(I)-1 \qquad \square$$

不幸的是, 全多项式近似方案只对非常少的问题存在 (参看定理 17.11). 此外注意, 即使存在一全多项式近似方案, 并不意味着有一绝对近似算法, 背包问题即是一例.

在第 17 和 18 章中将讨论两个问题 (背包问题和装箱问题), 它们分别具有全多项式近似方案和全多项式渐近近似方案. 对于许多问题来说, 这两种类型的近似方案是一样的.

定理 16.27 (Papadimitriou and Yannakakis, 1993) 设 $\mathcal{P}$ 为一具有非负权的优化问题. 假设对于每一常数 k, 存在一多项式时间算法, 它能决定一个给定的实例是否具有一个不超过 k 的最优值. 而且, 假如此事成立, 还可找到一个最优解. 则 $\mathcal{P}$ 具有一个近似方案的充要条件为 $\mathcal{P}$ 具有一个 渐近近似方案.

证明 必要性这部分是显然的. 因此假设 $\mathcal{P}$ 具有一个渐近近似方案 (A,A'). 现在描绘关于 $\mathcal{P}$ 的一个近似方案.

设 $\varepsilon > 0$ 已经给定. 可假设 $\varepsilon < 1$. 令 $\varepsilon' := \frac{\varepsilon-\varepsilon^2}{2+\varepsilon+\varepsilon^2} < \frac{\varepsilon}{2}$ 并先将 A' 在输入 ε' 上进行计算, 产生一个常数 $c_{\varepsilon'}$.

其次, 对于一个给定的实例 I, 检验 $\operatorname{OPT}(I)$ 是否不超过 $\frac{2c_{\varepsilon'}}{\varepsilon}$. 对于 ε 固定, 这是一个常数, 因此, 可以在多项式时间内来确定这一点, 并在 $\operatorname{OPT}(I) \leqslant \frac{2c_{\varepsilon'}}{\varepsilon}$ 时, 求到一个最优解.

否则, 将 A 用于 I 和 ε', 并得到数值 V 的一个解满足

$$\frac{1}{1+\varepsilon'}\operatorname{OPT}(I) - c_{\varepsilon'} \leqslant V \leqslant (1+\varepsilon')\operatorname{OPT}(I) + c_{\varepsilon'}$$

现来证明这个解是足够好的. 实际上, 有 $c_{\varepsilon'} < \frac{\varepsilon}{2}\operatorname{OPT}(I)$, 这意味着

$$V \leqslant (1+\varepsilon')\operatorname{OPT}(I) + c_{\varepsilon'} < \left(1+\frac{\varepsilon}{2}\right)\operatorname{OPT}(I) + \frac{\varepsilon}{2}\operatorname{OPT}(I) = (1+\varepsilon)\operatorname{OPT}(I)$$

和

$$V \geqslant \frac{1}{(1+\varepsilon')}\,\mathrm{OPT}(I) - \frac{\varepsilon}{2}\,\mathrm{OPT}(I)$$

$$= \frac{2+\varepsilon+\varepsilon^2}{2+2\varepsilon}\,\mathrm{OPT}(I) - \frac{\varepsilon}{2}\,\mathrm{OPT}(I)$$

$$= \left(\frac{1}{1+\varepsilon} + \frac{\varepsilon}{2}\right)\mathrm{OPT}(I) - \frac{\varepsilon}{2}\,\mathrm{OPT}(I)$$

$$= \frac{1}{1+\varepsilon}\,\mathrm{OPT}(I) \qquad\qquad\qquad\qquad \square$$

因此, 渐近近似方案的定义只是对于那种 (例如装箱或着色问题) 将其最优值局限于某种常数仍有困难的问题才有意义. 对于许多问题来说, 这一限制可通过某种遍数法在多项式时间内得到解决.

16.5　最大可满足性

最大可满足性问题是第一个 NP 完备问题. 在本节中将分析与之相对应的优化问题:

最大可满足性 (MAX-SAT)

实例: 一个由变量组成的集合 X, 在 X 上的一个子句族 $\mathcal{Z}$ 和一个权函数
　　　$c : \mathcal{Z} \to \mathbb{R}_+$.

任务: 求 X 的真值指派 T 使得 $\mathcal{Z}$ 中的子句中为 T 所满足者的总的权为
　　　最大.

正如将要看到的, 近似MAX-SAT 对于 概率方法 在算法上的使用是一个很令人高兴的例子 (它在历史上是第一批之一).

首先考虑下面一个最为简单的 随机抽样算法. 设每一变量相对独立地以概率 $\frac{1}{2}$ 为真. 显而易见, 这算法以 $1 - 2^{-|Z|}$ 的概率满足各个子句 Z.

现将随机变量写作 r, 它以 $\frac{1}{2}$ 的概率为真否则为假. 并令 $R = (r, r, \cdots, r)$ 为在所有的真值指派上都是一致分布. 若将为真值指派 T 所满足的子句的总的权写作 $c(T)$, 则为 R 所满足的子句的总的权的期望值为

$$\exp(c(R)) = \sum_{Z\in\mathcal{Z}} c(Z)\,\mathrm{Prob}(R\ \text{满足}\,Z)$$

$$= \sum_{Z\in\mathcal{Z}} c(Z)\left(1 - 2^{-|Z|}\right)$$

$$\geqslant \left(1 - 2^{-p}\right)\sum_{Z\in\mathcal{Z}} c(Z) \qquad\qquad (16.5)$$

于此, $p := \min_{Z\in\mathcal{Z}} |Z|$. exp 和 prob分别表示期望值和概率.

由于最优值不可能超过 $\sum_{Z \in \mathcal{Z}} c(Z)$, 可以期望 R 能产生一个在最优值的一个 $\frac{1}{1-2^{-p}}$ 的因子之内的解答, 但我们真正想要的东西则是一个决定性的近似算法. 事实上, 我们将把这 (最为简单的) 随机化算法转变成一个决定性算法, 而同时保留其性能保证. 这一步通常称之为 去随机化

现在逐步来固定真值指派. 设 $X = \{x_1, \cdots, x_n\}$, 并设已经对 $x_1, \cdots, x_k$ $(0 \leqslant k < n)$ 固定了一个真值指派 T. 若现在随机地处置 $x_{k+1}, \cdots, x_n$, 即将各变量皆独立地以 $\frac{1}{2}$ 的概率给它为真, 将满足总的权的期望值为 $e_0 = \exp(c(T(x_1), \cdots, T(x_k), r, \cdots, r))$ 的子句. 若给定 x_{k+1} 为真 (假), 然后随机地给定 $x_{k+2}, \cdots, x_n$, 被满足的子句将具有某一总的权的期望值 e_1 (分别地, e_2). e_1 和 e_2 可认为是条件期望值. 显而易见, $e_0 = \frac{e_1+e_2}{2}$, 因而 e_1 和 e_2 至少有一个必然 $\geqslant e_0$. 令 x_{k+1} 当 $e_1 \geqslant e_2$ 时为真, 否则为假. 有时这被称为 条件概率法

关于 MAX-SAT 的 JOHNSON 算法

输入: 一个由变量组成的集合 $X = \{x_1, \cdots, x_n\}$, 由在 X 上的子句组成的一个族 $\mathcal{Z}$ 和一个权函数 $c : \mathcal{Z} \to \mathbb{R}_+$.

输出: 一真值指派 $T : X \to \{$真, 假$\}$.

① 对 $k := 1$ 到 n 进行:

若 $\mathrm{Exp}(c(T(x_1), \cdots, T(x_{k-1}),$ 真, $r, \cdots, r)) \geqslant \mathrm{Exp}(c(T(x_1), \cdots, T(x_{k-1}),$ 假, $r, \cdots, r))$

则 令 $T(x_k) := $ 真

否则 令 $T(x_k) := $ 假.

此期望值可容易地使用 (16.5) 来进行计算.

定理 16.28 (Johnson, 1974) JOHNSON 关于 MAX-SAT 的算法 对于MAX-SAT来说是一个 $\frac{1}{1-2^{-p}}$ 因子近似算法, 于此, p 是单个子句的最小基数.

证明 现在对 $k = 0, \cdots, n$ 来定义条件期望

$$s_k := \mathrm{Exp}(c(T(x_1), \cdots, T(x_k), r, \cdots, r))$$

注意 $s_n = c(T)$ 是为我们的算法所满足的子句的总的权, 而由 (16.5), $s_0 = \mathrm{Exp}(c(R)) \geqslant (1 - 2^{-p}) \sum_{Z \in \mathcal{Z}} c(Z)$.

此外, 由 ① 中对 $T(x_i)$ 的选取, 有 $s_i \geqslant s_{i-1}$ (对 $i = 1, \cdots, n$). 因而 $s_n \geqslant s_0 \geqslant (1 - 2^{-p}) \sum_{Z \in \mathcal{Z}} c(Z)$. 因最优值至多为 $\sum_{Z \in \mathcal{Z}} c(Z)$, 证明完毕. □

因 $p \geqslant 1$, 有一个 2-因子的近似算法. 但这不太使人感兴趣, 因为还有一个更为–简单的 2-因子算法: 或令所有的变量为真, 或全为假, 看谁好一些. 但 Chen, Friesen and Zheng (1999) 指出JOHNSON 关于 MAX-SAT 的算法实际上是一个 $\frac{3}{2}$-因子的近似算法.

若不存在单元素子句 $(p \geqslant 2)$, 它是一个 $\frac{4}{3}$ 因子近似算法 (由定理 16.28), 对 $p \geqslant 3$, 它是一个 $\frac{8}{7}$ 因子近似算法.

Yannakakis (1994) 利用网络流方法对于一般情况找到一个 $\frac{4}{3}$- 因子近似算法. 现在描述一个更简单的 $\frac{4}{3}$ 因子近似算法, 它来自 Goemans and Williamson (1994).

可以直接将MAX-SAT翻译成整数线性规划. 有了变量 $X = \{x_1, \cdots, x_n\}$, 子句 $\mathcal{Z} = \{Z_1, \cdots, Z_m\}$ 和权 $c_1, \cdots, c_m$. 可以写

$$\max \quad \sum_{j=1}^{m} c_j z_j$$

$$\text{s.t.} \quad z_j \leqslant \sum_{i:x_i \in Z_j} y_i + \sum_{i:\overline{x_i} \in Z_j} (1 - y_i) \qquad (j = 1, \cdots, m)$$

$$y_i, z_j \in \{0, 1\} \qquad (i = 1, \cdots, n, \, j = 1, \cdots, m).$$

在这里, $y_i = 1$ 表示变量 x_i 为真, $z_j = 1$ 表示子句 Z_j 被满足. 现考虑 LP(线性规划) 松弛:

$$\max \quad \sum_{j=1}^{m} c_j z_j$$

$$\text{s.t.} \quad z_j \leqslant \sum_{i:x_i \in Z_j} y_i + \sum_{i:\overline{x_i} \in Z_j} (1 - y_i) \qquad (j = 1, \cdots, m)$$

$$y_i \leqslant 1 \qquad (i = 1, \cdots, n)$$

$$y_i \geqslant 0 \qquad (i = 1, \cdots, n)$$

$$z_j \leqslant 1 \qquad (j = 1, \cdots, m)$$

$$z_j \geqslant 0 \qquad (j = 1, \cdots, m) \qquad (16.6)$$

令 (y^*, z^*) 为 (16.6) 的一最优解. 现在, 独立地令变量 x_i 以概率 y_i^* 为真. 这一步叫做 随机化整 (randomized rounding), 这是由 Raghavan and Thompson (1987) 引入的. 上述方法构成了关于MAX-SAT的另一随机化算法, 它可以同上面一样被除去随机性. 令 r_p 为随机变量, 它以概率 p 为真, 否则为假.

GOEMANS-WILLIAMSON 关于 MAX-SAT的算法

输入: 一个由变量组成的集合 $X = \{x_1, \cdots, x_n\}$, 一个在 X 上的子句所组成的族 $\mathcal{Z}$ 和一权函数 $c : \mathcal{Z} \to \mathbb{R}_+$.

输出: 一个真值指派 $T : X \to \{真, 假\}$.

① 解线性规划 (16.6). 令 (y^*, z^*) 为一最优解.

② 对 $k := 1$ 到 n 进行

若 $\text{Exp}(c(T(x_1), \cdots, T(x_{k-1}), 真, r_{y_{k+1}^*}, \cdots, r_{y_n^*})$

$\geqslant \text{Exp}(c(T(x_1), \cdots, T(x_{k-1}), 假, r_{y_{k+1}^*}, \cdots, r_{y_n^*})$

则令 $T(x_k) :=$ 真

否则 令 $T(x_k) :=$ 假.

定理 16.29 (Goemans and Williamson, 1994)　　　Goemans-Williamson 关于 Max-Sat 的算法 是一 $\dfrac{1}{1-\left(1-\frac{1}{q}\right)^q}$- 因子近似算法, 于此 q 为单个子句的最大基数.

证明　对 $k = 0, \cdots, n$, 写

$$s_k := \operatorname{Exp}(c(T(x_1), \cdots, T(x_k), r_{y_{k+1}^*}, \cdots, r_{y_n^*}))$$

于此对 $i = 1, \cdots, n$, 有 $s_i \geqslant s_{i-1}$ 和 $s_n = c(T)$ 是为我们的算法所满足的子句的总的权. 因此, 留待估计的是 $s_0 = \operatorname{Exp}(c(R_{y^*}))$, 于此 $R_{y^*} = (r_{y_1^*}, \cdots, r_{y_n^*})$. 对 $j = 1, \cdots, m$, 子句 Z_j 为 R_{y^*} 所满足的概率为

$$1 - \left(\prod_{i:x_i \in Z_j} (1 - y_i^*)\right) \cdot \left(\prod_{i:\overline{x_i} \in Z_j} y_i^*\right)$$

因为几何平均总是不大于算术平均, 此概率至少是

$$1 - \left(\frac{1}{|Z_j|}\left(\sum_{i:x_i \in Z_j}(1 - y_i^*) + \sum_{i:\overline{x_i} \in Z_j} y_i^*\right)\right)^{|Z_j|}$$

$$= 1 - \left(1 - \frac{1}{|Z_j|}\left(\sum_{i:x_i \in Z_j} y_i^* + \sum_{i:\overline{x_i} \in Z_j}(1 - y_i^*)\right)\right)^{|Z_j|}$$

$$\geqslant 1 - \left(1 - \frac{z_j^*}{|Z_j|}\right)^{|Z_j|}$$

$$\geqslant \left(1 - \left(1 - \frac{1}{|Z_j|}\right)^{|Z_j|}\right) z_j^*$$

要证明最后一个不等式, 可注意, 对于任何 $0 \leqslant a \leqslant 1$ 和任何 $k \in \mathbb{N}$,

$$1 - \left(1 - \frac{a}{k}\right)^k \geqslant a\left(1 - \left(1 - \frac{1}{k}\right)^k\right)$$

成立, 不等式两边对 $a \in \{0, 1\}$ 相等, 左边 (作为 a 的函数) 为凹的, 而右边则是线性的. 于是有

$$s_0 = \operatorname{Exp}(c(R_{y^*})) = \sum_{j=1}^m c_j \operatorname{Prob}(R_{y^*} \text{ 满足} Z_j)$$

$$\geqslant \sum_{j=1}^m c_j\left(1 - \left(1 - \frac{1}{|Z_j|}\right)^{|Z_j|}\right) z_j^*$$

$$\geqslant \left(1 - \left(1 - \frac{1}{q}\right)^q\right) \sum_{j=1}^m c_j z_j^*$$

(注意序列 $\left(\left(1 - \frac{1}{k}\right)^k\right)_{k \in \mathbb{N}}$ 是单增并收敛于 $\frac{1}{e}$). 因为最优值不大于 $\sum_{j=1}^{m} z_j^* c_j$, 即线性规划松弛的最优值, 证明即告完成.　　　　　　　　　　　　　　□

因 $\left(1 - \frac{1}{q}\right)^q < \frac{1}{e}$, 有了一个 $\frac{e}{e-1}$ 因子的近似算法 ($\frac{e}{e-1} \approx 1.582$).

现在有了两个相似的但作用不同的算法, 前一个对长子句较优, 后一个则对短子句较好. 因此自然要将它们合并起来.

定理 16.30 (Goemans and Williamson, 1994)　　对于 MAX-SAT, 下述乃是一个 $\frac{4}{3}$-因子近似算法: 将 JOHNSON 关于 MAX-SAT 的算法和 Goemans-Williamson 关于 Max-Sat 的算法都进行计算, 选取两个结果中的较好者.

证明　采用上述证明中所用的符号. 这算法产生一个真值指派, 它所满足的子句的总的权至少为

$$\max\{\mathrm{Exp}(c(R)), \mathrm{Exp}(c(R_{y^*}))\}$$
$$\geqslant \frac{1}{2}\left(\mathrm{Exp}(c(R)) + \mathrm{Exp}(c(R_{y^*}))\right)$$
$$\geqslant \frac{1}{2} \sum_{j=1}^{m} \left(\left(1 - 2^{-|Z_j|}\right) c_j + \left(1 - \left(1 - \frac{1}{|Z_j|}\right)^{|Z_j|}\right) z_j^* c_j\right)$$
$$\geqslant \frac{1}{2} \sum_{j=1}^{m} \left(2 - 2^{-|Z_j|} - \left(1 - \frac{1}{|Z_j|}\right)^{|Z_j|}\right) z_j^* c_j$$
$$\geqslant \frac{3}{4} \sum_{j=1}^{m} z_j^* c_j$$

对于最后一个不等式, 可注意 $2 - 2^{-k} - \left(1 - \frac{1}{k}\right)^k \geqslant \frac{3}{2}$ 对所有 $k \in \mathbb{N}$ 成立. 对 $k \in \{1, 2\}$, 有等号: 对于 $k \geqslant 3$, 有 $2 - 2^{-k} - \left(1 - \frac{1}{k}\right)^k \geqslant 2 - \frac{1}{8} - \frac{1}{e} > \frac{3}{2}$. 因最优值至少是 $\sum_{j=1}^{m} z_j^* c_j$, 定理得证.　　　　　　　　　　　　　　□

对 MAX-SAT 的稍好一些的近似算法 (利用半定规划) 已有人作出, 可参考 Goemans and Williamson (1995), Mahajan, Ramesh (1999), 以及 Feige and Goemans (1995). 新近已知的最好算法得出了一个效能似比 1.270 (Asano, 2006).

实际上, Bellare and Sudan (1994) 曾指出将 MAX-SAT 近似到 $\frac{74}{73}$ 这一因子之内已经是 NP 困难的. 即使对于 MAX-3SAT (它是将 MAX-SAT 限制到每一子句正好包含 3 个文字这样的实例) 已经不存在近似方案 (除非 $P = \mathrm{NP}$), 这将在下一节指出.

16.6　PCP 定理

许多无可近似性 (non-approximability) 的结果皆基于一个深刻的定理, 它给出了 NP 类的一个新的特征. 回忆一下, 一个判定问题属于 NP 的充要条件是: 存在一多项式时间的证书核对算法. 现在考虑随机化的证书核对算法, 它们判读了整个

实例, 但只有证书中的一小部分经过核对. 它总是以正确证书接受肯定 – 实例, 但有时也接受否定 – 实例.

证书中哪些段落受到判读, 这在事先是随机地决定的; 更确切地说, 这项决定取决于实例 x 和 $O(\log(\text{size}(x)))$ 个随机段落.

现在正规地来阐述这一概念. 若 s 是一字符串, $t \in \mathbb{N}^k$, 则 s_t 表示长度为 k 的一字符串, 它的第 i 个分量是 s 的第 t_i 个分量 $(i = 1, \cdots, k)$.

定义 16.31 一个判定问题 (X, Y) 属于 PCP$(\log n, 1)$ 类, 是指存在一多项式 p 和一常数 $k \in \mathbb{N}$, 一个函数

$$f : \left\{ (x, r) : x \in X, r \in \{0, 1\}^{\lfloor \log(p(\text{size}(x))) \rfloor} \right\} \to \mathbb{N}^k$$

它是在多项式时间内可计算的, 且对于所有的 x 和 r, $f(x, r) \in \{1, \cdots, \lfloor p(\text{size}(x)) \rfloor\}^k$ 和 P 中的一个判定问题 (X', Y'), 于此 $X' := \{(x, \pi, \gamma) : x \in X, \pi \in \{1, \cdots, \lfloor p(\text{size}(x)) \rfloor\}^k, \gamma \in \{0, 1\}^k\}$, 使得对于任何实例 $x \in X$: 若 $x \in Y$, 则存在一个 $c \in \{0, 1\}^{\lfloor p(\text{size}(x)) \rfloor}$, 具有性质 $\text{Prob}\left((x, f(x, r), c_{f(x, r)}) \in Y' \right) = 1$. 若 $x \notin Y$, 则 $\text{Prob}\left((x, f(x, r), c_{f(x, r)}) \in Y' \right) < \frac{1}{2}$, 对所有 $c \in \{0, 1\}^{\lfloor p(\text{size}(x)) \rfloor}$ 成立.

这里的概率是就随机字符串 $r \in \{0, 1\}^{\lfloor \log(p(\text{size}(x))) \rfloor}$ 的一致分布上来取的.

缩写字 "PCP" 代表 "在概率上可核查的证明 (probabilistically checkable proof)". 参数 $\log n$ 和 1 反映: 对于任何大小为 n 的实例, 证书中有 $O(\log n)$ 个随机段落被用到, 有 $O(1)$ 个证书的段落被判读.

对于任一肯定 – 实例, 会有一个证书, 它总是被接受的. 但是, 对于否定实例, 就不存在一个字符串它以 $\frac{1}{2}$ 或更大的概率作为一证书被接受. 注意, 这一误差概率 $\frac{1}{2}$ 可以同样地 (等价地) 用 0 和 1 之间的任何数来代替 (习题 19).

命题 16.32 PCP$(\log n, 1) \subseteq$ NP.

证明 令 $(X, Y) \in$ PCP$(\log n, 1)$, 又令 $p, k, f, (X', Y')$ 按照定义 16.31 所给出. 令 $X'' := \{(x, c) : x \in X, c \in \{0, 1\}^{\lfloor p(\text{size}(x)) \rfloor}\}$,

$$Y'' := \left\{ (x, c) \in X'' : \text{prob}\left((x, f(x, r), c_{f(x, r)}) \in Y' \right) = 1 \right\}$$

要证明 $(X, Y) \in$ NP, 只需指出 $(X'', Y'') \in P$. 但, 因只有 $2^{\lfloor \log(p(\text{size}(x))) \rfloor}$ 多个, 即至多有 $p(\text{size}(x))$ 多个字符串 $r \in \{0, 1\}^{\lfloor \log(p(\text{size}(x))) \rfloor}$, 可将它们逐一试验. 因每次只计算 $f(x, r)$ 而检验是否 $(x, f(x, r), c_{f(x, r)}) \in Y'$ (我们用到了 $(X', Y') \in P$). 总的运行时间为 $\text{size}(x)$ 的一多项式. □

现在, 惊人的结果是: 这些随机化检验, 它们只判读证书中的常数个段落, 却与标准的 (决定性的) 证书核对算法具有相同力量. 而后者却具有全部信息, 这就是所谓的 PCP 定理.

定理 16.33 (Aroraet al., 1998)

$$\text{NP} = \text{PCP}(\log n, 1)$$

NP $\subseteq$ PCP($\log n, 1$) 的证明非常困难, 超出了本书的范围. 它是基于 Feige 等 (1996) 和 Arora and Safra (1998) 早先的 (较弱的) 结果. 对于 PCP 定理 16.33 的一个自给自足的证明, 可参考 Arora (1994), Hougardy, Prömel and Steger (1994), 或 Ausiello 等 (1999). 之后较强的结果是由 Bellare, Goldreich and Sudan (1998) 和 Håstad (2001) 给出的. 例如定理 16.31 中的数目 k 可以选成为 9. PCP 定理的一个新的证明是由 Dinur (2007) 提出的.

我们来指出它对于组合优化问题的无可近似性的一些结果. 从最大团问题和最大稳定集问题开始, 给定一个无向图 G, 求一个团, 或一个稳定集, 它在 G 中有最大的基数.

回顾一下命题 2.2(和推论 15.24), 寻求一最大团、一最大稳定集或一最小顶点覆盖集, 这些问题全是等价的. 但关于最小顶点覆盖问题 (16.1 节) 的 2 因子近似算法并不蕴含一个关于最大稳定集问题或最大团问题的近似算法.

即是说, 可能会出现这样的情况: 算法可以给出一个大小为 $n-2$ 的顶点覆盖 C, 但最优值却是 $\frac{n}{2}-1$ (于此 $n = |V(G)|$). 补集 $V(G) \setminus C$ 则是一个基数 2 的稳定集, 但最大稳定集却具有基数 $\frac{n}{2}+1$. 这例子指出: 将一个算法通过一多项式变换转移到另一个问题, 一般来说, 并不保留它的效能保证. 下节中将讨论一个受限制型的变换. 这里从 PCP 定理推导出一个关于最大团问题的无可近似性的结果.

定理 16.34 (Arora and Safra, 1998)   除非 $P = $ NP, 否则不存在关于最大团问题的 2- 因子近似算法.

证明   设 $\mathcal{P} = (X, Y)$ 为一 NP 完备问题. 由 PCP 定理 16.33, $\mathcal{P} \in PCP(\log n, 1)$, 因此可令 $p, k, f, \mathcal{P}' := (X', Y')$, 有如定义 16.31 中所给出的.

对任一给定的 $x \in X$, 构造一个图 G_x 如下: 令

$$V(G_x) := \left\{ (r, a) : r \in \{0,1\}^{\lfloor \log(p(\text{size}(x))) \rfloor}, a \in \{0,1\}^k, (x, f(x, r), a) \in Y' \right\}$$

(代表随机化证书核对算法中所有 "接受程序的执行 (accepting runs)"). 若 $a_i = a'_j$, 即当 $f(x, r)$ 的第 i 个分量等于 $f(x, r')$ 的第 j 个分量时, 两个顶点 (r, a) 和 (r', a') 是由一条边连接起来. 因 $\mathcal{P}' \in P$, 而且只有多项式多个随机字符串, G_x 是能够在多项式时间内计算的 (并具有多项式规模).

若 $x \in Y$, 则由定义, 存在一证书 $c \in \{0,1\}^{\lfloor p(\text{size}(x)) \rfloor}$ 使得 $(x, f(x, r), c_{f(x,r)} \in Y'$ 对所有 $r \in \{0,1\}^{\lfloor \log(p(\text{size}(x))) \rfloor}$ 成立. 因此, 在 G_x 中有一规模为 $2^{\lfloor \log(p(\text{size}(x))) \rfloor}$ 的团.

另一方面, 若 $x \notin Y$, 在 G_x 中就没有规模为 $\frac{1}{2} 2^{\lfloor \log(p(\text{size}(x))) \rfloor}$ 的团. 设 $(r^{(1)}, a^{(1)}), \cdots, (r^{(t)}, a^{(t)})$ 是一个团的顶点. 则 $r^{(1)}, \cdots, r^{(t)}$ 是两两互不相同的. 当 $f(x, r^{(j)})$ 的第 k 个分量等于 i 时, 就令 $c_i := a_k^{(j)}$, 将 c 的余下分量 (假若有的

话) 随意给定. 通过这种方法, 就得到一个证书 c, 对所有的 $i = 1, \cdots, t$, 满足 $(x, f(x, r^{(i)}), c_{f(x, r^{(i)})}) \in Y'$. 若 $x \notin Y$, 有 $t < \frac{1}{2} 2^{\lfloor \log(p(\text{size}(x))) \rfloor}$.

于是, 对于最大团问题, 任何 2 因子近似算法皆可以能够判定是否有 $x \in Y$, 即是说, 解决问题 $\mathcal{P}$. 若 $\mathcal{P}$ 是 NP 完备, 这只当 $P = NP$ 时有此可能. □

上面的证明中的这种换算出自 Feige 等 (1996). 因为定义 16.31 中的误差概率 $\frac{1}{2}$ 可以代之以 0 和 1 之间的任何数 (习题 19), 因而对于最大团问题来说, 不存在任何关于 $\rho \geqslant 1$ 的 ρ 因子近似算法 (除非 $P = NP$).

实际上, 通过进一步的努力, Zuckerman (2006) 指出, 除非 $P = NP$, 否则不存在多项式算法: 它对任何具有 n 个顶点的图和任何给定的 $\varepsilon > 0$, 可以算出其中的一个团, 其最大规模能达到 $n^{1-\varepsilon}$ 的一因子. 最著名的算法保证在此情形可以找到一个规模为 $\frac{k \log^3 n}{n (\log \log n)^2}$ 的团 (Feige, 2004). 当然, 所有这一切对于最大稳定集问题也成立 (通过考虑所与的图的补).

现在转到下述加于 MAX-SAT 的限制:

MAX-3SAT

实例: 一个由变量组成的集合 X, 一个在 X 上的子句构成的族 $\mathcal{Z}$, 这些子句的每一个正好由三个文字组成.

任务: 求 X 的一真值指派 T, 使得 $\mathcal{Z}$ 中为 T 所满足的子句的个数为最大.

在 16.5 节中, 对于 MAX-3SAT, 即使对于加权的形式, 已经有一个简单的 $\frac{8}{7}$- 因子近似算法 (定理 16.28). Håstad [2001] 指出, 这是可能最好的, 除非 $P = NP$, 否则对于 MAX-3SAT, 不可能存在任何 $\rho < \frac{8}{7}$ 的 ρ- 因子近似算法. 这里证明下面的较弱的结果:

定理 16.35 (Arora et al.,, 1998) 除非 $P = NP$, 否则不存在关于 MAX-3SAT 的近似方案

证明 设 $\mathcal{P} = (X, Y)$ 为一 NP 完备问题. 由 PCP 定理 16.33, $\mathcal{P} \in PCP(\log n, 1)$. 因此, 可令 $p, k, f, \mathcal{P}' := (X', Y')$ 有如定义 16.31 中所说.

对于任一给定的 $x \in X$, 可构造一个 3SAT 实例 J_x. 即对于每一随机字符串 $r \in \{0, 1\}^{\lfloor \log(p(\text{size}(x))) \rfloor}$, 定义一个由 3SAT 子句构成的族 $\mathcal{Z}_r$ (所有这些族的并将成为 J_x). 首先构造一个其中的子句可具有任意多个文字的族 $\mathcal{Z}'_r$, 然后应用命题 15.21.

于是, 令 $r \in \{0, 1\}^{\lfloor \log(p(\text{size}(x))) \rfloor}$ 和 $f(x, r) = (t_1, \cdots, t_k)$. 令 $\{a^{(1)}, \cdots, a^{(s_r)}\}$ 为如是的字符串 $a \in \{0, 1\}^k$ 所构成之集: 对此种 a, 有 $(x, f(x, r), a) \in Y'$. 若 $s_r = 0$, 就简单地令 $\mathcal{Z}' := \{\{y\}, \{\bar{y}\}\}$, 于此 y 为别处未曾用过的某一变量.

否则就令 $c \in \{0, 1\}^{\lfloor p(\text{size}(x)) \rfloor}$. 有 $(x, f(x, r), c_{f(x, r)}) \in Y'$ 的充要条件是

$$\bigvee_{j=1}^{s_r} \left(\bigwedge_{i=1}^{k} \left(c_{t_i} = a_i^{(j)} \right) \right)$$

这等价于

$$\bigwedge_{(i_1,\dots,i_{s_r})\in\{1,\dots,k\}^{s_r}}\left(\bigvee_{j=1}^{s_r}\left(c_{t_{i_j}}=a_{i_j}^{(j)}\right)\right)$$

诸子句的这一合取可以在多项式时间内构造出来, 因为 $\mathcal{P}' \in P$, 而且 k 为一常数. 通过引入布尔变量 $\pi_1,\cdots,\pi_{\lfloor p(\mathrm{size}(x))\rfloor}$ 来表示 $c_1,\cdots,c_{\lfloor p(\mathrm{size}(x))\rfloor}$, 得到一个由 k^{s_r} 个子句 (各含 s_r 个文字) 作成的族 $\mathcal{Z}'_r$, 使得 $\mathcal{Z}'_r$ 当且仅当 $(x, f(x,r), c_{f(x,r)}) \in Y'$ 时得到满足.

由命题 15.21, 可将各 $\mathcal{Z}'_r$ 等价地重写成3SAT子句的一合取, 子句的数目至多增加 $\max\{s_r - 2, 4\}$ 倍. 设此子句族为 $\mathcal{Z}_r$. 因 $s_r \leqslant 2^k$, 各 $\mathcal{Z}_r$ 至多由 $l := k^{2^k}\max\{2^k - 2, 4\}$ 个3SAT子句组成.

3SAT实例 J_x 是由所有的族 $\mathcal{Z}_r$ 对所有的 r 所组成的并. J_x 可以在多项式时间内计算出来.

现在若 x 为一肯定 – 实例, 则存在一个像定义 16.31 中所说的文件 c. 这 c 直接定义了一个满足 J_x 的真值指派.

另一方面, 若 x 是一否定实例, 则公式 $\mathcal{Z}_r$ 中只有 $\frac{1}{2}$ 是同时可满足的. 因此, 在此种情形, 任何真值指派必留下子句中的至少 $\frac{1}{2l}$ 部分是不曾被满足的.

因此, 对于具有 $k < \frac{2l}{2l-1}$ 的关于Max-3Sat的 k-因子近似算法, 使任何可满足的实例的子句中有多于 $\frac{2l-1}{2l} = 1 - \frac{1}{2l}$ 个部分得到满足. 因而如此的一个算法可以判定 $x \in Y$ 是否成立. 因 $\mathcal{P}$ 是 NP 完备的, 如此的一个算法不可能存在, 除非 $P = \mathrm{NP}$. □

16.7　L 归约

我们的目的是要指出, 对于任何异于Max-3Sat的问题, 它们不会有近似方案, 除非 $P = \mathrm{NP}$. 正如关于 NP 完备性的证明 (15.5 节), 不需要利用 PCP$(\log n, 1)$ 的定义对各个问题给出一个直接的证明. 而是利用某种类型的, 保留着近似性的归约来处理 (一般的多项式变换做不到).

定义 16.36　设 $\mathcal{P} = (X, (S_x)_{x\in X}, c, 目标)$ 和 $\mathcal{P}' = (X', (S'_x)_{x\in X'}, c', 目标)$ 是两个具有非负权的优化问题. 一个从 $\mathcal{P}$ 到 $\mathcal{P}'$ 的 L 归约是指一对函数 f 和 g, 它们都是在多项式时间内可计算的, 和两个常数 $\alpha, \beta > 0$, 使得对于 $\mathcal{P}$ 的任一实例 x:

(a)　$f(x)$ 是 $\mathcal{P}'$ 的一个满足 OPT$(f(x)) \leqslant \alpha\,\mathrm{OPT}(x)$ 的实例;

(b)　对于 $f(x)$ 的任一可行解 y', $g(x, y')$ 是 x 的一可行解, 使得 $|c(x, g(x,y')) - \mathrm{OPT}(x)| \leqslant \beta|c'(f(x), y') - \mathrm{OPT}(f(x))|$.

若存在一经 $\mathcal{P}$ 到 $\mathcal{P}'$ 的 L –归约, 我们就说 $\mathcal{P}$ 是可 L 归约到 $\mathcal{P}'$ 的.

术语 L 归约中的字母 "L" 代表 "linear(线性的)". L 归约是由 Papadimitriou and Yannakakis (1991) 引入的. 这一定义直接蕴含 L 归约是可以复合的 (composed).

命题 16.37 设 $\mathcal{P}$, $\mathcal{P}'$, $\mathcal{P}''$ 皆为具有非负权的优化问题. 若 (f, g, α, β) 是一从 $\mathcal{P}$ 到 $\mathcal{P}'$ 的一L归约,$(f', g', \alpha', \beta')$ 是一从 $\mathcal{P}'$ 到 $\mathcal{P}''$ 的一L归约, 则它们的复合式 $(f'', g'', \alpha\alpha', \beta\beta')$ 是一个从 $\mathcal{P}$ 到 $\mathcal{P}''$ 的 L 归约. 于此 $f''(x) = f'(f(x)), g''(x, y'') = g(x, g'(x', y''))$. □

诸 L 归约的具有决定性的性质是它们保留住可近似性.

定理 16.38 (Papadimitriou and Yannakakis, 1991) 设 $\mathcal{P}$ 与 $\mathcal{P}'$ 是两个具有非负权的优化问题. 设 (f, g, α, β) 是一从 $\mathcal{P}$ 到 $\mathcal{P}'$ 的L归约. 若存在一个关于 $\mathcal{P}'$ 的近似方案, 则存在一个关于 $\mathcal{P}$ 的近似方案.

证明 给定 $\mathcal{P}$ 的一个实例 x, 和一个数 $0 < \varepsilon < 1$. 将关于 $\mathcal{P}'$ 的近似方案应用到 $f(x)$ 和 $\varepsilon' := \frac{\varepsilon}{2\alpha\beta}$. 就得到 $f(x)$ 的一个可行解 y' 和最终的答复 $y := g(x, y')$. 即 x 的一可行解. 因

$$
\begin{aligned}
|c(x, y) - \mathrm{OPT}(x)| &\leqslant \beta|c'(f(x), y') - \mathrm{OPT}(f(x))| \\
&\leqslant \beta \max\Big\{ (1 + \varepsilon')\,\mathrm{OPT}(f(x)) - \mathrm{OPT}(f(x)), \\
&\qquad\qquad \mathrm{OPT}(f(x)) - \frac{1}{1 + \varepsilon'}\,\mathrm{OPT}(f(x)) \Big\} \\
&\leqslant \beta\varepsilon'\,\mathrm{OPT}(f(x)) \\
&\leqslant \alpha\beta\varepsilon'\,\mathrm{OPT}(x) \\
&= \frac{\varepsilon}{2}\,\mathrm{OPT}(x)
\end{aligned}
$$

得到

$$
c(x, y) \;\leqslant\; \mathrm{OPT}(x) + |c(x, y) - \mathrm{OPT}(x)| \;\leqslant\; \Big(1 + \frac{\varepsilon}{2}\Big)\mathrm{OPT}(x)
$$

和

$$
c(x, y) \;\geqslant\; \mathrm{OPT}(x) - |\mathrm{OPT}(x) - c(x, y)| \;\geqslant\; \Big(1 - \frac{\varepsilon}{2}\Big)\mathrm{OPT}(x) \;>\; \frac{1}{1 + \varepsilon}\mathrm{OPT}(x)
$$

故此构成一关于 $\mathcal{P}$ 的近似方案. □

这一定理和定理 16.35 一起引发出下面的定义.

定义 16.39 设 $\mathcal{P}$ 为一具有非负权的优化问题. 若Max-3Sat 可以 L 归约到 $\mathcal{P}$, 则 $\mathcal{P}$ 称为 MAXSNP困难的.

MAXSNP 这一名称是针对由 Papadimitriou and Yannakakis (1991) 引入的一类优化问题来说的. 在这里, 我们并不需要这类问题, 因此省去了它的 (非平凡的) 定义.

推论 16.40 除非 $P = \mathrm{NP}$, 否则不存在关于任何 MAXSNP 困难问题 的近似方案

证明 可直接从定理 16.35 和 16.38 得出. □

现在要通过描述 L 归约, 指出几个问题的 MAXSNP 困难性. 我们从一种受到

限制的MAX-3SAT开始:

3 显示的 MAX-SAT问题 (3OCCURRENCE MAX-SAT 问题)

实例: 一个由变量构成的集 X, 和由 X 上的某些子句构成的一个族 $\mathcal{Z}$, 且每
         一子句至多有三个文字, 使得没有一个变量在三个以上的子句中出现.

任务: 求 X 的一真值指派 T, 使得 $\mathcal{Z}$ 的子句中为 T 所满足的数目为最大.

这一问题是 NP 困难的, 这可从3SAT (或MAX-3SAT) 通过简单的变换得到证明, 参看第 15 章 习题 9. 因为这一变换不是一个 L 归约, 它并不蕴含 MAXSNP 困难性. 我们需要有一个更为复杂的构造, 要用到所谓的 膨胀图 (expander graphs).

定义 16.41 设 G 为一无向图, $\gamma > 0$ 为一常数. G 为一 γ 膨胀图是指对于每一 $A \subseteq V(G)$, 且 $|A| \leqslant \frac{|V(G)|}{2}$. 有 $|\Gamma(A)| \geqslant \gamma|A|$.

例如一个完全图是一个 1- 膨胀图, 但我们的兴趣是在边的数目较小的那种膨胀图. 现在引用下之定理, 不涉及它的十分复杂的证明.

定理 16.42 (Ajtai, 1994)   存在一正数 γ 使得对于任一给定的偶数 $n \geqslant 4$, 一个具有 n 个顶点的 3- 正则γ- 膨胀图可以在 $O(n^3 \log^3 n)$ 时间内构造出来.

下面的推论曾为 Papadimitriou (1994) 提到 (并且用到), 一个正确的证明是由 Fernández-Baca 和 Lagergren (1998) 给出的.

推论 16.43 对任一给定的整数 $n \geqslant 3$, 一个具有 $O(n)$ 个顶点的有向图 G 和一个基数为 n 且具有下述性质的集合 $S \subseteq V(G)$ 可以在 $O(n^3 \log^3 n)$ 时间内构造出来:

$|\delta^-(v)| + |\delta^+(v)| \leqslant 3$ 对所有的 $v \in V(G)$.

$|\delta^-(v)| + |\delta^+(v)| = 2$ 对每一 $v \in S$, 且

$|\delta^+(A)| \geqslant \min\{|S \cap A|, |S \setminus A|\}$ 对每一 $A \subseteq V(G)$.

证明 设 $\gamma > 0$ 为定理 16.42 中的常数, 并令 $k := \left\lceil \frac{1}{\gamma} \right\rceil$. 先利用定理 16.42 来构造一个具有 n 或 $n+1$ 个顶点的 3 正则 γ 膨胀图 H.

将每一条边 $\{v, w\}$ 代之以 k 条平行的边 (v, w) 和 k 条平行的边 (w, v). 设结果所得的有向图为 H'. 注意, 对于任何 $A \subseteq V(H')$ 且 $|A| \leqslant \frac{|V(H')|}{2}$, 有

$$|\delta_{H'}^+(A)| = k|\delta_H(A)| \geqslant k|\Gamma_H(A)| \geqslant k\gamma|A| \geqslant |A|$$

类似地, 对于任何 $A \subseteq V(H')$, 其 $|A| > \frac{|V(H')|}{2}$, 有

$$|\delta_{H'}^+(A)| = k|\delta_H(V(H') \setminus A)| \geqslant k|\Gamma_H(V(H') \setminus A)|$$
$$\geqslant k\gamma|V(H') \setminus A| \geqslant |V(H') \setminus A|$$

因此, 在两种情况, 皆有 $|\delta_{H'}^+(A)| \geqslant \min\{|A|, |V(H') \setminus A|\}$.

现在将每一顶点 $v \in V(H')$ 分裂成 $6k+1$ 个顶点 $x_{v,i}$ $(i = 0, \cdots, 6k)$ 使得除 $x_{v,0}$ 外每一顶点之次皆为 1. 对每一顶点 $x_{v,i}$, 加上顶点 $w_{v,i,j}$ 和 $y_{v,i,j}$ $(j = 0, \cdots, 6k)$, 并用一条长为 $12k+2$, 顶点为 $w_{v,i,0}, w_{v,i,1}, \cdots, w_{v,i,6k}, x_{v,i}, y_{v,i,0}, \cdots, y_{v,i,6k}$ 依此顺序将它们连成一条路. 最后, 对于所有的 $v \in V(H')$, 所有的 $i \in \{0, \cdots, 6k\}$, 和所有的 $j \in \{0, \cdots, 6k\} \setminus \{i\}$ 都加上边 $(y_{v,i,j}, w_{v,j,i})$.

合计起来, 对每一 $v \in V(H')$, 都有一个基数为 $(6k+1)(12k+3)$ 的顶点集 Z_v. 整个结果所得的图 G 具有 $|V(H')|(6k+1)(12k+3) = O(n)$ 个顶点, 每一个的次为 2 或 3. 由构图可知, 对于 $\{x_{v,i} : i = 0, \cdots, 6k\}$ 的每一对不相交的子集 X_1, X_2, $G[Z_v]$ 包含有 $\min\{|X_1|, |X_2|\}$ 个从 X_1 到 X_2 的顶点不相交的路.

现选取 S 为 $\{x_{v,0} : v \in V(H')\}$ 的一个 n 元子集. 注意这些顶点中的每一个皆有一条入边和一条出边.

留待证明的是 $|\delta^+(A)| \geqslant \min\{|S \cap A|, |S \setminus A|\}$ 对每一 $A \subseteq V(G)$ 成立. 现利用归纳法于 $|\{v \in V(H') : \varnothing \neq A \cap Z_v \neq Z_v\}|$ 来证明. 若此数为 0, 即对某一 $B \subseteq V(H')$, $A = \bigcup_{v \in B} Z_v$, 则有

$$|\delta_G^+(A)| = |\delta_{H'}^+(B)| \geqslant \min\{|B|, |V(H') \setminus B|\} \geqslant \min\{|S \cap A|, |S \setminus A|\}$$

否则令 $v \in V(H')$ 使得 $\varnothing \neq A \cap Z_v \neq Z_v$. 令 $P := \{x_{v,i} : i = 0, \cdots, 6k\} \cap A$, $Q := \{x_{v,i} : i = 0, \cdots, 6k\} \setminus A$. 若 $|P| \leqslant 3k$, 则由 $G[Z_v]$ 的性质, 有

$$|E_G^+(Z_v \cap A, Z_v \setminus A)| \geqslant |P| = |P \setminus S| + |P \cap S|$$
$$\geqslant |E_G^+(A \setminus Z_v, A \cap Z_v)| + |P \cap S|$$

施用归纳法假设于 $A \setminus Z_v$, 就得到

$$|\delta_G^+(A)| \geqslant |\delta_G^+(A \setminus Z_v)| + |P \cap S|$$
$$\geqslant \min\{|S \cap (A \setminus Z_v)|, |S \setminus (A \setminus Z_v)|\} + |P \cap S|$$
$$\geqslant \min\{|S \cap A|, |S \setminus A|\}$$

类似地, 若 $|P| \geqslant 3k+1$, 则 $|Q| \leqslant 3k$, 再由 $G[Z_v]$ 的性质, 有

$$|E_G^+(Z_v \cap A, Z_v \setminus A)| \geqslant |Q| = |Q \setminus S| + |Q \cap S|$$
$$\geqslant |E_G^+(Z_v \setminus A, V(G) \setminus (A \cup Z_v))| + |Q \cap S|$$

将归纳法假设用于 $A \cup Z_v$, 就得到

$$|\delta_G^+(A)| \geqslant |\delta_G^+(A \cup Z_v)| + |Q \cap S|$$
$$\geqslant \min\{|S \cap (A \cup Z_v)|, |S \setminus (A \cup Z_v)|\} + |Q \cap S|$$
$$\geqslant \min\{|S \cap A|, |S \setminus A|\} \qquad \square$$

现在可以证:

定理 16.44 (Papadimitriou and Yannakakis, 1991; Papadimitriou, 1994; Fernández-Baca and Lagergren, 1998)　　3- 显示 MAX-SAT 问题 是 MAXSNP 困难的.

证明　从 MAX-3SAT 来描述一个 L 归约 (f, g, α, β). 要定义 f, 令 $(X, \mathcal{Z})$ 为 MAX-3SAT 之一实例. 对于每一在多于 3 个 (设为 k 个) 子句中出现的 $x \in X$, 将此实例修改如下: 在每一子句中, 将 x 代之以一个新的但分别相异的变量. 用此方法, 引入了新的变量 $x_1, \cdots, x_k$. 引入附加的约束 (和更多的变量), 以保证 (大致说来): 它有利于对所有的变量 $x_1, \cdots, x_k$ 赋与同样的真值.

按照推论 16.43 的方法构造 G 和 S, 并将这些顶点重新命名, 使得 $S = \{1, \cdots, k\}$. 现在, 对于每一顶点 $v \in V(G) \setminus S$, 引进一个新的变量 x_v, 并对于每一条边 $(v, w) \in E(G)$, 引入一个子句 $\{\overline{x_v}, x_w\}$. 总的来说, 加上的至多为

$$\frac{3}{2}(k+1)\left(6\left\lceil\frac{1}{\gamma}\right\rceil + 1\right)\left(12\left\lceil\frac{1}{\gamma}\right\rceil + 3\right) \leqslant 315 \left\lceil\frac{1}{\gamma}\right\rceil^2 k$$

个新子句, 于此 γ 又是定理 16.42 中的常数.

对于每一变量应用上述替换, 就得到 3- 显示 MAX-SAT 问题的一个实例 $(X', \mathcal{Z}') = f(X, \mathcal{Z})$, 其中

$$|\mathcal{Z}'| \leqslant |\mathcal{Z}| + 315 \left\lceil\frac{1}{\gamma}\right\rceil^2 3|\mathcal{Z}| \leqslant 946 \left\lceil\frac{1}{\gamma}\right\rceil^2 |\mathcal{Z}|$$

因此

$$\mathrm{OPT}(X', \mathcal{Z}') \leqslant |\mathcal{Z}'| \leqslant 946 \left\lceil\frac{1}{\gamma}\right\rceil^2 |\mathcal{Z}| \leqslant 1892 \left\lceil\frac{1}{\gamma}\right\rceil^2 \mathrm{OPT}(X, \mathcal{Z})$$

因为一个 MAX-SAT 实例的子句中至少一半可以得到满足 (或通过将所有的变量赋与肯定或所有赋与否定). 因此, 可置 $\alpha := 1892\left\lceil\frac{1}{\gamma}\right\rceil^2$.

要描述 g, 令 T' 为 X' 的一真值指派. 首先构造 X' 的一真值指派 T'', 它满足的子句的数目至少和 T' 在 $\mathcal{Z}'$ 中同样多, 而且满足所有的新的子句 (与上述图 G 中的边相对应). 换言之, 对于在 $(X, \mathcal{Z})$ 中出现三次以上的所有变量 x, 令 G 为如上构造出来的一个图, 并令 $A := \{v \in V(G) : T'(x_v) = $真 (肯定)$\}$, 若 $|S \cap A| \geqslant |S \setminus A|$, 则对所有 $v \in V(G)$, 令 $T''(x_v) := $真, 否则对所有 $v \in V(G)$, 令 $T''(x_v) := $假 (否定). 显而易见, 所有的 (与边对应的) 新子句皆可得到满足.

至多有 $\min\{|S \cap A|, |S \setminus A|\}$ 个旧的子句为 T' 所满足, 但不为 T'' 所满足. 另一方面, 对于 $(v, w) \in \delta_G^+(A), T'$ 不满足任何子句 $\{\overline{x_v}, x_w\}$. 由 G 的性质, 这种子句的个数至少为 $\min\{|S \cap A|, |S \setminus A|\}$.

现在 T'' 以下述的显然的方法产生出 X 的一个真值指派 $T = g(X, \mathcal{Z}, T')$: 对 $x \in X \cap X'$, 令 $T(x) := T''(x) = T'(x)$, 若 x_i 是在从 $(X, \mathcal{Z})$ 构造 $(X', \mathcal{Z}')$ 的过程中取代 x 的变量, 则令 $T(x) := T''(x_i)$.

T 所破坏的子句与 T''(所破坏的) 一样多. 因此, 若 $c(X, \mathcal{Z}, T)$ 表示在实例 $(X, \mathcal{Z})$ 中为 T 所满足的子句的数目, 就有

$$|\mathcal{Z}| - c(X, \mathcal{Z}, T) = |\mathcal{Z}'| - c(X', \mathcal{Z}', T'') \leqslant |\mathcal{Z}'| - c(X', \mathcal{Z}', T') \qquad (16.7)$$

另一方面, X 的任一真值指派 T 导致 X' 的一真值指派 T', 它破坏同样多的子句 (对每一变量 x 和上述构造中相应的图 G, 令变量 x_v ($v \in V(G)$) 全都等于 $T(x)$. 由此即得

$$|\mathcal{Z}| - \mathrm{OPT}(X, \mathcal{Z}) \geqslant |\mathcal{Z}'| - \mathrm{OPT}(X', \mathcal{Z}') \qquad (16.8)$$

结合 (16.7) 和 (16.8), 有

$$
\begin{aligned}
|\mathrm{OPT}(X, \mathcal{Z}) - c(X, \mathcal{Z}, T)| &= (|\mathcal{Z}| - c(X, \mathcal{Z}, T)) - (|\mathcal{Z}| - \mathrm{OPT}(X, \mathcal{Z})) \\
&\leqslant \mathrm{OPT}(X', \mathcal{Z}') - c(X', \mathcal{Z}', T') \\
&= |\mathrm{OPT}(X', \mathcal{Z}') - c(X', \mathcal{Z}', T')|
\end{aligned}
$$

于此 $T = g(X, \mathcal{Z}, T')$. 因此 $(f, g, \alpha, 1)$ 确是一 L 归约. $\square$

这一结果是几个 MAXSNP 困难的证明的出发点. 例如:

推论 16.45 (Papadimitriou and Yannakakis, 1991) 最大稳定集问题, 当限制在最大次为 4 的图上时也是 MAXSNP 困难的.

证明 定理 15.23 的证明构造定义了一个从3 显示 MAX-SAT 问题到限制在最大次为 4 的图上的最大稳定集问题的一个 L 归约, 对于每一实例 $(X, \mathcal{Z})$, 构造了一个图 G, 使得从一个满足 k 个子句的真值指派, 便容易地得到一个基数为 k 的稳定集, 反之亦然. $\square$

实际上, 最大稳定集问题之为 MAXSNP 困难即使当限制在 3 正则图也成立 (Berman and Fujito, 1999). 另一方面, 一个简单的贪婪算法, 即在一个最大次为 k 的图上, 每一步选取一个具有最小次的顶点 v, 将 v 及其所有的邻点全部删除, 这对最大稳定集问题也是 $\frac{(k+2)}{3}$ 因子近似算法 (Halldórsson and Radhakrishnan, 1997). 对 $k = 4$, 这给出了一个性能比 2, 它比从下面的证明中所得到的比值 8 要好 (对最小顶点覆盖问题使用 2 因子近似算法).

定理 16.46 (Papadimitriou and Yannakakis, 1991) 限制在具有最大次为 4 的图上的最小顶点覆盖问题是 MAXSNP 困难问题.

证明 考虑来自最大稳定集问题的平常的变换 (命题 2.2). 对于所有的图 G 和所有的 $X \subseteq V(G)$, $f(G) := G$, $g(G, X) := V(G) \setminus X$. 虽然这在一般情况不是一个 L 归约, 但当限制在具有最大次为 4 的图上时, 它却是一个 L 归约, 有如我们将证明者.

若 G 具有最大次 4, 则存在一个基数至少为 $\frac{|V(G)|}{5}$ 的稳定集. 因此, 若我们用 $\alpha(G)$ 记一个稳定集的最大基数, 用 $\tau(G)$ 记一个顶点覆盖的最小基数, 即有

$$\alpha(G) \geqslant \frac{1}{4}(|V(G)| - \alpha(G)) = \frac{1}{4}\tau(G)$$

并对任一稳定集 $X \subseteq V(G)$, 有 $\alpha(G) - |X| = |V(G) \setminus X| - \tau(G)$. 因而 $(f,g,4,1)$ 是一 L 归约. □

对于更强的说法, 可参考 Clementi and Trevisan (1999) 以及 Chlebík and Chlebíková (2006). 特别是不存在关于最小顶点覆盖问题的近似方案 (除非 $P = $ NP). 在下面各章中将证明另外一些问题的 MAXSNP 困难性, 参考习题 22.

习　　题

1. 对下述问题明确表达出一个 2 因子近似算法. 给定一个具有边权的有向图, 寻求一个最大权的无圈子图.

注: 对 $k < 2$, 关于此问题尚不知道有 k 因子近似算法.

2. k 中心问题 的定义如下: 给定一个无向图 G, 权 $c : E(G) \to \mathbb{R}_+$ 和一个 $k \in \mathbb{N}$, $k \leqslant |V(G)|$, 求一个基数为 k 的集合 $X \subseteq V(G)$, 使得

$$\max_{v \in V(G)} \min_{x \in X} \mathrm{dist}(v, x)$$

为最小. 与平常一样, 将此最优值记作 $\mathrm{OPT}(G, c, k)$.

(a) 设 S 为 $(V(G), \{\{v, w\} : \mathrm{dist}(v, w) \leqslant 2R\})$ 中的一最大稳定集. 试证明此时 $\mathrm{OPT}(G, c, |S| - 1) > R$.

(b) 利用 (a) 去描述关于 k 中心问题的一个 2 因子近似算法. (Hochbaum and Shmoys, 1985)

*(c) 试证明关于 k 中心问题, 对任何 $r < 2$, 皆不存在 r 因子近似算法. 提示: 利用第 15 章习题 12. (Hsu and Nemhauser, 1979)

3. 在二部图中能在多项式时间内找到一个最小顶点覆盖 (或一最大稳定集) 吗?

4. 试证明定理 16.5 中的性能保证是紧的.

5. 试证明下述者是一个关于最小顶点覆盖问题的一 2 因子近似算法: 计算出一棵 DFS 树并输出其所有非 0 出度的顶点. (Bar-Yehuda, 未发表)

6. 试证明最小权顶点覆盖问题的 LP 松弛 $\min\{cx : M^{\mathrm{T}}x \geqslant \mathbb{1}, x \geqslant 0\}$ (于此 M 为一无向图的关联矩阵, $c \in \mathbb{R}_+^{V(G)}$) 总有一个半整数最优解 (即是说, 解中的记入数字只有 $0, \frac{1}{2}, 1$). 试从此事实, 导出另一个 2 因子近似算法.

7. 考虑最小权反馈顶点集问题: 给定一个无向图 G 和权 $c : V(G) \to \mathbb{R}_+$, 求一个最小权的顶点集 $X \subseteq V(G)$, 使得 $G - X$ 为一森林. 考虑下述的回归算法 A: 若 $E(G) = \varnothing$, 则回报 $A(G, c) := \varnothing$. 若对某一 $x \in V(G)$, $|\delta_G(x)| \leqslant 1$, 则回报 $A(G, c) := A(G - x, c)$. 若对某一 $x \in V(G)$, $c(x) = 0$, 则回报 $A(G, c) := \{x\} \cup A(G - x, c)$. 否则令

$$\varepsilon := \min_{x \in V(G)} \frac{c(v)}{|\delta(v)|}$$

和 $c'(v) := c(v) - \varepsilon|\delta(v)|$ $(v \in V(G))$. 令 $X := A(G, c')$, 对每一 $x \in X$, 进行: 若 $G - (X \setminus \{x\})$ 为一森林, 则令 $X := X \setminus \{x\}$. 回报 $A(G, c) := x$.

试证明, 对于最小权反馈顶点集问题, 这是一个 2 因子近似算法. (Becker and Geiger, 1996)

8. 试证明: 即使对于简单图, 最大割问题也是 NP 困难的.

9. 试证明: 在 16.2 节中的开始所描述的关于 MAX-CUT 的简单贪婪算法是一个 2 因子近似算法.

10. 考虑下述的关于最大割问题的局部搜索算法. 从 $V(G)$ 的任一个非空真子集 S 开始. 现在反复地验证: 是否某个顶点可以加到 S 或从 S 删除使得 $|\delta(S)|$ 增大. 若无此种改进可能发生, 则停止.

(a) 试证明上述是一 2 因子近似算法 (回顾第 2 章习题 10)

(b) 此算法是否可能扩充到最大权割问题, 在这里, 有非负的边权?

(c) 此算法是否对于平面图, 或对二部图, 总可找到一个最优解? 对于这两类问题, 存在多项式时间算法 (第 12 章习题 7 和命题 2.27).

11. 在有向最大权割问题 中, 给定了一个有向图 G 和权 $c : E(G) \to \mathbb{R}_+$, 要求一个集 $X \subseteq V(G)$ 使得 $\sum_{e \in \delta^+(X)} c(e)$ 为最大. 试证明: 对此问题, 存在一 4 因子近似算法. 提示: 利用习题 16.7.

注: 存在一个 1.165 因子的, 但不存在 1.09 因子的近似算法, 除非 $P = \text{NP}$(Feige and Goemans (1995); Håstad, 2001).

12. 试证明 $(\frac{1}{\pi} \arccos(y_i^{\mathrm{T}} y_j))_{1 \leqslant i,j \leqslant n}$ 是 割半度量 (cut semimetrics) δ^R 的一凸组合, 于此, $R \subseteq \{1, \cdots, n\}$, , $\delta_{i,j}^R = 1$ 若 $|R \cap \{i, j\}| = 1$, 否则 $\delta_{i,j}^R = 0$. 提示: 写

$$(\mu(H(y_i) \triangle H(y_j)))_{1 \leqslant i,j \leqslant n} = \sum_{R \subseteq \{1,\cdots,n\}} \mu \left(\bigcap_{i \in R} H(y_i) \setminus \bigcup_{i \notin R} H(y_i) \right) \delta^R$$

注: 许多相关信息, 可参考 Deza and Laurent (1997).

13. 试证明: 对于 $n \in \mathbb{N}$, 存在一个在 $2n$ 个顶点上的二部图, 对此, 贪婪着色算法需要 n 种颜色. 因此, 该算法可能会给出任何坏的结果, 但是可证明: 总是存在这些顶点的一个顺序, 使得该算法可以找到一个最优着色.

14. 试证明: 对于任何可以 3 着色的图 G, 总可以至多 $2\sqrt{2n}$ 种颜色在多项式时间内去着色, 于此, $n := |V(G)|$. 提示: 只要存在一个次数至少为 $\sqrt{2n}$ 的顶点 v, 就可将 $\Gamma(v)$ 最优地以两种颜色着色 (以后不再使用), 并将这些顶点标去. 最后利用贪婪着色算法. (Wigderson, 1983)

15. 试证明下面的图皆为 完美图:

(a) 二部图.

(b) 区间图: $(\{v_1, \cdots, v_n\}, \{\{v_i, v_j\} : i \neq j, [a_i, b_i] \cap [a_j, b_j] \neq \varnothing\})$, 于此, $[a_1, b_1], \cdots, [a_n, b_n]$ 为一组闭区间;

(c) 弦图 (参看第 8 章习题 28).

*16. 设 G 为一无向图, 试证明下之说法相互等价:

(a) G 是 完美 的.

(b) 对任何权函数 $c : V(G) \to \mathbb{Z}_+$, G 中的一个团的最大权等于其稳定集中的最小数目, 使得每一顶点 v 包含在其中的 $c(v)$ 个之中.

(c) 对于任一权函数 $c : V(G) \to \mathbb{Z}_+$, G 中的稳定集的最大权等于其团中的最小数目, 使得每一顶点 v 包含在其中的 $c(v)$ 个之中.

(d) 定义 (16.3) 的不等式组是 TDI.

(e) G 的团多面体, 即 G 的所有的团的关联向量的凸包是由下式给出的:

$$\left\{ x \in \mathbb{R}_+^{V(G)} : \sum_{v \in S} x_v \leqslant 1 \text{ 对 G 中所有的稳定集} S \right\} \tag{16.9}$$

(f) 定义 (16.9) 的不等式组是 TDI.

注: 多面体 (16.9) 称为多面体 (16.3) 的反阻塞体 (antiblocker).

17. MAX-SAT的一实例称为 k 可满足是指它的子句中, 任意 k 个皆可同时满足. 设 r_k 为子句中那一小部分子句的下确界 (infimum), 对于它们, 在任何 k 可满足的实例中皆可使之满足.

(a) 试证 $r_1 = \frac{1}{2}$.

(b) 试证 $r_2 = \frac{\sqrt{5}-1}{2}$.

(提示: 某些变量是在单元素子句中出现 (不失其普遍性, 所有的单元素子句皆是肯定的), 以概率 a(对某一 $\frac{1}{2} < a < 1$) 令之为真, 其他变量则以概率 $\frac{1}{2}$ 令之为真. 利用去随机化方法, 并适当地选取 a).

(c) 证明 $r_3 \geqslant \frac{2}{3}$.

(Lieberherr and Specker, 1981)

18. Erdős (1967) 证明了如下的事实: 对每一常数 $k \in \mathbb{N}$, 即使只注意没有长度超过 k 的奇回路的图, 能够保证属于最大割的边, 其 (渐近地) 最好的份额也就是 $\frac{1}{2}$(比较习题 16.7(a)).

(a) $k = \infty$(的情形) 怎么样?

(b) 试指出如何将最大割问题化成MAX-SAT. 提示: 对每一顶点用一变量表示, 每一条边 $\{x, y\}$ 用两个子句 $\{x, y\}, \{\bar{x}, \bar{y}\}$ 表示.

(c) 要证明 $r_k \leqslant \frac{3}{4}$ 对所有之 k 成立, 可用 (b) 和 Erdős 的定理 (关于 r_k 的定义, 参看习题 16.7.)

注意: Trevisan (2004) 证明了 $\lim_{k \to \infty} r_k = \frac{3}{4}$.

19. 试证明定义 16.31 中的误差概率 $\frac{1}{2}$ 可等价地代之以 0 和 1 之间的任何数. 由此 (及定理 16.34 的证明) 可推出: 对最大团问题来说, 对任何 $\rho \geqslant 1$, 不存在 ρ 因子近似算法 (除非 $P = \text{NP}$).

20. 试证明: 最大团问题可 L 归约到集装填问题: 给定一集系列 $(U, \mathcal{S})$, 要求出一最大基数的子族 $\mathcal{R} \subseteq \mathcal{S}$, 其元素两两不相交.

21. 试证明最小顶点覆盖问题 没有绝对近似算法 (除非 $P = \text{NP}$).

22. 试证明MAX-2SAT 是 MAXSNP 困难的. 提示: 利用推论 16.45. (Papadimitriou and Yannakakis, 1991)

参 考 文 献

一般著述

Asano, T., Iwama, K., Takada, H., and Yamashita, Y. 2000. Designing high-quality approximation algorithms for combinatorial optimization problems. IEICE Transactions on Communications/Electronics/Information and Systems, E83-D: 462–478.

Ausiello, G., Crescenzi, P., Gambosi, G., Kann, V., Marchetti-Spaccamela, A., and Protasi, M. 1999. Complexity and Approximation: Combinatorial Optimization Problems and Their Approximability Properties. Berlin: Springer.

Garey, M.R., and Johnson, D.S. 1979. Computers and Intractability; A Guide to the Theory of NP-Completeness. San Francisco: Freeman. Chapter 4.

Hochbaum, D.S. 1996. Approximation Algorithms for NP-Hard Problems. Boston: PWS.

Horowitz, E., and Sahni, S. 1978. Fundamentals of Computer Algorithms. Potomac: Computer Science Press: Chapter 12.

Shmoys, D.B. 1995. Computing near-optimal solutions to combinatorial optimization problems//Combinatorial Optimization; DIMACS Series in Discrete Mathematics and Theoretical Computer Science 20 (W. Cook, L. Lovász, P. Seymour, eds.), AMS, Providence.

Papadimitriou, C.H. 1994. Computational Complexity. Addison-Wesley, Reading, Chapter 13.

Vazirani, V.V. 2001. Approximation Algorithms. Berlin: Springer.

引用文献

Ajtai, M. 1994. Recursive construction for 3-regular expanders. Combinatorica, 14: 379–4160

Alizadeh, F. 1995. Interior point methods in semidefinite programming with applications to combinatorial optimization. SIAM Journal on Optimization, 5: 13–51.

Appel, K., and Haken, W. 1977. Every planar map is four colorable. Part I. Discharging. Illinois Journal of Mathematics, 21: 429–490.

Appel, K., Haken, W., and Koch, J. 1977. Every planar map is four colorable; Part II; Reducibility. Illinois Journal of Mathematics, 21: 491–567.

Arora, S. 1994. Probabilistic checking of proofs and the hardness of approximation problems. Ph.D. thesis, U.C. Berkeley.

Arora, S., Lund, C., Motwani, R., Sudan, M., and Szegedy, M. 1998. Proof verification and hardness of approximation problems. Journal of the ACM, 45: 501–555.

Arora, S., and Safra, S. 1998. Probabilistic checking of proofs. Journal of the ACM, 45: 70–122.

Asano, T. 2006. An improved analysis of Goemans and Williamson's LP-relaxation for MAX SAT. Theoretical Computer Science, 354: 339–353.

Bar-Yehuda, R., and Even, S. 1981. A linear-time approximation algorithm for the weighted vertex cover problem. Journal of Algorithms, 2: 198–203.

Becker, A., and Geiger, D. 1996. Optimization of Pearl's method of conditioning and greedy-like approximation algorithms for the vertex feedback set problem. Artificial Intelligence Journal, 83: 1–22.

Bellare, M., and Sudan, M. 1994. Improved non-approximability results. Proceedings of the 26th Annual ACM Symposium on the Theory of Computing, 184–193.

Bellare, M., Goldreich, O., and Sudan, M. 1998. Free bits, PCPs and nonapproximability – towards tight results. SIAM Journal on Computing, 27: 804–915.

Berge, C. 1961. Färbung von Graphen, deren sämtliche bzw. deren ungerade Kreise starr sind. Wissenschaftliche Zeitschrift, Martin Luther Universität Halle-Wittenberg, Mathematisch-Naturwissenschaftliche Reihe, 114–115.

Berge, C. 1962. Sur une conjecture relative au problème des codes optimaux. Communication, 13ème assemblée générale de l'URSI, Tokyo.

Berman, P., and Fujito, T. 1999. On approximation properties of the independent set problem for low degree graphs. Theory of Computing Systems, 32: 115–132.

Brooks, R.L. 1941. On colouring the nodes of a network. Proceedings of the Cambridge Philosophical Society, 37: 194–197.

Chen, J., Friesen, D.K., and Zheng, H. 1999. Tight bound on Johnson's algorithm for maximum satisfiability. Journal of Computer and System Sciences, 58: 622–640.

Chlebík, M. and Chlebíková, J. 2006. Complexity of approximating bounded variants of optimization problems. Theoretical Computer Science, 354: 320–338.

Chudnovsky, M., Cornuéjols, G., Liu, X., Seymour, P., and Vušković, K. 2005. Recognizing Berge graphs. Combinatorica, 25: 143–186.

Chudnovsky, M., Robertson, N., Seymour, P., and Thomas, R. 2006. The strong perfect graph theorem. Annals of Mathematics, 164: 51–229.

Chvátal, V. 1975. On certain polytopes associated with graphs. Journal of Combinatorial Theory, B 18: 138–154.

Chvátal, V. 1979. A greedy heuristic for the set cover problem. Mathematics of Operations Research, 4: 233–235.

Clementi, A.E.F., and Trevisan, L. 1999. Improved non-approximability results for minimum vertex cover with density constraints. Theoretical Computer Science, 225: 113–128.

Deza, M.M., and Laurent, M. 1997. Geometry of Cuts and Metrics. Berlin: Springer.

Dinur, I. 2007. The PCP theorem by gap amplification. Journal of the ACM, 54: Article 12.

Dinur, I., and Safra, S. 2002. On the hardness of approximating minimum vertex cover. Annals of Mathematics, 162: 439–485.

Erdős, P. 1967. On bipartite subgraphs of graphs. Mat. Lapok, 18: 283–288.

Feige, U. 1998. A threshold of ln n for the approximating set cover. Journal of the ACM, 45: 634–652.

Feige, U. 2004. Approximating maximum clique by removing subgraphs. SIAM Journal on Discrete Mathematics, 18: 219–225.

Feige, U., and Goemans, M.X. 1995. Approximating the value of two prover proof systems, with applications to MAX 2SAT and MAX DICUT. Proceedings of the 3rd Israel Symposium on Theory of Computing and Systems, 182–189.

Feige, U., Goldwasser, S., Lovász, L., Safra, S., and Szegedy, M. 1996. Interactive proofs and the hardness of approximating cliques. Journal of the ACM, 43: 268–292.

Fernández-Baca, D., and Lagergren, J. 1998. On the approximability of the Steiner tree problem in phylogeny. Discrete Applied Mathematics, 88: 129–145.

Fulkerson, D.R. 1972. Anti-blocking polyhedra. Journal of Combinatorial Theory, B 12: 50–71.

Fürer, M., and Raghavachari, B. 1994. Approximating the minimum-degree Steiner tree to within one of optimal. Journal of Algorithms, 17: 409–423.

Garey, M.R., and Johnson, D.S. 1976. The complexity of near-optimal graph coloring. Journal of the ACM, 23: 43–49.

Garey, M.R., Johnson, D.S., and Stockmeyer, L. 1976. Some simplified NP-complete graph problems. Theoretical Computer Science, 1: 237–267.

Goemans, M.X., and Williamson, D.P. 1994. New 3/4-approximation algorithms for the maximum satisfiability problem. SIAM Journal on Discrete Mathematics, 7: 656–666.

Goemans, M.X., and Williamson, D.P. 1995. Improved approximation algorithms for maximum cut and satisfiability problems using semidefinite programming. Journal of the ACM, 42: 1115–1145.

Grötschel, M., Lovász, L., and Schrijver, A. 1988. Geometric Algorithms and Combinatorial Optimization. Berlin: Springer.

Halldórsson, M.M., and Radhakrishnan, J. 1997. Greed is good: approximating independent sets in sparse and bounded degree graphs. Algorithmica, 18: 145–163.

Håstad, J. 2001. Some optimal inapproximability results. Journal of the ACM, 48: 798–859.

Heawood, P.J. 1890. Map colour theorem. Quarterly Journal of Pure Mathematics, 24: 332–338.

Hochbaum, D.S. 1982. Approximation algorithms for the set covering and vertex cover problems. SIAM Journal on Computing, 11: 555–556.

Hochbaum, D.S., and Shmoys, D.B. 1985. A best possible heuristic for the k-center problem. Mathematics of Operations Research, 10: 180–184.

Holyer, I. 1981. The NP-completeness of edge-coloring. SIAM Journal on Computing, 10: 718–720.

Hougardy, S., Prömel, H.J., and Steger, A. 1994. Probabilistically checkable proofs and their consequences for approximation algorithms. Discrete Mathematics, 136: 175–223.

Hsu, W.L., and Nemhauser, G.L. 1979. Easy and hard bottleneck location problems. Discrete Applied Mathematics, 1: 209–216.

Johnson, D.S. 1974. Approximation algorithms for combinatorial problems. Journal of Computer and System Sciences, 9: 256–278.

Khanna, S., Linial, N., and Safra, S. 2000. On the hardness of approximating the chromatic number. Combinatorica, 20: 393–415.

Knuth, D.E. 1969. The Art of Computer Programming; Vol. 2. Seminumerical Algorithms. Addison-Wesley, Reading (third edition, 1997).

König, D. 1916. Über Graphen und ihre Anwendung auf Determinantentheorie und Mengenlehre. Mathematische Annalen, 77: 453–465.

Lieberherr, K., and Specker, E. 1981. Complexity of partial satisfaction. Journal of the ACM, 28: 411–421.

Lovász, L. 1972. Normal hypergraphs and the perfect graph conjecture. Discrete Mathematics, 2: 253–267.

Lovász, L. 1975. On the ratio of optimal integral and fractional covers. Discrete Mathematics, 13: 383–390.

Lovász, L. 1979a. On the Shannon capacity of a graph. IEEE Transactions on Information Theory, 25: 1–7.

Lovász, L. 1979b. Graph theory and integer programming//Discrete Optimization I; Annals of Discrete Mathematics 4 (Hammer, E.L. JohnsonP.L, KorteB.H, eds.), Amsterdam: North-Holland, 141–158.

Lovász, L. [2003]: Semidefinite programs and combinatorial optimization//Recent Advances in Algorithms and Combinatorics (Reed, C.L. SalesB.A, eds.). New York: Springer, 137–194.

Mahajan, S., and Ramesh, H. 1999. Derandomizing approximation algorithms based on semidefinite programming. SIAM Journal on Computing, 28: 1641–1663.

Papadimitriou, C.H., and Steiglitz, K. 1982. Combinatorial Optimization; Algorithms and Complexity. Englewood Cliffs: Prentice-Hall, 406–408.

Papadimitriou, C.H., and Yannakakis, M. 1991. Optimization, approximation, and complexity classes. Journal of Computer and System Sciences, 43: 425–440.

Papadimitriou, C.H., and Yannakakis, M. 1993. The traveling salesman problem with distances one and two. Mathematics of Operations Research, 18: 1–12.

Raghavan, P., and Thompson, C.D. 1987. Randomized rounding: a technique for provably good algorithms and algorithmic proofs. Combinatorica, 7: 365–374.

Raz, R., and Safra, S. 1997. A sub constant error probability low degree test, and a sub constant error probability PCP characterization of NP. Proceedings of the 29th Annual ACM Symposium on Theory of Computing, 475–484.

Robertson, N., Sanders, D.P., Seymour, P., and Thomas, R. 1996. Efficiently four-coloring planar graphs. Proceedings of the 28th Annual ACM Symposium on the Theory of Computing, 571–575.

Robertson, N., Sanders, D.P., Seymour, P., and Thomas, R. 1997. The four colour theorem. Journal of Combinatorial Theory, B 70: 2–44.

Sanders, P., and Steurer, D. 2005. An asymptotic approximation scheme for multigraph edge coloring. Proceedings of the 16th Annual ACM-SIAM Symposium on Discrete Algorithms, 897–906.

Singh, M. and Lau, L.C. 2007. Approximating minimum bounded degree spanning trees to within one of optimal. Proceedings of the 39th Annual ACM Symposium on Theory of Computing, 661–670.

Slavík, P. 1997. A tight analysis of the greedy algorithm for set cover. Journal of Algorithms, 25: 237–254.

Stockmeyer, L.J. 1973. Planar 3-colorability is polynomial complete. ACM SIGACT News, 5: 19–25.

Trevisan, L. [2004]: On local versus global satisfiability. SIAM Journal on Discrete Mathematics, 17: 541–547.

Vizing, V.G. 1964. On an estimate of the chromatic class of a p-graph. Diskret. Analiz 3: 23–30 [in Russian].

Wigderson, A. 1983. Improving the performance guarantee for approximate graph coloring. Journal of the ACM, 30: 729–735.

Yannakakis, M. 1994. On the approximation of maximum satisfiability. Journal of Algorithms, 17: 475–502.

Zuckerman, D. 2006. Linear degree extractors and the inapproximability of Max Clique and Chromatic Number. Proceedings of the 38th Annual ACM Symposium on Theory of Computing, 681–690.

第 17 章　背包问题

在前几章中所讨论的最小权完备匹配问题和加权拟阵交问题皆属于已知有一多项式时间算法的 "最难的" 问题. 本章要来处理下面的问题, 在某种意义上, 它们是 "最容易的" NP 难题:

背包问题

实例: 非负整数 $n, c_1, \cdots, c_n, w_1, \cdots, w_n$ 和 W.

任务: 求一子集 $S \subseteq \{1, \cdots, n\}$ 使得 $\sum_{j \in S} w_j \leqslant W$ 和 $\sum_{j \in S} c_j$ 为最大.

这个问题有许多应用, 例如, 设有一组元素所成之集, 其中每一元素各自有其重量和获利. 要求从中选出一个总的重量受到限制的最优子集 (其总的获利最大).

现在从 17.1 节中的分数型表达的问题开始, 这在线性时间内可以解决. 正如 17.2 节中所示, 整数型背包问题是 NP 困难的, 但有一伪多项式算法可使之得到最优解决. 结合一个化整技巧, 这可用来设计一个全多项式近似方案, 这是 17.3 节中的主题.

17.1　分数型背包问题和赋权中位问题

考虑下之问题:

分数型背包问题

实例: 非负整数 $n, c_1, \cdots, c_n, w_1, \cdots, w_n$ 和 W.

任务: 求数 $x_1, \cdots, x_n \in [0, 1]$ 使得 $\sum_{j=1}^{n} x_j w_j \leqslant W$ 和 $\sum_{j=1}^{n} x_j c_j$ 为最大.

下面的观测结果提出了一个简单算法, 它要求将所有元素适当地加以整理.

命题 17.1 (Dantzig, 1957)　　设 $c_1, \cdots, c_n, w_1, \cdots, w_n$ 和 W 为非负整数, $\sum_{i=1}^{n} w_i > W$, 而且

$$\frac{c_1}{w_1} \geqslant \frac{c_2}{w_2} \geqslant \cdots \geqslant \frac{c_n}{w_n}$$

又设

$$k := \min \left\{ j \in \{1, \cdots, n\} : \sum_{i=1}^{j} w_i > W \right\}$$

则分数型背包问题 所给定的实例的一最优解由下面的式子给出:

$$x_j := 1 \quad \text{对} j = 1, \cdots, k-1$$

$$x_k := \frac{W - \sum_{j=1}^{k-1} w_j}{w_k}$$

$$x_j := 0 \quad \text{对} j = k+1, \cdots, n \qquad \square$$

将元素加以整理需要 $O(n \log n)$ 时间 (定理 1.5), 计算 k 可通过简单线性搜索在 $O(n)$ 时间内完成. 虽然这一算法已经很简单, 但还可做得更好. 注意, 这问题可化归为一个赋权的中位搜索.

定义 17.2 设 $n \in \mathbb{N}$, $z_1, \cdots, z_n \in \mathbb{R}$, $w_1, \cdots, w_n \in \mathbb{R}_+$ 和 $W \in \mathbb{R}$ 满足 $0 < W \leqslant \sum_{i=1}^n w_i$. 则关于 $(z_1, \cdots, z_n)$ 的 $(w_1, \cdots, w_n; W)$ 赋权中位定义为由下列关系定义的唯一的数 z^*:

$$\sum_{i: z_i < z^*} w_i < W \leqslant \sum_{i: z_i \leqslant z^*} w_i$$

于是还得求解下面的问题:

赋权中位问题

实例: 一自然数 n, 数 $z_1, \cdots, z_n \in \mathbb{R}$, $w_1, \cdots, w_n \in \mathbb{R}_+$ 和一数 W 满足 $0 < W \leqslant \sum_{i=1}^n w_i$.

任务: 求一关于 $(z_1, \cdots, z_n)$ 的 $(w_1, \cdots, w_n; W)$ 赋权中位.

一个重要的特例如下:

选择问题

实例: 一自然数 n, 数 $z_1, \cdots, z_n \in \mathbb{R}$ 和一整数 $k \in \{1, \cdots, n\}$.

任务: 求 $z_1, \cdots, z_n$ 中的一 k 最小数 (k-smallest number).

赋权中位 可在 $O(n)$ 时间决定. 下面的算法乃是 Blum 等 (1973) 的算法的一赋权型, 参看 Vygen (1997).

赋权中位算法

输入: 一自然数 n, 数 $z_1, \cdots, z_n \in \mathbb{R}$, $w_1, \cdots, w_n \in \mathbb{R}_+$, 和一满足 $0 < W \leqslant \sum_{i=1}^n w_i$ 之 W.

输出: 关于 $(z_1, \cdots, z_n)$ 之 $(w_1, \cdots, w_n; W)$ 赋权中位.

---

① 将表 $z_1, \cdots, z_n$ 划分成块, 每块由五个元素组成. 求出各块 (非赋权的) 中位. 令 M 为此 $\lceil \frac{n}{5} \rceil$ 中位元素所成之表.

② 求出 (递归地)M 的非赋权中位, 设为 z_m.

③ 将各元素与 z_m 比较. 不失其普遍性, 设 $z_i < z_m$ 对 $i = 1, \cdots, k$, $z_i = z_m$, 对 $i = k+1, \cdots, l$ 和 $z_i > z_m$ 对 $i = l+1, \cdots, n$.

④ 若 $\sum\limits_{i=1}^{k} w_i < W \leqslant \sum\limits_{i=1}^{l} w_i$, 终止 ($z^* := z_m$).

若 $\sum\limits_{i=1}^{l} w_i < W$, 则 递归地求出关于 $(z_{l+1}, \cdots, z_n)$ 的 $\left(w_{l+1}, \cdots, w_n; W - \sum\limits_{i=1}^{l} w_i \right)$ 赋权中位. 停止.

若 $\sum\limits_{i=1}^{k} w_i \geqslant W$, 则 递归地求出关于 $(z_1, \cdots, z_k)$ 的 $(w_1, \cdots, w_k; W)$ 赋权中位. 停止.

定理 17.3　赋权中位算法 正确地进行工作, 只需 $O(n)$ 时间.

证明　正确工作这一点是容易核对的. 用 $f(n)$ 表示在最坏情况下对此 n 个元素的运行时间. 有

$$f(n) = O(n) + f\left(\left\lceil \frac{n}{5} \right\rceil \right) + O(n) + f\left(\frac{1}{2} \left\lceil \frac{n}{5} \right\rceil 5 + \frac{1}{2} \left\lceil \frac{n}{5} \right\rceil 2 \right)$$

因为 ④ 中的递归呼叫对至少一半的五元素板块, 各省去至少三个元素. 由上面的递归公式可得 $f(n) = O(n)$: 因为 $\left\lceil \frac{n}{5} \right\rceil \leqslant \frac{9}{41}n$ 对所有 $n \geqslant 37$ 成立, 可得 $f(n) \leqslant cn + f\left(\frac{9}{41}n \right) + f\left(\frac{7}{2}\frac{9}{41}n \right)$ 对适当的 c 和 $n \geqslant 37$ 成立. 有此结果, 通过归纳法, 便可容易地验证 $f(n) \leqslant (82c + f(36))n$. 由此可知总的运行时间是线性的. □

我们立即可得出下之推论:

推论 17.4 (Blum et al., 1973)　选择问题 可在 $O(n)$ 时间内解决.

证明　令 $w_i := 1$, 对 $i = 1, \cdots, n$ 和 $W := k$ 并应用定理 17.3. □

推论 17.5　分数型背包问题 可在线性时间解决.

证明　置 $z_i := -\frac{c_i}{w_i}$ $(i = 1, \cdots, n)$ 即将分数型背包问题化为赋权中位问题. □

17.2　伪多项式算法

现在转到 (整的) 背包问题. 上节中的方法在这里也有一些用处:

命题 17.6　设 $c_1, \cdots, c_n$, $w_1, \cdots, w_n$ 和 W 为非负整数, 满足 $w_j \leqslant W$ 对 $j = 1, \cdots, n$, $\sum_{i=1}^{n} w_i > W$ 和

$$\frac{c_1}{w_1} \geqslant \frac{c_2}{w_2} \geqslant \cdots \geqslant \frac{c_n}{w_n}$$

令

$$k := \min\left\{ j \in \{1, \cdots, n\} : \sum_{i=1}^{j} w_i > W \right\}$$

则从两个可行解 $\{1, \cdots, k-1\}$ 和 $\{k\}$ 选取其中较优者, 即构成一个关于背包问题的 2 因子近似算法, 其运算时间为 $O(n)$.

证明 给定背包问题的一实例, 将 $w_i > W$ 的元素 $i \in \{1, \cdots, n\}$ 看成是无用的, 可以事先除去. 现在, 若 $\sum_{i=1}^{n} w_i \leqslant W$, 则 $\{1, \cdots, n\}$ 是一最优解. 否则, 不用整理, 可在 $O(n)$ 时间内计算出数目 k, 这正是上面的一个赋权中位问题(定理 17.3).

由命题 17.1, $\sum_{i=1}^{k} c_i$ 是分数型背包问题的一最优值的一上界, 因而对整背包问题也是如此. 因此, 这两个可行解 $\{1, \cdots, k-1\}$ 和 $\{k\}$ 中的较好者至少达到最优值的一半. □

不过我们的兴趣更在于背包问题的一个确切解. 但不得不作出下面的根据观察得到的结论.

定理 17.7 背包问题 是 NP 困难的.

证明 下证: 如下定义的与此相关的判定问题是 NP 完备的. 给定非负整数 n, $c_1, \cdots, c_n, w_1, \cdots, w_n, W$ 和 K, 是否存在一子集 $S \subseteq \{1, \cdots, n\}$ 使得 $\sum_{j \in S} w_j \leqslant W$ 和 $\sum_{j \in S} c_j \geqslant K$?

这一判定问题显然属于 NP. 要指出它是 NP 完备的, 将子集 – 和 (参看推论 15.27) 变换成它. 给定子集 – 和的一实例 $c_1, \cdots, c_n, K$, 定义 $w_j := c_j$ $(j = 1, \cdots, n)$ 和 $W := K$. 显而易见, 由此即可得出一个与上述判定问题等价的实例. □

因为我们不曾证明背包问题是强 NP 困难的, 希望存在一个 伪多项式算法 实际上, 在定理 15.38 的证明中所给出的算法, 可以通过在边上赋权和解决一个最短路问题, 很容易就加以推广. 由此可得出一个算法, 其运行时间为 $O(nW)$ (习题 17.3).

通过一个类似的策略, 也可得到一个运行时间为 $O(nC)$ 的算法, 于此 $C := \sum_{j=1}^{n} c_j$. 现以一直接的方式描述这一算法, 即是说, 也不去构造图形, 也不引证最短路. 由于此一算法是基于简单的回归公式, 我们要谈到动态规划算法. 基本上, 它出自于 Bellman(1956,1957) 和 Dantzig(1957).

动态规划背包算法

输入: 非负 整数 $n, c_1, \cdots, c_n, w_1, \cdots, w_n$ 和 W.

输出: 一子集 $S \subseteq \{1, \cdots, n\}$ 使得 $\sum_{j \in S} w_j \leqslant W$ 且使 $\sum_{j \in S} c_j$ 为最大.

---

① 令 C 为最优解的值的任一上界, 例如 $C := \sum_{j=1}^{n} c_j$.

② 令 $x(0, 0) := 0$ 和 $x(0, k) := \infty$ 对 $k = 1, \cdots, C$.

③ 对 $j := 1$ 到 n 进行
    对 $k := 0$ 到 C 进行
      置 $s(j,k) := 0$ 和 $x(j,k) := x(j-1,k)$.
    对 $k := c_j$ 到 C 进行
      若 $x(j-1, k-c_j) + w_j \leqslant \min\{W, x(j,k)\}$ 则
        置 $x(j,k) := x(j-1, k-c_j) + w_j$ 和 $s(j,k) := 1$.
④ 令 $k = \max\{i \in \{0, \cdots, C\} : x(n,i) < \infty\}$. 置 $S := \varnothing$.
    对 $j := n$ 直到 1 进行:
      若 $s(j,k) = 1$ 则 置 $S := S \cup \{j\}$ 和 $k := k - c_j$.

定理 17.8 动态规划背包算法 在 $O(nC)$ 时间内求到一最优解.

证明 运行时间是显然的.

变量 $x(j,k)$ 表示使得 $\sum_{i \in S} w_i \leqslant W$ 和 $\sum_{i \in S} c_i = k$ 的子集 $S \subseteq \{1, \cdots, j\}$ 的最小的总的权. 此算法利用下面的递推公式确切地计算出这些值, 公式为

$$x(j,k) = \begin{cases} x(j-1, k-c_j) + w_j & \text{若 } c_j \leqslant k \text{ 而且 } x(j-1, k-c_j) + w_j \leqslant \min\{W, x(j-1,k)\} \\ x(j-1, k) & \text{若不然} \end{cases}$$

对 $j = 1, \cdots, n$ 和 $k = 0, \cdots, C$. 这些变量 $s(j,k)$ 说明这两种情况中哪一种适合. 因此, 这一算法遍数了所有的子集 $S \subseteq \{1, \cdots, n\}$, 除了那些是不可行的, 或者那些由别的所支配的, 我们说 S 受 S' 支配, 是指 $\sum_{j \in S} c_j = \sum_{j \in S'} c_j$ 而且 $\sum_{j \in S} w_j \geqslant \sum_{j \in S'} w_j$. 在 ④ 所选取的就是最好的可行子集. □

当然, 我们可以指望有一比 $\sum_{i=1}^{n} c_i$ 更好的上界 C. 例如命题 17.6 中的 2 因子近似算法可以被采用. 用 2 去乘返回的解答的值, 即得最优值的一上界. 后面将要用到这一想法.

这里的 $O(nC)$ 界并不是输入的规模的多项式, 因为输入的规模只能由 $O(n \log C + n \log W)$ 所界定 (可假定 $w_j \leqslant W$ 对所有的 j). 但有一 伪多项式算法, 当所涉及的数都不太大时, 它可以非常有效. 若权 $w_1, \cdots, w_n$ 和获利 $c_1, \cdots, c_n$ 皆小时, Pisinger(1999) 的 $O(n c_{\max} w_{\max})$ 算法是最快的 ($c_{\max} := \max\{c_1, \cdots, c_n\}$, $w_{\max} := \max\{w_1, \cdots, w_n\}$).

17.3 一个全多项式近似方案

本节要来研究背包问题的近似算法的存在性问题. 由命题 16.23,背包问题不会有 绝对的近似算法, 除非 $P = \mathrm{NP}$.

我们将证明, 背包问题具有一全多项式近似方案. 第一个此种算法是由 Ibarra 和 Kim (1975) 得到的.

因为动态规划背包算法 的运算时间决定于 C, 一个自然的想法是将所有的数 $c_1, \cdots, c_n$ 除以 2 并去掉尾数. 这将缩小时间, 但也许会导致不精确的结果. 更一般地, 置

$$\bar{c}_j := \left\lfloor \frac{c_j}{t} \right\rfloor \qquad (j = 1, \cdots, n)$$

这将缩小运行时间一个因子 t. 牺牲精确性以换取运行时间, 这在近似方案中是典型的做法. 对于 $S \subseteq \{1, \cdots, n\}$, 写 $c(S) := \sum_{i \in S} c_i$.

背包近似方案

输入：非负 整数 $n, c_1, \cdots, c_n, w_1, \cdots, w_n$ 和 W. 一数 $\varepsilon > 0$.

输出：一个子集 $S \subseteq \{1, \cdots, n\}$ 使得 $\sum_{j \in S} w_j \leqslant W$ 和 $c(S) \geqslant \frac{1}{1+\varepsilon} c(S')$ 对所有 $S' \subseteq \{1, \cdots, n\}$ 使得 $\sum_{j \in S'} w_j \leqslant W$.

① 运转命题 17.6 中的 2 因子近似算法. 令 S_1 为所得的解. 若 $c(S_1) = 0$ 则 令 $S := S_1$, 停止.

② 置 $t := \max \left\{ 1, \frac{\varepsilon c(S_1)}{n} \right\}$.
置 $\bar{c}_j := \left\lfloor \frac{c_j}{t} \right\rfloor$ 对 $j = 1, \cdots, n$.

③ 应用动态规划背包算法于实例 $(n, \bar{c}_1, \cdots, \bar{c}_n, w_1, \cdots, w_n, W)$; 置 $C := \frac{2c(S_1)}{t}$.
令 S_2 为所得之解.

④ 若 $c(S_1) > c(S_2)$ 则 置 $S := S_1$, 否则 置 $S := S_2$.

定理 17.9 (Ibarra and Kim, 1975; Sahni, 1976; Gens and Levner, 1979) 背包近似方案 对背包问题是一 全多项式近似方案, 其运行时间为 $O\left(n^2 \cdot \frac{1}{\varepsilon}\right)$.

证明 若此算法在 ① 中停止, 则由命题 17.6, S_1 为最优. 因此, 现假定 $c(S_1) > 0$. 令 S^* 为原给定实例的一最优解. 因由命题 17.6, $2c(S_1) \geqslant c(S^*)$, ③ 中之 C 是化整实例的一最优解的值的一确切上界. 因此, 由定理 17.8, S_2 是化整实例的一最优解. 于是, 有

$$
\begin{aligned}
\sum_{j \in S_2} c_j &\geqslant \sum_{j \in S_2} t\bar{c}_j = t \sum_{j \in S_2} \bar{c}_j \\
&\geqslant t \sum_{j \in S^*} \bar{c}_j = \sum_{j \in S^*} t\bar{c}_j \\
&> \sum_{j \in S^*} (c_j - t) \geqslant c(S^*) - nt
\end{aligned}
$$

若 $t = 1$, 由定理 17.8, S_2 为最优. 若不然, 则由上之不等式, 即得 $c(S_2) \geqslant c(S^*) - \varepsilon c(S_1)$, 最后得到

$$(1 + \varepsilon) c(S) \geqslant c(S_2) + \varepsilon c(S_1) \geqslant c(S^*)$$

于是, 对任一固定的 $\varepsilon > 0$, 就有一个 $(1 + \varepsilon)$ 因子的近似算法. 由定理 17.8, ③ 的运行时间可以界定为

$$O(nC) = O\left(\frac{nc(S_1)}{t}\right) = O\left(n^2 \cdot \frac{1}{\varepsilon}\right)$$

其余步骤可以容易地在 $O(n)$ 时间内完成.   □

Lawler (1979) 发现了一个类似的全多项式近似方案, 其运行时间为 $O(n \log\left(\frac{1}{\varepsilon}\right) + \frac{1}{\varepsilon^4})$. 此结果曾由 Kellerer and Pferschy (2004) 加以改进.

不幸的是, 不存在多个问题具有一全多项式方案. 为了将此表达得确切一些, 现来考虑独立系统的最大化问题.

在构造动态规划背包算法和背包近似方案中曾使用某种支配关系. 现将此概念推广如下:

定义 17.10   给定一独立系统 $(E, \mathcal{F})$, 一价值函数 $c : E \to \mathbb{Z}_+$, 子集 $S_1, S_2 \subseteq E$, 和 $\varepsilon > 0$. 我们说 $S_1 \varepsilon$-**支配** S_2, 是指

$$\frac{1}{1 + \varepsilon}\, c(S_1) \;\leqslant\; c(S_2) \;\leqslant\; (1 + \varepsilon)\, c(S_1)$$

而且存在一基 B_1 满足 $S_1 \subseteq B_1$, 使得对于每一满足 $S_2 \subseteq B_2$ 的基 B_2 皆有

$$(1 + \varepsilon)\, c(B_1) \;\geqslant\; c(B_2)$$

ε-支配问题

实例: 一独立系统 $(E, \mathcal{F})$, 一价值函数 $c : E \to \mathbb{Z}_+$, 一数 $\varepsilon > 0$, 和两个子集 $S_1, S_2 \subseteq E$.

任务: S_1 是否 ε-支配 S_2?

当然, 独立系统是由某一神算包给出的, 例如由一个独立神算包. 动态规划背包算法频繁使用 0 支配. 结果变成: 对于 ε 支配问题 是否存在一个有效算法, 这对于一个全多项式近似方案是至关重要的.

定理 17.11 (Korte and Schrader, 1981)   设 $\mathcal{I}$ 为一族独立系统. 设 $\mathcal{I}'$ 为独立系统的最大化问题的一族实例 $(E, \mathcal{F}, c)$, 其中 $(E, \mathcal{F}) \in \mathcal{I}, c : E \to \mathbb{Z}_+$, 又设 $\mathcal{I}''$ 为 ε-支配问题的一族实例 $(E, \mathcal{F}, c, \varepsilon, S_1, S_2)$, 其中 $(E, \mathcal{F}) \in \mathcal{I}$. 则对限制在 $\mathcal{I}'$ 上的独立系统的最大化问题, 存在 全多项式近似方案 的充要条件是对限制在 $\mathcal{I}''$ 上的 ε 支配问题存在一个算法, 其运行时间为一以输入长度和 $\frac{1}{\varepsilon}$ 的多项式所界定.

虽然充分性可以通过将背包近似方案加以推广而得到证明 (习题 10), 但必要性的证明则相当复杂, 不能在此陈述. 结论是: 若真有一全多项式近似方案存在, 则将背包近似方案进行修改即可奏效. 对于一个与之类似的结果, 可参考 Woeginger (2000).

要对某一优化问题证明不存在全多项式近似方案, 下面的定理通常比较有用.

定理 17.12 (Garey and Johnson, 1978) 一个具有整目标函数的 强 NP 困难问题, 若对某一多项式 p 和所有的实例 I, 满足下列关系

$$\mathrm{OPT}(I) \leqslant p\left(\mathrm{size}(I), \mathrm{largest}(I)\right),$$

它只当 $P = \mathrm{NP}$ 时才会有一全多项式近似方案.

证明 假定它有一全多项式近似方案. 将它应用于

$$\varepsilon = \frac{1}{p\left(\mathrm{size}(I), \mathrm{largest}(I)\right) + 1}$$

的情形, 得到一个确切的伪多项式算法. 由命题 15.40, 这是不可能的, 除非 $P = \mathrm{NP}$. $\square$

习　题

1. 考虑分数型多重 – 背包问题, 其定义如下: 一个由整数 m 和 n, 数 w_j, c_{ij} 和 $W_i (1 \leqslant i \leqslant m, 1 \leqslant j \leqslant n)$ 组成的实例. 任务是求数 $x_{ij} \in [0, 1]$ 使得 $\sum_{i=1}^{m} \sum_{j=1}^{n} x_{ij} c_{ij}$ 为最小, 其中 $\sum_{i=1}^{m} x_{ij} = 1$ 对所有的 j 和 $\sum_{j=1}^{n} x_{ij} w_j \leqslant W_i$ 对所有的 i. 对此问题能否找到一个组合多项式时间算法 (无需使用线性规划)? 提示: 将之化归为一个最小费用网络流问题.

2. 考虑下面的背包问题贪婪算法 (有似于命题 17.6 中所提出者). 将指标加以整理使得 $\frac{c_1}{w_1} \geqslant \cdots \geqslant \frac{c_n}{w_n}$. 置 $S := \varnothing$. 对 $i := 1$ 到 n 进行: 若 $\sum_{j \in S \cup \{i\}} w_j \leqslant W$, 则置 $S := S \cup \{i\}$. 试指出这对于任一 k, 不是一个 k 因子近似算法.

3. 对背包问题, 求一精确的 $O(nW)$ 算法.

4. 考虑下面的问题: 给定非负整数 n, $c_1, \cdots, c_n$, $w_1, \cdots, w_n$ 和 W, 求一子集 $S \subseteq \{1, \cdots, n\}$ 使得 $\sum_{j \in S} w_j \geqslant W$ 和 $\sum_{j \in S} c_j$ 为极小. 如何能够通过伪多项式算法来解决这一问题?

5. 若 m 固定, 我们能否在伪多项式时间内求解整多重背包问题 (参看习题 1)?

6. 令 $c \in \{0, \cdots, k\}^m$, $s \in [0, 1]^m$. 如何能在 $O(mk)$ 时间内判定 $\max\{cx : x \in \mathbb{Z}_+^m, sx \leqslant 1\} \leqslant k$?

7. 考虑第 5 章习题 21 的两个拉格朗日松弛 试证明: 其中一个可在线性时间内求解, 而另一个则可归纳成背包问题的 m 个实例.

8. 令 $m \in \mathbb{N}$ 为一常数. 考虑下面的 时间表 (scheduling) 问题: 给定 n 个工件和 m 台机器, 价值 $c_{ij} \in \mathbb{Z}_+$ $(i = 1, \cdots, n, j = 1, \cdots, m)$, 容量 $T_j \in \mathbb{Z}_+$ $(j = 1, \cdots, m)$, 求一分配方案 $f : \{1, \cdots, n\} \to \{1, \cdots, m\}$ 使得 $|\{i \in \{1, \cdots, n\} : f(i) = j\}| \leqslant T_j$ 对 $j = 1, \cdots, m$ 和总的价值 $\sum_{i=1}^{n} c_{if(i)}$ 最小. 试指出这一问题有一全多项式近似方案.

9. 对限制在拟阵上的 ε 支配问题, 给出一多项式时间算法.

*10. 试证明定理 17.11 中的充分部分.

参 考 文 献

一般著述

Garey, M.R., and Johnson, D.S. 1979. Computers and Intractability; A Guide to the Theory of NP-Completeness. Freeman, San Francisco, Chapter 4.

Martello, S., and Toth, P. 1990. Knapsack Problems; Algorithms and Computer Implementations. Chichester: Wiley.

Papadimitriou, C.H., and Steiglitz, K. 1982. Combinatorial Optimization; Algorithms and Complexity. Englewood Cliffs: Prentice-Hall, Sections 16.2, 17.3, and 17.4.

引用文献

Bellman, R. 1956. Notes on the theory of dynamic programming IV – maximization over discrete sets. Naval Research Logistics Quarterly, 3: 67–70.

Bellman, R. 1957. Comment on Dantzig's paper on discrete variable extremum problems. Operations Research, 5: 723–724.

Blum, M., Floyd, R.W., Pratt, V., Rivest, R.L., and Tarjan, R.E. 1973. Time bounds for selection. Journal of Computer and System Sciences, 7: 448–461.

Dantzig, G.B. 1957. Discrete variable extremum problems. Operations Research, 5: 266–277.

Garey, M.R., and Johnson, D.S. 1978. Strong NP-completeness results: motivation, examples, and implications. Journal of the ACM, 25: 499–508.

Gens, G.V., and Levner, E.V. 1979. Computational complexity of approximation algorithms for combinatorial problems//Mathematical Foundations of Computer Science; LNCS 74 (BecvarJ., ed.). Berlin: Springer, 1979: 292–300.

Ibarra, O.H., and Kim, C.E. 1975. Fast approximation algorithms for the knapsack and sum of subset problem. Journal of the ACM, 22: 463–468.

Kellerer, H., and Pferschy, U. 2004. Improved dynamic programming in connection with an FPTAS for the knapsack problem. Journal on Combinatorial Optimization, 8: 5–11.

Korte, B., and Schrader, R. 1981. On the existence of fast approximation schemes//Nonlinear Programming; Vol. 4 (MangaserianO., MeyerR.R., S.M. Robinson, eds.), New York: Academic Press, 1981: 415–437.

Lawler, E.L. 1979. Fast approximation algorithms for knapsack problems. Mathematics of Operations Research, 4: 339–356.

Pisinger, D. 1999. Linear time algorithms for knapsack problems with bounded weights. Journal of Algorithms, 33: 1–14.

Sahni, S. 1976. Algorithms for scheduling independent tasks. Journal of the ACM, 23: 114–127.

Vygen, J. 1997. The two-dimensional weighted median problem. Zeitschrift für Angewandte Mathematik und Mechanik, 77 Supplement, S433–S436.

Woeginger, G.J. 2000. When does a dynamic programming formulation guarantee the existence of a fully polynomial time approximation scheme (FPTAS)? INFORMS Journal on Computing, 12: 57–74.

第 18 章 装 箱 问 题

给定 n 个有尺寸的物品和若干容积相同的箱子, 我们希望能够将这些物品分配到箱子中使得占用的箱子数目最小. 当然, 同一个箱子中的物品尺寸之和不得超过箱子的容积. 不失一般性, 规定箱子的容积为 1. 该问题可以叙述如下:

装箱问题的定义

实例: 非负数序列 $a_1, \cdots, a_n \leqslant 1$.

任务: 确定一个整数 $k \in \mathbb{N}$ 和一个映射 $f: \{1, \cdots, n\} \to \{1, \cdots, k\}$, 其中 $\sum_{i: f(i)=j} a_i \leqslant 1$ 对任意的 $j \in \{1, \cdots, k\}$ 成立, 使得 k 达到最小.

没有多少组合优化问题比装箱问题更接近于实际. 举例来说, 截材问题的最简单形式就等同于装箱: 给定很多长度相同的标准板条 (如 1 米长) 和若干需求长度 $a_1, \cdots, a_n$, 我们希望用尽可能少的标准板条裁切出所要求的长度分别为 $a_1, \cdots, a_n$ 的 n 个小板条.

任一个实例 I 都是一些正数构成的序列, 其中某些数可能多次出现在序列中. 对 I 中的任何一个元素, 如果其值等于 x, 就称 $x \in I$. 实例 I 中的元素个数记成 $|I|$. 令 $\mathrm{SUM}(a_1, \cdots, a_n) := \sum_{i=1}^{n} a_i$. 对任何实例 I 来讲, $\lceil \mathrm{SUM}(I) \rceil$ 显然是最优值的一个下界, 也就是说, $\lceil \mathrm{SUM}(I) \rceil \leqslant \mathrm{OPT}(I)$ 成立.

18.1 节将证明装箱问题是强 NP-困难的并讨论一些简单的近似算法. 可以看到没有任何一个近似算法的性能比会比 $\frac{3}{2}$ 小 (除非 $P = NP$). 然而, 人们却可以得到任意好的渐近性能比: 18.2 节和 18.3 节将利用椭球算法和第 17 章的内容给出一个完全多项式渐近近似方案.

18.1 贪 婪 算 法

本节将分析装箱问题的若干贪婪策略. 下面 NP-困难性的证明说明多项式时间的精确算法不大可能存在.

定理 18.1 下述问题是NP-完全的: 给定装箱问题的一个实例 I, 确定 I 是否只需要两个箱子即可装下所有物品.

证明 该问题显然是属于 NP 的. 我们将划分问题 (由推论 15.28 知其是 NP-完全的) 归约到上面的判定问题. 给定划分问题的一个实例 $c_1, \cdots, c_n$, 构造装箱问题的如下实例 $a_1, \cdots, a_n$, 其中

$$a_i = \frac{2c_i}{\sum_{j=1}^{n} c_j}$$

容易看出两个箱子能够装下所有物品的充分必要条件是存在一个子集 $S \subseteq \{1, \cdots, n\}$ 使得 $\sum_{j \in S} c_j = \sum_{j \notin S} c_j$. $\square$

推论 18.2　除非 $P = $ NP, 对任意的 $\rho < \frac{3}{2}$, 装箱问题不存在 ρ-因子近似算法.

对任意确定的常数 k, 存在 伪多项式时间算法 来判定是否 k 个箱子足够装下一个给定的实例 I (习题 1). 然而, 一般情况下 (k 不是常数) 问题则变成强 NP-完全的.

定理 18.3 (Garey and Johnson, 1975)　下述问题是强 NP-完全的: 给定装箱问题的一个实例 I 和一个数 B, 判定 I 是否仅需要 B 个箱子.

证明　从 3 维匹配问题 (见定理 15.26) 建立归约.

给定 3 维匹配的一个实例 U, V, W, T, 构造装箱问题的一个物品数目为 $4|T|$ 的实例 I. 具体说来, 物品集记成

$$S := \bigcup_{t=(u,v,w) \in T} \{t, (u,t), (v,t), (w,t)\}$$

设 $U = \{u_1, \cdots, u_n\}$, $V = \{v_1, \cdots, v_n\}$, $W = \{w_1, \cdots, w_n\}$. 对每一个元素 $x \in U \,\dot\cup\, V \,\dot\cup\, W$ 相应地选择一个 $t_x \in T$, 使得 $(x, t_x) \in S$. 而对每一个 $t = (u_i, v_j, w_k) \in T$, 对应的物品及其尺寸定义如下:

$$t \qquad \text{具有尺寸} \frac{1}{C}(10N^4 + 8 - iN - jN^2 - kN^3)$$

$$(u_i, t) \qquad \text{具有尺寸} \begin{cases} \dfrac{1}{C}(10N^4 + iN + 1) & \text{若 } t = t_{u_i} \\[2mm] \dfrac{1}{C}(11N^4 + iN + 1) & \text{若 } t \neq t_{u_i} \end{cases}$$

$$(v_j, t) \qquad \text{具有尺寸} \begin{cases} \dfrac{1}{C}(10N^4 + jN^2 + 2) & \text{若 } t = t_{v_j} \\[2mm] \dfrac{1}{C}(11N^4 + jN^2 + 2) & \text{若 } t \neq t_{v_j} \end{cases}$$

$$(w_k, t) \qquad \text{具有尺寸} \begin{cases} \dfrac{1}{C}(10N^4 + kN^3 + 4) & \text{若 } t = t_{w_k} \\[2mm] \dfrac{1}{C}(8N^4 + kN^3 + 4) & \text{若 } t \neq t_{w_k} \end{cases}$$

其中 $N := 100n$, $C := 40N^4 + 15$. 这样就定义了装箱问题的一个实例 $I = (a_1, \cdots, a_{4|T|})$. 设 $B := |T|$, 我们将证明 I 存在箱子数目至多为 B 的解当且仅当原 3 维匹配 的实例是一个肯定 – 实例, 也就是说, T 存在子集 M 满足 $|M| = n$ 使得对不同的 $(u, v, w), (u', v', w') \in M$, 有 $u \neq u'$, $v \neq v'$ 以及 $w \neq w'$.

首先假设 3 维匹配的实例存在一个解 M. 注意, 实例 I 是否可以用 B 个箱子装下其实与 t_x ($x \in U \cup V \cup W$) 的选择无关. 于是可以对所有的 x 重新选择使得

$t_x \in M$. 这样, 对任意的 $t = (u, v, w) \in T$, 将 $t, (u, t), (v, t), (w, t)$ 装入同一个箱子, 从而共使用 $|T| = B$ 个箱子.

反过来, 设 f 为装箱实例 I 的一个解, 箱子数 $B = |T|$. 因为 $\mathrm{SUM}(I) = |T|$, 所以每个箱子必是满的. 同时注意到每个物品的尺寸在 $\frac{1}{5}$ 和 $\frac{1}{3}$ 之间, 从而每个箱子恰好装有四个物品.

考察任一个箱子 $k \in \{1, \cdots, B\}$. 固 $C \sum_{i:f(i)=k} a_i = C \equiv 15 \pmod{N}$, 该箱子必含有一个物品 $t = (u, v, w) \in T$、一个物品 $(u', t') \in U \times T$、一个物品 $(v', t'') \in V \times T$ 和一个物品 $(w', t''') \in W \times T$. 再者, $C \sum_{i:f(i)=k} a_i = C \equiv 15 \pmod{N^2}$, 故 $u = u'$. 类似地, 通过考察模 N^3 和模 N^4 的和, 可以得到 $v = v'$ 和 $w = w'$. 进一步, 或者 $t' = t_u$, $t'' = t_v$ 以及 $t''' = t_w$ (情形 1) 或者 $t' \neq t_u$, $t'' \neq t_v$ 以及 $t''' \neq t_w$ (情形 2).

将在情形 1 成立的情况下装入箱中的 $t \in T$ 的全体记成 M. 可以看出 M 是 3 维匹配实例的一个解.

最后注意到所构造的装箱实例 I 中的所有参数皆是多项式界定的, 具体说来均为 $O(n^4)$. 由于 3 维匹配是 NP-完全的 (见定理 15.26), 故本定理结论成立. $\qquad\square$

上述证明源自 Papadimitriou (1994). 即使在 $P \neq \mathrm{NP}$ 的假设下, 以上结论仍未排除绝对近似算法的可能性, 比如这样的算法所用箱子数与最优解相差总是不超过 1. 此算法的存在性是一个未解问题.

下列算法可能是最简单的装箱算法了:

NEXT-FIT算法 (NF)

输入: 装箱问题的一个实例 $a_1, \cdots, a_n$.

输出: 一个解 (k, f).

---

① 令 $k := 1$ 和 $S := 0$.

② 从 $i := 1$ 到 n 进行

   若 $S + a_i > 1$, 则令 $k := k + 1$ 和 $S := 0$.

   令 $f(i) := k$, $S := S + a_i$.

记 $\mathrm{NF}(I)$ 为该算法关于实例 I 所需要的箱子数目.

定理 18.4 NEXT-FIT 算法的运行时间为 $O(n)$. 对任意实例 $I = \{a_1, \cdots, a_n\}$, 有

$$\mathrm{NF}(I) \leqslant 2\lceil \mathrm{SUM}(I) \rceil - 1 \leqslant 2\,\mathrm{OPT}(I) - 1$$

证明 算法的线性运行时间不证自明. 设 $k := \mathrm{NF}(I)$ 并记 f 为 NEXT-FIT 算法的装箱结果, 如 $f(i)$ 意指物品 a_i 所在箱子下标 (见算法描述). 对 $j = 1, \cdots, \lfloor \frac{k}{2} \rfloor$ 有

$$\sum_{i:f(i)\in\{2j-1,2j\}} a_i > 1$$

将这些不等式求和得到

$$\left\lfloor \frac{k}{2} \right\rfloor < \text{SUM}(I)$$

注意左端是整数, 所以

$$\frac{k-1}{2} \leqslant \left\lfloor \frac{k}{2} \right\rfloor \leqslant \lceil \text{SUM}(I) \rceil - 1$$

这就证明了 $k \leqslant 2\lceil \text{SUM}(I) \rceil - 1$. 第二个不等式显然.   □

实例 $2\varepsilon, 1 - \varepsilon, 2\varepsilon, 1 - \varepsilon, \cdots, 2\varepsilon$, 其中 $\varepsilon > 0$ 足够小, 表明上面的界 2 是紧的. 所以 NEXT-FIT 算法是 2-因子近似算法. 很自然地, 当所有物品尺寸很小的时候算法的性能会好些.

命题 18.5 设 $0 < \gamma < 1$. 对任意实例 $I = a_1, \cdots, a_n$, 其中 $a_i \leqslant \gamma$, $i \in \{1, \cdots, n\}$, 有

$$\text{NF}(I) \leqslant \left\lceil \frac{\text{SUM}(I)}{1 - \gamma} \right\rceil$$

证明 对任意的 $j = 1, \cdots, \text{NF}(I) - 1$, 显然有 $\sum_{i: f(i) = j} a_i > 1 - \gamma$. 对这些不等式求和得到 $(\text{NF}(I) - 1)(1 - \gamma) < \text{SUM}(I)$, 从而

$$\text{NF}(I) - 1 \leqslant \left\lceil \frac{\text{SUM}(I)}{1 - \gamma} \right\rceil - 1$$ □

下一个有效的近似算法如下:

FIRST-FIT算法(FF)

输入: 装箱问题的一个实例 $a_1, \cdots, a_n$.

输出: 一个解 (k, f).

---

① 从 $i := 1$ 到 n 进行:

$$\Leftrightarrow f(i) := \min \left\{ j \in \mathbb{N} : \sum_{h < i: f(h) = j} a_h + a_i \leqslant 1 \right\}.$$

② 令 $k := \max_{i \in \{1, \cdots, n\}} f(i)$.

FIRST-FIT 算法不次于 NEXT-FIT. 所以 FIRST-FIT 是又一个 2-因子近似算法. 其实, 它的性能更好些.

定理 18.6 (Johnson et al., 1974; Garey et al., 1976) 对装箱问题的所有实例 I, 有

$$\text{FF}(I) \leqslant \left\lceil \frac{17}{10} \text{OPT}(I) \right\rceil$$

而且存在 OPT(I) 足够大的实例 I 使得

$$\mathrm{FF}(I) \geqslant \frac{17}{10}(\mathrm{OPT}(I) - 1).$$

由于证明复杂, 此处略去. 而对 OPT(I) 取值比较小的情况, Simchi-Levi (1994) 给出的相对较好的界 $\mathrm{FF}(I) \leqslant \frac{7}{4}\mathrm{OPT}(I)$.

命题 18.5 证明 Next-Fit (以及 First-Fit) 算法在物品较小的时候有很好的性能. 一个自然的想法是先处理大物品. 于是可以在使用 First-Fit 算法前先将 n 的物品按尺寸降序排列:

First-Fit-Decreasing 算法(FFD)

输入: 装箱问题 的一个实例 $a_1, \cdots, a_n$.

输出: 一个解 (k, f).

---

① 将物品排序使得 $a_1 \geqslant a_2 \geqslant \cdots \geqslant a_n$.

② 使用 First-Fit 算法.

定理 18.7 (Simchi-Levi, 1994)   FFD 算法是装箱问题的 $\frac{3}{2}$-因子近似算法.

证明   设 I 为任一实例, $k := \mathrm{FFD}(I)$. 考虑第 j 个打开的箱子, 其中 $j := \lceil \frac{2}{3}k \rceil$. 若其含有一个尺寸 $> \frac{1}{2}$ 的物品, 由于物品是降序排列的, 则其前面的每个箱子必然也接受了一个尺寸 $> \frac{1}{2}$ 的物品. 这表明 I 至少有 j 个尺寸 $> \frac{1}{2}$ 的物品. 所以 $\mathrm{OPT}(I) \geqslant j \geqslant \frac{2}{3}k$.

否则, 自第 j 个箱子开始皆不含有尺寸 $> \frac{1}{2}$ 的物品. 因而箱子 $j, j+1, \cdots, k$ 总共包含至少 $2(k-j)+1$ 个物品, 这些物品均无法装入前 $j-1$ 个箱子. 故 $\mathrm{SUM}(I) > \min\{j-1, 2(k-j)+1\} \geqslant \min\left\{\lceil \frac{2}{3}k \rceil - 1, 2\left(k - \left(\frac{2}{3}k + \frac{2}{3}\right)\right) + 1\right\} = \lceil \frac{2}{3}k \rceil - 1$ 及 $\mathrm{OPT}(I) \geqslant \mathrm{SUM}(I) > \lceil \frac{2}{3}k \rceil - 1$, 即 $\mathrm{OPT}(I) \geqslant \lceil \frac{2}{3}k \rceil$. $\square$

由推论 18.2 知这是最好可能的 (对 FFD, 考虑实例 0.4, 0.4, 0.3, 0.3, 0.3, 0.3). 然而, 其渐近性能比则要好. Johnson (1973) 证明 $\mathrm{FFD}(I) \leqslant \frac{11}{9}\mathrm{OPT}(I) + 4$ 对所有的实例 I 成立 (亦可参见 Johnson (1974)). Baker (1985) 给出了一个简化的证明 $\mathrm{FFD}(I) \leqslant \frac{11}{9}\mathrm{OPT}(I) + 3$. 已知的最好结果如下.

定理 18.8 (Yue, 1990)   对装箱问题的所有实例 I, 有

$$\mathrm{FFD}(I) \leqslant \frac{11}{9}\mathrm{OPT}(I) + 1.$$

Yue 的证明比以往的证明都简短, 但仍然无法在这里详述. 下面给出一类实例

I 使得 $\mathrm{OPT}(I)$ 任意大且 $\mathrm{FFD}(I) = \frac{11}{9}\,\mathrm{OPT}(I)$. (该例子取自于 Garey, Johnson (1979).)

设 $\varepsilon > 0$ 足够小, $I = \{a_1, \cdots, a_{30m}\}$, 其中

$$
a_i = \begin{cases}
\dfrac{1}{2} + \varepsilon & \text{若 } 1 \leqslant i \leqslant 6m \\[2mm]
\dfrac{1}{4} + 2\varepsilon & \text{若 } 6m < i \leqslant 12m \\[2mm]
\dfrac{1}{4} + \varepsilon & \text{若 } 12m < i \leqslant 18m \\[2mm]
\dfrac{1}{4} - 2\varepsilon & \text{若 } 18m < i \leqslant 30m
\end{cases}
$$

最优解由下面的箱子组成

$$6m \text{ 个箱子含有} \qquad \frac{1}{2} + \varepsilon,\ \frac{1}{4} + \varepsilon,\ \frac{1}{4} - 2\varepsilon$$

$$3m \text{ 个箱子含有} \qquad \frac{1}{4} + 2\varepsilon,\ \frac{1}{4} + 2\varepsilon,\ \frac{1}{4} - 2\varepsilon,\ \frac{1}{4} - 2\varepsilon$$

而 FFD 的解则为

$$6m \text{ 个箱子含有} \qquad \frac{1}{2} + \varepsilon,\ \frac{1}{4} + 2\varepsilon$$

$$2m \text{ 个箱子含有} \qquad \frac{1}{4} + \varepsilon,\ \frac{1}{4} + \varepsilon,\ \frac{1}{4} + \varepsilon$$

$$3m \text{ 个箱子含有} \qquad \frac{1}{4} - 2\varepsilon,\ \frac{1}{4} - 2\varepsilon,\ \frac{1}{4} - 2\varepsilon,\ \frac{1}{4} - 2\varepsilon$$

所以 $\mathrm{OPT}(I) = 9m$ 而 $\mathrm{FFD}(I) = 11m$.

装箱问题还有若干其它算法, 有些具有比 $\frac{11}{9}$ 还小的渐近性能比. 下一节将证明渐近性能比可以任意接近于 1.

在某些实际应用中需要按照物品的到达顺序装箱, 而且在处理当前物品时不知道下一个物品的情况. 不使用将来物品信息的算法称为在线算法. 如 NEXT-FIT 和 FIRST-FIT 为在线算法, 而 FFD 则不是. 目前装箱问题已知的最好在线算法的渐近性能比不超过 1.59 (Seiden, 2002)). 另一方面, van Vliet (1992) 证明装箱问题不存在渐近 1.54-因子的在线算法. 一个稍弱的下界则留作习题 18.5.

18.2　渐近近似方案

本节将证明: 对任意的 $\varepsilon > 0$, 装箱问题存在线性时间的算法保证其解不超过 $(1 + \varepsilon)\,\mathrm{OPT}(I) + \frac{1}{\varepsilon^2}$.

首先考虑物品的不同尺寸个数不多的实例. 将这样的实例 I 中不同的物品尺寸记成 $s_1, \cdots, s_m$. 设 I 含有恰好 b_i 个 s_i $(i = 1, \cdots, m)$.

设 $T_1, \cdots, T_N$ 是单个箱子装入物品的所有可能形式:

$$\{T_1, \cdots, T_N\} := \left\{ (k_1, \cdots, k_m) \in \mathbb{Z}_+^m : \sum_{i=1}^m k_i s_i \leqslant 1 \right\}$$

记 $T_j = (t_{j1}, \cdots, t_{jm})$. 则装箱问题等价于下面的整数规划形式 (Eisemann, 1957):

$$\min \quad \sum_{j=1}^N x_j$$

$$\text{s.t.} \quad \sum_{j=1}^N t_{ji} x_j \geqslant b_i, \quad i = 1, \cdots, m$$

$$x_j \in \mathbb{Z}_+, \quad j = 1, \cdots, N \qquad (18.1)$$

实际上我们要求 $\sum_{j=1}^N t_{ji} x_j = b_i$, 但放松这个约束并没有什么影响. 式 (18.1) 的线性规划松弛为

$$\min \quad \sum_{j=1}^N x_j$$

$$\text{s.t.} \quad \sum_{j=1}^N t_{ji} x_j \geqslant b_i, \quad i = 1, \cdots, m$$

$$x_j \geqslant 0, \quad j = 1, \cdots, N \qquad (18.2)$$

下面的引理说明, 对线性规划松弛 (18.2) 的解取整后得到装箱问题(18.1) 的一个解. 这个解并不太差.

定理 18.9 (Fernandez de la Vega and Lueker, 1981) 设 I 是装箱问题的一个仅含有 m 个不同物品尺寸的实例. 设 x 是式 (18.2) 的一个可行解 (不一定最优), 且最多有 m 个非零元. 那么可以在 $O(|I|)$ 时间内找到装箱问题的一个解, 其使用的箱子数至多为 $\left\lceil \sum_{j=1}^N x_j \right\rceil + \left\lfloor \frac{m-1}{2} \right\rfloor$.

证明 考虑 $\lfloor x \rfloor$, 其可以通过对 x 的每个分量取下整而得到. 一般讲, $\lfloor x \rfloor$ 并未将实例 I 全部装完 (也许会将同一个物品多次装入, 不过这没有关系). 剩余的物品记成实例 I'. 注意到

$$\text{SUM}(I') \leqslant \sum_{j=1}^N (x_j - \lfloor x_j \rfloor) \sum_{i=1}^m t_{ji} s_i \leqslant \sum_{j=1}^N x_j - \sum_{j=1}^N \lfloor x_j \rfloor$$

只要 $\lceil \text{SUM}(I') \rceil + \left\lfloor \frac{m-1}{2} \right\rfloor$ 个箱子能装下 I', 那么所使用的箱子总数不超过

$$\sum_{j=1}^N \lfloor x_j \rfloor + \lceil \text{SUM}(I') \rceil + \left\lfloor \frac{m-1}{2} \right\rfloor \leqslant \left\lceil \sum_{j=1}^N x_j \right\rceil + \left\lfloor \frac{m-1}{2} \right\rfloor$$

下面考虑 I' 的两种装法. 首先向量 $\lceil x \rceil - \lfloor x \rfloor$ 显然可以装下 I' 中的所有物品. 由于 x 有至多 m 个非零元, 所用箱子数不超过 m. 再者, 可以利用 Next-Fit 算法 (定理 18.4) 来装 I', 箱子数不超过 $2\lceil \mathrm{SUM}(I') \rceil - 1$. 两种装法皆可以在线性时间内完成.

两种装法的优者使用箱子数至多为 $\min\{m, 2\lceil \mathrm{SUM}(I') \rceil - 1\} \leqslant \lceil \mathrm{SUM}(I') \rceil + \frac{m-1}{2}$. 得证. $\qquad\qquad\qquad\qquad\qquad\qquad\qquad\qquad\qquad\qquad\qquad\qquad\qquad\qquad\quad\square$

推论 18.10 (Fernandez de la Vega and Lueker, 1981)　设 m 和 $\gamma > 0$ 为固定常数. 设 I 为装箱问题的实例, 其仅含有 m 个不同的物品尺寸, 且均不小于 γ. 那么在 $O(|I|)$ 时间内可以找到一个解, 箱子数不超过 $\mathrm{OPT}(I) + \left\lfloor \frac{m-1}{2} \right\rfloor$.

证明　利用单纯形法 (定理 3.14) 求得式 (18.2) 的一个最优基解 x^*, 也就是多面体上的一个顶点. 由于任何顶点使得 N 个约束不等式取等号 (命题 3.9), 所以 x^* 至多含有 m 个非零元.

求解 x^* 的时间仅依赖于 m 和 N. 因为每个箱子至多含有 $\frac{1}{\gamma}$ 个物品, 故 $N \leqslant (m+1)^{\frac{1}{\gamma}}$. 从而 x^* 可在常数时间内确定.

注意到 $\left\lceil \sum_{j=1}^{N} x_j^* \right\rceil \leqslant \mathrm{OPT}(I)$, 直接应用定理 18.9 得证. $\qquad\qquad\qquad\qquad\square$

利用椭球算法 (定理 4.18) 可以得到相同的结论. 然而这并非最佳结果. 对固定的 m 和 γ, 其实可以在多项式时间内求得最优解, 这是因为具有常数个变量的整数规划是多项式可解的 (Lenstra, 1983). 不过, 后面可以看到这种差异无关紧要. 下一节将再次应用定理 18.9, 即便当 m 和 γ 非常数的情形下仍然可以在多项式时间内得到相同的性能保证 (见定理 18.14 的证明).

现在可以描述由 Fernandez de la Vega 和 Lueker (1981) 给出的算法了. 其大概思想如下: 首先根据 n 个物品的尺寸大小划分成 $m+2$ 个组. 物品尺寸最大的一个组中每个物品单独放入一个箱子中. 中等尺寸物品所在的 m 个组里的物品分别放大到所在组中的最大尺寸, 然后应用推论 18.10. 最后将尺寸最小的一组物品装入箱中.

Fernandez-de-la-Vega-Lueker 算法

输入: 装箱问题 的一个实例 $I = a_1, \cdots, a_n$. 数 $\varepsilon > 0$.

输出: I 的一个解 (k, f).

---

① 令 $\gamma := \frac{\varepsilon}{\varepsilon+1}$ 和 $h := \lceil \varepsilon\, \mathrm{SUM}(I) \rceil$.

② 设 $I_1 = L, M, R$ 为 I 的一个重新排列, 其中 $M = K_0, y_1, K_1, y_2, \cdots, K_{m-1}, y_m$, 而 $L, K_0, K_1, \cdots, K_{m-1}$ 及 R 为满足下列性质的数列:

(a) 对所有的 $x \in L$: $x < \gamma$.

(b) 对所有的 $x \in K_0$: $\gamma \leqslant x \leqslant y_1$.

(c) 对所有的 $x \in K_i$: $y_i \leqslant x \leqslant y_{i+1}$ $(i = 1, \cdots, m-1)$.

(d) 对所有的 $x \in R$: $y_m \leqslant x$.

(e) $|K_1| = \cdots = |K_{m-1}| = |R| = h - 1$ 和 $|K_0| \leqslant h - 1$.

(k, f) 由下面三个步骤确定:

③ 给出 R 的装法 S_R 使得箱子数为 $|R|$.

④ 考虑如下由 hm 个物品组成的实例 Q, 其中 $y_1, y_2, \cdots, y_m$ 等 m 个尺寸各出现 h 次. 给出 Q 的装法 S_Q, 使用的箱子数比最佳装法至多多 $\frac{m+1}{2}$ (利用推论 18.10). 将 S_Q 转换成 M 的装法 S_M.

⑤ 只要 S_R 或 S_M 的任何一个箱子的剩余空间达到 γ, 则尽可能多地装入 L 中的物品. 最后, 利用 NEXT-FIT 算法来装 L 中剩余的物品.

第 ④ 步给出的估计界比推论 18.10 的结论稍弱. 但这并无大碍. 该形式在第 18.3 节中将会用到. 上述算法就是一个渐近近似方案. 更准确地说:

定理 18.11 (Fernandez de la Vega and Lueker, 1981) 对任一个 $0 < \varepsilon \leqslant \frac{1}{2}$ 和装箱问题 的任意实例 I, FERNANDEZ-DE-LA-VEGA-LUEKER 算法使用的箱子数最多为 $(1 + \varepsilon) \mathrm{OPT}(I) + \frac{1}{\varepsilon^2}$. 运行时间为 $O\left(n \frac{1}{\varepsilon^2}\right)$ 加上求解式 (18.2) 所需的时间. 对任意固定 ε, 运行时间为 $O(n)$.

证明 第 ② 步在 $O(n)$ 时间内确定 L. 然后令 $m := \left\lfloor \frac{|I| - |L|}{h} \right\rfloor$. 由于 $\gamma(|I| - |L|) \leqslant \mathrm{SUM}(I)$, 有

$$m \;\leqslant\; \frac{|I| - |L|}{h} \;\leqslant\; \frac{|I| - |L|}{\varepsilon \, \mathrm{SUM}(I)} \;\leqslant\; \frac{1}{\gamma \varepsilon} \;=\; \frac{\varepsilon + 1}{\varepsilon^2}$$

我们知道 y_i 一定是第 $(|I| + 1 - (m - i + 1)h)$ 小的物品的尺寸 $(i = 1, \cdots, m)$. 故由推论 17.4, 可以在 $O(n)$ 时间内找到 y_i. 最后, $K_0, K_1, \cdots, K_{m-1}, R$, 每一个可在 $O(n)$ 时间内确定. 所以 ② 能够在 $O(mn)$ 时间内完成. 注意 $m = O\left(\frac{1}{\varepsilon^2}\right)$.

除了求解 (18.2) 外, ③, ④ 和 ⑤ 各步很容易在 $O(n)$ 时间内实现. 对固定的 ε 而言, (18.2) 也可在 $O(n)$ 时间内求得最优解 (推论 18.10).

现在来证明算法的性能比. 设算法使用 k 个箱子. 记 $|S_R|$ 和 $|S_M|$ 分别为装 R 和 M 中物品所用的箱子个数. 有

$$|S_R| \;\leqslant\; |R| \;=\; h - 1 \;<\; \varepsilon \, \mathrm{SUM}(I) \;\leqslant\; \varepsilon \, \mathrm{OPT}(I)$$

再者, 注意到 $\mathrm{OPT}(Q) \leqslant \mathrm{OPT}(I)$, I 中第 i 大的物品不比 Q 中第 i 大的物品小, $i = 1, \cdots, hm$. 因而根据 ④ (推论 18.10) 有

$$|S_M| \;=\; |S_Q| \;\leqslant\; \mathrm{OPT}(Q) + \frac{m+1}{2} \;\leqslant\; \mathrm{OPT}(I) + \frac{m+1}{2}$$

在 ⑤ 中将 L 中部分物品装入到 S_R 和 S_M 的箱子中. 然后记 L' 为 L 中的剩余物品.

情形 1. L' 非空. 除了最后一个箱子外, 每个箱子中的物品尺寸之和超过了 $1 - \gamma$, 所以有 $(1 - \gamma)(k - 1) < \mathrm{SUM}(I) \leqslant \mathrm{OPT}(I)$. 从而

$$k \;\leqslant\; \frac{1}{1-\gamma}\,\mathrm{OPT}(I) + 1 \;=\; (1+\varepsilon)\,\mathrm{OPT}(I) + 1$$

情形 2. L' 是空集. 则

$$
\begin{aligned}
k &\leqslant |S_R| + |S_M| \\
&< \varepsilon\,\mathrm{OPT}(I) + \mathrm{OPT}(I) + \frac{m+1}{2} \\
&\leqslant (1+\varepsilon)\,\mathrm{OPT}(I) + \frac{\varepsilon+1+\varepsilon^2}{2\varepsilon^2} \\
&\leqslant (1+\varepsilon)\,\mathrm{OPT}(I) + \frac{1}{\varepsilon^2},
\end{aligned}
$$

最后一个不等式用到了 $\varepsilon \leqslant \frac{1}{2}$.　　　　　　　　　　　　　　　　　　　□

需要指出的是该算法的运行时间关于 $\frac{1}{\varepsilon}$ 指数增长. Karmarkar 和 Karp 则给出了完全多项式渐近近似方案. 下一节专门对其进行讨论.

18.3　Karmarkar-Karp 算法

Karmarkar 和 Karp (1982) 的算法与上一节的算法相似, 不过, 其并不是如推论 18.10 中一样去求 (18.2) 线性规划松弛的最优解, 而是给出一个具有常数绝对误差的解 (绝对近似解).

变量的个数关于 $\frac{1}{\varepsilon}$ 指数增长, 这一事实不会影响求解线性规划. Gilmore 和 Gomory (1961) 提出列生成技术而得到单纯形法的一种变形, 在实际中能够相当有效地求解 (18.2). 类似的思想同样可以导出理论上的有效算法, 只要使用 GRÖTSCHEL-LOVÁSZ-SCHRIJVER 算法即可. 而这两个方案的关键均在于线性规划的对偶. 式 (18.2) 的对偶是

$$
\begin{aligned}
\max \quad & yb \\
\text{s.t.} \quad & \sum_{i=1}^{m} t_{ji} y_i \leqslant 1 \quad (j=1,\cdots,N) \\
& y_i \geqslant 0 \quad (i=1,\cdots,m)
\end{aligned}
\tag{18.3}
$$

其仅包含 m 个变量, 却有指数多个约束. 不过, 只要能够在多项式时间内求解分离问题, 约束个数本身没有关系. 可以看出分离问题等价于一个背包问题. 既然我们能解决背包问题, 使得与最优解任意接近, 亦可以在多项式时间内求解弱分离问题. 这个思路帮助我们证明:

引理 18.12 (Karmarkar and Karp, 1982)　设 I 是装箱问题的一个实例, 其有 m 个不同的物品尺寸, 且这些尺寸均不小于 γ. 令 $\delta > 0$. 那么对偶规划 (18.3) 的一个可行解 y^* 可以在 $O\left(m^6 \log^2 \frac{mn}{\gamma\delta} + \frac{m^5 n}{\delta} \log \frac{mn}{\gamma\delta}\right)$ 时间内求得, 其与最优解相差不超过 δ.

证明　假设 $\delta = \frac{1}{p}$, 其中 p 为某个自然数. 利用 GRÖTSCHEL-LOVÁSZ-SCHRIJVER 算法(定理 4.19). 设 $\mathcal{D}$ 为 (18.3) 的多面体. 则有

$$B\left(x_0, \frac{\gamma}{2}\right) \subseteq [0, \gamma]^m \subseteq \mathcal{D} \subseteq [0, 1]^m \subseteq B(x_0, \sqrt{m})$$

其中 x_0 是分量皆为 $\frac{\gamma}{2}$ 的向量.

下面将证明可以在 $O\left(\frac{nm}{\delta}\right)$ 时间内求解 (18.3) 的弱分离问题, 也就是 $\mathcal{D}, b$, 以及 $\frac{\delta}{2}$, 且与输入向量 y 的大小无关. 由定理 4.19 知, 弱优化问题可在 $O\left(m^6 \log^2 \frac{m\|b\|}{\gamma\delta} + \frac{m^5 n}{\delta} \log \frac{m\|b\|}{\gamma\delta}\right)$ 时间内求解, 再由 $\|b\| \leqslant n$, 引理得证.

为了求解弱分离问题, 设 $y \in \mathbb{Q}^m$ 给定. 可以假设 $0 \leqslant y \leqslant 1$, 否则结论显然. 注意到, y 可行当且仅当

$$\max\{yx : x \in \mathbb{Z}_+^m, xs \leqslant 1\} \leqslant 1 \tag{18.4}$$

其中 $s = (s_1, \cdots, s_m)$ 是物品尺寸构成的向量.

(18.4) 是一类背包问题, 我们不打算求其精确解. 事实上, 弱分离问题只要求一个近似解.

记 $y' := \lfloor \frac{2n}{\delta} y \rfloor$ (按分量分别取整). 与 17.2 节的动态规划背包算法非常类似 (见习题 17.6), 问题

$$\max\{y'x : x \in \mathbb{Z}_+^m, xs \leqslant 1\} \tag{18.5}$$

也可以用动态规划求解: 设 $F(0) := 0$,

$$F(k) := \min\{F(k - y_i') + s_i : i \in \{1, \cdots, m\}, y_i' \leqslant k\}$$

其中 $k = 1, \cdots, \frac{4n}{\delta}$. $F(k)$ 是费用和为 k 而尺寸和最小的物品集 (关于 y').

式 (18.5) 的最优值至多为 $\frac{2n}{\delta}$ 的充要条件是对所有的 $k \in \left\{\frac{2n}{\delta} + 1, \cdots, \frac{4n}{\delta}\right\}$, $F(k) > 1$ 成立. 检查该条件的时间为 $O\left(\frac{mn}{\delta}\right)$. 考虑两种情况:

情形 1. 式 (18.5) 的最优值至多为 $\frac{2n}{\delta}$. 那么 $\frac{\delta}{2n} y'$ 是 (18.3) 的一个可行解. 进而, $by - b\frac{\delta}{2n} y' \leqslant b\frac{\delta}{2n}\mathbb{1} = \frac{\delta}{2}$. 弱分离问题就解决了.

情形 2. 存在 $x \in \mathbb{Z}_+^m$ 满足 $xs \leqslant 1$ 和 $y'x > \frac{2n}{\delta}$. 这个 x 容易在 $O\left(\frac{mn}{\delta}\right)$ 时间内自数列 $F(k)$ 中求得. 有 $yx \geqslant \frac{\delta}{2n} y'x > 1$. 因此, 由 x 对应于一种箱子的形式说明 y 不可行. 因为 $zx \leqslant 1$ 对所有的 $z \in \mathcal{D}$ 成立, 这是一个分离超平面, 故得证.　　□

引理 18.13 (Karmarkar and Karp, 1982)　设 I 是装箱问题的一个实例, 其有 m 个不同的物品尺寸, 且这些尺寸均不小于 γ. 令 $\delta > 0$. 则原规划 (18.2) 的一个可行解 x 可以在 $n, \frac{1}{\delta}$ 以及 $\frac{1}{\gamma}$ 的多项式时间内求出, 其与最优解相差不超过 δ 且至多有 m 个非零元.

证明　首先利用引理 18.12 近似求解对偶问题 (18.3), 得到向量 y^* 满足 $y^*b \geqslant$ OPT 式 $(18.3) - \delta$. 设 $T_{k_1}, \cdots, T_{k_{N'}}$ 为箱子形式集, 包括出现在前面证明情形 2 中的分离超平面, 以及单位向量 (仅含有单个物品的箱子形式). 注意到

N' 不超过 Grötschel-Lovász-Schrijver 算法 (见定理 4.19) 的迭代步数, 故
$N' = O\left(m^2 \log \frac{mn}{\gamma\delta}\right)$.

考虑线性规划

$$
\begin{aligned}
\max \quad & yb \\
\text{s.t.} \quad & \sum_{i=1}^{m} t_{k_j i} y_i \leqslant 1 \quad (j = 1, \cdots, N') \\
& y_i \geqslant 0 \quad (i = 1, \cdots, m)
\end{aligned}
\tag{18.6}
$$

可以发现前面关于 (18.3) 的讨论 (引理 18.12 的证明) 同样适用于用
Grötschel-Lovász-Schrijver 算法求解 (18.6), 弱分离问题的神算包 (oracle) 总
是给出如上相同的答案. 因而有 $y^*b \geqslant \text{OPT}(\text{式}18.6) - \delta$. 考虑

$$
\begin{aligned}
\min \quad & \sum_{j=1}^{N'} x_{k_j} \\
\text{s.t.} \quad & \sum_{j=1}^{N'} t_{k_j i} x_{k_j} \geqslant b_i, \quad i = 1, \cdots, m \\
& x_{k_j} \geqslant 0, \quad j = 1, \cdots, N'
\end{aligned}
\tag{18.7}
$$

其为 (18.6) 的对偶. 线性规划 (18.7) 通过清除 (18.2) 中的变量 x_j, $j \in \{1, \cdots, N\} \setminus \{k_1, \cdots, k_{N'}\}$ (置为零) 而得到. 换句话说, N 中仅有 N' 种箱子形式被用到. 有

$$
\text{OPT}(\text{式}18.7) - \delta = \text{OPT}(\text{式}18.6) - \delta \leqslant y^*b \leqslant \text{OPT}(\text{式}18.3) = \text{OPT}(\text{式}18.2)
$$

所以只要求解 (18.7) 就够了. 而 (18.7) 是多项式规模的线性规划, 其有 N' 个变量
和 m 个约束, 矩阵的每个元素都不大于 $\frac{1}{\gamma}$, 右端项皆小于等于 n. 由 Khachiyan 定
理 4.18, 其可在多项式时间内求解. 从而得到一个最优基解 x (x 是多面体的一个顶
点, 故 x 有至多 m 个非零元). □

将 Fernandez-de-la-Vega-Lueker 算法做一个小改动, 应用引理 18.13 的
结论去代替 (18.2) 的精确解从而得到:

定理 18.14 (Karmarkar and Karp, 1982) 装箱问题存在完全多项式渐近近似
方案.

证明 设 $\delta = 1$, 应用引理 18.13, 得到 (18.7) 的一个最优解 x, 其含有至多 m
个非零元. 有 $\mathbb{1}x \leqslant \text{OPT}(18.2) + 1$. 利用定理 18.9 得到一个整数解, 其使用的箱子
数至多为 $\lceil \text{OPT}(\text{式}18.2) \rceil + 1 + \frac{m-1}{2}$, 如 Fernandez-de-la-Vega-Lueker 算法的
第 ④ 步所要求的一样.

于是定理 18.11 的结论仍然成立. 因为 $m \leqslant \frac{2}{\varepsilon^2}$ 和 $\frac{1}{\gamma} \leqslant \frac{2}{\varepsilon}$ (可以假设 $\varepsilon \leqslant 1$), 求得 x 的时间关于 n 和 $\frac{1}{\varepsilon}$ 均是多项式的. □

这样估计的运行时间劣于 $O\left(\varepsilon^{-40}\right)$, 极不实用. Karmarkar 和 Karp (1982) 证明了如何将 (18.7) 的变量数目降低到 m (仅微小地改变最优值), 从而改进运行时间 (见习题 9). Plotkin, Shmoys 和 Tardos (1995) 则将时间改进到 $O(n \log \varepsilon^{-1} + \varepsilon^{-6} \log \varepsilon^{-1})$.

许多更一般的问题也得到了研究. 二维装箱问题要求将给定的若干矩形装入尽可能少的单位正方形中, 不允许重叠斜放和旋转. 除非 $P = \mathrm{NP}$, 该问题不存在渐近近似方案 (Bansal et al., 2006). 相关结果参见 Caprara (2002), Zhang (2005) 以及其中引用的文献.

<h2 style="text-align:center">习　　题</h2>

1. 设 k 为固定常数. 刻画一个伪多项式时间算法, 对装箱问题的给定实例 I, 或者找到一个箱子数至多为 k 的解, 或者确定这样的解不存在.

2. 设装箱问题的实例 $a_1, \cdots, a_n$ 中所有的 $a_i > \frac{1}{3}$. 试将该问题转化成基数匹配问题, 并证明其可在线性时间内求解.

3. 试给出装箱问题的一个实例 I, 满足 $\mathrm{FF}(I) = 17$ 而 $\mathrm{OPT}(I) = 10$.

4. 说明 FIRST-FIT 算法以及 FIRST-FIT-DECREASING 算法可在 $O(n \log n)$ 时间内实现.

5. 证明装箱问题不存在渐近 $\frac{4}{3}$-因子的在线算法. 提示: 考虑如下序列, n 个尺寸为 $\frac{1}{2} - \varepsilon$ 的物品, 后面接着 n 个尺寸为 $\frac{1}{2} + \varepsilon$ 的物品.

6. 证明: FERNANDEZ-DE-LA-VEGA-LUEKER 算法的 ② 可在 $O\left(n \log \frac{1}{\varepsilon}\right)$ 时间内实现.

*7. 对任意的 $\varepsilon > 0$ 存在多项式时间算法, 其对装箱问题的实例 $I = (a_1, \cdots, a_n)$ 总是使用最优的箱子个数, 但箱子容量可以超出 ε, 也就是说, $f : \{1, \cdots, n\} \to \{1, \cdots, \mathrm{OPT}(I)\}$ 使得 $\sum_{f(i)=j} a_i \leqslant 1 + \varepsilon$ 成立, 其中 $j \in \{1, \cdots, \mathrm{OPT}(I)\}$. 提示: 利用 18.2 节的思想 (Hochbaum and Shmoys, 1987).

8. 考虑下面的平行机排序问题. 设有一个有限任务集合 A. 对每一个任务 $a \in A$, 给定一个正数 $t(a)$ (处理时间), 处理器数为 m. 试给出一个划分 $A = A_1 \dot\cup A_2 \dot\cup \cdots \dot\cup A_m$, 将 A 分成 m 个不交子集使得 $\max_{i=1}^{m} \sum_{a \in A_i} t(a)$ 达到最小.

(a) 证明: 该问题是强 NP-困难的.

(b) 证明: 贪婪算法, 其总是将任务 (顺序任意) 安排在目前负载最小的处理器上, 是 2-因子近似算法.

(c) 证明: 对任何固定的 m 存在完全多项式近似方案 (Horowitz and Sahni, 1976).

*(d) 利用习题 18.7 证明平行机排序问题存在多项式近似方案 (Hochbaum and Shmoys, 1987).

注: 该问题是第一篇有关近似算法的文献 (Graham, 1966) 所研究的课题. 然后排序问题的许多变形得到了深入地研究, 参见 Graham et al. (1979) 或 Lawler et al. (1993).

*9. 考虑引理 18.13 证明中的线性规划 (18.6). 仅需要保留其中 m 个约束而不改变其最优值. 我们虽然无法在多项式时间内找出这 m 个约束, 但能够确定 m 个约束使得去掉其它的约

束并不会使得最优值增加太多 (如最多增加 1). 如何做到? 提示: 记 $D^{(0)}$ 为线性规划 (18.6), 通过连续删除约束构造若干线性规划 $D^{(1)}, D^{(2)}, \cdots$. 对每一步迭代, 确定 $D^{(i)}$ 的一个解 $y^{(i)}$ 满足 $by^{(i)} \geqslant \text{OPT}\left(D^{(i)}\right) - \delta$. 约束集合划分为大小相近的 $m+1$ 个子集, 对每个子集试探其是否可以被删除. 试探方法如下: 考察删除约束后的线性规划 $\overline{D}$, 利用 GRÖTSCHEL-LOVÁSZ-SCHRIJVER 算法求解. 令 $\overline{y}$ 是 $\overline{D}$ 的一个满足 $b\overline{y} \geqslant \text{OPT}\left(\overline{D}\right) - \delta$ 的解. 若 $b\overline{y} \leqslant by^{(i)} + \delta$, 则试探成功并记 $D^{(i+1)} := \overline{D}$ 和 $y^{(i+1)} := \overline{y}$. 适当选择 δ 的值 (Karmarkar and Karp, 1982).

　　*10. 适当选择依赖于 $\text{SUM}(I)$ 的 ε 值, 使得修改后的 KARMARKAR-KARP 算法是多项式时间的且保证其解至多为 $\text{OPT}(I) + O\left(\frac{\text{OPT}(I)\log\log\text{OPT}(I)}{\log\text{OPT}(I)}\right)$ (Johnson, 1982).

参 考 文 献

一般著述

Coffman E G, Garey M R and Johnson D S. 1996. Approximation algorithms for bin-packing; a survey// Approximation Algorithms for NP-Hard Problems (Hochbaum D S, ed.). Boston: PWS.

引用文献

Baker B S. 1985. A new proof for the First-Fit Decreasing bin-packing algorithm. Journal of Algorithms, 6: 49–70.

Bansal N, Correa J R, Kenyon C and Sviridenko M. 2006. Bin packing in multiple dimensions: inapproximability results and approximation schemes. Mathematics of Operations Research, 31: 31–49.

Caprara A. 2002. Packing 2-dimensional bins in harmony. Proceedings of the 43rd Annual IEEE Symposium on Foundations of Computer Science, 490–499.

Dósa G. 2007. The tight bound of first fit decreasing bin-packing algorithm is FFD(I) $\leqslant$ 11/9OPT(I)+6/9//Combinatorics, Algorithms, Probabilistic and Experimental Methodologies; LNCS 4614 (Chen B, Paterson M, Zhang G, eds.). Berlin: Springer, 2007, 1–11.

Eisemann K. 1957. The trim problem. Management Science, 3: 279–284.

Fernandez de la Vega W and Lueker G S. 1981. Bin packing can be solved within $1 + \varepsilon$ in linear time. Combinatorica, 1: 349–355.

Garey M R, Graham R L, Johnson D S and Yao A C. 1976. Resource constrained scheduling as generalized bin packing. Journal of Combinatorial Theory, A 21: 257–298.

Garey M R and Johnson D S. 1975. Complexity results for multiprocessor scheduling under resource constraints. SIAM Journal on Computing, 4: 397–411.

Garey M R and Johnson D S. 1979. Computers and Intractability; A Guide to the Theory of NP-Completeness. Freeman, San Francisco, 127.

Gilmore P C and Gomory R E. 1961. A linear programming approach to the cutting-stock problem. Operations Research, 9: 849–859.

Graham R L. 1966. Bounds for certain multiprocessing anomalies. Bell Systems Technical Journal, 45: 1563–1581.

Graham R L, Lawler E L, Lenstra J K and Rinnooy Kan A H G. 1979. Optimization and approximation in deterministic sequencing and scheduling: a survey//Discrete Optimization II; Annals of Discrete Mathematics 5 (Hammer P L, Johnson E L, Korte B H, eds.). Amsterdam: North-Holland, 287–326.

Hochbaum D S and Shmoys D B. 1987. Using dual approximation algorithms for scheduling problems: theoretical and practical results. Journal of the ACM, 34: 144–162.

Horowitz E and Sahni S K. 1976. Exact and approximate algorithms for scheduling non-identical processors. Journal of the ACM, 23: 317–327.

Johnson D S. 1973. Near-Optimal Bin Packing Algorithms. Doctoral Thesis, Dept. of Mathematics. Cambridge, MA: MIT.

Johnson D S. 1974. Fast algorithms for bin-packing. Journal of Computer and System Sciences, 8: 272–314.

Johnson D S. 1982. The NP-completeness column; an ongoing guide. Journal of Algorithms, 3: 288–300. Section 3.

Johnson D S, Demers A, Ullman J D, Garey M R and Graham R L. 1974. Worst-case performance bounds for simple one-dimensional packing algorithms. SIAM Journal on Computing, 3: 299–325.

Karmarkar N and Karp R M. 1982. An efficient approximation scheme for the one-dimensional bin-packing problem. Proceedings of the 23rd Annual IEEE Symposium on Foundations of Computer Science, 312–320.

Lawler E L, Lenstra J K, Rinnooy Kan A H G, and Shmoys D B. 1993. Sequencing and scheduling: algorithms and complexity // Handbooks in Operations Research and Management Science; Vol. 4 (Graves S C, Rinnooy Kan A H G, Zipkin, P H. eds.). Amsterdam: Elsevier.

Lenstra H W. 1983. Integer Programming with a fixed number of variables. Mathematics of Operations Research, 8: 538–548.

Papadimitriou C H. 1994. Computational Complexity. Addison-Wesley, Reading, 204–205.

Plotkin S A, Shmoys D B and Tardos É. 1995. Fast approximation algorithms for fractional packing and covering problems. Mathematics of Operations Research, 20: 257–301.

Seiden S S. 2002. On the online bin packing problem. Journal of the ACM, 49: 640–671.

Simchi-Levi D. 1994. New worst-case results for the bin-packing problem. Naval Research Logistics, 41: 579–585.

van Vliet A. 1992. An improved lower bound for on-line bin packing algorithms. Information Processing Letters, 43: 277–284.

Yue M. 1990. A simple proof of the inequality $FFD(L) \leqslant \frac{11}{9} OPT(L) + 1, \forall L$ for the FFD bin-packing algorithm. Report No. 90665, Research Institute for Discrete Mathematics, University of Bonn.

Zhang G. 2005. A 3-approximation algorithm for two-dimensional bin packing. Operations Research Letters, 33: 121–126.

第 19 章 多商品流和边不重路

多商品流问题 (the multicommodity flow problem) 是最大流问题 (the maximum flow problem) 的推广. 给定一个有边容量限制的有向图, 我们的目的是为一些顶点对 (s,t) 寻找 s-t 流, 而通过每条边的总流量不能超过该边的容量限制. 为了讨论上的方便, 我们用另一个有向图来表示这些顶点对 (s,t), 该图中 t 到 s 的一条边表示一个 s-t 流. 可以把这个问题表示成下面的规范形式:

有向的多商品流问题

实例: 顶点相同的一对有向图 (G,H).

  容量约束 $u : E(G) \to \mathbb{R}_+$ 和需求函数 $b : E(H) \to \mathbb{R}_+$.

任务: 对 H 中的任一条边 $f = (t,s) \in E(H)$, 在 G 中寻找一个流量为 $b(f)$ 的 s-t 流 (x^f), 使得它们满足条件

$$\sum_{f \in E(H)} x^f(e) \leqslant u(e) \text{ 对任意的边 } e \in E(G).$$

无向图的形式将在后面讨论. G 中的边称为供应边(supply edges), H 中的边称为需求边(demand edges)或商品(commodities). 当 $u \equiv 1$, $b \equiv 1$ 并且 x 限制为整数时, 我们得到边不重路问题(the edge-disjoint paths problem). 有些情况下图中的边有权重, 目标是求求最小费用多商品流. 但在这里我们仅讨论可行解.

当然, 这个问题可以通过线性规划在多项式时间解决 (参考定理 4.18). 然而, 线性规划的规模是非常大的, 所以寻找组合的算法去近似求解这个问题仍是有吸引力的. 参见 19.2 节. 该算法利用线性规划的对偶获得了此问题的一个重要性质 (见 19.1 节), 从而可以得到边不重路问题可行性的一个必要条件 (但通常不是充分的).

在很多应用中, 人们往往关心的是整数流或路, 此时把它们表述成边不重路问题是适当的. 在 8.2 节中考虑过这个问题的一个特殊情形, 其中对于两个给定的顶点 s 和 t, 得到了 s 到 t 的 k 边不重 (或顶点不重) 路的一个充分必要条件 (Menger 定理 8.9 和定理 8.10). 我们将证明: 不管是有向的还是无向的情形, 一般的边不重路问题是 NP-困难的. 不过我们仍然可以在 19.3 节和 19.4 节中看到一些多项式时间可解的特殊情形.

19.1　多商品流

这里讨论有向的多商品流问题, 但要注意的是, 本节的结果对于无向的情形也是成立的:

无向的多商品流问题

实例: 顶点相同的一对无向图 (G, H).

　　　容量约束 $u : E(G) \to \mathbb{R}_+$ 和需求函数 $b : E(H) \to \mathbb{R}_+$.

任务: 对 H 中的任一条边 $f = \{t, s\} \in E(H)$, 在 $(V(G), \{(v, w), (w, v) : \{v, w\} \in E(G)\})$ 中寻找一个流量为 $b(f)$ 的 s-t 流 (x^f), 使得对所有 $E(G)$ 中的边 $e = \{v, w\}$, 它们满足条件

$$\sum_{f \in E(H)} \left(x^f((v, w)) + x^f((w, v)) \right) \leqslant u(e).$$

多商品流的两种形式都可以自然地用线性规划来表示 (参考 8.1 节中的最大流问题的线性规划模型), 因而它们都是可以在多项式时间内求解的 (定理 4.18). 当前人们仅仅对一些特殊的情形找到了没有使用线性规划的多项式时间精确算法.

现在我们将介绍多商品流问题的另一个有用的线性规划模型:

引理 19.1　令 (G, H, u, b) 是 (有向的或无向的) 多商品流问题的一个实例. $\mathcal{C}$ 是 $G + H$ 仅包含一条需求边的圈的集合. M 表示一个 0-1 矩阵, 其中它的列对应于 $\mathcal{C}$ 中的元素, 它的行对应于 G 中的边, 并且 $M_{e,C} = 1$ 当且仅当 $e \in C$. 类似地, N 表示一个 0-1 矩阵, 其中它的列对应于 $\mathcal{C}$ 中的元素, 它的行对应于 H 中的边, 并且 $N_{f,C} = 1$ 当且仅当 $f \in C$. 则多商品流问题的每一个解对应有界多面体

$$\{y \in \mathbb{R}^{\mathcal{C}} : y \geqslant 0, \, My \leqslant u, \, Ny = b\} \tag{19.1}$$

中至少一个点, 并且有界多面体中的任一个点对应多商品流问题的唯一一个解.

证明　为了方便起见, 仅考虑有向的情形. 对于无向的情形可以通过把每一条无向边置换成图 8.2 中所表示的一个子图的方法来证明.

令 $(x^f)_{f \in E(H)}$ 表示多商品流问题的一个解. 对于任一个 $f = (t, s) \in E(H)$, s-t 流 x^f 可以分解成一些 s-t 路的集合 $\mathcal{P}$ 和一些圈的集合 $\mathcal{Q}$ (定理 8.8), 对于每一条需求边 f 和 $e \in E(G)$, 有

$$x^f(e) = \sum_{P \in \mathcal{P} \cup \mathcal{Q} : e \in E(P)} w(P)$$

其中 $w : \mathcal{P} \cup \mathcal{Q} \to \mathbb{R}_+$. 对 $P \in \mathcal{P}$, 令 $y_{P+f} := w(P)$ 并且对满足 $C - f \notin \mathcal{P}$ 的 $f \in C \in \mathcal{C}$ 令 $y_C := 0$. 显然, 这样得到了一个满足 $My \leqslant u$ 且 $Ny = b$ 的向量 $y \geqslant 0$.

反过来, 若 $y \geqslant 0$ 且满足条件 $My \leqslant u$ 和 $Ny = b$, 令

$$x^f(e) := \sum_{C \in \mathcal{C}:\, e, f \in E(C)} y_C$$

则得到了多商品流问题的一个解.　　　　　　　　　　　　　　　　　　　　　□

利用线性规划的对偶能得到多商品流问题一个充分必要条件. 我们也将提及它与边不重路问题的联系.

定义 19.2 (有向的或无向的)边不重路问题的一个实例 (G, H) 满足距离准则是指: 对任意的 $z : E(G) \to \mathbb{R}_+$, 有

$$\sum_{f=(t,s) \in E(H)} \mathrm{dist}_{(G,z)}(s, t) \leqslant \sum_{e \in E(G)} z(e) \qquad (19.2)$$

多商品流问题 的一个实例 (G, H, u, b) 满足距离准则是指: 对任意的 $z : E(G) \to \mathbb{R}_+$, 有

$$\sum_{f=(t,s) \in E(H)} b(f)\, \mathrm{dist}_{(G,z)}(s, t) \leqslant \sum_{e \in E(G)} u(e) z(e)$$

对于无向的情形, (t, s) 应换成 $\{t, s\}$.

距离准则的左边可以解释成任意解的费用 (关于边费用函数 z) 的一个下界, 而右边则是最大可能费用的一个上界.

定理 19.3 距离准则是多商品流问题是否有解的充分必要条件 (无论是有向的还是无向的).

证明 同样仅仅考虑有向的情形, 对于无向的情形, 可以通过图 8.2 中的替换证明其成立. 由引理 19.1, 多商品流问题有解当且仅当多面体 $\{y \in \mathbb{R}_+^{\mathcal{C}} : My \leqslant u, Ny = b\}$ 非空. 由推论 3.25 可知, 这个多面体是空的当且仅当存在向量 z, w 满足 $z \geqslant 0$, $zM + wN \geqslant 0$ 和 $zu + wb < 0$(M 和 N 的定义同上).

不等式 $zM + wN \geqslant 0$ 表明: 对任一需求边 $f = (t, s)$ 和 G 中任一条 s-t 路 P, 有

$$-w_f \leqslant \sum_{e \in P} z_e$$

即有 $-w_f \leqslant \mathrm{dist}_{(G,z)}(s, t)$. 因而存在向量 z, w 满足 $z \geqslant 0$, $zM + wN \geqslant 0$ 和 $zu + wb < 0$ 当且仅当存在一个向量 $z \geqslant 0$ 满足

$$zu - \sum_{f=(t,s) \in E(H)} \mathrm{dist}_{(G,z)}(s, t)\, b(f) < 0$$

证明完成.　　　　　　　　　　　　　　　　　　　　　　　　　　　　　　　□

在 19.2 节中将要说明引理 19.1 中的线性规划模型和它的对偶是如何被用来设计多商品流问题的一个算法的.

定理 19.3 表明, 距离准则是边不重路问题有解的必要条件, 这是因为它可看作是满足 $b \equiv 1$, $u \equiv 1$ 和整数约束条件下的多商品流问题. 另一个重要的必要条件如下:

定义 19.4 (有向的或无向的)边不重路问题的一个实例 (G, H) 满足 **割准则** 是指: 对任意的 $X \subseteq V(G)$, 有

- $|\delta_G^+(X)| \geq |\delta_H^-(X)|$ 在有向的情形, 或者
- $|\delta_G(X)| \geq |\delta_H(X)|$ 在无向的情形.

推论 19.5 对 (有向的或无向的)边不重路问题的一个实例 (G, H) 来说, 下面的蕴涵式成立: (G, H) 有解 $\Rightarrow (G, H)$ 满足距离准则 $\Rightarrow (G, H)$ 满足割准则.

证明 第一个蕴涵式可以由定理 19.3 得到. 对于第二个蕴涵式, 注意到割准则恰好是距离准则的一个特殊情形, 即对 $X \subseteq V(G)$ 考虑权函数

$$
z(e) := \begin{cases} 1 & \text{如果 } e \in \delta^+(X) \text{ (有向的情形) 或 } e \in \delta(X) \text{ (无向的情形)} \\ 0 & \text{其他} \end{cases} \qquad \square
$$

这两个蕴涵式都不能反向. 图 19.1 举出了没有 (整数) 解但有分数解的例子, 即当问题松弛为多商品流问题时有解, 所以这时距离准则是满足的. 在这一节中的图, 需求边由顶点上具有相同的数字所指定. 在有向的情形下, 人们可以对需求边进行定向, 因此它们是可实现的 (一条需求边 (t, s) 或 $\{t, s\}$ 被称为可实现的是指在供应图中 s 到 t 是可达的).

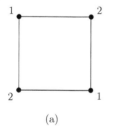
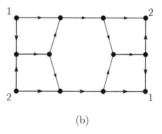

图 19.1

图 19.2 中的两个例子满足 割准则 (易于验证), 但并不满足 距离准则:

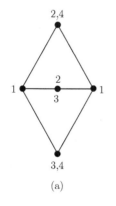
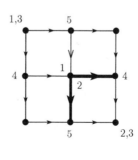

图 19.2

在无向的例子中, 对所有 $e \in E(G)$ 取 $z(e) = 1$, 而对于有向的例子, 对粗边取 $z(e) = 1$ 但其他边取 $z(e) = 0$.

19.2　多商品流算法

由多商品流的定义可以直接得到一个多项式规模的线性规划模型. 尽管这样可以得到一个多项式时间算法, 却因为变量数目巨大, 导致它不适合用于大规模的实例. 由引理 19.1 所给出的线性规划模型 (19.1), 由于它的变量个数是指数个, 看起来更糟糕, 但它在实际应用却被证实更为有效. 这一点将在下面给出解释.

因为我们仅对可行解有兴趣, 所以考虑线性规划

$$\max\{0y : y \geqslant 0, \ My \leqslant u, \ Ny = b\}$$

和它的对偶 $\min\{zu + wb : z \geqslant 0, \ zM + wN \geqslant 0\}$. 对偶形式也可以写成:

$$\min\{zu + wb : z \geqslant 0, \ \text{对所有的} \ f = (t, s) \in E(H) \ \text{有} \ \text{dist}_{(G,z)}(s, t) \geqslant -w(f)\}$$

(无向的情形应把 (t, s) 替换成 $\{t, s\}$). 这个对偶仅有 $|E(G)| + |E(H)|$ 个变量, 但却有指数个约束. 然而, 这并不重要, 这是因为分离问题 (separation problem) 可以通过计算 $|E(H)|$ 个最短路来解决. 又因为 Z 是非负向量, 所以这里可以用 Dijkstra 算法来求解最短路. 如果对偶规划是无界的, 这说明原始规划是不可行的; 否则, 我们能够求解对偶规划, 但一般来说这样并不能给出一个原始解.

Ford 和 Fulkerson (1958) 建议在上面考虑的基础上结合单纯形法 (simplex algorithm) 直接求解原始规划. 因为单纯形法的每次迭代中的变量大部分为 0, 所以仅需追踪那些满足条件 "$y_C \geqslant 0$ 不属于当前活跃行的集合 J" 的变量. 其他变量并不直接存储, 而是当它们需要的时候再 "生成" 出来 (当非负约束变为不活跃的时候). 在每一步中哪些变量应该生成出来等价于对偶规划的分离问题, 在这种情形下可以归结为最短路问题. 这种列生成技巧在实际应用中非常有效.

即使有这些技巧, 仍然存在许多实际的例子不能被最优地解决. 然而, 上述的方案可以给出了一个近似算法. 首先把问题表述成一个最优化问题:

最大多商品流问题

实例: 顶点相同的一对有向图 (G, H).

　　　　容量约束 $u : E(G) \to \mathbb{R}_+$.

任务: 在 G 中为 H 中每一条边 $f = (t, s) \in E(H)$ 寻找一个 s-t 流 x^f, 使得它们对所有的 $e \in E(G)$ 满足条件 $\sum_{f \in E(H)} x^f(e) \leqslant u(e)$, 并且总流值 $\sum_{f \in E(H)} \text{value}(x^f)$ 最大.

还有一些其他的模型, 比如, 寻找使得需求满足的最小比例最大化的流 (并发流), 或者寻找满足给定需求但可能轻微违背容量约束的流. 此外, 还可以考虑边上有权重的情形. 在这里仅仅考虑最大多商品流问题, 其他的可以通过类似的技巧进行分析.

考虑模型

$$\max\left\{\sum_{P\in\mathcal{P}}y(P) : y\geqslant 0, \text{对所有的 } e\in E(G) \text{ 有} \sum_{P\in\mathcal{P}:e\in E(P)}y(P)\leqslant u(e)\right\}$$

以及它的对偶

$$\min\left\{zu : z\geqslant 0, \text{ 对所有的 } P\in\mathcal{P} \text{ 有} \sum_{e\in E(P)}z(e)\geqslant 1\right\}$$

其中 $\mathcal{P}$ 是 G 中所有 s-t 路的集合 (所有 $(t,s)\in E(H)$),

我们将描述一个基于上述模型的原始对偶算法. 可以证明其是一个完全多项式近似方案. 这个算法总是维持一个原始向量 $y\geqslant 0$, 但它却不一定是一个可行的原始解, 这是因为容量约束有可能被违背. 初始的时候令 $y=0$. 最后对 y 乘上一个常数以使得它满足所有约束. 为了有效地存储 y, 追踪 $\mathcal{P}$ 中那些满足 $y(P)>0$ 的 P 的集合 $\mathcal{P}'\subseteq\mathcal{P}$, 相较于 $\mathcal{P}$, $\mathcal{P}'$ 的元素个数是多项式可界定的.

这个算法还维持一个对偶向量 $z\geqslant 0$. 初始的时候, 对所有的 $e\in E(G)$, 令 $z(e)=\delta$, 这里 δ 依赖于 n 和误差参数 ε. 在每步迭代中, 算法找到一个最大的被违背的对偶约束 (对应于 $(t,s)\in E(H)$ 的一条关于边长 z 的最短 s-t 路), 并且在这条路上增加 z 和 y 的值:

多商品流近似方案

输入: 顶点相同的一对有向图 (G,H).

　　　容量约束 $u : E(G)\to\mathbb{R}_+\setminus\{0\}$. 误差参数 ε: $0<\varepsilon\leqslant\frac{1}{2}$.

输出: $y : \mathcal{P}\to\mathbb{R}_+$ 满足: $\sum_{P\in\mathcal{P}:e\in E(P)}y(P)\leqslant u(e)$, 对所有的 $e\in E(G)$.

---

① 对所有的 $P\in\mathcal{P}$ 赋值 $y(P):=0$.

　　令 $\delta:=(n(1+\varepsilon))^{-\lceil\frac{5}{\varepsilon}\rceil}(1+\varepsilon)$, 对所有的 $e\in E(G)$ 赋值 $z(e):=\delta$.

② 令 $P\in\mathcal{P}$ 表示 $\mathcal{P}$ 中 $z(E(P))$ 值最小的那个 P.

　　如果 $z(E(P))\geqslant 1$, 则转至 ④.

③ 令 $\gamma:=\min_{e\in E(P)}u(e)$.

　　赋值 $y(P):=y(P)+\gamma$.

　　对所有的 $e\in E(P)$ 赋值 $z(e):=z(e)\left(1+\frac{\varepsilon\gamma}{u(e)}\right)$.

　　转至 ②.

④ 令 $\xi := \max\limits_{e \in E(G)} \dfrac{1}{u(e)} \sum\limits_{P \in \mathcal{P}: e \in E(P)} y(P)$.

对所有的 $P \in \mathcal{P}$ 赋值 $y(P) := \dfrac{y(P)}{\xi}$.

这个算法来自 Young(1995) 和 Garg, Könemann (1998), 其主要思想基于 Shahrokhi, Matula (1990), Shmoys (1996) 和其他人的早期工作.

定理 19.6 (Garg and Könemann, 1998)　多商品流近似方案 给出了一个总流值至少为 $\frac{1}{1+\varepsilon}$ OPT(G, H, u) 的可行解. 它的运行时间是 $O\left(\frac{1}{\varepsilon^2} km(m + n \log n) \log n\right)$, 所以它是一个 完全多项式近似方案, 其中 $k = |E(H)|$, $n = |V(G)|$ 和 $m = |E(G)|$.

证明　每次迭代中, 至少在一条边 (瓶颈边)e 上其值 $z(e)$ 增加到它原来值的 $1 + \varepsilon$ 倍. 因为满足 $z(e) \geqslant 1$ 的边 e 不再被任何路所使用, 所以总的迭代次数 $t \leqslant m\lceil \log_{1+\varepsilon}(\frac{1}{\delta})\rceil$. 在每次迭代中, 为了确定 P, 要求解非负权的最短路问题的 k 个实例. 使用Dijkstra算法, 得到总的运行时间为 $O(tk(m + n \log n)) = O\left(km(m + n \log n) \log_{1+\varepsilon}(\frac{1}{\delta})\right)$. 因为对 $0 < \varepsilon \leqslant 1$, 有 $\log(1+\varepsilon) \geqslant \frac{\varepsilon}{2}$, 所以

$$\log_{1+\varepsilon}\left(\frac{1}{\delta}\right) = \frac{\log(\frac{1}{\delta})}{\log(1+\varepsilon)} \leqslant \frac{\lceil \frac{5}{\varepsilon}\rceil \log(2n)}{\frac{\varepsilon}{2}} = O\left(\frac{\log n}{\varepsilon^2}\right)$$

定理中的运行时间成立.

我们还需要验证: 在计算中产生的任何数值的最大字节数可以由 $\log n + \text{size}(u) + \text{size}(\varepsilon) + \frac{1}{\varepsilon}$ 的多项式所界定. 对于变量 y 来说, 这是显然的. 数 δ 可以用 $O(\frac{1}{\varepsilon} \text{size}(n(1+\varepsilon)) + \text{size}(\varepsilon)) = O(\frac{1}{\varepsilon}(\log n + \text{size}(\varepsilon)))$ 位来存储. 为了处理 z 变量, 假设 u 是整数, 如果不然, 可以在开始时对所有容量乘上一个倍数, 这个倍数是分母的乘积 (参考命题 4.1). 则 z 变量的分母在任何时候都可以由所有容量的乘积和 δ 的分母所界定. 因为分子最多是分母的两倍, 所以所有数的规模实际上是输入规模和 $\frac{1}{\varepsilon}$ 的多项式.

由 ④ 可以确保解的可行性.

注意到每次在边 e 上增加 γ 单位个流量时, 也把 $z(e)$ 的值增加到它原来值的 $\left(1 + \frac{\varepsilon\gamma}{u(e)}\right)$ 倍. 因为当 $0 \leqslant a \leqslant 1$ 时不等式 $1 + \varepsilon a \geqslant (1+\varepsilon)^a$ 成立 (当 $a \in \{0,1\}$ 时, 不等式两边相等, 并且不等式的左边是 a 的线性函数, 而右边是凸的), 所以这个值至少是 $(1+\varepsilon)^{\frac{\gamma}{u(e)}}$. 又因为一旦 $z(e) \geqslant 1$ 时, e 不再被使用, 故不可能在边 e 上增加超过 $u(e)(1 + \log_{1+\varepsilon}(\frac{1}{\delta}))$ 单位的流量. 因此

$$\xi \leqslant 1 + \log_{1+\varepsilon}\left(\frac{1}{\delta}\right) = \log_{1+\varepsilon}\left(\frac{1+\varepsilon}{\delta}\right) \tag{19.3}$$

令 $z^{(i)}$ 表示第 i 次迭代后的 z, P_i 和 γ_i 分别表示第 i 次迭代中的路 P 和数 γ. 因为 $z^{(i)}u = z^{(i-1)}u + \varepsilon\gamma_i \sum_{e \in E(P_i)} z^{(i-1)}(e)$, 所以 $(z^{(i)} - z^{(0)})u = \varepsilon \sum_{j=1}^{i} \gamma_j \alpha(z^{(j-1)})$, 其中 $\alpha(z) := \min_{P \in \mathcal{P}} z(E(P))$. 若 $\beta := \min\left\{zu : z \in \mathbb{R}_+^{E(G)}, \alpha(z) \geqslant 1\right\}$, 则 $(z^{(i)} -$

$z^{(0)})u \geqslant \beta\alpha(z^{(i)} - z^{(0)})$, 从而, 有 $(\alpha(z^{(i)}) - \delta n)\beta \leqslant \alpha(z^{(i)} - z^{(0)})\beta \leqslant (z^{(i)} - z^{(0)})u.$
得到

$$\alpha(z^{(i)}) \;\leqslant\; \delta n + \frac{\varepsilon}{\beta}\sum_{j=1}^{i}\gamma_j\alpha(z^{(j-1)}) \tag{19.4}$$

对 i 用归纳法, 现在可以证明

$$\delta n + \frac{\varepsilon}{\beta}\sum_{j=1}^{i}\gamma_j\alpha(z^{(j-1)}) \;\leqslant\; \delta n e^{\left(\frac{\varepsilon}{\beta}\sum_{j=1}^{i}\gamma_j\right)} \tag{19.5}$$

(这里 e 表示自然对数的底). 当 $i = 0$ 时结论是显然的. 当 $i > 0$ 时, 由 (19.4) 和归纳假设, 有

$$\delta n + \frac{\varepsilon}{\beta}\sum_{j=1}^{i}\gamma_j\alpha(z^{(j-1)}) = \delta n + \frac{\varepsilon}{\beta}\sum_{j=1}^{i-1}\gamma_j\alpha(z^{(j-1)}) + \frac{\varepsilon}{\beta}\gamma_i\alpha(z^{(i-1)})$$

$$\leqslant \left(1 + \frac{\varepsilon}{\beta}\gamma_i\right)\delta n e^{\left(\frac{\varepsilon}{\beta}\sum_{j=1}^{i-1}\gamma_j\right)},$$

又因为当 $x > 0$ 时 $1 + x < e^x$ 时成立, 所以对 (19.5) 的归纳证明就完成了.

特别地, 由 (19.4), (19.5) 和停机准则, 得到

$$1 \;\leqslant\; \alpha(z^{(t)}) \;\leqslant\; \delta n e^{\left(\frac{\varepsilon}{\beta}\sum_{j=1}^{t}\gamma_j\right)}$$

因而 $\sum_{j=1}^{t}\gamma_j \geqslant \frac{\beta}{\varepsilon}\ln\left(\frac{1}{\delta n}\right)$. 注意到算法计算的总流值是 $\sum_{P\in\mathcal{P}}y(P) = \frac{1}{\xi}\sum_{j=1}^{t}\gamma_j$, 由上面的式子和 (19.3), 以及 δ 的选择, 这至少是

$$\frac{\beta\ln\left(\frac{1}{\delta n}\right)}{\varepsilon\log_{1+\varepsilon}\left(\frac{1+\varepsilon}{\delta}\right)} = \frac{\beta\ln(1+\varepsilon)}{\varepsilon}\cdot\frac{\ln\left(\frac{1}{\delta n}\right)}{\ln\left(\frac{1+\varepsilon}{\delta}\right)}$$

$$= \frac{\beta\ln(1+\varepsilon)}{\varepsilon}\cdot\frac{\left(\lceil\frac{5}{\varepsilon}\rceil - 1\right)\ln(n(1+\varepsilon))}{\lceil\frac{5}{\varepsilon}\rceil\ln(n(1+\varepsilon))}$$

$$\geqslant \frac{\beta(1-\frac{\varepsilon}{5})\ln(1+\varepsilon)}{\varepsilon}.$$

注意到 β 是对偶规划的最优值, 由对偶定理 3.20 可知, 它也是原始规划的最优值. 此外, $\ln(1+\varepsilon) \geqslant \varepsilon - \frac{\varepsilon^2}{2}$ (当 $\varepsilon = 0$ 时, 不等式成立是显然的; 而当 $\varepsilon > 0$ 时, 不等式左边的导数大于右边的导数). 因此, 对 $\varepsilon \leqslant \frac{1}{2}$, 有

$$\frac{(1-\frac{\varepsilon}{5})\ln(1+\varepsilon)}{\varepsilon} \;\geqslant\; \left(1-\frac{\varepsilon}{5}\right)\left(1-\frac{\varepsilon}{2}\right) = \frac{1 + \frac{3}{10}\varepsilon - \frac{6}{10}\varepsilon^2 + \frac{1}{10}\varepsilon^3}{1+\varepsilon} \;\geqslant\; \frac{1}{1+\varepsilon}$$

故可以断定算法找到了一个总流值至少为 $\frac{1}{1+\varepsilon}\mathrm{OPT}(G,H,u)$ 的解. $\qquad\square$

另一个运行时间相同的算法 (通过更复杂的分析) 是更早的时候由 Grigoriadis 和 Khachiyan (1996) 所提出的. Fleischer (2000) 去掉了上述算法的运行时间中的因子 k. 她观察到在 ② 中计算一条近似最短路就足够了. 基于这个事实, 说明了在每次迭代中没有必要对每一个 $(t,s) \in E(H)$ 做最短路计算. 读者还可以参考文献 Karakostas (2002), Vygen (2004), Bienstock, Iyengar (2006) 和 Chudak, Eleutério (2005).

19.3　有向的边不重路问题

我们首先注意到该问题即使在很特殊的情形下已经是 NP-困难的.

定理 19.7 (Even, Itai and Shamir, 1976)　即使在 G 是无圈和 H 仅由两个平行边集合组成的情况下, 有向的边不重路问题仍然是 NP 困难的.

证明　把可满足性问题多项式转换为我们这个问题. 给定一个由 $X = \{x_1, \cdots, x_n\}$ 所构成的子句的集合 $\mathcal{Z} = \{Z_1, \cdots, Z_m\}$, 构造有向的边不重路问题的一个实例 (G, H) 使得它满足条件: G 是无圈的, H 仅包含两组平行边, 并且 (G, H) 有解当且仅当 $\mathcal{Z}$ 是可满足的.

对每个文字 λ, G 中都有 $2m$ 个顶点 $\lambda^1, \cdots, \lambda^{2m}$, 与之对应, G 还包含顶点 s, t, $v_1, \cdots, v_{n+1}$ 和 $Z_1, \cdots, Z_m$. 对 $i = 1, \cdots, n$ 和 $j = 1, \cdots, 2m - 1$, 在 G 中构造边 (v_i, x_i^1), $(v_i, \overline{x_i}^1)$, (x_i^{2m}, v_{i+1}), $(\overline{x_i}^{2m}, v_{i+1})$, (x_i^j, x_i^{j+1}) 和 $(\overline{x_i}^j, \overline{x_i}^{j+1})$. 对 $i = 1, \cdots, n$ 和 $j = 1, \cdots, m$, 在 G 中还构造边 (s, x_i^{2j-1}) 和 $(s, \overline{x_i}^{2j-1})$. 另外, 对 $j = 1, \cdots, m$ 和子句 Z_j 中所有的文字 λ, 构造边 (Z_j, t) 和 (λ^{2j}, Z_j). 图 19.3 给出了说明.

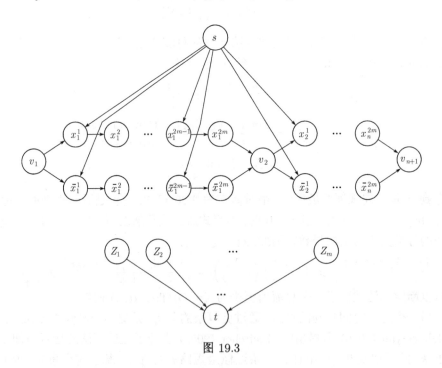

图 19.3

令 H 包含一条边 (v_{n+1}, v_1) 和 m 条平行边 (t, s).

我们说明 (G, H) 中的任意一个解都对应于满足所有子句的一个真值指派 (反之亦然). 即对每个 i, v_1-v_{n+1} 路或者通过所有的 x_i^j(表示 x_i 取假值), 或者通过所

有的 $\overline{x_i}^j$ (表示 x_i 取真值). 一条 s-t 路必然要通过某个 $Z_j(Z_j$ 也不可能被两条以上的 s-t 路所通过). 这种情况当且仅当上述定义的真值指派满足 Z_j 的条件下才会发生. □

Fortune, Hopcroft 和 Wyllie (1980) 证明了在 G 是无圈的和 $|E(H)| = k(k$ 是固定的) 的条件下, 有向的边不重路问题可以在多项式时间内求解. 如果 G 不是无圈的, 他们证明了即使在 $|E(H)| = 2$ 的条件下, 这个问题也是 NP 困难的. 对于正面的结果, 有

定理 19.8 (Nash-Williams, 1969) 设 (G, H) 为有向的边不重路问题的一个实例, 其中 $G + H$ 是欧拉图, 并且 H 仅由两组平行边构成. 则 (G, H) 有解当且仅当割准则成立.

证明 首先由 Menger 定理 8.9 找到实现 H 中第一组平行边的路集. 删除这些路 (以及对应的需求边) 所得到的实例满足推论 8.12 的先决条件, 因而有解. □

如果 $G + H$ 是欧拉图并且 $|E(H)| = 3$, 也存在多项式算法 (Ibaraki and Poljak, 1991). 另一方面, 我们有如下的负面结果:

定理 19.9 (Vygen, 1995) 即使在 G 是无圈, $G + H$ 是欧拉图, 并且 H 由三组平行边构成的情况下, 有向的边不重路问题 仍是 NP 困难的.

证明 把定理 19.7 中的问题归约到这个问题. 设 (G, H) 是有向的边不重路问题的一个实例, 其中 G 是无圈的, 并且 H 仅包含两组平行边.

对于每个 $v \in V(G)$, 定义

$$\alpha(v) := \max(0, |\delta_{G+H}^+(v)| - |\delta_{G+H}^-(v)|)$$
$$\beta(v) := \max(0, |\delta_{G+H}^-(v)| - |\delta_{G+H}^+(v)|).$$

有

$$\sum_{v \in V(G)} (\alpha(v) - \beta(v)) = \sum_{v \in V(G)} \left(|\delta_{G+H}^+(v)| - |\delta_{G+H}^-(v)|\right) = 0,$$

则

$$\sum_{v \in V(G)} \alpha(v) = \sum_{v \in V(G)} \beta(v) =: q.$$

现在构造一个有向的边不重路问题的一个实例 (G', H'). G' 由 G 中增加两个顶点 s 和 t 以及为每个顶点 v 增加 $\alpha(v)$ 条平行边 (s, v) 和 $\beta(v)$ 条平行边 (v, t) 而得到. H' 包含 H 中所有边以及 q 条平行边 (t, s).

显然, 这个构造过程可以在多项式时间内完成. 特别地, $G' + H'$ 中的边的数目最多是 $G + H$ 中的四倍. 此外, G' 是无圈的, $G' + H'$ 是欧拉图, 并且 H' 仅由三组平行边构成. 因此剩下来需要说明的是 (G, H) 有解当且仅当 (G', H') 有解.

每个 (G', H') 的解去掉 s-t 路可以得到 (G, H) 的一个解. 反过来, 令 $\mathcal{P}$ 表示 (G, H) 的一个解. 设 G'' 是 G' 中删除 $\mathcal{P}$ 中所有边得到的子图, 而 H'' 是 H' 中仅

包含 q 条从 t 到 s 的边的子图, 则 (G'', H'') 满足推论 8.12 的先决条件, 所以有解. 把 $\mathcal{P}$ 和 (G'', H'') 的解组合在一起则得到了 (G', H') 的一个解.　　　　　　□

因为边不重路问题的实例的解包含边不重的圈, 我们自然地会问一个有向图到底有多少个边不重的圈? 至少在平面有向图的情况下有一个好的性质, 即考虑平图对偶图并且寻找最大数目的边不重的有向截. 有下面的著名的最小 – 最大 (min-max) 定理 (证明与定理 6.13 非常类似):

定理 19.10 (Lucchesi and Younger, 1978)　设 G 是一个连通的但不是强连通的有向图. 则 G 中边不重的有向截的最大数目等于包含每个有向截中至少一条边的最小边集的元素个数.

证明　设 A 表示一个矩阵, 其中它的列对应于 G 的边, 它的行对应于所有有向割的关联向量. 考虑线性规划

$$\min\{\mathbb{1}x : Ax \geqslant \mathbb{1},\, x \geqslant 0\}$$

和它的对偶

$$\max\{\mathbb{1}y : yA \leqslant \mathbb{1},\, y \geqslant 0\}$$

需要证明的是原始和对偶规划都有整数最优解. 由推论 5.15, 需要说明 $Ax \geqslant \mathbb{1}$, $x \geqslant 0$ 是一个 TDI 系统. 我们用引理 5.23.

设 $c : E(G) \to \mathbb{Z}_+$ 并且 y 表示使得

$$\sum_X y_{\delta^+(X)} |X|^2 \tag{19.6}$$

尽可能大的 $\max\{\mathbb{1}y : yA \leqslant c,\, y \geqslant 0\}$ 的一个最优解, 其中表达式是对 A 中所有的行求和. 我们说系统 $(V(G), \mathcal{F})$ 是不交的, 其中 $\mathcal{F} := \{X : y_{\delta^+(X)} > 0\}$. 为了证明这点, 假设 $X, Y \in \mathcal{F}$ 满足条件 $X \cap Y \neq \varnothing$, $X \setminus Y \neq \varnothing$, $Y \setminus X \neq \varnothing$ 和 $X \cup Y \neq V(G)$, 则 $\delta^+(X \cap Y)$ 和 $\delta^+(X \cup Y)$ 也是有向截 (由引理 2.1(b)). 令 $\varepsilon := \min\{y_{\delta^+(X)}, y_{\delta^+(Y)}\}$. 设 $y'_{\delta^+(X)} := y_{\delta^+(X)} - \varepsilon$, $y'_{\delta^+(Y)} := y_{\delta^+(Y)} - \varepsilon$, $y'_{\delta^+(X \cap Y)} := y_{\delta^+(X \cap Y)} + \varepsilon$, $y'_{\delta^+(X \cup Y)} := y_{\delta^+(X \cup Y)} + \varepsilon$, 并对所有其他的有向截 S, 设 $y'_S := y_S$. 因为 y' 是一个对偶可行解, 所以它也是最优的. 这与 y 的选择相矛盾 (因为 (19.6) 是较大者).

现在令 A' 表示包含 A 中一些行的子矩阵, 其中这些行对应于 $\mathcal{F}$ 的元素. A' 是一个不交族的双向截关联矩阵. 因而由定理 5.28, A' 是全单模矩阵. 这正是我们所需要的.　　　　　　□

对于组合方法的证明, 可以参阅 Lovász (1976). Frank (1981) 则给出了一个算法证明.

注意到, 与所有有向割都相交的边集正好是那些收缩它就可以使得图变得强连通的边集. 在平图对偶图中, 这些边集对应于与所有有向圈都相交的边. 这样的集合被称为反馈边集, 元素数目最少的反馈边集的元素个数称为图的反馈数. 一般情况下确定反馈数的问题是 NP 困难的 (Karp, 1972), 但对于平面图则是多项式可解的.

推论 19.11 在一个有向的平面图中, 边不重的圈的最大个数等于与所有圈都相交的最小边集的元素个数.

证明 设 G 是一个有向图. 不失一般性, 假设它是连通的并且不包含截点. 考虑 G 的平面对偶图以及推论 2.44, 并应用 Lucchesi-Younger 定理 19.10. □

确定平面图的反馈数的一个多项式时间算法可以由平面性算法 (定理 2.40)、Grötschel-Lovász-Schrijver 算法 (定理 4.21) 以及求解分离问题的最大流问题的算法所构成 (习题 4). 边不重路问题的一个应用如下:

推论 19.12 设 (G, H) 是有向的边不重路问题的一个实例, 其中 G 是无圈的并且 $G + H$ 是平面图. 则 (G, H) 有解当且仅当在 $G + H$ 中删除 $|E(H)| - 1$ 条边后 $G + H$ 中仍有圈. □

特别地, 距离准则在这种情况下是充分必要的, 并且问题可以在多项式时间内求解.

19.4 无向的边不重路问题

下面的引理建立了有向和无向问题之间的一个联系.

引理 19.13 设 (G, H) 是有向的边不重路问题的一个实例, 其中 G 是无圈的且 $G + H$ 是欧拉图. 考虑忽略 (G, H) 的定向所得到的无向的边不重路问题的实例 (G', H'). 则 (G', H') 的每个解也是 (G, H) 的解, 反之亦然.

证明 (G, H) 的每个解都是 (G', H') 的解, 这是显然的. 为了证明反向的结论, 对 $|E(G)|$ 用归纳法. 如果 G 中无边, 结论成立.

现在令 $\mathcal{P}$ 是 (G', H') 的一个解. 因为 G 是无圈的, G 中肯定包含一个顶点 v 满足 $\delta_G^-(v) = \varnothing$ 且 $\delta_G^+(v) \neq \varnothing$. 又因为 $G + H$ 是欧拉图, 有 $|\delta_H^-(v)| = |\delta_G^+(v)| + |\delta_H^+(v)|$.

对于每一条关联 v 的需求边, 在 $\mathcal{P}$ 中一定存在一条从 v 起始的无向路. 因而 $|\delta_G^+(v)| \geqslant |\delta_H^-(v)| + |\delta_H^+(v)|$. 这蕴涵 $|\delta_H^+(v)| = 0$ 和 $|\delta_G^+(v)| = |\delta_H^-(v)|$. 因此每条关联 v 的边肯定在 $\mathcal{P}$ 中并且可以取到它们在有向图中的定向.

现在令 G_1 表示在 G 中删除关联 v 的边所得到的图. 设 H_1 表示在 H 中用 (t, w) 替代关联 v 的边 $f = (t, v)$, 其中 w 是 $\mathcal{P}$ 中实现 f 的第一个内部顶点.

显然, G_1 是无圈的且 $G_1 + H_1$ 是欧拉图. 设 $\mathcal{P}_1$ 表示在 $\mathcal{P}$ 删除所有关联 v 的边所得到的路. 则 $\mathcal{P}_1$ 是对应于 (G_1, H_1) 的无向的问题 (G_1', H_1') 的一个解.

由归纳假设, $\mathcal{P}_1$ 也是 (G_1, H_1) 的一个解. 所以加上初始边得到 $\mathcal{P}$ 是 (G, H) 的一个解. □

定理 19.14 (Vygen, 1995) 即使在 $G + H$ 是欧拉图且 H 仅由三组平行边组成的条件, 无向的边不重路问题仍是 NP 困难的.

证明 应用引理 19.13, 把定理 19.9 中的问题归约到无向的情形. □

另一个特殊的情形是: 当 $G + H$ 是平面图的时候, 无向的边不重路问题是 NP 困难的 (Middendorf 和 Pfeiffer, 1993). 然而, 如果 $G + H$ 是平面图并且是欧拉图, 则问题变成容易的了.

定理 19.15 (Seymour, 1981)　设 (G, H) 是无向的边不重路问题的一个实例, 其中 $G + H$ 是平面图并且是欧拉图. 则 (G, H) 有解当且仅当割准则成立.

证明　只需证明割准则的充分性. 可以假设 $G + H$ 是连通的. 设 D 表示 $G + H$ 的平面对偶图. $F \subseteq E(D)$ 表示对应于需求边的那些对偶边所组成的集合. 则由割准则以及定理 2.43 要求推出, 对 D 中每个圈 C, 有 $|F \cap E(C)| \leqslant |E(C) \setminus F|$. 所以由命题 12.8 可知, F 是一个最小的 T 连接, 其中 $T := \{x \in V(D) : |F \cap \delta(x)|$ 是奇数$\}$.

因为 $G + H$ 是欧拉图, 由推论 2.45, D 是一个二部图. 所以由定理 12.16 可以推知存在 $|F|$ 个边不重的 T 割 $C_1, \cdots, C_{|F|}$. 又由命题 12.15 可以得到, 每个 T 割都与 F 相交, 所以 $C_1, \cdots, C_{|F|}$ 中的每个 T 割都恰好包含 F 中的一条边.

还原到 $G + H$, $C_1, \cdots, C_{|F|}$ 的对偶是边不重的圈, 每个圈都恰好包含一条需求边. 这意味着得到了边不重路问题的一个解.　　　　　　　　　　　　$\square$

这个定理同样蕴涵了一个多项式时间算法 (习题 19.8). 实际上, Matsumoto, Nishizeki 和 Saito (1986) 证明了在 $G + H$ 是平面图且是欧拉图的条件下, 无向的边不重路问题可以在 $O\big(n^{\frac{5}{2}} \log n\big)$ 时间内求解.

另一方面, 在需求边数目固定的条件下, Robertson 和 Seymour 找到了一个多项时间算法:

定理 19.16 (Robertson and Seymour, 1995)　对于固定的 k, 在限制条件 $|E(H)| \leqslant k$ 下的无向的顶点不交路问题和无向的边不重路问题存在多项式时间算法.

要注意的是无向的顶点不交路问题也是NP 困难的, 参见习题 19.11. 定理 19.16 是 Robertson 和 Seymour 的关于图子式的一系列重要的文章的一部分, 不过这些文献已经远超出本书的讨论范围. 定理只对顶点不交的情形给出了证明. Robertson 和 Seymour 证明了存在一个不相关的顶点 (删除它不影响可解性) 或者存在一个有小宽度的树分解的图 (这种情况下会有一个简单的多项式时间算法, 见习题 19.10. 边不重的情况更简单些, 见习题 19.11. 尽管运行时间是 $O(n^2 m)$, 但依赖于 k 的常数增长得极快, 所以即使当 $k = 3$ 时就已经不适于实际应用.

这节的剩下部分专门用于两个更为深刻的重要结论的证明. 第一个是著名的 Okamura-Seymour 定理.

定理 19.17 (Okamura and Seymour, 1981)　设 (G, H) 是无向的边不重路问题的一个实例, 其中 $G + H$ 是欧拉图, G 是平面图, 并且所有的端点在外部面内. 则 (G, H) 有解当且仅当割准则成立.

证明　对 $|V(G)| + |E(G)|$ 用归纳法说明割准则的充分性. 如果 $|V(G)| \leqslant 2$, 这是显然的.

可以假设 G 是 2 连通的, 否则, 可以应用归纳假设到 G 的每个块 (连接不同块的需求边被截点分成多段). 固定 G 的某个平面嵌入. 由命题 2.31, 外部面由某个圈所界定.

如果不存在一个满足条件 $\varnothing \neq X \cap V(C) \neq V(C)$ 和 $|\delta_G(X)| = |\delta_H(X)|$ 的集合 $X \subset V(G)$, 则对任意的边 $e \in E(C)$, 实例 $(G - e, H + e)$ 满足割准则. 这是因为对所有的 $X \subseteq V(G)$, $|\delta_G(X)| - |\delta_H(X)|$ 是偶数 (因为 $G + H$ 是欧拉图). 由归纳假设, $(G - e, H + e)$ 有解立即可以推出 (G, H) 有解.

所以假设存在满足条件 $\varnothing \neq X \cap V(C) \neq V(C)$ 和 $|\delta_G(X)| = |\delta_H(X)|$ 的集合 $X \subset V(G)$. 选择 X 使得 $G[X]$ 和 $G[V(G) \setminus X]$ 中的连通分支的总数目最少.

首先说明 $G[X]$ 和 $G[V(G) \setminus X]$ 都是连通的. 假设不是, 不妨设 $G[X]$ 是不连通的 (另一种情况是对称的). 则对 $G[X]$ 的每个连通分支 X_i 有 $|\delta_G(X_i)| = |\delta_H(X_i)|$. 如果用 X_i 替换 X(对某个满足 $X_i \cap V(C) \neq \varnothing$ 的 i), 则会减少 $G[X]$ 中连通分支的数目但不会增加 $G[V(G) \setminus X]$ 的连通分支的数目. 这与 X 的选择相矛盾.

因为 G 是平面图, 若 $X \subset V(G)$ 是一个满足 $\varnothing \neq X \cap V(C) \neq V(C)$ 并且 $G[X]$ 和 $G[V(G) \setminus X]$ 都是连通的集合, 则 $C[X]$ 是一条路.

因此可以设 $\varnothing \neq X \subseteq V(G)$ 满足 $|\delta_G(X)| = |\delta_H(X)|$ 并且 $C[X]$ 是路长最短的路. 设 C 中的顶点顺时针方向标记为 $v_1, \cdots, v_l$, 其中 $V(C) \cap X = \{v_1, \cdots, v_j\}$. 令 $e := \{v_l, v_1\}$.

选择 $f = \{v_i, v_k\} \in E(H)$ 使得 $1 \leqslant i \leqslant j < k \leqslant l$(即 $v_i \in X$, $v_k \notin X$) 并且 k 尽可能地大 (见图 19.4). 现在考虑 $G' := G - e$ 和 $H' := (V(H), (E(H) \setminus \{f\}) \cup \{\{v_i, v_1\}, \{v_l, v_k\}\})$ ($i = 1$ 或 $k = l$ 的情形并没有被排除在外, 这种情况下不需要加上自环 (loop)).

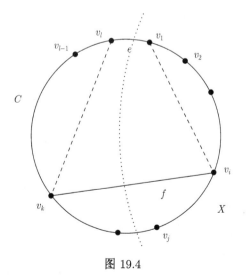

图 19.4

　　　我们将证明 (G', H') 满足割准则. 则由归纳法, (G', H') 有解, 并且它很容易被转换成 (G, H) 的解.

　　　如果不然, 也就是 (G', H') 不满足割准则, 即对某个 $Y \subseteq V(G)$ 有 $|\delta_{G'}(Y)| < |\delta_{H'}(Y)|$. 同上, 可以假设 $G[Y]$ 和 $G[V(G) \setminus Y]$ 都是连通的. 而 Y 和 $V(G) \setminus Y$ 可能互换, 还可以假设 $v_i \notin Y$. 因为 $Y \cap V(C)$ 是一条路并且 $|\delta_{H'}(Y)| - |\delta_{G'}(Y)| > |\delta_H(Y)| - |\delta_G(Y)|$, 所以存在下面三种情形:

　　　(a) $v_1 \in Y$, $v_i, v_k, v_l \notin Y$;

　　　(b) $v_1, v_l \in Y$, $v_i, v_k \notin Y$;

　　　(c) $v_l \in Y$, $v_1, v_i, v_k \notin Y$.

　　　在每种情形下, 都有 $Y \cap V(C) \subseteq \{v_{k+1}, \cdots, v_{i-1}\}$, 因此, 由 f 的选择可知 $E_H(X, Y) = \varnothing$. 此外, $|\delta_G(Y)| = |\delta_H(Y)|$. 应用引理 2.1(c) 两次, 得到

$$\begin{aligned}
|\delta_H(X)| + |\delta_H(Y)| &= |\delta_G(X)| + |\delta_G(Y)| \\
&= |\delta_G(X \cap Y)| + |\delta_G(X \cup Y)| + 2|E_G(X, Y)| \\
&\geqslant |\delta_H(X \cap Y)| + |\delta_H(X \cup Y)| + 2|E_G(X, Y)| \\
&= |\delta_H(X)| + |\delta_H(Y)| - 2|E_H(X, Y)| + 2|E_G(X, Y)| \\
&= |\delta_H(X)| + |\delta_H(Y)| + 2|E_G(X, Y)| \\
&\geqslant |\delta_H(X)| + |\delta_H(Y)|
\end{aligned}$$

所以等式必定成立. 这表明 $|\delta_G(X \cap Y)| = |\delta_H(X \cap Y)|$ 且 $E_G(X, Y) = \varnothing$.

　　　所以情况 (c) 是不可能的 (因为这里 $e \in E_G(X, Y)$), 即 $v_1 \in Y$. 因此 $X \cap Y$ 非空并且 $C[X \cap Y]$ 是一条比 $C[X]$ 更短的路, 与 X 的选择相矛盾.　　　□

　　　这个证明为这个特殊情形的无向的边不重路问题提供了一个多项式时间算法 (习题 12). 它可以在 $O(n^2)$ 内实现 (Becker and Mehlhorn, 1986), 而实际上它只需要线性时间 (Wagner and Weihe, 1995).

　　　为了说明本节的第二个主要结论, 先从一个关于混合图 (即有向的边和无向的边都可能存在的图) 的定向的定理开始. 给定一个混合图 G, 是否能对它的无向边定向以使得这样得到的有向图是欧拉图? 下面的定理回答了这个问题.

　　　定理 19.18 (Ford and Fulkerson, 1962)　　设 G 是一个有向图, H 是一个无向图, 并且 $V(G) = V(H)$. 则 H 有一个定向 H' 使得有向图 $G + H'$ 是欧拉图当且仅当

　　　• 对所有的 $v \in V(G)$, $|\delta_G^+(v)| + |\delta_G^-(v)| + |\delta_H(v)|$ 是偶数, 并且

　　　• 对所有的 $X \subseteq V(G)$, $|\delta_G^+(X)| - |\delta_G^-(X)| \leqslant |\delta_H(X)|$.

　　　证明　　条件的必要性是显然的. 在 $|E(H)|$ 上使用归纳法来证明充分性. 如果 $E(H) = \varnothing$, 命题是显然的.

　　　称一个集合 X 是关键集是指 $|\delta_G^+(X)| - |\delta_G^-(X)| = |\delta_H(X)| > 0$. 设 X 是任意

一个关键集 (如果不存在关键集, 对任意一条无向边随意定向并应用归纳法). 选择一条无向边 $e \in \delta_H(X)$, 并且对它定向以使得 e 指向 X 内部. 我们说这样做后条件仍然成立.

假设存在 $Y \subseteq V(G)$ 满足 $|\delta_G^+(Y)| - |\delta_G^-(Y)| > |\delta_H(Y)|$. 因为所有的度都是偶数, 所以 $|\delta_G^+(Y)| - |\delta_G^-(Y)| - |\delta_H(Y)|$ 一定也是偶数. 这表明 $|\delta_G^+(Y)| - |\delta_G^-(Y)| \geqslant |\delta_H(Y)| + 2$. 因此 Y 在 e 定向之前是关键集, 并且 e 现在离开了 Y.

对 $|\delta_G^+|$ 和 $|\delta_G^-|$ 应用引理 2.1(a) 和 (b), 并对 $|\delta_H|$ 应用引理 2.1(c), 有 (在 e 定向前)

$$
\begin{aligned}
0 + 0 &= |\delta_G^+(X)| - |\delta_G^-(X)| - |\delta_H(X)| + |\delta_G^+(Y)| - |\delta_G^-(Y)| - |\delta_H(Y)| \\
&= |\delta_G^+(X \cap Y)| - |\delta_G^-(X \cap Y)| - |\delta_H(X \cap Y)| \\
&\quad + |\delta_G^+(X \cup Y)| - |\delta_G^-(X \cup Y)| - |\delta_H(X \cup Y)| - 2|E_H(X,Y)| \\
&\leqslant 0 + 0 - 2|E_H(X,Y)| \leqslant 0
\end{aligned}
$$

所以不等式全程成立并且可以断定 $E_H(X,Y) = \varnothing$, 这与 e 的存在性相矛盾. □

推论 19.19 一个无向的欧拉图可以通过定向得到一个有向的欧拉图.

当然, 这个推论可以简单地通过定向一个欧拉途径而得到. 现在回到边不重路问题.

定理 19.20 (Rothschild and Whinston, 1966) 设 (G,H) 是无向的边不重路问题的一个实例, 其中 $G + H$ 是欧拉图, H 是两个星形图的并 (即所有的需求边都与两个顶点中某个顶点相关联). 则 (G,H) 有解当且仅当割准则成立.

证明 我们说明割准则是充分的. 设 t_1, t_2 是使得所有的需求边都与其中一个相关联的两个顶点. 首先引入两个新顶点 s_1' 和 s_2'. 对于每条需求边 $\{t_1, s\}$, 用一条新的需求边 $\{t_1, s_1'\}$ 和一条新的供应边 $\{s_1', s\}$ 代替它. 同样地, 对于每条需求边 $\{t_2, s\}$, 用一条新的需要边 $\{t_2, s\}$ 和一条新的供应边 $\{s_2', s\}$ 代替它.

这样得到的实例 (G', H') 当然等价于 (G, H), 并且 H' 仅包含两组平行边. 很容易看出割准则仍然成立. 另外, $G' + H'$ 还是欧拉图.

现在对 H' 定向以使得平行边都有相同的定向 (这样得到的图称为 H''). 因为割准则表明, 对所有的 $X \subseteq V(G)$, 有 $|\delta_{H''}^+(X)| - |\delta_{H''}^-(X)| \leqslant |\delta_{G'}(X)|$. 所以 H'' 和 G' 满足定理 19.18 的前提条件. 因此可以定向 G' 的边得到有向图 G'' 以使得 $G'' + H''$ 是欧拉图.

把 (G'', H'') 看作是有向的边不重路问题的一个实例. (G'', H'') 满足 (有向的)割准则. 定理 19.8 确保了它有一个解. 忽略这个解的定向就得到了 (G', H') 的一个解. □

如果 H(忽略平行的边) 是 K_4 或者 C_5(周长为 5 的圈), 则相同的定理成立 (Lomonosov, 1979; Seymour, 1980). 在 K_5 的情形下, 距离准则是充分的 (Karzanov, 1987). 然而, 如果 H 允许有三组平行边, 正如定理 19.14 所示, 问题是 NP 困难的.

习　　题

1. 设 (G, H) 是边不重路问题的一个实例. 它或者是有向的或者是无向的, 并对某个 $z:$ $E(G) \to \mathbb{R}_+$ 违反距离准则 (19.2). 证明: 该实例也存在某个 $z: E(G) \to \mathbb{Z}_+$ 违反 (19.2). 另外, 给出例子使得不存在 $z: E(G) \to \{0, 1\}$ 违反 (19.2).

*2. 对于无向的边不重路问题的一个实例 (G, H), 考虑它在松弛下所得到的多商品流实例. 并且求解

$$\min\{\lambda : \lambda \in \mathbb{R}, \, y \geqslant 0, \, My \leqslant \lambda \mathbb{1}, \, Ny = \mathbb{1}\}$$

其中 M 和 N 如引理 19.1 中的定义. 设 (y^*, λ^*) 是一个最优解. 现在要寻找一个整数解, 即为每个需求边 $f = \{t, s\} \in E(H)$, 找一条 s-t 路 P_f 使得在供应边上的最大负载最小 (边上的负载是指使用该边的路的数目). 我们用随机取整: 对每个需求边, 独立地以概率 y_P 选取路 P. 令 $0 < \varepsilon \leqslant 1$, 并假设 $\lambda^* \geqslant 3 \ln \frac{|E(G)|}{\varepsilon}$. 证明: 上述的随机取整至少有 $1 - \varepsilon$ 的概率得到一个最大负载最多为 $\lambda^* + \sqrt{3\lambda^* \ln \frac{|E(G)|}{\varepsilon}}$ 的整数解.

提示: 使用下述的概率论中的结论. 设 p 是 Bernoulli 试验成功的概率, $B(m, N, p)$ 是 N 个独立的 Bernoulli 试验中至少成功 m 次的概率, 则对所有 $0 < \beta \leqslant 1$, 有

$$B((1 + \beta)Np, N, p) < e^{-\frac{1}{3}\beta^2 Np}$$

另外, 如果 N 个独立的 Bernoulli 试验成功的概率分别是 $p_1, \cdots, p_N$, 则其中至少 m 次是成功的概率至多是 $B\left(m, N, \frac{1}{N}(p_1 + \cdots + p_N)\right)$ (Raghavan and Thompson, 1987).

3. 证明: 存在 (有向的或无向的) 边不重路问题的多项式时间算法, 其中 $G + H$ 是欧拉图并且 H 仅包含两组平行边.

4. 说明在一个给定的有向图中, 可以在多项式时间内找到与所有有向割都相交的最小边集. 并说明对于平面图来说, 可以在多项式时间内确定它的反馈数.

5. 说明在一个有向图中, 可以用多项式时间找到一个最小边集, 使得收缩该边集会令该图变成强连通有向图.

6. 证明: 推论 19.11 的结论对于一般的有向图 (非平面图) 并不一定成立.

7. 证明: 如果条件 "G 是无圈的" 不成立的话, 推论 19.12 的结论不一定成立.

注: 在这种情形下, 有向的边不重路问题是 NP 困难的 (Vygen, 1995).

8. 证明: 如果 $G + H$ 是平面图并且是欧拉图, 则无向的边不重路问题可以在多项式时间内求解.

*9. 在这个习题中考虑无向的顶点不交路问题的实例 (G, H), 其中 G 是平面图, 所有的终端都是不同的 (即对任意两个需求边 e 和 f, 有 $e \cap f = \varnothing$) 并且位于外部面. 设 (G, H) 是这样的一个实例, 并且 G 是 2 连通的. 令 C 表示界定外部面的圈 (参考命题 2.31). 证明: (G, H) 有解当且仅当下面的条件成立:

- $G + H$ 是平面图;
- $V(G)$ 中不存在分离超过 $|X|$ 条需求边的集合 X(我们说 X 分离 $\{v, w\}$ 是指: $\{v, w\} \cap X \neq \varnothing$ 或者在 $G - X$ 中 vw 不可达).

并推断出: 在平面图上终端不同且终端在外部面的的无向的顶点不交路问题可以在多项式时间内求解. 提示: 为了证明 (a) 和 (b) 的充分性, 考虑下述的归纳步骤: 设 $f = \{v, w\}$ 是这样一条需求边, C 上的两条 v-w 路中至少有一条不包含任何其他的终端. 在这条路上实现 f

后删除它.

注: Robertson 和 Seymour (1986) 把这个结论推广到两条需求边的无向的顶点不交路问题的可行性的充分必要条件.

*10. 设 $k \in \mathbb{N}$ 是固定的. 证明: 树宽最多为 k 的无向的顶点不交路问题存在多项式时间算法 (参考习题 2.22).

注: Scheffler (1994) 证明了该问题实际上存在一个线性时间算法. 与之相反, 无向的边不重路问题即使在树宽为 2 的条件下仍是 NP 困难的 (Nishizeki, Vygen and Zhou, 2001).

11. 证明: 有向的顶点不交路问题和无向的顶点不交路问题是 NP 困难的. 证明: 定理 19.16 中顶点不交的部分蕴涵了边不重的部分.

12. 说明 Okamura-Seymour 定理的证明给出了一个多项式时间算法.

13. 设 (G, H) 是无向的边不重路问题的一个实例. 假设 G 是平面图, 所有的终端位于外部面, 并且不在外部面的顶点都是偶数度顶点. 另外, 还假设对所有的 $X \subseteq V(G)$, 有

$$|\delta_G(X)| > |\delta_H(X)|$$

证明: (G, H) 有解. 提示: 用 Okamura-Seymour 定理.

14. 推广 Robbins 定理 (习题 2.17(c)), 阐述并证明混合图中无向边存在某种定向的一个充分必要条件, 这种定向要求该定向所得到的有向图是强连通的 (Boesch and Tindell, 1980).

15. 设 (G, H) 是有向的边不重路问题的一个实例, 其中 $G + H$ 是欧拉图, G 是无圈平面图, 并且所有的终端都位于外部面. 证明: (G, H) 有解当且仅当割准则成立. 提示: 用引理 19.13 和 Okamura-Seymour 定理 19.17.

16. 用网络流的技巧证明定理 19.18.

17. 证明 Nash-Williams (1969) 定向定理 (它是 Robbins 定理 (习题 2.17(c)) 的推广): 一个无向图 G 可以被定向成强 k 边–连通的 (即对任意 $(s, t) \in V(G) \times V(G)$, 存在 k 条边不重的 s-t- 路) 当且仅当 G 是 $2k$ 边–连通的. 提示: 为了证明充分性, 令 G' 表示 G 的任意一个定向图. 和 Lucchesi-Younger 定理 19.10 的证明一样, 证明

$$
\begin{aligned}
x_e &\leqslant 1 & (e \in E(G')) \\
x_e &\geqslant 0 & (e \in E(G')) \\
\sum_{e \in \delta_{G'}^-(X)} x_e - \sum_{e \in \delta_{G'}^+(X)} x_e &\leqslant |\delta_{G'}^-(X)| - k & (\varnothing \neq X \subset V(G'))
\end{aligned}
$$

是 TDI 系统. (Frank, 1980; Frank and Tardos, 1984)

18. 证明 Hu 2 商品流定理: $|E(H)| = 2$ 的无向的多商品流问题的一个实例 (G, H, u, b) 有解当且仅当对所有的 $X \subseteq V(G)$, $\sum_{e \in \delta_G(X)} u(e) \geqslant \sum_{f \in \delta_H(X)} b(f)$ 成立, 即当且仅当割准则成立. 提示: 用定理 19.20 (Hu, 1963).

参 考 文 献

一般著述

Frank, A. 1990. Packing paths, circuits and cuts —— a survey//Paths, Flows, and VLSI-Layout (Korte B, Lovász L, Prömel H J, Schrijver A, eds.). Berlin: Springer, 47–100.

Ripphausen-Lipa H, Wagner D and Weihe K. 1995. Efficient algorithms for disjoint paths in planar graphs//Combinatorial Optimization; DIMACS Series in Discrete Mathematics and Theoretical Computer Science 20 (Cook W, Lovász L, Seymour P, eds.). AMS, Providence.

Schrijver A. 2003. Combinatorial Optimization: Polyhedra and Efficiency. Berlin: Springer. Chapters 70–76.

Vygen J. 1994. Disjoint Paths. Report No. 94816. Research Institute for Discrete Mathematics, University of Bonn.

引用文献

Becker M and Mehlhorn K. 1986. Algorithms for routing in planar graphs. Acta Informatica, 23: 163–176.

Bienstock D and Iyengar G. 2006. Solving fractional packing problems in $O^*(\frac{1}{\varepsilon})$ iterations. SIAM Journal on Computing, 35: 825–854.

Boesch F and Tindell R. 1980. Robbins's theorem for mixed multigraphs. American Mathematical Monthly, 87: 716–719.

Chudak F A and Eleutério V. 2005. Improved approximation schemes for linear programming relaxations of combinatorial optimization problems//Integer Programming and Combinatorial Optimization; Proceedings of the 11th International IPCO Conference; LNCS 3509 (Jünger M, Kaibel V, eds.). Berlin: Springer, 81–96.

Even S, Itai A and Shamir A. 1976. On the complexity of timetable and multicommodity flow problems. SIAM Journal on Computing, 5: 691–703.

Fleischer L K. 2000. Approximating fractional multicommodity flow independent of the number of commodities. SIAM Journal on Discrete Mathematics, 13: 505–520.

Ford L R and Fulkerson D R. 1958. A suggested computation for maximal multicommodity network flows. Management Science, 5: 97–101.

Ford L R and Fulkerson D R. 1962. Flows in Networks. Princeton: Princeton University Press.

Fortune S, Hopcroft J, and Wyllie J. 1980. The directed subgraph homeomorphism problem. Theoretical Computer Science, 10: 111–121.

Frank A. 1980. On the orientation of graphs. Journal of Combinatorial Theory, B 28: 251–261.

Frank A. 1981. How to make a digraph strongly connected. Combinatorica, 1: 145–153.

Frank A and Tardos É. 1984. Matroids from crossing families//Finite and Infinite Sets; Vol. I (Hajnal A, Lovász L, and Sós V. T. eds.). Amsterdam: North-Holland, 295–304.

Garg N and Könemann J. 1998. Faster and simpler algorithms for multicommodity flow and other fractional packing problems. Proceedings of the 39th Annual IEEE Symposium on Foundations of Computer Science, 300–309.

Grigoriadis M D and Khachiyan L G, 1996. Coordination complexity of parallel price-directive decomposition. Mathematics of Operations Research, 21: 321–340.

Hu T C. 1963. Multi-commodity network flows. Operations Research, 11: 344–360.

Ibaraki T and Poljak S. 1991. Weak three-linking in Eulerian digraphs. SIAM Journal on Discrete Mathematics, 4: 84–98.

Karakostas G. 2002. Faster approximation schemes for fractional multicommodity flow problems. Proceedings of the 13th Annual ACM-SIAM Symposium on Discrete Algorithms, 166–173.

Karp R M. 1972. Reducibility among combinatorial problems. In: Complexity of Computer Computations (Miller R E, Thatcher J W, eds.). New York: Plenum Press, 85–103.

Karzanov A V. 1987. Half-integral five-terminus-flows. Discrete Applied Mathematics, 18: 263–278.

Lomonosov M. 1979. Multiflow feasibility depending on cuts. Graph Theory Newsletter, 9: 4.

Lovász L. 1976. On two minimax theorems in graph. Journal of Combinatorial Theory, B 21: 96–103.

Lucchesi C L and Younger D H. 1978. A minimax relation for directed graphs. Journal of the London Mathematical Society II, 17: 369–374.

Matsumoto K, Nishizeki T and Saito N. 1986. Planar multicommodity flows, maximum matchings and negative cycles. SIAM Journal on Computing, 15: 495–510.

Middendorf M and Pfeiffer F. 1993. On the complexity of the disjoint path problem. Combinatorica, 13: 97–107.

Nash-Williams C S J A. 1969. Well-balanced orientations of finite graphs and unobtrusive odd-vertex-pairings//Recent Progress in Combinatorics (Tutte W, ed.). New York: Academic Press, 133–149.

Nishizeki T, Vygen J and Zhou X. 2001. The edge-disjoint paths problem is NP-complete for series-parallel graphs. Discrete Applied Mathematics, 115: 177–186.

Okamura H and Seymour P D. 1981. Multicommodity flows in planar graphs. Journal of Combinatorial Theory, B 31: 75–81.

Raghavan P and Thompson C D. 1987. Randomized rounding: a technique for provably good algorithms and algorithmic proofs. Combinatorica, 7: 365–374.

Robertson N and Seymour P D. 1986. Graph minors VI; Disjoint paths across a disc. Journal of Combinatorial Theory, B 41: 115–138.

Robertson N and Seymour P D. 1995. Graph minors XIII; The disjoint paths problem. Journal of Combinatorial Theory, B 63: 65–110.

Rothschild B and Whinston A. 1966. Feasibility of two-commodity network flows. Operations Research, 14: 1121–1129.

Scheffler P. 1994. A practical linear time algorithm for disjoint paths in graphs with bounded tree-width. Technical Report No. 396/1994. FU Berlin, Fachbereich 3 Mathematik.

Seymour P D. 1981. On odd cuts and multicommodity flows. Proceedings of the London Mathematical Society, 42(3): 178–192.

Shahrokhi F and Matula D W. 1990. The maximum concurrent flow problem. Journal of the ACM, 37: 318–334.

Shmoys D B. 1996. Cut problems and their application to divide-and-conquer // Approximation Algorithms for NP-Hard Problems (Hochbaum D S, ed.). Boston: PWS.

Vygen, J. 1995. NP-completeness of some edge-disjoint paths problems. Discrete Applied Mathematics, 61: 83–90.

Vygen J. 2004. Near-optimum global routing with coupling, delay bounds, and power consumption. // Integer Programming and Combinatorial Optimization; Proceedings of the 10th International IPCO Conference; LNCS 3064 (Nemhauser G, Bienstock D, eds.). Berlin: Springer, 308–324.

Wagner D and Weihe K. 1995. A linear-time algorithm for edge-disjoint paths in planar graphs. Combinatorica, 15: 135–150.

Young N. 1995. Randomized rounding without solving the linear program. Proceedings of the 6th Annual ACM-SIAM Symposium on Discrete Algorithms, 170–178.

第 20 章　网络设计问题

连通性是组合最优化中一个非常重要的概念. 在第 8 章中说明了如何计算无向图的两个顶点之间的连通度. 现在要寻找的是满足特定连通度要求的子图. 一般的问题可以描述如下:

可靠网络设计问题

实例: 权重函数为 $c : E(G) \to \mathbb{R}_+$ 的无向图 G 和每个 (无序) 顶点对 x, y 之间的连通度需求 $r_{xy} \in \mathbb{Z}_+$.

任务: 寻找 G 的一个最小权重支撑子图 H, 使得对任意 x, y, 在 H 中都可以找到至少 r_{xy} 条从 x 到 y 的边不重路.

该问题在电信网络设计中有应用背景, 其中要求网络当部分边失效时仍是连通的. 还有一个相关的问题允许多次选择同一条边 (Goemans and Bertsimas, 1993; Bertsimas and Teo, 1997). 然而, 这可以看作是 G 有多条平行边下的特殊情形.

在 20.1 节和 20.2 节中我们首先考虑了一个著名的特殊情形: Steiner 树问题. 这里指有一个所谓终端的集合 $T \subseteq V(G)$ 满足: 当 $x, y \in T$ 时 $r_{xy} = 1$; 其他情况下 $r_{xy} = 0$. 要寻找一个连接了所有终端的最小网络. 这样的一个网络被称为连通器. 一个极小的连通器是一个 Steiner 树.

定义 20.1 设 G 是一个无向图并且 $T \subseteq V(G)$. 一个 T 的连通器 (connector) 是指满足 $T \subseteq V(Y)$ 的一个连通图 Y. G 中关于 T 的一棵 Steiner 树是指满足 $T \subseteq V(S) \subseteq V(G)$ 和 $E(S) \subseteq E(G)$ 的一棵树 S. T 中的元素被称为终端(terminal), 而 $V(S) \setminus T$ 的元素被称为 S 的 Steiner 点.

有时候也会要求 Steiner 树的所有叶子都是终端. 不过这显然可以通过删除某些边而得到.

在 20.3 节中我们将讨论一般的可靠网络设计问题, 并且在 20.4 节和 20.5 节中给出两个近似算法. 其中第一个算法速度较快, 而第二个算法则是一个多项式时间的 2-近似算法.

20.1　Steiner 树

本节考虑下面的问题:

Steiner 树问题

实例：无向图 G, 权函数 $c: E(G) \to \mathbb{R}_+$ 和集合 $T \subseteq V(G)$.

任务：寻找 G 中关于 T 的权重最小的 Steiner 树 S.

在第 6 和第 7 章中已经分别研究了两个特殊情形：$T = V(G)$(支撑树) 和 $|T| = 2$ (最短路). 虽然这两种情形都有多项式时间算法, 但一般问题却是 NP 困难的.

定理 20.2 (Karp, 1972)　即使在单位权函数的条件下, Steiner 树问题仍是 NP 困难的.

证明　我们给出一个 NP 完备问题–顶点覆盖问题 (推论 15.24) 到 Steiner 树问题的归约. 给定一个图 G, 构造图 H: 顶点为 $V(H) := V(G) \,\dot\cup\, E(G)$; 对于 $v \in e \in E(G)$, 在 H 中构造边 $\{v,e\}$, 并且对于 $v,w \in V(G)$, $v \neq w$, 在 H 中构造边 $\{v,w\}$. 图 20.1 给出了示例. 对所有的 $e \in E(H)$, 令 $c(e) := 1$, 并且设 $T := E(G)$.

图 20.1

给定 G 的一个顶点覆盖 $X \subseteq V(G)$, 可以在 H 中用 $|X| - 1$ 条边的树连接 X, 并且对于 T 中的每个顶点都可以用一边使之和 X 相连. 得到一棵边数为 $|X| - 1 + |E(G)|$ 的 Steiner 树. 另一方面, 令 $(T \cup X, F)$ 是一棵 H 中关于 T 的 Steiner 树, 则 X 就是 G 的一个顶点覆盖, 并且 $|F| = |T \cup X| - 1 = |X| + |E(G)| - 1$.

因此 G 有一个基数为 k 的顶点覆盖当且仅当 H 有一个边数为 $k + |E(G)| - 1$ 的 T 的 Steiner 树.　　　　　　　　　　　　　　　　　　　　　　　　□

上述变换还可以推出下面更强的结论：

定理 20.3 (Bern and Plassmann, 1989)　即使在单位权重的情形下, Steiner 树问题仍是 MAXSNP困难的.

证明　在上面证明过程中的变换在一般情况下并不是一个 L 归约, 但是我们可以证明当 G 的度是有界的情况下, 它就是一个 L 归约. 由定理 16.46 可知, 最大度为 4 的图上的最小顶点覆盖问题是 MAXSNP 困难的.

对于 H 中每棵 Steiner 树 $(T \cup X, F)$ 和对应的 G 的顶点覆盖 X, 有

$$|X| - \mathrm{OPT}(G) = (|F| - |E(G)| + 1) - (\mathrm{OPT}(H,T) - |E(G)| + 1)$$
$$= |F| - \mathrm{OPT}(H,T)$$

另外, $\text{OPT}(H,T) \leqslant 2|T| - 1 = 2|E(G)| - 1$, 并且当 G 最大度为 4 的情况下 $\text{OPT}(G) \geqslant \frac{|E(G)|}{4}$. 因此, $\text{OPT}(H,T) < 8\,\text{OPT}(G)$. 所以该变换的确是一个 L 归约. □

Steiner 树问题的下面两类特殊模型也是 NP 困难的: 欧几里得 Steiner 树问题(Garey, Graham and Johnson, 1977) 和曼哈顿 Steiner 树问题(Garey and Johnson, 1977). 两个都要求在平面上寻找连接一些给定点集的最小长度的网络 (直线段的集合). 它们的不同之处在于在曼哈顿 Steiner 树问题中只允许水平的或垂直的线段. 与图上的 MAXSNP 困难的 Steiner 树问题不同, 这两个几何优化问题都有近似方案. 这种由 Arora (1998) 提出的算法稍加变化, 同样可以解决欧几里得 TSP 和其它一些几何问题. 我们将在 2.1.2 节中介绍它 (参考习题 21.8). 平面图上的 Steiner 树问题也有近似方案. 它是由 Borradaile, Kenyon-Mathieu 和 Klein (2007) 给出的.

Hanan (1966) 指出曼哈顿 Steiner 树问题 可以转化为有限网格图上的 Steiner 树问题: 总是存在一个最优解满足所有的线段都位于由终端的坐标所诱导出的网格上. 曼哈顿 Steiner 树问题在 VLSI 设计中非常重要, 其中电子元件必须用水平和垂直的导线相连 (Korte, Prömel and Steger, 1990; Martin, 1992; Hetzel, 1995). 这里人们寻找众多的不相交的 Steiner 树. 这是第 19 章中所讨论的不交路问题的一个推广.

我们下面描述一个动态规划算法. 它是 Dreyfus 和 Wagner (1972) 提出的. 这个算法可以精确求解 Steiner 树问题, 当然一般情况下需要指数的运行时间.

DREYFUS-WAGNER 算法从两个点的集合开始, 为每个 T 的子集计算一个最优的 Steiner 树. 它使用了下面的递归公式:

引理 20.4 设 (G,c,T) 是 Steiner 树问题的一个实例. 对于每个 $U \subseteq T$ 和 $x \in V(G) \setminus U$, 定义

$$p(U) := \min\{c(E(S)) : S \text{ 是 } G \text{ 中 } U \text{ 的一棵 Steiner 树}\}$$

$$q(U \cup \{x\}, x) := \min\{c(E(S)) : S \text{ 是 } G \text{ 中} U \cup \{x\} \text{的一棵 Steiner 树},$$
$$\text{其中 } S \text{ 的叶子都是 } U \text{ 中的元素}\}$$

则对任意的 $U \subseteq V(G)$, $|U| \geqslant 2$ 和 $x \in V(G) \setminus U$, 有

(a) $q(U \cup \{x\}, x) = \min_{\varnothing \neq U' \subset U} \left(p(U' \cup \{x\}) + p((U \setminus U') \cup \{x\}) \right)$.

(b) $p(U \cup \{x\}) = \min \Big\{ \min_{y \in U} \left(p(U) + \text{dist}_{(G,c)}(x,y) \right),$
$$\min_{y \in V(G) \setminus U} \left(q(U \cup \{y\}, y) + \text{dist}_{(G,c)}(x,y) \right) \Big\}.$$

证明 (a) $U \cup \{x\}$ 的每一棵叶子全是 U 中元素的 Steiner 树 S 都是两棵树的并集, 它们都包含 x 和至少 U 中一个元素. 所以 (a) 成立.

(b) 不等式 "$\leqslant$" 是显然的. 考虑 $U \cup \{x\}$ 的一棵最优 Steiner 树 S. 如果 $|\delta_S(x)| \geqslant 2$, 则

$$p(U \cup \{x\}) \;=\; c(E(S)) \;=\; q(U \cup \{x\}, x) \;=\; q(U \cup \{x\}, x) + \mathrm{dist}_{(G,c)}(x, x)$$

如果 $|\delta_S(x)| = 1$, 则令 y 表示 S 中属于 U 或者 $|\delta_S(y)| \geqslant 3$ 的与 x 距离最近的顶点. 分两种情况讨论: 如果 $y \in U$, 则

$$p(U \cup \{x\}) \;=\; c(E(S)) \;\geqslant\; p(U) + \mathrm{dist}_{(G,c)}(x, y)$$

否则

$$p(U \cup \{x\}) \;=\; c(E(S)) \;\geqslant\; \min_{y \in V(G) \setminus U} \big(q(U \cup \{y\}, y) + \mathrm{dist}_{(G,c)}(x, y) \big)$$

在 (b) 中计算的正好是上面三个公式的最小值. □

这些递归式直接推出了下面的动态规划算法:

DREYFUS-WAGNER 算法

输入: 无向图 G, 权函数 $c : E(G) \to \mathbb{R}_+$, 和集合 $T \subseteq V(G)$.

输出: G 中 T 的一个最优 Steiner 树的树长 $p(T)$.

① 若 $|T| \leqslant 1$ 则令 $p(T) := 0$ 并且 停止.
　对所有的 $x, y \in V(G)$ 计算 $\mathrm{dist}_{(G,c)}(x, y)$, 且令 $p(\{x, y\}) := \mathrm{dist}_{(G,c)}(x, y)$.

② 对 $k := 2$ 到 $|T| - 1$ 进行:
　　对所有满足 $|U| = k$ 的 $U \subseteq T$ 和所有 $x \in V(G) \setminus U$,
　　　令 $q(U \cup \{x\}, x) := \min\limits_{\varnothing \neq U' \subset U} \big(p(U' \cup \{x\}) + p((U \setminus U') \cup \{x\}) \big)$.
　　对所有满足 $|U| = k$ 的 $U \subseteq T$ 和所有 $x \in V(G) \setminus U$,

$$令\ p(U \cup \{x\}) := \min\left\{ \min_{y \in U} \big(p(U) + \mathrm{dist}_{(G,c)}(x, y) \big), \right.$$

$$\left. \min_{y \in V(G) \setminus U} \big(q(U \cup \{y\}, y) + \mathrm{dist}_{(G,c)}(x, y) \big) \right\}.$$

定理 20.5 (Dreyfus and Wagner, 1972)　　DREYFUS-WAGNER 算法在 $O(3^t n + 2^t n^2 + mn + n^2 \log n)$ 时间内求得最优 Steiner 树的树长, 其中 $n = |V(G)|$, $t = |T|$.

证明　　最优性可以由引理 20.4 得到. ① 包含了对所有顶点对之间最短路问题的求解. 由定理 7.9, 这可以在 $O(mn + n^2 \log n)$ 内完成.

在 ② 中的第一个迭代需要 $O(3^t n)$ 时间, 这是因为把 T 划分为 U', $U \setminus U'$, 和 $T \setminus U$ 有 3^t 种可能. 第二个迭代显然需要 $O(2^t n^2)$ 时间. □

当前给出的DREYFUS-WAGNER 算法计算的是最优 Steiner 树的树长, 而不是 Steiner 树本身. 然而, 通过存储一些额外的信息通过回溯可以得到对应的 Steiner 树. 在DIJKSTRA 算法 (7.11 节) 中已经详细讨论过这种技巧.

注意到一般情形下此算法需要指数时间和指数空间. 但对于终端数目为常数的情况, 它是一个 $O(n^3)$ 算法. 另外还有一种也是多项式时间 (和空间) 可解的特殊的

情形: 如果 G 是一个平面图, 并且所有的终端都位于外部面, 则 DREYFUS-WAGNER 算法可以修改为一个 $O(n^3t^2)$ 时间的算法 (习题 3). 对于一般的情形 (众多的终端), Fuchs 等 (2007) 把运行时间改进到 $O\big((2+\frac{1}{d})^t n^{12\sqrt{d\ln d}}\big)$ (d 充分大).

因为对于一般的 Steiner 树问题, 可能没有希望找到一个精确的多项式时间算法, 所以这时近似算法是有价值的. 某些近似算法的一个基本的思想是用 G 的度量闭包中由 T 诱导出的子图的最小支撑树去近似 G 中 T 的最优 Steiner 树.

定理 20.6 设 G 是权函数为 $c: E(G) \to \mathbb{R}_+$ 的连通图, $(\bar{G}, \bar{c})$ 是它的度量闭包. 又设 $T \subseteq V(G)$. 如果 S 是 G 中 T 的一棵最优 Steiner 树, M 是 $\bar{G}[T]$ 中 (关于 $\bar{c}$) 的一棵最小支撑树, 则 $\bar{c}(E(M)) \leqslant 2c(E(S))$.

证明 考虑这样的图 H: H 是两个 S 的并集 (即 S 的每条边都在 H 中有两条相同的边). H 是欧拉图, 由定理 2.24, 在 H 中存在一条欧拉途径 W. T 中顶点在 W 中第一次出现的位置定义了它们的顺序. 这个顺序在 $\bar{G}[T]$ 中也可以得到一条途径 W'. 因为对所有的 x, y, z), 三角不等式 $(\bar{c}(\{x, z\}) \leqslant \bar{c}(\{x, y\}) + \bar{c}(\{y, z\}) \leqslant c(\{x, y\}) + c(\{y, z\})$ 成立, 所以有

$$\bar{c}(W') \leqslant c(W) = c(E(H)) = 2c(E(S))$$

而 W' 包含了 $\bar{G}[T]$ 的一棵支撑树 (仅仅删除一条边), 因此定理得证. □

上述定理由 Gilbert, Pollak (1968) (参考 Moore E F), Choukhmane (1978), Kou, Markowsky, Berman (1981), 以及 Takahashi, Matsuyama (1980) 所发表. 它直接给出了下面的 2-近似算法:

KOU-MARKOWSKY-BERMAN 算法

输入: 连通无向图 G, 权函数 $c: E(G) \to \mathbb{R}_+$ 和集合 $T \subseteq V(G)$.

输出: G 中 T 的 Steiner 树

---

① 计算度量闭包 $(\bar{G}, \bar{c})$, 并对所有的 $s, t \in T$ 求出最短路 P_{st}.

② $\bar{G}[T]$ 中找到关于 $\bar{c}$ 的最小支撑树 M.

令 $E(S) := \bigcup_{\{x,y\} \in E(M)} E(P_{xy})$ 并且 $V(S) := \bigcup_{\{x,y\} \in E(M)} V(P_{xy})$.

③ 输出 S 的最小连通子图.

定理 20.7 (Kou, Markowsky and Berman, 1981) KOU-MARKOWSKY-BERMAN 算法是 Steiner 树问题的一个 2-近似算法, 它的运行时间是 $O(n^3)$, 其中 $n = |V(G)|$.

证明 算法的正确性和近似比可以直接由定理 20.6 得到. ① 包含了全点对最短路问题的求解. 这可以在 $O(n^3)$ 时间内完成 (定理 7.9, 推论 7.11). 用 PRIM 算法 (定理 6.5), ② 可以在 $O(n^2)$ 内完成. 用 BFS, ③ 可以在 $O(n^2)$ 内实现. □

　　Mehlhorn (1988) 和 Kou (1990) 提出了这个算法的 $O\left(n^2\right)$ 实现方式. 这个思想不是计算 $\bar{G}[T]$, 而是计算一个类似的图, 它的最小支撑树也是 $\bar{G}[T]$ 的最小支撑树.

　　比最优支撑树近似比更好的算法直到 1993 年才由 Zelikovsky 提出. 他给出了 Steiner 树问题的一个 $\frac{11}{6}$ 近似算法. 随后近似比分别被 Berman 和 Ramaiyer (1994) 改进到 1.75, Karpinski 和 Zelikovsky (1997) 改进到 1.65, Hougardy 和 Prömel (1999) 改进到 1.60, 以及 Robins and Zelikovsky (2005) 提高到 $1 + \frac{\ln 3}{2} \approx 1.55$. 当前最好的算法将会在下一节介绍. 另一方面, 由定理 20.3 和推论 16.40 可知: 除非 $P = \mathrm{NP}$, 不可能找到一个多项式近似方案. 实际上, Clementi 和 Trevisan (1999) 指出, 除非 $P = \mathrm{NP}$, Steiner 树问题不可能存在 1.0006 近似算法 (也可以参考 Thimm (2003).)

　　Warme, Winter 和 Zachariasen (2000) 给出了一个计算最优 Steiner 树 (特别对于曼哈顿 Steiner 树问题) 非常有效的算法.

20.2　Robins-Zelikovsky 算法

　　定义 20.8　G 中的树 Y 被称为 G 中终端集 T 的满 Steiner 树是指 Y 的叶子的集合恰好是 T. 每一个 T 的最小 Steiner 树都可以分解为若干个 T 的子集的满 Steiner 树, 即它的满分支. 如果每个满分支最多有 k 个终端, 则这些满分支的并集称为 k 限制的(关于给定的终端集). 更精确一点, 一个图 Y 被称为 k 限制的 (G 中关于 T) 是指 G 中存在 $T \cap V(Y_i)$ 的满 Steiner 树 Y_i, 满足条件 $|T \cap V(Y_i)| \leqslant k (i = 1, \cdots, t)$, $V(Y) = \bigcup_{i=1}^{t} V(Y_i)$ 以及 $E(Y)$ 是集合 $E(Y_i)$ 的不交并集. 要注意的是可能会有平行边.

　　定义 k-Steiner 比如下:

$$\rho_k := \sup_{(G,c,T)} \left\{ \frac{\min\{c(E(Y)) : Y \text{ 是 } T \text{ 的 } k \text{ 限制连通器}\}}{\min\{c(E(Y)) : Y \text{ 是 } T \text{ 的 Steiner 树}\}} \right\}$$

其中上确界是在 Steiner 树问题的所有实例上取到的.

　　例如, 2 限制的连通器是由终端之间的路所构成的. 所以 (G, c) 中 T 的最优 2 限制连通器对应于 $(\bar{G}[T], \bar{c})$ 中的最小支撑树. 因此, 由定理 20.6 有 $\rho_2 \leqslant 2$. 单位权的星形图表明 $\rho_2 = 2$(通常 $\rho_k \geqslant \frac{k}{k-1}$). 如果仅考虑曼哈顿距离下的 Steiner 树问题. Steiner 比会好些, 如 $k = 2$ 时, 比为 $\frac{3}{2}$(Hwang (1976))

　　定理 20.9 (Du, Zhang and Feng, 1991)　　$\rho_{2^s} \leqslant \frac{s+1}{s}$.

　　证明　设 (G, c, T) 是一个实例, Y 是一棵最优 Steiner 树. 不失一般性, 设 Y 是一棵满 Steiner 树 (如果不然可以分别处理它的满分支). 此外, 通过复制顶点和增加长度为 0 的边, 可以假设 Y 是一个叶子都是终端的满二叉树, 即根顶点的度是 2, 而其他的 Steiner 点的度是 3. 我们说顶点 $v \in V(Y)$ 处于第 i 层是指它与根顶点之间的距离是 i. 所有的终端都在第 h 层上 (h 是二叉树的高).

定义 T 的 s 个 2^s 限制连通器, 要求它们长度之和不超过 $(s+1)c(E(Y))$. 对于 $v \in V(Y)$, 设 $P(v)$ 表示 Y 中从 v 到某个叶子的一条路, 并满足所有这些路是边不重的.

对于 $i = 1, \cdots, s$, 令 Y_i 表示下述满分支的并集:

• 由直到第 i 层的顶点所诱导的 Y 的子树, 加上第 i 层上每个顶点 v 的 $P(v)$.

• 对于第 $ks + i$ 层上的每个顶点 u: u 的后继顶点直到第 $(k+1)s + i$ 层所诱导的子树, 加上在第 $(k+1)s + i$ 层上每个顶点 v 的 $P(v)(k = 0, \cdots, \lfloor \frac{h-1-i}{s} - 1 \rfloor)$.

• 对于第 $\lfloor \frac{h-1-i}{s} \rfloor s + i$ 层上每个顶点 u, 由 u 的所有后继所诱导的子树.

很明显, 这里的每棵树都是 2^s 限制的, 并且它们在 Y_i 中的并集就是 Y, 即这是一个 T 的连通器. 另外, Y 的每条边如果不计算在 $P(v)$ 中的出现次数, 则在每个 Y_i 出现一次. 而且, $P(v)$ 仅被一个 Y_i 所使用. 因此, 每条边最多出现 $s+1$ 次. □

特别地, 当 $k \to \infty$ 时 $\rho_k \to 1$. 所以对于固定的 k, 我们不可能期望在多项式时间内找到最优 k 限制的连通器. 实际上, 对于每个固定的 $k \geqslant 4$, 这个问题都是 NP 困难的 (Garey and Johnson, 1977). 定理 20.9 中的界是紧的: Borchers 和 Du (1997) 证明了对所有的 $k \geqslant 2$, $\rho_k = \frac{(s+1)2^s + t}{s2^s + t}$, 其中 $k = 2^s + t$ 且 $0 \leqslant t < 2^s$.

我们将要给出一个这样的算法: 它从度量闭包中由 T 所诱导出的子图的一个最小支撑树开始, 然后使用 k 限制满 Steiner 树去尽量改进它. 然而, 这个算法最多能确定 Steiner 树的一半, 因为有所谓的缺失 (loss). 对于每个 Steiner 树 Y 来说, 把 Y 的一个缺失 定义为连接每个度数至少是 3 的 Steiner 点到一个终端的最小费用边集 F. 图 20.2 给出了带缺失 (粗线边) 的满 Steiner 树的示例, 这里假设边的费用与它的边长成正比.

命题 20.10 设 Y 是 T 的一棵满 Steiner 树, $c: E(Y) \to \mathbb{R}_+$, 并且 F 是 Y 的一个缺失. 则 $c(F) \leqslant \frac{1}{2}c(E(Y))$.

证明 设 r 是 Y 的任意一个顶点. U 是在 $V(Y) \setminus T$ 中度至少为 3 的 Steiner 点 v 的集合. 对于每个 $v \in U$, 考虑从 v 到顶点 $w \in U \cup T$ 的所有路 (至少 2 条) 中的最小费用路, 这里 w 要求它到 r 的距离超过它到 v 的距离. 这些路的边集的并集连接了 U 的每个元素到一个终端并且最多只有总费用的一半. □

我们调整费用如下, 而不是收缩 k 限制满 Steiner 树的丢失.

命题 20.11 设 G 是一个完全图, $T \subseteq V(G)$, $c: E(G) \to \mathbb{R}_+$ 且 $k \geqslant 2$. 设 $S \subseteq T$ 满足 $|S| \leqslant k$, 令 Y 是 G 中 S 的一棵 Steiner 树并且 L 是 Y 的一个缺失. 若 $e \in L$ 令 $c'(e) := 0$, 否则令 $c'(e) := c(e)$. 把 $c/(Y, L): E(G) \to \mathbb{R}_+$ 定义为对任意的 $v, w \in S, v \neq w, c/(Y, L)(\{v, w\}) := \min\{c(\{v, w\}), \text{dist}_{(Y, c')}(v, w)\}$; 对所有其它的边, $c/(Y, L)(e) := c(e)$. 那么, 在 $G[S]$ 中存在满足条件 $c/(Y, L)(E(M)) + c(L) \leqslant c(E(Y))$ 的支撑树 M.

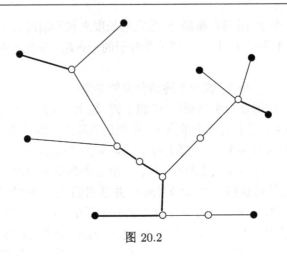

图 20.2

进一步, 对于 G 中 T 的每个 k 限制连通器 H', 在 G 中存在满足条件 $c(E(H)) \leqslant$ $c/(Y, L)(E(H')) + c(L)$ 的 k 限制连通器 H.

证明　第一个结论可以对 $|E(Y)|$ 使用归纳法证明. 假设 Y 是一个满 Steiner 树 (如果不然则分别考虑满分支), 并且 $|S| > 2$. 则 $L \neq \varnothing$, 并且存在一个终端 v 关联到一条边 $e = \{v, w\} \in L$. 应用 $Y' := Y - e$ 和 $(S \setminus \{v\}) \cup \{w\}$ 时的归纳假设, 则产生了一棵满足 $c/(Y', L \setminus \{e\})(M') \leqslant c(E(Y')) - c(L \setminus \{e\}) = c(E(Y)) - c(L)$ 的支撑树 M'. 因为 $c'(e) = 0$, 所以在 M 中用 v 代替 w 并不会改变费用.

对于第二个结论, 设 H' 是 G 的一个 k 限制连通器. 用 (Y, c') 中一条最短 v-w 路代替满足条件 $c/(Y, L)(e) < c(e)$ 的每条边 $e = \{v, w\} \in E(H')$, 并且去掉平行边. 得到的图 H 是 T 的一个 k 限制连通器并且满足 $c(E(H)) = c'(E(H)) + c(E(H) \cap L) \leqslant$ $c/(Y, L)(E(H')) + c(L)$. □

我们将通过添加对应于满分支的边来反复修正费用函数. 下面的结论说的是: 当其它的边先插入的话, 最小支撑树费用的减少量并不会增加.

引理 20.12 (Zelikovsky, 1993; Berman and Ramaiyer, 1994)　设 G 是一个图, $c : E(G) \to \mathbb{R}_+$, $T \subseteq V(G)$, 而 (T, U) 是费用函数为 $c' : U \to \mathbb{R}_+$ 的另一个图. 设 $m : 2^U \to \mathbb{R}_+$, 其中, $m(X)$ 是 $(T, E(G[T]) \cup X)$ 中最小支撑树的费用. 则 m 是超模函数.

证明　设 $A \subseteq U$ 且 $f \in U$. 在 $G[T]$ 和 $G[T] + f$ 上并行地运行 KRUSKAL 算法, 以相同的顺序 (以费用非减序) 检测 $G[T]$ 的每条边. 除了前者不选择 f, 而后者不选择第一条构成 $G + f$ 中的包含 f 的圈的边, 两种形式完全以相同的方式运行. 因此两个图的支撑树的最小费用相差 $\min\{\gamma : G[T] + f$ 包含有 f 的圈, 其中圈上每边的费用至多为 $\gamma\} - c'(f)$. 显然, 当考虑分别用 $G[T] + A$ 和 $(G[T] + A) + f$ 代替 $G[T]$ 和 $G[T] + f$ 的话, 这个差值只可能减少. 因此

$$m(A) - m(A \cup \{f\}) \leqslant m(\varnothing) - m(\{f\})$$

现在令 $X, Y \subseteq U$, $Y \setminus X = \{y_1, \cdots, y_k\}$, 并且对 $i = 1, \cdots, k$, 记 $m_i(Z) := m((X \cap Y) \cup \{y_1, \cdots, y_{i-1}\} \cup Z)$. 上面的结果应用到 m_i, 得到

$$
\begin{aligned}
m(X) - m(X \cup Y) &= \sum_{i=1}^{k} (m_i(X \setminus Y) - m_i((X \setminus Y) \cup \{y_i\})) \\
&\leqslant \sum_{i=1}^{k} (m_i(\varnothing) - m_i(\{y_i\})) \\
&= m(X \cap Y) - m(Y)
\end{aligned}
$$

于是, 超模性得证. □

下面描述这个算法. 用 $\mathrm{mst}(c)$ 表示 $(\bar{G}, c)$ 中由 T 诱导的子图的最小支撑树费用.

ROBINS-ZELIKOVSKY 算法

输入: 无向图 G, 权函数 $c : E(G) \to \mathbb{R}_+$ 和终端的集合 $T \subseteq V(G)$. 数 $k \geqslant 2$.

输出: G 中 T 的 Steiner 树.

① 计算 (G, c) 的度量闭包 $(\bar{G}, \bar{c})$.

② 选择至多包含 k 个终端的子集 S 和二元组 $K = (Y, L)$, 其中 Y 是 S 的一棵最优 Steiner 树, L 是 Y 的一个缺失, 并且满足 $\frac{\mathrm{mst}(\bar{c}) - \mathrm{mst}(\bar{c}/K)}{\bar{c}(L)}$ 是最大的而且至少为 1.

   如果这样的选择不存在, 则转至 ④.

③ 赋值 $\bar{c} := \bar{c}/K$.

   转至 ②.

④ 计算 $(\bar{G}, \bar{c})$ 的由 T 诱导的子图的最小支撑树.

   在 (G, c') 中的所有边都用最短路代替, 其中

   　当 $e \in L$(对于算法选择的 L) 时 $c'(e) := 0$, 其它情形下 $c'(e) = c(e)$.

   最后计算支撑 T 的极小连通子图.

假设算法在第 $t+1$ 次迭代停止, 令 $K_i := (Y_i, L_i)$ 表示第 $i(i = 1, \cdots, t)$ 次迭代中选择的 Steiner 树和它的缺失. 设 c_0 是在 ① 后的费用函数 $\bar{c}$, 并设 $c_i := c_{i-1}/K_i (i = 1, \cdots, t)$ 是 i 次迭代后的费用函数 $\bar{c}$. 则由推论 20.11, 算法给出了一个总费用最多为 $\mathrm{mst}(c_t) + \sum_{i=1}^{t} c(L_i)$ 的解.

设 Y^* 表示 T 的一个最优 k 限制连通器, $Y_1^*, \cdots, Y_{t^*}^*$ 表示并集为 Y^* 的 k 限制满 Steiner 树, L_j^* 是 Y_j^* 的一个缺失, $K_j^* = (Y_j^*, L_j^*)(j = 1, \cdots, t^*)$, 并且 $L^* := L_1^* \cup \cdots \cup L_{t^*}^*$. 用记号 c/K^* 代替 $c/K_1^*/\cdots/K_{t^*}^*$. 由命题 20.11, 得到

引理 20.13 该算法给出了 T 的一个权重最多为 $\mathrm{mst}(c_t) + \sum_{i=1}^{t} c(L_i)$ 的 Steiner 树. 此外, $c(E(Y^*)) = \mathrm{mst}(c/K^*) + c(L^*)$.

引理 20.14 $\mathrm{mst}(c_t) \leqslant c(E(Y^*)) \leqslant \mathrm{mst}(c_0)$.

证明 $c(E(Y^*)) \leqslant \mathrm{mst}(c_0)$ 显然成立. 算法终止的时候, 对于 $j = 1, \cdots, t^*$, 有 $\mathrm{mst}(c_t) - \mathrm{mst}(c_t/K_j^*) \leqslant c(L_j^*)$. 因此, 利用引理 20.12, 可以得到

$$
\begin{aligned}
\mathrm{mst}(c_t) - \mathrm{mst}(c/K^*) &\leqslant \mathrm{mst}(c_t) - \mathrm{mst}(c_t/K^*) \\
&= \sum_{j=1}^{t^*} (\mathrm{mst}(c_t/K_1^*/\cdots/K_{j-1}^*) - \mathrm{mst}(c_t/K_1^*/\cdots/K_j^*)) \\
&\leqslant \sum_{j=1}^{t^*} (\mathrm{mst}(c_t) - \mathrm{mst}(c_t/K_j^*)) \\
&\leqslant \sum_{j=1}^{t^*} c(L_j^*)
\end{aligned}
$$

这表明 $\mathrm{mst}(c_t) \leqslant \mathrm{mst}(c/K^*) + c(L^*)$. $\qquad\square$

引理 20.15 $\mathrm{mst}(c_t) + \sum_{i=1}^{t} c(L_i) \leqslant c(E(Y^*))(1 + \frac{\ln 3}{2})$.

证明 设 $i \in \{1, \cdots, t\}$. 由算法在第 i 次迭代中 L_i 的选择, 有

$$
\begin{aligned}
\frac{\mathrm{mst}(c_{i-1}) - \mathrm{mst}(c_i)}{c(L_i)} &\geqslant \max_{j=1,\cdots,t^*} \frac{\mathrm{mst}(c_{i-1}) - \mathrm{mst}(c_{i-1}/K_j^*)}{c(L_j^*)} \\
&\geqslant \frac{\sum_{j=1}^{t^*} (\mathrm{mst}(c_{i-1}) - \mathrm{mst}(c_{i-1}/K_j^*))}{\sum_{j=1}^{t^*} c(L_j^*)} \\
&\geqslant \frac{\sum_{j=1}^{t^*} (\mathrm{mst}(c_{i-1}/K_1^*/\cdots/K_{j-1}^*) - \mathrm{mst}(c_{i-1}/K_1^*/\cdots/K_j^*))}{c(L^*)} \\
&= \frac{\mathrm{mst}(c_{i-1}) - \mathrm{mst}(c_{i-1}/K^*)}{c(L^*)} \\
&\geqslant \frac{\mathrm{mst}(c_{i-1}) - \mathrm{mst}(c/K^*)}{c(L^*)}
\end{aligned}
$$

在第三个不等式中用了引理 20.12, 而在最后一个不等式中用了单调性. 另外, 左边式子至少为 1. 因此

$$
\begin{aligned}
\sum_{i=1}^{t} c(L_i) &\leqslant \sum_{i=1}^{t} (\mathrm{mst}(c_{i-1}) - \mathrm{mst}(c_i)) \frac{c(L^*)}{\max\{c(L^*), \mathrm{mst}(c_{i-1}) - \mathrm{mst}(c/K^*)\}} \\
&\leqslant \int_{\mathrm{mst}(c_t)}^{\mathrm{mst}(c_0)} \frac{c(L^*)}{\max\{c(L^*), x - \mathrm{mst}(c/K^*)\}} \mathrm{d}x
\end{aligned}
$$

由引理 20.13 有 $c(E(Y^*)) = \mathrm{mst}(c/K^*) + c(L^*)$, 并且由引理 20.14 有 $\mathrm{mst}(c_t) \leqslant c(E(Y^*)) \leqslant \mathrm{mst}(c_0)$, 从而

$$\sum_{i=1}^{t} c(L_i) \leqslant \int_{\mathrm{mst}(c_t)}^{c(E(Y^*))} 1 \, \mathrm{d}x + \int_{c(L^*)}^{\mathrm{mst}(c_0)-\mathrm{mst}(c/K^*)} \frac{c(L^*)}{x} \mathrm{d}x$$

$$= c(E(Y^*)) - \mathrm{mst}(c_t) + c(L^*) \ln \frac{\mathrm{mst}(c_0) - \mathrm{mst}(c/K^*)}{c(L^*)}$$

因为 $\mathrm{mst}(c_0) \leqslant 2\,\mathrm{OPT}(G,c,T) \leqslant 2c(E(Y^*)) = c(E(Y^*)) + \mathrm{mst}(c/K^*) + c(L^*)$, 故

$$\mathrm{mst}(c_t) + \sum_{i=1}^{t} c(L_i) \leqslant c(E(Y^*)) \left(1 + \frac{c(L^*)}{c(E(Y^*))} \ln \left(1 + \frac{c(E(Y^*))}{c(L^*)} \right) \right)$$

又因为 $0 \leqslant c(L^*) \leqslant \frac{1}{2} c(E(Y^*))$ (命题 20.10) 且 $\max\{x \ln(1+\frac{1}{x}) : 0 < x \leqslant \frac{1}{2}\}$ 当 $x = \frac{1}{2}$ 时达到 (因为导数 $\ln(1+\frac{1}{x}) - \frac{1}{x+1}$ 总是正的), 所以我们断定 $\mathrm{mst}(c_t) + \sum_{i=1}^{t} c(L_i) \leqslant c(E(Y^*))(1 + \frac{\ln 3}{2})$. □

这个证明主要归功于 Gröpl 等 (2001). 最后我们有

定理 20.16 (Robins and Zelikovsky, 2005)　Robins-Zelikovsky 算法的近似比为 $\rho_k(1 + \frac{\ln 3}{2})$, 并且对于每个固定的 k, 它的运行时间是多项式的. 在 k 充分大的情形下, 近似比小于 1.55.

证明　由引理 20.13, 算法输出了一个费用最多为 $\mathrm{mst}(c_t) + \sum_{i=1}^{t} c(L_i)$ 的 Steiner 树. 由引理 20.15, 其值至多为 $\rho_k(1 + \frac{\ln 3}{2})$. 选择 $k = \min\{|V(G)|, 2^{2233}\}$ 并使用定理 20.9, 得到近似比 $\rho_{2233}(1 + \frac{\ln 3}{2}) \leqslant \frac{2234}{2233}(1 + \frac{\ln 3}{2}) < 1.55$.

存在最多 n^k 种可能的子集 S, 并且对每个子集, 在 S 的最优 Steiner 树中度至少为 3 的 Steiner 点 (最多 $k-2$ 个) 最多有 n^{k-2} 种选择. 所以, 给定 Y, 存在至多 $(2k-3)^{k-2}$ 种缺失. 因此每次迭代花费了 $O(n^{2k})$ 时间 (对于固定的 k), 并且最多有 n^{2k-2} 次迭代. □

20.3　可靠网络设计

在处理一般的可靠网络设计问题之前, 我们提一下另外两个特殊的情形. 如果所有的连通度要求 r_{xy} 是 0 或 1, 则该问题被称为广义 Steiner 树问题 (当然 Steiner 树问题是它的特殊情形). 广义 Steiner 树问题的第一个近似算法是由 Agrawal, Klein 和 Ravi (1995) 所找到的.

另一个有趣的特殊情形是找最小权重的 k 边–连通子图 (这里 $r_{xy} = k$ 对所有 x, y 成立). 参见关于这种特殊情形的 2-近似组合算法的习题 20.6 以及与这个问题相关的其它文献.

当考虑一般的可靠网络设计问题的时候, 对于所有的 $x, y \in V(G)$ 的给定连通度要求 r_{xy}, 定义一个函数 $f : 2^{V(G)} \to \mathbb{Z}_+$, 该函数要求 $f(\varnothing) := f(V(G)) := 0$ 并且对 $\varnothing \neq S \subset V(G)$, $f(S) := \max_{x \in S, y \in V(G) \setminus S} r_{xy}$. 则我们的问题可以表示为下面的整数线性规划:

$$\min \quad \sum_{e \in E(G)} c(e) x_e$$

$$\text{s.t.} \quad \sum_{e \in \delta(S)} x_e \geqslant f(S) \qquad (S \subseteq V(G))$$

$$x_e \in \{0, 1\} \qquad (e \in E(G)) \tag{20.1}$$

我们不是在一般形式下处理这个整数规划, 而是利用 f 的一个重要的性质:

定义 20.17　一个函数 $f : 2^U \to \mathbb{Z}_+$ 被称为**适定**的是指它满足下面三个条件:

- 对于所有的 $S \subseteq U$, 有 $f(S) = f(U \setminus S)$.
- 对于所有的 $A, B \subseteq U$, $A \cap B = \varnothing$, 有 $f(A \cup B) \leqslant \max\{f(A), f(B)\}$.
- $f(\varnothing) = 0$.

显然前面构造的 f 是适定的. 适定函数是由 Goemans 和 Williamson (1995) 引进的. 他们给出了在 $f(S) \in \{0, 1\}$(对所有的 S) 的条件下适定函数的一个 2-近似算法. 如果对所有的 S, $f(S) \in \{0, 2\}$, Klein 和 Ravi (1993) 给出了这种适定函数的一个 3-近似算法.

下面是适定函数的基本性质.

命题 20.18　适定函数 $f : 2^U \to \mathbb{Z}_+$ 是**弱超模**的, 即对于所有的 $A, B \subseteq U$, 下面的条件至少有一个成立:

- $f(A) + f(B) \leqslant f(A \cup B) + f(A \cap B)$.
- $f(A) + f(B) \leqslant f(A \setminus B) + f(B \setminus A)$.

证明　由定义, 有

$$f(A) \leqslant \max\{f(A \setminus B), f(A \cap B)\} \tag{20.2}$$

$$f(B) \leqslant \max\{f(B \setminus A), f(A \cap B)\} \tag{20.3}$$

$$f(A) = f(U \setminus A) \leqslant \max\{f(B \setminus A), f(U \setminus (A \cup B))\}$$

$$= \max\{f(B \setminus A), f(A \cup B)\} \tag{20.4}$$

$$f(B) = f(U \setminus B) \leqslant \max\{f(A \setminus B), f(U \setminus (A \cup B))\}$$

$$= \max\{f(A \setminus B), f(A \cup B)\} \tag{20.5}$$

现在根据 $f(A \setminus B), f(B \setminus A), f(A \cap B), f(A \cup B)$ 中哪个是最小的分成四种情形. 如果 $f(A \setminus B)$ 是最小的, 令 (20.2) 和 (20.5) 相加. 如果 $f(B \setminus A)$ 是最小的, 令 (20.3) 和 (20.4) 相加. 如果 $f(A \cap B)$ 是最小的, 令 (20.2) 和 (20.3) 相加. 如果 $f(A \cup B)$ 是最小的, 令 (20.4) 和 (20.5) 相加. □

这一节的余下部分将要说明如何求解 (20.1) 的线性规划松弛:

$$\min \quad \sum_{e \in E(G)} c(e) x_e$$

$$\text{s.t.} \quad \sum_{e \in \delta(S)} x_e \geqslant f(S) \quad (S \subseteq V(G))$$

$$x_e \geqslant 0 \quad (e \in E(G))$$

$$x_e \leqslant 1 \quad (e \in E(G)) \tag{20.6}$$

对于任意的函数 f, 即使是任意的弱超模函数, 我们并不知道如何在多项式时间求解这个线性规划. 因而限定于 f 是适定的情形. 由定理 4.21, 只需求解分离问题. 利用 Gomory-Hu 树:

引理 20.19 设 G 是一个容量约束为 $u \in \mathbb{R}_+^{E(G)}$ 的无向图, $f : 2^{V(G)} \to \mathbb{Z}_+$ 是一个适定函数. 设 H 是 (G, u) 的一棵 Gomory-Hu 树. 则对任意 $\varnothing \neq S \subset V(G)$, 有

(a) $\sum_{e' \in \delta_G(S)} u(e') \geqslant \max_{e \in \delta_H(S)} \sum_{e' \in \delta_G(C_e)} u(e')$.

(b) $f(S) \leqslant \max_{e \in \delta_H(S)} f(C_e)$,

其中 C_e 和 $V(H) \setminus C_e$ 是 $H - e$ 的两个连通分支.

证明 (a): 由 Gomory-Hu 树的定义, 对每条边 $e = \{x, y\} \in E(H)$ 来说, $\delta_G(C_e)$ 是一个最小容量 x-y 割, 并且对任意 $\{x, y\} \in \delta_H(S)$, (a) 的左边是某个 x-y 割的容量.

为了证明 (b), 令 $X_1, \cdots, X_l$ 表示 $H - S$ 的连通分支. 因为 $H[X_i]$ 是连通的并且 H 是一棵树, 所以对每个 $i \in \{1, \cdots, l\}$, 有

$$V(H) \setminus X_i = \bigcup_{e \in \delta_H(X_i)} C_e$$

(如果必要, 用 $V(H) \setminus C_e$ 代替 C_e). 因为 f 是适定的, 有

$$f(X_i) = f(V(G) \setminus X_i) = f(V(H) \setminus X_i) = f\left(\bigcup_{e \in \delta_H(X_i)} C_e\right) \leqslant \max_{e \in \delta_H(X_i)} f(C_e)$$

由 $\{e \in \delta_H(X_i)\} \subseteq \{e \in \delta_H(S)\}$, 推断出

$$f(S) = f(V(G) \setminus S) = f\left(\bigcup_{i=1}^{l} X_i\right) \leqslant \max_{i \in \{1, \cdots, l\}} f(X_i) \leqslant \max_{e \in \delta_H(S)} f(C_e). \qquad \square$$

现在说明如何通过考虑 Gomory-Hu 树的基本割 (fundamental cut) 来求解 (20.6) 的分离问题. 注意到完整存储适定函数 f 需要指数空间, 所以假设 f 是由一个神算包 (oracle) 所给定的.

定理 20.20 设 G 是一个无向图, $x \in \mathbb{R}_+^{E(G)}$, 并且 $f : 2^{V(G)} \to \mathbb{Z}_+$ 是一个适定函数 (由一个神算包所给定). 则可以在 $O\left(n^4 + n\theta\right)$ 时间找到一个满足条件 $\sum_{e \in \delta_G(S)} x_e < f(S)$ 的集合 $S \subseteq V(G)$ 或者确定这样的集合不存在. 这里 $n = |V(G)|$ 并且 θ 是 f 的神算包所需要的时间.

证明   首先计算 G 的 Gomory-Hu 树 H, 其中容量由 x 给定. 由定理 8.35, H 可以在 $O(n^4)$ 时间内计算.

由引理 20.19(b), 对于每个 $\varnothing \neq S \subset V(G)$, 存在一个满足条件 $f(S) \leqslant f(C_e)$ 的 $e \in \delta_H(S)$. 由引理 20.19(a), 得到 $f(S) - \sum_{e \in \delta_G(S)} x_e \leqslant f(C_e) - \sum_{e \in \delta_G(C_e)} x_e$. 我们推断出

$$\max_{\varnothing \neq S \subset V(G)} \left(f(S) - \sum_{e \in \delta_G(S)} x_e \right) = \max_{e \in E(H)} \left(f(C_e) - \sum_{e \in \delta_G(C_e)} x_e \right) \tag{20.7}$$

因此 (20.6) 的分离问题可以通过检验 $n - 1$ 个割来求解.   □

读者可以对比 (20.7) 和定理 12.19.

与线性规划松弛 (20.6) 相反, 我们也许没有希望在多项式时间内找到一个最优整数解, 否则由定理 20.2, 可推出 $P = \mathrm{NP}$. 所以考虑 (20.1) 的近似算法.

下节将描述一个原始对偶算法. 这个算法在大部分违背割中连续增加边. 如果最大连通度要求 $k := \max_{S \subseteq V(G)} f(S)$ 不是太大的话, 算法的性能不错. 特别地, 对于 $k = 1$ 的情形 (包含了广义 Steiner 树问题), 它是一个 2-近似算法. 20.5 节中为一般的情形描述一个 2-近似算法. 然而, 这个算法的缺点是使用了上面线性规划松弛 (20.6) 的解, 尽管它是一个多项式时间算法但在实际应用中效果却不好.

20.4   原始对偶近似算法

这节给出的算法按顺序分别由 Williamson 等 (1995), Gabow, Goemans 和 Williamson (1998), 以及 Goemans 等 (1994) 发展而成.

假设给定一 s 个权函数为 $c : E(G) \to \mathbb{R}_+$ 的无向图 G 和一个适定函数 f. 要寻找一个关联向量满足 (20.1) 的边集 F.

这个算法将运行 $k := \max_{S \subseteq V(G)} f(S)$ 个阶段. 因为 f 是适定的, 有 $k = \max_{v \in V(G)} f(\{v\})$, 所以 k 很容易计算. 在阶段 p $(1 \leqslant p \leqslant k)$ 考虑的是适定函数 f_p, 其中 $f_p(S) := \max\{f(S) + p - k, 0\}$. 它可以确保在阶段 p 后, 当前的边集 F(或者, 更准确一些, 它的关联向量) 关于 f_p 满足 (20.1). 我们先给出一些定义.

定义 20.21   给定某个适定函数 g, 以及 $F \subseteq E(G)$ 和 $X \subseteq V(G)$, 我们说 X 关于 (g, F) 是违背的是指 $|\delta_F(X)| < g(X)$. 关于 (g, F) 的最小违背集称为关于 (g, F) 的活跃集. 如果没有集合关于 (g, F) 是违背的, 称 $F \subseteq E(G)$ 满足 g. 我们说 F 几乎满足 g 是指对所有的 $X \subseteq V(G)$, 有 $|\delta_F(X)| \geqslant g(X) - 1$.

在算法整个过程中, 当前集 F 将几乎满足当前函数 f_p. 活跃集将起重要作用. 一个关键的结论如下:

引理 20.22   给定某个适定函数 g, 的几乎满足 g $F \subseteq E(G)$, 以及两个违背集 A 和 B. 则或者 $A \setminus B$ 和 $B \setminus A$ 都是违背集, 或者 $A \cap B$ 和 $A \cup B$ 都是违背集. 特别地, 关于 (g, F) 的活跃集两两不交.

证明　直接可以由命题 20.18 和引理 2.1(c) 得到.　　　　　　　　　　□

这个引理特别说明最多有 $n = |V(G)|$ 个活跃集. 下面将讨论如何计算活跃集. 与定理 20.20 证明类似, 我们使用 Gomory-Hu 树.

定理 20.23 (Gabow, Goemans and Williamson, 1998)　给定一个适定函数 g (由一个神算包给定) 和一个几乎满足 g 的集合 $F \subseteq E(G)$. 则关于 (g, F) 的活跃集可以在 $O\left(n^4 + n^2\theta\right)$ 时间计算得到. 这里 $n = |V(G)|$ 且 θ 是 g 的神算包所需要的时间.

证明　首先计算 $(V(G), F)$ (单位容量) 的 Gomory-Hu 树 H. 由定理 8.35, H 能在 $O(n^4)$ 时间得到. 由引理 20.19, 对每个 $\varnothing \neq S \subset V(G)$, 有

$$|\delta_F(S)| \;\geqslant\; \max_{e \in \delta_H(S)} |\delta_F(C_e)| \tag{20.8}$$

以及

$$g(S) \;\leqslant\; \max_{e \in \delta_H(S)} g(C_e) \tag{20.9}$$

其中 C_e 和 $V(H) \setminus C_e$ 是 $H - e$ 的两个连通分支.

设 A 是一个活跃集. 由 (20.9), 存在一条满足 $g(A) \leqslant g(C_e)$ 的边 $e = \{s, t\} \in \delta_H(A)$. 由 (20.8), $|\delta_F(A)| \geqslant |\delta_F(C_e)|$. 因为 F 几乎满足 g, 所以有

$$1 \;=\; g(A) - |\delta_F(A)| \;\leqslant\; g(C_e) - |\delta_F(C_e)| \;\leqslant\; 1$$

在整个过程中等式都一定成立, 特别地, $|\delta_F(A)| = |\delta_F(C_e)|$. 所以 $\delta_F(A)$ 是 $(V(G), F)$ 中一个最小 s-t 割. 不失一般性, 假设 A 包含 t 但不包含 s.

令 G' 表示有向图 $(V(G), \{(v, w), (w, v) : \{v, w\} \in F\})$. 考虑 G' 的最大 s-t 流 f 和剩余图 G'_f. 通过对 G'_f 的下述操作构造无圈有向图 G'': 把从 s 可达的顶点所构成的集合 S 收缩成顶点 v_S, 把可达到 t 的顶点所构成的集合 T 收缩成 v_T, 并且把 $G'_f - (S \cup T)$ 的每个强连通分支 X 收缩成顶点 v_X. 在 G' 的最小 s-t 割 和 G'' 的有向 v_T-v_S 割之间存在一一对应关系 (参考习题 8.5, 这很容易由 最大流最小割定理 8.6 和引理 8.3 得到). 特别地, A 是满足 $v_X \in V(G'')$ 的 X 的并集. 因为 $g(A) > |\delta_F(A)| = |\delta_{G'}^-(A)| = \text{value}(f)$ 并且 g 是适定函数, 所以存在一个满足条件 $X \subseteq A$ 和 $g(X) > \text{value}(f)$ 的顶点 $v_X \in V(G'')$.

现在说明如何找 A. 如果 $g(T) > \text{value}(f)$, 则令 $Z := T$. 否则, 令 v_Z 表示 G'' 满足下述条件的任意顶点, 对于所有可达到 v_Z 的顶点 $v_Y \in V(G'') \setminus \{v_Z\}$, 有 $g(Z) > \text{value}(f)$ 并且 $g(Y) \leqslant \text{value}(f)$. 设

$$B := T \cup \bigcup \{Y : v_Z \text{ 是 } G'' \text{ 中由 } v_Y \text{ 可达的}\}.$$

因为

$$\text{value}(f) \; < \; g(Z) \; = \; g(V(G) \setminus Z) \leqslant \max\{g(V(G) \setminus B), g(B \setminus Z)\}$$
$$= \max\{g(B), g(B \setminus Z)\}$$

并且

$$g(B \setminus Z) \; \leqslant \; \max\{g(Y) : v_Y \in V(G'') \setminus \{v_Z\}, Y \subseteq B\} \; \leqslant \; \text{value}(f)$$

则 $g(B) > \text{value}(f) = \delta_{G'}^{-}(B) = \delta_F(B)$, 所以 B 是关于 (g, F) 的违背集. 因为 B 不是 A 的真子集 (因为 A 是活跃的), 并且 A 和 B 都包含 T, 所以由引理 20.22 可以推断出 $A \subseteq B$. 但是由于 v_Z 是满足条件 $Z \subseteq B$ 和 $g(Z) > \text{value}(f)$ 的唯一顶点, 并且 A 包含了所有满足从 v_Y 可达到 v_Z 的集合 Y(因为 $\delta_{G_f'}^{-}(A) = \varnothing$), 从而有 $Z = X$. 因此 $A = B$.

对于给定的 (s, t), 上面的集合 B(如果存在的话) 可以通过构造 G''(用强连通分支算法), 继而找到 G'' 的一个从 v_T 开始的拓扑序 (参考定理 2.20) 在线性时间内找到. 对所有满足 $\{s, t\} \in E(H)$ 的有序对 (s, t) 重复上述的过程.

这样我们至多得到 $2n - 2$ 个候选的活跃集. 运行时间主要由下面的运算确定: 在 G' 中求解 $O(n)$ 次最大流以及调用 $O(n^2)$ 次计算 g 的神算包. 最后我们可在 $O(n^2)$ 时间内剔除那些不是最小的违背集.　　□

如果 $\max_{S \subseteq V(G)} g(S)$ 很小, 则运行时间可以得到改进 (参见习题 20.8). 下面我们给出算法的描述.

网络设计的原始对偶算法

输入: 无向图 G, 权函数 $c : E(G) \to \mathbb{R}_+$ 和适定函数 $f : 2^{V(G)} \to \mathbb{Z}_+$ 的神算包.

输出: 满足 f 的集合 $F \subseteq E(G)$.

---

① 若 $E(G)$ 不满足 f, 则停止 (问题不可行).

② 令 $F := \varnothing$, $k := \max\limits_{v \in V(G)} f(\{v\})$, 以及 $p := 1$.

③ 令 $i := 0$.

　　对所有的 $v \in V(G)$, 赋值 $\pi(v) := 0$.

　　令 $\mathcal{A}$ 表示关于 (F, f_p) 的活跃集的集族, 其中 f_p 是由 $f_p(S) := \max\{f(S) + p - k, 0\}$(对所有的 $S \subseteq V(G)$) 所定义的.

④ 当 $\mathcal{A} \neq \varnothing$ 进行

　　　令 $i := i + 1$.

　　　令 $\varepsilon := \min \left\{ \dfrac{c(e) - \pi(v) - \pi(w)}{|\{A \in \mathcal{A} : e \in \delta_G(A)\}|} : e = \{v, w\} \in \bigcup\limits_{A \in \mathcal{A}} \delta_G(A) \setminus F \right\}$, 并且

　　令 e_i 表示达到这个最小值的某条边.

　　　对所有的 $v \in \bigcup\limits_{A \in \mathcal{A}} A$, 给 $\pi(v)$ 增加 ε.

令 $F := F \cup \{e_i\}$.

更新 $\mathcal{A}$.

⑤ 对 $j := i$ 到 1 进行

若 $F \setminus \{e_j\}$ 满足 f_p, 则令 $F := F \setminus \{e_j\}$.

⑥ 若 $p = k$ 则停止, 否则, 令 $p := p + 1$, 然后转至 ③.

由定理 20.20, ① 中可行性检验可以在 $O(n^4 + n\theta)$ 时间完成. 在讨论如何实现 ③ 和 ④ 之前, 先说明输出 F 关于 f 实际上是可行的. 设 F_p 表示在 p 阶段末的集合 $F(F_0 := \varnothing)$.

引理 20.24 在 p 阶段的每一步, 集合 F 几乎满足 f_p 并且 $F \setminus F_{p-1}$ 是一个森林. 在 p 阶段末, F_p 满足 f_p.

证明 因为 $f_1(S) = \max\{0, f(S) + 1 - k\} \leqslant \max\{0, \max_{v \in S} f(\{v\}) + 1 - k\} \leqslant 1$ (因为 f 是适定的), 所以空集几乎满足 f_1.

在 ④ 之后, 不存在活跃集, 所以 F 满足 f_p. 在 ⑤ 中, 这个性质仍然保持. 因此每个 F_p 满足 f_p 并且几乎满足 f_{p+1} ($p = 0, \cdots, k-1$). 为了说明 $F \setminus F_{p-1}$ 是一个森林, 观察到每条加入 F 的边属于某个活跃集 A 的 $\delta(A)$ 并且该边肯定是 $\delta(A)$ 中在这个阶段加入 F 的第一条边 (因为 $|\delta_{F_{p-1}}(A)| = f_{p-1}(A)$). 因此在 $F \setminus F_{p-1}$ 中没有边能构成一个圈. $\qquad\square$

因此定理 20.23 可以用来确定 $\mathcal{A}$. 在每个阶段的迭代次数最多为 $n - 1$. 现在唯一剩下需要讨论的是如何确定 ④ 中的 ε 和 e_i.

引理 20.25 算法的每个阶段都可以在 $O(mn)$ 时间内确定 ④ 中的 ε 和 e_i.

证明 在一个阶段的每次迭代中, 做如下操作: 首先, 对于每个顶点, 根据它所属的活跃集指定一个数给它 (如果没有则取 0). 这可以在 $O(n)$ 时间完成 (由引理 20.22, 活跃集是不相交的). 对于每条边 e, 正好包含 e 的一个端点的活跃集的数目可以在 $O(1)$ 时间内确定. 所以 ε 和 e_i 能在 $O(m)$ 时间被确定. 每个阶段最多有 $n - 1$ 次迭代, 所以引理得证. $\qquad\square$

需要说明的是 Gabow, Goemans 和 Williamson (1998) 用一个复杂的实现方法把这个界改进到 $O(n^2 \sqrt{\log \log n})$.

定理 20.26 (Goemans et al., 1994) 网络设计的原始对偶算法在 $O(kn^5 + kn^3\theta)$ 时间求得一个满足 f 的集合 F, 其中 $k = \max_{S \subseteq V(G)} f(S)$, $n = |V(G)|$ 并且 θ 是 f 的神算包所要求的时间.

证明 因为 $f_k = f$, 所以 F 的可行性可以由引理 20.24 保证.

每个 f_p 的神算包当然使用了 f 的神算包, 从而需要时间 $\theta + O(1)$. 计算活跃集需要 $O(n^4 + n^2\theta)$ 时间, 而这种计算要做 $O(nk)$ 次. 每个阶段确定 ε 和 e_i 可以在 $O(n^3)$ 时间完成 (引理 20.25). 其它的都很容易在 $O(kn^2)$ 完成. $\qquad\square$

习题 20.8 说明了如何把运行时间改进到 $O(k^3n^3 + kn^3\theta)$. 通过使用一个不同的清理步骤 (算法中的 ⑤) 和一个更复杂实现过程 (Gabow, Goemans and Williamson, 1998) 时间界可以改进到 $O(k^2n^3 + kn^2\theta)$. 对于固定的 k 和 $\theta = O(n)$ 这意味着有了一个 $O(n^3)$ 算法. 对于可靠网络设计问题的特殊情形 (f 可以由连通度需求 r_{xy} 所确定), 运行时间可以改进到 $O(k^2n^2\sqrt{\log\log n})$.

现在分析算法的近似比并且说明把它称为原始对偶算法是恰当的. (20.6) 的对偶是

$$\max \quad \sum_{S\subseteq V(G)} f(S)\,y_S - \sum_{e\in E(G)} z_e$$

$$\text{s.t.} \quad \sum_{S:e\in\delta(S)} y_S \leqslant c(e) + z_e \qquad (e\in E(G))$$

$$y_S \geqslant 0 \qquad (S\subseteq V(G))$$

$$z_e \geqslant 0 \qquad (e\in E(G)) \tag{20.10}$$

这个对偶对于算法的分析是重要的.

我们说明算法在每个阶段 p 中是如何隐式构造一个可行对偶解 $y^{(p)}$ 的. 从 $y^{(p)} = 0$ 开始, 在这个阶段的每次迭代中, 对每个 $A\in\mathcal{A}$, $y_A^{(p)}$ 都增加了 ε. 进一步, 令

$$z_e^{(p)} := \begin{cases} \displaystyle\sum_{S:\, e\in\delta(S)} y_S^{(p)} & \text{如果 } e\in F_{p-1} \\ 0 & \text{其它} \end{cases}$$

在算法中的任何一处都没有显式构造这个对偶解. 变量 $\pi(v) = \sum_{S:v\in S} y_S$ $(v\in V(G))$ 包含了所需的所有信息.

引理 20.27 (Williamson et al., 1995)   对每个 p, 上面定义的 $(y^{(p)}, z^{(p)})$ 都是 (20.10) 的可行解.

证明   非负约束明显满足. 由 $z_e^{(p)}$ 的定义, 对于 $e\in F_{p-1}$ 的约束也满足.

此外, 由算法的 ④, 有

$$\sum_{S:e\in\delta(S)} y_S^{(p)} \leqslant c(e) \quad \text{对每个 } e\in E(G)\setminus F_{p-1}$$

这是因为当等式成立的时候 e 被加到 F 中, 并且在这之后, 满足 $e\in\delta(S)$ 的集合 S 不再是关于 (F, f_p) 的违背集 (由引理 20.24 可知 $F\setminus\{e\}$ 满足 f_{p-1}).   □

用 $\mathrm{OPT}(G, c, f)$ 表示整数线性规划 (20.1) 的最优值.

引理 20.28 (Goemans et al., 1994)   对于每个 $p\in\{1, \cdots, k\}$, 有

$$\sum_{S\subseteq V(G)} y_S^{(p)} \leqslant \frac{1}{k-p+1} \mathrm{OPT}(G, c, f).$$

证明 OPT(G, c, f) 大于等于线性规划松弛 (20.6) 的最优值, 并且任意对偶可行解的目标值是它的下界 (由对偶定理 3.20). 由引理 20.27, $(y^{(p)}, z^{(p)})$ 是对偶规划 (20.10) 的可行解, 故有

$$\text{OPT}(G, c, f) \geqslant \sum_{S \subseteq V(G)} f(S) y_S^{(p)} - \sum_{e \in E(G)} z_e^{(p)}$$

现在注意到, 对于每个 $S \subseteq V(G)$, y_S 只有当 S 是关于 (f_p, F_{p-1}) 的违背集的时候才可能变成正的. 所以可以推断出

$$y_S^{(p)} > 0 \implies |\delta_{F_{p-1}}(S)| \leqslant f(S) + p - k - 1$$

因而得到

$$\text{OPT}(G, c, f) \geqslant \sum_{S \subseteq V(G)} f(S) y_S^{(p)} - \sum_{e \in E(G)} z_e^{(p)}$$

$$= \sum_{S \subseteq V(G)} f(S) y_S^{(p)} - \sum_{e \in F_{p-1}} \left(\sum_{S: e \in \delta(S)} y_S^{(p)} \right)$$

$$= \sum_{S \subseteq V(G)} f(S) y_S^{(p)} - \sum_{S \subseteq V(G)} |\delta_{F_{p-1}}(S)| \, y_S^{(p)}$$

$$= \sum_{S \subseteq V(G)} (f(S) - |\delta_{F_{p-1}}(S)|) \, y_S^{(p)}$$

$$\geqslant \sum_{S \subseteq V(G)} (k - p + 1) \, y_S^{(p)} \qquad \square$$

引理 20.29 (Williamson et al., 1995) 在任意阶段 p 的每次迭代中, 都有

$$\sum_{A \in \mathcal{A}} |\delta_{F_p \setminus F_{p-1}}(A)| \leqslant 2 |\mathcal{A}|$$

证明 考虑阶段 p 的某个特定的迭代, 称之为当前迭代. 设 $\mathcal{A}$ 表示这个迭代开始时活跃集的集族, 并且令

$$H := (F_p \setminus F_{p-1}) \cap \bigcup_{A \in \mathcal{A}} \delta(A)$$

要注意的是 H 的所有边一定是在当前迭代中或者之后加入的.

设 $e \in H$. $F_p \setminus \{e\}$ 不满足 f_p, 这是因为如果满足的话 e 会在阶段 p 的清理步骤 ⑤ 中被删除. 所以令 X_e 表示关于 $(f_p, F_p \setminus \{e\})$ 的某个最小违背集. 因为 $F_p \setminus \{e\} \supseteq F_{p-1}$ 几乎满足 f_p, 有 $\delta_{F_p \setminus F_{p-1}}(X_e) = \{e\}$.

我们说集族 $\mathcal{X} := \{X_e : e \in H\}$ 是层状的. 如果不然, 假设存在两条边 $e, e' \in H(e$ 在 e' 之前加入) 满足 $X_e \setminus X_{e'}$, $X_{e'} \setminus X_e$, 和 $X_e \cap X_{e'}$ 都是非空的. 因为在当

前迭代的一开始 X_e 和 $X_{e'}$ 是违背的, 所以或者 $X_e \cup X_{e'}$ 和 $X_e \cap X_{e'}$ 都是违背的, 或者 $X_e \setminus X_{e'}$ 和 $X_{e'} \setminus X_e$ 都是违背的 (由引理 20.22). 如果是第一种情形, 由于 $|\delta_{F_p \setminus F_{p-1}}|$ 是次模函数, 有

$$1 + 1 \leqslant |\delta_{F_p \setminus F_{p-1}}(X_e \cup X_{e'})| + |\delta_{F_p \setminus F_{p-1}}(X_e \cap X_{e'})|$$

$$\leqslant |\delta_{F_p \setminus F_{p-1}}(X_e)| + |\delta_{F_p \setminus F_{p-1}}(X_{e'})| \ = \ 1 + 1$$

(引理 2.1(c)). 我们推断出 $|\delta_{F_p \setminus F_{p-1}}(X_e \cup X_{e'})| = |\delta_{F_p \setminus F_{p-1}}(X_e \cap X_{e'})| = 1$, 这与 X_e 或 $X_{e'}$ 是极小选择相矛盾 (因为 $X_e \cap X_{e'}$ 可以替代它们). 对于第二种情形可以类似处理.

现在考虑 $\mathcal{X}$ 的一个树表示 (T, φ), 其中 T 是一个树形图 (参见命题 2.14). 对于每个 $e \in H$, X_e 在当前迭代的开始时是违背的, 这是因为 e 在那个时候还没有加入. 所以由引理 20.22, 对所有 $A \in \mathcal{A}$, 有 $A \subseteq X_e$ 或 $A \cap X_e = \varnothing$. 因此对每个 $A \in \mathcal{A}$, $\{\varphi(a) : a \in A\}$ 只包含一个元素. 记之为 $\varphi(A)$. 称顶点 $v \in V(T)$ 是被占有的是指对某个 $A \in \mathcal{A}$ 有 $v = \varphi(A)$.

我们断言 T 的所有出度为 0 的顶点都是被占有的, 即对于这样一个顶点 v, $\varphi^{-1}(v)$ 是 $\mathcal{X}$ 的一个最小元. $\mathcal{X}$ 的最小元在当前迭代开始时是违背的, 所以它包含一个活跃集, 从而肯定是被占有的. 因此被占有的顶点的平均出度小于 1.

注意到在 H, $\mathcal{X}$, 和 $E(T)$ 之间存在着一一对应 (参照图 20.3, (a) 给出了 H, $\mathcal{A}$ 的元素 (方形) 和 $\mathcal{X}$ 的元素 (圈); (b) 给出了 T). 我们推断出对于每个 $v \in V(T)$,

$$|\delta_T(v)| \ = \ |\delta_H(\{x \in V(G) : \varphi(x) = v\})| \ \geqslant \ \sum_{A \in \mathcal{A} : \varphi(A) = v} |\delta_{F_p \setminus F_{p-1}}(A)|$$

对所有的被占有的顶点求和, 得到

$$\sum_{A \in \mathcal{A}} |\delta_{F_p \setminus F_{p-1}}(A)| \leqslant \sum_{v \in V(T) \text{ 被占有}} |\delta_T(v)|$$

$$\leqslant 2\,|\{v \in V(T) : v \text{ 被占有}\}|$$

$$\leqslant 2\,|\mathcal{A}| \hspace{3cm} \square$$

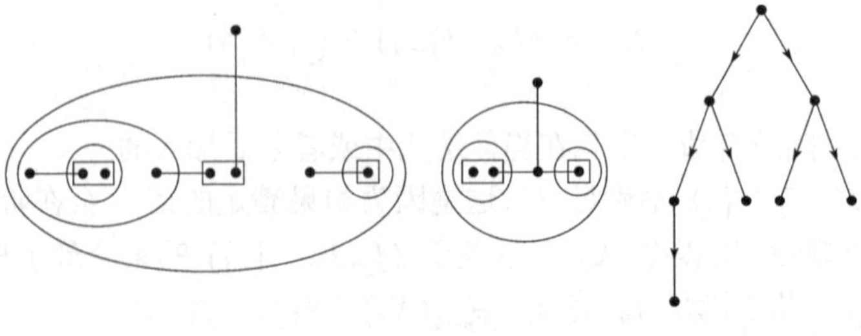

(a)   (b)

图 20.3

下面引理的证明说明了互补松弛条件所起的作用.

引理 20.30 (Williamson et al., 1995) 对于每个 $p \in \{1, \cdots, k\}$, 有

$$\sum_{e \in F_p \backslash F_{p-1}} c(e) \leqslant 2 \sum_{S \subseteq V(G)} y_S^{(p)}$$

证明 在每个阶段 p 算法维持了原始的互补松弛条件

$$e \in F \backslash F_{p-1} \Rightarrow \sum_{S : e \in \delta(S)} y_S^{(p)} = c(e)$$

所以有

$$\sum_{e \in F_p \backslash F_{p-1}} c(e) = \sum_{e \in F_p \backslash F_{p-1}} \left(\sum_{S : e \in \delta(S)} y_S^{(p)} \right) = \sum_{S \subseteq V(G)} y_S^{(p)} |\delta_{F_p \backslash F_{p-1}}(S)|$$

因此, 剩下要证明的是

$$\sum_{S \subseteq V(G)} y_S^{(p)} |\delta_{F_p \backslash F_{p-1}}(S)| \leqslant 2 \sum_{S \subseteq V(G)} y_S^{(p)} \tag{20.11}$$

在阶段 p 的开始时, 有 $y^{(p)} = 0$, 所以此时 (20.11) 成立. 在每次迭代中, 左边增加了 $\sum_{A \in \mathcal{A}} \varepsilon |\delta_{F_p \backslash F_{p-1}}(A)|$, 而右边增加了 $2\varepsilon |\mathcal{A}|$. 所以引理 20.29 说明 (20.11) 没有被违反. □

在 (20.11) 中, 对偶的互补松弛条件

$$y_S^{(p)} > 0 \Rightarrow |\delta_{F_p}(S)| = f_p(S)$$

出现了. $|\delta_{F_p}(S)| \geqslant f_p(S)$ 始终成立, 而 (20.11) 大致表示在平均意义上有 $|\delta_{F_p}(S)| \leqslant 2f_p(S)$. 正如我们将要看到的一样, 这表明在 $k = 1$ 的情形下, 算法的近似比是 2.

定理 20.31 (Goemans et al., 1994) 网络设计的原始对偶算法在 $O(kn^5 + kn^3\theta)$ 时间可以求得一个满足 f 并且权重最多是 $2H(k) \mathrm{OPT}(G, c, f)$ 的集合 F, 其中 $n = |V(G)|$, $k = \max_{S \subseteq V(G)} f(S)$, $H(k) = 1 + \frac{1}{2} + \cdots + \frac{1}{k}$, 以及 θ 是 f 的神算包所要求的时间.

证明 正确性和运行时间已经在定理 20.26 中得到了证明. 由引理 20.30 和引理 20.28, F 的权重是

$$\sum_{e \in F} c(e) = \sum_{p=1}^{k} \left(\sum_{e \in F_p \backslash F_{p-1}} c(e) \right)$$

$$\leqslant \sum_{p=1}^{k} \left(2 \sum_{S \subseteq V(G)} y_S^{(p)} \right)$$

$$\leqslant 2 \sum_{p=1}^{k} \frac{1}{k - p + 1} \mathrm{OPT}(G, c, f)$$

$$= 2H(k)\,\mathrm{OPT}(G,c,f) \qquad\qquad \square$$

这一节所给出的原始对偶近似算法被 Bertsimas 和 Teo (1995) 引入到一个更为一般的方法框架中. 一个相关的, 但明显更难的问题源于考虑顶点连通度而不是边连通度 (寻找一个子图, 使得对每个 i 和 j, 图中都包含不少于指定数字 r_{ij} 条顶点不交的 i-j 路). 参考下一节末的评注.

20.5　Jain 算法

这一节介绍可靠网络设计问题Jain (2001) 给出的 2-近似算法. 尽管它的近似比比网络设计的原始对偶算法要好, 但却没有什么实用价值, 这是因为它是以最优化和分离问题的等价为基础的 (参考 4.6 节).

这个算法从求解线性规划松弛 (20.6) 开始. 实际上, 将每条边的容量变成整数约束 $u : E(G) \to \mathbb{N}$, 即允许每条边可以使用多次, 并不会增加问题的难度.

$$
\begin{aligned}
\min \quad & \sum_{e \in E(G)} c(e) x_e \\
\text{s.t.} \quad & \sum_{e \in \delta(S)} x_e \geqslant f(S) && (S \subseteq V(G)) \\
& x_e \geqslant 0 && (e \in E(G)) \\
& x_e \leqslant u(e) && (e \in E(G)) \qquad (20.12)
\end{aligned}
$$

当然, 我们最终要寻找的是一个整数解. 通过求解一个整数规划的线性规划松弛并且取整, 在线性松弛总是有一个半整数的最优解的条件下 (参考习题 16.6), 可以得到一个 2-近似的算法.

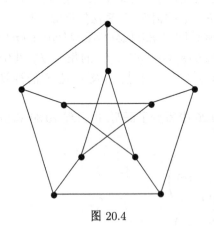

图 20.4

然而, (20.12) 并没有这种性质. 为了说明这点, 考虑对所有的边 e 满足 $u(e) = c(e) = 1$ 和对所有的 $\varnothing \neq S \subset V(G)$ 满足 $f(S) = 1$ 的 Petersen 图 (图 20.4). 这里线性规划 (20.12) 的最优值是 5(对所有的 e 都有 $x_e = \frac{1}{3}$ 的 x 是一个最优解), 并且每个值为 5 的解对所有的 $v \in V(G)$ 满足 $\sum_{e \in \delta(v)} x_e = 1$. 因此一个最优的半整数解一定满足: 对一个哈密尔顿圈上的边 e 有 $x_e = \frac{1}{2}$, 而其他情况下 $x_e = 0$. 然而, Petersen 图不是哈密尔顿图.

尽管如此线性松弛 (20.12) 的解还是导致一个 2-近似算法. 关键之处是对于最优基本解 x, 存在一条边 e 满足 $x_e \geqslant \frac{1}{2}$(定理 20.33). 算法然后取上整, 并且固定这些分量后再考虑至少减去一条边的剩余图的问题.

我们需要做一些准备. 对一个集合 $S \subseteq V(G)$, 用 χ_S 表示 $\delta_G(S)$ 的关于 $E(G)$ 的关联向量. 对于 (20.12) 的任意可行解 x, 称一个集合 $S \subseteq V(G)$ 是紧的是指 $\chi_S x = f(S)$ 成立.

引理 20.32 (Jain, 2001) 设 G 是一个图, $m := |E(G)|$, 并且 $f : 2^{V(G)} \to \mathbb{Z}_+$ 是一个弱超模函数. 设 x 是线性规划 (20.12) 的一个基解, 并且假设对于每个 $e \in E(G)$ 有 $0 < x_e < 1$. 则存在一个由 $V(G)$ 的 m 个紧子集所构成的层状集族 $\mathcal{B}$ 满足: 向量 $\chi_B, B \in \mathcal{B}$, 在 $\mathbb{R}^{E(G)}$ 中是线性无关的.

证明 设 $\mathcal{B}$ 表示一个由 $V(G)$ 的紧子集所构成的层状集族, 并且满足条件: 向量 $\chi_B, B \in \mathcal{B}$ 是线性无关的. 假设 $|\mathcal{B}| < m$, 我们说明如何扩充 $\mathcal{B}$.

因为 x 是 (20.12) 的一个基解, 即有界多面体的一个顶点, 所以存在 m 个线性无关的不等式约束满足等式 (命题 3.9). 因为对每个 $e \in E(G)$, 有 $0 < x_e < 1$, 所以这些约束对应于 $V(G)$ 的 m 个紧子集所构成的一个集族 $\mathcal{S}$(不一定是层状的), 并且满足向量 χ_S $(S \in \mathcal{S})$ 是线性无关的. 因为 $|\mathcal{B}| < m$, 所以存在一个紧集合 $S \subseteq V(G)$ 满足向量 $\chi_B, B \in \mathcal{B} \cup \{S\}$ 是线性无关的. 选择 S 使得

$$\gamma(S) := |\{B \in \mathcal{B} : B \text{ 交叉} S\}|$$

是最小的, 其中我们称 B 与 S 交叉是指 $B \cap S \neq \varnothing, B \setminus S \neq \varnothing$ 并且 $S \setminus B \neq \varnothing$ 成立.

如果 $\gamma(S) = 0$, 则我们能把 S 加进 $\mathcal{B}$, 结论得证. 所以假设 $\gamma(S) > 0$, 并且设 $B \in \mathcal{B}$ 表示一个与 S 交叉的集合. 因为 f 是弱超模的, 所以有

$$
\begin{aligned}
f(S \setminus B) + f(B \setminus S) &\geqslant f(S) + f(B) \\
&= \sum_{e \in \delta_G(S)} x_e + \sum_{e \in \delta_G(B)} x_e \\
&= \sum_{e \in \delta_G(S \setminus B)} x_e + \sum_{e \in \delta_G(B \setminus S)} x_e + 2 \sum_{e \in E_G(S \cap B, V(G) \setminus (S \cup B))} x_e
\end{aligned}
$$

或者

$$
\begin{aligned}
f(S \cap B) + f(S \cup B) &\geqslant f(S) + f(B) \\
&= \sum_{e \in \delta_G(S)} x_e + \sum_{e \in \delta_G(B)} x_e \\
&= \sum_{e \in \delta_G(S \cap B)} x_e + \sum_{e \in \delta_G(S \cup B)} x_e + 2 \sum_{e \in E_G(S \setminus B, B \setminus S)} x_e
\end{aligned}
$$

第一种情形, $S \setminus B$ 和 $B \setminus S$ 都是紧的并且 $E_G(S \cap B, V(G) \setminus (S \cup B)) = \varnothing$, 这表明 $\chi_{S \setminus B} + \chi_{B \setminus S} = \chi_S + \chi_B$. 第二种情形, $S \cap B$ 和 $S \cup B$ 都是紧的并且 $E_G(S \setminus B, B \setminus S) = \varnothing$, 这表明 $\chi_{S \cap B} + \chi_{S \cup B} = \chi_S + \chi_B$.

因此, 在 $S \setminus B$, $B \setminus S$, $S \cap B$ 和 $S \cup B$ 中至少存在一个集合 T 是紧的并且满足向量 χ_B, $B \in \mathcal{B} \cup \{T\}$ 是线性无关的. 最后我们证明 $\gamma(T) < \gamma(S)$, 从而推出与 S 的选择相矛盾的结论.

因为 B 与 S 交叉但不与 T 交叉, 这足够说明不存在 $C \in \mathcal{B}$ 与 T 交叉但没有与 S 交叉. 实际上, 因为 T 是集合 $S \setminus B$, $B \setminus S$, $S \cap B$ 和 $S \cup B$ 中的某一个, 任意与 T 交叉但没有与 S 交叉的集合 C 肯定与 B 交叉. 因为 $\mathcal{B}$ 是层状的并且 $B \in \mathcal{B}$, 这表明 $C \notin \mathcal{B}$. □

现在可以为 Jain 算法证明下面的至关重要的定理.

定理 20.33 (Jain, 2001)   设 G 是一个图并且 $f : 2^{V(G)} \to \mathbb{Z}_+$ 是一个不恒等于 0 的弱超模函数. 设 x 是线性规划 (20.12) 的一个基本解. 则存在边 $e \in E(G)$ 满足 $x_e \geqslant \frac{1}{2}$.

证明   对每条边 e, 可以假设 $x_e > 0$. 这是因为如果不是这样, 可以删除 e. 实际上, 如果对所有的 $e \in E(G)$, 都假设 $0 < x_e < \frac{1}{2}$ 将会引出矛盾.

由引理 20.32, 存在一个由 $V(G)$ 的 $m := |E(G)|$ 个紧子集所构成的层状集族 $\mathcal{B}$ 使得向量 χ_B, $B \in \mathcal{B}$ 是线性无关的. 线性无关性表明没有一个 χ_B 是零向量, 因而 $0 < \chi_B x = f(B)$, 从而, 对所有的 $B \in \mathcal{B}$, 有 $f(B) \geqslant 1$. 另外, $\bigcup_{B \in \mathcal{B}} \delta_G(B) = E(G)$. 由假设, 对每个 $e \in E(G)$, $x_e < \frac{1}{2}$ 成立, 所以对所有的 $B \in \mathcal{B}$, 有 $|\delta_G(B)| \geqslant 2f(B) + 1 \geqslant 3$.

设 (T, φ) 是 $\mathcal{B}$ 的一个树表示. 对于树形图 T 的每个顶点 t, 用 T_t 表示 T 的以 t 为根的最大子树形图 (T_t 包含了 t 和它所有的后继). 此外, 令 $B_t := \{v \in V(G) : \varphi(v) \in V(T_t)\}$. 由树表示的定义, 对 T 的根 r, 有 $B_r = V(G)$ 并且 $\mathcal{B} = \{B_t : t \in V(T) \setminus \{r\}\}$.

结论   对于每个 $t \in V(T)$, 有 $\sum_{v \in B_t} |\delta_G(v)| \geqslant 2|V(T_t)| + 1$. 等式只有当 $|\delta_G(B_t)| = 2f(B_t) + 1$ 时才成立.

我们对 $|V(T_t)|$ 用归纳法证明这个结论. 如果 $\delta_T^+(t) = \varnothing$ (即 $V(T_t) = \{t\}$), 则 B_t 是 $\mathcal{B}$ 的一个最小元, 因此 $\sum_{v \in B_t} |\delta_G(v)| = |\delta_G(B_t)| \geqslant 3 = 2|V(T_t)| + 1$, 并且只有当 $|\delta_G(B_t)| = 3$(表示 $f(B_t) = 1$) 时等式才成立.

在归纳中, 设 $t \in V(T)$ 满足 $\delta_T^+(t) \neq \varnothing$, 其中 $\delta_T^+(t) = \{(t, s_1), \cdots, (t, s_k)\}$, k 是 t 子节点的交叉. 令 $E_1 := \bigcup_{i=1}^k \delta_G(B_{s_i}) \setminus \delta_G(B_t)$ 以及 $E_2 := \delta_G\left(B_t \setminus \bigcup_{i=1}^k B_{s_i}\right)$ (参考图 20.5).

注意到 $E_1 \cup E_2 \neq \varnothing$, 这是因为如果不是这样的话, 有 $\chi_{B_t} = \sum_{i=1}^k \chi_{B_{s_i}}$, 与假设向量 χ_B, $B \in \mathcal{B}$ 是线性无关的相矛盾 (或者 $B_t \in \mathcal{B}$ 或者 $t = r$, 从而 $\chi_{B_t} = 0$). 另外, 有

$$|\delta_G(B_t)| + 2|E_1| = \sum_{i=1}^{k} |\delta_G(B_{s_i})| + |E_2| \tag{20.13}$$

继而, 因为 $B_{s_1}, \cdots, B_{s_k}$ 和 B_t 是紧的,

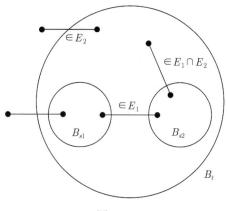

图 20.5

$$f(B_t) + 2\sum_{e\in E_1} x_e \ = \ \sum_{i=1}^{k} f(B_{s_i}) + \sum_{e\in E_2} x_e \tag{20.14}$$

此外, 由归纳假设

$$\sum_{v\in B_t} |\delta_G(v)| \geqslant \sum_{i=1}^{k}\sum_{v\in B_{s_i}} |\delta_G(v)| + |E_2|$$

$$\geqslant \sum_{i=1}^{k}(2|V(T_{s_i})| + 1) + |E_2|$$

$$= 2|V(T_t)| - 2 + k + |E_2| \tag{20.15}$$

现在分三种情形讨论.

情形 1. $k + |E_2| \geqslant 3$. 由 (20.15),

$$\sum_{v\in B_t} |\delta_G(v)| \ \geqslant \ 2|V(T_t)| + 1$$

等式只有当 $k + |E_2| = 3$ 时成立并且对 $i = 1, \cdots, k$, 有 $|\delta_G(B_{s_i})| = 2f(B_{s_i}) + 1$. 需要证明的是这样会有 $|\delta_G(B_t)| = 2f(B_t) + 1$.

由 (20.13), 有

$$|\delta_G(B_t)| + 2|E_1| \ = \ \sum_{i=1}^{k} |\delta_G(B_{s_i})| + |E_2| = 2\sum_{i=1}^{k} f(B_{s_i}) + k + |E_2|$$

$$= 2\sum_{i=1}^{k} f(B_{s_i}) + 3$$

因此 $|\delta_G(B_t)|$ 是奇数. 另外由 (20.14), 可以根据 $E_1 \cup E_2 \neq \varnothing$ 断定

$$|\delta_G(B_t)| + 2|E_1| = 2\sum_{i=1}^{k} f(B_{s_i}) + 3 = 2f(B_t) + 4\sum_{e \in E_1} x_e - 2\sum_{e \in E_2} x_e + 3$$
$$< 2f(B_t) + 2|E_1| + 3$$

有 $|\delta_G(B_t)| = 2f(B_t) + 1$, 这正是我们所需要的.

情形 2. $k = 2$ 且 $E_2 = \varnothing$. 则 $E_1 \neq \varnothing$, 并且由 (20.14) 可以推知 $2\sum_{e \in E_1} x_e$ 是一个整数, 因此 $2\sum_{e \in E_1} x_e \leqslant |E_1| - 1$. 注意到 $E_1 \neq \delta_G(B_{s_1})$, 这是因为如果不是这样的话, $\chi_{B_{s_2}} = \chi_{B_{s_1}} + \chi_{B_t}$ 与假设向量 χ_B, $B \in \mathcal{B}$ 是线性无关的相矛盾. 类似地, $E_1 \neq \delta_G(B_{s_2})$. 对于 $i = 1, 2$, 得到

$$2f(B_{s_i}) = 2\sum_{e \in \delta(B_{s_i}) \setminus E_1} x_e + 2\sum_{e \in E_1} x_e < |\delta_G(B_{s_i}) \setminus E_1| + |E_1| - 1 = |\delta_G(B_{s_i})| - 1$$

由归纳假设这表明 $\sum_{v \in B_{s_i}} |\delta_G(v)| > 2|V(T_{s_i})| + 1$, 并且和 (20.15) 一样, 得到

$$\sum_{v \in B_t} |\delta_G(v)| \geqslant \sum_{i=1}^{2} \sum_{v \in B_{s_i}} |\delta_G(v)| \geqslant \sum_{i=1}^{2} (2|V(T_{s_i})| + 2)$$
$$= 2|V(T_t)| + 2$$

情形 3. $k = 1$ 且 $|E_2| \leqslant 1$. 注意到 $k = 1$ 蕴涵 $E_1 \subseteq E_2$, 因而 $|E_2| = 1$. 由 (20.14), 有

$$\sum_{e \in E_2 \setminus E_1} x_e - \sum_{e \in E_1} x_e = \sum_{e \in E_2} x_e - 2\sum_{e \in E_1} x_e = f(B_t) - f(B_{s_1})$$

这样就推出了矛盾, 因为右边是一个整数而左边不是. 因此情形 3 不可能出现.

于是前面给出的结论得证.

对于 $t = r$ 得到 $\sum_{v \in V(G)} |\delta_G(v)| \geqslant 2|V(T)| + 1$, 即 $2|E(G)| > 2|V(T)|$. 而另一方面 $|V(T)| - 1 = |E(T)| = |\mathcal{B}| = |E(G)|$ 导出了一个矛盾.   □

根据这个定理自然可以得到下面的算法:

JAIN 算法

输入: 一个无向图 G, 权函数 $c : E(G) \to \mathbb{R}_+$, 容量约束 $u : E(G) \to \mathbb{N}$ 和一个适定函数 $f : 2^{V(G)} \to \mathbb{Z}_+$ (由一个神算包给定).

输出: 一个函数 $x : E(G) \to \mathbb{Z}_+$, 使得对所有的 $S \subseteq V(G)$, $\sum_{e \in \delta_G(S)} x_e \geqslant f(S)$ 都成立.

---

① 对所有的 $e \in E(G)$, 如果 $c(e) > 0$ 令 $x_e := 0$, 而如果 $c(e) = 0$ 令 $x_e := u(e)$.

② 关于 c, u', 和 f', 寻找线性规划 (20.12) 的一个最优基本解 y, 其中对所有的 $e \in E(G)$, $u'(e) := u(e) - x_e$, 并且对所有的 $S \subseteq V(G)$, $f'(S) := f(S) - \sum_{e \in \delta_G(S)} x_e$.

如果 对所有的 $e \in E(G)$, $y_e = 0$, 则停止.

③ 对所有满足 $y_e \geqslant \frac{1}{2}$ 的 $e \in E(G)$, 令 $x_e := x_e + \lceil y_e \rceil$.

　　转至 ②.

　　定理 20.34 (Jain, 2001)　　JAIN 算法求出线性规划 (20.12) 的一个整数解. 它的费用至多是线性规划的最优值的 2 倍. 它可以在多项式时间实现. 因而它是可靠网络设计问题的一个 2-近似的算法.

　　证明　　在第一次迭代后, 对所有的 $S \subseteq V(G)$, 有 $f'(S) \leqslant \sum_{e \in \delta_G(S)} \frac{1}{2} \leqslant \frac{|E(G)|}{2}$. 由定理 20.33, 每次后来的迭代至少对其中一个 x_e 增加至少 1 (注意到 f 是适定的, 因而由命题 20.18, 它是弱超模的). 因为在第一次迭代后, 每个 x_e 至多增加 $\frac{|E(G)|}{2}$, 所以迭代总次数不超过 $\frac{|E(G)|^2}{2}$.

　　计算的主要步骤是 ②. 由定理 4.21, 只要求解分离问题就足够了. 对于一个给定的向量 $y \in \mathbb{R}_+^{E(G)}$, 我们需要确定是否对所有的 $S \subseteq V(G)$, $\sum_{e \in \delta_G(S)} y_e \geqslant f'(S) = f(S) - \sum_{e \in \delta_G(S)} x_e$ 都成立. 如果不成立, 找出一个违背割. 因为 f 是适定的, 由定理 20.20, 这可以在 $O(n^4 + n\theta)$ 时间完成, 其中 $n = |V(G)|$, 而 θ 是 f 的神算包所需要的时间.

　　最后, 可以通过对迭代次数用归纳法证明近似比为 2. 如果算法在第一次迭代中就结束了, 则解是 0 费用的并且是最优解.

　　否则, 设 $x^{(1)}$ 和 $y^{(1)}$ 表示在第一次迭代后的向量 x 和 y, 并且设 $x^{(t)}$ 表示在终止时的向量 x. 如果 $y_e^{(1)} < \frac{1}{2}$, 令 $z_e := y_e^{(1)}$, 否则令 $z_e = 0$. 有 $cx^{(1)} \leqslant 2c\left(y^{(1)} - z\right)$. 设 $f^{(1)}$ 是由 $f^{(1)}(S) := f(S) - \sum_{e \in \delta_G(S)} x_e^{(1)}$ 定义的剩余函数. 因为 z 是 $f^{(1)}$ 的一个可行解, 从归纳假设知道 $c\left(x^{(t)} - x^{(1)}\right) \leqslant 2cz$. 我们推断出:

$$cx^{(t)} \leqslant cx^{(1)} + c\left(x^{(t)} - x^{(1)}\right) \leqslant 2c\left(y^{(1)} - z\right) + 2cz = 2cy^{(1)}$$

因为 $cy^{(1)}$ 是最优解费用的一个下界, 所以定理结论成立.　　　　□

　　Melkonian 和 Tardos (2004) 把 Jain 的技巧推广到有向网络设计问题. Fleischer, Jain 和 Williamson (2006) 以及 Cheriyan 和 Vetta (2007) 讨论了如何考虑顶点连通度约束. 然而, Kortsarz, Krauthgamer 和 Lee (2004) 的结果指出顶点连通度形式的可靠网络设计问题是难以近似的.

习　　题

　　1. 设 (G, c, T) 是 Steiner 树问题的一个实例, 其中 G 是一个完全图, 并且 $c: E(G) \to \mathbb{R}_+$ 满足三角不等式. 证明: 存在一棵最多包含 $|T| - 2$ 个 Steiner 点的最优 Steiner 树.

　　2. 证明: 即使对于边上的权只取 1 和 2 的完全图, Steiner 树问题仍是 MAXSNP 困难的. 提示: 修改定理 20.3 的证明. 如果 G 是不连通的会怎么样? (Bern, Plassmann, 1989)

　　3. 构造一个适用于终端都在 外部面 的平面图的Steiner 树问题的 $O(n^3 t^2)$ 时间算法, 并且证明它的正确性. 提示: 证明在 DREYFUS-WAGNER 算法中考虑集合 $U \subseteq T$ 是连续的就行了, 即存在一条路 P 满足所有的顶点都位于外部面并且 $V(P) \cap T = U$ (不失一般性, 假设 G 是 2 连通的)(Erickson, Monma and Veinott, 1987).

4. 对满足 $|V(G) \setminus T| \leqslant k$ 的实例 (G, c, T), 描述Steiner 树问题的一个运行时间为 $O(n^3)$ 的算法, 其中 k 是某个常数.

5. 证明定理 20.6 的加强形式: 如果 (G, c, T) 是Steiner 树问题的一个实例, $(\bar{G}, \bar{c})$ 是度量闭包, S 是 G 中 T 的一棵最优 Steiner 树, 并且 M 是 $\bar{G}[T]$ 中关于 $\bar{c}$ 的一棵最小支撑树, 则

$$\bar{c}(M) \leqslant 2\left(1 - \frac{1}{b}\right)c(S)$$

其中 b 是 S 中叶子 (度为 1 的顶点) 的数目. 证明这个界是紧的.

6. 找出对所有的 i, j 都满足 $r_{ij} = k$ 的可靠网络设计问题(即最小权 k 边–连通子图) 的一个组合的 2-近似算法. 提示: 用一对方向相反的有向边 (权相同) 代替原来的每条边并且应用习题 13.24 或者直接应用定理 6.17 (Khuller and Vishkin, 1994).

注: 对于类似问题的更多结果, 可以参考 Khuller, Raghavachari (1996), Gabow (2005), Jothi, Raghavachari, Varadarajan (2003), 以及 Gabow 等 (2005).

7. 证明对于可靠网络设计问题的特殊情形, 线性松弛 (20.6) 可以表述成一个多项式规模的线性规划.

8. 证明定理 20.23 的加强形式: 给定一个适定函数 g(由一个神算包) 和一个几乎满足 g 的集合 $F \subseteq E(G)$, 则关于 (g, F) 的活跃集可以在 $O\left(k^2n^2 + n^2\theta\right)$ 时间计算, 其中 $n = |V(G)|$, $k = \max_{S \subseteq V(G)} g(S)$, 并且 θ 是 g 的神算包所需要的时间. 提示: 当最大流的值不小于 k, 停止流的计算, 这是因为包含 k 或更多条边的割互不相干.

GOMORY-HU 算法 (参考 8.6 节) 修改如下: 在每一步, 树 T 的每个顶点是一个森林 (而不是顶点的子集). 森林的边对应于最大流值至少是 k 的最大流问题. 在修改的 GOMORY-HU 算法的每次迭代中, 取对应于 T 的一个顶点的森林的不同连通分支中的两个顶点 s 和 t. 如果最大流的值至少是 k, 在森林中插入边 $\{s, t\}$. 否则, 像在原来的 Gomory-Hu 进程一样把这个顶点拆分. 当所有的 T 的顶点都是树的时候, 停止. 最后, 把 T 中的每个顶点都用它的树来代替. 显然, 修改的 Gomory-Hu 树也满足性质 (20.8) 和 (20.9). 如果通过 FORD-FULKERSON 算法, 在第 k 条增广路后可以完成流的计算, 则可以得到 $O(k^2n^2)$ 时间界.

注: 这导致了网络设计的一个总运行时间为 $O\left(k^3n^3 + kn^3\theta\right)$ 的原始对偶算法 (Gabow, Goemans and Williamson, 1998).

*9. 考虑可靠网络设计问题(可以看作是 (20.1) 的特殊情形).

(a) 在边 $\{i, j\}$ 上费用为 r_{ij} 的完全图上考虑一个最大支撑树 T. 证明: 如果边的一个集合满足 T 的边的连通度要求, 则它满足所有连通度要求.

(b) 当在阶段 p 的开始确定活跃集时, 只需要对每个 $\{i, j\} \in E(T)$ 寻找一条增广 $i\text{-}j$ 路 (可以使用前阶段的 $i\text{-}j$ 流). 如果没有增广 $i\text{-}j$ 路, 则存在至多 2 个候选活跃集. 在总共 $O(n)$ 个候选中, 我们能在 $O(n^2)$ 找到活跃集.

(c) 说明每个阶段更新这些数据结构可以在 $O(kn^2)$ 时间完成.

(d) 推断: 可以在总共 $O(k^2n^2)$ 运行时间计算出活跃集 (Gabow, Goemans and Williamson 1998).

10. 证明网络设计的原始对偶算法的清理步骤 ⑤ 是至关重要的: 如果没有 ⑤, 即使对于 $k = 1$, 算法也不可能得到一个有限的近似比.

11. 我们并不知道对稠密图是否存在最坏时间复杂度比 $O(n^3)$ 更好的最小权 T 交问题的算法 (参考推论 12.12). 设 G 是一个无向图, $c : E(G) \to \mathbb{R}_+$ 并且 $T \subseteq V(G)$ 满足 $|T|$ 是偶数. 考虑整数线性规划 (20.1), 其中, 如果 $|S \cap T|$ 是奇数, 令 $f(S) := 1$, 否则令 $f(S) := 0$.

(a) 证明: 得原始对偶算法应用于 (20.1) 得到一个森林满足: 每个连通分支包含 T 的偶数个元素.

(b) 证明: (20.1) 的任意最优解是一个最小权 T- 交可能加上一些 0 费用边.

(c) 如果对所有的 S 有 $f(S) \in \{0, 1\}$, 则原始对偶算法可以在 $O(n^2 \log n)$ 时间实现. 证明这蕴涵了非负权的最小权 T 交问题的一个运行时间相同的 2-近似算法. 提示: 由 (a), 算法返回了一个森林 F. 对于每个 F 的连通分支 C, 考虑 $\bar{G}[V(C) \cap T]$, 并且寻找一个权至多是 C 的权的 2 倍的环游 (参考定理 20.6 的证明). 然后选取环游的每个第二次使用的边 (CHRISTOFIDES 算法的基本思想与之类似, 参考 21.1 节)(Goemans and Williamson, 1995).

12. 寻找 (20.12) 的一个最优基本解, 其中 G 是 Petersen 图 (图 20.4), 并且对所有的 $0 \neq S \subset V(G)$ 有 $f(S) = 1$. 寻找关于 x 的紧集的最大层状集族 $\mathcal{B}$ 并且满足向量 $\chi_B, B \in \mathcal{B}$ 是线性无关的 (参考引理 20.32).

13. 证明: (20.12) 的最优值可以任意接近最优整数解值的一半.

注: 由 JAIN 算法 (参考定理 20.34 的证明), 它不可能小于整数最优解值的一半.

参 考 文 献

一般著述

Cheng X and Du D Z. 2001. Steiner Trees in Industry. Dordrecht: Kluwer.

Du D Z, Smith J M and Rubinstein J H. 2000. Advances in Steiner Trees. Boston: Kluwer.

Goemans M X and Williamson D P. 1996. The primal-dual method for approximation algorithms and its application to network design problems//Approximation Algorithms for NP-Hard Problems. (Hochbaum D S, ed.). Boston: PWS.

Grötschel M, Monma C L, and Stoer M. 1995. Design of survivable networks. In: Handbooks in Operations Research and Management Science; Volume 7; Network Models (Ball M O, Magnanti T L, Monma C L, Nemhauser G L, eds.). Amsterdam: Elsevier.

Hwang F K, Richards D S and Winter P. 1992. The Steiner Tree Problem; Annals of Discrete Mathematics 53. Amsterdam: North-Holland.

Prömel H J, and Steger A. 2002. The Steiner Tree Problem. Braunschweig: Vieweg.

Stoer M. 1992. Design of Survivable Networks. Berlin: Springer.

Vazirani V V. 2001. Approximation Algorithms. Berlin: Springer. Chapters 22 and 23

引用文献

Agrawal A, Klein P N and Ravi R. 1995. When trees collide: an approximation algorithm for the generalized Steiner tree problem in networks. SIAM Journal on Computing, 24: 440–456.

Arora S. 1998. Polynomial time approximation schemes for Euclidean traveling salesman and other geometric problems. Journal of the ACM, 45: 753–782.

Berman P and Ramaiyer V. 1994. Improved approximations for the Steiner tree problem. Journal of Algorithms, 17: 381–408.

Bern M and Plassmann P. 1989. The Steiner problem with edge lengths 1 and 2. Information Processing Letters, 32: 171–176.

Bertsimas D and Teo C. 1995. From valid inequalities to heuristics: a unified view of primal-dual approximation algorithms in covering problems. Operations Research, 46: 503–514.

Bertsimas D and Teo C. 1997. The parsimonious property of cut covering problems and its applications. Operations Research Letters, 21: 123–132.

Borchers A and Du D Z. 1997. The k-Steiner ratio in graphs. SIAM Journal on Computing, 26: 857–869.

Borradaile G, Kenyon-Mathieu C and Klein P. 2007. A polynomial-time approximation scheme for Steiner tree in planar graphs. Proceedings of the 18th Annual ACM-SIAM Symposium on Discrete Algorithms, 1285–1294.

Cheriyan J and Vetta A. 2007. Approximation algorithms for network design with metric costs. SIAM Journal on Discrete Mathematics, 21: 612–636.

Choukhmane E. 1978. Une heuristique pour le problème de l'arbre de Steiner. RAIRO Recherche Opérationnelle, 12: 207–212 (in French).

Clementi A E F and Trevisan L. 1999. Improved non-approximability results for minimum vertex cover with density constraints. Theoretical Computer Science, 225: 113–128.

Dreyfus S E and Wagner R A. 1972. The Steiner problem in graphs. Networks, 1: 195–207.

Du D Z, Zhang Y and Feng Q. 1991. On better heuristic for Euclidean Steiner minimum trees. Proceedings of the 32nd Annual Symposium on the Foundations of Computer Science, 431–439.

Erickson R E, Monma C L and Veinott A F Jr. 1987. Send-and-split method for minimum concave-cost network flows. Mathematics of Operations Research, 12: 634–664.

Fleischer L, Jain K and Williamson D P. 2006. Iterative rounding 2-approximation algorithms minimum-cost vertex connectivity problems. Journal of Computer and System Sciences, 72: 838–867.

Fuchs B, Kern W, Mölle D, Richter S, Rossmanith P and Wang X. 2007. Dynamic programming for minimum Steiner trees. Theory of Computing Systems, 41: 493–500.

Gabow H N. 2005. An improved analysis for approximating the smallest k-edge connected spanning subgraph of a multigraph. SIAM Journal on Discrete Mathematics, 19: 1–18.

Gabow H N, Goemans M X and Williamson D P. 1998. An efficient approximation algorithm for the survivable network design problem. Mathematical Programming, B 82: 13–40.

Gabow H N, Goemans M X, Tardos É and Williamson, D P. 2005. Approximating the smallest k-edge connected spanning subgraph by LP-rounding. Proceedings of the 16th Annual ACM-SIAM Symposium on Discrete Algorithms, 562–571.

Garey M R, Graham R L and Johnson D S. 1977. The complexity of computing Steiner minimal trees. SIAM Journal of Applied Mathematics, 32: 835–859.

Garey M R and Johnson D S. 1977. The rectilinear Steiner tree problem is NP-complete. SIAM Journal on Applied Mathematics, 32: 826–834.

Gilbert E N and Pollak H O. 1968. Steiner minimal trees. SIAM Journal on Applied Mathematics, 16: 1–29.

Goemans M X and Bertsimas D J. 1993. Survivable networks, linear programming and the parsimonious property, Mathematical Programming, 60: 145–166.

Goemans M X, Goldberg A V, Plotkin S, Shmoys D B, Tardos É and Williamson D P. 1994. Improved approximation algorithms for network design problems. Proceedings of the 5th Annual ACM-SIAM Symposium on Discrete Algorithms, 223–232.

Goemans M X and Williamson D P. 1995. A general approximation technique for constrained forest problems. SIAM Journal on Computing, 24: 296–317.

Gröpl C, Hougardy S, Nierhoff T and Prömel H J. 2001. Approximation algorithms for the Steiner tree problem in graphs//Cheng and Du, 235–279.

Hanan M. 1966. On Steiner's problem with rectilinear distance. SIAM Journal on Applied Mathematics, 14: 255–265.

Hetzel A. 1995. Verdrahtung im VLSI-Design: Spezielle Teilprobleme und ein sequentielles Lösungsverfahren. Ph.D. thesis, University of Bonn (in German).

Hougardy S and Prömel H J. 1999. A 1.598 approximation algorithm for the Steiner tree problem in graphs. Proceedings of the 10th Annual ACM-SIAM Symposium on Discrete Algorithms, 448–453.

Jain K. 2001. A factor 2 approximation algorithm for the generalized Steiner network problem. Combinatorica, 21: 39–60.

Jothi R, Raghavachari B and Varadarajan S. 2003. A 5/4-approximation algorithm for minimum 2-edge-connectivity. Proceedings of the 14th Annual ACM-SIAM Symposium on Discrete Algorithms, 725–734.

Karp R M. 1972. Reducibility among combinatorial problems. In: Complexity of Computer Computations (Miller R E, Thatcher J W, eds.). New York: Plenum Press, 85–103.

Karpinski M and Zelikovsky A. 1997. New approximation algorithms for Steiner tree problems. Journal of Combinatorial Optimization, 1: 47–65.

Khuller S and Raghavachari B. 1996. Improved approximation algorithms for uniform connectivity problems. Journal of Algorithms, 21: 434–450.

Khuller S and Vishkin U. 1994. Biconnectivity augmentations and graph carvings. Journal of the ACM, 41: 214–235.

Klein P N and Ravi R. 1993. When cycles collapse: a general approximation technique for constrained two-connectivity problems. Proceedings of the 3rd Integer Programming and Combinatorial Optimization Conference, 39–55.

Korte B, Prömel H J and Steger A. 1990. Steiner trees in VLSI-layout // Paths, Flows, and VLSI-Layout (Korte B, Lovász L, Prömel H J, Schrijver A, eds.). Berlin: Springer, 185–214.

Kortsarz G, Krauthgamer R and Lee J R. 2004. Hardness of approximation for vertex-connectivity network design problems. SIAM Journal on Computing, 33: 704–720.

Kou L. 1990. A faster approximation algorithm for the Steiner problem in graphs. Acta Informatica, 27: 369–380.

Kou L, Markowsky G and Berman L. 1981. A fast algorithm for Steiner trees. Acta Informatica, 15: 141–145.

Martin A. 1992. Packen von Steinerbäumen: Polyedrische Studien und Anwendung. Ph.D. thesis. Technical University of Berlin (in German)

Mehlhorn K. 1988. A faster approximation algorithm for the Steiner problem in graphs. Information Processing Letters, 27: 125–128.

Melkonian V and Tardos É. 2004. Algorithms for a network design problem with crossing supermodular demands. Networks, 43: 256–265.

Robins G and Zelikovsky A. 2005. Tighter bounds for graph Steiner tree approximation. SIAM Journal on Discrete Mathematics, 19: 122–134.

Takahashi M and Matsuyama A. 1980. An approximate solution for the Steiner problem in graphs. Mathematica Japonica, 24: 573–577.

Thimm M. 2003. On the approximability of the Steiner tree problem. Theoretical Computer Science, 295: 387–402.

Warme D M, Winter P and Zachariasen M. 2000. Exact algorithms for plane Steiner tree problems: a computational study//Advances in Steiner trees (Du D Z, Smith J M, Rubinstein J H, eds.). Boston: Kluwer Academic Publishers, 81–116.

Williamson D P, Goemans M X, Mihail M and Vazirani V V. 1995. A primal-dual approximation algorithm for generalized Steiner network problems. Combinatorica, 15: 435–454.

Zelikovsky A Z. 1993. An 11/6-approximation algorithm for the network Steiner problem. Algorithmica, 9: 463–470.

第 21 章 旅行商问题

第 15 章已经介绍了旅行商问题 (TSP) 并证明其是 NP 困难的 (见定理 15.42).
可以说 TSP 是组合优化中研究最为深入的 NP 困难问题, 涉及到许多技巧和方法.
我们首先在 21.1 节和 21.2 节中讨论近似算法. 21.3 节介绍局部搜索法, 尽管在理
论上其不存在有限的性能比, 但实际中对规模较大的实例往往能够得到较好的解.
21.4 节研究旅行商多面体 (完全图 K_n 中所有环游的关联向量的凸包). 将割平面法
(参见 5.5 节) 与分枝定界策略结合起来可以给出几千个城市的 TSP 实例最优解.
21.6 节对此作专门讨论. 之前在 21.5 节将给出一个不错的下界. 其实, 所有的方法
和技巧同样适用于其他的组合优化问题. 然而, 对TSP 问题而言它们更为有效.

本章仅讨论对称的TSP问题. 当然, 非对称旅行商问题也同样有趣 (见习题
21.4). 对非对称旅行商问题而言, 从 i 到 j 的距离与从 j 到 i 的距离可以不同.

21.1 旅行商问题的近似算法

本节以及下一节将探讨 TSP 的可近似性. 首先给出下面的负面结果:

定理 21.1 (Sahni and Gonzalez, 1976)   除非 $P =$ NP, 对任何 $k \geqslant 1$, TSP 不
存在 k 因子近似算法.

证明   用反证法来证明. 假设 TSP 存在 k 因子近似算法 A. 则可以推出哈密
尔顿回路问题存在多项式时间算法. 由定理 15.25 知后者是 NP 完全的, 从而得到
$P =$ NP.

给定图 G, 构造 TSP 的一个实例, 其中城市数 $n = |V(G)|$, 距离函数定义如
下: $c: E(K_n) \to \mathbb{Z}_+$,

$$c(\{i,j\}) := \begin{cases} 1 & \text{若 } \{i,j\} \in E(G) \\ 2 + (k-1)n & \text{若 } \{i,j\} \notin E(G) \end{cases}$$

将算法 A 应用于这个实例. 如果求出的回路长度为 n, 则该回路是 G 的一个哈密
尔顿回路. 否则, 求出的回路长度至少为 $n+1+(k-1)n = kn+1$. 假设 $\mathrm{OPT}(K_n, c)$
为 TSP 最优回路的长度, 由于算法 A 是 k-近似的, 从而 $\frac{kn+1}{\mathrm{OPT}(K_n,c)} \leqslant k$. 于是
$\mathrm{OPT}(K_n, c) > n$, 所以图 G 没有哈密尔顿圈. □

然而, 在多数实际例子中, TSP问题的距离满足三角不等式.

METRIC TSP

实例：一个赋权完全图 K_n, 对任意的 $x, y, z \in V(K_n)$, 权重 $c : E(K_n) \to \mathbb{R}_+$
　　　满足 $c(\{x, y\}) + c(\{y, z\}) \geqslant c(\{x, z\})$

任务：寻找 K_n 中的最小权哈密尔顿圈.

换言之, (K_n, c) 是其自己的距离闭包.

定理 21.2　METRIC TSP 是 NP 困难的.

证明　如定理 15.42 一样, 可从哈密尔顿圈归约得证. □

很容易想到一些可行的启发式算法. 其中最简单的一种称为近邻算法 (nearest neighbour heuristic)：给定 TSP 问题的一个实例 (K_n, c), 任取顶点 $v_1 \in V(K_n)$. 然后对 $i = 2, \cdots, n$, 在集合 $V(K_n) \setminus \{v_1, \cdots, v_{i-1}\}$ 中选择顶点 v_i 使得 $c(\{v_{i-1}, v_i\})$ 最小. 换句话说, 每步选择最近的尚未访问过的城市.

对 METRIC TSP 而言, 近邻算法没有常数界的近似比. 对无穷多个 n 存在实例 (K_n, c) 使得近邻算法给出的回路长度为 $\frac{1}{3} \mathrm{OPT}(K_n, c) \log n$ (Rosenkrantz, Stearns and Lewis, 1977; Hurkens and Woeginger, 2004).

本节余下的内容将专门讨论 METRIC TSP 的近似算法. 这些算法首先构造包含所有顶点的一个闭途径 (有些顶点可能重复). 下面的引理说明, 当三角不等式成立时, 这个想法很有效.

引理 21.3　给定 METRIC TSP 的一个实例 (K_n, c), 由 $V(K^n)$ 张成的连通欧拉图 G(G 可以有重边). 可以在线性时间内构造出一个权重不超过 $c(E(G))$ 的回路.

证明　由定理 2.25, 可以在线性时间内构造出 G 的一个欧拉途径, 其中允许有重边. 按照顶点在这个途径中出现的顺序定义一个回路, 由三角不等式知, 该回路的权重不超过 $c(E(G))$. □

这个想法在 Steiner 树问题的近似算法中 (定理 20.6) 已经用到.

DOUBLE-TREE 算法

输入：METRIC TSP 的一个实例 (K_n, c).

输出：一个回路

---

① 在 K_n 中找一个关于费用 c 的一棵最小支撑树 T.

② 对 T 的每条边都引入一条平行边 (重边), 得到图 G. 则 G 满足
　　引理 21.3 的条件.
　　按照引理 21.3 的证明中的方法构造一条回路.

定理 21.4　DOUBLE-TREE 算法是 METRIC TSP 的一个 2 因子近似算法, 其运行时间为 $O(n^2)$.

证明 运行时间的证明直接源于定理 6.5. 对任一个回路而言, 去掉一条边就得到一棵支撑树, 所以 $c(E(T)) \leqslant \mathrm{OPT}(K_n, c)$. 故而有 $c(E(G)) = 2c(E(T)) \leqslant 2\,\mathrm{OPT}(K_n, c)$. 再根据引理 21.3 便得到本定理的结论. □

在欧氏距离下 (见 21.2 节), 可以不用引理 21.3 而在第 ② 步用 $O(n^3)$ 时间求得图 G 的一个最优环游 (Burkard, Deĭneko and Woeginger, 1998). DOUBLE-TREE 算法的性能比是紧的 (习题 5). 目前关于 METRIC TSP 已知最好的近似算法源自 Christofides (1976).

CHRISTOFIDES 算法

输入: METRIC TSP 的一个实例 (K_n, c).

输出: 一个环游.

---

① 找出 K_n 中关于 c 的一棵最小权支撑树 T.

② 设 W 为 T 中的奇度顶点集.

　找出 K_n 中关于 c 的一个最小权 W- 连接 J.

③ 设 $G := (V(K_n), E(T) \cup J)$. G 满足引理 21.3 的条件.

　按照引理 21.3 的证明构造一个环游.

利用三角不等式, $K_n[W]$ 的一个最小权完美匹配可以作为 ② 的 J.

定理 21.5 (Christofides, 1976)　CHRISTOFIDES 算法是 METRIC TSP 的一个 $\frac{3}{2}$ 因子近似算法, 其运行时间为 $O(n^3)$.

证明 运行时间的估计是定理 12.10 的结论. 如同定理 21.4 证明, 有 $c(E(T)) \leqslant \mathrm{OPT}(K_n, c)$. 因为每一个环游是两个 W-joins 的并, 则有 $c(J) \leqslant \frac{1}{2}\mathrm{OPT}(K_n, c)$. 故 $c(E(G)) = c(E(T)) + c(J) \leqslant \frac{3}{2}\mathrm{OPT}(K_n, c)$, 由引理 21.3 得证. □

目前尚不知道是否存在性能比更好的近似算法. 另一方面, 有下面的负面结论:

定理 21.6 (Papadimitriou and Yannakakis, 1993)　METRIC TSP 属于 MAXSNP-困难.

证明 建立从顶点度数至多为 4 的图的最小顶点覆盖问题 (由定理 16.46 其属于 MAXSNP- 困难) 到 METRIC TSP 的一个 L 归约.

给定一个顶点度数至多为 4 的图 G, 构造度量 TSP 的一个实例 (H, c) 如下:

对每个 $e = \{v, w\} \in E(G)$, 引入一个具有 12 个顶点和 14 条边的子图 H_e, 如图 21.1 所示. H_e 的 4 个记成 $(e, v, 1)$, $(e, v, 2)$, $(e, w, 1)$ 和 $(e, w, 2)$ 的顶点有特殊的含义. 图

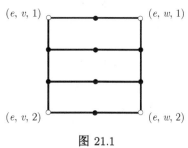

图 21.1

H_e 具有这样的性质, 其有从 $(e, v, 1)$ 到 $(e, v, 2)$, 和 $(e, w, 1)$ 到 $(e, w, 2)$ 的哈密尔顿路, 而对任意的 $i, j \in \{1, 2\}$, 却没有从 (e, v, i) 到 (e, w, j) 的哈密尔顿路.

设 H 为顶点集 $V(H) := \bigcup_{e \in E(G)} V(H_e)$ 的完全图. 对 $\{x, y\} \in E(H)$ 令

$$
c(\{x, y\}) := \begin{cases}
1 & \text{若有 } e \in E(G) \text{ 使得 } \{x, y\} \in E(H_e) \\
\text{dist}_{H_e}(x, y) & \text{若有 } e \in E(G) \text{ 使得 } x, y \in V(H_e) \\
& \text{但 } \{x, y\} \notin E(H_e) \\
4 & \text{若有 } e \neq f, \text{ 使得 } x = (e, v, i) \text{ 和 } y = (f, v, j) \\
5 & \text{其他情形.}
\end{cases}
$$

图 21.2 显示了上述构造 (仅列出长度为 1 或 4 的边).

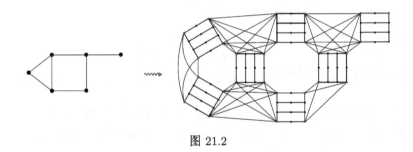

图 21.2

(H, c) 是 Metric TSP 的实例. 将证明其有如下的性质:

(a) 对 G 的每一个顶点覆盖 X, 存在一个长度为 $15|E(G)| + |X|$ 的环游.

(b) 给定任意环游 T, 可以在多项式时间内构造另一个环游 T', 其至多与 T 一样长且包含每个子图 H_e $(e \in E(G))$ 的一条哈密尔顿路.

(c) 给定一个长度为 $15|E(G)| + k$ 的环游, 可以在多项式时间内构造 G 的一个基数为 k 的顶点覆盖.

图 G 的最大顶点度数为 4, 因为最优环游的长度为 $15|E(G)| + \tau(G) \leqslant 15(4\tau(G)) + \tau(G)$, 所以 (a) 和 (c) 表明 L 归约存在.

为了证明 (a), 设 X 是 G 的一个顶点覆盖, 设 $(E_x)_{x \in X}$ 是边集 $E(G)$ 的一个划分满足 $E_x \subseteq \delta(x)$ $(x \in X)$. 那么, 对每一个 $x \in X$ 由 $\bigcup_{e \in E_x} V(H_e)$ 导出的子图显然包含一条哈密尔顿路, 其含有 $11|E_x|$ 条长度为 1 和 $|E_x| - 1$ 条长度为 4 的边. 将 $|X|$ 条边加入到这些哈密尔顿路的并中得到一个环游, 仅含有 $|X|$ 条长度为 5, $|E(G)| - |X|$ 条长度为 4, 和 $11|E(G)|$ 条长度为 1 的边.

关于 (b), 设 T 是任意环游, 设 $e \in E(G)$ 使得 T 不含 H_e 中的哈密尔顿路. 令 $\{x, y\} \in E(T)$, $x \notin V(H_e)$, $y \in V(H_e)$, 设 z 是 $V(H_e)$ 外从 T 到 y 不经过 x 的路上的第一个顶点. 然后删除环游 T 中 x 和 z 之间的一段, 并代之以边 $\{x, (e, v, 1)\}$、H_e

中从 $(e,v,1)$ 到 $(e,v,2)$ 的哈密尔顿路, 以及边 $\{(e,v,2),z\}$ (其中 $v \in e$ 任意选取). 在 T 含有 H_e 顶点的任何其他之处尽量找捷径缩短 T. 要证明这样产生的环游 T' 不长于 T.

首先设 $k := |\delta_T(V(H_e))| \geqslant 4$. 则 T 中与 $V(H_e)$ 关联的边权之和至少为 $4k + (12 - \frac{k}{2})$. 在 T' 中与 $V(H_e)$ 关联的边权之和至多为 $5+5+11$, 而由于寻找捷径而增加的边数是 $\frac{k}{2} - 1$. 由于 $5+5+11+5(\frac{k}{2}-1) \leqslant 4k + (12 - \frac{k}{2})$, 环游并未变长.

现在设 $|\delta_T(V(H_e))| = 2$, 而 T 包含一条边 $\{x,y\}$, 其中 $x,y \in V(H_e)$ 但 $\{x,y\} \notin E(H_e)$. 那么, 容易验证, T 中与 $V(H_e)$ 关联的边总长至少是 21. 因为 T' 中与 $V(H_e)$ 关联的边长度之和不超过 $5+5+11 = 21$, 故环游没有变长.

最后证明 (c). 设环游 T 的长度为 $15|E(G)| + k$, k 为某一常数. 由 (b), 可以假设 T 包含任一个 H_e ($e \in E(G)$) 的一条哈密尔顿路, 比如从 $(e,v,1)$ 到 $(e,v,2)$, 这里设 $v(e) := v$. 则 $X := \{v(e) : e \in E(G)\}$ 是 G 的一个顶点覆盖. 由于 T 包含刚好 $11|E(G)|$ 条长度为 1 的边、$|E(G)|$ 条长度为 4 或 5 的边, 以及至少 $|X|$ 条长度为 5 的边, 所以有 $|X| \leqslant k$. □

由推论 16.40, 近似方案不可能存在, 除非 $P = \mathrm{NP}$. Papadimitriou 和 Vempala (2006) 证明: 若一个 $\frac{220}{219}$- 因子近似算法存在, 都可以得出 $P = \mathrm{NP}$ 的结论.

Papadimitriou 和 Yannakakis (1993) 证明: 即使所有权重均为 1 或 2 时, 该问题仍是 MAXSNP- 困难. 而对这种特殊情形, Berman 和 Karpinski (2006) 得到了一个 $\frac{8}{7}$ 因子近似算法.

21.2 欧氏平面上的旅行商问题

这一节研究欧氏距离下的 TSP.

欧几里得 TSP

实例: 一个有限点集 $V \subseteq \mathbb{R}^2$, $|V| \geqslant 3$.

任务: 在 V 的完全图上求出一个哈密尔顿圈 T 使得其总长度
$\sum_{\{v,w\} \in E(T)} \|v - w\|_2$ 达到最小.

这里 $\|v - w\|_2$ 表示 v 和 w 之间的欧氏距离. 通常将两点间的直线段当成一条边. 从而一个最优环游可以看成是一个多边形 (不能自交).

欧几里得 TSP 显然是 METRIC TSP 的一个特殊情形, 但其仍是强 NP 困难的 (Garey, Graham and Johnson, 1976; Papadimitriou, 1977). 然而, 我们可以利用其几何特性: 假设在一个单位正方形里有 n 个点, 将其用格子划分成不同的区域, 使得每个区域均包含一些点, 对每个区域求出一个最优 (子) 环游, 然后拼接起来. 这个方法由 Karp (1977) 提出, 他证明了该方法对几乎所有单位正方形上随机生成

的实例都可以给出 $(1 + \varepsilon)$ 近似解. Arora (1998) 发展了该方法, 对欧几里得 TSP 提出了多项式方案, 本节将予以讨论. 另一个相近的多项式方案由 Mitchell (1999) 提出.

本节总是假设 ε $(0 < \varepsilon < 1)$ 是给定的. 将证明如何在多项式时间内找到一个环游, 其长度至多是最优环游长度的 $1 + \varepsilon$ 倍. 首先对顶点坐标取整.

定义 21.7 欧几里得 TSP 的一个实例 $V \subseteq \mathbb{R}^2$ 称为规整的, 如果下面的条件成立:

(a) 对任意的 $(v_x, v_y) \in V$, v_x 和 v_y 为奇整数.

(b) $\max_{v,w \in V} ||v - w||_2 \leqslant \frac{64|V|}{\varepsilon} + 16$.

(c) $\min_{v,w \in V} ||v - w||_2 \geqslant 8$.

下面的结果说明只要考虑规整的实例即可.

命题 21.8 如果存在 欧几里得 TSP 的一个关于规整的实例的多项式方案, 则对一般的 欧几里得 TSP 也有一个多项式方案.

证明 设 $V \subseteq \mathbb{R}^2$ 是一个有限集, $n := |V| \geqslant 3$. 设 $L := \max_{v,w \in V} ||v - w||_2$ 和

$$V' := \left\{ \left(1 + 8 \left\lfloor \frac{8n}{\varepsilon L} v_x \right\rfloor, 1 + 8 \left\lfloor \frac{8n}{\varepsilon L} v_y \right\rfloor \right) : (v_x, v_y) \in V \right\}$$

V' 可能比 V 的元素少. 由于 V' 中的顶点最大距离不超过 $\frac{64n}{\varepsilon} + 16$, V' 是规整的. 对 V' 和 $\frac{\varepsilon}{2}$ 使用多项式方案 (按假设存在), 得到一个环游其长度 l' 至多为 $(1 + \frac{\varepsilon}{2}) \mathrm{OPT}(V')$.

从这个环游可以直观地构造一般实例 V 的一个环游, 其长度 l 不超过 $\left(\frac{l'}{8} + 2n \right)$ $\frac{\varepsilon L}{8n}$. 另外,

$$\mathrm{OPT}(V') \leqslant 8 \left(\frac{8n}{\varepsilon L} \mathrm{OPT}(V) + 2n \right)$$

综合起来,

$$l \leqslant \frac{\varepsilon L}{8n} \left(2n + \left(1 + \frac{\varepsilon}{2} \right) \left(\frac{8n}{\varepsilon L} \mathrm{OPT}(V) + 2n \right) \right) = \left(1 + \frac{\varepsilon}{2} \right) \mathrm{OPT}(V) + \frac{\varepsilon L}{2} + \frac{\varepsilon^2 L}{8}$$

因为 $\mathrm{OPT}(V) \geqslant 2L$, 得到 $l \leqslant (1 + \varepsilon) \mathrm{OPT}(V)$. $\qquad\square$

因此, 从现在起仅考虑规整的实例. 不失一般性, 设所有坐标限制在正方形 $[0, 2^N] \times [0, 2^N]$ 中, 其中 $N := \lceil \log L \rceil + 1$, $L := \max_{v,w \in V} ||v - w||_2$. 连续地将正方形按格子划分: 对 $i = 1, \cdots, N - 1$ 令 $G_i := X_i \cup Y_i$, 其中

$$X_i := \left\{ \left[\left(0, k2^{N-i} \right), \left(2^N, k2^{N-i} \right) \right] : k = 0, \cdots, 2^i - 1 \right\}$$

$$Y_i := \left\{ \left[\left(j2^{N-i}, 0 \right), \left(j2^{N-i}, 2^N \right) \right] : j = 0, \cdots, 2^i - 1 \right\}$$

(符号 $[(x, y), (x', y')]$ 意指 (x, y) 和 (x', y') 之间的线段).

更详细地, 考虑平移方格: 设 $a, b \in \{0, 2, \cdots, 2^N - 2\}$ 为偶整数. 对 $i = 1, \cdots, N-1$ 设 $G_i^{(a,b)} := X_i^{(b)} \cup Y_i^{(a)}$, 其中

$$X_i^{(b)} := \left\{ \left[\left(0, (b + k2^{N-i}) \bmod 2^N \right), \left(2^N, (b + k2^{N-i}) \bmod 2^N \right) \right] : \right.$$
$$\left. k = 0, \cdots, 2^i - 1 \right\}$$

$$Y_i^{(a)} := \left\{ \left[\left((a + j2^{N-i}) \bmod 2^N, 0 \right), \left((a + j2^{N-i}) \bmod 2^N, 2^N \right) \right] : \right.$$
$$\left. j = 0, \cdots, 2^i - 1 \right\}$$

($x \bmod y$ 指的是满足 $0 \leqslant z < y$ 和 $\frac{x-z}{y} \in \mathbb{Z}$ 的唯一数 z). 注意, $G_{N-1} = G_{N-1}^{(a,b)}$ 不依赖于 a 和 b.

定义一条线 l 在第 1 层, 若 $l \in G_1^{(a,b)}$; 在第 i 层, 若 $l \in G_i^{(a,b)} \setminus G_{i-1}^{(a,b)}$ ($i = 2, \cdots, N-1$). 见图 21.3, 粗线在低层次. 网格图 $G_i^{(a,b)}$ 的区域为如下集合:

$$\left\{ (x, y) \in [0, 2^N) \times [0, 2^N) : (x - a - j2^{N-i}) \bmod 2^N < 2^{N-i}, \right.$$
$$\left. (y - b - k2^{N-i}) \bmod 2^N < 2^{N-i} \right\}$$

其中 $j, k \in \{0, \cdots, 2^i - 1\}$. 对 $i < N-1$, 某些区域可能不连通且由 2 个或 4 个矩形组成. 因为所有的线都由偶数坐标确定的, 它们不包含规整的欧几里得 TSP 实例的任何一个点. 进而, 对任意的 a, b, G_{N-1} 的任何一个区域至多包含一个这样的点.

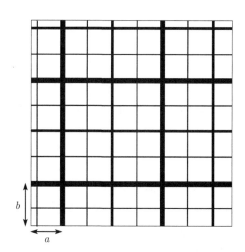

图 21.3

设 T 是一个多边形, l 是 G_{N-1} 的一条线, 记 $cr(T, l)$ 为 T 穿越 l 的次数. 下面的命题后面将要用到.

命题 21.9　设 T 是关于 欧几里得 TSP 规整实例 V 的一个最优环游, 则 $\sum_{l \in G_{N-1}} cr(T, l) \leqslant \mathrm{OPT}(V)$.

证明　考虑 T 上长度为 s 的一条边. 设 x 和 y 分别是该边在水平和垂直方向投影的长度 (从而 $s^2 = x^2 + y^2$). 这条边穿过 G_{N-1} 上的线至多 $\frac{x}{2} + 1 + \frac{y}{2} + 1$ 次. 由于 $x + y \leqslant \sqrt{2}s$ 及 $s \geqslant 8$ (该实例是规整的), 所以穿越次数不超过 $\frac{\sqrt{2}}{2}s + 2 \leqslant s$. 对 T 上的所有边关于穿越次数求和, 即可得到命题中的不等式.　$\square$

令 $C := 7 + \lceil \frac{36}{\varepsilon} \rceil$, $P := N \lceil \frac{6}{\varepsilon} \rceil$. 对每条线如下定义入口: 如果 $l = [(0, (b + k2^{N-i}) \bmod 2^N), (2^N, (b + k2^{N-i}) \bmod 2^N)]$ 是一条第 i 层上的水平线, 则其入口的集合是

$$\left\{ \left(a + \frac{h}{P} 2^{N-i}, (b + k2^{N-i}) \bmod 2^N \right) : h = 0, \cdots, P2^i \right\}$$

垂直线的入口可类似定义.

定义 21.10　设 $V \subseteq [0, 2^N] \times [0, 2^N]$ 是欧几里得 TSP 的一个规整的实例. 给定 $a, b \in \{0, 2, \cdots, 2^N - 2\}$, 设平移方格, C, P 和入口如上定义. 一个 Steiner 环游是包含 V 的一些直线段构成的闭途径, 其与网格上的线仅在入口处相交. 一个 Steiner 环游称为简约的如果对每一个 i, 该环游穿过 $G_i^{(a,b)}$ 的每一个区域的任一条边的次数不超过 C.

注意到 Steiner 环游不一定是多边形, 而可能出现自交. 欲使一个 Steiner 环游是简约的, 就要反复利用下面的 修补引理.

引理 21.11　设 $V \subset \mathbb{R}^2$ 是一个欧几里得 TSP 实例, T 是 V 的一个环游. 设 l 是不含 V 中任何点的一条线上长度为 s 的线段. 则存在 V 的一个环游, 其长度至多比 T 的长度多 $6s$, 且其穿过 l 至多 2 次.

证明　清楚起见, 不妨考虑 l 为垂直线段. 设 T 穿过 l 刚好 k 次, 穿过的边分别是 $e_1, \cdots, e_k$. 设 $k \geqslant 3$; 否则结论显然. 将 $e_1, \cdots, e_k$ 的每一边用两个新的顶点细分, 不增加其长度. 换句话说, 将 e_i 换成一条长为 3 的路, 增加的 2 个新内点 $p_i, q_i \in \mathbb{R}^2$ 靠近 l, 其中 p_i 在 l 的左边而 q_i 在 l 的右边 $(i = 1, \cdots, k)$. 记得到的环游为 T'.

令 $t := \lfloor \frac{k-1}{2} \rfloor$ (则 $k - 2 \leqslant 2t \leqslant k - 1$). 删去 T' 中的边 $\{p_1, q_1\}, \cdots, \{p_{2t}, q_{2t}\}$ 得到 T''.

设 P 由途径 $p_1, \cdots, p_k$ 的一个最短环游和 $p_1, \cdots, p_{2t}$ 的一个最小费用完美匹配组成. 类似地, 设 Q 由途径 $q_1, \cdots, q_k$ 的一条最短环游和 $q_1, \cdots, q_{2t}$ 的一个最小费用完美匹配组成. P 和 Q 中的各自的边长之和均不超过 $3s$.

继而 $T'' + P + Q$ 穿过 l 最多 $k - 2t \leqslant 2$ 次, 其连通且是欧拉图. 如引理 21.3 一样, 由定理 2.24, 图 $T'' + P + Q$ 存在一条欧拉途径. 通过删除多余的边可以得到 V 的一个环游, 其长度以及穿过 l 的次数均未增加.　$\square$

下面的定理给出了算法的核心思想:

定理 21.12 (Arora, 1998) 设 $V \subseteq [0, 2^N] \times [0, 2^N]$ 是欧几里得 TSP 的一个规整实例. 若 a 和 b 在 $\{0, 2, \cdots, 2^N - 2\}$ 随机选取, 则一条长度至多为 $(1+\varepsilon) \mathrm{OPT}(V)$ 的简约Steiner 环游存在的概率不小于 $\frac{1}{2}$.

证明 设 T 是 V 的一个最优环游. 该环游穿过一条线时则生成一些 Steiner 点.

将所有的 Steiner 点沿着线移动到入口处. 一个 Steiner 点所在的线若处在第 i 层上, 其与最近的一个入口的距离至多为 $\frac{2^{N-i-1}}{P}$. 由于一条线 l 在第 i 层的概率为

$$p(l, i) := \begin{cases} 2^{i-N} & \text{若 } i > 1 \\ 2^{2-N} & \text{若 } i = 1 \end{cases},$$ 则将所有的 Steiner 点移动到离其最近的入口所用路

长之和的期望值不超过

$$\sum_{i=1}^{N-1} p(l, i) cr(T, l) 2 \frac{2^{N-i-1}}{P} = N \frac{cr(T, l)}{P}$$

现在修正生成的 Steiner 环游使其变为简约的. $G_i^{(a,b)}$ 的水平线或垂直线上的线段特指点 $((a + j2^{N-i}), (b + k2^{N-i}))$ 与点 $((a + (j+1)2^{N-i}), (b + k2^{N-i}))$ 或与点 $((a + j2^{N-i}), (b + (k+1)2^{N-i}))$ 之间的线段 (所有的坐标取 $\mathrm{mod}\, 2^N$), 其中 $j, k \in \{0, \cdots, 2^i - 1\}$. 注意到, 这样的线段可以有两条分离的线段组成. 考虑下面的迭代程序:

对 $i := N - 1$ 到 1:
  对 $G_i^{(a,b)}$ 的水平线上所有被穿越超过 C–4 次的线段, 应用修补引理21.11.
  对 $G_i^{(a,b)}$ 的垂直线上所有被穿越超过 C–4 次的线段, 应用修补引理21.11.

有两点注记: 一条水平线或垂直线上的线段可以由两个分离的部分组成. 这种情形下, 修补引理分别应用到这两个部分, 使得其后的穿越次数可能达到 4. 再者, 在第 i 次迭代中对垂直线段 l 应用修补引理可能会在某些与 l 有一个公共端点的水平线段上产生新的穿越 (Steiner 点). 然而, 因为这些新的穿越在较高层次的线上, 它们均出现在入口处而且在后面的迭代中不会再被考虑.

对每条线段 l 而言, 对其应用 修补引理 的次数多为 $\frac{cr(T,l)}{C-7}$, 这是因为每次应用后穿越次数至少减少 $C - 7$ (至少 $C - 3$ 次穿越由最多 4 次代替). 设 $c(l, i, a, b)$ 为上述程序第 i 步迭代中对 l 应用修补引理的次数. 注意, 只要 l 所在的层数不超过 i, $c(l, i, a, b)$ 与 l 在第几层无关. 这样, 因对 l 应用修补引理而使得环游的路长增加量不超过 $\sum_{i \geqslant \mathrm{level}(l)} c(l, i, a, b) \cdot 6 \cdot 2^{N-i}$. 另外, 注意到 $\sum_{i \geqslant \mathrm{level}(l)} c(l, i, a, b) \leqslant \frac{cr(T,l)}{C-7}$.

因为线段 l 在第 j 层的概率为 $p(l, j)$, 上述程序造成的路长增加量的期望值至多为

$$\sum_{j=1}^{N-1} p(l, j) \sum_{i \geqslant j} c(l, i, a, b) \cdot 6 \cdot 2^{N-i} = 6 \sum_{i=1}^{N-1} c(l, i, a, b) 2^{N-i} \sum_{j=1}^{i} p(l, j)$$

$$\leqslant \frac{12cr(T,l)}{C-7}$$

上述程序之后每条线段 (从而每个区域中的边) 至多被此环游穿越 $C-4$ 次, 这里不包括程序执行过程中新产生的穿越 (参见前面的注记). 那些新增的穿越均出现在线段的端点. 不过, 若一个环游穿越同一点 3 次或 3 次以上, 去掉两次穿越不会使环游的长度增加, 也不会产生新的穿越 (删除一个连通欧拉图的 3 条重边中的 2 条得到的仍是连通欧拉图). 所以, 对一个区域的每一条边至多有 4 次新的穿越 (对每个端点至多 2 次), 这个环游的确是简约的.

利用命题 21.9, 环游长度的期望增加量至多为

$$\sum_{l \in G_{N-1}} N\frac{cr(T,l)}{P} + \sum_{l \in G_{N-1}} \frac{12cr(T,l)}{C-7} \leqslant \text{OPT}(V)\left(\frac{N}{P} + \frac{12}{C-7}\right) \leqslant \text{OPT}(V)\frac{\varepsilon}{2}.$$

从而, 环游长度的增加不超过 $\text{OPT}(V)\varepsilon$ 的概率是少是 $\frac{1}{2}$. □

有了这个定理就可以给出 ARORA 算法了. 方法就是用动态规划遍历所有的 Steiner 环游. 一个子问题由下列要素组成: 网格 $G_i^{(a,b)}$ 的一个区域 r, 其中 $1 \leqslant i \leqslant N-1$; 偶数个元素的集合 A, 每个元素对应区域 r 上某条边上的一个入口 (使得每条边对应不超过 C 个元素); A 上完全图的一个完美匹配 M. 于是, 每个区域的子问题个数少于 $(P+2)^{4C}(4C)!$ (在不加区分 A 中元素的不同命名下). 子问题的一个解是 $|M|$ 条路的一个集合 $\{P_e : e \in M\}$, 其为 V 上关于 r 的一些简约的 Steiner 环游的交集, 使得 $P_{\{v,w\}}$ 的两端点为 v 和 w, $V \cap r$ 的每个点恰好属于其中一条路. 如果这些路的总长最短, 则该解是最优的.

ARORA 算法

输入: 欧几里得 TSP的一个规整的实例 $V \subseteq [0, 2^N] \times [0, 2^N]$. 数 $0 < \varepsilon < 1$.

输出: 一个近似比为 $(1+\varepsilon)$ 的环游.

---

① 在 $\{0, 2, \cdots, 2^N - 2\}$ 中随机选取 a 和 b.
　　令 $R_0 := \{([0, 2^N] \times [0, 2^N], V)\}$.
② 从 $i := 1$ 到 $N - 1$ 进行
　　　　构造 $G_i^{(a,b)}$. 令 $R_i := \varnothing$.
　　　　对 每一个 $(r, V_r) \in R_{i-1}$ 满足 $|V_r| \geqslant 2$ 进行
　　　　　　构造 $G_i^{(a,b)}$ 的 4 个区域 r_1, r_2, r_3, r_4, 其中 $r_1 \cup r_2 \cup r_3 \cup r_4 = r$, 将 $(r_j, V_r \cap r_j)$ 加到 R_i 中, $(j = 1, 2, 3, 4)$.
③ 从 $i := N - 1$ 到 1 进行
　　　　从 每个区域 $r \in R_i$ 进行 求解所有子问题.
　　　　若 $|V_r| \leqslant 1$, 则 停止,
　　否则, 得到已计算的 4 个子区域上子问题的最优解.

④ 通过 4 个子区域上所有子问题的最优解计算 V 的一条最优简约 Steiner 环游.

去掉 Steiner 点得到一个环游.

定理 21.13   Arora 算法以至少为 $\frac{1}{2}$ 的概率求得一个环游, 其长不超过 $(1 + \varepsilon)\operatorname{OPT}(V)$. 算法运行时间为 $O(n(\log n)^c)$, 其中 c 为线性依赖于 $\frac{1}{\varepsilon}$ 的常数.

证明   该算法首先随机选取 a 和 b, 然后计算一个最优的简约 Steiner 环游. 由定理 21.12, 其长度至多为 $(1 + \varepsilon)\operatorname{OPT}(V)$ 的概率不小于 $\frac{1}{2}$. 随后去掉 Steiner 点只会使环游变短.

为了估计运行时间, 考虑下面的树形图 A: 根节点为 R_0 的区域, 每个区域 $r \in R_i$ 有 0 或者 4 个子节点 (其在 R_{i+1} 中的子区域). 设 S 为 A 中具有 4 个子节点的顶点集, 且这些子节点均为叶子点. 因为这些区域的内部两两不交, 且每个至少包含 V 中两个点, 所以有 $|S| \leqslant \frac{n}{2}$. 由于 A 的每个节点或者是叶子点, 或者是 S 中至少一个节点的祖先, 所以至多有 $N\frac{n}{2}$ 非叶子点, 继而总共有不超过 $\frac{5}{2}Nn$ 节点.

对每个区域, 出现的子问题至多有 $(P + 2)^{4C}(4C)!$ 个. 对应于包含至多一个点的区域的子问题可在 $O(C)$ 时间内直接求解. 对其他的子问题, 要考虑子区域间的 4 条边上入口的所有配对集合以及入口穿越的所有顺序. 这至多有 $(P + 2)^{4C}(8C)!$ 种可能性, 利用已有的子问题的最优解, 可以在常数时间内测试这些可能性.

所以, 对一个区域的所有子问题而言, 运行时间为 $O((P + 2)^{8C}(4C)!\,(8C)!)$. 注意到该上界对不连通的区域也是成立的, 因为这个环游不可能从一个连通分支到另一个连通分支. 在不连通的情况下, 问题会更容易些.

至多需要考虑 $\frac{5}{2}Nn$ 个区域, 因为 $N = O\left(\log \frac{n}{\varepsilon}\right)$ (该实例是规整的), $C = O\left(\frac{1}{\varepsilon}\right)$ 以及 $P = O\left(\frac{N}{\varepsilon}\right)$, 可以得到总体的运行时间为

$$O\left(n \log \frac{n}{\varepsilon}(P + 2)^{8C}(8C)^{12C}\right) = O\left(n(\log n)^{O\left(\frac{1}{\varepsilon}\right)}O\left(\frac{1}{\varepsilon}\right)^{O\left(\frac{1}{\varepsilon}\right)}\right) \qquad \square$$

当然, 通过尝试 a 和 b 的取值 Arora 算法可以很容易去随机化. 这样运行时间增加 $O\left(\frac{n^2}{\varepsilon^2}\right)$ 倍. 最后得到

推论 21.14 欧几里得 TSP 存在多项式近似方案. 对任意给定的 $\varepsilon > 0$, 存在常数 c, 可在 $O\left(n^3(\log n)^c\right)$ 时间内求得一个 $(1 + \varepsilon)$ 近似解.

Rao 和 Smith (1998) 对任意给定的 $\varepsilon > 0$ 将运行时间改进到 $O(n \log n)$. 然而, 对一般的 ε 而言, 运行时间中包含的常数仍然是巨大的, 所以实用价值有限. Klein (2005) 针对具有非负边权平面图的度量闭包的实例给出了一个近似方案. 本节介绍的技巧和方法亦可用于其他的几何问题, 如习题 21.8.

21.3　局 部 搜 索

一般来讲, 实际中求解 TSP 实例最有效的方法是局部搜索. 其大概思想如下: 首先从某个启发式算法得到一个环游, 然后通过某种 "局部" 修正来改进此解. 比如, 可以删除两条边, 将环游切割成两部分, 然后, 再交叉连接起来形成另一个环游.

局部搜索并非一个具体的算法而是一种算法原理. 特别地, 必须事先确定两条:

- 什么样的修正是允许的, 也就是说, 一个解的邻域如何定义?
- 什么时候去修正解 (一种可能是仅允许使解能够改进的修正).

作为一个具体的例子, 下面给出 TSP 著名的 k-OPT 算法. 设 $k \geqslant 2$ 为一个给定整数.

---

k-OPT算法

输入: TSP 的一个实例 (K_n, c).

输出: 一个环游.

① 设 T 为任一个环游.

② 设 $\mathcal{S}$ 是 $E(T)$ 的 k 元子集簇.

③ 对 所有的 $S \in \mathcal{S}$ 以及所有满足 $E(T') \supseteq E(T) \setminus S$ 的环游 T', 进行
　　若 $c(E(T')) < c(E(T))$, 则 置 $T := T'$, 转向 ②.

④ 停止.

一个环游称为 k-优的, 如果 k-OPT 算法 已经无法对其再改进. 对任意给定的 k 总存在 TSP 的实例和一些是 k-优的但不是 $(k+1)$-优的的环游. 例如, 图 21.4 显示的环游是 2-优的而不是 3-优的 (关于欧氏距离). 通过交换三条边可以对其改进 $((a, b, e, c, d, a)$ 是最优环游).

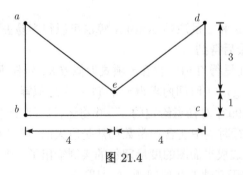

图 21.4

图 21.5 右边显示的是关于左边带权图 (未标注的边权重一律为 4) 的 3-优的环游. 然而, 通过 4 交换可直接得到最优解 (注意三角不等式成立).

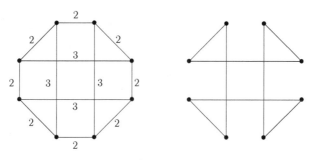

图 21.5

事实上, 情况可以更坏: 对所有的 k 和无穷多个 n 而言, 存在有 n 个城市的实例使得由 k- 优的算法得到的环游路长可以达到最优环游路长的 $\frac{1}{4}n^{\frac{1}{2k}}$ 倍. 另一方面, 一个 2- 优的环游至多是最优环游的 $4\sqrt{n}$ 倍. 然而, 对所有的 k, k- 优的算法的最大计算量是 k 的指数. 这个负面的结论对 2-OPT 来讲即使在欧氏距离也成立. 上述结果源自 Chandra, Karloff, Tovey (1999); Englert, Röglin, Vöcking (2007).

另一个问题是如何事先选取 k. 当然, 实例 (K_n, c) 的最优解可以通过 k-OPT 算法求得 (取 $k = n$), 但运行时间则以 k 的指数增长. 通常选取 $k = 3$. Lin 和 Kernighan (1973) 给出了有效的启发式算法, 在那里 k 不是固定的而由算法决定. 他们的思想主要基于如下概念:

定义 21.15 给定 TSP 的一个实例 (K_n, c) 及一个环游 T. 顶点 (城市) 序列 $P = (x_0, x_1, \cdots, x_{2m})$ 称为一条交错途径, 如果对所有的 $0 \leqslant i < j < 2m$, 有 $\{x_i, x_{i+1}\} \neq \{x_j, x_{j+1}\}$, 且对 $i = 0, \cdots, 2m - 1$ 当且仅当 i 是偶数时 $\{x_i, x_{i+1}\} \in E(T)$. 当 $x_0 = x_{2m}$ 时, P 是闭的.

P 的**收益** 由下式定义:

$$g(P) := \sum_{i=0}^{m-1} (c(\{x_{2i}, x_{2i+1}\}) - c(\{x_{2i+1}, x_{2i+2}\}))$$

如果对任意的 $i \in \{1, \cdots, m\}$ 有 $g((x_0, \cdots, x_{2i})) > 0$, 则 P 称为恰当的. 记 $E(P) = \{\{x_i, x_{i+1}\} : i = 0, \cdots, 2m - 1\}$.

在一条交错途径上同一顶点可能出现多次. 在图 21.4 的例子中, (a, e, b, c, e, d, a) 是一条恰当的闭交错途径. 给定环游 T, 我们感兴趣的自然是那些满足 $E(T) \triangle E(P)$ 仍是一个环游的闭交错途径 P.

引理 21.16 (Lin and Kernighan, 1973) 如果存在一个闭交错途径 P 使得 $g(P) > 0$, 那么

(a) $c(E(T) \triangle E(P)) = c(E(T)) - g(P)$.

(b) 一定存在一个 恰当的 闭交错途径 Q 满足 $E(Q) = E(P)$.

证明　结论 (a) 直接由定义得到. 下面证明结论 (b). 设 $P = (x_0, x_1, \cdots, x_{2m})$, 令 k 为满足 $g((x_0, \cdots, x_{2k}))$ 达到最小时的最大下标. 我们断言 $Q := (x_{2k}, x_{2k+1}, \cdots, x_{2m-1}, x_0, x_1, \cdots, x_{2k})$ 是恰当的. 对 $i = k+1, \cdots, m$, 由 k 的定义有

$$g((x_{2k}, x_{2k+1}, \cdots, x_{2i})) = g((x_0, x_1, \cdots, x_{2i})) - g((x_0, x_1, \cdots, x_{2k})) > 0$$

而当 $i = 1, \cdots, k$ 时, 同样, 根据 k 的定义有

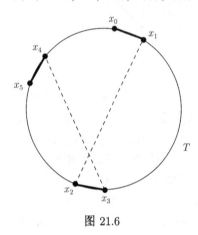

$$\begin{aligned} & g((x_{2k}, x_{2k+1}, \cdots, x_{2m-1}, x_0, x_1, \cdots, x_{2i})) \\ & = g((x_{2k}, x_{2k+1}, \cdots, x_{2m})) + g((x_0, x_1, \cdots, x_{2i})) \\ & \geqslant g((x_{2k}, x_{2k+1}, \cdots, x_{2m})) + g((x_0, x_1, \cdots, x_{2k})) \\ & = g(P) > 0 \end{aligned}$$

故 Q 是恰当的. □

现在准备刻画本节的算法. 任给一个环游 T, 寻找一个恰当的闭交错途径 P, 用 $(V(T), E(T) \triangle E(P))$ 替换 T, 如此反复. 每一步迭代中, 在两个参数 p_1 和 p_2 的控制下或者遍历所有的可能性直至找到一个恰当的闭交错途径或者终止. 如图 21.6 所示.

图 21.6

Lin-Kernighan 算法

输入: TSP 的一个实例 (K_n, c). 两个参数 $p_1 \in \mathbb{N}$ (回溯深度) 和 $p_2 \in \mathbb{N}$ (不可行深度).

输出: 环游 T.

---

① 设 T 为任一环游.

② 令 $X_0 := V(K_n)$, $i := 0$ 和 $g^* := 0$.

③ 若 $X_i = \varnothing$ 和 $g^* > 0$, 则

　　令 $T := (V(T), E(T) \triangle E(P^*))$, 转向 ②.

　若 $X_i = \varnothing$ 和 $g^* = 0$, 则

　　令 $i := \min(i - 1, p_1)$. 若 $i < 0$, 则停止, 否则转向 ③.

④ 取 $x_i \in X_i$, 令 $X_i := X_i \setminus \{x_i\}$.

　若 i 为奇数, $i \geqslant 3$, $(V(T), E(T) \triangle E((x_0, x_1, \cdots, x_{i-1}, x_i, x_0)))$ 是一个环游

　　且 $g((x_0, x_1, \cdots, x_{i-1}, x_i, x_0)) > g^*$, 则

　　　令 $P^* := (x_0, x_1, \cdots, x_{i-1}, x_i, x_0)$ 且 $g^* := g(P^*)$.

⑤ 若 i 为奇数, 则
$$\Leftrightarrow X_{i+1} := \{x \in V(K_n) \setminus \{x_0, x_i\} :$$
$$\{x_i, x\} \notin E(T) \cup E((x_0, x_1, \cdots, x_{i-1})),$$
$$g((x_0, x_1, \cdots, x_{i-1}, x_i, x)) > g^*\}.$$

若 i 为偶数且 $i \leqslant p_2$, 则
$$\Leftrightarrow X_{i+1} := \{x \in V(K_n) : \{x_i, x\} \in E(T) \setminus E((x_0, x_1, \cdots, x_i))\}.$$

若 i 为偶数且 $i > p_2$, 则
$$\Leftrightarrow X_{i+1} := \{x \in V(K_n) : \{x_i, x\} \in E(T) \setminus E((x_0, x_1, \cdots, x_i)),$$
$$\{x, x_0\} \notin E(T) \cup E((x_0, x_1, \cdots, x_i)),$$
$$(V(T), E(T) \triangle E((x_0, x_1, \cdots, x_i, x, x_0))) \text{ 为一个环游}\}.$$

$\Leftrightarrow i := i + 1.$ 转向 ③.

Lin 和 Kernighan 设定参数 $p_1 = 5$, $p_2 = 2$. 它们是保证算法能够找到 3 交换最优解的参数最小取值:

定理 21.17 (Lin and Kernighan, 1973)   LIN-KERNIGHAN 算法:

(a) 对 $p_1 = \infty$ 和 $p_2 = \infty$, 可以找到恰当的闭交错途径 P, 如果其存在的话, 使得 $(V(T), E(T) \triangle E(P))$ 为一个环游.

(b) 对 $p_1 = 5$ 和 $p_2 = 2$, 可以得到3-优 的环游.

证明   设 T 为算法最后得到的环游. 那么, 自环游最后一次更新后, g^* 的值一直为零. 这表明当 $p_1 = p_2 = \infty$ 时, 该算法遍历了所有的恰当交错途径. 结论 (a) 成立.

当 $p_1 = 5$, $p_2 = 2$ 时, 该算法至少遍历了所有长度为 4 或 6 的恰当的闭交错途径. 假设存在可改进的 2 交换或 3 交换得到环游 T'. 则边集 $E(T) \triangle E(T')$ 构成一个闭交错途径 P, 其最多有六条边且 $g(P) > 0$. 由引理 21.16, 不失一般性, P 是恰当的且已由算法求得. 这样就证明了 (b). □

应该注意到该算法不可能得到 "非顺序的" 交换, 如图 21.5 所示的 4 交换. 在此例中的环游无法由 LIN-KERNIGHAN 算法改进, 然而一个 (非顺序的) 4 交换可以得到最优解. 所以对 LIN-KERNIGHAN 算法可以作如下改良. 当算法终止时, 通过某些启发式方法寻找可改进的非顺序 4 交换. 若找到了, 在此环游基础上继续这个算法; 否则停止.

LIN-KERNIGHAN 算法远比 3-OPT 算法有用. 除了算法质量至少一样好外 (通常要好很多), 一般情况下的期望运行时间 ($p_1 = 5$ 和 $p_2 = 2$) 相比起来也很满意, Lin 和 Kernighan 报告的实验运行时间大约为 $O(n^{2.2})$. 不过, 其最坏运行时间不大可能是多项式的. 关于此结论的详尽论述 (及证明)), 见习题 21.11 (Papadimitriou, 1992).

在实际中, 几乎所有的求解 TSP 的局部搜索方法均基于此算法. 尽管其最坏情形下的表现不如 CHRISTOFIDES 算法, LIN-KERNIGHAN 算法通常给出好得多的

解, 往往与最优解仅相差几个百分点. 关于其非常有效的一种算法形式可参见 Applegate, Cook, Rohe (2003).

由习题 9.14 知, 除非 $P = NP$, 不存在 TSP 的局部搜索算法, 其总能得到最优解且每步循环的复杂性是多项式时间的 (这里一步循环指的是当前环游两次改变之间的过程). 下面要证明人们甚至无法确定是否一个给定的环游是最优的. 为此, 首先考虑哈密尔顿圈问题的一个限制形式:

带限制的哈密尔顿圈

实例：一个无向图 G 和 G 中某条哈密尔顿路.

任务：G 中含哈密尔顿圈吗?

引理 21.18 带限制的哈密尔顿圈是 NP 完全的.

证明 给定哈密尔顿圈问题的一个实例 G (该问题是 NP 完全的, 见定理 15.25), 构造带限制的哈密尔顿圈的一个等价实例.

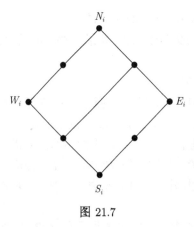

设 $V(G) = \{1, \cdots, n\}$. 将图 21.7 中的 "菱形图" 复制 n 份, 然后将它们竖边 $\{S_i, N_{i+1}\}$ ($i = 1, \cdots, n-1$) 一一串起来.

容易看出, 连起来的图有一条从 N_1 到 S_n 的哈密尔顿路. 现在再增加一些边 $\{W_i, E_j\}$ 和 $\{W_j, E_i\}$, 条件是 $\{i, j\} \in E(G)$. 记最后生成的图为 H. 显然, G 中的任何一个哈密尔顿圈 (如果有的话) 可以导出 H 中的一个哈密尔顿圈.

反过来, H 中的任何一条哈密尔顿圈 (若有的话) 必以同样的方式穿过每个菱形, 或者均自 E_i 到 W_i 或者均自 S_i 到 N_i. 但后者不可能, 故 H 是哈密尔顿图当且仅当 G 也是.   □

图 21.7

定理 21.19 (Papadimitriou and Steiglitz, 1977) 对给定的一个度量 TSP 实例而言, 确定某个环游是否最优是 coNP 完全的.

证明 该问题显然属于 coNP, 这是因为一个最优环游本身就是一个判据.

将带限制的哈密尔顿圈转换成我们的问题的补. 具体说来, 给定图 G 和 G 中的一条哈密尔顿路 P, 首先检查是否路 P 的两端有边相连. 若有, 就完成了. 否则, 定义

$$c_{ij} := \begin{cases} 1 & \text{若 } \{i, j\} \in E(G) \\ 2 & \text{若 } \{i, j\} \notin E(G) \end{cases}$$

三角不等式自然成立. 进而, P 确定了一条费用为 $n+1$ 的环游, 其是最优的当且仅当 G 中不含哈密尔顿圈.   □

推论 21.20 除非 $P = $ NP, TSP 不存在每步循环为多项式时间的局部搜索算法, 使得其是最优的.

证明 一个精确的局部搜索算法需要判断初始的环游是否是最优的. □

局部搜索算法还广泛用于其他的组合优化问题. 单纯形法也可以看成是一种局部搜索算法. 尽管局部搜索算法在实际中已经证明是非常成功的, 但除了一些特殊的情形外 (习题 16.10、22.6 节和 22.8 节), 目前几乎没有任何理论上的结果来证明其有效性. 对许多 NP 困难问题和有意义的邻域来讲 (包括本节讨论的), 我们甚至不知道是否可以在多项式时间内求得一个局部最优解, 见习题 21.11. Aarts 和 Lenstra (1997) 的专辑介绍了局部搜索更多的例子. Michiels, Aarts 和 Korst (2007) 则论述了有关局部搜索的诸多理论结果.

21.4 旅行商多面体

Dantzig, Fulkerson 和 Johnson (1954) 最先给出规模较大的 TSP 实例的最优解. 他们先求解一个适当整规划模型的线性规划松弛, 然后不断加入割平面. 对旅行商多面体的分析自此开始.

定义 21.21 对 $n \geqslant 3$, 记 $Q(n)$ 为 **旅行商多面体**, 即完全图 K_n 上所有环游的关联向量的凸包.

虽然还不知道旅行商多面体的完整刻画, 但已有若干有趣的结果, 其中有些与实际计算相关. 因为对所有的 $v \in V(K_n)$ 和所有的 $x \in Q(n)$ 皆有 $\sum_{e \in \delta(v)} x_e = 2$, 所以 $Q(n)$ 的维数至多为 $|E(K_n)| - |V(K_n)| = \binom{n}{2} - n = \frac{n(n-3)}{2}$. 为了证明实际上 $\dim(Q(n)) = \frac{n(n-3)}{2}$, 需要下面的图论引理:

引理 21.22 对任意的 $k \geqslant 1$,

(a) 图 K_{2k+1} 的边集可以划分成 k 个环游.

(b) 图 K_{2k} 的边集可以划分成 $k-1$ 个环游和一个完美匹配.

证明 (a) 设顶点标号为 $0, \cdots, 2k-1, x$. 考虑环游

$$T_i = (x, i, i+1, i-1, i+2, i-2, i+3, \cdots,$$

$$i-k+2, i+k-1, i-k+1, i+k, x)$$

其中 $i = 0, \cdots, k-1$ (所有数字都是模 $2k$ 的), 如图 21.8 所示. 因为 $|E(K_{2k+1})| = k(2k+1)$, 故只需要证明这些环游是边不同的. 这点对与 x 关联的边来说显然成立. 进一步, 对 $\{a, b\} \in E(T_i)$, 其中 $a, b \neq x$, 有 $a + b \in \{2i, 2i+1\}$, 所以边皆不同.

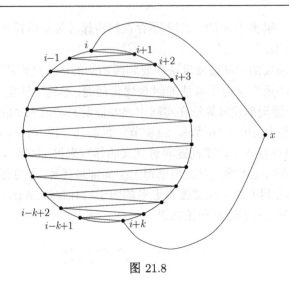

图 21.8

(b) 设顶点标号为 $0, \cdots, 2k-2, x$. 考虑下面的环游

$$T_i = (x, i, i+1, i-1, i+2, i-2, i+3, \cdots,$$
$$i+k-2, i-k+2, i+k-1, i-k+1, x)$$

其中 $i = 0, \cdots, k-2$ (所有数字是模 $2k-1$ 的). 同样的道理, 可以证明这些环游是边相异的. 删除这些环游的边, 剩下的图是 1 正则的, 故而构成一个完美匹配.   □

定理 21.23 (Grötschel and Padberg, 1979) $\dim(Q(n)) = \frac{n(n-3)}{2}$

证明   当 $n = 3$ 结论显然. 假设 $n \geqslant 4$, 令 $v \in V(K_n)$ 为任一顶点.

情形 1. n 为偶数, 存在整数 $k \geqslant 1$ 使得 $n = 2k + 2$. 由引理 21.22(a), $K_n - v$ 为 k 个边相异的环游 $T_0, \cdots, T_{k-1}$ 之并. 将 T_i 中的第 j 条边 $\{a, b\}$ 替换成两条边 $\{a, v\}$ 和 $\{v, b\}$, 得到 T_{ij}, $i = 0, \cdots, k-1$; $j = 1, \cdots, n-1$. 考虑这样的矩阵, 其行向量为这 $k(n-1)$ 个环游的关联向量. 则其对应于那些不与 v 关联的边的列向量构成一个方阵

$$\begin{pmatrix} A & 0 & 0 & \cdots & 0 \\ 0 & A & 0 & \cdots & 0 \\ 0 & 0 & A & \cdots & 0 \\ \vdots & \vdots & \vdots & & \vdots \\ 0 & 0 & 0 & \cdots & A \end{pmatrix}, \quad \text{其中 } A = \begin{pmatrix} 0 & 1 & 1 & \cdots & 1 \\ 1 & 0 & 1 & \cdots & 1 \\ 1 & 1 & 0 & \cdots & 1 \\ \vdots & \vdots & \vdots & & \vdots \\ 1 & 1 & 1 & \cdots & 0 \end{pmatrix}.$$

因该矩阵非奇异, 这 $k(n-1)$ 个环游的关联向量是线性无关的, 从而 $\dim(Q(n)) \geqslant k(n-1) - 1 = \frac{n(n-3)}{2}$.

情形 2. n 是奇数, 即存在整数 $k \geqslant 1$ 使得 $n = 2k + 3$. 由引理 21.22(b) 知, $K_n - v$ 是 k 个环游和一个完美匹配 M 之并. 类似于 (a), 可以自 k 个环游构造出 K_n 中的 $k(n-1)$ 个环游. 下面将完美匹配 M 进行改造使其任意接近 K_{n-1} 中的一个环游 T. 对 M 中的任一边 $e = \{a,b\}$, 在 T 中将 e 换成两条边 $\{a,v\}$ 和 $\{v,b\}$. 这样得到另外 $k + 1$ 个环游. 同上, 所有 $k(n-1) + k + 1 = kn + 1$ 个环游的关联向量是线性无关的, 故 $\dim(Q(n)) \geqslant kn + 1 - 1 = \frac{n(n-3)}{2}$. $\square$

$Q(n)$ 中的整数点, 也就是那些环游可以更好地刻画如下:

命题 21.24 K_n 中环游的关联向量恰好是满足下面式子的整点 x:

$$0 \leqslant x_e \leqslant 1 \quad (e \in E(K_n)) \tag{21.1}$$

$$\sum_{e \in \delta(v)} x_e = 2 \quad (v \in V(K_n)) \tag{21.2}$$

$$\sum_{e \in E(K_n[X])} x_e \leqslant |X| - 1 \quad (\varnothing \neq X \subset V(K_n)) \tag{21.3}$$

证明 显然, 任何环游的关联向量满足这些约束. 任何满足 (21.1) 式和 (21.2) 式的整数向量是一个完美简单 2 匹配的关联向量, 即包含所有顶点的顶点不交圈的并. 约束 (21.3) 保证这些圈的边数不少于 n. $\square$

约束 (21.3) 常称为子环游不等式, 由 (21.1)~(21.3) 定义的多面体称作子环游多面体. 通常情况下子环游多面体并非是整的, 如图 21.9 的例子所示 (未画出边的权为 3): 最短环游的长度为 10, 而最优的分数解 ($x_e = 1$, 若 e 的权为 1; $x_e = \frac{1}{2}$, 若 e 的权为 2) 权重之和是 9.

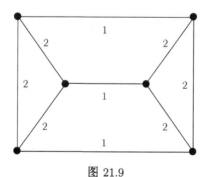

图 21.9

为了方便应用, 下面给出子环游多面体的等价刻画:

命题 21.25 设 $V(K_n) = \{1, \cdots, n\}$. 对所有的 $v \in V(K_n)$, 设 $x \in [0,1]^{E(K_n)}$ 满足 $\sum_{e \in \delta(v)} x_e = 2$. 那么下面的论断是等价的:

$$\sum_{e \in E(K_n[X])} x_e \leqslant |X| - 1, \quad \varnothing \neq X \subset V(K_n) \tag{21.4}$$

$$\sum_{e \in E(K_n[X])} x_e \leqslant |X| - 1, \quad \varnothing \neq X \subseteq V(K_n) \setminus \{1\} \tag{21.5}$$

$$\sum_{e \in \delta(X)} x_e \geqslant 2, \quad \varnothing \neq X \subset V(K_n) \tag{21.6}$$

证明　对任意的 $\varnothing \neq X \subset V(K_n)$, 有

$$\sum_{e \in \delta(V(K_n) \setminus X)} x_e = \sum_{e \in \delta(X)} x_e = \sum_{v \in X} \sum_{e \in \delta(v)} x_e - 2 \sum_{e \in E(K_n[X])} x_e$$
$$= 2|X| - 2 \sum_{e \in E(K_n[X])} x_e$$

该式表明 (21.3) 式, (21.5) 式和 (21.6) 式等价.　　　　　　　　　　　　□

推论 21.26　子环游不等式的分离问题是多项式时间可解的.

证明　利用 (21.6) 式, 将 x 看作边权, 需要确定是否在 (K_n, x) 中有容量小于 2 的割. 所以, 分离问题 转换成求解具有非负容量约束一个无向图的最小割问题. 由定理 8.39 知, 此问题可在 $O(n^3)$ 时间内求解.　　　　　　　　　　　□

由于任意环游都是一个 完美简单 2 匹配, 所有完美简单 2 匹配的凸包则包含旅行商多面体. 故由定理 12.3 得

命题 21.27　对任意的 $x \in Q(n)$, 下面的不等式成立:

$$\sum_{e \in E(K_n[X]) \cup F} x_e \leqslant |X| + \frac{|F| - 1}{2} \tag{21.7}$$

其中 $X \subseteq V(K_n)$, $F \subseteq \delta(X)$ 且 $|F|$ 为奇数.

约束 (21.7) 称为 2 匹配不等式. 针对该不等式, 只需考察 F 是一个匹配的情形; 其他情形下的 2 匹配不等式均可由此推出 (习题 21.13). 对 2 匹配不等式, 由定理 12.21, 分离问题可在多项时间内求解. 故由椭球算法 (定理 4.21), 可以在多项式时间内在由 (21.1)~(21.3) 和 (21.6) 定义的多面体上优化线性函数 (习题 21.12). 这些 2 匹配不等式可以推广成所谓的梳子不等式, 如图 21.10 所示.

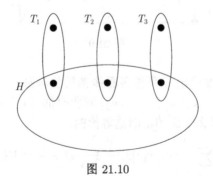

图 21.10

命题 21.28 (Chvátal, 1973; Grötschel and Padberg, 1979)　设 $T_1, \cdots, T_s \subseteq V(K_n)$ 为 s 个两两不交的集合, 其中 $s \geqslant 3$ 为奇数, $H \subseteq V(K_n)$ 且对 $i = 1, \cdots, s$ 有 $T_i \cap H \neq \varnothing$, $T_i \setminus H \neq \varnothing$. 那么, 对任意的 $x \in Q(n)$, 下式成立

$$\sum_{e \in \delta(H)} x_e + \sum_{i=1}^{s} \sum_{e \in \delta(T_i)} x_e \geqslant 3s + 1 \tag{21.8}$$

证明　设 x 为任一环游的关联向量. 对任意的 $i \in \{1, \cdots, s\}$, 有

$$\sum_{e \in \delta(T_i)} x_e + \sum_{e \in \delta(H) \cap E(K_n[T_i])} x_e \geqslant 3$$

这是因为该环游必定进入和离开集合 $T_i \setminus H$ 和 $T_i \cap H$. 对这 s 个不等式求和得到

$$\sum_{e \in \delta(H)} x_e + \sum_{i=1}^{s} \sum_{e \in \delta(T_i)} x_e \geqslant 3s$$

注意到上式左端为偶整数, 故结论成立.　　　　　　　　　　　　　　　　□

图 21.11 所示的分数解 x (省掉 $x_e = 0$ 的边 e) 给出了 K_{12} 上违背梳子不等式的例子, 这里 $H = \{1,2,3,4,5,6\}$, $T_1 = \{1,11\}$, $T_2 = \{2,12\}$ 以及 $T_3 = \{5,6,7,8\}$. 容易验证, 对应的梳子不等式 不成立. 注意到不等式 (21.1)~(21.3) 以及 (21.6) 均满足, x 为权函数 $c(e) := 1 - x_e$ 下 (总权重为 3) 的最优解, 而最优环游的权重为 $\frac{7}{2}$.

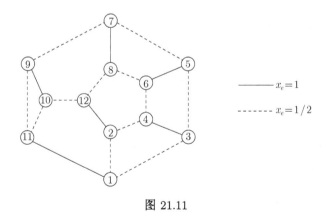

图 21.11

再讨论一类不等式, 称为团树不等式.

定理 21.29 (Grötschel and Pulleyblank, 1986)　设 $H_1, \cdots, H_r$ 为 $V(G)$ 的两两不交子集柄, $T_1, \cdots, T_s$ $(s \geqslant 1)$ 为 $V(G)$ 的两两不交非空真子集齿使得

- 对每一个柄, 与其相交的齿的个数为大于等于 3 的奇数.
- 每一个柄 T 至少包含一个不属于任何齿的顶点.

• $G := K_n[H_1 \cup \cdots \cup H_r \cup T_1 \cup \cdots \cup T_s]$ 是连通的, 然而只要 $T_i \cap H_j \neq \varnothing$, $G - (T_i \cap H_j)$ 不连通.

记 t_j 为与 T_j $(j = 1, \cdots, s)$ 相交的 handle 个数. 则任意的 $x \in Q(n)$ 均满足

$$\sum_{i=1}^{r} \sum_{e \in E(K_n[H_i])} x_e + \sum_{j=1}^{s} \sum_{e \in E(K_n[T_j])} x_e \leqslant \sum_{i=1}^{r} |H_i| + \sum_{j=1}^{s} (|T_j| - t_j) - \frac{s+1}{2} \quad (21.9)$$

证明很繁琐, 这里就省略了. 团树不等式包括 (21.3) 式和 (21.6) 式 (习题 14). 它们可以继续被推广, 例如, 由 Boyd 和 Cunningham (1991) 得到的 二分划不等式. 当柄和齿的数目为常数时 团树不等式 (21.8) 的分离问题可在多项式时间内求解 (Carr, 1997), 但对一般的团树不等式而言尚无任何结果. 即使是 梳子不等式 的分离问题, 也不知是否存在多项式时间算法.

所有的不等式 (21.1), (21.4) (限制在 $3 \leqslant |X| \leqslant n - 3$ 的情形) 和 (21.7) (限制在 F 是一个匹配的情形) 定义了 $Q(n)$ 的不同侧面 $(n \geqslant 6)$. 为了证明平凡不等式组 (21.1) 定义了侧面, 对某些确定的 e 需要找到 $\dim(Q(n))$ 个线性无关满足 $x_e = 1(x_e = 0$ 显然) 的环游. 证明方法与定理 21.23 类似, 参见 Grötschel, Padberg (1979). 甚至所有的不等式 (21.8) 都定义了 $Q(n)$ 的侧面 $(n \geqslant 6)$. 证明很复杂, 可参考 Grötschel, Padberg (1979) 或者 Grötschel, Pulleyblank (1986).

$Q(n)$ 的侧面数目增长很快, 对 $Q(10)$ 来讲侧面数已经超过 500 亿个. 目前没有对 $Q(n)$ 的完全刻画. 先看一看下面的问题:

TSP 侧面

实例: 整数 n 和整数不等式 $ax \leqslant \beta$.

任务: 该不等式是否定义了 $Q(n)$ 的一个侧面?

下面的结论表明对 旅行商多面体 进行完整刻画似乎是不可能的.

定理 21.30 (Karp and Papadimitriou, 1982)   若 TSP 侧面 属于 NP, 则 NP = coNP.

进一步, 确定 $Q(n)$ 的两个给定的顶点是否相邻, 换句话说, 两顶点是否属于同一个一维侧面是 NP 完全的 (Papadimitriou, 1978).

21.5   下   界

假设通过某个启发式算法, 如 LIN-KERNIGHAN 算法求出了一个环游. 事先并不知道该环游是最优的或者是近优的. 那么, 有没有什么办法可以保证解不超过最优值的百分之 x? 换句话说, 可否得到最优值的一个下界?

通过对 TSP 的整规划模型进行线性松弛, 仅考虑不等式 (21.1)~(21.3), (21.6), 可以得到问题的下界. 然而, 松弛后的线性规划并不容易求解 (尽管存在基于椭球法

的多项式时间算法). 一个更可行的确定下界的办法是仅考虑不等式 (21.1), (21.2), (21.6), 也就是说去求解最小权完全简单 2 匹配 (习题 12.1).

不过, 目前最有效的方法是利用拉格朗日松弛 (见第 5.6 节). 拉格朗日松弛首次被 Held 和 Karp (1970, 1971) 用于 TSP. 他们的方法基于下面的思想:

定义 21.31　给定一个完全图 K_n, 其中 $V(K_n) = \{1, \cdots, n\}$, 一棵 1 树为一个子图, 其由顶点 $\{2, \cdots, n\}$ 的一棵支撑树和顶点 1 的两条关联边组成.

任何环游都刚好是一棵 1 树 T, 其中 $|\delta_T(i)| = 2$, $i = 1, \cdots, n$. 我们已经对支撑树很了解, 1 树其实也没有太大的差别.

命题 21.32　所有 1 树关联向量的凸包是向量 $x \in [0,1]^{E(K_n)}$ 的集合, 满足

$$\sum_{e \in E(K_n)} x_e = n, \quad \sum_{e \in \delta(1)} x_e = 2, \quad \sum_{e \in E(K_n[X])} x_e \leqslant |X| - 1 \quad (\varnothing \neq X \subseteq \{2, \cdots, n\})$$

证明　由定理 6.12 直接得到.　□

注意到, 任何线性目标函数很容易在 1 树集上优化. 首先找到顶点 $\{2, \cdots, n\}$ 上的一棵最小支撑树 (见 6.1 节), 然后将与顶点 1 关联的权重最小的两条边加上. 拉格朗日松弛给出下面的下界:

命题 21.33 (Held and Karp, 1970)　给定 TSP 的实例 (K_n, c), 其中 $V(K_n) = \{1, \cdots, n\}$, $\lambda = (\lambda_2, \cdots, \lambda_n) \in \mathbb{R}^{n-1}$. 则

$$\mathrm{LR}(K_n, c, \lambda) := \min\left\{ c(E(T)) + \sum_{i=2}^{n} (|\delta_T(i)| - 2)\, \lambda_i : T \text{ 是 1 树} \right\}$$

为最优环游长度的一个下界, 其计算时间依赖于求解 $n - 1$ 个顶点的最小支撑树问题.

证明　一个最优环游 T 是棵 1 树, 其中对所有 i, $|\delta_T(i)| = 2$, 从而证明 $\mathrm{LR}(K_n, c, \lambda)$ 为一个下界. 给定 $\lambda = (\lambda_2, \cdots, \lambda_n)$, 任意选取 λ_1 并将权重 c 换成 $c'(\{i,j\}) := c(\{i,j\}) + \lambda_i + \lambda_j$ $(1 \leqslant i < j \leqslant n)$. 下面要做的就是求解关于 c' 的最小权 1 树.　□

由于约束 $|\delta_T(i)| = 2$ 是等式, 拉格朗日乘子 λ_i $(i = 2, \cdots, n)$ 并不限制在非负范围内. 可以由子梯度优化方法 (见 5.6 节) 来确定 λ_i. 最大取值

$$\mathrm{HK}(K_n, c) := \max\{\mathrm{LR}(K_n, c, \lambda) : \lambda \in \mathbb{R}^{n-1}\}$$

(拉格朗日对偶) 称为关于 (K_n, c) 的 Held-Karp 界. 有

定理 21.34 (Held and Karp, 1970)　对 TSP 的任意实例 (K_n, c), 其中 $V(K_n) = \{1, \cdots, n\}$, 有

$$\mathrm{HK}(K_n, c) = \min \left\{ cx \ : \ 0 \leqslant x_e \leqslant 1, e \in E(K_n), \sum_{e \in \delta(v)} x_e = 2, v \in V(K_n), \right.$$

$$\left. \sum_{e \in E(K_n[I])} x_e \leqslant |I| - 1, \varnothing \neq I \subseteq \{2, \cdots, n\} \right\}$$

证明　结论可直接由定理 5.36 和命题 21.32 推出.　　　　　　　　　　　□

Held-Karp 界 等于子环游多面体上线性规划的最优值 (见命题 21.25). 这有助于估计度量 TSP的 Held-Karp 界的好坏. 利用 CHRISTOFIDES' 算法, 有

定理 21.35 (Wolsey, 1980)　对任意度量 TSP的实例, Held-Karp 界 至少是最优环游长度的 $\frac{2}{3}$ 倍.

证明　设 (K_n, c) 为度量 TSP 的实例, 令 T 为 (K_n, c) 中一棵最小权 1 树. 有

$$c(E(T)) \ = \ \mathrm{LR}(K_n, c, 0) \ \leqslant \ \mathrm{HK}(K_n, c).$$

设 $W \subseteq V(K_n)$ 由 T 上奇度顶点组成. 因为 (K_n, c) 的子环游多面体上的每个向量 x 均满足 $\sum_{e \in \delta(X)} x_e \geqslant 2$, 其中 $\varnothing \neq X \subset V(K_n)$, 多面体

$$\left\{ x : \text{对任意的} e \in E(K_n), \ x_e \geqslant 0 \text{对任意的} X \text{满足} |X \cap W| \text{为奇数}, \sum_{e \in \delta(X)} x_e \geqslant 2 \right\}$$

含有子环游多面体. 因而, 由定理 21.34,

$$\min \left\{ cx : \text{对任意的} e \in E(K_n), x_e \geqslant 0 \text{对任意的} X \text{ 满足} |X \cap W| \text{为奇数}, \sum_{e \in \delta(X)} x_e \geqslant 1 \right\}$$
$$\leqslant \frac{1}{2} HK(K_n, c)$$

由定理 12.18 观察到, 上式左端是 (K_n, c) 上 W- 连接 J 的最小权重. 故 $c(E(T)) + c(J) \leqslant \frac{3}{2}\mathrm{HK}(K_n, c)$. 因为 $G := (V(K_n), E(T) \cup J)$ 为连通的欧拉图, 其为最优环游长度的上界 (由引理 21.3).　　　　　　　　　　　　　　　　　　□

Shmoys 和 Williamson (1990) 给出了一个不同的证明. 我们不知道该界是否是紧的. 在图 21.9 所示的例子中 (未显示的边权重为 3), Held-Karp 界 (9) 严格小于最优环游的长度 (值为 10). 对度量 TSP存在例子表明 $\frac{HK(K_n, c)}{\mathrm{OPT}(K_n, c)}$ 可以任意接近 $\frac{3}{4}$ (习题 21.15). 然而, 这样的例子是非常特殊的, 在实际中Held-Karp 界 通常很接近最优值, 可参见 Johnson, McGeoch, Rothberg (1996) 或 Applegate et al. (2007).

21.6 分 枝 定 界

分枝定界是一种枚举的方法, 但其不需要逐个考虑每个可行解. 对组合优化的许多 NP 困难问题而言, 分枝定界是至今最有效的求解最优方案的算法. 该方法由 Land 和 Doig (1960) 提出, 并首次被 Little 等 (1963) 用于求解 TSP.

将分枝定界用于组合优化问题 (以最小化问题为例) 一般需要两步:

• "分枝". 可行解 (对 TSP 而言就是环游) 的一个子集可以划分成至少两个非空子集.

• "定界". 对分支后得到的子集而言, 可以计算出属于该子集的所有解的一个下界.

该方法的一般过程如下:

分枝定界

输入: 最小化问题的一个实例.

输出: 一个最优解 S^*.

---

① 令初始的树 $T := (\{\mathcal{S}\}, \varnothing)$, 其中 $\mathcal{S}$ 为所有可行解的集合.

令上界 $U := \infty$ (或者通过某个启发式算法得到更好一点的上界).

② 选择树 T 中的一个活跃顶点 X (若不存在, 停止).

标记 X 为非活跃的.

("分枝") 确定一个划分 $X = X_1 \dot{\cup} \cdots \dot{\cup} X_t$.

③ 对每一个 $i = 1, \cdots, t$ 进行

("定界") 确定 X_i 上所有解的费用的一个下界 L.

若 $|X_i| = 1$ (如 $X_i = \{S\}$) 以及 $\mathrm{cost}(S) < U$ then, 则

令 $U := \mathrm{cost}(S)$, $S^* := S$.

若 $|X_i| > 1$ 和 $L < U$, 则

令 $T := (V(T) \cup \{X_i\}, E(T) \cup \{\{X, X_i\}\})$ 并标记 X_i 为活跃的.

④ 转向 ②.

很显然, 上述方法总可以找到一个最优解. 该方法的实现 (以及其效率) 主要依赖于实际问题本身. 我们将针对 TSP 讨论一种实现的方案.

分枝最简单的方式就是选择一条边 e, 然后做分划 $X = X_e \dot{\cup}(X \setminus X_e)$, 其中 X_e 由 X 中包含边 e 的所有解组成. 可将树上的任何顶点 X 记成

$$\mathcal{S}_{A,B} = \{S \in \mathcal{S} : A \subseteq S, B \cap S = \varnothing\} \qquad 对某些 A, B \subseteq E(G)$$

对这些 $X = \mathcal{S}_{A,B}$, 满足约束 "环游包含所有 A 上的边, 不含任何 B 上的边" 的 TSP 可以通过适当修改权重 c 写成没有约束的 TSP, 即设

$$
c'_e := \begin{cases} c_e & \text{若 } e \in A \\ c_e + C & \text{若 } e \notin A \cup B \\ c_e + 2C & \text{若 } e \in B \end{cases}
$$

满足 $C := \sum_{e \in E(G)} c_e + 1$. 那么 $\mathcal{S}_{A,B}$ 上的环游正是那些修改后权重小于 $(n + 1 - |A|)C$ 的环游. 进一步, $\mathcal{S}_{A,B}$ 上任何环游的原来的权重和修改后的权重刚好相差 $(n - |A|)C$.

接着可以将 Held-Karp 界 (见 21.5 节) 用于实现 "定界" 这一步.

上述 TSP 的分枝定界法已用于求解中等规模的 TSP 实例 (不超过 100 个城市).

分枝定界也常用于求解整数规划, 特别是 0-1 整数规划 (变量取值 0 或 1). 这时最自然的分枝策略就是取一个变量, 然后去试探两种取值. 下界可简单地通过求解对应的线性规划得到.

最坏情形下, 分枝定界并不比完全遍历所有可行解强. 在实际中, 算法的效率不只是依赖于如何去分枝和定界, 在算法第 ② 步中合理地选取活跃点 X 也很重要. 另外, 初始步中的有效启发式算法可以提供一个好的上界, 从而保证分支定界树 T 规模比较小.

基于 21.4 节的结果, 分支定界常与割平面法 (见 5.5 节) 结合使用. 下面给出一种方案. 考虑到约束有指数多个 (这些约束甚至没有对 $Q(n)$ 完全描述), 首先求解线性规划

$$
\min \left\{ cx : 0 \leqslant x_e \leqslant 1 \ (e \in E(K_n)), \ \sum_{e \in \delta(v)} x_e = 2 \ (v \in V(K_n)) \right\}
$$

也就是说仅考虑约束 (21.1) 和 (21.2). 该多面体包含作为整数向量的完美简单 2 匹配. 设 x^* 为该线性规划的一个解. 那么讨论三种情形:

(a) x^* 是某个环游的关联向量.

(b) 某些子环游不等式 (21.3), 2 匹配不等式 (21.6), 梳子不等式 (21.7), 或者团树不等式 (21.8) 不成立.

(c) 所有不等式 (特别是子环游不等式) 均成立, 但 x^* 不是整向量.

如果 x^* 是整向量, 但不是任意环游的关联向量, 由命题 21.24 知某些子环游不等式必不成立.

情形 (a) 时等式成立. 情形 (b) 发生时, 将不成立的不等式加到线性规划中, 然后求解. 在情形 (c) 时, 已知环游长度的一个 (通常很好的) 下界. 利用这个下界 (以

及对应的分数解) 可以开始分支定界. 根据界是紧的, 有希望提前确定许多变量的值, 从而大大减少不必要的分支数. 另外, 在分支定界树的每个顶点, 可以接着寻找不成立的不等式.

这个方法被称为分枝切割, 已经用来最优地求解超过 10000 个城市的 TSP 实例. 当然, 对算法的有效实现需要许多巧妙的思想, 这里就不赘述了. 特别要指出的是, 检测哪些不等式不成立的方法是至关重要的. 详细介绍和相关参考文献见 (Applegate et al., 2003, 2007; Jünger and Naddef, 2001).

成功地求解大规模实例的最优解则对应着糟糕的最坏运行时间. Woeginger (2002) 撰写了关于求解 NP 困难问题的次指数精确算法的综述文章. 习题 21.1 也是关于精确算法运行时间的.

习　　题

1. 利用动态规划刻画 TSP 的一个精确算法. 设顶点 (城市) 标号为 $1, \cdots, n$, 对所有的 $A \subseteq \{2, 3, \cdots, n\}$ 和 $x \in A$, 记 $\gamma(A, x)$ 为 1-x 路 P 的最小费用, 其中 $V(P) = A \cup \{1\}$. 思想是计算所有的 $\gamma(A, x)$. 比较该算法与简单枚举法的的运行时间 (Held and Karp, 1962).

注: 这是已知的 TSP 精确算法中最坏情形运行时间最少的算法. 对欧几里得 TSP, Hwang, Chang 和 Lee (1993) 利用平面图分离给出了一个精确算法, 具有次指数的运行时间 $O(c^{\sqrt{n} \log n})$.

2. 假设 TSP 的实例中 n 个城市被分成 m 类, 两个城市间的距离为零当且仅当它们属于同一类 (Triesch, Nolles and Vygen, 1994).

(a) 证明: 存在一个最优环游, 其至多有 $m(m-1)$ 条权重为正的边.

(b) 证明: 这样的 TSP 当 m 固定时是多项式可解的.

3. 考虑下面的问题. 一辆卡车自库房 d_1 开始要服务给定的客户 $c_1, \cdots, c_n$, 然后返回 d_1. 在服务两个客户之间这辆卡车必须要回到某个仓库 $d_1, \cdots, d_k$ 一次. 假设客户与仓库之间的距离满足非负和对称性, 我们希望找到最短环游 (Triesch, Nolles and Vygen, 1994).

(a) 证明: 该问题是 NP 困难的.

(b) 证明: 该问题当 k 固定时为多项式可解的. 提示: 利用习题 21.2.

4. 考虑满足三角不等式的非对称 TSP: 给定 $n \in \mathbb{N}$ 以及任两个节点间的距离 $c((i, j)) \in \mathbb{R}_+$, 其中 $i, j \in \{1, \cdots, n\}$, $i \neq j$, 对所有不同的 $i, j, k \in \{1, \cdots, n\}$ 满足三角不等式 $c((i, j) + c((j, k)) \geqslant c((i, k))$, 试给出一个排列 $\pi: \{1, \cdots, n\} \to \{1, \cdots, n\}$ 使得 $\sum_{i=1}^{n-1} c((\pi(i), \pi(i+1))) + c((\pi(n), \pi(1)))$ 达到最小. 刻画一个算法, 其给出的解不超过最优值的 $\log n$ 倍. 提示: 首先找到一个具有总边权 $c(E(H))$ 最小的的有向图 H 使得 $V(H) = \{1, \cdots, n\}$, 对任意的 $v \in V(H)$ 有 $|\delta_H^-(v)| = |\delta_H^+(v)| = 1$. 收缩 H 中的圈后继续迭代 (Frieze, Galbiati and Maffioli, 1982).

注: 目前最好的算法近似比不超过 $(\frac{2}{3} \log n)$, 由 Feige 和 Singh (2007) 给出.

*5. 给出欧几里得 TSP的一个实例, 使得 DOUBLE-TREE 算法生成的环游的长度任意接近最优值的两倍.

6. 设 G 为完全二部图, 其中 $V(G) = A \dot\cup B$, $|A| = |B|$. 设 $c : E(G) \to \mathbb{R}_+$ 为边上的费用函数, 对任意的 $a, a' \in A$ 和 $b, b' \in B$, 有 $c((a,b)) + c((b,a')) + c((a',b')) \geqslant c((a,b'))$. 目标是求 G 中最小费用的哈密尔顿圈. 该问题称为度量二部图 TSP(Frank et al., 1998; Chalasani, Motwani and Rao, 1996).

(a) 证明: 对任意 k, 若度量二部图 TSP 存在一个 k 因子近似算法, 则度量 TSP 也有一个 k 因子近似算法.

(b) 设计度量二部图 TSP 的一个 2 因子近似算法. 提示: 结合习题 13.25 与 DOUBLE-TREE 算法的思想.

*7. 构造度量 TSP 的一个实例使得 CHRISTOFIDES 算法给出的环游长度任意接近最优值的 $\frac{3}{2}$.

8. 证明: 21.2 节的结果可以推广到欧几里得 Steiner 树问题. 给出该问题的一个近似方案.

9. 证明: LIN-KERNIGHAN 算法中对任意的奇数 i $(i > p_2 + 1)$, 集合 X_i 的元素个数不超过 1.

10. 考虑下面的判定问题:

另一个哈密尔顿圈

实例: 图 G 以及 G 中的一个哈密尔顿圈.

任务: G 是否存在另一个哈密尔顿圈?

(a) 证明: 该问题是 NP 完全的. 提示: 参考引理 21.18 的证明.

*(b) 证明: 对 3 正则图 G 及其任一边 $e \in E(G)$, 包含边 e 的哈密尔顿圈个数为偶数.

(c) 证明: 对 3 正则图而言, 另一个哈密尔顿圈问题属于 P (尽管如此, 给定 3 正则图及其一个哈密尔顿圈, 目前尚未找到多项式时间算法去求出其另一个哈密尔顿圈.

11. 设 $(X, (S_x)_{x \in X}, c, \text{goal})$ 为一个离散优化问题, 对任意的 $y \in S_x$ 和 $x \in X$, 邻域 $N_x(y) \subseteq S_x$. 假设可以在多项式时间内完成下面的操作: 对每一个 $x \in X$, 确定 S_x 的一个元素, 以及对每一个 $y \in S_x$, 确定一个费用比其小的元素 $y' \in N_x(y)$ 或证明这样的元素不存在. 那么具有上述邻域的问题属于 PLS 类 (表示多项式局部搜索). 证明: 如果存在一个属于 PLS 类的问题, 求解其一个局部最优解是 NP 困难的, 则 NP = coNP. 提示: 对任意 coNP 完全问题, 设计一个非确定性算法 (Johnson, Papadimitriou and Yannakakis, 1988).

注: TSP 关于 k-opt 和 Lin-Kernighan 邻域是 PLS 完全的 (Krentel, 1989; Papadimitriou, 1992), 也就是说, 若能够在多项式时间内找到该问题的一个局部最优解, 则也可以对 PLS 类中的任何问题和邻域在多项式时间内找到局部最优 (由单纯形法的正确性, 可以由此给出定理 4.18 的另一个证明).

12. 试证: 由 (21.1)~(21.3), (21.6) 定义的多面体上的任何线性函数都可以优化. 提示: 利用定理 21.23 降维从而得到一个 full-dimensional 多面体. 确定一个内点并利用定理 4.21.

13. 考虑命题 21.27 中的 2 匹配不等式组 (21.6). 证明其与是否要求 F 是一个匹配无关.

14. 证明: 子环游不等式组 (21.3)、2 匹配不等式组 (21.6) 以及梳子不等式组 (21.7) 是团树不等式组 (21.8) 的特殊情形.

15. 证明: 存在度量 TSP 的实例 (K_n, c) 使得 $\frac{\mathrm{HK}(K_n, c)}{\mathrm{OPT}(K_n, c)}$ 任意接近 $\frac{3}{4}$. 提示: 将图 21.9 中权为 1 的边换成长路, 并考虑度量闭包.

16. 考虑具有 n 个城市的 TSP. 对任意权函数 $w : E(K_n) \to \mathbb{R}_+$, 设 c_w^* 为 w 下最优环游的长度. 证明: 对两个权函数 w_1 和 w_2 如果 $L_1 \leqslant c_{w_1}^*$, $L_2 \leqslant c_{w_2}^*$, 那么 $L_1 + L_2 \leqslant c_{w_1 + w_2}^*$, 其中两个权函数的和为对应分量相加.

17. 设 c_0 是度量 TSP 问题包含 n 个城市的一个实例的最短环游的费用, c_1 是第二短的环游的费用. 证明 (Papadimitriou and Steiglitz, 1978):

$$\frac{c_1 - c_0}{c_0} \leqslant \frac{2}{n}$$

18. 对所有的 $v \in V(K_n)$, 设 $x \in [0, 1]^{E(K_n)}$ 满足 $\sum_{e \in \delta(v)} x_e = 2$. 证明: 如果存在相悖子环游约束, 即存在一个集合 $S \subset V(K_n)$ 使得 $\sum_{e \in \delta(S)} x_e < 2$, 那么一定存在这样的约束, 还满足对所有的 $e \in \delta(S)$ 有 $x_e < 1$ (Crowder and Padberg, 1980).

19. 对 $\{1, \cdots, n\}$ 的一个子集簇 $\mathcal{F}$ (子集合不一定相异) 以及向量 $x \in \mathbb{R}^{E(K_n)}$, 记 $\mathcal{F}(x) := \sum_{X \in \mathcal{F}} \sum_{e \in \delta(X)} x_e$, $\mu_{\mathcal{F}}$ 为 K_n 上 $\mathcal{F}(x)$ 关于所有环游的关联向量的最小值. 不等式 $\mathcal{F}(x) \geqslant \mu_{\mathcal{F}}$ 称为超图不等式, 如 (21.6) 式和 (21.8) 式.

证明: TSP 多面体可由度约束和超图不等式来刻画, 即存在集簇 $\mathcal{F}_1, \cdots, \mathcal{F}_k$ 使得

$$Q(n) = \left\{ x \in \mathbb{R}^{E(K_n)} : \sum_{e \in \delta(v)} x_e = 2 \, (v \in V(K_n)), \mathcal{F}_i(x) \leqslant \mu_{\mathcal{F}_i} \, (i = 1, \cdots, k) \right\}$$

提示: 对每个满足度约束的 x 利用式 $\sum_{e \in \delta(\{v, w\})} x_e = 4 - 2 x_{\{v, w\}}$ 改写侧面界定不等式 (Applegate et al., 2007).

参 考 文 献

一般著述

Applegate D L, Bixby R, Chvátal V and Cook W J. 2007. The Traveling Salesman Problem: A Computational Study. Princeton University Press.

Cook W J, Cunningham W H, Pulleyblank W R and Schrijver A. 1998. Combinatorial Optimization. New York: Wiley. Chapter 7.

Gutin G and Punnen A P. 2002. The Traveling Salesman Problem and Its Variations. Dordrecht: Kluwer.

Jungnickel D. 2007. Graphs, Networks and Algorithms. Third Edition. Berlin: Springer. Chapter 15.

Lawler, E L, Lenstra J K, Rinnooy Kan A H G and Shmoys D B. 1985. The Traveling Salesman Problem. Chichester: Wiley.

Jünger M, Reinelt G and Rinaldi G. 1995. The traveling salesman problem//Handbooks in Operations Research and Management Science; Volume 7; Network Models (Ball M O, Magnanti T L, Monma C L, Nemhauser G L, eds.). Amsterdam: Elsevier.

Papadimitriou C H and Steiglitz K. 1982. Combinatorial Optimization; Algorithms and Complexity. Englewood Cliffs: Prentice-Hall. Section 17.2, Chapters 18 and 19.

Reinelt G. 1994. The Traveling Salesman; Computational Solutions for TSP Applications. Berlin: Springer.

引用文献

Aarts E and Lenstra J K. 1997. Local Search in Combinatorial Optimization. Chichester: Wiley.

Applegate D, Bixby R, Chvátal V and Cook W. 2003. Implementing the Dantzig-Fulkerson-Johnson algorithm for large traveling salesman problems. Mathematical Programming B, 97: 91–153.

Applegate D, Cook W and Rohe A. 2003. Chained Lin-Kernighan for large traveling salesman problems. INFORMS Journal on Computing, 15: 82–92.

Arora S. 1998. Polynomial time approximation schemes for Euclidean traveling salesman and other geometric problems. Journal of the ACM, 45: 753–782.

Berman P and Karpinski M. 2006. 8/7-approximation algorithm for (1,2)-TSP. Proceedings of the 17th Annual ACM-SIAM Symposium on Discrete Algorithms, 641–648.

Boyd S C and Cunningham W H. 1991. Small traveling salesman polytopes. Mathematics of Operations Research, 16: 259–271.

Burkard R E, Deĭneko V G and Woeginger G J. 1998. The travelling salesman and the PQ-tree. Mathematics of Operations Research, 23: 613–623.

Carr R. 1997. Separating clique trees and bipartition inequalities having a fixed number of handles and teeth in polynomial time. Mathematics of Operations Research, 22: 257–265.

Chalasani P, Motwani R and Rao A. 1996. Algorithms for robot grasp and delivery. Proceedings of the 2nd International Workshop on Algorithmic Foundations of Robotics, 347–362.

Chandra B, Karloff H and Tovey C. 1999. New results on the old k-opt algorithm for the traveling salesman problem. SIAM Journal on Computing, 28: 1998–2029.

Christofides N. 1976. Worst-case analysis of a new heuristic for the traveling salesman problem. Technical Report 388, Graduate School of Industrial Administration. Carnegie-Mellon University, Pittsburgh.

Chvátal V. 1973. Edmonds' polytopes and weakly hamiltonian graphs. Mathematical Programming, 5: 29–40.

Crowder H and Padberg M W. 1980. Solving large-scale symmetric travelling salesman problems to optimality. Management Science, 26: 495–509.

Dantzig G, Fulkerson R and Johnson S. 1954. Solution of a large-scale traveling-salesman problem. Operations Research, 2: 393–410.

Englert M, Röglin H and Vöcking B. 2007. Worst case and probabilistic analysis of the 2-opt algorithm for the TSP. Proceedings of the 18th Annual ACM-SIAM Symposium on Discrete Algorithms, 1295–1304.

Feige U and Singh M. 2007. Improved approximation algorithms for traveling salesperson tours and paths in directed graphs. Proceedings of the 10th International Workshop on Approximation Algorithms for Combinatorial Optimization Problems; LNCS 4627 (Charikar M, Jansen K, Reingold O, Rolim J D P, eds.). Berlin: Springer, 104–118.

Frank A, Triesch E, Korte B and Vygen J. 1998. On the bipartite travelling salesman problem. Report No. 98866. Research Institute for Discrete Mathematics, University of Bonn.

Frieze A, Galbiati G and Maffioli F. 1982. On the worst-case performance of some algorithms for the asymmetric traveling salesman problem. Networks, 12: 23–39.

Garey M R, Graham R L and Johnson D S. 1976. Some NP-complete geometric problems. Proceedings of the 8th Annual ACM Symposium on the Theory of Computing, 10–22.

Grötschel M and Padberg M W. 1979. On the symmetric travelling salesman problem. Mathematical Programming, 16: 265–302.

Grötschel M and Pulleyblank W R. 1986. Clique tree inequalities and the symmetric travelling salesman problem. Mathematics of Operations Research, 11: 537–569.

Held M and Karp R M. 1962. A dynamic programming approach to sequencing problems. Journal of SIAM, 10: 196–210.

Held M and Karp R M. 1970. The traveling-salesman problem and minimum spanning trees. Operations Research, 18: 1138–1162.

Held M and Karp R M. 1971. The traveling-salesman problem and minimum spanning trees; part II. Mathematical Programming, 1: 6–25.

Hurkens C A J and Woeginger G J. 2004. On the nearest neighbour rule for the traveling salesman problem. Operations Research Letters, 32: 1–4.

Hwang R Z, Chang R C and Lee, R C T. 1993. The searching over separators strategy to solve some NP-hard problems in subexponential time. Algorithmica, 9: 398–423.

Johnson D S, McGeoch L A and Rothberg E E. 1996. Asymptotic experimental analysis for the Held-Karp traveling salesman bound. Proceedings of the 7th Annual ACM-SIAM Symposium on Discrete Algorithms, 341–350.

Johnson D S, Papadimitriou C H and Yannakakis M. 1988. How easy is local search? Journal of Computer and System Sciences, 37: 79–100.

Jünger M and Naddef D. 2001. Computational Combinatorial Optimization. Berlin: Springer.

Karp R M. 1977. Probabilistic analysis of partitioning algorithms for the TSP in the plane. Mathematics of Operations Research, 2: 209–224.

Karp R M and Papadimitriou C H. 1982. On linear characterizations of combinatorial optimization problems. SIAM Journal on Computing, 11: 620–632.

Klein P N. 2005. A linear-time approximation scheme for planar weighted TSP. Proceedings of the 46th Annual IEEE Symposium on the Foundations of Computer Science, 647–657. Full version in SIAM Journal on Computing, 2008, 37: 1926–1952.

Krentel M W. 1989. Structure in locally optimal solutions. Proceedings of the 30th Annual IEEE Symposium on Foundations of Computer Science, 216–221.

Land A H and Doig A G. 1960. An automatic method of solving discrete programming problems. Econometrica, 28: 497–520.

Lin S and Kernighan B W. 1973. An effective heuristic algorithm for the traveling-salesman problem. Operations Research, 21: 498–516.

Little J D C, Murty K G, Sweeny D W, and Karel C. 1963. An algorithm for the traveling salesman problem. Operations Research, 11: 972–989.

Michiels W, Aarts E and Korst J. 2007. Theoretical Aspects of Local Search. Berlin: Springer.

Mitchell J. 1999. Guillotine subdivisions approximate polygonal subdivisions: a simple polynomial-time approximation scheme for geometric TSP, k-MST, and related problems. SIAM Journal on Computing, 28: 1298–1309.

Papadimitriou C H. 1977. The Euclidean traveling salesman problem is NP-complete. Theoretical Computer Science, 4: 237–244.

Papadimitriou C H. 1978. The adjacency relation on the travelling salesman polytope is NP-complete. Mathematical Programming, 14: 312–324.

Papadimitriou C H. 1992. The complexity of the Lin-Kernighan heuristic for the traveling salesman problem. SIAM Journal on Computing, 21: 450–465.

Papadimitriou C H and Steiglitz K. 1977. On the complexity of local search for the traveling salesman problem. SIAM Journal on Computing, 6(1): 76–83.

Papadimitriou C H and Steiglitz K. 1978. Some examples of difficult traveling salesman problems. Operations Research, 26: 434–443.

Papadimitriou C H and Vempala S. 2006. On the approximability of the traveling salesman problem. Combinatorica, 26: 101–120.

Papadimitriou C H and Yannakakis M. 1993. The traveling salesman problem with distances one and two. Mathematics of Operations Research, 18: 1–12.

Rao S B and Smith W D. 1998. Approximating geometric graphs via "spanners" and "banyans". Proceedings of the 30th Annual ACM Symposium on Theory of Computing, 540–550.

Rosenkrantz D J. Stearns R E and Lewis P M. 1977. An analysis of several heuristics for the traveling salesman problem. SIAM Journal on Computing, 6: 563–581.

Sahni S and Gonzalez T. 1976. P-complete approximation problems. Journal of the ACM, 23: 555–565.

Shmoys D B and Williamson D P. 1990. Analyzing the Held-Karp TSP bound: a monotonicity property with application. Information Processing Letters, 35: 281–285.

Triesch E, Nolles W and Vygen J. 1994. Die Einsatzplanung von Zementmischern und ein Traveling Salesman Problem // Operations Research; Reflexionen aus Theorie und Praxis (Werners B, Gabriel R, eds.). Berlin: Springer (in German).

Woeginger G J. 2002. Exact algorithms for NP-hard problems. OPTIMA, 68: 2–8.

Wolsey L A. 1980. Heuristic analysis, linear programming and branch and bound. Mathematical Programming Study, 13: 121–134.

第 22 章　选 址 问 题

　　许多经济决策涉及选择/或者安置特定的设施去有效地服务于已知的需求, 例如工厂、库房、车站、大型商店、图书馆、消防站、医院、无线基站 (电视广播或者移动电话服务) 等. 这些问题的共同之处在于, 选定若干设施, 确定每个设施的位置, 目标是最好地满足顾客、用户等的需求. 设施选址问题在实际生活中有着广泛的应用.

　　最为广泛研究的一类离散设施选址模型, 为无容量限制的设施选址问题 (Uncapacitated Facility Location Problem), 有时也称为工厂选址问题或商场选址问题. 我们将在 22.1 节中介绍这个问题. 尽管早在 19 世纪 60 年代, 就有很多学者开始研究这个问题 (例如 Stollsteimer, 1963; Balinski and Wolfe, 1963; Kuehn and Hamburger 1963; Manne, 1964)), 但直到 1997 年才有人找到它的近似算法. 从这时开始, 几类不同的方法被用来证明该问题近似比的上界. 我们将在这一章中介绍这些方法, 并将它们推广到更一般的问题, 例如有容量限制的设施选址问题, k 中位问题, 以及通用的设施选址问题.

22.1　无容量限制的设施选址问题

　　无容量限制的设施选址问题是最基本的选址问题. 我们将重点论述其研究结果. 该问题定义如下:

无容量限制的设施选址问题

实例：顾客 (用户) 的一个有限的集合 $\mathcal{D}$, (可选) 设施的一个有限的集合 $\mathcal{F}$, 开放每个设施 $i \in \mathcal{F}$ 所需要的固定的费用 $f_i \in \mathbb{R}_+$ 以及对每个 $i \in \mathcal{F}$ 和 $j \in \mathcal{D}$ 所需要的服务费用. $C_{ij} \in \mathbb{R}_+$

任务：确定设施的一个子集 X (称为开设的) 和顾客到开设设施的一个指派 $\sigma : \mathcal{D} \to X$, 使得设施的费用和服务费用之和

$$\sum_{i \in X} f_i + \sum_{j \in \mathcal{D}} c_{\sigma(j)j}$$

最小.

　　在众多实际应用中, 服务费用为定义在 $\mathcal{D} \cup \mathcal{F}$ 上的一个度量 c(比如与几何距离或者连接用时成比例). 在这种情况下, 有

$$c_{ij} + c_{i'j} + c_{i'j'} \geqslant c_{ij'} \qquad \text{对所有的 } i, i' \in \mathcal{F} \text{ 和 } j, j' \in \mathcal{D} \tag{22.1}$$

反之, 如果该条件成立, 则可以定义 $c_{ii} := 0$; 并且对于 $i, i' \in \mathcal{F}$, 定义 $c_{ii'} := \min_{j \in \mathcal{D}}(c_{ij} + c_{i'j})$. 对 $j, j' \in D$, 定义 $c_{jj} := 0, c_{jj'} = \min_{i \in \mathcal{F}}(c_{ij} + c_{ij'})$. 且 $c_{ij} = c_{ji}, j \in D, i \in \mathcal{F}$. 从而得到了 $\mathcal{D} \cup \mathcal{F}$ 上的一个 (半) 度量 c. 因此, 我们说及度量服务费用是指条件 (22.1) 满足. 如果将上述问题限制到度量服务费用, 我们便称其为, 度量的无容量限制的设施选址问题(metric uncapacitated facility location problem).

命题 22.1　度量的无容量限制的设施选址问题是强 NP 困难的.

证明　考虑单位权重的最小权集合覆盖问题 (根据推论 15.24 可知其是强 NP 困难的). 它的任意一个实例 $(U, \mathcal{S})$ 可以通过下面的方式转换为度量的无容量限制的设施选址问题的一个实例. 令 $\mathcal{D} := U$, $\mathcal{F} := \mathcal{S}$; 对于 $i \in \mathcal{S}$, 令 $f_i := 1$; 对于 $j \in i \in \mathcal{S}$, 令 $c_{ij} := 1$, 并且对于 $j \in U \setminus \{i\}, i \in \mathcal{S}$, 令 $c_{ij} := 3$. 则对 $k \leqslant |\mathcal{S}|$, 这个转换得到的实例有一个费用为 $|\mathcal{D}| + k$ 的解当且仅当 $(U, \mathcal{S})$ 有一个数目为 k 的集合覆盖. □

上述证明中的数值 3 可以被任意大于 1 但不超过 3 的数替代 (否则条件 (22.1) 将不成立). 事实上, 一个类似的构造可以证明度量费用对于近似算法是必要的. 如果在上述证明中对 $j \in U \setminus \{i\}, i \in \mathcal{S}$, 令 $c_{ij} := \infty$, 我们会发现无容量限制的设施选址问题的任意近似算法意味着集合覆盖问题具有一个相同近似比的近似算法 (除非 $P = \mathrm{NP}$, 集合覆盖问题没有常数近似比的近似算法, 参考 16.1 节). Guha 和 Khuller (1999) 以及 Sviridenko (未发表) 推广了上述的构造, 并且证明了度量的无容量限制的设施选址问题的一个近似比为 1.463 的近似算法 (即使服务费用仅为 1 和 3) 将意味着 $P = \mathrm{NP}$(细节可以参考 Vygen (2005)).

反过来, 假设给定无容量限制的设施选址问题的一个实例. 如果令 $U := \mathcal{D}$, $\mathcal{S} = 2^{\mathcal{D}}$, 并且对 $D \subseteq \mathcal{D}$, 令 $c(D) := \min_{i \in \mathcal{F}}(f_i + \sum_{j \in D} c_{ij})$, 则得到了最小权集合覆盖问题的一个等价实例. 尽管该实例的规模是指数级的, 正如 Hochbaum (1982) 所给出的结果, 通过运行集合覆盖的贪婪算法, 我们在多项式时间可以得到费用至多为最优值的 $(1 + \frac{1}{2} + \cdots + \frac{1}{|\mathcal{D}|})$ 倍的一个解 (参考定理 16.3). 即在每一步, 我们必须寻找一个 $\frac{f_i + \sum_{j \in D} c_{ij}}{|D|}$ 达到最小值的二元组 $(D, i) \in 2^{\mathcal{D}} \times \mathcal{F}$, 然后开设 i, 指派 D 中所有顾客给 i, 并且在以后的操作中忽略这些顾客. 尽管可供选择的数目达到指数级, 但我们却很容易找到其中的一个最优选择. 其实只需对 $i \in \mathcal{F}$ 和 $k \in \{1, \cdots, |\mathcal{D}|\}$ 考虑二元组 (D_k^i, i), 其中 (D_k^i, i) 表示按非减序排列的队列 $\{c_{ij}\}_j$ 中的前 k 个顾客. 显然, 其他二元组并不可能更好.

Jain 等. (2003) 证明了即使在度量距离下, 这个贪婪算法的近似比为 $\Omega(\log n / \log \log n)$, 其中 $n = |\mathcal{D}|$. 事实上, 在 Shmoys, Tardos, Aardal (1997) 的文章出现以前, 对于度量的服务费用, 常数近似比的近似算法还不为人所知. 在他们的文章出

现之后, 这种情况发生了引人瞩目的改变. 在下节中我们将介绍度量的无容量限制的设施选址问题几个常数近似比的近似算法的设计技巧.

如果设施和顾客都是平面上的点并且服务费用都是几何距离的话, 我们得到一个更加特殊的问题. Arora, Raghavan 和 Rao (1998) 证明了这种特殊情形具有近似方案, 即如同 21.2 节的算法一样, 对于任意的 $k > 1$, 都存在一个近似比为 k 的近似算法. Kolliopoulos 和 Rao (2007) 改进了这个结果, 但是在实际应用中算法的速度仍然很慢.

在本章的剩余部分中, 我们总是假设服务费用是度量的. 对于一个给定的实例 $\mathcal{D}, \mathcal{F}, f_i, c_{ij}$ 和一个给定的设施的非空子集 X, 满足 $c_{\sigma(j)j} = \min_{i \in X} c_{ij}$ 的一个最优指派 $\sigma : \mathcal{D} \to X$ 是很容易计算的. 因而我们将通常称具有设施费用 $c_F(X) := \sum_{i \in X} f_i$ 和服务费用 $c_S(X) := \sum_{j \in \mathcal{D}} \min_{i \in X} c_{ij}$ 的非空集合 $X \subseteq \mathcal{F}$ 为可行解. 我们的目标是找到一个非空集合 $X \subseteq \mathcal{F}$, 使得 $c_F(X) + c_S(X)$ 最小.

22.2 基于线性规划的舍入算法

无容量限制的设施选址问题可以表示成下面的整数规划:

$$
\begin{aligned}
\min \quad & \sum_{i \in \mathcal{F}} f_i y_i + \sum_{i \in \mathcal{F}} \sum_{j \in \mathcal{D}} c_{ij} x_{ij} \\
\text{s.t.} \quad & x_{ij} \leqslant y_i & (i \in \mathcal{F}, j \in \mathcal{D}) \\
& \sum_{i \in \mathcal{F}} x_{ij} = 1 & (j \in \mathcal{D}) \\
& x_{ij} \in \{0, 1\} & (i \in \mathcal{F}, j \in \mathcal{D}) \\
& y_i \in \{0, 1\} & (i \in \mathcal{F})
\end{aligned}
$$

松弛整数约束, 得到线性规划:

$$
\begin{aligned}
\min \quad & \sum_{i \in \mathcal{F}} f_i y_i + \sum_{i \in \mathcal{F}} \sum_{j \in \mathcal{D}} c_{ij} x_{ij} \\
\text{s.t.} \quad & x_{ij} \leqslant y_i & (i \in \mathcal{F}, j \in \mathcal{D}) \\
& \sum_{i \in \mathcal{F}} x_{ij} = 1 & (j \in \mathcal{D}) \\
& x_{ij} \geqslant 0 & (i \in \mathcal{F}, j \in \mathcal{D}) \\
& y_i \geqslant 0 & (i \in \mathcal{F})
\end{aligned} \tag{22.2}
$$

该线性规划是由 Balinski (1965) 首先给出的, 其对偶是

$$
\max \quad \sum_{j \in \mathcal{D}} v_j
$$

$$\text{s.t.} \quad v_j - w_{ij} \leqslant c_{ij} \quad (i \in \mathcal{F}, j \in \mathcal{D})$$

$$\sum_{j \in \mathcal{D}} w_{ij} \leqslant f_i \quad (i \in \mathcal{F})$$

$$w_{ij} \geqslant 0 \quad (i \in \mathcal{F}, j \in \mathcal{D}) \tag{22.3}$$

　　在线性规划舍入算法中, 首先求解这些线性规划 (参考定理 4.18), 然后对相应的原始线性规划的分数解取整. Shmoys, Tardos 和 Aardal (1997) 正是通过这种技巧得到了第一个常数近似比的近似算法.

SHMOYS-TARDOS-AARDAL 算法

输入: 无容量限制的设施选址问题 的一个实例 $(\mathcal{D}, \mathcal{F}, (f_i)_{i \in \mathcal{F}}, (c_{ij})_{i \in \mathcal{F}, j \in \mathcal{D}})$.

输出: 一个解 $X \subseteq \mathcal{F}$ 和 $\sigma : \mathcal{D} \to X$.

---

① 计算 (22.2) 的一个最优解和 (22.3) 的一个最优解.

② 令 $k := 1$, $X := \varnothing$, 和 $U := \mathcal{D}$.

③ 设 $j_k \in U$ 满足 $v_{j_k}^*$ 最小.

　　设 $i_k \in \mathcal{F}$ 满足 $x_{i_k j_k}^* > 0$ 并且 f_{i_k} 最小. 令 $X := X \cup \{i_k\}$.

　　设 $N_k := \{j \in U : \exists i \in \mathcal{F} : x_{i j_k}^* > 0, x_{ij}^* > 0\}$.

　　对所有的 $j \in N_k$, 令 $\sigma(j) := i_k$.

　　令 $U := U \setminus N_k$.

④ 令 $k := k + 1$.

　　如果 $U \neq \varnothing$, 则转至 ③.

　　定理 22.2 (Shmoys, Tardos and Aardal, 1997)　　上述算法是度量的无容量限制的设施选址问题的一个 4- 近似算法.

　　证明　由互补松弛性 (推论 3.23), $x_{ij}^* > 0$ 蕴涵了 $v_j^* - w_{ij}^* = c_{ij}$, 从而 $c_{ij} \leqslant v_j^*$. 因此顾客 $j \in N_k$ 的服务费用最多为

$$c_{i_k j} \leqslant c_{ij} + c_{i j_k} + c_{i_k j_k} \leqslant v_j^* + 2v_{j_k}^* \leqslant 3v_j^*$$

其中 i 是同时满足 $x_{ij}^* > 0$ 和 $x_{i j_k}^* > 0$ 的一个设施.

　　设施费用 f_{i_k} 可以通过

$$f_{i_k} \leqslant \sum_{i \in \mathcal{F}} x_{i j_k}^* f_i = \sum_{i \in \mathcal{F} : x_{i j_k}^* > 0} x_{i j_k}^* f_i \leqslant \sum_{i \in \mathcal{F} : x_{i j_k}^* > 0} y_i^* f_i$$

来界定. 因为 $x_{i j_k}^* > 0$ 蕴涵了对所有的 $k \neq k'$ 有 $x_{i j_{k'}}^* = 0$, 所以总的设施费用至多为 $\sum_{i \in \mathcal{F}} y_i^* f_i$.

　　将所有的费用相加, 总的费用为 $3 \sum_{j \in \mathcal{D}} v_j^* + \sum_{i \in \mathcal{F}} y_i^* f_i$. 这个值最多是线性规划最优值的 4 倍, 因而最多是选址问题最优值的 4 倍. □

这个近似比由 Chudak 和 Shmoys (2003) 改进到 1.736, 再由 Sviridenko (2002) 改进到 1.582. 此外, 近似比更好, 更简单, 运行速度更快, 且不使用线性规划作为子程序的算法也已经得到. 下一节中我们将给出它们的具体内容.

22.3　原始对偶算法

Jain 和 Vazirani (2001) 给出了一个不同的近似算法. 这是一个传统意义上的原始对偶算法. 它能够同时计算 (22.2 节给出的线性规划的) 可行的原始解和对偶解. 原始解是整数的, 并且近似比能通过近似的互补松弛条件而得到.

可以把这个算法视作连续地增加所有的对偶变量 (从 0 开始), 并且当 $j \in \mathcal{D}$ 被暂时连接后, 就冻结 v_j. 在每一阶段, 令 $w_{ij} := \max\{0, v_j - c_{ij}\}$. 在初始阶段所有的设施都是关闭的, 当下面两个情况发生时, 暂时开设设施并且连接用户:

- 对于某个暂时开设的设施 i 和未连接的用户 j, 有 $v_j = c_{ij}$.

则令 $\sigma(j) := i$ 并且冻结 v_j.

- 对于某个还没有暂时开设的设施 i, 有 $\sum_{j \in \mathcal{D}} w_{ij} = f_i$.

则暂时开设 i. 对所有满足 $v_j \geqslant c_{ij}$ 的用户 $j \in \mathcal{D}$, 令 $\sigma(j) := i$ 并且冻结 v_j.

上述两种情况在多个设施处可能会同时发生, 这时把这些情况按任意次序排列, 然后进行相应的操作. 这样继续下去直至所有的用户都被连接.

现在, 令 V 表示那些暂时开设的设施的集合. 令 E 表示二元组 $\{i, i'\}$ 的集合, 其中 i 和 i' 是不同的暂时开设的设施, 并且满足条件: 存在一个用户 j 使得 $w_{ij} > 0$ 且 $w_{i'j} > 0$.

选择图 (V, E) 中一个最大的独立集 X. 开设 X 中所有的设施. 对满足 $\sigma(j) \notin X$ 的 $j \in \mathcal{D}$, 重置 $\sigma(j)$, 令其表示 (V, E) 中 $\sigma(j)$ 的一个开设的邻点.

实际上我们可以在暂时开设设施的时候根据贪婪原则得到集合 X. 该算法的正式描述如下. 这里 Y 表示那些还没有暂时开设的设施的集合, 并且 $\varphi : \mathcal{F} \backslash Y \to X$ 将一个开设的设施指派给某一个暂时开设的设施.

JAIN-VAZIRANI 算法

输入: 无容量限制的设施选址问题的一个实例 $(\mathcal{D}, \mathcal{F}, (f_i)_{i \in \mathcal{F}}, (c_{ij})_{i \in \mathcal{F}, j \in \mathcal{D}})$.

输出: 一个解 $X \subseteq \mathcal{F}$ 和 $\sigma : \mathcal{D} \to X$.

---

① 令 $X := \varnothing$, $Y := \mathcal{F}$ 和 $U := \mathcal{D}$.

② 令 $t_1 := \min\{c_{ij} : i \in \mathcal{F} \backslash Y, j \in U\}$.

令 $t_2 := \min\{\tau : \exists i \in Y : \omega(i, \tau) = f_i\}$, 其中

$\omega(i, \tau) := \sum_{j \in U} \max\{0, \tau - c_{ij}\} + \sum_{j \in \mathcal{D} \backslash U} \max\{0, v_j - c_{ij}\}$.

令 $t := \min\{t_1, t_2\}$.

③ 对 $i \in \mathcal{F} \setminus Y$ 和满足 $c_{ij} = t$ 的 $j \in U$ 进行

　　令 $\sigma(j) := \varphi(i)$, $v_j := t$ 和 $U := U \setminus \{j\}$.

④ 对 满足 $\omega(i, t) = f_i$ 的 $i \in Y$ 进行

　　令 $Y := Y \setminus \{i\}$.

　　若 存在 $i' \in X$ 和满足 $v_j > c_{ij}$ 和 $v_j > c_{i'j}$ 的 $j \in \mathcal{D} \setminus U$

　　　　则 令 $\varphi(i) := i'$

　　　　否则, 令 $\varphi(i) := i$ 和 $X := X \cup \{i\}$.

　　对 满足 $c_{ij} \leqslant t$ 的 $j \in U$ 进行: 令 $\sigma(j) := \varphi(i)$, $v_j := t$ 和 $U := U \setminus \{j\}$.

⑤ 若 $U \neq \varnothing$, 则转向 ②.

定理 22.3 (Jain and Vazirani, 2001)　对于度量的实例 I, JAIN-VAZIRANI 算法开设的设施集合 X 满足 $3c_F(X) + c_S(X) \leqslant 3 \mathrm{OPT}(I)$. 特别地, 该算法是度量的无容量限制的设施选址问题的一个 3-近似算法, 它的运行时间是 $O(m \log m)$, 其中 $m = |\mathcal{F}||\mathcal{D}|$.

证明　首先注意到在算法中 t 是非降的.

算法求解出一个原始解 X 和 σ, 以及 v_j, $j \in \mathcal{D}$. 与 $w_{ij} := \max\{0, v_j - c_{ij}\}$, $i \in \mathcal{F}, j \in \mathcal{D}$ 一起, 构成了对偶规划 (22.3) 的一个可行解. 因此 $\sum_{j \in \mathcal{D}} v_j \leqslant \mathrm{OPT}(I)$. 对于每一个开设的设施 i, 所有满足 $w_{ij} > 0$ 的用户 j 都连接到 i, 并且 $f_i = \sum_{j \in \mathcal{D}} w_{ij}$. 下面我们证明每个用户 j 的服务费用至多为 $3(v_j - w_{\sigma(j)j})$. 分两种情况讨论. 如果 $c_{\sigma(j)j} = v_j - w_{\sigma(j)j}$, 则结论是显然的. 对于其他的情形, 即 $c_{\sigma(j)j} > v_j$ 并且 $w_{\sigma(j)j} = 0$, 这意味着在 ③ 和 ④ 中当 j 连接到 $\varphi(i)$ 时, $\varphi(i) \neq i$, 所以存在一个 (关闭的) 设施 $i \in \mathcal{F} \setminus (Y \cup X)$ 满足 $c_{ij} \leqslant v_j$ 以及一个用户 j' 满足 $w_{ij'} > 0$ 和 $w_{\sigma(j)j'} > 0$, 从而有 $c_{ij'} = v_{j'} - w_{ij'} < v_{j'}$ 和 $c_{\sigma(j)j'} = v_{j'} - w_{\sigma(j)j'} < v_{j'}$. 注意到 $v_{j'} \leqslant v_j$(这是因为 j' 在 j 之前连接到 $\sigma(j)$), 得到结论 $c_{\sigma(j)j} \leqslant c_{\sigma(j)j'} + c_{ij'} + c_{ij} < v_{j'} + v_{j'} + v_j \leqslant 3v_j = 3(v_j - w_{\sigma(j)j})$.

关于运行时间, 我们观察到迭代的次数最多为 $|\mathcal{D}| + 1$. 这是因为除了第一次迭代 (可能存在某个设施 $i \in \mathcal{F}$ 满足 $f_i = 0$) 外, 每次迭代中至少有一个用户从 U 中被移出. 如果我们事先对所有的 c_{ij} 进行排序, 在 ② 中计算 t_1 和 ③ 的总的运行时间是 $O(m \log m)$. 另外还注意到 $t_2 = \min\left\{\frac{t_2^i}{|U_i|} : i \in Y\right\}$, 其中

$$t_2^i = f_i + \sum_{j \in \mathcal{D} \setminus U : v_j > c_{ij}} (c_{ij} - v_j) + \sum_{j \in U_i} c_{ij},$$

并且 U_i 是那些到 i 的服务费用最多为 t 的新值的尚未连接的用户集合. 具体计算方法如下.

我们始终维持 t_2, t_2^i 和 $|U_i|$ $(i \in Y)$. 在初始阶段, 对所有的 i, 令 $t_2 = \infty$, $t_2^i = f_i$ 和 $|U_i| = 0$. 当一个新的用户 j 被连接, 并且对某个 $i \in Y$ 有 $v_j > c_{ij}$ 时, 则 t_2^i 减

少 v_j 并且 $|U_i|$ 减少 1. 这可能也会导致 t_2 发生相应的改变. 然而, 对某个 $i \in Y$ 和 $j \in U$ 当 t 达到 c_{ij} 时, 我们也不得不令 $|U_i|$ 增加 1 并且令 t_2^i 加 c_{ij}(这样也可能改变 t_2). 这样可以通过把 ② 中 t_1 的定义改为 $t_1 := \min\{c_{ij} : i \in \mathcal{F}, j \in U\}$, 并且对所有的 $i \in Y$ 以及满足 $c_{ij} = t$ 的 $j \in U$ 在 ⑤ 之前进行这些更新而得到. 注意到总共只有 $O(m)$ 这样的更新, 并且每个更新只需要常数时间.

在 ④ 中的判断语句可以在 $O(|\mathcal{D}|)$ 时间内执行, 这是因为 $i' \in X$, $j \in \mathcal{D} \setminus U$ 和 $v_j > c_{i'j}$ 蕴涵了 $\sigma(j) = i'$. □

Jain 等, (2003) 给出了一个更好的原始对偶算法, 其主要思想是放松对偶变量的可行性. 我们将对偶变量解释为用户的预算, 用户可以用它来支付他们的服务费用和分担设施的开设费用. 当分担的费用足以支付一个设施的开设费用时, 开设这个设施. 连接的用户并不再增加他们的预算, 但是, 如果存在更近的设施并且重新连接可以节省服务费用的话, 他们则要提供一定数量的支出给这些费用更近的设施. 这个算法可以如下进行.

对偶拟合算法

输入: 无容量限制的设施选址问题的一个实例 $(\mathcal{D}, \mathcal{F}, (f_i)_{i \in \mathcal{F}}, (c_{ij})_{i \in \mathcal{F}, j \in \mathcal{D}})$.

输出: 一个解 $X \subseteq \mathcal{F}$ 和 $\sigma : \mathcal{D} \to X$.

---

① 令 $X := \varnothing$ 和 $U := \mathcal{D}$.

② 令 $t_1 := \min\{c_{ij} : i \in X, j \in U\}$.

　令 $t_2 := \min\{\tau : \exists i \in \mathcal{F} \setminus X : \omega(i, \tau) = f_i\}$, 其中

　　$\omega(i, \tau) := \sum_{j \in U} \max\{0, \tau - c_{ij}\} + \sum_{j \in \mathcal{D} \setminus U} \max\{0, c_{\sigma(j)j} - c_{ij}\}$.

　令 $t := \min\{t_1, t_2\}$.

③ 对 满足 $c_{ij} \leqslant t$ 的 $i \in X$ 和 $j \in U$ 进行

　　令 $\sigma(j) := i$, $v_j := t$ 和 $U := U \setminus \{j\}$.

④ 对 满足 $\omega(i, \tau) = f_i$ 的 $i \in \mathcal{F} \setminus X$ 进行

　　令 $X := X \cup \{i\}$.

　　对 满足 $c_{ij} < c_{\sigma(j)j}$ 的 $j \in \mathcal{D} \setminus U$ 进行: 令 $\sigma(j) := i$.

　　对 满足 $c_{ij} < t$ 的 $j \in U$ 进行: 令 $\sigma(j) := i$.

⑤ 若 $U \neq \varnothing$ 则转向 ②.

定理 22.4 该算法计算了数值 $v_j, j \in \mathcal{D}$ 以及费用至多为 $\sum_{j \in \mathcal{D}} v_j$ 的一个可行解 X, σ. 它的运行时间是 $O(|\mathcal{F}|^2 |\mathcal{D}|)$.

证明 前一个结论显然成立, 运行时间可以类似 JAIN-VAZIRANI 算法的分析而得到. 但是, 每当一个用户重新连接时 (即开设一个新的设施时), 我们需要更新所有的 t_2^i. □

对所有的二元组 $(i, D) \in \mathcal{F} \times 2^{\mathcal{D}}$, 我们将找出一个满足 $\sum_{j \in D} v_j \leqslant \gamma(f_i + \sum_{j \in D} c_{ij})$ 的数 γ(即 $(\frac{v_j}{\gamma})_{j \in \mathcal{D}}$ 是习题 22.8 中的对偶规划的一个可行解). 它表明近似比为 γ. 当然, 我们假设服务费用是度量的.

考虑 $i \in \mathcal{F}$ 和满足 $|D| = d$ 的 $D \subseteq \mathcal{D}$. 对 D 中的用户, 我们按照它们在算法从 U 中被移出的顺序进行编号. 不失一般性, 令 $D = \{1, \cdots, d\}$. 有 $v_1 \leqslant v_2 \leqslant \cdots \leqslant v_d$.

设 $k \in D$. 注意到在算法的 $t = v_k$ 时刻, k 是连接的. 考虑当 t 第一次在 ② 中被赋值给 v_k 时的情形. 对于 $j = 1, \cdots, k-1$, 令

$$r_{j,k} := \begin{cases} c_{i(j,k)j} & \text{如果 } j \text{ 在这个时刻被连接到 } i(j,k) \in \mathcal{F} \\ v_k & \text{其他情况, 即 } v_j = v_k \end{cases}$$

现在我们把这些变量的有效不等式写出来. 首先, 对于 $j = 1, \cdots, d-2$,

$$r_{j,j+1} \geqslant r_{j,j+2} \geqslant \cdots \geqslant r_{j,d} \tag{22.4}$$

这是因为当用户重新连接时服务费用减少. 其次, 对于 $k = 1, \cdots, d$,

$$\sum_{j=1}^{k-1} \max\{0, r_{j,k} - c_{ij}\} + \sum_{l=k}^{d} \max\{0, v_k - c_{il}\} \leqslant f_i \tag{22.5}$$

为了说明这点, 我们考虑两种情形. 如果在考虑的时刻 $i \in \mathcal{F} \setminus X$, 则由 ② 中 t 的选择可知 (22.5) 成立. 否则, i 在之前就被选进 X, 并且在那个时刻 $\sum_{j \in U} \max\{0, v_j - c_{ij}\} + \sum_{j \in \mathcal{D} \setminus U} \max\{0, c_{\sigma(j)j} - c_{ij}\} = f_i$. 在后面的过程中, 等式左侧只可能变得更小.

最后, 对于 $1 \leqslant j < k \leqslant d$,

$$v_k \leqslant r_{j,k} + c_{ij} + c_{ik}, \tag{22.6}$$

如果 $r_{j,k} = v_k$, 这是显然的. 否则, 观察到 (22.6) 的右边至少为 $c_{i(j,k)k}$(因为度量费用) 以及在考虑的时刻设施 $i(j,k)$ 是开放的, 则由 ② 中 t_1 的选择可以知道结论成立.

为了证明近似比, 我们考虑当 $\gamma_F \geqslant 1$ 且 $d \in N$ 时的一个最优化问题, 其具体内容如下所示. 因为要找到一个对于所有实例都成立的命题, 我们将 f_i, c_{ij} 和 v_j $(j = 1, \cdots, d)$ 以及 $r_{j,k}$ $(1 \leqslant j < k \leqslant d)$ 视为变量:

$$\begin{aligned} \max \quad & \frac{\sum_{j=1}^{d} v_j - \gamma_F f_i}{\sum_{j=1}^{d} c_{ij}} \\ \text{s.t.} \quad & v_j \leqslant v_{j+1} \qquad (1 \leqslant j < d) \\ & r_{j,k} \geqslant r_{j,k+1} \qquad (1 \leqslant j < k < d) \\ & r_{j,k} + c_{ij} + c_{ik} \geqslant v_k \qquad (1 \leqslant j < k \leqslant d) \end{aligned}$$

$$\sum_{j=1}^{k-1} \max\{0, r_{j,k} - c_{ij}\} + \sum_{l=k}^{d} \max\{0, v_k - c_{il}\} \leqslant f_i \qquad (1 \leqslant k \leqslant d)$$

$$\sum_{j=1}^{d} c_{ij} > 0$$

$$f_i \geqslant 0$$

$$v_j, c_{ij} \geqslant 0 \qquad (1 \leqslant j \leqslant d)$$

$$r_{j,k} \geqslant 0 \qquad (1 \leqslant j < k \leqslant d) \tag{22.7}$$

注意到这个最优化问题可以很容易地转化为一个线性规划 (练习 6). 它经常被称为近似比揭示线性规划. 它的最优值意味着对偶拟合算法的近似比.

定理 22.5 设 $\gamma_F \geqslant 1$, 并且 γ_S 表示所有 $d \in \mathbb{N}$ 上的近似比揭示线性规划 (22.7) 的最优值的上确界. 假设给定度量的无容量限制的设施选址问题的一个实例, 并且设 $X^* \subseteq \mathcal{F}$ 表示任意一个解, 则由对偶拟合算法给出的这个实例的解的费用最多为 $\gamma_F c_F(X^*) + \gamma_S c_S(X^*)$.

证明 该算法给出了数 v_j, 并对所有满足 $v_j \leqslant v_k$ 且 $j \neq k$ 的 $j, k \in D$ 隐式地给出了 $r_{j,k}$. 对于每个二元组 $(i, D) \in \mathcal{F} \times 2^{\mathcal{D}}$, 数 $f_i, c_{ij}, v_j, r_{j,k}$ 满足条件 (22.4), (22.5) 和 (22.6), 因而构造了 (22.7) 的一个可行解 (除非 $\sum_{j=1}^{d} c_{ij} = 0$). 因此 $\sum_{j=1}^{d} v_j - \gamma_F f_i \leqslant \gamma_S \sum_{j=1}^{d} c_{ij}$ (如果对所有的 $j \in D$ 有 $c_{ij} = 0$, 这个结论可以直接由 (22.5) 和 (22.6) 得到). 选择满足 $c_{\sigma^*(j)j} = \min_{i \in X^*} c_{ij}$ 的 $\sigma^* : \mathcal{D} \to X^*$, 并且在所有的二元组 $(i, \{j \in \mathcal{D} : \sigma^*(j) = i\})$ $(i \in X^*)$ 上求和得到

$$\sum_{j \in \mathcal{D}} v_j \leqslant \gamma_F \sum_{i \in X^*} f_i + \gamma_S \sum_{j \in \mathcal{D}} c_{\sigma^*(j)j} = \gamma_F c_F(X^*) + \gamma_S c_S(X^*).$$

因为解的总费用至多为 $\sum_{j \in \mathcal{D}} v_j$, 故定理得证. □

引理 22.6 对某个 $d \in \mathbb{N}$, 考虑近似比揭示线性规划 (22.7).

(a) 对于 $\gamma_F = 1$, 最优值至多为 2.

(b) 对于 $\gamma_F = 1.61$, 最优值至多为 1.61(Jain et al., 2003) .

(c) 对于 $\gamma_F = 1.11$, 最优值至多为 1.78(Mahdian, Ye and Zhang, 2006) .

证明 这里仅证明 (a). 对于一个可行解有

$$d\left(f_i + \sum_{j=1}^{d} c_{ij}\right) \geqslant \sum_{k=1}^{d}\left(\sum_{j=1}^{k-1} r_{j,k} + \sum_{l=k}^{d} v_k\right)$$

$$\geqslant \sum_{k=1}^{d} dv_k - (d-1) \sum_{j=1}^{d} c_{ij}, \tag{22.8}$$

这表明 $d \sum_{j=1}^{d} v_j \leqslant df_i + (2d-1) \sum_{j=1}^{d} c_{ij}$, 即 $\sum_{j=1}^{d} v_j \leqslant f_i + 2 \sum_{j=1}^{d} c_{ij}$. □

(b) 和 (c) 的证明相当长并且技巧性很强. (a) 直接表明了 $(\frac{v_j}{2})_{j\in\mathcal{D}}$ 是一个可行的对偶解, 并且对偶拟合算法是一个 2 近似的算法. (b) 意味着一个 1.61 的近似比. 结合对偶拟合算法和按放缩以及贪婪增广的技巧, 我们可以得到更好的结果. 这些技巧将在下节中介绍. 为了后面的应用, 根据定理 22.5 和引理 22.6 得出了下述结论:

推论 22.7 设 $(\gamma_F, \gamma_S) \in \{(1,2), (1.61, 1.61), (1.11, 1.78)\}$. 给定度量的无容量限制的设施选址问题的一个实例, 并且设 $\varnothing \neq X^* \subseteq \mathcal{F}$ 表示任意一个解. 则由对偶拟合算法给出的这个实例的解的费用最多为 $\gamma_F c_F(X^*) + \gamma_S c_S(X^*)$.

22.4 放缩与贪婪增广方法

许多近似结果在设施费用和服务费用方面是不对称的. 通常开设额外的设施可以减少服务费用. 实际上, 我们可以利用这点来提高几个近似比.

命题 22.8 设 $\varnothing \neq X, X^* \subseteq \mathcal{F}$. 从而, $\sum_{i \in X^*}(c_S(X) - c_S(X \cup \{i\})) \geqslant c_S(X) - c_S(X^*)$.

特别地, 存在一个 $i \in X^*$ 满足 $\frac{c_S(X) - c_S(X \cup \{i\})}{f_i} \geqslant \frac{c_S(X) - c_S(X^*)}{c_F(X^*)}$.

证明 对 $j \in \mathcal{D}$ 设 $\sigma(j) \in X$ 满足 $c_{\sigma(j)j} = \min_{i \in X} c_{ij}$, 并且设 $\sigma^*(j) \in X^*$ 满足 $c_{\sigma^*(j)j} = \min_{i \in X^*} c_{ij}$. 则 $c_S(X) - c_S(X \cup \{i\}) \geqslant \sum_{j \in \mathcal{D}: \sigma^*(j)=i}(c_{\sigma(j)j} - c_{ij})$, $i \in X^*$. 对它们求和即可得到引理. $\qquad\square$

对于集合 X 的贪婪增广, 我们是指迭代地选择一个使得 $\frac{c_S(X) - c_S(X \cup \{i\})}{f_i}$ 达到最大的元素 $i \in \mathcal{F}$, 然后把它添加到 X 中直到对所有的 $i \in \mathcal{F}$ 有 $c_S(X) - c_S(X \cup \{i\}) \leqslant f_i$. 我们需要下面的引理:

引理 22.9 (Charikar and Guha, 2005) 设 $\varnothing \neq X, X^* \subseteq \mathcal{F}$. 对 X 进行贪婪增广得到一个集合 $Y \supseteq X$. 则

$$c_F(Y) + c_S(Y)$$
$$\leqslant c_F(X) + c_F(X^*) \ln\left(\max\left\{1, \frac{c_S(X) - c_S(X^*)}{c_F(X^*)}\right\}\right) + c_F(X^*) + c_S(X^*)$$

证明 如果 $c_S(X) \leqslant c_F(X^*) + c_S(X^*)$, 那么即使把其中的 X 换成 Y, 上述的不等式也显然成立. 贪婪增广并不增加费用.

否则设 $X = X_0, X_1, \cdots, X_k$, 是进行贪婪增广得到的集合所构成的序列, 其中 k 是第一个满足 $c_S(X_k) \leqslant c_F(X^*) + c_S(X^*)$ 的指标. 通过重新对设施编号, 可以假设 $X_i \setminus X_{i-1} = \{i\}$ $(i = 1, \cdots, k)$. 由命题 22.8, 对 $i = 1, \cdots, k$, 有

$$\frac{c_S(X_{i-1}) - c_S(X_i)}{f_i} \geqslant \frac{c_S(X_{i-1}) - c_S(X^*)}{c_F(X^*)}.$$

因而 $f_i \leqslant c_F(X^*) \frac{c_S(X_{i-1}) - c_S(X_i)}{c_S(X_{i-1}) - c_S(X^*)}$ (注意到 $c_S(X_{i-1}) > c_S(X^*)$), 并且

$$c_F(X_k) + c_S(X_k) \leqslant c_F(X) + c_F(X^*) \sum_{i=1}^{k} \frac{c_S(X_{i-1}) - c_S(X_i)}{c_S(X_{i-1}) - c_S(X^*)} + c_S(X_k).$$

因为式子的右侧是随着 $c_S(X_k)$ 的逐渐增加而增加 (因为导数 $1 - \frac{c_F(X^*)}{c_S(X_{k-1}) - c_S(X^*)} > 0$), 所以如果用 $c_F(X^*) + c_S(X^*)$ 替换 $c_S(X_k)$ 并没有使得右边更小. 由于当 $x > 0$ 时 $x - 1 \geqslant \ln x$, 得到

$$c_F(X_k) + c_S(X_k) \leqslant c_F(X) + c_F(X^*) \sum_{i=1}^{k} \left(1 - \frac{c_S(X_i) - c_S(X^*)}{c_S(X_{i-1}) - c_S(X^*)} \right) + c_S(X_k)$$

$$\leqslant c_F(X) - c_F(X^*) \sum_{i=1}^{k} \ln \frac{c_S(X_i) - c_S(X^*)}{c_S(X_{i-1}) - c_S(X^*)} + c_S(X_k)$$

$$= c_F(X) - c_F(X^*) \ln \frac{c_S(X_k) - c_S(X^*)}{c_S(X) - c_S(X^*)} + c_S(X_k)$$

$$= c_F(X) + c_F(X^*) \ln \frac{c_S(X) - c_S(X^*)}{c_F(X^*)} + c_F(X^*) + c_S(X^*). \qquad \square$$

这一点可以用来提高之前介绍的几个近似比. 有时结合贪婪增广和放缩会有不错的效果. 看下面的一般性结论:

定理 22.10 假设存在正常数 $\beta, \gamma_S, \gamma_F$ 和一个算法 A, 其中 A 对每个实例都可以计算一个解 X 满足条件: 对每个 $\varnothing \neq X^* \subseteq \mathcal{F}$, 有 $\beta c_F(X) + c_S(X) \leqslant \gamma_F c_F(X^*) + \gamma_S c_S(X^*)$. 设 $\delta \geqslant \frac{1}{\beta}$. 则按 δ 的比例缩放设施费用, 对改变后的实例运用算法 A, 并且关于原实例对 A 所得到的解进行贪婪增广, 则可以得到原实例的一个解, 其费用至多是原实例的最优值的 $\max\left\{ \frac{\gamma_F}{\beta} + \ln(\beta\delta), 1 + \frac{\gamma_S - 1}{\beta\delta} \right\}$ 倍.

证明 设 X^* 表示原实例的一个最优解的开设的设施的集合. 有 $\beta\delta c_F(X) + c_S(X) \leqslant \gamma_F \delta c_F(X^*) + \gamma_S c_S(X^*)$. 如果 $c_S(X) \leqslant c_S(X^*) + c_F(X^*)$, 则有 $\beta\delta(c_F(X) + c_S(X)) \leqslant \gamma_F \delta c_F(X^*) + \gamma_S c_S(X^*) + (\beta\delta - 1)(c_S(X^*) + c_F(X^*))$, 所以 X 是费用最多为最优值的 $\max\left\{ 1 + \frac{\gamma_F \delta - 1}{\beta\delta}, 1 + \frac{\gamma_S - 1}{\beta\delta} \right\}$ 倍的一个解. 注意到 $1 + \frac{\gamma_F \delta - 1}{\beta\delta} \leqslant \frac{\gamma_F}{\beta} + \ln(\beta\delta)$, 这是因为对所有的 $x > 0$ 有 $1 - \frac{1}{x} \leqslant \ln x$.

否则在 X 上运用贪婪增广, 从而得到费用至多为

$$c_F(X) + c_F(X^*) \ln \frac{c_S(X) - c_S(X^*)}{c_F(X^*)} + c_F(X^*) + c_S(X^*)$$

$$\leqslant c_F(X) + c_F(X^*) \ln \frac{(\gamma_S - 1)c_S(X^*) + \gamma_F \delta c_F(X^*) - \beta\delta c_F(X)}{c_F(X^*)}$$

$$+ c_F(X^*) + c_S(X^*)$$

的一个解. 这个表达式关于 $c_F(X)$ 的导数是

$$1 - \frac{\beta\delta c_F(X^*)}{(\gamma_S - 1)c_S(X^*) + \gamma_F \delta c_F(X^*) - \beta\delta c_F(X)}.$$

当 $c_F(X) = \frac{\gamma_F - \beta}{\beta} c_F(X^*) + \frac{\gamma_S - 1}{\beta\delta} c_S(X^*)$ 时, 它的值为 0. 因此我们得到一个解, 它的费用至多是

$$\left(\frac{\gamma_F}{\beta} + \ln(\beta\delta)\right) c_F(X^*) + \left(1 + \frac{\gamma_S - 1}{\beta\delta}\right) c_S(X^*). \qquad \square$$

结合推论 22.7, 我们可以将该结果应用到对偶拟合算法. 对于 $\beta = \gamma_F = 1$ 和 $\gamma_S = 2$, 通过设置 $\delta = 1.76$, 得到一个近似比 1.57. 对于 $\beta = 1$, $\gamma_F = 1.11$ 和 $\gamma_S = 1.78$ (参考推论 22.7), 有更好的结果:

推论 22.11 (Mahdian, Ye and Zhang, 2006)　对所有设施费用乘以 $\delta = 1.504$, 运用对偶拟合算法, 还原设施费用, 然后运用贪婪增广, 则得到的算法近似比为 1.52.

Byrka 和 Aardal (2007) 证明了该算法的近似比不会优于 1.494. 最近 Byrka (2007) 把这个近似比改进到 1.500.

对于所有的服务费用介于 1 和 3 之间的特殊情形, 进行贪婪增广我们可以得到更好的近似比. 设 α 表示方程 $\alpha + 1 = \ln\frac{2}{\alpha}$ 的解, 则有 $0.463 \leqslant \alpha \leqslant 0.4631$. 通过一个简单的计算可以得到 $\alpha = \frac{\alpha}{\alpha+1}\ln\frac{2}{\alpha} = \max\left\{\frac{\xi}{\xi+1}\ln\frac{2}{\xi} : \xi > 0\right\}$.

定理 22.12 (Guha and Khuller, 1999)　考虑所有服务费用都在 $[1, 3]$ 中的特殊的无容量限制的设施选址问题. 对每个 $\varepsilon > 0$, 这个问题拥有近似比为 $(1 + \alpha + \varepsilon)$ 的近似算法.

证明　设 $\varepsilon > 0$, 并且令 $k := \lceil\frac{1}{\varepsilon}\rceil$. 枚举所有的满足 $|X| \leqslant k$ 的解 $X \subseteq \mathcal{F}$.

通过以下的方式我们计算另一个解. 首先开设一个具有最小开设费用 f_i 的设施 i, 然后进行贪婪增广得到一个解 Y. 我们断言这些解的最小费用至多是最优值的 $(1 + \alpha + \varepsilon)$ 倍.

设 X^* 表示一个最优解并且 $\xi = \frac{c_F(X^*)}{c_S(X^*)}$. 可以假设 $|X^*| > k$(否则在前面已经找到了 X^*), 则有 $c_F(\{i\}) \leqslant \frac{1}{k} c_F(X^*)$. 另外, 由于服务费用介于 1 和 3 之间, 所以 $c_S(\{i\}) \leqslant 3|\mathcal{D}| \leqslant 3c_S(X^*)$.

由引理 22.9, Y 的费用至多是

$$\frac{1}{k} c_F(X^*) + c_F(X^*) \ln\left(\max\left\{1, \frac{2c_S(X^*)}{c_F(X^*)}\right\}\right) + c_F(X^*) + c_S(X^*)$$

$$= c_S(X^*)\left(\frac{\xi}{k} + \xi\ln\left(\max\left\{1, \frac{2}{\xi}\right\}\right) + \xi + 1\right)$$

$$\leqslant c_S(X^*)(1 + \xi)\left(1 + \varepsilon + \frac{\xi}{\xi+1}\ln\left(\max\left\{1, \frac{2}{\xi}\right\}\right)\right)$$

$$\leqslant (1 + \alpha + \varepsilon)(1 + \xi)c_S(X^*)$$

$$= (1 + \alpha + \varepsilon)(c_F(X^*) + c_S(X^*)). \qquad \square$$

依据下面的结论, 我们可以看出该近似比似乎是最好可能的.

定理 22.13 如果存在一个 $\varepsilon > 0$, 并且对于所有的服务费用都仅为 1 和 3 的特殊的无容量限制的设施问题存在一个近似比为 $(1 + \alpha - \varepsilon)$ 的近似算法, 则 $P = $ NP.

这个结论是由 Sviridenko (未发表)(基于 Feige (1998) 和 Guha, Khuller (1999) 的结果) 给出的, 它可以在 Vygen (2005) 的综述中找到.

22.5 界定设施的数目

k 设施选址问题是无容量限制的设施选址问题在开设不超过 k 个设施的约束条件下的一类特殊情形, 其中 k 是一个自然数. 当开设设施的费用为 0 时, 该问题便是著名的 k 中位问题. 在本节中我们将介绍度量的 k 设施选址问题的一个近似算法.

对于某些问题而言, 如果忽略其中若干特定类型的约束, 则会使这些问题变得简单, 拉格朗日松弛 (参考 5.6 节) 是一种常用的技巧. 在此, 我们松弛开设设施的数目的界, 然后对每个设施的开设费用加上一个常数 λ.

定理 22.14 (Jain and Vazirani, 2001) 如果存在一个常数 γ_S 和一个多项式时间算法 A, 使得对于度量的无容量限制的设施选址问题的每个实例而言, A 计算出一个解 X, 满足对每个 $\varnothing \neq X^* \subseteq \mathcal{F}$ 有 $c_F(X) + c_S(X) \leqslant c_F(X^*) + \gamma_S c_S(X^*)$ 成立, 则具有整数输入的度量的 k 设施选址问题存在一个 $2\gamma_S$ 近似算法.

证明 给定度量的 k 设施选址问题的一个实例. 假设服务费用是 $\{0, 1, \cdots, c_{\max}\}$ 中的整数, 并且设施开设费用是 $\{0, 1, \cdots, f_{\max}\}$ 中的整数.

首先检测是否存在一个零费用的解, 如果存在则找出来. 这很简单, 参考引理 22.15 的证明. 因此假设任意解的费用都至少为 1. 令 X^* 表示一个最优解 (将来仅用它来进行分析).

设 $A(\lambda) \subseteq \mathcal{F}$ 表示 A 计算松弛的实例所得到的解, 其中松弛的实例满足所有设施的开放费用都增加了 λ, 但是忽略了设施数目的限制. 从而, 有 $c_F(A(\lambda)) + |A(\lambda)|\lambda + c_S(A(\lambda)) \leqslant c_F(X^*) + |X^*|\lambda + \gamma_S c_S(X^*)$ 成立, 进而对所有的 $\lambda \geqslant 0$, 有

$$c_F(A(\lambda)) + c_S(A(\lambda)) \leqslant c_F(X^*) + \gamma_S c_S(X^*) + (k - |A(\lambda)|)\lambda \tag{22.9}$$

如果 $|A(0)| \leqslant k$, 则 $A(0)$ 是费用至多为最优值的 γ_S 的一个可行解, 这时结论成立.

如果 $|A(0)| > k$, 则有 $|A(f_{\max} + \gamma_S|\mathcal{D}|c_{\max} + 1)| = 1 \leqslant k$. 令 $\lambda' := 0$ 和 $\lambda'' := f_{\max} + \gamma_S|\mathcal{D}|c_{\max} + 1$, 运用折半查找法保持 $|A(\lambda'')| \leqslant k < |A(\lambda')|$. 经过 $O(\log|\mathcal{D}| + \log f_{\max} + \log c_{\max})$ 次迭代后, 有 $\lambda'' - \lambda' \leqslant \frac{1}{|\mathcal{D}|^2}$, 其中在每次迭代中根据 $|A(\frac{\lambda' + \lambda''}{2})| \leqslant k$ 是否成立来设置 λ', λ'' 中的一个为它们的算术平均值 (要注意的是, 尽管 $\lambda \mapsto |A(\lambda)|$ 在总体上并不单调, 但二分查找仍然可以运行).

如果 $|A(\lambda'')| = k$, 则 (22.9) 表明 $A(\lambda'')$ 是费用至多是最优值的 γ_S 倍的一个可行解, 这时结论成立. 然而, 并不是总能得到这样的一个 λ'', 这是因为 $\lambda \mapsto |A(\lambda)|$

并不总是单调的, 它可能会有超过 1 的跳跃 (ArcherA, Rajagopalan 和 Shmoys (2003) 证明了如何通过扰动费用来处理, 但却不能在多项式时间内完成这种操作).

因此考虑 $X := A(\lambda')$ 和 $Y := A(\lambda'')$, 并且假设 $|X| > k > |Y|$. 设 $\alpha := \frac{k - |Y|}{|X| - |Y|}$ 和 $\beta := \frac{|X| - k}{|X| - |Y|}$.

选择 X 的满足 $|X'| = |Y|$ 的一个子集 X', 使得对每个 $i' \in Y$ 有 $\min_{i \in X'} c_{ii'} = \min_{i \in X} c_{ii'}$, 其中 $c_{ii'} := \min_{j \in \mathcal{D}}(c_{ij} + c_{i'j})$.

我们或者开设 X' 的所有设施 (以概率 α) 或者开设 Y 的所有设施 (以概率 $\beta = 1 - \alpha$). 此外, 等概率地随机选择 $X \setminus X'$ 的 $k - |Y|$ 个设施开设. 则设施费用的数学期望为 $\alpha c_F(X) + \beta c_F(Y)$ (要注意的是 X 和 Y 没有必要互不相交, 所以我们可能在开设某些设施时支付了两次费用. 因此 $\alpha c_F(X) + \beta c_F(Y)$ 实际上是期望的设施费用的一个上界).

设 $j \in \mathcal{D}$, 并且令 i' 表示 X 中的一个最近的设施, i'' 表示 Y 中的一个最近的设施. 否则如果 i' 是开设的, 则连接 j 到 i'; 如果 i'' 是开设的, 则连接 j 到 i''; 如果 i' 和 i'' 都没有开设, 则连接 j 到 $i''' \in X'$, 其中 i''' 满足 $c_{i''i'''}$ 最小.

如果 $i' \in X'$, 则得到一个数学期望为 $\alpha c_{i'j} + \beta c_{i''j}$ 的服务费用; 如果 $i' \in X \setminus X'$, 服务费用至多为

$$\alpha c_{i'j} + (1 - \alpha)\beta c_{i''j} + (1 - \alpha)(1 - \beta)c_{i'''j}$$

$$\leqslant \alpha c_{i'j} + \beta^2 c_{i''j} + \alpha\beta \left(c_{i''j} + \min_{j' \in \mathcal{D}}(c_{i''j'} + c_{i'''j'})\right)$$

$$\leqslant \alpha c_{i'j} + \beta^2 c_{i''j} + \alpha\beta(c_{i''j} + c_{i''j} + c_{i'j})$$

$$= \alpha(1 + \beta)c_{i'j} + \beta(1 + \alpha)c_{i''j}.$$

因此总的服务费用的数学期望至多为

$$(1 + \max\{\alpha, \beta\})(\alpha c_S(X) + \beta c_S(Y)) \leqslant \left(2 - \frac{1}{|\mathcal{D}|}\right)(\alpha c_S(X) + \beta c_S(Y)).$$

总之由 (22.9), 我们得到了下面的费用期望. 这个值至多为 $2\gamma_S(c_F(X^*) + c_S(X^*))$.

$$\left(2 - \frac{1}{|\mathcal{D}|}\right)\left(\alpha(c_F(X) + c_S(X)) + \beta(c_F(Y) + c_S(Y))\right)$$

$$\leqslant \left(2 - \frac{1}{|\mathcal{D}|}\right)\left(c_F(X^*) + \gamma_S c_S(X^*) + (\lambda'' - \lambda')\frac{(|X| - k)(k - |Y|)}{|X| - |Y|}\right)$$

$$\leqslant \left(2 - \frac{1}{|\mathcal{D}|}\right)\left(c_F(X^*) + \gamma_S c_S(X^*) + (\lambda'' - \lambda')\frac{|X| - |Y|}{4}\right)$$

$$\leqslant \left(2 - \frac{1}{|\mathcal{D}|}\right)\left(c_F(X^*) + \gamma_S c_S(X^*) + \frac{1}{4|\mathcal{D}|}\right)$$

$$\leqslant \left(2 - \frac{1}{|\mathcal{D}|}\right)\left(1 + \frac{1}{4|\mathcal{D}|}\right)(c_F(X^*) + \gamma_S c_S(X^*))$$

$$\leqslant \left(2 - \frac{1}{2|\mathcal{D}|}\right)(c_F(X^*) + \gamma_S c_S(X^*))$$

要注意的是即使以概率 1 开设一个子集 Z 中的设施并且在某个其他集合中随机选择 $k - |Z|$ 个设施开设, 其费用的数学期望仍然容易计算. 因此可以根据条件概率的来对该算法去随机化. 首先根据谁的费用的数学期望的上界是 $\left(2 - \frac{1}{|\mathcal{D}|}\right)(\alpha(c_F(X) + c_S(X)) + \beta(c_F(Y) + c_S(Y)))$ 来决定开设 X' 还是 Y, 然后继续开设 $X \setminus X'$ 使得这个界仍然成立. □

特别地, 由对偶拟合算法 (推论 22.7), 我们得到了具有整数输入的度量的 k 设施选址问题的一个 4 近似算法. 度量的 k 设施选址问题的第一个常数近似比的近似算法应该归功于 Charikar 等 (2002).

二分查找的运行时间是弱多项式的, 并且只能处理整数数据. 然而, 我们可以通过将输入数据离散化来使其变成强多项式的.

引理 22.15 对于度量的 k 设施选址问题的一个实例 $I, \gamma_{\max} \geqslant 1$ 且 $0 < \varepsilon \leqslant 1$, 可以确定 $\mathrm{OPT}(I) = 0$ 或者在 $O(|\mathcal{F}||\mathcal{D}| \log(|\mathcal{F}||\mathcal{D}|))$ 时间内生成另一个实例 I', 使得该实例的所有服务和设施费用都是 $\left\{0, 1, \cdots, \left\lceil \frac{2\gamma_{\max}(k+|\mathcal{D}|)^3}{\varepsilon} \right\rceil\right\}$ 中的整数, 并且对于每个 $1 \leqslant \gamma \leqslant \gamma_{\max}$, I' 而言, 每个费用至多为 $\gamma \mathrm{OPT}(I')$ 的解是 I 的费用至多为 $\gamma(1+\varepsilon)\mathrm{OPT}(I)$ 的一个解.

证明 令 $n := k + |\mathcal{D}|$. 给定一个实例 I, 首先计算 $\mathrm{OPT}(I)$ 的一个上界和一个下界. 如下所示, 它们相差至多 $2n^2 - 1$ 倍. 对于每个 $B \in \{f_i : i \in \mathcal{F}\} \cup \{c_{ij} : i \in \mathcal{F}, j \in \mathcal{D}\}$, 考虑二部图 $G_B := (\mathcal{D} \cup \mathcal{F}, \{\{i, j\} : i \in \mathcal{F}, j \in \mathcal{D}, f_i \leqslant B, c_{ij} \leqslant B\})$.

满足如下条件的最小的 B 是 $\mathrm{OPT}(I)$ 的一个下界: $\mathcal{D}$ 中的元素属于至多 k 个不同的 G_B 的连通分支, 其中每个分支至少包含一个设施. 通过利用最小生成树的 Kruskal 算法的一个直接变形, 我们可以在 $O(|\mathcal{F}||\mathcal{D}| \log(|\mathcal{F}||\mathcal{D}|))$ 内找到数 B.

另外, 对于这样的 B, 可以在包含了 $\mathcal{D}$ 中一个元素的每个连通分支 G_B 中选择任意一个设施, 然后连接服务费用至多为 $(2|\mathcal{D}| - 1)B$ 的每个用户 (运用假设: 服务费用是度量的). 除非 $B = 0$(这种情况下结论已经成立), 否则有 $\mathrm{OPT}(I) \leqslant kB + (2|\mathcal{D}| - 1)|\mathcal{D}|B < (2n^2 - 1)B$.

因此, 我们可以忽略那些费用超过 $B' := 2\gamma_{\max}n^2 B$ 的设施和服务. 通过设置 c_{ij} 为 $\left\lceil \frac{\min\{B', c_{ij}\}}{\delta} \right\rceil$ 以及设置 f_i 为 $\left\lceil \frac{\min\{B', f_i\}}{\delta} \right\rceil$ 得到一个新实例 I', 其中 $\delta = \frac{\varepsilon B}{n}$. 现在所有的输入数据都是 $\left\{0, 1, \cdots, \left\lceil \frac{2\gamma_{\max}n^3}{\varepsilon} \right\rceil\right\}$ 中的整数.

从而, 有

$$\mathrm{OPT}(I') \leqslant \frac{\mathrm{OPT}(I)}{\delta} + n = \frac{\mathrm{OPT}(I) + \varepsilon B}{\delta} < \frac{(2n^2 - 1)B + \varepsilon B}{\delta} \leqslant \frac{2n^2 B}{\delta} = \frac{B'}{\gamma_{\max}\delta},$$

因而我们可以得到 I' 的一个解, 其费用至多为 $\gamma\,\mathrm{OPT}(I')$ 且该解不包含费用为 $\lceil\frac{B'}{\delta}\rceil$ 的元素, 从而可以得到 I 的费用至多为

$$\delta\gamma\,\mathrm{OPT}(I') \leqslant \gamma(\mathrm{OPT}(I) + \varepsilon B) \leqslant \gamma(1+\varepsilon)\,\mathrm{OPT}(I)$$

的一个解.　　　　　　　　　　　　　　　　　　　　　　　　　　　　　　　　　□

推论 22.16　度量的 k 设施选址问题存在一个强多项式的 4 近似的近似算法.

证明　对 $\gamma_{\max} = 4$ 和 $\varepsilon = \frac{1}{4|\mathcal{D}|}$ 应用引理 22.15, 并且对得到的实例结合对偶拟合算法运用定理 22.14. 由推论 22.7, 有 $\gamma_S = 2$, 并且对任意 $\varnothing \neq X^* \subseteq \mathcal{F}$, 得到一个解, 费用至多是

$$\left(2 - \frac{1}{2|\mathcal{D}|}\right)\left(1 + \frac{1}{4|\mathcal{D}|}\right)(c_F(X^*) + \gamma_S c_S(X^*)) \leqslant 4\,(c_F(X^*) + c_S(X^*))$$

　　　　　　　　　　　　　　　　　　　　　　　　　　　　　　　　　　　　□

Zhang (2007) 找到了度量的 k 设施选址问题的一个 3.733 近似的近似算法. 这个算法使用了类似于下一节所给出的局部搜索技巧.

22.6　局部搜索

如 21.3 所讨论的, 局部搜索通常并不能给出一个好的近似比, 但却是在实际中成功应用的一种技术. 因此设施选址问题可以很好地被局部搜索近似是令人惊讶的. 这首先是由 Korupolu, Plaxton 和 Rajaraman (2000) 发现的, 随后出现若干个重要的结果. 我们将在本节和下节介绍其中的几个结果.

对于度量的 k 中位问题, 局部搜索得到了已知最好的近似比. 在给出这个结果之前, 我们考虑最简单的局部搜索算法. 首先从任意一个可行解开始 (即一个 k 设施的集合), 然后通过单一的交换改进这个解. 因为在 k 中位问题中, 设施费用为 0, 所以只需要考虑服务费用. 不失一般性, 假设一个解恰好包含 k 个设施.

定理 22.17 (Arya et al., 2004)　考虑度量的 k 中位问题的一个实例. 令 X 表示一个可行解, X^* 表示一个最优解. 如果对所有的 $x \in X$ 和 $y \in X^*$, 有 $c_S((X \setminus \{x\}) \cup \{y\}) \geqslant c_S(X)$, 则 $c_S(X) \leqslant 5c_S(X^*)$.

证明　分别考虑用户到 X 和 X^* 中 k 个设施的最优指派 σ 和 σ^*. 称 $x \in X$ 捕获了 $y \in X^*$ 是指 $|\{j \in \mathcal{D} : \sigma(j) = x, \sigma^*(j) = y\}| > \frac{1}{2}|\{j \in \mathcal{D} : \sigma^*(j) = y\}|$. 每个 $y \in X^*$ 被至多一个 $x \in X$ 所捕获.

设 $\pi : \mathcal{D} \to \mathcal{D}$ 表示一个双射, 并且对所有的 $j \in \mathcal{D}$, 满足:
- $\sigma^*(\pi(j)) = \sigma^*(j)$;
- 若 $\sigma(\pi(j)) = \sigma(j)$, 则 $\sigma(j)$ 捕获了 captures $\sigma^*(j)$.

这样的一个映射 π 可以很容易地通过下面的操作得到: 对每个 $y \in X^*$, 将 $\{j \in \mathcal{D} :$ $\sigma^*(j) = y\} = \{j_0, \cdots, j_{t-1}\}$ 中的元素进行排序使得具有相同 $\sigma(j)$ 的用户 j 是连续的, 并且令 $\pi(j_k) := j_{k'}$, 其中 $k' = (k + \lfloor \frac{t}{2} \rfloor) \bmod t$.

把一个交换定义为 $X \times X^*$ 的元素. 对于一个交换 (x, y), 称 x 是源, y 是目标. 我们将定义 k 个交换使得每个 $y \in X^*$ 恰好是它们其中一个的目标.

如果一个 $x \in X$ 仅捕获了一个设施 $y \in X^*$, 考虑一个交换 (x, y). 如果存在 l 个这样的交换, 则存在 $k - l$ 个元素留在 X 中和 X^* 中. X 中剩余的某些元素 (至多 $\frac{k-l}{2}$ 个) 可能捕获 X^* 的至少两个设施. 我们将不考虑这些元素. 对于 X^* 中剩余的每个设施 y, 选择一个 $x \in X$ 使得 x 并不捕获任何设施, 并且每个 $x \in X$ 至多是两个交换的源.

现在一个一个地分析这些交换. 考虑交换 (x, y), 并且令 $X' := (X \setminus \{x\}) \cup \{y\}$, 则 $c_S(X') \geqslant c_S(X)$. 通过如下的方式我们重新指派用户, 从而把 $\sigma : \mathcal{D} \to X$ 转化为一个新的指派 $\sigma' : \mathcal{D} \to X'$:

我们将满足 $\sigma^*(j) = y$ 的用户 $j \in \mathcal{D}$ 指派给 y, 满足 $\sigma(j) = x$ 和 $\sigma^*(j) = y' \in X^* \setminus \{y\}$ 的用户 $j \in \mathcal{D}$ 指派给 $\sigma(\pi(j))$. 要注意的是因为 x 并没有捕获 y', 所以 $\sigma(\pi(j)) \neq x$, 从而对所有其他用户, 指派不发生改变.

由 σ 的定义, 若 $c_{\sigma(\pi(j))j} \geqslant \min_{i \in X} c_{ij} = c_{\sigma(j)j}$, 则有

$$
\begin{aligned}
0 \leqslant\ & c_S(X') - c_S(X) \\
\leqslant\ & \sum_{j \in \mathcal{D} : \sigma^*(j) = y} (c_{\sigma^*(j)j} - c_{\sigma(j)j}) + \sum_{j \in \mathcal{D} : \sigma(j) = x, \sigma^*(j) \neq y} (c_{\sigma(\pi(j))j} - c_{\sigma(j)j}) \\
\leqslant\ & \sum_{j \in \mathcal{D} : \sigma^*(j) = y} (c_{\sigma^*(j)j} - c_{\sigma(j)j}) + \sum_{j \in \mathcal{D} : \sigma(j) = x} (c_{\sigma(\pi(j))j} - c_{\sigma(j)j}).
\end{aligned}
$$

现在对所有的交换求和. 注意到 X^* 的每个设施恰好是一个交换的目标, 因此第一项的和是 $c_S(X^*) - c_S(X)$. 另外, 每个 $x \in X$ 至多是两个交换的源. 因为 π 是一个双射, 所以

$$
\begin{aligned}
0 \leqslant\ & \sum_{j \in \mathcal{D}} (c_{\sigma^*(j)j} - c_{\sigma(j)j}) + 2 \sum_{j \in \mathcal{D}} (c_{\sigma(\pi(j))j} - c_{\sigma(j)j}) \\
\leqslant\ & c_S(X^*) - c_S(X) + 2 \sum_{j \in \mathcal{D}} (c_{\sigma^*(j)j} + c_{\sigma^*(j)\pi(j)} + c_{\sigma(\pi(j))\pi(j)} - c_{\sigma(j)j}) \\
=\ & c_S(X^*) - c_S(X) + 2 \sum_{j \in \mathcal{D}} (c_{\sigma^*(j)j} + c_{\sigma^*(\pi(j))\pi(j)}) \\
=\ & c_S(X^*) - c_S(X) + 4 c_S(X^*) \qquad \qquad \qquad \qquad \qquad \qquad \square
\end{aligned}
$$

因此我们得到一个近似比为 5 的局部最优值. 然而, 在获得一个局部最优值的运行时间上, 我们还没有任何保证. 可以想象到的是, 求解一个局部最优值的步骤

次数有可能是指数的. 但是, 通过对费用离散化, 我们却可以得到一个强多项式的运行时间.

推论 22.18　设 $0 < \varepsilon \leqslant 1$. 则下面是度量的 k 中位问题 的一个强多项式时间的 $(5 + \varepsilon)$ 近似算法: 根据引理 22.15, 令 $\gamma_{\max} = 5$ 并且用 $\frac{\varepsilon}{5}$ 替换 ε, 得到转化的实例, 从任意的 k 个设施的集合开始, 然后运用交换尽可能地减少服务费用.

证明　因为新实例的每个服务费用是 $\left\{0, 1, \cdots, \left\lceil \frac{50(k + |\mathcal{D}|)^3}{\varepsilon} \right\rceil \right\}$ 中的一个整数, 所以我们可以应用至多 $|\mathcal{D}| \left\lceil \frac{50(k + |\mathcal{D}|)^3}{\varepsilon} \right\rceil$ 次连续的交换, 其中每次交换均可降低总的服务费用.　　　　　　　　　　　　　　　　　　　　　　　　　　　　□

如果使用多重交换, 则近似比可以得到显著的提高.

定理 22.19 (Arya et al., 2004)　考虑度量的 k 中位问题的一个实例, 并且设 $p \in \mathbb{N}$. 令 X 表示一个可行解, X^* 表示一个最优解. 如果对所有的 $A \subseteq X$ 和满足 $|A| = |B| \leqslant p$ 的 $B \subseteq X^*$, 有 $c_S((X \setminus A) \cup B) \geqslant c_S(X)$, 则 $c_S(X) \leqslant (3 + \frac{2}{p}) c_S(X^*)$.

证明　设 σ 和 σ^* 分别表示用户到 X 和 X^* 中 k 个设施的最优指派. 对于每个 $A \subseteq X$, 令 $C(A)$ 表示 X^* 中被 A 捕获的设施的集合, 即

$$C(A) := \left\{ y \in X^* : |\{j \in \mathcal{D} : \sigma(j) \in A, \sigma^*(j) = y\}| > \frac{1}{2} |\{j \in \mathcal{D} : \sigma^*(j) = y\}| \right\}$$

我们依照下面的方法对 $X = A_1 \dot{\cup} \cdots \dot{\cup} A_r$ 和 $X^* = B_1 \dot{\cup} \cdots \dot{\cup} B_r$ 进行划分:

令 $\{x \in X : C(\{x\}) \neq \varnothing\} =: \{x_1, \cdots, x_s\} =: \bar{X}$.
令 $r := \max\{s, 1\}$.
对 $i = 1$ to $r - 1$ 进行
　　令 $A_i := \{x_i\}$.
　　当 $|A_i| < |C(A_i)|$ 时, 进行
　　　　把一个元素 $x \in X \setminus (A_1 \cup \cdots \cup A_i \cup \bar{X})$ 加到 A_i 中.
　　令 $B_i := C(A_i)$.
令 $A_r := X \setminus (A_1 \cup \cdots \cup A_{r-1})$, 并且 $B_r := X^* \setminus (B_1 \cup \cdots \cup B_{r-1})$.

显然, 这个算法对 $i = 1, \cdots, r$ 确保了 $|A_i| = |B_i| \geqslant 1$, 并且集合 $A_1, \cdots, A_r$ 互不相交, $B_1, \cdots, B_r$ 互不相交. 如果 $|A_i| < |C(A_i)|$, 则有

$$|X \setminus (A_1 \cup \cdots \cup A_i \cup \bar{X})|$$
$$= |X| - |A_1| - \cdots - |A_i| - |\{x_{i+1}, \cdots, x_r\}|$$
$$> |X^*| - |C(A_1)| - \cdots - |C(A_i)| - |C(\{x_{i+1}\})| - \cdots - |C(\{x_r\})|$$
$$= |X^* \setminus (C(A_1) \cup \cdots \cup C(A_i) \cup C(\{x_{i+1}\}) \cup \cdots \cup C(\{x_r\}))|$$
$$\geqslant 0,$$

这时增加一个元素总是可能的.

设 $\pi : \mathcal{D} \to \mathcal{D}$ 表示一个满足下面条件的双射: 对所有的 $j \in \mathcal{D}$,

- $\sigma^*(\pi(j)) = \sigma^*(j)$;
- 如果 $\sigma(\pi(j)) = \sigma(j)$, 那么 $\sigma(j)$ 捕获了 $\sigma^*(j)$;
- 如果对某个 $i \in \{1, \cdots, r\}$, 有 $\sigma(j) \in A_i$ 和 $\sigma(\pi(j)) \in A_i$, 那么 A_i 捕获了 $\sigma^*(j)$.

这样一个映射 π 可以几乎完全像定理 22.17 一样得到.

现在我们定义一个交换集合 (A, B), 其中 $|A| = |B| \le p$, $A \subseteq X$ 且 $B \subseteq X^*$. 每个交换有一个正的权重. 交换 (A, B) 意味着 X 被 $X' := (X \setminus A) \cup B$ 所替换. 称 A 是源集, B 是目标集.

对于满足 $|A_i| \le p$ 的每个 $i \in \{1, \cdots, r\}$, 考虑权重为 1 的交换 (A_i, B_i). 对于满足 $|A_i| = q > p$ 的每个 $i \in \{1, \cdots, r\}$, 对每个 $x \in A_i \setminus \{x_i\}$ 和 $y \in B_i$. 考虑权重为 $\frac{1}{q-1}$ 的交换 $(\{x\}, \{y\})$. 每个 $y \in X^*$ 出现在总权重为 1 的交换的目标集中, 并且每个 $x \in X$ 出现在总权重至多为 $\frac{p+1}{p}$ 的交换的源集中.

在单一交换中, 重新指派用户. 具体而言, 对于交换 (A, B), 把所有满足 $\sigma^*(j) \in B$ 的 $j \in \mathcal{D}$ 指派给 $\sigma^*(j)$, 并且把所有满足 $\sigma^*(j) \notin B$ 和 $\sigma(j) \in A$ 的 $j \in \mathcal{D}$ 指派给 $\sigma(\pi(j))$. 注意到对每个考虑的交换 (A, B), 有 $B \supseteq C(A)$. 因此对所有满足 $\sigma(j) \in A$ 和 $\sigma^*(j) \notin B$ 的 $j \in \mathcal{D}$, 有 $\sigma(\pi(j)) \notin A$. 从而对于因交换所增加的费用, 可以界定如下:

$$0 \le c_S(X') - c_S(X)$$
$$\le \sum_{j \in \mathcal{D}: \sigma^*(j) \in B} (c_{\sigma^*(j)j} - c_{\sigma(j)j}) + \sum_{j \in \mathcal{D}: \sigma(j) \in A, \sigma^*(j) \notin B} (c_{\sigma(\pi(j))j} - c_{\sigma(j)j})$$
$$\le \sum_{j \in \mathcal{D}: \sigma^*(j) \in B} (c_{\sigma^*(j)j} - c_{\sigma(j)j}) + \sum_{j \in \mathcal{D}: \sigma(j) \in A} (c_{\sigma(\pi(j))j} - c_{\sigma(j)j})$$

(因为根据 σ 的定义有 $c_{\sigma(\pi(j))j} \ge c_{\sigma(j)j}$). 因为 π 是一个双射, 所以对所有交换的权重求和, 可得

$$0 \le \sum_{j \in \mathcal{D}} (c_{\sigma^*(j)j} - c_{\sigma(j)j}) + \frac{p+1}{p} \sum_{j \in \mathcal{D}} (c_{\sigma(\pi(j))j} - c_{\sigma(j)j})$$
$$\le c_S(X^*) - c_S(X) + \frac{p+1}{p} \sum_{j \in \mathcal{D}} (c_{\sigma^*(j)j} + c_{\sigma^*(j)\pi(j)} + c_{\sigma(\pi(j))\pi(j)} - c_{\sigma(j)j})$$
$$= c_S(X^*) - c_S(X) + \frac{p+1}{p} \sum_{j \in \mathcal{D}} (c_{\sigma^*(j)j} + c_{\sigma^*(\pi(j))\pi(j)})$$
$$= c_S(X^*) - c_S(X) + 2\frac{p+1}{p} c_S(X^*).$$

$\square$

Arya 等 (2004) 还证明了这个近似比是紧的. 类似于推论 22.18, 对于任意 $\varepsilon > 0$, 引理 22.15 和定理 22.19 蕴涵了一个 $(3 + \varepsilon)$ 近似算法. 这是关于度量的 k 中位问题当前已知的最好的近似比.

对度量的无容量限制的设施选址问题运用类似的技巧, 我们可以得到基于局部搜索的一个简单的近似算法.

定理 22.20 (Arya et al., 2004)　考虑度量的无容量限制的设施问题的一个实例. 设 X 和 X^* 表示两个任意的可行解. 如果对任意的 $x \in X, y \in \mathcal{F} \setminus X, X \setminus \{x\}$ 和 $X \cup \{y\}$ 和 $(X \setminus \{x\}) \cup \{y\}$ 都不会比 X 更好, 则 $c_S(X) \leqslant c_F(X^*) + c_S(X^*)$ 并且 $c_F(X) \leqslant c_F(X^*) + 2c_S(X^*)$.

证明　利用前面证明中的相同记号. 特别地, 令 σ 和 σ^* 分别表示用户到 X 和 X^* 的最优指派.

第一个不等式很容易证明. 对每个 $y \in X^*$, 如果将 y 添加到 X 则由该操作所导致费用最多增加 $f_y + \sum\limits_{j \in \mathcal{D} : \sigma^*(j) = y} (c_{\sigma^*(j)j} - c_{\sigma(j)j})$. 把这些数值加起来得到了 $c_F(X^*) + c_S(X^*) - c_S(X)$ 是非负的.

设 $\pi : \mathcal{D} \to \mathcal{D}$ 表示一个双射满足: 对所有的 $j \in \mathcal{D}$,

- $\sigma^*(\pi(j)) = \sigma^*(j)$;
- 如果 $\sigma(\pi(j)) = \sigma(j)$, 那么 $\sigma(j)$ 捕获了 $\sigma^*(j)$ 和 $\pi(j) = j$.

这样的一个映射可以用在定理 22.17 的证明中一样的方法得到, 对满足 $\sigma^*(j) = y$ 的 $|\{j \in \mathcal{D} : \sigma^*(j) = y, \sigma(j) = x\}| - |\{j \in \mathcal{D} : \sigma^*(j) = y, \sigma(j) \neq x\}|$ 个元素 $j \in \mathcal{D}$, 固定 $\pi(j) := j$, 并且对所有满足 x 捕获了 y 的 $x \in X, y \in X^*$, 固定 $\sigma(j) = x$.

为了界定 X 的设施费用, 设 $x \in X$, 并且设 $\mathcal{D}_x := \{j \in \mathcal{D} : \sigma(j) = x\}$. 如果 x 没有捕获任何一个 $y \in X^*$, 则考虑舍弃 x 并且重新把每个 $j \in \mathcal{D}_x$ 指派给 $\sigma(\pi(j)) \in X \setminus \{x\}$. 因此

$$0 \leqslant -f_x + \sum_{j \in \mathcal{D}_x} (c_{\sigma(\pi(j))j} - c_{xj}). \tag{22.10}$$

如果被 x 捕获的设施的集合 $C(\{x\})$ 非空, 则令 $y \in C(\{x\})$ 表示 $C(\{x\})$ 中最近的一个设施 (即 $\min_{j \in \mathcal{D}}(c_{xj} + c_{yj})$ 最小). 考虑添加每个设施 $y' \in C(\{x\}) \setminus \{y\}$, 则导致增加的费用至少为 0, 但不超过

$$f_{y'} + \sum_{j \in \mathcal{D}_x : \sigma^*(j) = y', \pi(j) = j} (c_{\sigma^*(j)j} - c_{xj}) \tag{22.11}$$

此外, 考虑交换 $(\{x\}, \{y\})$. 对 $j \in \mathcal{D}_x$, 当 $\pi(j) \neq j$ 时把 j 重新指派给 $\sigma(\pi(j))$, 否则指派给 y.

在第一种情况下, $j \in \mathcal{D}_x$ 的新的服务费用至多为 $c_{\sigma(\pi(j))j}$; 在第二种情况下, 当 $\pi(j) = j$ 和 $\sigma^*(j) = y$ 时新的服务费用为 $c_{\sigma^*(j)j}$, 并且

$$c_{yj} \leqslant c_{xj} + \min_{k \in \mathcal{D}}(c_{xk} + c_{yk}) \leqslant c_{xj} + \min_{k \in \mathcal{D}}(c_{xk} + c_{\sigma^*(j)k}) \leqslant 2c_{xj} + c_{\sigma^*(j)j},$$

其中第二个不等式成立是因为当 $\pi(j) = j$ 时 x 捕获了 $\sigma^*(j)$.

总而言之, 从 x 到 y 的交换增加的费用至少为 0, 但不超过

$$f_y - f_x - \sum_{j \in \mathcal{D}_x} c_{xj} + \sum_{j \in \mathcal{D}_x:\pi(j) \neq j} c_{\sigma(\pi(j))j}$$
$$+ \sum_{j \in \mathcal{D}_x:\pi(j)=j,\sigma^*(j)=y} c_{\sigma^*(j)j} + \sum_{j \in \mathcal{D}_x:\pi(j)=j,\sigma^*(j)\neq y} (2c_{xj} + c_{\sigma^*(j)j}). \quad (22.12)$$

把 (22.11) 和 (22.12) 相加 (两者都是非负的), 则有

$$0 \leqslant \sum_{y' \in C(\{x\})} f_{y'} - f_x + \sum_{j \in \mathcal{D}_x:\pi(j) \neq j} (c_{\sigma(\pi(j))j} - c_{xj})$$
$$+ \sum_{j \in \mathcal{D}_x:\pi(j)=j,\sigma^*(j)=y} (c_{\sigma^*(j)j} - c_{xj}) + \sum_{j \in \mathcal{D}_x:\pi(j)=j,\sigma^*(j)\neq y} 2c_{\sigma^*(j)j}$$
$$\leqslant \sum_{y' \in C(\{x\})} f_{y'} - f_x + \sum_{j \in \mathcal{D}_x:\pi(j) \neq j} (c_{\sigma(\pi(j))j} - c_{xj}) + 2\sum_{j \in \mathcal{D}_x:\pi(j)=j} c_{\sigma^*(j)j}.$$
$$(22.13)$$

对所有的 $x \in X$, 分别对 (22.10) 和 (22.13) 求和, 则有

$$0 \leqslant \sum_{x \in X} \sum_{y' \in C(\{x\})} f_{y'} - c_F(X) + \sum_{j \in \mathcal{D}:\pi(j) \neq j} (c_{\sigma(\pi(j))j} - c_{\sigma(j)j})$$
$$+ 2\sum_{j \in \mathcal{D}:\pi(j)=j} c_{\sigma^*(j)j}$$
$$\leqslant c_F(X^*) - c_F(X) + \sum_{j \in \mathcal{D}:\pi(j) \neq j} (c_{\sigma^*(j)j} + c_{\sigma^*(j)\pi(j)} + c_{\sigma(\pi(j))\pi(j)} - c_{\sigma(j)j})$$
$$+ 2\sum_{j \in \mathcal{D}:\pi(j)=j} c_{\sigma^*(j)j}$$
$$= c_F(X^*) - c_F(X) + 2c_S(X^*) \qquad \qquad \square$$

结合引理 22.15, 对任意的 $\varepsilon > 0$, 这个结论蕴涵了一个 $(3 + \varepsilon)$-近似算法. 给合定理 22.10, 可以得到一个 2.375-近似算法 (练习 12). Charikar 和 Guha (2005) 对一个非常类似的局部搜索算法证明了相同的近似比.

22.7 有容量限制的设施选址问题

局部搜索算法的一个主要优点是它们的灵活性. 它们可以应用于任意的费用函数和复杂约束的情形. 对于带有硬容量限制的设施选址问题, 局部搜索是当前知道的可以得到近似估计的唯一技术.

目前有若干容量限制的设施选址问题. Mahdian 和 Pál (2003) 则定义了下面的一般问题, 它包含了几类重要的特殊情形:

设施选址问题的一般模型

实例: 有限的用户集合 $\mathcal{D}$ 和可选的设施集合 $\mathcal{F}$. 一个在 $V := \mathcal{D} \cup \mathcal{F}$ 上定义的度量, 即对 $i, j \in V$, 有 $c_{ij} \geqslant 0$, 并且对所有的 $i, j, k \in V$, 有 $c_{ii} = 0$, $c_{ij} = c_{ji}$ 和 $c_{ij} + c_{jk} \geqslant c_{ik}$, 对任意的 $j \in \mathcal{D}$ 定义的需求 $d_j \geqslant 0$, 以及对任意 $i \in \mathcal{F}$ 定义的费用函数 $f_i : \mathbb{R}_+ \to \mathbb{R}_+ \cup \{\infty\}$, 它是左连续而且非减.

任务: 对 $i \in \mathcal{F}$ 和 $j \in \mathcal{D}$, 寻找 $x_{ij} \in \mathbb{R}_+$, 使得对所有的 $j \in \mathcal{D}$, 有 $\sum_{i \in \mathcal{F}} x_{ij} = d_j$, 并且满足 $c(x) := c_F(x) + c_S(x)$ 最小, 其中

$$c_F(x) := \sum_{i \in \mathcal{F}} f_i\left(\sum_{j \in \mathcal{D}} x_{ij}\right) \text{ 和 } c_S(x) := \sum_{i \in \mathcal{F}} \sum_{j \in \mathcal{D}} c_{ij} x_{ij}$$

$f_i(z)$ 可以解释为设施 i 加载 z 容量时的费用. 我们需要详细说明函数 f_i 是如何给出的. 假设一个神算包对每个 $i \in \mathcal{F}$, $u, c \in \mathbb{R}_+$ 和 $t \in \mathbb{R}$ 计算了 $f_i(u)$ 和 $\max\{\delta \in \mathbb{R} : u + \delta \geqslant 0, f_i(u + \delta) - f_i(u) + c|\delta| \leqslant t\}$. 这是一个自然的假设, 因为这个神算包可以直接应用于设施选址问题最重要的几类特殊情形. 它们是:

- 度量的无容量限制的设施选址问题. 这里 $d_j = 1$ ($j \in \mathcal{D}$), 并且对给定的 $t_i \in \mathbb{R}_+$ 和所有的 $z > 0$ ($i \in \mathcal{F}$), 有 $f_i(0) = 0$ 和 $f_i(z) = t_i$.
- 度量的有容量限制的设施选址问题. 这里 $f_i(0) = 0$, 对 $0 < z \leqslant u_i$ 有 $f_i(z) = t_i$, 并且对 $z > u_i$ 有 $f_i(z) = \infty$, 其中 $u_i, t_i \in \mathbb{R}_+$ ($i \in \mathcal{F}$).
- 度量的软容量限制的设施选址问题. 这里 $d_j = 1$ ($j \in \mathcal{D}$), 并且对给定的 $u_i \in \mathbb{N}, t_i \in \mathbb{R}_+$ 以及所有的 $z \geqslant 0$ ($i \in \mathcal{F}$), 有 $f_i(z) = \lceil \frac{z}{u_i} \rceil t_i$.

要注意的是第一种和第三种情形总是存在一个整数的最优解. 对于第一种情形, 这是显然的; 对于第三种情形, 考虑任意的一个最优解 y, 对 $j \in \mathcal{D}$, 有 $d_j = 1$, 并且对 $i \in \mathcal{F}$, 有 $z_i = \max\{z : f_i(z) \leqslant f_i(\sum_{j \in \mathcal{D}} y_{ij})\} \in \mathbb{Z}_+$, 所以应用下面的命题可以很容易得到整数最优解.

命题 22.21 设 $\mathcal{D}$ 和 $\mathcal{F}$ 表示有限集, $d_j \geqslant 0$ ($j \in \mathcal{D}$), $z_i \geqslant 0$ ($i \in \mathcal{F}$) 和 $c_{ij} \geqslant 0$ ($i \in \mathcal{F}, j \in \mathcal{D}$) 并且满足 $\sum_{j \in \mathcal{D}} d_j \leqslant \sum_{i \in \mathcal{F}} z_i$, 则可以在 $O(n^3 \log n)$ 时间内求出

$$\min\left\{\sum_{i \in \mathcal{F}, j \in \mathcal{D}} c_{ij} x_{ij} : x \geqslant 0, \sum_{i \in \mathcal{F}} x_{ij} = d_j \ (j \in \mathcal{D}), \sum_{j \in \mathcal{D}} x_{ij} \leqslant z_i \ (i \in \mathcal{F})\right\} \tag{22.14}$$

的一个最优解, 其中 $n = |\mathcal{D}| + |\mathcal{F}|$. 如果所有的 d_j 和 z_i 都是整数, 则存在一个整数最优解.

证明 (22.14) 等价于 HITCHCOCK 问题的实例 (G, b, c), 其中定义 $G := (A \dot{\cup} B, A \times B)$, $A := \{v_j : j \in \mathcal{D}\} \dot{\cup} \{0\}$, $B := \{w_i : i \in \mathcal{F}\}$, 对 $j \in \mathcal{D}$, 令 $b(v_j) := d_j$, 对 $i \in \mathcal{F}$, 令 $b(w_i) = -z_i$, 对 $i \in \mathcal{F}$ 和 $j \in \mathcal{D}$, 令 $b(0) := \sum_{i \in \mathcal{F}} z_i - \sum_{j \in \mathcal{D}} d_j$, $c(v_j, w_i) := c_{ij}$ 和 $c(0, w_i) := 0$. 因此, 根据定理 9.16, (22.14) 可以在 $O(n^3 \log n)$ 时间内求解. 如果 b 是整数, 利用最小平均圈消去算法和逐次最短路算法可以得到整数最优解. □

通过 Jain 和 Vazirani (2001) 所给出的一个技巧, 软容量限制的情形可以非常容易地简化为无容量限制的情形:

定理 22.22 (Mahdian, Ye and Zhang, 2006) 设 γ_F 和 γ_S 是常数. A 是一个多项式时间算法. 对度量的无容量限制的设施选址问题的每个实例, 对于每个 $\varnothing \neq X^* \subseteq \mathcal{F}$, A 求出满足条件 $c_F(X) + c_S(X) \leqslant \gamma_F c_F(X^*) + \gamma_S c_S(X^*)$ 的一个解 X, 则度量的软容量限制的设施选址问题存在一个 $(\gamma_F + \gamma_S)$- 近似算法.

证明 考虑度量的软容量限制的设施选址问题的一个实例 $I = (\mathcal{F}, \mathcal{D}, (c_{ij})_{i \in \mathcal{F}, j \in \mathcal{D}}, (f_i)_{i \in \mathcal{F}})$, 其中对 $i \in \mathcal{F}$ 和 $z \in \mathbb{R}_+$, 有 $f_i(z) = \lceil \frac{z}{u_i} \rceil t_i$. 通过令 $f_i' := t_i$, 并对 $i \in \mathcal{F}$ 和 $j \in \mathcal{D}$, 令 $c_{ij}' := c_{ij} + \frac{t_i}{u_i}$, 可以把这个实例转化为实例 $I' = (\mathcal{F}, \mathcal{D}, (f_i')_{i \in \mathcal{F}}, (c_{ij}')_{i \in \mathcal{F}, j \in \mathcal{D}})$ (注意只要 c 是度量的, c' 也是度量的).

对 I' 应用算法 A, 找到一个解 $X \in \mathcal{F}$ 和一个指派 $\sigma : \mathcal{D} \to X$. 如果 $\sigma(j) = i$ 则令 $x_{ij} := 1$; 否则, 令 $x_{ij} := 0$. 如果 $\sigma^* : \mathcal{D} \to \mathcal{F}$ 是 I 的一个最优解, 并且 $X^* := \{i \in \mathcal{F} : \exists j \in \mathcal{D} : \sigma^*(j) = i\}$ 是那些开设了至少一次的设施的集合, 则

$$
\begin{aligned}
c_F(x) + c_S(x) &= \sum_{i \in X} \left\lceil \frac{|\{j \in \mathcal{D} : \sigma(j) = i\}|}{u_i} \right\rceil t_i + \sum_{j \in \mathcal{D}} c_{\sigma(j)j} \\
&\leqslant \sum_{i \in X} t_i + \sum_{j \in \mathcal{D}} c_{\sigma(j)j}' \\
&\leqslant \gamma_F \sum_{i \in X^*} t_i + \gamma_S \sum_{j \in \mathcal{D}} c_{\sigma^*(j)j}' \\
&\leqslant (\gamma_F + \gamma_S) \sum_{i \in X^*} \left\lceil \frac{|\{j \in \mathcal{D} : \sigma^*(j) = i\}|}{u_i} \right\rceil t_i + \gamma_S \sum_{j \in \mathcal{D}} c_{\sigma^*(j)j} \quad \square
\end{aligned}
$$

推论 22.23 度量的软容量限制的设施选址问题有一个 2.89 近似算法.

证明 把定理 22.22 应用到对偶拟合算法 (推论 22.7(c)), 这里 $\gamma_F = 1.11$ 和 $\gamma_S = 1.78$. □

习题 22.11 给出一个更好的近似比.

当面对硬容量约束时, 我们允许用户的需求可以分拆, 即指派给多个开设的设施: 如果不允许分拆, 则可能无法得到任何结果, 这是因为即使判定是否存在一个可行解都是 NP 完全的 (这包含在划分问题中, 参考推论 15.28).

度量的有容量限制的设施选址问题的第一个近似算法应该归功于 Pál, Tardos 和 Wexler (2001), 他们推广了 Korupolu, Plaxton 和 Rajaraman (2000) 关于一类特殊情形的早期结果. 随后 Zhang, Chen 和 Ye (2004) 把近似比估计改进到 5.83. 对于设施开放费用都相同的特殊情形, Levi, Shmoys 和 Swamy (2004) 通过进行线性松弛舍入得到了一个 5 近似算法.

Pál, Tardos 和 Wexler (2001) 的工作被 Mahdian 和 Pál (2003) 推广到所谓的一般设施选址问题. 他们得到了一个 7.88 近似算法. 下一节给出一般设施选址问题的近似比为 6.702 的局部搜索算法. 不过让我们首先给出下面的结论.

引理 22.24 (Mahdian and Pál, 2003)　一般的设施选址问题的每个实例都有一个最优解.

证明　如果不存在有限费用的解, 则任意解都是最优的. 否则, 令 $(x^i)_{i \in \mathbb{N}}$ 表示解的一个序列, 使得它们的费用逼近可行解的费用的下确界 $c^* \in \mathbb{R}_+$. 因为这个序列是有界的, 所以存在一个子序列 $(x^{i_j})_{j \in \mathbb{N}}$ 收敛到某个 x^*, x^* 是可行的. 因为所有的 f_i 是左连续的并且非减, 故有 $c(x^*) = c(\lim_{j \to \infty} x^{i_j}) \leqslant \lim_{j \to \infty} c(x^{i_j}) = c^*$, 即 x^* 是最优的.　　□

22.8　设施选址问题的一般模型

在这一节中, 基于 Vygen (2007), 我们给出了一般设施选址问题的一个局部搜索算法. 它有两个操作. 首先, 对 $t \in \mathcal{F}$ 和 $\delta \in \mathbb{R}_+$, 考虑 ADD(t, δ). 它用下面问题的一个最优解 y 替换当前的可行解 x:

$$\min\left\{ c_S(y) \ : \ y_{ij} \geqslant 0 \, (i \in \mathcal{F}, j \in \mathcal{D}), \ \sum_{i \in \mathcal{F}} y_{ij} = d_j \, (j \in \mathcal{D}), \right.$$
$$\left. \sum_{j \in \mathcal{D}} y_{ij} \leqslant \sum_{j \in \mathcal{D}} x_{ij} \, (i \in \mathcal{F} \setminus \{t\}), \ \sum_{j \in \mathcal{D}} y_{tj} \leqslant \sum_{j \in \mathcal{D}} x_{tj} + \delta \right\} \tag{22.15}$$

我们用 $c^x(t, \delta) := c_S(y) - c_S(x) + f_t(\sum_{j \in \mathcal{D}} x_{tj} + \delta) - f_t(\sum_{j \in \mathcal{D}} x_{tj})$ 来估计该操作的费用, 其是 $c(y) - c(x)$ 的一个上界.

引理 22.25 (Mahdian and Pál, 2003)　设 $\varepsilon > 0$. 令 x 表示给定实例的一个可行解, 并且设 $t \in \mathcal{F}$. 则存在一个运行时间为 $O(|V|^3 \log |V| \varepsilon^{-1})$ 的算法, 它找到了满足 $c^x(t, \delta) \leqslant -\varepsilon c(x)$ 的一个 $\delta \in \mathbb{R}_+$, 或者确定不存在 $\delta \in \mathbb{R}_+$ 满足 $c^x(t, \delta) \leqslant -2\varepsilon c(x)$.

证明　可以假设 $c(x) > 0$. 令 $C := \{\nu \varepsilon c(x) : \nu \in \mathbb{Z}_+, \nu \leqslant \lceil \frac{1}{\varepsilon} \rceil \}$. 对每个 $\gamma \in C$, 令 δ_γ 表示满足 $f_t(\sum_{j \in \mathcal{D}} x_{tj} + \delta) - f_t(\sum_{j \in \mathcal{D}} x_{tj}) \leqslant \gamma$ 的最大的 $\delta \in \mathbb{R}_+$. 对所有的 $\gamma \in C$ 计算 $c^x(t, \delta_\gamma)$.

假设存在一个 $\delta \in \mathbb{R}_+$ 满足 $c^x(t, \delta) \leqslant -2\varepsilon c(x)$. 则考虑

$$\gamma := \varepsilon c(x) \left\lceil \frac{1}{\varepsilon c(x)} \left(f_t \left(\sum_{j \in \mathcal{D}} x_{tj} + \delta \right) - f_t \left(\sum_{j \in \mathcal{D}} x_{tj} \right) \right) \right\rceil \in C.$$

注意到 $\delta_\gamma \geqslant \delta$, 因此 $c^x(t, \delta_\gamma) < c^x(t, \delta) + \varepsilon c(x) \leqslant -\varepsilon c(x)$.

运行时间是由求解 $|C|$ 个 (22.15) 类型的问题所决定的. 因此, 由命题 22.21 可以得到运行时间. $\square$

如果不存在足够有利的 ADD 操作, 则服务费用是可以界定的. 下面的结果主要归功于 Pál, Tardos 和 Wexler (2001).

引理 22.26 设 $\varepsilon > 0$, x, x^* 表示给定实例的两个可行解, 并且对所有的 $t \in \mathcal{F}$ 和 $\delta \in \mathbb{R}_+$ 有 $c^x(t, \delta) \geqslant -\frac{\varepsilon}{|\mathcal{F}|} c(x)$, 则 $c_S(x) \leqslant c_F(x^*) + c_S(x^*) + \varepsilon c(x)$.

证明 考虑 (完全二部) 图 $G = (\mathcal{D} \dot\cup \mathcal{F}, (\mathcal{D} \times \mathcal{F}) \cup (\mathcal{F} \times \mathcal{D}))$, 其中对 $i \in \mathcal{F}$ 和 $j \in \mathcal{D}$, 边的权为 $c((j, i)) := c_{ij}$ 并且 $c((i, j)) := -c_{ij}$. 对 $i \in \mathcal{F}$, 令 $b(i) := \sum_{j \in \mathcal{D}} (x_{ij} - x_{ij}^*)$, 并且令 $S := \{i \in \mathcal{F} : b(i) > 0\}$, $T := \{i \in \mathcal{F} : b(i) < 0\}$.

定义一个 b-流 $g : E(G) \to \mathbb{R}_+$, 其中对 $i \in \mathcal{F}$, $j \in \mathcal{D}$, 有 $g(i, j) := \max\{0, x_{ij} - x_{ij}^*\}$ 和 $g(j, i) := \max\{0, x_{ij}^* - x_{ij}\}$.

把 g 写作 b_t-流 g_t 在 $t \in T$ 上的和, 其中对 $v \in T \setminus \{t\}$, 有 $b_t(t) = b(t), b_t(v) = 0$; 并且对 $v \in V(G) \setminus T$, 有 $0 \leqslant b_t(v) \leqslant b(v)$ (这可以通过标准的流分解技巧得到).

对于每个 $t \in T$, g_t 定义了一个可行的把用户重新指派给 t 的方法, 即由 $x_{ij}^t := x_{ij} + g_t(j, i) - g_t(i, j) (i \in \mathcal{F}, j \in \mathcal{D})$ 所定义的一个可行解 x^t. 所以, 我们可得 $c_S(x^t) = c_S(x) + \sum_{e \in E(G)} c(e) g_t(e)$, 并且进一步得到

$$c^x(t, -b(t)) \leqslant \sum_{e \in E(G)} c(e) g_t(e) + f_t \left(\sum_{j \in \mathcal{D}} x_{tj}^* \right) - f_t \left(\sum_{j \in \mathcal{D}} x_{tj} \right).$$

如果对每个 $t \in T$, 左边都至少为 $-\frac{\varepsilon}{|\mathcal{F}|} c(x)$, 则通过求和可以得到

$$-\varepsilon c(x) \leqslant \sum_{e \in E(G)} c(e) g(e) + \sum_{t \in T} f_t \left(\sum_{j \in \mathcal{D}} x_{tj}^* \right)$$

$$\leqslant \sum_{e \in E(G)} c(e) g(e) + c_F(x^*)$$

$$= c_S(x^*) - c_S(x) + c_F(x^*). \quad \square$$

现在我们将要描述第二个操作. 设 x 表示一般的设施选址问题的给定实例的一个可行解. 令 A 表示一个树形图, 它满足 $V(A) \subseteq \mathcal{F}$ 和 $\delta \in \Delta_A^x := \{\delta \in \mathbb{R}^{V(A)} : \sum_{j \in \mathcal{D}} x_{ij} + \delta_i \geqslant 0, i \in V(A), \sum_{i \in V(A)} \delta_i = 0\}$. 因此, 我们考虑操作 PIVOT$(A, \delta)$, 它主要应用于将满足条件 $\sum_{j \in \mathcal{D}} x_{ij}' = \sum_{j \in \mathcal{D}} x_{ij} + \delta_i$ $(i \in V(A))$, $\sum_{j \in \mathcal{D}} x_{ij}' = \sum_{j \in \mathcal{D}} x_{ij}$ $(i \in \mathcal{F} \setminus V(A))$ 和 $c(x') \leqslant c(x) + c^x(A, \delta)$ 的解 x' 替换 x 的过程中, 其中 $c^x(A, \delta) := \sum_{i \in V(A)} c_{A,i}^x(\delta)$,

$$c_{A,i}^x(\delta) := f_i\left(\sum_{j\in\mathcal{D}} x_{ij} + \delta_i\right) - f_i\left(\sum_{j\in\mathcal{D}} x_{ij}\right) + \left|\sum_{l\in A_i^+} \delta_l\right| c_{ip(i)}, \quad i \in V(A).$$

这里 A_i^+ 表示 A 中 i 可达的顶点的集合, $p(i)$ 表示 A 中 i 的前继顶点 (如果 i 是根节点, 则任意). 通过在 A 的边上以反向拓扑顺序转移需求可以很容易地构造这样的 x'. 要注意的是 A 的方向与 $c^x(A,\delta)$ 无关, 而仅是用到简化记号.

如果估计费用 $c^x(A,\delta)$ 为足够大的负量, 则操作将可以进行. 这点确保了得到的局部搜索算法在多项式的改进步数后停止. 我们称 $\sum_{i\in V(A)}\left|\sum_{l\in A_i^+} \delta_l\right| c_{ip(i)}$ 是操作 PIVOT(A,δ) 的估计路由费用.

现在说明如何找到一个可改进的 PIVOT 操作, 除非已得到近似局部最优.

引理 22.27 (Vygen, 2007)　设 $\varepsilon > 0$ 并且 A 表示一个满足 $V(A) \subseteq \mathcal{F}$ 的树形图. 设 x 是一个可行解, 则存在一个算法, 它可以在 $O(|\mathcal{F}|^4\varepsilon^{-3})$ 时间内找到一个 $\delta \in \Delta_A^x$ 满足 $c^x(A,\delta) \leqslant -\varepsilon c(x)$, 或者确定不存在 $\delta \in \Delta_A^x$ 满足 $c^x(A,\delta) \leqslant -2\varepsilon c(x)$.

证明　用反向拓扑顺序给 $V(A) = \{1,\cdots,n\}$ 编号, 即对所有的 $(i,j) \in E(A)$, 有 $i > j$. 对于 $k \in V(A)$, 如果 $(p(k),k) \in E(A)$, 则令 $B(k) := \{i < k : (p(k),i) \in E(A)\}$ 表示比 k 较小的兄弟的集合; 如果 k 是 A 的根, 则令 $B(k) := \varnothing$. 令 $I_k := \bigcup_{l\in B(k)\cup\{k\}} A_l^+$, $b(k) := \max(\{0\}\cup B(k))$ 和 $s(k) := \max(\{0\}\cup(A_k^+\setminus\{k\}))$.

令 $C := \{\nu\frac{\varepsilon}{n}c(x) : \nu \in \mathbb{Z}, -\lceil\frac{n}{\varepsilon}\rceil - n \leqslant \nu \leqslant \lceil\frac{n}{\varepsilon}\rceil + n\}$. 计算如下定义的表格 $(T_A^x(k,\gamma))_{k\in\{0,\cdots,n\},\gamma\in C}$. 令 $T_A^x(0,0) := 0$; 对所有的 $\gamma \in C \setminus \{0\}$, 令 $T_A^x(0,\gamma) := \varnothing$; 对所有的 $k = 1,\cdots,n$, 如果最大的集合覆盖非空, 则令 $T_A^x(k,\gamma)$ 表示

$$\max\left\{\sum_{i\in I_k}\delta_i : \gamma' \in C,\ T_A^x(b(k),\gamma') \neq \varnothing,\ \delta_i = (T_A^x(b(k),\gamma'))_i, i \in \bigcup_{l\in B(k)} A_l^+,\right.$$
$$\gamma'' \in C,\ T_A^x(s(k),\gamma'') \neq \varnothing,\ \delta_i = (T_A^x(s(k),\gamma''))_i, i \in A_k^+\setminus\{k\},$$
$$\left.\sum_{j\in\mathcal{D}} x_{kj} + \delta_k \geqslant 0,\ \gamma' + \gamma'' + c_{A,k}^x(\delta) \leqslant \gamma\right\}$$

的一个最优解 $\delta \in \mathbb{R}^{I_k}$; 否则, 令 $T_A^x(k,\gamma) := \varnothing$.

粗略地说, $-\sum_{i\in I_k}(T_A^x(k,\gamma))_i$ 是在把 I_k 中每个顶点的需求移往它们各自的先继顶点 (或者反过来) 时, 在 k 的先继顶点 $p(k)$ 上的最小超额, 总的取整后的估计费用至多是 γ.

注意到对 $k = 0,\cdots,n$, 有 $T_A^x(k,0) \neq \varnothing$, 因此可以选择最小的 $\gamma \in C$ 使得 $T_A^x(n,\gamma) \neq \varnothing$ 且 $\sum_{i=1}^n(T_A^x(n,\gamma))_i \geqslant 0$. 然后选择 $\delta \in \Delta_A^x$, 使得对所有的 $i = 1,\cdots,n$, $\delta_i = (T_A^x(n,\gamma))_i$ 或者 $0 \leqslant \delta_i \leqslant (T_A^x(n,\gamma))_i$; 对所有的 $i = 1,\cdots,n$, $|\sum_{l\in A_i^+}\delta_l| \leqslant |\sum_{l\in A_i^+}(T_A^x(n,\gamma))_l|$. 这一过程可以通过下面的操作完成: 设置 $\delta := T_A^x(n,\gamma)$, 对顶点 i, 反复减少 δ_i, 其中 $\delta_i > 0$, 且 i 是满足对于在 A 中从 n 到 i 的路径上的全部顶点

k 上有 $\sum_{l \in A_k^+} \delta_l > 0$ 成立的所有顶点中的最大顶点. 要注意的是性质 $c^x(A, \delta) \leqslant \gamma$ 仍然保持. 剩下要说明的是 γ 足够小.

假设存在一个操作 $\text{PIVOT}(A, \delta)$ 满足 $c^x(A, \delta) \leqslant -2\varepsilon c(x)$. 因为对所有的 $i \in V(A)$, 有 $c_{A,i}^x(\delta) \geqslant -f_i(\sum_{j \in \mathcal{D}} x_{ij}) \geqslant -c(x)$, 这也表明 $c_{A,i}^x(\delta) < c_F(x) \leqslant c(x)$. 因此对所有的 $i = 1, \cdots, n$, 有 $\gamma_i := \left\lceil c_{A,i}^x(\delta) \frac{n}{\varepsilon c(x)} \right\rceil \frac{\varepsilon c(x)}{n} \in C$; 对所有的 $I \subseteq \{1, \cdots, n\}$, 有 $\sum_{i \in I} \gamma_i \in C$. 从而利用一个简单的归纳法可以说明对所有的 $k = 1, \cdots, n$, 有 $\sum_{i \in I_k} (T_A^x(k, \sum_{l \in I_k} \gamma_l))_i \geqslant \sum_{i \in I_k} \delta_i$. 因此找到了一个操作, 它的估计费用至多是 $\sum_{i=1}^n \gamma_i < c^x(A, \delta) + \varepsilon c(x) \leqslant -\varepsilon c(x)$.

运行时间可以如下估计. 我们需要计算 $n|C|$ 个表格条目, 并且对所有的条目 $T_A^x(k, \gamma)$, 我们尝试了 $\gamma', \gamma'' \in C$ 的所有值. 从而, 对于 $i \in I_k \setminus \{k\}$ 可以得到数值 δ_i, 并且主要的运算步骤是计算满足 $\gamma' + \gamma'' + c_{A,k}^x(\delta) \leqslant \gamma$ 的最大的 δ_k. 这可以直接根据我们为函数 $f_i, i \in \mathcal{F}$ 假设的神算包而完成. 对 $T_A^x(n, \gamma), \gamma \in C$ 的 δ 的计算, 我们可以很容易地在线性时间内完成. 因此总的运行时间为 $O(n|C|^3) = O(|\mathcal{F}|^4 \varepsilon^{-3})$. □

对特殊的树形图–星形图和慧星图, 考虑 $\text{PIVOT}(A, \delta)$. A 被称为以 v 为中心的星形图, 是指 $A = (\mathcal{F}, \{(v, w) : w \in \mathcal{F} \setminus \{v\}\})$; 被称为以 v 为中心, 以 (t, s) 为尾巴的慧星图, 是指 $A = (\mathcal{F}, \{(t, s)\} \cup \{(v, w) : w \in \mathcal{F} \setminus \{v, s\}\})$, 并且 v, t, s 是 $\mathcal{F}$ 的不同的元素. 要注意的是星形图和慧星图的个数小于 $|\mathcal{F}|^3$.

现在将证明一个具有低设施费用的 (近似) 局部最优.

引理 22.28 设 x, x^* 是给定实例的可行解, 并且对所有星形图和慧星图 A 以及 $\delta \in \Delta_A^x$, 有 $c^x(A, \delta) \geqslant -\frac{\varepsilon}{|\mathcal{F}|} c(x)$, 则 $c_F(x) \leqslant 4c_F(x^*) + 2c_S(x^*) + 2c_S(x) + \varepsilon c(x)$.

证明 使用引理 22.26 中的记号并且考虑 HITCHCOCK 问题的下述实例:

$$\min \sum_{s \in S, t \in T} c_{st} y(s, t)$$

$$\text{s.t.} \quad \sum_{t \in T} y(s, t) = b(s) \qquad (s \in S)$$

$$\sum_{s \in S} y(s, t) = -b(t) \qquad (t \in T)$$

$$y(s, t) \geqslant 0 \qquad (s \in S, t \in T) \qquad (22.16)$$

由命题 9.19, 存在 (22.16) 的一个最优解 $y : S \times T \to \mathbb{R}_+$ 使得 $F := (S \cup T, \{\{s, t\} : y(s, t) > 0\})$ 是一个森林.

因为 $(b_t(s))_{s \in S, t \in T}$ 是 (22.16) 的一个可行解, 所以有

$$\sum_{s \in S, t \in T} c_{st} y(s, t) \leqslant \sum_{s \in S, t \in T} c_{st} b_t(s)$$

$$= \sum_{s \in S, t \in T} c_{st} (g_t(\delta^+(s)) - g_t(\delta^-(s)))$$

$$\leqslant \sum_{e \in E(G)} |c(e)| g(e)$$

$$\leqslant c_S(x^*) + c_S(x) \tag{22.17}$$

现在将定义至多 $|\mathcal{F}|$ 个 PIVOT 操作. 称一个操作 $\text{PIVOT}(A, \delta)$ 关闭了 $s \in S$ (关于 x 和 x^*) 是指 $\sum_{j \in \mathcal{D}} x_{sj} > \sum_{j \in \mathcal{D}} x_{sj} + \delta_s = \sum_{j \in \mathcal{D}} x_{sj}^*$; 称它打开了 $t \in T$ 是指 $\sum_{j \in \mathcal{D}} x_{tj} < \sum_{j \in \mathcal{D}} x_{tj} + \delta_t \leqslant \sum_{j \in \mathcal{D}} x_{tj}^*$. 对于所有将要被定义的操作, 每个 $s \in S$ 将被关闭一次, 并且每个 $t \in T$ 将被打开至多 4 次. 另外, 总的估计路由费用将至多是 $2 \sum_{s \in S, t \in T} c_{st} y(s, t)$. 因此操作的总的估计费用不超过 $4c_F(x^*) + 2c_S(x^*) + 2c_S(x) - c_F(x)$. 我们将利用该结论来证明引理的正确性.

为了定义这些操作, 把 F 定向为分枝 B, 其中它的每个部分都是以 T 的一个元素为根. 如果 $e \in E(B)$ 的端点 $s \in S$ 且 $t \in T$, 则记 $y(e) := y(s, t)$ 称一个顶点 $v \in V(B)$ 为弱的是指 $y(\delta_B^+(v)) > y(\delta_B^-(v))$, 否则称为强的. 令 $\Gamma_s^+(v)$, $\Gamma_w^+(v)$ 和 $\Gamma^+(v)$ 分别表示 B 中 $v \in V(B)$ 的强的、弱的和所有孩子的集合.

设 $t \in T$, 并且设 $\Gamma_w^+(t) = \{w_1, \cdots, w_k\}$ 为 t 的弱的孩子的集合并且满足 $r(w_1) \leqslant \cdots \leqslant r(w_k)$, 其中 $r(w_i) := \max\left\{0, y(w_i, t) - \sum_{t' \in \Gamma_w^+(w_i)} y(w_i, t')\right\}$. 另外, 对 $\Gamma_s^+(t) = \{s_1, \cdots, s_l\}$ 排序使得 $y(s_1, t) \geqslant \cdots \geqslant y(s_l, t)$.

首先假设 $k > 0$. 对 $i = 1, \cdots, k - 1$, 对以 w_i 为中心的星形图考虑一个 PIVOT 操作,

- 从 w_i 到 w_i 的每个弱的孩子 t', 路由至多 $2y(w_i, t')$ 个单位的需求.
- 从 w_i 到 w_i 的每个强的孩子 t', 路由 $y(w_i, t')$ 个单位的需求, 并且
- 从 w_i 到 $\Gamma_s^+(w_{i+1})$, 路由 $r(w_i)$ 个单位的需求.

关闭 w_i 并打开 $\Gamma^+(w_i) \cup \Gamma_s^+(w_{i+1})$ 的一个子集. 估计路由费用至多

$$\sum_{t' \in \Gamma_w^+(w_i)} c_{w_i t'} 2y(w_i, t') + \sum_{t' \in \Gamma_s^+(w_i)} c_{w_i t'} y(w_i, t') + c_{tw_i} r(w_i)$$
$$+ c_{tw_{i+1}} r(w_{i+1}) + \sum_{t' \in \Gamma_s^+(w_{i+1})} c_{w_{i+1} t'} y(w_{i+1}, t')$$

这是因为 $r(w_i) \leqslant r(w_{i+1}) \leqslant \sum_{t' \in \Gamma_s^+(w_{i+1})} y(w_{i+1}, t')$.

为了定义关于 t 的更多的 PIVOT 操作, 分三种情形讨论.

情形 1. t 是强的或者 $l = 0$. 则考虑

(1) 以 w_k 为中心的星形图的一个 PIVOT 操作

- 从 w_k 到 w_k 的每个孩子 t', 路由 $y(w_k, t')$ 个单位的需求, 并且
- 从 w_k 到 t, 路由 $y(w_k, t)$ 个单位的需求.

关闭 w_k 并且打开 t 和 w_k 的孩子, 以及

(2) 以 t 为中心的星形图的一个 PIVOT 操作

- 从 t 的每个强的孩子 s 到 t, 路由至多 $2y(s, t)$ 单位的需求.

关闭 t 的强的孩子并且打开 t.

在 $l = 0$ 的情形, 第二个 PIVOT 可以被忽略.

情形 2. t 是弱的, $l \geqslant 1$, 而且 $y(w_k, t) + y(s_1, t) \geqslant \sum_{i=2}^{l} y(s_i, t)$. 则考虑

(1) 以 w_k 为中心的星形图的一个 PIVOT 操作

• 从 w_k 到 w_k 的每个孩子 t', 路由 $y(w_k, t')$ 个单位的需求, 并且

• 从 w_k 到 t, 路由 $y(w_k, t)$ 个单位的需求.

关闭 w_k, 打开 w_k 的孩子 w_k, 并且打开 t,

(2) 以 s_1 为中心的星形图的一个 PIVOT 操作

• 从 s_1 到 s_1 的每个孩子 t', 路由 $y(s_1, t')$ 个单位的需求, 并且

• 从 s_1 到 t, 路由 $y(s_1, t)$ 个单位的需求.

关闭 s_1, 打开 s_1 的孩子, 并且打开 t, 以及

(3) 以 t 为中心的星形图的一个 PIVOT 操作

• 对 $i = 2, \cdots, l$, 从 s_i 到 t, 路由至多 $2y(s_i, t)$ 个单位的需求.

关闭 $s_2, \cdots, s_l$ 并且打开 t.

情形 3. t 是弱的, $l \geqslant 1$, 而且 $y(w_k, t) + y(s_1, t) < \sum_{i=2}^{l} y(s_i, t)$. 则考虑

(1) 以 w_k 为中心, 并以 (t, s_1) 为尾巴的慧星的一个 PIVOT 操作

• 从 w_k 到 w_k 的每个孩子 t', 路由 $y(w_k, t')$ 个单位的需求.

• 从 w_k 到 t, 路由 $y(w_k, t)$ 个单位的需求, 并且

• 从 s_1 到 t, 路由至多 $2y(s_1, t)$ 个单位的需求.

关闭 w_k 和 s_1 并且打开 t 和 w_k 的孩子,

(2) 以 t 为中心的星形图的一个 PIVOT 操作

• 对 $\{2, \cdots, l\}$ 的每个奇元素, 从 s_i 到 t, 路由至多 $2y(s_i, t)$ 个单位的需求.

关闭 $\{s_2, \cdots, s_l\}$ 的奇元素并打开 t, 以及

(3) 以 t 为中心的星形图的一个 PIVOT 操作

• 对 $\{2, \cdots, l\}$ 的每个偶元素 i, 从 s_i 到 t, 路由至多 $2y(s_i, t)$ 个单位的需求.

关闭 $\{s_2, \cdots, s_l\}$ 的偶元素并打开 t.

在 $k = 0$ 的情形, 除了忽略情形 1 和情形 2 中的 (1)(其中 $y(w_0, t) := 0$) 以及在情形 3(1) 中用以 t 为中心的星形图的一个 PIVOT 代替外, 考虑同样的 PIVOT 操作, 从 s_1 到 t 路由至多 $2y(s_1, t)$ 个单位的需求, 关闭 s_1 并打开 t.

对所有的 $t \in T$, 收集所有的这些 PIVOT 操作. 因而, 总共关闭了每个 $s \in S$ 一次并且打开了每个 $t \in T$ 至多 4 次, 其总的估计路由费用至多为 $2 \sum_{\{s,t\} \in E(F)} c_{st} y(s, t)$. 由 (22.17), 这个费用至多为 $2c_S(x^*) + 2c_S(x)$. 如果没有一个操作具有小于 $-\frac{\varepsilon}{|\mathcal{F}|} c(x)$ 的估计费用, 则有 $-\varepsilon c(x) \leqslant -c_F(x) + 4c_F(x^*) + 2c_S(x^*) + 2c_S(x)$, 这正是我们所需要的结果. □

由前面的结果, 我们断定:

定理 22.29 设 $0 < \varepsilon \leqslant 1$, x, x^* 表示给定实例的可行解, 并且对 $t \in \mathcal{F}$ 和 $\delta \in \mathbb{R}_+$, 有 $c^x(t, \delta) > -\frac{\varepsilon}{8|\mathcal{F}|} c(x)$, 以及对所有的星形图和慧星图 A 和 $\delta \in \Delta_A^x$, 有 $c^x(A, \delta) > -\frac{\varepsilon}{8|\mathcal{F}|} c(x)$. 从而, $c(x) \leqslant (1+\varepsilon)(7c_F(x^*) + 5c_S(x^*))$.

证明　由引理 22.26 有 $c_S(x) \leqslant c_F(x^*) + c_S(x^*) + \frac{\varepsilon}{8}c(x)$, 并且由引理 22.28 有 $c_F(x) \leqslant 4c_F(x^*) + 2c_S(x^*) + 2c_S(x^*) + \frac{\varepsilon}{8}c(x)$. 因此 $c(x) = c_F(x) + c_S(x) \leqslant 7c_F(x^*) + 5c_S(x^*) + \frac{\varepsilon}{2}c(x)$, 这表明 $c(x) \leqslant (1+\varepsilon)(7c_F(x^*) + 5c_S(x^*))$. □

最后使用一个标准的放缩技巧, 得到本节的主要结论:

定理 22.30 (Vygen, 2007)　对于每个 $\varepsilon > 0$, 一般的设施选址问题存在一个多项式时间的 $\left(\frac{\sqrt{41}+7}{2} + \varepsilon\right)$ 近似算法.

证明　可以假设 $\varepsilon \leqslant \frac{1}{3}$. 令 $\beta := \frac{\sqrt{41}-5}{2} \approx 0.7016$. 对所有的 $z \in \mathbb{R}_+$ 和 $i \in \mathcal{F}$, 置 $f_i'(z) := \beta f_i(z)$. 考虑已修改的实例.

设 x 表示任意一个初始的可行解. 应用引理 22.25 和引理 22.27 的算法, 并以 $\frac{\varepsilon}{16|\mathcal{F}|}$ 代替其中的 ε, 或者找到了一个 ADD 或 PIVOT 操作, 使当前解 x 的费用至少降低 $\frac{\varepsilon}{16|\mathcal{F}|}c(x)$, 或者可以断定定理 22.29 的先决条件得到了满足.

如果 x 是所得到的解, c_F' 和 c_F 分别表示修改的和原始的设施费用, 并且 x^* 是任意的可行解, 则 $c_F(x) + c_S(x) = \frac{1}{\beta}c_F'(x) + c_S(x) \leqslant \frac{1}{\beta}(6c_F'(x^*) + 4c_S(x^*) + \frac{3\varepsilon}{8}c(x)) + c_F'(x^*) + c_S(x^*) + \frac{\varepsilon}{8}c(x) \leqslant (6+\beta)c_F(x^*) + (1 + \frac{4}{\beta})c_S(x^*) + \frac{3\varepsilon}{4}c(x) = (6+\beta)(c_F(x^*) + c_S(x^*)) + \frac{3\varepsilon}{4}c(x)$. 因此 $c(x) \leqslant (1+\varepsilon)(6+\beta)c(x^*)$.

每次迭代费用至少减至迭代前的 $1 - \frac{\varepsilon}{16|\mathcal{F}|}$ 倍, 因此在 $\frac{1}{-\log(1-\frac{\varepsilon}{16|\mathcal{F}|})}$ $(< \frac{16|\mathcal{F}|}{\varepsilon})$ 次迭代后, 费用至少减至原来 $1/2$ (注意对 $0 < x < 1$ 有 $\log x < x - 1$). 这意味着运行时间是弱多项式的. □

特别地, 因为 $\frac{\sqrt{41}+7}{2} < 6.702$, 所以存在一个 6.702 近似算法. 这是现在已知的最好的近似比.

习　　题

1. 说明: 除非 $P = \mathrm{NP}$, k 中位问题 (没有要求度量的服务费用) 没有常数近似比的近似算法.

2. 考虑无容量限制的设施选址问题的一个实例. 证明: $c_S : 2^{\mathcal{F}} \to \mathbb{R}_+ \cup \{\infty\}$ 是超模的, 其中 $c_S(X) := \sum_{j \in \mathcal{D}} \min_{i \in X} c_{ij}$.

3. 考虑对每个 $S \in \mathcal{F} \times 2^{\mathcal{D}}$, z_S 都是 0/1 变量的无容量限制的设施选址问题的一个不同的整数线性规划模型:

$$\min \sum_{S=(i,D) \in \mathcal{F} \times 2^{\mathcal{D}}} \left(f_i + \sum_{j \in D} c_{ij}\right) z_S$$
$$\text{s.t.} \sum_{S=(i,D) \in \mathcal{F} \times 2^{\mathcal{D}}: j \in D} z_S \geqslant 1 \qquad (j \in \mathcal{D})$$
$$z_S \in \{0, 1\} \quad (S \in \mathcal{F} \times 2^{\mathcal{D}})$$

考虑自然的线性规划松弛和它的对偶. 说明如何在多项式时间求解它们 (尽管它们的规模是指数的). 说明线性规划的最优值与 (22.2) 和 (22.3) 最优值相同.

4. 考虑 度量的有容量限制的设施问题 的一个简单的特殊情形的线性规划松弛. 这个特殊情形是指每个设施可以服务 u 个用户 $(u \in \mathbb{N})$. 这个线性规划可以通过把 (22.2) 加上约束

$y_i \leqslant 1$ 和 $\sum_{j \in \mathcal{D}} x_{ij} \leqslant u y_i$(对 $i \in \mathcal{F}$) 而得到. 说明这类的线性规划具有一个无界的整性间隙, 即一个最优的整数解与最优解之间的比可以任意大 (Shmoys, Tardos and Aardal, 1997).

5. 考虑无容量限制的设施选址问题, 它满足性质: 每个用户 $j \in \mathcal{D}$ 伴随一个需求 $d_j > 0$ 和服务费用, 并且每单位的需求是度量的, 即对 $i, i' \in \mathcal{F}$ 和 $j, j' \in \mathcal{D}$, 有 $\frac{c_{ij}}{d_j} + \frac{c_{i'j}}{d_j} + \frac{c_{i'j'}}{d_{j'}} \geqslant \frac{c_{ij'}}{d_{j'}}$. 修改单位需求情形的近似算法, 证明在这种一般的情形下, 可以确保相同的近似比.

6. 说明 (22.7) 实际上等价于一个线性规划.

7. 对 $\gamma_F = 1$, 考虑近似比揭示线性规划 (22.7), $\gamma_F = 1$. 说明关于所有的 $d \in \mathbb{N}$ 的最优值的上确界是 2(Jain et al., 2003).

8. 考虑度量的无容量限制的设施选址问题的一个实例. 现在任务是寻找一个集合 $X \subseteq \mathcal{F}$ 使得 $\sum_{j \in \mathcal{D}} \min_{i \in X} c_{ij}^2$ 最小. 为这个问题寻找一个常数近似比的近似算法. 设法获得一个小于 3 的近似比.

9. 利用定理 22.3 和定理 22.10, 证明结合放缩和贪婪增广的JAIN-VAZIRANI 算法具有 1.853 的近似比.

*10. 最大 k 覆盖问题可以定义如下. 给定一个集系 $(U, \mathcal{F})$ 和一个自然数 k, 寻找一个子集 $\mathcal{S} \subseteq \mathcal{F}$ 满足 $|\mathcal{S}| = k$ 并且 $|\bigcup \mathcal{S}|$ 最大. 证明: 自然的贪婪算法 (迭代地挑选一个覆盖尽可能多的新元素的集合) 是最大 k 覆盖问题的一个 $\left(\frac{e}{e-1}\right)$ 近似算法.

11. 说明度量的软容量限制的设施问题存在一个 2 近似的算法. 提示: 结合定理 22.22 的证明和对偶拟合算法的分析, 这里 (22.6) 可以加强 (Mahdian, Ye and Zhang, 2006).

12. 结合局部搜索 (定理 22.20) 和离散化的费用 (引理 22.15) 以及放缩与贪婪增广 (定理 22.10), 得到度量的无容量限制的设施选址问题的一个 2.375 近似算法.

13. 考虑一般的设施选址问题的特殊情形, 其中对所有的 $i \in \mathcal{F}$, 费用函数 f_i 是线性的. 为这种情形设计一个 3 近似算法.

14. 设 $\alpha_0, \alpha_1, \cdots, \alpha_r \in \mathbb{R}_+$ 满足 $\alpha_1 = \max_{i=1}^r \alpha_i$ 并且令 $S := \sum_{i=0}^r \alpha_i$. 说明对 $k = 0, 1$, 存在一个划分 $\{2, \cdots, r\} = I_0 \dot{\cup} I_1$ 满足 $\alpha_k + \sum_{i \in I_k} 2\alpha_i \leqslant S$. 提示: 排序, 然后每隔一位取一个元素.

*15. 考虑度量的有容量限制的设施选址问题的与 22.8 节给出的算法不同的一个局部搜索算法, 它有一个额外的运算, 即在由两个星形图的不交并所得到的森林上的一个 PIVOT. 在这种特殊情形下, 这个操作可以在多项式时间内完成. 证明结合这个额外的运算, 人们可以获得一个 5.83 的近似比. 提示: 用这个新的操作修改引理 22.28 的证明. 用习题 22.8(Zhang, Chen and Ye, 2004).

参 考 文 献

一般著述

Cornuéjols G, Nemhauser G L and Wolsey L A. 1990. The uncapacitated facility location problem. // Discrete Location Theory (Mirchandani P, Francis R, eds.). New York: Wiley, 119–171.

Shmoys D B. 2000. Approximation algorithms for facility location problems. Proceedings of the 3rd International Workshop on Approximation Algorithms for Combinatorial Optimization; LNCS 1913 (Jansen K, Khuller S, eds.). Berlin: Springer, 27–33.

Vygen, J. 2005. Approximation algorithms for facility location problems (lecture notes). Report No. 05950-OR, Research Institute for Discrete Mathematics. University of Bonn.

引用文献

Archer A, Rajagopalan R and Shmoys D B. 2003. Lagrangian relaxation for the k-median problem: new insights and continuity properties. Algorithms —— Proceedings of the 11th Annual European Symposium on Algorithms. Berlin: Springer, 31-42.

Arora S, Raghavan P and Rao S. 1998. Approximation schemes for Euclidean k-medians and related problems. Proceedings of the 30th Annual ACM Symposium on Theory of Computing, 106–113.

Arya V, Garg N, Khandekar R, Meyerson A, Munagala K and Pandit V. 2004. Local search heuristics for k-median and facility location problems. SIAM Journal on Computing, 33: 544–562.

Balinski M L. 1965. Integer programming: methods, uses, computation. Management Science, 12: 253–313.

Balinski M L and Wolfe P. 1963. On Benders decomposition and a plant location problem. Working paper ARO-27. Mathematica, Princeton.

Byrka J. 2007. An optimal bifactor approximation algorithm for the metric uncapacitated facility location problem. Proceedings of the 10th International Workshop on Approximation Algorithms for Combinatorial Optimization Problems; LNCS 4627 (Charikar M, Jansen K, Reingold O, Rolim J D P, eds.). Berlin: Springer, 29–43.

Byrka J and Aardal K. 2007. The approximation gap for the metric facility location problem is not yet closed. Operations Research Letters, 35: 379–384.

Charikar M and Guha S. 2005. Improved combinatorial algorithms for the facility location and k-median problems. SIAM Journal on Computing, 34: 803–824.

Charikar M Guha S, Tardos É and Shmoys D B. 2002. A constant-factor approximation algorithm for the k-median problem. Journal of Computer and System Sciences, 65: 129–149.

Chudak F A and Shmoys D B. 2003. Improved approximation algorithms for the uncapacitated facility location problem. SIAM Journal on Computing, 33: 1–25.

Feige U. 1998. A threshold of $\ln n$ for the approximating set cover. Journal of the ACM, 45: 634–652.

Guha S and Khuller S. 1999. Greedy strikes back: improved facility location algorithms. Journal of Algorithms, 31: 228–248.

Hochbaum D S. 1982. Heuristics for the fixed cost median problem. Mathematical Programming, 22: 148–162.

Jain K, Mahdian M, Markakis E, Saberi A and Vazirani V V. 2003. Greedy facility location algorithms analyzed using dual fitting with factor-revealing LP. Journal of the ACM, 50: 795–824.

Jain, K, and Vazirani, V V. 2001. Approximation algorithms for metric facility location and k-median problems using the primal-dual schema and Lagrangian relaxation. Journal of the ACM, 48: 274–296.

Kolliopoulos S G and Rao S. 2007. A nearly linear-time approximation scheme for the Euclidean k-median problem. SIAM Journal on Computing, 37: 757–782.

Korupolu M, Plaxton C and Rajaraman R. 2000. Analysis of a local search heuristic for facility location problems. Journal of Algorithms, 37: 146–188.

Kuehn A A and Hamburger M J. 1963. A heuristic program for locating warehouses. Management Science, 9: 643–666.

Levi R, Shmoys D B and Swamy C. 2004. LP-based approximation algorithms for capacitated facility location//Integer Programming and Combinatorial Optimization; Proceedings of the 10th International IPCO Conference; LNCS 3064 (Nemhauser G, Bienstock D, eds.). Berlin: Springer, 206–218.

Mahdian M and Pál M. 2003. Universal facility location//Algorithms – Proceedings of the 11th European Symposium on Algorithms (ESA); LNCS 2832 (Battista di G, Zwick U, eds.). Berlin: Springer, 409–421.

Mahdian M, Ye Y and Zhang J. 2006. Approximation algorithms for metric facility location problems. SIAM Journal on Computing, 36: 411–432.

Manne A S. 1964. Plant location under economies-of-scale-decentralization and computation. Management Science, 11: 213–235.

Pál M, Tardos É and Wexler T. 2001. Facility location with hard capacities. Proceedings of the 42nd Annual IEEE Symposium on the Foundations of Computer Science, 329–338.

Shmoys D B, Tardos É and Aardal K. 1997. Approximation algorithms for facility location problems. Proceedings of the 29th Annual ACM Symposium on Theory of Computing, 265–274.

Stollsteimer J F. 1963. A working model for plant numbers and locations. Journal of Farm Economics, 45: 631–645.

Sviridenko M. 2002. An improved approximation algorithm for the metric uncapacitated facility location problem//Integer Programming and Combinatorial Optimization; Proceedings of the 9th International IPCO Conference; LNCS 2337 (Cook W, Schulz A, eds.). Berlin: Springer, 240–257.

Vygen J. 2007. From stars to comets: improved local search for universal facility location. Operations Research Letters, 35: 427–433.

Zhang J, Chen B and Ye Y. 2004. Multi-exchange local search algorithm for the capacitated facility location problem//Integer Programming and Combinatorial Optimization; Proceedings of the 10th International IPCO Conference; LNCS 3064 (Nemhauser G, Bienstock D, eds.). Berlin: Springer, 219–233.

Zhang P. 2007. A new approximation algorithm for the k-facility location problem. Theoretical Computer Science, 384: 126–135.

名词索引

《现代数学译丛》已出版书目

（按出版时间排序）